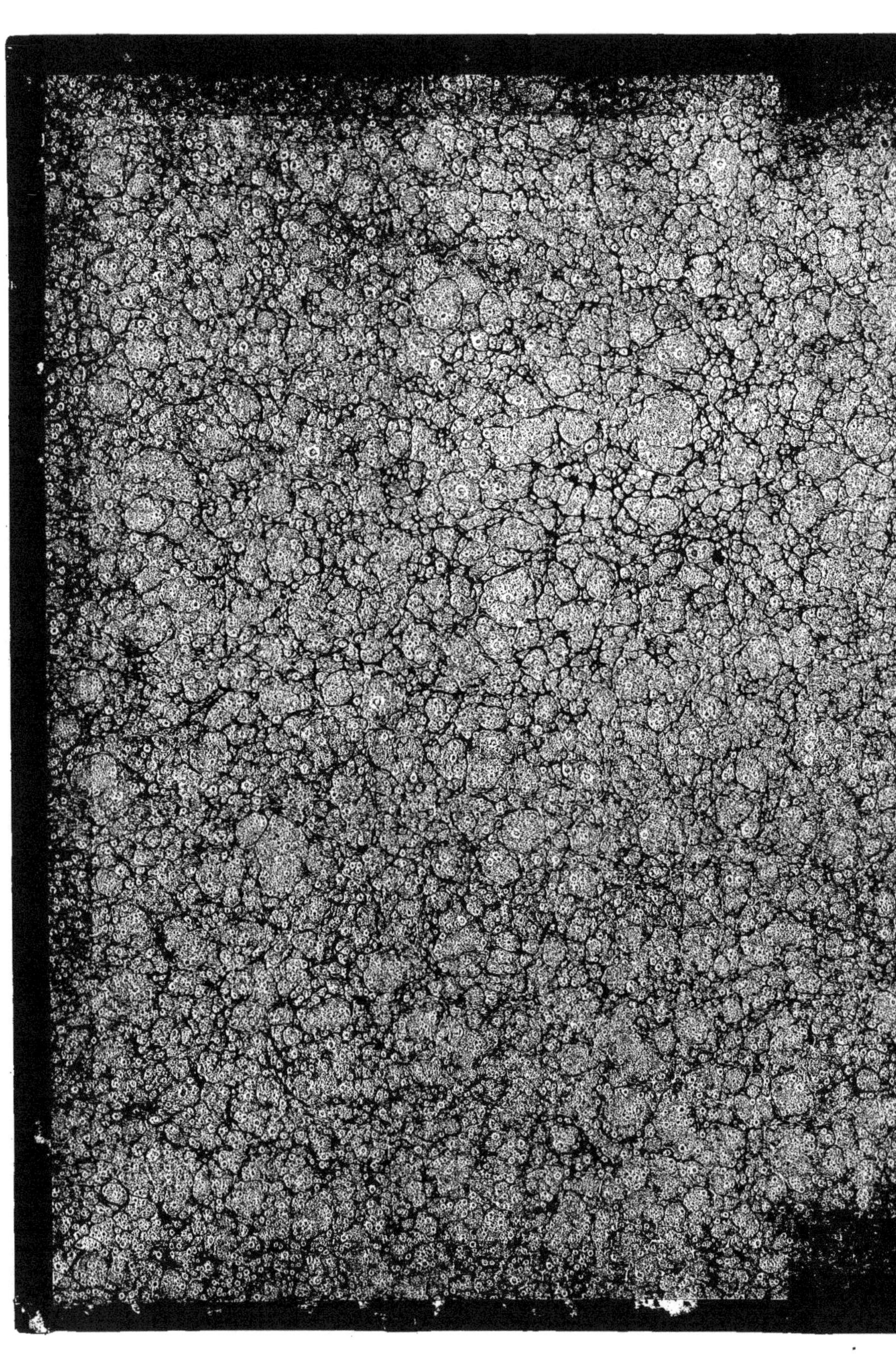

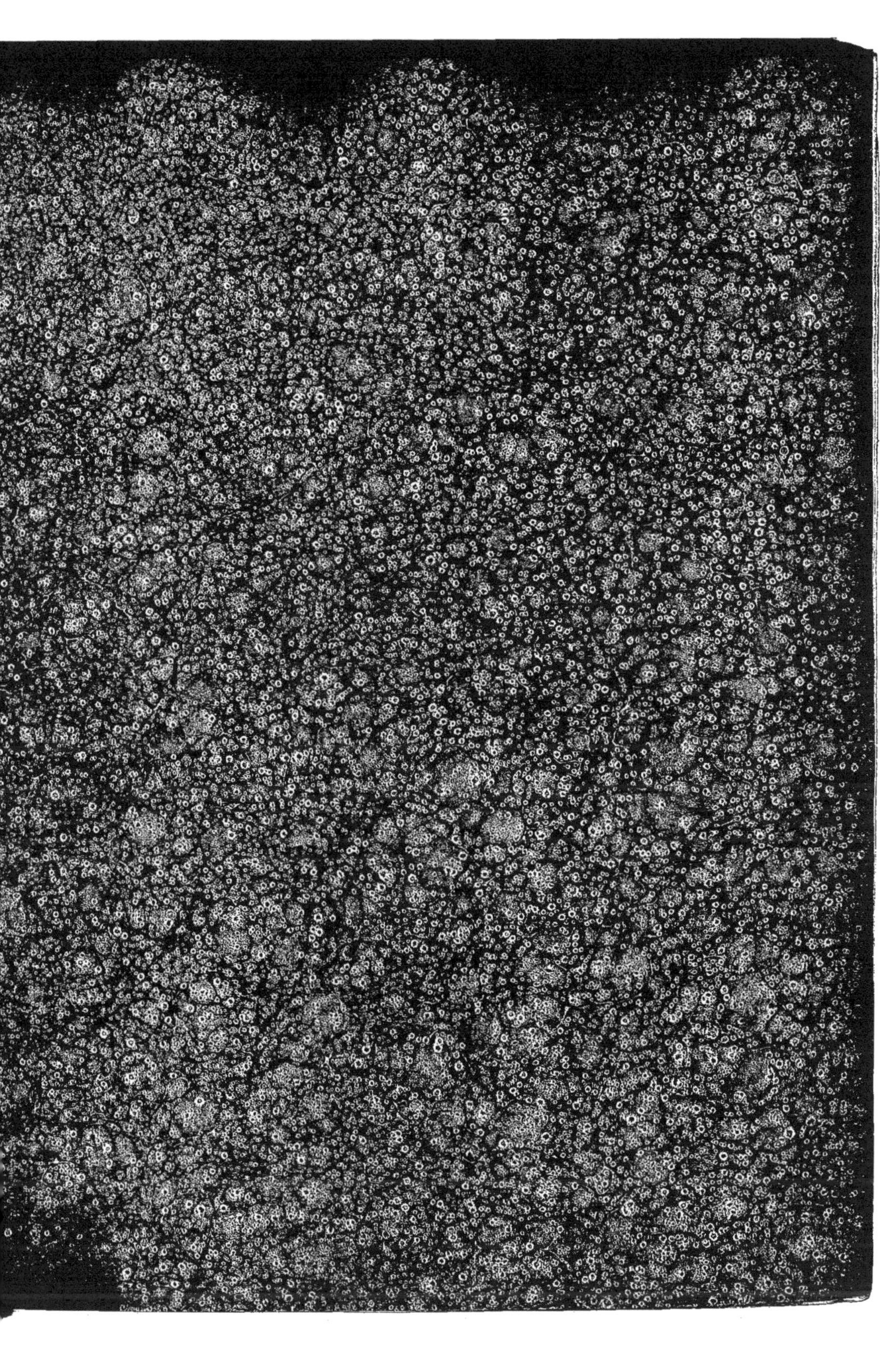

OSTÉOGRAPHIE
DES MAMMIFÈRES

III

QUATERNATÉS

L'**OSTÉOGRAPHIE** ou Description iconographique comparée du squelette et du système dentaire des Mammifères récents et fossiles, par **H. M. Ducrotay de Blainville**, forme 4 volumes in-4° de texte et 4 volumes in-folio de 323 planches.

En voici les divisions :

TOME PREMIER. — **Primatès.** — **Secundatès.**
Avec Atlas de 59 planches.

ÉTUDE SUR LA VIE ET LES TRAVAUX DE M. DE BLAINVILLE.

A. DE L'OSTÉOGRAPHIE EN GÉNÉRAL.

Primatès.

B. G. *Pithecus*, avec 13 planches (I, I *bis*, II à V, V *bis*, VI à XI).
C. G. *Cebus*, avec 9 planches.
D. G. *Lemur*, avec 11 planches.
E. *Aye-Aye*, avec une planche. (Même que la pl. V du G. *Lemur*.)
F. Primatès vivants et fossiles.

Secundatès.

G. Chéiroptères, G. *Vespertilio*, avec 15 planches.
H. Insectivores, G. *Talpa*, *Sorex*, *Erinaceus*, avec 11 planches.

TOME II. — **Secundatès.**
Avec Atlas de 117 planches.

I. Carnassiers (Généralités sur les).
J. — G. *Phoca*, avec 10 planches.
K. — G. *Ursus*, avec 18 planches.
L. — G. *Subursus*, avec 17 planches.
M. — G. *Mustella*, avec 15 planches (I à V, V *bis*, VI à XIV).
N. — G. *Viverra*, avec 13 planches. (La pl. II n'existe pas. La pl. III est double.)
O. — G. *Felis*, avec 20 planches.
P. — G. *Canis*, avec 16 planches (I à III, III *bis*, IV à VII, VII *bis*, VIII à XIV).
Q. — G. *Hyæna*, avec 8 planches.

TOME III. — **Quaternatès.**
Avec Atlas de 54 planches.

R. Gravigrades, G. *Elephas*, avec 18 pl. (I à III, IV, V, VI, VII, VIII à XI, XI *bis*, XII à XVII.)
S. — G. *Dinotherium*, avec 3 planches.
T. — G. *Manatus* (Lamantins), avec 11 planches.
U. Ongulogrades, G. *Hyrax* (Damans), avec 3 planches.
V. — G. *Rhinoceros*, avec 14 planches.
X. — G. *Equus*, avec 5 planches.

TOME IV. — **Quaternatès.** — **Maldentés.**
Avec Atlas de 93 planches.

Y. Ongulogrades, G. *Palæotherium*, avec 8 planches; G. *Lophiodon*, avec 3 planches; G. *Anthracotherium*, avec 3 planches, et G. *Chæropotamus*, avec une planche.
Z. — G. *Tapirus*, avec 6 planches.
AA. — G. *Hippopotamus*, avec 8 planches; *Sus*, avec 9 planches.
BB. — G. *Anoplotherium*, avec 9 planches.
CC. — G. *Camelus* (Ruminants, Chameaux, Lamas), avec 5 planches.
DD. Maldentés, G. *Bradypus*, avec 6 planches.
EE. Explication de 41 planches (publication posthume), avec 35 planches. — Les six autres sont des planches *bis* intercalées dans les tomes I, II et III.

TABLE ALPHABÉTIQUE DES MATIÈRES.

PARIS. — IMPRIMÉ PAR E. THUNOT ET Cᵉ, 26, RUE RACINE.

OSTÉOGRAPHIE

OU

DESCRIPTION ICONOGRAPHIQUE

COMPARÉE

DU SQUELETTE ET DU SYSTÈME DENTAIRE

DES MAMMIFÈRES

RÉCENTS ET FOSSILES

POUR SERVIR DE BASE A LA ZOOLOGIE ET A LA GÉOLOGIE

PAR

H. M. DUCROTAY DE BLAINVILLE

MEMBRE DE L'INSTITUT (ACADÉMIE DES SCIENCES)
PROFESSEUR D'ANATOMIE COMPARÉE AU MUSÉUM D'HISTOIRE NATURELLE, ETC.

OUVRAGE ACCOMPAGNÉ DE **323** PLANCHES LITHOGRAPHIÉES SOUS SA DIRECTION

PAR M. J. C. WERNER

Peintre du Muséum d'Histoire naturelle de Paris,

PRÉCÉDÉ D'UNE ÉTUDE SUR LA VIE ET LES TRAVAUX DE M. DE BLAINVILLE,

PAR M. P. NICARD.

TOME TROISIÈME

QUATERNATÈS

AVEC ATLAS DE 54 PLANCHES

PARIS

J. B. BAILLIÈRE ET FILS

LIBRAIRES DE L'ACADÉMIE IMPÉRIALE DE MÉDECINE

Rue Hautefeuille, 19.

LONDRES
HIPP. BAILLIÈRE, 219, Regent street.

NEW-YORK
BAILLIÈRE BROTHERS, 440, Broadway.

MADRID
BAILLY-BAILLIÈRE, Plaza del Principe-Alfonso, 8.

1839 – 1864

TABLE DES MATIÈRES

DU TOME TROISIÈME.

FIN DE LA TABLE DU TOME TROISIÈME.

DES ÉLÉPHANTS.

Généralités sur les Éléphants vivants.

Les animaux de ce genre, par lequel nous commençons l'histoire des espèces de Mammifères, dont la dernière phalange des doigts est enveloppée par un ongle comparable, avec plus ou moins de raison, à une sorte de sabot, dans lequel elle serait enfoncée, sont au nombre de ceux qui de tout temps ont dû le plus frapper, comme ils le font encore aujourd'hui, l'imagination des hommes par l'énormité de leur masse presque informe, par la singularité de certaines de leurs parties et surtout de leur nez converti en une longue trompe, de leurs dents incisives supérieures, recourbées en défenses saillantes, ainsi que par leur rare intelligence. Aussi sont-ce les animaux dont il est fait le plus anciennement mention chez les peuples qui ont eu des relations avec l'Inde ou avec l'Afrique. D'autre part, si les Éléphants vivants ont été nécessairement considérés comme l'une des merveilles les plus étonnantes de la création animale, aussi bien par le vulgaire que par les naturalistes, il en a été de même des ossements que ces animaux ont laissés dans le sein de la terre à l'état fossile. Par leur grosseur et une certaine ressemblance de quelques-uns d'entre eux avec leurs analogues chez l'homme, comme Perrault paraît l'avoir fait remarquer le premier, ils sont en effet devenus pendant longtemps la preuve la plus palpable, la plus évidente de l'existence de ces anciennes races de l'espèce humaine, les Titans, les Géants, que leur force prodigieuse avait portés à se révolter contre le maître des Dieux de la mythologie grecque, et qu'il avait frappés de sa foudre. Aussi, quoique nous n'ayons à envisager ces animaux que sous le point de vue le plus matériel, le plus positif, suivant le plan de notre ouvrage, on voit qu'outre le rapport ostéographique, qui pour nous est le principal, ceux de Paléontologie et d'Archéologie pourront ne pas être sans intérêt; même après tout ce qui a été dit au sujet des Éléphants par un grand

fossiles. Considérés anciennement comme des Géants.

Par Nous, sous les rapports ostéographique, paléontologique, archéologique.

nombre d'auteurs et dans ces derniers temps par M. G. Cuvier dans l'un de ses premiers et de ses meilleurs mémoires sur les ossements fossiles de quadrupèdes.

Comprenant sous ce nom non-seulement les Éléphants lamellodontes, mais encore les E. Mastodontes, comme ayant les mêmes caractères dans les systèmes digital, dentaire, osseux, même dans la structure des Molaires, Suivant A. Camper.

Mais avant d'entrer en matière, je dois commencer par déclarer d'une manière positive que sous ce nom simple d'Éléphants, je comprends avec Buffon, avec Linné, avec Pennant, non-seulement les espèces dont les dents molaires sont lamello-tuberculeuses, mais encore celles qui les ont mamelonnées et dont M. G. Cuvier a cru devoir former un genre distinct, contre sa première opinion qui lui était commune avec M. Geoffroy (1) et contre celle de tous ses prédécesseurs, sous le nom, fort heureux du reste, de Mastodonte. En effet, il est bien connu aujourd'hui que les espèces de ces deux divisions ont absolument les mêmes caractères dans le nombre comme dans la forme de toutes les parties; cinq doigts non distincts, courts et sub-égaux aux deux paires de membres; deux sortes de dents seulement, des incisives exsertes au nombre de deux à la mâchoire supérieure, quelquefois à l'inférieure ; des molaires à collines transverses au nombre de six à chaque côté de chaque mâchoire, se succédant d'arrière en avant, de la première à la dernière, pendant la durée de la vie de l'animal ; une trompe préhensile formée par un énorme développement du nez. A quoi il faut ajouter le même nombre et la même forme de tous les os du squelette, au point qu'il est fort difficile, en considérant l'un quelconque de ces os, de décider s'il provient d'une espèce à dents lamelleuses ou d'une à dents mamelonnées. Quant à la structure des dents molaires, leur différence est réellement fort peu considérable et fort peu importante, comme Adrien Camper l'a fait observer depuis longtemps ; aussi verrons-nous dans le chapitre consacré à l'Odontographie, qu'il s'établit entre

(1) Je trouve en effet que MM. Geoffroy et G. Cuvier, dans un premier mémoire sur les espèces d'Éléphants vivants et fossiles (Bulletin par la Société philom., an IV, n° 45), ont distingué la principale de ces espèces sous la dénomination d'*Elephas Americanus*, d'après la forme de ses dents, ce qu'a fait également M. Cuvier dans le développement qu'il a donné à ce travail (Mémoires de l'Institut, sciences mathémat. et physiq., t. II, p. 21, fructidor an VII (1799).

les espèces des passages si insensibles, qu'on est souvent embarrassé pour décider si une dent molaire fossile est d'une espèce de l'une ou de l'autre division; et d'ailleurs l'influence de ces deux formes de dents sur la nourriture ne pourrait tout au plus porter que sur la grossièreté de la substance végétale qui sert de matière alimentaire aux espèces d'Éléphants des deux sections.

Tilésius, contradictoire à l'opinion de M. Cuvier.

M. Tilésius avait donc parfaitement raison en bonne zoologie de considérer les espèces d'Éléphants à dents mamelonnées comme du même genre que les espèces à dents lamelleuses. Aussi M. G. Cuvier, pour soutenir son genre Mastodonte, a-t-il été obligé de recourir à une sorte de pétition de principe ou à un véritable cercle vicieux, en disant que M. Tilésius, en pensant ainsi, avait oublié que dans l'état de la Mammalogie le système dentaire était de première importance, ce qui n'est réellement pas vrai même en général, et *à fortiori* dans le cas actuel, où tout est semblable, sauf l'épaisseur et le nombre des collines de la couronne ainsi que l'époque à laquelle se développent les racines.

D'où ce genre caractérisé par la Trompe, les Organes des sens, les Cavités intestinales, les organes de la reproduction, la Peau.

On peut donc généraliser pour les espèces d'Éléphants qui n'existent plus qu'à l'état fossile, ce que nous savons pour celles qui vivent encore aujourd'hui; c'est-à-dire qu'outre les mêmes systèmes dentaire et digital, elles avaient les narines prolongées en une longue et forte trompe, les oreilles énormes et plates, les yeux très-petits, la langue également petite et fort molle, l'estomac simple et considérable, mais surtout associé à un canal intestinal énorme, principalement dans le cœcum et les gros intestins; que l'organe excitateur était pourvu d'un fourreau non adhérent, sans scrotum; que les mamelles, au nombre de deux, étaient tout à fait pectorales; et enfin que la peau assez épaisse était couverte de poils rares et proportionnellement courts et grossiers.

Dans le Squelette, par les Vertèbres, les Os de l'Avant-Bras,

Quant au squelette, nous savons à n'en pas douter, que les espèces à dents mamelonnées, comme les espèces à dents lamelleuses, offrent la singularité d'avoir toutes les vertèbres, et surtout celles du cou larges, courtes et arrondies dans leur corps, un peu comme celles de l'homme; le radius immobile, quoique non soudé et bien plus petit que le cubitus qu'il croise, n'occupant que la moindre partie de l'articulation carpienne; les phalanges onguéales remarquablement petites et déformées; l'iléon largement étalé, perpendiculaire dans son plan à l'axe vertébral; le fémur droit, comprimé, sans trou pour le ligament rond; l'astragale large et déprimé; le calcanéum très-court, etc.

Les Phalanges onguéales, etc

Et par les mêmes Mœurs.

On peut donc en conclure que, comme les Éléphants actuels, les Éléphants de l'ancien monde vivaient, et peut-être encore plus, dans les grandes vallées, sur les bords des grands fleuves, sur ceux des golfes de leur embouchure, et qu'ils s'y nourrissaient des arbustes et des plantes grossières qui y croissent en abondance, se vautrant dans les eaux peu profondes et dans la vase, comme le font la plupart des Pachydermes actuels.

Plan de ce Mémoire.

Pour le Discours.

D'après cela et l'impossibilité où nous nous sommes trouvé de séparer les espèces d'Éléphants en deux genres distincts, on voit comment dans les deux chapitres consacrés à l'Ostéographie et à l'Odontographie des Éléphants vivants et fossiles, nous avons compris les espèces à dents lamelleuses et celles à dents mamelonnées, dans un ordre sérial des espèces les plus éloignées aux plus rapprochées des Dinotheriums qui doivent suivre et qui semblent véritablement intermédiaires aux Gravigrades terrestres et aux Gravigrades aquatiques ou Lamantins.

Pour les Planches.

Toutefois, pour faciliter les recherches et les comparaisons, nous n'avons pas suivi la même disposition en Iconographie que dans le discours; c'est-à-dire que nous avons consacré des planches distinctes aux espèces de chaque section, une pour les os du tronc, une ou deux pour ceux des membres, et les dernières pour le système dentaire des deux mâchoires, sans cependant en former deux fascicules distincts, ce qui aurait été contraire au plan que nous avons adopté pour tous les autres grands genres linnéens.

CHAPITRE PREMIER.

OSTÉOGRAPHIE.

Le squelette de l'Éléphant en général a été le sujet des études d'un assez grand nombre d'anatomistes, non pas chez les anciens qui n'en disent absolument rien (1), non pas même chez les auteurs de la renaissance, mais déjà dans le XVIIe siècle où la science de l'organisation a commencé à prendre le caractère qui lui convient.

Histoire de l'étude du Squelette chez les Anciens.

C'est ce dont on peut s'assurer en consultant les actes de Leipsick, pour le mois de décembre 1684, où se trouve la première description du squelette d'un Éléphant par A. Moulin, du collége de la Trinité, et surtout son ouvrage intitulé: *Anatomical Account of the Éléphant accidentally burnt in Dublin*. Lond., 1681; les Trans. Philos., n° 326, pour juin 1716, où Patrice Blair a décrit, avec d'assez nombreux détails, en général exacts, sur toutes les parties, celui d'un autre Éléphant mort à Londres, et certainement de l'Inde; le mémoire de Stukeley intitulé *Essay towards the anatomy of an Elephant*, ann. 1712; l'article *Elephas* de Ray, *Synopsis*, 1693, p. 132, où il donne quelques détails ostéologiques d'après un squelette qu'il avait vu à Florence; les Mémoires pour servir à l'histoire des Animaux, IIIe partie, où l'on trouve la description et la figure du squelette de l'Éléphant d'Afrique, par Perrault, le même qui a été décrit et figuré par Daubenton dans le tome XI de l'Hist. nat. de Buffon en 1754 et le seul qui existe encore dans nos collections; descriptions (2) qui ne laissaient guère à désirer

Chez les Modernes.

Par A. Moulin.

P. Blair.

Stukeley.

Ray.

Perrault.

Daubenton.

(1) A l'exception de Galien, qui parle d'un os du cœur, comme nous le verrons plus loin, et qui n'existe pas.

(2) A. Camper cite, dans l'avant-propos de la *Description anatomique d'un Éléphant mâle*, par son père, un mémoire de Serra, dans lequel se trouve la description anatomique d'un Éléphant mort à Naples en 1750; mémoire inséré dans un recueil intitulé: *Opuscoli di fisico argomento;* mais pas plus que lui je n'ai pu le consulter.

qu'une comparaison avec le squelette de l'Éléphant des Indes, non plus que celle de cette dernière espèce que rédigea P. Camper en 1789; mais qui n'a été publiée par son fils A. Camper qu'en 1803 (1).

P. Camper. A. Camper.

Blumenbach. G. Cuvier.

C'est cette lacune facile que Blumenbach, dans son Histoire des os, en allemand, mais surtout M. G. Cuvier, remplirent, celui-ci d'abord dans un mémoire *ad hoc* inséré dans ceux de l'Institut, tom. II, p. 1, lu le 1er pluv. an IV, puis dans ses leçons d'Anatomie comparée, en 1800, et enfin dans son mémoire sur les Éléphants fossiles, 1re édition, dans les Annales du Muséum en 1806, 2e édition, dans le tome I de ses recherches sur les ossements fossiles des quadrupèdes en 1825.

Meckel.

Meckel, dans les notes ajoutées à la traduction allemande des Leçons d'Anatomie comparée de M. G. Cuvier, puis dans le traité qu'il a composé lui-même sur cette partie de la science de l'organisation, n'a parlé qu'assez peu et peut-être même trop rarement, du squelette des Éléphants. MM. Pander et d'Alton ont fait mieux, mais ils n'ont eu guère qu'à suivre ce qui avait été fait avant eux.

Pander et d'Alton.

Nous ne pouvons donc nous-même avoir la prétention de donner rien de bien nouveau dans cette première partie de notre mémoire, si ce n'est ce que nous permettra la différence du point de vue sous lequel nous envisageons la question, celle de la dégradation que forment les espèces vivantes et fossiles qui remplissent cette petite fraction de la série animale; et peut-être aussi le plus grand nombre de matériaux que nous avons eus à notre disposition, ce qui nous conduira à

(1) D'après ce que nous apprend A. Camper de ce grand travail de son père, la dissection de l'Éléphant d'Asie, mort à La Haie, en 1774, eut lieu pendant l'hiver de cette année, et fut terminée en moins de trois semaines. Dès le printemps, il fut inséré dans les *Vaderlandsche Litter OElfeningen* de la même année, un extrait en hollandais de ses observations, sous le titre de *Court essai de l'examen d'un jeune Éléphant*, extrait qui fut communiqué à l'Académie des sciences de Paris, dans trois lettres de Camper, présentées, avec quelques dessins, par M. Portal, sans qu'il en ait été fait mention dans ses Actes, et qui, plus tard, furent renvoyées à Camper, et enfin traduit dans la version allemande des œuvres de Camper, en 1784, part. I, p. 51. Les planches ne furent terminées cependant qu'en 1789, peu de temps avant sa mort.

apprécier un peu les différences sexuelles et individuelles, ce qui n'a pas eu lieu jusqu'ici.

Quant à la partie iconographique, il est aisé de concevoir que les figures du squelette données par Allen Moulin, en 1682, par Patrice Blair, en 1712, sont véritablement fort mauvaises, ainsi que l'a fait justement observer M. G. Cuvier. Celle donnée par Perrault avec une planche à part pour les os des membres antérieurs, est d'abord dans une moindre réduction et d'après un squelette mieux monté ; aussi est-elle meilleure et même passable.

Iconographie : Par Moulin. J. Blair. Perrault.

On peut en dire à peu près autant de celle qu'a donnée Daubenton : elle est cependant peut-être moins bonne, aussi bien dans la pose générale que dans la proportion des os.

Daubenton.

La figure que nous devons à P. Camper est sans doute notablement plus exacte et par conséquent meilleure; mais mal posée par trop de flexion des parties des membres antérieurs, trop de courbure de la colonne vertébrale et trop d'élévation du train de derrière; d'ailleurs, elle est faite d'après un jeune sujet, et par conséquent sans particularités osseuses assez accusées, de l'espèce des Indes.

P. Camper.

La figure du squelette entier de cette même espèce donnée par M. Cuvier dans la première édition de son mémoire, dans les Annales du Muséum, quoique d'après un individu bien adulte, et d'après ses propres dessins, gravés par lui à l'eau forte, était certainement moins bonne que celle de Camper ; mais il n'en est pas de même de la figure qu'il lui a substituée dans la seconde édition, d'après le dessin de Huet; elle est sans aucun doute notablement meilleure dans la pose générale ainsi que dans la proportion des parties; mais elle est trop réduite, inconvénient qui est cependant bien diminué parce que la plupart des os dans les deux espèces sont repris à part et représentés beaucoup moins réduits et sous des faces variées.

G. Cuvier.

Toutefois, MM. Pander et d'Alton ont fait beaucoup mieux dans la pl. I des *Pachydermata* de leurs *Saugethiere*, surtout parce que la réduction est bien moins forte. Malheureusement, d'après le plan de ces

Pander et d'Alton.

excellents iconographes, aucun os, si ce n'est la tête, n'est représenté à part dans les pièces caractéristiques; en sorte qu'on ne peut pas en tirer un secours aussi avantageux que de la partie iconographique du mémoire de M. G. Cuvier.

Dans notre plan.

Réduite à dix-sept Planches de figures originales,

Pour nous, en comprenant l'Ostéographie et l'Odontographie des Éléphants vivants et fossiles, nous avons pu, malgré une réduction un peu moindre que celle adoptée par M. G. Cuvier, même pour les os séparés, nous borner à dix-sept planches : dix pour les espèces à dents lamelleuses et sept pour celles à dents mamelonnées, au lieu de vingt-trois que notre prédécesseur a publiées; il est vrai que nous nous sommes astreint à ne donner que des figures originales, à l'exception de quelques-unes pour l'espèce fossile des sous-Himalayas. Nous avons, en effet, cru superflu de reproduire la très-mauvaise figure du squelette de l'Éléphant de Sibérie, publiée par Tilesius dans les mémoires de l'Académie de St-Pétersbourg, aussi bien que celle du squelette de l'Éléphant de l'Ohio, restauré par R. Peale, quoiqu'elle soit évidemment meilleure. A plus forte raison n'avons-nous pas cru devoir répéter les figures, souvent réduites, d'un assez grand nombre d'autres pièces n'ayant réellement presque aucune importance, autre que comme indication de localités, mais qui ne pouvaient servir en rien à la distinction des espèces; nous n'avons en effet signalé les localités un peu importantes, que lorsque nous avons pu le faire par la représentation d'une pièce véritablement significative.

et seulement de pièces significatives pour les Localités.

D'après le Squelette de l'Éléphant de l'Inde.

Obligé, dans le but de diminuer le nombre de planches sans nuire à la conception de l'ouvrage, de nous restreindre, nous avons donné la figure du squelette d'une seule espèce vivante; et dès lors nous avons dû choisir celle de l'Inde comme la plus commune et la plus connue, puisque nous en avons cinq squelettes.

1 pour le Crâne du Même.

1 pour celui des autres Espèces.

Prenant ensuite en particulier les espèces à dents lamelleuses, vivantes et fossiles, nous avons consacré une seconde planche à représenter le crâne de l'Éléphant d'Asie, mâle, femelle et jeune, pris comme type et sous toutes ses faces; puis une troisième a été employée pour la comparaison des crânes d'espèces vivantes et fossiles; une quatrième l'a été pour les parties caractéristiques du tronc; une cinquième et une sixième pour celles des membres antérieurs et postérieurs; et enfin une septième, une huitième, une neuvième et une dixième, représentent le système dentaire aux deux mâchoires, disposé dans l'ordre de succession des dents, depuis la première jusqu'à la sixième, et cela, comme pour les précédentes, en rapprochant les pièces fossiles de leurs correspondantes à l'état récent.

1 pour le Tronc. 2 pour les Membres. 4 pour le Système dentaire.

Pour l'Iconographie des espèces d'Éléphants à dents mamelonnées nous avons suivi une autre marche, par la raison que nous étions loin d'avoir tous les os de leur squelette, comme pour les espèces à dents lamelleuses. Dès lors nous avons cru devoir les rassembler par grandes localités, ce qui me semble assez bien concorder avec les espèces susceptibles d'être distinguées d'une manière un peu certaine, en les rangeant dans un ordre déterminé par la forme des dents; commençant par l'espèce de l'Inde, puis par celle de la Sud-Amérique, et poursuivant par celle d'Europe, en trois planches de dents et du squelette, à cause des localités, par celle de la Nord-Amérique, et terminant par une série dentaire tirée de celle-ci et de l'espèce tapiroïde d'Europe.

Les Éléphants Mastodontes pris à part, et par Localités, de l'Inde, de la Sud-Amérique, d'Europe, de la Nord-Amérique.

1° De l'Éléphant des Indes (*E. indicus*).

Maintenant que nous avons donné le plan de notre travail, nous entrons en matière en décrivant le squelette des espèces vivantes et prenant pour type celui de l'Éléphant des Indes.

La nature des os de cet animal est assez particulière en ce que, d'un tissu éburné peu solide, médiocrement épais, même dans les os longs, ceux-ci n'ont jamais de cavité médullaire, et par conséquent ne sont jamais fistuleux, ce qui les rapproche de ceux des mammifères aquatiques, de quelque famille qu'ils proviennent, et cependant il me semble qu'ils ne tournent jamais au gras.

du Squelette considéré dans la Nature des Os, constamment poreuse.

Quant à leur mode d'articulation, on peut également voir que les

Leur Articulation, en général,

surfaces par lesquelles ils se touchent sont larges, ou, du moins, en général, peu profondément excavées, et recouvertes d'une couche de substance éburnée peu épaisse; ce qui, avec la nature ordinairement poreuse de leurs extrémités, facilite la pourriture de ces os d'une manière assez notable, d'autant plus que les épiphyses paraissent se souder fort tard.

large, plate.

Leur ensemble et leur disposition générale.

Quand on examine l'ensemble du squelette de l'Éléphant adulte et mâle, ce qui frappe au premier abord est sans doute l'énormité de sa taille et la grosseur des os qui le composent; mais ensuite, c'est la disposition oblique du tronc, l'angle assez marqué que fait la tête à l'extrémité d'un cou très-court, la grande capacité de la poitrine, qui semble toucher au bassin, et enfin la hauteur et la rectitude des membres, au contraire de la brièveté des mains et des pieds qui les terminent, en les continuant, pour ainsi dire, en faisceau, dans la même direction verticale.

I. SÉRIE SUPÉRIEURE. Des Vertèbres

La série vertébrale en totalité est composée de soixante-dix vertèbres: quatre céphaliques, sept cervicales, vingt dorsales, trois lombaires, cinq sacrées et trente caudales.

céphaliques. En général.

La manière dont les vertèbres céphaliques se disposent entre elles, et principalement dans leurs appendices, est surtout extrêmement remarquable, en ce que leur corps ou partie basilaire est peut-être encore plus petit par rapport à leur arc que dans l'espèce humaine; mais, hâtons-nous de le dire, c'est quand on envisage les choses à l'extérieur, par suite du grand écartement caverneux des deux tables qui constituent cet arc, disposition qui a même lieu pour l'os squammeux, dont la suture n'est nullement écailleuse.

En particulier. V. occipitale, dans son Corps, ses Pièces latérales.

La vertèbre occipitale offre cependant une particularité contraire à un très-haut point, c'est-à-dire qu'une partie de son arc en arrière est remarquablement mince. Quant au corps basilaire, il est du reste court, peu épais, à bords parallèles, accompagné à droite et à gauche de condyles ovales, assez saillants, assez distants, portés par des occipitaux latéraux, médiocrement bombés, ou même presque plats, sans apophyse mastoïde, arrondis, contigus au-dessus du trou vertébral, et couronnés par un occipital supérieur considérable, s'avançant en large bouclier et s'inclinant assez fortement jusqu'au sinciput, formé par la crête occipitale, creusé dans le milieu de sa hauteur par un enfoncement profond, arrondi, séparé en deux par une languette verticale pour l'insertion du ligament cervical. Sa pointe intra-pariétale est quelquefois en partie séparée, de manière à simuler un inter-pariétal qui n'existe cependant pas. supérieure.

V. Sphéno-pariétale. Son Corps. Ses Ailes.

La vertèbre sphéno-pariétale est encore bien plus considérable, non pas toutefois dans son corps qui est fort petit en dessus, quoiqu'en dessous il soit moins étroit, et surtout dans la partie apophysaire de ses ailes, qui sont très-larges, très-convexes en arrière, fortement excavées en avant, et même assez élevées, mais bien dans l'arc formé par le pariétal. Cet os est en effet d'un grand développement latéral ou temporal, mais beaucoup moins dans sa face sincipitale, qui est étroite et complétement lisse, formant avec son congénère une plaque presque carrée, fortement échancrée sur les côtés, et dont les deux angles externes, comme brachidés, vont soutenir, à l'antérieur, l'angle externe de l'orbite, formé par le frontal, et au postérieur bien plus large, l'extrémité supérieure de la partie mastoïdienne du temporal.

Son Arc pariétal.

V. Sphéno-frontale. Son Corps. Ses Ailes.

La vertèbre sphéno-frontale, comme la précédente, est extrêmement petite dans son corps fort mince, qui ne se voit même qu'à l'intérieur, couvert qu'il est par l'ethmoïde et la base du vomer, et même dans ses ailes, qui sont entièrement cachées, non-seulement en dedans, mais aussi dans leur connexion avec le pariétal, et surtout avec le frontal dans la fosse sphénoïdale; quant à l'os frontal lui-même, il est transverse, arrondi et convexe au bord postérieur, concave à l'antérieur et se portant en dehors par un bras assez long et oblique, au-dessus de l'orbite, formant une apophyse orbitaire externe, obtuse et assez marquée.

Son Arc frontal.

V. Vomer, nasale. Son Corps.

Le corps de la vertèbre faciale offre dans l'Éléphant une particularité distinctive, remarquable, d'abord dans le corps de l'ethmoïde et dans le vomer, qui, en effet, bifurqué à sa base, est excessivement mince, tranchant comme un couteau, et singulièrement remontant en dessus et en avant, de manière à former un angle presque droit avec la série basilaire; mais

Son Arc. Os du Nez. surtout dans les os du nez, qui, triangulaires et transversaux comme les frontaux qu'ils continuent dans toute leur largeur, sont également arqués, très-étroits, formant par leur réunion médiane une pointe courte et obtuse, bordant l'orifice nasal dans toute sa moitié supérieure, l'os incisif formant l'autre moitié.

Appendices céphaliques. La brièveté et l'élargissement du crâne de l'Éléphant, la direction anguleuse du corps des vertèbres qui le constituent, en harmonie avec la grandeur et le poids des défenses qui arment l'extrémité antérieure de la mâchoire, ont entraîné certaines particularités des appendices masticateurs et, entre autres, celle de l'angle facial, qui est presque droit.

Supérieur. En général. La mâchoire supérieure est remarquablement courte dans sa partie radiculaire et même dans son corps, au contraire de sa terminaison, assez bien comme dans les Rongeurs.

En particulier. Palatin postérieur. Le palatin postérieur, que l'on peut à peine distinguer dans le très-jeune âge, me paraît consister dans une sorte d'os en V dont les bras élargis continuent l'apophyse ptérygoïde, et dont le sommet obtus et subbifide en forme le crochet.

antérieur. L'antérieur est également assez petit et surtout dans sa partie verticale, qui remonte sous forme de lame très-mince, courbée entre la partie postérieure convexe du maxillaire et l'apophyse ptérygoïde concave. Quant à la partie horizontale. elle borde en s'épaississant l'orifice naso-palatin, et s'avance jusqu'à moitié de la ligne des dents molaires, où elle se termine en se rétrécissant un peu.

Lacrymal. Le lacrymal est petit, épais, formé presque entièrement par une apophyse oblique d'insertion du muscle orbiculaire des paupières, sans traces de canal lacrymal. Cet os semble quelquefois formé de deux parties, parce que la face externe de l'ethmoïde ou l'os planum se montre dans l'intervalle.

Jugal Le jugal est également assez peu considérable, en forme de barre transverse, se prolongeant assez en arrière, sous le bord de l'apophyse jugale du temporal, mais imbriquant fort peu celle du maxillaire, avec indice peu marqué, mais très-antérieur, de l'apophyse orbitaire.

L'os maxillaire participe encore à la brièveté et au peu d'étendue de la face. Sa branche horizontale, large et courte, mais extrêmement épaisse en hauteur, est fort reculée en arrière, et sa branche verticale, en forme de coin, ne forme, pour ainsi dire, à sa partie supérieure, que la racine de la joue à la pommette, par une apophyse jugale assez saillante, quoique étroite, percée à la base d'un trou sous-orbitaire, verticalement ovale et considérable. Quant à la partie antérieure, elle enveloppe en dehors et surtout en dessous le canal formé par le prémaxillaire, en s'étalant à son extrémité élargie. Maxillaire. Sa Branche horizontale. verticale.

C'est véritablement ce prémaxillaire ou incisif qui constitue la plus grande partie de la face de l'Éléphant, encore plus peut-être que dans les Rongeurs, obliquement ajusté à l'extrémité du maxillaire. Sa branche montante, en forme de cylindre creux, appliquée en dedans, suivant une ligne droite et dans toute sa longueur contre celui du côté opposé, s'étale et s'épaissit à sa base, de manière à former la moitié inférieure de l'ouverture nasale, repoussant en dehors et en dessous le maxillaire. Quant à sa branche inférieure, elle est constituée par une lame large, fort épaisse en avant, assez bien parallèle à la branche montante, et contribuant par son écartement en dehors à former un interstice incisif assez considérable et fort anguleux. Prémaxillaire ou incisif. Sa Branche montante. horizontale.

L'appendice, dans la formation duquel entre la mandibule, n'est pas moins singulier dans l'Éléphant par sa grande brièveté. Appendice inférieur. En général. En particulier. Rocher.

Le rocher est assez gros en lui-même, mais paraît petit proportionnellement à la masse de l'animal. Complétement serré entre les os qui l'entourent, sa forme est en dessus triangulaire-ovale, convexe, avec une petite crête qui le sépare en deux faces assez bombées; mais, en dessous, il est un peu plus régulièrement triangulaire, et surtout plus lisse, du moins à sa partie postérieure, formant une caisse très-surbaissée.

Les osselets de l'ouïe (1) sont dans le cas du rocher pour leur proportion, mais, du reste, ne présentent rien de bien particulier. Osselets de l'Ouïe.

(1) Du moins dans l'Éléphant d'Afrique, n'ayant pu les obtenir sur celui d'Asie.

Étrier. L'étrier, de forme ordinaire, a sa platine fort mince, convexo-concave, ainsi que ses deux branches assez inégales en largeur; il est du reste fort petit.

Lenticulaire. Le lenticulaire ne m'a pas paru distinct de la tête tronquée de l'étrier.

Enclume. L'enclume est, au contraire de l'étrier, assez forte, presque autant que le marteau. Sa tête forme une sorte de masse peu épaisse et recourbée sur une partie excavée, d'où naissent deux bras presque égaux et divergents.

Marteau. Le marteau médiocre offre une tête petite et comprimée, une très-courte apophyse de Raw au devant d'une fossette assez profonde et un manche assez large, mais peu long.

Caisse. Cercle de Tympan. Squammeux ou Temporal. Son Apophyse jugale. Cavité glénoïde. Quant à la caisse et au cercle du tympan, base du temporal, la première est presque nulle, tant elle est petite et peu saillante. Il n'en est pas de même du squammeux, qui est large, arrondi dans sa partie verticale, occupant une étendue considérable de la fosse temporale, au point de cacher en dehors l'aile presque entière du sphénoïde postérieur, et de s'étendre jusqu'au frontal. Son apophyse jugale est également assez forte, en forme de triangle à peine recourbé, offrant à la base de sa face inférieure une cavité glénoïde transverse, très-étendue, sub-cylindrique, à peine limitée, si ce n'est en dehors, par la saillie obtuse, en mamelon, de l'extrémité du jugal.

Mandibule. Condyle. Sa Branche verticale. Apophyse coronoïde. Angle. Branche horizontale. La mandibule qui s'articule avec elle par un condyle en tête de clou arrondie offre cela de particulier, et qui ne se voit guère que dans le Dugong, que la branche horizontale est à peine plus longue que la verticale, à laquelle elle se joint en formant un angle presque droit. Celle-ci considérablement élargie par son apophyse coronoïde, du reste assez basse au-dessous du condyle, et par la disposition de son angle arrondi et très-épais, n'offre en dehors aucune fosse massétérienne un peu prononcée; mais en dedans son canal dentaire est énorme, et son orifice très-remonté. La branche horizontale courte, mais très-épaisse sur ses deux bords, et fort bombée en dehors, se termine en avant, où elle converge vers l'extrémité, en une sorte de bec d'aiguière court, assez aigu en général, quoique un peu variable dans son étendue, mais sans qu'il y ait aucun indice de symphyse proprement dite, les deux côtés n'étant jamais séparés, même dans un très-jeune âge, assez bien comme dans l'homme. Symphyse.

Si les deux parties dont se compose la tête osseuse de l'Éléphant offrent tant de particularités différentielles avec ce qui existe dans les autres Mammifères, on peut dire qu'il en est de même de l'ensemble qu'elles forment, et sur lequel les sutures d'union des os s'effacent de fort bonne heure et ne sont jamais que fort légèrement denticulées. En effet, par derrière, c'est une masse énorme, renflée sur les côtés et comme bilobée en-dessus; mais ensuite fort peu convexe et ascendante obliquement vers un sinciput comme pyramidal, et duquel le front élargi et plus ou moins excavé, dans l'Éléphant d'Asie, descend assez rapidement jusqu'à l'orifice nasal, au delà duquel le plan oblique fortement canaliculé au milieu se continue jusqu'à l'extrémité des prémaxillaires. Cette disposition obliquement pyramidale, renflée sur les côtés, et telle que la hauteur totale, en comprenant le maxillaire, est plus grande que la longueur antéro-postérieure, est surtout évidente de profil; quant à la face inférieure, elle est beaucoup plus normale, sauf la grande saillie des maxillaires, au contraire de l'antérieure qui offre l'ouverture nasale singulièrement remontée vers son milieu, tout à fait à la racine du front, au-dessus de la moitié de la longueur totale. De la Tête dans son ensemble. Ses Sutures. Sa Forme générale. pyramidale. aussi haute que longue.

Les fosses, creusées à la surface de cette énorme masse, sont cependant généralement fort peu profondes, si ce n'est l'occipitale supérieure décrite plus haut, pour l'insertion du ligament cervical, la temporale oblique et très-grande, et celle antérieure connue sous le nom de fosse canine, qui forme une sorte de large gouttière le long des prémaxillaires. Quant aux ptérygoïdiennes et aux massétériennes, elles sont en général assez superficielles; mais celles-ci sont au moins fort larges, tandis que celles-là sont très-petites. Dans ses Fosses : occipitale. temporale. canine. ptérygoïdienne massétérienne.

Les cavités mêmes ne sont certainement pas proportionnelles à la grosseur de la tête. Dans ses Cavités

interne ou cérébrale,

Ainsi, à l'intérieur, la cavité cérébrale est assez loin d'être véritablement grande, malgré la grosseur de la tête, ce qui tient à ce que les os qui la forment, et surtout sa voûte supérieure, sont d'une épaisseur extraordinaire, par suite des énormes cellulosités verticales qui en séparent les deux tables, fort minces par elles-mêmes.

considérée en général. Et dans ses Fosses médianes, latérales, supérieures,

Cette cavité est du reste presque demi-elliptique, presque aussi large que longue, très-peu excavée dans les fosses médianes basilaire, sphénoïdale et même sus-sphénoïdale ou selle turcique, dont les apophyses clinoïdes sont peu marquées, un peu davantage dans les occipitales inférieures, et surtout dans les temporales, qui le sont considérablement, et les ethmoïdales. La calotte est surtout fort concave, en ellipse peu allongée dans la région fronto-pariétale, ce qui indique la forme du cerveau et sans indice de tente osseuse.

sensoriales.

Les cavités sensoriales sont encore moins développées que la précédente.

auditive,

L'auditive en effet est assez petite dans le rocher, comme dans la véritable caisse, qui est plate et confondue avec un mastoïdien peu considérable et fort peu distinct (1).

orbitaire.

L'orbite est également remarquable par sa petitesse ; la grandeur de l'espace inter-orbitaire le porte tout à fait latéralement. Il est du reste à peu près rond dans son cadre, et largement ouvert dans sa moitié postérieure, par suite de la presque nullité de l'apophyse du jugal et le peu de saillie de celle opposée du frontal, qui offre la particularité de se continuer en forme de crête oblique et tranchante jusqu'à la fente sphénoïdale.

olfactive.

La cavité olfactive est à peine plus développée que l'orbite, par suite de la brièveté du palatin et du maxillaire, fortement remontée et ne dépassant pas l'orbite. Aussi les cornets supérieurs, quoique nombreux, forment-ils une masse à peine médiocre, et l'inférieur n'est-il constitué que par une lame peu osseuse, recourbée en avant, presque extérieure, à

Cornets supérieurs, inférieur.

(1) E. Home (*Trans. phil.*, 1799, page 240, note *) dit positivement, comme P. Camper, que les cellules de la tête de l'Éléphant communiquent librement avec la caisse du tympan.

l'entrée du cartilage nasal. Au-dessous de ce cartilage est l'ouverture semi-lunaire et oblique du sinus frontal, et, par suite, de tous ceux des os de la tête; et puis, au-dessous, celle bien plus petite et en fente, qui conduit dans le sinus de l'os maxillaire, et de là dans tous les os de la face qui sont en connexion avec lui.

Sinus frontal ou céphalique.

Maxillaire ou facial.

Palatine.

La cavité palatine est également remarquable par son étendue en longueur, son peu de profondeur, son étroitesse et sa forme parallélogrammique, s'élargissant en avant, au delà de la barre, sans dents.

Mandibule.

C'est le contraire pour l'intervalle des deux côtés de la mandibule, c'est-à-dire que fort petit également, il forme un angle fort ouvert en arrière et prolongé en gouttière en avant.

Dans ses Trous nerveux ou vasculaires.

Quant aux trous et fissures que la tête de l'éléphant présente, pour la sortie ou la rentrée des nerfs et des vaisseaux, assez bien comme celle des autres Mammifères, on ne peut y trouver rien de bien particulier :

Les condyloïdiens sont extrêmement petits, mais existent réellement, comme l'a justement fait remarquer Meckel, contradictoirement à ce qu'avait dit M. G. Cuvier.

déchiré postérieur.

Les trous déchirés postérieurs ne forment qu'une fissure semi-lunaire un peu élargie.

auditif interne.

Le canal auditif interne est unique, à peu près rond, à bords redressés.

carotidien.

Le canal carotidien est médiocre à son entrée, percé au bord interne de la caisse.

ovale et rond.

Les trous ovale et rond sont fort rapprochés en arrière de l'apophyse ptérygoïde, mais bien distincts.

sphénoïdal.

La fente sphénoïdale est formée par un trou rond et plus petit que le trou optique dont il est assez rapproché.

optique

Celui-ci est tout au plus médiocre et rond.

sphéno-palatin.

Le trou sphéno-palatin est entièrement caché dans la fosse ptérygoïdienne excessivement étroite.

palatins postérieurs.

Les trous palatins postérieurs sont au nombre de trois, en ligne droite dans la suture palato-maxillaire.

sous-orbitaire.

Le canal sous-orbitaire est fort court et très-grand; il s'ouvre dans son intérieur un trou considérable, dont M. G. Cuvier fait le sphéno-palatin.

incisif.

Le trou incisif est confondu avec l'interstice qui sépare les maxillaires et les incisifs

Canal dentaire.

Son Orifice.

Sa Sortie du Mentonnier.

Enfin le canal dentaire, qui commence, ainsi qu'il a été dit plus haut, assez près de la partie supérieure de la branche montante de la mandibule par un orifice très-grand, se continue fort large tout le long de sa branche horizontale, et communique à l'extérieur par trois trous mentonniers médiocres, généralement en ligne presque droite; le postérieur plus grand et plus distant.

Ses Orifices.

Les trois grands orifices de la tête de l'Éléphant sont peut-être plus particuliers que les trous nerveux ou vasculaires.

Antérieur ou nasal.

L'antérieur ou nasal, fort remonté comme il a été dit plus haut, est transverse, bien plus large que haut, entièrement bordé par l'os nasal en dessus et le prémaxillaire en dessous.

Médian ou Palatin.

Le médian ou palatin est médiocre, assez bien parallélogrammique, bordé par le palatin dont l'échancrure est sub-semi-circulaire, et situé vers les trois cinquièmes de l'espace compris entre le bord antérieur du prémaxillaire et celui du trou occipital.

Occipital.

Ce dernier orifice, dont le diamètre est à celui de la cavité cérébrale comme 1 : 5, est petit, un peu plus large que haut et sub-terminal. La grande saillie des bosses occipitales le dépassant quelquefois un peu en arrière, et la singulière élévation de la dernière molaire semblent le mettre au milieu de la face postérieure de la tête, quand elle repose sur la ligne dentaire.

Colonne vertébrale en général.

La série vertébrale de l'Éléphant d'Asie forme une colonne large, serrée, assez oblique, dans laquelle il n'y a presque qu'une seule courbure, et même assez peu marquée, depuis celle du cou qui est au contraire évidemment assez prononcée en dessus, jusqu'à celle de la queue qui est brusquement tombante.

V. cervicales, 7.

La région cervicale est remarquable par sa brièveté, surtout dans sa moitié postérieure, où les vertèbres sont très-minces dans leur corps et entassées un peu comme dans les Lamantins (1), quoiqu'elles soient bien complètes. En général.

L'atlas forme cependant un anneau assez épais, même proportionnellement avec la grandeur de l'animal, plus dans sa moitié inférieure que dans la supérieure, et assez fortement étalé à droite ou à gauche en une apophyse transverse légèrement relevée en dessus et en avant, peu dilatée à son extrémité, et percée dans sa racine (2) d'un grand trou rond pour le passage de l'artère vertébrale. L'arc supérieur est du reste assez peu élevé, assez sensiblement échancré dans le milieu de deux larges bosses d'insertion musculaire, au contraire de l'inférieur, pourvu d'une petite apophyse médiane à son bord postérieur. En particulier. Atlas. Dans son Corps. Ses Apophyses transverses. Son Arc.

Quant à sa cavité, elle est en forme d'un grand trou de serrure plus large dans sa partie supérieure, continuation du canal vertébral, que dans l'inférieure, assez régulièrement arrondie, pour recevoir l'apophyse odontoïde de l'axis, et fortement élargie à droite et à gauche par de larges excavations articulaires, assez loin de se toucher et plus profondes en avant qu'en arrière, où elles sont réunies par une partie transverse. Sa Cavité. Supérieurement. Inférieurement.

L'axis est encore plus épais dans son corps que l'atlas, assez convexe en avant, où il se prolonge en une apophyse odontoïde fort courte, assez brusquement conique et concave en arrière. Ses apophyses transverses sont fort minces, en forme d'os en V par la grandeur du trou qui en perce la base; mais, par contre, l'apophyse épineuse en tête de hache est fort épaisse, assez saillante et canaliculée dans le milieu dorsal de son épaisseur, ce qui la rend bifurquée. Axis. Dans son Corps. Ses Apophyses transverses, épineuse.

Les trois cervicales intermédiaires, bien plus minces dans leur corps convexo-concave (3), mais bien plus larges, se ressemblent du reste 3e, 4e et 5e, en général.

(1) Ainsi que l'a déjà fait remarquer A. Camper, qui cite même un très-vieux sujet de sa collection, où elles étaient ankylosées (*Anatomie de l'Éléphant*, œuvres de P. Camper, tome II, p. 182). Perrault avait aperçu leur ressemblance avec celles de l'Homme (Mémoires, p. 545).

(2) M. G. Cuvier dit, à tort, que ces apophyses transverses n'ont pas de trou, et l'attribue à la partie annulaire.

(3) Quoi que dise Meckel, il n'est pas également plat à ses deux extrémités.

assez complétement, aussi bien dans leur arc, sans apophyse épineuse, que dans leurs apophyses articulaires, formées de deux facettes obliquement contre-opposées, d'égale grandeur, l'antérieure plus saillante, et même dans leurs apophyses transverses très-faibles, avec un énorme trou à leur base.

Sixième.

La sixième ne diffère guère de la cinquième que parce qu'elle est pourvue d'une apophyse épineuse, grêle, mais assez élevée et dirigée en avant. Son apophyse transverse est aussi plus large et plus saillante.

Septième.

Enfin la septième, en général plus épaisse encore que la précédente, en diffère surtout par plus de largeur de l'apophyse transverse, qui, comme de coutume, n'est pas percée, et qui présente à sa base postérieure et radiculaire une facette costale. Son apophyse épineuse est surtout encore plus élevée.

V. dorsales, 20. En général. Le Corps. Les Apophyses transverses, épineuse. L'Arc.

Les vertèbres dorsales, qui sont au nombre de vingt, sont toutes remarquables par la largeur et le peu d'épaisseur de leur corps, qui n'augmente que faiblement de la première à la dernière; mais les treize antérieures sont surtout remarquables par la grande élévation de leur apophyse épineuse et l'épaisseur arrondie de leurs apophyses transverses, dont la base est assez profondément creusée par deux cupules plus ou moins rapprochées pour l'articulation des côtes. Leur arc, qui fait la base de l'apophyse épineuse, est fort mince, très-surbaissé, de manière que les facettes articulaires sont très-obliques, nummiformes et fort distantes.

En particulier. Dans leurs différences graduelles. Pour les facettes articulaires. Les Apophyses transverses,

A mesure que l'on considère chacune de ces vingt vertèbres, on trouve des différences très-appréciables dans chacune de ces particularités, mais qui se nuancent, pour ainsi dire, de la première à la dernière. Ainsi, pour l'étendue et la séparation entre elles des deux cupules d'articulation costale, d'abord un peu distantes pour les deux premières, puis tout à fait contiguës pour les cinq suivantes, et enfin s'écartant et diminuant de plus en plus de la sixième à la dernière, disposition qui est en rapport avec l'épaisseur de la racine de l'arc. Les apophyses transverses croissent aussi de la première à la dixième pour décroître ensuite assez notablement jusqu'à la vingtième. Enfin l'apophyse épineuse, assez haute et fort grêle à la première, croît assez rapidement en hauteur de la seconde à la septième, mais devenant bien plus grêle; elle décroît ensuite en hauteur, en même temps qu'elle s'élargit depuis celle-ci, jusqu'à la dernière, qui, sous ce rapport comme sous tous les autres, prend le caractère des lombaires. épineuse.

Celles-ci, au nombre de trois seulement, par une singularité remarquable, suivent la même marche de décroissement aussi bien dans leur corps que dans leur arc et ses apophyses; seulement la transverse de la dernière s'élargit en prenant une direction transverso-verticale. V. lombaires, 3.

Les vertèbres sacrées ne sont qu'au nombre de deux, articulées avec l'iléon, mais quelquefois il s'en trouve jusqu'à cinq (1) soudées entre elles : deux d'abord et trois ensuite. Leur corps est large et tout à fait rectiligne en dessous; les apophyses transverses fort courtes et épaisses, et toutes les autres, même les articulaires, assez distinctes. La première a cependant son apophyse épineuse notablement plus grêle que la seconde, quoiqu'en étant bien distincte; mais celles des trois autres sont soudées en une seule crête. V. sacrées, 3. Dans le Corps. Les Apophyses transverses, épineuse.

Les vertèbres coccygiennes, au nombre de vingt-six au moins, probablement de trente, comme le dit Camper d'après un squelette fait par lui-même, suivent assez rapidement la dégradation que nous avons vue commencer aux dernières dorsales, et surtout dans leur grosseur : car la longueur se conserve assez longtemps la même. Les six premières ont encore leur arc supérieur complet, avec apophyse épineuse bilobée, des apophyses articulaires antérieures bien distinctes, ainsi que les transverses, quoique courtes. Les dix suivantes ont pour apophyse épineuse deux lames formant gouttière d'abord fort large, et se rétrécissant en s'abaissant peu à peu, ce qui est encore plus marqué pour les apophyses transverses qui s'effacent plus tôt. Enfin les dix dernières prennent la forme tétragone, les angles un peu ailés, surtout le médio-supère. V. coccygiennes, 20. Considérées dans la dégradation de l'Arc. des Apophyses épineuses,

(1) Camper en compte en effet cinq; Meckel, trois.

Des Côtes, 20. En général. sternales, 5. asternales, 15. En particulier. De la dégradation. Les premières. La dernière.

Nous avons déjà fait observer que le nombre des vertèbres dorsales de l'Éléphant d'Asie est de vingt : celui des côtes est donc de vingt paires, toutes très-longues, assez étroites, surtout supérieurement où leur bord antérieur est sub-canaliculé, et même presque grêles pour un animal aussi grand, quoiqu'un peu élargies par un bord tranchant inférieurement. Cinq seulement sont vraies ou sternales, et quinze sont fausses ou asternales. Les premières sont assez peu courbées, tombant verticalement; mais les dernières, en diminuant peu à peu de longueur, se portant fortement en arrière, le deviennent de plus en plus, surtout dans leur partie supérieure, où la courbure est toujours bien plus marquée. Les premières côtes, élargies à leurs extrémités et quelquefois réunies l'une à l'autre en symphyse, comme Ray l'avait observé depuis longtemps, sont presque droites et fort plates à leur extrémité sternale, ce qui a également lieu pour la seconde. La dernière fort courte est au contraire la plus étroite de toutes, terminée en pointe et presque droite.

Leur Cartilage.

Toutes sont pourvues d'un cartilage fort long et pointu, dirigé en avant.

II. Série inférieure ou sternale. Hyoïde. Son Corps. Ses Cornes, postérieures. antérieures. Styloïde.

L'hyoïde de l'Éléphant est assez singulier, en ce que son corps, transverse, plat, trapéziforme, fort allongé, plus épais au bord antérieur, rectiligne, qu'au postérieur, un peu excavé, est pourvu en arrière de deux cornes thyroïdiennes considérables, assez plates, droites et comme tordues sur leur plan. Il n'a pour cornes antérieures qu'une saillie cartilagineuse et même sans ligament prolongé vers un styloïde médiocre dans son corps aplati et droit, mais donnant naissance, à son bord inférieur, à une longue apophyse aiguë, plate, un peu courbée en dedans, d'où résulte une fourche dirigée en avant.

Sternum 5 sternèbres.

Le sternum de l'Éléphant est, en général, court, presque tranchant en bréchet en dessous, surtout en avant, s'élargissant assez en dessus d'avant en arrière, et, malgré l'énormité de la cage thoracique, il n'est formé que de cinq (1) sternèbres, trois intermédiaires, dont la der-

(1) M. de Hauch ne lui en donne que trois, regardant sans doute les trois intermédiaires comme une seule.

nière fort courte, et deux terminales. Toutes, surtout la dernière ou xiphoïde, s'ossifient difficilement et tardivement. La première, de beaucoup la plus longue, est comprimée et saillante en avant, en forme de soc de charrue. Les intermédiaires sont courtes, également assez comprimées, sauf en dessus, et la dernière, ou xiphoïde cartilagineuse, est large, courte, fort mince et panduriforme.

Première. Intermédiaires. Dernière.

Il n'y a, comme il a été dit plus haut, que cinq cornes sternales, toutes proportionnellement assez longues, peu épaisses et croissant rapidement de la première à la dernière. La première se joignant au manubrium vers la moitié de sa longueur, la seconde dans l'intervalle de la première sternèbre à la seconde, et ainsi de suite jusqu'à la cinquième, qui n'est séparée de celle du côté opposé que par une très-courte sternèbre presque cubique et peu distincte.

Ses Cornes, 5. Première. Seconde.

Par suite du grand nombre de vertèbres costifères et du peu de sternèbres, il résulte une très-grande capacité thoracique, mais surtout dans la partie abdominale ou sous-hypocondrique. J'ai déjà fait remarquer qu'elle semble s'étendre jusqu'à l'os des iles, ce qui est dû en partie au petit nombre des vertèbres lombaires.

Du Thorax en totalité.

Les membres qui supportent cette énorme masse sont, ainsi que nous l'avons fait déjà remarquer, fort élevés, et les pièces qui les composent verticalement empilées les unes sur les autres, de manière à constituer des espèces de colonnes. Par la brièveté du tronc, ils sont peu écartés et assez bien de même hauteur totale.

III. Des Membres en général.

Les antérieurs, qui n'offrent aucune trace des clavicules, ont au contraire une omoplate fort large, presque tout à fait verticale, de forme en général triangulaire, mais dont la périphérie offre réellement cinq côtés inégaux, par la manière dont le supérieur, ou dorsal le plus long, a été partagé en deux parties inégales, par l'élévation du sommet arrondi de la crête, aussi bien que par la largeur de la cavité glénoïde, qui forme le plus petit. La partie postérieure du bord dorsal, bien plus étendue que l'antérieure, forme en outre, en descendant vers le bord axillaire assez excavé, et le plus court des trois, un angle bien

Des Antérieurs. Clavicule, 0. Omoplate en général. Ses Particularités.

Sa Crête. Son Acromion. marqué; et comme la crête, large et fort complète du reste, terminée en avant par une avance large et arrondie, est pourvue, vers le milieu de son bord postérieur, d'une apophyse un peu en crochet large et triangulaire, ce qui semble la terminer par deux branches, est très-antérieure, Ses Fosses. il en résulte que la fosse sous-épineuse est trois ou quatre fois plus Sa Cavité glénoïde. large que la sur-épineuse, qui est fort étroite. Quant à la cavité glénoïde, elle est très-étendue, sub-circulaire, peu profonde, et son Son Apophyse coronoïde. bord antérieur est considérablement épanché par un tubercule coracoïdien très-marqué, quoique moins que dans le Lamantin, ainsi que le fait observer M. de Hauch.

Humérus. En général. L'humérus de l'Éléphant d'Asie se distingue assez bien de celui des autres Mammifères terrestres de grande taille par une certaine gracilité, malgré sa grandeur, par la compression oblique de la moitié supérieure de son corps et par un amincissement et une compression en sens inverse de ses deux cinquièmes inférieurs.

En particulier. Supérieurement. L'extrémité supérieure offre, du reste, une tête articulaire hémisphérique, complétement sessile, avec une grosse tubérosité presque unique, obliquement comprimée d'avant en arrière, la partie postérieure la plus épaisse, plus élevée que la tête, l'antérieure plus mince, déclive et se continuant dans le bord interne de l'empreinte deltoïdienne; celle-ci large et triangulaire, séparée de la tête par une profonde gouttière bicipitale, se prolongeant obliquement jusqu'au dessous de la moitié de l'os.

Inférieurement. L'extrémité inférieure n'est pas moins caractéristique : comprimée d'avant en arrière, avec un méplat postérieurement et une excavation assez prononcée antérieurement, elle est élargie en dehors seulement par une crête assez marquée, anguleuse, plus saillante à son origine supérieure, et terminée par une poulie articulaire transverse, presque régulière ou symétrique, dont la partie interne est cependant un peu plus large que l'externe; au-dessus est une assez large excavation peu profonde, même en arrière, où elle est immédiatement en contact avec la poulie articulaire.

Les os de l'avant-bras de l'Éléphant sont en général un peu plus longs que l'humérus et fort serrés entre eux. Avant-Bras.

Le radius offre surtout une particularité remarquable (1) en ce que beaucoup plus petit en longueur et en grosseur que le cubitus, il est placé et collé à la partie antérieure de celui-ci, qu'il croise obliquement de dehors en dedans, n'occupant inférieurement que la moitié au plus de l'articulation carpienne. Radius. En général.

Cet os est du reste assez grêle pour un si grand animal, fort arqué dans toute la longueur de son corps, triquètre, un peu en massue par la grande différence d'épaisseur des deux extrémités; la supérieure ayant sa surface articulaire, demi-elliptique, plus large du côté interne et partagée en deux versants très-inégaux; l'inférieure beaucoup plus large comme terme de l'épaisseur graduellement accrue du corps de l'os, offrant une surface articulaire en contre-poulie fort peu marquée, sans apophyse malléolaire interne, mais se joignant à celle du cubitus par son côté le plus étendu. En particulier. Supérieurement. Inférieurement

Le cubitus, qui entre pour les deux tiers au moins dans la masse de l'avant-bras, est assez régulièrement trièdre dans son corps, un côté en avant, l'angle opposé, arrondi, en arrière, et l'interne plus tranchant que l'externe (2). Ce corps s'élargissant beaucoup supérieurement, s'excave assez fortement en avant où il est très-rugueux, tandis que l'angle solide postérieur monte former une apophyse olécrane peu saillante, mais assez élargie transversalement un peu plus en dedans qu'en dehors; offrant en avant une large surface articulaire en forme d'un grand trèfle dont un lobe est postérieur et supérieur, remontant au devant d'une apophyse en cuiller large et arrondie et les deux autres latéraux, l'interne un peu plus grand que l'externe. Cubitus. Supérieurement.

L'extrémité inférieure du cubitus en s'élargissant et surtout en s'épaississant devient trapézoïdale, le petit côté en avant, le plus grand et Inférieurement.

(1) *Modus qui peculiaris est in hoc animali et inusitatus,* dit Ray (Synopsis, p. 133, 1693).

(2) Daubenton le décrit à tort, ce me semble, comme ayant deux de ses faces en avant et une en arrière. T. XI, p. 133.

plat en dedans en contact avec le radius, et l'externe plus convexe avec indice de saillie malléolaire. La surface articulaire, qu'ils limitent, est cependant subtriangulaire, la base en dedans et partagée très-inégalement en deux facettes, l'interne la plus petite, par un angle solide fort obtus.

Carpe.
En général.

Le carpe de l'Éléphant est large, assez court, le tiers environ de la longueur totale de la main (1), fort solide et composé d'os contigus, articulés entre eux par des surfaces plates, plus ou moins carrées, et formé de deux rangs composés chacun de quatre os bien distincts et subégaux.

En particulier.
1re rangée.
Scaphoïde.

Par suite du peu de part que prend le radius dans l'articulation carpienne, le scaphoïde est le plus petit des os de la première rangée, plat et un peu en forme de bourse-à-pasteur. Par son extrémité supérieure recourbée et tronquée, il touche latéralement et presque extérieurement au radius, par sa base fort large et mince, au trapèze et au trapézoïde de la seconde rangée, et par l'angle externe de sa base au semi-lunaire.

Semi-lunaire.

Ce semi-lunaire est le plus grand de tous. Taillé en clef de voûte, la base en dessus ou en avant, le sommet obtus en dedans ou en arrière avec un gros mamelon, il offre supérieurement une large surface articulaire divisée en deux parties, la plus grande pour le radius, et la plus petite versante en dehors pour le cubitus, deux facettes internes avec une latérale externe, et enfin une très-grande en avant ou en dessous à peine convexe pour le grand os.

Pyramidal.

Le triquètre, ou pyramidal, ou cunéiforme, est en effet triangulaire, presque aussi gros et de même forme que le précédent, mais disposé dans un sens différent, la base en dedans et le sommet recourbé en un fort crochet pour l'attache du ligament annulaire en dehors. Sa face supérieure fort large est creusée en gouttière transverse avec

(1) Il y a, ce me semble, un peu d'exagération dans ce que dit Meckel, page 71, que c'est la partie la plus longue de la main, dont elle fait, suivant lui, les deux cinquièmes.

une autre petite facette ovale à son extrémité; l'interne n'offre qu'une facette linéaire marginale d'avant en arrière, le reste étant rugueux; enfin l'antérieure est occupée tout entière par une large surface articulaire transverse et triangulaire, légèrement convexe.

Le pisiforme est le plus petit de tous, en forme de corne, ou d'ongle déformé, simulant une sorte de petite phalange assez longue un peu courbée en dedans, très-rugueuse et un peu renflée à son extrémité. Sa base à sa partie antérieure offre deux facettes articulaires, l'interne beaucoup plus petite, terminale pour le cubitus, l'externe ovale pour le pyramidal. Pisiforme.

La seconde rangée presque de même hauteur que la première est également composée de quatre os: 2e rangée.

Le trapèze assez bien le plus petit de tous, presque hors de rang et semblant un os du métacarpe comprimé, un peu allongé en trapézoïde irrégulier, offre à son angle supérieur tronqué, une assez large surface articulaire ovale pour le scaphoïde (1); à l'angle interne, une double facette produite par un angle très-obtus, l'une pour le trapézoïde, l'autre plus large pour le second métacarpien; enfin toute l'extrémité antérieure est coupée droit par la surface transverse d'articulation avec le premier métacarpien. Trapèze.

Le trapézoïde en coin ou clef de voûte, assez bien carré à la base antérieure, et en pointe obtuse à l'extrémité opposée, a ses quatre autres côtés occupés par autant de facettes articulaires pour chacun des quatre os qui l'entourent. Trapézoïde.

Le grand os beaucoup plus grand en effet, de forme presque cubique, plus épais cependant dans le sens dorso-palmaire que dans tout autre, subconcave et rugueux à la face dorsale, subconvexe avec un assez gros mamelon à la face opposée, offre à ses deux extrémités des surfaces articulaires pleines; celles des deux autres côtés étant forte- Grand Os.

(1) Meckel dit, à tort, page 7, que cet os n'est pas uni à la rangée supérieure, mais seulement au second os de sa propre rangée.

ment interrompues par des fossettes d'insertion ligamenteuse considérables.

Unciforme. L'unciforme le plus gros de cette rangée, ayant une certaine ressemblance avec le pyramidal de la première rangée, avec la différence que son angle externe est fortement tronqué par une facette articulaire obliquement convexe pour l'articulation du cinquième métacarpien, excavé transversalement en dehors, en dessus, fortement tubéreux en dessous, est presque complétement entouré de facettes articulaires, si ce n'est dans une très-petite partie de son bord externe; comme au pyramidal, les deux terminales sont les plus étendues, et l'interne est occupée dans son milieu par une fossette arrondie assez considérable.

Métacarpe. En général. En particulier. Le métacarpe de l'Éléphant d'Asie est aussi large et à peine plus long que le carpe; mais du reste, composé de cinq os (1).

L'interne ou premier. Le premier diffère de tous les autres non-seulement parce qu'il est bien plus petit, mais parce qu'il est comprimé, fortement dilaté aux deux extrémités, surtout à la supérieure et très-étranglé dans le corps, de manière à ressembler un peu à une vertèbre coccygienne. La surface articulaire carpienne est ovale d'avant en arrière et la phalangienne légèrement excavée dans ce sens.

L'externe ou cinquième. Le dernier ou cinquième métacarpien a quelque ressemblance avec le premier, seulement il est assez peu plus long, mais beaucoup plus gros (2), versant obliquement en dehors, et ses extrémités articulaires sont bien plus obliques, la supérieure étant en outre notablement élargie par une sorte de crochet remontant en dehors du dernier os du carpe.

Les trois intermédiaires. Les trois autres sont beaucoup plus semblables entre eux, un peu plus longs, plus régulièrement en prismes triangulaires, moins étran-

(1) Blair a compté six os métacarpiens et par suite six doigts; on ne conçoit pas trop comment il a pu être conduit à cette erreur : A. Camper suppose cependant qu'il a pu prendre pour un sixième doigt, le sésamoïde du pouce.

(2) Il n'est donc pas le plus court, comme le dit Meckel, page 97.

glés dans leurs corps, par moins de renflement des extrémités, dont la supérieure offre toujours trois facettes articulaires, la plus grande et la principale au milieu et terminale, les deux autres beaucoup plus petites, latérales, et l'inférieure est en forme de portion de cylindre transverse, un peu plus large en arrière qu'en avant, avec indice à peine marqué de carène médiane en dessous. En général

Comme différences entre ces trois métacarpiens, on peut cependant faire observer que celui de l'indicateur évidemment le plus gros et égal en longueur à celui du doigt médian offre la facette articulaire externe divisée en deux et bien plus large que l'interne; que le troisième a ses deux facettes latérales presque égales; et enfin que dans le quatrième, qui est assez bien dans le même cas, la forme de la tête est toujours en forme de coin, la base en avant et le sommet en arrière. En particulier. Le second. Le troisième. Le quatrième.

A quoi l'on peut ajouter que le corps de ces trois os est plus excavé en dedans qu'en dehors au premier, assez également des deux côtés au médian, et enfin plus en dehors qu'en dedans au troisième.

Les phalanges de l'Éléphant sont encore proportionnellement plus amoindries que les métacarpiens, quoiqu'elles soient toujours dans le nombre ordinaire (1). Phalanges. En général.

Les premières les plus normales sont en général grosses et courtes, celles des deux doigts extrêmes les plus petites et comprimées latéralement, celle du premier plus que celle du cinquième; les trois intermédiaires sont au contraire assez déprimées, celle du milieu un peu plus longue, celle de l'annulaire et celle de l'indicateur plus courtes, peut-être même Premières.

(1) On conçoit difficilement comment Perrault n'a donné à l'Éléphant, dont il a décrit le squelette, que deux phalanges à chaque doigt, à moins de supposer que, chez l'animal qu'il a observé, il y avait eu une sorte de maladie des pieds qui avait détruit les phalanges onguéales; en effet, celles qui sont terminales sur ce squelette, tel que nous le possédons, et qui sont des secondes, sont elles-mêmes à moitié cariées ou détruites, si ce n'est celle du pouce.

Il est encore plus difficile de s'expliquer comment Daubenton, page 134, ne donne qu'une phalange au pouce, tandis que le squelette décrit par Perrault en montre deux, comme celui-ci l'a dit.

un peu plus larges et un peu obliques vers la médiane qui est plus symétrique.

Secondes.

Les secondes phalanges sont de moitié plus courtes que les premières, au point qu'elles sont plus larges que longues, celle du milieu plus grosse que ses deux collatérales, les seules que je connaisse, par l'état incomplet du squelette que je décris.

Troisièmes ou onguéales.

Il en est de même des phalanges onguéales (1), je n'en connais que deux, probablement des doigts intermédiaires, ce sont véritablement de très-petites phalanges à sabots, deux fois plus larges que longues, par le développement plus ou moins styloïde des angles de jonction du bord articulaire un peu avancé au milieu, avec le bord terminal plus ou moins arrondi et rugueux.

III. Des Membres. B. Postérieurs. En général.

Les membres postérieurs de l'Éléphant d'Asie sont peut-être encore plus grêles et plus élevés, quand on les considère d'une manière générale, que les antérieurs; aussi, par suite de la grande longueur du fémur et de la brièveté du pied, le genou se trouve au milieu du membre, un peu comme dans l'homme.

Os innominé ou Coxal.

L'os innominé est d'abord remarquable par son grand développement et surtout parce que son plan est perpendiculaire à l'axe du tronc (2).

Iléon, à sa périphérie.

L'iléon ressemble réellement à une grande omoplate triangulaire dont le sommet tronqué formerait la partie supérieure de la cavité cotyloïde et dont les bords, qui en partent en dessus et en dessous, seraient d'abord également excavés, et qui, dans le reste à partir d'une épine postérieure en forme de crochet, où commence l'articulation avec le

(1) Les anciens squelettes de notre collection n'en possèdent aucune; on a mis à la place des os sésamoïdes, aussi ne sont-elles figurées nulle part.

Meckel décrit, page 100, les deux premières comme ayant beaucoup plus de largeur que de longueur, ce qui est à peine vrai pour les secondes, et la dernière ou onguéale, comme triangulaires; ce qui me porte à croire qu'il ne les a pas vues.

(2) Daubenton a fait observer, tome XI, page 133, que l'os des hanches ressemble plus à celui de l'homme qu'à celui des animaux.

sacrum, se dilateraient fortement en dehors et en avant pour se recourber en dessous et atteindre une autre épine également recourbée, analogue de l'épine antérieure et supérieure de l'homme.

La face externe dilatée en forme de grande hache de hallebarde, n'offre qu'une seule surface, énorme et peu profonde; mais l'interne devenue antérieure est séparée en deux parties par une sorte de crête, l'antérieure bien plus grande et assez fortement excavée, l'autre subconvexe, rugueuse pour la connexion avec le sacrum. Sa Face interne, externe.

Le pubis de l'Éléphant est très-court, ayant sa branche transverse assez épaisse, et au contraire sa branche postérieure très-grêle, fort peu considérable, et n'entrant que pour une petite part dans la composition du trou sous-pubien. Pubis.

L'iskion a également une de ses branches, la supérieure, assez épaisse, subtriquètre ou arrondie dans son corps, rétrécie au milieu et qui se dilate ensuite en avant pour former le tiers supérieur de la cavité cotyloïde, et surtout en arrière en une lame plate, un peu courbée sur son plan pour constituer une tubérosité iskiatique large, mais peu épaisse; l'autre branche de l'iskion, celle qui va se joindre à la correspondante du pubis, est grêle et étroite, se joignant à celle du côté opposé de manière à former une fort longue symphyse. Iskion.

Par l'union des trois os pour l'articulation fémorale, il résulte une cavité cotyloïde presque circulaire, dont le bord est un peu plus saillant antérieurement, et qui est échancré vers l'union des parties postérieures. Cavité cotyloïde.

La concurrence du pubis et de l'iskion dans leur branche postérieure produit un trou sous-pubien assez allongé et proportionnellement assez petit. Trou sous-pubien.

Enfin, par la réunion des deux os innominés, il résulte un énorme bassin très-étalé, dont le détroit supérieur est en forme d'un vaste diaphragme très-épais sur les bords et excavé, dont le détroit inférieur ou postérieur presque circulaire conduit dans une sorte de canal assez long Bassin.

et largement ouvert entre les iskions; la cavité cotyloïde étant alors presque tout à fait inférieure.

Fémur. En général. Le fémur qui s'articule avec elle est remarquable par sa longueur, sa forme grêle, presque droite, son aplatissement très-légèrement concave en dedans, avec une faible saillie formant arête, au-dessous de la moitié en dehors (1). Son Corps. Le corps plus étroit dans son milieu, plus aplati en avant qu'en arrière, ce qui le rend un peu subtriquètre, monte en Supérieurement. s'élargissant doucement, et en s'aplatissant jusqu'à l'extrémité supérieure; celle-ci, bifurquée peu profondément, produit en dedans une Sa Tête. tête articulaire parfaitement hémisphérique, sans cavité pour le ligament rond, portée sur un col très-distinct, de la base duquel s'écarte en Trochanter, grand, dehors un grand trochanter assez peu considérable et même assez mince, moins élevée que la tête et n'offrant en arrière qu'une cavité digitale petit. assez petite, quoique bien marquée; il n'y a pas de petit trochanter. Inférieurement. L'extrémité inférieure en se dilatant aussi graduellement prend plus d'épaisseur, ce qui donne à sa coupe une forme trapézoïdale dont le petit Gouttière. côté antérieur est formé par la gouttière peu profonde, à bords paral- Condyles. lèles, de l'articulation avec la rotule, le postérieur par deux condyles presque égaux en longueur; l'interne cependant un peu plus fort, plus saillant, et séparés par une gouttière assez large, assez profonde, se rétrécissant avec l'âge.

Os de la Jambe. Les os de la jambe sont notablement moins longs que le fémur, plus courts que ceux de l'avant-bras, et même en général de grosseur médiocre pour un si grand animal.

Tibia. Le tibia dont le rétrécissement le plus fort est vers le tiers inférieur a son corps subtriquètre à angles arrondis, l'externe plus tranchant; il s'é- Supérieurement. largit assez graduellement en montant, devient de plus en plus triangulaire jusque sous la tête où la crête est remplacée par un large espace Surface articulaire. triangulaire un peu excavé. La surface articulaire qui termine cette tête un peu plus dilatée et plus versante en dehors qu'en dedans, est

(1) Cette légère saillie est le rudiment du troisième trochanter pour l'insertion du grand fessier.

séparée par une crête oblique, bien plus épaisse et bien plus élevée en avant qu'en arrière, en deux fosses peu profondes, l'interne assez arrondie, et beaucoup plus grande que l'externe qui est transversalement ovale.

Inférieurement, au delà du plus grand rétrécissement, le corps du tibia beaucoup moins élargi, mais plus régulièrement en dehors et en dedans qu'en haut, se termine par une tête sub-quadrilatère, à angles arrondis, sans malléole interne aussi prononcée que l'externe, offrant une large surface articulaire de même forme. Cette surface est à peine obliquement partagée par une carène fort mousse, formant une contre-poulie presque obsolète, montrant sa sinuosité sur le bord, en deux parties fort inégales, l'interne de beaucoup la plus grande, l'externe bien plus petite en forme de larme batavique et versante un peu en dehors. Inférieurement. Surface articulaire.

Le péroné de l'Éléphant, bien moins gros (1) que le tibia contre lequel il est assez serré, quoique toujours séparé, est presque complétement droit. Commençant supérieurement par une petite dilatation coupée obliquement en cupule demi-circulaire pour son articulation avec le tibia, il se renfle inférieurement et graduellement en une sorte de masse recourbée en crosse, dont l'extrémité est tronquée par une surface articulaire, au-dessous d'un large espace de contact avec le tibia. Péroné. Supérieurement. Inféreiurement.

Le pied de l'Éléphant est assez sensiblement plus court encore et même notablement plus petit que la main, avec une assez grande analogie dans les trois parties qui le constituent. Os du Pied. En général. 1re rangée.

L'astragale large, plat ou peu épais se place presqu'en coin et horizontalement dans l'articulation entre le scaphoïde, le calcanéum et les deux os de la jambe. Il est surtout remarquable par la largeur et l'étendue de ses surfaces articulaires; la supérieure de contour presque quadrilatère, en poulie fort peu excavée, un peu versante en arrière; les deux inférieures presque contiguës; et enfin l'antérieure presque sessile, Astragale. Supérieurement. Inférieurement.

(1) Je ne vois pas trop comment M. de Hauch a pu dire (page 95) que cet os, pour un si grand animal, est pour ainsi dire filiforme; *filum osseum imitatur*.

Antérieurement. de forme ovale, transverse, accompagnée en dedans par une tubérosité ovale assez saillante.

Calcanéum. En général. Son Corps. Le calcanéum sur lequel se place cet astragale n'est pas moins remarquable que lui par sa brièveté, sa forme ramassée et sa petitesse proportionnelle, son corps étant au moins aussi long que sa tubérosité; celui-là est surtout singulièrement augmenté dans son épaisseur par une énorme tubérosité bilobée irrégulièrement en dessous. Quant à la Supérieurement. partie supérieure, ses deux facettes articulaires sont plates, obliques, séparées par une grande rainure profonde; l'externe petite, triangulaire, très-débordante en dehors pour le péroné; l'interne plus grande, ovale Antérieurement. avec un débord oblique et tout à fait déclive du côté interne. La facette articulaire terminale est du reste médiocre et de forme ovale en travers.

Postérieurement. Quant à l'apophyse, elle est en général très-courte; haute et comprimée dans son pédoncule, à peine élargie dans sa tubérosité, qui est verticale, très-oblique dans la direction de dehors en dedans.

Scaphoïde. En général. Le scaphoïde de l'Éléphant n'est pas moins remarquable que les deux os précédents par sa minceur, sa figure presque squammiforme, ovale et transversalement courbée, un peu plus épais en dehors qu'en dedans, Postérieurement. avec une sorte d'apophyse obtuse au bord interne et postérieur. Cette dernière face est entièrement occupée par une large et unique facette, Antérieurement. très-concave et astragalienne; mais à l'antérieure, on peut assez facilement en distinguer quatre, les deux extrêmes plus marqués que les intermédiaires, pour les trois os cunéiformes et une petite partie du cuboïde.

2e rangée. Les quatre os de la seconde rangée sont beaucoup moins gros qu'à la main, mais avec une certaine ressemblance des analogues : ainsi le Cunéiformes. Premier. premier cunéiforme, assez aplati, convexe en dedans et un peu concave en dehors, est bien plus long que les autres, s'articulant par autant de facettes avec le scaphoïde et le premier métatarsien aux deux extrémités, aussi bien qu'avec le second cunéiforme et son métatarsien.

Perrault et Daubenton paraissent avoir considéré ce premier cunéiforme comme un métatarsien. Celui-ci dit en effet, p. 134, que le premier os du métatarsien s'articule avec la partie interne du scaphoïde : aussi ne donne-t-il que deux cunéiformes au tarse de l'Éléphant, ce qui est une erreur.

Le second et le troisième cunéiforme méritent bien complétement leur nom; celui-ci est un peu plus grand que celui-là (1). Second et troisième.

Quant au cuboïde, il ne mérite guère le sien, car il est bien plus large qu'épais, de forme triangulaire, la base en avant ou dorsale; le sommet en mamelon obtus fort saillant en arrière, avec deux larges facettes sub-égales en avant comme en arrière. Cuboïde.

Les os du métatarse ont assez bien la même forme prismatique, triangulaire que ceux du métacarpe, quoique notablement plus petits et peut-être même un peu plus grêles, du moins les trois intermédiaires, qui se ressemblent assez bien, même dans leurs facettes articulaires tarsiennes. Quant aux deux extrêmes, celui du pouce constitue la base d'un os conique, en forme de borne obtuse, et dont le sommet est formé par la soudure de la seule et unique phalange (2) de ce doigt. Os du Métatarse. En général. Premier ou du Pouce.

Le cinquième métatarsien est le plus gros et le plus court, au point qu'il est un peu plus large que long, très-épais et presque cubique. Cinquième ou du petit Doigt.

Enfin, les phalanges qui constituent les quatre doigts externes, sont aussi à peu près comme à la main, même les onguéales; seulement elles sont notablement plus petites, surtout les terminales. Phalanges.

Les différences individuelles, présentées par le squelette dans l'Éléphant d'Asie, paraissent devoir être extrêmement grandes, surtout quant à la taille, à en juger du moins d'après celles que l'on dit avoir reconnues chez ces animaux vivants, surtout à l'état de domesticité où ils sont dans l'Inde depuis un temps immémorial; en effet on parle d'Éléphants Des Différences individuelles. suivant la Taille.

(1) Cet os paraît avoir été oublié par Blair.

(2) Meckel dit aussi, avec raison, que ce doigt n'a qu'une phalange; mais je ne comprends pas ce qu'il ajoute, page 181, si même l'os que je regarde comme tel n'est pas le premier métatarsien.

qui avaient jusqu'à dix-sept pieds de hauteur au garrot, et d'autres qui n'en avaient à peine que la moitié, et qui même n'étaient pas plus gros qu'une génisse (1). Malheureusement nos collections sont bien loin d'avoir réuni des squelettes de variétés aussi considérables, notre plus grand atteignant à peine dix pieds, ce qui donne à l'humérus deux pieds et demi au moins, et notre plus petit ne descendant pas au-dessous de huit.

la grandeur des Défenses

Nous devons au moins signaler les différences que présentent les variétés à grandes et à petites défenses (2). Le sujet de notre description provient d'un individu mâle, à grandes défenses, qui a vécu dans la ménagerie du Muséum, pendant près de vingt ans. En comparant à sa tête celle d'un individu à petites défenses dont on ignore le sexe, on remarque

déterminant

que l'occiput est beaucoup moins pyramidal, moins boursouflé de chaque côté, et surtout que les os incisifs sont beaucoup moins développés. Différences qui sont bien évidemment des conséquences directes

par leur croissance continue

et indirectes du développement des défenses, qui dans les Éléphants, comme dans les Rongeurs, et plus même que chez eux, parce qu'elles n'ont point de dents opposées à la mâchoire inférieure, croissent pendant toute la vie de l'animal. En effet, pour les contenir et les maintenir à

l'allongement des Os incisifs.

la base, les os incisifs s'avancent, s'élargissent nécessairement, et par suite, dans le but de permettre une insertion plus large, et une force plus grande au ligament cervical, et surtout aux muscles élévateurs de la

l'élargissement et l'épaississement des Occipitaux, Pariétaux, Frontaux.

tête, les frontaux, les pariétaux, et surtout les occipitaux, augmentent non-seulement en étendue, mais encore et surtout en épaisseur, par l'agrandissement considérable des cavernes intertabellaires. C'est ce qui produit l'élévation du sinciput et sa division en deux dômes, suivant qu'on regarde le crâne de profil ou par derrière, qu'on remarque dans certains individus plus que dans d'autres. Ce à quoi contribue également de son côté un certain degré de développement de la cinquième et surtout de la sixième et dernière molaire.

(1) Pline dit en effet que chez les Indiens il y avait des Éléphants si petits qu'on les employait à la charrue. *Indis arant minores, quos appellant Nothos* (lib. VIII, cap. 2).

(2) Ce qui constitue les *Dauntelah* et les *Mooknas* dans l'Inde, suivant Corse.

En effet, à cette époque la tête de l'Éléphant mise sur un plan, offre un degré proportionnel d'obliquité de l'arcade zygomatique, qui, nulle dans le très-jeune âge, augmente pour diminuer ensuite, suivant l'état des deux dernières molaires. l'obliquité de l'Arcade zygomatique.

Ce sont toutes ces particularités qui, à moins d'avoir été appréciées d'une manière rigoureuse, ce qui est extrêmement difficile à défaut de pièces complétement comparables, ne permettent pas d'accepter comme des caractères spécifiques la plupart des différences obtenues par des mesures d'angles et de distances de certains points, prises sur des crânes dont le système dentaire n'était pas rigoureusement le même.

Outre ces différences, pour ainsi dire rationnelles, il en est probablement d'autres qui échappent à une explication satisfaisante, ce sont celles qui tiennent au pays et peut-être aux localités. Ainsi l'Éléphant des Indes, de Ceylan, de Sumatra, comparé à celui du Bengale, de Siam, et d'autres parties du continent; celui qui habite les croupes des montagnes ou les plaines, l'Éléphant sauvage et l'Éléphant élevé en domesticité, doivent sans doute présenter des différences sensibles, quoique presque individuelles, mais que l'état de nos collections ne nous permet pas d'apprécier. la Patrie.

Nous ne pouvons pas non plus dire grand'chose sur les différences du squelette en totalité, et dans ses os principaux, déterminées par la différence de sexe. Nous possédons cependant trois mâles et une femelle. Mais c'est trop peu pour qu'il soit réellement possible de tirer de leur comparaison quelque chose d'un peu satisfaisant. Toutefois nous voyons que, dans la femelle, outre les différences dans la tête, et qui tiennent à ce que les défenses sont en général bien plus petites et quelquefois presque rudimentaires, tous les os sont plus grêles et plus petits, assez bien comme cela a lieu chez toutes les espèces de Mammifères, ce qu'on peut dire également du bassin plus largement ouvert dans les individus femelles. L'os styloïde de l'hyoïde dans ceux-ci est surtout différent par sa gracilité. les Sexes. dans la Femelle.

Il ne nous est pas même possible de rien dire sur les différences que l'Age.

dans la structure des Os.

l'âge apporte au squelette entier de cette espèce, lacune que je ne pourrai remplir que pour le crâne et le système dentaire. Il est cependant aisé de concevoir que les os des individus adultes eux-mêmes, comparés à ceux de vieux individus, devront avoir, et ont en effet les épiphyses en général plus soudées, les apophyses plus saillantes, plus rugueuses, et même, comme l'a fait observer Daubenton depuis longtemps, les os plus gros proportionnellement à leur longueur.

dans leurs Proportions.

Nous savons de plus, d'après les observations très-intéressantes des deux Camper, que l'âge apporte des différences notables dans la longueur des apophyses épineuses des vertèbres dorsales, dans la longueur et la grosseur proportionnelles des deux paires de membres, suivant que l'animal approche plus ou moins de l'état adulte, et que ses défenses prennent plus ou moins de développement : d'où il résulte que le même individu qui, jeune, avait le garrot plus élevé que la tête, et les membres égaux, a montré, au bout de peu d'années de croissance, l'obliquité d'avant en arrière de toute la colonne vertébrale, par la plus grande élévation de la tête et la prédominance des membres antérieurs sur les supérieurs.

dans la réunion des Épiphyses.

Je dirai aussi, en passant, car ce point appartient plutôt à l'ostéogénie qu'à l'ostéographie, que, dans l'Éléphant des Indes que j'étudie en ce moment, et peut-être dans celui de l'Éléphant d'Afrique, la marche de l'ossification dans la réunion des épiphyses et la réunion des os de la tête, offre aussi quelque chose d'assez particulier.

des Os longs.

D'abord, pour les os longs, la même soudure des épiphyses a lieu fort tard, puisque nous avons sous les yeux le squelette d'un Éléphant qui a huit pieds de haut, chez lequel elles ne le sont pas encore. Mais cela

des Vertèbres.

est surtout bien marqué pour les vertèbres. En effet, dans un Éléphant mâle à grandes défenses, le plus grand de tous ceux dont nous possédons le squelette, les disques épiphysaires des vertèbres sont encore séparés (1).

(1) C'est à défaut de cette observation que M. G. Cuvier a pu émettre le doute, t. I, p. 123, s'il n'y aurait pas des os de Cétacés dans le célèbre dépôt de Canstadt, parce qu'on y avait trouvé des épiphyses de vertèbres.

dans la Tête, étudiée dans sa Forme générale, celle de l'Occiput, des Fosses temporales.

Quant à la tête elle-même, nous en possédons une très-jeune sur laquelle le premier système dentaire de lait existe exclusivement et à peine sorti de la gencive, surtout sa partie incisive. Dès lors on peut aisément prévoir que toutes les particularités, presque de déformation, dues au grand développement des molaires, et surtout à celui des défenses nécessitant par leur position terminale des muscles élévateurs de la tête proportionnels dans leur étendue en largeur, n'ont pas encore eu lieu; d'où la forme générale de la tête, quoique fort développée dans sa partie vertébrale, proportionnellement à sa partie faciale, qui est alors extrêmement courte, rentre dans la disposition normale; les sinus intertabellaires, destinés à élargir considérablement les surfaces d'insertion des ligaments et des muscles cervicaux en arrière, de ceux de la trompe en avant, n'existant pas encore, et dès lors l'occiput n'offre rien de cette forme pyramidale et fortement bidomée de la partie postérieure de l'occipital chez l'adulte. Nous n'avons pas besoin d'ajouter que les fosses temporales sont à peine excavées, que les orbites sont plus grands, surtout proportionnellement, ainsi que les bulbes auditifs, parce que ces différences d'âge se retrouvent chez tous les Mammifères. Du reste toutes les connexions sont absolument les mêmes, et déjà même on aperçoit dans la vertèbre voméro-frontale la disposition ascendante de son corps ethmoïdo-voméral, quoique l'orifice nasal moins transverse paraisse bien moins remonté par la brièveté des prémaxillaires.

Passons maintenant à la comparaison des espèces.

suivant l'Espèce.

A l'état vivant on n'en connaît certainement que deux, ainsi que Camper et Blumenbach l'ont établi : celle d'Asie que nous avons prise comme type, et celle d'Afrique dont nous ne possédons encore qu'un squelette, celui de l'individu qui a vécu à la ménagerie de Versailles sous Louis XIV, et que Perrault et Daubenton ont décrit et figuré. Nous avons de plus une tête isolée, du cabinet du stathouder.

dans l'Espèce d'Afrique.

Si nous en jugions d'après ces matériaux, nous devrions admettre que l'Éléphant d'Afrique serait bien plus petit que celui d'Asie, ce qui ne paraît pas être exact, du moins d'après le récit des voyageurs.

Les différences que l'on peut reconnaître entre les pièces du squelette de ces deux espèces d'Éléphants, ne portent ni sur le nombre, ni sur la forme générale, ni sur la disposition des os. Mais quant à leur forme particulière, il n'en est peut-être pas un qui ne puisse être distingué assez facilement.

à la Tête. Et d'abord, pour la tête, il est bien certain que s'il est assez difficile d'exprimer par le discours les différences de la série basilaire des vertèbres céphaliques, il n'en est pas de même de leur partie coronale : en effet l'occipital supérieur avance moins au sinciput; le pariétal occupe une portion plus large de la voûte, au contraire du frontal, qui n'est qu'un peu plus large que les os du nez. Aussi en résulte-t-il qu'en général la tête de l'Éléphant d'Afrique est plus ronde et plus courte, par exemple du rebord du trou sous-orbitaire à la partie antérieure des condyles occipitaux, ou bien entre ce même point et le trou auditif externe, ce qui est en rapport avec le développement du squammeux, qui est sensiblement moindre. Quant à l'absence d'élévation en pyramide du sinciput, que M. G. Cuvier a donnée comme un caractère distinctif de cette espèce, cela tient en grande partie à l'âge. La forme plus bombée du front semble plus réelle.

dans la Partie coronale.

la Forme générale.

la Face. On peut également dire que les os de la face, ainsi que tout ce qui tient à la surface d'attache de la trompe et aux défenses, est plus large dans cette même espèce. Les apophyses ptérygoïdes, surtout les internes, sont moins prononcées. Le lacrymal plus petit et plus triangulaire; l'ouverture naso-palatine est au contraire plus large, ce qui est également vrai de tout le palais, y compris les maxillaires. Le bulbe auditif, en totalité et dans chacune de ses parties, présente des différences très-appréciables; ainsi la caisse est évidemment un peu plus large, quoique de même forme triangulaire, l'arcade zygomatique est plus forte et moins étroite.

la Mandibule. Je n'ai pu trouver dans la mandibule aucun caractère certain qui pourrait servir à caractériser les deux espèces, si ce n'est peut-être un peu plus de gracilité dans celle d'Afrique, et surtout dans le bec terminal; mais souvenons-nous que je n'ai pu comparer que deux seules têtes, dont une femelle, de cette espèce, et que le bec est susceptible de grandes variations dans l'espèce d'Asie.

Les parties caractéristiques du reste de la série vertébrale m'ont encore moins offert de différences spécifiques, et je ne sache pas que les ostéographes en aient signalé. au Tronc.

Je dois cependant faire remarquer dans les apophyses épineuses des vertèbres dorsales, une proportion telle que la dégradation n'est pas régulière de la première à la dernière; mais seulement jusqu'à la douzième, et qu'elle augmente ensuite graduellement jusqu'à la vingtième (1).

Les côtes, et même le sternum, sont encore mieux dans le même cas que les vertèbres, c'est-à-dire sans différences exprimables.

Mais il n'en est pas ainsi des os des membres. aux Membres antérieurs.

Dans l'Éléphant d'Afrique, l'apophyse récurrente de la crête de l'omoplate est beaucoup plus inférieurement placée. l'Omoplate.

L'humérus m'a semblé proportionnellement un peu plus court et moins élancé que celui d'Asie : il en résulte que la crête deltoïdienne descend un peu plus bas, que la gouttière bicipitale est plus large, et que ca crête épi-condylienne est plus saillante. l'Humérus.

Je n'ai pu, pour le radius, trouver que des différences de grandeur, peut-être cependant avec un peu plus de gracilité, surtout dans le corps, ce qui peut tenir au sexe. le Radius.

Il n'en est pas de même du cubitus, non pas pour le corps, dont les angles solides m'ont paru cependant plus aigus, plus tranchants, mais Cubitus.

(1) Cette disposition des épines dorsales explique l'espèce d'ensellement qu'offre le dos de l'Éléphant d'Afrique, au lieu de la convexité de celui de l'Éléphant des Indes. Ces deux espèces diffèrent en effet par d'autres caractères que la grandeur des oreilles, la forme du front et la disposition des collines transverses des dents molaires. Dans l'Éléphant d'Afrique les pieds sont plus larges, plus obliques par rapport au sol ou moins digitigrades. La trompe est bien plus forte, et comme annelée par des plis larges et réguliers, formant à leur terminaison de chaque côté, d'une sorte de gouttière médiane en dessous des espèces de denticules indiqués dans la figure donnée par Perrault; la bouche est plus fendue, l'œil plus grand, etc.

pour les deux facettes de l'articulation carpienne, qui sont bien plus inégales, l'interne étant extrêmement petite.

Les os des trois parties de la main ne m'ont offert rien de différentiel, du moins en apparence. Je dois cependant faire observer que, dans cette espèce, c'est bien évidemment le métacarpien médian qui est le plus long et le plus gros, et celui de l'indicateur le plus grêle, et surtout que les deux os externes de la seconde rangée du carpe ont deux facettes d'articulation, le grand os avec le second et le troisième métacarpien et l'unciforme avec celui-ci d'abord, et ensuite, comme de coutume, avec les quatrième et cinquième, ce qui lui en fait trois, particularité qui n'a pas lieu dans l'Éléphant d'Asie.

les Métacarpiens.

le Grand Os.

l'Unciforme.

Aux membres postérieurs, s'il est certain que l'on ne puisse trouver aucune différence appréciable entre le bassin des deux espèces d'Éléphants vivants, il n'en est pas de même pour le fémur; en effet celui de l'Éléphant d'Afrique est plus gros, moins plat ou un peu plus convexe en avant; le col est moins long, moins divergent de quelques degrés, et par conséquent moins oblique; aussi la ligne de sa jonction avec le corps est-elle moins excavée et il y a un rudiment de petit trochanter. Le bord externe est au contraire plus droit à son élargissement supérieur, qui est terminé par un grand trochanter plus élevé, avec sa fosse digitale plus évasée. Inférieurement les différences ne sont pas moins sensibles en ce que les condyles sont plus égaux, surtout en longueur, plus serrés, et par conséquent séparés en arrière par une gouttière plus étroite; au contraire de la poulie antérieure qui est plus oblique et plus large en haut qu'en bas, ce qui dénote une différence correspondante dans la rotule, comme nous le verrons plus loin.

aux Membres postérieurs.

Fémur.

En général.

Supérieurement.

Inférieurement.

Je n'ai trouvé peut-être dans le tibia qu'un peu moins de dissemblance entre les deux fosses de l'articulation supérieure, et plus de saillie de la malléole interne.

Tibia.

Je crois aussi avoir observé que l'astragale de l'Éléphant d'Afrique, diffère un peu de celui de l'Éléphant d'Asie par plus d'obliquité, et plus d'étroitesse de la poulie, plus de distinction du col dans toute sa cir-

Astragale.

conférence, et surtout parce que la facette inférieure externe est partagée en deux parties par un espace d'insertion ligamenteuse.

Le calcanéum ne m'a offert de différentiel que dans une moindre saillie du tubercule inférieur non divisé, au contraire de l'articulaire supérieur interne qui est partagé en deux par le prolongement du ligament inter-osseux. Calcanéum.

Le scaphoïde m'a aussi présenté une particularité dans une facette articulaire avec le calcanéum, qui se trouve à la face postérieure de l'apophyse inférieure de la face concave. Scaphoïde.

Je n'ai rien à noter des cunéiformes, si ce n'est que le second a une petite facette d'articulation, pour une petite partie du troisième métacarpien, et surtout que le troisième est bien plus grand que celui de l'Éléphant d'Asie, et cela parce qu'il offre une facette d'articulation assez étendue au quatrième métacarpien, qui est en effet bien plus large que les autres. Cunéiforme. Mais le cuboïde m'a paru moins arrondi dans ses angles. Cuboïde.

Quant aux phalanges, je ne puis rien dire d'un peu certain, vu l'état incomplet du squelette; elles sont cependant peut-être généralement plus courtes.

Je répète en terminant cette comparaison des os de l'Éléphant d'Afrique avec ceux de l'Éléphant d'Asie, qu'elle ne porte que sur un individu femelle de la première espèce; ce qui explique la gracilité des os. D'après un seul Squelette.

DES OS SÉSAMOÏDES.

On peut dire d'une manière générale, que la plupart de ces os se trouvent dans l'Éléphant, comme dans les autres mammifères, mais qu'ils sont proportionnellement assez petits, ce qui est en rapport avec la pesanteur de sa marche. En général.

Aux membres antérieurs je ne connais dans aucun de nos squelettes, celui de l'abducteur du pouce; mais je le trouve mentionné et même figuré dans Camper, avec cette observation qu'il n'avait pas été signalé Du Pouce.

avant lui, et que c'est probablement sur cet os que Blair a fondé le sixième doigt qu'il a attribué à l'Éléphant.

Des Doigts. Nous avons au contraire pu examiner les sésamoïdes du tendon du fléchisseur profond des doigts. Comme de coutume il y en a deux sous la tête digitale de chaque métacarpien; mais ils sont assez petits, de forme en général ovale, mais assez irréguliers, à peine courbés, avec une seule facette articulaire concave, du côté articulé, et plus ou moins gibbeuse de l'autre.

Aux membres postérieurs :

Rotule. Dans l'Éléphant d'Asie. La rotule, proportionnellement assez petite, est dans l'Éléphant d'Asie médiocrement épaisse, assez bien semi-lunaire, la concavité en dedans et le bord presque droit en dehors, avec les deux facettes articulaires très-inégales.

d'Afrique. Cet os a assez bien la même forme dans l'Éléphant d'Afrique, mais peut-être un peu plus court, proportionnellement plus large, et moins atténué par en bas.

Aucun de nos squelettes ne montre, et Camper ne signale point les sésamoïdes du jarret, ni ceux du tarse.

des Orteils. Quant à ceux de la tête phalangienne des métatarsiens, ils sont comme à la main, seulement notablement plus petits.

DE L'OS DU PÉNIS ET DE CELUI DU CŒUR.

Os pénien nul. Il n'existe certainement aucun os pénien chez les Éléphants, et personne ne leur en a jamais attribué.

Os du Cœur nul. Contradictoirement à l'assertion de Galien. Nous croyons qu'il n'en existe pas davantage dans le cœur de ces animaux; mais Galien se vante dans un passage de ses écrits d'avoir montré cet os à une assemblée de médecins réunis, pour assister à la dissection d'un Éléphant mort de son temps à Rome. Galien met même une certaine ostentation à la découverte de cet os, qui depuis lui n'a été retrouvé par aucun des anatomistes qui ont eu l'occasion de disséquer un de ces animaux, et ils sont aujourd'hui assez nombreux.

Les premiers qui ont eu cet avantage, comme Patrice Blair et Stuckely, ne l'ont pas trouvé. Ce qu'on pouvait attribuer à ce que la recherche avait été faite sans intention contradictoire ; mais il n'en a pas été de même de Perrault, et surtout de Camper, qui ont étudié le fait d'une manière critique, l'un sur l'espèce d'Afrique, l'autre sur le sujet d'Asie qu'il disséqua en 1772 ; et même comme ce sujet était assez jeune, en s'assurant que sur un veau de six semaines, il existe déjà à l'état cartilagineux.

Par Perrault et Camper.

Ainsi il ne reste aucun doute que Galien s'est trompé, ou a trompé ceux pour lesquels il écrivait, car on ne peut nier que dans l'historiette qu'il raconte à ce sujet, il y a évidemment un peu de forfanterie, ainsi qu'il en a donné plusieurs exemples dans d'autres occasions.

CHAPITRE DEUXIÈME.

ODONTOGRAPHIE.

Le Système dentaire. En général. Difficile.

Incomplétement connu, même aujourd'hui.

Le système dentaire des Éléphants était bien autrement difficile à étudier et à comprendre dans son ensemble que leur système osseux, aussi l'a-t-il été avec des résultats bien moins satisfaisants, au point que même aujourd'hui, le nombre et le mode de succession des dents chez les espèces de ce genre, ne sont pas encore connus d'une manière un peu certaine, et que personne, même les paléontologistes qui ont eu le plus de prétentions dans ce genre de travaux, n'ont pu désigner le chiffre d'une dent isolée, fossile ou non fossile, à collines tuberculeuses ou mamelonnées. D'où il est également résulté que l'on a pu croire à une différence assez grande entre les espèces qui sont pourvues de l'une ou de l'autre sorte de ces dents, et par suite être conduit à en former des genres distincts, ce qui ne peut être appuyé sur aucun principe de zooclassie ; à moins qu'imitant les conchyliologistes qui ont trop souvent agi ainsi, on ne s'appuie sur le fait que les espèces à dents mamelonnées, paraissent ne plus exister qu'à l'état fossile, tandis que celles

Examiné historiquement.

à dents tuberculeuses se trouvent aussi bien à cet état qu'à l'état vivant. Mais sans nous arrêter à traiter cette question de pure classification zoologique, voyons avant de décrire le système dentaire de l'Éléphant d'Asie notre type, à donner l'analyse historique de ce point de la science.

Chez les Anciens, comme preuve.

De Géants ou d'animaux souterrains.

L'intérêt plus ou moins éclairé que l'on paraît avoir attaché de temps presque immémorial, à l'existence dans le sein de la terre des énormes dents molaires d'Éléphants, a donné lieu chez les peuples anciens et modernes, et chez ceux surtout des parties septentrionales des deux continents, à des fables analogues, en les considérant, ou bien comme des preuves de l'existence de géants ou bien de celle d'animaux qui vivent sous terre, sans jamais se montrer à la lumière; en effet, dans la première hypothèse, trente-deux dents de la grosseur d'une dent d'Éléphant adulte, auraient demandé, en les supposant implantées à la fois dans les mâchoires, que ces parties de la tête de l'animal fussent d'une prodigieuse grandeur. Il s'agissait donc de décider si l'on pouvait réellement établir la ressemblance de ces dents, pour la forme aussi bien que pour le nombre, avec ce qui existe dans l'homme, ce qui n'était pas sans difficultés.

D'après Aristote.

Pline.

Les anciens attribuaient aux Éléphants quatre dents molaires; mais était-ce à chaque mâchoire, comme semble le dire Aristote, et comme en effet l'a traduit Camus, ce qui en ferait huit en tout; ou bien quatre seulement, ainsi que Pline paraît l'avoir compris, en disant: *Elephanto intus ad mandendum quatuor dentes* (Lib. XI, Cap. 62); supposant, comme cela est fort probable, qu'ici, comme dans tous les endroits de son éloquente compilation, où il est question de l'organisation des animaux, Pline avait pris Aristote pour guide?

Quoi qu'il en soit, on voit aisément comment jusqu'à la renaissance des sciences en Europe, les auteurs qui ont ainsi parlé du nombre des dents molaires de l'Éléphant, lui en ont accordé huit ou quatre, suivant la manière dont ils interprétaient le passage d'Aristote.

P. Gilles, 1614.

Le premier observateur moderne qui nous ait laissé quelque chose à ce sujet, est P. Gilles, dans sa description d'un Éléphant qu'il avait observé à Constantinople, publiée en 1614, p. 15 et 16; il assure en effet d'une manière positive, que l'Éléphant a huit molaires, deux en haut, comme en bas et de chaque côté; c'est sans doute pour n'avoir pas lu le chapitre tout entier que A. Camper a dit que Gilles n'en compte que deux à chaque mâchoire; en effet, celui-ci termine par ces mots: *dentes igitur maxillares habet octo contrà Plinium qui duntaxat Elephanto intus quatuor dentes attribuit.*

Ray (*Synopsis*, p. 132, 1693), d'après l'examen d'un jeune sujet, dont il avait vu le squelette à Florence, confirme le fait observé par P. Gilles, en disant: *os quatuor in utraque maxilla dentibus molaribus seu potius dentium molarium massis instructum.* Ray, 1693.

Nehemias Grew (*Mus. Reg. Societ.*, p. 32) dit aussi d'une manière positive que l'Éléphant a quatre dents molaires à chaque mâchoire, lorsque l'animal a atteint sa taille. N. Grew 1681.

Quoique Tenzelius dans sa description célèbre du squelette d'un Éléphant fossile, trouvé tout entier aux environs de Tonna, en 1696, ait dit que ce qu'il avait observé pour les dents convenait très-exactement à la définition de Ray: *os belluæ quatuor in utraque maxilla dentium molarium massis instructa*; cependant ses expressions: *quatuor dentibus molaribus stupendæ magnitudinis ponderisque in capite*, dans ce passage combiné avec celui d'un autre ouvrage (*Monatl. Unterrede*, 1696, p. 331), où il dit expressément que les deux mâchoires s'étaient trouvées, et qu'on n'avait vu que quatre dents de chaque côté, c'est-à-dire deux dans chaque mâchoire, ont conduit Merck (2ᵉ Lettre, p. 22) à n'admettre que deux dents molaires dans chaque mâchoire, ou quatre en tout, comme Pline avait exprimé l'opinion d'Aristote. Tenzelius, 1696.

Perrault (*Mém.*, p. 165) en compte également quatre à la mâchoire supérieure comme à l'inférieure, et par conséquent huit en tout, deux de chaque côté des deux mâchoires. Perrault. 1681.

Stuckeley de la société royale de Londres, en 1715, Trans. Phil., t. XXIX, n° 249, approcha encore plus de la vérité, lorsqu'il admit que ce nombre varie d'une à deux de chaque côté, et que dans le dernier cas, la place de la séparation, c'est-à-dire la proportion de ces deux dents Stuckeley, 1715.

est sujette à varier, tantôt en faveur de la première, tantôt en faveur de la seconde, ce qui est parfaitement exact.

Daubenton, 1754.

Pour la succession des Molaires,

Daubenton, en 1754 (Buffon, tome XI, p. 131, 1754), avait aussi fort bien indiqué la structure générale, et surtout la succession d'arrière en avant des molaires de l'Éléphant, à en juger du moins par leur position trop reculée à l'état de germe, pour agir dans la mastication, si elles n'avançaient pas avec l'âge, comme il l'avait reconnu pour l'Hippopotame. Il avait même essayé de désigner la place de chaque dent détachée que possédait le cabinet, dans la description qu'il en donne.

leur Nombre,

Du reste, acceptant comme règle générale ce qu'il avait vu sur une seule tête qu'il décrit et figure, il attribue à cet animal douze dents, savoir : deux défenses ou incisives, et six molaires, dont une postérieure à peine sortie, en haut, et quatre seulement en bas; c'est-à-dire $\frac{1}{0} + \frac{0}{0} + \frac{3}{2}$. Il reconnaît, contre l'opinion de Perrault, que les défenses

l'Implantation des Défenses,

sont bien des incisives, parce qu'elles sont implantées dans les os, qui dans les autres animaux portent les dents de cette sorte, ayant même

leur Structure.

observé la substance molle qui remplit la cavité de leur base, et que les anatomistes de l'ancienne académie ont nommée de la chair, en supposant qu'elle pouvait s'ossifier elle-même, par suite de la chute de la dent; Daubenton admet avec beaucoup plus de raison, que c'est cette substance qui fournit de nouvelles couches qui s'ossifient successivement, en s'attachant à la défense à mesure qu'elle prend de l'accroissement; ce que prouvent, suivant lui, les défenses fossiles.

En décrivant un jeune Éléphant empaillé sous le n° 983, animal âgé d'environ six mois quand il est mort, Daubenton dit qu'on n'aperçoit que le germe des défenses, mais bien les premières mâchelières qui sont au fond. Sous les n°s 1019 et 1020, il cite la première d'en haut et celle d'en bas, comme ayant environ deux pouces de long d'avant en arrière, un pouce de largeur, et deux pouces de hauteur; le nombre de ses plaques, qu'il pense ne pas être constant, n'est pas indiqué.

Pallas.

Pallas (*Nov. Act. Academ. Petrop.*, t. XIII, p. 471, 1769), depuis la publication du travail de Daubenton, et malgré le grand nombre de têtes et de mâchoires qu'il avait à sa disposition dans la collection de Saint-Pétersbourg, ne me semble pas avoir autant éclairci le sujet qu'il le pensait, du moins pour le nombre des molaires. En effet, il paraît admettre qu'il n'y a que deux successions de dents, l'une et l'autre d'une seule pour chaque côté des deux mâchoires, la première non-seulement plus petite, mais encore pourvue de plusieurs racines coniques; l'autre, plus grande, et n'ayant pour racines qu'une sorte de carène de tout son bord inférieur.

1769. Pour le Nombre des Molaires, leur Succession,

Quant à l'explication de la manière dont la seconde dent, d'abord entièrement renfermée dans la cavité alvéolaire du fond des mâchoires, s'est avancée en se développant, et commençant à s'user à son angle antérieur seulement, au point de toucher, de presser la dent antérieure à mesure qu'elle s'usait, et d'effacer enfin son alvéole; il est évident que Pallas a été plus explicite que Daubenton.

leur Mode d'usure.

Quoi qu'il en soit, dans l'incertitude où étaient les anatomistes qui avaient observé les dents de l'Éléphant, il était tout naturel que les zoologistes proprement dits n'en parlassent pas, comme Linné, ou adoptassent l'une ou l'autre opinion sans la discuter, ainsi que le fit Pennant qui n'attribue à cet animal que quatre molaires en tout. Mais l'étude des ossements fossiles qui commença d'une manière si remarquable en Allemagne, dans le dernier tiers du dix-huitième siècle, par les beaux travaux de Kundmann, de Pallas, de Camper, d'Esper, de Merck, de Blumenbach, devait conduire à l'éclaircissement de la question.

Linné. Pennant.

Nous avons déjà vu comment Pallas avait heureusement commencé; mais Merck alla encore plus loin dans ce paragraphe de sa deuxième lettre, imprimée en 1784.

Merck, 1784.

« Peut-être, monsieur, pourrons-nous parvenir à expliquer le nœud » de toutes ces observations si contradictoires, sans avoir besoin d'éta- » blir deux espèces différentes, en supposant plusieurs époques où le » nombre des dents varie.

» La première, qui est celle du plus bas âge, serait celle où l'animal

» n'aurait que deux dents (en haut et autant en bas, ce qui ferait » quatre).

» Elle serait suivie par une seconde époque où l'Eléphant en pousse » deux de plus dans chaque mâchoire; comme on peut s'en convaincre » par la dent sérotine (1) qui est encore cachée dans les branches et » pour laquelle il se trouve peut-être assez de place à mesure que les » mâchoires s'étendent et s'élargissent: ce serait à l'appui des observa- » tions modernes qui indiquent huit dents.

» La dernière époque serait celle où ces deux dents sont remplacées » par une seule grande qui remplirait autant de place que les deux pré- » cédentes. »

Observations que Merck termine en faisant remarquer avec beaucoup de justesse que les observations contradictoires de Peiresc, de Perrault, de Moulins, etc., ont toutes été faites sur de jeunes Éléphants et en regrettant de n'avoir pu consulter le célèbre Camper, soit par lettre, soit même dans un petit traité qu'il a publié sur la dissection d'un jeune Éléphant.

P. Camper.

C'est en effet Camper qui, par des observations comparatives faites sur des pièces de son cabinet et sur celles qui existaient à Paris dans la collection du Jardin du Roi, ainsi qu'à Londres dans celle de plusieurs particuliers, a commencé à confirmer les présomptions de Merck. Ainsi, dans le jeune Éléphant disséqué par lui et dont celui-ci regrettait de n'avoir pu consulter la description, Camper avait trouvé huit molaires visibles et sorties des alvéoles, dont les quatre premières avaient servi et les quatre autres perçaient à peine les gencives.

Sur un jeune Éléphant.

Sur un adulte.

Sur un crâne observé par lui, en 1785, dans la collection du docteur Sheldon, il avait trouvé six molaires à chacune des deux mâchoires, une première très-petite et même tombée d'un côté en haut, une seconde en action, et enfin la dernière n'ayant encore que quatre lames en tout, les autres collines étant en plaques détachées. En sorte que

(1) Germe.

Camper conclut que les Éléphants ont au moins douze dents molaires, qui se réduisent à quatre vers le terme de la vie.

Adrien Camper figure, en effet, pl. 26, fig. 2 du mémoire de son père, un côté gauche de mandibule qui offre des traces d'une première alvéole, puis une seconde dent complète, quoiqu'à moitié usée, et enfin une troisième en grande partie dans l'alvéole; et dans la figure 6 une autre mandibule où ne se trouve plus qu'une seule molaire aux deux tiers usée, composée de vingt-deux à vingt-quatre plaques, provenant d'un vieil Éléphant de Ceylan. A. Camper.

Camper fils réclame encore pour son père, 1° la distinction des molaires supérieures des inférieures, par la convexité de la couronne des unes et la concavité de celle des autres; et en effet, Merck qui a publié cette observation dans sa deuxième lettre en 1784, p. 15, en note, dit: « Je dois » cette observation aux instructions du célèbre M. Camper, dont il m'ho- » nore quelquefois. » 2° La distinction des deux espèces vivantes d'après la structure des dents molaires, que l'on a, à tort, attribuée à Blumenbach. Il dit en effet formellement que ce célèbre naturaliste tenait cette observation de son père, ce qui lui a permis de donner la phrase linnéenne caractéristique sous les noms de *E. Asiaticus* et d'*E. Africanus* pour les espèces vivantes et d'*E. Primogenius* pour l'espèce fossile. Réclamant pour son père. La distinction des supérieures, des inférieures. Des deux Espèces.

Tout en acceptant comme extrêmement probable la réclamation d'A. Camper en faveur de son père, je dois cependant faire observer que Merck (2e lettre, p. 12, 1784) avait déjà fait remarquer sans citer Camper, comme il le fait si souvent, que les lames dont sont composées les plaques sont plus rapprochées et ne forment pas des losanges aussi marqués que ceux qu'on aperçoit sur les dents des Éléphants d'aujourd'hui (1). *C'est*, ajoute-t-il en le soulignant, *un caractère constant que j'ai observé à toutes les dents fossiles.* Cependant la mandibule fossile qui a donné lieu à cette réflexion porte des dents à rubans assez larges. Observation en faveur de Merck.

(1) Merck comparait avec les figures des dents molaires de l'Éléphant d'Afrique données par Daubenton.

G. Cuvier, et E. Geoffroy. 1794. G. Cuvier, 1799.

Entre ces premières observations de Camper et la publication de son grand travail par son fils, nous trouvons le premier essai (1) de M. G. Cuvier sur les caractères qui servent à distinguer les espèces d'Éléphants vivants et fossiles, publié dans le tome II des mémoires de la première classe de l'Institut, en l'an VII (1799), mais qui avait été lu par lui dans la séance publique de cette classe du 1er pluviôse an V, très-peu après l'arrivée à Paris des collections enlevées au stathouder en Hollande, et entre autres de deux Éléphants vivants et de deux crânes, l'un de l'E. de Ceylan et l'autre de celui d'Afrique. Acceptant les observations de ses prédécesseurs, il se borne à annoncer que l'alternative reconnue par Pallas se répète plusieurs fois, en s'appuyant sur ce qu'il avait trouvé encore des germes séparés dans un individu qui avait deux dents en place, fait déjà signalé par Daubenton; mais il insiste surtout sur la différence que les dents molaires entières ou usées offrent à la couronne, pour distinguer les espèces, ce qu'il reconnaît dans une note additionnelle avoir déjà été fait par Blumenbach.

Corse, 1799.

C'est à peu près à la même époque que parurent dans les Transactions philosophiques pour 1799 les observations de M. Corse, qui, ayant vécu dans l'Inde pendant plusieurs années, chargé du gouvernement des Éléphants de la compagnie des Indes, souvent en nombre considérable, a fourni à la science des renseignements fort précieux et tout nouveaux.

M. Corse, en effet, a pu réunir jusqu'à vingt crânes à la fois sous ses

(1) Le premier essai à ce sujet se trouve réellement dans le Bulletin de la Société philomatique, nº 45, thermidor an IV, c'est-à-dire en 1794, sous ce titre : ***Sur les espèces d'Éléphants par les C.-C. Cuvier et Geoffroy.*** Il y est dit que ces naturalistes ont prouvé qu'il existe au moins deux espèce d'Éléphants, dont le Muséum possède les crânes; celui de l'Éléphant d'Asie étant d'un cinquième plus haut, à proportion de sa longueur, que le crâne de l'Éléphant d'Afrique; et surtout les dents de celui-ci offrant des losanges à la coupe, au lieu de rubans qu'on remarque dans celles de l'Asie.

Ils ajoutent qu'ils rapportent, avec Camper, au genre de l'Éléphant, l'animal dont on a trouvé des ossements dans le Canada et au Pérou, ainsi que le Mammouth de Sibérie, différant de celui d'Asie par le nombre des lames de ses dents.

yeux dans le but d'éclairer le mode de formation et de succession des dents de l'Éléphant des Indes.

Et d'abord pour les incisives, il nous apprend qu'il en existe de lait ou de second âge très-différentes des incisives persistantes, par leur position en dehors du point où celles-ci se développeront, par leur forme, la racine étant bien plus longue que sa couronne et toujours pleine, et parce qu'elles sont caduques, commençant à poindre du cinquième au septième mois et tombant vers le treizième ou quatorzième.

Pour les incisives de lait.

Quant aux incisives persistantes ou défenses, M. Corse nous apprend qu'elles commencent à paraître vers le seizième mois, et qu'elles s'accroissent par couches annuelles de manière à permettre de juger l'âge de l'animal, d'après leur nombre, un peu comme les bœufs par les anneaux de leurs cornes.

persistantes.

Mais c'est surtout pour les molaires que le mémoire de Corse contient le plus de choses nouvelles et intéressantes, aussi bien sous le rapport de la forme et disposition des éléments lamelleux qui les composent, que sous celui de la structure de ces lames formées de deux substances, l'ivoire et l'émail, et de la manière dont elles sont enveloppées, unies par une troisième qu'il nomme cément; aussi bien sur leur mode d'usure d'où résultent des rubans sinueux par suite de la différence de dureté de ces trois substances, usure marchant d'avant en arrière, tellement, qu'à un certain point les lames antérieures peuvent être usées, tandis que les dernières ne sont pas encore réunies par le cément, que sur la disposition oblique dans laquelle elles s'avancent, entraînant avec elles ce qu'il nomme leur sac alvéolaire, suivant une courbe semblable en haut et en bas, et comment enfin se forment les racines graduellement d'avant en arrière.

Pour les Molaires.

Forme.

Structure.

Mode d'usure.

Passant ensuite aux différences réelles qui distinguent les supérieures des inférieures, il en assigne la place par le nombre des lames de la couronne, quatre à la première, huit ou neuf à la seconde, douze ou treize à la troisième, et enfin vingt-trois à la dernière, qu'il suppose être la huitième, on ne sait trop pourquoi.

Nombre des Lames, suivant la position.

L'Age.

Corse, terminant enfin par un essai plus ou moins approximatif, comme il en convient, du rapport de ces dents avec l'âge de l'animal, nous apprend que la première, qu'il regarde comme de lait, pointe dix jours après la naissance et est complétement sortie à six semaines; la seconde, dont il ignore l'époque de l'apparition, est complétement en usage à deux ans; la troisième, de deux ans à six; la quatrième, de la sixième année à la neuvième; au delà il croit que les quatre autres demandent encore sept à huit ans; mais c'est ce qu'il se garde bien d'assurer.

E. Home, 1799.

Pour l'Odontogénie.

M. Corse n'étant pas entré dans la considération du mode de production des dents de l'Eléphant, Everard Home ajouta à son mémoire une espèce de supplément dans lequel, s'aidant des pièces nombreuses rapportées et figurées en dix planches par Corse, ainsi que des préparations laissées par Hunter dans sa riche collection, il donna une étiologie dont nous ne devons pas nous occuper ici d'après la nature de cet ouvrage.

M. G. Cuvier. Ménagerie du Muséum, 1801.

Plus ou moins immédiatement après la connaissance qu'il eut du Mémoire de Corse, M. G. Cuvier en emprunta la plupart des faits de toute nature qu'il contenait pour en enrichir un assez long article sur l'Éléphant des Indes, dont Miger accompagna la gravure du beau dessin de Maréchal, et qu'il donna dans la Ménagerie du Muséum; pour les dents molaires, il abrégea ainsi ce qu'avait dit Corse sur la manière dont elles se remplacent; « elles ne sont d'abord qu'au nombre de quatre, une de chaque côté pour chaque mâchoire; au bout de quelque temps il s'en développe quatre autres en arrière, ce qui en fait alors huit en tout; mais ces secondes poussent peu à peu les premières en avant, et finissent par les faire tomber tout à fait, ce qui en réduit le nombre à quatre; jusqu'à l'instant où quatre autres commençant à pousser font tomber à leur tour celles qui les ont précédées, succession qui se répète sept ou huit fois. » Mais s'il en était ainsi, comme chacun de ces flots dentaires est de quatre, il est évident que le nombre total des dents molaires pendant la vie de l'animal serait de vingt-huit ou de trente-deux; ce qui

D'après Corse.

Vingt-huit à trente-deux.

me paraît une interprétation forcée de ce que dit Corse; car cet observateur n'a vérifié cette succession que pour les quatre premiers flots. Le reste est évidemment de supposition, comme il le déclare lui-même, et en effet il était au delà de la vérité, ainsi que nous le verrons plus loin.

C'est après la publication du premier Mémoire, cité plus haut, de M. G. Cuvier, et de ce dernier article, que parut à Paris, et presque sous ses yeux, en 1802, l'ouvrage posthume que Camper avait préparé près de trente ans auparavant sur la description anatomique d'un jeune Éléphant, qu'Adrien Camper, son fils, avait complété. A. Camper, 1802.

S'aidant des matériaux de la collection de son père, et de ceux qu'il avait pu examiner dans d'autres collections, A. Camper, qui paraît n'avoir pas connu le Mémoire de Corse (1), apporta quelques faits nouveaux sous le rapport qui nous occupe. Ainsi il fait l'observation que chez ces animaux les germes ne sont pas poussés de haut en bas ou de bas en haut, comme dans l'homme et la plupart des Mammifères, mais qu'ils se suivent à la file dans la direction d'un grand arc de cercle, et sont poussés horizontalement dans une même fosse alvéolaire, commune à tous, et n'étant séparés que par des cloisons fort minces. Du reste, il dit dans un endroit (2) que les Éléphants naissent avec douze dents molaires au moins, se réduisant à quatre dans l'âge adulte ou vers le terme de la vie; et plus loin (3) il prétend que c'est avec quatre molaires rangées à la file dans chacun des côtés de la mâchoire supérieure, et avec trois à l'inférieure; ce qui ferait quatorze en tout; assertion qui est certainement erronée, comme nous le verrons bientôt. D'après P. Camper. Mode de Développement. Nombre. Douze ou quatorze.

Quant au nombre des plaques qui entrent dans la composition d'une dent, il cherche à prouver par plusieurs exemples que ce nombre varie Nombre des Plaques.

(1) Ce fait me paraît cependant assez inexplicable, en ce que M. G. Cuvier, dans son travail sur l'Éléphant des Indes, annonce celui de Camper comme devant paraître incessamment, et nous avons vu que M. G. Cuvier, dans le sien, fait emploi de tous les faits curieux observés par Corse.

(2) Page 65.

(3) Page 167.

et qu'il n'augmente pas dans un ordre constant, suivant la place de la dent dans la série, et cela aussi bien dans les espèces vivantes que dans les espèces fossiles, par exemple dans le Mammouth ; d'où il conclut que l'opinion de M. Cuvier, qui avait accepté cette assertion de Merck, souffre des exceptions. Il cite à l'appui de son opinion une mandibule fossile que l'Académie de Saint-Pétersbourg avait donnée à son père, et dont la molaire, quoique l'individu fût adulte, n'était composée que de dix ou treize plaques, tandis que celles citées par MM. Cuvier, Fortis, et Camper, en offraient vingt-trois ou vingt-quatre, nombre qu'il indique et figure lui-même, pl. XVI, fig. 6, d'après la mandibule d'un vieil Éléphant de Ceylan.

Comparé. Du reste, il admet qu'à longueur égale les plaques des molaires de l'Éléphant des Indes surpassent en nombre au moins deux fois celles de l'Éléphant d'Afrique.

M. Faujas de Saint-Fonds. 1803. C'est un an après la publication de l'ouvrage d'Adrien Camper que M. Faujas de Saint-Fonds vint confirmer par son témoignage et par son acceptation, la caractéristique donnée par Camper le père, pour la distinction des deux espèces vivantes d'Éléphant, par la structure de leurs dents molaires. Mais en faisant remonter à quinze ans environ la démonstration que lui en fit Camper à Paris, en lui montrant ses dessins, elle ne peut aller beaucoup au delà de 1788, date qui est certainement antérieure à celle de la sixième édition du Manuel de Blumenbach, mais qui est de quatre ans postérieure à l'observation de Merck, citée plus haut.

M. G. Cuvier. Ann. du Mus., 1806. Quoi qu'il en soit, c'est aussi quelques années après que M. Cuvier publia la première édition de son travail sur les Éléphants vivants et fossiles, dans le tome VIII des Annales du Muséum, en 1806; travail dans lequel l'étude du système dentaire des Éléphants à dents lamelleuses, dont il avait alors séparé les espèces à dents mamelonnées, fut reprise d'une manière étendue, en s'aidant des observations de ses prédécesseurs et surtout de celles de Corse.

D'après M. Cuvier, les Éléphants de la première section n'ont jamais ni plus ni moins de trois dents à la fois, et cela, dit-il, d'après l'examen de sept têtes que j'ai eues à ma disposition ; 1° une petite molaire plus ou moins prête à tomber; 2° une seconde en place en pleine activité; 3° un germe plus ou moins grand, plus ou moins consolidé, occupant le fond de l'arrière-mâchoire ; ce qui ferait un total de douze dents, six pour chaque mâchoire. Sur le Nombre en général.

M. Cuvier n'a cependant pas touché à la détermination positive de ce nombre total pendant la durée de la vie de l'animal, et par conséquent il n'a pu donner la manière de reconnaître le rang d'une dent séparée, c'est-à-dire tombée sur l'animal vivant ou recueillie à l'état fossile. La Détermination de chaque Dent.

Toutefois, acceptant la différence de la surface de la couronne convexe ou concave, pour distinguer les supérieures des inférieures, indiquée par Merck, il a ajouté dans le même but l'inclinaison des lames en avant pour les unes, en arrière pour les autres, ce qui est assez loin d'être aussi exact, et de plus pour juger l'extrémité antérieure ou postérieure, et le côté externe ou interne, le degré d'usure plus grand en avant, et la convexité plus forte en dehors. La Distinction des supérieures, des inférieures. Le Côté. L'Extrémité.

Quant au nombre de lames composantes, il semble avoir accepté ce que Corse a montré à ce sujet, que ce nombre va toujours en augmentant, de manière que chaque dent en a plus que celle qui l'a précédée. Cependant il paraît croire qu'il n'y a rien de bien absolu, comme, au reste, cela était déjà indiqué par Corse, s'appuyant sur une mandibule dont la première dent a quatorze lames, et la suivante autant de germes de lames. Le Nombre des Lames.

D'après M. Cuvier, les lames sont plus minces dans les premières que dans les dernières, en sorte que le nombre des lames en activité, est toujours à peu près le même, dix à douze, ce qui avait encore été observé par Corse. Leur Épaisseur.

Depuis la publication de ce mémoire, qui sous le rapport qui nous occupe, n'a éprouvé aucun changement dans la seconde édition que M. Cuvier en a donnée dans ses ossements fossiles de Quadrupèdes en Chez les Paléontologistes.

1825, tom. I, p. 7, la plupart des paléontologistes n'ont guère été plus loin, ce qui leur aurait été en effet difficile à défaut de matériaux. Aussi dans aucun ouvrage le nombre normal, le mode de succession des dents molaires de l'Éléphant, et leur signification réelle, n'ont pas été déterminés, ce que nous croyons pouvoir faire aujourd'hui d'une manière positive, en nous aidant, il est vrai, des dents fossiles que possèdent nos collections en plus grand nombre peut-être que des dents récentes. C'est le seul moyen, ce me semble, d'apprécier à leur juste valeur, les assez nombreuses espèces que des paléontologistes ont proposées dans ces derniers temps parmi les fossiles, en se basant sur la considération des dents molaires presque exclusivement, et surtout sur le plus ou moins grand nombre, et le degré d'écartement des collines transverses.

Chez les Zoologistes. M. F. Cuvier.

Quant aux zoologistes, ils ne pouvaient non plus donner quelque chose de plus positif, et même celui d'entre eux qui a le plus insisté sur l'emploi du système dentaire dans la classification des Mammifères, M. Frédéric Cuvier formule-t-il dans son ouvrage spécial sur ce sujet, huit molaires en tout à l'Éléphant d'Afrique, et quatre à celui de l'Inde, sans doute dans l'intention d'appuyer la séparation de ces deux espèces en autant de genres distincts, comme il l'a fait quelque part (1).

Des Défenses ou Incisives.

Mais si l'histoire des dents molaires de l'Éléphant après un si long temps, plus de 2,000 ans, est encore incomplète aujourd'hui, il n'en est pas de même de celle des incisives ou des défenses. Longtemps cependant, malgré l'opinion contraire d'Aristote, acceptée par Pline, plusieurs auteurs anciens, comme Élien, Pausanias, etc., et même modernes, comme P. Gilles, P. Blair, etc., les ont considérées comme des cornes par des raisons qui reposaient sur une observation erronée ou insuffisante. Perrault lui-même, au nom des anatomistes de l'ancienne Académie des sciences, adoptait encore cette opinion vers la fin du XVIIe siècle; mais depuis que Daubenton, comme nous l'avons vu plus haut, a

Démontrées telles par Daubenton.

(1) Dans son Histoire naturelle des mammifères sous les noms d'Éléphant et de Loxodonte.

montré que ce sont bien des dents incisives, puisqu'elles sont implantées dans le même os que celles que l'on nomme ainsi chez les chiens, personne n'a pu avoir de doutes à ce sujet. Il n'en est plus resté que sur leur persistance ou sur leur chute annuelle.

Depuis les belles observations de Corse que j'ai citées plus haut, il a été reconnu que l'Éléphant a des dents incisives (1) de lait, qui comme telles disparaissent à un certain âge, et qu'elles sont remplacées par d'autres qui croissent durant toute la vie de l'animal, et deviennent ainsi d'énormes défenses. Dès lors, il n'était plus possible de douter du fait, que ces défenses ne tombent jamais dans les Éléphants en général. Leur Remplacement, par Corse.

Cependant on trouve encore dans l'article étendu que M. G. Cuvier a consacré à l'histoire de l'Éléphant des Indes, dans la Ménagerie du Muséum, publié (il est vrai, avant l'ouvrage de Camper) vers 1801, après ces mots, *les défenses de lait tombant le douzième ou le treizième mois, celles qui leur succèdent ne tombent plus, et croissent toute la vie dans l'Éléphant des Indes*, puisés dans le mémoire de Corse, cette restriction : *Mais nous n'osons affirmer que l'opinion déjà avancée par Élien, et soutenue depuis par quelques modernes, que les Éléphants en changent à diverses reprises comme les cerfs de bois, soit fausse par rapport à l'espèce d'Afrique.* Mis en doute par M. G. Cuvier.

L'analogie fondée sur des bases véritablement scientifiques, que ne possédait peut-être pas encore M. G. Cuvier à cette époque, comme on peut le juger d'un autre passage, p. 84 du même mémoire, où les défenses de la mâchoire supérieure lui paraissent rapprocher l'Éléphant du Morse, a cependant permis d'affirmer que l'opinion d'Élien était aussi erronée pour l'Éléphant d'Afrique que pour celui d'Asie, et M. G. Cuvier lui-même n'a sans doute pas tardé à le reconnaître, puisque dans son grand mémoire sur les Éléphants vivants et fossiles que nous avons cité plus haut, cette restriction n'est pas même rappelée, Aujourd'hui acceptée par tout le monde.

(1) Corse lui-même nomme ces dents des défenses, et veut que l'Éléphant n'ait point d'incisives.

en sorte que sur ce point, les naturalistes sont parfaitement d'accord aujourd'hui.

Description des Incisives.

Dans la description que nous allons donner, du système dentaire de l'Éléphant d'Asie, nous allons suivre l'ordre de l'apparition de chacune des dents depuis la première jusqu'à la dernière, d'abord à la mâchoire supérieure, et ensuite à l'inférieure, ce qui comprend les dents de lait et celles qui leur succèdent.

* Supérieurement.

Des Molaires de la Mâchoire supérieure.

Sur un jeune individu chez lequel les incisives pointaient à peine sous la gencive, et dont les molaires étaient encore sans aucun indice d'altération par usure, nous avons trouvé trois dents (1).

Première. Sa Couronne, de 4 collines.

La première de beaucoup la plus petite, ovale à la couronne, un peu moins large en avant qu'en arrière, un peu plus convexe en dedans qu'en dehors, est formée de quatre collines, les trois antérieures croissant un peu de la première à la troisième, et convergentes vers la postérieure, qui elle-même est soutenue en arrière par une cinquième en talon peu distincte et plus courte.

Ses Racines, 2.

Elle est portée sur des racines au nombre de deux, bien séparées, très-divergentes et subconiques.

J'avais déjà observé en 1829, cette dent sur une très-jeune tête d'Éléphant du cabinet de Leyde, en remarquant dans mes notes que sa couronne bien distincte, était formée de quatre collines transverses, et un rudiment de cinquième, avec deux véritables racines très-divergentes

Je ne la connais décrite ni figurée par personne avant moi.

Seconde. 1er état. Sa Couronne, de 8 collines.

La seconde dent supérieure de la jeune tête que nous avons sous les yeux parfaitement en place, est bien brusquement plus considérable. Sa forme est cependant encore ovale, assez allongée, les deux extrémités et les deux bords à peu près semblables de convexité. On peut pourtant

(1) Aristote (*Histoire des Animaux*, t II, 1) dit que l'Éléphant a des dents immédiatement après qu'il est né.

distinguer l'extrémité antérieure de la postérieure, en ce que des huit collines qui la composent, la première est la plus étroite, les deux suivantes à peu près égales, la troisième la plus épaisse, mais fort peu plus large transversalement, et que les cinq dernières vont en décroissant; les quatre postérieures convergentes, ou s'inclinant vers la quatrième ou médiane, qui est à peu près verticale.

Chacune de ces collines offre à la marge coronale, n'étant encore nullement usées par la mastication, une indication plus marquée aux terminales d'une division en deux mamelons, chacun d'eux étant bifide aux dernières.

Les racines sont au commencement de leur formation, et l'on peut assez bien voir qu'elles formeront au moins deux groupes, l'un antérieur pour les deux premières lames, l'autre pour le reste. Ses Racines.

C'est encore une dent que j'avais observée sur la jeune tête de Leyde, avec toutes les particularités de celle de notre collection; mais je n'y ai compté que six collines transverses. Comme la précédente, personne ne me semble l'avoir connue, du moins sur l'Éléphant des Indes.

Nous ne connaissons pas cette seconde dent à l'état moyen; mais nous en possédons un reste du côté gauche, tombée à la ménagerie du Muséum, en 1822, de la bouche d'un Éléphant mâle nommé *Asia*, mort en 1839. 2e état. 3e état.

La troisième dent existe seulement en germe sur la tête que j'examine; elle est entièrement contenue dans son alvéole occupant toute la partie postérieure du maxillaire, ainsi que la branche verticale du palatin qui est extrêmement large. Ses collines, au nombre de onze, ne sont pas encore assez avancées dans leur partie radiculaire pour constituer une véritable dent susceptible d'être décrite en masse. Troisième. 1er état. 11 collines.

Cependant, l'ayant fait extraire, j'ai pu voir que ses onze lames composantes se dégradent rapidement en hauteur et même un peu en épaisseur de la seconde à la dernière, la première étant notablement plus courte et plus mince que la seconde. Il m'a également été possible de noter que le bord supérieur de chaque lame est régulièrement et symétriquement divisé en cinq parties, dont une médiane pour les neuf dernières, en quatre pour la seconde, et en sept pour la première; la médiane des dernières étant partagée en trois.

2e état. Nous ne la connaissons à son état moyen et complet que fossile, ce qui nous force d'en retarder la description.

3e état. Mais il n'en est pas de même au dernier terme de son existence utile; nous la possédons provenant d'un Éléphant qui a vécu à la ménagerie du Muséum, sur lequel elle est tombée des deux côtés.

Forme. A cet état elle est ovale, assez étroite, à peine plus convexe en dedans qu'en dehors, plus étroite et plus arrondie en arrière qu'en avant, et

Collines, 6. elle montre à sa surface triturante six collines transverses, fort usées, d'autant moins qu'elles sont plus postérieures, et par conséquent d'autant moins larges.

Racines. La partie radiculaire est dans le même cas, comme cariée et d'autant moins qu'elle est plus postérieure, ce qui lui donne la forme d'un large chicot non divisé.

Quatrième. La quatrième dent devient subitement bien plus large et bien plus longue que la troisième, c'est-à-dire en tout bien plus considérable, ainsi que j'ai pu en juger par analogie d'après une série de la mâchoire inférieure et surtout d'après deux échantillons isolés, à deux degrés différents d'usure assez peu avancée.

En effet, je ne crois pas que nous l'ayons en germe, c'est-à-dire contenue dans son alvéole, sur aucune des têtes que j'ai pu examiner.

A l'état complet. A l'état complet, elle commence à avoir la forme des deux posté-

Collines, 15. rieures, prismatique oblique, devenant pentagonale par l'usure de l'angle antérieur du côté inférieur; elle est composée de quinze lames à peu près verticales et qui, par suite de leur usure successive à la couronne, finissent par produire trois groupes de racines, un simple pour les trois antérieures, un second bifide pour les trois suivantes, et un dernier oblique et indivis pour les neuf dernières.

Je pense aussi la connaître tombée naturellement à un certain âge de l'animal et par conséquent fort usée dans les exemples suivants:

1) Un fragment postérieur taillé très-obliquement, n'offrant plus que six collines fort usées même en arrière, la racine complétement cariée en avant, et même en partie en arrière, de manière qu'il a dû tomber naturellement poussé par le mouvement d'avancement de la cinquième. Un fragment.

Il porte l'inscription suivante : *Dent d'Éléphant femelle* (Marguerite), *âgée de vingt-deux ans, tombée le 7 mai* 1806. Ainsi il provient de Marguerite, venue de Hollande en 1797.

2) Un second fragment presque semblable, mais du côté opposé, ayant aussi six ou sept collines fort usées, avec la racine postérieure un peu moins avancée dans sa carie. Second fragment.

Il porte pour étiquette : *Dent de l'Éléphant femelle* (Marguerite), *tombée le* 16 *août* 1806 *à vingt-cinq ans* (1).

C'est évidemment la même dent du côté opposé que la précédente.

Nous possédons deux semblables fragments provenant du mâle de Marguerite et venu de Hollande avec elle, l'un tombé en frimaire de l'an XII, ayant six lames à l'âge de dix ans; l'autre de dix-sept lames, à celui de dix-sept.

Se rapportent aussi à cette quatrième deux restes de dents, l'une du côté droit, l'autre de gauche, trouvées sur le cadavre d'*Asia* et dont la troisième était tombée onze ans et la seconde dix-sept ans auparavant. Troisième fragment.

Toutes deux sont réduites à six collines transverses décroissant en longueur de manière à former une disque ovale à la couronne, indiquant cependant par une surface plate, mais oblique de son extrémité postérieure, qu'elle était poussée par une autre dent. Couronne.

La racine est réduite à un chicot oblique, carié dans tous les sens et fort différemment sur l'une et sur l'autre. Racine.

La cinquième dent, bien plus grande que les précédentes, paraît être celle sur laquelle l'animal vit pendant le temps le plus adulte de son existence. Cinquième.

Il semble même qu'elle existe seule fort longtemps après que la qua- Plus persistante.

(1) Il y a nécessairement erreur dans cette étiquette pour l'âge attribué à l'animal.

trième est tombée. Nous avons en effet plusieurs restes où cela est ainsi et où cependant elle est assez usée, aussi bien sur un crâne à grandes défenses, que sur un autre qui les a fort petites.

Décrite. Nous allons la décrire d'après *Asia* sur lequel elle est indubitable, puisque nous avons déjà décrit la quatrième prête à tomber et la troisième tombée dix-sept ans auparavant, et qu'en arrière de cette cinquième existe une alvéole contenant les germes de lames à l'état non réunis de la sixième et dernière.

2ᵉ état. Couronne. 17 lames. C'est une grosse dent prismatique presque pentagonale dont l'angle antérieur et oblique est tronqué assez largement par l'usure des sept premières lames, hautes, assez minces et surtout serrées, mais dont les dix autres croissant un peu d'épaisseur, parfaitement entières, constituent les deux côtés postérieurs de la masse, l'un comme la continuation coudée de la surface triturante, et l'autre formé par la face libre de la dernière lame.

Racines. A ce degré de développement la masse radiculaire est assez avancée, presque terminée pour le groupe antérieur, encore ouverte pour la postérieure et partagée en autant de tuyaux prismatiques que de doubles lames intermédiaires.

Ses Phases d'usure. Première. Il n'est pas besoin de dire que cette dent offre des différences assez nombreuses suivant que sa face triturante qui entame son angle antérieur, est plus ou moins usée. Quand elle ne l'est pas du tout, la forme de la dent est triangulaire en coutre de charrue, le sommet obtus en avant. La collection en possède un bel exemplaire qui est formé de seize ou dix-sept lames bien réunies par le cément, mais sans indice de racines qu'aux deux premières.

Seconde. Quand, au contraire, cette dent avance dans son usure, ce dont on trouve le plus d'exemples dans les collections, la surface triturante augmente peu à peu et finit par occuper tout le bord inférieur de la dent; mais lorsque les dernières lames sont atteintes par l'usure, les premières ont totalement disparu et les racines cariées sont réduites à un chicot court et oblique. Nous en avons un exemple dans un reste envoyé au

Muséum, par M. Duvaucel, comme provenant d'un très-vieil Eléphant des Indes qui ne pouvait plus manger.

Enfin la sixième et dernière est beaucoup plus forte que la cinquième, mais presque absolument avec la même forme; aussi est-elle composée de vingt-trois lames au moins. En effet nous en possédons une retirée de Marguerite, c'est-à-dire d'un Éléphant femelle, celui qui a vécu le plus longtemps (30 ans) dans nos ménageries, dont la dernière dent encore contenue dans l'alvéole, mais bien complète et encroûtée partout d'un cément épais, est formée de vingt-sept lames au moins; aussi les dernières, qui sont au nombre de neuf, sont-elles repliées d'arrière en avant et en dehors de la partie antérieure.

Sixième et dernière.

Sa Couronne. 23 collines, quelquefois 27.

La forme générale de la dent, en supposant cette partie remise dans la direction de l'autre, est encore triangulaire comme dans la précédente, mais plus allongée en arrière. Par l'usage, comme dans celle-ci, l'angle antérieur s'use, en sorte qu'en portant successivement sur les lames constituantes, la couronne devient de plus en plus horizontale, à mesure que la partie radiculaire s'accroît. Comme il est fort rare que les Éléphants nourris dans nos ménageries atteignent le terme naturel de leur carrière, nous ne connaissons pas les autres phases de cette dent, si ce n'est peut-être dans l'espèce fossile, comme nous aurons occasion de le montrer dans notre chapitre consacré à la paléontologie.

Sa Forme générale,

Ce qui cependant prouve que le renversement en avant de la partie postérieure de la sixième dent supérieure de Marguerite, est une anomalie, c'est une sixième gauche, que le Muséum vient d'acquérir de la collection de M. de Drée. Quoique plus courte, n'étant composée que de vingt et une collines, dont douze d'entamées, elle est cependant très-forte et surtout en hauteur, ses collines étant assez larges et obliques, séparées par des intervalles étroits, et sa crête radiculaire assez prononcée en avant.

Anomale.

** Inférieurement.

Nous avons d'une manière évidente toute cette partie du système dentaire dans sa succession normale sur un jeune crâne de l'Éléphant

De la Mandibule.

des Indes, et dont nous nous sommes déjà servi pour la partie supérieure; crâne depuis peu d'années dans nos collections.

En général. Cette série comme la supérieure se compose de six dents qui se succèdent également en se poussant d'arrière en avant. Nous allons les décrire dans cet ordre.

Première. La première que nous avons à droite et à gauche (celle de ce dernier

Sa Couronne. côté), a sa couronne ovale un peu plus large en arrière qu'en avant et

4 collines. plus convexe en dedans qu'en dehors, formée de quatre collines transverses à deux mamelons convergents, peu distincts, s'usant obliquement en dedans; la dernière presque indivise et collée en arc-boutant contre

Ses Racines, 2. la troisième. Elle est séparée par un collet bien distinct de deux racines longues étroites, simples, se recourbant en sens opposé et un peu en crochet, surtout la postérieure, la plus longue (1).

Seconde. La seconde dent de la mandibule, bien semblable des deux côtés, est bien plus grosse que la première. Elle est ovale allongé, presque didyme, ce qui la distingue assez bien de sa correspondante en haut, plus étroite en avant qu'en arrière, mais également arrondie aux deux extrémités.

Sa Couronne. La couronne moins renflée au collet que dans la première, quoique

3 collines. bien distincte, est partagée profondément en lames formant neuf collines transverses (2) croissant en largeur et diminuant en épaisseur de la première à la septième. La huitième diminue un peu et la neuvième est réduite à une lame mince et courte quadridentée, tandis que la première a trois dents obsolètes et que le bord coronal des intermédiaires est divisé en denticules arrondis, au nombre de quatre ou cinq.

Ses Racines. D'après le commencement de la formation de la partie radiculaire non encore complète, il ne devait y avoir que deux racines, une antérieure plus petite, pour les trois collines antérieures et la postérieure

(1) Elle est très-bien rendue dans Pl. XI du mémoire de Corse.

(2) Celle figurée par Corse, Pl. VI, en a neuf.

bien plus large pour les six autres, sa forme étant trapézoïdale. C'est en effet ce que montre la figure citée de Corse.

Nous regardons aussi comme une seconde, un reste postérieur de dent étiqueté : *Inférieure droite de jeune Éléphant (Asia) tombée le 9 août* 1822. Sa plus grande étroitesse en avant qu'en arrière où elle est comme coupée carrément, indique évidemment cette dent sur un Éléphant d'Asie; quelques collines ont déjà disparu en avant et il en reste six ou sept, ce qui en porterait le nombre primitif à huit au moins. Autre état.

Je ne connais pas la troisième mandibulaire à l'état vivant, si ce n'est en germe, sur une jeune tête d'Asie, où ces lames non encore réunies par le cément ne sont qu'au nombre de sept; mais j'en possède à l'état fossile une en place et une autre libre (1). Troisième. En germe.

Celle-ci, qui est du côté gauche, à en juger d'après le versant de l'usure qui, quoique peu sensible, me paraît interne, est notablement plus grosse que la seconde, de forme assez régulièrement ovale à la couronne, le collet encore moins marqué que chez elle, un peu plus large en avant qu'en arrière où elle est encore, il est vrai, revêtue de cément, ce qui prouve qu'il n'y avait pas encore contact de la quatrième. Adulte fossile. A défaut de récente, libre.

On peut aisément compter à la face triturante onze ou douze collines transverses, étroites, subégales, peu sinueuses, séparées par des bandes de cément plus larges qu'elles, et dont les postérieures sont encore en îles non réunies. Sa Couronne. 11 ou 12 collines.

Les racines sont encore bien distinctes et assez bien formées, deux antérieures obliques, pour une ou deux collines, deux moyennes pour les trois suivantes et une grosse postérieure pour le reste. Les Racines.

Quant à celle en place, j'ai pu l'étudier sur un côté droit de

(1) Dans la figure citée de Corse, on voit cette dent encore complétement dans son alvéole : elle est formée de treize lames non soudées.

mandibule presque complet, trouvé aux environs de Manheim, et que le Muséum doit à la générosité de M. Lajoie.

En place.

Dans cette pièce en effet, entre un reste très-petit de la seconde et une quatrième encore dans l'alvéole et qui commence à peine à se montrer par son angle antérieur, se trouve une troisième assez usée, mais presque horizontalement, c'est-à-dire également en avant et en arrière, un tant soit peu plus convexe en dedans qu'en dehors, et présentant sur sa surface triturante dix collines transverses, finement festonnées sur les bords et croissant insensiblement jusqu'à l'avant-dernière.

Quatrième. Fossile, à défaut de récente.

Nos collections ne possèdent pas davantage la quatrième dent sur un individu vivant, du moins à l'état complet, c'est-à-dire entière; nous serons donc encore obligé de la décrire sur le fossile.

A l'état de Germe.

Elle existe d'abord à l'état de germe dans la mandibule donnée par M. Lajoie, dont il vient d'être parlé, et en grande partie cachée dans son alvéole; mais elle est bien complète des deux côtés sur une petite mandibule des environs de Cologne, un peu plus grande que la précédente et sur laquelle la troisième était tombée. On peut voir que la quatrième, notablement plus grosse que la troisième, mais bien moins encore que la cinquième, est de forme ovale médiocrement allongée, également convexe des deux côtés et arrondie aux deux extrémités. La couronne qui n'est usée, versant en dedans, que dans les deux tiers antérieurs, offre en dessus quinze à seize collines réunies par des bandes de cément sub-égales, et en dessous par une racine antérieure unique, une postérieure beaucoup plus grosse, indivise et sans doute par une intermédiaire bifide, mais cachée dans l'alvéole.

Au second état.

Sa Couronne. 15 à 16 collines.

Au troisième état.

A l'état récent, nous ne connaissons cette dent que sur un assez jeune Éléphant dont le squelette est inscrit sous le n° 4 dans nos collections; où, déjà fort usée, elle ne montre plus que quatre ou cinq rubans transverses à la couronne, dont la forme est triangulaire, le sommet aminci en avant, la base plus large et plus épaisse en arrière; mais évidemment par suite d'usure pendant son mouvement d'arrière en avant.

Ce mode d'usure est encore bien plus avancé dans deux très-petits fragments qui restaient sur *Asia* à sa mort en 1839. Ils n'ont plus en effet que trois quarts de pouce de longueur avec la forme d'une pierre à polir ou d'un fer à repasser, celui d'un côté étant un peu plus grand que l'autre. Au quatrième état.

Nous possédons au contraire un assez grand nombre de cinquième dent mandibulaire à l'état vivant, à tous les degrés d'usure; c'est même celle que l'on trouve le plus ordinairement sur les Éléphants morts dans les ménageries, aussi bien qu'à l'état fossile. Cinquième.

Je la décris d'après un échantillon pris sur *Asia* qui a vécu près de vingt ans au Muséum, et qui est morte sous nos yeux en 1839. Décrite sur *Asia*.

Cette dent du côté gauche présente une assez forte courbure; la convexité en dedans et la concavité en dehors, avec une forme générale fort élevée, assez mince, un peu atténuée en avant et surtout en arrière et en bas. La couronne proprement dite étant ovale, oblique, concave à son bord supérieur et convexe à l'inférieur, est composée de dix-sept ou dix-huit collines assez médiocrement épaisses, formant autant de côtes un peu courbes, surtout en arrière, et des rubans festonnés à la surface triturante, coupée obliquement en s'excavant. Sa Couronne. 18 collines.

Le corps radiculaire occupant toute la face convexe de la couronne, forme une série de crêtes doubles, festonnées, décroissant en longueur, mais s'élargissant et s'ouvrant en arrière de manière à laisser voir la base des lames composantes qui ne sont pas encore fermées. Sa Racine.

La plupart des mandibules de la collection du Muséum sont à un état dentaire tel, que cette cinquième dent s'accroît peu à peu en s'avançant avec la diminution de la quatrième.

Sur une mandibule appartenant à la plus petite tête à défenses également petites, du moins d'après les alvéoles, la quatrième et la cinquième ne sont pas au même degré d'usure; en effet celle-là n'a plus que cinq collines fort usées et il n'y en a que huit d'entamées à celle-ci, et elles sont plus larges, plus festonnées; la dernière en îles sériales. Sur un Éléphant à petites Défenses, de 11 collines.

Une autre, de Ceylan, offre une quatrième réduite à un chicot soudé

Sur un Éléphant de Ceylan. 9-10 collines.

d'un côté à la cinquième, aussi celle-ci a-t-elle neuf ou dix lames usées, larges et fort distantes entre elles, très-obliques et très-festonnées.

Sur un Éléphant du Bengale. 10-11 collines.

Une troisième mandibule du Bengale à petites défenses a sa quatrième dent presque entièrement disparue même dans ses alvéoles; dès lors sa cinquième est plus avancée, usée à fond dans les premières lames avec dix à onze autres lames très-obliques, assez larges, moins cependant que dans la précédente, la plaque usée étant d'une forme ovale presque régulière.

La cinquième dent mandibulaire d'*Asia*, dont nous avons décrit plus haut le reste de la quatrième, est formée de dix-huit collines plus verticales, avec des espaces moins larges, dont treize sont entamées; aussi se trouvait-il en arrière d'elle des plaques de la sixième dans son alvéole.

Sur l'Éléphant mâle de Sumatra. 16 collines.

C'est à peu près de même pour le mâle de Marguerite, comme elle venu de Hollande; sur seize lames, il y en a onze d'entamées et l'on commence à voir le commencement de la sixième molaire bien formé.

Sur la Femelle. 10 collines.

Dans le squelette même de Marguerite, dont nous avons fait extraire la sixième, la cinquième est usée presque à moitié de manière que sa forme est en coin assez court. Elle n'a plus que les dix lames postérieures; les avant-dernières usées en îles allongées, la dernière en O en série.

Enfin dans un Éléphant de Java à petites défenses, il n'y a plus que des restes de l'alvéole, ce qui fait supposer que la cinquième était déjà tombée, aussi la sixième est-elle à moitié sortie.

Sixième.

Cette sixième, que je décris d'après celle qui a été retirée de la mandibule d'un Éléphant envoyé par M. Diard, est ici dans un état intermédiaire à ce que nous possédons de plus et de moins avancé.

Sur un Éléphant de Cochinchine?

Sa position dans la face interne de la branche montante de la mandibule renflée à cet effet, lui donne une forme générale courbée en dehors, convexe en dedans, plus épaisse en avant, où elle est déjà sensiblement aplatie dans sa première lame, plus basse et plus mince, par son contact avec la cinquième, et prolongée en arrière en une sorte de queue plus étroite et surtout bien moins haute qu'en avant.

Le corps de la dent, c'est-à-dire la couronne, est comme cannelé de chaque côté par vingt-sept lames soudées, décroissantes en hauteur de celle du milieu aux deux terminales, un peu courbes et surtout inclinées, les antérieures en arrière, les postérieures en avant. Son bord supérieur fortement courbé, s'usant à son angle antérieur à mesure que la dent descend et s'avance, offre une surface plate, légèrement concave, de forme ovale, plus large en avant qu'en arrière, ne comprenant que onze collines dont l'usure a produit des rubans transverses assez étroits, assez festonnés, à lignes d'émail épaisses et à intervalles cémenteux moins considérables, sauf toujours les dernières où ce ne sont encore que des îles en série. Sa Couronne. 27 collines.

Le reste de la dent non sorti, plus concave et sub-tranchant, est entièrement couvert de cément, même sur les mamelons de quelques collines.

Quant au bord inférieur de cette dent, celui où se développeront les racines, il est très-convexe, plus étroit en arrière qu'en avant où les racines existent déjà, surtout celle unique des trois premières lames. Au delà elles décroissent peu à peu pour ne plus exister dans les deux tiers postérieurs. Ses Racines.

Sur Marguerite où nous avons vu la cinquième réduite aux deux tiers postérieurs, quoique encore en usage, la sixième est à un degré d'usure bien moins avancé, puisqu'elle ne porte que sur le sommet des neuf premières collines, formant des séries d'îles rondes, plus ou moins serrées; aussi son extrémité postérieure est-elle recourbée en dehors pour les sept postérieures; les racines, même les antérieures, sont moins prononcées, moins longues; le nombre total des lames est du reste comme dans la précédente de vingt-sept, mais peut-être un peu plus épaisses. L'encroûtement d'émail étant presque général, plus épais cependant à la face interne convexe qu'à l'externe concave. Sur Marguerite. 27 collines.

Sur un squelette d'Éléphant mâle envoyé par M. Duvaucel, la

Sur un Éléphant des bords du Gange.

sixième dent inférieure présente un degré plus avancé d'usure par suite de celle de la cinquième; cet échantillon offre cependant la même forme et les mêmes caractères, si ce n'est qu'en avançant elle est un peu moins courbée, que la partie entamée de la couronne comprend onze ou douze collines qui décroissent d'épaisseur de la troisième à la onzième.

Résumé.

D'après l'examen que je viens de faire du système dentaire de l'Éléphant des Indes que j'ai pris pour type, en m'aidant quelquefois de celui de l'espèce fossile, il me semble indubitable que cet animal n'a jamais, pendant tout le cours de sa vie normale, ni plus ni moins de six dents molaires de chaque côté des deux mâchoires, ce qui fait vingt-quatre en tout, comme beaucoup d'autres Mammifères; mais que ces dents de grandeur énormément différente n'existent pas à la fois. Rarement au nombre de trois, fort inégales, souvent de deux dans des proportions diverses, égales ou inégales, et enfin réduites à une seule, qui est alors la sixième ou dernière, comme la première avait commencé par être aussi quelque temps unique; dépendantes d'une espèce de cône membraneux susceptible de s'ossifier, qui occupe le canal dentaire, le sommet en avant, la base en arrière; la pulpe dentaire qu'il contient croît, pour ainsi dire, avec l'animal et ses mâchoires, de manière à donner successivement lieu de se développer à des parties de dents et à des dents au fur et à mesure de l'usure de la partie antérieure; disposition qui a évidemment pour cause finale de ne pas allonger et appesantir le bras de levier que forme la tête de ce puissant animal, et qui a déterminé l'extension prodigieuse que prend en arrière la mâchoire supérieure aussi bien que l'inférieure, et leur disposition courbée concentriquement.

Sur les Dents molaires.

Leur Nombre, $\frac{6}{6}$; dont à la fois : $\frac{3}{3}$ rarement, $\frac{2}{2}$ souvent, $\frac{1}{1}$ quelquefois.

En trois Temps.

Ces dents constituent trois temps ou flots principaux chacun de deux dents.

Le Premier, de deux.

Le Première, de 4 collines.

Le premier formé de dents horizontales, s'usant à peu près ainsi; ayant leur origine où aura lieu leur terminaison. La première, la plus petite, la plus radiculée, la plus normale, et composée seulement de quatre collines, et presque en même temps de deux racines subégales; la seconde encore assez petite ou médiocre, mais notablement plus composée, de huit collines, n'ayant encore que deux racines, il est vrai, très-inégales. La Deuxième, de 8.

J'ignore au juste la durée de ce temps; d'après Corse, elle ne dépasserait pas deux ans.

Le second temps, bien plus long, est formé de deux autres dents nées dans la partie postérieure et subverticale des mâchoires, descendantes avec elles pour devenir horizontales, et qui, par conséquent, ne finissent pas où elles ont commencé. Elles sont de médiocre grandeur et encore assez peu courbées. Le Second, de deux.

La première ou la troisième en série n'a encore que douze collines; mais ses racines sont partagées en trois groupes, un antérieur d'une seule, antéro-verse; un médian de deux et un postérieur d'une seule, beaucoup plus grosse et prismatique. Sa forme est encore assez régulièrement ovale; elle s'use un peu plus obliquement d'abord; mais bientôt cette usure devient presque horizontale, occupant à la fois un grand nombre de lames. La Première de 12 collines.

La seconde de ce temps, ou la quatrième de la série totale, devient presque subitement plus grosse, en prenant la même forme que la suivante, à laquelle elle ressemble beaucoup. La couronne, formée de quinze lames, finit par acquérir encore assez bien à la fois ses trois parties radiculaires; cependant son mouvement de bascule, en même temps qu'elle pousse et s'avance, fait que la partie antérieure est déjà bien près d'avoir disparu quand la postérieure est complétement formée, ce qui est surtout sensible pour la supérieure. La Deuxième, de 15.

M. Corse donne à ce temps une durée de sept ans, l'Éléphant alors en ayant neuf.

Enfin le dernier temps dont on ne connaît pas la durée totale, parce que c'est celle de la vie de l'animal, mais qui très-probablement doit être bien plus long que les deux premiers, est sans doute celui où il commence à être véritablement adulte. Comme les précédents, il est Le Troisième, de deux.

rempli par l'apparition en usage de deux dents, qui sont certainement les dernières.

En général.

Ces deux dents, qui sont pour ainsi dire des arrière-molaires, ont cependant beaucoup des caractères des deux qui remplissent le second temps. Toutefois, elles sont beaucoup plus grandes, surtout bien plus longues, composées d'un plus grand nombre de collines, et bien plus dissemblables en haut et en bas.

Supérieurement.

En effet, les supérieures sont plus ou moins obliquement prismatiques, suivant leur degré d'avancement, et fortement convexes à leur surface triturante, tandis que les inférieures sont étroites, allongées et plus ou moins courbées en bateau à cette même surface.

La Première, de 17-18; la Deuxième, de 23 à 27.

La différence entre la première et la seconde ne porte véritablement que sur la grandeur et le nombre des collines, qui, n'étant que de dix-sept ou dix-huit à l'une, est de vingt-trois et au delà jusqu'à vingt-sept pour l'autre, ce qui produit une sorte de prolongement caudiforme.

Ce sont évidemment ces dents qui, pendant le temps de leur formation dans les alvéoles, sont le plus éloignées possible de la position qu'elles devront avoir pour devenir utiles; aussi sont-elles assez longtemps presque verticales, ce qui donne aux mâchoires un renflement considérable, et, par suite, à la tête en totalité, une obliquité qui augmente encore le degré de l'élévation occipitale. C'est même à cette nécessité de descente successive de ces énormes dents que sont dus l'espèce de composition longtemps articulée qu'elles offrent, et, par suite, le développement tardif de leurs racines, qui ne peut avoir lieu que lorsqu'elles seront arrivées à leur place définitive.

Terme de la vie de l'animal.

Le temps qu'elles prennent dans la vie de l'animal, pour que la dernière y soit arrivée, par suite de la chute ou de l'usure complète de la cinquième, et pour que la dernière subisse toutes les phases de son existence, n'a pu être apprécié; et quoiqu'il soit certain qu'il est beaucoup plus long que celui qu'emploie le second flot, on peut regarder comme extrêmement vraisemblable qu'il ne doit pas atteindre même les cent vingt ans de vie attribués à l'Éléphant, et, à plus forte raison, les deux ou trois cents ans que les anciens lui avaient si généreusement accordés.

Pour mieux faire comprendre ma pensée, j'ai partagé la totalité du développement des molaires de l'Éléphant en trois temps ou flots; mais, au fait, il n'y a jamais d'interruption dans la succession de 4 + 8 + 15 + 18 + 18 + 23 collines, dont les six dents sont formées. En même temps que la précédente agit et s'use, la suivante avance et commence à s'user; en sorte que le plan en usage appartient presque toujours à deux dents, quelquefois à une seule, mais extrêmement rarement à trois, et, dans ce cas, l'antérieure ne fournit qu'un chicot insignifiant. On ne peut donc pas dire que le nombre des collines en action soit toujours le même; il y a trop de différences entre les six dents successives dont la formule, en définitive, me semble pouvoir être exprimée ainsi : Dans leur marche. Formule définitive.

$$\frac{1}{0}+\frac{0}{0}+\frac{3}{3}+\frac{1}{1}+\frac{2}{2}.$$

en y comprenant les incisives, dont il me reste à parler.

Nous avons dit plus haut que depuis Daubenton il n'y avait plus de doute permis sur la nature des défenses de l'Éléphant, ce sont indubitablement des incisives qui, par une singularité exceptionnelle et biologique, poussent pendant toute la vie de l'animal, se recourbent en haut et en dehors, ont une forme régulièrement conique et décroissante de la base au sommet plus ou moins obtus, et enfin dont la structure est toute particulière par absence d'émail proprement dit et par une disposition en losanges curvilignes de la matière osseuse, constituant ce qu'on nomme de l'ivoire. Par suite de ce qu'elles ne cessent de pousser, jamais elles n'ont de racines, et leur base est profondément creusée d'une cavité conique considérable dont les bords d'orifice sont tranchants. Des Incisives ou Défenses. En général.

Les différences que l'Éléphant d'Asie présente sous le rapport des défenses sont beaucoup plus considérables que pour chacune des six molaires, et même qu'aucune dent n'en offre dans toute la classe des Mammifères : c'est même, pour le dire en passant, ce qui semblait ap- En particulier. Différentes, puyer l'opinion de ceux qui pensaient que ce ne sont pas de véritables dents, sans doute parce qu'ils ont pu remarquer que, comme les cornes, elles sont en général bien plus petites chez les individus femelles que chez les mâles, et que certaines races, celle de Ceylan, les ont constamment ou presque constamment extrêmement petites, dépassant à peine l'alvéole et n'ayant que huit ou dix lignes de diamètre, tandis que d'autres (les Dentelanh) en ont qui ont jusqu'à neuf à dix pieds de long sur un diamètre de sept à huit pouces à la base. La taille ordinaire ne dépasse cependant généralement pas six pieds de long sur cinq pouces de diamètre, et cent à cent vingt livres de poids.

Suivant les Sexes, les Races.

En Grandeur.

Pennant s'est assuré que c'est l'Éléphant de la Cochinchine qui a les plus grandes défenses dans l'Éléphant des Indes.

Dans la Forme.

Mais la variété des défenses de l'Éléphant d'Asie ne porte pas seulement sur la longueur; elle se remarque encore sur la forme de la coupe ovale ou ronde et sur la forme générale longuement conique, ou même subcylindrique et brusquement conique. Ce sont des différences tout à fait individuelles, et peut-être même celle qui tient au poids; on en trouve en effet qui, avec un même volume, pèsent plus que d'autres. L'âge en apporte de plus constantes.

Dans le Poids.

Suivant l'Age. Défenses de lait.

Une particularité même tout à fait remarquable, c'est que l'Éléphant d'Asie a des incisives de lait et caduques, comme Corse nous l'a fait connaître; et que ces dents, qui sont extrêmement petites, comparativement aux persistantes, au point de poindre à peine au delà de la gencive, ont une racine conique, étroite, pleine, comme sinueuse, et bien plus longue que la couronne, fort courte et obtuse, peut-être par suite de carie.

Dans les Adultes.

Quant aux différences que l'âge apporte aux défenses persistantes, il est aisé de voir qu'elles ne peuvent porter que sur la longueur et la grosseur, ainsi que sur le degré de courbure; en poussant, il est, en effet, évident qu'elles doivent allonger, en supposant du moins qu'elles n'auront pas été usées ou même brisées par l'animal.

La proportion de la partie creuse et de la partie pleine varie aussi nécessairement avec l'âge, plus grande dans le jeune que dans le vieux. Camper estime qu'au terme de l'accroissement elle est d'un tiers environ de la défense entière.

Je dois également faire observer que les défenses de l'Éléphant d'Asie sont souvent monstrueuses, ou du moins rarement semblables à droite et à gauche dans leur courbure, plus forte d'un côté que de l'autre, et dans un plan très-différent. On en trouve même quelquefois qui sont contournées en spirale. Le Muséum britannique en possède deux de cette sorte, et depuis longtemps, car l'une d'elles a été figurée par N. Grew, et ensuite par P. Camper. Anomalie.

Après avoir ainsi exposé les particularités du système dentaire dans l'Éléphant d'Asie qui nous sert de type, voyons à faire connaître les différences qu'il offre dans l'espèce d'Afrique dont nous ne possédons malheureusement qu'un bien moins grand nombre de crânes, de mâchoires et même de dents séparées. Différences chez l'Éléphant d'Afrique.

Nous pouvons cependant assurer que le nombre des dents molaires est absolument le même que dans l'Éléphant d'Asie, six de chaque côté des deux mâchoires ou vingt-quatre en tout dans le cours de la vie de l'animal. Pour les Molaires. Dans leur Nombre, le Même.

Elles sont assez bien dans les mêmes proportions entre elles, mais il est évident que dans leur forme générale, et peut-être même dans leur mode de succession, il y a déjà quelque chose de plus voisin des Éléphants à dents mamelonnées, comme nous le verrons plus loin. Dans leurs Proportions et Forme.

a) supérieurement. Supérieurement.

La première en ovale peu allongé, également arrondie à ses deux extrémités, un peu plus convexe en dehors, subdidyme, est formée, comme son analogue dans l'Éléphant d'Asie, de quatre ou cinq collines transverses portées sur deux racines divergentes subégales, la postérieure cependant un peu plus forte, avec la couronne assez usée, versante en avant et en dehors, la colline antépénultième à peine usée et la dernière fort mince, entière. Première. Couronne. 4 à 5 collines. Racines.

La seconde, que nous ne possédons pas en place, mais seulement déta- Seconde.

Couronne. 7 collines. chée du côté droit dans la collection, constitue très-probablement le n° 1019 de la description de Daubenton. Cette dent ressemble véritablement beaucoup à sa correspondante dans l'E. d'Asie, étant assez allongée à sa couronne, un peu plus large et plus usée en avant qu'en arrière, versant assez obliquement en avant et en dehors, composée de sept collines transverses, l'antérieure peu distincte, sensiblement plus épaisses, formant ainsi des cannelures latérales plus cylindriques, et des losanges plus marqués à la surface triturante que dans celles d'Asie.

Racines. Quant à la partie radiculaire assez avancée, elle est déjà formée de ses trois groupes, un antérieur transverse et simple pour les deux premières lames, un intermédiaire bifide pour les deux suivantes, et un troisième, le plus fort, indivis pour les trois dernières.

Troisième. La troisième ne m'est pas connue d'une manière aussi certaine, le petit nombre de têtes que nous possédons ne nous l'offrant pas en place.

Isolée. Nous croyons cependant pouvoir lui rapporter avec assez de probabilité une dent isolée du côté droit, de trois pouces de long sur un et demi de large, provenant de la collection de M. Claude Richard, et qui, quoique assez usée pour avoir perdu au moins deux lames en avant, est cependant encore fortement enracinée dans la substance de la mâchoire.

Sa Couronne. 6 collines. La couronne, fort usée et légèrement convexe, à bord très-droit en arrière, versant assez en avant et en dehors, n'offre plus que six collines plus larges que leurs intervalles, assez peu losangiques, si ce n'est pour les trois dernières dans leur partie antérieure.

Ses Racines. Quant à la masse radiculaire, elle est bien terminée, mais ne montrant plus guère que le groupe postérieur subdivisé, et peut-être le moyen; l'antérieur me semble avoir disparu avec les deux ou trois collines qu'il portait.

Quatrième. La quatrième que nous connaissons en place sur la tête du squelette de Perrault et Daubenton, quoique assez usée déjà par le développement

Sa Couronne. assez grand de la cinquième, est évidemment plus forte que la précé-

7 collines. dente dans ses trois dimensions, mais surtout en largeur. A l'état fort

usé, presque horizontalement, où elle se trouve, la surface triturante très-légèrement convexe et versante en dehors, n'offre plus que sept collines en losanges bien marqués, mais notablement plus larges que les intervalles, qui sont même nuls au contact de leurs angles obtus.

Nous n'avons pu en étudier les racines qui sont encore dans les alvéoles; mais il est probable que le groupe antérieur a déjà disparu, tant le bord antérieur aminci est avancé. Ses Racines.

Nous avons pu en voir au moins l'origine dans une dent presque entière, bien moins avancée que la précédente, et que nous sommes même forcé de regarder comme provenant du même animal que la troisième décrite plus haut, tant elle s'ajuste bien avec elle, et quoiqu'elle provienne de la collection de M. A. L. de Jussieu. Sur un autre Échantillon.

Celle dont il est question en ce moment est notablement plus haute que large, un peu convexe en dehors et concave en dedans, presque droite ou sub-concave, plate en avant, et assez fortement convexe en arrière, ce qui prouve que la cinquième ne la poussait pas encore.

Dans l'état où elle se trouve, c'est-à-dire cassée en arrière, elle ne présente plus que six lames; mais on peut croire qu'il en manque au moins deux déclinant rapidement en arrière. Les cinq complètes qui existent forment latéralement des côtes épaisses, peu serrées, encroûtées d'un cément, très-épais à la couronne, qui n'en offre que trois d'entamées par l'usure, et formant des losanges assez petits, mais très-anguleux. Sa Couronne.

Chaque lame présente le commencement de sa partie radiculaire qui se continue, mais largement creuse et sans prolongement de racines proprement dites. Ses Racines.

Nous pouvons plus sûrement rapporter à une quatrième du côté droit, une plaque presque carrée, en forme de coin très-surbaissé, tombée au mois d'août 1843, de la bouche de *Chevrette* encore vivante à la Ménagerie. La surface triturante offre encore quatre losanges de rubans d'émail très-étroits; mais toute la surface supérieure est entièrement dégarnie de racines. Sur un autre très-usé.

Cinquième.

La cinquième dent supérieure de l'Éléphant d'Afrique existe en place sur le crâne du squelette de Perrault, entre la quatrième à moitié usée et la sixième qui n'existait encore qu'en lames non réunies.

Sa Couronne. 9-19 collines.

Cette dent à cet état est à peine au tiers de son développement horizontal; aussi sa forme est-elle tétragonale, le côté inféro-postérieur fortement arrondi, et l'antérieur obliquement concave par son contact immédiat avec la quatrième. N'étant entamée qu'à son angle antérieur, qui forme le plus petit côté, la surface triturante ne montre que trois collines usées; mais elle en contient réellement neuf ou dix, formant de grosses cannelures assez peu obliques de chaque côté, et dont une est médio-terminale.

Ses Racines.

Je n'ai pu décrire les racines de cette dent encore implantée, mais en les examinant sur deux autres isolées, qui sont plus avancées dans leur disposition horizontale, ce qui a fait porter l'usure produite par la mastication sur six et même sept des neuf ou dix lames composantes, j'ai pu voir qu'il y en a presque autant que de celles-ci, et qu'alors elles doivent se fasciculer fort tard, si même elles finissent par là.

Je ne connais donc pas cette dent tout à fait complète, c'est-à-dire toutes ses lames agissant à la fois, ce que je crois pouvoir avoir lieu.

Sixième. Isolée.

La sixième ne nous est pas connue en place, quoiqu'elle existât à l'état de germe dans la tête du squelette de Perrault, ainsi que nous l'apprenons de Daubenton, et comme nous pouvons en juger par l'alvéole assez grande que cette tête offre en effet en arrière de la cinquième. Mais nous croyons pouvoir lui rapporter avec quelque probabilité une moitié postérieure de dent molaire certainement supérieure et gauche, provenant d'un animal avancé en âge. En effet, toutes les lames, et même la dernière, sont entamées de manière à ce que la face triturante est horizontale, et le groupe radiculaire postérieur pour les quatre dernières lames est assez avancé dans sa formation, ce qui reste des antérieures étant complet. Si cette dent est certainement une sixième, elle différerait de la cinquième, surtout par la largeur de la lame simple formant talon, aussi bien que par plus de grosseur de toute la dent. Quant au nombre des

Sa Couronne.

lames, il est fort probable qu'il ne surpassera pas celui de la cinquième, à en juger du moins par le nombre de celles qui répondent au groupe postérieur des racines; mais c'est ce que je ne puis assurer.

b) inférieurement.

Inférieurement.

Nous pensons avoir été plus heureux dans l'établissement de la série des dents molaires de la mâchoire inférieure.

D'abord pour la première et la seconde, nous avons pu les examiner en place sur le jeune sujet qu'a bien voulu nous confier M. Verreaux, et dont nous nous sommes déjà servi pour la description des deux premières supérieures.

Première. Sa Couronne. 4 collines.

La première, à peu près de même grosseur que celle d'en haut, est un peu plus considérable à droite qu'à gauche; elle est sub-triangulaire, le sommet arrondi en avant, la base également arrondie en arrière et formée outre les quatre collines, augmentant un peu de largeur, et diminuant d'épaisseur de la première à la quatrième, d'un rudiment de cinquième bituberculée, formant talon. Elle n'a du reste que deux racines divergentes, sub-égales; la postérieure cependant un peu plus grosse.

Ses Racines.

Du côté gauche cette première dent était notablement plus petite, plus ovale, formée de quatre collines seulement, et singulièrement usée plus en arrière qu'en avant; l'usure versant en dehors, à peine sensible sur celle de droite; mais du reste également biradiculée.

Intermédiaire anomale.

Ces différences tiennent peut-être à ce que de ce même côté gauche seulement, et par une anomalie singulière, il y avait une autre dent bien distincte, intermédiaire à la première et à la seconde, en forme de tulipe peu ouverte, composée de quatre collines transverses, profondément séparées, et très-inégales, portées sur deux racines longues, coniques, d'abord connées, puis divergentes; la postérieure sensiblement plus grosse que l'antérieure.

Seconde. Sa Couronne. 7 collines.

La dent qui suivait reprenait à droite et à gauche sa similitude normale, et constituait en effet la seconde mandibulaire. Comme son analogue dans l'Éléphant d'Asie, elle devient subitement bien plus grosse, avec presque la même forme que dans celui-ci; seulement ses collines, qui ne sont qu'au nombre de sept, ne sont peut-être pas encore plus épaisses, quoique plus distantes. Mais elles sont certainement plus étroites en avant, et croissant plus rapidement en arrière, également un peu plus épaisses jusqu'à la sixième, dont la bifurcation postérieure est fort confuse. La couronne est à peine entamée aux trois premières lames.

Ses Racines. La racine indique déjà sa division en deux groupes, le premier pour trois lames, le postérieur pour les quatre autres.

Sur un autre Échantillon isolé. Nous connaissons cette seconde dent à son état moyen, d'après un échantillon provenant de l'ancienne collection, et que nous pensons être le n° 1020 du Catalogue de Daubenton.

Sa Couronne. 8 collines. De même forme que le germe précédent, mais les intervalles plus remplis de cément, ce qui donne aux cannelures que forment les lames plus d'épaisseur, elle en contient huit bien distinctes, la dernière en talon raccourci. La couronne étant plus usée, et de moins en moins de la première à la septième, la partie radiculaire est bien plus avancée que

Ses Racines. dans le germe, et l'on peut y reconnaître le groupe intermédiaire de deux pointes, outre les deux terminaux.

Nous n'avons malheureusement aucune partie de la troisième dent de la mandibule de l'Éléphant d'Afrique.

Quatrième. Nous ne connaissons non plus la quatrième dent mandibulaire que d'après quelques lames de germe trouvées dans le même jeune sujet que les trois précédentes. Mais elle existe à un degré d'usure fort avancée, et en place sur les deux mâchoires de la collection, conjointement avec la cinquième, un peu moins usée sur la tête du squelette de Perrault que sur l'autre, où elle montre encore en effet quatre losanges en contact, mais non enchaînés.

En Germe. Les lames du germe ne nous apprennent rien autre chose, que cette dent devait être assez large en avant, et que la colline antérieure, plus épaisse et plus basse, avait trois lobes tout autrement proportionnés que dans l'Éléphant d'Asie.

En Chicot. Quant au chicot que j'ai enlevé de la tête venant de Hollande, ce n'est plus qu'une racine conique, oblique et recourbée en arrière, trèscariée, et ne portant plus que de grands anneaux transverses enchaînés dans leur milieu, indices des deux ou trois dernières lames.

La cinquième dent inférieure de l'Éléphant d'Afrique existe en place sur les deux têtes que possède la collection, l'une du squelette de Perrault, l'autre venant de Hollande, toutes deux à l'état moyen; celle-ci surtout en plein usage, sans cependant être encore en contact avec la sixième, dont l'alvéole est cependant fort développée.

Cinquième. En place.

Cette dent a beaucoup de la forme de sa correspondante dans l'Éléphant d'Asie; seulement elle est plus étroite, et surtout composée d'un moins grand nombre de lames qui ne monte guère au delà de huit à neuf, au lieu de quinze. Du reste, elles montrent bien plus que celles des quatre précédentes le caractère de losanges à la surface triturante de la couronne, également assez concave.

Sa Couronne. 8-9 collines.

Sur l'un des deux échantillons, il n'y a encore que trois lames entamées d'avant en arrière, et versant à peine en dehors, les six dernières étant intactes; aussi le corps radiculaire est-il déjà assez complet. Dans l'autre l'usure est plus avancée, puisqu'il n'y a que les deux dernières lames qui soient intactes. C'est celle de Perrault.

Enfin nous regardons comme devant être rapportées à la sixième mandibulaire plusieurs dents isolées que possède la collection, sans renseignements aucuns, si ce n'est que l'une a été donnée par M. de Jussieu.

Sixième. isolée.

Ces dents, qui se ressemblent complétement, quoiqu'avec un peu d'inégalité de grandeur, ne se distinguent des cinquièmes que nous venons de décrire, que parce qu'elles sont un peu plus fortes, un peu plus longues, étant composées de deux ou trois lames de plus, ce qui en porte le nombre de dix à douze, et surtout que la terminale en talon est notablement plus large. Du reste, la forme excavée de la couronne, celle en losange de ses lames entamées, et la disposition des racines sont comme dans la cinquième, avec laquelle elle peut être assez aisément confondue.

A la Couronne. 10-12 collines. Ses Racines.

Cette dent, que nous ne connaissons ainsi qu'à l'état moyen, existait à celui de germe dans l'Éléphant disséqué par Perrault, puisque Daubenton en a figuré quelques lames encore contenues dans l'alvéole. Malheureusement nous n'avons pu les retrouver dans les collections du Muséum. L'état le plus avancé où elle existe sous nos yeux est celui où neuf collines sont assez entamées pour que la première soit confondue avec la seconde.

Observations générales.

Tel est le système dentaire des deux espèces d'Éléphants aujourd'hui encore vivantes à la surface de la terre, comprenant toutes les dents qui le constituent depuis peu de mois après la naissance de l'animal, jusqu'au terme de la vie le plus avancé que nous connaissions.

Sur le Système dentaire de lait.

Nous n'avons donc pas eu besoin dans ces animaux de distinguer le système dentaire de lait de celui de l'âge adulte, non plus que de décrire à part les changements que le temps de décroissance y apporte.

Sur les Racines

Nous avons également compris dans la description de chaque dent, autant du moins que cela a été possible, celle de ses racines, ainsi que la manière dont elles se produisent et se détruisent par une sorte de carie naturelle que je ne connais encore que pour les dents d'Éléphants.

Sur les Alvéoles.

Nous n'avons donc à parler ici, avant de passer à la partie paléontologique de notre travail, que des alvéoles que peuvent présenter les mâchoires de ces singuliers animaux.

Dans le jeune Age.

Dans le très-jeune âge, l'écartement des défenses caduques et de la première molaire, qui a deux racines bien distinctes, indique qu'à cette époque, la mâchoire, comme la mandibule, doit offrir de véritables alvéoles simples, coniques et proportionnelles.

Dans les différents Ages.

Mais plus tard, et même dès cette époque, ces mâchoires ne présentent plus que d'énormes fosses occupant toute leur hauteur, à peine cannelées dans leurs parois interne et externe, et qui à mesure qu'elles se remplissent en dessous par suite de la marche ascensionnelle et antérieure des dents, montrent de plus en plus dans leur fond les alvéoles particulières de chaque groupe de racines.

Pendant chaque arrêt, ou chaque flot de la succession dentaire, il se forme des cloisons imparfaites entre chaque loge alvéolaire, cloisons qui disparaissent nécessairement ensuite par le développement ultérieur de la dent et des mâchoires.

En sorte que s'il est possible à un certain âge de trouver des mâchoires d'Éléphants avec des alvéoles en avant, ou des loges alvéolaires distinctes, il arrive un temps où l'on ne voit plus qu'une énorme loge alvéolaire remontant plus ou moins en arrière des mâchoires, sans aucun indice de celles des dents antérieures, qui ont disparu avec elles. A l'Age sénile.

CHAPITRE TROISIÈME.

PALÉONTOLOGIE.

DES TRACES QUE LES ÉLÉPHANTS ONT LAISSÉES DANS L'HISTOIRE OU DANS LE SEIN DE LA TERRE.

Les livres qui nous ont transmis les traditions les plus anciennes des peuples, font souvent mention de l'ivoire comme d'une matière employée dans les arts de la sculpture, de l'architecture ou de l'ornementation; mais ce n'est qu'assez tard que l'animal dont il provient a été connu, et qu'il a reçu le nom de l'ivoire en grec. Il offre même cela de singulier, qu'il a été désigné par le nom même de cette matière. En général.

En effet, dans la Bible, il est, une fois seulement, question de l'ivoire comme matière, mais non pas de l'animal qui la fournit. C'est dans le célèbre passage du livre des Rois, III, chap. 10, où il est dit que, parmi les objets que les flottes de Salomon, avec celles du roi Hiram, apportaient des rivages de Tharsis et d'Ophir, se trouvait l'ivoire; mais rien ne prouve que le mot hébreu *sinhabim*, employé ici pour la première fois dans la Bible, signifie réellement cette matière ou cet animal. Et ce qui augmente le doute, c'est que le mot hébreu moderne *pil*, en arabe *fil*, en est fort éloigné (1). En particulier. De la Bible. Livre des Rois.

On trouve bien qu'il est réellement question de l'Éléphant dans les li- Livre des Machabées.

(1) Suivant M. P. E. Botta, ce mot est évidemment pris du Persan et des Indiens, ainsi que celui de *fil* des Arabes; ceux-ci remplaçant toujours par un *f* le *p* qu'ils n'ont pas.

vres des Machabées; mais ces livres sont évidemment des plus modernes de l'Ancien-Testament, bien postérieurs à Alexandre, et ne sont pas même tous considérés comme orthodoxes, l'original hébreu n'existant pas.

Dans Homère, Hésiode.

D'après ce que l'histoire de l'art de la sculpture ou d'ornementation nous apprend, il est indubitable qu'Homère et Hésiode, regardés comme les plus anciens poëtes grecs, ont dans plusieurs endroits de leurs ouvrages parlé de l'ivoire sous le nom d'*elephas*, mais sans la moindre indication qu'ils soupçonnassent son origine animale, et encore moins qu'ils connussent l'animal.

Hérodote, Hist, l. III.

Aussi, d'après Pline, qui paraît en avoir fait le plus anciennement la remarque (1), est-ce Hérodote qui le premier a parlé d'un animal sous le nom d'Éléphant, et qui a reconnu que c'était de lui que se tirait l'ivoire. En effet, dans le livre IV, page 191, de son Histoire, où il énumère les animaux qui se trouvent dans la Libye orientale, il cite l'Éléphant, avec les Lions, les Ours, les Cynocéphales, etc., et dans le liv. III, p. 97, où il est question des tributs que Darius tirait de ses États, il dit que les Éthiopiens, voisins de l'Égypte que subjugua Cambyse, entre autres objets, portaient tous les trois ans au roi vingt grandes dents d'Éléphants. Nous verrons, en effet, dans les peintures des Hypogées recueillies par Champollion et Rosellini, des preuves de ce fait rapporté par Hérodote. Remarquons seulement ici que, d'après cela, ce serait de l'Éléphant d'Afrique que les anciens tiraient l'ivoire, comme cela a encore lieu aujourd'hui.

Aristote.

Mais c'est évidemment dans les écrits d'Aristote que se trouvent les renseignements définitifs sur ce sujet (2), et même plusieurs observations exactes sur les mœurs et sur quelques points de l'organisation de l'Éléphant. Comment ce grand naturaliste les avait-il obtenus? Des Élé-

(1) *Quos Juba cornua appellat, Herodotus tantò antiquior et consuetudo meliùs, dentes.* (*Lib. VIII*, *cap.* 3.)

(2) Platon, dans la description qu'il donne de l'Atlantide, parle cependant des Éléphants qu'elle nourrissait.

phants étaient-ils passés en Grèce avec l'armée de Xercès? Aucun historien n'en parle, mais seulement de Chameaux qui portaient le bagage. Aristote avait-il pu en voir en Mysie, où l'on suppose qu'il a resté quelque temps, chez le tyran de la très-petite ville d'Atarnée? Cela est encore assez peu probable. L'Égypte dont il a connu les animaux que le commerce transportait à Athènes, n'a pu lui donner les renseignements dont il s'est servi. Il faut donc supposer que c'est par suite de l'expédition d'Alexandre, et pendant son cours, qu'il les a obtenus, car il est assez généralement accepté comme hors de doute, qu'Aristote est mort un ou deux ans après Alexandre, et par conséquent avant que les résultats de son expédition eussent été divulgués par ceux qui l'avaient accompagné.

Par suite de l'expédition d'Alexandre. En Asie?

En Europe.

C'est en effet l'opinion qu'admet M. G. Cuvier (Ossem. fossiles, I, p. 76) lorsqu'il dit qu'Alexandre et ses Macédoniens amenèrent assez d'Éléphants pour mettre Aristote en état d'en donner d'excellentes notions.

A Athènes? Même suivant M. Cuvier,

M. le chevalier Armandi dit aussi, page 18, qu'Aristote a pu avoir sous les yeux quelques-uns des Éléphants pris à la bataille d'Arbelles, qui précéda sa mort de dix ans. Il suppose même, page 42, qu'Alexandre n'aura pas manqué d'en envoyer un à Athènes, où le philosophe faisait sa résidence, ce qui me semble bien conjectural (1).

M. Armandi.

(1) A ce sujet, et puisque l'occasion s'en présente, je ne serais pas mécontent de pouvoir réduire à sa juste valeur une sorte d'accusation portée depuis une certaine époque contre Buffon, le plus grand naturaliste qui ait jamais paru, quand on veut et peut le juger avec autant de connaissance de cause que d'impartialité; accusation que je retrouve dans l'excellent ouvrage de M. le chevalier Armandi. On dit, en effet, qu'Aristote a mieux connu l'Éléphant que Buffon, parce que celui-ci avait accepté et soutenu l'opinion que Perrault et les anatomistes de l'ancienne Académie des sciences avaient proposée au sujet du mode d'accouplement de la femelle et de celui d'allaitement du jeune Éléphant, qu'il supposait devoir teter avec la trompe, en se fondant sur sa manière de boire à l'état adulte. Il est bien vrai qu'en 1754, Buffon avait admis et même appuyé cette hypothèse; mais il est juste d'ajouter qu'en 1776 (*Supplém.* III, p. 295), il avait déjà reconnu, d'après le témoignage d'un observateur oculaire, que sa présomption de l'accouplement de cet animal, *more humano*, tirée de la position avancée des organes, était erronée.

Quant au second point, ce n'est qu'en 1782 qu'il a dû abandonner l'opinion de Perrault, mais il l'a fait complétement d'après le témoignage oculaire d'une personne qui avait vécu près de

Comment parvenus, en Europe, d'abord

Quoi qu'il en soit, il est certain que c'est par suite de l'invasion des Grecs en Perse et dans l'Inde que les Éléphants s'étant avancés avec les armées des lieutenants d'Alexandre dans l'Asie Mineure et même en Égypte, passèrent enfin en Europe, d'abord en Macédoine.

Je trouve cependant un passage de Pausanias (Liv. I, chap. 12), qui après avoir fait l'observation que quoique Homère ait parlé fréquemment d'ivoire, il ne connaissait pas l'Éléphant, ajoute qu'Alexandre fut le premier des Européens (*ex Europæis*), comme je le trouve dans

trente ans au Bengale, et bien plus, en donnant une excellente figure d'un jeune Éléphant qui tette sa mère.

Ainsi, puisque Buffon, assez longtemps avant sa mort, avait franchement et nettement rétabli la vérité, il n'est pas juste de lui reprocher des erreurs qu'il avait abandonnées; mais c'est une erreur également grave de dire qu'Aristote connaissait mieux l'Éléphant que Buffon, car celui-là n'a pas employé des renseignements exacts, quand il a dit que l'Éléphant a cinq doigts qui sont à peine séparés: en effet ils ne le sont pas du tout; qu'il n'a pas d'ongles, car il en a au moins trois bien formés; que les membres antérieurs sont bien plus grands que les postérieurs, ce qui n'est vrai, pour la hauteur du moins, qu'en apparence et à un certain âge; que la flexion des jambes se fait d'une manière toute différente de ce qui a lieu dans les animaux, et comme dans l'homme, car cela est entièrement faux et tient à une comparaison incomplète ou mal faite; que les défenses dans la femelle sont tournées en bas, au contraire de ce qu'elles sont dans le mâle, car si elles sont moins grosses, ce qui est certain, elles sont également recourbées en haut; que la langue est petite et enfoncée, car elle est au moins médiocre et dépassant notablement le niveau des molaires; que la rate est petite, car elle est assez considérable, même proportionnellement; qu'il n'y a pas d'estomac, ce qui est une erreur grave, quoique le colon ait en effet un diamètre presque double du sien; que l'Éléphant a deux sortes de voix, suivant qu'il la fait sortir de la bouche ou de la trompe; que la liqueur spermatique se durcissant en séchant devenait comme le succin; que l'Éléphant porte trois ans, deux ans ou dix-huit mois, car il paraît certain que la gestation de cet animal ne va pas au delà d'un an; que les mamelons ne sont pas près des aisselles, mais réellement pectoraux. Or, aucune de ces assertions erronées ne se trouve dans Buffon, et une foule de faits avérés y sont recueillis, encadrés, exposés de la manière la plus habile, de telle sorte qu'il en est résulté une histoire des plus intéressantes et des plus complètes de l'animal le plus extraordinaire de la création. Aristote, d'après son plan, ne devait pas obtenir le même résultat, je le sais bien; mais en supposant qu'il a observé lui-même des Éléphants, ce qui n'est peut-être pas hors de doute, il a dû employer dans le plus grand nombre des cas les récits des voyageurs, ainsi que l'a fait Buffon, et par conséquent se tromper quand ces récits étaient erronés. Toujours est-il que même en se bornant aux faits matériels, l'histoire de l'Éléphant par Aristote est bien loin d'être aussi complète que celle dont Buffon a enrichi la science.

Gesner, qui eut des Éléphants que lui procurèrent la défaite de Porus et la conquête des Indes.

Pour la guerre.

Dans l'Asie Mineure.

Transportés par les Lieutenants d'Alexandre : Séleucus, Antigonus. Ptolémées.

Aussi est-il généralement admis par la plupart des historiens grecs que plusieurs des lieutenants d'Alexandre en eurent dans leurs armées, et entre autres celui qui avait commandé les Éléphants d'Alexandre, et qui en avait reçu cinquante de Sandrocotus en échange d'un canton des bords de l'Indus (Strabon, XV), Seleucus Nicanor, dans l'Asie Mineure, et surtout Antigonus Démétrius et Ptolémée. D'où il est résulté, par suite de leurs nombreuses batailles, que ces animaux furent transportés dans tous les sens de l'Inde jusqu'en Égypte à l'ouest, et en Italie au nord. Il fallait même qu'ils fussent nombreux, si nous en croyons Plutarque dans sa vie de Démétrius, puisqu'il dit que Séleucus en fit combattre quatre cents (1) à la célèbre bataille d'Ipsus, en Phrygie, contre Antigonus, en 301 avant J.-C., et que son fils, Antiochus Soter, en employa douze (M. Armandi dit seize) dans sa guerre contre les Galates. Pline même nous apprend (VIII, 5), d'après Antipater, que deux de ces Éléphants étaient célèbres parce qu'ils connaissaient très-bien leurs noms, *Ajax* et *Patrocle* (Lucien, sur Xeuxis, vers la fin).

Antiochus.

Il paraît même qu'à cette époque les rois grecs d'Égypte firent aussi servir dans les armées l'Éléphant d'Afrique, comme nous l'apprend l'inscription d'Adulis rapportée par Cosmas, et depuis par Salt, en l'honneur de Ptolémée Évergète, et surtout le fait cité par Plutarque que Ptolémée Philopator en fit combattre soixante-treize de cette espèce contre deux cents (cent deux, suivant M. Armandi) de l'espèce asiatique qui étaient dans l'armée d'Antiochus le Grand à la bataille de Raphia, ville de Palestine, en 217 avant J.-C., et où cinq d'Asie et seize d'Afrique furent tués, quatre sacrifiés au soleil, d'après Polybe (Hist. XI, 34.).

En Égypte, par les Ptolémées.

Les Romains eux-mêmes en ont opposé seize africains aux cinquante-

(1) M. Armandi, dans un ouvrage fort intéressant qu'il vient de publier sous le titre d'*Histoire militaire des Éléphants, depuis les temps les plus reculés jusqu'à l'introduction des armes à feu* (Paris, 1843), et dans lequel j'ai puisé un assez grand nombre de renseignements, dit que Séleucus et ses alliés avaient 480 Éléphants à cette bataille; Antigone, 75.

quatre asiatiques d'Antiochus, le même dont il vient d'être question, dans la bataille de Magnésie, donnée l'an 191 avant J.-C., et gagnée par Scipion l'Asiatique et Cn. Domitius, son lieutenant.

En Europe, en Grèce et en Macédoine,

Mais dans ces différentes luttes des lieutenants d'Alexandre entre eux d'abord, puis avec les Romains, et de ceux-ci avec les Carthaginois dans leur pays, les Éléphants n'avaient pas été transportés en Europe. Cela n'eut lieu que lorsque le champ de bataille s'élargit en comprenant la Macédoine et la Grèce proprement dite.

par Antipater,

M. Armandi pense que cela eut lieu quatre ans seulement après la mort d'Alexandre et que ce fut Antipater, régent de Macédoine, qui en amena dans ce royaume soixante-dix dont Polysperchon, son successeur, employa soixante-cinq pendant sa lutte pour la régence dans l'Attique avec Cassandre, et qu'il en périt beaucoup devant Mégalopolis. De ceux qui furent renvoyés en Macédoine, la plupart furent tués par nécessité pendant le siége de la forteresse Pydna, où s'était renfermée Olympias qu'y attaquait le même Cassandre; en sorte qu'en moins de quatre ans les soixante-dix amenés par Antipater cessèrent de vivre.

par Antigone.

Une autre voie par laquelle M. Armandi fait arriver aussi des Éléphants en Europe pendant la lutte acharnée des lieutenants d'Alexandre pour s'emparer de quelques lambeaux de son empire, est celle de Démétrius et de Ptolémée Céraunus son fils, qui eurent en partage la Macédoine, et dont les Éléphants provenaient de ceux de Séleucus et surtout d'Antigone. On trouve en effet la preuve que celui-ci en avait encore dans son armée vers 276 avant J.-C. dans un passage de Justin qui nous apprend que pour effrayer les Gaulois qui le menaçaient, il avait donné ordre qu'on montrât des Éléphants à leurs envoyés.

En Italie, par Pyrrhus.

C'est même quelques-uns de ceux-ci qui passèrent en Italie avec Pyrrhus roi d'Épire, et qui enfin arrivèrent jusqu'à Rome par suite de la défaite de ce roi à la bataille de Bénévent. En effet, pour aider ses projets de conquérir la Grande-Grèce et la Sicile, Ptolémée Céraunus ajouta cinquante Éléphants au secours d'hommes et de chevaux qu'il lui envoya; de sorte que, en joignant les dix qu'il avait pris lui-même en Grèce à Démétrius Poliorcète (Pausan., *Attiq.*, chap. 12), Pyrrhus en avait soixante en tout, lorsqu'il commença la lutte avec les Romains. Dans la première bataille où il fut vainqueur à Héraclée sur le golfe de Tarente, en Lucanie, il paraît qu'il n'en perdit aucun des vingt qu'il avait amenés; suivant Plutarque, il y en eut déjà quelques-uns de tués dans la seconde à Asculum en Apulie; mais à celle de Bénévent, où il fut complétement vaincu par le consul Curius Dentatus, en partie même à cause de ses Éléphants, huit de ces animaux furent pris par les Romains, quatre moururent par suite de leurs blessures, et les quatre autres, après avoir été promenés dans beaucoup de villes de l'Italie méridionale, furent menés jusqu'à Rome, où ils suivirent le char du triomphateur, d'après Sénèque (*de Brevitate vitæ*, c. 13).

Peu de temps après, les Carthaginois en introduisirent en Sicile, et sans doute de l'espèce africaine; et comme ils furent vaincus à leur tour par les Romains, dans la première guerre punique, L. Métellus, qui les vainquit, en fit transporter sur des radeaux, soutenus par de grands vases de terre cuite, jusqu'à Rome, cent vingt suivant Sénèque, cent quarante-deux suivant Pline, et les fit servir à l'ornement de son triomphe. Tous, après qu'on les eut fait combattre, furent, pour s'en débarrasser, tués à coups de javelots dans le cirque, ce que niait Pison, mais ce que rapporte formellement Pline (liv. VIII, ch. 7), en citant Verrius Flaccus (1) pour son garant.

En Sicile, par les Carthaginois, dans la première guerre punique.

La seconde guerre punique en amena un assez grand nombre d'individus en Italie, sans doute de la même espèce, mais par une autre voie bien plus longue, c'est-à-dire, par l'Espagne, la France méridionale, les Alpes, ce qui permet de croire que plusieurs succombèrent sur la route, de fatigue et de froid (2).

Dans la seconde.

En Espagne, dans les Gaules,

Ainsi, Eutrope (liv. III, ch. 8) assure qu'Annibal en avait dans son

par Annibal.

(1) M. G. Cuvier dit d'après *Varron* par inadvertance, Ossem. foss., I, p. 77. Pline dit bien Verrius et non Varron.

(2) Annibal en avait en effet quarante en sortant d'Espagne, et il ne lui en restait que trente-sept au passage du Rhône.

armée, trente-sept, qui moururent tous à l'exception d'un seul, suivant Polybe, à la bataille de la Trébie, en 219 avant Jésus-Christ.

Mais suivant Tite-Live, huit survécurent, dont sept périrent au printemps suivant, dans les gorges des Apennins, et il n'en resta qu'un seul, qui servit de monture à Annibal pour traverser les marais de l'Étrurie.

Il n'en avait pas, en effet, aux batailles de Trasimène et de Cannes, mais parmi les renforts qui lui furent envoyés de Carthage, les historiens en comptent quarante dans un premier envoi, et d'autres sans indication de nombre dans un second; il en perdit au siége de Nole, huit, dont deux tombèrent vivants au pouvoir des Romains. Il en perdit trois autres dans son entreprise pour faire lever le siége de Capoue, la sixième année de la guerre; six à l'affaire de Grumentum, dont deux furent pris vivants par le consul Néron; cinq à celle de Canusimum, et quinze à la bataille du Métaure.

par Magon. Dans la diversion que les Carthaginois firent porter par Magon, frère d'Annibal, sur la Ligurie, l'armée de ce général chargé de marcher sur Rome, avait sept Éléphants. Dans le combat qui eu lieu de la part des Romains pour s'y opposer, quatre de ces animaux furent tués sur place.

par Asdrubal. Asdrubal en amena d'autres plus tard, mais après sa défaite sur le Métauro, d'après Tite-Live (liv. XXVII, chap. 49), les conducteurs furent obligés d'en tuer plusieurs.

En Espagne, par Hamilcar. Pendant la guerre entre les Carthaginois et les Romains en Espagne, un assez grand nombre d'Éléphants, amenés d'Afrique par les premiers, furent successivement tués. Le nombre n'est pas spécifié pour la première affaire sur les bords de l'Èbre, où Asdrubal fut défait par les deux frères P. et Cn. Scipion; mais l'année suivante, il y en eut cinq tués et neuf pris sous les ordres d'Asdrubal, d'Amilcar et de Magon; Rollin en porte même le nombre total à une cinquantaine.

Dans la bataille de *Munda*, qui suivit, les Romains victorieux en tuèrent trente-neuf à coups de piques, d'après Tite-Live (lib. XXIV, 42),

par Magon. et peu de temps après, huit autres furent pris à Magon, outre trois qui furent tués dans la bataille qu'il perdit; mais les Carthaginois ne cessaient d'en joindre un plus ou moins grand nombre dans les renforts qu'ils envoyaient à leurs généraux; ainsi Appien parle d'un où il y en avait trente, et Tite-Live d'un autre où il y en avait vingt. A la bataille d'Élinge, en Bétique, en 206 avant Jésus-Christ, Asdrubal, fils de Giscon, en avait trente-deux, tous tués ou pris par Scipion, qui eut l'honneur de terminer la guerre en restant maître de l'Espagne. par Asdrubal, fils de Giscon.

La Sicile, l'Italie et l'Espagne, étant les parties de l'Europe où les Carthaginois et les Romains se disputèrent l'empire du monde, il n'y a rien d'étonnant que ce soit dans ces trois pays que la guerre ait produit une plus grande consommation d'Éléphants, surtout du côté du peuple qui en avait pour ainsi dire le recrutement sous la main, et comme les Romains n'attachèrent jamais une grande valeur à leur emploi dans les armées, on conçoit qu'ils ne les aient pas répandus lors de leur conquête de la partie de l'Europe qu'ils ont connue.

Ils en employèrent certainement contre Philippe, roi de Macédoine, et il est à remarquer que ce furent des Éléphants d'Afrique, qui avaient été pris sur les Carthaginois, ou qui avaient été envoyés par Massinissa; contre Antiochus III, en Thessalie, dans la Grèce, au passage des Thermopyles, et dont l'armée en renfermait aussi un certain nombre; contre Persée, dans leur seconde guerre en Macédoine, malgré les grandes difficultés qu'ils eurent à leur faire traverser les défilés du mont Olympe, guerre qui fut terminée par le triomphe de Paul-Émile; dans leurs guerres contre les Espagnols; et enfin dans les Gaules, à leur première expédition au delà des Alpes, contre les Arvernes et les Allobroges, en 122 avant Jésus-Christ, d'abord au confluent de la Sorgue dans le Rhône, à moitié chemin entre Avignon et Carpentras; et dans une seconde bataille, au confluent de l'Isère et du Rhône. Quoique dans ces différentes batailles, il ne soit pas question qu'il en ait été tué d'une manière ou d'autre quelques-uns, il est bien difficile de croire que cela n'ait pas eu lieu dans des marches souvent difficiles, et dans des mêlées

par les Romains. En Macédoine. En Thessalie. Dans les Gaules.

où des masses de cinquante, cent et même deux à trois cent mille hommes étaient aux prises.

Ces mêmes Romains dans la longue suite de guerres qu'ils firent aux Carthaginois, et ceux-ci aux peuples d'Afrique, ne laissèrent pas de donner lieu à une assez grande consommation d'Éléphants, aussitôt que ceux-ci poussés à cela par les Lagides, eurent fait entrer ces animaux dans la composition de leurs armées.

En Afrique. Aux Batailles,

de Tunis. Dans la bataille de Tunis, qui eut lieu 256 ans avant Jésus-Christ, les Carthaginois avaient cent Éléphants, et A. Régulus, qui remporta la victoire, en prit dix-huit, que M. Armandi présume avoir été envoyés à Rome.

de Zama. Amilcar en avait soixante-dix dans la guerre de Carthage contre les mercenaires. A la célèbre bataille de Zama, qui mit un terme à la lutte avec les Romains, par la destruction de Carthage, Annibal en rangea sur une seule ligne, devant son corps d'armée, quatre-vingts, nombre qui dans aucune armée n'avait jamais été égalé, dit Tite-Live (lib. XXX, cap. 33). Soixante-neuf furent tués pendant l'action; le premier par Scipion lui-même, qui lui plongea une lance dans la poitrine, et les onze autres furent pris vivants.

de Muthul. Dans la guerre que Jugurtha fit aux Romains, dans laquelle, suivant les errements des Carthaginois, les Éléphants faisaient une partie imposante de ses forces, les historiens, et entre autres Salluste, nous apprennent que dans la bataille livrée sur les bords du Muthul, quarante furent tués et quatre pris vivants par les vainqueurs.

Les armées des princes numides, qui prirent part pour ou contre Marius et Sylla, et plus tard pour ou contre César et Pompée, renfermaient aussi un certain nombre d'Éléphants, et c'est ainsi que Pompée, dans une de ses victoires en Afrique, ayant pris tous ceux d'Hiarbas, les envoya à Rome pour l'ornement de son triomphe.

Plus tard, dans la lutte que les partisans de Pompée, vaincu à Pharsale, essayèrent de soutenir en Afrique, Hiempsal, qui s'était joint à eux, avait réuni dans son armée jusqu'à cent vingt Éléphants. Cependant

Scipion, dans la célèbre bataille de Thapsus, n'en avait que soixante-quatre, qui tombèrent tous au pouvoir de César; à l'imitation de Métellus, César consacra cette grande victoire, en faisant représenter un Éléphant sur ses médailles et celles de la famille Julia. de Thapsus.

Par suite de ces tentatives militaires qui réussirent assez mal, comme on voit, les Romains enhardis en firent voir et même combattre dans les jeux du cirque, qui commencèrent à prendre un grand accroissement à la fin de la république et dans les premiers siècles de l'empire. Publius Scipion Nasica et P. Lentulus en montrèrent; mais Tite-Live (liv. XLIV, ch. 19) ne dit pas combien. Pour les jeux dans le Cirque, à Rome.

Claudius Pulcher, plus tard, ainsi que L. et M. Lucullus, les imitèrent; sans qu'on ait d'autres renseignements, si ce n'est que ceux de celui-ci combattirent contre des taureaux.

Nous avons plus de détails sur ceux que Pompée amena à Rome. Dans son second consulat, à la dédicace du temple de Vénus victorieuse, il en fit voir dix-sept ou vingt qui combattirent contre des hommes armés, suivant Pline (liv. VIII, ch. 7) et Dion Cassius (liv. XXXIX). Pline (liv. VIII, ch. 2) nous apprend que Pompée en attela le premier à son char lorsqu'il triompha de l'Afrique, ce que niait, ajoute-t-il, Procilius comme n'ayant pu avoir lieu à cause des portes de Rome. par Pompée.

César doubla ce nombre en le portant à quarante, et les fit combattre dans le cirque, vingt contre cinq cents fantassins, et une autre fois vingt contre cinq cents fantassins et autant de cavaliers (Pline, liv. VIII, ch. 7). Dion nous apprend même que César retournant chez lui au dernier jour de son triomphe, marchait couronné de fleurs et précédé par des Éléphants portant des flambeaux. Ces animaux avaient été pris par lui à la bataille de Thapsus, et étaient africains. J. César.

Jusque-là ces animaux n'étaient offerts à la vue du peuple romain que comme de simples objets de curiosité par leur forme et leur force prodigieuse; mais l'art des bestiaires s'étant considérablement perfectionné, la douceur et l'intelligence des Éléphants les portèrent à les dresser à faire des tours de force véritablement presque incroyables, et, pour y parvenir plus aisément, à les élever en domesticité en les prenant très-jeunes. On suppose même, d'après un passage de Columelle, qu'on était parvenu à les faire produire à Rome. Mais cela me paraît fort douteux, car ce passage de Columelle, qui ne consiste qu'en une seule ligne (1), pourrait ne rien signifier autre chose qu'un Éléphant avait, en effet, mis bas à Rome, comme cela a souvent lieu, même à Paris, dans notre ménagerie, pour des animaux de l'Inde, mais par suite d'un accouplement qui avait eu lieu dans leur pays natal. Il serait trop hardi, ce me semble, d'en conclure que les bestiaires romains étaient parvenus à un résultat aussi extraordinaire. Cette opinion est cependant appuyée sur un passage d'un auteur, il est vrai, moins ancien et moins digne de foi, Ælien (*de Anim.*, lib. II, chap. 11), qui dit en parlant des Éléphants montrés par Germanicus : *è quibus alii plerique generati exstiterunt ;* mais Pline ne dit rien de cette particularité si curieuse.

Germanicus. Quant aux tours de force et d'adresse que l'on rapporte d'Éléphants montrés à Rome dans les jeux présidés par Germanicus, et dont l'un combattit et vainquit un Rhinocéros, n'y a-t-il pas aussi quelque exagération dans ce qu'en dit Pline, qui se complaît à les énumérer (liv. VIII, ch. 2)? Pour ceux qui demandent l'emploi de la trompe et de l'intelligence, non sans doute; mais pour la danse sur la corde par un animal du poids de cinq ou six mille livres, cela est plus difficile à admettre, quoique
Galba. Suétone, dans son histoire de Galba, parle aussi d'Éléphants funambules montrés par cet empereur n'étant encore que préteur, et que
Néron. Xiphilin (liv. XI, ch. 27) dise aussi que Néron en montra un marchant sur la corde et portant un cavalier (2). Au reste, cela est peu important pour notre sujet, qui consistait à énumérer simplement les Éléphants qui ont été amenés en Italie, et dont les ossements ont pu être conservés

(1) *Pari tamen in hac terrâ vastitate belluas quis neget? cum inter mœnia nostra natos animadvertamus elephantos* (lib. III, cap. 8)? à l'occasion des particularités exceptionnelles et presque monstrueuses des produits de la génération.

(2) Peiresc, suivant M. Armandi, p. 383, avait vu une médaille extrêmement rare, qui représentait un Éléphant funambule.

dans les terrains d'alluvion plus ou moins récents. En ajoutant à ceux que nous avons cités les quatre qui furent tués aux jeux que Titus fit célébrer pour la dédicace de son amphithéâtre, en 832 de Rome; celui que l'on vit sous Domitien combattre un taureau (Martial, *de Spectacul.*); les vingt-quatre employés par Adrien pour déplacer le colosse de Néron, et le transporter auprès de l'amphithéâtre de cet empereur, d'après Æli. Spartien (*in Adriano*, 19); ceux qui parurent dans les jeux célébrés par Antonin le Pieux; par Commode, pour célébrer son arrivée à Rome; par Sévère, au mariage de son fils Caracalla; par Héliogabale, pour le sien avec Cornélia Paula en 371, lorsqu'il se promenait sur le Vatican avec quatre quadriges d'Éléphants; les trente-deux qui avaient été envoyés à Rome soit par Gordien, soit par son prédécesseur Alexandre-Sévère, ainsi que les dix dont se fit précéder Gallien dans une fête publique, comme le rapporte Trebellius Pollio (chap. VIII); les vingt qui marchèrent en tête du triomphe d'Aurélien montant au Capitole; nous trouvons pour le nombre total des individus inscrits par les auteurs, plus de quatre cent cinquante Éléphants, et en y en ajoutant cinquante pour ceux dont le nombre n'a pas été rapporté par les historiens, il est résulté que dans un espace de temps qui ne dépasse guère quatre cents ans, six cents Éléphants au moins ont été transportés en Italie, et par conséquent on voit comment il a été possible de supposer que leurs grands os, et surtout leurs dents, ont pu avoir été entraînés par les inondations et ensevelis dans les couches alluviales où on les trouve à divers degrés de conservation.

Titus. Domitien. Adrien. Marc Antonin. Commode. Sévère. Héliogabale. Aurélien.

Cette hypothèse sur l'origine de tout ou partie des ossements d'Éléphants que l'on trouve en Italie semblerait être confirmée par l'opinion de M. Armandi qui pense que les empereurs romains, à l'époque où les spectacles du cirque étaient le moyen le plus certain de conquérir et de conserver la faveur populaire, avaient formé des lieux de dépôts où ces animaux étaient nourris, entretenus, et bien plus avaient établi une espèce d'hôpital où ils étaient soignés lorsqu'ils étaient malades.

Élevés et entretenus en Italie.

A l'appui de l'existence de dépôts, l'un à *Ardea* et l'autre à *Lanuvium*,

à Ardea.

il cite pour le premier un passage de la XIIe satire de Juvénal dans lequel ce poëte semble en effet indiquer que Domitien, qui régnait alors, et qui avait fait venir un grand nombre d'Éléphants d'Afrique, avait, pour ainsi dire, un troupeau de ces animaux, qui ne pouvaient être au service d'aucun particulier.

à Lanuvium. Pour le second dépôt à Lanuvium, il rapporte une épitaphe recueillie par Gruter, pouvant remonter aux dernières années d'Auguste ou aux premières de Tibère et dans laquelle il est en effet question d'un certain Tiberius Claudius affranchi d'Auguste, inspecteur des Éléphants à Laurentium.

à Tivoli. Quant à l'existence d'une sorte d'hôpital d'Éléphants à Tivoli, ce qui est peut-être moins certain, M. Armandi ne pouvant avoir des preuves aussi directes, s'appuie sur trois épigrammes de Martial dans lesquelles il est question du séjour d'une certaine Lycoris à Tivoli, pour y blanchir son teint comme cela avait lieu pour l'ivoire, et surtout sur deux passages, l'un de Silius Italicus, l'autre de Properce, qui semblent en effet conduire à penser que le mot *ebur* doit être pris comme indiquant l'animal et non l'ivoire; toutefois ce second point de la thèse de M. Armandi me paraît assez loin d'être hors de doute.

Depuis la décadence de l'Empire, Depuis cette grande époque de la puissance romaine, où le monde entier venait pour ainsi dire aboutir à Rome, devenue la tête du monde, le nombre des Éléphants amenés de l'Asie ou d'Afrique a sans doute toujours été en diminuant, ces animaux n'étant plus que des objets de curiosité entretenus à grands frais par les souverains, ou même offerts à la vue du public par des montreurs d'animaux, et enfin, comme de nos jours, nourris dans nos ménageries pour l'instruction des naturalistes et les progrès de la science.

en Occident, Pendant la fin de la décadence de l'empire romain en Occident, les historiens ne parlent plus d'Éléphants montrés au peuple par les empereurs qui ont régné depuis Aurélien, cité plus haut.

en Orient, à Constantinople, Je ne vois pas non plus que les empereurs qui ont siégé à Constantinople depuis que l'empire y fut transporté par Constantin, aient possédé des Éléphants dans les ménageries qu'ils entretenaient, comme nous en avons donné la preuve dans notre Mémoire sur les Felis. Mais il est certain que pendant les longues guerres qui eurent lieu entre l'empire d'Orient et la Perse, les Éléphants ayant été employés en grand nombre dans les armées persanes, la victoire en amena plusieurs à Constantinople; ainsi après la bataille de Mitylène par Tibère contre Chosroës, les dépouilles de ce roi furent apportées à Constantinople sur vingt-quatre Éléphants. Héraclius y fit une entrée triomphale sur un char traîné par quatre de ces animaux, et un grand nombre de ceux pris sur les Perses furent exposés dans le cirque et l'hippodrome.

par Tibère.

par Héraclius.

Dans le moyen âge, parmi les présents que les princes d'Orient grecs ou arabes envoyèrent en Europe à quelque autre grand prince leur contemporain, l'histoire n'en cite qu'un qui fut adressé à Charlemagne par Haroum-al-Raschid et qui, débarqué à Pise en 801, fut conduit l'année suivante à Aix-la-Chapelle, où il vécut neuf ans, étant mort à Lippenhum en 810. Il faut ensuite traverser plusieurs siècles avant de trouver dans les histoires du temps l'un de ces animaux existant en Europe. Frédéric II à son retour de la terre sainte en 1229 en amena un en Italie; ce que fit également en France en 1254, au retour de sa première croisade en Syrie, saint Louis, qui l'envoya en Angleterre à Henri III.

Dans le Moyen Age.

par Charlemagne.

En Allemagne,

Frédéric II,

En Italie,

Saint Louis,

En Angleterre.

Mais aussitôt que l'Afrique occidentale fut découverte par les Portugais ou peut-être avant eux par les Dieppois, et que les Turcs se furent emparés de Constantinople, que les croisades eurent établi de nombreux rapports entre l'Orient et l'Occident, on vit sans doute de temps en temps pénétrer en Europe quelques-uns de ces animaux; ce qui est plus certain, c'est que l'histoire n'en fait pas mention. A plus forte raison les os de leurs cadavres étaient-ils négligés et enfouis dans le sein de la terre.

A la renaissance des lettres et des sciences il n'en fut très-probablement plus ainsi, du moins chez les nations où elle eut lieu.

Depuis la Renaissance.

Emmanuel, roi de Portugal, à la suite de ses conquêtes dans l'Inde, à Rome, envoya au pape Léon X en 1514 une ambassade solennelle avec de riches présents parmi lesquels était un jeune Éléphant âgé de quatre ans, et qui mourut en 1515.

à Constantinople, Busbeck, ambassadeur de Maximilien II à Constantinople, y vit des Éléphants qui dansaient et jouaient à la paume.

au Caire. En 1581 Prosper Alpin en vit un au Caire qui n'était pas plus grand qu'un bœuf de Lombardie.

par Charles-Quint. Cardan (*de Subtilit.*, X, p. 395) en décrit un qu'il vit à Milan, appartenant à Marie fille de Charles-Quint et qui était d'une telle taille, qu'un homme ne pouvait atteindre avec ses bras allongés le sommet du dos.

P. Gilles vit aussi deux Éléphants vivants en 1550 à Constantinople, où leurs cadavres furent sans doute engloutis dans le Bosphore.

à Florence. Il n'en fut pas de même du jeune individu femelle qui vécut si peu à Florence en 1655, et qui y mourut le 9 novembre, illustré d'une élégie par Francis Boninsegni, avec la figure de l'animal par J. Scutermans. Son squelette, préparé dans les jardins de Popoli, fut conservé, comme nous l'apprenons de Ray, qui s'en est servi avec habileté, dans son *Synopsis* ÉLÉPHAS, p. 131, à l'article *Anim. quadrupedum.*

Targioni Tozzetti nous apprend qu'il avait seulement sept pieds de haut et quatre molaires en tout, ses défenses n'ayant qu'un pouce de diamètre.

à Toulon. Nous ignorons le sort de l'Éléphant que Peiresc vit dans le midi de la France et principalement à Toulon; aussi bien que de celui qu'on montrait en 1629 à Francfort et à Nuremberg et qui fut le sujet d'une dissertation allemande de Gaspar Horn publiée dans cette dernière ville la même année; et enfin de l'Éléphant blanc qui fut amené en Hollande en 1633 et dont il est fait mention dans la Gazette de France du 30 juillet de cette année. (en Hollande.)

en Irlande. Nous avons déjà eu l'occasion de faire observer que vers la fin de ce même siècle les Éléphants qui furent amenés en Europe à la fin du dix-septième siècle furent plus ou moins conservés, du moins leurs squelettes comme celui de Dublin en 1681, par Allen Moulin;

Celui de l'Éléphant de Versailles envoyé à Louis XIV par le roi de Portugal qui l'avait reçu du Congo, et qui existe au Muséum. en France.

Celui que le Grand Turc avait envoyé au roi des Deux-Siciles et qui vivait à Naples en 1742, dont Buffon a donné la figure d'après une terre cuite, et qui a été après sa mort le sujet des observations de Serrao, anatomiste napolitain, avait neuf pieds deux pouces de haut. à Naples.

Depuis ce temps il est peu d'années ou il n'ait paru quelque Éléphant en Europe; mais, comme il vient d'être dit plus haut, leurs os n'ont peut-être jamais été abandonnés à la surface de la terre ou même enterrés avec leur cadavre, de manière à pouvoir passer à l'état fossile.

Quoi qu'il en soit, ce résumé historique de l'introduction d'un si grand nombre d'Éléphants dans l'Europe méridionale, montrera du moins que pour cet animal bien plus que pour tout autre, il y a certitude complète qu'à dater d'Aristote jusqu'à nous il ne peut pas y avoir le moindre doute sur l'identité d'espèce dans l'Éléphant dont il est question chez les écrivains de l'antiquité la plus reculée jusqu'à nous. Conclusions.

S'il en était besoin, nous en trouverions la preuve dans les monuments artistiques les plus anciens, quoiqu'en général l'Éléphant y soit assez mal dessiné. Dans les Monuments des Arts, en Peinture.

La haute importance que les Hindous semblent avoir attachée de tout temps à l'Éléphant est sans doute la raison pour laquelle ils lui ont donné une place si distinguée dans leur mythologie. Aussi sur leurs monuments les plus anciens, aussi bien que dans les bas-reliefs de Persépolis, qui ont été recueillis par Kob. Ker Porter, et où se trouvent représentées des chasses ou des batailles, on remarque des Éléphants en très-grand nombre montés par des chasseurs armés d'arcs, et décochant des flèches sur les bandes de sangliers, de cerfs ou d'antilopes, que l'on fait passer à leur portée. Dans l'Inde. en Perse.

J'ai déjà fait observer que dans les hypogées égyptiennes on voit souvent dans les espèces de processions formées par des personnages chargés d'objets qu'ils apportent en tribut, des hommes portant sur leurs épaules des défenses d'Éléphants; mais je ne crois pas que ces dans les Hypogées égyptiennes animaux aient jamais été représentés en nature, pas même dans la mosaïque de Palestrine, qui cependant a pour sujet le voyage d'Adrien en Égypte, représentée par ses principales productions.

En Peinture.

Ainsi dans les peintures des décorations trouvées en Italie, et surtout aux environs de Naples ou à Rome, je n'ai jamais rencontré de figures d'Éléphants.

Mais il n'en est pas de même à l'état de sculpture et surtout de médailles.

Les statues d'Éléphants ne sont cependant pas communes (1).

Statues d'Éléphant à Rome.

J'ai vu à Rome celle de l'espèce à petites oreilles, pourvue de défenses médiocres, et portant une clochette au cou, avec la queue longue, terminée par un pinceau de soies. Elle m'a paru fort médiocre.

Il en existe encore une autre dans la même ville, au milieu d'une petite place assez près du Panthéon; elle porte un obélisque sur le dos, et sans aucun doute elle est fort mauvaise, quoique évidemment antique. Elle est en marbre.

Sur des Médailles des Princes indiens.

On trouve aussi l'Éléphant représenté sur un certain nombre de monnaies ou de médailles (2); sur celles de princes indiens, d'après les mémoires et le journal de la société de Calcutta.

des Séleucides. de César.

Sur celles des Séleucides, et portant des flambeaux, d'après Muller; mais surtout sur celles de Metellus, de César et de quelques empereurs romains, soit libres, soit attelés à un char de triomphe deux ou quatre de front.

Mais sur ces différentes médailles, l'Éléphant, quoique reconnaissable, ce qui était fort aisé, grâces à la trompe, aux oreilles, et aux

(1) Auguste avait fait placer quatre statues d'Éléphant en pierre obsidienne dans le temple de la Concorde. (Pline, XXXVI, 67).

Il paraît d'après un passage de Cassiodore (Epist. X, p. 30), qu'il y avait des Éléphants en bronze dans la voie sacrée.

(2) Cuper a publié une dissertation sur ce sujet, et intitulée en effet : *de Elephantis in nummis obviis;* mais assez peu intéressante pour notre sujet.

défenses, est toujours très-mal représenté, quoique M. Armandi ait pu reconnaître les deux espèces d'une manière distincte.

Au reste, ce n'est réellement que dans ces derniers temps, depuis le beau dessin de Mareschal, qui fait partie des vélins du Muséum, que l'Éléphant a véritablement été convenablement représenté, du moins celui de l'Inde, car je ne connais pas encore une bonne figure de l'Éléphant d'Afrique, et cependant, comme je l'ai déjà fait remarquer plus haut, cette espèce est aussi distincte à l'extérieur qu'à l'intérieur.

De tout ce que nous venons de dire sur les traces que les animaux de ce genre ont laissées dans les œuvres des hommes, et elles sont assez peu nombreuses, il résulte, ce me semble, que les artistes n'avaient rien trouvé dans cet animal qui fût véritablement digne de leurs nobles conceptions; et, en effet, ne cherchant que la beauté des formes, après le Lion, le Cheval, le Taureau, qu'avaient-ils à observer dans l'Éléphant autre chose que sa masse?

Dans le sein de la Terre, à l'État fossile, en général.

Mais si l'industrie humaine nous a conservé dans ses produits artistiques si peu de traces de cet animal colossal, il n'en est pas de même des couches de la terre; sa principale qualité, sa grandeur, a justement été la cause la plus évidente de la longue conservation des os de son squelette, des dents qui armaient ses mâchoires, aussi bien que de leur dispersion en tant d'endroits du sol européen; à quoi nous pouvons ajouter, comme il a déjà été remarqué au commencement de ce mémoire, que ce volume même et quelque ressemblance avec les os humains, ont attiré l'attention de tous ceux qu'une circonstance fortuite a fait en rencontrer, et cela presque de tout temps et chez tous les peuples.

Les autres ossements fossiles ont longtemps été négligés et même passés sous silence, ce qui n'a peut-être jamais eu lieu pour ceux d'Éléphants.

Considérés comme des Géants.

On est en effet dans l'habitude de considérer comme provenant d'Éléphants ces squelettes énormes dont ont parlé les historiens anciens et même une partie de ceux de la renaissance, comme on peut le voir dans les auteurs qui, comme Cassanion (1) et Riolan, ont dans les temps modernes parlé des géants d'une manière un peu critique, et par exemple celui-ci surtout, à l'occasion de la découverte du prétendu tombeau du roi Teutobochus, qui eut lieu en Dauphiné sous le règne de Louis XIII.

comme des Os d'Éléphants. Traités historiquement par Sloane

Quant à l'histoire des ossements reconnus comme provenant de véritables Éléphants, et trouvés dans le sein de la terre, un nombre véritablement considérable d'auteurs se sont occupés de ce sujet depuis plus de deux cents ans; mais c'est Sloane qui le premier a donné une énumération véritablement fort intéressante des différents lieux où l'on a déterré de ces os, attribués ou non à des géants, dans un mémoire étendu, intitulé : *Sur les Dents et autres Ossements trouvés dans la terre*, et qui fait partie du tome II des Actes de l'Académie des sciences de Paris pour 1727, avec des planches représentant des fragments de défense, et une vertèbre de Baleine.

Pallas.

Pallas a augmenté cette liste, dans son célèbre Mémoire, de tous les lieux où des os d'Éléphants avaient été trouvés en Sibérie de son temps.

Merck.

Depuis lors les paléontologistes allemands, et surtout Merck, en ont donné une liste semblable, mais pour l'Allemagne seulement, celui-ci dans sa deuxième lettre à M. de la Cruse, en 1784, ainsi que dans une lettre insérée dans le Mercure d'Allemagne, du mois de janvier 1784.

Targioni Tozzeti, et Brocchi.

Targioni Tozzetti, et surtout Brocchi, en ont fait autant pour l'Italie, le premier, dans les tomes VIII et XII de ses *Viaggi nella Toscana*, et le second dans l'excellent Discours préliminaire qu'il a mis au-devant de sa Conchyliologie subapennine.

M. G. Cuvier, en 1806,

M. G. Cuvier s'aidant de ces différents travaux, qu'il a augmentés de ses propres recherches, a étendu considérablement la liste des os d'Éléphants et des lieux où ils ont été trouvés, d'abord dans la première édition de son mémoire inséré dans les Annales du Muséum, en 1806, et depuis reproduit dans le tome Ier de ses Recherches sur les Ossements

(1) *De Gigantibus*. Basil., I, 1580.

fossiles, publiées en 1812; mais surtout dans la seconde édition qu'il en a donnée en 1821, et où cette liste occupe plus de quatre-vingts pages, tout en prévenant qu'il est fort éloigné de la considérer comme complète, quoiqu'elle soit plus du double de celle qu'il avait insérée dans la première édition vingt ans auparavant.

en 1812, en 1821.

M. Buckland. M. Fischer. M. Eichwald.

Depuis 1821, l'attention que l'on a donnée partout aux recherches paléontologiques a encore augmenté ce nombre d'une manière sensible, comme on devait très-bien s'y attendre; par exemple, M. Buckland pour l'Angleterre, M. Fischer pour la Russie, M. Eichwald, pour la Lithuanie, la Pologne, la Podolie. Je vais cependant tâcher de le comprendre dans un espace moins considérable, en mettant peut-être un peu plus d'ordre que n'a fait M. G. Cuvier lui-même, et en donnant à cet ordre quelque chose de plus géologique, ou mieux une disposition qui conduise à autre chose qu'à démontrer qu'il n'y a peut-être pas un genre de Mammifères qui ait laissé de plus nombreuses traces et en un plus grand nombre d'endroits que celui des Éléphants. En effet, abandonnant complétement l'ordre chronologique qui ne signifie pas grand'chose ici, tant on doit tirer peu de gloire d'avoir trouvé et reconnu le premier ou le dernier des os d'Éléphants sur lesquels il n'était presque pas possible de commettre d'erreur, je vais les énumérer non-seulement par grands versants en allant du nord au midi et de l'est à l'ouest, mais encore en descendant les grandes vallées, et en notant soigneusement les os trouvés épars et ceux qui ne l'étaient pas, en même temps que la nature du terrain et la profondeur où ils ont été trouvés, et même leur réunion en amas plus ou moins considérables avec des os d'autres animaux.

De l'ordre à suivre, non chronologique, mais géographique, du Nord au Sud.

I. *Des os d'Éléphants fossiles dans l'immense versant de la Russie septentrionale à la mer Glaciale.*

Dans le Versant, à la mer Glaciale.

Nous comprenons sous ce titre les ossements trouvés dans l'empire de Russie, mais seulement dans l'immense alluvion bornée à l'est par la Lena et ses affluents autour du lac Aral jusqu'à son embouchure dans la mer, et à l'ouest par l'Irtish, et formée intermédiairement par l'Ob, l'Obi et leurs affluents occupant toute la Sibérie centrale. Nous parlerons plus loin des ossements qui ont été trouvés dans l'alluvion méridionale, versant à la Caspienne et à la mer Noire. Dans le septentrional, celui par lequel nous allons commencer, les ossements d'Éléphants y sont si nombreux, que l'on a pu en inférer que les animaux dont ils proviennent ont vécu dans les parages où on les trouve.

D'après Gmelin, Messerchmidt, et surtout Pallas. C'est à Gmelin, à Messerchmidt, mais surtout à Pallas que la science doit la très-grande partie des renseignements qu'elle possède à ce sujet. *Notabile primum est*, dit celui-ci en un endroit (N. comment. Pétrop., XVII, p. 578, 1772), *in omni climate vel sub omni latitudine a zona montium Asiam dividentium usque ad conglaciatas oceani borealis oras universam Siberiam ubique ossibus mamonteis æquè feracem esse.* Et dans un autre endroit (p. 579) : *Sed in plerisque ripis, quæ fossili ebore ossibusque inclaruerunt, membra animalium plerùmque disjecta, reperiuntur, quasi a fluctibus agitata et obruta limo, vel glareosis maximè structis evidentissimè undarum effectu et fluctuatione congestis, imò variis sæpe corporum marinorum reliquiis consociata.*

Tilésius. M. Tilésius, membre de l'Académie de Saint-Pétersbourg, V, p. 473, en cite même de la presqu'île du Kamtschatka.

Squelettes. Comme squelettes plus ou moins complets, on indique :

un, Un squelette énorme trouvé avec ses chairs et la peau gelées, sur les bords de la mer Glaciale, près de l'embouchure de la Léna, au milieu des glaces, découvert en 1799 par un pêcheur, et décrit par Adams, alors professeur à Moscou, en 1815, dans le tome V des *Mémoires de l'Académie de Saint-Pétersbourg*, et depuis par M. Tilésius, dans le même recueil, V, p. 423.

deux Un Éléphant des bords de l'Alascia, au delà de l'Indigirska, dans une position droite, presque entier, et encore couvert de sa peau en différents endroits. (Sarytschew, Voyage dans le nord-est de la Sibérie.)

trois, Un autre, trouvé également avec sa peau et son poil près de la mer

Glaciale, mais sur lequel il paraît qu'on n'a pas d'autres renseignements. (Tilésius, *loc. cit.*, p. 423.)

Un squelette complet auprès de Struchow, gouvernement de Casan, dans la terre. quatre,

Un squelette énorme trouvé près de la Tzana, entre l'Irtish et l'Ob, ou mieux des bords de l'Irtish et de ses affluents le Tobal, le Toura, l'Iselt, versant de la pente orientale des monts Ourals. cinq,

Un autre squelette entier des bords de Tom, entre le Tomsk et Kafnetska. six.

Pour les têtes ou crânes, nous trouvons indiqués par nos prédécesseurs les suivants : Têtes :

Un beau crâne rapporté par Messerschmidt à Saint-Pétersbourg, et provenant des bords de l'Indigirska. une,

Lepechin dit très-positivement, dans ses voyages en Sibérie, avoir trouvé des ossements humains et des lames de fer mêlés à des os d'Éléphants.

Une tête dont la chair était corrompue trouvée avec un pied gelé, de la grosseur d'un homme de moyenne taille, citée par Isbrom Ides. deux,

Une tête entière de quatre pieds et demi, de Temnen, sur le Toura. trois,

Un crâne et presque tout le squelette trouvé à l'embouchure de la Léna. quatre.

Pour les ossements en général, sans énumération et en amas, nous avons trouvé cités : Ossements en amas.

Un grand nombre d'ossements en face d'Obdorsk, vers l'embouchure de l'Ob. Sur l'Ob,

Des mêmes bords de l'Ob, un énorme amas à Kutschewakoi.

Des ossements des bords du Jaik, d'après Pallas et Delille, et dont quelques-uns ont été rapportés en France par celui-ci. le Jaik,

Un grand nombre d'ossements et de dents venant des bords du Swiaga, et dont parle Pallas. le Swiaga,

Un amas d'os monstrueux fut déterré en 1775 à Swijatowski, à dix-

de la mer Glaciale, sept verstes de Saint-Pétersbourg, d'après Buffon (Époq. de la nat. Notes justificatives, 9).

Les îles de la mer Glaciale, vis-à-vis le rivage qui sépare l'embouchure de la Léna de celle de l'Indigiscka, d'après le commodore Billings.

de l'Andir. Les rives de l'Andir en contiennent une quantité véritablement prodigieuse.

Épars. Les ossements séparés paraissent en général moins nombreux, probablement parce qu'ils auront moins frappé l'attention dans un pays où les squelettes et les amas se sont trouvés si communs.

Nous pouvons cependant citer un bel humérus rapporté de Berezow-sur-l'Irtish par Delille l'astronome, et dont a parlé Daubenton dans les Mém. de l'Académ., 1762, et sous le n° 1033 de la description du cabinet (Buffon, XI, p. 168), ainsi qu'une belle mandibule presque entière, pesant quatre-vingts livres, longue d'un pied neuf pouces anglais, contenant de chaque côté une seule et grande dent molaire de neuf pouces trois lignes, formée de dix-sept lames, dont douze entamées, que des pêcheurs avaient tirée avec leurs filets de l'Oca, près de Mourond, et qu'ils avaient portée à la poissonnerie de Moscou, d'après M. Fischer de Waldheim (Mémoires de l'Académie des siences de Moscou, Tom. I, p. 284).

Dents. Il n'en est pas de même des dents, et surtout des défenses considérées comme des objets de commerce.

Parmi les premières se trouve enregistrée :

Molaire. Une molaire tirée d'une mine de la Montagne des Serpents, versant à l'Ob.

Défenses : Et parmi les défenses :

une, Celle rapportée de Sibérie et donnée à H. Sloane, pesant quarante-deux livres, et ayant cinq pieds sept pouces de long sur un pied de circonférence à sa base.

deux, Une autre dont l'intérieur était encore rempli d'une matière semblable à du sang caillé, et dont parle J. Birnhard Muller.

trois. Une défense des environs d'Archangel, dans la vallée de la Dwina, a été signalée comme existante au cabinet de Saint-Pétersbourg par Pallas (*N. Act. Petrop.* XIII, p. 471).

II. — *Du Périple de la Baltique.*

a) *Du nord au sud.*

Les ossements fossiles d'Éléphants trouvés sur les bords de quelques versants à la Baltique, dans la direction nord occidentale ou orientale, sont jusqu'ici extrêmement peu nombreux. Je ne trouve même cités que les suivants : Mer Baltique.

Des os gigantesques déterrés en 1733 à Falkenberg, province de Halland, consistant en une côte et un os du carpe, d'après M. G. Cuvier, qui cite J.-J. Dœbeln qui les a figurés. (*Act. Academ. Cur. nat.*, vol. V, lib. V.)

Une dent mâchelière très-usée, et trouvée dans une colline de sable auprès du fleuve de Fio, en Ostrobothnie, d'après un dessin envoyé par Quensel, intendant du cabinet d'histoire naturelle, à M. G. Cuvier. (*Loc. cit.*, I, p. 138.) Du Fio, en Ostrobothnie.

b) *De l'est à l'ouest.*

Nous trouvons un plus grand nombre de grandes rivières et par conséquent de versants vers la Baltique, depuis la Néva, au nord, jusqu'au Niémen, au sud, et comprenant aussi l'Ingrie, la Livonie et la Lithuanie.

L'Ingrie ne me paraît pas avoir encore offert aux observateurs des ossements d'Éléphants. De la Neva.

Il n'en est pas tout à fait de même pour la Livonie, la Podolie et la Lithuanie, surtout depuis le mémoire de M. le prof. Eichwald.

c) *Du sud au nord.*

Dans ce versant des Krapacks, vers la mer Baltique, je ne vois pas non plus qu'on ait encore rencontré un nombre un peu considérable d'os d'Éléphants.

de l'Oder. Dans le bassin de l'Oder versant directement du sud au nord, Volkmann cite dans sa *Silesia subterranea :*

Les os d'un géant déterré à Leignitz, en fondant une église, et qui furent distribués dans celles des environs ; mais qui assure que ce n'était pas un cétacé ?

Ossements épars. Un humérus suspendu dans l'église de Trebnitz. Pl. 25, *fig.* 1.

Un fémur dans la cathédrale de Breslaw, *ibid.*, f° 2.

Un autre fémur tiré de l'Oder en 1652, près de Kleinschemnitz. *Éphém. des cur. de la Nat.*, an 1665.

Malheureusement je ne connais rien qui puisse assurer les déterminations supposées. Qui prouve, par exemple, que ces os ne proviennent pas d'un Mastodonte ?

Dents. Un fragment de dent molaire sur la rive droite de la Drevents, frontière de la Pologne et de la Prusse, en 1812, d'après Ballenstedt. *Archives du Monde primitif*, en allemand, III, p. 217.

de la Vistule. Dans le bassin de la Vistule :

La science possède des renseignements plus satisfaisants ; mais jusqu'ici l'on n'a encore trouvé que des dents isolées.

C'est aussi par des os attribués à des géants que commence l'énumération des os de fossiles d'Éléphants recueillis dans ce bassin, et c'est Boek qui rapporte ce fait dans son histoire naturelle de la Prusse, II, p. 394.

Nous pouvons ensuite citer comme bien plus certain :

Molaires éparses. Une molaire déterrée au bord même du fleuve, à peu de distance de Varsovie.

Une seconde trouvée en 1736 à un demi-mille de Dantzig, à six pieds dans le sable, d'après Klein, *Hist. Pisc. nat.*, I, *Miss.*, II, p. 32.

La collection du Muséum en possède deux autres étiquetées comme provenant de Pologne ; mais sans autre indication. M. G. Cuvier, *loc. cit.*, p. 139, nous apprend qu'elles sont venues du cabinet de l'Académie des sciences, et présume qu'elles ont été rapportées par Guettard.

Nous sommes plus heureux pour une cinquième molaire supérieure qui nous a été donnée dernièrement pour les collections du Muséum par M. Aloise Biernacki. Il nous a, en effet, assuré qu'elle a été trouvée dans la vallée de la Vistule, presque à la surface du sol, dans le département de Cracovie.

Quant aux défenses, C. Gesner en avait déjà mentionné une depuis bien longtemps (*de figur. lapid.*, p. 137), et Razou-mouscki parle dans son histoire de la Pologne, p. 2, d'un fragment de défense qui lui fut montré comme ayant été trouvé sur les bords de la Vistule, à six milles de Varsovie. Défenses.

Une molaire trouvée en 1811 au fond de la Drevents, affluent de la Vistule, dans le cabinet de Kœmberg, d'après M. Hagen, (Matériaux sur la Prusse, en allemand, t. I, p. 56).

Une dent de Gaudentz, sur la Vistule.

Une autre trouvée dans une colline sableuse à la porte de Kœnisberg sur le même fleuve.

Une molaire fort usée déterrée vis-à-vis la porte d'Oliva, à Dantzick.

Quant à la Lithuanie, nous apprenons de M. Eichwald, dans sa *Zoologia specialis*, t. III, p. 357, que les collections de Wilna renferment un assez grand nombre d'ossements et de dents d'Éléphant trouvés dans la Wilna ou dans ses affluents. Il cite, par exemple : De la Wilna.

a) Sur la rive droite :

Un fragment de défense tronqué aux deux extrémités, de deux pieds de long sur onze pouces de circonférence. Défense.

Un morceau de crâne, de radius, et une dent molaire supérieure trouvée en 1829. Crâne.

b) Sur la rive gauche. :

Une grosse dent molaire supérieure, bien adulte et même usée dans sa partie antérieure du côté droit. Dents. Molaires.

Une autre de même force, mais du côté gauche.

Une troisième très-grande, inférieure, du même côté, trouvée dans les couches sableuses du rivage.

Une épiphyse de radius.

De l'E. *pygmæus*. Une dent molaire supérieure déterrée auprès de Wilna, mais petite, composée de douze lames droites, avec des racines très-longues, que M. Eichwald rapporte à l'E. *pygmæus* de M. Fischer, quoique ce ne soit sans doute qu'une troisième de l'E. *primigenius*, comme nous le verrons plus loin.

Du Niémen. Dans le versant du Niémen :

Défenses. Une défense entière bien conservée, longue de cinq pieds trois pouces, sur huit pouces de circonférence à la base, courbée en dessus et en dehors en quart de courbe, que M. Eichwald assure provenir d'un individu femelle adulte, et qui a été trouvée dans la rivière Swenta auprès de la ville d'Uschpole, district de Wilkomirz.

Une autre, brisée aux deux extrémités, ayant onze pouces de circonférence.

Un fragment de fémur mal conservé déterré auprès de Hrynsccischki, district de Ross.

Fémur. Un grand fémur entier, très-noir, de cinquante-cinq pouces de haut.

Un fragment de côte de grandeur médiocre.

Avant-Bras. Un avant-bras entier de vingt-huit pouces de long, sur huit de large à l'olécrane, épiphyse inférieurement.

Molaires. Trois ou quatre molaires, dont deux énormes très-rapprochées et en fort bon état de conservation.

Une petite dent molaire de jeune âge, à lames serrées et racines allongées, pêchée avec d'autres os du squelette dans la rivière Uscha, près d'Obrinka, non loin de Grodno.

III. — *Du Périple de la mer du Nord.*

Versant de la mer du Nord. Dans les bassins qui versent leurs eaux à cette mer grandement ouverte au nord, et, au contraire, fortement rétrécie au sud dans sa communication avec l'Océan, nous allons voir considérablement augmenter le nombre des os fossiles d'Éléphants.

Si l'on devait même ajouter foi à Pontoppidan, ce que je suis fort éloigné de faire, quoiqu'il cite Tofœus, l'Islande elle-même aurait offert un crâne et une dent d'une grandeur prodigieuse, et que l'on pourrait attribuer à un Éléphant. En Islande.

Ce qui viendrait à l'appui de ce fait extraordinaire, c'est la dent mâchelière convertie en silex qu'envoya Resenius à Th. Bartholin, et dont celui-ci a fait mention, p. 83 des *Act. med. et philos. Hafn.*, t. I, Obs. 6. Mais encore, n'était-ce pas plutôt une des dents de Mastodonte qui prennent assez souvent un aspect siliceux ? Molaires.

On peut sans doute rapporter à quelque cétacé les os gigantesques dont a parlé Pontoppidan dans son histoire comme ayant été déterrés en Norvége. M. G. Cuvier, t. I, p. 138, dit cependant qu'on ne peut guère les rapporter à autre chose qu'aux Éléphants. Ossements.

Mais si l'on peut, sans être taxé d'une trop grande incrédulité, ne pas croire que des os de véritables Éléphants ont été déterrés en Islande et en Norvége, il n'en est pas de même pour l'Angleterre et surtout pour l'Allemagne.

En Écosse je trouve seulement indiqués dans les auteurs que j'ai pu consulter : En Écosse.

Deux dents et quelques petits os en bon état de conservation, trouvés en janvier 1817 à dix-sept ou dix-huit pieds de profondeur dans une argile à Kilmore du comté d'Argyle, et par conséquent sur le versant occidental de cette partie de l'Angleterre. Dents.

Une défense d'Éléphant dans une argile diluvienne à la profondeur de quinze à vingt pieds à Clifton-Hall entre Édimbourg et Falkirk, en assez bon état de conservation pour avoir été vendue en partie à un ivoirier; d'après M. Bald (*Werner-Trans.*, vol. IV, p. 58). Défenses.

Dans l'Angleterre proprement dite, le nombre des os d'Éléphants trouvés à l'état fossile est bien plus considérable, et surtout dans les versants au sud et au sud-est en regard du continent. En Angleterre.

Nous commençons toujours par citer les squelettes attribués à des géants, quoiqu'il ne soit nullement certain que ces restes appartiennent seulement à des Éléphants. Ce sont :

Géants prétendus. Un géant déterré par l'action d'une rivière en 1171, et auquel on suppose cinquante pieds de longueur totale; cité par Sloane (*Mém.*, p. 320), d'après Simon Majolus (*Diarium Canicularium Colleg.* 2, p. 36.)

Un autre géant trouvé aux environs de Salisbury près de Stonihengd, vallée d'Avon, versant méridional.

Un squelette de trente pieds de long, aux environs d'Harwich, d'après Burtin; versant oriental.

Crânes. Un crâne entier avec des défenses d'une énorme longueur et les molaires, à Kingsland près d'Hoxton en 1806, d'après M. Buckland.

Os épars. Des os certainement d'Éléphants, mais trouvés épars, séparés ou dans les dépôts; je ne vois à citer que les suivants :

De la Severn. Une portion de crâne avec quelques dents, à Glocester auprès de la Severn, versant au sud-ouest, découverte vers 1630, d'après Sloane, Mém., p. 445.

Mandibules. Une mandibule et plusieurs dents à lames minces, du comté d'Essex, Parkinson (*Fossil. Rem.*, III, 344).

Une mâchoire inférieure trouvée dans une marnière avec des fragments de défense, ce qui prouve que la tête n'était pas loin, à Trentham, comté de Strafford, d'après Rob. Plott dans son histoire naturelle de ce comté, cité par Sloane *loc. cit.*, p. 467.

Une autre mandibule et plusieurs molaires, du comté d'Essex, d'après Henry Baker, versant à l'est.

Ossements. Plusieurs grands os et une molaire du poids de onze livres anglaises trouvés en 1745 à Norwick, comté de Norfolk, d'après Henri Baker, *Trans. Phil.*, vol. XLV, p. 331.

Un os de la jambe trouvé à Norwich, comté de Norfolk, au sud-est de l'Angleterre, près de la mer. Nous possédons du même endroit cinq dents molaires envoyées par mademoiselle Anne Gurney.

Des vertèbres et un très-grand fémur dans une carrière dite Stomfield, auprès de Woodstock, comté d'Oxford, partie élevée du versant de la Tamise à l'est; d'après Targioni, *Viaggi*, VIII. De la TAMISE. Ossements.

Une vertèbre, un fémur et une défense vis-à-vis de l'embouchure de la Tamise et de la Mideway; dans l'île de Scheppey et par conséquent au sud-est.

Quelques vertèbres et un énorme tibia indiquant un Éléphant d'au moins seize pieds de hauteur, trouvés en 1820, d'après M. Buckland, dans le gravier à Abingdon, versant des parties élevées de la Tamise, au-dessous d'Oxford.

De grands os, dont un humérus, à quinze ou seize pieds de profondeur dans le gravier à Warebness près de Harwick, comté d'Essex, sur les bords de la rivière de Stowr, versant au sud-est, au témoignage de John Luffkin, *Trans. phil.*, XXII, p. 914.

Les paléontologistes anglais, et entre autres M. Buckland, citent encore des os d'Éléphants dans des dépôts, en contenant d'autres animaux, par exemple : un dépôt dans le comté de Kent au nord de Cantorbéry, sur le bord de la mer, probablement dans l'alluvion de la petite rivière qui passe dans cette ville au versant sud-ouest, d'après la carte géologique de l'Angleterre; au cap Walton, un peu au sud de Harwick, sur le rivage sud-est de la mer du Nord, dans un gravier posé sur l'argile, mêlés avec des os de Cerfs, de Bœufs, de Cheval et de Rhinocéros, d'après Parkinson (*Fossil. Rem.*, III, p. 344); suivant M. Buckland, c'est dans ce dépôt qu'il s'en trouve davantage; dans le comté d'Yorck, entre Whiteby et Scarboroug, d'après la carte minéralogique d'Angleterre; sur les côtes de la mer, dans le comté de Norfolk, même versant sud-est, dans la mer d'Allemagne, une mâchoire inférieure et des os, avec trois grandes défenses fort courbées en dehors; à Newham, près de Rughby, comté de Warwick, dans un gravier mêlé d'argile, mais aussi avec deux crânes de Rhinocéros et des bois de Cerfs, au centre de la partie méridionale de l'Angleterre, dans les parties supérieures des petites rivières qui versent dans le golfe de Bristol au sud-ouest, d'après MM. Howship et Buckland, cités par M. Georges Cuvier (*loc. cit.*,

Ossements dans les dépôts. Comté de Kent. Cap Walton. Comté d'Yorck, de Norfolk, de Warwick,

I, p. 135, et IV, p. 492); différents os, des dents et des défenses, avec

d'Oxford. ceux de Rhinocéros, de Cheval, de Sangliers, rarement roulés à Oxford et à Abbington, dans le Gravel-Pit, haute Tamise, d'après M. le docteur Kidd, dans ses Essais géologiques; environ dix dents molaires,

Caverne de Kirkdale. sans fragments de défenses ni d'os, dans la caverne de Kirkdale, vallée de la Grove, comté d'York; d'après M. Buckland, *Reliq. Diluv.*, p. 18, et dont deux sont figurées tab. 7, fig. 1 et 2, regardées à tort comme provenant d'un très-jeune Éléphant; de grands os et une molaire découverts en 1749, à Norwich, comté de Norfolk, alluvion de la petite rivière qui verse à la mer d'Allemagne.

Dents Molaires. Mais ce sont surtout les dents molaires, et encore plus les défenses, qui ont été le plus souvent signalées, comme plus fréquentes et plus connues.

une, Une dent molaire de vingt et une lames, dont dix entamées, découverte à Chatam, sur le Mideway, versant au sud-est de la mer d'Allemagne, à quatre pieds de profondeur, dans le gravier, d'après M. Vetch, cité par M. G. Cuvier, *loc. cit.*, I, p. 134.

deux, Une molaire de treize ou quatorze lames, dans le comté de Northampton, partie assez centrale de l'Angleterre méridionale, à douze pieds de profondeur, d'après Morton, Hist. de Northampton, p. 152.

trois, Une autre trouvée dans le même canton, dans une argile bleuâtre, sous quatorze pouces de terre végétale, dix-huit d'argile, et trente de cailloux roulés; d'après Sloane, *loc. cit.*, p. 434; une molaire à lames très-épaisses, du comté de Strafford, d'après Parkinson, *Fossil. remains.*, III, p. 344, pl. 20, f. 6, et ainsi très-probablement dans les alluvions de la haute Trent, rivière qui verse avec l'Humber, à l'est de la mer d'Allemagne.

quatre, Une autre des environs de Harwich, sur les bords de la mer Germanique, d'après Burtin, Mém. sur les Révolutions du Globe, p. 25.

cinq, Deux molaires et une défense, du comté de Flint, au nord du pays de Galles, versant au nord-ouest dans le golfe de Chester, à cent dix-huit pieds de profondeur, dans un lit de gravier sous-posé à une mine de plomb, et à un lit de pierre calcaire de onze à douze pieds, avec des bois de Cerfs, d'après Pennant, Quad., I, p. 158.

Sloane, dans son mémoire cité, parle encore de deux fragments de dent molaire transformés en silex

Des portions plus ou moins considérables de dents molaires indiquées par Deluc, en 1791 (Lettre à Blumenbach, p. 15), et découvertes avec des os en 1813 (Trans. philos.), par M. Trimmer, avec ceux de Rhinocéros, d'Hippopotames, de Cerfs, de Bœufs, et des coquilles terrestres et d'eau douce, auprès de Brentfort, comté de Middlesex, vis-à-vis Kew. six,

M. Buckland nous apprend que l'on a aussi déterré des dents à trente pieds de profondeur, en creusant le grand égout de Londres, sous Charles-Street, à l'est de la place de Waterloo. sept.

Je remarque aussi parmi les pièces indiquées à part, une défense trouvée à Londres même dans la rue de Grays' Innland, à douze pieds de profondeur dans un gravier, figurée par Sloane (*loc. cit.*, p. 306), et citée par M. Buckland. Défenses, à Londres.

Une seconde à Willsbourn, dans le comté de Warwich, partie centrale de l'Angleterre. Comté de Warwick.

Une troisième trouvée dans un champ, versant très-probablement au nord-est, dans le comté de Northampton, ayant six pieds de long sur seize pouces de circonférence à sa partie la plus grosse, citée par Morton dans l'histoire de ce comté, p. 252. de Northampton.

Avant de quitter l'Angleterre et de passer sur le continent, nous dirons que l'Irlande a aussi fourni quelques restes fossiles d'Éléphants. En Irlande.

On cite, en effet, quatre dents molaires, avec de grands os friables, trouvés à quatre pieds sous terre, en 1715, à Maghery, à huit milles de Beltarbet, comté de Cavan, dans les parties centrales et septentrionales de l'Irlande, en établissant les fondations d'un moulin; ce qui montre que c'était dans l'alluvion d'une vallée. D'après Francis Neville et Molineux (*Natur. hist. of Ireland*, 1626, p. 128).

Mais il paraît que c'est un exemple unique, et, en effet, dans des conditions toutes particulières, *suprà stratum e ramis et herbis*, disent les historiens cités.

En Allemagne. Il n'en est pas de même du versant nord-ouest du périple de la mer d'Allemagne, depuis le Weser jusqu'au Rhin et à ses affluents. En effet, c'est dans cette partie de l'Europe que l'on a recueilli des ossements d'Éléphants en plus grand nombre, comme l'énumération suivante va le montrer.

Merck, en 1782, portait à quatre-vingts le nombre des endroits où l'on avait trouvé des restes d'Éléphants en Allemagne; M. de Zach le faisait monter à cent, et Blumenbach au double.

Bassin du WESER. Dans le bassin du Weser, fleuve qui des montagnes du Hartz descend à la mer d'Allemagne dans une étendue assez considérable, et par conséquent d'une manière assez peu rapide, nous trouvons à noter :

Squelettes, un, Un squelette déterré en 1722 à Tiède, vallon de l'Ocker, à une petite lieue de Wolfenberltel et dont Leibnitz a figuré (*Protogæa*, pl. dern.) une dent mâchelière provenant du même endroit (Bruckman, *Epist. itin.*, 30).

deux. Un autre squelette entier trouvé à Ostérode par le docteur Koënig, au pied du Hartz, en 1724 et 1742 (Bruckman, *Epistol. itin. Cent.* II, p. 306).

Ossements en amas, à Tiede. Des os en quantité prodigieuse, dont un de six pieds huit pouces de long, avec trente dents molaires et onze défenses, dont une de quatorze pieds huit pouces de long, sur douze pouces trois quarts de diamètre, déterrés au pied d'une colline de gypse d'anhydrite mêlée de sel, du Lindenberg, près de Brunswick, au village de Tiède, sous douze pieds d'argile, formant avec des os de Rhinocéros, de Chevaux et de Bœufs non roulés, un amas considérable de dix pieds carrés, découvert en 1826 par M. Berger, d'après une relation traduite dans la Bibl. universelle de Genève pour le mois de février 1818, et dans plusieurs autres écrits, cités par M. G. Cuvier, t. I, p. 129, et par M. Buckland (t. I, p 181, *Reliq. diluv.*).

Dents Molaires Dix dents molaires à Betten-Hausen, et quelques fragments plus près de Cassel, sur la Fulde, d'après Walsh dans Knorr, *Momum.*, t. II, sect. II, p. 16, et M. Grandidier, directeur du cabinet de Cassel, cité par M. Cuvier. *Ibid.*

Quatre autres dents mâchelières au pied du Hartz, en 1808, à deux pieds sous terre, dans une couche marneuse, entre des collines gypseuses, avec une mâchoire inférieure d'Hyène, d'après Blumenbach (*Nouvelles litter. de Goettingue*, 2 juin 1808), cité par M. Cuvier, p. 131.

Une défense de huit pieds trouvée en 1824 dans une sablonnière des bords du Weser, auprès de la ville de Minden (Kruger et Ballenstedt, *Archiv. du monde primitif*, en allemand, 1824). Défenses.

Dans le bassin de l'Elbe, moins étendu que le précédent, mais ayant assez bien la même direction des montagnes de la Bohême à la mer Germanique, du sud-est au nord-ouest, avec assez peu de rapidité, et sans affluents considérables, se sont trouvés de nombreux ossements d'Éléphants. De l'Elbe.

Des squelettes entiers dans la vallée de l'Unstruth, versant à l'Elbe sur la rive gauche. Squelettes.

Des molaires à Mersburg, sur la Saale, un peu au-dessus de Halle, en 1819, d'après Ballenstedt. (*Archives du monde primitif*, t. I, p. 65.) Molaires.

Des ossements nombreux et deux dents molaires, à Eperstœdt, comté de Mansfeld, entre Halb et Querfurt, vallon de la Saale, versant dans le haut Elbe, à près de 80 lieues de son embouchure, dans une carrière de pierre dure, d'après Hoffmann et Beychlay, *de ebore fossili suevico Halensi*, p. 9, et Buttner, *Mus. diluv.*, p. 101, n° 25. Ossements, à Eperstœdt.

Des os et deux mâchelières à Zellendorf, près de Seyda, dans le voisinage de Wittemberg, à six pieds de profondeur dans du gravier, sans doute de l'alluvion d'une petite rivière versant à la rive droite de l'Elbe. (G. Cuvier, I, p. 133.) à Zellendorf.

Des os très-calcinés, à Sonderhausen, principauté de Schwarzbourg, sur la Wipra, se jetant dans l'Unstrutt, d'après Walch dans Knorr, t. II, p. 5, et t. II, p. 163. à Sonderhausen

Des os à Exleben, près d'Erfurt, sous la terre végétale, et par consé- à Exleben.

quent encore dans le versant d'un affluent (le Gera), à l'Unstruth, lui-même versant à la rive gauche de l'Elbe par la Sala. (Walch-Knorr, t. II, sect. : 1, p. 162).

à Kamberg. Différents gros os, une défense et six molaires trouvés en 1672, près de Kamberg, un peu au-dessous de Jéna, sur la Saale, dans les mêmes parties élevées de la Saxe que les précédents.

en Bohême. Des os et une mâchelière, en 1682, auprès de Podiebrad, en Bohême, d'après M. S. Meyer (*Mém. d'une soc. privée de Bohéme*, t. VI, p. 260), qui ajoute que les historiens de ce royaume citent beaucoup de découvertes d'os semblables faites par l'action des rivières sur leurs rives.

à Reinsdorff. Une dent molaire au village de Reinsdorff, dans une couche d'argile de quatre brasses de profondeur.

à Altemberg. Et enfin, de l'ivoire fossile formant quelquefois des défenses plus ou moins entières, à Altemberg, sur la Pleies, en 1740, au pied du Saalberg, dans un rocher.

Auprès de Rabschutz, sur le chemin de Meissen à Freyberg, en 1568.

A Kosleler, sur l'Elbe.

à Libeschitz. Aux environs de Libeschitz, et par conséquent toujours sans doute vers les affluents radiculaires de l'Elbe, dans les montagnes de la Saxe et de la Bohême.

Du Rhin et ses affluents. Mais c'est surtout dans la vallée du Rhin et dans celles de ses affluents nombreux et assez considérables, aussi bien sur une rive que sur l'autre, que l'on a recueilli jusqu'ici un grand nombre d'os d'éléphants.

Nous allons en donner l'énumération en y joignant les particularités principales de leur gisement, en commençant par ceux de la rive droite depuis la Suisse jusqu'à la Hollande, pour laquelle nous ferons cependant un article à part.

Nous noterons donc :

En Suisse. L'Aar. Une grosse molaire trouvée dans la vallée de l'Aar, qui verse dans le Haut-Rhin.

Une partie de défense déterrée en 1707 dans le pays de Bade, à dix pieds de profondeur au bord même du Rhin, citée dans le *Museum Kunastianum*, p. 60, in-8°. 1668.

Une molaire sur le haut Necker, auprès de Tubinge. Sur le haut Necker.

Une mâchoire inférieure et une défense trouvées auprès de Berg, au-dessus de Canstadt.

Un grand squelette tout entier, avec deux grandes défenses et une petite, sous les murs mêmes de Stuttgard dans le Wurtemberg, sous la terre végétale, sur le Necker. Squelette à Stuttgard.

Celui des affluents de la rive droite du Rhin dans lequel on a trouvé le plus grand nombre d'ossements fossiles d'Éléphants, et dans les conditions les plus singulières, est certainement celui que constitue le Necker, rivière qui, après avoir marché presque parallèlement au Rhin du sud au nord en traversant le Wurtemberg, finit par se jeter dans ce fleuve vers le tiers supérieur de son cours à Mayence. C'est, en effet, auprès de la petite ville de Canstadt, pour la première fois en 1700, à mille pas environ à l'est du côté du village de Felbach, et pour la seconde en 1816, à environ six cent pas du Seelberg, qu'a eu lieu la découverte d'un dépôt célèbre sous tous les rapports. A Canstadt. Premier dépôt. Histoire.

D'après les propres expressions de D. Reisel (1), qui sans doute avait été témoin du fait, la découverte eut lieu à mille pas de la ville de Canstadt, sur une colline anciennement couverte et encore remplie de roches calcaires, entourée de murs sexangulaires, épais de huit pieds, longs de quatre-vingts à peu près, autant qu'on peut en juger par ses ruines et par ses angles, l'un obtus, l'autre droit, et par des rochers environnants, sur lesquels les fondations du mur, dont il reste près de trois pieds, sont établies. Leur circonscrit magnifique et même sacré paraît être disposé comme temple ou comme forteresse. Par Reisel.

(1) *Relatio de loco natali cornuum et ossium fossilium Canstadiensium specierum, quod ibidem hucusque sunt repertæ*. Dans une lettre de Salomon Reisel, datée de Stuttgard, adressée par lui à Dav. Spleiss, qui la lui avait demandée, afin de répondre aux désirs de P. Walkenaer, ambassadeur belge en Suisse, qui l'avait prié d'en faire le sujet de son travail, comme il l'apprend dans sa préface, en rapportant une lettre de lui-même à P. Walkenaer en date du 15 janv. 1701. (*OEdipus osteolithologicus*, etc., *Opera* David. Spleisii, 1701.)

Énumération des précédents.

Depuis la fin du mois d'avril jusqu'à celle d'octobre de l'année 1700, après quelques échantillons qui avaient été trouvés en cherchant de l'argile (*ex luto*) on déterra par les ordres du duc de Wurtemberg Éverard-Louis, plus de soixante cornes, ou corps corniformes, nommés ailleurs Licorne ou ivoire fossile, depuis un pied de long jusqu'à dix et plus, et courbés, avec lesquels étaient mêlés des os, 1° d'abord grands comme des mâchoires, des dents molaires encore attachées à celles-ci ou libres, des omoplates, os coxaux, fémurs, voûtes de crânes, vertèbres, tous semblables à des os d'Éléphant, et égaux en grande; 2° de grandeur médiocre, comme d'animaux domestiques, sauvages, carnassiers et inconnus, des parties de crânes et de mâchoires, des dents molaires incisives et canines, des côtes antérieures et postérieures, vertèbres, omoplates, des os du tarse, des doigts des pieds, ainsi que des dernières phalanges d'ongles et de sabots; 3° de petits animaux également sauvages et domestiques; 4° enfin de très-petits, comme de Rats et de Loirs, tous de véritables os, mais à l'exception de plusieurs dents pétrifiées, remplies et enveloppées de marne, étant partie comme calcinés, partie commençant à se pétrifier, et le plus souvent brisés et séparés, mais parmi lesquels aucun ne pouvait être comparé à des os humains (1), à moins que de prendre les grands comme des os de géants. Il y en a en outre d'informes, constituant des masses globuleuses, couvertes de matière marneuse et bolaire, des silex couverts de marne (*margâ*), des pierres digitées et des fragments qui, paraissant informes au premier abord, montrent cependant une croûte, des lames et des tubes organiques.

Des Os de première grandeur, de deuxième, de troisième, de quatrième.

Et des circonstances, de gisement.

On a même trouvé dans des roches brisées par la poudre des os organisés et d'une couleur brune semblable à celle de la roche, de petites coquilles dans la pierre couverte d'argile (*luto*), de sable, de sels de Sicile et d'ochre martial, comme dans l'argile elle-même.

Il termine en disant qu'en creusant au delà de vingt pieds, la couche

(1) *Inter quod tamen nulla humanis possunt comparari, nisi pro gigantes grandia illa aliquot sumantur.*

d'os et de cornes a cessé, qu'on ne trouve plus que la terre seule sans os, et plus bas une terre jaune et rousse mêlée de particules pierreuses et martiales, comme celle qui se trouve auprès de Salsula, célèbre par ses bassins salutaires traversant Canstadt.

Par M. G. Cuvier.

Depuis cette lettre de Reisel, il faut que les circonstances de cet amas d'os d'Éléphants aient été encore mieux appréciées, peut-être dans l'ouvrage de ce même Reisel : *Descriptio ossium fossilium Canstadiensium*, que je ne connais pas et qui parut en 1715, ou dans le rapport circonstancié que M. Autenrieth transmit à M. Cuvier.

Circonstances du Dépôt.

Car je trouve dans l'historique que celui-ci en a donné plusieurs faits nouveaux, entre autres qu'il y avait, 1° des dents de chevaux par charretées, et beaucoup plus que d'os de ce genre d'animaux; 2° quelques fragments d'os humains, avec des morceaux de charbon, et même des vases; 3° qu'outre les soixante défenses d'Éléphants, le reste de l'ivoire fossile fut envoyé à la pharmacie du prince; 4° que parmi les os d'animaux d'espèces différentes, il y en avait de Rhinocéros, d'Hyènes, de Cheval, de Cerf, de Bœuf, de Lièvre et de petits carnassiers (1); enfin que ceux d'Éléphant avaient été trouvés dans les parties supérieures du dépôt.

Énumération des Os qui restent.

Mais ce qui nous intéresse le plus en ce moment, c'est qu'aujourd'hui, dans le cabinet d'histoire naturelle de Stuttgard, ou mieux à l'époque où M. Cuvier écrivait, d'après la liste que lui avait envoyée M. Jæger, il n'existe que les morceaux suivants :

Ossements indiquant au moins

Une portion de mâchoire supérieure, portant deux molaires parfaitement parallèles;

Des portions de vertèbres et de côtes;

Quatre omoplates et des fragments de quelques autres;

(1) M. G. Cuvier, I, p. 123, parle aussi *de trois grandes épiphyses de vertèbres qui pourraient faire soupçonner des cétacés*, ce qui serait au moins fort singulier; mais il est évident que M. Cuvier, en émettant ce soupçon, ne se rappelait pas que les vertèbres d'Éléphant offrent aussi cette particularité que les épiphyses qui les terminent se soudent fort tard au corps de l'os.

Un fragment d'humérus;

Trois cubitus;

sept individus. Six os innominés du côté droit et sept du gauche, plus ou moins incomplets;

Quatre têtes de fémur et trois corps sans leur tête;

Une rotule;

Deux tibias;

Défenses. Une défense très-courbée, de cinq pieds et demi;

Une autre de quatre pieds et demi, mesurée par le côté convexe;

Molaires. Deux molaires supérieures antérieures, presque entières, et des fragments de deux autres, dont les lignes d'émail sont minces et droites, anguleuses dans leur milieu, mais presque sans feston;

Quatre molaires supérieures, postérieures;

Deux molaires inférieures;

Des fragments et des germes avec des lignes d'émail bien festonné.

Enfin chez un apothicaire de la ville :

Une mâchoire inférieure;

Une portion de tibia;

Deuxième dépôt, 1816. Le second dépôt d'os d'Éléphants dans la vallée du Necker, auprès de Stuttgard, fut découvert en 1816, comme il a été dit plus haut, à six cents pas de Canstadt, sur la rive droite du fleuve, à un endroit nommé Seelberg.

Histoire. Par M. Natterer. L'histoire de la découverte et des précautions prises sous les yeux et par les ordres du Roi Frédéric Ier, a été publiée par M. Natterer dans le *Manuel des Chasseurs* de Weidmann.

Circonstances de gisement. Les pièces qui se trouvaient en général dans un assez bon état de conservation, à 80 pieds de profondeur, sous un sol d'argile rougeâtre, pêle-mêle avec des fragments de grès, de tuf et des caillous de nature différente, et des os de Cheval, de Cerf, des dents de Rhinocéros, d'Ours et même de Tapir? sont les suivantes:

Ossements. Un grand nombre d'os qui ne sont pas spécifiés;

Défenses, 13. Un groupe de treize défenses rangées, avec quelques molaires, les unes à côté des autres, comme de main d'homme, et dont la plus grande, quoique brisée à la pointe et à la racine, avait huit pieds de long, sur un pied de diamètre, et fortement courbée;

D'autres défenses isolées;

Vingt et une dents molaires ou fragments, depuis deux jusqu'à douze pouces de longueur, dont quelques-unes adhéraient encore à des portions de mâchoires, recueillies en 24 heures. Molaires, 21.

Depuis ce temps on a encore recueilli :

Une défense avec un humérus et une portion de péroné de Rhinocéros, une omoplate et des portions de crânes de très-grands bœufs, à Stuttgard même trouvés en 1823, dans une sorte de tuf calcaire, d'après M. Jæger dans l'*Annuaire wurtembergeois* de cette année; cité par M. G. Cuvier (V. 2e part., p. 494). à Stuttgard.

Une défense longue de treize pieds sept pouces, quoique mutilée à la base, une molaire, un humérus, d'un pied de large inférieurement, et un fragment considérable de bassin, déterrés à dix-sept pieds de profondeur dans un alluvium sablonneux, au Kahlenstein, colline des bords de la vallée du Necker, à quatre-vingt au-dessus de son niveau; d'après le *Mercure de Souabe*, du 22 avril 1823. au Kahlenstein.

Continuant au delà de Canstadt la vallée du Necker, versant au Rhin, nous avons encore à indiquer :

Une défense de six pieds de long, et un fragment de cubitus, déterrés en 1827, à trente-six pieds de profondeur dans une sablonnière, à une demi-lieue de Heidelberg, d'après M. Tiedmann, cité par M. G. Cuvier, *loc. cit.*, I, p. 116; à Heidelberg.

Une mâchoire inférieure dans le Rhin, auprès de Manheim; d'après le *Commerc. Noricum* de 1745, pl. III, f. 10, cité par M. Cuvier, *ibid.*, p. 116; aux environs de Manheim.

Une dent molaire dans une île même du Rhin, vis-à-vis de Manheim, dans la collection de Hammer, d'après M. Cuvier, *ibid.*, p. 116; Molaires.

Une mâchoire inférieure, trouvée en 1819 à Sandhofen, auprès de Mandibule.

Manheim, avec un crâne d'Aurochs, d'après M. Tiedmann, cité par M. G. Cuvier, *ibid.*, p. 116;

Partie de Tête. Une partie supérieure de tête dont il est parlé dans les voyages de Keysler, II. lett. 87, p. 1509, comme ayant quatre pieds dix pouces et demi de longueur, pesant avec deux molaires de neuf pouces de long, deux cent une livre, et trouvée à sept pieds de profondeur dans e Necker, près de Manheim;

Un côté droit de la mandibule d'un jeune Éléphant, étiqueté comme provenant de Manheim et donné au Muséum par M. Lajoie.

Dans la Hesse. Une omoplate, un humérus, un cubitus, deux fémurs, trouvés dans un banc de gravier avec un crâne de Rhinocéros et un d'Aurochs, dans la partie du pays de Hesse-Darmstadt qu'on appelle le Haut-Comté de Cazenellenbogen, bailliage de Dornberg, sur les bords du Rhin, auprès d'Erfelden-Darmstadt, d'après Merck, lett. I, p. 14-21;

Des dents à Erbachen, Rhingau, Hesse-Darmstadt;

Aux environs de Mayence. Des os en assez grand nombre déterrés à Weissenau, auprès de Mayence, avec des dents de Rhinocéros, d'après Merck, 2e lettre, p. 5;

Une mâchoire inférieure retirée du Necker et actuellement dans le cabinet de Darmstadt, d'après un dessin envoyé par M. Fischer à M. Cuvier, et dont celui-ci a parlé, *loc. cit.*, p. 115;

Dans le Duché de Clèves, sur la Lippe. Une mâchoire inférieure, un humérus, un fragment de fémur et deux dents mâchelières, trouvés en 1750 dans le rivage sablonneux de la Lippe, auprès de Schornbeck, dans le duché de Clèves, à peu de distance du Rhin, avec des os de Rhinocéros; d'après Merck (3e lettre, p. 12);

Une défense, longue de huit pieds, et un fémur retirés de la Lippe, auprès de Ham, par un pêcheur, en 1823;

Une molaire de neuf lames, découverte en creusant un puits, dans la même année, à Laufen, près de Mulheim;

Le Wesel. Un grand nombre d'os déterrés à Lippenheim, près du Wesel;

Une dent mâchelière dans une prairie du même Wesel.

Si maintenant que nous touchons à l'énorme alluvion du Rhin, de l'Escaut, de la Meuse et de la Moselle, qui constitue la Hollande et les Pays-Bas, nous passons en revue les ossements d'Éléphants qui ont été trouvés sur la rive gauche du versant du Rhin, nous avons à noter :

Des os de géants trouvés auprès de Bâle, et dont parle la chronique de Colmar, auxquels il faut très-probablement rapporter des dents de la bibliothèque de Bâle, et considérées comme de géant, dont deux ont été gravées d'après Hammer, cité par M. Cuvier, p. 112. Rive gauche. En Suisse. Bâle.

Camper, *Description d'un Éléph.*, pag. 28, en note, cite encore, mais sans les désigner, des os d'Éléphants des environs de Bâle.

Une dent molaire inférieure de Porentruy, donnée à notre collection par M. Scharfenstein.

Une défense longue de trois pieds et demi sur un pied de circonférence à la base, trouvée dans le Rhin, proche Nonneville, d'après P. Hermann, *Cynosura medica*, 1726.

Un autre prétendu géant dont parle Scheuckzer, *Hist. nat. helv.*, p. 132, et qui fut déterré près d'Utebon, canton de Zurich. Zurich.

Un squelette presque entier découvert en 1577, sous les racines d'un chêne que le vent avait renversé auprès du cloître de Reyden, aux environs de Lucerne, considéré comme d'un géant de dix-huit pieds par Félix Plater, en 1584, et duquel on avait recueilli des fragments de crâne, de vertèbres, de sacrum, de coccyx, d'omoplate, de clavicule, de tibia, avec un calcanéum et une seconde phalange du pouce, sans traces de dents, que Blumenbach, *Magasin de Voigt*, t. V, p. 18, a reconnu, du moins ce qui en reste, c'est-à-dire une portion d'omoplate et deux os qu'il croit du carpe, comme des os d'Éléphant. Lucerne.

Un autre squelette presque entier déterré à Vandenheim, sur l'une des collines les plus avancées des Vosges, à quelque distance de Strasbourg, à quarante pieds de profondeur en creusant un puits, en 1799 (*Annuaire du Bas-Rhin pour l'an VIII* (1800), d'après des renseignements fournis par Hermann et Hammer, alors professeurs d'histoire naturelle, à M. G. Cuvier, *loc. cit.*, p. 114. Environs de Strasbourg. Au-dessus.

Un autre semblable à Effig, huit lieues au-dessous de Strasbourg, en Au-dessous.

creusant les fondations d'une église (*Annuaire du Bas-Rhin*, an VIII, et G. Cuvier, *ibid.*, p. 114).

Quelques os et une dent mâchelière à Gerswiller, à sept lieues de Strasbourg, à trois pieds de profondeur dans le gravier de la plaine d'Alsace (G. Cuvier, *ibid.*, p. 114).

Environs de Spire. Une mâchelière de treize lames écartées et un fragment de défense à quatre pieds de profondeur, aux environs de Spire, la première figurée par Ch. Got. Steding (*Nov. Academ. nat. cur.*, t. VI, p. 367).

de Selz. Un fragment de défense dans une île du Rhin, près de Selz, d'après Hammer, cité par M. Cuvier, p. 114.

de Worms. Deux mâchelières inférieures d'âge différent et un fémur, trouvés auprès de Worms, d'après Merck (*deuxième lettre*, p. 9, pl. III) (1).

de Cologne. Deux mâchelières inférieures de différents âges, des environs de Cologne, faisant partie des collections du muséum.

de Coblentz. Une dent molaire des environs de Coblentz, provenant de la collection de M. Faujas de Saint-Fonds, et maintenant dans celle du muséum.

Une grande défense calcinée de sept pieds de long sur six pouces de diamètre au gros bout, trouvée en 1778, à dix-huit pieds sous terre et à environ deux cents pieds des bords du Rhin, et presque au niveau de ses basses eaux (Merck, *troisième lettre*, p. 17).

Enfin nous terminerons cette énumération des restes d'Éléphants rencontrés jusqu'ici dans la vallée du Rhin par ceux qui l'ont été en Hollande et en Belgique dans les atterrissements du Rhin et de la Moselle, de l'Escaut et même de la Meuse.

de la Meuse, en Lorraine. D'abord dans le versant à la haute Meuse en Lorraine, et dans les Ardennes nous pouvons citer :

de la Moselle. Une molaire trouvée dans le lit de la Moselle, près de Pont-à-Mousson,

(1) C'est à l'occasion de cette mâchelière que Merck entre dans des considérations si intéressantes sur la succession des dents molaires de l'Éléphant.

et que M. de Servière a représentée dans le *Journ. de Physiq.*, t. XIV, p. 325, pl. II, *fig.* 3.

Une autre de neuf plaques avait été envoyée au cabinet du Roi sous l'intendance de Buffon (*Hist. nat.*, t. XI, n° 1032), par M. de Champel, des environs de Metz. Environs de Metz.

Deux grosses molaires, l'une des environs de Diculoward, entre Pont-à-Mousson et Nancy; l'autre des environs de la première de ces deux villes, ont été figurées par Buchoz, décad. III, pl. X, *fig.* 1, et décad. VI, pl. V, *fig.* 2, de sa première centurie. de Nancy.

Dans les parties inférieures de cette vallée le nombre de ces restes est de moins en moins grand et consiste dans les pièces suivantes:

Une portion considérable du crâne d'un jeune individu, avec une partie du bassin, proche Bois-le-Duc, d'après Varster et Camper, dans son mémoire sur le Rhinocéros. de Bois-le-Duc.

La moitié d'un bassin, découvert par une irruption de la Meuse, dans le Bommeler-Waedt, d'après M. G. Cuvier, t. I, 118, et probablement la même dont parle M. Buckland (Cavern., p. 190), comme ayant trois pieds de long et ayant été mise à découvert par une inondation en 1809 à Léonen, et existant dans la collection de Leyde. de la Meuse.

Une autre moitié de bassin mise à découvert par le Whaal au-dessous de Nimègue, d'après M. G. Cuvier (t. I, p. 118).

Un fémur tiré de l'Issel, près de Doirburg, d'après Plempius. de l'Issel.

Un autre fémur de quarante et un pouces de long, avec une vertèbre, mis à découvert par une inondation de la Meuse, auprès de Hédel.

Un autre fémur des environs de Leyden.

Une défense et des os monstrueux déterrés en 1630 auprès de Cœvorden, d'après Picaardt.

Une dent et plusieurs os dans la vallée de l'Issel, près de Zutphen, d'après Luslof.

Une dent gardée et montrée à Anvers comme provenant d'un géant, citée par J. Gorpius Becanus, *Origin. Antuerp.*, lib. II, p. 1755, et rapportée par lui à l'Éléphant. à Anvers.

La vallée de la Meuse, qui appartient encore au versant nord-ouest de la mer du Nord, ayant une bien moindre étendue et surtout beaucoup moins d'affluents que celle du Rhin, il n'y a rien d'étonnant qu'elle n'ait encore offert qu'un assez petit nombre d'ossements fossiles d'Éléphants; nous n'avons en effet trouvé à noter jusqu'ici que les suivants:

Deux Squelettes.

Deux squelettes entiers avec les dents molaires et les défenses, trouvés en creusant un canal de Bruxelles à Rupemonde, auprès de Vilvordé.

J. Geropius Becanus, ou mieux Van Gorp, qui rapporte ce fait dans ses *Origines d'Anvers*, lib. II, p. 107, *Gigantomachie*, tout en combattant l'idée de géants, conjecture que ces squelettes proviennent peut-être d'Éléphants amenés par les Romains du temps de Gallien ou de Posthume.

à Bruges.

Un grand os long, fémur de quatre pieds, déterré à Bruges, en Flandre, dans la place de la prison publique, en 1643, avec tout le squelette long de neuf aunes de Brabant, d'après le témoignage de Oth. Sperling, qui avait cet os dans son cabinet, à ce que rapporte Jean Laurentzen dans son édition du *Muséum regium Dan.*, part. I, sect. 7, n° 109.

Squelette à Ostende.

Un squelette tout entier trouvé en 1742 à une demi-lieue d'Ostende, et dont une dent molaire pesait quatre livres, dans une masse calcaire, *In terrâ quâdam margaraceâ, quâ agricolæ hujus viciniæ campos loco fimi pingues reddere solent*, qui me semble être ce que l'on nomme *marne* en agriculture en haute Normandie et en Picardie, ce qui n'est qu'une couche de la formation crayeuse. D'après cela, c'est dans une caverne ou une fissure que le squelette a été trouvé, d'après la relation du docteur Kœnig, citée par Fortis, t. II, p. 299.

Molaires, dans les Cavernes de Liége.

Mais de tous ces squelettes d'Éléphants, la science paraît ne posséder rien autre chose que les indications que nous venons de citer. Il n'en est pas de même des pièces que M. le Dr Schmerling a trouvées dans les cavernes qui sont creusées sur les rives de la Meuse. Ce ne sont que des dents molaires, trois dans la caverne de Chokier, deux dans celle d'Engis, six dans celle de Fonds-de-Forêt, et une lamelle seulement dans celle de Goffontaine; mais une seule de ces dents est décrite et même figurée (pl. 22, f° 2 et 3) de manière à y rencontrer les caractères assignés à l'*E. primogenius* de Blumenbach. Seulement il s'est trompé en regardant le fragment qu'il figure comme provenant d'un jeune individu. C'est évidemment une cinquième supérieure gauche fort avancée dans son usage et à laquelle il manque la partie postérieure par altération. Ce qu'elle offre de plus curieux, c'est d'avoir été trouvée dans le limon ossifère de la caverne d'Engis, à côté d'un crâne d'homme jeune.

A. Camper, dans la *Description d'un Éléphant*, renvoie pour le sujet qui nous occupe à un mémoire de Burtin couronné à Harlem, en 1787, *sur les Révolutions qu'a subies la surface du Globe*. Malheureusement je n'ai pu consulter cet ouvrage dans lequel ce paléontologiste dit avoir dans son cabinet une dent d'Éléphant découverte en Brabant, et qu'une très-grande tête fossile avait été retirée d'une rivière, à deux lieues de Louvain, par des pêcheurs. dans le Brabant.

Des fragments de défense sont cités par M. G. Cuvier, p. 111, comme recueillis dans les parties supérieures, meubles et incultes de la montagne de Saint-Pierre-de-Maëstrich, et rapportés au Muséum par M. Valenciennes.

Le bassin de la Manche, qui vient après celui de la mer d'Allemagne, est bien loin d'avoir jusqu'ici offert un aussi grand nombre d'ossements d'Éléphants que ce dernier; il est vrai que les rivières, qui y versent aussi bien du côté du continent en France que de celui de l'Angleterre, sont bien moins considérables. Bassin de la Manche.

Dans la vallée de la Somme, je ne trouve citées que les pièces suivantes, et cela dans ses parties les plus inférieures : Vallée de la Somme.

Une portion considérable de tibia de jeune Éléphant, une suite nombreuse d'ossements et une défense à Abbeville, faubourg de Machecourt, recueillis par M. Traullé, et une épiphyse supérieure de ce même os, par M. Baillon, correspondant fort actif du Muséum, avec des os de grands quadrupèdes, Rhinocéros, Cheval, Bœuf et Cerf. A Abbeville.

Une défense entière en 1813, une petite mâchelière, une portion d'omoplate et de tibia trouvées par M. Rigolot dans le faubourg de Beau- A Amiens.

vais à Amiens dans un lit de sable que couvre un banc de fragments de silex d'après M. G. Cuvier. *Loc. cit.*, p. 110.

Vallée d'Eu. Dans les petites vallées intermédiaires à la Somme et à la Seine, je ne connais encore que celle du Tréport qui ait offert quelque reste d'Éléphant. En effet, sur la rive gauche, au-dessus du parc du château de la ville d'Eu, en creusant la nouvelle route d'Eu au Tréport, dans la masse d'alluvium argileux qui borde la vallée à une assez grande hauteur au-dessus du niveau de la rivière, on a trouvé, en 1823, une assez bonne partie d'une défense d'Éléphant, que j'ai vue chez M. Estancelin, régisseur de la maison d'Orléans, et qui a été donnée au Muséum par le prince.

Versant de la Seine. La vallée de la Seine et de ses affluents, qui sont assez nombreux depuis l'Yonne jusqu'à l'Eure sur la rive gauche, et depuis l'Aube jusqu'à l'Oise et l'Andelle sur la rive droite, versant des Ardennes et des monts de la Bourgogne, n'a présenté jusque aujourd'hui que les fragments suivants :

a) *De l'Yonne.*

à Sens. Une partie de mandibule contenant quatre dents molaires, deux de chaque côté, recueillies à Sens et confiées par M. le maire de cette ville au Muséum à la sollicitation de M. Lemery, professeur de géologie à Toulouse, pour être moulées et décrites dans cet ouvrage.

Une dent molaire pétrifiée, trouvée dans l'Yonne en 1773.

à Auxerre. Deux lames de mâchelière au pont de Pierre, à une lieue d'Auxerre, dans un atterrissement.

b) *De l'Oise et de l'Aisne.*

à Véry. Une portion de mâchelière, reste d'un amas trouvé en 1809 à Véry, près de Chauny, au bord de la vallée de l'Oise, sous un lit de gravier siliceux et de sable. La collection possède une autre molaire des environs de Noyon, donnée par M. Brière de Mondétour; et des environs de Soissons, une grande défense et une forte molaire, recueillies dans les travaux des fortifications par M. le colonel Lesbros, outre une autre molaire du même lieu, que nous devons à M. Lecœur, chirurgien militaire.

c) *De la Marne.*

Deux portions de mâchelière à Giérard en Brie, à une lieue de Crecy, à dix pieds de profondeur dans une sablière, citée par Daubenton (Buffon, *Hist. nat.* XL, n° 1038). Le corps d'un fémur et ses condyles provenant des fouilles de Charenton pour les fortifications, remis au Muséum par MM. les docteurs Rigault et Puel. à Giérard. à Charenton.

d) *De la Seine.*

Une grande dent mâchelière trouvée à Ville-Berton, auprès de Troyes, dans un banc de gravier, citée par M. G. Cuvier (I, p. 109), comme en possession de M. Petit-Radel, le médecin.

Quelques lames de molaires trouvées avec ossements d'Hyène, de Bœuf et de Cheval, au Buisson près de Fontainebleau, et données par mademoiselle Louise Breguet. à Fontainebleau.

Deux défenses et deux dents mâchelières provenant de trois individus trouvés dans la forêt de Bondy, à dix-huit pieds de profondeur, dans une sorte de terre noire, en creusant le canal de l'Ourcq, et données au Muséum par M. Girard, alors directeur des travaux de ce canal. à Bondy.

Plusieurs dents molaires, dont nous possédons une cinquième gauche, assez large, de quinze lames étroites, presque toutes entamées de plus en plus d'arrière en avant, où plusieurs ont déjà disparu; trouvées au village d'Ébry aux environs de Meaux, en creusant le canal de Meaux à Chalifère. à Meaux.

Une tête d'humérus, une défense et quelques fragments de crâne, provenant du même canal, et dans nos collections.

Une portion de défense donnée au Muséum par madame la maréchale d'Eckmul, comme ayant été trouvée en 1824 à cinq ou six pieds de profondeur d'un lit de gravier sur les bords de la petite rivière d'Orge, versant à la Seine, à Viry-Châtillon. à Viry-sur-Orge.

Une dent molaire et un fragment de défense près d'Argenteuil, dans les alluvions de la Seine.

à Paris. Une dent molaire trouvée en 1811 dans Paris, à la Salpêtrière, à dix pieds de profondeur dans le sable (G. Cuvier, I., p. 108).

à Montmartre. Un fragment de fémur, au pied de Montmartre.

Faubourg de Sèvres. Des dents molaires des deux côtés, et des os assez nombreux pour indiquer un squelette entier trouvé à quatorze pieds de profondeur dans l'alluvium de la Seine, en creusant un trou dans les dépendances de l'hôpital Necker, faubourg de Sèvres (1).

à Vaugirard. Un beau fragment de défense retiré des sablonnières de Vaugirard, au-dessous de Paris, d'après M. G. Cuvier (V., 2, p. 493), et une autre petite défense, par le Dr Eugène Robert, en 1840.

Une tête inférieure de fémur, provenant de la plaine de Grenelle, donnée par M. Courtois.

à Meudon. Une dent molaire à Meudon, assez profondément dans le sable, citée par M. G. Cuvier, p. 108, comme étant alors dans la possession de M. de Cubières.

à Argenteuil. Une molaire et un fragment de défense dans l'alluvium de la Seine, à Argenteuil, faisant partie des collections du Muséum.

Ainsi, dans ce versant de la Bourgogne et des Ardennes à la Manche, on n'a encore trouvé des restes fossiles d'Éléphants, depuis l'Yonne jusqu'à Paris, que des pièces éparses, si ce n'est à l'hôpital Necker, où existait sans doute un cadavre entier, et nulle part dans un amas.

Versant de la Loire. La grande vallée de la Loire, la plus longue et la plus étendue de toute la France, commence la série de celles qui versent au bassin de l'Océan. Dans une direction du sud au nord d'abord, puis de l'est à l'ouest dans sa partie la moins rapide, elle a pour affluents principaux

(1) Voici la note que M. Benjamin Delessert a remise à l'Académie, dans sa séance du 10 décembre 1838, et que nous devons à l'intérêt éclairé qu'a bien voulu porter à cette découverte M. Blondel, membre de la commission des Hospices. « Dans un terrain mis jusqu'ici en culture, et dont on va faire un promenoir pour les malades de l'hôpital, on a eu dernièrement l'occasion de creuser un trou de 14 à 15 pieds de profondeur; après 2 pieds environ de terre végétale, on a rencontré une couche très-épaisse de sable très-fin d'un jaune clair. Dans ce sable à 14 pieds de la surface du sol a été trouvée une masse assez grosse qui s'est détachée par morceaux, quand on a voulu l'enlever de la place qu'elle occupait. Les os faisaient partie de cette masse.»

l'Allier, et par conséquent la plupart des versants d'Auvergne; puis la Nièvre, le Cher et la Creuse, la Mayenne et la Sarthe, c'est-à-dire tout le centre de la France.

Dans la partie supérieure de ce versant, soit à l'Allier, soit à la Loire, nous trouvons déjà indiqués, surtout par les paléontologistes de Clermont, et principalement par M. l'abbé Croizet : — vallée de l'Allier, en Auvergne.

La partie antérieure d'une mandibule (Croizet, pl. II, fig. 1).

Un fragment de vertèbre de grande taille (*Id. ibid.*, pl. 4, fig. 2).

Un fragment d'humérus droit (pl. V, fig. 6).

Un cubitus dont l'olécrane n'est pas complet, des Étouaires (pl. V, fig. 5).

Une tête de radius (pl. IX, fig. 4).

Une portion de fémur de Malbattu (pl. III, fig. 2).

Une tête inférieure de tibia (pl. IV, fig. 1).

Un astragale (pl. VII, fig. 1-2).

Deux défenses trouvées à côté de la mandibule notée plus haut (pl. XII, fig. 3).

Une molaire inférieure du côté gauche, venant de Malbattu (Pl. 9, fig. 1).

Un fragment de molaire trouvée auprès de Clermont (Pl. 9, fig. 1).

Le Muséum possède presque toutes ces pièces, et en outre une forte molaire inférieure, donnée par M. Bourjot et trouvée à Randan avec deux ou trois autres.

Dans le haut de la Loire, du Puy à Montbrison :

Des os d'Éléphants, des parties de défenses, des molaires et des lames, ont été signalés par M. Bichot du Harel, comme se trouvant dans un terrain de transport, reposant sur des argiles marneuses sans coquilles fossiles, avec des os de Bœufs, de Chevaux, de grands Cerfs, etc. — Haute-Loire. à Montbrison.

Nous avons reçu dernièrement de M. Bertrandl'hom des fragments de vertèbres, mais malheureusement méconnaissables et sans autre intérêt que la localité. — au Puy.

Dans la basse Loire.

Dans la basse Loire, nous ne trouvons signalées, comme d'Éléphant lamellidonte, que les pièces suivantes :

à Avaray.

Un fragment considérable de défense d'Avaray, près de Baugency.

Une partie de vertèbre dorsale.

Une partie inférieure de fémur.

Une partie de calcanéum, toutes trois des environs d'Orléans.

Versant de la Charente.

Le versant de la Charente et des autres petites rivières qui remplissent l'intervalle entre la Loire et la Garonne, n'a point encore offert beaucoup d'ossements fossiles d'Éléphants.

à Soute.

Nous possédons quelques fragments d'os et de dents trouvés à Soute dans un amas d'ossements d'autres animaux mammifères, de Loup et de Rhinocéros, de Cheval et de Bœuf.

à Pons.

Dans la liste qui a été publiée des os qui composaient l'amas encore bien plus considérable de Pons, dans le versant de la Charente, se trouvent également cités des os d'Éléphants; mais nous ignorons en quoi ils consistent.

Versant de la Garonne.

Il n'en est pas tout à fait de même de la grande vallée de la Garonne et de ses affluents assez nombreux provenant de l'Auvergne et des Pyrénées. Toutefois il semble que les ossements d'Éléphants qu'on y a recueillis jusqu'ici appartiennent davantage aux espèces à dents mamelonnées qu'à celles qui les ont lamellées.

On cite cependant :

à Lorette.

Plusieurs fragments de défenses trouvés à deux pieds en terre dans l'enceinte de l'hôpital de Lorette, assis sur la croupe d'un côteau fort élevé, à un quart de lieue du château d'Alan, résidence des anciens évêques de Comminge ; d'après M. de Puymaurin, cité par Daubenton (Buffon, t. XI, p. 152, sous le n° 999).

à Toulouse.

Une dent molaire des environs de Toulouse, donnée à la collection par M. Tournon.

Plusieurs dents mâchelières aux environs de Castelnaudary.

à Gaillac.

Un fémur mutilé et quelques lames de dents molaires à Gaillac, dans le gravier.

Une tête de fémur au pied des Pyrénées.

Une dent molaire donnée au Muséum par M. Decazes, comme ayant été déterrée à quinze pieds de profondeur dans un gravier recouvert de six pieds de terre, à Bousac, rive gauche de la Dordogne, à cent vingt pieds au-dessus de son niveau. à Bousac.

Une grande molaire supérieure de 0,24 de long sur 0,08 de large, d'au moins vingt-trois lames serrées, dont les sept premières seulement sont obliquement entamées en îles, trouvée dans le voisinage de la Livrade, à peu de distance de sa réunion avec la Garonne, à cent cinquante milles environ de la rivière du Lot, à quinze mètres à peu près au-dessus de son étiage, en exploitant un banc de gravier nécessaire pour le ferrage de la route; elle gisait roulée avec de gros cailloux, sur le banc d'argile qui termine ordinairement cet amas, au milieu de l'eau qui en sourd, d'après des renseignements qu'a bien voulu me donner M. Menigot, pharmacien à Agen. Aux environs d'Agen.

Nous aurions à inscrire ici les os d'Éléphants qui peuvent se trouver dans les vallées de l'Espagne et du Portugal qui versent aussi à l'occident; mais nous ne connaissons aucun point où il en ait été recueilli, si ce n'est : En Espagne. Versant du Tage.

Des ossements et de l'ivoire trouvés dans les fondations d'un pont sur le Mançanarès, à Madrid, d'après M. Proust (*Journal de Physiq.*, mars 1816), par conséquent dans un versant radiculaire du Tage. à Madrid.

Une portion de fémur et autres ossements trouvés près du pont de Tolède sur le haut Tage, et vus par M. Duméril dans le Muséum de Madrid (G. Cuvier, *loc. cit.*, p. 100). à Tolède.

Mais c'est surtout dans presque tous les versants du bassin circonscrit de la Méditerranée et de ses embranchements qu'on a rencontré le plus grand nombre d'ossements fossiles d'Éléphants.

Dans l'Espagne orientale cependant je ne puis citer qu'une dent de la grosseur du poing, donnée comme de géant, et conservée dans l'église de Valence, dont a parlé Vivès dans ses commentaires sur la cité de à Valence.

Dieu de saint Augustin (liv. XV, chap. 9), encore est-il certain que ce ne soit pas une dent de Dinotherium?

Versant du Rhône. En France, dans le versant du Languedoc à la mer, nous ne voyons encore à citer que le peu de fragments dont ont parlé MM. Marcel de Serres, Dubreuil et Jean-Jean, comme trouvés dans la caverne de Lunel-Viel, et une portion supérieure d'un très-grand humérus de Pézénas, dont nous devons un plâtre à M. Reboul.

Dans le versant de la Saône et du Rhône, et de leurs affluents, le Doubs, l'Isère, la Drôme, l'Ardèche, le Gardon, recueillant ainsi les eaux et les alluvions qui descendent du Jura, des montagnes du Forès, des Alpes supérieures et inférieures, on a découvert un assez grand nombre d'os d'Éléphants.

Sur la Saône :

à Fouvent. Plusieurs fragments d'os, des mâchelières, des portions de défense, à Fouvent, Haute-Saône, dans une sorte de rocher ou de brèche, avec des os d'autres mammifères, et par conséquent dans un dépôt.

Nous devons ceux que nous possédons à MM. Thiriat et Lefèvre de Morey.

Un fragment altéré, mais assez considérable, de bassin comprenant la cavité cotyloïde, pêché dans la rivière de Seille, versant du Jura à la Saône, d'après M. Dubuisson de Nantes, cité par M. G. Cuvier, t. III, p. 405.

à Tournus. Une portion d'omoplate, en 1743, à trois lieues au delà de Chalon du côté de Tournus, à deux pieds sous terre, dans une forêt très-ancienne de Bourgogne, signalée en 1745 dans l'histoire de l'Académie, et considérée comme indiquant un Éléphant de dix pieds trois pouces, par le secrétaire perpétuel d'alors, M. de Mairan. C'est le n° 1032 de Daubenton.

à Chagny. Une mâchelière dans un dépôt à Chagny, dans la même province.

Les deux branches d'une mandibule contenant deux dents chacune :

Un humérus de deux pieds et demi :

à Calvire. Une tête de fémur, un tibia de deux pieds et demi, trouvés au nord-ouest du village de Calvire, à sept à huit pieds de profondeur, dans les collines qui séparent la Saône du Rhône, d'après Bredi, alors directeur de l'école vétérinaire de Lyon (*Moniteur*, 13 sept. 1824).

b) *Dans le Rhône supérieur*

Une défense trouvée près de Genève, d'après M. Pictet, dans une lettre adressée par lui à M. Cuvier, *loc. cit.*, p. 104. à Genève

c) *Dans le Rhône inférieur sur la rive droite.*

Un squelette presque entier découvert aux environs de Lavoute, département de l'Ardèche, dans les atterrissements voisins du Rhône, d'après le témoignage de Soulavié (*Hist. nat. de la France mérid.*, t. II, p. 198). à Lavoute.

Une défense trouvée par M. Lavalette dans la commune d'Arbois, près de Villeneuve-de-Berg, au pied des monts Voirons, à cinq pieds de profondeur, dans une brèche volcanique qui en forme la première assise; d'après M. Faujas de S. Fonds (*Annal. du Mus. d'Hist. nat.*, t. II, p. 24). Arbois.

Des ossements mis à découvert en 1456 auprès du bourg de Privat, vis-à-vis la ville de Valence, suspendus en partie aux murs de la sainte Chapelle de Bourges. à Privat.

De grands os et des dents molaires du même lieu, découverts vers 1564. Cités par S. Cassanion (*De Gigant.*, 64).

d) *Dans le Rhône inférieur, rive gauche du Dauphiné et de la Provence.*

Des ossements et des dents dont chacune pesait six livres, ce qui est beaucoup, à moins que ce ne fussent des défenses, dans une prairie auprès du château de Molard, diocèse de Vienne, en 1667 (Calmet, *Dict. de la Bible*, t. II, p. 161). à Molard.

Une dent mâchelière trouvée en 1824 dans un lit de gravier près de Vienne et envoyée au Muséum par M. Guillermin, alors maire de cette ville. à Vienne.

Une autre du même lieu, donnée à la collection du Muséum par M. Polonceau, ingénieur en chef et auteur de l'élégant pont des Saints-Pères, à Paris.

Des ossements déterrés sur une colline qui domine le bourg de Tain, à Tain.

en Dauphiné, et montrés comme des os de géants en 1580, au témoignage de Cassanion, *de Gigant.*, p. 64.

à Saint-Vallier. Une dent mâchelière trouvée en 1730 auprès de Saint-Vallier, à un demi-quart de lieue du Rhône, à quatre-vingts pieds au-dessus du fleuve, dans une terre graveleuse mêlée de cailloux; d'après M. de la Tourette, qui en a publié la figure dans les Mémoires de l'Académie des Sciences de Paris, t. IX des savants étrangers, p. 747.

à Valence. De grands os suspendus dans l'église de Valence, d'après B. de Jussieu, cité par M. Cuvier (t. I, 104).

Un squelette presque entier découvert en 1613 dans une sablonnière, près du château de Langon, et attribué au roi Teutobochus, dont nous donnerons l'histoire à l'article des Éléphants mastodontes, parce que c'en était un.

à Saint-Perrat. Des os, crânes, omoplates, dents, trouvés près d'une rivière dans la baronnie de Crussol, près du bourg de Saint-Perrat, vis-à-vis de Valence, en 1456, sous Charles VII, cités par Fulgose dans ses Annales, liv. I, chap. 6, p. 14.

Cassanion, dans son Traité des géants, p. 57, parle d'une découverte faite au même lieu vers 1564, d'os et de dents molaires. Parmi celles-ci, celle qu'il décrit avait un pied de long, quatre doigts de large, était un peu concave à la face triturante, pourvue de quelques racines, et pesait huit livres, d'après Sloane.

à Riez. Une mâchoire inférieure aux environs de Riez, dans les Basses-Alpes, est citée par M. G. Cuvier, p. 105, d'après le témoignage de M. Armand de Pimoisson, alors procureur général du roi à la cour royale d'Aix, qui la possédait dans son cabinet.

Millin (Voyage, III, p. 53, 1808) avait déjà fait mention de plusieurs dents d'Éléphants de 9 à 10 pouces de longueur, trouvées à une lieue de Riez, vallée de la petite rivière de Colastre, versant au Rhône, dans du sable que l'on extrait pour faire la couverte de la faïence, et provenant sans doute de l'espèce de poudingue, mêlé d'un gravier fin et de sable, qui forme le sol des environs de cette ville.

Suivant en Italie le versant des Alpes et des Apennins vers la Méditerranée, et par conséquent au sud-ouest, la première vallée un peu considérable est celle de l'Arno; c'est aussi dans les énormes alluvions qui s'y remarquent, et surtout dans ses parties supérieures, que l'on a rencontré le plus grand nombre d'ossements fossiles d'Éléphants, au point que leur énumération complète deviendrait presque fastidieuse, et cela avec des os d'Hippopotame en plus grande abondance encore, de Rhinocéros, de Cheval, de Tapir, de Cerf, de Bœuf, de Castor, de presque tous les genres de carnassiers, Hyène, Loup, Renard, Panthère, Ours.

Versant de l'Arno.

Le fleuve torrentiel de l'Arno tire sa source sur le versant occidental de la montagne Casentino, comme le Tibre le fait sur le versant opposé; à mesure qu'il descend, il s'étale pour ainsi dire d'étage en étage entre les monticules du pays qu'il traverse, recevant à droite et à gauche plusieurs rivulets torrentiels, et en formant plusieurs plaines jusqu'à ce qu'il arrive au détroit de San-Marina et de Saubbiano, qui continue pendant un mille et au delà. Après avoir reçu la Chiassa, il traverse la plaine d'Arezzo. Plus bas, il reçoit la Chiana, dont les radicules sont dans les montagnes de ce nom, se retrécit de nouveau au détroit de Rondine, qui se continue pendant trois milles; puis, après quelques alternatives, à celui du Val d'Inferno, dont l'étendue est d'au moins trois milles et demi. C'est là que commence le val d'Arno supérieur, dans une étendue de plus de douze milles, dans lequel se trouvent les villes de Montevarchi, de San Giovanni, sur la partie gauche du dépôt pendant douze milles jusqu'à Incisa, où après un rétrécissement remarquable par son étroitesse jusqu'à S. Donato où le fleuve se continue dans le val d'Arno inférieur, s'élargissant de plus en plus jusqu'à la mer.

Dans la vallée de la Chiana nous noterons:

Vallée de la Chiana.

Un squelette entier déterré en 1663 dans la plaine marécageuse d'Arezzo, sur les bords même du fleuve, et dont une partie est maintenant dans le Muséum grand-ducal à Florence.

à Arezzo.

D'après ce que nous apprennent Targioni Tozzetti et Fortis, l'extraction de ce squelette fut faite avec le plus grand soin par les ordres et sous les yeux du grand-duc de Toscane, Ferdinand II de Médicis.

Ils nous apprennent également que depuis ce temps les environs de cette plaine d'Arezzo ont fourni d'autres ossements d'Eléphants, et entre autres d'énormes dents fossiles qui ont été apportées à Cortone.

à Collolongo

Une partie de mâchoire trouvée dans un dépôt tuffacé à Collolongo, vallon qui aboutit à la vallée de la Chiana.

à Tortone.

Des os et une défense des environs de Tortone.

Deux lames et un germe de molaire du val de Chiana sans particularité de pays.

Val d'Arno supérieur. D'après Targioni.

Dans les parties supérieures du cours de l'Arno, je ne connais pas qu'on ait cité des ossements d'Éléphants autres qu'un fémur de deux brasses trouvé dans la place de Fresca, dont parle Targioni Tozzetti, surtout parce que son intérieur était rempli de cristaux (Viaggi, t. VIII, p. 394), ainsi que des fragments de côtes de Faëlla; mais il n'en est pas de même dans le val d'Arno supérieur.

A. Camper.

En effet, dès l'époque où A. Camper publiait la description d'un Éléphant par son père en 1802, en renvoyant pour avoir des renseignements circonstanciés, aux ouvrages de Targioni Tozzetti, qui s'est arrêté sur ce sujet d'une manière fort intéressante dans le tome VIII de ses *Viaggi*, de Fortis, ainsi qu'aux actes de Sienne, il dit qu'en 1787 les cabinets du grand-duc et celui de Targioni, à Florence, de V. Bozza, à Vérone, en étaient abondamment pourvus. C'est ce que l'on peut dire avec encore bien plus de raison aujourd'hui, ainsi que l'a reconnu Brocchi, *Conch. subappen.*, I, p. 184, et comme j'ai pu m'en assurer moi-même pendant mon séjour à Florence en 1842, par suite de la continuation des recherches ordonnées par le grand-duc, sous la direction du professeur Nesti.

Brocchi.

Brocchi, en parlant de cette célèbre localité, p. 179, qu'il regarde comme un vaste cimetière d'animaux gigantesques, ajoute que s'étant fait conduire par un guide sur les collines de Poggio-Rosso et de gli-Stecconi, il n'eut pas plus tôt fouillé en trois ou quatre endroits, qu'il découvrit une grande défense, une grosse molaire et quelques os du crâne.

Nous nous bornerons donc à citer comme pièces principales une défense si grosse qu'elle semblait un tronc d'arbre, longue de trois brasses, et un humérus de moyenne longueur pesant cent dix livres, trouvés dans la commune de Terra-Nuova. à Terra-Nuova.

Trois têtes déterrées en novembre 1822, dans le val d'Arno, d'après M. G. Cuvier, t. IV, p. 491.

Une tête presque entière trouvée avec ses molaires et l'origine des défenses en place, des mêmes lieux.

Un humérus auquel étaient attachées des huîtres, que Targioni Tozzetti avait donné au Muséum grand-ducal, mais qui en a été enlevé d'après Fortis (t. II, p. 301) qui dit l'avoir vu dans le cabinet du premier, et qu'il provenait d'une vase marine bleuâtre du val d'Arno supérieur.

Une tête de fémur trouvée près du Castel San Giovani, dans le val d'Arno, et si grosse qu'un homme pouvait à peine l'embrasser, d'après Cesalpin (*de Metall.*, lib. II, p. 141). *Magnitudine quam utraque ulnâ complecti vix posset.* à Castel San Giovani.

Un nombre véritablement considérable d'ossements entiers ou fracturés remplissant deux grandes chambres du Muséum de l'Académie du val d'Arno à Monte-Varchi, comme j'ai pu m'en assurer moi-même, en remarquant surtout une belle défense bien entière et d'au moins dix pieds de long. à Monte-Varchi.

Des ossements d'au moins quatre individus de taille différente, retirés des collines (1) voisines du château de Cerretaguidi dans du sable et des coquilles marines, Valdimivole ou Val d'Arno inférieur, dont une défense de huit pieds et demi de long (Targioni, *Novelle Fiorent.*, an 1754). à Cerretta-Guidi.

Des os dans la colline de Lamparcechio.

Des ossements des environs de Sienne et de Volterre. Aux environs de Sienne.

(1) Fortis dit positivement de couches coquillières marines.

de Volterre. Une tête de fémur et des dents molaires des montagnes de Sienne, conservées dans le Muséum du Prof. Bartalini, à Sienne (Brocchi, t. I, p. 184).

à Collibuono. Un fragment d'omoplate à Collibuono, dans le cabinet de Sienne (Brocchi, *ibid.*).

Des os, une défense et des molaires dans le Valdichiana; d'après Targioni.

Une petite défense d'un jeune Éléphant n'ayant que onze pouces et demi de longueur sur deux pouces trois lignes de diamètre à la base; d'après le même.

à Livourne. Une défense que Fortis, t. II, p. 300, nous dit positivement avoir été détachée à coups de ciseau d'une couche toute pétrie de corps marins exotiques auprès du lazaret de Saint-Jacques, à quatre pas de Livourne, et non d'une couche *meuble*, comme le veut Deluc pour tous les os de quadrupèdes vivipares; ce qui inspire, avec raison, quelques doutes à M. G. Cuvier. Aussi se borne-t-il à dire que cette défense a été trouvée dans une couche pierreuse pétrie de coquilles, en passant sous silence les expressions *marines exotiques* (1).

à Crespina. Des os et des défenses à Crespina dans les collines de Pise, collection de l'abbé Tempesti (Brocchi, p. 185).

Vallée du Tibre. La vallée du Tibre, fleuve moins torrentiel que l'Arno, et qui commence sur le revers opposé du mont Casentino, mais dont la terminaison a également lieu dans la mer de Toscane, a présenté beaucoup moins d'os fossiles d'Éléphants que celles de l'Arno et de la Chiana. Nous trouvons cependant à noter les suivants, qui semblent surtout avoir été trouvés aux environs de Rome.

Aux environs de Pérouse ou de Perugia. D'abord les pièces assez nombreuses qui ont été recueillies dans les affluents du haut Tibre, aux environs de Pérouse et de Todi.

L. Canali (*di alcune zanne elephantine fossili*, etc. Macerata,

(1) Le fait est que cette roche, que j'ai vue, n'est qu'un calcaire quaternaire, formée de coquilles méditerranéennes, comme il s'en trouve en différents lieux des bords de la Méditerranée.

1810, in-8°) indique à peu de distance de Perugia, les quatre dépôts suivants :

Un dépôt d'ossements à Passo dell'Acqua, près du Tibre, à cinq milles au nord de Rome.

Un autre vers le Monte dell'Abasso, dans un lit sablonneux marin, à neuf milles du Tibre.

Un fémur, un fragment de tibia à la Columbella, à cinq milles à l'est de l'autre côté du Tibre.

Une défense à San Faustino, à un mille de Rome, dans une brèche fluviatile.

Cinq vertèbres dont une cervicale, une omoplate et un fémur, trouvés à douze milles de Rome, auprès de Vetorchiano, au nord-est de Viterbe sur la rive droite du Tibre; reconnus comme d'un Éléphant par Chiampini, en les comparant avec le squelette de Florence (*de Ossibus elephantinis in diœcesi Viterbiensi anno* 1660 *inventis*). de Vetorchiano.

Une dent molaire de Meignano, territoire de Viterbe, enveloppée dans un Peperone volcanique, et conservée dans le cabinet de Bologne (G. Cuvier, I, p. 81, d'après l'abbé Ranzani). de Viterbe.

Un fémur de près de trois brasses, dans le lit de la rivière Paglia, affluent du Tibre, près d'Orviéto, cité par Targioni (*Viaggi*, VIII, p. 392). d'Orviéto.

De grands os, dont une mâchoire inférieure et des dents, trouvés près de Castel-Guido, à douze milles de Rome sur la route de Cère, d'après Bonnani (*Mus. Kirch.*, p. 200). de Castel-Guido.

Des morceaux de défense de San Vittorino près de Tivoli (*Brocchi, Conch. subap.*, I, p. 183). de Tivoli.

Une mâchoire inférieure à dents plus étroites et à lames plus larges qu'à l'ordinaire, trouvée à Montéverde, près de Rome; ainsi qu'une demi-mâchoire rapportée au Muséum par M. G. Cuvier, et un fragment de défense recueilli par Brocchi; d'après M. G. Cuvier (I, p. 80). de Rome.

Une mandibule fortement calcinée avec des dents molaires trouvées dans la glaise à la profondeur de vingt brasses, dans la campagne de Rome; d'après Bartholin (*de Unicornu*).

de Vatican. Une grande mâchoire avec des dents, dont chacune avait une demi-palme de long, dans une masse de sable au-dessous de la terre végétale, au Vatican (*Lett. ined. di uomini illustri*, II, p. 107).

Défenses. Une défense de dix pieds de long sur huit pouces de diamètre à la base, déterrée auprès de Rome en 1769, et dont quatre morceaux formant une longueur de cinq pieds, ont été rapportés au Muséum, par MM. le duc de Larochefoucault et Desmarest.

Une autre défense trouvée en 1664, en creusant pour l'établissement de fondations, près du Vatican; d'après Monconys (*Voyage*, p. 446).

Une autre encore, déterrée au sommet d'un vignoble (Fortis, *Mémoires*, II, p. 303).

La partie terminale d'une défense non usée, trouvée *alla torre di Quinto;* actuellement dans la collection du professeur Metaxa.

Molaire. Une dent molaire, avec des fragments d'ivoire et des ossements trouvés en 1802, à Rome, hors la porte du peuple, au témoignage de C. L. Morozzo (*Journal de Physique*, LIV, p. 443).

Des fragments de défense, auprès de la villa Borghèse, de ce même côté de Rome, conservés au collége de la Sapience, d'après Brocchi (*Conch. subap.*, I, p. 182).

Fémur. Un fémur d'une grandeur remarquable que j'ai vu moi-même au collége romain, et dont M. G. Cuvier a parlé (*Ossem. Foss.*, I, p. 80).

Mâchoires. Deux fragments de mâchoires, garnis chacun d'une molaire, trouvés à l'Acqua acetosa, près de Rome, dans la villa Brandies, actuellement dans la collection du collége romain, et qui faisait partie d'un squelette entier, gâté par les ouvriers, d'après le témoignage de M. Schilling à Brocchi (*Conch. subap.*, I, p. 182).

Une défense déterrée en 1698, dans un tuf près de la porte d'Ostie; d'après Baglivi (*de Veget. lapid.*).

Royaume de Naples. Le reste du versant des Apennins dans la mer Méditerranée ayant été peu ou point observé sous le rapport qui nous occupe, ou n'ayant pas de cours d'eau un peu considérable, n'a jusqu'ici offert qu'un très-petit nombre d'os fossiles d'Éléphants.

Je ne trouve en effet cités que les faits suivants :

Des os dans les environs de Pouzzoles, auprès de Naples, d'après Fab. Columma, Targioni et Fortis.

Fortis, dans son mémoire sur les os d'Éléphants de Montagnana, dit qu'on venait d'en découvrir dans la province de Montefusca, pays des anciens Hirpiniens; mais il ne parle que de gros ossements et de très-grandes défenses.

On doit beaucoup douter que le squelette dont il est question dans le Journal de l'abbé Nazzari (*An.* 1667, p. 24) puisse avoir appartenu à un Éléphant, lorsqu'on pense que le narrateur dit qu'il ressemblait à celui d'un homme, malgré sa hauteur de dix-huit pieds; et que sa tête longue de deux pieds et demi portait des dents dont la plus grosse pesait un once un tiers, et les autres trois-quarts d'once seulement; à quoi il ajoute que le sol de la grotte dans laquelle il était renfermé, était couvert d'une matière bitumineuse dont on a pu enlever plus de trois cents livres.

L'immense vallée du Pô, depuis les Alpes jusque dans l'Adriatique, et surtout ses affluents nombreux, versant des Apennins et des Alpes du Tyrol, ont offert un assez grand nombre d'ossements fossiles d'Éléphants, infiniment moins cependant que le versant méridional des Apennins à la Méditerranée. VALLÉE DU PÔ. Versant des Apennins.

Le Piémont proprement dit paraît n'avoir encore présenté que les suivants : en Piémont.

Deux parties de mâchoires.

Un fémur.

Il n'en est pas de même de l'Astesan. dans l'Astesan.

On cite en effet :

Un fragment de défense à Bertigliano, province d'Asti.

Une tête inférieure de péroné, découverte à Annone tout près d'Asti.

Un squelette presque entier dans cette même province, à Buttigliera; d'après Amoretti.

Collection de Turin.

Et enfin, un autre dans le même cas et des environs, d'après Allioni; une mandibule et deux molaires dans la collection de Turin, d'après Brocchi. En général. M. Cuvier (I, p. 96) dit que c'est des montagnes sableuses qui bordent les Apennins dans le Montferrat, qu'ont été tirés les os d'Éléphants du cabinet de Turin.

Un fragment de mandibule avec une dent molaire entre le Pô et San Columbano, d'après Brocchi (*Conch. subapen.*, I, p. 181).

dans le Blaisantin.

Dans le Plaisantin, nous trouvons à citer :

Un squelette assez complet pour qu'un des tibias portât encore les os du métatarse et les phalanges d'un doigt, et dont la défense avait neuf pouces de diamètre à la base, découvert par M. Cortesi, dans la commune de Diolo, à neuf milles au-dessous de Farsana, vers le sommet du mont Pugnasco, à deux milles de la Trébia, à cent quatre-vingt-dix pieds au-dessus du Pô, au milieu de dépôts marins (Cortesi, *Saggi geolog.*, p. 67).

à Diolo.

en Lombardie.

En Lombardie :

Une vertèbre lombaire, un cubitus et un iskion sur les bords du Pô; rapportés par M. Faujas de Saint-Fonds, et actuellement dans les collections du Muséum.

Bologne.

Un morceau d'ivoire au Monte-Blancano, auprès de Bologne.

Un fragment d'os dans les collines de Bologne, auprès du Balzo-di-Musica, d'après Biancani (*Comment. Bonon.*, IV, p. 135).

Une dent molaire à collines larges, figurée par Aldrovandi, dans son ouvrage sur les métaux.

Duché d'Urbin.

Une défense déterrée en 1759, à Orciano, près de Fossombrone, sur le Metauro, dans le duché d'Urbin.

Une autre défense découverte dans le XVIIe siècle, et suspendue aux murs de l'église de ce même Orciano.

Une troisième trouvée à la Schieggia, près de Gabbie, aux sources du Fiumesino.

Une quatrième découverte en 1808 à Belvéder, dans la marche d'Ancône, sur le même Fiumesino, dans une marne argileuse. Marche d'Ancône.

Sur le versant des Alpes, à la vallée du Pô, nous ne trouvons à noter que les pièces suivantes : Versant des Alpes.

Plusieurs dents molaires dont deux n'ayant pas plus de deux pouces de large, et une qui en a trois et demi, sur onze pouces dix lignes de longueur, formée de vingt-deux lames au moins, dont neuf seulement étaient entamées; une défense tronquée de sept pieds et demi, et probablement de onze à douze, sur un pied de périmètre à la base non complète; et enfin un assez grand nombre de fragments de fort gros os, plus ou moins brisés, et saisis dans une sorte de roche spathico-calcaire, contenant, avec des ossements et des dents de petits quadrupèdes, des coquilles terrestres; et cela dans une sorte de faille ou d'enfoncement superficiel du mont Serbaro, à Romagnano dans le Véronais. à Romagnano.

Fortis a fait de ces ossements d'Éléphant le sujet d'un travail imprimé à Padoue en 1785, et dont il a donné un extrait dans ses mémoires, publiés à Paris en 1802, t. II, p. 284. La conclusion de ses observations, c'est que ce lieu était une sorte de cimetière, et que les Éléphants y avaient été enterrés de main d'homme.

Le golfe de l'Adriatique dans ses deux versants a sans doute aussi déjà offert quelques os d'Éléphants dans les alluvions de ses rivières plus ou moins torrentielles, mais nous ne connaissons que les suivants, déjà cités, des Apennins à l'Adriatique. dans l'Adriatique.

Des fragments de défense trouvés en Calabre, d'après Bartholin (*de Unicornu*, p. 369), et dans la Pouille d'après Fallope (*de Metallis*) et Targioni Tozzetti (*Viaggi*, VIII, p. 413). en Calabre.

Une défense longue de douze palmes, mise à découvert par une inondation en 1698, dans la Pouille, d'après Bonnani *Mus. Kirck.*, p. 199).

Des os dans les monts Hirpins de la Basilicate, d'après Fortis.

Sans compter le squelette déterré en 1665 à Toriolo, dans la haute Calabre, auquel on donnait dix-huit pieds de long au moins, d'après le journal de l'abbé Nazari (collect. académ., part. étr., IV, p. 60) parce que des dents du poids de une once un tiers à trois quarts d'once, qu'on lui attribue, ne peuvent pas trop convenir à un Éléphant, comme le fait justement remarquer M. Cuvier (*loc. cit.*, p. 97).

VALLÉE DU DANUBE.

Avant de passer en Sicile et en Grèce, et par conséquent d'examiner les autres versants de la Méditerranée, il nous reste pour avoir terminé le périple de l'Europe à parler de la grande vallée du Danube, la plus vaste sans aucun doute de l'Europe, recevant à droite et à gauche des Alpes et des montagnes de la Bohême, un grand nombre d'affluents.

Les ossements recueillis jusqu'ici sont les suivants :

sur l'Athmul.

Des os nombreux de la vallée de l'Athmul, à trois lieues d'Aichstedt, entre les villages de Kahldorf et de Raiterbuch, et dont a parlé Collini sans même les énumérer (Mém. de l'Académ. de Manheim, t. V).

Aux environs d'Aichstedt.

Une portion de crâne et une vertèbre trouvées en 1770 auprès de la même ville d'Aichstedt, et que possédait Hammer, d'après M. G. Cuvier *loc. cit.*, p. 127).

Une molaire du même endroit, de la collection d'Ébel, regardée par M. G. Cuvier (*loc. cit.*, p. 127) comme ressemblante à celles de l'Éléphant d'Afrique.

de Muhldorff.

Des fragments de défense déterrés à Muhldorf, sur l'Inn, en 1817.

de Burghausen.

Un autre fragment de défense de Burghausen, sur la Salzach, versant à l'Inn.

L'un et l'autre d'après Soëmmering (*Mém. de Munich* pour 1818).

de Passau.

Plusieurs débris d'un squelette déterré près de Passau, au confluent de l'Inn dans le Danube, d'après M. de Schlotheim (*Pétref.*, p. 5).

de Krembs.

Un squelette entier trouvé en 1644, au fond d'une fosse de 3 ou 4 brasses creusée par les Suédois, assiégeants, au haut d'une montagne voisine de Krembs. Les os tombèrent pour la plupart en poussière. La cavité glénoïde de l'omoplate était assez large pour contenir un boulet de canon, une des dents pesait 5 livres; une autre, figurée par Happelius (*Relationes curiosæ*, t. V, p. 47), quatre livres.

Un tibia et un fémur à Baden, près de Vienne, sur la Swecka (*Lambrecius*, *Bibl.* (*Cæs.* vol. VI, p. 315). de Baden.

Une grande dent molaire pesant 28 onces, décrite et figurée par Lambrecius (*Bibl. Cæsar.*, *Vindob.*, lib. I, p. 311), vue par lui dans cette bibliothèque, et qu'Antoine de Pozzas, dans une lettre rapportée par Lambrecius, p. 315, assure être d'Éléphant, et avoir été trouvée à Baden, à 4 milles de Vienne, où quatre ans auparavant on avait recueilli le fémur et le tibia précédents.

Une défense trouvée en Moravie et citée par Worm (*Mus.*, p. 34). en Moravie.

Une tête déterrée en 1805 à Wulfersdorf, dans la basse Autriche, d'après André Stutz (*Oryct. de la B. Autriche*, 1807, p. 164). dans la basse Autriche.

Des ossements à Kaiser-Steinbrück, de l'autre côté de la Leitha en Hongrie, d'après le même.

Un squelette presque entier à Newstadt ou Vog-Ujeli sur le Vag, en Hongrie (*Journ. de Francfort*, 21 déc. 1807). en Hongrie.

Un fragment de molaire à Buggau, près de Schemnitz, en Hongrie, sur le versant de la rivière de Gran, que possédait Hammer, d'après M. G. Cuvier (*loc. cit.*, p. 128).

Une très-grande mâchoire inférieure avec deux dents molaires, vis-à-vis Peterwardin, au-dessus d'un retranchement fait par les Romains, d'après Marsigli (*Danube*, p. 73 et pl. 28, 29, 30 et 31), pour cette pièce et les quatre suivantes qui existent encore en partie au cabinet de Bologne.

Une vertèbre atlas, une molaire et un fragment de défense dans un marais de la Sirmie, entre la Save et la Buszut, vers les limites de la Valachie. dans la Sirmie.

Un humérus auprès de Fogherus, proche de la rivière d'Altz.

Sloane cite aussi deux fragments de tibia tirés d'un étang près de Fogherus en Transylvanie. dans la Transylvanie.

Une défense de six pieds de long, trouvée près de Jegenye, district de Roloez, dans une montagne toute composée de nummulites, d'après Fichtel (*Pétrific. du grand-duché de la Transylvanie*, II, p. 119).

Valachie.

Des os et des dents provenant de Harazstos, village de Valachie, voisin de Claussbourg (*Journ. litt. de Gœtting*, 1798, n° 6).

Des dents calcinées de Transylvanie d'après Bruckmann (*Epist. itin.*, p. 48).

dans le versant de la mer Noire.

Les autres versants à la mer Noire ont été bien moins étudiés que le versant occidental, cependant Pallas surtout mentionne des ossements d'Éléphants dans les alluvions de la mer d'Azof.

aux environs de Pensa.

Pallas, dans ses nouveaux voyages dans la Russie méridionale, cite plusieurs lieux entre le Don et le Volga, par exemple, aux environs de Pensa, et dans deux endroits encore plus près de ce dernier, où il a rencontré des os d'Éléphants.

En effet, en nous bornant à citer le cadavre de vingt-quatre coudées de long que Phlegon de Tralles (*de Rebus mir.*, cap. 19) nous apprend avoir été trouvé près du Bosphore cimmérien, parce que c'était sans doute plutôt un Cétacé qu'un Éléphant, nous nous arrêterons plus longtemps sur les pièces suivantes :

dans la mer d'Azof.

Une mâchoire inférieure pesant trente livres, mise à découvert par les flots de la mer à peu de distance d'Azof, et qui est déposée dans le cabinet de Saint-Pétersbourg (*Nov. Act. Petrop.*, t. XIII, p. 23 et 33).

Une portion de tête de fémur trouvée à quatre pieds de profondeur près de Malochnye-Vodi, petit fleuve qui se jette dans les Palus Méotides, et envoyée au Muséum d'histoire naturelle, par M. le comte Maison, alors commandant les Tartares nogais; d'après M. G. Cuvier (I, p. 141).

des rives du Don.

Un amas énorme avec les os de beaucoup d'autres animaux auprès de Kostyn, sur les rives du Tanaïs ou du Don, d'après Pallas (*Nov. Com. Petrop.*, XVII, p. 578).

Une grande quantité d'os dont plusieurs du poids de 12 à 13 livres, ainsi que deux squelettes entiers avec leurs défenses, aperçus dans une profonde ravine produite par la fonte des neiges à Krinta, village du gouvernement de Woronesch sur le Don, et considérés comme provenant des Éléphants qui ont pu être amenés par Mamay, lors de l'invasion des Tartares.

Des os et des molaires ont été mis à découvert par le Dniester, auprès de Kaminiek, en 1720, d'après Klein (*Hist. Pisc. nat. Miss.* 2, p. 32). du Dniester.

Un fémur d'une dimension considérable, et dont la tête inférieure a été donnée au Muséum par M. Raynaud, négociant d'Odessa, a été retiré du Bog à dix ou douze lieues de son embouchure, le 25 août 1819; d'après M. G. Cuvier (*loc. cit.*, p. 140), qui l'a figuré en supposant qu'il indique un animal de quinze pieds de haut. du Bog.

Nous trouvons qu'on a aussi déjà recueilli dans le versant du Volga à la mer Caspienne qui, dans des temps assez peu anciens, n'était peut-être qu'un embranchement nord-est de la Méditerranée, quelques ossements d'Éléphants, savoir : du Volga.

Un crâne long de quatre pieds trouvé, auprès du Volga, dans une couche sableuse et ferrugineuse, et qui a été décrit et figuré par M. Tilesius (*loc. cit.*, V, pl. XI).

Un fémur des environs de Casan sur les bords du haut Volga, rapporté par Delille de l'ancienne Académie des sciences, et décrit par Daubenton, Buffon (*Hist. nat.*, XI, n° 1034). des environs de Casan.

Une molaire des environs d'Astrakan, dont parle S. Chr. Richter dans la description de son Muséum, p. 258. d'Astrakan.

Un squelette complet trouvé dans la terre auprès de Struchow, dans le gouvernement de Casan, fait cité par M. G. Cuvier, *loc. cit.*, p. 148, d'après le *Magas. enc.* Mars, 1806, p. 169. de Struchow.

Des os et des dents détachés des rives du Jaik, formées d'un limon jaunâtre contenant beaucoup de coquilles, d'après Pallas (*N. Com. Petrop.*, XVII, p. 581), et des fragments méconnaissables rapportés par Delille et cités par Daubenton (*Hist. nat.*, XI, n° 1037 et n° 1000, p. 153).

Des fragments de défense si durs et si pétrifiés qu'ils résistent à l'action de l'eau forte, suivant Daubenton.

Rentrant maintenant dans le périple de la Méditerranée nous voyons :

a) en Sicile. En Sicile.

Trois squelettes de géants et d'autres os attribués aux Éléphants ame- Squelettes de Géants.

nés par les Carthaginois, dont a parlé le P. Kirker dans son *Mundus subterraneus* (lib. VIII, cap. 4, p. 56 et suivantes).

Un autre squelette de géant dans lequel sont énumérés : une portion de crâne, un os de la jambe, trois dents entières pesant cent onces; cité par Boccace dans sa Généalogie des dieux (liv. IV, chap. 8, p. 38), comme ayant été trouvé au XIVe siècle dans une grotte à Drepani.

Un autre squelette de géant trouvé au XVIe siècle aux environs de Palerme, cité par Fazelli (*De rebus Siculis*, p. 50).

Des os de géants découverts vers la moitié du XVIe siècle :

à Mélilli entre Leontium et Syracuse, au pied des montagnes;

à Carine, à douze milles de Palerme, dans une caverne;

à Calatrasi, près d'Entalia, dans une chambre souterraine, et à Petralia dans des sépulcres formés de pierres carrées.

Mais tous ces prétendus géants paraîtront difficilement des Éléphants, si l'on réfléchit que Fazelli, qui dit en général que : *molares dentes et ingentia ossa quotidiè effodiuntur*, ajoute : qu'une des dents pesait quatre onces.

Os et Dents. Une dent de géant trouvée aux environs de Syracuse, avec des dents de Squales, d'après Targioni.

Des os d'Eléphants près de la mer, entre Palerme et Trepani, dans le territoire de l'ancienne Solois.

Des fragments de défense à Palerme, d'après Bartholin (*de Unicornu*, cap. 37).

Un fragment de molaire contenu dans une roche quaternaire, recueilli dans les environs de Palerme, par M. Constant Prevot lui-même, et déposé dans les collections géologiques du Muséum.

En Grèce, *b*) Dans la Grèce continentale.

Des ossements et des dents découverts en 1691 à six lieues de Thessalonique.

continentale, Des ossements trouvés en 1806 à Démétrie, proche Andrinople, non loin de la Mariza.

Des ossements trouvés en quantité sous l'église de Sainte-Marie, à Constantinople.

c) Dans la Grèce insulaire. insulaire.

Nous ne connaissons, en faisant abstraction du corps d'Asterius, fils d'Ajax, dans l'île de Lèdé, de celui d'Ajax à Salamine, de celui de Rhodes dont parle Phlegon de Tralles, que les quelques lames d'une dent molaire, venant de Cerigo, d'après Fortis, qui dit les avoir vues dans la collection de Morosini, à Venise. Géants. Dent.

L'Asie Mineure et la Syrie, la Palestine, ne paraissent pas avoir encore offert aucuns ossements fossiles qu'on ait à tort ou à raison attribués à une espèce d'Éléphant. En Asie Mineure.

M. G. Cuvier regarde cependant comme vraisemblable que le corps de Geryon ou d'Hyllus, trouvé dans la haute Lydie, et celui de onze coudées dans le lit de l'Oronte auprès d'Antioche, d'après Pausanias, provenaient d'Éléphants; mais, ce qui est plus certain, je trouve comme venant de la Syrie, un os de la jambe dans la collection de la Société Royale de Londres, d'après Néhém. Grew. Géants. Os.

On peut jusqu'ici en dire autant de la grande vallée du Nil, au haut de laquelle cependant existe encore aujourd'hui l'Éléphant d'Afrique en troupes assez nombreuses. En Égypte.

Quant au versant méditerranéen de l'Atlas, il est certain que sans compter la dent de géant vue par saint Augustin, non plus que les deux squelettes de vingt-trois ou vingt-quatre coudées dont parle Phlegon de Tralles (*de Mirabilibus*, cap. 18), et encore moins le prétendu corps d'Antée de soixante coudées, d'après Plutarque, dans la vie de Sertorius, on y a découvert plusieurs grands os qui doivent provenir d'Éléphants, et entre autres : En Mauritanie. Géants.

Un crâne très-grand de onze empans de circonférence, et quelques autres grands os trouvés dans un champ auprès de Tunis, vus par Melchior Guilandinus à Tunis en 1559, d'après le témoignage d'Hiérome Magus (*Miscellan.*, lib. I, cap. 2, p. 19, B). Crâne.

Un autre squelette découvert, vers 1630, également auprès de Tunis Squelette.

et dont une dent, envoyée par un gentilhomme nommé d'Arcet à Peirèsc, fut reconnue par celui-ci comme provenant d'un Éléphant, par la comparaison qu'il en fit avec celle d'un animal vivant; d'après Gassendi (*Vita Pereiscii*, lib. 4).

Dans l'Inde.

Enfin, dans le reste de l'ancien monde, il n'a été signalé d'ossements fossiles d'Éléphants que dans l'immense versant des Himalayas à la mer des Indes, et ces ossements paraissent être fort nombreux dans le royaume d'Ava, ainsi que dans quelques autres endroits explorés par des observateurs européens, où ils ont été trouvés dans des amas considérables regardés comme ayant quelque analogie avec le Nagel-flue de nos terrains tertiaires d'Europe.

Royaume d'Ava.

Parmi ces ossements nous pouvons citer, d'après M. Clift, et surtout d'après MM. Cauteley et Falconer, Spilbury et Prinsep :

Crânes.

Plusieurs crânes dans un assez bel état de conservation, ainsi que me l'a assuré M. P. Gervais, l'un de mes aides au Muséum, qui les a vus au Muséum britannique.

Plusieurs vertèbres, et entre autres un axis.

Os longs.

Un assez grand nombre d'os longs, humérus, radius, cubitus, fémur.

Un plus grand nombre d'os courts, du carpe ou du tarse.

Mais surtout des dents molaires rarement libres, et le plus souvent encore contenues dans des fragments de mâchoires.

Squelette.

M. le Dr Harlan (*Medic. Research.*, p. 263), parle d'un squelette d'Éléphant trouvé vers la source de la rivière Nerbudda, à Neesimpoor, et dont le fémur avait soixante pouces anglais de longueur, c'est-à-dire quatre pieds neuf pouces.

La collection du Muséum possède elle-même quelques pièces d'Éléphant fossile rapportées de l'Inde, et surtout des fragments de mâchoires et de dents, remarquables par leur grand poids, dû sans doute à la gangue gréso-ferrugineuse qui les contenait.

En Amérique méridionale. Géants.

Le nouveau continent, lui-même, sans compter les squelettes de géants dont ont parlé Hernandès, J. d'Acosta et le P. Torrubia, qui, ainsi que le fait remarquer M. G. Cuvier, peuvent avoir appartenu aux

Éléphants mastodontes, a déjà présenté, en assez petit nombre, il est vrai, des restes fossiles d'Éléphants lamellidontes, ce qui est le contraire pour les Mastodontes qui y sont si communs.

M. de Humboldt a trouvé deux lames de molaire à Hue-Huetoca, dans la plaine de Mexico, et des fragments de défense à 117 pieds de hauteur, dans la province de Quito au Pérou, à la Villa d'Ibarra, d'après M. G. Cuvier (I, p. 157), qui n'ose cependant assurer que cette défense soit bien d'un Éléphant à dents lamelleuses.

Dent. Au Mexique.

Dans la Nord-Amérique, versant de l'océan Atlantique, je ne connais non plus qu'un assez petit nombre d'os provenant de véritables Éléphants, savoir :

En Amérique septentrionale.

Des fragments de molaires et d'os recueillis au Texas, et que notre collection doit à M. Le Clerc.

Au Texas.

Une grosse mâchelière évidemment roulée, trouvée au bord du Missisipi, près de son embouchure, communiquée à M. G. Cuvier (I. p. 157), par M. Martel, ancien consul de France à la Nouvelle-Orléans, où il l'avait achetée ; une autre par M. Portalis.

Vallée du Missisipi.

Une mâchoire inférieure, portant une dent à lames transverses, retirée de la terre sous les yeux de W. Darby, dans la contrée des Apelouses, d'après Mitchill (*loc. cit.*, p. 404).

D'après l'observation du même Mitchill, dans ses notes à la traduction du discours préliminaire de M. Cuvier à New-York, 1818, p. 402.

Une dent molaire trouvée ainsi que d'autres en 1794, dans le marais de Biggin, versant de la rivière de Cuivre, dans la Caroline du Sud, par le colonel Senf, à huit ou neuf pieds en terre, et figurée par J. Crayton, dans son ouvrage sur cet État.

Dans la Caroline.

Trois ou quatre dents molaires déterrées dans un lieu de la Caroline nommé Stono, et que les Nègres, et Catesby lui-même, qui les virent, reconnurent comme pareilles à des molaires d'Eléphants rapportées d'Afrique (*Catesby*, *Caroline*, II, ap., p. VII).

Une molaire et une portion de défense longue de six pieds, sur trente et un pouces de circonférence, tirées de la rivière de la Corne (*Chemung*), branche de la Susquehanna, d'après M. Barton, dans une lettre à M. G. Cuvier (*loc. cit.*, p. 155).

Dans le Kentucky. Vallée de l'Ohio.

Trois molaires trouvées par M. Clarke en 1807, dans le Kentucky, sur les rives de l'Ohio, à Big-bone-lick, lieu célèbre pour la grande quantité d'ossements d'Éléphants à dents mamelonnées qui s'y trouvent, et que M. Jefferson envoya à l'Institut, qui les a fait déposer au Muséum, d'après Samuel Mitchill et M. G. Cuvier (*loc. cit.*, p. 156, pl. IX, fig. 11).

Une autre molaire recueillie à Middleson, comté de Monmouth, État de Kentucky, et figurée par M. Mitchill, dans ses additions à la traduction du discours préliminaire de M. Cuvier à New-York, pl. VI, fig. 2, 3, 5, 6.

Dans le Maryland.

Une autre encore citée par le même Mitchill, comme trouvée dans l'état de Maryland, sur la côte orientale de la baie de Chesapeak.

Dans la Virginie.

De grands os et des dents à côtes transversales, et par conséquent d'Éléphant, suivant M. G. Cuvier, à six pieds sous terre, dans un lieu marécageux à efflorescences salines, dans le comté de Wythe, près de la rivière de Ihanhawa en Virginie, d'après une lettre de John Stranger (*American Monthly magaz. de N. York*, mai 1818).

Dans le détroit de Behring.

Il faut ajouter à cette liste des restes d'Éléphant signalés au Nord-Amérique, des molaires et des défenses, dont une de quatre pieds de long, sur cinq pouces de diamètre, rapportées à Berlin par M. de Chamisso, trouvées dans les glaces de la baie d'Eschscholtz, dans le détroit de Behring, sur la côte N.-O. d'Amérique, au delà du cercle polaire, dont il est question dans le voyage de Kotzebue (tom. III, p. 171, 1821), dans l'article additionnel de M. G. Cuvier (IV, p. 492), et dans la description qu'en a donnée M. Buckland en 1832, et surtout le témoignage du docteur Harlan qui dans ses *Phys. Researches*, publiées en 1835, dit que des échantillons de dents et des fragments de squelette de l'Éléphant fossile, abondent dans toutes les collections publiques et privées des États-Unis. Il cite entre autres un énorme fémur trouvé auprès de Moorestown, dans le New-Jersey; et plusieurs dents molaires à collines minces et à collines larges, trouvées dans le canal Senter de la Caroline du Sud (p. 360, avec figures).

Conclusion.

En sorte que comme résultat de cet examen raisonné de tous les lieux où l'on a jusqu'ici trouvé des restes d'Éléphants lamellidontes dans les quatre ou cinq parties du monde, il semblerait que c'est justement dans celle où il n'existe certainement pas aujourd'hui d'Éléphants, c'est-à-dire en Europe, qu'il y en a eu davantage autrefois; mais nous devons insister sur l'observation déjà faite ci-dessus, que c'est évidemment presque la seule où l'on se soit livré depuis assez longtemps à la recherches des fossiles, et que certainement aussi les Anciens y ont transporté de ces animaux dans certaines parties et dont les os ont pu se conserver depuis deux mille ans ou plus qu'ils peuvent y exister.

De la distinction des Espèces fossiles.

La question la plus intéressante est donc maintenant de déterminer si l'Éléphant, dont on a trouvé tant de restes fossiles en Europe, a appartenu à une espèce distincte de celles qui vivent encore aujourd'hui, en passant en revue les espèces d'Éléphants fossiles que les paléontologistes ont établies, ou du moins proposées dans ces derniers temps.

1° Elephas primigenius (1).

E. primigenius ou Mammouth.

Blumenbach, *Voigt. Magazin*, V, p. 17-127.

E. Mammouth (Geoffroy et Cuvier).

Mémoire sur les esp. d'Éléphants, lu à la Société d'Histoire naturelle (*Bulletin Philom.* n° 45, an IV, p. 2), et Cuvier, *Mémoire sur les espèces d'Éléphants vivants et fossiles* (*Mémoires de l'Institut*, class. *des sciences mathématiques et physiques*, tom. II, p. 1, an VII, 1799).

E. Primigenius.

G. Cuvier, *Mém. sur les Éléphants vivants et fossiles* (*Annales du Muséum*, tom. VIII, p. 1, an 1806) reproduit dans la réunion de ses Mémoires, sous le titre de *Recherches sur les ossements fossiles*

(1) On trouve quelquefois ce nom remplacé, sans doute par inadvertance, par celui de *primordialis*.

des quadrupèdes, tom. I, 1812 et dans la IIe édition, tom. I, p. 7, en 1821, et quelquefois 1825, par une réimpression du titre.

Rapport à la Ire classe de l'Institut sur l'Éléphant fossile d'Adams (1807, *Annal. du Mus.*, Tom. X, p. 381).

E. Jubatus.

De Schlotheim, *Pétref.* p. 4, 1820.

E. Mammonteus

G. Fischer, *Oryctograph. du gouvernement de Moscou*, p. 1.

Considérations générales.

Nous avons vu, dans l'aperçu historique que nous avons donné au sujet des Éléphants fossiles en général, que celui dont on trouve les restes plus ou moins épars, presque sur toute la surface de l'Europe, appartenait à la section des espèces à dents profondément lamelleuses; et que ces restes et surtout les dents avaient été de très-bonne heure appréciés pour ce qu'ils étaient réellement; mais de ce pas à celui par lequel on le distinguerait des espèces vivantes par des caractères véritablement scientifiques et formulés, et par conséquent par une dénomination particulière, il y avait encore loin, et ce n'est en effet que vers la fin du dernier siècle, que cela a pu avoir réellement lieu par suite des besoins de la science et de l'existence plus générale de pièces de comparaison.

Confondu avec l'*E. Indicus*, par Camper, Pallas.

Pallas et Camper avaient considéré l'Éléphant fossile de Sibérie comme ne différant pas spécifiquement de l'Éléphant des Indes; toutefois, il est vrai, sans en donner les raisons, et cependant le premier à l'époque où il écrivait son célèbre mémoire: *De Ossibus fossilibus*, en 1769, avait sous les yeux trois crânes entiers, dont un avec sa mandibule, six autres mandibules séparées, trois omoplates, huit humérus, quatre cubitus, deux os innominés, cinq fémurs entiers, et seulement deux vertèbres, sans compter les dents molaires et des défenses en nombre. Parmi les crânes il s'en trouvait deux anciennement envoyés par Messerchmidt, dont l'un, quoiqu'il ne fût pas le plus grand, avait trois pieds cinq pouces six lignes de longueur, depuis le bord antérieur de l'alvéole de la défense, jusqu'à celui du grand trou occipital; sept pouces six lignes de plus que le crâne d'un squelette de l'Éléphant des Indes qui lui servait de point de comparaison.

Distinguée d'abord par Merck.

Nous avons déjà fait remarquer plus haut que si réellement la minceur des lames dentaires, entraînant leur plus grand nombre dans une même sorte de dent de même grandeur, doit être considérée comme un caractère distinctif de l'Éléphant fossile, cette observation était due à Merck qui n'était pas même anatomiste, tant ces sortes d'observations sont faciles. Cependant, comme sa caractéristique n'était appuyée que sur une comparaison avec la figure des dents de l'Éléphant d'Afrique, donnée par Daubenton, on voit comment Camper, qui a eu le premier les moyens matériels nécessaires, c'est-à-dire la tête et les dents des trois espèces à la fois, a pu confirmer l'aperçu de Merck, et ainsi l'étendre, le communiquer à tous les savants que cela pouvait intéresser, et entre autres au célèbre Blumenbach. C'est en effet celui-ci qui, comme zoologiste, a enfin formulé la distinction de l'espèce fossile par une caractéristique différentielle, et par une dénomination linnéenne, faussement expressive peut-être, mais qui a dû être adoptée comme la plus anciennement proposée; c'est ce qui est aujourd'hui accepté par tout le monde.

par Camper,

puis par Blumenbach.

D'après le nombre des Lames, des Molaires.

Toutefois, ce nombre un peu plus grand de lames dans la composition des dents molaires de l'Éléphant fossile, comparé avec l'Éléphant de l'Inde, ne pouvant évidemment servir à distinguer les espèces que lorsqu'on avait les dents et la même sorte, ce qui était loin d'être suffisant, MM. Geoffroy et Cuvier, dans leur mémoire à ce sujet, durent chercher à ajouter à ce caractère qu'ils adoptèrent, ceux qu'ils crurent avoir trouvés dans une plus grande ouverture de l'angle sous lequel se joignent les deux côtés de la mandibule, un plus grand diamètre du canal dentaire, et au contraire dans une forme moins aiguë du bec qui la termine.

D'autres Caractères, par MM. Geoffroy et Cuvier,

Ce premier aperçu des deux naturalistes français, alors associés, fut nécessairement accepté par M. G. Cuvier, qui commença bientôt la série de ses nombreux travaux sur les fossiles, d'abord dans le premier pro-

par M. Cuvier seul.

gramme qu'il en fit paraître en 1798, où il annonce le Mammouth de Sibérie comme devant former une espèce qu'il se propose de faire connaître, et surtout dans son mémoire particulier lu à l'Institut le 24 frimaire an IV, et publié dans les mémoires de la première classe; ainsi que dans son *Tableau élémentaire des Animaux*, en 1798, et dans son second programme imprimé par ordre de celui-ci en 1802. Il ajoute seulement aux caractères qu'il avait reconnus avec son collègue, une courbure moindre des branches, ce qui, suivant lui, entraînait comme conséquence moins de relèvement du menton.

Distinction combattue par A. Camper. Faujas.

Cependant ces différents caractères donnés pour spécifier l'Éléphant fossile, aussi bien celui de Camper et Blumenbach, que ceux de MM. Geoffroy et Cuvier, ayant été combattus comme n'étant pas suffisants pour distinguer cette espèce de celle de l'Inde, d'abord par A. Camper dans ses additions à la *Description anatomique d'un Éléphant*, par son père, et ensuite par M. Faujas de Saint-Fonds, dans le premier volume de son *Essai de Géologie*, M. Cuvier dut revenir sur ce point; ce qu'il fit abondamment dans le mémoire étendu qu'il publia dans les *Annales du Museum* en 1806.

Confirmée par M. G. Cuvier.

Adoptant comme un fait, d'après le témoignage d'A. Camper et de M. Faujas, que c'était bien P. Camper qui avait le premier employé le caractère tiré du nombre, de l'épaisseur et de la forme des lames des molaires pour distinguer les deux espèces vivantes, quoiqu'il ne l'eût pas publié, ce qu'avait fait Blumenbach dans la 6ᵉ édition de son *Manuel d'Histoire naturelle*, en figurant comparativement ces dents dans la pl. 19 de ses *Abildungen*, M. G. Cuvier, sans renvoyer à celui-ci l'avantage d'avoir le premier distingué comme espèce le Mammouth de Sibérie, ce qui était cependant vrai, passa de suite à un nouvel examen de la question contestée. Le résultat auquel il parvint c'est que, outre une plus grande étroitesse des lames dans les dents de même nombre chez l'Éléphant fossile, on peut les distinguer encore parce que les lignes d'émail sont plus minces et plus festonnées, ainsi que par une largeur proportionnelle de la dent en totalité beaucoup plus grande; en conve-

par l'étroitesse des Molaires.

nant cependant que si ces différences étaient seules, elles ne seraient peut-être pas suffisantes pour établir une distinction d'espèce; mais qu'elles acquéraient de l'importance avec les différences des mâchoires et des crânes, les défenses ne pouvant fournir des caractères certains ni entre les espèces vivantes, ni entre celles-ci et l'espèce fossile.

Revenant en effet sur l'observation faite par lui (1), en 1795, que dans l'Éléphant d'Afrique le sommet de la tête vue de profil est presque arrondi, tandis que dans celui de l'Inde il s'élève en une espèce de double pyramide, ce qui provient, suivant lui, de la différence d'inclinaison de la ligne frontale, qui fuit beaucoup plus en arrière que dans l'Éléphant d'Afrique, où elle fait avec la ligne occipitale un angle de 115° au lieu de 90°, dans celui de l'Inde. Admettant, comme résultat dans le profil, que la ligne de hauteur verticale de la tête au sinciput est à peu près égale à la longueur basilaire, tandis qu'elle est de près d'un quart plus grande dans l'Éléphant d'Asie; que la distance du bord alvéolaire des défenses au sinciput, et celle du même point au trou occipital, est presque double la première de la seconde, dans l'Éléphant des Indes, et moins d'un quart plus grande dans celui d'Afrique; à quoi M. Cuvier ajoute que le front de celui-ci est un peu convexe au lieu d'être concave comme dans celui-là, outre un assez grand nombre de petites notes sans importance; M. Cuvier compare à l'une et à l'autre espèce vivante l'Éléphant fossile. De cette comparaison il conclut que c'est avec celui de l'Inde qu'il a le plus de ressemblance, mais qu'il en diffère par la longueur des alvéoles des défenses qu'il juge être triples de ce qu'elles seraient dans un Éléphant d'Afrique; ce qui s'accorde suivant lui avec la forme de la mâchoire inférieure. Il trouve aussi le tubercule lacrymal plus fort, l'apophyse post-orbitaire du frontal plus longue, plus pointue et plus crochue, l'arcade zygomatique autrement figurée, et enfin les dents molaires des deux côtés parallèles, au lieu d'être un peu convergentes en avant, disposition à laquelle il rattache la forme du canal

la forme de l'Occiput.

des Alvéoles.

du Front.

comme plus voisin de l'Éléphant de l'Inde.

(1) Et en partie avec M. Geoffroy, d'après l'extrait du mémoire inséré dans le Bulletin.

symphysaire de la mandibule, qu'il regarde comme plus large et plus court que dans les espèces vivantes, ce qu'il pense être une suite nécessaire de la longueur des alvéoles de la mâchoire supérieure, qui sans cela, suivant lui, n'aurait pu se fermer. Dans le reste du squelette je ne vois pas que M. Cuvier ait indiqué des caractères spécifiques autres que ceux qui tiendraient à la taille.

Adoptée généralement depuis.

Tous les paléontologistes qui ont publié quelque chose sur le sujet de l'Éléphant fossile depuis 1806, n'ont guère fait que copier ce que M. Cuvier avait établi d'une manière en apparence si démonstrative; d'autant plus que longtemps on n'a admis qu'une espèce d'Éléphant fossile. Mais enfin est venu le moment où le plus grand nombre de pièces recueillies dans tous les cabinets, et surtout en Italie et en Russie, ont fait trouver des différences, et dès lors, à défaut de principes certains en zoologie sous ce rapport, on les a considérées comme spécifiques.

Séparée en deux Espèces par M. Nesti, en cinq, par M Fischer.

Ainsi M. le professeur Nesti a commencé en proposant en 1809 son *E. minimus*, *alveolis incisoriis longis*, *dentium rhombis acutis*, puis plus tard, en 1824, son *E. meridionalis*, qui sera examiné en son lieu. Mais c'est surtout, comme nous le verrons plus loin, M. Fischer de Moscou qui a poussé le plus loin dans cette direction, en proposant cinq espèces d'Éléphants fossiles.

Acceptant celle de Blumenbach, sous le nom d'***Elephas Mammonteus***, il la définit comparativement avec cinq autres par cette phrase :

Sa Définition de l'*E. Mammonteus*.

E. dentibus molaribus rectis, *laminis numerosis angustis parum elevatis*, *angustè fimbriatis*.

Ses Caractères, suivant lui.

En ajoutant comme particularités différentielles la mâchoire inférieure plus raccourcie, les dents molaires formant deux rangs à peu près parallèles, le canal intermédiaire aux deux côtés de la mandibule beaucoup plus large proportionnellement à la longueur de celle-ci; l'extrême allongement des alvéoles des défenses, ce qui devait singulièrement modifier, suivant lui, la forme et la structure de la trompe; les défenses très-longues, plus ou moins courbées en spirale et dirigées en dehors; caractères qui ne sont, à peu de chose près, que la reproduction de ceux assignés à cette espèce par MM. Blumenbach et G. Cuvier, et qui, en effet, ont été répétés partout. Il se trouve cependant que M. l'abbé Croizet, à l'occasion des ossements d'Éléphants trouvés en Auvergne, a conclu du parallélisme des molaires que les lames de ces dents s'usaient toutes à la fois; ce qui ne peut être, même dans les premières, et ce qui est bien loin d'avoir lieu pour les dernières les plus grosses, par suite de leur singulier mode de développement. M. Croizet.

Voilà, si je ne me trompe, tout ce que les anatomistes et les paléontologistes ont donné pour distinguer l'Éléphant fossile de l'Éléphant de l'Inde. Voyons si cela est véritablement suffisant et si les éléments que nous possédons permettent de convertir en certitude la distinction généralement admise, presque sans discussion.

M. G. Cuvier n'a pas vu plus que moi de tête ou mieux de crâne de l'Éléphant de Sibérie entière, ni même, si je ne me trompe, aucun fragment un peu important. Tout ce qu'il en a dit me paraît tiré de l'examen d'une peinture à la détrempe, de grandeur naturelle, faite d'après un exemplaire conservé dans la collection de l'Académie impériale de Saint-Pétersbourg, et qu'à sa demande cette Académie lui envoya. Étudiée pour la Tête,

La collection possède cette peinture, ce qui m'a permis de l'étudier. Sans diminuer en rien la générosité éclairée de ce corps illustre, je dois commencer par avouer que ce travail a évidemment été fait par un peintre de décorations théâtrales, qui entendait très-bien l'effet, mais qui par contre n'était pas assez au courant de ce que pouvait demander un dessin d'histoire naturelle. Aussi la tête et la mandibule sont-elles non-seulement dans une mauvaise projection obliquement d'avant en arrière, et même un peu en dessus, mais encore évidemment fausse dans plusieurs points. d'après un dessin de la collection.

Je ne crois donc pas qu'il soit réellement possible de tirer de sa comparaison avec un crâne d'Éléphant d'Asie, rien de bien satisfaisant, si ce n'est dans le grand développement des incisifs alvéolaires des défenses. Dans sa Forme générale.

D'après cette peinture le crâne fossile paraîtrait cependant plus

particulière. allongé, non-seulement dans la partie faciale, mais encore dans la partie crânienne, dont les bosses occipitales semblent même bien moins de l'Occiput. prononcées, moins soulevées, moins projetées en arrière, ce qui est une sorte de contra diction avec le plus grand développement des os incisifs et par conséquent des défenses dont ils étaient l'étui.

de l'Arcade zygomatique. L'arcade zygomatique, évidemment mal rendue dans le dessin, surtout dans sa racine qui semble être une continuation de la crête occipitale, paraît cependant avoir été plus large ou plus épaisse; mais c'est ce qu'il est difficile d'assurer parce qu'elle est brisée dans son milieu.

des Os du Nez. On ne peut trop juger de la forme du frontal; mais des os du nez on peut croire qu'ils sont plus longs et plus saillants, plus soulevés; mais je crains bien que cela ne tienne un peu au mode de projection.

du Maxillaire. Le maxillaire qui ne porte aucune dent et même dont les alvéoles sont ouvertes en dehors, semble être plus long que dans l'Éléphant d'Asie. L'orifice du canal sous-orbitaire paraît aussi plus grand, d'une forme un peu différente, et surtout plus à découvert, toujours, sans doute, à cause du point de vue pris un peu en avant.

des Os incisifs. Mais ce qui frappe le plus, en voyant la représentation de cette tête, c'est la longueur et le grand développement des os incisifs, se projetant en avant en forme de deux énormes tuyaux assez fortement inclinés en bas.

de l'Orbite. L'orbite semble avoir été plus grand, sans que cependant l'apophyse orbitaire externe soit plus longue et plus saillante, comme le dit M. Cuvier. Mais il paraît à peu près certain que l'apophyse lacrymale est plus large et plus épaisse.

La fosse temporale semble aussi plus étendue.

de la Mandibule. La mandibule, dont le dessin a également été envoyé de Saint-Pétersbourg, est encore dans une projection plus fausse que le crâne; aussi n'y a-t-il rien à en tirer, encore moins que de celui-ci.

des Dents, supérieures, Il ne reste aucune dent à la mâchoire; seulement on peut assez bien assurer, par l'examen des alvéoles, qu'elle portait encore deux dents, une cinquième réduite à son tiers postérieur, et une sixième entière poussant à peine le palatin postérieur et l'apophyse ptérygoïde qui sont brisés.

La mandibule offre un système dentaire qui correspond assez bien à celui de la mâchoire figurée; cependant ce qui reste de la cinquième n'est plus qu'un chicot, et la sixième est assez avancée pour offrir un ovale, presque régulier à la couronne, dans lequel on ne voit plus que quatorze collines, dont l'usure est encore en îles. inférieures.

D'où il est probable que cette mandibule n'appartenait pas à la tête.

Nous ne pouvons rien dire de plus sur la tête de l'Éléphant fossile, dont la collection ne possède que deux fragments assez insignifiants rapportés de Sibérie par Delille, et enregistrés sous les nos 988 et 989 par Daubenton (*Description du cabinet*, X, p. 147), si ce n'est que, d'après M. Tilesius, en s'aidant surtout de la figure qu'il a donnée du squelette trouvé par Adams, la forme générale aurait beaucoup plus de rapports avec celle de l'Éléphant d'Asie par sa grande élévation sincipitale, qu'on ne pourrait le penser d'après la tête peinte. Malheureusement ces figures ne paraissent pas avoir été faites dans des proportions connues de réduction, celle du squelette étant en partie encore enveloppée de morceaux de peau desséchée, et celle à part étant dans une projection oblique fort peu lisible. Ce qu'on peut seulement tirer de celle-ci, c'est que la tête en totalité paraît plus large surtout dans la région frontale, et par suite dans l'ouverture nasale et les os incisifs, de manière à faire supposer une trompe plus puissante que dans l'Éléphant d'Asie; particularités qui font présumer qu'elle provient d'un individu mâle.

D'après la description et la figure données par M. Tilésius.

Nous sommes plus heureux pour la mandibule.

La collection du Muséum en possède plusieurs fragments assez considérables.

D'après des Pièces en nature de Mandibule. Un premier fragment du val d'Arno

Le plus grand vient du val d'Arno; il a de développement, dans la convexité de son bord inférieur, 0,950, et 0,200 de hauteur. Son bec est un peu mutilé; l'apophyse coronoïde manque. Cependant sa forme générale dans ce qui reste, et sa largeur rappellent fort bien ses rapports avec l'Éléphant d'Asie.

Il ne porte que la quatrième dent réduite à moitié par l'usure, et la cinquième à moitié sortie.

un second.

Un autre fragment formé de la symphyse et d'une partie de la branche horizontale, contient une fort belle sixième molaire, c'est-à-dire une dernière dent; aussi cette branche offre-t-elle plus de brièveté, plus de largeur, de renflement en dehors, et le berceau lingual de sa symphyse est-il notablement plus large et plus ouvert.

un troisième d'Auvergne

Un troisième qui nous vient de la collection Croizet et par conséquent d'Auvergne, est très-fruste, et n'est constitué que par la moitié antérieure de toute la mandibule; mais le berceau lingual est encore plus large, plus arrondi, plus ouvert que dans le précédent, et la symphyse est également fort plate en dessous.

un quatrième.

Il en est de même d'un quatrième fragment formé des deux branches inférieures avec commencement de l'apophyse coronoïde. Elle paraît aussi avoir eu le bec très-court, la symphyse large et plate en dessous, excavée en berceau assez large en dessus. Ses trois trous mentonniers sont dans les rapports ordinaires.

Elle porte la troisième molaire et l'alvéole de la quatrième.

un cinquième de Cologne.

Un cinquième fragment venant des environs de Cologne est fort semblable au précédent; seulement il est plus petit; il offre une quatrième molaire à peine entamée par l'usure.

un sixième.

Un sixième comprenant les deux côtés et même une assez grande partie des branches montantes, offre également sa symphyse en gouttière très-large et cependant un peu en bec; il est pourvu de chaque côté d'une sixième molaire à moitié sortie.

un septième du val d'Arno.

Un septième venant du val d'Arno, en Toscane, n'est formé que par un côté gauche de mandibule, mais avec la symphyse; il offre toujours les mêmes caractères, c'est-à-dire que la branche est fort renflée en dehors comme en bas, et que la symphyse large est très-épaisse, ce qui fait supposer que la gouttière était également large. On n'y voit que deux trous mentonniers.

un huitième de Paris.

Une symphyse seule, à l'état blanc crétacé, provenant de l'hôpital

Necker, a tous les caractères de la mandibule du val d'Arno. Elle portait une cinquième molaire à moitié usée.

Un neuvième de Manheim.

Enfin notre dernière mandibule, que nous devons à M. Lajoie, et qui provient de Manheim, est la plus complète de toutes, du moins pour le côté droit presque entier. De couleur d'un brun très-foncé, luisant, ce qui montre qu'elle a été retirée de l'eau ou d'une tourbière; elle est bien plus petite, ce qui tient évidemment à l'âge; aussi porte-t-elle un reste de la seconde dent, la troisième en place avec la quatrième dans son alvéole. Il y a plus de mouvement dans son bord inférieur; la gouttière paraît encore assez large; mais son bec semble plus long, même dans la partie tranchante de sa base. Il y a du reste toujours trois trous mentonniers comme à l'ordinaire.

Des autres Vertèbres. En général.

Pour le reste de la colonne vertébrale, c'est-à-dire pour les vertèbres proprement dites, parties qui sont en général rares dans les collections (1), parce qu'elles pourrissent aisément, je ne vois pas qu'on ait trouvé rien de bien différentiel dans chacune d'elles ou dans leur ensemble. M. Cuvier, par exemple, qui n'en a, il est vrai, observé que trois: un axis, une quatrième cervicale et une lombaire, se borne à dire de la première que, sauf la taille, et un peu plus d'épaisseur, elle ne diffère pas de son analogue dans l'Éléphant des Indes; de la seconde beaucoup plus incomplète, que son corps est un peu plus mince, et enfin de la troisième, qu'elle ne présente aucune différence sensible avec son analogue dans le vivant.

Cervicales, d'après M. Cuvier.

M. Tilesius.

M. Tilesius ayant eu le rare avantage de pouvoir observer le squelette presque entier trouvé par Adams, donne comme différences générales la colonne vertébrale plus robuste, et surtout les apophyses épineuses des vertèbres dorsales beaucoup plus longues et plus épaisses; les cervicales, au contraire, plus comprimées, plus courtes par conséquent, quoique plus robustes, d'où résulte un cou moins long que dans

(1) Pallas dans son énumération des os nombreux et des dents sans nombre, de l'Éléphant de Sibérie, existant de son temps dans le musée de Saint-Pétersbourg, dit positivement qu'il n'y avait que deux vertèbres, *loc. cit.*, p. 472.

l'Éléphant d'Asie; mais il est juste de faire observer que sa comparaison paraît porter essentiellement sur le squelette décrit et figuré par Camper; squelette qui provenait d'un fort jeune animal. M. Nesti, dans sa première lettre à Targioni Tozzetti, p. 207, parle encore d'un Atlas entier et de trois moitiés du même os, appartenant à trois individus différents, et qui offrent tous les caractères de celui décrit le premier, et par conséquent de cet os dans l'Éléphant des Indes.

M. Nesti.

d'après Nous. Atlas du val d'Arno.

Nous n'avons pu examiner dans la collection du Muséum qu'un Atlas bien complet, rapporté d'Incisa, dans le val d'Arno, par M. G. Cuvier, et dont il a déjà fait mention. Comparé avec celui des deux espèces vivantes d'Éléphants, malgré sa grande dimension, 0,500 de diamètre transversal, il a tous les caractères de celui de l'Éléphant d'Asie, son corps ou anneau plus mince; la cavité en forme de gourde renversée; les faces articulaires postérieures se prolongeant en dessous; l'anneau peu chargé en dessus; du reste les trous artériels en plein os, et les apophyses transverses remontantes, assez épaisses et peu dilatées à l'extrémité.

Un autre.

Un plâtre d'Atlas également du val d'Arno, quoique étiqueté comme de Mastodonte, me semble provenir également d'un Éléphant, mais plus jeune et probablement femelle; il est en effet notablement plus mince, et ses apophyses transverses sont dilatées et aplaties en fer de hache horizontale, moins épaisses que dans le précédent.

J'en ai vu deux autres moitiés qui, en se réunissant, constituent une vertèbre assez entière, avec tous les caractères des deux précédents.

Un autre de Chevilly.

Une autre première vertèbre cervicale, trouvée à Chevilly, et donnée à la collection du Muséum par M. le docteur Bourjot, quoique plus petite, et cependant plus épaisse que la moins grande de l'Arno, me semble pourtant devoir encore être rapprochée des Éléphants, à cause de la forme des apophyses transverses, comme celle-ci, plutôt qu'aux Mastodontes. Les trous artériels sont cependant absolument comme dans l'atlas du Mastodonte de Sansans; ne serait-ce pas réellement un atlas de Dinotherium?

Axis, d'après M. Nesti.

Notre collection ne possède pas d'axis, mais M. Nesti (*loc. cit.*, p. 207, pl. I, *fig.* 4-5) en décrit et figure un fort beau, en reconnaissant sa très-grande ressemblance avec cette vertèbre dans l'Éléphant de l'Inde, quoiqu'elle soit plus large et un peu plus déprimée dans sa partie odontoïde; elle est d'une telle taille qu'elle a dû provenir, suivant lui, d'un Éléphant de 4^{m},2 de hauteur.

Quatrième cervicale.

Parmi les autres vertèbres cervicales nous en possédons une quatrième provenant des bords du Volga et qui semble un peu plus mince pour sa grandeur que dans sa correspondante d'*Asia*. M. Nesti en indique une troisième trouvée dans le val d'Arno, ayant 0,040 d'épaisseur sur 0,260 de large, et qu'il pense aussi être plus mince que dans l'Éléphant d'Asie.

Troisième cervicale.

Vertèbres du Tronc.

C'est ce que l'on doit également dire du peu des autres vertèbre que l'on connaît.

Os des Membres.

Les os des membres sont en général plus communs dans les collections que ceux du tronc.

Omoplate, d'après M. G. Cuvier

L'omoplate se trouve rarement entière. M. G. Cuvier, d'après les fragments de cet os qu'il a observés, a trouvé qu'il montrait plus de ressemblance avec celui de l'Éléphant d'Asie, qu'avec celui de l'Éléphant d'Afrique, et qu'il annonçait seulement des formes plus massives et une cavité glénoïde proportionnellement plus large.

M. Tilesius.

M. Tilesius, qui a pu voir une omoplate complète dans le squelette de Sibérie, s'est borné à dire que comme tous les autres os elle était plus grande et plus robuste, mais il en donne les dimensions d'une manière fort détaillée dans l'explication des figures du squelette. Fâcheusement dans la projection qu'il a adoptée, l'omoplate s'est trouvée vue en raccourci, d'où il est résulté que l'apophyse récurrente semble bien plus rapprochée de l'extrémité dorsale de la crête qu'elle ne doit être. Heureusement que M. Cuvier, qui a fait cette juste observation, a pu y remédier à l'aide de la figure d'une omoplate presque entière de la collection de Berlin, pl. VIII, *fig.* 8. En sorte que pour lui le contour général est fort semblable à celui de l'omoplate de l'Éléphant d'Asie; il paraît seulement que le col et surtout la cavité articulaire à sa partie inférieure étaient un peu plus larges que dans le vivant.

M. Nesti.

M. le professeur Nesti (*loc. cit.*, p. 208, *fig.* 6) décrit et figure une omoplate du val d'Arno, parfaitement entière, ayant même l'épiphyse de l'angle dorsal, et qu'il regarde comme plus semblable à celle de l'Éléphant de l'Inde qu'à celui de Sibérie par la longueur du bord postérieur et par sa direction plus convexe. Aussi la rapporte-t-il à son *E. meridionalis;* mais ces différences, à en juger par la figure, ne sont probablement qu'individuelles.

d'après Nous, sur deux fragments de Sibérie.

La collection du Muséum possède deux fragments d'omoplates fossiles provenant l'un et l'autre du val d'Arno; l'un, le plus complet, ayant près d'un mètre de haut, sans l'épiphyse terminale, et par conséquent bien plus grand que tout ce que nous possédons d'omoplates d'Éléphant vivant. Aussi sa crête et son extrémité articulaires sont-elles beaucoup plus épaisses. Il me semble aussi que celle-là s'avançait davantage vers le bord de la cavité glénoïde. Malheureusement les deux bords antérieurs et postérieurs sont trop brisés pour qu'on puisse juger la forme et la proportion du contour général. Il en est de même du bord postérieur de la crête pour la position et la forme de l'apophyse récurrente, qui est entièrement rompue à sa base.

Conclusions.

Cependant en s'aidant de la figure donnée par M. Cuvier de l'omoplate de Sibérie, il semble que l'on peut assez bien assurer que si l'omoplate de l'Éléphant de Sibérie se rapproche beaucoup de celle de l'Éléphant d'Asie, elle en diffère assez sensiblement en ce qu'elle est en général plus arquée, et surtout en ce que la crête finit plus près du bord articulaire, et que l'apophyse récurrente est au contraire moins avancée.

Une deuxième de Châlons.

Il ne faudrait cependant pas considérer ces différences absolument comme spécifiques; en effet le Muséum possède un autre fragment d'omoplate fossile trouvé aux environs de Châlons, dans lequel il ne reste que la tête articulaire et la fin de la crête. Or dans ce fragment, celle-ci est assez loin de s'avancer autant que dans l'Éléphant de l'Inde, ce qui doit aussi éloigner la racine de l'apophyse récurrente.

Un autre fragment en trois morceaux provenant de la collection de M. l'abbé Croizet, est trop incomplet pour décider la question; cependant on peut y reconnaître ce que nous avons remarqué sur l'omoplate du val d'Arno, c'est-à-dire la terminaison de la crête peu loin de la cavité glénoïde, et la même forme de l'acromion et du tubercule coracoïde. Une troisième d'Auvergne.

L'humérus de l'Éléphant fossile a été bien souvent observé, souvent même en assez bon état de conservation, et cela en différents endroits d'Europe. Humérus.

M. Cuvier, qui en avait examiné deux entiers en nature et quelques autres fragments, est conduit, comme pour l'omoplate, à penser qu'il ressemble davantage à celui de l'Inde qu'à celui d'Afrique; mais qu'il a la crête inférieure externe sensiblement plus courte à proportion, et que la gouttière bicipitale est plus étroite. Comparé par M. Cuvier.

Il ajoute cependant que cet os fournit des caractères spécifiques moins importants que l'omoplate.

M. Tilesius, en donnant la figure, sur deux faces, de l'humérus du squelette découvert par Adams, se borne à dire, à peu près comme pour tous les os de ce squelette, qu'il est bien plus gros et plus robuste que l'humérus de l'Éléphant d'Asie. Il donne du reste une assez complète description absolue, et une figure de cet os des deux côtés. On peut en effet le considérer comme proportionnellement plus gros, plus accidenté, avec la crête épicondylienne peu saillante et plus courte; mais la figure est-elle assez exacte pour qu'on puisse y ajouter pleinement foi? M. Tilesius.

D'après M. Nesti, le cabinet de Florence possède plusieurs humérus et fragments d'humérus du val d'Arno dont le plus long a $1^{m},2$. En les comparant avec les figures d'humérus de Casan données par M. Cuvier, il a trouvé qu'ils ont en général les crêtes moins élevées, les formes moins accusées, et de plus l'empreinte deltoïdienne descendant plus bas, la crête inférieure également plus longue et plus verticale, la fosse cubitale moins bien limitée. M. Nesti.

En comparant les deux humérus fossiles de Sibérie de la collection, Par Moi, de Sibérie.

avec ceux de l'Éléphant d'Asie et d'Afrique, tous quatre mis à la fois dans la même position, il m'a semblé que toute la différence consiste en ce que les premiers sont plus gros et moins grêles, l'empreinte deltoïdienne étant plus large, plus proéminente, la crête externe épicondylienne montant un peu plus haut, mais en formant un angle moins prononcé à sa terminaison supérieure.

Anomalie sur l'un d'eux. L'un de ces humérus certainement de Sibérie et venant de Berezow sur l'Irtisch d'où il avait été rapporté par Delille, d'après Daubenton, XI, p. 168, quoique de mêmes taille et proportions que l'autre, en diffère cependant en ce qu'il offre des crêtes moins prononcées, étant encore épiphysé, et surtout parce que, inférieurement au côté externe de la face antérieure, il y a un trou profond, quoique borgne, dont il n'existe aucune trace sur l'autre.

Fragments. Nous avons également vu dans la collection :

de Paris. Une tête d'humérus retirée du canal de l'Ourcq, dont le diamètre est de 0,281 (1), ce qui fait supposer à l'os en totalité une longueur de plus d'un mètre.

du val d'Arno. Une extrémité inférieure du val d'Arno dont la largeur de la poulie articulaire est de 0,250, ce qui est véritablement énorme comparativement avec les deux humérus entiers de Sibérie que nous possédons.

M. G. Cuvier, *Ibid.*, dit que Targioni Tozzetti possédait à Florence une tête inférieure d'humérus qui avait 0,340 de diamètre transversal; ce qui le serait encore bien plus : aussi suis-je porté à croire qu'il y a quelque erreur.

d'Échenotz. Une épiphyse supérieure trouvée dans la grotte d'Échenotz, auprès de Vesoul, et donnée par M. Thirria; mais est-elle bien d'un Éléphant lamellidonte? j'en doute un peu par la forme et la direction de la gouttière.

de Pezénas. Le moule en plâtre d'une partie supérieure d'humérus gauche trou-

(1) M. G. Cuvier (II, p. 189) donne à cette tête d'humérus 0,395 de diamètre d'avant en arrière, sans doute en comprenant la tubérosité.

vée aux environs de Pezénas, qui doit avoir appartenu à un Éléphant presque aussi grand que celui duquel vient la tête du canal de l'Ourcq. Celle de Pezénas a en effet 0,240 au lieu de 0,281.

de Jeune Animal.

Enfin, ce qui est tout à fait digne de remarque, la collection possède encore un humérus d'Éléphant, mais d'un très-jeune animal, sans ses deux épiphyses. Aussi n'a-t-il que 0,28 de longueur et est-il comme écrasé.

Nous ne sommes pas aussi heureux pour les os de l'avant-bras que pour celui du bras.

Radius.

M. Cuvier n'a pas vu de radius : il n'en existe pas encore dans nos collections.

par M. Tilesius.

M. Tilesius est donc le seul paléontologiste qui ait pu en observer un sur le squelette entier de Sibérie. Malheureusement il se borne à nous apprendre qu'il avait trente-deux pouces anglais de long, et que son extrémité inférieure, comprise avec celle du radius, en avait douze de large.

M. Nesti.

M. Nesti figure un radius entier du val d'Arno (*loc. cit.*, p. 207, f. 8), mais il se borne à en dire qu'il a la plus grande ressemblance avec celui de l'Éléphant des Indes.

Cubitus, des bords du Pô.

Pour le cubitus, nos collections en possèdent un presque entier, si ce n'est à l'extrémité inférieure, et que M. Faujas de Saint-Fonds avait rapporté des bords du Pô. M. Cuvier, qui le connaissait, l'a figuré dans son mémoire, en se bornant à en rapporter les dimensions. Le fait est qu'il est extrêmement remarquable, non pas par sa longueur, qui ne dépasse peut-être pas celle du cubitus de notre plus grand squelette d'Éléphant, mais par sa forme proportionnellement raccourcie, presque droite, fortement triquètre et qui s'éloigne beaucoup de celle du cubitus des deux espèces d'Éléphants vivants. Aussi ne serais-je pas étonné que cet os eût appartenu à un Éléphant mastodonte.

Peut-être d'Éléphant Mastodonte.

En le comparant en effet avec son analogue dans le squelette presque entier du mastodonte de M. Lartet, je trouve qu'il a beaucoup de ressemblance avec lui par sa grande épaisseur, la saillie prononcée de ses trois angles, la concavité et la largeur de sa face antérieure, l'inégalité de la proportion des deux lobes antérieurs de son trèfle articulaire huméral. Cependant la forme de sa tubérosité olécranienne ressemble davantage à ce qui a lieu dans nos Éléphants.

du val d'Arno. Une tête supérieure de cubitus provenant du val d'Arno et de même taille que son analogue dans la pièce précédente, me paraît pouvoir décider la question que l'un et l'autre proviennent sans doute d'Éléphants, à cause de la proportion des deux lobes du trèfle plus subégaux, et du mouvement de la racine de l'olécrane, beaucoup moins brusque.

par M. Nesti. M. Nesti a rapporté à son *Elephas meridionalis* (*loc. cit.*, p. 209) un cubitus bien entier qu'il a figuré, f. 9, en disant que, malgré sa ressemblance avec celui de l'Éléphant de l'Inde, la face externe est plus large et l'olécrane plus épais, plus vaste, et que la tête inférieure est également plus épaisse.

d'Auvergne. Il en est de même des trois quarts supérieurs d'un radius de la collection, provenant d'Auvergne : par sa brièveté, sa forme grande, ramassée, triquètre avec les angles prononcés, la disproportion des deux lobes antérieurs du trèfle articulaire, il me semble avoir de nombreux rapports avec le cubitus du mastodonte de Sansans; mais l'angle antérieur, en se prolongeant inférieurement en une crête qui se projette en dedans d'une manière toute particulière et que je ne connais dans aucune espèce d'Éléphant, me laisse également dans le doute, à moins que ce ne puisse être un effet d'écrasement.

de patrie inconnue. Nous possédons encore une portion supérieure de cubitus, provenant de l'ancien cabinet de l'Académie des Sciences, sans indication d'origine, tronquée dans toute sa partie supérieure, si ce n'est dans le lobe le plus long des deux antérieurs du trèfle articulaire, et qui me paraît ressembler davantage à un Éléphant lamellidonte qu'à un mastodonte.

Os de la Main. Les autres os des membres antérieurs, c'est-à-dire ceux de la main, ont été trouvés quelquefois fossiles.

Du Carpe. Deux semi-lunaires du carpe, l'un gauche provenant des environs d'Abbeville, l'autre droit du cabinet de Targioni Tozzetti à Florence.

Un cunéiforme;

Un unciforme;

Un trapézoïde.

Du même côté et du même cabinet: Du Métacarpe.

Trois métacarpiens,

L'un de l'annulaire gauche, du célèbre dépôt de Romagnano dans le Vicentin;

L'autre du médian, provenant du val d'Arno;

Le troisième du petit doigt.

J'ai vu moi-même tous ces os dans la collection du Muséum, et de plus: Examinés.

Un fragment de sémilunaire, de l'hôpital Necker;

Un moule en plâtre d'un scaphoïde du val d'Arno, probablement de celui qui est figuré par M. Nesti, *loc. cit.*, f. 12;

Un pisiforme également moulé en plâtre et de la même localité;

Un fragment de pisiforme gauche de l'hôpital Necker, plus petit, mais de même forme que celui du val d'Arno;

Trois grands os, dont un moulé en plâtre provenant aussi du val d'Arno, cité par M. Nesti, *loc. cit.*, p. 211;

Deux autres, l'un droit et l'autre gauche, de l'hôpital Necker, et tout semblables à ceux d'*Asia.*

Deux unciformes, l'un en nature et l'autre en plâtre.

Mais j'avoue qu'après les avoir examinés et mesurés soigneusement et comparativement avec leurs analogues dans le squelette d'*Asia*, le plus grand de notre collection, je n'ai pu trouver de différences caractéristiques, si ce n'est quelquefois dans la grandeur; mais plusieurs fois aussi sans qu'il y en eût, même sous ce rapport. Conclusions.

Je dois cependant citer comme sortant tout à fait des limites un semilunaire gauche dont nous n'avons que le moule (1), provenant de M. de

(1) Cet os est peut-être de Dinotherium comme le fémur et le calcanéum dont il va être question.

Keferstein et qui a 0,167 de largeur, tandis que celui d'*Asia* n'en a que 0,104, c'est-à-dire près d'un tiers de moins. Aussi ce dernier Éléphant ayant eu neuf pieds de haut, le fossile devait en avoir au moins douze.

Membres postérieurs. Os innominé. par Camper. Pour les membres postérieurs, l'os innominé a pu être examiné d'abord par P. Camper, qui en a figuré un mutilé dans les Mémoires de Harlem, t. XXIII.

M. G. Cuvier. M. G. Cuvier a pu l'étudier en outre sur un bassin entier, quoique mutilé, du cabinet de Darmstadt, qu'il a figuré sur des dessins réduits qui lui en ont été envoyés, et d'après un fragment d'iskion rapporté d'Italie par M. Faujas de Saint-Fonds.

Les différences qu'il croit avoir remarquées consistent dans plus de grandeur proportionnelle du diamètre antéro-postérieur, et en ce que les trous ovalaires sont plus grands que les fosses cotyloïdes.

A quoi il a ajouté, d'après le fragment rapporté par M. Faujas, comme caractère distinctif, une fosse assez profonde à la partie supérieure de l'os entre le bord de la fosse cotyloïde et le bord interne de l'iskion.

M. Nesti. M. Nesti (p. 21) en décrit un des plus grands ayant 1,76 de largeur totale, et 0,200 pour celle de la cavité cotyloïde, ce qui, suivant lui, indique un animal de dix-neuf pieds de hauteur : il le compare avec celui de l'Éléphant de l'Inde, mais nullement avec celui de l'Éléphant de Sibérie.

J'ai observé aussi la pièce du cabinet de M. Faujas, et voici ce que j'ai vu.

par Moi décrit. Ce fragment qui semble tiré d'une rivière, à en juger par sa couleur d'un gris-brun sableux, ne consiste qu'en la branche postérieure de l'iléon et la branche supérieure de l'iskion, ce qui permet de reconnaître d'abord une bien plus grande taille, ensuite que la cavité était sans doute plus étalée et surtout la branche iskiatique plus large et plus plate. La disposition de l'échancrure pour le passage des vaisseaux m'a paru avoir plus de rapport avec ce qui existe dans les Éléphants mastodontes, en ce que le lobe externe de la facette articulaire déborde moins l'autre, mais l'indice restant de la tubérosité iskiatique est au contraire plus large, plus aplati et plus semblable à ce qui existe dans les Éléphants.

Le fémur, à cause de sa masse, est un os de l'Éléphant fossile que l'on rencontre le plus souvent (1). Fémur.

Daubenton, en décrivant celui que Delille avait rapporté de Sibérie dans la collection du Muséum, et qui avait été trouvé avec l'humérus dont il a été parlé plus haut, avait déjà très-bien remarqué, en le comparant avec celui de l'Éléphant d'Afrique dont il avait le squelette sous les yeux, qu'il était à proportion plus long : ce qu'il attribuait à l'âge. par Daubenton.

M. Cuvier, qui a pu examiner cet os ainsi que l'extrémité inférieure de plusieurs autres, pense avoir trouvé un caractère propre à distinguer le fémur de l'Éléphant fossile dans l'étroitesse de la rainure qui sépare les deux condyles en arrière. M. Cuvier.

M. Nesti, qui avait pu en observer deux dans le cabinet du grand-duc, l'un entier de 1,400, n'a remarqué d'autre différence avec celui de Sibérie, si ce n'est qu'il n'a pas trouvé dans ce qu'il nomme l'*incisura* le grand rapprochement des condyles. M. Nesti

Le fémur de la collection manque de son épiphyse supérieure : il est en effet, comme l'avait très-bien vu Daubenton, proportionnellement plus épais, plus robuste et plus large pour sa hauteur, que celui des Éléphants vivants, mais bien moins que dans les Éléphants mastodontes, et de plus, le rudiment du troisième trochanter descend plus bas, comme dans l'Éléphant d'Afrique. En outre, ainsi que l'a dit M. Cuvier, les deux condyles se touchent presque en arrière, tant ils sont rapprochés ; mais leur inégalité n'est pas moindre que dans cette espèce, au contraire de la poulie qui n'est pas oblique, comme dans l'Éléphant d'Asie. par Moi décrit, celui de Sibérie.

Nous possédons un autre femur provenant du val d'Arno, également sans son épiphyse supérieure, mais qui du reste est fort complet. Il res- du val d'Arno.

(1) Pallas en avait cinq entiers?

semble certainement davantage à celui de l'Éléphant d'Afrique, quoiqu'il soit plus large et moins grêle, et surtout plus concave du côté interne et plus convexe à l'externe. Son troisième trochanter est presque effacé, ne formant qu'une sorte de crête à peine saillante; son petit trochanter est fort haut et assez bien indiqué; sa poulie rotulienne est assez bien comme sur le fémur de Sibérie, ses condyles moins inégaux, un peu moins que dans *Asia*, mais plus rapprochés, quoique moins que dans l'Éléphant de Sibérie, avec lequel, en définitive, ce fémur du val d'Arno a plus de rapport qu'avec tout autre.

D'un lieu inconnu.

J'ai trouvé bien de la ressemblance avec ce fémur du val d'Arno, dans un autre fémur droit de la collection, mutilé dans ses épiphyses supérieures et inférieures. Il est seulement un peu plus étroit dans son corps, et proportionnellement plus large à ses extrémités, ce qui tient sans doute au jeune âge.

J'ignore d'où il provient.

d'Eppelsheim.

Mais le plus remarquable des fémurs d'Éléphants dont nous ayons à parler, est celui provenant d'Eppelsheim et dont la collection possède un moule malheureusement assez mauvais, en plâtre et d'après un os qui paraît avoir été un peu éerasé, et même mutilé aux deux extrémités, surtout à l'inférieure. On y reconnaît cependant fort bien la forme genérale d'un fémur d'Éléphant lamellidonte, faiblement courbe, un peu concave en dedans et légèrement convexe en dehors, même un peu tranchant, comme dans le fémur de l'Éléphant de Sibérie. Sa longueur malgré sa fracture inférieure, est de 1,50, ce qui est proportionnel à un animal de la taille de treize pieds environ (1).

Des fragments supérieurs.

Notre collection possède encore plusieurs fragments de fémurs d'Éléphants, trop incomplets pour qu'il soit possible de déterminer l'espèce, mais que nous croyons devoir énumérer à cause des localités:

(1) Mais comme on n'a pas encore trouvé de restes d'Éléphants véritables dans cette localité, cet os appartiendrait-il à un Dinotherium? Nous y reviendrons à l'article de ce dernier. Ce fémur et le calcanéum, indiqué plus bas, sont rapportés par M. Kaup à son *Mastodon longirostris*

de Charenton.

1) Un fragment du corps d'un fémur, trouvé à Charenton avec des dents d'Éléphants lamellidontes, et qui a tous les caractères de celui de l'Éléphant fossile, dans la position du troisième trochanter, dans la forme large et plate du côté interne.

d'Auvergne.

2) Un fragment comprenant le grand trochanter et une partie même du corps de l'os du côté droit, indiquant un animal de haute taille, et provenant d'Auvergne.

3) Plusieurs têtes épiphysées de tailles différentes.

d'Angleterre.

La plus grande, de 0,230, venant du Crag d'Angleterre, noire et lithoïde tant elle est pesante, sans doute par une imprégnation ferrugineuse;

de Tatarie.

Une seconde de 0,230 est au contraire très-légère et vient du pays des Tatars-Nogais, d'où elle a été envoyée par M. le général Maison, alors au service de la Russie.

de Soute.

Une troisième, de 0,180, a été trouvée dans une sorte de dépôt à Soute, versant de la Charente inférieure. Elle est presque comme si elle provenait du squelette d'un Éléphant non fossile.

de Charenton.

Deux autres viennent de Charenton; elles sont aussi à l'état d'os enterrés et n'ont, l'une que 0,171, l'autre que 0,160; elles ont été recueillies dans les fouilles faites pour l'établissement des fortifications;

inférieurs.

4) Plusieurs têtes inférieures:

La plus considérable de toutes, ayant 0,270 de largeur en dehors des deux condyles, porte encore une partie inférieure du corps de l'os du côté droit. Les condyles sont subégaux, et la largeur de la poulie rotulienne est de 0,140, n'étant que de 0,110 dans notre plus grand fémur de Sibérie.

de la Russie méridionale.

Cet os est couvert de traces de balanes, peut-être récents, provient d'Odessa et a été trouvé dans le Bog, à son embouchure dans la mer d'Azof, par M. Raynaud.

de Grenelle.

5) Une épiphyse inférieure donnée à la collection par M. Courtois qui l'a trouvée dans la plaine de Grenelle. Elle est remarquable par sa grande légèreté. Ses condyles sont encore subégaux, mais assez éloignés

de se toucher. Sa grosseur indique un animal d'un sixième plus grand qu'*Asia*.

de Sibérie. 6) Une autre épiphyse inférieure de fémur droit rapporté de Sibérie par Delisle offre aussi une subégalité des condyles; mais ils sont presque contigus, comme M. C. Cuvier l'a reconnu dans l'Éléphant de Sibérie.

Tibia. Le tibia de l'Éléphant fossile paraît se trouver assez souvent; Pallas en cite plusieurs dans la collection de Saint-Pétersbourg.

par M. G. Cuvier. Le Muséum ne possédait pas cet os lorsque M. G. Cuvier a publié la seconde édition de son mémoire, et ce qu'il en a dit reposait sur le dessin d'un échantillon du cabinet de Stuttgard, et sur l'observation d'un second qu'il avait vu dans la collection de Florence. Il put cependant trouver à cet os le caractère distinctif d'être notablement plus épais même que celui de l'Éléphant des Indes.

M. Nesti. M. Nesti (p. 210), outre le tibia observé par M. G. Cuvier dans le cabinet de Florence, en cite un second plus petit et proportionnellement plus grêle, et un troisième de la collection du comte Bardi, du reste sans comparaison.

décrit par Moi. Aujourd'hui notre collection possède un grand fragment (les deux tiers supérieurs) d'un tibia énorme du val d'Arno, et qu'elle doit à M. l'abbé Ranzani. La forme de son corps, quoique plus robuste ou moins grêle que dans celui des Éléphants vivants, offre comme chez eux sa crête remplacée par une profonde excavation d'insertion musculaire; mais ses deux condyles sont bien moins dissemblables, bien plus égaux, plus également arrondis. La surface articulaire fémorale a 0,280 dans le sens transversal et 0,170 seulement dans le sens opposé.

Péroné du Montferrat. Le péroné ne nous est connu que par son extrémité inférieure trouvée dans le Montferrat et que notre collection doit à M. de Spinola, noble génois et entomologiste distingué. Ce fragment, qui a bien tous les caractères de son analogue dans l'Éléphant d'Asie, avec un peu plus d'adoucissement dans les angles et plus de profondeur dans les fosses d'attache ligamenteuses, est surtout remarquable par ses grandes dimensions en rapport avec celles de l'énorme omoplate du val d'Arno, dont il a été parlé plus haut.

Pallas n'a pas vu de péroné provenant de Sibérie, non plus que M. Eichwald provenant de la Pologne. M. Tilesius qui n'a connu que celui du squelette entier de Sibérie, lui donne vingt-huit pouces anglais de longueur, mais il ne dit rien de sa forme. D'après la figure de la jambe il semble que cet os était plus arqué que dans les Éléphants vivants. de Sibérie.

Si le péroné est au nombre des os rares d'Éléphants fossiles, ce qui se conçoit à cause de sa gracilité relative, il n'en est pas de même des calcanéums et même des os du tarse en général. Des Os du Tarse.

Daubenton, Pallas paraissent cependant n'avoir pas observé d'astragale. M. Tilesius n'a pu voir celui du squelette rapporté par Adams, parce que tout le pied était encore enveloppé de parties tégumentaires; mais M. G. Cuvier a été plus heureux; il en a en effet pu étudier un en nature donné à notre collection par M. Miot, et un autre en dessin, appartenant à la collection de Stuttgard; il n'a pu du reste y remarquer aucun caractère différentiel. Astragale. par M. Cuvier.

Nos collections possèdent toujours l'astragale du val d'Arno dont il vient d'être parlé; mais depuis lors, le squelette trouvé à l'hôpital Necker nous en a fourni un second du pied gauche, et qui, quoique plus grand de quelques millimètres que celui d'*Asia*, nous a présenté absolument les mêmes caractères que cet os dans l'Éléphant des Indes. par Moi. de Paris.

On peut en dire autant de deux autres fragments de ce même os, l'un du côté gauche, venant d'Abbeville, ainsi qu'un calcanéum dont il va être parlé; l'autre d'Auvergne, ayant aussi la facette articulaire inférieure indivise. d'Abbeville. d'Auvergne.

Daubenton, Pallas, Tilesius, ni même M. Cuvier n'ont pas vu de calcanéum. Notre collection en possède aujourd'hui au moins six de pays différents. Calcanéum par Moi.

a) L'un du pied droit, provenant de l'hôpital Necker, léger, poreux; sa moitié postérieure, la seule un peu complète, ayant tous les caractè- de Paris.

res de cet os dans le squelette d'*Asia*, avec un peu plus de grandeur.

d'Abbeville. b) Un second provenant des environs d'Abbeville, également poreux et fort léger, de la taille environ de celui d'*Asia*, m'a paru avoir un peu plus de brièveté et moins de compression de la tubérosité, et par conséquent un peu plus voisin de celui des Éléphants mastodontes.

d'Auvergne. c) Un troisième d'Auvergne, du côté droit, rentre aussi dans la forme de celui des Éléphants lamellidontes, par la largeur et la compression de l'apophyse; mais la facette articulaire interne est encore plus saillante en dedans, et le tubercule interne est entièrement confondu avec le postérieur sans séparation.

du val d'Arno. Un des plus grands que possède la collection est le moule en plâtre d'un calcanéum du val d'Arno : il est du pied gauche et porte 0,200 de largeur transverse, au lieu de 0,115 qu'a celui d'*Asia*. Toutes ses parties sont dans une exagération proportionnelle, mais assez bien dans les mêmes formes. Les facettes articulaires supérieures et l'intervalle ligamentaire sont cependant un peu plus triangulaires.

d'Auvergne. Je trouve les mêmes observations à faire sur un autre calcanéum d'Auvergne, du pied droit, poreux et alluvial. Il n'a que 0,190 de large.

d'Eppelsheim. Un calcanéum d'Eppelsheim dont nous n'avons qu'un moule en plâtre, et dont le diamètre transverse est de 0,225, m'a semblé un peu plus large, plus étalé dans son corps; son apophyse a son col plus long et plus étroit, la tubérosité elle-même est notablement plus courte, moins étendue, le tubercule inférieur plus petit, plus limité, moins séparé de la tubérosité (1).

Scaphoïde. de Paris. Je n'ai vu du scaphoïde du pied de l'Éléphant fossile qu'un seul échantillon du même côté gauche que l'astragale et le calcanéum cités plus haut, et provenant du squelette trouvé à l'hôpital Necker. Je n'y ai pu trouver rien de particulier.

(1) Nous ferons ici la même observation que pour le fémur dont il a été parlé plus haut. Cet os n'appartiendrait-il pas au Dinotherium?

Cunéiformes et Cuboïde.

La collection possède aussi un second cunéiforme et un cuboïde, l'un et l'autre blancs, poreux, alluviaux, provenant de Champigny, département de l'Oise. Ils ont la même forme que dans *Asia*, mais plus grands. Le cuboïde, par exemple, dans la proportion de 0,120 à 0,105.

Phalanges.

Je ne connais aucun auteur qui ait parlé de phalanges d'Éléphant trouvées à l'état fossile, et je n'en ai pas moi-même encore rencontré dans les collections de Paris. Il y en avait sans doute dans le squelette trouvé par Adams; mais la peau les recouvrant, M. Tilesius n'a pu les décrire.

Système dentaire.

Dans l'examen des os du squelette de l'Éléphant fossile désigné généralement sous le nom de Mammouth ou d'*Elephas primigenius*, nous avons plus particulièrement insisté sur les différences qu'ils peuvent présenter quand on les compare avec leurs analogues dans l'Éléphant d'Asie; voyons maintenant à porter notre étude sur le système dentaire.

Incisives. Défenses. En général.

Les incisives ou défenses, si communes en Sibérie où elles sont souvent si bien conservées, qu'elles peuvent alors entrer dans le commerce de l'ivoire, sont en effet les parties du système dentaire qui ont été le plus fréquemment recueillies, plus souvent cependant en fragments qu'entières.

variables. de courbure. de direction.

Toutefois, aucun paléontologiste, même des plus récents, n'a pu y reconnaître des différences assez fixes pour devenir spécifiques. On s'est borné à remarquer qu'elles sont en général plus grosses et plus longues que dans les espèces vivantes; ce qui se trouve en rapport avec la grandeur et la longueur des os incisifs; et de plus qu'elles se courbaient assez souvent en dessus, en se déjetant en dehors; et quelquefois même qu'elles arrivaient jusqu'à se tordre presque en portion de tire-bouchon, par suite d'anomalies variées, telles qu'on en rencontre encore quelquefois dans les défenses de nos Éléphants vivants.

de longueur. de grosseur. de proportions suivant les sexes.

Comme on en a recueilli de longueur, de grosseur, de proportions entièrement différentes, on a pu croire avec raison que les unes provenaient d'individus mâles, les autres d'individus femelles, et quelques-unes même de jeunes sujets; ce qui se conçoit fort bien, puisque nous avons pu reconnaître des différences de même sorte dans plusieurs des os du squelette.

de la collection du Muséum.

La collection du Muséum possède un certain nombre de défenses ou de fragments de défenses, de grandeurs et de proportions, d'état de conservation et de lieux très-différents.

la plus grosse de Rome.

La plus grande est certainement celle dont quatre fragments formant une longueur de cinq pieds, ont été rapportés de Rome par MM. le duc de La Rochefoucault et Desmarest père, puisque son diamètre à la base est de huit pouces (1); ce qui peut faire supposer qu'elle avait en totalité huit à dix pieds au plus.

la plus petite de Paris.

La plus petite me semble être celle de l'hôpital Necker, quoiqu'elle se soit trouvée avec une sixième molaire, ce qui tend à prouver que c'était un individu femelle.

d'état de conservation, en Sibérie.

Celles dont la conservation est la plus parfaite nous ont été rapportées de Sibérie en 1744 par l'astronome Delille, auquel nos collections doivent encore aujourd'hui tout ce que nous possédons de fossiles de ce grand versant à la mer Glaciale. Cette conservation est telle que le tissu de la dent est certainement plus dur, plus serré que celui des meilleures défenses de l'Éléphant d'Afrique, comme on peut s'en assurer d'après une préparation dont a parlé Daubenton sous le n° MVI de sa description du cabinet du Roi (Buffon, t. XI, p. 157), et que possède la collection.

dans l'Europe méridionale.

Ordinairement les défenses trouvées dans l'Europe méridionale, et surtout à peu de profondeur dans la terre et dans certaines alluvions, sont passées à l'état crétacé, happant à la langue, décomposées en couches concentriques et plus ou moins écartées, ce qui contribue souvent à en augmenter le diamètre d'une manière artificielle ; la plus belle de ce genre qui se trouve dans la collection provient des environs de Rome, comme il a été dit plus haut.

(1) Mais il faut remarquer avec M. Faujas de Saint-Fonds, Géolog., I, p. 300, que ce diamètre est bien augmenté par l'exfoliation avancée qu'elle a éprouvée, et qu'en effet les défenses de l'E. fossile de Sibérie étant intactes, sont bien loin d'atteindre une si grande taille. Tout ce que dit à ce sujet M. Faujas, me paraît fort judicieux.

Enfin notre collection possède une de ces singulières défenses longues, grêles, tordues lâchement en tire-bouchon, provenant de Sibérie sans doute, et dont un exemplaire a été mentionné et figuré par Grew, dans sa description du Muséum de Gresham, p. 31, pl. 4, et par P. Camper dans sa description d'un Éléphant mâle, p. 155, pl. 22, fig. 4 et 5. anomale, en tire-bouchon.

Nous n'en possédons pas de jeunes, mais nous avons dit plus haut que Targioni Tozzetti en cite une qui n'avait que onze pouces de longueur, sur deux pouces un quart de diamètre, et M. le professeur Nesti donne aux alvéoles des défenses non encore sorties sur un crâne de fœtus de la collection de Florence, 0,113 de longueur, c'est-à-dire quatre pouces seulement. de jeune âge.

Les dents molaires de l'Éléphant fossile sont encore bien plus nombreuses dans les différents cabinets d'histoire naturelle d'Europe, comme on peut le reconnaître d'après l'énumération que nous avons donnée plus haut de tous les lieux où l'on a trouvé des ossements fossiles d'Éléphants. Molaires. En général.

La plupart sont isolées; mais il en existe, et même en assez grand nombre, qui sont encore en place, implantées dans les mâchoires. isolées et non isolées.

Beaucoup de ces molaires sont en bon état de conservation, encore entourées de leur croûte cémenteuse : ce sont celles de la Sibérie et du nord de l'Europe; mais la plupart de celles de ses parties méridionales sont plus ou moins altérées et comme calcinées. bien ou mal conservées.

Il n'est pas besoin de dire qu'on en rencontre à peu près à tous les degrés d'usure, moins généralement cependant aux derniers qu'aux premiers et aux intermédiaires. à tous les degrés d'usure.

Il en est peut-être de même pour chaque numéro de dents supérieures et inférieures. Cependant il paraît à peu près certain que les quatrièmes et les cinquièmes sont bien plus fréquentes peut-être que les sixièmes, mais certainement que les trois antérieures. supérieures et inférieures, les postérieures plus que les antérieures.

Le cabinet de géologie en renferme un fort grand nombre, et surtout de celles qui ont été recueillies en France.

leur structure générale.

Nous avons vu dans le coup d'œil historique sur la Paléontologie de ce genre que Merck avait le premier remarqué que les dents molaires de l'Éléphant fossile sont composées d'un grand nombre de lamelles minces et à bords droits, et que M. Blumenbach avait fait entrer cette observation dans la caractéristique de son *Elephas primigenius*, ce qui avait été adopté par M. G. Cuvier, et après lui par tous les paléontologistes.

Différences dans le nombre des lames.

Toutefois, éclairé par des observations plus nombreuses, à la suite de la critique de ce caractère par Adrien Camper, qui fit voir que l'on trouvait sous ce rapport des différences considérables entre des molaires indubitablement fossiles, différences dont on s'est servi plus tard pour former des espèces, M. Cuvier reconnut que la minceur des lames, et par conséquent leur nombre dans une étendue donnée, était sujette à varier. C'est ce que reconnut également M. Nesti.

plus marquées sur les dernières.

non constant.

Les collections du Muséum en renferment un assez grand nombre pour que, aidé par les figures et descriptions qui ont été données, nous ayons également pu nous convaincre que, si plus généralement peut-être les cinquièmes et sixièmes dents fossiles sont composées de lames plus minces et plus nombreuses que ces mêmes dents chez l'Éléphant d'Asie, cela n'est certainement pas constant; qu'on en a dont les lames sont évidemment larges ou épaisses, et qu'entre les extrêmes on trouve des intermédiaires.

En particulier.

Supérieurement.

a) *Supérieurement.*

Première

La collection ne possède pas de première molaire fossile.

Seconde.

Elle ne possède pas davantage la seconde, du moins en place, car nous lui rapportons trois dents détachées :

1) Une gauche de sept lames, à lames entamées et assez régulièrement et finement festonnées, avec racines bien formées en deux faisceaux, venant de Fouvent;

2) Une autre (moulée en plâtre) du val d'Arno et du cabinet de Targioni Tozzetti, de six lames assez larges et assez distantes sur une cou-

ronne bien distincte et pouvant être rapportée à l'*E. meridionalis* de M. Nesti;

3) La dernière incomplète, plus petite, trouvée à Amiens par M. le docteur Rigolot.

Troisième droite de Fouvent.

Mais il n'en est pas de même de la troisième. Nous en avons une du côté droit, trouvée à Fouvent, versant à la Saône, dans une excavation de rocher, et donnée à la collection par M. Lefebvre de Morey. Elle est formée de onze collines médiocrement et presque horizontalement entamées, portées sur un corps radiculaire bien formé de ses trois parties principales.

Quatrième de même lieu.

Nous avons également pu examiner une quatrième qui très-probablement vient aussi de Fouvent : elle nous est parvenue par la voie du ministère de l'instruction publique. Sa forme générale est ovale, un peu plus large en avant qu'en arrière, formée de quinze collines un peu obliques dans ce même sens, séparées profondément mais ensuite réunies par de véritables racines disposées comme dans les précédentes (1).

Un plâtre d'une dent trouvée à Weimar, et envoyée par Goëthe, indique aussi une quatrième.

Cinquième de Varsovie.

La cinquième fossile est assez rare dans nos collections. Nous en possédons un bel échantillon du côté droit des environs de Varsovie sur la Vistule, remarquable par sa grosseur, assez entamée dans son angle antérieur, comprenant les onze premières collines, les premières sinueuses et les dernières en îles et en anneaux; elle est composée en tout de dix-huit à dix-neuf lames, fort hautes, médiocrement larges, avec interstices étroits.

Une autre.

Une autre un peu plus avancée, faisant partie de la collection de M. Duhamel de Namvilliers et dont nous possédons un moule en plâtre, est

(1) C'est au sujet d'une dent de ce rang que M. Eichwald, *loc. cit*, p. 605, fait l'observation que la face externe est convexe et l'interne plane concave ou même concave au milieu, contrairement à ce que M. G. Cuvier a dit (Ossem. foss., I, p. 44), peut-être par faute d'impression. Le fait est que la différence entre les deux côtés est en général peu marquée.

formée de quatorze collines seulement, dont neuf sont entamées et fort obliques à la couronne. Ses collines sont du reste assez épaisses et ses racines commencent à se former.

Malgré la brièveté de cette dent, il est cependant impossible de ne pas la considérer comme une cinquième.

Sixième. Enfin la sixième maxillaire est peut-être plus commune au Muséum que la cinquième.

de Servie. La plus belle que nous possédons a été envoyée par M. le docteur Boué, comme provenant du Los de la Morowa en Servie. Elle est en plein rapport, ayant déjà quinze collines d'entamées et dix qui ne le sont pas, ce qui fait vingt-cinq en tout, formant une longueur totale de 0,33. Du reste elle ne diffère en rien de son analogue dans l'Éléphant d'Asie : elle est peut-être cependant un peu plus épaisse.

inférieurement. b) *Inférieurement.*

Première. La première ne m'est pas connue (1).

Seconde. La seconde au contraire est représentée dans notre collection par trois échantillons.

Libre. décrite. Un premier, malheureusement un peu roulé et dont nous ne connaissons pas l'origine, ovale, un peu plus large en avant qu'en arrière, est composé de huit collines dont dix seulement sont entamées, avec un système radiculaire, probablement comme dans les espèces vivantes, ainsi qu'on peut le croire d'après ce qui en reste.

Germe. Un second n'est qu'un germe du côté droit, encore sans commencement de racines, mais sa couronne entamée presque horizontalement, est formée aussi de huit collines.

Autre du Texas. Le troisième échantillon est plus intéressant, d'abord à cause de son origine, puisqu'il vient du Texas d'où il nous a été rapporté par M. Le Clerc, et ensuite parce qu'il semble indiquer quelque chose de particulier.

(1) A moins que la dent du *Cymatotherium antiquum* ne puisse être considérée comme telle, quoiqu'elle n'ait qu'une racine.

Cette dent existe, encore contenue dans son alvéole, à peine perçant la gencive, sur une petite mandibule du côté gauche. Sa forme subdidyme, plus étroite en avant qu'en arrière, rappelle assez son analogue dans l'Éléphant d'Afrique. Elle est du reste composée de sept à huit collines fort minces, multi-mamelonnées à leur tranche large et arrondie, bien plus que dans le second échantillon. engagée. décrite.

Nous possédons la troisième d'une manière certaine sur un côté presque complet d'une petite mandibule, où elle est entre un reste très-petit de la seconde et l'alvéole de la quatrième; puis deux échantillons séparés, l'un dont l'origine et le gisement nous sont inconnus, l'autre qui a été trouvée dans une sablonnière à Vaugirard, en 1826, par M. Bonvin qui l'a donnée à la collection. Troisième. engagée. libre.

Notablement plus forte que la précédente, sa forme est ovale, assez régulièrement usée à la couronne, offrant onze ou douze collines minces, subégales, séparées par des interstices de cément plus larges qu'elles, avec des racines encore bien distinctes, et formées comme à l'ordinaire d'une antérieure, de deux moyennes, et d'une postérieure bien plus grosse pour le tiers postérieur des lames. décrite.

La quatrième dent molaire de la mandibule nous est bien mieux connue dans l'espèce fossile que dans les espèces vivantes. En effet la collection en possède au moins quatre, deux en place et deux isolées. Quatrième en place.

La première de celles qui sont encore en place se trouve dans la petite mandibule sur laquelle nous venons de décrire la troisième, mais en grande partie encore cachée dans son alvéole (1). premier échantillon.

Il n'en est pas de même du second échantillon : il est aussi sur une petite mandibule un peu plus grande et surtout plus complète que la précédente, puisqu'elle a ses deux côtés. La troisième ayant complétement disparu, la quatrième est à son état intermédiaire. Notablement plus grande que la précédente, sa forme est presque régulièrement ovale, médiocrement allongée. Quoique n'étant encore entamée que deuxième, décrit.

(1) Il a déjà été question de cette dent à son rang dans le chapitre consacré à l'Odontographie.

dans ses deux tiers antérieurs, on reconnaît aisément qu'elle est formée de quinze à seize collines enveloppées de cément et portées par une racine unique et étroite en avant, fort considérable et indivise en arrière, l'intermédiaire étant cachée dans l'alvéole (1).

Enfin nous citerons encore les quatrièmes droite et gauche entières, trouvées avec un restant de troisième aux environs de Sens, et portant quinze lames pour 0,17.

séparée. Je rapporte à ce numéro :

de Pologne. 1) Une dent très-pesante, bien entière, du côté gauche, montrant quinze à seize collines, toutes au moins entamées et pourvues de leurs racines comme à l'ordinaire, recueillie en Pologne.

de Toulouse. 2) Les deux tiers antérieurs d'une dent du côté gauche, à l'état presque crétacé et fort détériorée, trouvée dans les environs de Toulouse. Elle n'a plus que les douze premières collines, les postérieures étant indistinctes par altération.

Cinquième séparée. Comme dans les espèces vivantes, c'est la cinquième molaire d'en bas qui se trouve le plus fréquemment à l'état fossile; aussi notre collection en possède-t-elle un grand nombre d'échantillons provenant de localités très-différentes. C'est sur cette dent surtout qu'a porté l'observation de plus de minceur, et par conséquent d'un plus grand nombre de lames composantes dans l'Éléphant fossile de Sibérie que dans l'Éléphant des Indes.

de Soissons. De celles que possède la collection du Muséum et que j'ai pu étudier comparativement, la moins avancée est du côté gauche. Elle vient des environs de Soissons où elle a été trouvée ainsi que la grande défense citée plus haut. De la taille et de la forme de celle de Marguerite, mais peut-être un peu plus épaisse, elle est formée de collines dont huit sont usées également à l'état d'îles, et les autres bordées de denticules; les intervalles des collines sont peut-être un peu moindres, et cependant ces collines occupent le même espace : seize pour une longueur de 0,210.

(1) Cette dent a été décrite *in extensum* à son rang dans l'Odontographie.

A un degré encore moins avancé est une grande partie antérieure de sixième molaire du côté gauche, dont les collines sont plus épaisses, un peu plus encroûtées, les quatre premières entamées, à peine à l'état d'îles, et dix n'occupant que 0,050 dans cette dent, comme dans celle de Marguerite. moins avancée.

Une autre provenant du val d'Arno n'offre que quinze collines par absence de une à deux antérieures et de six au moins en arrière, c'est-à-dire de toute la partie caudale. Les collines sont encore médiocrement épaisses, peut-être un peu plus espacées, et par conséquent plus denticulées à leur bord. du val d'Arno.

Nous en possédons une en place sur les deux côtés d'une mandibule, et qui semble n'être que le développement de la sixième de Romagnano. Elle est en effet fort large et a la couronne en forme d'une très-grosse virgule très-convexe, fort élargie en avant, et prolongée en arrière en une sorte de queue formant un talon de quinze à seize collines, larges et séparées par un cément considérable. engagée.

Une moins usée, des environs de Vienne en Dauphiné, est également du côté gauche, et indique quelque chose de plus fort que le n° 4; mais elle est usée au même degré: elle manque de la moitié postérieure; neuf lames font 0,110. de Vienne, en Dauphiné.

De Rhétel en Champagne, encore contenue dans la mandibule avec la symphyse du côté droit, presque tout à fait semblable au n° 2, sauf le côté. Usée dans sa moitié antérieure, mais complétement avec sa racine antérieure et les autres assez développées; elle est composée de vingt-quatre collines assez étroites, à intervalles égaux, neuf occupant un espace de 0,110. de Champagne.

Enfin la plus avancée de nos sixièmes mandibulaires est une dent du côté droit, formée de vingt-deux collines, peut-être par absence de quelques premières déjà usées; la racine antérieure ayant en effet disparu. Aussi, la dernière seule est à l'état d'îles; ces collines et leurs intervalles sont du reste fort minces, neuf n'occupant qu'un espace de 0,085, et toutes 0,240. la plus avancée.

Elephas meridionalis.

Nesti. Annal. del Mus. di Fiorenze, t. I, p. 9, pl. II, f. 1, 2; 1808. —*Nuov. Giorn. de litt.*, n° 24, nov. et déc., p. 195; 1825.

Par M. Nesti.

La distinction d'une espèce fossile d'Éléphant différente de celle de Sibérie, avec cette phrase linnéenne : *Elefante piccolo a lunghi alveoli delle zanne, a denti con romboidi molto acuti*, est due à M. le professeur Nesti. Elle ne reposait d'abord que sur la considération d'un seul côté de mandibule pourvu de ses dents, et qu'il regardait comme distincte de l'*Elephas primigenius*, par la petitesse de sa taille qu'il compare à celle de nos grands Bœufs, par l'absence de bec à l'extrémité de la mandibule, ce qui lui faisait supposer que les défenses étaient très-longues, et surtout par la forme des lames dont l'usure montrait des rhomboïdes aigus.

D'après une Mandibule

rapportée par M. Cuvier

M. G. Cuvier, dans la seconde édition de son Mémoire en 1821, en cherchant à prouver que l'*Elephas primigenius* n'avait pas la mandibule prolongée en forme de bec, ne crut pas devoir regarder comme appartenant à cette espèce une autre mandibule d'Éléphant décrite par M. Nesti dans le même mémoire, mais figurée pl. I. Bien plus, d'après la comparaison qu'il en avait faite avec les fragments de mandibules du mastodonte à dents étroites, il ne doutait pas que la mandibule dont il était question pl. I dût plutôt avoir appartenu à cette espèce d'Éléphant mastodonte, et cela parce qu'elle est plus bombée latéralement, que son bec est plus long, plus recourbé, s'élargissant davantage dans son milieu que dans aucun Éléphant connu, et que les trous mentoniers sont l'un derrière l'autre comme dans les mastodontes, au lieu d'être l'un au-dessous de l'autre, comme dans les Éléphants proprement dits. Aussi à l'article de son mastodonte à dents étroites, p. 261, se crut-il autorisé à conclure que le mastodonte avait le bec de la mâchoire inférieure dilaté en avant et tronqué; ce qui est fort loin de la vérité, comme nous le verrons plus loin.

à un Éléphant Mastodonte.

Malgré cette observation qui portait seulement sur la mandibule de la pl. I, et non sur l'espèce proposée par M. Nesti, celui-ci est revenu sur ce sujet dans une lettre adressée à M. le professeur Octave Targioni Tozzetti (1), insérée dans le journal italien cité plus haut, et d'après surtout la découverte d'une mandibule semblable à la première et pourvue de dents lamelleuses encore en connexion avec une grande partie de tête; il a pu aisément montrer que celle-ci provenait bien d'une espèce de la section des lamellidontes, ce qui est concevable; mais ce qui l'est moins, c'est qu'il ait voulu en faire une espèce distincte de l'*Elephas primigenius*, sans parler davantage de celle qu'il avait proposée dans son premier mémoire, et que M. G. Cuvier (2me édit., I, p. 165) dit positivement n'avoir rien qui doive la faire regarder comme appartenant à une espèce particulière.

rétablie par M. Nesti,

d'après une nouvelle Mandibule,

Pour appuyer sa manière de voir, M. Nesti ne crut cependant pas devoir prendre en considération les défenses ni même les dents molaires, reconnaissant (p. 203) que pour celles-là il s'est rencontré une grande variété, ces dents pouvant être plus ou moins courbes, plus ou moins ovales, plus ou moins grosses proportionnellement à leur longueur, et bien plus sans rapport absolu avec la grandeur de la tête, mais plutôt avec le sexe. Il en cite même une qui avait une cannelure latérale assez longue et assez profonde.

en s'appuyant, non sur les Défenses,

Quant aux molaires, il reconnaît également que, sans qu'on puisse s'en servir pour établir des espèces nouvelles, le nombre des lames, leur épaisseur, l'élévation des collines d'émail au-dessus de la substance corticale sont des différences purement individuelles et qui dépendent de l'âge, moins minces et moins dures dans les jeunes dents que dans les vieilles.

non sur les Molaires,

Mais M. Nesti insiste surtout et presque exclusivement sur la forme et certaines proportions de la tête et de la mandibule dont il a pu étu-

mais exclusivement sur la forme de la Tête,

(1) *Lettere sopra alcune ossa fossili del Valdarno non peranco descritte.*
Sulla nuova specie di elifanto fossile di Valdarno all' Illustrissimo sign. Dott. Prof. Ottaviano Targioni Tozzetti.

du Front, dier au moins trois échantillons, dont un bien plus complet que l'autre. Les caractères qu'il assigne à la tête sont les suivants :

Une largeur plus grande de la région frontale et pariétale, ce qui lui donne un aspect plus déprimé.

Le bord supérieur un peu échancré et non arrondi et convexe.

La région de la fosse temporale plus dilatée.

Le canal auditif externe plus distant du bord nasal.

La face latérale du canal auditif au vertex et au bord nasal formant la plus grande partie d'un carré dont le centre est à peu près à celui-ci.

De l'Occiput, L'occipital formant comme deux gros tétraèdres dont la base constitue les parties latérales et antérieures du crâne, et dont le sommet tourné vers les condyles avec les faces parallèles, laisse au-dessus de ceux-là un long et profond enfoncement qui va en s'augmentant vers le vertex.

de l'Arcade zygomatique, L'arcade zygomatique faisant un angle de 35° avec le plan sur lequel on place la tête posant sur les molaires.

de la Mandibule, Quant à la mandibule, M. Nesti persiste à donner comme différence spécifique la longueur et la forme du bec qui prolonge la gouttière symphysaire, et que, contre l'opinion de M. G. Cuvier, il montre, avec raison, n'avoir pas pu empêcher la fermeture de la bouche, ce qui est évident.

des autres Os. Les autres os d'Éléphant qui ont été recueillis dans le val d'Arno, et dont plusieurs, à l'imitation de M. G. Cuvier, ont été considérés comme appartenant à l'*Elephas primigenius*, sont rapportés par M. Nesti à son *Elephas meridionalis*; mais je ne vois pas qu'il en ait indiqué les caractères différentiels. Aussi convient-il (p. 211) dans ses conclusions que les os des extrémités ne présentent pas de notables différences.

Ses Conclusions. Malgré cela, celles qu'il a signalées dans le crâne lui paraissent suffisantes pour mettre hors de doute que les ossements d'Éléphants qui se trouvent dans le val d'Arno ont appartenu à une espèce différente de l'*Elephas primigenius*, et qu'elle était d'environ deux tiers plus grande que celle de l'Inde.

M. Nesti crut sans doute devoir lui rapporter tous les ossements d'Éléphants qui avaient été trouvés en Italie, sans cependant faire une mention particulière du squelette presque entier qui avait été découvert quelques années auparavant par M. Cortesi sur le versant du Plaisantin à la rive droite du Pô, à une hauteur considérable au-dessus du niveau de ce fleuve.

Sans faire mention de l'Éléphant découvert par M. Cortesi.

M. G. Cuvier avait parlé de ce squelette comme appartenant à l'*Elephas primigenius*, mais sans discussion; ce qui était assez difficile, M. Cortesi ne donnant aucune description et les figures étant à peine médiocres d'exécution.

E. primigenius par M. Cuvier.

D'après ce que nous trouvons dans l'article des *Saggi Geologici* de ce dernier, ce squelette était à peu près entier, et les os de certaines parties, de la jambe par exemple, en connexion naturelle, sans matière ou gangue interposée. M. Cortesi insiste même, pour prouver son opinion, que le cadavre avait été déposé où se trouvait le squelette, avec les os encore enveloppés de chair, sur la couleur plus ou moins noire et grasse de la gangue. Du reste il n'a pu se procurer entiers qu'un humérus de trois pieds cinq pouces de long et dix pouces de large à la tête supérieure; un fémur de trois pieds huit à neuf pouces, et un tibia de deux pieds neuf pouces, qui ne sont pas figurés.

Décrit. Le Squelette.

Il n'en est pas de même des fragments de la tête.

La Tête.

L'un d'eux, qui consiste en un palais portant de chaque côte deux dents rigoureusement au même degré d'usure, est figuré pl. 6, fig. 1.

Les deux dents sont indubitablement une quatrième et une cinquième.

Les Dents. Supérieurement.

La quatrième, qui est réduite à un fragment de trois pouces et demi de long sur trois pouces neuf lignes de large, n'offre à la tranche que les quatre dernières collines, assez larges et encore plus espacées, usées jusqu'au collet, de manière à ce que les rubans d'émail ne forment plus que des festons rentrants, mais non continus d'un côté à l'autre.

Quatrième.

La cinquième est au contraire assez peu avancée dans son usure; aussi n'offre-t-elle que les cinq premières collines qui soient entamées, en îles

Cinquième.

contiguës, plus en avant qu'en arrière, comme de coutume; le reste mal dessiné, ne formant encore qu'un talon oblique indivis. Suivant M. Cortesi, cette dent avait cinq pouces trois lignes de long sur trois pouces neuf lignes de large.

La Mandibule.

Quant à la mandibule telle qu'elle est représentée fig. 2 de la même planche, en la considérant comme d'un seul côté droit, il serait impossible de se faire une juste idée de l'état des deux dents qui y sont implantées. Mais en la regardant au contraire comme formée de deux fragments analogues, chacun d'un côté différent et mis par erreur bout à bout, tout est expliqué. En effet, chacune des deux dents est également une cinquième au même degré d'usure que sa correspondante d'en haut, et non deux dents du même côté qui seraient en contact par la partie la plus large, et dont le talon non usé serait terminal pour l'une en avant, et pour l'autre en arrière. C'est une disposition que je n'ai jamais rencontrée et qui ne peut même pas avoir lieu, d'après le mode de succession des dents molaires chez les Éléphants.

Les Dents décrites.

Doutes sur leur disposition, par M. Cortesi.

Ce qui doit en outre autoriser à lire ainsi le dessin de M. Cortesi, c'est que lui-même dans sa bonne foi a soin de nous avertir qu'il fallait qu'il y eût quelque chose de brisé et de perdu, car les deux fragments ne se raccordaient pas bien entre eux (1).

Conclusion.

Chacune de ces dents a du reste la même forme, large en avant, un peu courbée et terminée par un talon non encore entamé en arrière, quatre ou cinq des lames antérieures seules étant usées en îles à peine contiguës, comme aux cinquièmes supérieures.

Défense.

Un fragment de défense trouvé avec les os montre aussi que cet Éléphant était de grande taille, puisque ce fragment avait six à sept pouces de diamètre à l'ouverture de la cavité dont la base était creusée.

L'*E. meridionalis*, adoptée par MM. Croizet et Jobert,

La distinction établie par M. le professeur Nesti paraît avoir été adoptée pour la première fois, d'une manière peu tranchée cependant, par

(1) *Questo* (*lato destro*) *si è rotto transversalmente nell' atto dello scavo: ciò che ha cagionato qualche perdita, perchè non si riconosce ne' punti della frattura un esatto incontro*, p. 70.

MM. l'abbé Croizet et Jobert dans leur ouvrage sur l'Auvergne; mais à ce qu'il me semble, plutôt par la structure des dents, dont ils n'ont connu pourtant que des parties peu significatives, que d'après la considération des os, dont ils n'avaient en leur possession qu'un fort petit nombre de fragments. Il est même digne d'être observé que ces Messieurs rapportent à l'*Elephas meridionalis* de M. Nesti une symphyse mandibulaire privée de bec, tandis que celui-ci avait distingué son espèce justement d'après la présence de cette apophyse, et nullement d'après les dents; la considération de celles-ci n'ayant été employée par le professeur de Florence que pour caractériser son *Elephas minutus*.

en y rapportant plusieurs Dents énumérées,

Quoi qu'il en soit, en prenant comme caractère spécifique la largeur des lames, ils doivent rapporter à cette espèce la mandibule base de l'*Elephas minutus* de M. Nesti, l'Éléphant fossile décrit par Cortesi, ainsi que les mâchelières trouvées à Porentrui (Cuv., p. 107 et p. 165 (1), à Romagnano (Cuv., pl. IX, fig. 8), à Monteverde (Cuv., pl. IX, fig. 3) et à Laufen; j'ignore d'après quelle autorité pour cette dernière.

fort douteuse pour Moi,

Je suis assez éloigné de croire que les caractères tirés du crâne et de la mandibule, tels que les a décrits M. le professeur Nesti, soient suffisants pour l'établissement d'une espèce d'Éléphant fossile autre que celle de Sibérie.

même d'après les Molaires,

Je n'ose pas davantage assurer que l'on puisse réellement s'appuyer sur la considération des lames des molaires plus larges et surtout plus espacées, comme on paraît être disposé à le faire pour distinguer l'*Elephas meridionalis*, comprenant alors l'*Elephas minutus* du premier Mémoire de M. Nesti; ce que je puis dire, c'est que la plus grande partie des molaires fossiles d'Éléphants que j'ai vues dans les cabinets d'Italie, m'ont paru appartenir à cette forme, et que la collection du Muséum

(1) M. de Christol a également regardé comme appartenant à l'*E. meridionalis* (*Ann. des Sciences Nat.*, 1835, p. 197), un fragment de mâchoire supérieure, montrant des restes d'une alvéole énorme, des vertèbres, une omoplate, un humérus, plusieurs fémurs, des tibias, un astragale, et plusieurs os du pied trouvés avec des lames de molaires épaisses, dans le bassin de Pezénas.

doit à la générosité de M. le professeur Bourjot une fort belle molaire de cette sorte trouvée en Auvergne, avec une ou deux autres qu'il a probablement encore en sa possession.

Mais je me hâte d'ajouter que M. Lieutaud, chirurgien major de la frégate la Danaïde, commandée par M. de Rosamel, nous a rapporté de Ceylan une dent molaire d'Éléphant vivant qui a certainement ses lames aussi épaisses et aussi espacées que celle d'Auvergne donnée par M. Bourjot, à laquelle elle ressemble même d'une manière étonnante, ainsi qu'à une d'origine inconnue que nous avons fait figurer.

niée par M. G. Cuvier,

En terminant l'histoire de cet *Elephas meridionalis*, je dois dire que M. G. Cuvier, après en avoir scruté une partie des éléments et surtout les dents molaires, dit positivement, I, p. 165 de la seconde édition de son ouvrage :

« Ainsi l'on ne peut pas considérer la minceur des lames comme un caractère de l'Éléphant fossile aussi général que la largeur de ses dents et que les formes de ses mâchoires et de son crâne : » parce qu'en effet les molaires à lames larges ne lui semblaient pas suffisamment et spécifiquement distinctes de celles à lames minces.

au contraire de M. Morren,

M. Morren, au contraire (*Mémoires sur les ossements fossiles d'Éléphants en Belgique*, p. 13, 1834), insistant sur l'apophyse en forme de bec qui termine la mâchoire inférieure, ajoute que tous les naturalistes n'ont plus aujourd'hui qu'une même opinion à cet égard, c'est-à-dire pour en faire une espèce distincte.

M. Harlan,

Nous voyons également encore M. le professeur Harlan (p. 359 de ses *Medical Researches* en 1835) revenir sur ce sujet et croire qu'il y avait deux espèces d'Éléphants dans les États-Unis, parce qu'il y a rencontré des molaires à lames minces et des molaires à lames plus larges et plus espacées, provenant des parties occidentales de Pensylvanie. Le fait est que les trois dents qu'il figure, une cinquième supérieure droite en pleine usure, une troisième supérieure du même côté, bien plus avancée, et une cinquième inférieure droite, ne sont que de simples variétés, celles-ci à lames plus larges que les autres, comme il en existe partout en

Europe. C'est même ce qui a fait dire à M. Eichwald (*loc. cit.*, p. 711) qu'une dent de cette sorte qu'il décrit semblait passer à celles de l'Éléphant d'Afrique. M. Eichwald.

ELEPHAS PROBOLETES.

Fischer { *Bulletin. Soc. Mosc.*, I, p. 275; Ann. 1829.
Mém. Soc. Mosc., I, p. 285.
Act. Mosq., VII, lib. 18, f. 2.

Eichwald { *Naturh. SK. V. Lithuan.*
De Pecorum et Pachyderm. reliq. fossilib., N. Act. Acad. scient. nat. XVII, part. II, p. 604; 1834.

C'est à M. le professeur Fischer de Valdheim qu'est due la proposition de distinguer sous ce nom les dents fossiles qui offrent la particularité d'avoir les lames composantes profondément festonnées, obliquement avancées et saillantes à la surface de la couronne qui est droite. Par M. Fischer.

Elephas dentibus molaribus rectis, laminis elevatis, profundè fimbriatis, obliquè projectis, antrorsum decumbentibus.

M. Fischer n'ayant fait porter sa caractéristique que sur des molaires, dont il a vu deux dans le Muséum de l'Université de Moscou, n'a rien dit des os du squelette; mais M. Eichwald rapporte à cette espèce un certain nombre d'os, les uns trouvés ensemble en Podolie, comme une mâchoire supérieure et une inférieure, un fragment de l'os jugal, trois vertèbres dorsales, un humérus de 2 pouces 7 lignes, deux os métacarpiens, un cunéiforme de la main et un fragment de l'os innominé; les autres trouvés épars en différents lieux de la province et surtout des dents molaires en assez grand nombre et de diverses sortes. M. Eichwald, d'après des Os de Podolie,

M. Eichwald donne une description absolue de ces os, dont il figure même un certain nombre, comme la voûte palatine et la mâchoire inférieure, avec leurs dents (*loc. cit.*, tab. 53, fig. 1 et 2); mais rien dans le texte ni dans les figures ne m'a paru indiquer aucun caractère véritablement spécifique, à moins que de considérer comme tels plus décrits par Lui, n'indiquant suivant Moi, rien de spécifique.

de largeur de la gouttière symphysaire et surtout plus d'épaisseur et d'écartement des lames des molaires. Mais M. le professeur Nesti avait déjà averti, ce que nous avons eu l'occasion de confirmer, que sur certaines dents les collines sont plus épaisses, et le cément s'use beaucoup plus aisément que dans d'autres, et alors les lignes d'émail sont plus saillantes.

ou distinct de l'*E. meridionalis.*

Au reste, en supposant que ces dents indiqueraient une espèce distincte, elles répondent tout à fait à l'*Elephas meridionalis* de M. Nesti.

Elephas campylotes.

Fischer, *loc. cit.*, sans figures.

Par M. Fischer,

C'est encore à M. Fischer que nous devons la proposition de distinguer sous ce nom, qui signifie oblique, une espèce d'Éléphant fossile, d'après la seule considération des dents molaires qui sont subarquées, et dont les lames, qui les forment, sont minces, nombreuses, arquées et peu élevées sur la couronne. Il la rapproche de l'*Elephas mammonteus.*

sur des Molaires,

Ainsi la distinction semble ne porter que sur l'arcure de la dent en totalité et de ses lames, ce qui indique très-probablement des molaires de la mâchoire inférieure et probablement une cinquième.

niée par M. Eichwald,

M. Eichwald a trouvé cette forme de dents sur une mandibule des bords du Bug; mais il ne croit pas que l'arcure des lames puisse déterminer la distinction d'une espèce. Il n'en a vu qu'un exemplaire dans la collection de Moscou, et l'on en ignorait l'origine.

puis acceptée.

Mais plus loin, *loc. cit.*, p. 720, il décrit une cinquième inférieure qu'il attribue à l'*Elephas campylotes* en terminant par ces mots : *Certè differt à dente Elephantis Mammontei.* D'après la description, je ne vois pas en quoi. Ce qui est plus certain, c'est qu'étant composée de dix-huit lames, elle ne peut provenir d'un animal *junioris ætatis*, comme il le dit.

Elephas Kamenskii ou kamensis.

Fischer, *loc. cit.*, p. 276, sans fig.

La proposition de cette espèce repose au moins sur une mandibule trouvée en Sibérie ; mais sa caractéristique ne porte encore que sur ses molaires qui sont subarquées, atténuées aux extrémités, dont les lames peu élevées sont nombreuses et marquées au sommet d'un petit rond; ce qui indique sans doute une sixième inférieure dont les lames commençaient à être entamées en cet endroit, comme paraît aussi le montrer la forme ovale et atténuée de la dent à ses deux extrémités.

Par M. Fischer, d'après des Molaires.

Elephas panicus.

Fischer, *loc. cit.*, p. 315.

C'est encore une des espèces proposées par M. Fischer d'après une particularité peu significative des molaires qui, droites et formées de lames larges, élevées, peu festonnées et longuement distinctes sur les côtés, lui paraissent ressembler à une flûte de Pan; ce qui tient sans doute à ce que, par l'état comme calciné de la dent, le cément était enlevé, ainsi que nous en avons rencontré souvent des exemples.

Par M. Fischer, d'après des Molaires.

M. Fischer cite pour cette espèce la fig. 2 de la pl. XII du mémoire de M. Tilesius dans les Actes de l'Acad imp. des Sciences de Moscou, tome V, qui représente une mandibule trouvée, ainsi qu'un crâne, sur les bords du Volga; cette mandibule offre une cinquième molaire, fort usée, et une sixième déjà entamée dans ses deux tiers antérieurs, et dont le cément enveloppant les collines était fort peu épais, ou décortiqué.

et une Mandibule.

Elephas pygmæus.

Fischer, *loc. cit.*, p. 273, pl. 17, fig. 2.

Eichwald, *loc. cit.*, I, p. 285, tab. 17, fig. 2, p. 726.

M. Fischer dit lui-même, dans la caractéristique de cette espèce prétendue, que ses dents molaires sont semblables à celles de l'*Elephas primigenius* (*mammonteus* pour lui); mais qu'elles sont de moitié plus

Par M. Fischer.

d'après M. Fischer.

petites. Ainsi il est extrêmement probable qu'il s'agit ici d'un jeune Éléphant dont la troisième dent, par exemple, est à peine moitié de la sixième, et par conséquent analogue à notre petite mandibule donnée par M. Lajoie. Celles observées par M. Fischer venaient essentiellement du versant de la Moskwa, dans le district de Calomna et de Zwenigorod.

M. Eichwald, une troisième Molaire.

M. Eichwald décrit une dent molaire supérieure droite de cette prétendue espèce, que d'après le nombre des lames (11), il reconnaît très-bien comme une troisième. Elle a été trouvée en Lithuanie, dans le district de Novogorod.

un Humérus.

Il cite aussi (p. 570) un humérus moitié plus petit que celui de l'Éléphant de Sibérie ordinaire, et qui avait cependant ses deux apophyses soudées, particularité peu importante, tant elle varie.

Elephas odontotyrannus.

Ed. Eichwald, *de reliquiis fossilib. Lithuan. Podol. et Volhyn.*, *N. Act. Acad. Cur. nat.*, t. XVII, p. II, 1835, p. 723, tab. 63.

d'après M. Eichwald, pour une Dent Molaire.

Sous ce nom, qu'il emprunte à Julius Valerius dans ses *Gestes d'Alexandre,* pour désigner une espèce d'Éléphant, M. le professeur Eichwald décrit d'une manière absolue une belle et grosse sixième molaire supérieure du côté droit, trouvée sur les rives du Niémen, dans le district de Nowogorod, mais qui ne diffère, ce me semble, en rien de son analogue dans l'*Elephas primigenius*, même par le grand nombre et la minceur des lames qui sont un peu tronquées en avant, au nombre de 23 ou 24, d'après la figure; car M. Eichwald ne lui en donne que 15, ce qui en ferait une quatrième, ce qui ne peut être. Toutes les différences longuement énumérées comparativement avec des molaires des *Elephantes mammonteus* et *proboletes*, reposent sur la non-similitude de rang et d'usure.

Elephas africanus priscus.

Goldfuss, *Nov. Act. Acad. Nat. Cur.* X, p. II, p. 485, n° 44.

Wagner, Karsten's, *Archiv. f. Natur.* XVI, p. 21.

Plusieurs paléontologistes ont dit à différentes reprises que des dents d'Éléphants d'Afrique avaient été trouvées en Europe, par exemple dans le célèbre amas de Tiède, et même en Amérique. Ainsi on lit dans une lettre écrite par M. de Humboldt, au commencement de son voyage en Amérique (*Annales du Muséum*, II, p. 337), qu'il a trouvé une immense quantité d'os fossiles d'Éléphants, tant de l'espèce d'Afrique que de l'espèce de l'Ohio; mais on a reconnu aisément à la vue du peu de pièces rapportées, que les dents étaient toutes mamelonnées. Par M. de Humboldt

Dans son mémoire sur les espèces d'Éléphants vivants et fossiles, en 1799, p. 18, M. Cuvier dit que M. Autenrieth, professeur d'anatomie à Tubinge, lui avait annoncé avoir trouvé en Amérique des dents s'approchant par leur conformation de celles de l'Éléphant d'Afrique; et lui-même, dans la première édition de son mémoire, dans les *Annales du Muséum*, était encore dans le doute si les dents à lames larges, l'une des environs de Porentrui (Haut-Rhin), et trois provenant de la collection d'A. Camper, étaient réellement de l'espèce africaine. Mais dans le tome I, p. 166 de la seconde, après un examen plus approfondi de la question, il déclare n'avoir pas encore constaté d'exemple qu'il y ait parmi les fossiles des dents d'Éléphants plus voisines de l'espèce d'Afrique que de celle de l'Inde. M. Autenrieth. M. G. Cuvier.

C'est sur ces entrefaites que M. le professeur Goldfuss appuya une assertion contraire d'une pièce probante, du moins par elle-même. Au nombre des ossements fossiles qu'il a décrits et figurés dans son grand mémoire (*Osteologische Beitrage*, *N. Act. Acad. Nat., Cur.* X, p. II, p. 485; 1821) se trouvent en effet la description et la figure (tab. 44) d'une cinquième molaire inférieure du côté droit, bien avancée dans son usure et qui se trouvait dans la collection de M. le chanoine Mëhring, M. Goldfuss. Pour une cinquième Molaire inférieure.

de Cologne, comme ayant été trouvée probablement dans les environs de cette ville, et par conséquent dans le voisinage du Rhin. Après une description détaillée de cette dent, M. Goldfuss ajoute, en terminant, qu'elle offre tous les caractères de décomposition (*verwitterung*) que l'on trouve aux dents de Sibérie; et bien plus, qu'un second échantillon de dent d'Éléphant d'Afrique, trouvé anciennement dans le voisinage du Rhin, existe dans la collection de Bonn.

Pour un second échantillon.

D'après le mémoire de M. Goldfuss., il ne pouvait rester de doute sur la dent elle-même. Mais était-elle réellement fossile, en supposant même qu'elle ait été déterrée dans la vallée du Rhin? c'est ce dont M G. Cuvier ne paraît pas encore bien convaincu dans les *Additions et corrections* qui terminent la seconde partie du Ve volume de ses *Recherches sur les ossements fossiles des quadrupèdes*, publiées en 1825. En vain M. Schlegenmacher lui envoya-t-il le dessin d'une molaire évidemment semblable à celles de l'Éléphant d'Afrique, inscrite comme fossile dans le cabinet de M. de Hupsch, mais sans désignation de localité; en vain M. Goldfuss ajouta-t-il à celle dont il vient d'être parlé, la description et la figure d'une autre provenant de la collection de Beuth, et qui avait été déterrée sur les bords de la Roër, duché de Berg (*N. A. Acad. Nat. Cur.* XI, p. 2e p., pl. 57), en assurant qu'il en avait vu d'autres en différents cabinets: M. Cuvier resta encore dans le doute. Il est vrai qu'il dut y être confirmé à la vue d'une partie d'une de ces dents à lui envoyée comme fossile par M. Goldfuss, et qui ne l'est certainement pas, comme nous avons pu nous en assurer nous-mêmes, l'échantillon étant encore dans nos collections, aussi bien qu'en se rappelant une fraude dont il avait manqué d'être victime lui-même de la part d'un marchand; de manière que M. Cuvier arriva au même résultat que M. Bœhr au sujet de dents d'Éléphants d'Afrique qu'on supposait avoir été déterrées près de Dantzick. Il n'accepta pas comme prouvé qu'il y en ait de véritablement fossiles.

Pour un troisième, par M. Schlegenmacher.

Un quatrième, par M. Goldfuss.

Regardé comme douteux par M. Cuvier.

Par M. Bœhr.

Les paléontologistes, malgré cela, n'en ont pas moins compris l'*Elephas Africanus priscus* au nombre des espèces dont on a trouvé des restes dans le sein de la terre, et je n'ose décider s'ils ont tort ou raison. Je dois cependant faire observer que la dent trouvée dans la caverne de Kirkdale, et figurée par M. Buckland, pl. 7, fig. 1, paraît d'abord ressembler beaucoup à une quatrième supérieure droite de l'Éléphant d'Afrique, non pas seulement à cause de la largeur des collines, mais par la forme lozangique et festonnée de leur surface triturante, et aussi par le peu d'épaisseur des intervalles. Or, si cela est, ce qu'au premier abord on pourrait être porté à penser, quoique à tort, on ne saurait douter qu'elle soit fossile, autant du moins que tous les autres os qui ont rempli cette caverne. Par Moi-même.

On trouve aussi dans les remarques critiques du Dr Harlan sur les fossiles trouvés jusqu'ici en Nord-Amérique (*Medical and physical Researches*, p. 265), qu'il possède une molaire et qu'il en a vu deux dans la collection de Liverpool, semblables à celles de l'Éléphant d'Afrique, et qui semblent fossiles, mais dont on ignore l'origine. Par M. Harlan, en Amérique.

Elephas macrorhynchus.

Morren, Bulletin Soc. géol. de France, II, p. 27, 231-259; 1831; Éléph. foss. de Belgique, pl. II, 1834.

M. Morren a proposé de désigner sous ce nom une espèce particulière d'Éléphant fossile, d'après une mandibule presque entière trouvée avec le reste du squelette, au dire de pêcheurs, en Belgique, à Tamise, sur les bords de l'Escaut, non loin de l'embouchure du Rupel dans ce fleuve. Pour une Mandibule.

C'est réellement M. Mareska, professeur de chimie à l'Université de Gand, qui, dans une dissertation inaugurale publiée en 1826 (1), eut la première idée que la mandibule fossile, dont il donna une figure, avait appartenu à une espèce différente de l'Éléphant de Sibérie, du Décrite d'abord par M. Mareska.

(1) *Specimen inaugurale de legibus mathematicis electricitatis dynamicæ*, aucth. S. Mareska. Gandavi, 1826.

moins à en juger d'après la mandibule de Mammouth figurée par M. G. Cuvier; et cela parce que les molaires, au lieu d'être parallèles, convergent en avant, et que le canal symphysaire est plus long et plus étroit; ce qui la rapproche davantage de l'Éléphant d'Asie dont l'espèce fossile des Flandres différait cependant par l'angle que forme le bec avec le bord dentaire.

Toutefois, M. Mareska se borna à conclure qu'il était très-probable qu'aux ossements fossiles d'Éléphants décrits par M. G. Cuvier, on devait ajouter ceux d'une autre espèce. M. Morren a été plus hardi dans son mémoire sur les ossements fossiles d'Éléphants trouvés en Belgique, publié en 1834, puisqu'il lui a donné le nom d'Éléphant fossile à bec, et qu'il l'a désigné par les caractères suivants: *Dentibus molaribus rectis, utrinquè attenuatis, laminis numerosis angustis, parum elevatis, angustè fimbriatis; maxilla inferior apice longo ad instar rostri symphysi terminata, marginibus dentariis et alveolis anticè convergentibus*; *canali anteriore angusto, longissimo, margo foraminibus mentalibus tribus parallelis.* Malheureusement aucune de ces particularités, en supposant même qu'elles soient véritablement différentielles, ne peut être considérée comme spécifique.

puis par M. Morren. Ses Caractères.

Non spécifiques, suivant Moi.

D'après la figure que donne de cette mandibule M. Morren, l'Éléphant auquel elle a appartenu était adulte (1), puisqu'elle est pourvue des deux quatrièmes molaires, de treize lames en plein usage, et de la cinquième, d'un côté du moins dont les six ou sept premières seulement sont usées en îles sériales, les collines étant du reste médiocrement étroites. La sixième était sans doute encore en germe dans la base de la branche montante, ce qui renfle son bord inférieur. Quant au bord symphysaire, il est évident qu'il est plus étroit dans sa gouttière, plus prolongé et plus incliné dans son apophyse, que dans la plupart des man-

Comparée dans son Apophyse.

(1) M. Morren, p. 16, suppose à tort qu'elle provient d'un individu de quatre à six ans, en se fondant sur ce que les branches condyliennes étaient épiphysées. Y a-t-il jamais d'épiphyses à une mandibule de mammifères? Quant à la cinquième molaire, elle ne commence guère à entrer en action qu'à vingt ou vingt-cinq ans.

dibules fossiles que j'ai vues : ce qui me porte à penser que cet individu, au lieu d'être un Éléphant à petites défenses, un *Mooknah*, comme le suppose M. Morren, était au contraire un *Dantelah* mâle, et que le développement de ses défenses, ainsi que leur direction verticale, a pu agir pour donner une disposition anormale à l'apophyse symphysaire. En effet, j'ai pu m'assurer sur dix ou douze mandibules de l'Éléphant d'Asie, que cette partie, comme toute apophyse, est fort sujette à varier. Conclusions.

Au reste, M. Morren dit lui-même, p. 15, que cette mâchoire offre beaucoup de rapports avec celles de l'*Elephas primigenius*.

Cymatotherium antiquum.

Kaup, *Akten der Urwelt.*, p. 11, tab. IV, 1841.

Je termine enfin cette description des ossements fossiles attribués à des Éléphants lamellidontes, en faisant mention d'un côté droit de mandibule que M. Kaup a décrit et figuré (*loc. cit.*) en le considérant comme indiquant un animal voisin des Dugongs parmi les Gravigrades aquatiques ou Lamantins, mais en étant distinct génériquement. Le fait est que c'est quelque chose de fort singulier, à en juger du moins d'après la figure qui paraît avoir été faite avec soin. Par M. Kaup.

La grandeur et la forme de ce fragment qui consiste en une branche horizontale de mandibule fracturée un peu avant la symphyse et au milieu de la branche montante, indiquent évidemment un très-jeune sujet, ayant même quelque chose d'un jeune Éléphant par la grandeur du canal alvéolaire; ce qui donne à l'os une épaisseur et un renflement considérables à la partie postérieure de son bord inférieur, assez fortement ondulé. Le bord supérieur est au contraire assez tranchant, bien moins en arrière cependant, où il offre encore une sorte de longue cicatrice poreuse ouverte à l'extrémité, qu'en avant de la seule dent qu'il porte, où il devient un peu déclive jusqu'à son extrémité. C'est à la face externe de cette partie que se voient trois trous mentonniers en d'après un côté de Mandibule. décrit.

série, l'antérieur bien plus grand que les deux autres et visible également à l'intérieur.

portant une Dent. Ce côté de mandibule ne porte qu'une seule dent dont la singularité a sans doute porté M. Kaup à rapporter cette pièce à une espèce de Lamantin voisine des Dugongs. La couronne, encore en partie immergée dans une alvéole bien plus grande qu'elle, est fort petite, peu renflée, composée de deux collines, l'une antérieure, subdigitée ou lobée, l'autre postérieure, bien plus petite et formant talon. Mais ce qui rend cette dent encore plus singulière, c'est qu'elle est portée sur une seule racine fort longue, en forme de gouge épaisse et creuse à sa base, coupée carrément.

décrite.

discutée. Sans doute que cette dent et cette mandibule offrent quelque chose de ce qui a lieu chez les Lamantins, dont malheureusement nous ne connaissons bien le jeune âge que chez le Dugong ; mais il me semble qu'il y a encore plus de rapport avec les Gravigrades terrestres, peut-être, par exemple, avec le Dinothérium, qui très-probablement n'a pas la mandibule recourbée en dessous, comme dans l'âge adulte.

Conclusion. Ce qui me porte encore à regarder cette mandibule comme n'ayant pas appartenu à un Gravigrade aquatique, c'est qu'elle a été trouvée dans une caverne du Voigtland saxon, près de Zwickau, avec des ossements d'Éléphant, de Rhinocéros, de Cheval, de Cerf, de Loup, de Lièvre et même de Marmotte.

ELEPHAS LATIDENS.

M. latidens et Elephantoïdes, Clift, *Trans. geolog.*, 2e série, II, p. 369, pl. 36 à 39.

Par M. Clift. La dernière espèce d'Éléphant que je crois devoir rapporter à cette section des lamellidontes, quoiqu'elle fasse évidemment le passage aux espèces mastodontes, est celle qui a été proposée par M. Clift dans son mémoire sur les restes fossiles de deux nouvelles espèces de Mastodontes et d'autres animaux vertébrés, trouvés sur la rive gauche de l'Irawadi.

Elle repose sur un certain nombre de pièces et surtout de dents pétrifiées par le carbonate de fer ; ce qui leur donne une pesanteur considérable et une cassure tout à fait lithoïde.

d'après les pièces suivantes de la mâchoire supérieure : Palais.

La première pièce, la plus importante de la collection du Muséum, consiste en un grand fragment de mâchoire supérieure tronquée en avant, et en arrière, montrant en dessous une bonne partie du palais, et même du bord naso-palatin, en dessus une partie de la base des os incisifs, et en avant la coupe des défenses encore contenues dans leurs alvéoles, les cavités étant remplies par une sorte de gangue finement arénacée, ferrugineuse, d'une dureté excessive.

décrit.

Cette pièce présente comme digne d'être remarqué : la forme du palais, qui est assez large et à bords parallèles (1); celle de l'orifice palatin, qui est en arcade arrondie ; et enfin deux molaires en place de chaque côté, celles de droite brisées d'une manière irrégulière, et celles de gauche en assez bon état de conservation.

Ses Dents.

De ces deux dents, qui sont une quatrième et une cinquième :

une quatrième.

La première, usée assez horizontalement, est composée de huit collines transverses, les deux antérieures presque effacées jusqu'au collet, les autres de moins en moins, de manière à former d'abord des rubans d'émail un peu en losanges, puis des séries de petits cercles indiquant l'extrémité des denticules de la colline ; les intervalles cémenteux étant plus larges que les collines. Il m'a été impossible de voir les racines ; mais à en juger par leur point de départ du collet, elles sont fortes et bien complètes.

une cinquième en germe.

La dernière molaire de cette pièce est à l'état de germe et encore contenue dans l'alvéole, ce qu'on voit par sa brisure en arrière, où cependant elle avait repoussé fortement l'apophyse ptérygoïde. Elle n'est plus formée que de cinq grandes lames très-distantes, non encore réunies par le cément, ni même à leur base, où elles se touchent cependant, mais

(1) C'est en établissant la comparaison avec l'E. (Mastodon) *Oihoticus*, que M. Clift, dans la phrase caractéristique de son *M. latidens* a pu dire : *palato valdè angusto*.

décrite.

sans qu'il y ait encore trace de racines. Le bord convexe de chaque lame non entamé est garni de tubercules arrondis, subégaux, nombreux, et les deux faces sont marquées longitudinalement par des stries irrégulières assez profondes.

rapprochée d'une figure par M. Clift.

Cette pièce me paraît reproduire presque exactement celle que M. Clift a décrite et figurée sous le nom de *Mastodon latidens*, pl. 36, montrant en effet la plus grande partie du palais, deux quatrièmes molaires et des restes indiscernables de la cinquième. Seulement il nous semble probable que les collines assez fortement usées ont été mal rendues, de manière à faire prendre pour les rubans des collines, les intervalles cémenteux qui sont bien plus larges que la coupe de celles-ci.

une autre cinquième Molaire.

Une pièce qui ne laisse aucun doute sur la nature de la précédente comme provenant d'une espèce d'Éléphant lamellidonte, consiste dans une dent séparée faisant partie de la collection du Muséum, et qui, non entamée, est cependant complétement enveloppée de cément. C'est une cinquième supérieure du côté droit. Elle est composée de sept lames décroissant de l'antérieure à la postérieure, chacune d'elles étant à son bord digitée en quatre lobes principaux, eux-mêmes bi ou tri-tuberculés.

décrite.

Elles sont du reste assez peu profondément distinctes ou séparées, le collet portant déjà des racines sans doute assez avancées, mais usées par un peu de roulis qu'a éprouvé la dent.

une autre quatrième.

Je regarde comme une quatrième molaire inférieure une dent dont nous n'avons qu'un moule en plâtre, et que M. Clift a rapportée à son *Mastodon elephantoides*. Elle est large, presque parallélogrammique à la couronne, qui n'offre que six collines transverses : les antérieures assez entamées, les postérieures pas, et qui sont multidigitées sur leur bord. Son collet et ses racines sont du reste bien formés.

une autre plus forte.

Peut-être même faut-il considérer comme provenant d'une même dent sur un animal notablement plus fort, celle dont le moule en plâtre nous a également été envoyé par M. Clift. Il ne montre que six collines transverses; mais il en manque au moins une en arrière. Elles sont du reste multimamelonnées à leur bord.

La première de ces dents est figurée par M. Clift (*loc. cit.*, pl. 39, n° 6) fort exactement, si ce n'est peut-être pour les racines, qui sont trop régulièrement en même nombre que les collines.

Je rapporte encore à cette même quatrième une moitié antérieure de dent assez fortement entamée, et dans laquelle on peut voir cinq collines assez larges, à bords d'émail très-denticulés ou festonnés, et séparées par des espaces cémenteux fort étroits, l'usure des collines étant assez avancée pour être fort approchée du collet. Aussi les racines, quoique brisées, étaient sans doute très-fortes. L'état un peu avancé de l'usure de cette dent lui donne assez bien l'aspect de celles de Sibérie. une dernière plus forte.

Je regarde comme ayant appartenu à la même espèce d'Éléphant plusieurs fragments de mandibule que possède la collection du Muséum en nature ou moulés en plâtre, d'après les échantillons figurés par M. Clift. De la Mâchoire Inférieure.

Le premier, le plus complet, consiste en une mandibule dont le côté droit n'existe plus que dans le canal symphysaire, mais dont le côté gauche n'est brisé que dans sa branche montante. Elle m'a semblé en général plus courte, plus robuste, plus bombée en dehors que dans l'Éléphant de Sibérie; la gouttière symphysaire très-étroite, à bec probablement fort court. Son bord alvéolaire est rempli par une seule dent peu émergée, fort convexe en dedans, formée de dix ou onze collines obliques d'avant en arrière, assez étroites, à peu près comme aux supérieures, à rebord d'émail assez sinueux; les antérieures très-usées, au point que les deux premières sont confluentes; les postérieures non entamées; les intermédiaires en séries de petits ronds, mais toutes enveloppées d'un cément épais. un premier fragment portant une sixième Molaire.

Une autre mandibule du même côté, brisée aux deux extrémités, est encore plus forte et plus épaisse que la précédente. Elle porte une cinquième molaire usée jusqu'au collet dans ce qui en reste, et en arrière une sixième un peu plus longue, plus étroite, plus caudée en un second, une cinquième Molaire et une sixième.

arrière, formée de dix collines plus minces en avant, plus épaisses en arrière, surtout à la base. les quatre premières usées, formant un ruban continu, étroit; la cinquième en anneaux circulaires; les autres non entamées, séparées par des intervalles cémenteux considérables.

un troisième, avec une cinquième Molaire.

La collection possède encore un plus grand fragment, mais du côté droit. Il provient des environs de Calcutta, et nous a été donné par M. le professeur Pouchet, de Rouen. La dent qu'il contient est également une cinquième, brisée et cassée dans les lames antérieures, qui devaient être assez usées. Les trois dernières ne le sont pas du tout, les tubercules terminaux étant entiers.

un quatrième, avec une sixième Molaire.

Un quatrième fragment du même côté que le dernier et ne comprenant qu'un tronçon renfermant la racine immergée de la sixième molaire, nous a été envoyé par M. Clift. Malheureusement il n'a pas été possible de juger la couronne de la dent.

un cinquième, avec une sixième Molaire.

Mais nous avons pu le faire sur une moitié postérieure en nature, et surtout sur un moule en plâtre de celle que M. Clift a figurée, pl. 38 de son mémoire. Comme de coutume, cette dent est longue, en bateau, courbée assez fortement en dehors et prolongée dans la base de la branche montante. Elle offre au moins dix collines transverses dont les deux premières sont à peine entamées, et dont toutes les autres courtes, triangulaires, presque régulièrement et également quinquedenticulées ou mamelonnées sur le bord, naissent d'un collet fort large d'où partent les racines. Elles sont du reste séparées par un espace cémenteux considérable, diminuant à mesure qu'on approche de la base des collines.

une troisième Dent molaire.

Enfin, je crois devoir rapporter à une troisième dent mandibulaire une dent implantée dans un fragment antérieur de mandibule gauche que M. Clift a envoyée à notre collection sous le nom de *Mastodon elephantoides*. En effet, outre sa petitesse comparativement avec les cinquièmes décrites plus haut, elle n'est composée que de quatre collines, et sa forme est un peu subdidyme, sensiblement plus large en arrière qu'en avant. Du reste, ses collines, fort usées en avant, la dernière étant même entamée, sont réunies par un collet bien prononcé, porté par des racines, comme dans les Éléphants mastodontes.

Elle n'a pas été figurée par M. Clift.

Nous regardons comme une partie antérieure de cette même troisième du côté droit, quatre collines réunies à la couronne, à l'état de germe ou à peu près, qui fait partie de la collection du Muséum.

un fragment d'une autre,

Pour nous et dans cette manière de voir, parmi les pièces décrites et figurées par M. Clift, nous regardons comme appartenant à cette espèce, pour ainsi dire intermédiaire, démontrant plus qu'une autre que les Éléphants ne constituent réellement qu'un seul et unique genre, non-seulement les figures des planches 36, 37, 38 et 39; mais même la mandibule portant une sixième molaire dont il forme son *Mastodon elephantoïdes*, pl. 38, fig. 2, et la dent supérieure, pl. 39, fig. 6.

et celles figurées par M. Clift.

Par contre, nous en retirons les dents que M. Cautely a représentées, et qu'il regarde avec raison, comme provenant d'un véritable mastodonte, et dont il sera question dans la seconde partie de ce chapitre, sous le nom de *M. Sivalensis*.

Nous pouvons également rapporter, mais avec doute, à cette espèce, les trois ou quatre mandibules que l'on trouve indiquées et même figurées, malheureusement sans détails suffisants, par suite d'une trop grande réduction par M. le docteur Spilsbury dans le Journal de la Société asiatique du Bengale, Vol. II, III et VIII, comme ayant été trouvées en différents endroits du lit de la rivière de Nerbudda, depuis Herhundsgabad jusqu'à Jubal, dans une étendue de deux cents milles. En effet, la mandibule en a la grosseur, l'épaisseur et la brièveté, de même que les dents ont la même structure, au point que M. Baker fait l'observation que ces dents ne sont pas divisées en lamelles. Il est cependant assez difficile de l'admettre pour celle que nous copions de M. Prinsep, sous le nom provisoire d'*Elephas primigenius*.

Les Mandibules indiquées par M. Spilsbury,

C'est sans doute également à la même espèce que l'on doit rapporter les os que l'on a rencontrés dans ces mêmes lieux, et entre autres un humérus, un cubitus, un fragment de bassin et un fémur de grande

et les autres Ossements par le Même.

taille, que M. Spilsbury a figurés dans le t. VI, p. 1, du même ouvrage, en insistant sur ce que les condyles du fémur sont fort rapprochés, comme M. G. Cuvier l'a fait remarquer dans l'Éléphant fossile.

RÉSUMÉ.

De tous les éléments que nous avons pu examiner sur les Éléphants lamellidontes, vivants et fossiles, nous pouvons tirer le résumé suivant :

1° *Sous le rapport zooclassique.*

G. Éléphant intermédiaire aux Rongeurs et aux Ongulogrades.

Ce genre d'animaux, extrêmement facile à caractériser par le système digital aussi bien que par le système dentaire, non moins que par les organes des sens, semble véritablement intermédiaire aux Rongeurs et aux Pachydermes de l'ordre des Ongulogrades. Plus rapprochés de ceux-ci par les doigts et les ongles qui les terminent, de ceux-là par les dents, parmi lesquelles n'existent qu'une paire d'incisives sans racines et des molaires qui n'en ont également que fort tard, sans traces de canines, il est évident qu'ils sont plus rapprochés des Ongulogrades, puisque le système digital subordonne le système dentaire, mais qu'ils doivent être placés à leur tête, comme ayant seuls parmi eux cinq doigts à chaque pied.

2° *Sous le rapport ostéographique.*

Caractérisé par la nature celluleuse des Os longs,

Il est peu de pièces du squelette qui ne puissent être considérées comme caractéristiques ; mais ici aussi bien dans l'une que dans l'autre des deux sections établies par la structure des dents molaires ; et d'abord, sans parler de la grosseur, par l'absence de cavité médullaire et par la longue durée de l'état épiphysaire des os longs, et surtout du corps des vertèbres.

Puis en prenant quelques pièces en particulier,

Par la nature cellulo-caverneuse de presque tous les os de la tête; par la forme singulière de celle-ci, d'où suit une élévation considérable du crâne dans ses parties occipitales; un raccourcissement remarquable de la face dans ses parties maxillaires, au contraire de la partie prémaxillaire; ce qui a fait remonter notablement les ouvertures nasales, et surtout les os nasaux presque rudimentaires; par la forme toute particulière de la mandibule, dont la symphyse est soudée de très-bonne heure.

caverneuse de ceux de la Tête.

Par la brièveté et une certaine ressemblance avec ce qu'il est dans l'homme, du corps des vertèbres, surtout au col, la grande élévation de l'apophyse épineuse de celles du dos, la dégradation du diamètre de celles des lombes et la petitesse des caudales.

la brièveté du corps des Vertèbres,

Par le grand nombre des côtes et surtout des côtes asternales;

Par l'absence des cornes antérieures de l'hyoïde, et la forme en fourche des styloïdes;

Par la brièveté du sternum.

du Sternum.

Aux membres antérieurs, par la forme et la bifurcation en Y, de la crête de l'omoplate : l'absence de petite tubérosité supérieure et la subégalité des deux côtés de la partie articulaire radio-cubitale de l'humérus; la disposition en croix de Saint-André et l'immobilité sans soudure des os de l'avant-bras; la petitesse proportionnelle du radius et la grandeur de la place qu'occupe le cubitus dans l'articulation carpienne; la brièveté de ses métacarpiens et des phalanges, surtout des onguéales bien plus larges que longues.

la disposition des Os de l'Avant-Bras.

Aux membres postérieurs, par la grandeur et la disposition étalée du bassin, avec la cavité cotyloïde presque en dessous; la longueur, la gracilité, la rectitude et la compression du fémur, avec absence de fossette pour le ligament rond et la subégalité des condyles; la brièveté proportionnelle du tibia, avec excavation à la partie supérieure de la crête; la séparation complète du péroné descendant au côté externe de l'astragale; l'aplatissement de ce dernier et le peu de profondeur de sa

l'absence de fossette pour le ligament rond.

la forme de l'Astragale.

gouttière; la brièveté de la tubérosité du calcanéum; la forme métacarpienne du premier cunéiforme, et du reste, la grande ressemblance du reste des os du pied avec ceux de la main, sauf la grandeur, très-sensiblement moindre.

3° *Sous le rapport odontographique.*

Incisive ou Défense, une supérieure seulement.

Le nombre une, la forme conique, la structure de l'ivoire sans émail et l'existence à la mâchoire supérieure seulement de l'incisive devenue défense.

Molaires $\frac{6}{6}$.

Le nombre six, la forme lamelleuse, la structure des dents molaires, formant par l'usure, à la couronne, un nombre plus ou moins considérable de rubans d'émail interceptant des espaces et séparés par des intervalles cémenteux; le mode plus ou moins oblique de cette usure, dépendant de celui de leur succession; celui de la formation tardive des racines et de leur destruction par carie, ce qui détermine la chute des restes des supérieures, ce qui n'a jamais lieu aux inférieures.

Différences de la première à la dernière.

La grande différence qui existe entre la première et la dernière; celle-là très-petite, ayant un collet et des racines distinctes presque à sa naissance; celle-ci très-grosse n'en ayant que fort tard, lorsque son usure est fort avancée; les quatre autres étant intermédiaires, aussi bien pour ces particularités que pour la position.

Inférieurement. Supérieurement.

La dissemblance entre les supérieures et les inférieures étant d'autant plus grande qu'elles sont plus postérieures.

4° *Sous le rapport de la distinction des espèces.*

Dans les Espèces vivantes,

La spécification des Éléphants, à en juger d'après les deux espèces que nous connaissons à l'état vivant, porte, sans considérer les parties extérieures :

sur l'épaisseur des collines.

Sur la structure des dents molaires, dont les lames composantes offrent par l'usure des rubans d'émail à bords parallèles ou bien anguleux vers le milieu d'où résultent des lozanges, et dans le nombre notablement différent des collines.

Mais la largeur des collines et encore moins celle des intervalles ne paraissent pas devoir fournir des caractères véritablement spécifiques, tant il y a de différences sous ce rapport, même pour des dents évidemment de même sorte et au même degré d'usure.

La proportion générale des pièces du squelette a semblé aussi fournir des caractères spécifiques, en ce qu'en général, celle d'Afrique, outre sa tête, peut-être moins élevée à l'occiput, présente des os proportionnellement plus courts, ou mieux plus robustes ou moins grêles; les apophyses épineuses des vertèbres dorsales offrent aussi des proportions un peu différentes. Le fémur, le petit trochanter et le rudiment du troisième plus prononcé; les os de la seconde rangée du tarse dans un autre mode d'articulation avec ceux du métatarse. les Os du Squelette.

Mais je ne crois pas que la longueur proportionnelle des défenses et par suite celle des os incisifs seulement, la forme et la saillie de la gouttière symphysaire de la mandibule et encore moins la forme générale de celle-ci, puissent fournir de véritables caractères spécifiques. la longueur des Os incisifs.

Prenant maintenant ces bases pour mesurer spécifiquement l'Éléphant fossile, nous voyons comme caractères donnés par les naturalistes qui ont établi ou adopté l'*E. primigenius*, une taille en général plus grande. dans les Éléphants fossiles. *E. primigenius.*

Des poils plus nombreux et formant des soies et du jars.

Une ossature généralement plus forte, c'est-à-dire des os plus robustes, plus épais, proportionnellement à leur longueur.

Une tête plus pyramidale à l'occiput et surtout bien plus prolongée dans ses os incisifs.

Des défenses beaucoup plus grandes et généralement plus courbes.

Des molaires composées d'un plus grand nombre de collines plus minces et donnant lieu par l'usure à des rubans d'émail plus droits, plus serrés, avec des intervalles cémenteux également plus étroits.

Pour l'*E. meridionalis* on donne pour caractères spécifiquement distincts : *E. meridionalis.*

Une taille encore plus grande.

Le bec de la symphyse mandibulaire plus prolongé.

Les lames des dents molaires plus épaisses, séparées par des intervalles plus grands.

En passant sous silence les autres petites notes différentielles comme sans valeur.

C'est ce que je crois également faire pour celles qui regardent les *E. minutus, proboletes*, et même pour l'*E. macrorhynchus*, qui ne reposent les premiers que sur des particularités individuelles de quelque dent molaire, et celui-ci que sur un prolongement peut-être anomal du bec mandibulaire.

Discussion.

pour l'*E. meridionalis.*

Quoique l'*E. meridionalis* semble reposer sur quelque chose de plus spécieux, non pas cependant sur la taille et le bec de la mandibule, mais sur une différence appréciable dans la structure des dents, je ne vois pas, en supposant même que la comparaison portât sur des dents analogues, qu'un peu plus ou moins d'épaisseur dans les collines dentaires et dans leurs intervalles, puissent former une différence spécifique. Je pense donc avec M. G. Cuvier que l'*E. méridionalis* et l'*E. primigenius* ne sont qu'un.

Il est plus difficile de se décider pour l'espèce de Blumenbach, c'est-à-dire pour l'*E. primigenius.*

pour l'*E. primigenius.*

La taille, suivant moi et à en juger par l'analogie, c'est-à-dire d'après tout ce que nous savons des espèces vivantes, ne peut suffire pour établir la distinction d'une espèce.

le Pelage.

Quoique la considération du pelage conduise à un caractère de plus grande valeur, c'est plus dans sa nature que dans sa quantité, et en supposant comme absolument hors de doute que l'Éléphant découvert par Adams fût réellement couvert d'une sorte de toison de bourre et de jars, ce que je suis assez loin d'admettre, je ne verrais là, ou bien qu'un Éléphant plus jeune, ou mieux qu'un Éléphant devant vivre, en effet, dans un climat moins chaud que celui du versant méridional des Himalayas, comme cela a lieu pour les chèvres de Cachemire, comparées aux chèvres de Syrie, et mieux encore comme les cochons et même comme les chevaux transportés en Sibérie. En effet, je tiens de M. le comte de Laizer, qui a visité ces pays pendant son long séjour en Russie, que ces animaux y prennent après peu d'années de séjour une grande abondance de poils. Ce pourrait être une variété, une race de l'Éléphant d'Asie produite par le climat et non pas une espèce distincte.

Dans la forme de la tête, je ne vois guère que la longueur et la grandeur des os incisifs qui soient véritablement assez caractéristiques, puisque sur les cinq ou six têtes où ils existent, ces os paraissent avoir le même développement; mais nous avons déjà fait observer que ces os portant les alvéoles des défenses, sont nécessairement proportionnels à celles-ci, comme on le voit chez les variétés ou races dites Mooknah ou Dauntelah. Dès lors ne peut-on pas admettre qu'à une époque où les Éléphants jouissaient de toute leur liberté, à l'abri de l'action de l'espèce humaine, dans les conditions les plus favorables de nourriture et de tranquillité, les individus arrivant à la longévité la plus extrême, les défenses dont le développement paraît n'avoir de terme qu'avec la vie, atteignaient des dimensions, en général, bien plus grandes, surtout chez les individus mâles, que cela n'a lieu de nos jours, et surtout chez les individus presque domestiques de nos collections.

la forme de la Tête. la longueur des Os incisifs.

Mais le poids énorme de ces dents qui demandaient des alvéoles proportionnelles, a dû réagir sur la forme générale et surtout sur la région occipitale de la tête, et par suite sur l'apophyse épineuse des vertèbres dorsales.

réagissant sur le reste de la Tête.

Tout le squelette a suivi nécessairement le même développement harmonique, et, d'après la règle établie par Daubenton, l'épaisseur des os a augmenté dans une proportion plus forte que leur longueur, ce qui explique le fait de tous les ossements de Mammouth.

du Squelette.

Il ne reste donc pour caractériser cet Éléphant fossile, comme espèce, que la rectitude ou la minceur et le plus grand nombre des collines dans les molaires, particularités que nous avons déjà vues ne pouvoir être véritablement spécifiques et que M. G. Cuvier lui-même n'a pas voulu admettre quand il a été question de l'*E. meridionalis*.

Conclusion.

En sorte que le résultat définitif auquel on est conduit par une logique rigoureuse, c'est que, dans l'état actuel de nos collections, du moins au Muséum de Paris, il est encore à peu près impossible de démontrer que l'Éléphant fossile, dont on trouve tant de débris dans la terre, diffère spécifiquement de l'Éléphant de l'Inde, encore vivant aujourd'hui.

5° *Sous le rapport de la répartition des espèces à la surface de la terre.*

Pour l'Éléphant de l'Inde.

Pour l'Éléphant d'Afrique.

Les deux espèces, encore actuellement vivantes, sont limitées d'une manière certaine, et cela depuis les temps les plus reculés dans l'histoire, l'une à tout le versant méridional de l'Asie, depuis les parties assez élevées des Sous-Himalayas jusqu'aux îles de Ceylan, de Sumatra, de Borneo, dans l'Archipel (1), entre l'Indus à l'ouest, et les premières provinces de la Chine à l'est; l'autre a presque tout le continent de l'Afrique (2), sauf dans le versant septentrional de l'Atlas et de toute la vallée du Nil, en Égypte, c'est-à-dire les lieux habités par des peuples anciennement civilisés; mais il est évident que l'étendue de leur répartition tend à diminuer tous les jours, comme l'histoire le démontre d'une manière évidente, par exemple, pour l'Éléphant d'Afrique qui, du temps des guerres puniques, existait indubitablement dans une grande

(1) Quant à Java, les naturalistes hollandais se sont assurés que l'Éléphant n'y existe pas non plus que l'Orang-Outang.

(2) On trouve encore, dans les ouvrages des zoologistes, quelques doutes sur l'espèce d'Éléphant qui habite la côte de Mozambique, supposant que ce pourrait être celle de l'Inde; mais c'est ce qui est extrêmement peu probable, notre Éléphant d'Afrique actuellement vivant à la ménagerie du Muséum, venant de la Haute-Nubie.

Quant à Madagascar, il paraît certain que ni l'une ni l'autre des deux espèces ne s'y trouvent.

étendue du versant septentrional de l'Atlas (1), où il ne se trouve plus aujourd'hui.

S'il était absolument démontré que l'Éléphant dont on a trouvé des ossements ou des dents fossiles, ne différait pas spécifiquement de l'Éléphant d'Asie, ainsi que l'ont pensé Pallas, Camper et Hunter, il faudrait reconnaître que la restriction de cette espèce serait encore bien davantage avancée que pour l'E. d'Afrique, puisqu'il est admis presque généralement que l'énorme espace compris entre la mer Glaciale et les mers Caspienne et Noire, ainsi que toute l'Europe centrale et même une partie de la Nord-Amérique, en ont jadis nourri en assez grand nombre, dans la partie moyenne des versants de nos grands fleuves; à moins que d'admettre avec Pallas que cette espèce de semis d'os d'Éléphants, répartition qui semble en effet diminuer d'épaisseur à mesure qu'on s'éloigne davantage des pentes occidentales des Himalayas, est due aux mêmes causes qui ont amené sur nos pays l'immense manteau de Diluvium qui les recouvre.

pour l'*E. primigenius*.

non distinct comme espèce.

Mais si, contrairement à l'opinion de Pallas (2), on croit devoir adopter celle de Blumenbach, appuyée par M. G. Cuvier et assez généralement acceptée par les paléontologistes et les géologues actuels, tout l'énorme bassin compris à l'ouest des Himalayas et à l'est des Alleghanis, en Nord-Amérique, aurait eu son espèce propre, particulière, remarquable à l'extérieur même, par une plus grande abondance de poils et par d'autres particularités, dont la principale serait la minceur, et, par conséquent, un plus grand nombre de collines aux dents molaires. Mais alors vient la nécessité presque forcée d'accepter, comme

distinct.

(1) C'est ce que me semble avoir mis hors de doute M. le chevalier Armandi, dans son histoire militaire des Éléphants.

(2) On trouve en effet que Pallas discutant contre l'opinion de ceux qui prétendaient que les os fossiles d'Éléphants en Sibérie pouvaient provenir de ceux que Gingiskan et autres empereurs mongols avaient amenés lors de leurs conquêtes, ajoute : *sed Elephantinum forte genus temporibus omni traditione humana anterioribus, in his ipsis terris, mitiore tunc cœlo gaudentibus, atque, si dicere fas est, soli magis obversis, diu vixisse, multiplicasse et pereuntium cadaverum ossibus solum ditasse quidni potius concludamus?*

de l'*E. meridionalis*. espèce également distincte, l'*E. meridionalis* de M. Nesti, ce qui est véritablement assez difficile dans l'état actuel de nos connaissances, et quand on n'oublie pas qu'entre les deux extrêmes se trouve un assez grand nombre de nuances intermédiaires, et que ces dents attribuées à l'*E. meridionalis*, se sont rencontrées dans presque toutes les parties de l'Europe et même jusqu'en Russie.

6° *Sous le rapport géologique.*

M. André Deluc a publié dans la *Bibliothèque universelle de Genève*, pour février 1822, page 118, un mémoire sur le gisement des os fossiles d'Éléphant, sur les catastrophes qui les ont enfouis. Parlant d'abord des lieux où l'on a trouvé des restes fossiles d'Éléphants, et cela des deux sexes sans doute et certainement de différents âges, un seul de fœtus, et bien plus rarement de jeunes que d'adultes, on peut dire qu'il s'en est rencontré dans tous les points de la périphérie du continent européen, depuis une élévation assez considérable au pied des montagnes principales, jusqu'à l'embouchure des grands fleuves.

Des lieux où les Os ont été trouvés,

sur le versant du Kamschatka.

M. Tilesius (*loc. cit.*, p. 423) dit avoir consigné dans son journal, lors de son voyage avec l'expédition de Krusenstern, que l'un de ses compagnons, et commandant militaire du Kamschatka, avait rapporté des fragments de dents et de défenses d'Éléphants, trouvés sur les rivages du fleuve Kamschatka.

du Sud, à la mer Glaciale.

Le versant qui en a offert le plus est certainement celui de la Sibérie et de la Russie septentrionale, du sud au septentrion; et cela dans toute sa largeur et sa longueur, mais surtout aux approches de la mer Glaciale.

à la Baltique.

Le même versant à la Baltique en a présenté moins, mais encore une assez grande quantité; toute fois en faisant l'observation qu'ils cessent en s'approchant de la mer Baltique (1).

(1) M. Eichwald pense même qu'il n'y en a pas en Livonie, la collection de Dorpat n'en ayant aucun échantillon.

Le versant du continent à la mer Germanique semble en avoir offert en plus grand nombre, et surtout les affluents qui descendent des montagnes de la Saxe, et ceux qui proviennent des Alpes et de la forêt Noire. à la mer Germanique. à l'Ouest, en Allemagne.

Le versant à la même mer, du côté de l'Angleterre, en a aussi montré un certain nombre, mais beaucoup moins que du côté du continent. à l'Est, en Angleterre.

La diminution a été sensible sur les deux versants de la Manche et surtout du côté de la Picardie et de la Normandie : je n'en connais pas même de la partie basse de cette province, non plus que de la Bretagne. en France.

Il me semble qu'il y en a encore moins dans tout le versant occidental de la France, vers la mer Océane; et même en y comprenant le long cours de la Loire et de ses affluents, dès leur origine dans l'Auvergne. à la mer Océane, en France.

Le cours de la Garonne et de ses affluents n'en a certainement pas encore présenté autant, au contraire des Éléphants mastodontes.

Nous pourrions dire la même chose des versants de toute l'Espagne à la même mer Océane, si les observations avaient été suffisamment multipliées : ce qui n'est certainement pas. en Espagne.

Nous sommes obligé de faire la même réserve pour les différents versants de l'Espagne à la Méditerranée. à la Méditerranée

Nous pouvons dire au contraire que dans le versant de la Saône et du Rhône, et surtout provenant du Jura et des Alpes, le nombre a sensiblement augmenté. en France.

Mais c'est surtout dans les parties supérieures, ou mieux dans les racines du cours de l'Arno et du Tibre, versant également à la Méditerranée, malgré leur peu d'étendue que l'on a rencontré jusqu'ici le plus grand nombre d'os d'Éléphants, nombre qui diminue fortement jusqu'à l'extrémité de la péninsule; quoique la Sicile en ait présenté quelques-uns. en Italie.

La grande vallée du Pô, dans ses racines apennines et tyroliennes, en a offert encore un certain nombre qui a diminué considérablement sur les deux versants de l'Adriatique. à l'Adriatique

L'immense vallée du Danube, versant des Alpes, de la forêt Noire, à la mer Noire d'Allemagne.

de la Bohême, de la Hongrie, du Tyrol, de la Servie, de la Valachie, de la Bulgarie à la mer Noire, est bien loin d'être aussi riche en fossiles d'Éléphant que celle du Pô.

de la Russie méridionale.

Enfin, en suivant le versant du Don et du Wolga à la mer Noire et à la Caspienne, nous avons retrouvé une assez grande abondance de ces os, quoique bien moindre que dans celui des fleuves de la Sibérie.

à la Méditerranée d'Asie Mineure et d'Afrique.

Nous n'avons aucun renseignement sur ce que peuvent receler les autres versants à la mer Noire, non plus que ceux de toute la partie orientale et méridionale de la Méditerranée, en Asie comme en Afrique.

à la mer des Indes, des Himalayas.

Nous commençons à avoir quelques détails sur ce genre de fossiles dans les pentes des sous-Himalayas où l'on en trouve en assez grande quantité, mais il est digne de remarque qu'ils appartiennent pour la plupart à une espèce véritablement distincte et fort éloignée de celle qui vit aujourd'hui en Asie, quoique quelques-uns semblent se rapporter à celle-ci.

du Cap.

J'ignore si parmi les ossements nombreux qui viennent d'être découverts dernièrement dans une caverne, dans les provinces du cap de Bonne-Espérance, il s'y est trouvé des ossements d'Éléphants.

Sur l'autre versant de la mer Océane, dans l'Amérique méridionale on peut douter fortement qu'il en ait existé.

à l'Océan de la Nord-Amérique.

Mais c'est ce qui ne se peut pour la Nord-Amérique; nous avons cité plusieurs exemplaires de dents du Texas et d'autres pays, qui ne peuvent laisser aucun doute raisonnable sur l'existence de restes fossiles d'Éléphants lamellidontes dans cette partie du monde (1).

De leurs rapports entre eux.

Un second point, que comprend le rapport géologique, est celui de savoir si ces os d'Éléphants ont été trouvés réunis ou du moins rappro-

(1) Cependant il ne faut pas prendre à la lettre l'assertion de M. Buckland (*Reliq. Diluv.* p. 173), que les os d'Éléphants sont dispersés en Sibérie et en Nord-Amérique, en égale et même en plus grande abondance que dans les parties d'Europe qui ont fait partie des conquêtes des Romains. En effet, si c'est vrai pour la Sibérie, cela est bien loin d'être exact pour la Nord-Amérique, surtout quand on fait porter la comparaison sur les versants de l'Arno supérieur et du Tibre.

chés entre eux ou bien épars avec ou sans connexions avec des os d'animaux de genres différents, ce qui constitue leur mode d'association.

Dans le très-grand nombre des cas, les os ou les dents ont été trouvés épars, sans connexions avec des os d'aucune sorte, comme on a pu le voir dans l'énumération que nous avons donnée des lieux où l'on en a recueilli jusqu'ici; mais dans un certain nombre ils l'ont été, plus ou moins rapprochés, en nombre plus ou moins considérable, de manière à constituer un squelette ou une partie de squelette. en Squelette.

Dans le versant de la Sibérie à la mer Glaciale le nombre de ces assemblages en squelette est certainement plus grand que partout ailleurs, puisqu'il monte déjà à plus de six. en Sibérie.

Celui de Tonna, dans le versant de l'Allemagne à la mer Germanique, est célèbre par la dissertation de Tenzel : il était sans mélange (1). à Tonna.

M. Buckland (*Reliq. diluv.*, p. 175.) dit qu'en Angleterre les os d'Éléphants n'ont pas encore été trouvés rassemblés en squelette.

Je considère comme indiquant un squelette, l'ensemble des ossements d'Éléphants déterrés à l'hôpital Necker, à Paris. à Paris.

Je n'en connais pas dans tout le reste de la France. Car je n'ose prononcer sur les os du bassin de Pézénas, dont parle M. de Christol. à Pézénas.

En Italie je ne trouve à placer dans cette catégorie que celui qui fut déterré sous les yeux du grand-duc Ferdinand de Médicis, à Arezzo; un second de Romagnano, décrit par Fortis, et un troisième des environs de Plaisance, découvert par Cortesi. à Arezzo. à Romagnano.

On peut, ce me semble, donner comme provenant d'un seul individu les ossements trouvés dans l'état de l'Ohio, auprès de Zaneville et qui consistaient en des fragments de crâne, cinq ou six vertèbres, dont un atlas de 10 pouces de large; huit côtes, deux rotules, deux os du tarse, trois dents et une défense, dont il est parlé dans une lettre de J. W Forster, insérée dans le *Manuel* de Bronn et Leonhard, 1838, p. 536; à moins en Nord-Amérique

(1) *Equidem nihil dubitare attinet, quin omnia reperta sint, ad absolvendum elephanti sceleton necessaria*, dit Tenzel.

que ce ne soit d'un Mastodonte qui aura été regardé comme l'*E. primigenius?*

en Sicile? Il est possible, il y a même quelque probabilité que les squelettes de prétendus géants découverts en un assez bon nombre de lieux, et surtout en Sicile, doivent être regardés comme des squelettes d'Éléphants; mais je ne crois pas devoir considérer la chose comme hors de doute; ce pouvait être celui d'un tout autre animal et surtout de quelque cétacé.

en amas. A l'état d'amas, soit avec des os de même espèce, soit avec ceux d'autres animaux, les ossements fossiles d'Éléphants se sont encore rencontrés un certain nombre de fois.

en Sibérie. Je n'en connais pas en Sibérie, si ce n'est peut-être à l'embouchure de la Lena, dans les îles qui s'y remarquent, d'après le capitaine Billings, et à la baie d'Escholtz, suivant M. Collie, de l'expédition du capitaine Bicchery au détroit de Behring.

en Allemagne. En Allemagne, nous devons surtout rappeler l'amas de Tiede, près de Brunswick, et ceux du Seelberg, près de Canstadt et de Darmstadt.

en Belgique, à Tamise. Dans les Pays-Bas, à Tamise, sur la rive gauche de l'Escaut.

en Angleterre, à Walton. En Angleterre, celui de Walton, auprès de Harwick, sur le bord de la mer.

en France. En France, ceux de Soute et de Pons de la Charente-Inférieure.

en Italie. En Italie, celui du val d'Arno, auprès de la Chiana.

C'est en effet dans les lieux de remous, et sans doute dans des excavations plus ou moins profondes, que ces amas ont été rencontrés et ont pu se former; tandis que les os et les dents isolés ont dû se trouver sur les rivages, dans les parties latérales du versant et dans ses parties basses.

Aussi, sont-ce ces parties isolées qui présentent le plus souvent les traces d'avoir été roulées, ce qui a rarement lieu pour les pièces en dépôt ou squelettes.

avec des Os d'autres Animaux. Les os d'autres animaux qui se trouvent avec ceux d'Éléphants dans les amas ou dépôts dans des fosses, dans des failles ou dans des cavernes, sont extrêmement variés et proviennent d'animaux de familles très-différentes, Carnassiers, Rongeurs, Pachydermes, Solipèdes, Ruminants à bois et à cornes; d'espèces de genres exotiques ou non; mais rarement ou peut-être même jamais d'espèces de genres déjà disparus de la nature vivante, à l'exception de l'Éléphant mastodonte, dans le val d'Arno.

L'état sous lequel ces os ont été trouvés varie nécessairement suivant la nature du terrain, et aussi suivant le degré de profondeur où ils étaient. En effet depuis celui où les os et les dents, même les défenses, sont presque aussi solides que dans l'état récent, comme cela est en Sibérie et même en Écosse, jusqu'à celui où les os tombent pour ainsi dire en poudre ou en pourriture, et les dents et surtout les défenses s'écaillent et s'écrasent sous les doigts, et happant fortement à la langue, on peut observer toutes les nuances intermédiaires. De l'état de conservation. solide. crétacé.

Lorsque les os proviennent d'une couche profonde, sablonneuse ou ferrugineuse, ils deviennent bien plus pesants que dans leur état naturel, et lorsqu'au contraire ils étaient presque à la surface dans un dépôt ou dans une couche peu profonde, ils sont très-légers et comme poreux. pétrifié. poreux.

La couleur noire, brune ou blanche tient également à la nature de la gangue. Ceux de Sibérie sont en général d'un brun plus ou moins foncé et fort pesants.

Je n'ai vu aucun des os ni des dents fossiles d'Éléphant qui fût silicifié. silicifié.

Le gisement, qui est le dernier point de vue sous lequel il nous reste à considérer les restes fossiles d'Éléphant, varie quant à la profondeur, quant à la nature minéralogique, et enfin quant à la position géologique. De leur gisement.

La profondeur de près de 100 pieds anglais à laquelle ont été trouvés les os d'Éléphant à Backwell-Moore, comté de Derby, dans une mine de plomb, indique celle de la fissure de la roche dans laquelle ils avaient été entraînés avec les autres matériaux qui la remplissaient (Buckland, *Reliq. diluv.*, p. 179, d'après M. le professeur Sedgewick). la profondeur.

La plus grande profondeur à laquelle on ait trouvé des os d'Éléphant, paraît être celle de Tiède ou celle de Canstadt, où ils étaient à plus de soixante pieds au-dessous du sol. Le plus ordinairement, ils sont bien plus rapprochés de la surface, et rarement au delà d'une vingtaine de pieds.

La nature de la gangue.

La nature minéralogique de la gangue paraît également assez variable. Quoiqu'il soit fort rare qu'il s'en trouve dans une roche véritablement pierreuse, nous avons vu cependant que Targioni Tozzetti et Fortis en citent de tels auprès de Livourne, et M. Constant Prévost, mon collègue à la Faculté des sciences, a recueilli en Sicile, dans une roche analogue, une dent molaire d'Éléphant que j'ai vue et qui est très-probablement une cinquième supérieure, mais certainement à collines minces et serrées.

solide.

Les restes fossiles de ce genre qui ont été signalés dans les sous-Himalayas sont aussi contenus dans une gangue pierreuse et même fort dure, mais qui n'est évidemment qu'une sorte de grès ferrugineux plus ou moins grossier.

meuble.

Le plus ordinairement, c'est dans une gangue meuble, sablonneuse, calcaire ou même argileuse que l'on rencontre les ossements fossiles de ce genre, et c'est alors qu'ils sont en général plus altérés.

La position géologique. terrain tertiaire. dans la mollasse de l'Inde.

Quant à la nature géologique du terrain, c'est-à-dire à sa position dans la série, le plus ancien où il s'en trouve, ou mieux, où il en ait été trouvé jusqu'ici, paraît être celui des sous-Himalayas qui est regardé comme analogue de la mollasse.

en Suisse.

M. Hermann de Meyer, dans une lettre à M. le professeur Bronn, *Annuaire de minéralogie*, V, 1837, p. 558, cite de ces fossiles d'Éléphants dans la molasse de Suisse.

à Eppelsheim.

Nous avons vu un énorme fémur provenant d'Eppelsheim, qui nous a paru appartenir à un Éléphant lamellidonte plutôt qu'à un mastodonte. Mais il est plus probable qu'il provenait d'un Dinothérium dont on a trouvé tant de restes dans ce célèbre dépôt.

dans le crag.

La collection du Muséum possède des dents molaires étiquetées comme provenant du Crag en Angleterre, dans le comté de Norfolk. Je dois même faire observer que ces molaires par l'épaisseur de leurs collines, se rapprochent davantage de l'*Elephas meridionalis* que de l'*Elephas primigenius*.

Si l'on voulait rapporter décidément les immenses dépôts du val d'Arno aux terrains tertiaires, comme le pensent plusieurs géologues italiens, il n'y aurait aucun doute sur l'existence d'os fossiles d'Éléphant dans cet ordre de terrains, et même ils y seraient mêlés avec des restes d'Éléphant Mastodonte, et assez nombreux.

dans les collines sub-apennines ? du val d'Arno.

Mais celui dans lequel ils le sont bien davantage et d'une manière incontestable, est l'ordre des terrains diluviens et alluviens rarement dans les cavernes, comme dans celle de Rabestein en Allemagne, de Fonvent (Haute-Saône), celles de Kirkdale en Angleterre, des environs de Liége en Belgique, de Lunel-Viel en Languedoc, de Big-Bone-Lick en Kentucky, et presque constamment dans un diluvium lacustre, depuis les couches les plus anciennes jusqu'aux plus modernes constituant l'alluvium, et quelquefois même dans le diluvium volcanique, comme en Auvergne.

dans le diluvium des cavernes.

lacustre.

volcanique.

Ces terrains, dans le plus grand nombre des cas, appartiennent aux terrains d'eau douce ou à des terrains remaniés; c'est ce qui explique les faits rapportés par Pallas (*loc. cit.*, p. 476), l'un observé par Tatischtschef, qu'une mandibule de l'Éléphant de Sibérie a été trouvée auprès du bourg de Woldina avec des Bélemnites et des Ammonites; celui de Steller, qui cite des os d'Éléphant avec des dents de Squale dans le fleuve Tura, et celui rapporté par M. Eichwald (*loc. cit.*, p. 759, en note), qu'il a reçu de Podolie une belle dent de Squale trouvée auprès de Zwanczyk avec quelques lames de molaires d'Éléphant.

quelquefois remaniés avec des fossiles marins.

en Sibérie.

Il faut sans doute trouver ici la raison de coquilles marines adhérentes sur des os d'Éléphant fossile, comme Targioni Tozzetti en cite et comme nous en avons un exemple dans la collection du Muséum.

en Italie.

Après avoir ainsi résumé ce que nous avons exposé dans le cours de cette première partie de notre mémoire sur les Éléphants, nous pourrions en tirer les conclusions qui doivent déjà en sortir; mais il nous semble préférable pour cela d'attendre la fin de la seconde partie qui doit traiter des Éléphants mastodontes, et dont nous allons nous occuper immédiatement sans interruption.

CHAPITRE QUATRIÈME.

PALÉONTOLOGIE.

DES TRACES QUE LES ESPÈCES D'ÉLÉPHANTS MASTODONTES ONT LAISSÉES DANS LE SEIN DE LA TERRE.

Généralités.

Jusqu'ici, et malgré ce que nous nous étions proposé de faire en commençant notre travail sur ce genre d'animaux, nous n'avons guère parlé que des Éléphants à dents lamelleuses, aussi bien des espèces encore vivantes, que de celles qui ont déjà disparu de la nature des choses ou du moins de la surface de la terre; nous devons donc maintenant avant de donner les conclusions générales qui comprendront tous les Éléphants, étudier les espèces qui ont leurs collines hérissées de mamelons, sans cément propre à les réunir, et au contraire pourvues de très-bonne heure de très-grosses racines; espèces qui constituent les Éléphants mastodontes. Cette partie de notre mémoire sera nécessairement plus courte que l'autre par la raison, déjà rapportée plus haut, qu'aucune espèce de cette section n'existant aujourd'hui à l'état vivant, nous devons immédiatement les envisager sous le point de vue paléontologique, d'abord historiquement et ensuite sous le rapport zoologique et géologique, comme nous l'avons fait pour les Éléphants lamellidontes.

Histoire.

Quand on lit, avec une suffisante connaissance des faits, l'histoire de l'animal de l'Ohio, telle que l'a donnée M. G. Cuvier, dans son mémoire à ce sujet, on est véritablement étonné de voir que Buffon n'y soit cité que pour le peu de points où il pouvait être critiqué, et qu'on n'ait pas reconnu que ce grand naturaliste n'a presque laissé rien à dire ou à confirmer d'important sur cet Éléphant, ancien habitant de la Nord-Amérique, comme il va nous être facile de le montrer dans l'aperçu historique, par lequel nous allons commencer cette seconde partie de notre mémoire sur les Éléphants fossiles.

Quoique depuis les premiers temps de l'établissement des Français dans le Canada et des Anglais dans la Virginie, la plupart des voyageurs, missionnaires ou autres, aient eu l'occasion de dire quelques mots sur des ossements d'un animal gigantesque trouvés enfouis en différents endroits de ces pays; bien plus, quoique le docteur Mather, dans une lettre adressée à Woodward et insérée en 1712 dans les Transactions de la société royale de Londres, énumère quelques-uns de ces ossements trouvés avec des dents à Albany sur la rivière Hudson dans l'état de New-York, on peut dire que c'est un officier français, M. de Longueil, qui, en ayant découvert sur les bords de l'Ohio à l'endroit d'un lac salé où de nos jours il s'en est rencontré en très-grande abondance, en apporta le premier à Paris des os et des dents en 1740. On peut également faire observer que ce sont des naturalistes français qui se sont occupés les premiers de la question de savoir de quelle espèce animale ils pouvaient provenir.

quelques-uns de ces Os énumérés par le docteur Mather, en 1712, rapportés par M. de Longueil, en 1740,

En effet, c'est Guettard, celui auquel est due la première impulsion de la géologie paléontologique en France, qui, dès l'année 1752, dans un mémoire où il compare la Suisse et le Canada sous le rapport minéralogique et géologique, a donné la première figure d'une dent molaire de l'animal de l'Ohio, comme l'a fait justement remarquer M. Cuvier, mais sans autre réflexion. Guettard avait cependant ajouté (p. 359, in-4°, 520 in-12, du t. II des *Mémoires de l'Académie des sciences pour 1752*) qu'il aurait bien voulu pouvoir comparer une grande dent fossile d'un endroit qui est marqué dans les cartes du Canada, sous le nom du canton où l'on a trouvé des os d'Éléphant. Mais de quel animal est-elle? ressemble-t-elle aux dents de cette grosseur qu'on a trouvées en différents endroits de l'Europe? Ce sont là deux points qu'il est impossible d'éclaircir. La figure que j'en donne, dit-il, et les recherches qu'on

mentionnés par Guettard, en 1752,

pourra faire par la suite sur ces dents nous donneront peut-être quelques lumières. A quoi il ajoute une remarque faite sur son mémoire par un M. Gauthier, que tous ceux qui ont été dans cet endroit (sans doute celui d'où provenait la dent) rapportent qu'on y voit des squelettes ou ossements de ces animaux, et que les squelettes sont presque complets. On ne se charge que de dents, parce que ce sont là les seules pièces qu'on puisse aisément transporter; les autres os sont trop monstrueux et trop considérables. Ils disent de plus que ces os sont dans un cul-de-sac formé par deux montagnes, et que le sol de la superficie de ce cul-de-sac est un marais rempli de terres grasses de différentes couleurs

M. Gauthier,

décrits par Daubenton, en 1762;

C'est sans doute pour répondre aux désirs exprimés par Guettard que Daubenton, qui seul alors se trouvait dans les conditions convenables, puisqu'il avait à la fois sous les yeux les os rapportés par M. de Longueuil, ainsi que les dents, quelques pièces de comparaison et même un squelette tout entier d'Éléphant, s'occupa de rechercher de quelles espèces vivantes ces fragments se rapprochaient davantage, dans un mémoire inséré dans les *Actes de l'Académie des sciences pour* 1762. Daubenton montre en effet, par une comparaison minutieuse avec celui du squelette de la collection et avec un autre apporté de Sibérie par Delisle, que le fémur provenant de l'Ohio est un fémur d'Éléphant, seulement proportionnellement plus robuste, et qu'il en est de même pour la défense. Mais pour les dents molaires il en fait sentir les différences en les comparant avec celles de l'Éléphant, et il termine par les regarder comme bien rapprochées ou même comme absolument semblables aux dents d'Hippopotame. Dès lors et dans la supposition que l'os, la défense et les molaires trouvées ensemble ont appartenu au même animal, ce serait, suivant lui, ou bien une espèce d'Hippopotame, ce qu'il conteste à cause de la différence de structure des défenses et même du fémur, ou bien un animal inconnu qui, avec les os et les défenses de l'Éléphant, aurait eu des molaires d'Hippopotame, ce qui n'était pas loin de la vérité; mais on pouvait aussi supposer, ajoute-t-il, qu'il y avait au même endroit des restes de deux espèces, c'est-à-dire d'un Éléphant et d'un

comparés avec ceux de Sibérie, de l'Éléphant vivant,

Hippopotame gigantesque. C'est même pour cette manière de voir que Daubenton paraît pencher davantage.

C'est en effet celle qu'il proposa dans le onzième volume de l'*Histoire naturelle de Buffon* en décrivant sous les nos 1035 le fémur et 998 la défense de l'Ohio, en ajoutant que Duhamel, son confrère, lui avait dit que M. de Longueuil avait aussi apporté, en 1740, de très-grosses molaires qui avaient été trouvées au Canada, peut-être même avec le fémur et la défense. par le Même, en 1765,

Toutefois, Buffon, dans ce même volume, en terminant sa belle histoire de l'Éléphant p. 86, nous apprend qu'avant les observations de Daubenton sur les défenses et les os prodigieux qu'on attribuait au Mammouth, «il avait lui-même cru, comme le vulgaire des naturalistes, que ces grands ossements avaient appartenu à un animal beaucoup plus grand que l'Éléphant, et dont l'espèce s'était perdue ou avait été détruite.» par Buffon, à la même époque,

En prenant comme point de départ l'année 1762, date du mémoire de Daubenton, nous voyons, quatre ou cinq années après, la question passer en Angleterre dans la société royale, par suite de renseignements et même d'ossements de Mammouth d'Amérique envoyés à Londres à Collinson, membre de cette société, par un géographe anglais G. Crogham, pendant ses voyages en 1765 et 1766.

Les ossements arrivés le 3 février 1767 à Londres, consistaient en six défenses, une mandibule avec deux dents molaires en place et sept ou huit mâchelières d'en haut; c'est ce que nous apprend Collinson lui-même, en annonçant ce fait à Buffon dans une lettre en date du mois de juillet suivant, et accompagnée d'une de ces molaires; il lui suggère même que ces ossements et les défenses sont bien d'un Éléphant, mais que les mâchelières qui ont été trouvées avec, n'en étant évidemment pas, on pouvait supposer qu'il a existé autrefois un grand animal qui avait les défenses de l'Éléphant et les mâchelières de l'Hippopotame, supposition déjà faite par Daubenton et acceptée par Buffon. par Collinson, 1767,

C'est en effet celle que soutient Collinson dans deux petits mémoires 1768.

qu'il lut à la société royale en 1768 (*Trans. Phil.*, vol. LVII), en regardant ces ossements comme d'un animal inconnu.

par W. Hunter, 1768.

L'opinion que ce pouvait être d'un Éléphant, fut combattue sur l'examen des mêmes pièces par le célèbre W. Hunter qui, s'appuyant aussi sur l'autorité de son frère John Hunter, chercha à prouver, par la considération de la forme des collines mamelonnées qui hérissent les molaires de l'animal de l'Ohio, que ce devait être un animal carnassier qu'il proposa de nommer *Pseudéléphant* (*Trans. Philos.*, vol. LVIII, tab. 18, An 1768); mais il en fut tout autrement de P. Camper. En effet, plusieurs années après (*N. Acta Academ. Imp. Petrop.*, t. I, part. II, p. 219, 1777) et par suite de l'étude des mêmes pièces pendant son séjour à Londres, il tira comme déduction de ce que cet animal était pourvu de défenses, qu'il devait aussi avoir eu une trompe comme l'Éléphant. De plus, quoiqu'il n'eût vu les dents molaires qu'en peinture, il releva l'erreur de Daubenton, acceptée par Buffon et Collinson sur la prétendue ressemblance des dents molaires fossiles avec celles de l'Hippopotame.

par P. Camper, 1777.

par Buffon, 1778.

Malgré que le mémoire de W. Hunter soit de 1768 et celui de P. Camper de 1777, ni l'un ni l'autre ne se trouve cité dans l'article supplémentaire que Buffon donna comme éclaircissement dans ses Époques de la nature publiées en 1778; ce qu'on peut expliquer, du moins pour le dernier, dont la publication n'eût lieu qu'en 1780.

Quoi qu'il en soit, Buffon, dans cet article, s'appuyant sur les faits nouveaux fournis par Crogham et Collinson, reconnut que c'était un animal terrestre et nullement un cétacé, de la taille au moins de l'Éléphant, ayant avec cet animal des rapports par les défenses et les ossements, et par ses molaires avec l'Hippopotame, constituant une espèce évidemment perdue (un animal de cette taille ne pouvant se cacher) et dont les dépouilles se trouvent dans les deux continents; regardant cet animal inconnu comme ayant formé une espèce autrefois existante en Tartarie, en Sibérie, au Canada, s'étant étendu depuis les Illinois jusqu'au Mexique, lui rapportant en effet celui dont les voyageurs avaient indiqué les restes au Mexique et dans la Nouvelle-Espagne. S'il commit une erreur, fort excusable encore aujourd'hui pour certaines dents molaires, au point que Camper lui-même a pu en parler à part sous le titre : *De dentibus molaribus Hippopotamorum giganteorum* (*loc. cit.* p. 258), ce ne fut pas autant sur le nombre, qu'il pensait être de cinq ou six, de chaque côté de chaque mâchoire, que sur leurs proportions qu'il crut pouvoir être la même pour toutes, que pour la plus grande, ce qui aurait donné aux mâchoires des dimensions extraordinaires, et en supposant encore que les plus petites étaient d'une grande espèce d'Hippopotame.

Ainsi, en s'aidant des observations de P. Camper, dont il vient d'être parlé plus haut, c'est-à-dire en 1780, l'animal inconnu de l'Ohio, sur le gisement duquel Jefferson donna, en 1782, des détails intéressants, reconnu comme différent du Mammouth de Sibérie dont les dents étaient semblables à celles des Éléphants vivants, était lui-même considéré comme une espèce particulière d'Éléphant à mâchelières mamelonnées. Aussi voit-on les zoologistes de cette époque, et entre autres Pennant, le comprendre comme tel dans ce genre, sous le nom d'*E. Americanus*, et bien plus, Blumenbach en former une sorte de genre distinct sous la dénomination de *Mammontheum Ohioticum*.

Résultat, en 1780.

C'est un Éléphant, par Pennant.

par Blumenbach.

Il y eut cependant, vers la même époque, c'est-à-dire vers 1787, une espèce de recul ou de marche rétrograde, toutefois plutôt apparente que réelle, par suite de l'examen fait à l'envers d'un fragment de palais portant deux dents molaires. De la part du premier observateur qui commit cette faute grave, Michaëlis, médecin, qui avait séjourné quelque temps en Amérique, à Philadelphie, et qui conclut, dans une lettre adressée à Forster et à Lichtemberg (*Gotting.*, *Magazin.* IV, An. 2, cah. 1785! n. 6., *de Ossium Mammontei*), de l'examen qu'il en fit, que cet animal n'avait ni défense ni trompe et que c'était un genre de l'ordre des *Bruta* de Linné, cela aurait été sans importance et sans effet; mais il n'en fut pas de même quand on vit Camper, après l'examen de la pièce elle-même, dont il avait fait l'acquisition, revenir sur sa première

C'est un *Bruta*, par Michaëlis, 1785.

par P. Camper, 1787.

opinion et soutenir celle de Michaëlis, quoique avec quelque doute, dans un mémoire adressé à l'Académie des sciences de St-Pétersbourg, par l'entremise de Pallas, et inséré dans le tome II des *N. Acta Academ. Scient. Imp. Petropolit.*, publié en 1787.

Au fait, P. Camper, est loin de se prononcer positivement, si ce n'est dans l'explication des figures dont il accompagna son mémoire, qu'il termina par ces mots : *Vobis solis, sodales illustrissimi, contingit adire Corinthum,* et il suffisait réellement de ces figures mêmes pour reconnaître que ce qu'on prenait pour le bord incisif ou antérieur du palais en était le bord palatin ou postérieur. C'est ce que fit immédiatement Autenrieth lorsque M. G. Cuvier lui demanda quelques renseignements à ce sujet, ce que Michaëlis lui-même avait sans doute reconnu, puisque M. Cuvier, dans une lettre du 25 frimaire an VIII à Adrien Camper et rapportée par celui-ci, lui dit que Michaëlis explique la figure tout autrement que son père, nommant apophyse ptérygoïde ce que celui-ci nomme os inter-maxillaire.

C'est un Éléphant, par Autenrieth.

Quoi qu'il en soit, aussitôt que M. G. Cuvier, qui, dès 1798, dans son premier Programme : *Extrait d'un mémoire sur les Quadrup. fossiles,* et dans le second : *Extrait d'un ouvrage sur les esp. de Quadrupèd. fossiles,* en 1801, avait déjà répondu au doute de Guettard en séparant l'animal de l'Ohio de celui de Simmore, se fût adressé directement au fils de Camper dans la collection duquel se trouvait la pièce en nature, il ne put pas se faire autrement que malgré la forme respectueuse pour son père qu'il employa dans la controverse, A. Camper ne fût aussitôt convaincu que ce fragment avait été considéré à l'envers par le célèbre anatomiste hollandais. Mais son fils fit plus, en montrant la grande analogie qu'il y a réellement, non-seulement pour l'os en question, mais entre les dents molaires de l'Éléphant de l'Ohio et celles de l'Éléphant d'Afrique; en discutant sur le nombre de ces dents, qu'il porte au moins à trois pour chaque côté des deux mâchoires, enfin en établissant comparativement les caractères distinctifs de celui-là qu'il nomma avec Pennant *E. Americanus.*

par M. G. Cuvier, 1801.

par Adrien Camper, 1801.

C'est également ainsi que M. Rembrandt Peale, auquel est dû le rétablissement du squelette presque entier de l'animal de l'Ohio, envisage la question dans une lettre dont un extrait a été inséré dans le tome I des *Annales du Muséum, p.* 250, le regardant comme un Éléphant à dents molaires à pointes, comme c'est au fait la vérité.

par R. Peale, 1802.

C'est en effet l'opinion développée dans l'ouvrage qu'il publia à Londres en 1803 sur ce squelette dont le docteur Bonn donna une fort bonne figure, dessinée par R. Peale lui-même dans son *Essai sur le Mastodonte* ou *le Mammouth de l'Ohio*, en hollandais (Amsterdam, 1803?) et qui fut aussi acceptée par le docteur W. Domeier, médecin allemand à Londres, dans son *Essai sur le même squelette* (Nouv. écrits des amis des sciences nat. de Berlin, IV, p. 79, 1803, en allemand.

par le docteur Bonn, 1803.

par le docteur Domeier, 1803.

Le travail critique d'A. Camper fut publié par lui dans sa *Description d'un Éléphant mâle*, ouvrage posthume de son père, qui parut à Paris en 1803 et par conséquent après la publication du second programme de M. G. Cuvier qui eut lieu en 1801. Dès lors on voit comment celui-ci, dans son mémoire sur le grand animal de l'Ohio publié dans les *Annales du Muséum* pour l'année 1806, n'eut qu'à accepter, en la développant, l'opinion que c'était un véritable Éléphant différent de celui de Sibérie, quoique l'un et l'autre eussent reçu le nom presque générique de Mammouth. Seulement en suivant les principes qu'il s'était formés pour l'établissement des genres parmi les mammifères, il crut devoir en former un genre distinct sous le nom de *Mastodonte*, ce qu'il n'avait pas fait dans ses premiers travaux à ce sujet, et ce qui, au fond, n'était qu'une affaire de mots. Mais ce que M. G. Cuvier fit de plus nouveau, ce fut, suivant une idée que Guettard avait émise, *loc. cit.*, de chercher si les dents analogues de l'animal de l'Ohio, et qu'on trouve en plusieurs endroits de l'Europe, différaient ou non de celles-ci. C'est ainsi qu'il crut devoir en distinguer quatre autres espèces.

par M. G. Cuvier, 1806.

sous le nom générique de Mastodonte.

Pouvant en outre s'appuyer sur presque tous les os du squelette monté, décrit et figuré par M. R. Peale, sur ceux envoyés à notre Muséum par M. Jefferson, alors président des États-Unis, ainsi que sur des

ses Conclusions, confirmation de celles de Buffon.

renseignements à lui fournis par le docteur Barton, M. Cuvier fit connaître cet animal d'une manière beaucoup plus complète. Toutefois ses conclusions sont au fond les mêmes que celles de Buffon quoique nécessairement avec plus de précision; c'était un animal terrestre, tout à fait semblable à l'Éléphant pour le squelette et les défenses, n'en différant que pour les dents mâchelières; animal, dont l'espèce est perdue, différent du Mammouth de Sibérie et dont les restes se trouvent fossiles dans les deux continents, assertions que des recherches ultérieures ont de plus en plus confirmées. On a en outre depuis lors éclairci quelques points de moindre importance; ainsi contre l'assertion de Peale qui, n'ayant pas trouvé les défenses en place, les avait représentées recourbées en dessous, M. Mitchill, s'aidant d'un fait observé en Amérique, a montré qu'elles sont comme dans l'Éléphant vivant. Le nombre et la succession des dents molaires ont peut-être aussi été un peu éclaircis; mais surtout l'énumération des lieux où ont été trouvés des dents ou des ossements de cet animal a été notablement étendue.

par M. Mitchill, 1818.

Distinction des Espèces, par M. G. Cuvier, en 1806.

Enfin, dans son mémoire, M. G. Cuvier ne se borne pas à l'examen de l'espèce d'Éléphant à dents mamelonnées de l'Ohio, mais il en rapproche, comme ayant appartenu à des espèces distinctes, un certain nombre de dents trouvées en différents endroits de l'Europe et de l'Amérique méridionale. A cette occasion, il fait la juste observation que ces sortes de dents avaient été signalées bien avant qu'il fût mention de leurs analogues de l'Ohio, soit en Europe par Aldrovandi, Grew, Réaumur, soit même en Amérique par les premiers voyageurs en ce pays, comme Buffon l'avait rapporté dans une note de sa *Théorie de la terre.* Du reste, comparant ces dents à celles de l'animal de l'Ohio, il les rapporte à quatre espèces qu'il nomme *Mastodonte à dents étroites*, *M. des Cordilières*, *M. de Humboldt*, et *M. petit*, en ayant égard à la grandeur souvent d'une seule dent, plus qu'à de véritables caractères spécifiques.

par le Même en 1812.

Ces additions et ces rectifications ont été introduites convenablement par M. G. Cuvier dans la seconde édition de son mémoire qui fait partie du tome premier de ses Recherches sur les ossements fossiles de quadrupèdes, publié de 1821 à 1825, sans autre changement un peu remarquable que celui qui a trait à l'existence de l'animal de l'Ohio dans l'ancien continent; en effet, M. Cuvier, dans le mémoire même, jette des doutes sur l'origine réelle de trois dents qu'il lui avait rapportées : l'une, recueillie en Sibérie par M. de Vergennes; l'autre, par l'abbé Chappe, et la troisième signalée par Pallas, disant même de celle-ci qu'elle pourrait bien être d'une autre espèce; mais dans les additions qui font suite au IIIe volume du même ouvrage, il convient qu'il est difficile de se refuser à admettre comme de son grand Mastodonte une dent recueillie en Italie et dont l'abbé Borson lui avait envoyé un moule en plâtre. Ainsi se trouvait encore confirmée l'opinion de Buffon, que le grand animal inconnu de l'Ohio a laissé des traces de son existence dans les deux continents.

en 1821, en 1825. Doute sur son existence dans l'ancien continent, admise ensuite

Sous le rapport du nombre des molaires, M. G. Cuvier finit aussi par admettre qu'il y en a quatre de chaque côté des deux mâchoires, et qu'ainsi elles sont au nombre de seize en tout; quoique dans l'âge avancé elles finissent par n'être plus qu'au nombre de quatre, une pour chaque côté, absolument comme dans les Éléphants vivants; assertion qui est vraie, mais après une succession de six et non de quatre seulement.

sur le nombre des Molaires.

Quant aux espèces différentes de celle de l'Ohio, M. Cuvier en proposa encore une de plus; non pas cependant pour une nouvelle découverte; mais en considérant une des petites dents carrées qu'il avait attribuées à la même espèce que l'autre, dans la première édition de son mémoire, comme l'indice d'une cinquième espèce qu'il nomma M. Tapiroïde.

sur une nouvelle Espèce.

Tout cela était assez arbitraire et ne reposait en effet que sur la considération d'une seule pièce du système dentaire évidemment mal et incomplétement connu et apprécié.

Toutefois l'attention étant éveillée sur ce point, et l'étude des ossements fossiles étant presque devenue une chose de mode, les matériaux ou les éléments de la question augmentèrent d'une manière notable, et cela en assez peu de temps.

D'après des découvertes, successivement

en France. En France, d'abord les paléontologistes de l'Auvergne, MM. Devèse et Bouillet en 1827, puis MM. Croizet et Jobert en 1828, ayant trouvé quelques fragments de dents et d'os d'Éléphants de cette section, proposèrent leur *M. Arvernensis* ou Mastodonte d'Auvergne.

en Nord-Amérique, Mais ce fut surtout en Nord-Amérique, que commencèrent alors à se former en différents endroits des collections d'histoire naturelle, que les ossements et les dents d'Éléphants mastodontes, s'étant accumulés, on fut conduit à proposer de nouvelles espèces.

La découverte curieuse d'une mandibule portant à son extrémité une paire de défenses, bien moindres cependant que les supérieures, donna lieu à l'établissement d'un genre nouveau sous le nom de *Tetracaulodon* par M. Godman (*Trans. Am. Phil. soc.*, vol. III, n. 6); mais la pièce sur laquelle il reposait étant évidemment d'un jeune animal, on fut porté à croire que ce genre était purement nominal. M. le docteur Hays qui scruta le premier cette idée, en 1831, fut ainsi conduit à passer en revue tous les morceaux de mandibule qu'il put rencontrer dans les collections publiques et particulières des États-Unis. Dans le mémoire étendu et accompagné de nombreuses figures qu'il publia à ce sujet, M. Hays non-seulement crut devoir confirmer le G. Tetracaulodon d'après des pièces qu'il regarda comme d'adulte; mais de plus et poussant à l'extrême la considération des dents molaires, plus encore que M. Cuvier, il proposa de voir en Nord-Amérique six espèces de Mastodontes, dont cependant il trouva plus aisément les noms que les caractères.

par M. Godman, M. Hays,

S. Cooper, Les naturalistes américains eux-mêmes se montrèrent assez éloignés d'accepter ces innovations, comme le prouvent les observations de M. Samuel Cooper sur la dentition du Mastodonte (*Lycæum of Nat. Hist. of New-York*), et celles de M. le docteur Harlan (*Medical and Physical Researches*, p. 252, 1835), assurant l'un et l'autre que le G. Tetracaulodon ne reposait que sur une particularité d'âge ou de sexe, la conservation de défenses à la mâchoire inférieure.

Harlan.

Quant aux espèces proposées par M. Hays, elles furent encore moins reconnues par M. S. Cooper qui ayant fait un voyage à Big-Bone-Lick pour se procurer des matériaux, conclut que l'animal de l'Ohio ne constituait qu'une seule et même espèce.

en Suisse, Zurich, M. G. Cuvier.

Quoi qu'il en soit, pendant que ces débats avaient lieu dans le centre même de l'empire des Éléphants mastodontes, on en découvrit en plusieurs endroits de l'Europe et cela dans des terrains assez anciens; d'abord dans les lignites de la molasse des environs de Zurich, fait que s'était borné à annoncer M. G. Cuvier dans les additions au VIe volume de son ouvrage, mais qui a été ultérieurement confirmé, au point qu'on a cru devoir former, avec les fragments trouvés, une espèce distincte sous le nom de *M. Turicensis*.

en Allemagne, Eppelsheim, Hermann de Meyer, Kaup.

Mais la localité la plus célèbre et la plus intéressante où l'on a découvert des ossements de Mastodontes, est celle d'Eppelsheim dans le grand-duché de Hesse, sur la rive gauche du Rhin, dans des sables rapportés à un terrain tertiaire, comme on peut le voir d'abord dans un mémoire de M. Hermann de Meyer, sur les ossements fossiles du grand-duché de Hesse; mais surtout dans le travail étendu que M. Kaup a publié sur les ossemens fossiles du Musée grand-ducal de Darmstadt. On y trouve en effet la confirmation de l'existence d'un véritable Tetracaulodon adulte, que ce dernier désigne sous le nom de *M. longirostris*, au lieu de celui de *M. Arvernensis* que lui avait donné M. Hermann de Meyer; ce *M. Arvernensis* étant considéré par M. Kaup comme étant le jeune âge de son *M. longirostris*.

Mais ce que M. Kaup a pu établir de plus scientifique et de plus certain, d'après des pièces heureusement conservées, c'est que cet Éléphant ancien, outre ses deux incisives à chaque mâchoire, avait réellement pendant le cours de sa vie six molaires comme les Éléphants actuels, ainsi que l'avait présumé Buffon.

dans l'Inde.

Depuis cette découverte inattendue, on pourra encore trouver à noter quelques dents mamelonnées recueillies dans des localités nouvelles en Europe, en Sud-Amérique, dans l'Inde et même dans la Nouvelle-Hollande; mais aucun travail d'ensemble, aucun travail véritablement scientifique n'a été entrepris, ou du moins publié à ma connaissance. Je dois cependant dire que, tout dernièrement, en décrivant un fragment d'os et celui de dent molaire trouvé en Nouvelle-Hollande, comme ayant appartenu à un Dinotherium, plutôt qu'à un Mastodonte, ainsi qu'il l'avait soupçonné au premier abord, M. Richard Owen est revenu sur la réalité de l'existence du Tetracaulodon. Il a, en effet, employé une longue argumentation pour démontrer que la présence d'une défense à la mâchoire inférieure chez les Mastodontes tient à l'âge ou au sexe mâle, contrairement à ce qu'avait pensé M. le docteur Hays, et comme l'avait prétendu, depuis longtemps, M. S. Cooper et depuis lui M. le docteur Harlan.

Dans la Nouvelle-Hollande, R. Owen.

Formant deux genres,

Ainsi, dans l'état actuel de la science au sujet des Éléphants à dents mamelonnées, les zoologistes et surtout les paléontologistes semblent d'accord pour les regarder comme formant un genre distinct, caractérisé par l'existence successive, aux deux côtés de chaque mâchoire, de six molaires hérissées de grosses pointes plus ou moins régulièrement disposées en séries ou collines transverses, par une paire de longues défenses en haut, de plus petites en bas, mais seulement dans le jeune âge ou dans le sexe mâle adulte.

D'espèces, au nombre de 25.

Les mêmes paléontologistes semblent aussi d'accord pour reconnaître dans ce genre vingt-cinq espèces, pour la caractéristique desquelles ils ne considèrent guère que la forme d'une dent molaire; sans s'enquérir à quelle mâchoire, à quel côté et encore moins à quelle partie de la mâchoire elle appartient; en sorte que plus de la moitié sont purement nominales et que les véritables sont à peine convenablement caractérisées.

énumérées.

C'est à l'énumération successive et historique de ces prétendues espèces que nous allons consacrer la seconde partie de ce chapitre; après quoi nous décrirons les os et les dents des espèces que nous accepterons et que nous établirons d'après des caractères positifs, autant, du moins, que nous le permettront les matériaux.

1° Le Grand Mastodonte.

Ohio incognitum, Blumenbach. *Abildungen*, n° 19, 1797.

Elephas Americanus, Pennant.

Mammouth Ohioticum, Blumenbach. Manuel d'Hist. nat.

E. Americanus, molaribus multicuspidibus, lamellis post detritionem quadri-lobatis, G. Cuvier, sur les esp. d'Éléph. viv. et foss. 1798.

Mastodon giganteum, G. Cuvier. Ann. du Mus. VI, p. 270, pl. 49-56, 1805.

Cette espèce, considérée comme le type des Éléphants mastodontes, a été proposée pour la première fois par Pennant et Blumenbach, mais elle a été définie différentiellement avec d'autres espèces par M. G. Cuvier, d'abord sous le n° 2, dans l'*Extrait d'un mémoire sur les ossements fossiles de quadrupèdes* (Bulletin par la soc. Philom., n° 18, fructidor an VI), puis sous le même n° 2, dans l'*Extrait d'un ouvrage sur les espèces de quadrupèdes dont on a trouvé les ossements dans l'intérieur de la terre*, publié à part en brumaire an IX, et enfin dans un mémoire particulier sur le grand Mastodonte dans les Annales du Muséum, 1805, mémoire qui a été reproduit sans aucun changement dans le tome I des Mémoires réunis sous le titre de *Recherches sur les ossements fossiles de quadrupèdes*, mis en vente en 1812, et enfin avec des changemens et des additions assez nombreuses dans une seconde édition de cet ouvrage de 1821 à 1825.

Proposée par Pennant, Blumenbach, G. Cuvier, de 1798 à 1825.

Elle reposait pour M. G. Cuvier sur un grand nombre d'ossements, de dents molaires et de défenses, formant quelquefois des squelettes presque entiers, trouvés en très-grande quantité dans la Nord-Amérique, mais quelquefois aussi en Europe, en Sibérie, dans la Petite-Tartarie et même en Italie. C'est en effet ce qu'il avait annoncé dans ses deux programmes; mais dans la première édition de son mémoire, il parut pencher pour son existence exclusive dans l'Amérique septentrionale; ce

comme de l'ancien et du nouveau continent.

qui fut encore plus marqué dans la seconde, où il s'efforça même de jeter des doutes sur l'orignie réelle des dents indiquées comme trouvées en Sibérie. Toutefois dans les additions à ce mémoire, tome III, p. 375, il dit que l'abbé Borson lui a envoyé le moule en plâtre d'une dent trouvée dans le territoire d'Asti (1), et qui ne lui permet guère de conserver d'incertitude sur l'existence du grand Mastodonte dans l'ancien continent. Cependant, après cette réflexion, comme les crêtes de cette dent, quoique un peu usées en losanges, sont sensiblement plus obliques; il termine par ces mots : *Serait-ce encore une nouvelle espèce?*

Ses Caractères. Quoi qu'il en soit, les caractères que M. Cuvier lui assignait d'abord étaient d'être à peu près de la taille de l'Éléphant, mais un peu plus allongé, avec les membres un peu plus épais et un ventre plus mince; d'avoir les défenses plus petites, et de chaque côté trois dents molaires, une à quatre, une à six et même à huit pointes, grosses, tranchantes, dont la coupe, quand elles sont usées, présente des doubles losanges transversaux; et depuis lors, c'est-à-dire depuis 1806, époque de la première publication de son mémoire sur le grand Mastodonte, je ne vois aucun changement dans sa caractéristique. Il est vrai que celle des autres espèces ne portant en général que sur une seule dent, il était fort difficile d'aller plus loin et de les distinguer spécifiquement les uns des autres d'une manière un peu satisfaisante, les éléments n'étant certainement pas suffisants et surtout dans les collections du Muséum en 1825.

2° Le M. à dents étroites (*M. angustidens*).

G. Cuvier, 1806, Ann. du Mus. VIII, p. 401, pl. 66 et 67, f. 2-4-6-11-13.

Proposée par M. G. Cuvier, en 1798. On trouve déjà cette espèce indiquée par M. G. Cuvier dans ses deux

(1) Cette dent est le principal sujet d'une *Note sur les dents de Mastodonte trouvées en Piémont*, par M. le professeur Borson (Mém. de l'Acad. royale des sciences de Turin, t. XXVII, 1822). Il en sera parlé en détail lors de la description de l'*E. tapiroïdes*.

programmes, en 1798 et 1802, dans l'un sous le n° 5 et dans l'autre sous le n° 1, des espèces qu'il a découvertes en France, et dans les deux cas, reposant sur les dents converties en turquoises de Simmore et quelques autres également de France, en lui attribuant même des dents analogues rapportées du Pérou par Dombey.

Le caractère qu'il lui assignait ne consistait qu'en ce que les pointes au nombre de quatre, de six ou de douze, sont coniques, en sorte que lorsqu'elles s'usent, leur tranche présente d'abord un cercle, puis un demi-ovale, puis un trèfle (ce qui les a fait confondre avec des dents d'Hippopotame), mais jamais de losanges. caractérisée par les Molaires.

Depuis lors il en a été question dans un mémoire à part de celui du grand Mastodonte (Ann. du Mus., tom. VIII, 1806), le même dans les mémoires réunis en 1812 et devenu un chapitre particulier dans la seconde édition en 1821-1825, tom. I, p. 250, et dans les Additions, tom III, p. 376, tom IV, p. 493 et tom. VI, p. 497. en 1806 en 1821

Les caractères qu'il assigne à cette espèce sont, le principal et le plus général, que les cônes de la couronne des dents sont sillonnés plus ou moins profondément et tantôt terminés par plusieurs pointes, tantôt accompagnés d'autres cônes plus petits sur leurs côtés ou dans les intervalles, ce qui par l'usure produit d'abord plusieurs petits cercles, et ensuite des trèfles ou figures à trois lobes et jamais de losanges. Ses Caractères tirés des Molaires.

A quoi il ajoute que toutes ces dents, comparées une à une avec leurs correspondantes dans l'animal de l'Ohio, offrent un caractère très-sensible, dont il se sert pour désigner l'espèce; c'est qu'elles sont beaucoup plus étroites à proportion de leur longueur.

Du reste quoiqu'il reconnaisse dans quelques autres dents trouvées en Europe, ainsi que dans celles recueillies au Mexique par M. de Humboldt, deux espèces distinctes, il continue à rapporter à son M. à dents étroites toutes celles qui ont été rencontrées en Europe et même au Pérou. trouvées en Europe, au Pérou.

Il lui rapporte également la plupart des ossements en très-petit nombre, qui avaient été recueillis au Pérou et en Europe, et ce qu'il y de quelques ossements a de singulier, c'est que quoiqu'il ait considéré comme une espèce distincte, le M. des Cordilières et du Mexique, il rapporte à son M. à dents étroites un tibia trouvé par M. de Humboldt au camp des Géants et il s'en sert, p. 15, pour en déduire que ce Mastodonte devait avoir été beaucoup plus bas sur jambes et dès lors avoir la trompe plus courte.

trouvés dans l'Amérique centrale.

Comme gisement, il conclut aussi des observations qu'il rapporte, que les restes de cette espèce sont plus souvent enfouis avec des corps marins que ceux de l'animal de l'Ohio.

en 1821.

La description et la distinction du M. à dents étroites n'ont pas éprouvé de modifications un peu importantes dans la seconde édition des Recherches, tom. I, p. 250, si ce n'est qu'elle constitue une section particulière.

dégagée du M. des Cordilières.

On peut cependant remarquer qu'elle a été entièrement dégagée des dents recueillies au camp des Géants par M. de Humboldt, au Paraguay, par M. Alonzo, de Barcelone, qui (p. 3.) étaient encore mêlées avec celles du M. à dents étroites, tandis que (p. 12 et 13) elles étaient considérées comme type de deux autres, le M. des Cordilières et le M. de Humboldt.

du prétendu Morse de Monti.

Il en est de même du passage qui concerne la mandibule que S. Monti avait rapportée à un Morse; on ne voit pas trop pourquoi M. Cuvier, qui avait pu croire un moment que ce pouvait être une mandibule de Mastodonte, a pensé différemment depuis.

On doit aussi faire observer un certain nombre d'additions surtout sur les localités où l'on a rencontré des fragments attribués à cette espèce et de plus quelques différences caractéristiques tirées d'autres parties que les dents et, par exemple, de la forme de la mandibule, d'où M. G. Cuvier se croit en droit de conclure (p. 261) que le M. à dents étroites avait l'angle de la mâchoire plus arrondi que celui de l'Ohio et que son bec était dilaté en avant et tronqué, ce qui, comme nous le verrons dans la description de cette espèce, est bien loin de la vérité. Il est vrai que M. Cuvier tirait cette conclusion de l'examen de la mandibule du Val d'Arno que M. Nesti avait rapportée à un Éléphant et avec raison, comme il a été dit plus haut; sans s'apercevoir que l'examen d'une

comparées à tort avec l'*E. meridionalis* de M. Nesti.

autre mandibule rapportée du Pérou par Dombey l'avait conduit à dire que, comparée à celle de l'Éléphant, la mâchoire du Mastodonte à dents étroites avait le bec plus long, plus étroit dans son milieu; qu'elle n'était pas tronquée si verticalement et que les trous mentonniers étaient l'un derrière l'autre, et non l'un au-dessus de l'autre, comme dans l'Éléphant.

3° Le M. des Cordilières (*M. Andium*).

G. Cuvier, 1806, *loc. cit.*, p. 411, tab. 67, f. 1-11.

Cette espèce a été proposée, pour la première fois, par M. G Cuvier, en 1806, dans son mémoire sur différentes dents de Mastodontes. Ann. du Mus., tome VIII, p. 411, et dans les mémoires réunis tome I, p. 11, et enfin dans la seconde édition de ses Recherches sur les Ossements fossiles de Quadrupèdes (tome I, p. 266, 1821 à 1825). Par M. G. Cuvier, 1806.

Elle ne reposait et ne repose encore que sur un petit nombre de pièces, trois dents molaires. (*Loc. cit.*, pl. 2, fig. 1 et fig. 12.) sur 3 Molaires.

M. Cuvier l'a toujours caractérisée par la forme carrée des dents qui sont, du reste, de la grandeur de celles de l'Ohio; mais avec la forme des pointes, comme dans le M. à dents étroites, et par conséquent donnant lieu, par l'usure, à des figures de trèfles, au lieu de losanges. Caractérisée par la forme.

Nous verrons que cette forme carrée tient au chiffre de la dent et ne peut être spécifique.

4° Le M. de Humboldt (*M. Humboldtii*).

G. Cuvier, 1806, *loc. cit.*, p. 412, pl. 67, fig. 5.

Cette espèce est absolument dans le même cas que la précédente, c'est-à-dire que, proposée par M. G. Cuvier, en 1806, dans son mémoire inséré dans les Annales du Muséum, puis conservée dans sa seconde édition de ses Recherches sur les Ossements fossiles de Quadrupèdes (I, p. 267, pl. 2, 1821-1825), elle ne repose que sur une dent molaire, rapportée de la Conception, par M. de Humboldt. Proposée par M. G. Cuvier, en 1806. sur une Molaire.

Caractérisée par la forme.

Aussi n'est-elle caractérisée que par la forme carrée de cette dent et par sa grandeur beaucoup moindre que celles du M. de l'Ohio et des Cordilières, un tiers de moins; étant, par conséquent, à celles-ci comme une petite dent de Saxe, dont il va être question, est à celles de Simorre.

Le fait est que la forme carrée et la grandeur de cette dent tiennent à sa position et n'ont rien de spécifique.

C'est une troisième droite de la mâchoire supérieure.

5° Petit Mastodonte (*M. minutus aut minor*).

G. Cuvier, 1806. Ann. du Mus., VIII, p. 411, fig. 5.

Proposée par M. G. Cuvier, en 1806.

Comme les deux précédentes, cette espèce a été proposée pour la première fois par M. G. Cuvier, en 1806, dans son mémoire des Annales du Muséum, p. 11, et conservée sans changement dans les mémoires réunis en volumes sous le titre de Recherches sur les Ossements fossiles de Quadrupèdes, I, p. 11.

sur deux Dents Molaires d'Europe.

Elle reposait alors sur deux dents molaires, l'une trouvée en Saxe (Cuv., *loc. cit.*, pl. 2, fig. 11) qui lui est restée; l'autre de Montabuzard (*id.*, *ibid.*, pl. 3, fig. 6) et qui deviendra plus tard la base de l'espèce suivante.

Caractérisée par la grandeur.

Son caractère spécifique ne consistait qu'en une grandeur proportionnelle d'un tiers moindre que dans le *M. angustidens*, et du reste entièrement semblable, en figure et en proportion, à l'une de cette dernière espèce, du moins pour la dent de Saxe.

Dans la première édition, pour appuyer la distinction de cette espèce, M. Cuvier disait qu'il ne connaissait pas d'espèces sauvages où il y eût des différences de taille aussi fortes et qu'il fallait se souvenir qu'il ne s'agit pas ici de l'âge, puisque les dents une fois faites ne croissent plus, ce qui est vrai; mais c'était sur le chiffre de la dent qu'il fallait appuyer, ainsi qu'il l'a fait dans la seconde édition, en supprimant sa première réflexion. En effet, s'il avait insisté, il aurait sans doute reconnu que cette dent n'est autre chose qu'une troisième inférieure gauche de son *M. angustidens*.

Je trouve cependant cette espèce indiquée dans le tableau des relations géologiques et géographiques des terrains tertiaires, par M. Desnoyers, comme se trouvant à la montagne de Perrier, en Auvergne, d'après MM. Croizet et Jobert, ainsi que dans les alluvions anciennes de l'Orléanais.

Indiquée par M. Desnoyers. en Auvergne

J'ignore au juste sur quoi repose la première assertion; M. Croizet n'en faisait aucune mention dans son ouvrage sur les ossements fossiles d'Auvergne. Quant à la seconde, elle s'appuie sans doute sur la dent de Montabuzard.

6° Le M. tapiroïde (*M. Tapiroïdes*).

G. Cuvier, 1821, Recherches sur les Ossements fossiles de Quadrupèdes, I, p. 267, tab. 3, fig. 6.

C'est encore une des espèces proposées par M. G. Cuvier; mais cette fois, dans la seconde édition de son mémoire, en 1821, (Recherches, tome I, p. 267), et cela pour la dent trouvée à Montabuzard, dans l'Orléanais (1), qu'il avait rapportée dans la première à son petit mastodonte.

Proposée par M. G. Cuvier. 1821.

sur une Dent d'Europe.

La forme de ses collines simplement crénelées et qui ne sont pas aussi exactement divisées en deux pointes que celles de la dent de Saxe, lui font soupçonner une autre espèce; quoique montrant par ces collines non divisées des rapports avec ce qui a lieu dans les grands tapirs (2), elle ne peut leur être rapportée, parce que les crénelures des collines dentaires de ceux-ci ne peuvent être regardées comme des mamelons.

Caractérisée par la forme.

(1) Guettard avait déjà figuré deux de ces dents de Montabuzard. *Mém.*, tome V, pl. VII, f. 2-4, comme d'Hippopotame.

(2) Les dents fossiles auxquelles M. G. Cuvier fait allusion ici, et qu'il considère comme de Tapir, ont été reconnues par M. Kaup, comme provenant d'un animal d'un tout autre genre, qui a reçu le nom de Dinotherium.

Nous verrons plus loin que cette dent était, en effet, un indice d'une espèce probable qui fait le passage des Éléphants mastodontes au Dinotherium.

Supposée en Amérique.

Nous nous bornerons à dire, en ce moment, que M. le docteur Harlan a cru un moment que le *M. Tapiroïdes* avait laissé des traces dans la Nord-Amérique (*Faun. Americana*, p. 212-215), mais qu'il a lui-même reconnu son erreur. (Med. and physic. Research, p. 262, not. 1835.)

7° Le M. d'Auvergne (*M. Arvernensis*).

Croizet et Jobert, 1829, Ossem. fossil. du Puy-de-Dôme, I, p. 134-139, pl. 1, fig. 1-5, pl. 2, fig. 7 et pl. 5, fig. 7.

Proposée par M. Croizet, en 1828.

M. de Laizer paraît avoir le premier signalé des restes fossiles d'Éléphants mastodontes en Auvergne, et MM. Devèze et Bouillet en avoir figuré les premiers dans leur essai géologique ou paléontologique de ce pays en 1827; mais ce sont MM. l'abbé Croizet et Jobert qui ont proposé ensuite de les rapporter à une espèce distincte, en 1828, dans leurs Recherches sur les ossements fossiles du Puy-de-Dôme. (*Loc. cit.*)

Sur des Dents d'Auvergne.

Caractérisée par la forme.

La différence caractéristique qu'ils lui assignent et qui porte exclusivement sur les dents molaires, consiste à dire qu'elles sont plus petites que dans le *M. angustidens*, plus mamelonnées à la surface de la couronne, et qu'elles ont un talon en avant comme en arrière; ce qui, en bonne zoologie, ne ressemble guère à une définition spécifique.

D'Eppelsheim, par M. Herman, non adoptée par M. Kaup.

Quoi qu'il en soit, cette espèce fut bientôt reconnue dans l'É. à dents mamelonnées, dont les restes fossiles furent trouvés vers cette époque dans la localité célèbre d'Eppelsheim. Ce fut M. Herman de Meyer qui fit ce rapprochement dans un mémoire inséré dans les N. Actes des Curieux de la nature pour l'année 1830, tome XV, part. II. Nous verrons plus loin que ces ossements furent rapportés à l'espèce nommée *M. longirostris*, par M. Kaup, le *M. Arvernensis* en étant considéré comme le jeune âge. Mais auparavant nous devons parler des espèces introduites par les Nord-Américains.

8° Le M. a quatre défenses (*M. tetracaulodon*).

Tetracaulodon mastodontoïdeum Godman, 1830, *Trans. of the American philosophical society*, vol. I, p. 478, pl. 17.

C'est, à ce qu'il paraît, le docteur Godman qui le premier eut l'heureuse occasion de rencontrer parmi le grand nombre de mandibules de l'Éléphant de l'Ohio, un échantillon de petite taille, mais presque complet, et qui, outre trois dents molaires de chaque côté, était pourvu en avant d'une paire de dents incisives courtes, mais assez grosses pour mériter le nom de défenses. Proposée en 1830 par M. Godman.

Supposant avec raison que l'animal dont elle provenait avait dû en avoir aussi, comme les autres espèces d'Éléphants, une paire plus grande à la mâchoire supérieure, cette particularité lui parut digne de caractériser un genre qu'il nomme à cause de cela *Tetracaulodon* et l'espèce *T. mastodontoïdeum*. Caractérisée.

Cette manière de voir fut combattue par ses compatriotes et entre autres par M. William Cooper, qui voulut n'y voir qu'un signe de jeune âge, regardant ces deux dents incisives inférieures comme des défenses de lait, devant tomber dans l'âge adulte (Silliman's Journal, vol. XIX, p. 159, octobre 1830), ce qui fut admis par d'autres zoologistes. En effet, les molaires de cette mandibule venaient à l'appui de cette opinion, que nous allons voir bientôt controversée par des observations nouvelles. non acceptée par M. W. Cooper.

C'est dans ces entrefaites que ce genre fut encore augmenté de trois espèces trouvées, l'une au nord de l'Europe et les deux autres dans le royaume d'Ava, ainsi qu'il sera dit plus loin.

9° Le M. intermédiaire (*M. intermedius*).

Eichwald, 1831, *Zool. Spec.*, III, p. 341.

Cette espèce a été proposée, en 1831, par M. Eichwald, dans le Proposée en 1831. par M. Eichwald, caractérisée par la forme d'une dent.

tome III, p. 361 de sa *Zoologia specialis*, pour un fragment de mâchoire supérieure portant deux molaires, recueilli en Volhynie.

Les caractères qu'il lui assigne sont d'avoir la dernière molaire d'en haut hérissée à la couronne par cinq mamelons (*colliculæ*), disposées en séries régulières sans mamelons accessoires entre les postérieures et de donner lieu par l'usure à des aires arrondies et non rhomboïdales, ni en trèfle.

D'après cela et la grosseur de la dent, près de six pouces de long sur deux de large, il est probable que cette dent appartient au *M. giganteus* ou au *M. tapiroïdes,* s'il en est distinct. La dent décrite est une cinquième avec une quatrième très-usée.

10° Le M. a dents larges (*M. Latidens*).

Proposée en 1826, par M. Clift, d'après des Molaires.

Clift, 1826, *Trans. of geolog. soc.*, II, p. 1 et 2.

C'est à M. Clift qu'est due la proposition de cette espèce en 1826 dans le tome II, part. 2, tab. 37, fig. 1-4, tab. 38, fig. 1 et tab. 39, fig. 1-4, établie sur un certain nombre de dents molaires trouvées dans le pays des Birmans, et caractérisée par la forme de ses denticules qui sont élevées, arrondies et mamelonnées; les mamelons étant au nombre de trois ou quatre presque égaux à chaque colline.

Quoique ces dents aient été regardées comme provenant d'Éléphants mastodontes, nous avons été obligés de les considérer comme d'Éléphants lamellidontes, puisque les lames composantes sont réunies et encroûtées par un véritable cément; et de plus, de les réunir, comme MM. Cauteley et Falconer, à l'espèce suivante des mêmes lieux.

11° Le M. éléphantoïde (*M. Elephantoïdes*).

Clift, *loc. cit.*, tab. 38, f. 2, tab. 39, fig. 6 et tab. 41, fig. 2-3-7-10.

Proposée

M. Clift a proposé de désigner sous ce nom l'animal auquel ont appartenu de fort grosses molaires trouvées avec les précédentes et dont les mamelons sont petits, nombreux, plus serrés et disposés en collines transverses, un peu comme dans les dents d'Éléphant non usées. par M. Clift. en 1826.

MM. Cauteley et Falconer en ont parlé comme n'étant qu'une simple variété d'âge et de sexe du *M. Latidens.* Nous avons montré que c'était tout simplement une sixième molaire postérieure de la même espèce rangée par nous parmi les E. lamellidontes. non adoptée par M. Cauteley.

12° Le M. de Jefferson (*M. Jeffersonii*).

Hays, 1833, *Trans. of Phil. soc. Philadelph.*, vol. IV.

Cette espèce prétendue commence la série de celles que M. le docteur Isaac Hays a cru devoir proposer dans son mémoire sur les mandibules de Mastodontes, inséré dans le vol. IV de la nouvelle série des transactions de la société philosophique de Philadelphie, publié en 1833; mémoire dans lequel il a pour but essentiel de montrer que le *C. Tetracaulodon* de son ami Godman, établi en effet sur le système dentaire d'une mandibule de jeune âge, pouvait être soutenu par celui de plusieurs mandibules d'adultes. Proposée en 1833, par M. Hays.

Son Mastodonte de Jefferson ne repose du reste que sur deux fragments de mandibule du M. de l'Ohio (pl. XXV, fig. 1-2), dans lesquels il reconnaît pour caractères plus d'étroitesse et de cylindricité de la branche horizontale, plus de largeur dans la gouttière symphysaire et enfin moins d'élévation dans la couronne des dents molaires; ce qui tient tout simplement à ce que la dent qu'il décrit est la postérieure à peine sortie de l'état de germe. sur la mandibule

13° Le M. de Godman (*M. Godmani*).

Isaac Hays, *loc. cit*, pl. XXIX, f. 1-2.

La seconde espèce de M. Is. Hays est encore établie sur la considération d'un assez beau fragment de mandibule, portant une seule molaire à Proposée en 1833, par M. I. Hays, pour une molaire.

quatre paires de pointes et qui était évidemment d'adulte, avec une alvéole pour une assez forte incisive.

Aussi est-ce pour lui une espèce de Tétracaulodon pour la distinction spécifique de laquelle il a recours à des différences véritablement insignifiantes de la branche horizontale plus lisse, avec le dernier trou mentonnier plus large et dans la molaire, dont les mamelons et les collines sont plus élevées.

14° Le M. de Collinson (*M. Collinsonii*).

Is. Hays, *loc. cit*, p. 10, tab. XXXVIII, f. 3.

Proposée en 1833 par M. Hays, sur une Mandibule d'Amérique.

Constitue une troisième espèce de la Nord-Amérique pour M. Isaac Hays; elle repose sur un côté presque entier de mandibule pourvu d'une seule molaire à quatre paires de mamelons et d'un talon serré et, sans doute, avec une alvéole d'incisive; car c'est encore une espèce de Tétracaulodon, suivant lui, dont les caractères distinctifs du *M. giganteum* consistent dans la forme plus renflée du bord de la mandibule, plus arrondie de l'angle avec plus d'élévation du condyle et dans la position et la grandeur des trous mentonniers. La dent est comme dans le grand Mastodonte.

15° Le M. de Cuvier (*M. Cuvieri*).

Is. Hays, *loc. cit.*, p. 6, tab. XXIV, f. 1-2.

Proposée en 1833 par M. Hays, sur des Molaires d'Amérique.

Celle que M. Hays nomme ainsi est également établie sur un côté de mandibule avec la symphyse entière.

Elle est caractérisée parce que des deux belles molaires qu'elle porte, la dernière a quatre paires de pointes ou de mamelons et un talon large et indivis, au lieu de cinq paires et un talon mamellifère qu'il reconnaît dans le *M. giganteum*.

Le fait est que ces quatre espèces ne sont que des formes individuelles, avec des dents de chiffres différents, de l'Éléphant de l'Ohio, sans qu'il puisse y avoir le moindre doute.

16° Le M. de Chapman (*M. Chapmani*).

Is. Hays, *loc. cit.*, p. 22, tab. XXII, fig. 3-4.

C'est la dernière espèce proposée par M. Hays dans l'explication de sa planche 22, comme américaine.

Proposée en 1833 par M. Hays, d'après une Molaire d'Amérique.

Elle est établie sur une dent molaire de la mâchoire supérieure, qui lui semble avoir quelques rapports avec celle représentée par M. G. Cuvier (Ossem. Fos., pl. IV, fig. 1-3-4 et 6 de divers Mastodontes), en ce que son émail est également craquelé; mais qui en diffère par la disposition des lignes qu'il forme.

Cette dent n'est sans doute qu'une seconde dent supérieure fort usée de l'animal de l'Ohio; du moins à en juger d'après la figure, seule chose que nous en connaissons.

Mais M. le docteur Hays ne s'est pas borné à cette multiplication de l'espèce de son pays d'après des pièces qu'il avait sous les yeux: il en a encore proposé une autre d'après une dent trouvée en Europe et qu'il ne connaissait pas en nature; c'est:

17° Le M. de Borson (*M. Borsonii*).

Hays, *loc. cit.*, p. 18.

Proposée en 1833 par M. Hays, d'après une Molaire d'Europe.

Elle repose sur une dent molaire trouvée à Asti en Piémont, décrite et figurée par M. Borson dans le tome III des mémoires de l'Académie des sciences de Turin pour l'année 1823 et regardée par lui et par M. G. Cuvier lui-même comme provenant du grand Mastodonte, à moins que ce ne soit encore une nouvelle espèce, avait dit ce dernier.

M. Hays, s'appuyant probablement sur ce doute, a cru devoir, en effet, la distinguer de l'espèce de l'Ohio, parce que les denticules n'ont pas de commissure longitudinale (1), ce qui est parfaitement juste. En effet cette dent, dont un moule assez bon est dans la collection du Muséum, est certainement une sixième inférieure du côté droit du *M. tapiroides*.

18° Le M. a long museau (*M. longirostris*).

Kaup, 1832, et Os. Fossil. de Darmstadt, liv. IV, Pl. 16-20. 1835.

Proposée en 1832 par M. Kaup,

Les fragments de mâchoire et les dents assez nombreuses recueillies à Eppelsheim, sur lesquels cette espèce a été établie, avaient été, en partie du moins, attribués, un fragment de palais au *M. Arvernensis*, et les dents au *M. angustidens*, par M. Herman de Meyer (N. Act. Academ. Cur. Nat. XV, part. II, p. 113, pl. 57).

sur des fragments de Mandibule et des Dents.

M. Kaup lui-même (Isis, 1832, p. 628, pl. XI) a décrit deux fragments de mandibule armée de défenses, qu'il a attribués au *M. angustidens* en le considérant comme un *Tetracaulodon* et en lui donnant le nom de *T. longirostris*.

Plus tard, il a regardé, avec raison, le *M. Arvernensis* comme synonyme du *M. angustidens*.

Rapporté

Enfin, dans une rectification concernant l'*Hippopotamus major* de M. Cuvier (Karsten's Archiv., tome VI, p. 8-12), et par suite de la vue à Vienne d'une mandibule du véritable *M. angustidens*, il est revenu à l'idée que celui-ci différait essentiellement de celui d'Eppelsheim, en s'appuyant sur la forme toute particulière de la dernière molaire, qui a cinq paires de pointes et un talon.

au *M. Arvernensis*.

Toutefois, M. Kaup pense que son *M. longirostris* est de la même espèce que le *M. Arvernensis*, celui-ci jeune, celui-là adulte et pouvant atteindre la taille du Mastodonte de l'Ohio, en quoi il a raison; mais cela ne fait pas que le *M. longirostris* doive être distingué du *M. angustidens*.

M. Kaup a aussi proposé un moment de distinguer une seconde es-

(1) *Denticules, having no longitudinal commissures.*

pèce de *Tetracaulodon* sous le nom de *T. brevirostris* (Isis, 1832, p. 688), mais il n'en a plus parlé dans son ouvrage.

19° Le M. douteux (*M. dubius*).

Cette espèce a encore été proposée par M. Kaup, *loc. cit.*, cah. III, sur un certain nombre de dents (tab. 18, f. 1 et tab. 21) qu'il avait d'abord considérées, à cause de leur moindre taille, comme indiquant quelque chose de différent du *M. longirostris*; mais depuis ce temps il a reconnu qu'elles devaient être rapportées à cette espèce, et parfaitement avec raison. Proposée par M. Kaup. *ibid.*

20° Le M. de Zurich (*M. Turicensis*).

Je trouve dans le *Jarbuch* de M. Bronn, An. 1839, p. 2, cette dénomination comme tirée d'une note de M. Meyer, et appliquée à des fragments d'os et à quelques dents trouvées aux environs de Zurich, dans une couche de lignites de la mollasse, et dont M. Meissner avait parlé le premier dans l'Indicateur de la société Helvétique d'histoire naturelle. Proposée par M. Meyer.

M. G. Cuvier, qui en dit quelque chose dans les additions au tome VI de ses Ossements fossiles, p. 499, les rapporte à son *M. angustidens*, sans hésitation, et cependant, d'après le modèle en plâtre d'une de ces dents que j'ai vu dans la collection du Muséum, elles devraient plutôt appartenir au *M. tapiroïdes*. Indiquée par M. Cuvier.

MM. Falconer et Cauteley ont aussi indiqué, au nombre des ossements fossiles découverts dans les sous-hymalayas, un E. Mastodonte voisin de l'*E. angustidens*, et qu'ils nomment *M. Sivalensis*.

Quoiqu'il soit sans doute impossible d'accepter comme genre et même comme espèce différente de l'Éléphant mastodonte de l'Ohio, le singulier animal dont l'imagination fort peu anatomique de M. Albert Koch a construit et montré à Londres le squelette, sous le nom de *Missourium Leviathan*, nous devons cependant dire que par le nombre des ver- Du Missourium de M. Koch, en 1842.

tèbres qu'il a enfilées les unes au bout des autres, et la manière dont il a articulé les os des membres, le bassin, par exemple, à l'extrémité de la queue, dont il a tourné les défenses presque horizontalement en dehors, dont il a disposé les doigts, qu'il admet de plus au nombre de cinq en avant et seulement de quatre en arrière, il est parvenu à en faire un être monstrueux de trente pieds de long sur quinze de hauteur seulement, avec des pieds palmés comme un Ornithorhynque; aussi était-ce, suivant lui, un animal aquatique.

Des espèces de Tetracaulodon.

Nous devrons également nous borner à prévenir que parmi le très-grand nombre d'os de toutes sortes et de dents incisives et molaires de l'animal de l'Ohio qu'il a apportés de l'Amérique du Nord à Londres en 1843, il a encore trouvé à établir deux espèces de Tetracaulodon; l'un, sous le nom de *T. tapiroïdes*, et l'autre, sous celui de *T. Osagii*, et à ce qu'il me semble, d'après quelques particularités des défenses supérieures ou inférieures.

Je regrette beaucoup de ne connaître que par un très-court extrait le mémoire étendu que M. le professeur Grant a lu à la Société géologique de Londres, le 15 juin 1842, sur l'organisation et l'histoire des animaux mastodontes de la Nord-Amérique, par suite de l'examen de la riche collection de M. Koch. Cet extrait inséré dans les *Annals or Magazin of nat. Hist.*, t. XI, p. 479, nous apprend seulement que M. Grant, outre les treize espèces proposées par M. Hays, en a proposé lui-même trois nouvelles de la division des *Tetracaulodon*, sous les noms de *T. Kochii*, *Haysii* et *Bucklandi*, sans autres détails.

Après avoir ainsi énuméré les vingt-quatre ou vingt-cinq espèces proposées dans la section des Éléphants mastodontes, nous devons maintenant décrire celles que nous croyons susceptibles d'être réellement distinguées et qui ne sont encore qu'au nombre de trois; en commençant par une description absolue, autant que possible, de l'espèce de l'Ohio la plus anciennement et peut-être la mieux connue.

Nous suivons ainsi la même marche que pour les espèces d'Éléphants lamellidontes, c'est-à-dire que nous traiterons d'abord du squelette et à part des dents, et dans autant d'articles particuliers.

ARTICLE PREMIER.

OSTÉOGRAPHIE.

1° Elephas Ohioticus (*Grand Mastodonte*, G. Cuvier).

Histoire.

D'après ce que nous ont appris MM. Peale, père et fils, du squelette de l'animal de l'Ohio (1), ainsi que la figure qu'en a publiée M. Bonn (2), il est certain que le nombre d'os qui le constituent est absolument comme dans celui des Éléphants vivants. Il faut cependant dire que jamais, et dans les circonstances les plus favorables, on n'a trouvé tous les os du squelette à la fois, et, par exemple, pour celui qui a été montré à Londres et figuré, on a été obligé de remplacer, sculpter en bois, les pièces qui manquaient d'un côté ou de l'autre. Peut-on dire mieux du squelette que M. Albert Koch montrait à Londres en 1842 et qu'il avait aussi singulièrement monté que nommé *Missourium* ou *Missouri Leviathan?* Cela est fort douteux.

Son Squelette, par M. Peale, en 1802.

par M. A. Koch, en 1843.

Énumération des Os trouvés.

Pour apprécier d'une manière plus juste le degré de confiance due au squelette construit par M. Rembrandt Peale et qui a été reproduit dans tous les ouvrages sur cette matière, il ne sera pas déplacé, j'espère, de donner l'extrait du procès-verbal qu'il en a rapporté.

Pendant les trois mois qu'ont duré les recherches de son père, et

(1) *An Historical Disquisition on the Mammouth or Great-American incognitum, an extinct, immense, carnivorous animal, whose fossil remains have been found in North-America; containing some introductory observations, a narrative of the discovery of nearly an entire skeleton near New York, in the autumn of* 1801, *together with a comparative description, and occasional remarks: illustrated with engravings*, by Rembrandt Peale. London, 1803, in-8° de 91 pages, et une seule petite planche montrant la tête et l'omoplate, la première côte et une partie de molaire, comparativement avec l'Éléphant, et *Philosophical Magazin* de Tilloch. Nov. 1802.

(2) *Verhandling over de Mastodonte of Mammouth van den Ohio, ter gelcide ener naauwkeurige Afbeelding van het Geraamte van dat dier*; *door* A.-C. Bonn, *med. doctor te Amsterdam*. Br. in-8° de 53 p. avec deux pl.; sans date.

cela dans un espace de plusieurs milles carrés, on n'a rencontré que trois amas d'os qu'il ait été possible de regarder comme ayant appartenu à autant de squelettes.

dans un premier dépôt, près de Newburg, à 60 milles de New-York, sur la rivière d'Hudson.

Dans le premier qu'il n'a pas vu en place et qu'il a vainement cherché à augmenter par des recherches nouvelles faites sur les lieux, les os recueillis, d'après l'énumération qu'il en donne, consistaient dans les suivants, savoir :

Toutes les vertèbres cervicales;

La plupart (*most*) de celles du dos;

Quelques-unes (*some*) de la queue;

La plupart (*most*) des côtes, en grande partie brisées;

Les deux omoplates;

Les deux humérus;

Les deux radius;

Les deux cubitus;

Un seul fémur;

Un seul tibia;

Un seul péroné du côté opposé;

Quelques grands fragments de tête;

Plusieurs os des pieds de devant et de derrière;

La bassin un peu brisé (1);

Un grand morceau de défense de 5 pieds de long.

Il manquait donc de son propre aveu :

Plusieurs vertèbres du dos et de la queue;

Plusieurs (*some*) côtes;

La mâchoire inférieure;

Une défense tout entière et une partie de l'autre;

Le sternum;

Une jambe, c'est-à-dire un fémur, un tibia, un péroné et plusieurs (*many*) os du pied.

(1) M. R. Peale emploie le mot de *Pelvis*, peut-être comprend-il le sacrum?

Dans le second dépôt découvert en sa présence, il y avait, suivant ce qu'il rapporte (p. 28) : dans un second.

Une série presque complète de côtes très-entières et assez bien rangées les unes à côté des autres et cependant sans aucune des vertèbres du dos ;

Une partie de défense; et à des profondeurs différentes de 4 à 7 pieds, plus ou moins grandes :

Une défense rompue, trois ou quatre petites molaires ;

Un petit nombre de vertèbres du dos et de la queue ;

Une omoplate brisée ;

Quelques os des doigts.

Enfin, dans le troisième endroit, vingt milles à l'ouest de l'Hudson, où il en avait été découvert quelques-uns six ou sept ans auparavant, on trouva d'abord quelques os bien conservés, puis à 20 pieds de distance un autre amas considérable et en somme : dans un troisième.

Une mâchoire inférieure ;

Un atlas ;

Des côtes ;

Une omoplate du côté droit ;

Un humérus du même côté ;

Un radius et un cubitus du côté opposé ;

Plusieurs os des doigts ;

Une partie supérieure de tête à 12 pieds de là, mais entièrement brisée et comme pourrie, de manière à ne pouvoir en tirer que les dents.

A quoi on ajouta ceux qui avaient été anciennement découverts, savoir :

Une côte ;

Le sternum (sans doute le manubrium) ;

Un fémur ;

Une rotule.

D'après cela, et malgré l'artifice ingénieux de refaire en bois les os Conclusions.

qui manquaient d'un côté, à l'aide de ceux qui existaient de l'autre, on voit qu'il a dû être fort difficile de reconstruire deux squelettes, comme il paraît que cela a été fait par M. Peale, à moins d'employer d'autres os épars, et surtout pour l'un d'eux.

pour le nombre des Vertèbres.

Dès lors on voit comment on doit avoir au moins quelque défiance pour la colonne vertébrale, aussi bien dans le nombre que dans la forme et par suite dans la longueur totale et la hauteur du tronc.

La proportion des trois parties principales des membres serait plus certaine. Cependant est-il hors de doute, que ces os, quoique trouvés à peu près ensemble, provinssent du même squelette,

l'ensemble du Squelette.

La vue de la figure donnée par M. Bonn semblerait indiquer un animal encore plus bas sur pattes, car je ne pense pas comme MM. E. Home et G. Cuvier, que l'on n'ait pas assez fléchi les membres, et certainement, comme ils le disent, l'omoplate est placée trop bas.

sa description.

Quoi qu'il en soit, la description comparative des os du squelette de l'Éléphant de l'Ohio, par M. R. Peale, est à peu près complète, et la base de tout ce qui a été dit à ce sujet, et quoique nous soyons assez éloigné de croire avec lui que les comparaisons ostéologiques ne demandent pas autant les connaissances d'un anatomiste que l'œil d'un artiste (p. 38), nous allons nous en servir pour la nôtre en nous aidant des pièces en nature que possède le muséum.

Les Os en général.

On peut d'abord reconnaître d'une manière générale que tous les os sont encore proportionnellement plus robustes, plus gros pour leur longueur que ceux des Éléphants lamellidontes, même de celui de Sibérie, mais que comme chez toutes les espèces de ce genre, les os longs sont dépourvus de cavité médullaire et sont remplis d'un diploé celluleux.

La Tête.

La tête osseuse de l'animal de l'Ohio n'est pas encore connue dans son entier et surtout dans sa partie supérieure ou sincipitale. Celle du squelette de M. Peale, la plus complète (1), en étant entièrement privée et ne mon-

(1) M. A. Koch cite dans son catalogue, sous le numéro 2, un crâne portant une défense en place, l'un et l'autre dans un état parfait de conservation; mais la figure semble indiquer que toute la voute crânienne manquait.

trant réellement que la partie basilaire et tout le palais depuis les condyles occipitaux jusqu'au bord antérieur des alvéoles des défenses, avec l'arcade zygomatique et probablement la cinquième et la sixième molaires. On sait cependant que les os de cette tête étaient largement celluleux, comme dans les Éléphants ordinaires. incomplète.

Quant à la forme de chaque os et des cavités qu'ils forment, on ne peut guère parler que d'un petit nombre.

R. Peale a parfaitement reconnu les différences principales que présente la tête de l'animal de l'Ohio, comparée avec celle de l'Éléphant dans l'horizontalité de toute la ligne basilaire depuis les condyles occipitaux jusqu'au rebord alvéolaire, la position des condyles dans le plan des molaires, d'où le trou auditif plus bas que dans l'Éléphant; l'abaissement de l'arcade zygomatique d'avant en arrière, au lieu d'arrière en avant; à quoi il ajoute la position plus élevée de l'orbite, en se fondant sur la supposition que ce fragment de tête ne montre aucune trace de son bord inférieur. Quoique M. G. Cuvier ait adopté cette observation, je la crois peu exacte; on voit le bord inférieur de l'orbite dans la figure donnée par M. R. Peale; il a seulement suivi le mouvement d'élévation légère de toute l'arcade zygomatique et de toute la tête; mais il est à la place ordinaire.

comparée avec celle de l'Éléphant, de l'Inde, par M. Peale.

M. G. Cuvier, d'après les figures, a ajouté que les maxillaires ont bien moins d'élévation verticale que dans l'Éléphant; et, par là, ressemblent davantage à ce qu'ils sont dans les mammifères ordinaires; enfin, que l'ouverture palatine étendue bien au delà de la dernière molaire, avait un peu de la forme de celle de l'hippopotame et était accompagnée d'apophyses ptérygoïdes énormes. La ressemblance est peut-être encore plus marquée avec le Dugong.

par M. G. Cuvier, la Mâchoire supérieure.

Pas plus que M. Cuvier, je n'ai pu soumettre à un examen comparatif quelques pièces en nature du crâne de l'É. de l'Ohio et je ne sache pas que l'on en ait publié de description ni de figures autres que celles données par M. Peale. Elles suffisent cependant pour que l'on aperçoive moins d'obliquité et de relèvement en arrière de toute la partie basi-

par Moi.

confirme les observations de M. Peale,

laire du crâne et de la face, moins d'élévation dans le maxillaire, moins de largeur et d'amincissement de ces os et des palatins, ce qui laisse aux apophyses ptérygoïdes une forme plus normale dans leur grosseur, en un mot, moins de déformation dans toutes ces parties que dans l'Éléphant, ce qui est parfaitement en rapport avec le système dentaire dont le mode de remplacement et d'accroissement n'est pas tout à fait comme dans les espèces lamellidontes, ainsi que nous le verrons plus loin. Toutes ces différences sont parfaitement indiquées dans les deux figures, exactement comparatives, données par M. R. Peale dans sa description en 1803, aussi bien pour le crâne que pour la mandibule dont il a parfaitement saisi toutes les particularités différentielles.

pour le Crâne. pour la Mandibule.

La Mandibule, décrite son angle. sa Symphyse, sans bec.

La mandibule de l'Éléphant de l'Ohio étant l'une des pièces de son squelette que l'on rencontre le plus fréquemment, au point qu'on en compte peut-être plus de cent dans les collections (1), est beaucoup mieux connue. Par la même raison qui a ramené le maxillaire à une forme plus normale, la mandibule a son angle bien plus marqué, moins arrondi, moins lisse au point de jonction de ses deux branches; son bord est bien moins épais, moins arrondi que dans les Éléphants lamellidontes; la branche horizontale est un peu plus longue et plus droite à son bord inférieur; la symphyse au contraire est peut-être moins raccourcie en pointe obtuse, avec un prolongement du berceau lingual en une gouttière large, courte et horizontale. En sorte qu'il semble n'y avoir pas eu de bec proprement dit, comme celui des Éléphants. M. R. Peale dit même que cette extrémité était singulièrement rugueuse et comme composée de lames irrégulièrement convolutées, indiquant quelque appendice insolite. N'était-ce pas, en effet, des restes de l'alvéole ou même de la défense inférieure?

ses Apophyses, Condyloïde.

Quant à la branche montante, sauf plus de verticalité ou moins d'obliquité, elle ne diffère au fond qu'assez peu de ce qu'elle est chez les Éléphants vivants; si ce n'est que les deux apophyses, condyloïde et

(1) M. Albert Koch en cite au moins trente dans la sienne.

coronoïde, sont presque au même niveau, au lieu de descendre de la première à la seconde, comme dans les Éléphants; d'où la forme plus échancrée du rebord intervallaire à ces deux apophyses. Coronoïde.

Il résulte aussi de la disposition plus horizontale de la branche dentaire et de sa symphyse, que les trous mentonniers sont un peu plus dans la même ligne que chez les Éléphants lamellidontes (1). les Trous mentonniers.

Si l'on doit avoir une confiance absolue au squelette construit par M. Peale, le nombre des vertèbres de l'Éléphant de l'Ohio serait absolument le même que dans les Éléphants, si ce n'est pour les vertèbres dorsales qui ne seraient que de dix-neuf au lieu de vingt (2).

Les sept cervicales sont, comme dans les Éléphants, fort minces, d'où il résulte un cou très-court; et, suivant M. Peale, elles ne différeraient matériellement pas de celles de ces animaux, si ce n'est que l'apophyse épineuse des trois dernières serait moins élevée. les Vertèbres cervicales.

Nous n'en possédons en nature aucune dans la collection.

Des dix-neuf dorsales, également d'après la description et la figure qu'en a données M. Peale, les seconde, troisième et quatrième auraient une très-longue et très-forte apophyse épineuse qui décroîtrait ensuite rapidement jusqu'à la dernière. C'est, en effet, ce que la figure du squelette, donnée par M. Bonn, montre parfaitement; mais doit-on y ajouter une foi absolue? S'il en était ainsi, il est évident que le dos de cet animal devait être fortement relevé en bosse au-dessus des épaules. dorsales, 19. d'après Peale.

La collection du Muséum possède une de ces premières vertèbres presque entière et l'arc supérieur de deux autres qui sont véritablement remarquables par leur force, leur élévation et surtout l'épaisseur de leur apophyse terminale. d'après Moi.

(1) M. A. Koch, dans sa description du Missourium, p. 8, parle d'une sorte d'apophyse hérissée de pointes, de deux pouces environ de hauteur sur un de large à la base, située par-dessus le trou mentonnier postérieur et qu'il regarde comme un caractère générique; mais il est plus probable qu'il ne s'agit ici que d'une sorte d'exostose accidentelle ou monstrueuse.

(2) M. A. Koch en donne vingt-quatre à son Missourium et par conséquent 48 côtes.

Nous les devons à M. Jefferson.

lombaires, 3. On ne nous apprend rien des lombaires, si ce n'est qu'elles sont au nombre de trois, comme dans les Éléphants, et que la diminution rapide des apophyses épineuses se continue sur elles jusqu'au sacrum, d'après M. Peale (*loc. cit.*, p. 53).

sacrées. Le sacrum, sur lequel il ne dit rien, paraît d'après la figure, ressembler assez à celui de l'Éléphant de l'Inde, être formé de quatre à cinq vertèbres peu considérables.

Coccygiennes. d'après R. Peale. Les vertèbres coccygiennes, dont M. Peale n'a pu assurer le nombre, lui semblent cependant avoir formé une longue queue. Elles lui ont offert une particularité différentielle en ce que les apophyses transverses sont fort longues, comparativement avec l'épineuse; ce qui lui fait supposer que la queue était large et plate. A en juger d'après la figure, elles me paraissent assez peu différentes de celles de l'Éléphant. D'où l'on peut conjecturer que la queue de l'animal de l'Ohio ne différait pas de celle des autres Éléphants.

M. Koch. M. Koch dit positivement que la queue de son Missourium était fort courte en comparaison du corps, qu'elle n'avait que deux pieds sept à huit pouces de long, et qu'elle n'était composée que de treize vertèbres.

le Sternum. Je ne vois pas non plus que la série sternale ait été décrite; on peut seulement juger d'après les figures données que le manubrium était plus court que dans l'Éléphant.

les Côtes, d'après Peale. Les côtes, d'après M. Peale, ne seraient qu'au nombre de dix-neuf paires et seraient même un peu différentes de celles de l'Éléphant, en ce que sans doute étroites (*narrow*), dans leur partie inférieure, elles sont épaisses et fortes supérieurement et parfaitement tranchantes.

d'après Moi. La collection du Muséum possède deux de ces côtes envoyées par M. Jefferson, une première et une seconde. Je n'ai pu remarquer de différences un peu importantes, que dans leur taille beaucoup plus grande, avec celles de nos Éléphants vivants.

doutes sur le nombre d'après M. G. Cuvier. Quant au nombre de dix-neuf paires seulement, M. Cuvier fait la juste observation qu'il peut y avoir quelque doute à ce sujet. En effet, dans le premier dépôt le plus complet et où se trouvait la plupart des vertèbres du dos, les côtes étaient toutes brisées, et, dans le second, où presque toutes les côtes existaient, il n'y avait aucune vertèbre; aussi M. R. Peale convient-il, p. 35, que, pour cette partie, il a été obligé de suppléer par quatre ou cinq pièces en bois.

Il assure cependant que les six premières paires sont remarquablement fortes, comparativement avec les autres extrêmement petites et faibles, et toutes si courtes, qu'il en conclut que le corps devait être proportionnellement très-petit. M. Peale.

Mais les côtes osseuses de l'Éléphant vivant sont fort courtes, et cependant, son corps est très-gros, ce qui tient à ce que les côtes cartilagineuses sont fort longues, comme, au reste, M. Peale les a rétablies dans son squelette. d'après Moi.

Les os des membres sont en plus grand nombre dans nos collections que ceux du tronc.

L'omoplate, suivant M. R. Peale, est beaucoup moins grande (*large*) (1) que celle de l'Éléphant et plus étendue, moins pointue à son angle supérieur; les deux apophyses qui terminent sa crête, longues, rugueuses, surtout la postérieure, qui s'avance presque jusqu'au bord axillaire; M. Cuvier dit qu'elle est plus étroite, ce me semble à tort, que celle de l'Éléphant d'Afrique, et qu'elle a cependant l'apophyse récurrente placée aussi haut que dans l'É. des Indes. Omoplate, d'après Peale M. G. Cuvier.

Nous n'en avons examiné aucun fragment en nature; d'après le squelette de M. Peale, il me semble pourtant qu'elle est plutôt plus grande que plus petite; mais que sa forme est un peu différente par l'abaissement de son angle postérieur, ce qui détermine la longueur de son bord axillaire. La terminaison de sa crête est aussi bien plus large et surtout l'apophyse récurrente descend plus bas; M. A. Koch donne 3 p. 1 po. angl. de longueur sur 2 p. 7 de largeur à celle de son Missourium. d'après Moi.

L'humérus, dont un bel échantillon est dans les collections du L'Humérus,

(1) M. Cuvier paraît avoir entendu le mot anglais *large* par large, au lieu de grand.

Muséum, envoyé en 1843 par M. Habersham, diffère évidemment de celui de *Marguerite*, par exemple, dont il a la taille, parce qu'il est beaucoup plus épais, en général; que l'empreinte deltoïdienne plus large descend plus bas; que la crête externe, également plus large, commence plus haut (1), et est plus brusquement détachée, quoique plus arrondie à son angle antérieur; que la poulie articulaire est proportionnellement plus étendue, et la fosse olécranienne plus promptement enfoncée.

décrit.

Le Radius.

La collection du Muséum possède un radius tout entier dans un état parfait de conservation et provenant de l'envoi de M. Jefferson. Comme l'humérus que nous venons de décrire, il est également bien plus robuste ou plus large pour sa longueur, plus arqué, même que celui de l'Éléphant d'Afrique; les angles qui limitent ses faces sont plus prononcés. La surface articulaire supérieure est également plus large transversalement, plus pointue au côté externe qui est pourvu d'une petite tubérosité. L'extrémité inférieure est encore bien plus grosse, plus renflée en massue, avec un rétrécissement très-marqué avant la surface articulaire qui, du reste, est plus arrondie, unique et sans carène, indice de division.

décrit.

Inférieurement.

Le Cubitus, d'après M. Peale.

Je ne connais le cubitus que d'après la figure du squelette, donnée par M. Peale (2), et il est impossible d'en rien dire autre chose si ce n'est qu'il est aussi plus gros, plus court que dans les Éléphants, ainsi qu'il l'a fait observer d'une manière générale.

Nous trouvons encore dans l'envoi de M. Jefferson plusieurs os du pied de devant.

Semi-lunaire.

Deux semi-lunaires, tous deux du côté droit, l'un plus petit et comme

(1) M. G. Cuvier, I, p. 242, dit qu'elle commence à moitié de l'os, tandis que dans l'Éléphant ce n'est qu'aux deux cinquièmes.

Il dit aussi que cet os est plus court que l'omoplate dans la proportion de 0,860 à 0,935; en suivant sans doute les mesures données par M. Peale; mais, d'après la figure de Bonn, ces deux os sont égaux en longueur, ce qui est bien plus probable. Je trouve en effet, dans les mesures données par M. Koch des os du squelette de son Missourium, 3 pieds un pouce pour l'omoplate, et 3 pieds 5 pouces 1/2 pour l'humérus, p. 9

(2) M. A. Koch donne à celui de son Missourium, une longueur de 2 p. 7 p. 1/2 angl.

roulé, l'autre auquel il ne manque que l'apophyse inférieure, proportionnellement plus longs dans leur diamètre transversal, au contraire de l'antéro-postérieur, ce qui les rend plus minces, plus écrasés que celui de l'Éléphant; mais ils en diffèrent surtout en ce que la facette externe cubitale est notablement plus petite, au contraire de la facette radicale.

Pyramidal ou Cunéiforme.

La collection du Muséum possède aussi un pyramidal ou cunéiforme du côté gauche qui a absolument le même forme que celui de l'Éléphant de l'Inde, quoique toujours un peu plus court, ce qui le rend plus mince.

Grand Os.

Un grand os dont les dimensions proportionnelles sont à peu près comme dans l'Éléphant, quoiqu'en général un peu plus petit.

Unciforme.

Un unciforme du même côté droit que les semi-lunaires, mais plus roulé, dans la proportion de ceux-ci, c'est-à-dire plus long en travers et moins épais que dans l'Éléphant de l'Inde, à celui duquel il ressemble cependant davantage.

Métacarpiens.

Les os du métacarpe sont aussi, d'après M. Cuvier, tous plus larges et plus courts que ceux de l'Éléphant.

de l'Index.

Celui de l'index surtout est du double plus large pour une même longueur, que dans un Éléphant de huit pieds de haut.

de l'Annulaire.

Celui de l'annulaire est seulement d'un tiers plus large que dans ce dernier.

Phalanges. d'après Peale.

Suivant M. Peale, la seconde phalange des doigts est terminée par un petit sillon *(groove)* qui indique, suivant lui, que la troisième phalange qui portait l'ongle était susceptible de mouvements considérables, et que l'ongle lui-même ressemblait davantage à celui de l'Hippopotame qu'à celui des Éléphants.

Observations à ce sujet.

Nous ne rapportons cette observation, que nous sommes loin d'adopter, que pour montrer que M. Peale ne connaissait pas la phalange onguéale, et que cependant, en dessinant son squelette dans la brochure du docteur Bonn, il n'a pas manqué d'en figurer à tous les doigts, en leur donnant une forme qui ne leur appartient certainement pas, du moins à en juger d'après ce que sont ces os chez les Éléphants vivants.

d'après M. A. Koch.

M. Albert Koch distingue son Missourium de l'animal de l'Ohio parce que ses doigts étaient armés de griffes, ce qui fait supposer que les phalanges onguéales avaient une forme analogue. Il n'en cite cependant aucune dans son catalogue, ce qui prouve le degré de confiance que l'on doit avoir dans son assertion.

Les Membres postérieurs.

Les membres postérieurs de l'Éléphant de l'Ohio sont, comme dans ce genre d'animaux, plus grêles que les antérieurs (1).

Bassin, d'après Peale.

D'après M. Peale, le bassin en totalité serait moins élevé proportionnellement à sa largeur, de manière à ce que la croupe aurait été beaucoup plus déprimée que dans les Éléphants, assez bien comme dans le Bison; et de plus son détroit serait aussi bien plus resserré.

Nous n'en possédons aucun fragment dans la collection du Muséum, et nous ne croyons pas devoir une confiance absolue à la manière dont cette pièce a été montée dans le squelette de M. Peale; d'ailleurs tous les Éléphants ont la croupe abaissée, ainsi que le détroit du bassin long et étroit.

Quant à l'écartement et à l'ouverture des os des iles en avant entre les épines iliaques, ils ne sont pas moindres, ce me semble, que dans les Éléphants ordinaires.

Fémur.

Nous sommes plus heureux pour le fémur dont la collection possède deux beaux échantillons; l'un, le plus anciennement connu, puisqu'il a été rapporté par M. de Longueil en 1740; l'autre qui y existe tout nouvellement et qu'elle doit à M. Habersham, qui l'a rapporté de la Géorgie.

décrit.

Cet os, en général moins grêle que dans les Éléphants, et par conséquent plus robuste, est en outre remarquable parce qu'il est plus large, même dans son corps, ce qui rend sa coupe plus ovale; mais

(1) Je ne conçois pas trop comment M. R. Peale, qui a fait cette juste observation, a pu voir dans les Éléphants vivants dont il a comparé le squelette, les membres postérieurs aussi grands que les antérieurs et dans quelques-uns même considérablement plus grands; à moins que par *large* il n'entende hauteur seulement.

surtout à ses extrémités, principalement à la supérieure où il est comme étalé par le grand développement du trochanter externe, l'interne étant assez prononcé; ses deux bords sont également plus sinueux, le troisième trochanter plus marqué (1) et au-dessous de la moitié de sa longueur, les condyles plus égaux ou moins inégaux, même que dans l'É. d'Afrique, la poulie étant moins remontée, plus horizontale ou moins oblique.

ses dimensions.

Le plus complet, celui de Longueil, a juste un mètre de haut, mesuré dans la ligne médiane au milieu de l'intervalle qui sépare le col de la grosse tubérosité et de la poulie tibiale, sur $0^m,180$ de large dans l'endroit le plus étroit du corps, au lieu de 0,80 sur 0,131 sur un fémur de l'Éléphant d'Asie (2).

de M. Haberham.

Celui donné par M. Haberham manque de son épiphyse supérieure et est du côté droit : il est peut-être encore un peu plus large que le précédent, mais du reste il a les mêmes caractères.

de Jefferson.

Une épiphyse inférieure, de l'envoi de M. Jefferson, indique encore un animal de plus grande taille.

Tibia. de Jefferson. décrit.

La collection possède aussi, du même envoi, un tibia de l'Éléphant de l'Ohio, entièrement noir et luisant. Les mêmes caractères de force se montrent et même s'exagèrent encore dans cet os qui, pour une longueur presque semblable, offre une épaisseur bien plus grande; les deux têtes sont en effet plus larges, les deux facettes articulaires supérieures plus égales, moins dissemblables, quoique plus que dans l'É. de la sud-Amérique. La crête fort épaisse est peu ou point excavée, au contraire de ce qui a lieu chez les Éléphants lamellidontes. La malléole interne est plus saillante et la facette oblique externe plus large.

Péroné. d'après Peale.

Nous ne connaissons le péroné que d'après la figure du squelette donnée par Peale, et elle nous apprend fort peu de chose à ce sujet.

M. Koch.

M. Koch donne à celui de son Missourium 2 pieds 6 p. 1/2 angl., le tibia

(1) Ce troisième trochanter est parfaitement indiqué sur un beau fémur, représenté dans un mémoire de G. Turner sur les os attribués au Mammouth. Philadelphie, 1799.

(2) Celui du Missourium avait 4 p. 1/2 angl. de longueur.

n'ayant que 2 pieds 4 p. 3/4, en sorte qu'il serait plus long que celui-ci.

Os du Pied. Il en est à peu près de même des os du pied; nous connaissons cependant les trois suivants du côté gauche et provenant de l'envoi fait par M. Jefferson :

Astragale. Un astragale ayant 0,150 de largeur de poulie et tant de ressemblance pour la forme générale avec celui d'*Asia*, que l'un pourrait être donné pour l'autre, sans qu'on put le reconnaître.

Calcanéum. décrit. Un calcanéum au contraire plus gros et surtout plus ramassé; aussi son apophyse cuboïdienne est-elle bien plus courte ainsi que la tubérosité dont le pédicule, presque nul et fort peu comprimé, est terminé par une extrémité presque circulaire. De ses trois facettes articulaires supérieures, en général plus larges et moins obliques, l'externe est semi-circulaire, et l'interne, en forme de semelle, est séparée de la moyenne par un espace ligamenteux triangulaire. Enfin en avant, outre la facette cuboïdienne, il y en a une petite pour le scaphoïde à la partie antérieure d'un tubercule inférieur profondément bifide.

Scaphoïde. décrit. Un scaphoïde plus large, plus étalé, moins courbé, plus égal dans son épaisseur, avec l'apophyse marginale inférieure plus rapprochée du milieu de l'os et pourvue d'une facette articulaire avec une semblable du calcanéum; ce qui est comme dans l'É. d'Afrique.

Cuboïde. décrit. Je trouve aussi dans l'envoi de M. Jefferson un os du tarse de même aspect que tous ceux de même origine, et qui ne peut être qu'un cuboïde du côté gauche. Il est vraiment remarquable par sa grande minceur et sa forme de coin. Quoique un peu usé et roulé, il diffère considérablement de celui de l'Éléphant de l'Inde.

Métatarsiens. Les trois os du métatarse qui accompagnaient les précédents, savoir : un second, un troisième et un quatrième, semblent encore être proportionnellement plus gros et plus courts que les métacarpiens comparés avec leurs analogues dans l'Éléphant.

Voilà tout ce que nous pouvons dire des os du squelette de l'Éléphant de l'Ohio, d'après le nombre assez limité de pièces que possèdent aujourd'hui les collections de notre Muséum.

Quant aux proportions des membres et de leurs parties, je n'oserais m'en rapporter d'une manière trop absolue au squelette rétabli par M. Peale. En effet il est évident qu'il a été construit d'os provenant de plusieurs individus; puisque le plus complet qui en fait, il est vrai, la base, n'a offert, à peu près entiers, que la base de la tête, les vertèbres du cou, plusieurs de celles du dos, les deux omoplates, les deux humérus, radius et cubitus, un bassin mutilé, un fémur, un tibia, un péroné et quelques petits os des pieds. De plus, lorsqu'on expérimente, ainsi que je l'ai fait, combien il est difficile de trouver la place des os métacarpiens et métatarsiens, et surtout des phalanges, même pour les squelettes d'Éléphants de nos collections, on est assez loin de croire que M. Peale n'a pas commis d'erreurs à ce sujet. Franchement je suis fort porté à penser que les os des pieds sont en général mal rapprochés et, par exemple, je doute beaucoup que les phalanges onguéales aient la forme qu'elles ont dans la figure. Certainement elles ne sont pas ainsi dans nos Éléphants.

Des proportions des Membres.

d'après Peale.

Ainsi je ne voudrais pas admettre, comme l'a fait M. G. Cuvier, que cet animal était beaucoup plus allongé à proportion de sa hauteur que l'Éléphant. Je suis seulement porté à croire qu'il était porté sur des jambes plus robustes; je n'ose dire moins élevées en général; mais certainement elles étaient plus courtes dans les avant-bras et dans les jambes.

M. G. Cuvier.

En effet, d'après la table des dimensions, on trouve que l'humérus est au fémur comme 43 : 34, et le radius au tibia comme 27 : 24; par conséquent le radius à l'humérus comme 24 : 34, et le tibia au fémur comme 27 : 42.

D'après le squelette figuré et dont j'ignore le chiffre de réduction, je trouve l'humérus au radius comme 34 : 20, différence 14.

Les figures.

Le fémur au tibia comme 39 : 19, différence 20.

Si l'on pouvait avoir confiance au squelette établi par M. Koch, les proportions des extrémités entre elles et surtout des os qui les constituent seraient fort différentes, surtout pour ceux des membres postérieurs;

M. Koch.

puisque, suivant les mesures qu'il donne, le fémur serait au tibia comme 54 : 24, ce qui ferait une différence de 30, au lieu de 20 suivant M. Peale, mais si le squelette montré par M. Koch avait en effet quelque ressemblance avec l'esquisse portée sur les billets d'exhibition, il est évident qu'il n'y a rien à tirer de plausible de tout ce qu'il en a dit.

Conclusion. Quant à la grandeur, on peut assez bien reconnaître qu'elle était assez loin d'atteindre celle de nos grands Éléphants vivants, et par conséquent fort loin de celle de l'Éléphant fossile, mais c'est encore une chose qu'il est impossible d'assurer.

Nous avons pris comme type de cette section des Éléphants, l'espèce qui est la plus anciennement connue, et dont on a en effet rencontré le plus grand nombre d'ossements; ce n'est pourtant pas celle dont nos collections en possèdent davantage, mais bien d'une autre espèce, peut-être exclusivement propre à l'Europe et que M. Cuvier, qui n'en connaissait cependant guère que les dents, a nommée Mastodonte à dents étroites. En effet, depuis que M. de Klipstein en a recueilli plusieurs beaux fragments avec beaucoup de dents à Eppelsheim, fragments dont le Muséum a acheté tous les moules en plâtre, on en a trouvé sur les contre-forts des Pyrénées un grand nombre d'os et de dents, outre un squelette presque entier d'une part, une base de crâne et de sa mandibule d'une autre, ce qui nous a permis de démontrer que le *M. Arvernensis* de MM. Croizet et Jobert, le *M. longirostris* ainsi que le *Tetracaulodon* de M. Kaup, appartiennent au *M. angustidens* dont M. Cuvier n'a connu que plusieurs dents, c'est-à-dire à l'Éléphant mastodonte de l'ancienne Europe et peut-être de l'ancien continent, si l'on pouvait en juger d'après une ou deux dents de l'Inde.

ELEPHAS ANGUSTIDENS (*É. à dents étroites*).

Description, d'après les pièces d'un Squelette, par M. Lartet. Je viens de dire que nous possédons pour la description de cette espèce beaucoup plus de matériaux que pour l'É. de l'Ohio, par suite d'un squelette presque entier, outre un grand nombre de dents, que le

Muséum doit aux investigations à la fois généreuses, persévérantes et éclairées de M. Lartet, ainsi que d'une grande partie des deux mâchoires armées de leurs dents, provenant d'un même individu, et que monseigneur l'évêque de Beauvais, dans sa juste appréciation des sciences naturelles, dont il protége fort efficacement l'enseignement dans son petit séminaire, a bien voulu enrichir par échange notre Muséum.

Malgré cela, comme pour l'Éléphant de l'Ohio, nous ne connaissons rien du crâne de cet animal, pas même de sa partie basilaire; nous savons seulement de la mâchoire supérieure, à en juger d'après une pièce trouvée à Eppelsheim, et dont nous ne possédons que le moule, que, par sa forme générale, cette partie ressemble beaucoup à ce qu'elle est dans l'Éléphant de l'Ohio; peut-être cependant plus étalée, surtout dans la partie du maxillaire qui soutient l'incisif où sont implantées les défenses. Les arcades zygomatiques sont également fort écartées dans leur racine antérieure de l'excavation orbitaire, et le trou sous-orbitaire assez bien comme dans les Éléphants vivants. De la Tête. Mâchoire supérieure d'Eppelsheim.

Quant au palais, il semble être notablement plus large que chez ces animaux; les bords dentaires étant assez régulièrement excavés au côté interne et convexes à l'externe, comme la série des deux cinquièmes et sixièmes molaires qui les forment; et son bord palatin assez largement arrondi. Palais.

La seule partie de palais que j'aie vue en nature est bien moins considérable que celle d'Eppelsheim, dont nous n'avons qu'un plâtre moulé; elle ne consiste en effet qu'en un fragment postérieur du palais, et, malheureusement encore, elle a beaucoup plus souffert par la compression. Aussi ne laisse-t-elle voir seulement que le bord palatin était en arc plus serré et que le palais était également plus étroit, le bord interne de la seule dent qui existe étant convexe. Du Gers.

D'après cela on pourrait présumer que cette pièce a dû appartenir à un individu femelle, et celle d'Eppelsheim à un mâle parvenu à tout son développement. Conclusions.

Nous sommes plus heureux pour la mandibule même que pour la Mandibule

décrite d'après

mâchoire. M. Kaup en a fait connaître plusieurs fragments d'une certaine importance; mais celle cédée par le séminaire de Beauvais, que nous possédons en nature, nous la fait connaître d'une manière presque complète.

un moule de Stellendorf.

Nous ne pouvons cependant juger la branche montante que d'après une pièce dont nous possédons le moule en plâtre et qui a été trouvée à Stellendorf, en Autriche. Il n'y manque guère, en effet, que le bord de l'angle. On peut très-bien reconnaître qu'il devait être plus arrondi que dans l'É. de l'Ohio. Aussi l'apophyse coronoïde est-elle un peu plus basse que le condyle, et la branche horizontale est-elle plus convexe, plus renflée à son bord externe et même à l'inférieur, différences qui la rapprochent au contraire un peu de celle des Éléphants vivants; mais le caractère qui distingue davantage la mandibule de l'É. à dents étroites, c'est que cette branche horizontale, en avant des molaires, au lieu de se terminer presque brusquement en un bec court, plus ou moins aigu, ou même en une sorte de gouttière courte et tronquée comme dans l'É. de l'Ohio, se prolonge en un long demi-canal horizontal, mais un peu incliné en dessous, et qui, après s'être dilaté et aplati à l'extrémité, montre deux alvéoles libres ou remplies par les défenses inférieures. C'est en effet de cette double disposition, quoiqu'il ne la connut qu'en partie, que M. Kaup a tiré sa dénomination de M. (Tétracauloudon) *brevirostris* d'abord et ensuite *longirostris* qu'il avait donnée à cette espèce. On peut voir dans notre planche XIV la représentation de cette singulière mandibule. On peut croire d'après cela que les incisifs de la mâchoire supérieure avaient quelque chose de ce prolongement en ligne droite et que les défenses supérieures devaient aussi participer à cette disposition; mais c'est ce qu'on ne peut pas assurer, aucune pièce recueillie jusqu'ici ne nous les montrant en place.

Comparée avec celle de l'É. de l'Ohio.

dans sa branche montante.

dans sa branche horizontale.

son bec.

Vertèbres.

Le squelette presque entier, découvert par M. Lartet, nous a fait connaître des parties assez importantes de la colonne vertébrale.

Cervicales. Première ou Atlas.

Et d'abord, un atlas bien complet. En le comparant avec celui des deux Éléphants vivants, il m'a paru évidemment plus robuste, plus gros, plus ramassé, en un mot plus épais, sa cavité étant plus rétrécie, l'arc supérieur plus épais et plus soulevé, les trous artériels entièrement percés, l'un dans la racine de l'apophyse transverse, l'autre dans la partie moyenne de l'anneau. décrit.

Un autre caractère qui m'a semblé aussi distinctif, c'est que le diamètre du trou vertébral est plus petit que celui de l'échancrure odontoïdienne, en même temps que les surfaces articulaires postérieures sont plus larges, plus courtes, plus limitées en dessous, tandis que dans les Éléphants vivants, elles se prolongent davantage de ce côté.

Troisième. Une troisième vertèbre cervicale du même squelette, m'a également offert un corps plus épais, plus arrondi, moins cordiforme, du reste sans apophyse épineuse.

Sixième. Une sixième avec plus d'épaisseur dans son corps, également plus circulaire, diffère surtout de celle de l'Éléphant que je lui compare, parce que la branche inférieure de l'apophyse transverse est presque horizontale, au lieu de descendre au-dessous de la ligne inférieure du corps de la vertèbre; outre qu'elle est bien plus épaisse.

Du reste, comme dans les autres espèces d'Éléphants, les plaques épiphysaires ne sont pas soudées.

Septième. Une septième est encore plus épaisse proportionnellement surtout à sa face inférieure. Son arc cependant, vu la minceur du pédoncule d'insertion, seule partie qui en reste, devait être bien moins large que dans l'Éléphant, et par conséquent aussi son apophyse transverse.

Dorsales. Seconde. Ce squelette offre encore douze vertèbres dorsales, une seconde dont le corps est toujours plus épais et plus réniforme; le reste manque; Troisième. une troisième, très-belle, très-entière qui ne diffère de sa correspondante dans *Asia* que parce que son corps est moins caréné en dessous, que l'arc est plus serré de bonne heure, le canal étant moins haut; une quatrième qui manque de l'apophyse épineuse, mais dont la forme de l'arc est presque semblable à ce qui est dans l'Éléphant vivant; son corps est toujours moins caréné en dessous; une neuvième représentée Neuvième, par un fragment; les treizième, quatorzième et quinzième ne consistant 13ᵉ, 14ᵉ et 15ᵉ.

également que dans leur corps sans masse apophysaire, mais fort semblables à leurs analogues dans *Asia;* les seizième, dix-septième, dix-huitième et dix-neuvième sont assez bien dans le même cas; seulement les apophyses tuberculaires des articulaires antérieures sont plus élevées, plus larges et plus fortes, du moins que les postérieures, ce qui indique une queue plus développée.

16e, 17e et 18e. Dix-neuvième et dernière.

La dix-neuvième est également la dernière costifère et sa facette articulaire est au milieu de son corps.

Lombaires 4.

Les mêmes caractères, sauf la facette costifère, se présentent sur la seconde lombaire dont le canal vertébral se déprime un peu plus.

C'est ce qui est encore plus prononcé pour la troisième et la quatrième, qui ont leurs apophyses transverses notablement plus longues et plus fortes, surtout plus longues et dont le corps est aussi plus transverse (1).

Omoplate.

Sur le même squelette qui nous sert de type pour la description de cette espèce, nous possédons une bonne partie des deux omoplates et même les deux extrémités articulaires complètes.

du côté droit. décrite.

Celle de droite, la plus entière, montre l'angle supérieur plus arrondi et probablement le bord antérieur plus avancé, ce qui donne à la fosse sus-épineuse un peu plus d'étendue que chez l'Éléphant. La crête paraît avoir été au moins aussi longue que dans ceux-ci, du moins à sa terminaison fourchue vers la cavité glénoïde. Quant à celle-ci elle est absolument comme celle de l'Éléphant, avec un tubercule coracoïdien assez fort.

comparée.

La face sous-scapulaire est, encore plus que dans l'espèce d'Afrique, carénée dans son milieu par une côte arrondie, saillante qui n'existe pas chez l'Éléphant des Indes.

Les collections du Muséum possèdent encore deux fragments d'omoplates de cette espèce, l'un qui vient des mêmes lieux que la mandi-

(1) Ce nombre de dix-neuf vertèbres thoraciques et de quatre lombaires, offert par le squelette de l'E. *angustidens*, semble confirmer ce qu'avait dit Peale pour les premières dans l'É. de l'Ohio; mais alors il y aurait eu une lombaire de moins.

bule décrite plus haut, c'est-à-dire du versant des Pyrénées, et qui ne consiste qu'en l'extrémité inférieure ; elle offre du reste beaucoup de ressemblance avec sa partie analogue dans la précédente.

L'humérus du squelette qui nous sert de type est notablement encore plus court, plus trapu, plus tordu même que celui de l'Éléphant de l'Ohio. Celui que je décris est du côté droit, son empreinte deltoïdienne est encore plus large : elle descend plus bas, plus obliquement de dehors en dedans. La crête épicondylienne commence par une courbe rapide à peu près comme dans celui de l'Ohio ; mais l'excavation olécranienne est encore plus prononcée. L'Humérus, décrit.

Je trouve beaucoup de rapports avec la partie correspondante de cet os dans une partie inférieure de l'humérus gauche, dont nous devons un moule en plâtre à M. Schleyermacher. Fragment d'un autre.

Un humérus épiphysé aux deux extrémités, probablement d'un jeune animal, et provenant sans doute de Russie d'où il a été envoyé par M. Fontaine, me semble aussi avoir beaucoup de rapport avec notre type par sa forme courte et ramassée. Cependant son empreinte deltoïdienne ne descend pas si bas et la cavité olécranienne postérieure est bien moins prononcée, ce qui peut tenir à l'âge moins avancé. Un autre, jeune.

Notre squelette n'offrait pas de radius, mais bien un superbe cubitus très-entier du côté gauche. Cet os montre absolument la même forme que celui des Éléphants en général, presque dans toutes ses parties ; mais avec beaucoup plus de brièveté et plus de largeur. Les crêtes sont bien plus prononcées, ce qui le rend encore plus anguleux. La facette interne de l'articulation carpienne est bien moins grande que dans l'É. des Indes, un peu plus que dans celui d'Afrique. Mais la plus grande dissemblance porte sur l'inégalité des deux lobes antérieurs du trèfle de l'articulation humérale, en faveur de l'interne, plus même que dans l'Éléphant d'Afrique. Le Cubitus, décrit. Inférieurement.

Un fragment d'extrémité supérieure de cubitus n'offrant que ces deux lobes articulaires, me semble avoir fait partie du cubitus droit du même individu que le précédent. Il porte en effet pour étiquette, de la main Fragment d'un autre.

de M. Lartet : *Cubitus*, *radius et défenses trouvés en* 1837, *auprès de l'endroit où a été découvert le squelette envoyé en* 1838, c'est-à-dire notre squelette type; mais il nous a semblé qu'il n'y avait aucune partie de radius dans ces fragments. Nous en possédons deux assez beaux morceaux d'un autre envoi, dont l'un trouvé avec son cubitus, et qui nous montrent aussi plus de largeur et moins de courbure que celui des Éléphants vivants.

Des os du carpe, il n'a été recueilli que les suivants :

Grand Os. Un grand os qui ressemble beaucoup à celui d'*Asia*, n'offrant de différences bien exprimables que dans la grandeur bien moindre.

Un os crochu ou unciforme du même côté que le précédent, s'articulant en effet avec lui, également fort semblable à celui d'*Asia*, mais ayant sa facette articulaire avec le quatrième métacarpien plus large.

Pisiforme. Un pisiforme aussi du même pied, en tout semblable pour la tête articulaire; mais plus court et surtout plus large, plus robuste et moins étranglé entre ses deux têtes que dans *Asia*.

Semi lunaire. Un semi-lunaire du côté gauche fort petit, puisqu'il n'a que 0,85 dans son plus grand diamètre; quoique malheureusement roulé et très-frustre il est plus étroit et moins courbé dans sa partie inférieure que celui de l'Éléphant de l'Ohio.

Trapézoïde. Un trapézoïde du côté droit opposé à celui du pied presque entier, semble indiquer un individu plus petit; il a du reste tous les caractères de celui d'*Asia*, cependant avec quelques différences dans la proportion des facettes articulaires.

Métacarpiens. Dans cet Éléphant à dents étroites, dont nous avons une partie de la main gauche du même individu, j'ai trouvé, en faisant porter ma comparaison avec *Asia*, que le quatrième métacarpien est bien plus petit, à peine plus long que le cinquième, du reste ayant beaucoup de

Quatrième. son analogue dans ce dernier Éléphant, quoique proportionnellement moins long et un peu plus large.

Cinquième. Le cinquième est de moitié plus court; mais bien plus large que celui d'*Asia*, de forme presque lozangique et du reste semblable.

D'autres parties de l'ancien continent, on ne peut trouver à rapporter à cette espèce qu'une énorme semi-lunaire gauche d'Eppelsheim et dont nous possédons un moule. Ses dimensions rappellent assez bien celles du fémur que nous avons rapproché de celui des Éléphants lamellidontes. En effet il a 0,167 de plus grand diamètre, tandis que celui d'*Asia* n'a que 0,104. Nous avons déjà parlé de cet os à l'article des Éléphants fossiles, en faisant l'observation que, s'il avait appartenu au même animal que le grand fémur que M. Kaup rapporte à un Mastodonte, ce pourrait être plutôt au Dinotherium qu'il devait être attribué. Semi-lunaire. Doutes à son sujet.

Un bassin dont il reste, surtout du côté gauche, une assez grande partie de l'iléon, toute la cavité cotyloïde, le trou ovale, la branche horizontale du pubis, la branche supérieure de l'iskion, m'a présenté une ressemblance presque parfaite avec ces mêmes parties du bassin d'*Asia* mises à la fois sous mes yeux. La cavité cotyloïde m'a cependant paru plus grande, les deux lobes que sépare la gouttière vasculaire et surtout l'externe plus larges, et se chevauchant davantage l'un l'autre, les branches pubienne et iskiatique un peu plus robustes. Le Bassin. décrit.

Le fémur que nous possédons des deux côtés, celui de gauche plus complet et n'ayant pas été écrasé, m'a paru plus concave au bord interne, plus sinueux à l'externe, par plus de saillie du troisième trochanter, placé au-dessous de la moitié; la tête est fort ronde, le col assez saillant, très-gros, fort oblique comme dans l'Éléphant d'Afrique; cet os est, du reste, fortement élargi supérieurement par un énorme grand trochanter, très-épais, ne s'élevant cependant pas au-dessus de la tête. Fémur. décrit. Supérieurement.

Quant aux condyles, ils ont quelque chose d'intermédiaire à ce qu'ils sont dans les deux espèces vivantes, moins serrés que dans l'Africain, moins écartés que dans l'Asiatique; mais évidemment égaux ou moins inégaux, même que dans ce dernier. La poulie rotulienne est un peu oblique, moins remontée, plus horizontale. Inférieurement.

Il a du reste tous les caractères de celui de l'Ohio, sauf la taille d'un tiers de moins.

Outre ces deux fémurs entiers, le Muséum possède encore deux extré- Fragments de deux autres.

mités supérieures du même versant des Pyrénées, mais qui indiquent des individus de plus petite taille; l'une, venant sans doute du département du Gers, est remarquable par sa grande pesanteur. Le diamètre de sa tête est de 0,130; l'autre, qui est encore plus petit, sa tête n'ayant que 0,120, accompagnait la mandibule si allongée.

De deux autres. Les envois de M. Lartet nous en ont encore fourni deux autres fragments. L'un, portion supérieure d'un fémur droit très-écrasé et insignifiant; et l'autre, même partie sans l'épiphyse, d'un jeune animal.

Nous croyons aussi devoir rapporter à cette espèce une tête de fémur, très-petite puisqu'elle n'a que 0,115, poreuse et légère, provenant du Teutobochus du Dauphiné.

La Rotule décrite. Le squelette presque complet nous a aussi fourni une rotule du côté droit, beaucoup plus épaisse que dans les É. vivants; ses bords et ses extrémités sont aussi bien moins dissemblables et ses facettes articulaires moins inégales, ce qui est parfaitement en harmonie avec la gouttière fémorale.

Une autre. Le squelette du véritable Teutobochus, c'est-à-dire celui du Dauphiné, nous a aussi offert une rotule du côté droit, assez bien avec les mêmes caractères et, par conséquent, quoique d'un assez jeune animal, plus étroite, plus longue proportionnellement que dans l'Éléphant de la Sud-Amérique (1).

Le Tibia. Quoique plus court que celui d'*Asia* avec lequel je le compare, le tibia de l'Éléphant à dents étroites est évidemment plus gros, plus robuste, plus triquètre; la carène tibiale antérieure se prononçant bien
décrit. plus jusqu'à l'extrémité inférieure, est plus saillante et plus recourbée supérieurement. La facette astragalienne m'a semblé aussi en général plus

(1) A l'occasion de cet os ainsi que de la tête de fémur et du fragment du cubitus cités plus haut, indiqués comme provenant du prétendu Teutobochus du Dauphiné, nous sommes porté à croire qu'il y a eu quelque confusion dans les étiquettes, et qu'ils proviennent plutôt du département du Gers. En effet, ils ne sont pas mentionnés dans la note lue à l'Académie des sciences par suite des nouveaux renseignements que les héritiers de M. de Langon avaient bien voulu nous donner sur ce sujet fameux.

petite, un peu plus oblique; la malléole interne saille un peu davantage, et la facette articulaire avec le péroné est aussi plus grande et plus oblique.

Mais cet os comparé avec celui de l'Éléphant de l'Ohio est, pour une longueur semblable, notablement moins épais dans son corps et surtout moins élargi à ses deux extrémités. comparé.

Un fragment d'un tibia de Simorre, mutilé ou sans épiphyse supérieure, est non-seulement plus petit, mais encore évidemment plus grêle que le précédent dont il a cependant tous les caractères; il provient sans doute d'un individu femelle. Fragment d'un autre.

La collection du Muséum en possède un très-jeune qui semble bien plus triquètre, tant ses angles sont marqués; il est malheureusement peu complet. D'un jeune animal.

Le calcanéum a assez bien les caractères de celui de l'animal de l'Ohio, la brièveté, la forme circulaire du col et de la tubérosité, la profonde séparée par un canal de la tubérosité inférieure et interne, la facette articulaire de la partie antérieure de l'apophyse qui supporte la facette interne; mais la forme des surfaces articulaires diffère un peu, outre qu'elles sont plus obliques. Le Calcanéum gauche décrit.

Une assez bonne partie du calcanéum droit du même individu que le gauche dont nous venons de parler, nous a offert absolument les mêmes caractères. Le droit.

Il en est assez bien de même d'un assez gros fragment d'un même os provenant de Simorre: il rentre cependant un peu davantage dans la forme et la grandeur de celui d'*Asia*, parmi les Éléphants vivants. Fragment d'un autre.

ELEPHAS HUMBOLDTII (*M. de Humboldt*).

La troisième espèce d'Éléphant à dents mamelonnées que l'on puisse véritablement distinguer, est celle dont les restes fossiles ont été trouvés dans l'Amérique méridionale, d'abord par Dombey pendant son voyage Énumération des pièces en nature.

au Pérou, puis par M. de Humboldt pendant son voyage en Sud-Amérique, et enfin par M. Gay dans son exploration du Chili.

Celles du faux Teutobochus.

Je lui rapporte aussi les ossements assez nombreux qui avaient été considérés comme ceux anciennement attribués au roi Teutobochus, et sur lesquels j'ai publié dans les nouveaux Mémoires du Muséum un Mémoire accompagné de figures. Depuis lors je me suis assuré par la connaissance réelle des os prétendus de Teutobochus qu'ils étaient autres que ceux trouvés à Bordeaux et dont M. Jouannet, bibliothécaire de la ville de Bordeaux, a enrichi les collections du Muséum, et qu'ils ne provenaient pas de Mazurier qui les aurait laissés en gage à Bordeaux, comme la tradition l'avait recueilli. Il m'est impossible de remonter aujourd'hui à la source véritable; mais je suis bien plus porté à croire qu'ils ont été apportés de la Sud-Amérique, de Lima ou de la Conception, tant j'ai trouvé de ressemblance entre les dents d'une mandibule qui en fait partie et celles des mandibules rapportées, l'une, anciennement par Dombey, l'autre, dernièrement par M. Gay.

Supposés de la Sud-Amérique.

Fragments de Mandibule.

D'après cela nous rapportons à cette espèce un assez petit morceau de mâchoire et trois fragments plus ou moins incomplets de mandibule.

Premier.

Le moins altéré est celui du faux Teutobochus dont il vient d'être parlé; en effet, il est composé de ses deux côtés, avec la symphyse complète, et l'angle de la branche montante du côté droit.

Second. du Chili.

Le second, qui se compose encore d'une symphyse complète, vient certainement du Chili d'où il a été rapporté par M. Gay, chargé par le gouvernement actuel de ce pays d'en poursuivre l'exploration scientifique et statistique, ce qu'il a fait pendant un séjour de six années consécutives.

Troisième du Pérou.

Enfin le troisième et dernier est une branche horizontale du côté gauche, armée de ses deux dernières molaires, rapportée il y a bien longtemps par Dombey, et dont M. G. Cuvier a déjà parlé en l'attribuant à son *M. angustidens*.

Conclusions.

Ce qu'on peut tirer comme caractère spécifique de l'examen de ces quatre morceaux, c'est que d'abord l'espèce à laquelle ils ont appartenu était d'une bien moins grande taille que les deux précédentes, et ensuite qu'elle se rapprochait davantage des espèces vivantes par la forme très-convexe et peu rectiligne de la branche horizontale sans angle marqué, et aussi par celle de la symphyse qui se termine brusquement en bec pointu et court, assez bien comme dans l'Éléphant d'Afrique.

M. Alcide d'Orbigny figure cependant dans l'atlas de son voyage en Sud-Amérique, comme provenant de la vallée de Torija en Bolivie, un grand fragment de mandibule (pl. X, fig. 1 et 2) et deux dents molaires (pl. XI, fig. 3 et 4), celles-ci de grandeur naturelle et celui-là réduit, sans que le chiffre de la réduction soit indiqué, et qu'il rapporte, Paléontologie, p. 144, au *M. Andium* de M. G. Cuvier. Les dents sont bien évidemment, comme leurs analogues, troisième inférieure et germe de sixième supérieure, de l'E. de l'Amérique méridionale; mais la mandibule, par la forme de la symphyse, allongée en une sorte de bec en gouttière un peu déclive, diffère notablement de celles que nous possédons en nature. Cette pièce indiquerait-elle réellement une espèce distincte, ce dont je doute beaucoup, ou bien que dans le sexe mâle, jusqu'à un certain âge, il y a des défenses mandibulaires, comme dans l'E. de l'Ohio et encore mieux dans l'E. à dents étroites : c'est ce que je ne veux pas décider. Un dessin fait sans réduction indiquée ne peut inspirer une confiance absolue; ce que je puis assurer, c'est que, portant une troisième fort usée et une quatrième commençant à l'être, elle provient d'un animal qui commençait à être adulte.

Mandibule et Dents de Bolivie.

Du M. *Andium*.

D'après

un dessin de M. d'Orbigny.

Nous ne connaissons du tronc que quelques vertèbres.

Vertèbres.

Un atlas parfaitement complet rapporté du Chili par M. Gay et qui est peut-être encore plus robuste dans toutes les parties de son anneau que dans les deux espèces précédentes et surtout que dans les Éléphants lamellidontes.

Atlas.

Nous possédons aussi le corps de trois vertèbres dorsales, rapportées de Colombie par M. de Humboldt; mais trop altérées pour nous montrer autre chose que leur corps était arrondi et nullement caréné.

dorsales.

Des membres antérieurs, je n'ai pu examiner que les pièces suivantes :

Omoplate. Une tête articulaire d'omoplate du faux Teutobochus, et qui nous a appris fort peu de chose, si ce n'est un certain rapprochement avec l'omoplate de l'Éléphant du val d'Arno par le peu d'éloignement de la racine inférieure de la crête de la cavité glénoïde; la carène sous-scapulaire peu marquée.

Humérus. fragments. L'extrémité supérieure des deux humérus, n'offrant rien non plus de bien particulier, que sa grosseur médiocre, égalant celle d'*Asia*. J'ai cependant remarqué moins d'obliquité dans les tubérosités, et que la gouttière bicipitale les sépare en deux parties plus égales que dans les Éléphants lamellidontes vivants et fossiles. Ces os proviennent du même squelette que la précédente.

Un autre. décrit. Un fragment du même os du bras, quoique brisé dans la moitié de chacune de ses deux extrémités, nous montre que dans cette espèce l'empreinte deltoïdienne fort large était séparée par un très-court intervalle de l'origine de la crête épi-condylienne; de manière que l'os en totalité est encore plus court, plus large dans ses parties supérieures que dans les deux espèces précédentes. Cet os provient de Santa-Fé de Bogota.

Cubitus. comparé. Le squelette du faux Teutobochus nous donne une extrémité supérieure de cubitus avec sa surface articulaire et l'olécrâne presque entier; mais il ne nous montre rien que sa forme habituelle chez les Éléphants mastodontes : seulement il est bien plus petit, même que dans l'espèce précédente.

Métacarpien. Un cinquième métacarpien rapporté de la Pesquiera par M. de Humboldt m'a paru ressembler beaucoup à celui de l'Éléphant à dents étroites.

Des membres postérieurs, nous n'avons encore pu étudier que les pièces suivantes :

Fémur. Un corps de fémur sans ses épiphyses supérieure et inférieure, mais indiquant un os d'une forme particulière, très-gros, très-court, très-épais dans son corps et s'élargissant rapidement à ses deux extrémités, avec une trace fort peu marquée et très-inférieure du troisième trochanter.

Il provient de Buénos-Ayres, d'où il a été rapporté par M. l'amiral Dupotet, et paraît comme pourri et lavé. de Buénos-Ayres.

Le squelette du faux Teutobochus nous a fourni une extrémité supérieure d'un autre fémur, et qui est tout à fait semblable à son analogue dans la pièce précédente; ce qui prouve que celle-ci est bien d'un Éléphant mastodonte. Un autre.

Une rotule bien complète, certainement plus courte, plus sub-carrée que dans les espèces précédentes; mais en différant surtout par la subégalité des deux facettes articulaires et la saillie de la carène qui les sépare. Rotule.

La collection possède trois tibias de l'Éléphant de l'Amérique méridionale, l'un, assez incomplet par brisure, provenant du faux Teutobochus, un second du côté gauche, très-frustre et comme usé à ses deux extrémités, de Colombie par M. de Humboldt; et enfin le troisième fort complet et dans un état parfait de conservation, du Chili par M. Gay. Tibias. Un de Colombie. Un du Chili.

Quoique différent tous les trois un peu de longueur, ils ont cependant cela de commun, d'être proportionnellement peut-être encore plus courts que dans les deux espèces précédentes, avec plus de gracilité et plus de compression. Les deux facettes articulaires fémorales sont aussi presque égales, ce qui indique le même élargissement des deux côtés de la tête supérieure de l'os. Comparés.

Celui qui s'éloigne le plus des deux autres est le tibia rapporté du Chili par M. Gay. Il est évidemment un peu plus long et plus grand.

Avec cet os et dans le même état parfait de conservation je dois encore faire mention d'un calcanéum de la taille de celui d'*Asia* et lui ressemblant beaucoup, ainsi que d'un métatarsien du quatrième doigt qui offre au contraire la brièveté et la largeur qui caractérisent cet os dans les Éléphants mastodontes. Il est seulement bien plus petit que dans les deux espèces précédentes. Calcanéum. Métatarsiens.

On peut faire la même observation au sujet d'un calcanéum du côté droit rapporté de Santa-Fé de Bogota par M. de Humboldt, et qui, encore plus petit peut-être, est aussi plus allongé surtout dans son apo- Autre Calcanéum.

physe subcylindrique, terminée par une tubérosité arrondie en forme de tête.

Voilà, ce me semble, les trois seules espèces que l'ostéographie nous donne actuellement les moyens de distinguer et de caractériser.

E. de Sival (*E. Sivalensis*).

Falconer et Cauteley, *Journ. of asiatic. soc. of Bengal.*, v. II. 1833.

Il est cependant encore un Éléphant à dents mamelonnées, celui de l'Inde, dont on pourrait croire avoir recueilli des os du squelette et des dents, de manière à permettre un examen dans le but que nous poursuivons, c'est-à-dire la spécification ; malheureusement, d'abord il n'y a pas de certitude entre le rapprochement des os et des dents, et de plus nous ne les connaissons, les uns et les autres, que d'après des figures et des descriptions incomplètes. Nous allons donc passer immédiatement à l'étude du système dentaire dans cette section des Éléphants, et comme nos collections sont bien plus riches en dents de l'espèce d'Europe ou à dents étroites, c'est par celle-ci que nous allons commencer notre examen en la prenant pour type auquel nous comparerons les autres espèces.

ARTICLE DEUXIÈME.

ODONTOGRAPHIE.

Histoire. Ces Dents considérées comme

C'est évidemment cette partie de l'organisation des Éléphants à dents mamelonnées qui a le plus occupé les naturalistes ; au point qu'elle seule a commencé leur histoire. Nous avons vu en effet plus haut, comment l'examen d'une ou de plusieurs de ces dents séparées, et surtout des plus petites, à un état plus ou moins avancé d'usure, porta d'abord à les

d'Hippopotame. d'un Animal carnassier.

rapprocher de celles de l'Hippopotame ; comment ensuite en en examinant quelques-unes qui n'étaient point usées, Hunter les a considérées comme provenant d'un animal carnassier ; comment, envisagées d'une manière plus convenable, elles ont été comparées aux molaires des Éléphants vivants, et entre autres, par Adrien Camper, qui a parfaitement senti leur rapprochement, surtout avec celles de l'Éléphant d'Afrique; et comment enfin elles seules ont porté M. G. Cuvier à former, des espèces d'Éléphants qui en sont pourvues, un genre distinct, malgré la similitude de toutes les autres parties de l'organisation, et par suite des mœurs et des habitudes, ce qui, dans nos principes de zooclassie, ne nous a pas permis de l'adopter.

d'un Éléphant.

d'un genre distinct.

Quoi qu'il en soit, il était plus facile d'établir ce genre sur la structure des molaires que sur leur nombre, et sur le mode de leur succession; aussi M. G. Cuvier n'a-t-il pu y parvenir; au point qu'il supposait qu'elles n'étaient qu'au nombre de trois ou quatre de chaque côté, en haut comme en bas, et qu'il n'a pu signaler que la dernière et l'avant-dernière, sans se douter de ce qu'étaient les antérieures, quoiqu'il en eût plusieurs sous les yeux, en sorte qu'il les attribuait à des espèces distinctes.

Incomplètement connues, par M. G. Cuvier.

C'est M. Kaup qui, par suite de la découverte du célèbre gisement d'Eppelsheim, où se sont trouvées plusieurs de ces dents en série sur des mâchoires de jeunes et de vieux animaux, outre un grand nombre d'autres séparées, a réellement établi le nombre de ces dents dans leur succession normale. Aidé des moules en plâtre de toutes les pièces qui ont servi aux publications de M. Kaup, des dents trouvées en Auvergne, et surtout de celles en grand nombre recueillies par M. Lartet dans le département du Gers; j'ai pu non-seulement confirmer ce que la science devait presque exclusivement à M. Kaup, mais le développer, l'étendre, en faisant porter la comparaison avec ce que j'ai établi sur le système dentaire des Éléphants vivants, comme nous allons maintenant le démontrer.

Complètement par M. Kaup.

Confirmées par comparaisons avec les Éléphants vivants.

Toutes les espèces de la section des Éléphants à dents mamelonnées ont, comme les espèces à dents lamelleuses, six dents molaires de chaque côté des deux mâchoires, et cela successivement, dans le cours de la vie de l'animal. Ces dents se remplacent en se poussant d'arrière en avant, et s'usent chacune d'elles en sens contraire, c'est-à-dire d'avant

Molaires, $\frac{6}{6}$.

Mode de remplacement.

d'usure. en arrière (1), celles d'en haut versant en dedans, c'est-à-dire plus en dedans qu'en dehors, et celles d'en bas en sens contraire, plus en dehors qu'en dedans; en sorte que l'on peut reconnaître parfaitement, non-seulement la mâchoire dont provient une dent, mais encore le côté et la place ou le chiffre de chacune d'elles.

Incisives. $\frac{1}{1}$. Toutes ces espèces ont également une paire d'incisives en forme de longues défenses, à la mâchoire supérieure; mais de plus, on trouve assez fréquemment chez plusieurs, jusqu'à un certain âge et dans un sexe seulement, d'après quelques observateurs, une paire d'incisives en forme de défenses plus courtes, à la mâchoire inférieure.

décrites dans le *M. angustidens*. Dans l'espèce que nous allons prendre pour type, l'Éléphant à dents étroites (*M. angustidens*, G. Cuvier), parce que nous possédons un plus grand nombre de matériaux, les incisives supérieures ou défenses, que

Supérieurement. nous connaissons presque entières et des deux côtés, d'après des fragments soigneusement recueillis par M. Lartet, et que nous avons fait rajuster avec toutes les précautions convenables, défenses sans doute plus ou moins longues et plus ou moins étroites, suivant le sexe et peut-être même l'âge, seraient assez bien triquètres, l'angle émoussé, arrondi en

Leur forme, directrice. dehors et la base plane, mais assez étroite en dedans. Assez faiblement courbées et en général moins que dans les Éléphants lamellidontes, elles éprouvent une légère torsion, par suite de laquelle l'extrémité libre offrirait la partie plate de son sommet mousse et un peu en crochet, en dedans et en dessus.

Structure. Une autre particularité qu'offrent ces défenses et qui tient à la structure, c'est que, formées d'ivoire, comme toutes celles des Éléphants en général, elles sont revêtues dans toute la longueur de leur face plane d'une bande assez épaisse d'émail, composée, comme à l'ordinaire, de fibres vitreuses verticales, ce qui rappelle un peu la structure des incisives des Rongeurs.

C'est un fait qu'avait parfaitement remarqué M. Lartet (2) et qu'il est

(1) Sauf pour la première qui s'use d'abord en arrière.

(2) M. G. Cuvier, qui avait reçu des portions de défenses de cette espèce fossile, envoyées de

possible de vérifier sur tous les fragments de défense envoyés par lui, et ils sont assez nombreux (1).

La défense supérieure n'avait pas encore tombé sous l'observation, ni à Eppelsheim, ni en Auvergne, ni en Italie. Il n'en est pas de même de l'inférieure; M. Kaup en avait déjà observé des fragments plus ou moins considérables et même, si je ne me trompe, encore en place. Nous avons eu le même avantage sur la mandibule si singulièrement prolongée, que nous devons à Monseigneur l'évêque de Beauvais. En effet, l'extrémité de l'os montre encore la coupe de son alvéole, remplie de la base de la dent; mais en outre, nous possédons une partie même de celle-ci, son extrémité terminale qui nous apprend qu'elle était aussi sub-triquètre, mousse et un peu usée en biseau à sa terminaison, assez fortement striée longitudinalement; mais n'ayant rien dans sa structure qui rappelle celle de l'ivoire des défenses supérieures. D'après le mouvement du chicot resté dans l'alvéole et de la partie qui en a été séparée,

Inférieures.

Par M. Kaup.

Par Moi.

Siriac au Muséum par M. le docteur Lourteau, avait bien remarqué cet émail (*Ossements fossiles, III*), mais il ne s'était pas aperçu qu'il est limité à la face supérieure et interne. Quant à l'absence de structure semblable à celle de l'ivoire, cela tenait à l'altération profonde de la dent; toutefois nous devons rappeler l'observation par laquelle il termine cette addition : «Ainsi le M. à dents étroites se rapproche de l'Hippopotame par ce caractère tiré des défenses aussi bien que par la division en trèfles de ses collines. » Buffon et Daubenton, en faisant ce rapprochement véritablement erroné, il y a près de cent ans, n'avaient donc pas mérité les reproches qu'on leur a faits.

(1) Je suis étonné que M. Mermet, dans la note intéressante qu'il a publiée (*Bulletin de la Société des sciences de Pau, juillet* 1841), ayant eu en sa possession deux de ces défenses, dont l'une presque entière, ait pu dire (*p.* 4) qu'il est presque impossible de distinguer une défense de Mastodonte d'une défense d'Éléphant; il indique cependant fort bien que celle qu'il a examinée était émoussée et légèrement arquée à l'extrémité, et qu'en la coupant transversalement, on aurait pour section une ellipse, dont le grand axe serait dirigé de la concavité à la convexité.

Dans la note insérée dans le *Courrier du Velay*, du mercredi 10 mai 1843, sur la découverte d'un squelette de Mastodonte, à un myriamètre de la ville du Puy, on lit que les deux défenses s'y trouvèrent entières, étendues horizontalement l'une à côté de l'autre. L'auteur de la note ajoute, qu'elles étaient très-effilées, sensiblement elliptiques, légèrement courbes et arquées vers la pointe. Il a même noté la structure ordinaire de l'ivoire, mais il ne dit rien de la bande d'émail. Ce qu'il ajoute que, leur grosseur n'était nullement proportionnelle à leurs longueur, porte à croire que l'individu dont elles proviennent était femelle.

nous avons pu admettre que ces dents sortaient horizontalement un peu en bas par suite de la direction du prolongement mandibulaire (1).

Molaires.

Nous n'avons pas moins été heureux pour les molaires que pour les incisives, grâce aux nombreux matériaux envoyés par M. Lartet, en nature, aux moules en plâtre de la collection d'Eppelsheim, et aux pièces recueillies en Auvergne.

Supérieurement. Ensemble.

* *Supérieurement.*

Nous avons trouvé les six dents molaires dans une succession continue, depuis la première du jeune âge jusqu'à la dernière, que nous n'avons cependant jamais rencontrée seule, ce qui se voit au contraire assez souvent chez les Éléphants lamellidontes.

Nous n'en avons jamais vu plus de trois à la fois en avant, la première, la seconde et la troisième dans un degré d'usure décroissant; et jamais plus de deux en arrière, dans un degré d'usure également décroissant.

A part. Première. décrite.

La première molaire, de beaucoup la plus petite, a un peu la forme de celle du Rhinocéros, sa couronne est ronde, un peu ovalaire, moins carrée que dans la figure qu'en a donnée M. Kaup, et plutôt sub-triangulaire, la base en arrière, partagée en deux collines transverses, la postérieure la plus large et la moins élevée; chacune divisée en deux mamelons, les externes plus saillants que les internes, avec deux talons terminaux, l'antérieur plus étroit, mais plus saillant que le postérieur et ayant deux racines.

En place. d'Eppelsheim.

Cette dent est en place avec les deux suivantes, sur deux pièces provenant d'Eppelsheim, dont nous avons le moule en plâtre, dont l'une

(1) M. Lartet en trouvant, toutes les fois qu'il y avait une sorte d'assemblage, que certaines dents, qui lui semblaient être des incisives, étaient peu éloignées des molaires de la mâchoire inférieure, en avait conclu que c'étaient des incisives. Il avait même observé que ces dents n'ont pas la même structure que les défenses supérieures, en ce qu'elles n'ont d'émail sur aucune de leurs faces, mais qu'elles sont revêtues d'une espèce d'ivoire externe à fibres convergentes, comme il s'en trouve à la face externe des supérieures, quand elles n'ont pas été usées.

nous a été donnée par lord Cole; ainsi que sur une pièce d'Auvergne, actuellement dans la collection du Muséum, et que nous devons à M. Bravard. d'Auvergne.

Nous la possédons hors de place, dans un premier échantillon plus gros, plus arrondi, brisé dans sa partie radiculaire, et un second bien plus gros encore, mais assez bien de même forme, et tous deux recueillis par M. Lartet; dans un troisième, fort complet, d'Auvergne, qu'a bien voulu nous confier M. de Laizer; et dans un quatrième venant de Madrid. séparée. du Gers.

Enfin, il faut encore rapporter à cette première molaire, une dent usée du côté gauche, plus carrée ou moins ovale, dont les mamelons sont plus réguliers, et dont deux des racines sont connées, de manière à n'en montrer que trois à la coupe. Elle vient de Simorre, et a été déjà mentionnée par Réaumur et par M. Cuvier. de Simorre.

La seconde molaire d'en haut, notablement plus grosse que la première, est d'une forme plus allongée, plus parallélogrammique, c'est-à-dire, à extrémités plus semblables, offrant à la couronne trois collines transverses, plus épaisses en dehors qu'en dedans. Deuxième.

Cette dent existe en place et usée sur les deux fragments d'Eppelsheim, cités plus haut, ainsi que sur un morceau d'Auvergne, où, du côté droit surtout, elle montre ses talons bien marqués. En place. d'Eppelsheim. d'Auvergne.

La collection renferme encore un germe de cette dent provenant d'Eppelsheim. Hors place. d'Eppelsheim.

La troisième devint notablement et subitement plus grande, ce qui montre que l'accroissement des trois premières dents se fait par sauts et non graduellement comme pour les trois dernières. Elle est longue et parallélogrammique, plus convexe en dedans qu'en dehors, offrant cependant encore l'indication des deux gros lobes, chacun pourvu de deux collines transverses, avec un talon postérieur plus marqué que l'intérieur, et même arrondi, ce qui prouve que ce premier système dentaire n'est pas immédiatement suivi du second. Les collines sont plus Troisième. décrite.

ou moins courbes, formées de deux mamelons externes et de deux tubercules internes plus ou moins aigus et arrondis.

En place. d'Eppelsheim. La certitude de cette dent existe encore dans les petites mandibules d'Eppelsheim.

de Sansans. d'Auvergne. Nous la possédons également en place, mais usée et avec la quatrième, sur un morceau venant de Sansans et sur un autre d'Auvergne.

Hors place. Nous lui avions rapporté cependant un germe venant de Pézenas, dont nous n'avons qu'un moule envoyé par M. Lartet, quoiqu'il n'ait que trois collines; ainsi que la petite dent de Saxe, type du Mastodonte petit, de M. G. Cuvier, qui est dans le même cas, mais vu l'étroitesse de ces deux dents, nous pensons qu'elles viennent de la mandibule.

Quatrième. décrite. La quatrième dent maxillaire devient encore bien plus subitement plus grande que la troisième, plus large, proportionnellement moins étroite, terminée plus carrément en avant comme en arrière, où elle est toujours un peu plus large. Sa couronne ne présente cependant encore que trois grosses collines, formées chacune de deux gros mamelons, les internes plus forts que les externes, augmentés obliquement en avant d'un double tubercule oblique, avec talon postérieur, oblique, plus interne qu'externe, au contraire de l'antérieur.

En place. J'ai vu cette dent peu usée sur le fragment qui contient encore une troisième usée, dont il a été parlé plus haut.

de Sansans. Plus usée sur un côté gauche de mâchoire supérieure, provenant également de M. Lartet; alors par l'usure des mamelons colonnaires intermédiaires, il résulte des espèces de trêfles.

de Simorre. Encore plus usée sur un fragment du côté droit, et alors le lobe interne du trêfle est encore plus prononcé. La masse radiculaire considérable est divisée en deux parties, l'antérieure subverticale pour les deux mamelons antérieurs, la postérieure, beaucoup plus grosse, fortement projetée en arrière pour les quatre postérieurs (G. Cuvier, Pl. I, f. 4), et enfin très-usée sur une autre pièce venant de Simorre, contenant une cinquième déjà assez entamée.

Cinquième. La cinquième dent augmente de grandeur et surtout de longueur;

plus large en avant, un peu plus que la quatrième qu'elle touche, elle diminue assez sensiblement en arrière; elle n'a cependant encore que quatre collines transverses, décroissantes d'épaisseur et de largeur de la première à la dernière, avec un bourrelet en avant et un talon arrondi en arrière; ses collines sont, du reste, formées de deux gros mamelons extrêmes, presque égaux, avec quelques gros tubercules intermédiaires avant les mamelons internes. décrite.

C'est une de celles qui se rencontrent le plus fréquemment dans les collections, à tous les degrés d'usure; nous nous bornons à citer : la plus commune.

Un germe complet, sans racines encore distinctes, de Chevilly, département du Loiret. de Chevilly.

Une en place, complète du côté gauche, avec une quatrième assez usée, du Gers. du Gers.

Une autre, également en place des deux côtés, encore enracinée, du même pays.

Une plus grosse, mais dont nous n'avons qu'un moule en plâtre peint, dont j'ignore l'origine.

Une autre bien complète, en place des deux côtés, avec la quatrième usée, sur une partie assez considérable de palais, provenant d'Eppelsheim et dont nous avons un moule en plâtre peint. d'Eppelsheim.

Une à moitié usée et pointue en arrière, avec une quatrième fort usée; l'une et l'autre en place, mais plus petites, plus étroites, de Simorre, par M. Gabriel. de Simorre.

La sixième et dernière, la plus grande et la plus longue, plus large en avant qu'en arrière où elle se termine un peu en queue, convexe en dehors, concave en dedans, est formée de cinq collines transverses décroissantes en largeur et en épaisseur d'avant en arrière, avec un talon postérieur, quelquefois assez marqué pour simuler une sixième colline. Les collines sont formées, comme à l'ordinaire, de deux gros mamelons extrêmes avec tubercules columniformes en avant du mamelon interne, presqu'à son bord interne. Ses racines sont sub-verticales, et même celles d'avant convergentes un peu vers celles d'arrière, de manière Sixième et dernière. décrite. ses Collines. ses Racines.

à former une sorte de pyramide quadrangulaire ; les deux antérieures pour la première paire de mamelons correspondante, le faisceau postérieur pour les deux d'arrière et le talon, et enfin une intermédiaire pour la seconde ou troisième colline.

D'après une Dent du val d'Arno. Ma description est faite d'après le moule peint d'une grosse dent du Val d'Arno, et je n'ai vu en nature que la partie postérieure d'une de ces dents provenant des environs de Rome, et une autre plus complète du côté gauche, un peu tronquée cependant en avant dans sa première colline, et par conséquent d'un vieil individu. Elle vient encore des environs de Rome (1).

d'Eppelsheim. Nous avons les moules de celles qu'a figurées M. Kaup, mais nous nous bornerons à citer les deux fort belles en place avec une cinquième, encore attachées à une grande partie de palais, dont il a donné une fort bonne figure. *Loc. cit.*, pl. XVI, fig. 5.

de Trévoux. M. Cuvier a figuré, pl. I, fig. 3, un beau germe d'après le modèle en plâtre d'une dent trouvée dans les environs de Trévoux, et qui a six collines, avec la sixième bordée en arrière par une demi-couronne de tubercule pointu.

Il est singulier que dans la grande quantité de dents d'*E. angustidens* que M. Lartet a envoyées au Muséum, il n'y a pas une seule sixième d'en haut.

b) *Inférieurement.*

Première. La première molaire de la série inférieure ne nous est connue que d'après une pièce figurée par M. l'abbé Croizet et dont nous avons un moule en plâtre donné au Muséum par M. Bravard.

D'après cette pièce, c'est une très-petite dent dont la couronne semble être à une seule pointe triangulaire, plus large en arrière qu'en avant,

(1) Il faut sans doute regarder comme une sixième supérieure du côté gauche, une belle molaire, décrite et figurée par M. Mermet (*loc. cit.*), trouvée à Moncaup avec les défenses dont il a été parlé plus haut. Elle présente en effet cinq collines et un talon assez marqué pour simuler une sixième colline.

et qui cependant paraît avoir deux racines simples, et dont l'antérieure longue se porte directement en avant.

Je rapporterai également, à la première inférieure, une dent dont nous n'avons encore qu'un moule en plâtre sous le n° 26 de M. de Klipestein, et qui est notablement plus grosse que la précédente; sa couronne présente cependant assez bien les mêmes caractères, quoiqu'elle soit formée de deux doubles mamelons, mais les antérieurs si serrés qu'ils semblent n'en former qu'un, les deux postérieurs étant augmentés d'un talon sensible; je n'ose assurer que de deux racines l'antérieure soit réellement divergente. d'Eppelsheim.

Je regarde aussi comme des premières molaires d'en bas, trois dents envoyées par M. Lartet, quoique bien plus grosses que celles d'Auvergne, dont elles ont cependant tous les caractères. Elles sont seulement à un degré d'usure plus avancé. du Gers.

La seconde me semble avoir pour caractères d'être ovale, didyme, la partie antérieure la moins large, et formée comme la postérieure par une colline transverse de deux mamelons obliques, les antérieurs plus écartés que les postérieurs, avec un rebord en avant formant presque colline à deux mamelons très-petits, un tubercule intermédiaire aux deux collines, au devant du mamelon externe de la seconde, et d'avoir deux racines simples et divergentes. Deuxième. décrite.

Outre le sujet de cette description et qui vient du Gers, nous en avons vu une autre d'un tiers plus grande et des mêmes lieux, et le moule en plâtre d'une dent figurée par M. Kaup (*loc. cit.*, pl. 17, fig. 10), bien moins usée et par conséquent plus complète que la nôtre. du Gers. d'Eppelsheim.

Je rapporte à la même sorte un germe de dent trouvé à Pessan (Gers), par M. Beque-Maurel, et dont je n'ai vuqu'un moule en plâtre. Avec la forme didyme, elle offre la particularité d'avoir les mamelons, les tubercules et même les talons comme cannelés ou striés, ce qui tient sans doute à ce qu'elle était encore contenue dans la capsule dentaire. Du Gers.

La troisième est notablement plus allongée, plus étroite, encore un peu en forme de gourde, la partie la plus étroite en avant; sa couronne Troisième. décrite.

du Gers.

est hérissée de trois collines un peu obliques, la plus épaisse et la plus étroite en avant, chacune formée de deux mamelons, l'externe le plus gros, avec un tubercule à sa base antérieure et externe. Les deux talons se prononcent davantage, et les racines, au nombre de deux, sont encore assez divergentes.

d'Auvergne.

Outre la dent que je viens de décrire, et qui vient du Gers, j'en ai vu une d'Auvergne, absolument semblable à ce sujet, du moins d'après un moule en plâtre.

Je lui rapporte aussi un germe du côté droit, tout à fait semblable, mais dont les mamelons sont bien plus hérissés de tubercules.

d'Eppelsheim.

M. Kaup en figure une autre, mais qui me paraît assez douteuse, tant les deux extrémités sont similaires.

Quatrième. en place. d'Eppelsheim. décrite.

La quatrième, qui commence la série d'adulte, devient presque subitement bien plus grosse, et surtout bien plus large; je ne la connais en série, avec une cinquième, que dans une pièce figurée par M. Kaup et dont nous avons un moule en plâtre. Sa couronne est parallélogrammique, un peu recourbée et convexe en dehors, plus droite et même un peu concave en dedans, avec les deux extrémités sub-égales. Elle n'est encore formée que de trois collines à deux mamelons, avec un tubercule au côté postérieur de l'externe le plus gros; les deux talons sont peu prononcés et les deux racines sont longues, verticales, triquètres ou pyramidales, l'antérieure bien plus petite que la postérieure.

Quatre autres du Gers.

J'en ai observé quatre échantillons, tous quatre envoyés par M. Lartet, un très-usé et dans la mandibule avec la précédente; deux détachés presque entiers, l'un du côté gauche, l'autre du droit et très-usés; un dernier dans le même cas, du côté gauche, et facile à reconnaître par la grande divergence de sa racine postérieure.

Cinquième. du Piémont. d'Autriche. décrite.

J'ai observé la cinquième en place sur deux pièces en moule, l'une d'Asti, en Piémont, et l'autre d'Autriche.

C'est une dent de même forme que la précédente, mais avec une colline transverse de plus, ce qui en fait quatre, et quelquefois même avec un talon qui en simule une cinquième; aussi est-elle encore un peu moins large en avant qu'en arrière et ses collines décroissent d'épaisseur dans le même sens. Du reste, la disposition des mamelons et des tubercules est la même, et ses racines en deux masses, l'une antérieure, lamelliforme, bifide, recourbée en arrière; l'autre postérieure, plus grosse et plus courte.

du Gers, en place.

Je la connais aussi en place sur la mandibule du séminaire de Beauvais, à la suite d'une quatrième fort usée, aussi est-elle déjà assez entamée en avant et ayant le talon postérieur très-étroit, formant une cinquième colline, et cela des deux côtés.

d'Eppelsheim, en place.

Je lui rapporte une dent en place avec une quatrième usée du côté droit, n'ayant que quatre collines, tant le talon postérieur est peu prononcé, et qui offre cette particularité d'être plutôt plus large en arrière qu'en avant, sans doute parce qu'elle était pressée par la sixième.

Elle est d'Eppelsheim, et nous en avons un moule en plâtre.

Un autre moule en plâtre, pris sur une pièce de Stellenhorf en Autriche, nous montre une cinquième avec une sixième qui n'est pas encore sortie, et de même forme qu celle d'Eppelsheim.

Autres hors place, du val d'Arno, du Gers.

La collection renferme encore plusieurs de ces dents, mais séparées, l'une d'Eppelsheim, presque carrée, un peu plus large en avant qu'en arrière; une du val d'Arno, de même forme et sans talon; une autre du poudingue polygénique à couches osseuses du Gers, et que M. Lartet avait étiquetée *M. angustidens major*, ainsi que d'autres fragments.

Sixième en place. d'Autriche.

Je ne connais la sixième en place que sur la pièce venant d'Autriche, où elle est incomplétement sortie, et aussi d'après un beau plâtre d'Eppelsheim où elle est au contraire déjà usée dans sa partie antérieure, la précédente étant à l'état de chicot; mais surtout d'après le moule en plâtre peint d'une pièce, de la même localité, et qui montre à la fois une cinquième usée et la sixième entière ou à peine entamée.

décrite.

D'après cela, on voit que cette dent, la plus longue, la plus grande de toutes, est plus large en avant qu'en arrière, où elle finit en une sorte de queue, courbée un peu de dehors en dedans, et même un peu en bateau sur son plat; que sa couronne est traversée par six collines décroissantes en épaisseur et en largeur d'avant en arrière, bimamelonnées et unituberculées, comme dans les précédentes, avec rudiment d'un collet en avant et d'un talon en arrière; ayant pour racines deux masses, l'une antérieure, très-petite, verticale; l'autre beaucoup plus forte pour les cinq collines postérieures et s'écartant fortement en arrière.

Autres, de Bologne, de Vienne, en Dauphiné. d'Eppelsheim,

C'est ce que j'ai pu confirmer sur le moule d'une dent assez usée, trouvée aux environs de Bologne, d'un autre très-peu usée des environs de Valence en Dauphiné, aussi bien que sur un beau germe venant d'Eppelsheim.

du Gers.

Je crois devoir aussi rapporter à cette sixième mandibulaire, quoiqu'elles n'aient que cinq doubles rangées de mamelons, d'abord la dernière de la mandibule à bec si allongé du petit séminaire de Beauvais, aussi bien que trois dents séparées envoyées par M. Lartet, deux du côté droit et un germe. En effet, la forme générale est bien celle d'une dent terminale et d'une dent inférieure. Nous les avons fait figurer dans la série de la planche consacrée au système dentaire des Éléphants mastodontes, entre la cinquième et la sixième.

E. M. de Humboldt (*E. Humboldtii*).

La seconde espèce dont nous allons étudier le système dentaire en le comparant à celui de la précédente, est celle dont les restes fossiles ont été trouvés dans la Sud-Amérique et dont nous avons réuni les ossements sous le nom d'*Elephas Humboldtii.*

Pour cette espèce nous sommes assez éloignés de pouvoir exposer le système dentaire en totalité.

Défenses supérieures.

Fragment de Quito.

Nous ne connaissons, des défenses supérieures de cet Éléphant, qu'un fragment terminal de quelques pouces de long, rapporté de la Villa de Ibarra, province de Quito, par M. de Humboldt. Ce fragment, en partie décomposé, étant passé à l'état crétacé, indique par sa coupe que la défense était plus convexe d'un côté que de l'autre, et que l'ivoire était assez grossier; du reste aucun indice de la croûte n'est conservé. Quant aux inférieures, nous pouvons penser qu'il n'en était pas pourvu, du moins sur les trois parties de mandibules que nous possédons on ne voit aucune trace d'alvéole, et la manière dont elles se terminent, presque comme dans les Éléphants vivants, doit corroborer l'opinion que cette espèce n'avait pas de défenses mandibulaires, et que par là elle différait beaucoup de l'Éléphant Mastodonte d'Europe, dit à dents étroites (1). inférieures.

Nous ne possédons de dents molaires supérieures, en place, que sur le très-petit fragment de mâchoire rapporté du Pérou par Dombey, et dont il a été dit deux mots en ostéographie. Molaires supérieures,

Ce fragment, qui est du côté droit, contient une seule dent molaire, sans indice d'une autre en avant, mais avec des traces, des restes d'une grande alvéole en arrière. en place. du Pérou.

La dent qui reste me semble pouvoir être considérée comme une quatrième; sa couronne est garnie, à son côté interne surtout, d'un bourrelet très-prononcé. Elle est formée de trois collines transverses avec un talon en arrière très-marqué et simulant une quatrième colline étroite à deux mamelons très-serrés. Les trois collines transverses sont bien plus compliquées de tubercules que dans la dent analogue de l'*E. angustidens*, ce qui donne, par l'usure, aux replis de l'émail, une forme bien plus tourmentée que dans celui-ci. Quatrième, décrite.

On peut, suivant moi, rapporter à une troisième, ou mieux à une quatrième dent fort grosse, celle sur laquelle M. G. Cuvier a établi son *Mastodon Andium*, parce qu'elle a été trouvée, par M. de Humboldt, dans les Andes. hors place, des Andes.

C'est une fort grosse dent, presque carrée ou mieux parallélogrammique, à la couronne traversée par trois collines à peine obliques, à mamelons extrêmement comprimés, chacune étant élargie dans son milieu par décrite.

(1) Je dois cependant dire ici que la forme si régulière et si prolongée que M. A. d'Orbigny a donnée à l'extrémité de la mandibule rapportée par lui au *M. Andium* de M. Cuvier, semble indiquer qu'il pouvait y avoir eu des incisives terminales.

sous-mamelon formant auricule ou lobe par l'usure; les racines également partagées en deux lames transverses, bifurquées dès leur origine.

Doutes. C'est une troisième par le nombre des collines, mais c'est une quatrième par sa forme et ses dimensions, ayant une certaine analogie avec les dents assignées au *M. tapiroïdes* et surtout avec celles de l'É. de l'Ohio, mais dont les collines transverses sont compliquées comme dans l'É. du Pérou.

Autre, du Brésil. Je suis également tenté de rapporter à une quatrième molaire supérieure gauche un fragment de dent trouvée par M. Auguste de Saint-Hilaire dans la province de Las Minas au Brésil, et qui est tellement usée qu'il est assez difficile de se décider avec connaissance de cause. Ce qui me porte à en faire une troisième ou mieux une quatrième, c'est sa grande usure que n'offrent jamais peut-être la cinquième ni la sixième.

Sixième, séparée. Nous regardons comme des sixièmes deux superbes dents d'É. Mastodontes, rapportées l'une des rives de La Plata par M. l'amiral Dupotet, en 1841, l'autre du Chili, par M. Gay, en 1843.

de la Plata. décrite. C'est certainement la plus grosse dent d'É. mastodonte qui ait encore été vue dans les collections publiques; elle a du reste tous les caractères d'une dernière molaire supérieure du côté gauche, large et carrée en avant, atténuée en s'arrondissant en arrière, légèrement convexe en dehors, à peine concave en dedans; traversée par cinq grosses collines arrondies, décroissantes régulièrement d'avant en arrière, avec un talon obsolète; les premières donnent naissance, par l'usure, à deux espèces de trèfles se joignant base à base, et les dernières non usées formées de deux mamelons extrêmes et de deux intermédiaires. Les racines énormes sont toutes portées en arrière et forment deux groupes, un antérieur de trois radicules et un postérieur des autres.

du Chili. Un fragment de molaire consistant en trois ou quatre collines, rapporté du Chili par M. Gay, appartient évidemment à la même sorte que décrite. la précédente; les deux mamelons de chaque colline étant accompagnés l'externe d'un tubercule, l'interne plus large, plus déclive, de deux, un en avant l'autre en arrière; on voit comment se produisent les espèces de trèfle qui avaient pu être comparées à ce que montrent les dents d'Hippopotame.

Je suis également porté à penser que le quart postérieur d'une dent molaire, trouvée au Camp-des-Géants par M. de Humboldt, et rapportée par M. G. Cuvier à son *M. Andium*, est une partie d'une sixième supérieure du côté droit, à cause de la largeur de ses collines. du Camp-des-Géants.

Pour les molaires de la mandibule, la plupart de celles que nous possédons sont implantées, et par conséquent plus faciles à déterminer. Inférieures.

Dans le côté de mandibule rapporté par Dombey on peut reconnaître deux molaires très-usées, même la dernière dans ses trois quarts antérieurs; et comme celle-ci est traversée par cinq collines avec un talon et terminée un peu plus étroitement en arrière qu'en avant, il faut en conclure que c'est une sixième molaire, et dès lors d'un animal adulte et d'une taille bien inférieure à celui qui a fourni les deux sixièmes supérieures qui viennent d'être décrites. Sixième, en place, du Pérou, décrite.

Je crois qu'il faut aussi regarder comme une sixième inférieure, une dent détachée rapportée également du Pérou par Dombey. Son étroitesse, sa courbure même assez forte, ainsi que le débord marqué du côté interne de la couronne, l'usure ne portant que sur les deux collines antérieures, la direction en arrière de la seconde et grosse masse radiculaire portant toutes les collines, sauf la première, me semblent mettre la chose hors de doute; quant aux collines, dont les trois premières sont fortement usées, et toutes les autres inclinées en avant, les doubles mamelons sont accompagnés par des tubercules intermédiaires qui doivent par l'usure donner lieu à des figures de trèfle; ce que son analogue dans l'*Elephas angustidens* ne peut offrir. séparée. du Pérou. décrite.

Je lui rapporte aussi, à moins que ce ne soit une cinquième, une moitié postérieure de dent molaire envoyée du lieu dit Campo-de Fiscal, à l'ouest de Santa-Fé-de-Bogota, à M. de Humboldt, en 1824, et qu'il a bien voulu donner à la collection. Elle ressemble beaucoup à celle dont il vient d'être question, avec la différence qu'elle est du côté opposé; ses collines sont peut-être cependant moins compliquées. Cinquième? séparée. de Santa-Fé-de-Bogota.

du Teutobochus de Bordeaux. Trois Dents en place.

C'est la grande ressemblance des dents qui arment la mandibule du faux Teutobochus avec celles rapportées par Dombey qui m'a porté à considérer les ossements trouvés dans un grenier à Bordeaux comme ayant appartenu à l'Éléphant de Humboldt ou de la Sud-Amérique. On y remarque des indices de trois dents : une antérieure qui n'est plus qu'un chicot entièrement retenu dans l'alvéole, sans reste de la couronne; une pénultième, dont la forme quadrilatère, avec trois collines transverses sub-égales et un talon étroit, donnant par l'usure des mamelons et de deux sous-mamelons qui les accompagnent, deux trèfles opposés par la base pour chacune d'elles, rappellent la quatrième de la mandibule de Dombey; enfin une dernière en germe entièrement contenue dans l'alvéole, plus large en avant qu'en arrière où elle s'allonge insensiblement, ayant à la couronne cinq collines dont les mamelons et les sous-mamelons convergent vers son axe, me semble devoir être considérée comme une cinquième, ayant beaucoup de rapports, malgré une assez grande différence de taille, avec celles de Dombey.

Quatrième.

Cinquième.

Voilà malheureusement tout ce que nous connaissons du système dentaire de cette espèce d'Éléphant mastodonte de la Sud-Amérique, et que M. G. Cuvier avait rapporté à trois espèces : les *M. Humboldtii*, *M. Andium*, et même *M. angustidens* d'Europe, en le distinguant avec juste raison du *M. Ohioticus* dont nous devons maintenant décrire la succession des dents.

E. M. DE L'OHIO (*E. Ohioticus*).

E. Ohioticus.

Le système dentaire de l'Éléphant de l'Ohio est mieux connu et peut-être même plus facile à caractériser que celui des deux espèces précédentes.

Défenses supérieures.

Les défenses maxillaires de cette espèce ont été fréquemment recueillies dans les États-Unis, et souvent apportées en Europe (1). J'ai déjà eu

(1) M. Albert Koch en énumère au moins vingt dans le catalogue de sa collection de fossiles, et M. Alex. Nasmith, dans un mémoire lu à la société géologique de Londres, le 4 mai 1842, et

l'occasion de faire observer plus haut qu'après avoir supposé que leur position était différente de ce qu'elle est chez les Éléphants ordinaires, on avait acquis la certitude qu'elles étaient recourbées en haut et en dehors dans leur position normale, absolument comme dans ces derniers. Forme.

Si on les a trouvées quelquefois plus étalées et plus déjetées en dehors, il paraît que cela tient à la manière dont le cadavre a été enseveli : portant sur la partie inférieure de la tête, le poids a pu faire tourner les défenses dans leurs alvéoles. Position.

La grandeur et la proportion des défenses supérieures de l'animal de l'Ohio paraissent varier comme dans les autres Éléphants. M. Albert Koch donne à celles de son Missourium une longueur totale de dix pieds anglais, dont quinze pouces intrà-alvéolaires. Grandeur.

La collection du Muséum en possède quatre fragments plus ou moins considérables. Certainement ils n'indiquent rien de semblable aux défenses de l'É. à dents étroites, ni pour la forme, ni pour la structure; en effet, celles de l'animal de l'Ohio semblent avoir été coniques, un peu comprimées, surtout en dedans, proportionnellement moins grêles et sans la bande interne d'émail que nous avons signalée à la défense de l'Éléphant d'Europe. Nous sommes même porté à penser, d'après un fragment considérable envoyé à la collection du Muséum par M. Harper, qu'il y avait de l'émail sur toute la dent. M. Kock dit aussi de la défense de son Tétracaulodon que l'émail, fort mince à la racine, s'accroît graduellement et finit par être très-épais; mais est-ce bien de l'émail qu'il est ici question? Structure. Émail.

Quoique l'ivoire de ces défenses soit assez grossier dans sa structure, il semble devoir être plus dur que celui de l'Éléphant fossile, du moins dans l'Europe méridionale; on le trouve en effet rarement feuilleté et happant à la langue. Ivoire.

inséré dans les *Annals of nat. hist.*, *XI*, *p.* 502, sur la structure intime des défenses des animaux Mastodontes éteints, a soumis à son examen microscopique celles des *Tracaulodon Godetmani*, *Koahié*, *tapiroides et du Missourium*, *etc.*; quoique chez tous elle soit fort analogue, il croit cependant qu'elle est sensiblement différente dans chacun.

Inferieures.

d'après un moule.

Les défenses mandibulaires paraissent ne pas différer moins que les maxillaires; en effet, si j'en juge d'après un moule en plâtre coloré de la jeune mandibule sur laquelle repose le Tétracaulodon de Godman, elles sont petites, cylindriques et obtuses à leur extrémité.

Un fragment en nature.

Un fragment de cette défense, faisant partie des collections du Muséum, confirme ce qui d'être vient dit; mais nous avons pu y reconnaître de plus que sa substance n'est nullement de l'ivoire, mais de la dent ordinaire fort dure comme la défense inférieure de l'Éléphant à dents étroites, le *Tetracaulodon longirostris* de M. Kaup (1).

Remplacement.

J'ignore si cette défense est remplacée par une autre plus grande sur l'animal adulte, ce qui est assez peu probable, si elle est toujours rudimentaire et si elle n'existe que chez les individus mâles.

Chute.

Une observation curieuse, qui est due à M. R. Owen, si elle se confirme, c'est que cette défense ne se trouve que du côté droit dans les animaux adultes. En effet, sur six mandibules d'adultes qu'il a observées dans la collection de M. Koch, trois ont conservé la défense mandibulaire du côté droit, ou du moins son alvéole, et sur les trois autres elle manque des deux côtés et les alvéoles sont plus ou moins oblitérées.

Base du G. Tetracaulodon, attribuée à l'âge.

au sexe mâle, par M. Cooper,

C'est l'existence de cette paire de dents incisives à l'extrémité de la mandibule qui a donné lieu à l'établissement du genre Tetracaulodon, comme nous avons eu l'occasion de le faire observer plus haut. Nous avons également annoncé que cet établissement, dû à M. Godman, jeune naturaliste américain, trop tôt enlevé à la science, avait été combattu par son compatriote M. Cooper, qui avait fait remarquer que cette particularité existante sur une mandibule de jeune animal, était sans doute un effet de l'âge, ou même un caractère de sexe. M. Isaac Hays, pour appuyer l'opinion de son ami, s'étant livré à des recherches presque exclusives sur les mandibules de l'animal de l'Ohio qui se trouvent dans les collections publiques et particulières des États-Unis, pense

(1) Je suis étonné que M. Nasmith, dans le mémoire cité, ait reconnu la même structure aux incisives des deux mâchoires.

avoir détruit toutes les objections faites par M. Cooper, en ce qu'il a trouvé des sujets adultes qui en étaient pourvus, ou qui du moins en montraient l'alvéole.

Discussion à ce sujet.

L'exemple de l'Éléphant mastodonte d'Europe, comprenant le *Mastodon longirostris* de M. Kaup, semblait avoir décidé la question; et, en effet, dans ce cas, l'exemple reposait sur un animal adulte; mais restait encore le doute que ce pouvait être un caractère du sexe mâle. Ainsi la question n'était pas encore résolue, lorsque la grande collection d'ossements fossiles recueillis dans les États-Unis par M. Albert Koch, et soumise à Londres à l'examen public, est venue, en apportant les pièces du procès devant d'autres juges, renouveler les débats.

Soutenue par M. Koch.

M. Koch a cru devoir soutenir la thèse de MM. Godman et Hays, en établissant même une nouvelle espèce qu'il avait d'abord nommée *Tetracaulodon Osagii*, et que depuis, dans une lettre qu'il m'a fait l'honneur de m'écrire, il s'est dédiée à lui-même sous le nom de *T. Kochii*; ce qui en porterait le nombre à quatre ou cinq en comprenant celle d'Europe. Les raisons qu'il me donne de sa manière de voir dans la lettre citée ne reposent guère que sur l'observation qu'on a trouvé des individus jeunes qui étaient pourvus ou dépourvus de ces dents; des individus adultes qui étaient dans le même cas; et, suivant lui, des individus mâles qui n'en offraient aucune trace. Si toutes ces assertions étaient hors de doute, la question serait résolue; mais malheureusement il n'en est pas ainsi.

Raisons à l'appui.

Objections contre chacune d'elles.

S'il est vrai qu'on ait trouvé une mandibule de second âge sans incisives, ce dont M. Hays cite un exemple unique, on peut dire qu'elle provenait d'un individu femelle, qui en est privé à tout âge, d'après M. Cooper.

primitive.

La même réponse peut être faite à l'observation qu'on a trouvé des mandibules adultes pourvues ou dépourvues d'incisives; ce qui est certain : il arrive même que dans certains on voit encore des traces d'incisives ou de leurs alvéoles. Cela ferait supposer que les unes provenaient de femelles, les autres de mâles, et que même dans ceux-ci elles tombent d'assez bonne heure.

seconde. Quant à l'assertion qu'il existe des mandibules d'individus mâles qui n'en montrent aucune trace, on peut d'abord répondre que c'est qu'ils avaient atteint l'âge où elles cessent d'exister, même dans ce sexe; mais ensuite on pourrait demander comment on s'est assuré du sexe. Si l'on cite le squelette construit par Rembrandt Peale et que l'on puisse regarder comme tel par l'ossature en général plus forte, et par la forme du bassin, on peut objecter que la mandibule est certainement d'un autre sujet. Voyez en effet l'histoire de la découverte dont nous avons donné l'extrait plus haut.

troisième. Quant à la raison que M. Koch, dans la lettre citée, donne et tire de l'inutilité de ces dents qui n'ont jamais plus de huit à dix pouces de longueur pour un usage quelconque, et surtout dépassées qu'elles sont par des défenses supérieures proportionnellement démesurées, il est évident qu'elle perd toute sa valeur lorsqu'on les considère comme rudimentaires.

Réfutation, par M. R. Owen. Ainsi donc M. R. Owen a eu beau jeu dans sa réfutation de l'opinion des observateurs Nord-Américains sur l'existence du genre Tetracaulodon comme indépendant de l'Éléphant mastodonte de l'Ohio, qu'il soutient n'être fondé que sur une particularité de sexe et d'âge, c'est-à-dire qu'il a adopté pleinement la manière de voir de S. Cooper. Dans le sexe femelle, ces dents n'existent à aucun âge, elles n'existent dans le sexe mâle que jusqu'à une certaine époque de la vie qu'il ne détermine pas, d'abord toutes les deux à la fois, et ensuite et bien plus tard une seule, celle de droite.

La première assertion repose sur la pièce découverte par Godman, et dont un moule en plâtre fort bien fait a été envoyé à diverses collections européennes, et entre autres à la nôtre.

La seconde, sur une pièce de la collection de M. Koch, citée par M. Owen, d'une mandibule d'un animal adulte, provenant de Boston, et qui n'a de défense mandibulaire que du côté droit.

Sur six mandibules d'adulte, trois ont conservé la défense du côté droit, ou du moins l'alvéole, et trois en manquent, l'alvéole étant plus ou moins oblitérée.

M. Owen s'appuie encore sur cette observation, qu'on en trouve de même grandeur qui en sont pourvues ou dépourvues, et cela avec les mêmes molaires, la même forme de la branche montante de la symphyse et la même disposition des trous mentonniers.

Conclusions.

Ainsi quelque singulier que soit le fait, il paraîtrait que dans l'É. de l'Ohio la défense inférieure, nulle à tout âge chez les individus femelles, petite dans les individus mâles, finirait par tomber, d'abord l'une, puis bien plus tard l'autre, quand ils seraient adultes; mais ce fait n'est pas rigoureusement semblable à ce qu'offre le Narwhal pour la seule longue dent dont la mâchoire supérieure finit par être armée. En effet, dans cet animal, cette dent, symétrique d'abord dans la femelle comme dans le mâle, reste presque rudimentaire des deux côtés dans la première, d'un seul dans le second, tandis que celle de l'autre s'accroît d'une manière insolite et d'une manière continue pendant toute la vie de l'animal, un peu comme les véritables défenses des Éléphants, en devenant pour l'animal une arme offensive, puissante, ce qui ne peut être dit de la défense inférieure de l'É. de l'Ohio.

Dents Molaires.

Les dents molaires de l'É. de l'Ohio sont assez éloignées de former des séries complètes dans nos collections, et surtout celles de la mâchoire supérieure.

a) *Supérieurement.*

Supérieures.

Je ne connais ni la première, ni la seconde, ni même la troisième d'une manière certaine, et aucun auteur n'en a parlé, à ce qu'il me semble.

Adrien Camper nous apprend que sur un fragment de palais pareil à celui rapporté par Michaëlis, l'un et l'autre dans sa collection, il y avait trois dents de dimensions fort inégales : Car, dit-il, tandis que les dernières ont cinq rangées de pointes, on en remarque seulement trois à celles qui précèdent. C'était probablement la sixième, la cinquième et la quatrième.

Troisième. Je suis porté à regarder comme une troisième supérieure du côté gauche une dent brisée à la racine et fortement usée à la couronne, que possède la collection de l'École des mines, et qu'a bien voulu me confier M. Élie de Beaumont. Un peu plus large et oblique en avant, plus arrondie en arrière, sans beaucoup de diminution, elle n'offre à décrite. la couronne que trois collines très-peu obliques et fortement usées, surtout aux mamelons internes.

Nous regardons comme quatrième :

Quatrième. décrite. Couronne. 1° Une grosse dent du côté gauche presque carrée, un peu plus longue cependant que large, dont la couronne offre, sans autre talon qu'un bourrelet en arrière, trois collines presque droites à deux mamelons comprimés, l'interne avec un double tubercule en dedans à sa Racines. base, ce qui, par l'usure, les élargit en les tréflant un peu, et dont le corps radiculaire est composé de très-fortes racines, deux en avant: l'externe plus large, pour la première colline, deux intermédiaires pour la seconde, et une troisième, indivise et fort large, pour la dernière.

2° Une autre dent décrite par Daubenton (Buffon, Hist. nat., IX, p. 75) sous le n° 1108, un peu plus petite, plus usée et même cassée dans la moitié de la dernière colline, peut-être même un peu plus carrée, mais ayant du reste la même couronne et les mêmes racines; elle est côté droit.

Cinquième. décrite. Nous considérons comme cinquième une grosse dent encore implantée dans un fragment de mâchoire droite envoyé par M. Jefferson. Cette dent, un peu usée de manière à ressembler un peu à un fer à re- Sa Couronne. passer, est formée à la couronne de quatre collines décroissant assez doucement de la première à la troisième, mais bien plus rapidement à la quatrième, qui est à peine moitié de la première, avec un talon à peine sensible. Ces collines, fort usées, devaient cependant avoir la disposition ordinaire, élargies en dedans par l'addition des deux tubercules au mamelon interne.

Ses Racines. Quant aux racines, autant que leur enfoncement permet d'en juger, on peut admettre qu'il y en a trois didymes en avant et une simple en arrière pour la quatrième colline; elles sont du reste fortement recourbées en arrière à leur sommet.

La collection de l'École des mines possède trois ou quatre assez beaux échantillons de cette cinquième supérieure, dont l'une du côté gauche est fort entière et à peine entamée dans ses trois collines, quoique bien complète dans sa partie radiculaire, et dont une autre du même côté est au contraire tellement usée à la couronne, que les deux premières collines sont largement confluentes par l'usure de leurs parois contiguës.

Nous regardons comme sixième et dernière une assez grosse molaire provenant de la même collection, et qui, par sa largeur proportionnellement à la longueur de la couronne, sa forme assez convexe en dehors, se terminant par un talon étroit formant une espèce de cinquième colline, me semble devoir être distinguée de la sixième inférieure, qui est toujours sensiblement plus longue et surtout plus étroite. Sixième. décrite.

Pour les dents molaires de la mandibule, nous les connaissons à peu près toutes, soit en nature, soit à l'état de modèle en plâtre. Inférieures.

Une première du côté gauche, et bien complète, présente une couronne avec deux collines transverses, tranchantes et bien entières, les deux mamelons extrêmes réunis par deux intermédiaires encore plus tranchants, séparés par une fissure médiane profonde; un collet relevé en un bourrelet denticulé, surtout en arrière, et deux racines complètes, larges, indivises, une pour chaque colline. Première. Couronne. Racines.

Nous nous sommes assuré que cette dent isolée est bien une première, en la comparant avec celle qui est en place sur la mandibule, type du Tétracaulodon de Godmam, quoique plus usée.

La seconde, que nous pouvons décrire sur cette même pièce, à droite et à gauche, est notablement plus grosse que la première, mais également plus étroite en avant qu'en arrière. Avant son usure, qui est assez avancée, elle devait aussi être formée de deux collines transverses et d'un talon, celles-là un peu obliques, entre deux racines probablement indivises, une pour chaque colline. Deuxième.

Troisième.

Cette même pièce nous montre une troisième dent en place des deux côtés.

décrite.
Couronne.

La couronne est sub-carrée, parallélogrammique, plus large et plus arrondie en arrière qu'en avant, traversée par trois collines obliques, tranchantes, avec un rebord en arrière, chacune partagée en deux mamelons extrêmes réunis par deux internes séparés par une fissure moyenne, et portés sur des racines disposées comme de coutume.

Racines.

Quatrième.
décrite.

La quatrième, c'est-à-dire la première de la seconde dentition, est encore plus grande, mais de même forme, quoique plus également large en avant et en arrière; elle a aussi trois collines tranchantes assez peu obliques, décroissant à peine de la première à la dernière; le bourrelet en écharpe antérieur plus marqué, et surtout le bourrelet postérieur en talon tranchant et denticulé.

Série
des quatre
premières,
en place.

Nous pouvons encore reconnaître la succession des quatre premières dents inférieures de l'Éléphant de l'Ohio sur une autre moitié de mandibule dont la collection possède un moule en plâtre, par les alvéoles en partie remplies de la première, les alvéoles complètes de la seconde, par une troisième en place à trois collines fort obliques, absolument semblables à celle de la mandibule précédente, et enfin par un germe de quatrième encore moins sortie, comme dans celle-ci.

Une autre.

Une pièce en nature provenant de l'envoi fait par M. Jefferson, étant un peu plus grande, est aussi plus avancée pour le système dentaire que les deux précédentes.

En effet, la première n'y existe plus; la seconde est en chicots; la troisième en place, assez usée, surtout en avant, est un peu plus forte que dans la mandibule du Tétracaulodon, mais du reste semblable. La quatrième est assez bien dans le même cas; mais la cinquième n'était sans doute qu'à l'état de germe, car elle n'est indiquée que par une grande alvéole.

Ces quatre dents en série nous ont servi à reconnaître celles détachées que possède la collection, savoir :

Deux échantillons de troisièmes, l'une un peu plus forte que l'autre; un seul de quatrième du côté droit; (Dents séparées. Troisièmes.)

Tous trois de couleur noire, usés, polis, comme roulés et salis par un limon d'argile extrêmement fine.

Un germe de quatrième gauche, ayant déjà un commencement de racines au collet, et semblable à celle de la mandibule en nature, décrite plus haut. (Quatrième.)

La cinquième inférieure se voit en place sur une belle mandibule du côté droit, avec indice de symphyse et d'apophyse coronoïde. (Cinquième.)

Cette dent est sub-carrée, plus large et plus droite, plane en arrière avec un bourrelet étroit; portant trois collines assez obliques, décroissant un peu d'épaisseur, mais croissant un peu en largeur, d'avant en arrière, usées sub-également et versantes en dehors. (décrite.)

La sixième, qui existe sur la même pièce que la précédente, est subitement plus grosse et surtout plus longue qu'elle, formée de cinq collines, de même largeur à peu près en avant, et croissant un peu jusqu'à la deuxième, les trois autres décroissant assez rapidement. Du reste, les deux premières ont la même forme que celles de la cinquième dent; mais les deux mamelons des trois autres sont plus épais et surtout plus serrés. Il y a en outre un talon obsolète. (Sixième. décrite.)

Nous avons encore un bel échantillon de cette sixième molaire en arrière de l'alvéole d'une cinquième, sur un côté droit de mandibule, donné anciennement au Muséum par M. Legris de Belle-Ile. Elle est également formée de cinq collines dont la troisième est la plus épaisse; mais elle est plus large, plus courte, et le talon, plus marqué, est denticulé de huit tubercules sub-égaux. (Une autre.)

Une mandibule un peu plus complète dans sa branche et dans sa symphyse, nous a montré, avec les alvéoles de la quatrième, une cinquième et une sixième, comme dans les pièces précédentes; mais leurs collines en même nombre sont plus rétrécies ou moins larges à la tranche. (Quatrième, Cinquième et Sixième, en serre.)

Un côté gauche de mandibule, la plus complète de la collection, (Une Cinquième) et Sixième en place. porte aussi une cinquième et une sixième ; celle-là , comme à l'ordinaire, est assez usée ; celle-ci l'étant avec le talon bien marqué.

Sur une autre pièce dont nous n'avons qu'un moule en plâtre, le talon de la sixième, la seule qui existe, est marqué de quatre grosses dentelures.

Sur un côté droit d'une autre mandibule, qui offre les alvéoles de la quatrième tombée par accident, la cinquième a trois larges collines ; la sixième est encore dans son alvéole creusée dans la branche montante.

Enfin, dans deux pièces de la collection, la dernière molaire n'a réellement que quatre collines transverses ; mais le talon est un peu plus prononcé que dans celles à cinq.

Résumé général. On peut dire, en général, que c'est cette sixième molaire inférieure que l'on trouve le plus fréquemment séparée dans les collections ; parce que c'est elle qui frappe davantage par sa grosseur et son bon état de conservation, étant rarement un peu usée. Elle nous montre alors que le corps radiculaire est considérable et formé de deux parties : l'une antérieure plus petite en lame transverse, l'autre postérieure, bien plus considérable, fortement dirigée en arrière et formée de sept côtés dont une postérieure et trois bilatérales.

É. tapiroïde (*E. tapiroïdes*).

Ses Molaires. Comme caractère général des dents molaires de l'Éléphant de l'Ohio, nous avons vu les collines de leurs couronnes, et surtout aux inférieures, devenir de plus en plus simples et sub-tranchantes ; c'est ce caractère, poussé encore plus loin peut-être, qui a servi à M. G. Cuvier à proposer son *Mastodon tapiroïdes* d'après une troisième dent mandibulaire qu'il avait reçue de Montabuzard.

Toutes hors de place. Aujourd'hui nos collections possèdent en nature ou en moule un certain nombre de dents assez analogues à celles-ci, trouvées aussi en différents lieux d'Europe, et partout avec celles de l'*Elephas angustidens* ; c'est même sur elles que repose l'opinion prise, quittée, reprise par

M. G. Cuvier, que l'Éléphant mastodonte de l'Ohio se trouvait aussi en Europe, comme l'avait admis Buffon.

Quoique nous soyons dans l'impossibilité de démontrer positivement l'existence de cette espèce, parce que nous n'en connaissons que plusieurs molaires, nous allons les examiner comme indiquant une sorte de passage aux Dinotheriums.

Nous lui rapportons comme provenant de la mâchoire supérieure : Supérieures.

Comme première, une assez petite dent figurée par M. Kaup (Fossil. du cabin. de Darmstadt, pl. 18, f. 3), et dont nous possédons un moule en plâtre. Presque carrée, mais un peu plus oblique par plus de saillie de l'angle postérieur externe, et un peu plus étroite en avant qu'en arrière, sa couronne offre deux collines transverses un peu obliques, chacune partagée en deux lobes tranchants, par un sillon, avec un bourrelet peu marqué en avant et peu saillant en arrière ; les racines au nombre de trois, deux en dehors, une pour chaque colline et une en dedans, correspondante à leur intervalle. Première. décrite. Couronne. Racines.

On peut aussi rapporter à cette même dent le germe figuré par M. Kaup, *loc. cit.*, pl. 17, f. 2, assez bien ; mais, vue de profil, on aurait mieux pris l'idée de la forme bien plus aiguë des mamelons et des tubercules de ses collines. Une autre.

Je lui rapporte aussi volontiers la dent figurée par le même (pl. 17, fig. 4) dont la couronne est carrée, usée aux deux mamelons de chaque colline, et portée également sur trois racines. Une autre.

Je ne connais pas de dents, en nature ou figurée, qu'il me soit possible de regarder comme une seconde supérieure de cette espèce.

Il n'en est pas de même pour la troisième. Troisième.

J'en ai vu une du côté droit, envoyée par M. Lartet, et dont les trois collines assez usées pour que les deux premières soient confluentes, indiquent plus de simplicité et même un peu plus de compression. décrite, de Sansans.

Cette compression est bien plus marquée, au point de les rendre tranchantes, dans une dent noire de Zurich, dont nous n'avons que le moule en plâtre. Les lobes extrêmes de ses collines sont réunis par de Zurich.

une crête aussi élevée qu'eux, ce qui leur donne la forme tranchante.

Je n'ai pas vu de quatrième, mais je crois devoir rapporter à la cinquième :

Cinquième, de Russie méridionale. La grosse dent de la petite Tartarie, si bien représentée par Buffon, de grandeur naturelle (*Époques de la Nature*, pl. 1 et 2, p. 411), et qui est encore enracinée dans un fragment de la mâchoire supérieure; de forme carrée un peu allongée, un peu plus large en avant qu'en arrière; ses quatre collines transverses sont tranchantes, par la même disposition dont il vient d'être parlé pour la troisième; et elles portent sur deux grosses racines en avant, pour les deux collines antérieures, et sur une postérieure formée de quatre radicules connées.

décrite.

Une autre, d'Alan. Les trois quarts postérieurs d'une autre grosse dent, trouvée à Alan en Comminge, en 1822, par M. de Puymaurin, et attribuée, sur l'étiquette qu'elle porte, au Mastodonte à dents étroites. Comme elle est réduite par la cassure aux trois dernières collines transverses tranchantes, avec un petit talon denticulé en arrière, son corps radiculaire ne consiste que dans le gros faisceau postérieur.

La moitié postérieure d'un germe sans racines, tout à fait semblable, dans ce qui reste de la couronne, à son analogue de la dent d'Alan.

Elle provient du département du Gers.

Quatrième. Il faut aussi regarder comme appartenant à une quatrième supérieure du côté droit, la grande partie de dent décrite et figurée par M. Noulet, dans une note imprimée à Toulouse et qu'il a bien voulu m'envoyer. C'est, comme la précédente, un fragment fort peu entamé, comprenant les trois collines postérieures avec un talon, quoique denticulé; le tout porté sur la grosse racine postérieure. Ainsi il manque la colline antérieure et sa racine, comme le pensait M. Noulet. Elle a été trouvée à Laburthe, département de la Haute-Garonne.

de Haute-Garonne.

Une autre, du côté droit, dont je n'ai vu que le moule, et qui a été trouvée dans la mine de fer d'alluvion, située dans le village d'Antroy (Haute-Saône), par M. Nodot en 1833, rappelle presque exactement celle de Sibérie, figurée par Buffon.

Enfin, je rapporte encore à l'Éléphant tapiroïde une autre belle dent du même côté, dont les lames sont un peu usées, et qui, sauf cela, est en tout semblable à celle d'Alan, citée plus haut. Une autre, d'Alan.

Dans l'étiquette provisoire que lui avait appliquée M. Lartet, en l'envoyant au Muséum, il émettait le doute si elle devait être rapportée au Mastodonte de l'Ohio ou au M. tapiroïde.

Je ne connais pas encore de sixième supérieure qui puisse être considérée comme tapiroïde.

Je ne puis non plus considérer comme telles, provenant de la mâchoire inférieure, que les trois suivantes, qui sont très-probablement deux cinquièmes et une sixième. Inférieures.

Une assez grosse dent que je ne connais que par deux moules en plâtre de la collection du Muséum, et trouvée en Italie, par M. Borson. C'est une cinquième inférieure du côté droit. Sa forme est presque carrée, avec quatre collines transverses, croissant un peu de la première à la dernière plus mince, et son corps radiculaire est partagé, comme à l'ordinaire, en deux parties très-inégales. Cinquième, d'Italie.

C'est la vue du moule de cette dent qui a déterminé M. G. Cuvier à accepter enfin l'idée de M. Buffon, que l'animal de l'Ohio se trouvait aussi dans l'ancien continent (*Ossem. fossil.*, tom. III, Add., p. 375). Je dois seulement faire observer que cette dent a été trouvée au même lieu où étaient aussi plusieurs dents du *M. angustidens*.

Je rapporterai aussi à cette forme tapiroïde, une sixième molaire du côté gauche, recueillie en Sibérie par l'abbé Chappe et qui a été figurée par Buffon (*Époq. de la Nature*, pl. III, fig. 1 et 2, p. 512). La forme, en général, très-semblable à celle de l'Éléphant de l'Ohio, et même par le nombre des collines, en diffère parce que celles-ci sont tranchantes à bord continu, et séparées par un sillon droit. Ses racines sont cependant disposées comme à l'ordinaire. Sixième, de Sibérie. décrite.

Voilà toutes les dents que je dois considérer comme pouvant être rapportées au *M. tapiroïdes*, dont je ne voudrais cependant pas assurer la distinction spécifique.

Ce serait ici le lieu de parler de cet Éléphant fossile, dont M. Clift a fait deux espèces sous les noms de *M. latidens* et de *M. elephantoïdes*; mais il en a été question dans le chapitre consacré aux Éléphants lamellidontes, parce qu'en effet les collines de leurs dents sont encroûtées de cément; nous n'avons donc pas besoin d'y revenir.

Lieux et circonstances de gisement.

Nous allons maintenant jeter un coup d'œil d'énumération sur les lieux et les circonstances dans lesquels les restes des Éléphants mastodontes ont été trouvés, et puis, après un court résumé de leur histoire particulière, nous terminerons par nos conclusions générales sur le genre entier des Éléphants.

C'est certainement encore dans les États-Unis de l'Amérique du nord que l'on a découvert le plus grand nombre d'ossements d'Éléphants mastodontes, et sur l'Ohio, au point que l'espèce distincte à laquelle on les rapporte, en a reçu le nom de l'Animal, de l'Éléphant, du Mastodonte de l'Ohio; cependant nous allons commencer par l'énumération des lieux où il en a été trouvé en Europe, en suivant le même ordre que pour les Éléphants lamellidontes, afin de faciliter notre résumé comparatif.

du versant à la mer Glaciale.

Dans l'immense versant de la Russie asiatique et européenne à la mer Glaciale, le nombre des fragments d'Éléphants mastodontes est extrêmement peu considérable, puisqu'il se borne à deux dents molaires depuis longtemps signalées par Buffon, l'une rapportée de Sibérie par l'abbé Chappe, l'autre provenant des monts Ourals et dont a parlé Pallas (*Act. Petr.*, 1777, part. II, p. 213, tab. 9, f. 4).

Nous avons regardé la première, sur laquelle Buffon n'a donné aucun détail, comme une quatrième supérieure droite de l'*Elephas tapiroïdes*.

Quant à la seconde, fort usée et entièrement noire, il est assez difficile de dire au juste ce que c'est, mais il n'est pas possible de douter de la véracité de Pallas, et la forme rhomboïdale des collines usées doit porter aussi à la rapporter à l'*Elephas tapiroïdes*.

du versant à la mer Baltique.

Aucun auteur n'a encore fait mention de restes d'Éléphant mastodonte sur aucun des versants à la mer Baltique, soit de Suède et de Russie, soit de Pologne et de Prusse.

Dans le versant occidental de l'Allemagne à la mer du Nord ou Germanique, on n'avait encore rencontré qu'un assez petit nombre de restes d'Éléphants mastodontes, lorsque arriva la découverte inattendue du célèbre dépôt d'Eppelsheim.

du versant de la mer d'Allemagne.

Avant cette époque, nous ne connaissions en effet que le fait cité par M. G. Cuvier (*Ossem. foss.*, I, p. 253) de dents ou de fragments de dents découverts à Darmstadt, à Alzey, non loin de Worms et près du lac de Zurich, d'après ce que venait de lui annoncer Sœmmering dans une lettre du 12 avril 1819.

de la vallée du Rhin.

à Zurich.

M. G. Cuvier, *loc. cit.*, p. 260, regarde aussi comme appartenant à son *M. angustidens* un palais représenté par Camper (*Nov. Act. Petr.*, II, pl. VIII) et qui est conservé au Muséum britannique : d'où l'on peut présumer qu'il provenait d'Europe.

C'était, comme on le voit, dans le versant de la grande vallée du Rhin. C'est aussi dans ce même versant, mais sur la rive gauche, vers le tiers inférieur de son cours, à Eppelsheim, dans la Hesse Rhénane, que se sont trouvés à la fois le plus grand nombre d'ossements d'Éléphant mastodonte, dans un gisement et dans des circonstances géologiques qui font le sujet d'un mémoire intéressant de M. de Klipstein.

à Eppelsheim.

D'après le catalogue qui en a été dressé et la publication qui en a été faite par M. Hermann de Meyer et surtout par M. Kaup, on a recueilli de cet animal :

Énumérés

Une partie de mâchoire supérieure comprenant le palais et quatre molaires en place, d'un individu adulte ;

Une autre pièce semblable, mais du second âge, et seulement du côté droit ;

Une mandibule portant une quatrième et une cinquième molaires avec une partie de l'alvéole de la dernière ;

Un fragment de défense inférieure,

Des fragments du prolongement antérieur de la mandibule,

Six ou sept dents molaires détachées,

Une vertèbre axis,

Un fémur de cinq pieds de haut, probablement de Dinothérium,

Un os du métacarpe,

Un calcanéum colossal, probablement aussi de Dinothérium,

Une phalange également de très-grande taille.

en Belgique.

Je ne connais aucun ouvrage où il soit question d'os d'Éléphant mastodonte recueillis en Belgique.

en Écosse.

en Angleterre.

C'est ce que je puis également dire pour le versant oriental de l'Écosse et peut-être de l'Angleterre, mais il n'en est pas de même pour son versant méridional vers la Manche.

Versant à la Manche.

M. Desnoyers m'a en effet montré le dessin d'une dent molaire à quatre collines mamelonnées, et qu'on lui a assuré provenir du Crag d'Angleterre; mais nous en trouvons plusieurs autres dans le même cas.

Une à Thorpe, près de Norwich, d'après M. Robert Fitch (*Proceed. of the Geological Soc.*, 1836, p. 417).

D'autres du même pays, au fond d'un dépôt de coquilles fluviatiles, en contact avec la craie et mêlées avec des huîtres et des coquilles marines, d'après M. Wigham (*Ibid.*, p. 128) qui cite aussi une partie de mâchoire gauche portant encore une molaire, que M. R. Owen rapproche du *M. longirostris* de M. Kaup, recueillie en 1835 à Postwich avec des restes de campagnol, d'oiseaux et de poissons.

Enfin une portion d'une autre molaire citée par M. Alexandre comme ayant été trouvée dans le Crag sur le rivage à Sizewell-Gap, à environ sept milles de Southwald (*Ibid.*, 1838, p. 10).

en France, même versant.

Le versant septentrional de la France à la Manche me paraît être dans le même cas que le versant méridional d'Angleterre. Ainsi nulle part dans le bassin de la Somme et même dans celui de la Seine et de ses affluents provenant de la Bourgogne, on n'a encore rencontré ce genre de fossiles.

C'est dans celui de la Loire que l'on commence à en trouver, et beaucoup plus dans la Haute-Loire et l'Allier, son principal affluent.

Vallée de la Loire, en Velay.

Des restes assez nombreux d'un squelette consistant en molaires, deux défenses, une portion de mâchoire, des parties considérables d'humérus, de fémur, de tibia, et une grande quantité des os des pieds, ont été trouvés au commencement de l'année dernière (janvier 1843) dans une couche d'argile micacée contenant de la limonite avec des galets de basalte, à un myriamètre de la ville du Puy et à une altitude d'environ 750 mètres (*Courrier du Velay,* mercredi 10 mai 1843).

Les paléontologistes de l'Auvergne avaient déjà signalé plusieurs fragments trouvés dans ce pays. En Auvergne.

Ainsi je rapporterais volontiers à l'*E. angustidens* les fragments assez nombreux figurés par MM. Devèze de Chabriol et Bouillet, pl. XXIX et XXX, comme d'Éléphant, à cause de la défense énorme (onze pieds sur neuf pouces de diamètre) trouvée avec, à Malbattu, et qui me semble, d'après la description, avoir eu la bande d'émail caractéristique de la défense de l'*E. angustidens.* Par MM. Devèze et Bouillet.

MM. Croizet et Jobert citent une portion de mâchoire supérieure avec dents molaires dans la montagne de Périer. MM. Croizet et Jobert.

Une portion d'humérus du même lieu et d'après les mêmes observateurs.

Trois ou quatre molaires également de la montagne de Périer.

Ce sont les pièces sur lesquelles ces messieurs ont établi leur *M. Arvernensis*, et qui existent aujourd'hui dans la collection du Muséum de Paris.

Celui de la ville d'Orléans en possède un plus grand nombre qui ont été recueillis à Montabuzard, à Chevilly et à Avaray. Dans l'Orléanais.

Guettard, dès 1783, avait déjà signalé et même figuré deux dents de cette espèce, recueillies à Montabuzard, près d'Ingré, à une demi-lieue de la rive droite de la Loire, d'après le récit qui lui en avait été fait par M. Dufay (*Mém.*, tom. V, p. 300, pl. VII, fig. 2 et 4), comme trouvées à 18 pieds de profondeur dans une sorte de masse assez endurcie pour constituer une pierre à bâtir, contenant des coquilles terrestres et fluviatiles. Par Guettard à Montabuzard.

M. G. Cuvier a fait mention, comme provenant d'Avaray, sur la pente méridionale de la plaine de la Beauce, dans un lit de sable de trois à quatre mètres de puissance, posé sur un calcaire d'eau douce, M. G. Cuvier. A Avaray.

d'un grand os du carpe, d'un os du métacarpe et d'un tibia assez mutilé, outre des fragments de molaires parfaitement caractérisés.

Le Muséum d'Orléans.

Le Muséum d'Orléans contient en outre aujourd'hui une rotule, une portion de tibia, un calcanéum gauche, un scaphoïde du tarse, de cette même localité.

A Chevilly. D'après le Muséum d'Orléans.

Mais les fossiles de ce genre trouvés à Chevilly sont beaucoup plus nombreux, puisque le Muséum d'Orléans possède, sous le nom de M. à dents étroites, un fragment de mandibule, deux unciformes du carpe, un grand os du côté gauche, quatre portions de fémur, dont trois de l'extrémité supérieure et une de l'inférieure, une rotule et un astragale;

Et du système dentaire, des portions de l'extrémité d'une défense, plusieurs molaires entières et fragments de molaires, dont quelques-unes plus petites sont attribuées au *M. minor.*

Tous ces os, et surtout ceux de Chevilly, à trois lieues au nord d'Orléans, dans la plaine de la Beauce, dans une sablonnière d'alluvium ancien, se sont trouvés avec des os de Rhinocéros, de Lophiodon, de Dinothérium et de Ruminants, mais évidemment dans un terrain qui semble intermédiaire à l'alluvium ancien et à celui du Crag, qui commence les terrains tertiaires.

Dans la Touraine par M. Desnoyers.

Je ne connais pas de fragments d'Éléphant mastodonte dans le reste du versant de la Loire; je remarque cependant que M. Desnoyers, dans son tableau des relations géologiques et géographiques dans le bassin de la Loire (*Ann. des sc. nat.*, février et avril 1839) indique le *M. minor* et *Arvernensis* comme y ayant été trouvés.

Dans l'Anjou, à Doué. Par M. Miller.

J'ai moi-même observé dans la collection de M. Miller, à Angers, deux dents de Mastodonte recueillies dans le calcaire grossier des environs de Doué; l'une très-petite, première, à trois collines bi-mamelonnées, croissant d'épaisseur de la première à la dernière, et la moitié d'une autre très-grosse, mais dont je n'ai pas noté les particularités.

Je n'en connais pas davantage dans le versant de la Charente, et l'on n'en cite pas dans le grand dépôt de Pons.

Mais il n'en est pas de même du versant des monts sous-pyrénéens à la Garonne. C'est en effet dans cette partie de la France, et l'on peut dire de l'Europe entière, qu'on a rencontré le plus grand nombre de ces ossements, et cela depuis très-longtemps, puisque les pierres précieuses dites Turquoises de nouvelle roche ne sont rien autre chose que des fragments de ces dents imprégnés de phosphate de fer (1).

Bassin de la Garonne.

Des Turquoises.

Longtemps, en effet, on n'a parlé que des dents, soit défenses, soit molaires, et Réaumur, par exemple, qui avait appris, par suite de ses recherches à ce sujet (2), qu'il y avait aussi des os proprement dits qui passaient à l'état de turquoise, n'a cependant figuré que des dents molaires, des premières supérieures ou inférieures bien entières et un fragment assez peu considérable d'une postérieure. C'est ce qu'on peut voir dans son mémoire, encore fort intéressant à consulter aujourd'hui, même en l'envisageant sous le rapport géologique du gisement, à plus de cinquante pieds de profondeur dans une couche calcaire sous-posée à des argiles, elle-même recouverte de sable, dans toute la partie du bas Languedoc qui constituait la juridiction de Simorre, aujourd'hui arrondissement de Lombez, dans le département du Gers, et contiguë aux départements de la Haute-Garonne et des Hautes-Pyrénées.

Par Réaumur.

Des environs de Simorre.

Des dents molaires ont été signalées et même décrites par Daubenton (*Hist. nat.* de Buffon, tom. XII), sous les n°s 1109 et 1110, 1111 et 1112, comme ayant plus ou moins de rapports avec celles de l'Hippopotame; elles provenaient aussi des environs de Simorre, et la dernière était même l'une de celles figurées par M. de Réaumur.

Par Daubenton.

Trois dents entières et des fragments de défenses trouvés à Sariac, canton de Castelnau, département des Hautes-Pyrénées, dans la vallée du Gers, à un quart de lieue de la rivière, d'après M. Lourtau, docteur en médecine, cité par M. G. Cuvier (Ill., *Addit.*, p. 378).

De Sariac, Par M. G. Cuvier.

(1) Ne faut-il pas aussi considérer comme une défense d'Éléphant, la dent de deux à trois pieds de long, sur trois pouces de diamètre, trouvée dans le Roussillon, auprès du village de Saint-Laurent de Cerdam, et qu'a décrite et figurée Barrère, Pierres, Fig. p. 57, pl. I, fig. G?

(2) Sur les mines de Turquoises du royaume, *Acad. des sc.*, Par. 1715, p. 231, fig. 1 2.3,4,5,6.

Par M. Lartet. Depuis lors M. Lartet m'a envoyé un dessin de grandeur naturelle d'une très-belle molaire à peine radiculée, provenant également de Sariac, et parfaitement exécuté par M. de Roquevert : c'est une quatrième inférieure droite de l'*E. tapiroïdes*, à quatre collines tranchantes et un talon en bourrelet denticulé, recueillie par mademoiselle de Montmorency-Fésenzac.

Simorre. Des débris de grands os et plusieurs molaires, mais toutes des trois dernières d'en haut et d'en bas, que M. Lartet rapportait, les unes à l'*Elephas angustidens*, l'autre à l'*E. tapiroïdes*, et enfin une défense d'une forme assez singulière pour qu'il la crût une incisive inférieure.

Par M. de Gaujac. M. Adrien de Gaujac a bien voulu m'envoyer le dessin sur deux faces d'une autre dent de même sorte, et sans doute du même versant, trouvée avec une dent inférieure de Rhinocéros.

Toutes ces pièces trouvées à Sauveterre et à Simorre, arrondissement de Lombez, et par conséquent dans ce qu'on nommait anciennement la mine de turquoises, avec des ossements et des dents de Rhinocéros en prodigieuse quantité, comme nous le verrons dans notre mémoire sur ce genre.

de Sansans. Trois autres défenses de différentes tailles, dont une n'ayant pas moins de quatorze pouces de diamètre; mais ayant toutes la bande d'émail à leur face concave et provenant de Sansans, auprès d'Auch.

Par M. Lartet. Un squelette presque entier, qui nous a servi plus haut pour la description de celui de l'*Elephas angustidens* et auquel paraît avoir appartenu la défense dont il vient d'être question. Pour l'obtenir, M. Lartet a dû, à la suite d'un travail long et pénible, traverser deux bancs de calcaire, et douze à treize pieds d'une masse compacte, très-pauvre de fossiles, pour arriver à la couche inférieure où se trouvaient les os de ce squelette.

Mais, outre ces pièces principales, M. Lartet en a recueilli un très-grand nombre d'autres, ossements et dents; mais surtout de celles-ci, aussi bien à Sansans qu'aux environs de Simorre, grâce à la complaisante générosité d'un médecin de l'endroit, M. le docteur Dupont. Ces os et ces dents lui ont paru offrir assez de différences, pour qu'il ait été porté à croire au premier abord, qu'il avait constaté l'existence de six espèces de Mastodontes, dont deux ou trois étaient déjà décrites; mais sentant bien cependant qu'un nouvel examen dans des circonstances plus favorables que celles où il se trouvait, était nécessaire pour convertir le doute en certitude ou même en probabilité.

Quoique nous ayons été fort éloigné de confirmer les doutes de M. Lartet, puisque c'est tout au plus si nous nous croyons en état de démontrer l'existence de l'*Elephas tapiroïdes* comme espèce distincte de l'*E. Ohioticus*, nous devons déclarer avec plaisir que, sans le grand nombre de pièces recueillies avec tant de peines et de sagacité par M. Lartet, il nous eût été impossible de donner à notre mémoire le caractère de démonstration que nous espérons avoir obtenu.

Mais les pièces qui nous ont été le plus utiles pour confirmer ce résultat, sont certainement le fragment de mâchoire supérieure et la mandibule tout entière, l'une et l'autre avec leurs molaires et même leurs incisives presqu'en place, que nous devons à Monseigneur l'évêque de Beauvais, et qui ont été trouvées ensemble et avec quelques fragments d'autres os dans une sorte de calcaire marneux de couleur verte à Tournans, aux environs de Lombez.

De Sars, près de Dax. Par M. de Borda.

Jusqu'ici nous sommes encore dans les racines sous-pyrénéennes du versant de la Garonne; mais il paraît qu'on a recueilli des ossements d'Éléphants mastodontes beaucoup plus bas, ou mieux, au sud-ouest de son embouchure.

M. G. Cuvier cite en effet (*loc. cit.*, p. 252 et 255, pl. III, fig. 2), une dent molaire encore implantée dans un fragment de maxillaire, comme ayant été trouvée, au témoignage de Borda, à Sars auprès de Dax, dans une couche marneuse, avec des restes de Dauphins et des dents de Squales.

Des environs de Bordeaux.

M. Marcel de Serres, dans son mémoire sur les débris de Mastodontes des environs de Montpellier, p. 400, dit que M. Jouannet de Bordeaux a découvert une assez grande quantité de dents de M. à dents étroites, dans les environs de Bordeaux, de Dax, de Libourne et de Castelnau, toujours dans des terrains d'alluvion, et pour ce dernier lieu dans des sables marins micacés.

En Espagne.

Je ne crois pas qu'on ait encore signalé d'une manière positive, du moins en Espagne, des dents ou des os qu'on aurait pu attribuer à un Éléphant de cette section; mais ne doit-on pas en admettre, en voyant que l'on a cité des turquoises dans cette vaste péninsule encore si peu connue, sous le rapport de son histoire naturelle?

Le versant de la France à la Méditerranée en a déjà fourni, soit aux environs de Perpignan, soit dans la vallée du Lez, auprès de Montpellier, ainsi que dans la vallée du Rhône.

Des environs de Perpignan. Par M. Serres.

Dans la première localité, M. Marcel de Serres ne parle que d'un fémur trouvé dans les sables marins des environs de Perpignan. Mais dans la seconde, il en a été trouvé davantage. En effet, sur les bords du Lez, à seize mètres d'altitude, il a recueilli deux dents molaires entières, outre des fragments de quelques autres; mais ce que ces dents, qui sont très-probablement une sixième supérieure et une sixième inférieure de l'*Elephas angustidens*, offrent de plus remarquable, c'est qu'elles auraient été trouvées à l'extrémité des couches de sable marin, sous-posé à des couches de calcaire plus ou moins dur, contenant des coquilles évidemment marines. Fort heureusement que l'expression d'*extrémité*, employée par M. de Serres, n'emporte pas rigoureusement que ces dents ont été découvertes dans les sables marins tertiaires, comme il a dit dans le titre de la p. 378 de son Mémoire.

De Montpellier. Par le Même.

Il paraît qu'outre ces dents, il y avait encore cinq ou six fragments d'os plus ou moins roulés, que leur grande taille porte M. Marcel de

(1) M. Marcel de Serres, dans la longue description qu'il a donnée de ces dents, n'ayant, sans doute, aucun objet de comparaison sous les yeux, les a considérées comme de la mâchoire inférieure, l'une du côté droit, l'autre du côté gauche. Celle qu'il dit du côté droit est une sixième supérieure à cinq collines, et celle qu'il dit gauche est une sixième inférieure à six collines. De plus il les a décrites à l'envers, la partie la moins usée en avant; c'est toujours le contraire, comme il a été démontré plus haut. C'est cette fausse signification qui l'a conduit à penser que la considération de ces parties ne pouvait pas servir à distinguer les espèces dans ce genre.

Serres à rapporter au même animal; mais à défaut d'éléments de comparaison, il n'a pu reconnaître ce que ce pouvait être. Il avait été plus heureux pour un fémur qu'il attribue au même animal, trouvé sur les bords de la rivière du Lez à une demi-lieue de l'endroit où étaient les molaires, et qu'il a décrit dans le *Journal de Physique* pour 1819?

M. de Christol a aussi recueilli quelques autres molaires de même sorte, mais plus usées, dans la même carrière de sable que les précédentes, et cela, avec beaucoup d'ossements de cétacés et d'huîtres, ainsi que nous l'apprenons de M. Marcel de Serres. M. de Christol.

Le versant de la Bourgogne, du Lyonnais, du Dauphiné, par la vallée du Rhône, a fourni aussi un certain nombre d'ossements ou, mieux peut-être, de dents d'Éléphants mastodontes à la paléontologie. Versant du Rhône.

Réaumur, dans son Mémoire sur les Turquoises de Simorre, avait déjà fait mention du fragment d'une grosse molaire à mamelons que M. de Jussieu avait fait dessiner à Lyon dans le cabinet de Pestalozzi, et qui, sans doute venait des environs. Par Réaumur.

Le germe d'une sixième molaire supérieure, trouvé à Trévoux en 1784, dans un monticule de sable, par M. de Lollière, avait déjà été signalé par M. Guyton de Morveau dans le tome IV des *Mémoires de l'Académie de Dijon*, p. 102, comme semblable à celle de l'animal de l'Ohio, ce qu'avaient accepté Camper et Merk. De Trévoux. Par M. Guyton de Morveau.

Elle fait aujourd'hui partie des collections du Muséum et M. G. Cuvier l'a figurée (*loc. cit.*, I, pl. I, fig. 5). M. G. Cuvier.

Ce même paléontologiste parle aussi d'une de ces dents provenant du département de l'Isère, et M. Charvet, l'un de mes plus anciens et de mes meilleurs disciples, actuellement professeur de zoologie à la faculté des sciences de Grenoble, a décrit (*Bulletin de la Société géologique de France*, XII, p. 396) quelques dents et fragments de dents trouvés à Voreppe dans les lignites. De Grenoble. Par M. Charvet.

Enfin, c'est sur les pentes des derniers contre-forts des Alpes à Chaumont, auprès de la ville de Romans, dans le Bas-Dauphiné, au confluent de l'Isère dans le Rhône, qu'ont été trouvés les os et les dents De Chaumont. Par Habicot et Riolan (Teutobochus).

d'un animal gigantesque, qui, attribués par l'imposture au fameux Teutobochus, roi des Cimbres, vaincu par Marius cent trente ans avant l'ère chrétienne, ont été englobés ou compris dans la dispute célèbre soutenue entre les médecins et les chirurgiens par Riolan et Habicot, au commencement du dix-septième siècle, sous Louis XIII.

M. G. Cuvier.

M. G. Cuvier a donné d'assez nombreux détails à ce sujet dans les deux éditions de son mémoire. Je les ai notablement augmentés dans un travail étendu que j'ai publié dans les *Nouveaux Mémoires du Muséum*, tom. IV, p. 37, à l'occasion d'ossements d'Éléphants mastodontes trouvés dans un grenier à Bordeaux, et que la voix publique donnait comme étant ceux même qui avaient été déterrés à Chaumont.

D'après Moi.

Rectifications à ce sujet.

Mon prédécesseur qui n'avait rien vu ni des uns ni des autres de ces ossements, avait cru devoir regarder les premières comme provenant d'Éléphants lamellidontes, suivant en cela l'opinion de Peiresc, qui était sans doute erronée; car le nombre et la grosseur des dents ne pouvaient indiquer un Éléphant lamellidonte ou mastodonte.

Acceptant, jusqu'à un certain point cependant, comme vraie, l'histoire populaire touchant les ossements de Bordeaux, j'avais dû en conclure que le Teutobochus du Dauphiné provenait d'un Éléphant mastodonte. Mais lorsque, par suite de quelque retentissement de la lecture de mon Mémoire à l'Académie, l'héritier du marquis de Langon eut eu la complaisance d'apporter à Paris, et même de donner aux collections du Muséum quelques-unes des pièces du procès, force fut d'abandonner les ossements de Bordeaux comme devant y être désormais compris (1).

Par Moi.

C'est ce que je fis dans une note rectificatrice lue à l'Académie et insérée dans le compte rendu de la séance du 5 déc. 1839. Malheureusement les pièces soumises à mon examen se réduisaient à quelques fragments d'os véritablement gigantesques et à une seule dent molaire assez usée, et je crus que celle-ci pouvait provenir d'un Rhinocéros. Aujourd'hui que j'ai dû approfondir l'étude du Dinotherium, qui va faire le sujet de

(1) Nous croyons même avoir eu de bonnes raisons pour les rapporter à l'Éléphant Mastodonte de l'Amérique du Sud, et par suite penser qu'ils viennent de cette partie du monde.

mon prochain mémoire, je suis porté à lui rapporter cette dent et par suite les os trouvés avec elle. Nous verrons en effet que la prodigieuse grandeur de ces os concorde assez bien avec quelques-uns de ceux d'Eppelsheim; et que les racines des dents, telles qu'elles ont été décrites par Habicot, conviennent encore mieux à celles du Dinotherium qu'à celles d'un E. mastodonte.

Il est probable qu'il faut rapporter à une espèce d'Éléphant mastodonte ou lamellidonte, les ossements totalement prétrifiés d'un grand quadrupède, découverts en 1781, dans une couche de sable de la montagne de Sainte-Juste, hameau de Barri, vers le village de Restitute. dans le Bas-Dauphiné, aujourd'hui département de la Drôme. L'auteur anonyme, D. G., ancien officier réformé, d'un Mémoire sur les fossiles du Bas-Dauphiné (Avignon, 1781), énumère un assez grand nombre de ces os, qui prouvent que le squelette était entier, mais malheureusement sans la tête, ni les dents, ce qui ne permet de rien dire de positif sur l'espèce d'animal auquel il avait appartenu. De Restitute. Bas-Dauphiné.

Le versant de l'Italie à la Méditerranée n'a pas laissé que d'offrir un assez grand nombre d'ossements et de dents de cette section, et, ce qui est assez remarquable, souvent avec d'autres, provenant d'Éléphants lamellidontes. En Italie, val d'Arno.

Un squelette presque tout entier a été trouvé dans le val d'Arno (1), par M. le professeur Nesti, d'après ce que nous apprend M. G. Cuvier (*loc. cit.*, IV, Add., p. 493). D'après M. Nesti.

Nous avons vu, dans le chapitre consacré à la paléontologie des Éléphants lamellidontes, que M. G. Cuvier avait à tort rapporté à un E. mastodonte la mandibule du même val d'Arno dont M. Nesti avait fait son *E. meridionalis*. M. Cuvier.

Une mandibule portant deux molaires considérables, trouvées avec des corps marins, aux environs de Sienne, fort près du Monte-Fullonico, Environs de Sienne.

(1) Parmi les dents d'Éléphants Mastodontes que nous avons vues dans cette localité célèbre, dans le Muséum de Florence ou dans celui de Monte-Varchi, il nous a semblé que celles de l'*Elephas tapiroides* y étaient plus communes que celles de l'*Elephas angustidens*.

a été signalée et figurée par Baldassari, dans les *Actes de l'Académie* de cette ville, tom. III, fig. 6 et 7, 1767.

A Bettoli. Une portion considérable d'une autre mandibule, avec une dent à huit pointes, est indiquée par M. G. Cuvier, *loc. cit.*, III, Add., p. 379, comme ayant été recueillie à Bettoli, dans le val de la Chiana, près du sommet d'un monticule, à deux pieds de profondeur d'un tuf considéré comme marin; M. Cuvier en a eu connaissance par un dessin qui lui fut envoyé par M. Fossombroni, alors ministre du grand-duc.

A Asina-Lunga. Par M. Giule. Enfin, deux autres mandibules trouvées en 1815 à Asina-Lunga, dans le même val et entre les deux endroits que nous venons de citer, ont été données à l'Académie des sciences par M. le docteur Giule, d'après M. G. Cuvier (*loc. cit.*, III, Add., p. 379), qui cite en outre (I, p. 253) des molaires trouvées aux environs de cette ville et rapportées par lui au Muséum.

Par M. Cuvier. Un bassin a été observé dans la collection de la même ville, par M. G. Cuvier (I, p. 262) qui l'a dessiné; mais sans publier son dessin.

Sur le Tibre. Un tibia aurait été trouvé sur les bords du Tibre, d'après Caneli, dans sa correspondance avec Spadoni; mais, comme le fait justement remarquer M. G. Cuvier (p. 262), Canali ne l'ayant ni décrit ni figuré, il est difficile d'assurer qu'il ne s'est pas trompé.

de Pise. Un fragment de dent du cabinet de Pise, figuré par lui (*loc. cit.*, p. 259, pl. IV, fig. 6), est bien singulier par la disposition et le nombre des replis de l'émail; au point qu'on pourrait douter qu'il appartienne réellement à un Éléphant mastodonte.

de Livourne. Deux germes à six paires de pointes ont été trouvés à Palaio, entre San-Miniato et Livourne; d'après M. G. Cuvier (*loc. cit.*, p. 252), qui en avait vu les moules en plâtre dans la collection du grand-duc à Florence.

de Toscane. On peut aussi considérer comme trouvée dans quelques lieux de la Toscane, la dent figurée par M. G. Cuvier (*loc. cit.*, pl. IV, p. fig. 7), et qu'il a dessinée dans le cabinet de M. Baldovinetti. Il la considère comme une supérieure postérieure, mais sa longueur et son étroitesse me portent à en faire plutôt une sixième inférieure.

M. G. Cuvier cite encore, et figure même, trois fragments de molaires trouvés dans le val d'Arno; mais il est assez difficile de décider ce qu'elles sont; ce qu'elles offrent d'assez remarquable, c'est d'être plus mamelonnées, ou mieux, plus tuberculeuses que ces dents ne le sont ordinairement dans l'*E. angustidens.* du val d'Arno.

Il indique aussi (*Ibid.*, p. 252) une molaire du Monte-Verde, aux environs de Rome, et rapportée dans les collections du Muséum. du Monte-Verde.

La grande vallée du Pô n'a pas non plus laissé de fournir quelques ossements d'Éléphants mastodontes; mais jusqu'ici ce ne sont, si je ne me trompe, que des dents. On cite en effet : Vallée du Pô.

Deux dents, chacune dans deux fragments de mâchoire, des environs d'Asti, figurées et décrites par M. l'abbé Borson, dans les *Mémoires de l'Académie de Turin*, vol. XXIV, p. 67, pl. I et II, et dont il a envoyé des moules en plâtre au Muséum. d'Asti.

Deux germes des environs de Castel-Nuovo, province d'Asti, cités par le même. Castel-Nuovo.

Et enfin, de la même province, une grande molaire de l'*E. tapiroïdes*, et deux autres, dont un germe contenant dans sa cavité une valve d'huîtres, toutes trois figurées par le même abbé Borson (*loc. cit.*, tome XXXVII, 1822).

Une moitié longitudinale de dent molaire des environs d'Asti, d'après Deluc, qui l'a communiquée à M. G. Cuvier (*Ibid.*, pl. II, fig. 7).

Une autre de la Rochetta di Tanaro, près du même lieu, dans la Monte-Bruna, avec plusieurs os, d'après M. Faujas de Saint-Fonds, qui en a rapporté le dessin à M. G. Cuvier (*Ibid.*, pl. IV, fig. 1 et 2) (1). de la Rochetta.

Un fragment de molaire trouvé au pied des Alpes Cénedoises par M. Faujas, cité par M. Cuvier (*Ibid.*, pl. IV, fig. 4). des Alpes Cénedoises.

Une dent d'auprès de Padoue d'après les mêmes autorités (G. Cuvier, l, pl. IV, fig. 3). de Padoue.

(1) Cette dent, avec une partie de la mandibule qui la contenait, a fait le sujet d'une lettre de Carlo Amoretti à l'archevêque de Turin, Hiac. della Torre (*Att. dell' Instit. nazion., tomo II*), avec trois planches lithographiées.

de Bologne. Une beaucoup plus grande, des pentes des Apennins, du côté de Bologne, d'après l'abbé Ranzani, cité par M. G. Cuvier (*loc. cit.*, VI, Add., p. 497).

du Bachiglione. Deux des montagnes du département du Bachiglione, vues et dessinées par Marzari Pencati, d'après Carlo Amoretti, cité plus haut.

Vallée du Danube. La vallée du Danube a aussi fourni plusieurs dents molaires d'Éléphants mastodontes; ce sont:

Basse-Bavière. Trois fragments de dents trouvés près du Reichenberg en Basse-Bavière, dans le sable d'une colline, à trente pieds au-dessous du sommet, d'après Ildef. Kennedy (*Nouv. Mém. de l'Académie de Bavière*, IV, part. I, tab. 1, fig. 1-2-3, 1785) (1).

de Krembs. Une molaire déterrée en 1645, auprès de Krembs et du Danube, dont M. Soemmering a fait mention dans un mémoire inséré dans ceux de l'Académie de Munich, et que l'on supposait provenir d'un géant de seize coudées de haut.

de Stellendorf. Une demi-mandibule trouvée à Stellendorf, à deux lieues de Vienne, au nord-ouest de Krembs, au sommet d'une colline à 400 pieds au-dessus du Danube, dans un sable ferrugineux reposant immédiatement sur le calcaire grossier, et dont un assez bon moule en plâtre a été envoyé au Muséum, par M. le comte de Bruner.

de Brun. Des dents de même sorte, trouvées dans la Basse-Autriche, auprès de Brun, au midi de Vienne, d'après André Stutz (*Ostéographie de la Basse-Autriche*, p. 74, 1807).

de Moravie. Une moitié de mandibule contenant deux molaires, dont l'une usée en trèfle, recueillie en Moravie et existant dans le cabinet de Vienne, d'après l'abbé Amoretti, dans sa lettre à l'archevêque de Turin, M. Della Torre (*Mém. de l'Institut italien*, tome I).

de Hongrie. Une molaire trouvée en Hongrie, et existante dans le collection du baron de Brudern, à Vienne, d'après le même.

(1) *Ildefons. Kennedys Abhandlung von einigen in Baiem gefunden Beinen.*

De la Russie méridionale, versant de la mer Noire, nous ne trouvons à citer que les pièces suivantes :

Une grande dent provenant de la petite Tartarie ou de la Crimée, et qui fut envoyée par M. de Vergennes, alors ambassadeur de France en Russie, à Buffon, que M. G. Cuvier considérait comme de l'espèce de l'Ohio, et qui nous semble devoir être rapportée à l'*E. tapiroïdes.* de la Crimée.

Une dent entière trouvée à Tulezyn, du gouvernement de Podolie, sur l'un des affluents au Bog, versant de la mer Noire, et dont a parlé M. G. Cuvier (*Oss. foss.*, III, *Add.*, p. 495), et que Bojanus et Eichwald regardent comme plus rapprochée de l'*E. Ohioticus* que de l'*E. angustidens.* de la Podolie.

Un fragment de molaire déterré en Volhynie, et sur lequel repose le *M. intermedius* de M. Eichwald (*Zoolog. specialis*, *pars post.*, p. 361), et qui semble encore devoir être rapporté à l'*E. tapiroïdes.* de la Volhynie.

Je ne connais jusqu'ici aucun os, ni aucune dent d'Éléphant à dents mamelonnées, qui aient été découverts dans les autres versants de la mer Noire ou de la mer Caspienne.

Je ne crois pas qu'on en ait signalé quelques traces dans tout le périple de la Méditerranée, en Europe, depuis les environs ou au delà de Rome, en Asie Mineure ou même en Afrique, où se sont rencontrés quelques débris d'Éléphant lamellidonte.

Je suis en effet tenté de rapporter les dents de géant vues par saint Augustin aux environs de Carthage, au Dinothérium plutôt qu'à un Éléphant, à cause de la grosseur qu'il leur attribue.

Le versant des sous-Himalaya a déjà fourni deux molaires qu'il est impossible de ne pas considérer comme d'Éléphant mastodonte (1) : l'une, qui nous est connue par un dessin gravé que M. Durand nous a envoyé il y a quelques années, lors de la découverte du Sivathérium. Elle nous a paru avoir les plus grands rapports avec son analogue dans l'*E. angustidens.* en Asie. des Sous-Himalayas. par M. Durand.

(1) Nous avons regardé les *M. latidens et Elephantoides* de M. Clift, comme étant de la section des Éléphants Lamellidontes, et nous en avons dit les raisons.

par MM. Cauteley et Falconer. Une ou deux autres, qui ont été figurées par MM. Cauteley et Falconer, et qui proviennent des mêmes lieux, m'ont semblé aussi avoir la même ressemblance; mais il serait trop hardi d'assurer sur deux dents seulement, et cela d'après un dessin, qu'il y a identité absolue d'espèce.

en Amérique. Passant maintenant en Amérique, le nombre des os, restes de ces espèces d'Éléphants, y devient beaucoup plus nombreux.

méridionale. Ce n'est cependant pas encore dans la Sud-Amérique, et surtout dans le versant de l'Océan, qu'il en a été beaucoup rencontré.

de la Plata. Des vastes alluvions de la Plata, une très-belle molaire a été rapportée par M. l'amiral Dupotet, qui l'avait reçue du général Rosas.

du Brésil. Au Brésil, je n'en connais encore que deux échantillons:

par M. A. de Saint-Hilaire. L'un, qui existe dans nos collections et qui consiste en un fragment de molaire, recueilli par M. Auguste de Saint-Hilaire dans la province de las Minas; par M. Claussen. l'autre, que nous n'avons pas vu et que M. Claussen nous a dit tout dernièrement avoir été trouvé par lui dans une des cavernes à ossements du Brésil.

Sur l'autre versant, c'est-à-dire au Chili et au Pérou, nous citerons les fragments suivants :

du Pérou. par Em. Law. Plusieurs os et dents déterrés au Pérou, présentés par Edm. Law, évêque de Carlisle, à la Société royale en 1766, en faisant observer leur grande ressemblance avec ceux qu'on trouve dans la Nord-Amérique, seulement avec moins de fraîcheur et un aspect plus évidemment lithoïde.

du Chili. par M. de Humboldt. Une dent de la Conception du Chili, rapportée par M. de Humboldt, citée par M. G. Cuvier (I, p. 267, pl. 2, f. 5) comme type de son *M. Humboldtii*.

M. Gay. Une autre que la collection du Muséum doit à M. Gay, et la seule qu'il ait trouvée pendant sa longue exploration de ce pays.

Dombey. Une mandibule rapportée du Pérou par Dombey, et que M. Cuvier (I, p. 260, pl. 3, f. 4) a rapportée à son *M. angustidens*. De l'Amérique centrale, nous n'avons encore eu connaissance que des pièces suivantes :

de Colombie. Un humérus presque complet, provenant de Santa-Fé de Bogota, capitale de la Colombie, et que M. G. Cuvier a dû rapporter à son *M. Andium.* Il ne l'a pas figuré.

Un tibia des mêmes lieux, et rapporté par M. de Humboldt au retour de ses voyages dans ce pays, d'après M. G. Cuvier (I, p. 261, pl. 3, f. 8-11). par M. de Humboldt.

Un calcanéum de cette même partie du nouveau monde, et que nous devons également à M. de Humboldt (G. Cuvier, VI, Add. p. 510).

Une dent, un fragment d'une seconde et celui d'une troisième, recueillis par M. de Humboldt, provenant l'une de Quito, près du volcan de Imbaburra, à 1 200 pieds d'altitude (G. Cuvier, I, p. 268, pl. 2, fig. 1), et les deux autres, de Chiquitos (1), sont les trois pièces sur lesquelles M. G. Cuvier a cru devoir établir son *M. Andium.* de Quito. de Chiquitos.

Deux dents molaires et un beau morceau de mandibule, recueillis à Tarija, par M. Matson, décrits et figurés par MM. d'Orbigny et Laurillard (*Voyage dans l'Am. mérid.* Paléontologie, p. 144, Pl. X et XI), comme de cette espèce. de Tarija.

Nous pouvons encore citer avec beaucoup de probabilité les deux dents d'une grosseur prodigieuse qu'avait en sa possession Joseph de Jussieu, comme nous l'apprenons d'une lettre écrite par lui en 1761 à son illustre frère Bernard, et qu'il avait recueillies dans la vallée de Tarija (23° latitude australe), à 130 lieues de la mer, à 200 du Potosi, lieu où se trouvaient en grande abondance des os et des dents pétrifiés (G. Cuvier, I, p. 267).

Mais c'est surtout dans l'Amérique septentrionale, aussi bien sur le versant oriental des Alleghanis que sur leur versant occidental, dans toute l'étendue de l'immense versant du Mississipi, mais surtout dans le en Nord-Amérique.

(1) Quoique M. G. Cuvier, en parlant (*loc. cit*) de deux fragments de dents de cette localité, dise positivement que l'une a été *trouvée* par M. de Humboldt, et que le dessin de l'autre de la même province, lui a été envoyé par M. Alonzo; M. d'Orbigny (*Am. mérid.*, Paléont., p. 12, note 1), regarde comme probable qu'ils provenaient de Tarija; huit mois de séjour dans la province de Chiquitos, lui ayant, dit-il, donné la certitude qu'on n'y avait pas trouvé d'ossements fossiles.

cours de ses affluents de l'Ohio, en Virginie, dans le Kentucky, depuis le lac Erié au nord jusque vers Charlestown au sud, que les ossements d'Éléphants mastodontes ont été recueillis en plus grand nombre, au point de pouvoir en construire des squelettes.

Dans l'énumération que nous allons en donner, nous suivrons l'ordre anatomique, afin de mettre mieux en évidence cette quantité.

SQUELETTES entiers. En squelettes entiers ou presque entiers, nous citerons : d'abord celui

premier. dont les os ont été recueillis par M. Rembrandt Peale, dans le versant oriental des Alleghanis, à vingt milles à l'ouest du Hudson, au-dessus de New-York, et dont il donne l'histoire dans le mémoire cité plus haut.

second. Le second, moins complet, également découvert par M. Peale dans le même bassin, et dont il a fait mention dans le même ouvrage.

troisième à septième. Cinq presque entiers trouvés en 1762, à trois milles de la rivière de l'Ohio, dans un lieu salé et humide, mais souvent à une grande distance l'un de l'autre, d'après M. le docteur Harton (*Journal de physique et de médecine de Philadelphie*, I part., p. 154.)

huitième. Un presque entier dans le bassin de l'Ohio, rivière du comté de White, en Virginie, près du comté de Green-Bryan, à cinq pieds et demi de profondeur sur un banc de pierre calcaire; d'après une lettre du docteur Barton à M. G. Cuvier (*Ossements fossiles*, I, c. 219).

neuvième. Un provenant d'un animal renversé sur le dos, trouvé à Chester, vallée du Walk-Hill, auprès de Goshan, dans le comté d'Orange, dans une petite prairie, sous quatre pieds de tourbe, d'après M. Mitchill (*Trad. du Discours préliminaire de M. G. Cuvier*, p. 376).

dixième. Une partie considérable avec les défenses et les molaires, au bord de la rivière d'York, versant oriental des Illinois, à six milles à l'est de White-Amsbourg en Virginie; d'après Madisson (*Med. reposit.*, vol. XV. p. 388 à 399).

onzième. Celui dont parle Kalm, trouvé dans une marne du pays des Illinois.

douzième. Un presque entier, formé d'une partie de la tête, la mâchoire, la mandibule, les défenses et les molaires, quatre vertèbres, deux côtes, humérus, radius, cubitus, fémur, tibia et quelques épiphyses, à environ douze milles de Newburg, comté d'Orange, état de New-York; d'après L. Godman (*Trans. Amer. Phil. Soc.*, Vol. III, *N. S.*, qui ajoute que c'est du même endroit qu'a été tiré le grand squelette trouvé par M. Peale.

Une partie formée par des os énormes, des dents et des mâchoires, trouvée sur la rive du Mississipi, à Oupelousas, à vingt-cinq pieds de profondeur, avec un crâne d'homme, des poteries de sauvages et des coquilles d'huîtres; d'après M. Durald (*Phil. Trans. of Philad.*, VI, p. 55). treizième.

Le Missourium de M. Koch, trouvé sur les bords de la rivière nommée la *Pomme de terre*, *Big-bond river*, affluent à la rivière des Osages dans le comté de Benton, état de Missouri, dans une alluvion brune, avec beaucoup de substances végétales bien conservées des régions tropicales; d'après un livret d'exhibition, Londres 1843. quatorzième, ou Missourium de M. Koch.

Le nombre des crânes ou de fragments de crâne, trouvés dans les mêmes pays, n'est pas moins considérable, surtout en y ajoutant ceux qui faisaient partie de la collection de M. Koch. CRANES.

Un presque entier, avec sa mandibule et ses défenses et une grande partie des os du squelette, recueillis d'après M. R. Peale (*loc. cit.*) dans le voisinage de Newburg, sur la rivière d'Hudson, comté de New-York, à 167 milles de cette ville, dans une marne, à cinq ou six pieds de profondeur. premier.

Un morceau assez considérable de palais, sujet de l'erreur de Michaelis et de Camper, cité plus haut et trouvé avec quelques autres os, en 1783, par le docteur Brown. deuxième.

Un crâne, le plus complet qui eût été découvert alors, trouvé à Big-bone-Lick, et dont parle M. Isaac Hays, p. 19, en note de son mémoire cité plus haut. troisième.

Un autre avec une défense, l'un et l'autre de la plus belle conservation, et sa mâchoire inférieure; d'après M. Koch (*Catalogue*, n°s 1 et 2). quatrième. cinquième.

Un crâne de Tetracaulodon de Godman, ayant huit dents et deux défenses (*id.*, *ibid.*, n° 14).

Si ce crâne portait huit molaires, il faut penser qu'il répondrait assez bien à la mandibule de jeune âge dont Godman avait fait le type de son genre Tétracaulodon, et ces dents seraient les quatre premières.

sixième. Il en serait de même du n° 15 du même catalogue, ayant huit molaires et les alvéoles des défenses, et sans doute aussi de la tête d'un jeune individu, montrant aussi huit molaires et l'alvéole des défenses, inscrite sous le n° 48.

M. Albert Koch cite encore, comme faisant partie de sa collection :

septième. Une partie de crâne formant, suivant lui, une nouvelle espèce de Tétracaulodon qu'l nomme *T. tapiroïdes*, distincte de la précédente par les dents incisives et la situation des défenses.

Fragments. Un côté droit de tête en bel état de conservation, avec trois dents et l'alvéole de la défense.

Huit autres. Huit autres moitiés de tête du même côté, portant deux ou trois molaires, et l'une d'elles avec une défense pesant trente-six-livres.

Deux côtes gauches avec trois molaires chacune.

Et enfin sept fragments plus ou moins considérables d'occiput, inscrits sous les n°s 194-202.

Je trouve encore cités par M. Mitchill dans sa traduction anglo-américaine, du discours préliminaire de M. G. Cuvier,

Une portion de mâchoire avec une dent molaire, une partie de défense et un tibia, trouvés sur les bords de l'Ohio (*Columbian magazin Philad.*, I, p. 103-107).

Une mâchoire supérieure, recueillie près de la rivière Blanche qui se jette dans le Wabash, affluent de l'Ohio, dans l'état d'Indiana.

MANDIBULES. Mais ce sont surtout les mandibules que l'on rencontre et que l'on recueille le plus souvent, parce qu'en général elles se conservent et se transportent plus aisément.

première. M. Lesueur, qui a vécu plusieurs années à New-Harmony, m'a communiqué les dessins d'une mandibule presque entière, du moins dans ses deux branches horizontales, dont l'une porte les deux dernières molaires; elle avait été trouvée à White-river, entre Vincennes et Harmony, et donnée à la bibliothèque de la première de ces villes par M. Badollet, l'un de ses curateurs. D'après lui, d'autres ossements, une belle vertèbre, un fémur épiphysé, dont M. Lesueur m'a montré également les dessins, existent dans la même bibliothèque; ils avaient été retirés à plus de soixante pieds de profondeur, en creusant un puits dans un autre endroit du même état, plus voisin de l'embouchure du Wabash dans l'Ohio, où, d'après M. Badollet, il y avait de la peau et des poils.

Nous avons déjà eu l'occasion de parler de celle décrite par Collinson et par W. Hunter, envoyée au Muséum britannique par Croghan en 1768. seconde.

R. Peale a ajouté au squelette qu'il a restitué celle qu'il avait trouvée avec quelques os principaux dans un marais en 1801, à vingt milles à l'ouest de la rivière d'Hudson. troisième.

Le Muséum en possède trois, savoir : une moitié de mandibule adulte, rapportée avec deux défenses par M. Legris de Bellisle, et deux autres, dont une de jeune âge, envoyée par M. Jefferson et provenant des bords de l'Ohio. Mitchill (*loc. cit.*) en a figuré une autre. 4e à 6e.

M. Faujas de S. Fonds (*Géologie*, I, pl. XV) donne la figure d'une autre mandibule dont le dessin lui avait été envoyé de Philadelphie, et qui ne porte qu'une cinquième molaire. septième.

M. Isaac Hays dit, p. 19, en note, que quatorze demi-mandibules ont été rapportées de Big-bone-Lick par le capitaine Finnel, et lui-même en figure sept ou huit, mais il en avait examiné au moins quarante; M. A. Koch en possédait cinq ou six échantillons dans sa collection, et entre autres une d'un animal adulte qu'il regarde comme formant une espèce distincte de Tétracaulodon, sous le nom de *T. Osagii.* La plupart des autres offrant, outre quelques molaires, des restes de défenses ou au moins leurs alvéoles. 8e à 21e. jusqu'à quarante.

Cette collection ne contenait qu'un petit nombre de vertèbres séparées, sauf celles que M. Koch a si singulièrement réunies pour former le squelette de son Missourium; il cite cependant dans son catalogue quatre atlas. VERTÈBRES.

dorsales. M. Jefferson a envoyé au Muséum les trois vertèbres dorsales que nous avons décrites plus haut.

Os des MEMBRES. Des os des membres :

Omoplate. Les fragments d'omoplate, et encore mieux les omoplates sont rares, et nous ne pouvons guère citer que celles des squelettes construits par R. Peale existant à Philadelphie, d'un autre à Baltimore, et enfin de de celui montré à Londres en 1843 par M. A. Koch, et aujourd'hui rétabli dans le Muséum britannique. La collection de ce dernier en possédait encore une à part.

Nous avons plus de détails sur les humérus et leur gisement.

Humérus. Outre ceux qui ont été rattachés aux squelettes qui viennent d'être mentionnés, nous pouvons énumérer :

Celui du cabinet de Camper, décrit et figuré par M. G. Cuvier (*loc. cit.*).

Celui qui est inscrit sous le n° 5 de la collection de M. Albert Koch, outre les deux qui entraient dans la composition du squelette de son Missourium.

Radius. De radius séparés, on peut compter celui que Jefferson avait envoyé au Muséum, et qui a été figuré par M. G. Cuvier et par nous.

M. A. Koch n'en possédait pas dans sa collection, mais bien un cubitus, du côté droit et parfait, et deux autres sous les n°s 220 et 221.

Os du Carpe. Phalanges. Les os du carpe et ceux des phalanges, comme plus petits, ont été sans doute moins fréquemment recueillis. Nous en possédons cependant un certain nombre dans la collection du Muséum provenant de l'envoi fait par M. Jefferson.

Les squelettes montés par Peale en sont également pourvus.

Des membres postérieurs on n'a encore recueilli, du moins à notre connaissance, que les suivants :

Os innominés. Outre les os innominés des quatre squelettes montés, ceux séparés indiqués par M. A. Koch sous les n°s 9 et 10 comme presque parfaits, et ceux des n°s 22 et 23.

Fémurs. Les fémurs des mêmes squelettes, outre celui qui était dans le cabinet de Camper et dont M. G. Cuvier a donné la figure, pl. 6, fig. 8-9; les deux inscrits sous les n°s 11 et 12, et les quatre de grandeur différente des n°s 215 à 219 de la collection de M. A. Koch.

Les tibias sont moins nombreux : en effet, après celui du squelette de Peale, un autre de la collection de Camper (Cuv., I, p. 245), et enfin celui envoyé par M. Jefferson et dont nous avons fait usage, nous n'en trouvons qu'un seul inscrit sous le n° 13 du catalogue de M. A. Koch. Tibias.

On n'a rencontré de péroné que ceux des squelettes. Péronés.

Les os des pieds de derrière, sont dans le même cas que ceux des pieds de devant, en général assez peu recueillis. Os du Pied.

Mais c'est surtout les parties du système dentaire de ce vaste animal qui ont été trouvées et surtout recueillies en plus grand nombre et dans presque tous les points de l'Amérique du Nord. SYSTÈME DENTAIRE.

Pour les défenses supérieures, la collection du Muséum en possède deux envoyées anciennement par M. Legris de Belle-Isle; outre celle énorme qu'elle doit à Jefferson. Défenses supérieures.

G. Turner (sur les os et dents des deux Mammouths, en anglais, p. 7), cite une défense de six pieds neuf pouces de long, presque courbée en arc d'un grand cercle, comme trouvée dans la rivière Chenung ou Tonga, branche du Susquehannah, d'après les Mémoires de l'Académie Améric. des Sciences et des Arts, I et II, part. par M. Turner.

M. G. Cuvier en a cité (I, p. 218), dix-sept trouvées dans un endroit particulier, auprès de la rivière des Indiens Osages, dont quelques-unes avaient six pieds de long sur un de diamètre, avec des milliers d'ossements placés dans une position verticale, comme si les animaux s'étaient embourbés. G. Cuvier.

Mitchill en a figuré deux encore en place et dont il a déjà été parlé pour relever l'erreur commise par Peale au sujet de leur position. Mitchill.

M. le docteur Hays parle de plusieurs défenses énormes indiquées par le capitaine Finnel, comme ayant été trouvées à Big-bone-Lick. Hays.

Mais M. Koch en avait surtout apporté un assez grand nombre (huit ou dix) d'âge, et par conséquent de grandeurs différentes, outre celles si singulières qu'il a attachées à la tête de son Missourium. Koch.

inférieures. Quant à la défense inférieure, elle a été moins fréquemment recueillie; le Muséum en possède un petit fragment; nous avons déjà eu l'occasion de citer les deux du Tétracaulodon de Godman, et M. A. Koch en cite plusieurs qui faisaient partie de sa collection, et entre autres les deux qu'il décrit comme appartenant à ce Tétracaulodon.

Molaires. Les dents molaires ont encore été trouvées en bien plus grand nombre, au point qu'il en existe dans toutes les collections d'Europe, même en assez grande quantité, mais surtout dans celles de la Nord-Amérique.

D'après MM. Hays. Koch. Ainsi sans compter celles que nous avons vues adhérentes aux mâchoires et aux mandibules, nous apprenons de M. Hays, qu'on en a trouvé au moins cent à Big-bone-Lick; M. Albert Koch en inscrit au moins vingt adultes et huit autres de jeune âge dans sa collection, auxquelles nous pouvons ajouter les suivantes :

Les dents et os d'un volume monstrueux trouvés à Albany, état de New-York, auprès de la rivière d'Hudson, dont il est question dans les *Transactions philosophiques de Londres pour* 1705, t. 29, p. 60.

de Longueuil. Les trois ou quatre mâchelières trouvées sur les bords d'un marais formant cul-de-sac entre deux montagnes sur l'Ohio, rapportées par M. de Longueuil en 1740, et dont a parlé Guettard, *Académie des sc.*, 1752, et Daubenton, *ibid*, 1762.

Fabri. Trois autres à six pointes, anciennement rapportées par Fabri et qui ont été signalées sous les n°s 1106 et 1108 par Daubenton, dans le tome XII de l'Histoire naturelle de Buffon, et dont l'une a été figurée par celui-ci dans la planche V des Époques de la nature.

Collinson. Celles ensevelies pêle-mêle avec défenses et ossements dans le Kentucky, à quatre milles au sud-est des bords de l'Ohio, sur un banc élevé le long d'un grand marais salé, et envoyées en 1765 par Croghan en Angleterre et en France, et dont ont parlé Collinson, dans le LVIIe volume des *Transactions philosophiques*, et Buffon, *Époques de la nature*, pl. I et II.

Buffon.

Merck. Une autre citée par Merk dans sa 3e lettre, p. 28, comme ayant été déterrée sur la rive droite de l'Ohio, entre les deux rives des Miamis.

M. G. Cuvier en énumère encore : une trouvée auprès de la rivière des Indiens Osages avec des milliers d'ossements, et les dix-sept défenses citées plus haut (*loco cit.*, I, p. 258). G. Cuvier

Cinq presque décomposées, recueillies, à quinze milles de Charlestown, à trois pieds de profondeur dans du sable pur, en creusant le canal Caroline (*loco cit.*, p. 231, d'après M. Bosc). Bosc.

Une à six pointes, dans le comté de Rockland, près de la ville de Hampden, d'après Mitchill, dans la traduction du Discours préliminaire de M. G. Cuvier. Mitchill.

Deux énormes provenant de la Louisiane dans l'alluvion du Mississipi, dans la contrée des Apelouses (*loco cit.*, I, p. 221).

Enfin on a pu croire un moment que des fragments de dents et même d'ossements, trouvés à la Nouvelle-Hollande dans la vallée de Wellington, pourraient être rapportés à un Éléphant mastodonte, plus rapproché de l'espèce tapiroïde que de toute autre ; mais M. R. Owen a reconnu, depuis son premier aperçu sur ces ossements, qu'ils devaient plutôt être regardés comme de Dinothérium, ainsi que nous le verrons dans le mémoire suivant. R. Owen.

Comme résultat de cette partie de notre mémoire sur les Éléphants fossiles, sur les É. mastodontes, nous voyons : Résumé sur les Éléphants Mastodontes.

Sous le rapport zooclassique, que les espèces à dents mamelonnées ont absolument les mêmes caractères génériques que les espèces lamellidontes sous tous les rapports des systèmes digital et dentaire. zooclassique.

Sous le rapport ostéologique, que pour la structure, le nombre, la forme et la disposition des os du squelette, la ressemblance est parfaite (1). ostéologique.

Sous le rapport odontographique, il paraît assez probable que deux espèces étaient pourvues, pendant une grande partie de la vie, d'une paire d'incisives inférieures simulant des défenses, mais peut-être dans le odontographique.

(1) Il n'y a de doute que pour une vertèbre dorsale et par conséquent pour une paire de côtes de moins, et alors pour une vertèbre lombaire de plus, comme on en a un exemple dans le G. Bos.

sexe mâle seulement; et il est certain que le nombre des molaires et leur grosseur proportionnelle étaient comme chez les Éléphants lamellidontes, et qu'elles ne différaient essentiellement qu'en ce que les collines composantes, en général moins nombreuses, bien moins élevées, bien plus épaisses, se réunissaient bien plus tôt au collet, sans cément intermédiaire, et étaient par conséquent pourvues de racines plus fortes, plus longues et plus distinctes.

spécifique. Sous le rapport de la distinction des espèces, elle doit porter, comme pour celle des Éléphants lamellidontes, sur la considération des os mêmes du squelette, en général plus gros, plus larges, plus courts, plus robustes, faisant présumer des animaux moins élevés sur membres, et, plus aisément encore, sur la structure des défenses ainsi que sur celle des molaires, dont les collines deviennent de moins en moins nombreuses, moins compliquées, moins mamelonnées et plus tranchantes.

au nombre de trois ou quatre. Aussi ces espèces, au lieu d'être au nombre de treize É. mastodontes proprement dits et cinq. É. mastodontes tétracaulodons, comme paraît l'avoir accepté M. Grant, ne sont plus qu'au nombre de quatre, toutes fossiles et limitées, l'une à l'ancien continent européen et peut-être même indien (*E. angustidens*); une seconde à la Sud-Amérique, sur les deux versants des Cordilières (*E. Humboldtii*); une troisième à la Nord-Amérique, sur les deux versants des Alléghanys, depuis le lac Érié jusqu'à Charlestown (*E. Oïhoticus*); enfin une quatrième européenne douteuse (*E. tapiroïdes*).

E. angustidens. *E. Humboldtii.* *E. Oïhoticus.* *E. tapiroïdes.*

géographique. Sous le rapport géographique, les os, les dents d'É. mastodontes semblent, en Europe, être plus fréquents dans ses parties centrales et méridionales, au contraire de l'Amérique, et dans les deux continents être plus communs, surtout en squelettes, vers la croupe des lieux élevés, en Suisse, en Auvergne, en Gasgogne, en Toscane, en Sud et en Nord-Amérique et même en Asie.

géologique. Sous le rapport géologique, les ossements des É. mastodontes paraissent, dans l'ancien comme dans le nouveau monde, appartenir aux terrains tertiaires d'eau douce, et peut-être, mais bien plus

dans l'ancien continent.

rarement, marins : ainsi, à Eppelsheim sur la rive gauche du Rhin, dans des sables ferrugineux, à Zurich dans un terrain de molasse, à Simorre et aux environs dans un calcaire marneux lacustre; en Angleterre et même en France dans le Crag; dans le diluvium ancien en Italie et en Auvergne, et en Languedoc aux environs de Montpellier; mais jamais dans les cavernes (1), ni les brèches osseuses, ni dans les alluvions.

dans le nouveau continent.

C'est le contraire en Amérique, où les os d'É. mastodontes semblent avoir été rencontrés, ou dans des cavernes, quoique fort rarement, ou dans des alluvions regardées comme peu anciennes; aussi ceux qu'on trouve au-dessous des racines de l'Ohio ou de l'Hudson, où ils sont bien plus communs et en squelettes, sont-ils assez souvent roulés, ce qui ne me semble jamais avoir lieu pour ceux de l'ancien continent, si ce n'est dans le Crag.

sous les rapports d'Association.

Ces ossements sont en Amérique dans une association d'espèces de genres perdus, mais quelquefois aussi d'espèces encore vivantes, tandis qu'il n'en est pas ainsi en Europe; ou du moins la chose est loin d'être démontrée d'une manière aussi évidente, quoique, suivant moi, cela soit à peu près certain.

d'Altitude.

Ce qui l'est davantage, c'est que ce sont indubitablement les restes fossiles d'animaux mammifères que l'on a trouvés à la hauteur la plus considérable, puisque les dents recueillies par M. de Humboldt dans le royaume de Quito, auprès du volcan d'Imbaburra, étaient à 7200 pieds, et celles du camp des géants, auprès de Santa-Fé de Bogota, se trouvaient à 600 pieds plus haut, c'est-à-dire à 7800 pieds au-dessus du niveau de la mer.

Résumé sur tout le genre.

Résumant enfin ce que nous venons de développer sur chacune des espèces dont se compose le genre des Éléphants envisagés à la fois à l'état

(1) Sauf le fait douteux de Koëstriz, en Saxe.

vivant et à l'état fossile, nous pouvons donner comme certaines les conclusions suivantes :

sa répartition. à l'état fossile.

Le genre des Éléphants a laissé des traces de son existence ancienne dans toutes les parties du monde qui ont été explorées jusqu'ici sous le rapport paléontologique, ce qui ne veut cependant pas dire que celles qui ne l'ont pas été en renferment nécessairement, et cela en plus grande quantité et plus généralement que tout autre genre d'animaux mammifères.

à l'état vivant.

Il n'est plus représenté à l'état vivant que dans deux parties du monde : l'une, l'Afrique dans les deux tiers de son étendue, l'autre, l'Asie dans un quart tout au plus, et en s'y restreignant d'une manière évidente, à mesure que l'action de l'homme s'y fait de plus en plus sentir. Les deux seules espèces qui existent encore sont exclusivement lamellidontes, l'une seulement plus que l'autre.

formant série.

Toutes celles qui n'existent plus constituent la chaîne entre les Gravigrades terrestres actuels et les Gravigrades aquatiques.

dans la section des Lamellidontes,

De toutes celles dont la terre seule a conservé les traces, deux seulement appartiennent à la première section, l'une au commencement, l'autre à la fin, en les classant d'après le degré de la particularité qui la caractérise, l'épaisseur des collines des molaires et du cément qui les réunit.

comme dans celle des Mastodontes.

Toutes les autres sont exclusivement Mastodontes, c'est-à-dire à dents mamelonnées, suivant un ordre de dégradation dans cette particularité, comme les Lamellidontes dans la leur.

les premiers plus abondants en Sibérie.

Les ossements fossiles d'espèces Lamellidontes ont été jusqu'ici recueillis en plus grande quantité en Sibérie au nord de l'Asie, dans l'ancien continent, et en moindre dans le nord du nouveau, et surtout au sud, où l'on n'en connaît même pas.

les seconds en Nord-Amérique.

C'est le contraire pour les espèces mastodontes, en très-petite quantité en Sibérie, c'est-à-dire au nord de l'ancien monde ; elles atteignent le maximum sous ce rapport dans l'Amérique du Nord. Aussi ces ossements fossiles sont-ils plus souvent réunis en squelette pour une espèce de la première section en Sibérie, et pour une de la seconde en Nord-Amérique. Ce qui a cependant également lieu dans l'Europe tempérée pour une espèce de l'une ou l'autre section.

Le plus souvent les ossements fossiles des espèces des deux sections sont séparés, isolés, et surtout les dents. ordinairement épars.

Dans ce cas ils sont plus ou moins roulés. roulés.

Ils se trouvent à des degrés d'altitude ou d'élévation au-dessus du niveau de la mer extrêmement différents, mais généralement considérables, aussi bien pour les espèces lamellidontes que pour les mastodontes, comme on en a des exemples en Suisse, en Auvergne, dans le val d'Arno, pour les unes et les autres; en Gasgogne, et surtout dans l'Amérique centrale, pour les dernières seulement. à des degrés variables d'Altitude.

La profondeur à laquelle ils sont enfouis, est également variable depuis quelque pieds jusqu'à plus de cinquante, comme on en a eu un bel exemple à Tonna, pour deux squelettes presque entiers. de profondeur.

La structure des terrains dans lesquels ils ont été trouvés jusqu'ici, quoique en général meuble, ou sans adhérence, est quelquefois aussi pierreuse, comme on en a des exemples en Toscane, en Sicile et surtout en Gascogne. dans des terrains en général meubles.

Ces terrains sont exclusivement d'eau douce, ou tout au plus d'embouchure de rivière à la mer, mais jamais marins. Si quelques-uns de ces ossements, ce qui est excessivement rare, montrent quelques traces de corps marins appliqués à leur surface, c'est que ces os se sont trouvés un moment en contact avec les eaux de la mer, ou parce qu'ils sont descendus jusqu'à elle, ou qu'elle a remonté jusqu'à eux ; ce qui est plus difficile à admettre. d'eau douce.

Dans des terrains d'ordre géologique très-différents depuis les terrains tertiaires moyens, sinon les plus anciens, jusqu'à ceux de diluvium et peut-être même d'alluvion anciens, du moins pour les espèces mastodontes, et moins certainement pour les lamellidontes, à moins que de considérer les dépôts du val d'Arno supérieur comme collines subapennines. d'ancienneté différente. depuis les terrains tertiaires jusqu'aux alluvions.

jamais dans les cavernes ni dans les brèches.

Si l'on a trouvé quelques restes ou parcelles d'Éléphants lamellidontes dans les cavernes, en Allemagne (1), en Angleterre, en Belgique, il n'en est pas de même des espèces mastodontes. Nulle caverne, nulle brèche n'en ont encore offert en Europe (2).

Rarement celles de deux sections à la fois.

Rarement jusqu'ici des fragments d'une espèce d'une section ont été trouvés avec ceux d'une espèce de l'autre; si ce n'est dans le val d'Arno, où cela a eu lieu d'une manière certaine, et peut-être aussi en Auvergne (3).

vec des Animaux de genres encore existant quelquefois et perdus.

Souvent avec des ossements de genres encore existant à la surface de la terre, peut-être même d'espèces, pour les lamellidontes, comme pour les mastodontes. Mais aussi avec des genres qui semblent avoir entièrement disparu, au moins pour les espèces à dents mamelonnées, le Mégalonix en Nord-Amérique, le Dinotherium, l'Hyœnodon en Gascogne.

de l'ordre des ongulés.

Le plus souvent avec des ossements d'animaux ongulés comme eux; mais aussi quelquefois avec ceux de carnassiers.

En Europe, les restes d'Éléphants mastodontes se trouvent certainement dans des couches plus anciennes que cela n'a lieu en Amérique, et que celles qui renferment des Éléphants lamellidontes.

Conclusions.

Tels sont à peu de chose près les faits géologiques constatés jusqu'aujourd'hui; qu'est-il permis d'en conclure et à quelles causes peut-on attribuer ces faits?

géologiques. raison de leur répartition générale.

On trouve une raison fort plausible de la dispersion plus générale des espèces de ce genre, dans ce fait que leurs ossements, par leur grand

(1) M. Soemmering, cite une parcelle d'Éléphant lamellidonte dans la caverne de Gaylenreuth.

(2) M. Marcel de Serres, en cite cependant de Mastodontes dans celle de Koëstriz. En effet le catalogue de la collection de M. de Schlotheim, porte p. 74, sous le nº 11, des Éléphants; *denrechte Packenzahn en Gyps, des Mastodonte*, sans autre désignation; mais M. Buckland, dans son article sur la caverne du Gypse, à Koëstriz, *Reliq. Diluv.*, p. 25 et 167, n'en parle pas au nombre des restes fossiles trouvés dans cette localité.

(3) M. G. Cuvier a cité (V, p. 503) une multitude d'os d'Éléphants et de Mastodontes, dans le célèbre dépôt d'Eppelsheim; mais très-probablement à tort pour les premiers.

volume, ont pu mieux se conserver, être plus aisément et plus généralement recueillis, et ont pu offrir aux courants plus de prise, pour être entraînés au loin.

On peut regarder comme une cause de la disparition d'un plus grand nombre d'espèces de ce genre, la taille de ces animaux qui demandaient une plus grande étendue de terrain pour leur alimentation, et qui par conséquent ont dû sentir plutôt l'influence de l'action de l'homme, et sur ce que la femelle ne produit qu'un petit à la fois, et emploie au moins trois ans à le porter et à l'allaiter.

de la disparition de plus d'Espèces.

On peut admettre que leur séjour habituel étant dans des climats chauds, aussi bien que dans des climats tempérés, et peut-être même du premier degré de froid, vers le commencement des plaines, une inondation générale a pu en faire périr un grand nombre et forcer les autres à remonter les continents et à se porter de plus en plus vers les lieux élevés des pays qu'ils habitaient.

par une grande inondation générale,

C'est de ces points assez élevés que les os de leurs cadavres, au fur et à mesure de leur séparation des chairs qui les recouvraient, ont été entraînés plus ou moins loin et ensevelis à des profondeurs variées (1) dans les dépôts qui se formèrent dans le cours des affluents des grandes vallées, presque toujours avec des restes d'animaux terrestres comme eux, ou avec ceux d'animaux d'eau douce; mais aussi quelquefois, très-rarement, avec des débris de quelques animaux marins, provenant de la décomposition des couches anciennes que traversaient les courants qui les ont entraînés; et bien plus rarement encore, portant eux-mêmes des traces de corps marins adhérant à leur surface, par suite de leur arrivée jusqu'aux bords de la mer.

d'où les Os ont descendu successivement

en s'éparpillant

Au reste, l'étiologie ou l'explication des causes qui ont pu produire les circonstances variées dans lesquelles on a trouvé les ossements fossiles d'Éléphants lamellidontes et mastodontes, n'entrant pas dans la

zoologique que les Espèces Lamellidonte et Mastodonte

(1) Le catalogue de Davila (tom III. p. 228, n° 307) cite une portion de défense d'un jeune Éléphant, trouvée dans le duché de Blackenbourg, à trois cents pieds de profondeur; ce qui me paraît beaucoup.

formant une série.

nature de cet ouvrage; je me bornerai en ce moment à ce que je viens d'en dire: il me suffira d'avoir montré dans ce mémoire, comme je l'ai fait pour tous les animaux qui ont été le sujet des mémoires que j'ai publiés jusqu'ici, que les espèces d'Éléphants constituent une série dont la raison se trouve dans la structure de leurs dents molaires, et que celles de ces espèces qui n'existent plus à l'état vivant, ou qui ont déjà disparu, en forment une partie considérable qui touchent aux Dinothériums, autre genre de grands quadrupèdes fossiles dont les espèces sont également perdues et dont nous allons commencer l'histoire : nous en ferons cependant le sujet d'un mémoire particulier, qui devra être intercalé à celui des Éléphants et à celui des Lamentins, que nous avons publié le premier au commencement de cette année, quoiqu'en fait ce soit l'anomalie des Gravigrades modifiés pour vivre dans l'eau, et par conséquent le dernier genre de ce sous-ordre des Ongulogrades.

conduisant aux Dinothériums, et ceux-ci aux Lamentins.

EXPLICATION DES PLANCHES.

A. — E. LAMELLIDONTES.

PL. I. — Squelette de profil rigoureux, réduit au cinquième de la grandeur naturelle, d'après celui d'un Éléphant d'Asie, à petites défenses, du sexe femelle, amené, en 1797, de Hollande à la ménagerie du Muséum, où il a vécu 20 ans sous le nom de *Marguerite*.

A part les deux os de l'avant-bras, vus en avant, pour montrer leur mode de connexion.

PL. II. — Crânes de l'ÉLÉPHANT DES INDES (*E. Indicus*, Blumenb.), à petites défenses.

Mâle. De profil, en dessus, en dessous et en dedans, suivant une coupe longitudinale, avec la mandibule de profil en entier, et au-dessous la face interne de la branche condylienne ; au septième de la grandeur naturelle.

D'après celui d'un Éléphant de Ceylan, amené de Hollande avec le précédent, et qui a vécu 10 ans à la ménagerie du Muséum.

Au-dessous et à côté, au trait, l'extrémité antérieure de la mandibule d'un autre Éléphant mâle, connu sous le nom d'*Asia* à la ménagerie du Muséum, où il a vécu vingt ans, depuis l'âge de deux ou trois ans, époque à laquelle il fut envoyé de la presqu'île de Pondichéry, par M. Leschenault de Latour, jusqu'en 1839, où il est mort.

Femelle. De profil, avec la mandibule en place, au huitième de la grandeur naturelle, d'après la tête du squelette Pl. 1.

Au-dessous et à côté, au trait, l'extrémité antérieure de sa mandibule vue en avant et en dessus, pour montrer la gouttière symphysaire.

Jeune âge. Crâne de profil et en dessus, avec la mandibule à part, au quart de réduction ; d'après une tête acquise en 1837.

PL. III. — CRANES d'espèces vivantes et fossiles.

Au septième de réduction de la grandeur naturelle.

E. primigenius (Blumenbach).

De profil, d'après la peinture envoyée à M. Cuvier, par l'Académie impériale de Saint-Pétersbourg, et conservée au Muséum.

E. Indicus Ceylanicus, à grandes défenses.

De profil, avec la mandibule en place ; sexe inconnu.

E. Indicus Bengalensis, à grandes défenses.

De profil, avec la mandibule en place.
D'un individu mâle dont le squelette, préparé par M. Duvaucel, a été envoyé par lui au Muséum.

E. Africanus (Blumenbach).

De profil, et en dessus, avec la mandibule hors de place, et au-dessous la symphyse mandibulaire au trait.
D'après la tête du squelette d'un individu femelle, envoyé du Congo, par le roi de Portugal à Louis XIV, en 1668, au mois de janvier, et qui a vécu à la ménagerie de Versailles, jusqu'en 1681,

il est mort à l'âge de dix-sept ans. C'est celui qui a été le sujet des observations de Duvernoy, de Perrault et de Daubenton.

Os de l'oreille de grandeur naturelle d'un individu plus jeune.

E. primigenius (*Germanicus*). Au trait.

Mandibule des environs de Manheim, donnée au Muséum, par M. Lajoie.

E. primigenius (*Italicus*).

Grand fragment de mandibule avec la symphyse du côté droit d'une autre du val d'Arno; copié de M. le professeur Nesti.

PL. IV. — PARTIES CARACTÉRISTIQUES DU TRONC.

Réduites au quart de la grandeur naturelle.

E. Indicus (d'*Asia*).

D'après des os du squelette d'un Éléphant mâle, mort à vingt-cinq ans environ, en 1839.

Quoique ces os fussent encore épiphysés, l'animal était parfaitement adulte, et son squelette est le plus grand de ceux que possède la collection d'anatomie comparée.

a) *Série médio-supère*.

Atlas vu à sa face antérieure.
Axis de même.
Sixième cervicale en avant et de profil.
Première dorsale vue en arrière.
Dernière dorsale.
Première lombaire.
Sacrum tout entier, vu en dessous.
Trois caudales.

e) *Série médio-infère*.

Hyoïde; son corps et ses cornes vus en dessous. La branche styloïdienne du mâle et de la femelle à part.

Sternum entier, vu à sa face inférieure.

E. Africanus (Blumenb.).

D'après des os du squelette dont la tête est figurée pl. III.
Atlas en avant, de profil et en arrière.
Axis en avant.
Sacrum entier et trois vertèbres coccygiennes, à la face inférieure.

E. primigenius meridionalis.

Grand atlas d'Encisa, dans le val d'Arno; considéré par M. Georges Cuvier comme d'un Mastodonte.

Atlas plus petit, également du val d'Arno; d'après un moule en plâtre envoyé à la collection.

Autre atlas encore plus petit, trouvé à Chevilly, avec une mandibule de Dinotherium et donné au Muséum par MM. les docteurs Vincent et Bourjot. Peut-être, en effet, est-ce un os de Dinotherium.

Quatrième vertèbre cervicale d'après un moule en plâtre de la collection.

Seconde lombaire des bords du Pô, et rapportée par M. Faujas de Saint-Fonds; de la collection du Muséum.

PL. V. — PARTIES CARACTÉRISTIQUES DES MEMBRES ANTÉRIEURS.

D'après des os récents et fossiles réduits au huitième ou au sixième.

E. Indicus (Blumenb.).

Du squelette dont provenaient les pièces de la planche précédente.

Omoplate vue par sa face extérieure, avec la cavité glénoïde vue de face.
Humérus en devant et par la face articulaire inférieure.
Radius vu en avant et par ses deux extrémités articulaires.
Cubitus de côté et en dehors.
Les os de la main en connexion vus en dessus.
A part, le scaphoïde, le pisiforme et le doigt médian tout entier, de profil.

E. Africanus (Blumenb.).

Les mêmes os dans les mêmes projections que ceux pour l'Éléphant des Indes, et de plus :
L'extrémité inférieure de l'humérus vue en arrière;
La tubérosité olécrânienne du cubitus, vue en arrière;
Les sésamoïdes sous l'articulation métacarpo-phalangienne du doigt médian.

E. primigenius (Blumenb.).

Omoplate presque entière du Val-d'Arno.
Fragment d'une autre de Châlons-sur-Saône.
Humérus fort entier de Sibérie, rapporté par Delisle et décrit par Daubenton; et autre du même pays, rapporté par le même et dont on n'a figuré que la tête scapulaire de face et la partie inférieure.
Une extrémité terminale supérieure, d'après le moule en plâtre d'un os trouvé aux environs de Pezénas, par M. Reboul.
Une autre tête supérieure trouvée en creusant le canal de l'Ourcq, et donnée au Muséum par notre ancien confrère, M. Girard.
Une extrémité articulaire inférieure du val d'Arno.
Un corps d'humérus, sans ses épiphyses, d'un animal à l'état très-jeune, provenant du val d'Arno.
Cubitus des bords du Pô, rapporté par M. Faujas de Saint-Fonds (G. Cuvier, pl. X, f. 15-16).

PL. VI. — PARTIES CARACTÉRISTIQUES DES MEMBRES POSTÉRIEURS.

D'après des os récents et fossiles réduits au huitième.

E. Indicus (Blumenb.).

Tirés du squelette d'*Asia*, comme ceux de la planche précédente.
Os innominé de profil rigoureux, et à part la cavité cotyloïde en face.
Fémur vu en avant; à part, l'extrémité articulaire inférieure.
Rotule de face antérieure.
Tibia vu de face et à ses deux extrémités articulaires.
Péroné vu du côté interne.
Os du pied en connexion et vus en dessus, et à part l'astragale en dessous, et le calcanéum en dessus et de profil.

E. Africanus (Blumenb.).

Les mêmes parties tirées du même squelette que la tête et les os du membre antérieur et figurés dans les planches précédentes.
L'extrémité tibiale du fémur, vue en arrière.

E. primigenius (Blumenb.).

Os innominé de Sibérie, copié de M. G. Cuvier, pl. X, f. 1.
Fémur du val d'Arno, de très-grande taille et presque entier.
Un autre dans le même cas, provenant de Sibérie.
Fragment du corps d'un autre trouvé à Charenton, et donné au Muséum par MM. Rigot et Puel.
Épiphyse de la tête articulaire d'un autre provenant du dépôt de Soute, et donnée à la collection par M. P. Gervais, l'un de mes aides au Muséum.

Extrémité inférieure encore épiphysée, quoique de très-grande taille, du Bog, près de Nicolaef, Russie méridionale; donnée par M. Reynaud, et déjà figurée par M. G. Cuvier, pl. X, f., 8, 9, 10.

Extrémités articulaires inférieures vues de face, pour montrer le grand rapprochement des condyles, l'une d'après un fragment trouvé dans la plaine de Grenelle, et donné au Muséum par M. Courtois; les deux autres copiés de M. G. Cuvier, pl. X, f. 7 et 4.

Tibia presque entier et de très-grande taille, en avant et en dessus, du val d'Arno; donné par S. A. I. le grand-duc de Toscane.

Péroné du côté droit, extrémité inférieure articulaire, vue à la face interne, du Monferrat, donné au Muséum par M. Maximilien de Spinola.

Astragale de très-grande taille, vu en dessus et en dessous, provenant du val d'Arno et donné par M. Miot.

Calcanéum d'Auvergne de la collection cédée au Muséum par M. l'abbé Croizet.

PL. VII. — SYSTÈME DENTAIRE.

De la mâchoire supérieure dans les deux espèces vivantes et à la réduction d'un tiers.

Défenses : entière et adulte d'un *E. Indicus* du Bengale à petites défenses, provenant d'un crâne envoyé au Muséum par M. Duvaucel, avec sa coupe, en deux endroits différents; autre entière et jeune de la collection, sans indication.

Molaires. Toutes du même côté gauche, devenu droit par le tirage.

E. Africanus (Blumenb.).

Ire D'un très-jeune Eléphant du Cap (*E. Africanus*) qu'a bien voulu nous communiquer M. E. Verreaux.

IIe De la collection, peut-être le n° 1019 du catalogue de Daubenton.

IIIe Parvenue au Muséum de la collection du célèbre botaniste, L. Claude Richard.

IVe Tombée en août 1840, de la bouche de *Chevrette*, Éléphant d'Afrique, femelle, aujourd'hui vivant au Muséum.

V^e^ *a*) En place, sur une tête sciée en deux, de la collection et provenant de celle du Stathouder.
b) En place, sur la tête du squelette de l'Éléphant qui a vécu à Versailles sous Louis XIV.
c) D'après une dent isolée de la collection.

VIe Fragment isolé (partie postérieure) donné à la collection par M. A.-L. de Jussieu.

E. Indicus (Blumenbach).

Ire De la jeune tête figurée pl. II.

IIe *a*) De la même tête.
b) Tombée, en 1822, de la bouche d'*Asia*, alors vivant à la ménagerie.

IIIe *a*) Tombée, en 1828, de la bouche du même Éléphant.
b) Tombée, en l'an II, de la bouche de *Marguerite*, individu femelle amené de Hollande en 1797.

IVe *a*) Isolée et à peine entamée à sa partie antérieure.
b) Très-usée, tombée de la bouche de *Marguerite* en 1800.
c) Également usée, et tenant encore à la tête d'*Asia*, lors de sa mort, en 1839.
d) Usée, avec les collines fort obliques, et en place, sur une tête envoyée par M. Diard, peut-être de la Cochinchine.
e) En place, provenant de la même tête, et bien plus usée que son analogue de la figure précédente.

V^e^ *a*) Commençant à sortir de son alvéole, derrière la quatrième, en place, de la figure précédente.
b) La même sur la même tête, mais du côté opposé et bien plus usée.
c) D'après une dent bien régulière et extraite de la tête d'*Asia* après sa mort; vue de profil et par la couronne.

VIe Extraite de la tête de *Marguerite* après sa mort, et représentée sur trois faces pour montrer la particularité anormale de son extrémité postérieure, ployée sur elle-même, sans doute à défaut de place.

PL. VIII. — SYSTÈME DENTAIRE.

De la mâchoire supérieure dans l'*E. primigenius* ou fossile.

Défenses.

Ire i'. De Sibérie, par Delille.

i''. De la plaine de Grenelle, aux environs de Paris, donné par M. le docteur É. Robert; c'est la plus petite.

i'''. Des fortifications de Soissons, envoyée au Muséum par M. le colonel d'artillerie Lesbros, en 1843; c'est la plus grosse.

i''''. De Sibérie; c'est la plus grêle et la plus tourmentée.

Molaires.

IIe a) D'après le modèle en plâtre d'une dent à collines espacées, du val d'Arno, envoyé par M. Targioni-Tozzetti.

b) Incomplète, des environs d'Amiens; envoyée par M. le docteur Rigollot.

c) De profil et par la couronne; d'après une dent de la grotte de Fouvent, et donnée par M. Lefèvre de Morey.

IIIe a) Du crag d'Angleterre, dans le comté de Norwich; donnée par Mlle Anne Gurney.

b) De Fouvent, comme la dernière des secondes, et donnée également par M. Lefèvre de Morey.

IVe a) Par la couronne seulement, du val d'Arno, et donnée par le grand duc de Toscane.

b) A un degré d'usure plus avancé, de profil et par la couronne; provenant probablement de Fouvent, et reçue, en 1843, du ministère de l'instruction publique.

c) Un peu moins usée, de profil et par la couronne; provenant des fortifications de Soissons, et donnée au Muséum par M. Lecœur, chirurgien aide-major au 17e léger.

d) D'après un modèle en plâtre, envoyé de Weimar par le célèbre Goëthe.

V^e La collection n'en possède qu'un assez mauvais modèle en plâtre, que nous n'avons pas cru devoir faire figurer.

VIe a) D'après une pièce en nature, provenant des fouilles de l'hôpital Necker, avec plusieurs autres ossements donnés par M. Delessert et par l'Administration des hospices.

b) Du canal de l'Ourcq, et donnée par M. Girard, alors ingénieur en chef de ce canal.

c) D'après l'une des plus belles pièces de la collection, et qu'elle doit à M. le docteur Boué, qui l'a recueillie dans le loss de Morawa, en 1837.

d) Moins avancée encore dans son usure; provenant de la Nord-Amérique, et envoyée au Muséum par Jefferson, alors président des États-Unis.

PL. IX. — SYSTÈME DENTAIRE.

De la mandibule ou mâchoire inférieure dans les deux espèces vivantes.

Au même degré de réduction, au tiers, et toutes du même côté gauche, pour qu'elles viennent du côté droit à l'impression.

E. Indicus.

Outre quelques lames isolées (mains de Singes de Kundman):

1) L'une vue de face, l'une entière et l'autre sciée par le milieu.

2) Trois autres déjà soudées et vues par la couronne, à deux degrés d'usure, et de côté, entières et sciées verticalement.

Ire Tirée de la jeune tête de la pl. II.

IIe a) Provenant de la même tête que la précédente.

b) Provenant d'*Asia*, et tombée en 1822.

IIIe *a*) En germe dans son alvéole sur la mandibule de la jeune tête de la pl. II.

b) Complète, d'après une dent fossile.

IVe *a*) Adulte, assez usée; d'après une dent d'origine inconnue et probablement fossile.

b) En place, quoique fort usée; sur une tête non adulte de la collection.

c' à *c''*) Droite et gauche, en place, et réduite à un seul chicot, lisse à la couronne; trouvée sur la tête d'*Asia* après sa mort.

V^{e} *a*) Bien entière quoiqu'un peu entamée, extraite de ce même Éléphant mâle et bien adulte.

b) Notablement plus usée à la couronne et plus cariée à la racine; provenant de *Marguerite*.

c) A l'état de chicot; sur une tête d'Éléphant de Sumatra de la collection.

VIe *a*) Bien entière, à peine entamée à la couronne, et repliée en arrière comme la VIe d'en haut, provenant, comme elle, de *Marguerite*.

b) Encore bien entière, quoique plus usée, d'un Éléphant de Sumatra portant le reste d'une cinquième marquée *c*.

c) Également fort entière extraite d'une tête envoyée par M. Diard, et montrant que le pli terminal de la VIe *a* est une anomalie.

E. Africanus (Blumenb.).

Ire *a*) Hors place, en dessus par la couronne et de profil, montrant ses racines; provenant d'un jeune Éléphant, communiqué, pour mon étude, par M. Verreaux, et actuellement au *British Museum*.

1' et 1''. Les deux dents qui de l'autre côté correspondaient à *a*, unique à droite.

IIe *a*) Germe avec commencement de racines, en dessus, en dessous et de côté; provenant de la même tête que les précédentes.

b) Isolée, assez usée, et qui nous a paru devoir être le n° 1020 de la collection de Daubenton.

IIIe Premières collines seulement de la mandibule qui a fourni les Ire et IIe.

V^{e} *a*) Prise sur la tête du squelette ancien de l'Éléphant de Versailles.

b) Autre, moins avancée et provenant d'une tête sciée longitudinalement, rapportée de Hollande.

VIe Dent presque complète, quoiqu'un peu usée dans toute la couronne; de la collection de la Faculté des sciences.

PL. X. — SYSTÈME DENTAIRE.

E. primigenius ou fossile.

Ire? *Cimatotherium antiquum*. Moitié de la grandeur; copiée de la figure donnée par M. Kaup (*Acten des Urwelt*, pl. IV, 1841), et montrant la mandibule en dessus et de profil, avec la dent à part; de grandeur naturelle.

Dents molaires.

IIe *a*) En dessus et de côté; d'après une dent isolée, un peu roulée ou du moins altérée; d'origine inconnue, peut-être de Fouvent.

b) De côté et en dessus; d'après un germe, quoiqu'un peu entamé; de Fouvent, par M. Thirria.

c) De profil et par la couronne, encore dans un fragment de mandibule rapportée du Texas par M. Leclerc.

IIIe *a*) D'après une dent assez décortiquée, provenant de Vaugirard, et donnée à la collection par M. Bonvin en 1836.

b) En place, dans la petite mandibule de Manheim, donnée au Muséum par M. Lajoie.

c) Bien entière, quoique largement entamée à la couronne.

d) Fort usée et réduite aux dernières collines; dessinée en place sur la mandibule trouvée aux environs de Sens, et que M. le maire de cette ville a bien voulu mettre à ma disposition à la prière de M. le professeur Lemery.

IVe *a*) En place, à peine entamée; sur la mandibule donnée par M. Lajoie.

b) Entière, séparée, vue de côté et par la couronne; provenant de Pologne.

c) En place, sur une mandibule des environs de Cologne.

d) En place, et tirée de la mandibule de Sens qui a déjà fourni la dent III *d*.

e) Du crag d'Angleterre; donnée à la collection par Mlle Anne Gurney.

V[e] *a)* A collines espacées; de Porentruy; donnée par M. Scharfenstein.

b) A collines également assez espacées et fort usée; des environs de Vienne, en Dauphiné; donnée par M. Polonceau.

VIe *a)* Des fouilles pour l'établissement du canal de l'Ourcq; donnée par M. l'ingénieur en chef Girard.

b) Beaucoup moins usée; des environs de Rethel, en Champagne; donnée par M. Delpierre.

c) Une autre au même degré d'usure à peu près, mais à collines plus écartées.

d) Fragment antérieur d'une autre un peu plus usée, à collines également assez écartées; trouvé à Randan, en Basse-Auvergne, et donné par M. le docteur Bourjot.

e) Extrémité postérieure d'une dent trouvée à Norwich, dans le Crag, et donnée par Mlle Anne Gurney.

PL. XI. — OSTÉOGRAPHIE et SYSTÈME DENTAIRE.

E. FOSSILES INDIÆ.

Réduits au sixième de la grandeur naturelle. [1]

A. — E. PRIMIGENIUS?

Provenant de Jabalpur, vallée de Nerbudda.

Mandibule.

Presque entière et portant une sixième et dernière molaire.

Copiée de M. Prinsep. (*Journ. as. soc. of Bengal.*, t. II, pl. XX, fig. 1.)

Humérus.

Assez entier, mais sans doute incorrectement dessiné.

Copié de M. Spilsbury. (*Journ. as. soc. of Bengal.*, t. V, pl. XXX.)

Bassin.

Fragment auquel manque toute la partie supérieure de l'os ilion.

Copié de Spilsbury. (*Loco cit.*)

Fémur.

Presque complet, du moins à ses deux extrémités; l'inférieure vue en avant et par derrière, pour montrer le grand rapprochement des condyles.

Copié de M. Prinsep. (*Loco cit.*, t. III, pl. 24.)

B. — E. LATIDENS (*Mastodon latidens* et *elephantoides*, Clift).

[1] Sous le nom de :

Mastodon elephantoides.

Mâchoire (fragment) contenant une cinquième et des lames de la dernière molaire.

D'après une pièce en nature, de la collection du Muséum, en 1837.

Molaire; fragment postérieur; à la réduction d'un tiers.

D'après un échantillon de la collection.

Molaire supérieure (5e).

D'après un germe envoyé par le collége des chirurgiens de Londres.

Molaire inférieure (fragment) montrant le peu de profondeur des collines et le cément qui en remplit les intervalles.

D'après une pièce de la collection; réduite à un tiers.

Mandibule du côté droit, avec portion de la symphyse, contenant une cinquième molaire.

D'après une pièce de la collection.

Mandibule, autre fragment, contenant une cinquième molaire.

D'après une pièce donnée par le Muséum de la ville de Rouen, comme provenant de Calcutta.

Dent : partie postérieure d'une cinquième molaire inférieure.

D'après nature.

Mandibule ; fragment contenant une sixième molaire.

D'après un modèle en plâtre.

** Sous le nom de :

Mastodon latidens.

Mâchoire ; fragment avec troisième et quatrième molaires.

D'après un modèle en plâtre.

Mandibule ; fragment avec troisième molaire en place.

D'après nature.

Mandibule ; un autre fragment portant une cinquième molaire.

D'après un modèle en plâtre.

Molaire ; première de la mâchoire ; à un tiers de la grandeur naturelle.

Copiée de M. Clift. (*Trans. geol. soc. Lond.*, ser. 2. t. II, pl. XXXIX, fig. 9.)

Rotule.

Copiée du même.

Fémur ; tête inférieure.

Copié du même.

Tibia ; tête supérieure.

D'après nature.

C. — Mastodon sivalense.

Molaires, deux figures :

L'une copiée de M. Cauteley (*Journ. as. soc. of Bengal.*, t. V, pl. XI fig. 2.)
L'autre d'après un dessin gravé, envoyé par M. Durand, et dont il a été parlé dans les comptes rendus de l'Académie des sciences, an 1836, 2e sem., p. 529.

D. — Mastodontoid Pachiderm (Owen).

Molaire ; fragment trouvé aux Darling-Downs (Nouvelle-Hollande).

Copiée de M. Rich. Owen, *Ann. and magaz. of nat. hist.*, t. XI, p. 9, fig. 3, et que nous verrons plus tard être rapportée au *Dinotherium Australe* du même.

B. — E. MASTODONTES.

PL. XII. — Elephas Humboldtii.

Au sixième de la grandeur naturelle et d'après nature, dans la collection du Muséum.

* D'origine certaine.

Vertèbres.

Atlas.

Rapporté de Taguatagua, dans la province de Colchagua, au Chili, par M. Gay.

Dorsales; fragments sous différentes faces.

De Colombie, par M. de Humboldt.

Humérus; assez entier; vu en avant.

De Colombie, par le même.

Fémur; de grande taille; sans ses épiphyses.

De Buénos-Ayres, par M. l'amiral Dupotet.

Tibia, entier, vu en avant.

Calcanéum, en dessus, au trait.

Métacarpien. 4e du côté droit en dessus et par sa facette carpienne.

Tous les trois trouvés au même lieu que l'atlas ci-dessus dans le Chili, par M. Gay.

Radius, tête supérieure.

Tibia incomplet, par devant et par derrière.

De Colombie, par M. de Humboldt.

Mâchoire. Très-petit fragment portant une quatrième dent molaire, de profil et par la couronne.

Mandibule. Fragment assez considérable avec cinquième et sixième molaires de profil; celle-ci par la couronne.

Du Pérou, par Dombey.
L'une et l'autre figurées par M. G. Cuvier et rapportés à son Mastodonte à dents étroites.

Dents.

Fragment de défense.

Donné à tort comme de Colombie; il a été rapporté par M. de Humboldt de la villa de Ibarra (province de Quito).

Molaire extrêmement usée.

Du Brésil, par M. Aug. de Saint-Hilaire.

Autre très-grande, complète, sixième supérieure.

De Buénos-Ayres, par M. l'amiral Dupotet.

Autre fragment antérieur d'une quatrième ou cinquième supérieure.

De la province de Quito, par M. de Humboldt.
Type du *Mastodon Andicus* de M. G. Cuvier.

** D'origine présumée.

Mandibule, fragment portant une molaire au dernier degré d'usure.

Étiqueté comme provenant de la collection de M. Perraud, mais sans l'origine indiquée.

Une série d'os, comprenant :

Une mandibule presque entière portant deux molaires d'un côté (quatrième et cinquième). (On a figuré de profil et en dessus, entre ces deux figures, la symphyse d'une mandibule rapportée du Chili par M. Gay.)
Un fragment de vertèbre dorsale.
Un fragment (cavité glénoïde) d'omoplate.
Une extrémité supérieure de radius.
Un petit fragment d'extrémité supérieure de cubitus.
Une rotule entière sur ses deux faces.

Un tibia presque entier, vu en avant et par ses deux faces articulaires.

Trouvés par M. Jouannet, qui les a donnés au Muséum, à Bordeaux, dans un grenier où ils avaient été jetés avec d'autres qui ont été perdus depuis un temps dont on ignore l'étendue, mais qui paraît devoir être assez long, puisqu'on le fait remonter à l'époque où Molière commença à jouer la comédie en province; regardés par la voix publique comme identiques avec ceux attribués au roi Teutobochus, sous Louis XIII; opinion qui a été exposée par moi dans un mémoire particulier (N. Ann. du Muséum, tome IV, p. 37, an. 1835); mais que j'ai dû abandonner, lorsque M. de Saint-Ferréol a eu la bonté de nous envoyer à Paris quelques-uns des os du véritable Teutobochus du Dauphiné; puisque ces restes indiquent plutôt un Dinothérium qu'un Éléphant.

PL. XIII. — E. ANGUSTIDENS.

D'après des os recueillis à Sansans, deux lieues au sud d'Auch, département du Gers, en Gascogne. tous exclusivement par M. Lartet, et provenant du même individu; ce qui est jusqu'ici un exemple unique.

Au sixième de réduction de grandeur naturelle.

Une portion de mandibule du côté gauche.

Vertèbres, provenant du même individu.

Cervicales : 1re, 3, 6 et 7.

Dorsales : 2, 3, 4, et 13, 14 et 15 rapprochées.

Lombaires : 2, 3 et 4.

Coccygiennes : une seule.

Omoplate presque entière, par sa face externe.

Humérus presque entier, par sa face antérieure.

Cubitus encore plus complet, à la face interne et à part sa cavité articulaire.

Grand os et cunéiforme du côté gauche.

Métacarpiens, 4e et 5e, du même côté.

Os innominé presque entier, par la face externe, avec la cavité cotyloïde à part.

Fémur du côté gauche et presque entier, vu en avant et ses deux extrémités en arrière.

Rotule par les deux faces.

Tibia du côté gauche, à peine tronqué à sa partie supérieure.

Calcanéum entier sur deux surfaces.

Deux os du métatarse.

PL. XIV. — E. ANGUSTIDENS.

Au sixième de la grandeur naturelle.

A) de Gascogne.

Défense de la mâchoire supérieure entière et trouvée en fragments avec sa pareille et une portion de tête par M. Lartet, à Sansans; montrant à sa face interne la bande d'émail qui la caractérise.

Partie terminale des deux défenses dans leur position réciproque.

Tête en partie composée d'une portion de palais portant les cinquièmes molaires et d'une mandibule presque complète pourvue de ses molaires en connexion avec une des défenses inférieures; vue de profil, et de plus, le palais en dessous et la symphyse mandibulaire en dessus;

Une cavité glénoïde d'omoplate, une tête de fémur, une portion de tibia.

Provenant également du département du Gers, et échangée par autorisation de monseigneur l'évêque de Beauvais, avec le séminaire de saint Lucien, près de cette ville.

Un radius et un cubitus des envois de M. Lartet, en avant séparés et en connexion par leur tête articulaire au-dessus.

B) D'AUVERGNE.

Un très-petit fragment de maxillaire, d'un jeune animal, portant ses deux premières molaires; la première à part, de grandeur naturelle, par la couronne.

Des Étouaires, aux environs de Clermont.

Un fragment de mandibule, de même âge, offrant aussi les deux premières molaires.

D'après un modèle en plâtre donné par M. Bravard.

C) D'EPPELSHEIM.

Mâchoire.

Partie de palais d'un individu non adulte, montrant les trois premières molaires d'un seul côté.

D'après un modèle en plâtre de la collection.

Autre partie de palais d'un animal adulte, montrant les cinquième et sixième molaire des deux côtés.

D'après un modèle en plâtre.

Mandibule.

Portion de symphyse mandibulaire, en dessus et de profil, montrant les restes de l'alvéole d'un côté.

D'après un modèle en plâtre.

Vertèbre-axis.

Copiée de Kaup, *Oss. foss. de Darmstadt*, pl. XXII, 2, *a*.

D) D'AUTRICHE.

Mandibule, presque entière et de profil.

D'après le modèle en plâtre d'une pièce trouvée à Stellenhoff, et qui existe aujourd'hui dans le cabinet impérial de Vienne.

E) DU DAUPHINÉ?

Une extrémité supérieure articulaire de cubitus vue en avant.

Une rotule à sa face inférieure.

Nota. Ces deux pièces qui, par erreur sans doute, ont été inscrites comme provenant de Langon, en Dauphiné, nous semblent bien plutôt, par leurs proportions et la nature marneuse et verdâtre de la gangue qui les salit encore, provenir du versant des Pyrénées, en Gascogne. Cette gangue est, en effet, de même nature que celle de la mandibule échangée avec le petit séminaire de Beauvais.

PL. XV. — SYSTÈME DENTAIRE MOLAIRE.

De l'*E. M. angustidens*.

Depuis la première jusqu'à la sixième et dernière, à la mâchoire supérieure et à l'inférieure: celles-là ayant leur couronne dirigée en bas et en regard de celles-ci dirigées en haut.

* Supérieurement.

Première.

a) D'Auvergne; communiquée par M. le comte de Laizer.
b) De Sansans, par M. Lartet.
c) Idem.
d) De Madrid.
e) De Simorre, et que je crois déjà figurée ou inscrite par Réaumur, par Daubenton et par M. G. Cuvier.

Seconde.

a) Répétée de la petite mâchoire d'Auvergne figurée pl. XIV.

b) La même, vue par la couronne.
c) D'Eppelsheim, envoyée par M. Kaup.
d) Reprise d'après la mâchoire jeune dont le modèle en plâtre a été donné à la collection par lord Cole.
e) D'après la mâchoire jeune d'Eppelsheim figurée pl. XIV.

Troisième.

a) D'après la même pièce.
b) D'après une dent isolée trouvée en Auvergne.
c) De la même pièce qui a fourni la quatrième supérieure marquée IVe *a*. De Sansans, par M. Lartet.

Quatrième.

a) Du même individu qui a fourni la IIIe *c*, et par conséquent de Sansans, par M. Lartet.
b) Du même individu qui va donner la Ve *a*, et aussi des envois de M. Lartet.
c) De Simorre.

Cinquiéme.

a) De l'individu dont a été tirée la IVe *b*.
b) De Chevilly, par M. Rousseau.
c) De la tête de Gascogne, échangée au petit séminaire de Saint-Lucien, figurée pl. XIV.
d) Des environs de Simorre, par M. Azéma.
e) Du palais trouvé à Eppelsheim, et figurée pl. XIV.

Sixième.

a) Isolée; d'après le modèle en plâtre d'une dent d'Eppelsheim.
b) Du palais où elle s'est trouvée à la fois avec la Ve *a*.

** Inférieurement.

Première.

a) D'une mandibule d'Auvergne, dont M. Bravard a donné le moule à la collection.
b) D'après le modèle en plâtre d'une dent d'Eppelsheim.
c) *d*) et *e*) D'après des dents trouvées à Sansans par M. Lartet.

Seconde.

a) De la même mandibule que la Ire *a*.
b) D'Auvergne.
c) D'Eppelsheim, par M. Kaup.
d) De Sansans, par M. Lartet.

Troisiéme.

a) De Saxe; d'après une dent de la collection, type du petit Mastodonte de M. G. Cuvier.
b) De Sansans, par M. Lartet.

Quatrième.

a) Isolée; du même dépôt et par le même.
b) Idem; provenant du même sujet que la Ve *a*.

Cinquième.

a) Isolée; de Sansans, par M. Lartet.
b) De Gascogne; sur la mandibule du petit séminaire de Beauvais.
c) D'Eppelsheim, d'après le modèle en plâtre; en place dans une mandibule.

Sixième.

a) De la même mandibule.
b D'après le modèle en plâtre envoyé par M. l'abbé Ranzani, de Bologne.

PL. XVI. — DIVERS OSSEMENTS de l'ELEPHAS (*Mastodon*) OHIOTICUS.

A la réduction d'un sixième de la grandeur naturelle.

Mâchoire.

Fragment contenant deux dents molaires en place, vu de profil.

Défense supérieure.

Un fragment envoyé au Muséum par Jefferson.
Partie d'une autre bien plus grande, envoyée de Géorgie par M. Habersham.

Mandibule.

Branche horizontale presque entière, contenant les cinquième et sixième molaires, vu en dehors.
D'après une pièce envoyée par Jefferson.
Une partie de mandibule de jeune animal, en dessus et de côté, portant les deux incisives et les trois premières molaires d'un côté; type du genre *Tetracaulodon* de Godman.
D'après un modèle en plâtre envoyé à la collection par M. Isaac Hays.

Vertèbres.

Première dorsale, par Jefferson.
Apophyse épineuse et partie de l'arc des IIIe et IVe, par le même.

Côtes.

Deux des premières côtes provenant du même envoi.

Omoplate.

Copiée du squelette construit par Peale.

Humérus.

Vu en avant et en arrière; de Géorgie, envoyé au Muséum par M. Habersham.

Radius.

Parfaitement entier, vu en avant et en arrière, et à sa face articulaire humérale.
De l'envoi de Jefferson.

OS DE LA MAIN.

Un semi-lunaire, un grand os et un métacarpien du doigt médian, du même envoi.

Fémur.

A sa face antérieure et à part, vu en arrière et en avant de son extrémité articulaire tibiale.
D'après une pièce rapportée par M. de Longueil, et déjà figurée par Daubenton et par M. G. Cuvier.

Tibia.

En avant et à ses deux faces articulaires.
D'après une pièce envoyée par Jefferson.

Astragale et *Scaphoïde.*

L'une dessus, l'autre dessous.
De l'envoi du même.

PL. XVII. — DENTS de l'E. M. de l'OHIO et de l'E. M. TAPIROÏDE.

Réduites au tiers de la grandeur naturelle.

E. Ohioticus.

a) Supérieurement.

Première.

Et que le texte donne, avec raison, comme étant plus probablement inférieure.
D'après un échantillon arrivé à la collection en 1833.

Quatrième.

Marquée 3. Rapportée par M. de Longueil.

Sixième.

L'une par la couronne et du côté externe.
D'après un échantillon peu usé, envoyé par Jefferson.
L'autre bien plus usée, vue de même par la couronne et du côté interne.
Reprise de la mâchoire représentée dans la planche précédente.

b) Inférieurement.

Incisives.

Un fragment isolé parvenu à la collection en 1833.
L'extrémité sortie des deux incisives sur la mandibule, type du genre *Tetracaulodon*.

Molaires.

Première, seconde.

En série sur cette même mandibule de *Tetracaulodon*, de profil et par la couronne.
D'après le modèle en plâtre cité plus haut.

Troisième.

a) Usée.
D'après une pièce en nature envoyée par M. Jefferson.
b) En place, à la suite de la première et deuxième sur la mandibule de *Tetracaulodon*.

Quatrième.

a) D'après une dent toute noire de l'acquisition de 1833.
a) Par erreur, au lieu de IVe *b*; par la couronne et en dehors.
D'après une dent faisant partie de l'envoi de M. Jefferson.

Cinquième.

a) Très-usée, par la couronne et de profil.
Par feu Legris de Belle-Isle.
5) Sans lettre d'indication, au-dessous de la précédente; par la couronne.
D'après une pièce envoyée par M. Plée, comme de Porto-Rico.
5) Sous la précédente et jointe par des points; profil d'une cinquième inférieure; du Fort-Mabille (Louisiane), par M. OEillet-Desmurs.

Sixième.

a) De profil et par la couronne.
b) Germe, de profil seulement.
b-c) La face antérieure de celle-ci.
L'une et l'autre envoyées par Jefferson.

E. tapiroïdes.

* Supérieurement.

Molaires.

Cinquième.

Par la couronne; tirée d'une portion de palais portant ses deux cinquièmes; de Simorre, par M. Lartet.

Sixième.

6 *a*) D'après le modèle en plâtre d'une dent trouvée à Autrey, Haute-Saône, envoyé par M. Nodot.
6 *b*) De profil et par la couronne.
D'après la dent envoyée de Sibérie, en 1770, par M. de Vergennes à Buffon, et que celui-ci a déjà figurée.
6) Talon de profil et par la couronne. Des envois de M. Lartet.

** Inférieurement.

Première.

De profil et par la couronne.
D'après le modèle en plâtre d'une dent des environs de Zurich (*M. Turicensis*).

Cinquième.

5 ? Par la couronne seulement.
D'après un fragment communiqué par M. de Laizer, et trouvé en Auvergne.

Cinquièmes et sixièmes.

a) Du Gers, par M. Lartet.
b) D'après le modèle en plâtre d'une dent trouvée à Asti, et envoyée par M. l'abbé Borson.
c) D'après une dent envoyée de Sansans par M. Lartet.
d) De profil et par la couronne.
D'après la belle dent rapportée de Sibérie à M. de Buffon par l'abbé Chappe.

OBSERVATION.

Depuis l'impression du passage où nous avons parlé d'une dent d'E. Mastodonte trouvée dans les cavernes du Brésil, M. Claussen qui la possède, avec beaucoup d'autres ossements fossiles d'un grand intérêt, a eu la complaisance de me la faire parvenir. C'est une cinquième molaire d'en bas du côté droit, en bon état de conservation, quoique cassée dans le milieu de sa longueur. Elle a du reste tous les caractères observés sur son analogue de la mandibule du prétendu Teutobochus de Bordeaux, mais elle est plus usée.

PARIS. — IMPRIMERIE DE FAIN ET THUNOT,
IMPRIMEURS DE L'UNIVERSITÉ ROYALE DE FRANCE,
Rue Racine, 28, près de l'Odéon.

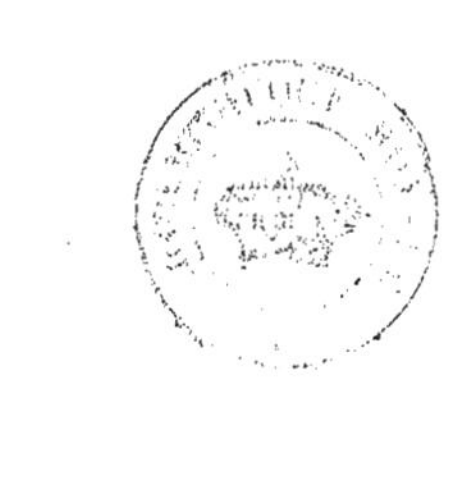

DU DINOTHERIUM.

Le genre d'animaux fossiles qui fait le sujet de ce mémoire est peut-être l'un de ceux que les paléontologistes doivent avoir le plus constamment présents à la pensée, lorsque séduits par une découverte inattendue, quelquefois même extraordinaire, ils se trouvent entraînés à proposer des rapprochements qui ne le sont pas moins, quoiqu'ils n'aient souvent pour base, pour point d'appui, que l'examen et l'étude de pièces, os ou dents, insuffisants pour conduire à des conclusions un peu certaines. Considérations générales sur les restes fossiles de ce Genre,

En effet nous voyons que vers la fin du siècle dernier, et même assez loin dans les premières années de celui-ci, lorsque les recherches de ce genre, déjà fort avancées en Allemagne, par suite des travaux d'Hollmann, d'Esper, de Merck, de Pallas, de Camper, de Blumenbach, commençaient à être importées en France où se trouvait la collection de squelettes la plus riche de l'Europe, les premières pièces découvertes de Dinotherium étaient rapportées à une espèce de Tapir gigantesque. Et comme ce genre n'était connu alors que par une seule espèce, exclusivement sud-américaine, on voit comment l'observation devenant singulière, devait avoir un retentissement proportionnel en géologie. regardés d'abord comme d'un Tapir gigantesque.

L'assertion, quelque erronée qu'elle fût, était cependant assez spécieuse, parce qu'elle reposait sur l'examen d'une bonne partie des molaires du système dentaire, et qu'à cette époque l'on regardait ce système, et les molaires surtout, comme celui dont l'étude pouvait donner les résultats les plus certains pour déterminer les rapports des mammifères entre eux. Lamanon, dans un mémoire que nous aurons l'occasion de citer lorsque nous serons parvenus à l'étude des Palæotheriums, dont d'après les Dents molaires les os se trouvent en si grande abondance dans le gypse des environs de Paris, avait cependant, dès 1789, parfaitement reconnu qu'un même système dentaire n'entraînait pas nécessairement un même genre; le rapprochement étant appuyé sur un principe, il est vrai, non suffisamment scruté, il fut adopté qu'une espèce, d'un genre alors exclusivement américain, avait anciennement vécu dans notre Europe centrale.

Trouvées en France.

Quoique l'on possédât dans les collections paléontologiques, et depuis assez longtemps, plusieurs dents qui appartiennent évidemment à des animaux de ce genre, que l'on connaît aujourd'hui sous le nom de Dinotherium, souvent isolées, mais quelquefois en séries implantées, comme le montrent plusieurs ouvrages anciens, les auteurs qui les avaient représentées ne s'étaient que fort peu enquis de ce qu'elles pouvaient être et à quel animal elles pouvaient avoir appartenu; peut-être, il faut le dire, parce que c'était en France qu'on en avait rencontré le plus fréquemment et qu'alors les sciences de l'organisation y étaient généralement assez peu cultivées.

en Dauphiné,

Sans parler du fameux squelette de géant attribué à Teutobochus, au commencement du dix-septième siècle, et qui provenait d'un Dinotherium comme nous le dirons plus loin, on trouve en effet que, dès 1715, Réaumur a figuré une dent de ce genre dans son mémoire sur les Turquoises(1) de Simorre; *Académ. des sc.*, 1715, p. 230, pl. VIII, fig. 17 et 18, édit. in-12. Il reconnaît parfaitement qu'elle différait d'autres dents venant de Simorre même et dont nous avons parlé comme de Mastodonte; aussi dit-il que la figure qu'il en donne est d'après un dessin fait par M. de Jussieu sur une dent qu'il avait vue à Lyon dans la collection d'un médecin de la ville. Comme pour les autres, Réaumur avoue qu'on ne sait pas encore ce que c'est, mais qu'on le reconnaîtra peut-être avec le temps, comme on l'a fait à l'égard des Glossopètres; à

en Gascogne, à Simorre;

citées par Réaumur,

(1) Gui de la Brosse, dans son livre sur la *Nature, vertu et utilité des Plantes*, Paris, 1628, en parlant de la Licorne minérale, dit quelque chose des Turquoises, mais seulement des défenses, qu'il dit ressembler à la corne d'un animal. Boccone paraît être dans le même cas.

quoi il ajoute qu'il y a lieu de croire que ces dents sont aussi d'animaux de mer, n'en connaissant pas de terrestres qui en aient de pareilles.

Dans ce même mémoire Réaumur parle aussi de dents d'autres formes, par exemple d'une en cône un peu recourbé, n'ayant qu'une seule ouverture pour l'insertion du nerf, ressemblant à celle dont les doreurs se servent pour polir, probablement une incisive de Rhinocéros; et enfin d'os longs de la grosseur du bras et de la longueur de la jambe ou de la cuisse, dont quelques-uns pesaient jusqu'à cent livres; mais comme il ne les figure pas, il est impossible de dire si ces pièces viennent d'un Dinotherium ou d'un Mastodonte. avec d'autres Ossements de grande taille.

L'abbé Rozier (*Journal de Physique*, an. 1772, tom. I, p. 135) décrit et figure une autre dent molaire de Dinotherium, qu'il avait également vue à Lyon, mais qui avait été trouvée aux environs de Vienne en Dauphiné, et dont M. Imbert, possesseur du cabinet où M. Rozier l'avait observée, avait envoyé un modèle en terre cuite au Muséum, qui le possède encore, ainsi que l'original, venu de la collection de M. Faujas. à Vienne, en Dauphiné, par Rozier,

Mais la plus belle pièce de cet animal, que l'on ait longtemps connue, est la mandibule en deux morceaux qui fait le sujet d'un mémoire par M. de Joubert, alors trésorier des états de Languedoc (Académie des sciences de Toulouse, tom. III, p. 110 et suivantes, avec quatre planches, VII à X, gravées), et qui, après avoir fait partie de son cabinet, passa dans celui de M. de Drée, et est enfin arrivée dernièrement dans la collection paléontologique du Muséum. en Languedoc, par de Joubert,

C'est principalement sur cette pièce, qui est pourvue de toutes ses dents molaires, surtout d'un côté, que M. Cuvier a établi son Tapir gigantesque. M. de Joubert, comme on le pense bien, à l'époque à laquelle il écrivait, en 1785, n'avait pu aborder la question zoologique, quoiqu'il eût assez bien décrit ce qu'elle offrait de plus remarquable, le nombre et la forme des dents molaires, et qu'il eût même signalé l'alvéole d'une défense dans une cavité considérable, entre la première dent et le bout de la mâchoire; il laissait, disait-il, aux savants qui s'occupent spécialement de la connaissance des animaux, à assigner l'espèce à laquelle ces dents appartiennent.

en Bavière, par Kennedy,

Il n'en fut pas tout à fait de même d'Ildefonse Kennedy qui, en décrivant la moitié d'une dent de Dinotherium ainsi que deux molaires de Mastodontes et un fragment de mandibule de Rhinocéros, dans le tom. IV, Pl. II, f. F, des *München Academie Schrifften*, en 1785, eut l'idée de la rapporter à l'animal de l'Ohio, ce qui n'était pas aussi dépourvu de probabilité que paraît le penser M. Kaup, comme nous le verrons plus tard et comme on peut déjà le préjuger en se rappelant que nous avons terminé la série des espèces d'Éléphants vivants et fossiles, par celle dont les collines des dents molaires sont transverses, tranchantes, ce qui lui a valu de la part de M. Cuvier le nom de *M. Tapiroïdes.*

par M. G. Cuvier. en 1798.

Quoi qu'il en soit, comme, sauf cette dernière pièce, c'était jusqu'alors en France que les dents de Dinotherium avaient été trouvées, il n'y a rien d'étonnant que ce soit M. Cuvier qui en ait le premier parlé scientifiquement, aussitôt qu'il fit de la paléontologie un sujet principal d'études. On trouve en effet cité sous le n° 6 de l'*Extrait d'un mémoire sur les ossements fossiles de quadrupèdes* (*Bulletin par la Soc. philom.*, n° 18, vendém. an VI (1798), deux dents isolées de cet animal, comme *ne ressemblant aux dents d'aucun animal vivant ou fossile, seulement se rapprochant un peu de la dernière d'en bas du Rhinocéros.*

Dans l'intervalle qui sépare la publication de cet extrait de celle de l'*Extrait d'un ouvrage sur les espèces de quadrupèdes fossiles*, M. Cuvier, par suite de ses recherches préliminaires, avait trouvé dans la collection de M. de Drée, les deux pièces citées plus haut et d'une tout autre importance que les deux dents de l'*Extrait d'un mémoire*, et il en avait fait le sujet d'un mémoire lu à la Société philomatique en l'an VIII (1800) et publié dans le n° 34 de son Bulletin, *sur les Tapirs fossiles de France.* Dans ce mémoire qu'il donne comme un supplément à celui de l'*Extrait* cité plus haut il annonce les ossements de deux espèces de Tapirs, comme trouvés en France, l'une de la grandeur du

en 1800.

Tapir ordinaire qui ne se trouve plus vivant qu'en Amérique, basée sur deux portions considérables de mâchoire inférieure, trouvées près du village d'Issel dans la montagne Noire, ne différant pas sensiblement des parties analogues du Tapir ordinaire; l'autre plus grande, égalant au moins l'Hippopotame et peut-être l'Éléphant, d'après les dents citées dans l'*Extrait*, et surtout deux moitiés d'une mâchoire inférieure supposées d'un animal qui n'était pas adulte, parce que, suivant lui, il manquait l'arrière-molaire à trois collines, et dont on ignorait l'origine.

Comme de deux espèces de Tapir,

Aussi dans l'*Extrait d'un ouvrage sur les espèces de quadrupèdes fossiles*, publié en l'an IX (1801), par ordre de la première classe de l'Institut, toutes deux sont inscrites, l'une sous le n° 2 comme d'une *espèce de Tapir, de la grandeur du Tapir vivant, qui est, comme on sait, de l'Amérique méridionale et qui n'en diffère que par la forme des dernières molaires;* l'autre, sous le n° 3, comme d'une *autre espèce de Tapir, que je nommerai,* dit-il, *gigantesque, à cause de sa grandeur qui égale celle de l'Éléphant, mais dont les formes ne diffèrent pas de celles du Tapir ordinaire.*

en 1801.

Cette manière de voir fut nécessairement adoptée, sans changements aucuns, par les auteurs qui commencèrent alors à s'occuper de paléontologie, en France, et entre autres par M. Faujas de Saint-Fonds (*Essai de géologie*, tom. I, p. 376, 1803), seulement, en reconnaissant qu'elles proviennent toutes deux des mêmes lieux, il parla de deux têtes de Tapirs, au lieu de deux mâchoires seulement qui existaient dans la collection de M. de Drée, comme M. G. Cuvier le fit observer dans son mémoire *ad hoc*, publié dans les *Annales du Muséum*, tom. III, p. 132, année 1804, et qui est intitulé : *Sur quelques dents et os trouvés en France, qui paraissent avoir appartenu à des animaux du genre Tapir.*

Adoptées par M. Faujas, en 1803.

développées par M. Cuvier, en 1804.

Sous ce titre déjà un peu moins tranchant, M. G. Cuvier, s'occupant d'abord de la mandibule de la première espèce, comparée avec celle du Tapir vivant, aussi bien pour les dents que pour l'os dans lequel elles sont implantées, termine par ce paragraphe : *S'il est permis, comme*

d'après un principe erroné.

je le crois, de juger d'un animal par un seul de ses os, nous pouvons donc croire que les fossiles de la montagne Noire viennent d'une espèce voisine du Tapir, mais qui n'était pas précisément la même.

Critique de M. Faujas,

Après quoi, prenant à part M. Faujas de Saint-Fonds, qui dans le premier volume de ses *Essais de Géologie*, avait donné, sinon comme un fait, mais comme un résultat probable des faits connus, que le nord de l'Europe n'a guère en fossiles que des ossements d'animaux asiatiques, M. Cuvier lui montre contradictoirement un animal fossile, qui, s'il existe encore vivant aujourd'hui, ne peut être que dans l'Amérique méridionale, « ce qui détruit, suivant lui, toutes les hypothèses fondées » sur l'origine asiatique de nos fossiles. » Il termine enfin en disant que: « dans l'état actuel de la géologie, ce qu'on peut faire de plus utile » pour elle, est de porter ainsi la pierre de touche sur les systèmes de » ceux qui croient avoir tout expliqué, lorsqu'ils n'ont fait simplement » qu'oublier la plupart des faits qui demandaient une explication. C'est » à ceux, ajoute-t-il, qui n'expliquent rien, qu'on peut s'en fier pour » rappeler toute l'étendue de leur tâche. »

à tort,

L'apostrophe était vigoureuse, trop peut-être, même alors qu'elle était lancée; aussi M. Faujas n'eut qu'à courber la tête; mais combien il aurait pu la relever avec une certaine satisfaction, s'il avait eu le bonheur de vivre assez pour voir M. Cuvier lui-même reconnaître, comme il le fera plus tard : 1° que cette mandibule n'avait pas appartenu à une espèce de Tapir; 2° qu'il en existait une vivante en Asie, différente de celle de la Sud-Amérique, et que par conséquent la présomption émise par M. Faujas n'était nullement renversée.

Quoi qu'il en soit, après ce premier article, M. Cuvier s'occupe du n° 2 du programme, sous ce titre : *d'un grand animal qui pourrait avoir été voisin du Tapir.*

avec raison.

Après avoir énuméré les pièces qu'il avait en sa possession, il relève une erreur échappée à M. Faujas, qui, au lieu de deux moitiés assez mutilées d'une même mâchoire inférieure, avait cité une tête pétrifiée et bien conservée, ce qui prouve qu'il l'avait examinée trop superficiellement; mais M. Cuvier commet une erreur plus grave, ce me semble, en supposant, d'après une analogie avec ce qui est chez les animaux herbivores, que les cinq dents, qui existent en place sur cette mandibule, étaient suivies d'une sixième à trois collines, semblable à deux dents trouvées isolées, l'une en Dauphiné et l'autre en Comminge; car nous verrons plus tard que cette dent, qui est la principale, occupe le milieu de la série des cinq existantes. Bien plus, nous pouvons ajouter que s'il avait examiné plus attentivement cette belle pièce, il aurait pu voir, non pas qu'on aurait peine à savoir si elle est la mâchoire inférieure ou la supérieure, comme il le dit (II, p. 166), mais très-aisément reconnaître une mandibule avec la disposition singulière des incisives, et s'assurer par là qu'elle avait appartenu à un animal qui ne pouvait être une espèce de Tapir.

Erreur plus grave commise par M. Cuvier,

Nous devons cependant faire observer que dans son mémoire, M. Cuvier ne s'avançait pas autant que dans son programme, au sujet de ce n° 2, par suite d'une ressemblance, qu'il trouvait vraiment remarquable, de ces dents à collines transverses avec celles du Lamantin et même assez avec le Kanguroo; aussi ajoutait-il qu'il n'était pas si aisé de prononcer, ne connaissant cet animal que par ses molaires, que si l'on avait seulement ses incisives et ses canines; alors on serait en état de dire positivement s'il est ou non du genre Tapir.

doutes émis par lui,

Malgré cette condition fort désirable, et qui aurait en effet rendu la question très-facile, ce qui faisait supposer une sorte de doute de la part de M. Cuvier, il n'en était pas de même de tous ces ouvrages de compilation, de généralités sur la paléontologie, ouvrages qui ne peuvent en effet recueillir que les résumés faits par les auteurs eux-mêmes. Ces restes d'animaux fossiles étaient indiqués comme de deux espèces de Tapirs, l'une sous le nom de T. d'Issel, l'autre sous celui de T. Gigantesque, comme les avait désignées M. Cuvier lui-même.

mais non par les auteurs,

Ainsi, dans les additions et corrections qu'il fit à son mémoire sur les Tapirs vivants et fossiles, dans la publication en volumes de ses

en 1812.

mémoires réunis en 1812, il en parle sous le nom de *petit Tapir fossile* et de *grand Tapir fossile.*

Additions tirées du Mémoire de M. Dodun, de M. de Joubert, de nouvelles dents, par Sœmmerring, par M. Cuvier, en 1822, pour la petite espèce devenue type,

Du reste, ces additions ne portent guère que sur la priorité de la description de ces prétendus Tapirs. En effet, s'y trouvent avec raison considérés comme antérieurs à la sienne :

1° Un mémoire que M. Dodun, alors ingénieur en chef dans ce pays, avait envoyé, le 1er floréal an X, à la société philomatique, accompagné de figures, et dont, par une singulière fatalité, il n'est question nulle part, même dans le bulletin publié par cette société, et dont M. Cuvier, qui s'occupait alors si activement de ce genre de travaux, était alors secrétaire rédacteur;

2° Le mémoire de M. de Joubert, dont nous avons fait mention plus haut, et dont les gravures étaient éparses dans beaucoup de portefeuilles.

On trouve en outre dans ces additions, en 1812, la description de quelques dents trouvées dans des localités nouvelles; l'attribution à la première espèce d'une portion supérieure de fémur (Pl. VIII, f. 6), indiquée comme très-semblable à la partie analogue du Tapir, et ce qui est à noter, la citation d'ossements d'au moins deux espèces de Palæotheriums avec des dents et des os d'Éléphants.

Sauf le rapprochement fort juste que Sœmmering fit en 1818 (*Académ. des Sc. de Munich*, tom. VII, Pl. II, fig. 5.-6), de la portion de dent décrite par Ildefonse Kennedy, du Tapir gigantesque de M. Cuvier, et l'avertissement qu'il donna qu'il existait dans le cabinet de Vienne deux demi-mandibules pourvues de toutes leurs dents, les choses paraissent être restées au même point à peu près jusqu'à la seconde édition que celui-ci publia de son mémoire, dans ses *Recherches sur les ossements fossiles de Quadrupèdes* en 1822 (Tom. II, première partie, chap. 10, p. 163); mais alors, une étude plus approfondie du sujet le conduisit à des résultats fort différents; d'abord parce que les premières pièces du prétendu Tapir d'Issel ne furent plus rapportées à une espèce de Tapir; mais, réunies à un certain nombre d'autres, considérées dans la première édition de son mémoire sur les fossiles des plâtres de Paris comme d'espèces de Palæotherium ou d'Anoplotherium, elles constituent, sous le nom de *Lophiodon*, *un genre d'animaux voisins des Tapirs par les incisives et les canines, et qui s'en éloignaient peu par la grandeur; mais dont les molaires antérieures et postérieures offraient quelques différences;* division générique que j'avais moi-même proposée quelque temps auparavant sous le nom de *Tapirotherium*, qui exprime ses rapports, dans mon article *Dents* de la seconde édition du *Nouveau dictionnaire d'Histoire naturelle* en 1817.

du G. *Lophiodon*, nommé par moi, en 1817, *Tapirotherium*.

Quant aux pièces attribuées au prétendu Tapir gigantesque, elles constituent une section particulière, sous le titre de *très-grands animaux à mâchelières carrées, portant à leurs couronnes des collines transverses que l'on peut appeler des Tapirs gigantesques.*

pour la grande

Le temps assez long qui s'était écoulé entre les deux éditions du mémoire de M. Cuvier lui fournit, comme on le pense bien, les moyens de perfectionner notablement l'histoire des pièces anciennement découvertes, et même de faire connaître plusieurs pièces nouvelles trouvées dans différentes localités, et entre autres aux environs d'Orléans, à Chevilly et à Avaray.

nouvelles localités.

Mais le résultat le plus important c'est que le système des dents molaires de cet animal fut connu d'une manière plus complète, non-seulement à la mâchoire inférieure, comme précédemment, mais même en partie à la supérieure, non-seulement à l'état adulte, mais encore à l'état de jeune âge; et bien plus sous des dimensions assez différentes pour que M. G. Cuvier, soupçonnant plusieurs espèces, crût devoir indiquer ces dents sous le titre de *Tapirs gigantesques* au pluriel.

Système dentaire mieux connu,

Du reste, et malgré l'absence d'autres pièces, si ce n'est un fragment de cubitus, et surtout d'incisives et de canines, qu'il sentait bien être nécessaires pour confirmer son opinion, tout lui parut encore jusque-là concourir à rapprocher cet animal des Tapirs, et par conséquent le déterminer à lui conserver le nom de Tapir gigantesque qu'il lui avait donné depuis long-temps. Cette épithète devait en effet lui sembler d'au-

encore sans Ossements,

supposé de la taille d'un Éléphant.

tant mieux méritée, qu'en établissant la comparaison avec la plus grande variété des deux espèces vivantes de Sud-Amérique et d'Asie, il reconnut qu'il devait avoir au moins dix-huit pieds de longueur sur onze de hauteur, ce qui l'égalait à de très-grands Éléphants, ou au grand Mastodonte de l'Amérique du nord.

Conclusion géologique,

Comme conclusion géologique, M. Cuvier admet que les Tapirs gigantesques datent de la même époque que les Mastodontes et les Éléphants fossiles, qu'ils vivaient avec eux, qu'ils ont été détruits par la même catastrophe, puisque leurs os se trouvent dans les mêmes couches, et quelquefois pêle-mêle avec eux, comme à Chevilly et à Avaray (1).

en rapport avec l'opinion de M. Faujas.

Ainsi donc doit être supprimée radicalement la réfutation des objections de M. Faujas, rapportées plus haut, et d'abord parce qu'une partie des ossements, ceux mêmes sur lesquels elles portaient davantage, ne sont plus regardés comme provenant d'une espèce de Tapir, et qu'une espèce vivante de ce genre venait d'être découverte en Asie; comme le prouvait la description que M. G. Cuvier en donna.

Comme, par suite de cette seconde édition du mémoire de M. Cuvier, les rectifications qu'il venait d'établir au sujet des deux prétendus Tapirs furent acceptées, il en résulta que l'une étant passée dans un autre genre, il n'en restait plus qu'une dans celui des Tapirs et c'est elle, en effet, qui va donner lieu aux découvertes les plus intéressantes et les plus inattendues, par suite desquelles elle va s'en éloigner encore plus que la première.

par M. Kaup, en 1828, sur une mandibule trouvée à Eppelsheim démontrant

En 1829 en effet, on découvrit dans le célèbre dépôt d'Eppelsheim, de la Hesse-Rhénane, un côté presque entier de mandibule, portant tout le système dentaire dont elle est naturellement pourvue; c'est M. Kaup qui eut l'avantage de faire connaître cette belle pièce, d'abord par l'entremise du professeur Bertold, à la réunion des naturalistes de l'Allemagne à Berlin et ensuite en en publiant une description et une

(1) Je crois qu'il y a erreur de la part de M. Cuvier; il ne semble pas que l'on ait encore trouvé, dans ces deux dépôts, des restes fossiles d'Éléphants lamellidontes.

figure p. 401 du nº IV de *l'Isis* pour 1829; par suite de cette circonstance que le système dentaire était complet, il lui fut aisé de reconnaître qu'il n'avait aucun rapport avec celui des Tapirs, et qu'alors l'animal auquel avait appartenu cette mandibule, devait former un genre distinct, intermédiaire, suivant lui, au Tapir et à l'Hippopotame, genre auquel il donna le nom de *Dinotherium*, tiré du nombre des collines des dents molaires, ou peut-être mieux, de celui des incisives au nombre de deux formant une seule paire, ou enfin de ce qu'il n'y a que deux sortes de dents, des incisives et des molaires.

un genre nouveau : *Dinotherium*.

Quoi qu'il en soit, comme ce côté de mandibule s'était trouvé fracturé dans l'intervalle dépourvu de dents et ainsi séparé en deux parties dont les points de repère étaient sans doute peu évidents; la description et la figure qui en furent données réunirent la première des deux pièces à la seconde, en sens inverse de sa disposition véritable, ce qui rendit nécessairement erronée la caractéristique générique; en effet il résulta de cette fausse disposition que les incisives furent dirigées de bas en haut, comme on pouvait le croire par analogie, au lieu de l'être en sens opposé comme cela était dans la nature réelle des choses.

mais décrite d'abord d'une manière erronée,

Cette erreur grave, et peut-être inévitable, fut continuée par M. Kaup dans le développement qu'il donna à son mémoire dans les deux premières livraisons de sa description des ossements fossiles du muséum de Darmstadt, publiées en 1832. Mais du reste il put ajouter beaucoup de détails à ce que l'on savait sur le système dentaire de ce singulier animal, à l'état adulte, ainsi qu'à celui de jeune âge, et cela aux deux mâchoires, lui attribuant quatre ou six défenses avec six molaires en haut et deux défenses et cinq molaires en bas; en sorte qu'il a dû lui consacrer les cinq premières planches de son ouvrage. Il crut devoir aussi indiquer comme espèce distincte du *D. giganteum* une plus petite sous le nom de *D. Cuvieri*.

encore en 1832, par Lui,

La rectification n'eut pas lieu davantage dans le mémoire étendu que M. Hermann de Meyer envoya dans la même année 1832, pour être publié dans le tome XVI, part. I, p. 487, des *Nov. Acta Leopold.*

par M. H. de Meyer,

Natur. Cur. 1833, sur le *Dinotherium Bavaricum;* mémoire dont le but essentiel, en effet, était d'établir la distinction d'une nouvelle espèce, d'après des dents trouvées en Bavière (1). Il reconnut du reste fort bien la grande ressemblance qu'il y a entre la première molaire inférieure du Dinotherium et sa correspondante chez le Tapir ; mais contre l'opinion de M. Kaup il le rapprocha du Rhinocéros.

reconnue

L'erreur de M. Kaup ne fut véritablement reconnue que par la découverte d'un côté gauche entier de mandibule sur lequel trois dents molaires et l'incisive se trouvaient parfaitement en place : celle-ci se montra en effet recourbée en bas en forme de râteau.

par M. Kaup, lui-même, en 1833,

C'est ce que M. Kaup lui-même fit connaître dans l'annuaire pour la minéralogie et la géologie d'Heidelberg, 1833, p. 509, puis dans les additions à son ouvrage sur les ossements fossiles du muséum de Darmstadt, dans deux planches additionnelles au IV° cahier. En rectifiant cette erreur sur la direction des incisives inférieures, M. Kaup, dans ce même recueil d'Heidelberg, en commit une autre bien plus grave, en attribuant à son Dinotherium, deux phalanges, dont une onguéale, semblable à celle dont M. G. Cuvier avait fait son *Manis gigantea.* Alors M. Kaup fit du Dinotherium une espèce de Bradype ou de Paresseux à laquelle il supposa les mœurs de ces animaux, en harmonie avec les doigts qu'il lui avait attribués; il eut même la malencontreuse idée de figurer son animal tel qu'il le concevait à l'état vivant. Cependant M. Eichwald de son côté était arrivé au même résultat de retourner les incisives inférieures, d'après la partie antérieure d'une mandibule montrant les alvéoles des incisives, dans un mémoire particulier (*N. Act. Academ. Nat. Cur.*, tom. XVII, part. I, p. 539, tab. 56, 57 et 60), où il propose une nouvelle espèce sous la dénomination de *D. proavum*, de manière qu'à cette époque le nombre de celles qui avaient été proposées, mon-

mais en lui attribuant à tort une phalange onguéale d'Édenté ;

par M. Eichwald, pour une nouvelle espèce.

(1) D'après une note insérée par M. Kaup, p. 7 de son mémoire en français sur le *Dinotherium giganteum*, il paraîtrait que les figures de la mandibule, données par M. Hermann dans son Mémoire, ont été copiées sur les dessins exposés dans le Muséum de Darmstadt, ce qui explique leur grande ressemblance avec celles de M. Kaup.

tait déjà à quatre, et cela sur la connaissance d'une ou plusieurs dents molaires seulement pour chaque espèce.

M. le professeur Buckland, ayant été conduit à parler de cet animal des anciens temps, dans son ouvrage de géologie théologique, publié en 1836, arriva à une conclusion entièrement opposée à celle de M. Kaup. En effet, suivant lui, c'était un animal voisin des Tapirs, mais exclusivement aquatique et lacustre, se servant de ses défenses de la mâchoire inférieure, non-seulement comme d'une sorte de râteau pour arracher les racines des grands végétaux aquatiques du fond des lacs, aidé qu'il était dans cette action, par la pesanteur de la tête, mais encore pour se fixer, s'ancrer, pour ainsi dire, dans le sol de la banque du rivage, tandis que son corps restait flottant, les narines à la surface de l'eau, sans besoin d'aucun effort musculaire de sa part pendant qu'il s'abandonnait au sommeil. M. Buckland va même jusqu'à comparer ce mécanisme, supposé par lui, à celui par lequel les Oiseaux saisissent la branche sur laquelle ils perchent, le poids de la tête agissant chez le Dinotherium comme celui du corps chez les Oiseaux.

Opinion singulière de M. Buckland, en 1836, qui d'après la mandibule.

La forme de l'omoplate, qu'il dit ressembler à celle d'une taupe, plus qu'à celle d'aucun autre mammifère, et par conséquent associée harmoniquement aux défenses pour fouiller; la grande longueur de corps qu'il porte à dix-huit pieds, ce qu'il regarde comme d'un grand désavantage mécanique pour un animal quadrupède terrestre, lui paraissent au contraire n'avoir plus d'inconvénients pour un animal aquatique. Aussi le trouve-t-il adapté dans tous ses caractères de taille gigantesque, de nature aquatique et d'herbivore avec les conditions lacustres de la terre pendant la période tertiaire.

L'omoplate, en fait un A. aquatique.

Pour atteindre à sa conception, au moins bien hardie, et dans laquelle on ne peut se cacher que l'imagination avait à peu près fait tous les frais; M. Buckland ne connaissait ou n'acceptait pas les deux suppositions de M. Kaup, c'est-à-dire l'existence d'une trompe qui aurait été assez bien cependant avec sa manière de voir, et encore moins sans doute son association avec des ongles de Pangolins.

Découverte de la tête entière, en 1837, par M. de Klipstein.

C'est en effet peu de temps après la publication de l'ouvrage de M. Buckland, qu'eut lieu l'une des découvertes les plus intéressantes en paléontologie, celle d'une tête tout entière de Dinotherium, sans la mandibule cependant, trouvée, en 1837, dans les sables d'Eppelsheim à une profondeur de 18 pieds, dont M. Kaup a donné ultérieurement une description, accompagnée de figures, jointe à la géologie de ce dépôt célèbre par M. de Klipstein (1).

décrite par M. Kaup, considérée comme d'un grand Paresseux.

Suivant M. Kaup, qui rapporte au même animal que cette tête et la mandibule dont il a été question plus haut, les deux phalanges dont il a été également déjà fait mention, comme d'un Pangolin, sans en donner aucune raison, le Dinotherium était véritablement un être monstrueux. En effet, avec une taille d'éléphant et comme celui-ci pourvu d'une trompe et la bouche fendue jusque au-dessous des yeux, il aurait eu les membres terminés par trois longues et énormes griffes, comme les Paresseux; c'est ainsi en effet qu'il le représente fantastiquement dans une vignette qui accompagne son mémoire.

apportée à Paris, en 1837,

Quelque singulière que soit cette manière de voir, elle n'en fut pas moins reproduite par son auteur dans la traduction de sa dissertation allemande qu'il publia à Paris en 1837, lors de l'exhibition ou de l'exposition publique que MM. de Klipstein et Kaup vinrent faire à Paris de la tête colossale découverte à Eppelsheim, à la grande satisfaction de tous les curieux et surtout des naturalistes et des paléontologistes. Les nombreuses transformations qu'avaient éprouvées, dans la détermination de leur véritable nature, les restes fossiles de cet animal, depuis le moment où l'on n'en connaissait que quelques dents, jusqu'à la découverte de sa tête presque entière, ce qui avait fait dire à M. Kaup lui-même, *qu'il n'y a rien au monde de moins infaillible que certaines théories qui, sur la vue d'un fragment d'ossements, prétendent reconstruire à l'instant tout l'animal*, auraient dû le porter à penser qu'il y a encore moins de certi-

où M. Kaup en fait encore une famille des Édentés.

(1) *Beschreibung eines Kolossalen Schadels des Din. Gig.*, avec quatre planches, Darmstadt, 1836, traduit en français sous le titre de Description d'une tête gigantesque de *Dinotherium giganteum*, et publiée à Paris en 1837.

tudes dans ces jeux de l'imagination, malheureusement trop souvent mis en usage, où l'on croit pouvoir restituer à l'état vivant des animaux dont on ne connaît que quelques fragments, et cependant il dit dans le même paragraphe : *Je ne crois pas mériter le reproche de témérité en plaçant le Dinotherium comme une famille à part dans la classe des Paresseux et des Pangolins.*

Toutefois, comme M. Kaup pendant son séjour à Paris eut l'occasion de voir dans mon cabinet et devant moi les phalanges d'un doigt complet du Pangolin gigantesque de M. G. Cuvier, recueillies par M. Lartet, avec une dent de véritable Maldenté, dans le dépôt de Sansans, et de m'entendre émettre l'opinion que le Dinotherium pourrait bien n'être qu'un genre de Gravigrades aquatiques, il fut conduit à douter de la vérité de sa première hypothèse, et encore mieux à admettre la possibilité qu'il appartînt à la famille des Baleines (Cétacés) herbivores, c'est-à-dire la même opinion que moi.

Commence à pencher vers l'opinion que c'était un Gravigrade.

Pendant le temps que dura l'exposition à Paris de la tête de Dinotherium, plusieurs naturalistes en prirent occasion de s'en occuper et de traiter des rapports naturels de cet animal. Moi-même, dans une sorte de rapport que je fis à l'Académie des sciences, sur cette belle pièce, après en avoir donné une description abrégée, j'exposai les raisons qui me portaient à penser que c'était quelque chose d'intermédiaire aux Éléphants mastodontes et aux Lamantins; manière de voir que M. Isidore Geoffroy Saint-Hilaire admit aussi de son côté.

émise et soutenue par moi, par M. Isidore Geoffroy,

M. Strauss traitant le même sujet à la même occasion pencha, ce me semble, encore plus pour en faire un animal aquatique, et par conséquent pour une modification des membres convenable à ce séjour, en se fondant principalement sur la disposition terminale des condyles occipitaux; disposition qui, si elle est bien certaine, peut tenir à celle des incisives ou défenses mandibulaires, assez bien comme dans les Morses.

par M. Strauss.

Depuis ce temps où nous avons pu nous-même examiner cette tête et une mandibule en nature qui lui était ajustée, et par suite émettre l'opinion que ce devait être un animal de l'ordre des Gravigrades, in-

Nouvelles découvertes

termédiaire aux espèces terrestres et aux espèces aquatiques ou Lamantins; je ne trouve pas que le squelette de ce curieux animal ait fourni les éclaircissements dont on avait besoin pour prononcer, par suite de la découverte d'os qui lui auraient appartenu, d'une manière à peu près certaine; de nouvelles dents molaires ont été recueillies, surtout par M. Lartet, sur le versant septentrional des Pyrénées à la Garonne, dans le département du Gers. Les deux côtés presque entiers de la même mandibule ont été trouvés à Chevilly. M. le docteur Bourjot en a fait le sujet d'une note adressée à l'Académie des sciences (Comptes rendus, 1838).

dans le département du Gers, par M. Lartet, à Chevilly, par M. Bourjot,

par M. Eichwald, en Russie,

M. le professeur Eichwald a publié, dans le *Bulletin scientifique* de l'Académie des sciences de Saint-Pétersbourg, 1838, IV, p. 256 à 267, une note sur le Dinotherium et sur un animal voisin de la Russie.

M. Mermet, Hautes-Pyrénées,

M. Lartet qui nous a envoyé quelques fragments d'os, malheureusement fort brisés, nous a annoncé qu'il pensait avoir enfin trouvé un squelette presque entier, ce qui ne nous a pas encore été confirmé. M. le professeur Mermet, dans le gisement découvert à Moncamp, Hautes-Pyrénées, n'a également recueilli que des dents et une portion de mandibule; en sorte qu'aujourd'hui même, et malgré l'article étendu que M. Kaup a consacré de nouveau à la description de cette espèce dans ses *Akten der Urwelt*, p. 15-54, tab. V à XIV (Darmstadt, 1841, in-8°), pour laquelle il déclare avoir eu à sa disposition une tête tout entière, trois fragments de crâne, treize mandibules et cent quinze dents molaires, et celui que M. R. Owen a publié en 1843, *Ann. of nat. Hist.*, XI, p. 329, sur la nature et les affinités de ce genre, à l'occasion de son *D. australe*, nous sommes assez loin de posséder les éléments nécessaires et suffisants pour pouvoir assurer, d'une manière absolument positive, la nature et les affinités de ces grands animaux, qui vivaient autrefois dans notre Europe aux mêmes lieux et à la même époque que les Éléphants mastodontes et les Rhinocéros, peut-être même que les Éléphants lamellidontes.

M. R. Owen, Nouvelle-Hollande.

Difficulté du sujet.

Nous allons cependant essayer de résoudre la question, sinon d'une manière directe, puisque, jamais peut-être, on n'a encore rencontré ensemble des parties de la tête ou des mâchoires armées de leurs dents, avec des os ou fragments d'os véritablement caractéristiques, et qui ne pouvaient être attribués à une autre espèce animal; mais par voie indirecte. D'autres seront plus heureux sans doute. Toujours est-il que cet aperçu historique, sur ce qu'on a pensé touchant le Dinotherium, paraîtra sans doute suffisant pour confirmer l'assertion par laquelle nous avons commencé ce mémoire; c'est-à-dire que, si les physiologistes ne doivent jamais oublier la fameuse histoire de la dent d'or, les paléontologistes doivent toujours avoir présente à la pensée celle du Dinotherium qui du genre Tapir, c'est-à-dire pourvu des trois sortes de dents aux deux mâchoires, et de trois et quatre sabots à chaque pied, est devenu premièrement un animal à deux sortes de dents seulement, dont les incisives inférieures, au nombre de deux, en forme de défenses, étaient d'abord recourbées en haut, puis en bas, ce qui est vrai, et alors avec des doigts terminés par des ongles énormes, aigus et arqués, ce qui en faisait un genre de Paresseux ou de Pangolin, auquel on attribuait une trompe et trois griffes à chaque pied, et qui depuis est devenu un animal entièrement aquatique, voisin des Phoques, probablement alors avec des pieds en nageoires, peut-être même en avant seulement et alors rapproché des Cétacés, avant que d'être considéré comme un genre de Gravigrades intermédiaire aux Éléphants mastodontes et aux Lamantins. Cette histoire prouvera également la vérité de ce qu'a dit M. Kaup : *qu'il n'y a rien au monde de moins infaillible que certaines théories qui, sur la vue d'un fragment d'ossement, prétendent reconstruire à l'instant tout l'animal*, et que nous avons cité plus haut, en opposition avec ce que M. G. Cuvier avait avancé, pour la première fois même, dans son mémoire sur ces Tapirs prétendus; *qu'il est permis de juger d'un animal par un de ses os.*

par défaut d'os du squelette.

conclusion du résumé historique,

d'abord Tapir,

puis Paresseux.

Phoque,

Cétacé,

et enfin Gravigrade.

Quoique nous soyons fort loin de connaître tous les os du squelette du Dinotherium, ainsi que nous venons de le faire observer, nous allons cependant suivre notre marche accoutumée en décrivant d'abord

Ordre à suivre.

le peu que nous supposons appartenir à cet animal, après quoi nous donnerons la description du système dentaire pour lequel nous sommes beaucoup mieux pourvus.

Énumération des espèces : Mais auparavant il ne sera pas sans quelque utilité d'énumérer les espèces qui ont déjà été proposées par les paléontologistes sous des dénominations particulières, et le plus souvent sans caractères distinctifs. S'il fallait s'en rapporter aux catalogues de paléontologie, on connaîtrait déjà neuf espèces de Dinotherium, que nous allons énumérer dans l'ordre de la date de leur proposition.

1° D. Gigantesque. 1° *D. giganteum.*

Kaup, Isis, III, 1829, et IV, p. 401.

D'après les pièces trouvées à Eppelsheim, et quelques-unes de celles que M. G. Cuvier avait attribuées à son Tapir gigantesque.

2° D. de Cuvier. 2° *D. Cuvieri.*

Kaup (1832), Ossem. Fossil. du Muséum de Darmstadt, p. 14.

D'après les mandibules du Cominge, les dents de Carlat-le-Comte et de Chevilly, attribuées par M. G. Cuvier à ses Tapirs gigantesques; en s'appuyant uniquement sur des mesures linéaires de quelques dents molaires.

3° D. de Bavière. 3° *D. Bavaricum.*

Hermann de Meyer (1832), *Nov. Act. Academ. Nat. Cur.* XVI, P. 2, p. 487, tab. 36, fig. 10-11, 16-17 et 34, fig. 12-15.

D'après un certain nombre de pièces nouvelles, dents et fragments de mandibule trouvés en Bavière en 1830, ainsi que d'après la mandibule du Cominge, et même les dents de Carlat et de Chevilly, figurées par M. G. Cuvier, en s'appuyant également sur la grandeur.

4° D. très-grand. 4° *D. maximum.*

Kaup, 1831, *Fossil. Saugeth. Rhen.* synonyme du *D. giganteum?*

5° D. moyen. 5° *D. medium.*

Kaup, 1831, *Fossil. Saug. Rhen.*

D'après un fragment de mâchoire supérieure trouvé à Eppelsheim, et que dans ses *Akten der Urwelt*, 1841, il a reporté au *D. giganteum.*

6° *D. secundarium.* 6° D. secondaire.

Iarbuch fur Min. und Geolog., 1837, p. 357.

7° *D. Uralense.* 7° D. de l'Oural.

Eichwald, *N. Act. Acad. Cur. Nat.*, t. XVII, P. I, p. 739, 1833.

D'après une seule dent signalée par Pallas (N. Act. Petrop., 1777, vol. II, P. II, p. 213, tab. IX, f. 4).

8° *D. proavum.* 8° D. ancien.

Eichwald, 1827, *Skizze*, l c., p. 239, et 1831, *Zoolog. spec.*, III, p. 353.

D'après une seule dent molaire supérieure, troisième du côté droit, trouvée en Podolie; et *N. Act. Acad. Cur. Nat.*, t. XVII, P. I, p. 739, tab. XL, f. 3-5, et pour une autre dent du même lieu, que M. Eichwald avait d'abord, *Zoolog. spec.*, III, p. 360, rapportée au *Mastodon giganteus.*

9° *D. Kœnigii.* 9° D. de Kœnig.

Kaup (1841), *Akten der Urwelt*, p. 49-50.

D'après la petitesse des dents, sans autres détails.

10° *D. Australe.* 10° D. Austral.

R. Owen, *Annals of nat. hist.*, n° 1 janv., n° 71 mai 1843, vol. XI, p. 7 et 329.

D'après deux fragments de dents molaires isolées; deux autres dents en place dans un fragment de mandibule et un fémur presque entier sans ses épiphyses, une partie de l'épine d'une omoplate, et quelques petits fragments d'os longs.

CHAPITRE PREMIER.

OSTÉOGRAPHIE.

Ce que nous connaissons le mieux du squelette du Dinotherium, c'est sa tête et surtout sa mandibule, la première d'après la belle pièce trouvée à Eppelsheim, que nous avons vue en nature à Paris, dont nos De la nature des os.

collections possèdent deux modèles en plâtre, l'un de grandeur naturelle et l'autre réduit, et la seconde d'après celle presque entière, provenant du même dépôt, ainsi que d'après deux restes de la même, l'un du Cominge et l'autre d'Avaray. Nous ne pouvons donc pas assurer quelle était la nature des os en général, savoir s'ils étaient entièrement celluleux, comme ceux des Éléphants et des Lamantins. Nous croyons seulement, et cela d'après un fragment de maxillaire encore attaché à une dent molaire, que les os de la tête étaient cellulo-caverneux, comme dans les Éléphants.

caverneux à la Tête.

De la Tête,

La tête, dont la partie corono-sincipitale semble manquer entièrement, un peu comme dans celles d'Éléphant recueillies à l'état fossile, est extrêmement remarquable par sa grande dépression, et son élargissement de chaque côté, au-dessus des fosses temporales. A en juger d'après les modèles en plâtre, ainsi que par la figure que M. Kaup en a donnée, la partie basilaire des vertèbres céphaliques serait fort étroite, un peu anguleuse au point de jonction du basilaire occipital et de celui du sphénoïde, la face occipitale large, sub-verticale, et même fortement inclinée d'avant en arrière, avec une fosse médiane large et profonde, un peu comme dans les Éléphants, pour l'insertion ou d'un fort ligament cervical, ou de puissants muscles élévateurs de la tête; mais surtout les condyles occipitaux seraient très-gros, et fort saillants, à la partie postérieure de la tête, et tout à fait dans la direction de sa longueur (1).

à sa partie basilaire,

occipitale,

pariétale,

Il est difficile de dire autre chose de la vertèbre spheno-pariétale, si ce n'est qu'elle donne lieu à une énorme fosse temporale, très-étalée dans tous les sens; puisque le crâne semble entièrement brisé au sinci-

(1) Cette grande saillie des condyles occipitaux et leur position, l'énorme dépression et la grande inclinaison en avant de l'occiput, me portent à penser que toute la partie supérieure occipitale ou bien a été enfoncée de manière à toucher la selle turcique, ou peut-être même qu'elle n'existait plus sur cette pièce, ce qui n'aura pas été aperçu; malheureusement ce n'est qu'un soupçon, la tête montrée à Paris ne l'ayant pu être que par sa face inférieure, et malgré mes vives instances, je n'ai pu obtenir qu'elle fût renversée, même après qu'elle aurait été remise dans sa caisse dont on aurait ensuite enlevé le fond. Son état de conservation ne l'a sans doute pas permis.

put, par la manière dont les pariétaux, déprimés, s'étalent au-dessus de la fosse temporale, en se joignant à la partie mastoïdienne du temporal. Quant à la vertèbre spheno-frontale, elle est assez entière pour laisser voir que le front était très-large et aplati, et même légèrement excavé, un peu comme chez les Lamantins, ce qui porte les orbites fort en dehors en les écartant considérablement comme chez ceux-ci et chez les Éléphants. Je n'ai pu voir quelle était la forme du vomer, ni même celle des os du nez; mais je suis porté à croire que ceux-ci étaient fort courts et surtout très-remontés, peut-être même confondus avec le frontal (1), par suite de la grandeur de l'ouverture nasale.

frontale,

nasale.

La mâchoire supérieure se joint à ce crâne par un os palatin étroit, formant avec le sphénoïde, une apophyse ptérygoïde fort épaisse comme dans les Dugongs, par un lacrymal qui ne m'est pas complétement connu, mais qui certainement n'était pas traversé par un canal, et enfin par un jugal assez épais, presque droit, fort peu excavé à son bord supérieur, et s'élargissant fortement dans le sens horizontal. Le maxillaire lui-même se continue large et étalé dans le même sens, en se portant en avant; mais sans indication de courbure ni même d'épaississement à son bord externe. Le præmaxillaire n'existait pas, ou du moins était trop fruste pour avoir pu être distingué. Ce qui est certain, c'est que le bord libre et antérieur de cette mâchoire n'offrait aucun indice d'alvéoles; il n'y en a pas davantage dans un autre fragment provenant du même lieu, dont le cabinet possède aussi le moule; mais ce bord était-il entier?

De la Mâchoire supérieure.

Lacrymal.

Maxillaire.

Prémaxillaire ou Incisif.

La mâchoire inférieure nous est beaucoup mieux connue que la supérieure.

Mâchoire inférieure.

Le rocher par lequel nous commencerons, m'a semblé fort petit et fortement enclavé entre les vertèbres occipitale et sphénoïdale postérieure; encore plus que dans les Éléphants, et nullement comme dans les Lamantins, où il est libre.

Rocher.

(1) M. Kaup admet l'absence complète des os du nez.

Temporal. Mastoïdien. Apophyse zygomatique.

Le temporal semble aussi avoir été peu développé dans sa partie squammeuse; mais il n'en est pas de même de sa partie mastoïdienne, qui suivant le mouvement de la crête temporale, s'élargit, s'amincit en se joignant à l'occipital latéral et constitue une apophyse mastoïde en forme de large squamme, derrière le trou auditif, non plus que de son apophyse zygomatique, qui, fort large et fort écartée à la base, présente une surface articulaire en portion de cylindre creux, transverse, sans lame d'arrêt postérieure, et ensuite une apophyse un peu descendante, fort arquée en dehors, large, assez bien comme dans les Éléphants et les Lamantins.

Mandibule, branche montante, horizontale, en arrière, en avant.

Quant à la mandibule, c'est avec celle de l'Éléphant de l'Ohio, pour la partie postérieure, et avec le Dugong pour la partie antérieure, que l'on peut établir la comparaison. En effet sa branche montante, large et courte, se coude à angle droit sur la branche horizontale, en sorte que son angle est fort marqué, arrondi, sans qu'il y ait cependant apophyse angulaire proprement dite; sa terminaison supérieure se fait par un condyle transverse large, séparé d'une apophyse coronoïde étroite, à peine plus élevée que lui, par une échancrure semi-lunaire peu profonde. La branche horizontale assez longue (1), se compose en effet d'une première partie épaisse, assez étroite, à bords parallèles, qui mérite ce nom; mais dans le reste, c'est-à-dire dans sa moitié antérieure, il n'en est pas ainsi, puisque, élargie et amincie d'abord, elle se recourbe assez brusquement et fortement en bas, se terminant par une grande et profonde alvéole, observée déjà par M. de Joubert, et dont l'orifice est obliquement horizontal, et le fond arrondi en cul-de-sac, un peu comme celle de la défense du Dugong.

Ses Cavités.

Si maintenant que nous connaissons la forme générale du crâne et des mâchoires du Dinotherium, nous passons en revue les cavités et les orifices qu'ils présentent, nous trouverons les particularités suivantes.

(1) Bien moins cependant que dans les figures et les modèles en plâtre d'Eppelsheim; car je suppose, d'après celles que nous possédons en nature, que les deux fragments rajustés n'appartenaient pas à la même mandibule.

La cavité cérébrale paraît avoir été médiocre; mais il est difficile, vu l'état de conservation et du moulage, d'en dire davantage (1). cérébrale.

La cavité auditive semble au contraire avoir été fort petite, et le canal auditif profond et très-reculé, assez bien comme dans les Éléphants. auditive,

L'orbite, autant du moins qu'on en peut juger, dans l'état actuel des choses, semble aussi avoir été fort petit. Certainement il était largement confondu avec la fosse temporale, sans indice d'apophyse jugale, celle du frontal étant au contraire assez marquée. oculaire,

La cavité nasale ne me paraît pas non plus avoir été très-étendue, quoique le canal palatin soit assez large. Il se termine du reste par un orifice à bords arrondis, épais, fort reculé sous le crâne, mais peu large et même étroit, au contraire de l'ouverture nasale antérieure qui est très-grande dans les deux sens, oblique et assez remontée, bien moins cependant que dans les Éléphants, et même que dans les Lamantins. nasale.

Enfin la cavité buccale a dû être grande, limitée en haut par un palais assez large, fort long, en effet, assez prolongé en avant au delà des séries molaires, à peu près parallèles, légèrement excavées et convergentes en avant. buccale, en haut,

Les deux branches de la mandibule convergent légèrement l'une vers l'autre, en se courbant un peu mais fort sensiblement vers la symphyse qui devait être assez longue, bien moins qu'on ne pourrait le supposer d'après les dessins de M. Kaup, et sans bec qui la prolongerait; en quoi elle ressemble à ce qu'elle est chez les Lamantins, mais avec une sorte de gouttière étroite en dessus et versante en bas. en bas.

Les orifices de sortie des nerfs sont encore assez bien comme dans les Gravigrades en général. Le trou sous-orbitaire, un peu moins grand que dans l'Éléphant, et surtout que dans les Lamantins, se rapproche davantage pour sa forme arrondie de ce qu'il est dans les premiers, avec Ses Orifices, sous-orbitaire,

(1) On doit cependant répéter ici que s'il fallait l'accepter comme elle devrait être dans la forme donnée au crâne figuré et moulé de Darmstadt, il serait assez difficile de dire où le cervelet et la protubérance annulaire seraient logés, tant est grande la dépression occipitale.

cette différence qu'il est dans un plan plus horizontal, aussi bien que l'os maxillaire.

dentaire. L'orifice d'entrée du canal de la mandibule est aussi assez grand; il est situé bien plus haut et bien plus en arrière que dans les Lamantins; mais moins élevé cependant que chez les Éléphants.

mentonniers. Quant à ses trous de sortie ou mentonniers, ils sont au contraire assez bien comme dans les Lamantins, au nombre de deux et peut-être même de trois. L'antérieur le plus grand, à l'aplomb de la racine antérieure de la première dent molaire, au-dessous du milieu de la hauteur de la mâchoire, et le second, un peu plus élevé, à l'aplomb de la racine antérieure de la seconde dent (1).

D'après le Crâne, vu en dessous. Voilà tout ce que je puis dire de la tête du Dinothérium, dont je n'ai vu en nature que le crâne et encore en dessous, MM. de Klespstein et Kaup n'ayant pas pu permettre qu'elle fût retournée, de crainte qu'elle n'en éprouvât quelque altération, tant son tissu était pour ainsi dire pourri; en sorte que je ne puis rien donner de positif sur la structure de l'ouverture nasale, ni des parties supérieures de la tête.

la Mandibule du Cominge, J'ai été plus heureux pour la mandibule, puisque j'ai pu étudier, en nature, les deux côtés de celle dont M. G. Cuvier n'a vu et figuré que les dents. Grâce à l'habileté de M. Merlieux, sculpteur du Muséum, il a été possible de dégager les os eux-mêmes de la croûte marno-sablonneuse qui l'entourait, et d'en suivre parfaitement la forme.

celle d'Avaray. J'ai pu en effet m'en assurer par sa comparaison avec les deux côtés d'une autre mandibule, un peu plus petite, trouvée à Avaray, et que nous devons à la générosité de M. le docteur Vincent, stimulé à cela par M. le docteur Bourjot.

Ce sont ces deux pièces qui m'ont donné quelques doutes sur les trois

(1) Cette disposition que je lis sur la mandibule en nature, l'une de Languedoc, l'autre de Chevilly, me porte à penser que les figures et les modèles en plâtre de M. Kaup ne sont pas exacts, et qu'on a trop allongé la mandibule. En effet les trous mentonniers qu'il figure devraient être reculés ou mieux l'antérieur devrait être mis après le dernier.

mandibules d'Eppelsheim dont nous avons les moules et les dessins, très-probablement faits d'après ceux-là, plus que d'après nature.

Os du Squelette en petit nombre.

Pour les autres os du squelette, nous avons encore été bien plus malheureux, d'abord à cause du petit nombre de fragments que nous en possédons, et surtout parce que rien ne nous assure positivement qu'ils proviennent réellement de ce genre d'animaux. Nous ne les supposons même tels pour la plupart, que parce que, de très-grande taille, ils se sont trouvés dans des amas où il n'y avait pas d'Éléphants lamellidontes, et différents de leurs analogues dans les Éléphants mastodontes, avec lesquels ils étaient, par exemple, à Chevilly, à Eppelsheim et à Sansans, peut-être même à Chaumont ou Langon dans le Dauphiné.

Vertèbres. Atlas de Chevilly.

Des restes de la colonne vertébrale, je ne connais encore qu'un atlas que nous avons fait figurer dans la planche des Éléphants, afin d'en faciliter la comparaison. Il nous est parvenu de Chevilly avec les deux côtés de mandibule cités plus haut. Sa grosseur proportionnelle concorde assez bien avec celle-ci, et nous avons déjà fait observer qu'il est notablement plus petit et plus robuste cependant que celui des Éléphants mastodontes auquel il ressemble pourtant beaucoup.

Le Muséum de Darmstadt paraît ne pas avoir recueilli de vertèbres que l'on ait attribuées à cet animal; mais il se pourrait que quelques-unes de celles rapportées dans le catalogue publié par M. Kaup, lui eussent véritablement appartenu.

Dorsale du Gers.

Je n'en connais pas non plus des dépôts sous-pyrénéens, si ce n'est un corps de dernière dorsale ou de première lombaire, envoyé au Muséum par M. Lartet, mais insignifiant par suite de sa mutilation.

du Dauphiné.

Dans celui de Chaumont en Dauphiné il est question de deux vertèbres, qui sans doute ont été perdues, ou se trouvent au nombre des fragments encore existants au château de Langon. D'après le procès-verbal de la découverte (1), on voit que la première de ces vertèbres était cervi-

(1) J'ai rapporté le texte de ce procès-verbal, ainsi que celui du récépissé dont il va être question plus loin dans mon mémoire sur les ossements attribués à Teutobochus. *Nouvelles Annales du Muséum*, tom. IV, p. 39, ann. 1835.

cale, puis qu'elle était percée d'un trou à la racine des apophyses transverses; l'épaisseur, de trois doigts, de son corps; son diamètre, celui d'une moyenne assiette; son orifice médullaire, à passer un poing médiocre, montrent qu'elle provenait d'un animal éléphantoïde. La seconde était bien plus grande et sans doute dorsale, car il est question, à côté de son plat, de deux cavités glénoïdes pour l'articulation des côtes. Du reste elle était mutilée dans ses apophyses.

Côtes. D'après le récépissé et le procès-verbal, il y avait dans le dépôt de Langon une partie moyenne de côte, ayant, suivant celui-ci, six pouces de longueur sur quatre de largeur, et deux d'épaisseur.

Omoplate, d'après M. Kaup, à Eppelsheim. Nous ne sommes pas beaucoup plus heureux pour les membres antérieurs. M. Kaup cependant décrit, p. 13, et figure Pl. V, f. 5, un fragment d'omoplate (1), qu'il compare à celle d'un Rhinocéros ou à celle d'une Taupe, qui ne se ressemblent cependant pas beaucoup. Quoi qu'il en soit, il la déclare l'une des plus remarquables qu'on ait vues jusqu'à présent, étant très-peu large en proportion de sa hauteur prodigieuse. Certainement si cet os a la forme qu'il lui donne dans la restauration qu'il en fait, il ne ressemble en rien à son analogue chez les Éléphants; mais en supposant que la mutilation porterait essentiellement sur le côté axillaire ou postérieur, on pourrait encore y reconnaître quelque rapport de forme. Toutefois j'aime mieux convenir qu'il est bien difficile de dire ce que c'est; et d'ailleurs pourquoi ce fragment est-il de Dinothérium et non de Rhinocéros, si communs dans cette localité? ou même de l'Édenté gigantesque?

à Chaumont. Il y avait un col d'omoplate dans l'amas de Chaumont, sans autre détail.

Clavicule prétendue, à Chaumont. Mais ce qui aurait été plus curieux, c'eût été qu'il s'y fût aussi trouvé une clavicule de quatre pieds de long, ou même de deux, comme le dit Habicot, Antigig., p. 89, en rejetant la première estimation sur une

(1) Suivant Habicot, l'omoplate de son géant était pareille à une qui était au château de Moulins, sans doute d'Éléphant lamellidonte.

faute d'impression, comme le disait le montreur de ces os à Paris; mais il est évident qu'il y avait erreur sur cet os, qui était peut-être un péroné ou un radius, ou mieux une imposture. En effet, cet os si important pour faire de ce squelette celui du roi Teutobochus, ou d'un géant, n'a jamais été montré et il n'en est pas question dans le récépissé du garde du cabinet du Roi, ni même dans le prétendu procès-verbal de la découverte, et encore moins dans la discussion.

Humérus, à Chaumont.

Ce récépissé indique au contraire une tête d'humérus dont on ne donne pas même les dimensions; le procès-verbal se borne à dire que la tête de l'os du bras n'était pas moins grosse que la moyenne tête d'un homme, étant lissée et adoucie en venant vers le col.

Je n'en connais aucun fragment qui ait été trouvé dans l'un des autres dépôts de Dinotherium.

Radius, d'après M. G. Cuvier.

M. G. Cuvier parle d'une portion de radius (*Ossem. fossil.*, II, p. 168, 2ᵉ éd., 1825) sans la décrire ni la figurer, comme provenant du dépôt de Carlat-le-Comte; nous avons vu ce fragment dans la collection du Muséum. C'est une partie du corps d'un os long, à moitié pourri et un peu écrasé, que je croirais plutôt provenir d'un fémur que d'un radius, tant il est arrondi ou peu anguleux; il indique un jeune animal.

Autre fragment du même, plutôt de Tibia suivant moi.

M. Cuvier parle aussi, au même endroit de son ouvrage, d'une portion de tête inférieure d'un autre radius; ce petit fragment est également dans la collection, c'est évidemment un éclat de la terminaison articulaire d'un os long; mais on peut douter de la signification que M. Cuvier lui donne; il a cependant l'aspect du fragment précédent, et je suis porté à croire, par la largeur et la forme de la facette articulaire qui le termine, que c'est un morceau de tête inférieure de tibia.

Cubitus du Gers.

Nous avons reçu, dans les nombreux envois faits par M. Lartet, du département du Gers, au Muséum, des fragments d'os d'un blanc de craie, qui ont été trouvés dans un lieu voisin de Simorre; mais ils sont trop brisés ou trop peu considérables pour qu'on puisse en trouver rigoureusement la signification; nous y avons cependant reconnu une extrémité supérieure de cubitus sans formes caractéristiques et des portions d'os des iles et de cavité cotyloïde d'une épaisseur tout à fait remarquable.

Fémur, d'après M. Lartet.

M. Lartet, dans une de ses lettres, en nous parlant des os fossiles trouvés à Bassours, par suite des fouilles ordonnées par M. le comte de Sérignac, qui a bien voulu mettre un grand zèle à ces sortes de recherches, nous apprend que M. Coutens, ancien médecin des eaux de cette localité, avait eu en sa possession et trouvé, avec des dents de Dinotherium, un fémur parfaitement conservé et qui avait vingt-sept pouces de long sur treize de plus grande largeur à l'une de ses extrémités, proportions qui rappellent assez bien, comme le fait observer M. Lartet, celle d'un fémur d'Éléphant à dents étroites. Mais qui prouve que ce n'en était pas un, les restes de ce dernier animal étant communs dans ce pays?

Humérus du Dauphiné.

Parmi les fragments du Teutobochus du Dauphiné, dont M. de St-Ferréol, héritier du château de Chaumont ou de Langon, a bien voulu enrichir les collections du Muséum, se trouvent deux pièces qui indiquent un animal de très-grande taille; savoir, une partie interne de l'articulation radio-cubitale d'un humérus du côté droit, remarquable par son épaisseur, le peu de profondeur de la poulie articulaire et des fosses antérieure et postérieure; c'est sans doute cette pièce qui, dans les débats entre Habicot et Riolan, aura été considérée comme une tête supérieure d'humérus, aussi bien dans le récépissé que dans le procès-verval.

Os des iles, du même lieu.

Un autre morceau dont ils n'auront pu trouver la signification, et dont en effet il n'est question ni dans le récépissé, ni dans le procès-verbal, me semble être une petite portion du bassin qui porte l'épine antérieure et supérieure de l'os des iles. Elle est également remarquable par sa très-grande épaisseur, qui rappelle assez bien celle des fragments provenant du département du Gers, que nous venons de citer.

Le récépissé du sieur de Bagaris, intendant des médailles et antiquités de Louis XIII, parle, au nombre des os de l'extrémité postérieure, d'un gros tibia, d'un astragale et d'un calcanéum, faisant partie des pièces découvertes à Chaumont, et le procès-verbal tardif qui en fut fait par le sieur de La Gardette, y joint l'os fémur sans parler du calcanéum. Il nous apprend que la tête du premier de ces os portait en sa dimension, la grandeur de la plus grosse tête d'homme, étant du reste assez bien proportionnée, et qu'à la suite des autres, était un trou (1) de la grosseur d'un pouce, qui recevait le ligament qui la joignait dans la boîte de la hanche, afin de la lier fortement avec ce grand corps; cet os ayant cinq pieds et demi de hauteur et trois de largeur (sans doute à une extrémite), de tour.

Le tibia avait, suivant lui, ses deux épiphyses, et il était gravé, en sa partie supérieure, de deux cavités glénoïdes qui reçoivent les deux condyles de l'os fémur; à quoi il ajoute que la partie inférieure ou, mieux supérieure dudit tibia, avait de largeur plus de quatre, ou, suivant Habicot, de deux pieds de tour; la longueur (sans doute totale), près de quatre pieds. Tibia.

Cet os existait encore, en partie du moins, en 1734; en effet, le témoin oculaire qui écrit à l'abbé Desfontaines (*Observ. sur les ouvrages nouveaux*, t. V, p. 229), dit avoir vu la moitié d'un os de la jambe, dont la partie qui la joint au genou était aussi grosse qu'une tête d'homme.

Quant aux deux os du tarse, il se borne à dire que l'astragale est admirable en sa grosseur et conformation, sans parler du calcanéum; mais Riolan nous apprend (*Gigantol.*, p. 112), que l'apophyse calcanéenne était petite, du moins proportionellement, car il se sert de cette observation pour montrer que cet os ne pouvait provenir d'un homme. Astragale. Calcanéum. d'après Riolan.

Il dit aussi que l'astragale n'avait pas l'apophyse antérieure qui doit s'insérer dans la cavité du scaphoïde, c'est-à-dire qu'elle était bien moins saillante que dans l'espèce humaine.

(1) Riolan dit positivement, *Gigantologie*, p. 111, que ce trou ne paraissait pas.

Conclusion sur ces Os,

Tout cela me semble mettre hors de doute que ces ossements provenaient d'un animal Éléphantoïde; or, comme les dents qui étaient jointes à ces ossements ne peuvent être rapportées à un Éléphant lamellidonte, ni même à un Éléphant mastodonte, il en résulte qu'ils ne pouvaient être que de Dinotherium.

et sur quelques-uns d'Eppelsheim.

Nous sommes conduit par un raisonnement assez analogue, à regarder les os énormes, fémur, astragale et calcanéum, trouvés à Eppelsheim, et que nous avons décrits à l'article des Éléphants lamellidontes, comme ne pouvant appartenir à une espèce de cette section, parce qu'on n'y a jamais rien trouvé du système dentaire de ces animaux, et comme ne pouvant provenir d'une espèce mastodonte, dont les dents y sont au contraire si communes, parce que le fémur en particulier est beaucoup trop grêle pour cela.

Des Os du Pied.

M. Kaup, dans ses premières idées sur les affinités du Dinotherium, avait considéré comme ayant appartenu à cet animal, une première et une troisième phalanges qu'on avait même fait figurer Pl. III, fig. 1 et 2, de la notice d'exhibition de la tête du *D. giganteum*, apportée à Paris, en 1837; mais il a reconnu depuis qu'elles proviennent d'un grand Édenté, en sorte que l'on ne connaît aucune pièce que l'on puisse regarder comme provenant du pied de cet animal, pas même un métatarsien de Chevilly et dont le moule avait été envoyé au Muséum par le D. Thion avec d'autres pièces qui se rapportent en partie au *D. Cuvieri.*

Ossements des environs d'Orléans.

Nous devons cependant dire que parmi les ossements que MM. les docteurs Vincent et Gassot ont recueillis à Chevilly, et dont ils ont bien voulu tout dernièrement enrichir les galeries du Muséum, et parmi ceux des collections de MM. Lockhart et Thion que je viens d'examiner à Orléans avec M. P. Gervais, nous avons pu remarquer, avec des os d'Éléphants mastodontes, et de Rhinocéros indubitables, quelques pièces que, par voie d'exclusion, nous sommes pour ainsi dire forcés de rapporter au Dinotherium, animal dont cette localité a déjà fourni un assez grand nombre de dents et même une mandibule tout entière décrite plus haut.

Parmi ces pièces nous citerons une moitié d'extrémité articulaire antibrachiale d'humérus, presque entièrement semblable, sauf la taille, à celle provenant du prétendu Teutobochus du Dauphiné dont il a été parlé ci-dessus, et surtout trois ou quatre os métacarpiens ou métatarsiens assez courts et notablement différents de ceux d'Éléphants mastodontes et de Rhinocéros, ayant un certain aspect de ceux de quelques Maldentés. Ce qui peut encore nous confirmer dans cette idée que ces os sont de Dinotherium; c'est que M. Lartet, en répondant à la lettre que nous avions eu l'honneur de lui écrire au sujet de ce genre dont les restes sont si communs dans les dépôts ossifères du versant des Pyrénées, en Haute-Gascogne, nous apprend que les os qu'il a déjà recueillis soit à Sansans même, soit ailleurs; par exemple, aux confins des départements de la Haute-Garonne et du Gers, lui permettent d'assurer que c'était réellement un quadrupède, mais que les difficultés capitales paraissent être dans la composition et dans la conformation des pieds. « Dans les morceaux recueillis récemment à Sansans, ajoute M. Lartet, à côté de dents de Dinotherium, il s'est trouvé quelques os de pieds dont la physionomie accuse des relations plus marquées avec les reptiles. » Espérons donc que, grâce à la sagacité persévérante de M. Lartet, nous pourrons un jour voir la question résolue, surtout s'il est aidé d'une manière convenable dans ses investigations coûteuses, et d'autant plus qu'elles ne sont pas portées au hasard.

Portion d'humérus.

Os métacarpiens

Observations de M. Lartet, sur les pieds.

CHAPITRE DEUXIÈME.

ODONTOGRAPHIE.

C'est dans ce genre de fossiles, comme dans la plupart des autres, cette partie de l'organisation qui, comme plus facile à observer, surtout incomplétement, a fixé d'abord l'attention des naturalistes, ainsi qu'on a pu le voir dans l'aperçu historique par lequel nous avons commencé ce mémoire, et qui, insuffisamment connue et mal interprétée, a

Du Système dentaire.

conduit à l'erreur grave que M. G. Cuvier a commise en faisant du Dinotherium une espèce de Tapir; mais aussi c'est elle qui, en définitive, a servi à l'établissement et à la caractéristique d'un genre nouveau fort acceptable, quoique le système qu'elle forme ne soit pas encore entièrement connu, comme nous devons le voir dans l'examen détaillé que nous allons en faire.

En général.

Le système dentaire du Dinotherium, considéré en général, est incomplet; c'est-à-dire, qu'il n'est formé que de deux sortes de dents, des incisives et des molaires, sans canines, et par conséquent séparées par une barre ou espace vide considérable, et cela aussi bien à la mâchoire supérieure qu'à l'inférieure.

En particulier. Supérieurement. des Incisives.

Supérieurement.

Les incisives supérieures ne sont véritablement pas connues, c'est-à-dire, qu'aucune pièce recueillie jusqu'ici n'a montré le præmaxillaire même, et par conséquent le moyen de juger s'il était ou non pourvu de dents, et encore moins, la forme et le nombre de ces dents.

d'après M. Kaup.

Par la disposition élargie et laminaire de l'extrémité antérieure du maxillaire, on peut supposer difficilement qu'il aidait à soutenir un incisif portant une défense comme dans les Éléphants, et croire au contraire qu'il n'y avait pas de dents incisives; toutefois ce n'était pas l'opinion de M. Kaup, qui a vu le plus des os de la tête de cet animal (1). En effet, dans son premier travail en 1832, il lui en assignait trois paires, ou six en tout, un peu comme dans les Hippopotames et en forme de défenses comme chez eux, ce qui ne peut se dire cependant que de celle de la mandibule.

Au nombre de trois paires en forme de défenses,

Malheureusement nous n'en possédons pas même les modèles en plâtre (2), et nous ne les connaissons que d'après les figures et les des-

(1) M. Lartet, dans une lettre qu'il m'a fait l'honneur de m'écrire dernièrement, me dit: le moule que vous possédez ne vous donne aucune idée des incisives ou canines supérieures; mais je suis porté à croire qu'il y en a eu.

(2) Nous avons cependant celui donné par lord Cole d'un fragment de ces défenses d'Eppelsheim.

criptions qu'il en donne, Pl. III de la première livraison des *Ossements fossiles du cabinet de Darmstadt.*

D'après cela, de ces dents qui sont à peu près droites et coniques, la plus grande (fig. 1 *a*, 1 *b* et 1 *c*), n'est qu'un tronçon, sans parties terminales, arrondi à la base, présentant de ce côté un enfoncement peu profond, s'étendant presque au delà de la moitié du fragment, en formant de chaque côté des sillons longitudinaux, et à l'autre extrémité, vers la pointe, une face oblique et usée. la première,

M. Kaup en fait la première des trois et du côté gauche.

La seconde (fig. 3), qui suivant lui serait la plus petite, également presque droite, arrondie au côté externe et aplatie à l'interne, se recourbant un peu en s'élevant vers l'extrémité, offre vers sa base, de chaque côté, un léger enfoncement comme dans la précédente. la seconde,

Enfin, la troisième, la plus externe dans la comparaison avec l'Hippopotame (fig. 2), et la plus longue et la plus épaisse, suivant la description, mais non d'après les figures, est également presque droite, si ce n'est vers l'extrémité qui se recourbe un peu en s'élevant; sa coupe est ovale et sa surface unie. la troisième

Voilà à peu près tout ce que M. Kaup dit de ces fragments de défenses, en y ajoutant que leur coupe présente des cercles ou anneaux concentriques, quelquefois des couches irrégulières, plus épaisses au milieu qu'à la circonférence, et qui se laissent aisément enlever par feuilles. Cela seul me semble devoir faire supposer que ce sont bien de véritables défenses, sans assurer cependant qu'elles seraient composées d'ivoire. Mais qui prouve qu'elles viennent du Dinotherium et non de l'*E. angustidens* qui n'est pas moins commun à Eppelsheim? Je crois même apercevoir, dans le peu que dit la description, quelque chose de la forme et de la structure des défenses de cette espèce, telles que nous les avons décrites, et qui sont indubitables. Discussion à ce sujet, sur leur structure,

Quant à la supposition, on ne sait sur quoi fondée, que le Dinotherium avait trois paires de ces défenses à mâchoire supérieure, comme l'Hip- sur leur nombre.

popotame, il est évident qu'elle ne repose sur rien qui soit le moins du monde plausible, car ces dents, chez cet animal, ont une tout autre structure. C'est sans doute l'opinion à laquelle sera revenu M. Kaup lui-même, car il n'est plus question de ces prétendues incisives dans ses dernières publications.

Conclusion sur les Incisives supérieures.

Ainsi, comme conclusion, nous ne connaissons pas encore les incisives supérieures du Dinotherium. Nous ne savons pas même si elles existaient saillantes ou rudimentaires comme dans le Lamantin (1); il n'en est

Des Molaires supérieures.

pas de même des molaires; M. Kaup a eu le rare bonheur de les trouver en place, sur trois palais plus ou moins entiers (2), dont nous avons

considérées

les modèles en plâtre, outre un assez bon nombre de dents isolées en nature dans la collection du Muséum; en sorte qu'il est extrêmement facile de les caractériser en général, et chacune d'elles en particulier.

d'une manière générale,

Ces dents qui semblent n'être qu'au nombre de cinq de chaque côté sont en général de grosses dents carrées, dont la couronne est traversée

comparées avec les inférieures.

par deux ou trois collines légèrement concaves en arrière, et versantes en dedans, avec une certaine tendance à être plus larges que longues, au contraire des inférieures, plus ou moins hautes et denticulées, suivant le degré d'usure, et dont le corps radiculaire est formé de trois fortes racines coniques, deux externes et une interne.

Nombre de cinq,

Elles sont partagées en deux avant et deux arrière-molaires, par une principale bien caractérisée par plus de complication que les autres.

de sept d'abord

M. Kaup, dans ses premières idées de rapprocher le Dinotherium du Tapir ou de l'Hippopotame, a regardé comme antérieures aux cinq que nous allons décrire deux dents qu'il n'a pas trouvées en place. Il a fait la

(1) Je dois cependant dire ici que la collection du Muséum possède aujourd'hui, venant de celle de M. de Drée, un fragment de défense en véritable ivoire sans bande d'émail, et qui est étiqueté comme recueilli à Alan en 1787, sans doute avec la mandibule dite du Cominge.

(2) M. Kaup figure et décrit la série des dents molaires sur les deux côtés de la tête trouvée en 1839 à Eppelsheim; je ne la connais que moulée en plâtre, et d'après les figures qu'il en a données. Notre collection doit à Lord Egerton un moule en plâtre d'une quatrième supérieure d'Eppelsheim et qui est cependant fort usée.

sixième en comptant d'arrière en avant, ou la seconde inversement, une dent qu'il ne connaît que d'après un dessin de Merk, qu'il a fait graver Pl. V, fig. 2, mais il est évident que c'est une seconde dans une assez mauvaise projection. Quant à la septième ou première, suivant le sens dans lequel on compte, c'est une dent trouvée à Eppelsheim, et qu'il figure T. II, fig. 7, a, b, c; je ne puis dire ce que c'est : ne serait-ce pas une partie d'une première inférieure? au reste, dans son nouveau travail en, 1841, il n'admet plus que cinq dents machelières. suivant M. Kaup, et de cinq plus tard.

La première des dents molaires supérieures du Dinotherium est celle qui s'éloigne le plus de la forme normale, en ce qu'elle est subtriangulaire, plus large et plus droite en arrière qu'en avant, où son bord se porte obliquement en dedans, les deux collines n'étant pas encore régulièrement formées. On remarque seulement à la couronne un bourrelet denticulé en écharpe oblique en avant, un bord saillant, subbifide en dehors, séparé par un vallon plus ou moins profond de tubercules internes. Elle n'a évidemment que trois racines, une antérieure plus large indivise et deux postérieures espacées. Première, sa Couronne, ses Racines,

M. Kaup en a figuré le germe trouvé au-dessus des dents de lait encore en place, Tab. II, fig. 2, *b*, en dessus, et fig. 5, de la Tab. III, en dessous (1), une sortie et même un peu usée, Tab. II, une autre encore plus usée, fig. 6, de la même planche, et dans ses *Akten der Urwelt*, Tab. VIII, fig. 2. — 7, un germe sous toutes ses faces. figures à lui rapporter, par M. Kaup,

Enfin, je crois devoir encore rapporter à cette première adulte, celle très-peu usée, vue en avant, que M. Kaup a figurée Tab. V, fig. 2, d'après un dessin de Merk, qui lui a été communiqué, et qu'il regardait, on ne sait trop pourquoi, comme devant être avant la précédente, la première des cinq d'adulte. En la comparant en effet avec la première de celle-ci, on trouve seulement que le bourrelet denticulé en écharpe antérieur est bien plus saillant, ce qui tient sans doute au mode de projection. par Merck.

(1) Nous en avons le moule sous le n° 1, mais la figure est inexacte, en ce qu'elle a denticulé le bord externe tranchant.

par M. Cuvier. Je lui rapporte aussi une dent fort usée et un peu altérée en avant, que M. Cuvier regarde comme de Rhinocéros, provenant de Chevilly: c'est une première du petit Dinotherium du côté droit.

La collection en possède une toute pareille et non usée, de Carlat.

Seconde, La dent qui vient après, a tout à fait la forme normale, c'est-à-dire, qu'elle est carrée, plus étroite cependant dans le sens d'avant en arrière

sa Couronne, que de dehors en dedans; aussi ses deux collines transverses sont-elles plus régulières et plus semblables; et comme cette dent est serrée, en contiguïté de deux autres, ses bourrelets antérieurs et surtout le postérieur sont-ils fort étroits en liseré.

ses Racines, Elle n'a encore que trois racines, deux externes et une interne, et ressemble beaucoup à la quatrième, dont elle ne diffère guère que parce que ses collines sont moins tapiroïdes.

La collection du Muséum en possède une d'origine inconnue, tellement usée, que les deux collines sont largement confluentes.

figurée par M. Kaup. Elle est figurée par M. Kaup, *Foss. de Darstm.*, en germe encore dans la mâchoire au-dessus de celles de lait, par la partie supérieure, Tab. II, fig. 2 *a*, et en dessous, Tab. III, fig. 4, et probablement adulte assez peu usée, Tab. II, fig. 3, et beaucoup plus usée, fig. 4 de la même planche.

Dans ses *Akten der Urwelt*, M. Kaup en figure un beau germe, Tab. IX, fig. 3, et une à peine usée, mais beaucoup plus petite, fig. 4.

Troisième, décrite, sa Couronne, La troisième ou principale, qui vient ensuite, est la plus facile à reconnaître, parce qu'elle est plus longue d'avant en arrière que large en travers, surtout en arrière; aussi est-elle formée de trois collines transverses, la dernière plus mince que les deux autres, ou mieux peut-être, décroissantes en épaisseur de la première à la dernière.

Il faut aussi remarquer que le bourrelet postérieur est presque nul, mais que l'antérieur est tellement marqué et saillant, quoique mince, qu'en dehors il simule une sorte de colline, ce qui semble en faire quatre. Le corps radiculaire est formé de deux larges racines transverses et d'une troisième interne plus étroite. *ses Racines.*

Outre les modèles en plâtre de M. de Klipstein, j'ai vu de cette dent les échantillons en nature observés par M. Cuvier, et de plus, un bel échantillon envoyé par M. Lartet. *Observée par moi,*

M. Kaup en a donné une fort bonne figure en place et sur un sujet adulte, Tab. II, fig. 1, avec les deux arrière-molaires, et à peine sortie sur un jeune sujet ayant encore ses deux molaires de lait, Tab. I, *Foss. de Darmstadt*, et Tab. VIII, fig. 1, des *Akten*. *par M. Kaup,*

M. Cuvier avait facilement jugé qu'une de ces dents à trois collines qu'il figure, *loc. cit.*, Pl. II, fig. 2, de Vienne en Dauphiné, avait appartenu à la mâchoire supérieure dont elle porte encore un fragment; mais conduit par une fausse analogie, il la donnait comme la dernière du côté droit. *par M. Cuvier.*

Il fait la même erreur pour celle de Grenoble, qu'il représente Pl. III, fig. 7, et pour celle de Saint-Lary, Pl. IV, fig. 4.

Les deux arrière-molaires, presque semblables, reprennent presque complétement le caractère tapiroïde, étant à peu près carrées, formées de deux collines transverses, et à peu près d'égale épaisseur; seulement l'avant-dernière a ses deux bourrelets fort étroits et subégaux, tandis que le postérieur, pour la dernière, forme une très-petite colline tuberculeuse fort courte. Elles ont aussi le même système radiculaire, deux gros lames en dehors, et une interne antérieure. *Quatrième et Cinquième, la Couronne.* *les Racines.*

Outre les modèles en plâtre, ou les pièces en nature citées par MM. Cuvier et Kaup, j'ai vu une belle dent de cette sorte donnée à la collection par M. le docteur Murville, et trouvée dans le département du Gers. *Observées par moi,*

Ces deux dents sont très-bien représentées, en place, sur un animal adulte, mais non vieux, puisque le bord des collines est encore denticulé, dans le Tab. II, fig. 1, de M. Kaup, et surtout sur la tête presque entière. Il en a figuré un germe, *Akten*, tab. IX, fig. 7, de petite taille. *par M. Kaup,* par M. Cuvier. M. G. Cuvier a tort de regarder, p. 170, une de ces dents comme analogue de l'avant-dernière de la mandibule du Cominge; c'est évidemment une avant-dernière supérieure, comme l'a fait justement observer M. Kaup. *Inférieurement.*

Incisives, trouvées en place, Les incisives de la mâchoire inférieure sont beaucoup plus certainement connues que celles de la supérieure, puisqu'il paraît qu'elles ont été trouvées en place par M. Kaup, dans le dépôt d'Eppelsheim, et aussi par M. Mermet dans celui de Moncaup. Nous ne possédons encore aucune pièce où tout ou partie de cette dent ait été conservée. Nous ne la connaissons que d'après les modèles en plâtre que la Société de Darmstadt a fournis au Muséum.

leur nombre. Il n'existe qu'une seule de ces dents à l'extrémité de chaque côté de la mandibule, comme l'indique la grande alvéole qui la termine.

Description, Leur forme est conique, terminée par un sommet arrondi, un peu comprimée ou à coupe ovale, légèrement arquée d'avant en arrière, et fortement dirigée en bas. Leur surface est lisse; mais à la base et au côté externe, existe un sillon longitudinal peu profond, qui se termine vers la moitié de la longueur de la défense.

par M. Kaup, M. Kaup, auquel j'emprunte cette description, ne nous apprend du reste rien de plus sur la structure de cette dent, qui d'après lui ne serait qu'à une distance de neuf lignes à la base, et de six pouces au sommet, de celle du côté opposé. Nous ignorons donc si elle est d'ivoire ou non, ce que je crois plus probable, par analogie avec ce que sont les défenses inférieures des É. Mastodontes.

par M. Mermet, M. Mermet ne nous en apprend pas beaucoup davantage; seulement il paraît que sur la pièce qui a été trouvée à Moncaup, et qui pouvait avoir, quoique brisée à la pointe, un pied deux tiers de long, il y avait des stries longitudinales, et le sillon latéral se prolongeait davantage et était double, un de chaque côté de la face concave. Elle était aussi moins altérée que les défenses de Mastodonte.

par moi, d'après une pièce du Gers, Mais nous sommes plus heureux par suite de pièces envoyées par M. Lartet. Sur l'une qui n'est, il est vrai, qu'une partie de la pointe, nous avons pu nous assurer qu'elle était obtuse et un peu comprimée, subtriquètre avec un glacis général d'émail ; et sur une autre beaucoup plus considérable, mais à l'état presque crétacé, nous avons acquis la certitude, par le moyen d'une coupe, que, malgré la décomposition par couches, elle n'offrait rien de la structure de l'ivoire des défenses d'Éléphant.

Un fragment de base provenant de Chevilly, nous confirme dans la grande densité de la structure lamelleuse de cette défense. Elle semble véritablement une sorte de silex à cassure conchoïdale. de Chevilly.

Les molaires sur l'animal adulte, et tel que nous le connaissons, ne sont à la mandibule qu'au nombre de cinq (1), comme à la mâchoire, et ayant une assez grande ressemblance avec leurs correspondantes sur celle-ci. Nous en connaissons la série presque complète sur les quatre côtés de mandibule que nous possédons ; et tout à fait complète sur celle du cabinet de Vienne, dont M. Kaup a donné une très-bonne figure sous trois faces. *Akten*, tab. X, d'après un moule en plâtre. Molaires, nombre cinq, d'après deux pièces en nature.

Toutes ont pour caractère commun d'avoir leurs collines courbées, la concavité en avant, et de n'avoir jamais que deux larges racines transverses et indivises, comme les collines. Caractère commun.

La première est la plus différente de toutes et de forme encore plus triangulaire, plus comprimée, que son analogue supérieure ; on peut cependant y reconnaître les deux collines ; mais les deux mamelons de l'antérieure un peu plus élevée que la postérieure, se touchent en se plaçant obliquement, l'externe plus tranchant devant l'interne ; et se continuent dans le tranchant du bord externe de la dent, jusqu'à la colline postérieure de forme semi-lunaire un peu oblique en dedans. Les racines sont au nombre de deux, mais la postérieure bien plus large que l'antérieure. M. G. Cuvier l'a figurée. *Loc. cit.*, pl. 11, fig. 3, 4 et 5. Première, sa Couronne, ses Racines.

(1) M. Kaup lui-même, tout en supposant d'abord qu'il en avait sept à la mâchoire, n'en admettait que cinq à la mandibule.

Vue par M. Kaup. Collection de Vienne, Cette dent a été parfaitement reconnue, et assez bien rendue par M. Kaup (1), en place sur les mandibules qu'il a représentées, et dont il nous a envoyé les moules en plâtre, Tab. V, fig. 1, d'après un côté de mandibule de la collection de Vienne; et à part Pl. III, fig. 10, très-endommagée et beaucoup plus complète (tab. V, fig. 4 *a* et 4 *b*), mais plus usée.

de Darmstadt, Depuis la publication de ce premier cahier de l'ouvrage de M. Kaup, il faut que la collection de Darmstadt en ait reçu d'autres. En effet, au nombre des moules que le Muséum en a acquis, j'en trouve trois de molaires du côté gauche, dont une d'un tiers plus petite que la plus grosse, et deux du côté droit, et de grandeur intermédiaire.

M. Kaup en publie aussi une à part (*Akten*, tab. XIII, fig. 1 et 1 *a*).

du Cominge, J'en ai vu encore un assez bon nombre d'autres; d'abord en nature et en place sur la mandibule du Cominge; puis une hors place peu usée, noirâtre, luisante, d'origine inconnue, et enfin un moule en plâtre d'un germe non entamé, de Tournans, département du Gers, envoyé par M. Lartet; et de plus le modèle fait sous mes yeux, et avec le plus grand soin d'une des dents du fameux Teutobochus, qu'avait bien voulu me confier M. de Saint-Ferréol, l'héritier du château de Langon. Elle est indubitablement de Dinotherium; mais plus grosse que toutes celles que j'ai vues jusqu'ici, et usée presque jusqu'à la racine en partie brisée.

du Gers, du Dauphiné.

Seconde, décrite. La seconde des molaires de la mandibule devient encore plus semblable à sa correspondante d'en haut; seulement outre les différences, en général dans le versant qui est ici en dehors, elle est moins étroite proportionnellement à sa longueur plus grande que sa largeur; elle est du reste formée de deux collines subégales. L'antérieure est un peu plus épaisse que la postérieure, avec une sorte de fossette infundibuliforme en avant de sa partie interne. Il n'y a du reste point de bourrelet ni en avant ni en arrière.

(1) M. Herman de Meyer a donné, tab. XXXIV, fig. 13-15, une excellente représentation de cette dent sur ses quatre faces, mais il la rapporte à son *D. Bavaricum*.

M. Kaup, à l'époque de sa première publication sur ce genre, n'avait jamais vu cette dent en nature, ce qu'il a fait depuis sur les mandibules qui ont été découvertes à Eppelsheim (*Ossem. foss.*, tab. V, fig. 1; tab. I, fig. 4; tab. II, fig. 1). Il lui rapporte encore celle qu'il a figurée à part (*Akten*, tab. XIII, f. 2), mais à ce qu'il me semble à tort; car cette dent est de la mâchoire supérieure, d'après la concavité des collines. Pièces à lui rapporter par M. Kaup.

Nous la possédons en place sur les deux côtés de la mandibule du Cominge. du Cominge,

Nous l'avons également sur le côté gauche de la mandibule de Chevilly. de Chevilly,

Nous en avons un bel exemplaire hors place, du côté droit, celui que nous avons décrit, envoyé du Gers par M. Lartet. du Gers,

Et enfin nous avons le moule de deux de ces dents du côté gauche, provenant d'Eppelsheim, dont l'un est d'un cinquième plus petit que l'autre, quoique d'un animal adulte, et d'un cinquième plus grand que son analogue dans la mandibule de Chevilly. d'Eppelsheim.

Je rapporte aussi à cette dent celle à deux collines, qu'a figurée M. Mermet, en place sur le fragment de mandibule, et à part pl. I, f. 3, de son mémoire sur quelques ossements fossiles de Moncaup, avec le doute cependant qu'elle pourrait être une quatrième. du Moncaup.

La principale ou troisième offre pour caractère distinctif, comme celle d'en haut, d'avoir trois collines transverses, décroissantes de la première à la troisième; mais elle en diffère, d'abord en ce qu'elle est plus étroite, et surtout parce qu'elle n'a aucune trace de bourrelet, surtout en avant, tandis qu'à la supérieure il simule une quatrième colline. Troisième ou principale,

J'ai observé cette dent en nature, sur les deux côtés de la mandibule du Cominge (1), et de celle de Chevilly, où elle est évidemment plus usée. d'après une pièce du Cominge,

(1) M. Cuvier l'a fort mal représentée dans la figure qu'il donne de la série des molaires des deux côtés de cette mandibule, mais il faut dire que ce dessin a été fait par lui en 1798, à une époque où il ne balançait pas pour en faire des dents de Tapir. S'il avait mieux étudié cette troisième dent, elle seule pouvait le convaincre que ce n'en était pas un.

du Gers, À part sur un germe du côté gauche, trouvé à Barran (Gers), par M. Lafargue du Palado, et donné par M. Frédéric Scyliès; et sur une dent complète du côté droit, donnée à la collection par M. Rousseau de Chevilly.

de Chevilly, d'Eppelsheim, Elle se trouve sur les trois mandibules d'Eppelsheim, dont le moule est à la collection.

figurée par M. Kaup, Elle a été figurée par M. Kaup, tab. I, f. 3, en contact avec la même de jeune âge; tab. III, f. 9, de Bavière; tab. V, f. 3; *Add.* tab. I, f. 1-4; *Add.* tab. II, f. 1, et *Akten*, tab. XIII, f. 3, assez petite, et tab. XIII, f. 4, une encore plus petite, mais probablement de lait.

M. G. Cuvier, M. G. Cuvier ne me paraît l'avoir figurée à part qu'une fois, pl. IV, fig. 5, d'après un échantillon venant de Chevilly, dont il fait une quatrième, je ne vois pas trop pourquoi. M. Kaup en fait également une troisième de lait : elle est adulte de la petite espèce.

M. Mermet. M. Mermet a trouvé à Moncaup trois de ces dents à trois collines; mais il n'en figure qu'une, très-probablement inférieure gauche. Pl. II, f. 2.

Quatrième et Cinquième, décrites, Les deux dernières enfin, sont presque semblables entre elles, en ce qu'elles ont chacune deux collines transverses, plus ou moins arquées en avant, avec un talon étroit en arrière ; mais sur la postérieure le talon est notablement plus prononcé, plus épais, et plus repoussé en arrière, subtriangulaire, et moins en liséré parallèle et serré contre la dernière colline que l'antérieur.

d'après des pièces d'Auvergne, Outre les quatre échantillons de cette dent qui existent aux deux mandibules de la collection, j'en ai pu examiner une de chaque sorte dans la collection de M. le comte de Laizer, dont une cinquième gauche, la plus grosse que je connaisse de toutes les molaires de ce genre; une

de Carlat, cinquième droite d'un quart moins grande de Carlat; une quatrième

de Chevilly, de même taille à peu près, et du même côté, provenant de Chevilly.

J'ai également vu trois moules de quatrième, deux de gauche, l'autre de droite, celui-ci intermédiaire; deux de cinquième gauche, provenant d'Eppelsheim ; et enfin celui d'une cinquième de gauche du petit module, d'origine inconnue, dans la collection du Muséum. d'Eppelsheim.

M. G. Cuvier a représenté (*loc. cit.*, pl. IV, f. 3) une quatrième molaire inférieure, probablement du côté gauche, ce que je ne voudrais pas autant assurer que M. Kaup, d'après un germe dont on ignore l'origine au Muséum, et qui est teint en noir. La Quatrième, figurée par M. Cuvier.

M. Cuvier en fait une pénultième, ainsi qu'une autre, en tout semblable, d'Arbeichan, qu'il ne figure pas, en la comparant avec la série de la mandibule du Cominge ; mais elle ne devrait pas être telle pour lui, puisqu'il admettait que derrière la cinquième de cette mandibule, il devait y en avoir une à trois collines. Une d'Arbeichan,

La dent provenant de Carlat, que M. G. Cuvier figure pl. IV, f. 1, est une quatrième, ou une pénultième, comme il l'a parfaitement reconnu. Elle est de taille intermédiaire. de Carlat,

Je crois qu'il faut aussi regarder comme une quatrième, et non comme une cinquième ou dernière, ainsi que le pense M. Kaup, la dent isolée qu'il a figurée tab. III, f. 6 : son talon postérieur ne me paraît pas assez écarté en panier de pigeon pour cela. Il regarde encore comme quatrième tab. V, f. 1 ; *Add.* tab. I, f. 1-4, et *Add.* tab. II, f. 1, et *Akten*, tab. XIII, f. 5, et même f. 7, qui ne nous semble pas pouvoir être une cinquième, son talon étant trop peu saillant. par M. Kaup.

Je suis même porté à penser que M. Kaup n'avait pas vu alors de véritable cinquième inférieure, lorsqu'il dit que la dernière molaire diffère de la pénultième par sa colline transversale postérieure, qui est beaucoup plus étroite, et par son talon qui n'est pas si oblique et qui décrit un grand arc dans son contour. La Cinquième,

D'après la figure que Kennedy a donnée de la molaire trouvée en Bavière (*Academ. Bav.* IV, pl. II, f. 6), je n'oserais prononcer. M. Kaup, en s'appuyant sur celles que Sœmmering a publiées, de la même dent (*Academ. de Munich*, t. VII, pl. II, f. 5-6), assure que c'est un fragment postérieur d'une dernière molaire d'en bas. par Kennedy et Sœmmering,

Je regarde au contraire comme à peu près certain que la dent repré- M. Cuvier, sentée par M. Cuvier pl. VIII, f. 2, est, comme il le pensait, une cinquième inférieure, à cause de la forme de son talon; elle vient de Carlat le Comte.

M. Kaup. M. Kaup a figuré cette dent (*Ossem. foss.*, tab. III, f. 6; *Add.*, tab. I, f. 1, 4 et 5; et *Akten*, tab. XIII, f. 8, et non comme il vient d'être dit fig. 7).

Des Différences, Les différences que le système dentaire du Dinotherium présente, doivent être nécessairement en rapport avec l'âge ainsi qu'avec les espèces; peut-être même avec les sexes et les individus.

suivant l'âge. Avec l'âge, deux belles pièces, l'une de la mâchoire et l'autre de la mandibule, faisant partie de la riche collection d'Eppelsheim, nous apprennent que chez ces animaux il y avait de véritables dents de lait, et que ces dents n'étaient qu'au nombre de deux, du moins en haut; car nous ne les connaissons pas d'une manière aussi certaine en bas.

Des Dents de lait de la mâchoire supérieure, la Première, D'après la première pièce citée, où se trouvent à la fois et des deux côtés deux molaires de lait, et la principale d'adulte, on voit que la première de lait aussi bien que la seconde, diffèrent à peine de leurs analogues d'adulte, seulement elles sont bien plus petites et surtout beaucoup plus étroites. La première est cependant plus carrée, moins transverse, augmentée qu'elle est d'une sorte de talon antérieur, simulant une troisième colline. la Seconde, Quant à la seconde, elle diffère moins de son analogue, troisième d'adulte, si ce n'est que son talon antérieur simule encore plus une quatrième colline.

figurées par M. Kaup. M. Kaup a figuré ces deux dents avec la mâchoire où elles sont implantées, pièce dont nous possédons le modèle en plâtre (*Ossem. foss.*, tab. III, f. 8; et *Akten*, tab. VIII, f. 1, et la seconde isolée, tab. XIII, f. 9, et peut-être f. 4).

de l'inférieure, encore inconnues, Nous ne connaissons pas encore, et aucun paléontologiste ne nous semble avoir encore parlé des dents de lait de la mandibule. Une mandibule figurée par M. Kaup (*Ossem. foss.*, tab. III, et *Akten*, tab. XI, f. 2-2 a), pièce dont notre collection possède un modèle en plâtre peint, et qui me semble être la plus convaincante, ne nous montre que quatre molaires, la dernière n'étant pas encore sortie de l'alvéole.

Nous avons déjà eu l'occasion de faire l'observation que la très-grande partie des dents de Dinotherium recueillies jusqu'ici, sont en général peu ou point usées, et que l'usure des collines se fait d'abord obliquement; mais il n'en est pas de même d'un certain nombre de dents molaires malheureusement fragmentées, que nous devons à M. Lartet; chez elles, en effet, l'usure est beaucoup plus avancée, de manière que les collines montrent un large espace d'ivoire, entouré d'une ceinture d'émail fort épaisse. Il y en a même où il y a confluence entre les îles d'ivoire, comme pour des dents très-usées d'É. mastodontes, et c'est aussi le cas d'une première supérieure que M. G. Cuvier a regardée comme provenant d'un Rhinocéros. suivant le degré d'usure;

S'il y avait réellement plusieurs espèces de Dinotherium, ce serait le moment, dans notre marche habituelle, de faire connaître les différences qu'elles pourraient offrir sous le double rapport des os ou du squelette et des dents. Mais il faut convenir qu'avec un si petit nombre de pièces caractéristiques, il serait bien difficile de prononcer; je ne prévoispas même sur quoi porterait la dégradation, et par conséquent la spécification. suivant les Espèces. Difficultés.

Nous avons vu plus haut que malgré qu'il connût des dents de même sorte, et de grandeur très-différente, M. G. Cuvier n'avait cependant pas cru devoir les rapporter d'une manière positive à des espèces différentes, quoiqu'il ait souvent eu recours à cette particularité comme spécifique, mode de procéder qui trop souvent a été suivi par la plupart des paléontologistes. D'après M. G. Cuvier.

En effet, nous avons également vu comment MM. Kaup, Hermann de Meyer, Eichwald, ont proposé de distinguer cinq ou six espèces de Dinotherium, d'après la seule considération de la grosseur des dents. Toutefois, M. Kaup qui avait fait les *D. Cuvieri*, *intermedium*, etc., dit avec assurance que le *D. giganteum* varie considérablement de grandeur, ce qu'il juge par les dents seulement, d'après lesquelles il supposerait des individus de dix-huit, quinze, douze et onze pieds de D'après M. Kaup.

long, celui-ci d'après la petite mandibule de Munich, et cependant il ajoute que l'on doit en distinguer une espèce qu'il nomme *D. Kœnigii*, j'ignore d'après quelle pièce, et cela parce que sa taille ne devait pas atteindre neuf pieds de long; ce qui semble une véritable contradiction.

D'après moi, sur le D. de Chevilly.

Outre les dents, nous possédons aujourd'hui les deux côtés de la mandibule de la petite race trouvée à Chevilly, et cependant nous ne croyons réellement pas avoir des éléments suffisants pour démontrer si elle doit être séparée spécifiquement de l'espèce commune, du moins en considérant comme type de celle-ci la mandibule du Cominge, que nous avons à la fois sous les yeux. Il n'en serait peut-être pas de même si nous établissions la comparaison avec les plâtres envoyés de Darmstadt; ceux-ci indiquent en effet une mandibule bien plus allongée dans sa branche horizontale; mais nous avons dit plus haut pourquoi nous les croyons en partie artificiels.

doutes à ce sujet,

Je n'ai rien trouvé dans ce que je connais des dents en général et en particulier de chacune d'elles, qui me semble véritablement spécifique, et dans ce cas, j'aime mieux m'abstenir et ne pas prononcer définitivement jusqu'à ce qu'il arrive quelque pièce véritablement caractéristique; cependant en portant mon attention d'une manière plus simultanée sur les deux séries de dents molaires que possède en nature la collection dans les deux mandibules, j'ai cru reconnaître que celles de l'Orléanais étaient certainement proportionellement plus étroites, c'est-à-dire plus longues, moins carrées que celles correspondantes du Cominge, ce qui donnait à celles-ci un aspect plus tapiroïde et à celles-là une forme un peu plus mastodontoïde. C'est ce qu'on peut surtout observer sur la troisième ou principale, dont la troisième colline est aussi plus épaisse et plus étroite dans la mandibule de Chevilly que dans celle du Cominge.

levés par cette Espèce.

Conclusions.

Je suis donc porté à croire qu'il serait possible qu'il y eût réellement deux espèces de Dinotherium, outre la différence de grandeur de l'espèce commune; et ce qui tend à me confirmer dans cette opinion, c'est que les différences que je viens de signaler sont dans la direction de la dégradation. On pourra conserver à cette espèce le nom de *D. Cuvieri*, proposé par M. Kaup.

M. R. Owen a pu se décider avec plus de hardiesse, au sujet de son *Dinotherium australe*, en s'appuyant aussi bien sur le système dentaire que sur un fémur rapporté du même lieu que les fragments de dents et de mandibule qui lui semblent désigner un animal de ce genre. Par M. R. Owen, pour le *D. australe*,

Dans une première note à ce sujet (*Ann. of nat. Histor.*, janv. 1843, p. 7), n'ayant à sa disposition qu'un fémur tronqué et un fragment de molaire, M. R. Owen avait balancé dans sa détermination entre les Mastodontes et les Dinotheriums, et dans le doute, il s'était borné à en faire un pachyderme mastodontoïde; mais dans une seconde note (*ibid.*, mai, p. 329), après avoir reçu le dessin sur deux faces d'un fragment de mandibule portant deux molaires et provenant des mêmes lieux, il s'est décidé à rapporter définitivement ces ossements à une espèce de Dinotherium, qu'il a nommé *D. australe*. d'après les pièces.

Je ne connais ces pièces que d'après les figures et les descriptions qu'en a données M. Owen. Seulement nous possédons dans la collection du Muséum un modèle en plâtre peint d'un fémur, sans indication d'origine ni nom du donataire, auquel sans doute fait allusion M. R. Owen dans une note de son premier article, sur les os fossiles de Darling Downs. Par Moi, d'après un moule de Fémur,

D'après la description de M. Owen, le fémur trouvé dans cette localité aurait, tronqué comme il est à ses deux extrémités, dix-huit pouces anglais de longueur sur cinq de largeur dans sa partie la plus étroite, ce qui lui donne des proportions raccourcies et élargies fort remarquables; il serait singulièrement comprimé, même dans cet endroit où sa coupe est trapézoïdale, et s'élargirait notablement vers ses extrémités et surtout à la supérieure; son bord externe serait large et convexe, sans indice du troisième trochanter des Éléphants mastodontes. Le grand trochanter serait aussi plus saillant dans sa partie antérieure, et enfin il serait traversé dans son milieu par un large canal décrit par M. Owen. Décrit comparativement,

doutes à ce sujet.

médullaire, dont les parois fort denses n'auraient qu'un pouce d'épaisseur; particularités, et surtout cette dernière, qui me semblent différer considérablement de tout ce que nous connaissons dans l'ordre des Gravigrades terrestres et aquatiques.

D'après les Dents, décrites par M. Owen, sur nature.

Les dents semblent heureusement bien plus caractéristiques.

Celle que M. Owen a vue et qu'il a fait dessiner de profil peu rigoureux, et par la couronne, n'est qu'un fragment montrant : 1° une colline épaisse presque entière, un peu arquée, probablement en avant et assez usée pour montrer son bord d'émail épais, un peu sinueux au bord concave; 2° une vallée profonde et anguleuse, faible reste d'une autre colline, probablement plus usée, et enfin en arrière, un talon terminal assez prononcé pour simuler une colline très-basse et entière. Le corps radiculaire est trop incomplet pour qu'on puisse en rien tirer; mais un fait à noter, et qu'a signalé expressément M. Owen, c'est que dans les fonds des vallées de la couronne il y a un dépôt de cément *(crusta petrosa)*, qui ne se trouve jamais sur les dents de Dinotherium, ainsi qu'il le fait fort justement remarquer lui-même.

ses Conclusions.

Malgré cela, M. R. Owen, revenant sur ce sujet, dans un second article plus étendu, conclut de la vue d'un dessin d'un fragment de mandibule portant deux molaires, que pour lui tout doute était levé et que ces différentes pièces avaient appartenu à un Dinotherium et non à un Mastodonte.

Par moi, sur les dessins,

Le fragment de mandibule semble être la partie postérieure du bord margino-dentaire, touchant le bord antérieur de la branche montante, ce qui est en rapport avec la manière de voir de M. R. Owen, sur les deux molaires qui y sont implantées et qu'il regarde comme une troisième et une quatrième, la cinquième étant encore dans son alvéole. A l'appui de de cette opinion, il fait observer que la première de ces dents offre à la couronne trois collines transverses, ce qui est le caractère constant d'une troisième molaire supérieure ou inférieure chez les Dinotheriums. Dès lors la suivante qui n'en a que deux, ne peut être qu'une quatrième; il fait plus, car il est tenté de regarder comme une dernière avant-molaire, la dent isolée décrite plus haut, et peut-être du même individu; en sorte que rappelant la particularité d'un reste d'épiphyse condyloïdienne non soudée, observée sur le fémur décrit plus haut, il en conclut que ces ossements et ces dents trouvés, il est vrai, dans la même localité, proviennent d'un animal qui n'était pas encore parvenu à toute sa croissance; ce qu'il appuie encore sur l'indication d'une cavité alvéolaire, derrière la dernière dent en place, dans le dessin à lui envoyé par M. Mitchell.

mes doutes.

D'après les Dents,

Sur le sujet si curieux, si anomal même pour les paléontologistes peu au courant de la difficulté de ce genre de questions, d'une espèce fossile d'un genre anciennement et exclusivement européen, et qui se trouverait représenté par une espèce dans la Nouvelle-Hollande, jusqu'à l'extrémité du monde austral, et où jusqu'ici on n'a trouvé que très-peu d'espèces de mammifères monodelphes, à l'état vivant comme à l'état fossile, il me semble encore fort difficile de prononcer. D'après ce que nous apprend M. R. Owen lui-même, celle de ces dents qu'il a vue en nature serait revêtue de cément dans le fond des vallées de la couronne, ce qui n'a certainement pas lieu chez les Dinotheriums; et si l'on doit s'en rapporter aux figures, le bord postérieur de la colline serait bien sinueux; enfin sur la dent à trois collines, ce serait la postérieure qui serait la plus longue transversalement, et par conséquent la première qui serait la plus courte; ce qui est constamment le contraire dans toutes les troisièmes molaires de Dinotherium en nature sous mes yeux, ou figurées par les paléontologistes.

décrites,

par M. Owen.

Quant au fémur rapporté au même animal que ces dents, notre collection possède un plâtre moulé et peint (1) d'un os qui existe dans la collection de l'université d'Édimbourg, semblable à celui décrit et figuré par M. Owen; seulement il est encore plus petit, puisqu'il n'a que douze ou treize pouces de longueur sur deux pouces dix lignes de

D'après le Fémur de la collection d'Édimbourg.

(1) M. Pentland a induit M. R. Owen en erreur en lui disant que notre Muséum possède cet os en nature; car sur le moule, fait au Muséum en plâtre peint, est écrit que l'original est à Édimbourg.

large, à sa partie la plus étroite vers son milieu. Il est étiqueté comme fémur d'Éléphant, mais en vérité sans aucune autre ressemblance que sa rectitude et sa compression, qui est même bien plus grande et d'une autre forme que dans le fémur d'un Éléphant, même de la section des Mastodontes (1).

Conclusions.

En sorte que, aussi bien pour les dents que pour le fémur dont il vient d'être question, on peut encore conserver quelques doutes que ce ce soit des restes d'un véritable Dinotherium. Voyons maintenant si les particularités de gisement et de localités pourront nous aider à résoudre la question.

Distribution géographique et géologique. Versant à la mer glaciale,

En suivant pour cette partie de notre mémoire notre ordre habituel d'exploration, nous voyons que jamais jusqu'ici on n'a fait mention de restes de Dinotherium qui auraient été trouvés dans l'immense versant de la Sibérie et de la Russie à la mer Glaciale.

à la Baltique,

On en peut dire autant de toutes les provinces de cet empire (à moins cependant que la dent molaire dont M. Ed. Eichwald a fait son *D. Uralense*, et qui a été recueillie par Pallas, sur le versant occidental des monts Ourals, ne soit réellement une molaire de Dinotherium, ce dont je suis assez porté à douter), ainsi que de celles de toute la Suède, de la Pologne et de la Prusse, qui versent à la Baltique.

à la mer d'Allemagne.

Jamais jusqu'ici, aucun os ou dent de Dinotherium n'a été recueilli sur l'un des versants à la mer du Nord, soit à l'est, d'Allemagne, de Hollande ou de Belgique, soit à l'ouest, d'Écosse ou d'Angleterre.

Vallée du Rhin, Eppelsheim, dépôt décrit

Il faut en excepter cependant la vallée du Rhin et exclusivement le dépôt sableux d'Eppelsheim, dans la Hesse Rhénane, où nous avons déjà vu qu'avaient été déterrés un si grand nombre d'ossements d'Éléphants mastodontes, et d'où nous verrons également sortir beau-

(1) Depuis que ceci est imprimé en placard au mois de septembre, M. R. Owen, d'après une nouvelle pièce, s'est assuré que les dents sont indubitablement de Mastodonte et à ce qu'il me semble du M. de la Sud-Amérique, ce qui, joint à d'autres considérations, indique que la Nouvelle-Hollande est une dépendance du Nouveau-Monde plutôt que de l'Ancien. Voyez *Annals of natur. Hist.*, cahier d'octobre 1844, p. 369.

coup de restes de Rhinocéros avec de grandes espèces de Ruminants.

Nous avons déjà eu l'occasion de dire que la science doit à M. le professeur de Klipstein, une histoire de cette découverte, ainsi que des circonstances géologiques dans lesquelles elle a eu lieu ; et à M. Kaup, la description des ossements et des dents de Dinotherium qui y ont été recueillis : nous nous bornons à rappeler le nombre de ces pièces. *par M. de Klipstein.*

Outre une tête presque entière qui a servi à notre description, M. Kaup nous apprend qu'on a trouvé à part : un fragment d'os occipito-latéral, comprenant l'os pétreux ; deux assez grandes parties de palais : l'un d'un animal adulte, l'autre de jeune âge ; huit demi-mandibules plus ou moins entières. *Un Crâne. Huit Mandibules.*

Plusieurs défenses ou dents incisives séparées, outre celles qui étaient encore implantées à l'extrémité des mandibules, trente dents molaires, sans compter celles attachées aux mâchoires, ce qui en porte le nombre à soixante, en général, ce me semble, peu usées. *Défenses. Molaires.*

Quoique M. Kaup ne parle pas d'ossements qu'il attribue à cet animal, nous avons pensé que cela devait être pour plusieurs, et entre autres pour un fémur, un astragale et un calcaneum véritablement gigantesques. *Ossements.*

Les deux versants de la Manche, soit en France, soit en Angleterre, n'ont encore fourni aucun reste de Dinotherium ; ou du moins je n'en ai trouvé aucune indication ni dans nos terrains tertiaires des environs de Paris, ni dans le Crag des géologues anglais. *Versants à la Manche.*

Il n'en est pas de même de cette première partie des formations tertiaires en France ; on a, en effet, trouvé des dents de Dinotherium et même quelques parties du squelette en trois ou quatre endroits du grand versant de la Loire. *Versant de la Loire, à l'Océan,*

Des affluents de sa partie supérieure ? c'est-à-dire d'Auvergne, je ne connais encore que deux belles dents molaires de la collection de M. le comte de Laizer. Avant ce fait, aucun des nombreux paléontologistes qui se sont occupés avec tant d'ardeur des ossements fossiles de ce pays si intéressant sous ce rapport, n'en avait signalé. On en a d'Aurillac. *d'Auvergne.*

des environs d'Orléans.

Il n'en est pas de même de plusieurs lieux de la Basse-Loire, et tous aux environs d'Orléans, à Beaugency, à Avaray, à Chevilly, aux Barres, etc.

d'Avaray.

D'Avaray, département de Loir-et-Cher, sur la pente méridionale de la plaine de la Beauce, dépôt dans lequel M. G. Cuvier n'avait signalé qu'un fragment de dent molaire découvert par M. Chouteau avec des dents d'É. mastodontes et de Rhinocéros; mais depuis ce temps, on a été plus heureux, c'est à Chevilly qu'ont été trouvés les deux côtés de la même mandibule que nous avons décrits et figurés dans ce mémoire; grâce à la générosité, envers le Muséum, de MM. les docteurs Vincent et Bourjot.

de Chevilly.

De Chevilly, il y a déjà longtemps que M. Rousseau, secrétaire de la Société d'Agriculture d'Étampes, avait trouvé dans ce dépôt, avec des restes de Rhinocéros et d'É. mastodontes, quatre molaires de Dinotherium, qu'il envoya au Muséum, et dont M. G. Cuvier a fait mention; depuis lors, MM. Lockart, Thion, Gassot et Vincent y ont recueilli d'autres ossements provenant de cette espèce.

des Faluns de la Touraine.

M. Desnoyers me paraît aussi avoir indiqué quelques fragments de dents de Dinotherium sur les bords du dépôt de Crag, dans la Touraine, mais je ne les ai pas vus et j'ignore en quoi ils consistent.

du versant des Pyrénées à la Garonne.

Mais c'est surtout dans les dépôts d'eau douce des monts sous-pyrénéens, versants à la Garonne dans l'ancienne Gascogne, le Couserans et le comté de Foix, depuis Bassoues et Mirande, à l'ouest, en traversant le département du Gers, celui de la Haute-Garonne, jusqu'à Carlat-le-Comte, à l'entrée du département de l'Ariége et de l'Aude, à l'est, pays voisins, faisant surtout partie aujourd'hui du département du Gers, que sont trouvés depuis plus de deux cents ans peut-être, des dents et ossements de Dinotherium, confondus sans doute avec ceux d'Éléphants mastodontes comme mines de turquoise.

Par MM. Lartet.

Nous avons déjà eu l'occasion de dire quelque chose de la localité, en parlant des dents d'Éléphants mastodontes, d'après Réaumur; mais nous avons aujourd'hui des renseignements bien plus circonstanciés et surtout bien plus géologiques, dans l'histoire des fouilles que M. Lartet a fait faire, soit à Simorre même, soit à Tournan, près de là, soit à Sauveterre, et dans lesquelles il a été fortement aidé par M. Dupont, de Simorre, Barrère, médecin à Sauveterre, près Lombez, M. Azéma, de Lombez, et par d'autres personnes les plus honorables du pays, M. le comte de Serignac, à Bassoues, par exemple, qui ont même bien voulu lui donner pour le Muséum quelques pièces intéressantes.

Dupont.

Azéma.

De Serignac.

M. Lartet en a aussi obtenu plusieurs par suite des fouilles qu'il a entreprises sur une grande échelle, à Samarran, près de Massube, dans le département du Gers, et même dans le célèbre dépôt de Sansans, où il n'en avait pas trouvé d'abord.

à Samarran.

Malgré cela, le nombre des pièces provenant de Simorre ou de villages qui sont limitrophes, se borne à quelques dents molaires, hors place. A Larroque (Hautes-Pyrénées), des fouilles assez dispendieuses n'ont fourni qu'une molaire à trois collines et une vertèbre, une côte et une portion d'os long.

à Simorre.

De Bassoues, lieu connu par ses eaux minérales, nous n'avons reçu que deux ou trois fragments de défense et des fragments de cubitus et d'iléon, dont nous avons parlé dans l'ostéographie; mais c'est une des localités dans lesquelles ont été trouvés des fossiles de Dinotherium en plus grande abondance, et cela dans des circonstances assez particulières, d'après ce que j'apprends d'une ancienne lettre d'envoi de M. Lartet, dont je vais donner l'extrait.

à Bassoues.

Après m'avoir assuré qu'une partie des ossements de Dinotherium qu'il envoyait au Muséum, était due à M. le comte de Serignac qui les avait recueillis lui-même ou les avait obtenus de la famille d'un médecin de l'endroit, M. Contens, chez lequel ils étaient relégués dans un galetas, il ajoutait que le fragment de défense, la dent molaire et les parties de cubitus avaient été trouvés dans des circonstances de gisements assez extraordinaires, qu'il rapporte ainsi : « Un carrier travail» lant dans une carrière voisine de l'établissement d'eaux minérales de

Circonstances de la découverte

d'après M. de Serignac, » Bassoues, découvrit tout à coup une grande cavité sans ouverture ex- » térieure apparente. Cette cavité étant en partie comblée d'une terre » molle et humide, en la déblayant, il trouva quelques objets d'in- » dustrie humaine, entre autres des clous et une chaîne de fer fort » altérée par l'oxydation; et à côté, adhérant au sol même de la ca- » verne, se sont trouvés les fragments cités plus haut, avec beaucoup » d'autres qui furent brisés et dispersés. M. de Serignac avait recueilli » tous ces détails de la bouche même du carrier, et il eut la bonté de » me les communiquer en m'envoyant le reste des ossements. »

M. Lartet. M. Lartet, ayant jugé à propos de voir les choses par lui-même, se transporta sur les lieux, accompagné de M. de Serignac, pour visiter la caverne, qu'il décrit ainsi : « La caverne, dont la voûte a été détruite » dans une partie de sa longueur, se prolonge horizontalement dans la » roche non encore exploitée, quoiqu'elle soit en partie comblée; un » enfant y put pénétrer jusqu'à une certaine distance en se couchant à » plat ventre, tandis que le carrier y arrivait par la voûte; nous ju- » geâmes que l'ouverture devait se trouver un peu au-dessous dans le » bas de la colline; M. de Serignac, en effet, réussit à la trouver » presque entièrement bouchée par les terres éboulées, et le témoi- » gnage d'un vieillard vint confirmer notre découverte. Je me rappelle » très-bien que lorsque M. Lacave-Laplagne, aujourd'hui ministre des » finances, visita votre cabinet, où se trouvait, entre autres objets, la » dent donnée par M. l'abbé Barrière, la vue de cette dent amena de » sa part quelques explications sur la caverne de Bassoues, et qu'il » exprima l'opinion qu'elle avait très-anciennement servi de refuge aux » habitants du pays. Ainsi s'explique la rencontre de la chaîne de fer et » autres objets de fabrique humaine. » *Quant aux ossements fossiles, ils faisaient corps avec la roche dans laquelle est percée la caverne et l'on y en trouve encore des fragments disséminés.*

de Samarran. Ceux provenant de Samarran sont encore bien moins nombreux, puisqu'ils ne consistent qu'en deux molaires; enfin un germe de molaire trouvé dans un banc de sable à six pieds de profondeur sur le coteau d'Arbeichan entre Auch et Mirande, a été donné au Muséum, par M. Roux, propriétaire dans ce pays.

Un second dépôt, sur une petite rivière (la Sèze) versant à la Garonne, dans le département de l'Ariége, est celui de Carlat-le-Comte, arrondissement de Pamiers, où l'on a trouvé, entre une couche de terre sablonneuse de 4 à 5 pieds de puissance, et un banc considérable de marne argileuse, quatre dents molaires et des parties d'os longs, envoyés au Muséum par M. le docteur Lourde-Seilliers. de Carlat-le-Comte.

Une autre localité encore plus célèbre, sous le rapport qui nous occupe, est celle d'Alan en Cominges, du côté de Saint-Gaudens, dans la Haute-Garonne; c'est là en effet, dans la vallée de la Louze, qu'a été déterrée, en 1784, la mandibule, si longtemps connue sous le nom de Tapir gigantesque, et dont les deux côtés séparés, après avoir passé dans la collection de M. de Joubert, puis dans celle de M. de Drée, sont enfin arrivés dans le Muséum d'histoire naturelle de Paris. d'Alan.

Depuis ce temps je ne vois pas que, sauf un fragment de troisième molaire supérieure, trouvé par MM. Gillet de Laumont et Leliévres, anciens membres de l'Académie des sciences, auprès de Saint-Lary, dans le Couserans, l'une des deux premières pièces que M. Cuvier ait connues, on ait indiqué d'autres os de Dinotherium trouvés dans cette localité. de Saint-Lary.

Enfin au point le plus rapproché des bords du golfe de Gascogne, dans la partie la plus septentrionale du département du Gers, vers le nord-ouest, M. le curé de Labastide d'Armagnac, sur la Douze, a recueilli une belle cinquième molaire inférieure, du côté gauche, que M. l'abbé Caneto a décrite et figurée dans les *Annales de philosophie chrétienne*, pour 1837; elle a été trouvée à dix pieds de profondeur, dans une formation marine de falun coquillier, limitrophe du département des Landes. De Labastide.

Il est difficile de décider si la dent attribuée à Saint-Christophe, que Vivès vit dans la grande église de Valence, en Espagne, et qui n'était pas moins grosse que le poing, était certainement d'Éléphant lamellidonte ou mastodonte ou mieux d'un Dinotherium. De Valence.

Du versant des Cévennes.

Les paléontologistes de Montpellier n'ont jamais indiqué ce genre comme ayant laissé des traces dans le versant des Cévennes ou même des Pyrénées orientales à la Méditerranée; mais il n'en est pas de même du versant du Jura et des Alpes par la grande vallée du Rhône; nous voyons à signaler, en procédant dans le sens du courant du fleuve,

Du versant du Rhône.

Des environs de Lyon.

1° Le fragment de dent figuré par B. de Jussieu, pour Réaumur, d'après une pièce d'un cabinet de Lyon.

De Grenoble.

2° Une autre dent molaire des environs de Grenoble, déterrée en creusant pour établir les fondations d'un bâtiment, dans un sol d'alluvion, sur les bords de l'Isère, et qui faisait partie de la collection de M. Faujas de Saint-Fonds.

De Vienne en Dauphiné.

3° Celle décrite en 1773, par l'abbé Rozier, et qui a été trouvée dans les environs de Vienne, en Dauphiné, dont le Muséum ne possédait du temps de M. Cuvier qu'un moule en plâtre, et dont il a maintenant l'original provenant du cabinet de M. Tenon de l'Académie des sciences.

De Chaumont.

Attribués à Teutobochus.

Enfin je crois devoir regarder comme ayant appartenu au Dinotherium les ossements attribués au roi Teutobochus, par Habicot, et qui furent déterrés en 1613, dans une sablonnière, auprès de Chaumont, à quatre lieues de Saint-Romans en Bas-Dauphiné, vers l'embouchure de l'Isère, dans le Rhône, dans un lieu connu de temps immémorial sous le nom de *Champ des géants*, parce que pour peu qu'on y creuse, disait le correspondant de M. l'abbé Desfontaines, on y trouve quantité d'os de morts. Nous en avons donné les raisons plus haut; ces ossements, d'après le récépissé qui en fut donné par le garde des antiques et curiosités du Roi, se bornaient aux pièces suivantes :

Énumération des pièces.

1° Deux pièces de mandibules;

2° Deux vertèbres;

3° Le col de l'omoplate;

4° La tête de l'humérus;

5° Une particule de côte;

6° Un fémur;

7° Le gros tibia;

8° L'astragale;

9° Le calcaneum.

Ces deux dernières parties ne sont cependant pas mentionnées dans le procès-verbal, quoiqu'elles le soient positivement dans la discussion entre Habicot et Riolan.

Je tiens de M. Puzos, ancien ami, comme moi, de feu M. de Roissy, et qui a bien voulu prendre à ma prière, des renseignements à ce sujet, lors de ses voyages paléontologiques, dans ces contrées, qu'il avait vu dans les mains de M. Panescorse, un fémur éléphantoïde de la plus grande taille, trouvé aux environs de Draguignan, département du Var, et M. Souleyet, né dans ce pays, m'a assuré que l'on désignait encore aujourd'hui sous un nom provençal, un champ, comme ayant été un ancien cimetière; mais ces os étaient-ils de Dinotherium ou d'Éléphant?

Dans les autres parties du monde, en Afrique et en Amérique, je n'ai souvenance d'aucun fossile que l'on ait rapporté à ce genre. Je ne crois pas qu'il en soit même encore question dans les immenses dépôts des Sous-Himalayas en Asie; mais il n'en est pas de même dans l'Australasie. Nous avons vu plus haut que M. Thomas Livington Mittchell avait rencontré dans les Darling Downs, plaines étendues au sud-ouest de la baie Moreton, vers les sources de la rivière Darling, à 4,000 pieds au-dessus du niveau de la mer des fragments d'os et de dents que M. R. Owen avait cru devoir rapporter à une espèce distincte, sous le nom de *D. Australe* (1).

Dans les autre parties du monde, Nouvelle-Hollande.

Aucun des versants de l'Italie, soit à la Méditerranée, soit à l'Adriatique, n'a encore offert un fragment de Dinotherium à l'observation, pas même le val d'Arno, si riche en ossements de tous les genres (2).

Des deux versants des Apennins.

(1) Nous avons eu déjà l'occasion de dire plus haut, que M. R. Owen s'était assuré que ces fragments devaient être rapportés à une espèce de Mastodonte.

(2) Dans la première édition de son mémoire, M. G. Cuvier disait que Fabroni lui avait assuré qu'il y avait des dents semblables en Italie et qu'on en voyait quelques-unes dans le cabinet de

Du versant du Danube, en Bavière.

Mais il n'en est pas de même de la grande vallée du Danube. C'est en effet dans la Basse-Bavière, dans une sablonnière dans la vallée de la Cham, qu'a été trouvée l'une des premières dents attribuées à cet animal, celle dont a parlé Ildefonse Kennedy, et qui a été le sujet des observations de Sœmmering.

En Souabe.

M. Joëger cite un seul fragment de molaire dans la caverne de Bohnerz des Alpes de Souabe.

En Bavière.

M. Hermann de Meyer, dans ce dernier temps, a publié une bonne description et de bonnes figures d'une partie de mandibule offrant avec les deux dernières molaires, les racines des trois antérieures cassées dans leurs alvéoles, trouvée dans une formation tertiaire de Bavière, mais de localité inconnue.

Le même paléontologiste figure aussi trois molaires trouvées à Gmümd, dans un terrain de même ancienneté.

d'Autriche.

Sœmmering le premier a fait mention, comme existant dans le cabinet de Vienne, de deux côtés de la même mandibule pourvus de leurs dents, trouvés, d'après le témoignage de M. de Schreibers, auprès du Felsberg, à peu de distance de la frontière de Moravie, à quoi M. Hermann de Meyer, qui en a très-bien figuré un, et M. Kaup un autre, a ajouté quelques dents du même pays.

Versant Du Dniester, en Podolie.

Enfin pour terminer l'énumération des lieux où l'on a jusqu'ici rencontré quesques restes de Dinotherium, en Europe, nous n'avons plus à citer que la dent molaire que M. Eichwald a décrite comme ayant été découverte en Podolie, versant de la rive gauche du Danube.

RÉSUMÉ.

1° *Sous le rapport zoologique.*

Formant un genre distinct

Il est évident et démontré que ce genre d'animaux, que nous ne connaissons cependant que d'après le système dentaire, formait un

Targioni Tozzetti; mais il paraît qu'il n'a pu obtenir la confirmation de cette assertion; car ce passage a été supprimé dans la seconde.

genre distinct de tous ceux qui existent encore aujourd'hui à la surface de la terre, et même de ceux qui ne sont connus qu'à l'état fossile; ce qu'il est impossible d'assurer sous le rapport du système digital.

Intermédiaire aux É. Mastodontes et aux Lamantins.

Il paraît cependant à peu près évident que sous ce dernier rapport il était rapproché de l'ordre des Gravigrades, intermédiaire aux espèces terrestres et aux espèces aquatiques, ou mieux aux Éléphants Mastodontes, à défenses mandibulaires, et aux Lamantins à défenses maxillaires, plus rapproché cependant des premiers que des seconds, et par conséquent pourvu de deux paires de membres terminés par des doigts ongulés, très-probablement au nombre de cinq aux deux pieds, et plus élevés peut-être que dans les Éléphants proprement dits (1).

2° *Sous le rapport ostéologique.*

La tête.

Malgré l'état fort peu avancé de nos connaissances à ce sujet, il semble que la tête tenait un peu de celle des Éléphants et de celle des Lamantins; des premiers par la nature cellulo-caverneuse des os; des seconds par la forme large et déprimée du crâne la position terminale des condyles, la grande ouverture de l'orifice nasal et par la forme de la mandibule, tandis que pour les os des membres, il semble qu'ils étaient plus longs et plus grêles même que ceux des Éléphants lamellidontes.

Les membres.

(1) Voici ce que je trouve à ce sujet, dans une dernière lettre de M. Lartet, à qui il est sans doute réservé de terminer la découverte du Dinotherium, parce que le dépôt de Sansans paraît avoir recueilli des cadavres entiers, et non comme à Eppelsheim et aux environs d'Orléans, des pièces brisées et séparées. « J'ai inscrit le Dinotherium à la suite des Pachydermes, sans prétendre par là, préjuger sa place dans la série; il est certain que plusieurs des os des membres antérieurs, se rapprochent par leur forme générale de leurs analogues chez l'Hippopotame. Enfin, son tibia, le seul os que je possède de l'extrémité postérieure, ne s'écarte du plan de son analogue, dans les autres Pachydermes, que par sa forme beaucoup moins triangulaire et presque arrondie. J'ai aussi une grande incisive supérieure, qui ressemble beaucoup à celle de l'Hippopotame. »

3° *Sous le rapport odontologique.*

Tout particulier par les Dents.

Ce genre offre certainement un type particulier, parmi les espèces Herbivores, manquant de canines, aussi bien pour le nombre et la forme des incisives de la mandibule, les seules connues, que pour le nombre, la forme et la disposition des molaires, le moins dissemblables possible aux deux mâchoires; aussi la formule

$$\frac{?}{1}+\frac{0}{0}+\frac{5}{5} \text{ dont } \frac{2}{2}+\frac{1}{1}+\frac{2}{2},$$

est-elle tout à fait particulière.

4° *Sous le rapport de la distinction des espèces.*

Formant deux espèces *D. Giganteum*.

La difficulté, peut-être à cause du petit nombre d'éléments que nous possédons, d'y parvenir est déterminée par la simplicité du système dentaire. Toutefois il semble qu'elle doit porter sur la disposition de la forme dentaire plus ou moins mastodontoïde ou lamantinoïde, c'est-à-dire sur la raison de cette partie de la série, et alors elle sera probablement vraie. Nous croyons donc pouvoir distinguer du *D. Giganteum*, *majus*, *medium* et *minus*, le *D. Cuvieri* de l'Orléanais, à moins que celui-ci ne repose seulement que sur un individu femelle.

D. Cuvieri.

5° *Sous le rapport de la répartition des espèces de ce genre.*

Limités à l'Europe centrale.

Ce genre jusqu'ici peut être considéré comme limité à l'Europe et même à l'Europe centrale, prise depuis le bassin du Rhin, jusqu'à celui du Danube. La grande espèce ou variété étant de la vallée du Rhin; la moyenne du versant oriental des Pyrénées et de Bavière, la plus petite de l'Orléanais.

6° *Sous le rapport géologique.*

Les restes de Dinotherium sont indubitablement beaucoup moins fréquents que ceux des Éléphants des deux sections, et bien plus souvent ils consistent en dents molaires.

Dans des terrains tertiaires.

Jusqu'ici ils n'ont été trouvés que dans des terrains tertiaires meubles ou pierreux, à des profondeurs considérables; jamais dans les cavernes ni dans le diluvium et encore moins dans l'alluvium.

Avec des restes d'É. Mastodontes.

Dans le plus grand nombre de cas, dans des terrains d'eau douce (1). Quelquefois cependant, et sans doute par entraînement, dans des formations marines, comme dans le crag de la Loire et de la Gascogne en Armagnac, et même dans le Sandgrube des environs d'Alzey, avec des côtes de Lamantin et des dents de Squales, le plus souvent associés avec des restes d'Éléphants mastodontes, de Rhinocéros, de Lamantin comme à Alzey et quelquefois de Palæotherium et de Ruminants comme en Gascogne, mais jamais jusqu'ici avec des os ou dents d'Éléphants lamellidontes, qui appartiennent plus généralement au diluvium (2).

Conclusion.

Comme conclusion définitive, nous trouvons encore dans ce genre d'animaux qui paraissent avoir disparu fort anciennement de la surface de la terre, un degré, un terme de cette série animale que la philosophie religieuse, la seule bonne et la seule vraie, accepte inévitablement; mais que la science démontre d'autant plus aisément qu'elle est envisagée d'une manière plus convenable, et qu'elle peut employer des éléments plus nombreux.

(1) M. Lartet dans une de ses lettres d'envoi me disait : « Les restes de Dinotherium se trouvent fréquemment très-près de la chaîne actuelle des Pyrénées et à des distances considérables des rivages de l'ancienne mer.

(2) M. Eichwald cite cependant des restes d'Éléphants, de Tapir, de Lophiodonte et de Mastodonte dans le diluvium de Podolie.

EXPLICATION DES PLANCHES.

PL. I. — A la réduction d'un sixième de la grandeur naturelle.

1) Crane du D. *giganteum*.

De profil d'après le modèle en plâtre du crâne trouvé à Eppelsheim et montré à Paris, dans l'année 1837.

Vue par la partie supérieure.

Vue par la partie postérieure.

2) Mandibule du D. *giganteum*.

Du même dépôt, mais non du même sujet, quoiqu'on l'ait ajustée sous le crâne précédent.

On voit en effet que le condyle est articulé en arrière de la cavité glénoïde.

3) *Id.* du D. *medium* (Kaup).

D'après un modèle en plâtre fourni au Muséum par la société de Darmstadt et moulé sur une pièce trouvée à Eppelsheim.

4) *Id.* du D. *Cuvieri* (Kaup).

D'après une pièce en deux morceaux, trouvée à Chevilly et donnée au Muséum, par MM. les docteurs Vincent et Bourjot.

De profil par la face externe.

De profil par la face interne, et en dessus pour montrer la symphyse.

5) Du D. *giganteum* du midi de la France.

D'après la pièce en deux fragments trouvée dans le Cominges, et qui du cabinet de M. Joubert est passée dans celui de M. de Drée, et enfin dans la collection paléontologique du Muséum où elle se trouve aujourd'hui, dégagée de toute la gangue sablono-quartzeuse qui l'encroûtait.

a) De profil.

b) Par son extrémité antérieure.

PL. II. — * *D'Eppelsheim.*

D. giganteum (Kaup).

Palais d'un jeune individu montrant trois molaires dont une des deux antérieures de lait. La principale à trois collines avec la principale d'adulte.

D'après un modèle en plâtre de la pièce trouvée à Eppelsheim et déjà figurée par M. Kaup.

Un os semi-lunaire du carpe droit.

Un fémur du même côté.

Un calcaneum.

D'après les modèles en plâtre fournis au Muséum par la société de Darmstadt, comme provenant de Mastodonte et que nous avons supposé provenir plutôt du *D. giganteum*.

** De *Bavière.*

D. Bavaricum (H. de Meyer).

Mandibule de profil en-dessus, montrant la couronne des molaires. Copie d'une figure donnée par M. Hermann de Meyer. *Nov. Act. Nat. cur. tom.* XVI. II, *tabl.* XV, *fig.* 1-2.

*** De *Chevilly auprès d'Orléans.*

Atlas trouvé avec la mandibule, figurée dans la planche I, et donnée par MM. les docteurs Bourjot et Vincent, et supposée de Dinotherium sans certitude évidente.

Molaire, première supérieure fort usée, donnée par M. Rousseau, secrétaire de la société d'agriculture d'Étampes, et longtemps étiquetée dans les collections du Muséum, comme de Rhinocéros.

**** *De Chaumont ou Langon en Dauphiné.*

Reste des dents et des ossements, attribués au roi Teutobochus en 1613, et donnés au Muséum par M. de Saint-Ferréol, héritier et propriétaire du château de Langon.

Dent.

Première molaire inférieure fort usée, regardée à tort, par moi, comme de Rhinocéros.

De profil et par la couronne réduite d'un tiers de la grandeur naturelle.

Humérus.

Partie externe de son extrémité articulaire radiale.

Os des iles. Son épine antérieure et supérieure.

''''' *De Carlat-le-Comte dans le département de l'Ariége.*

Fémur.

Une partie supérieure de cet os.

Tibia.

Partie inférieure articulaire, l'une et l'autre regardées par M. Cuvier comme des portions de radius.

'''''' Du *Gers.*

Fémur presque entier d'un jeune sujet, mais un peu écrasé.

Faisant partie des nombreux envois faits par M. Lartet.

''''''' *De la Nouvelle-Hollande.*

Mandibule.

Un fragment au tiers de sa grandeur naturelle de profil et en dessus pour montrer la couronne des dents.

Fémur.

Tronqué aux deux extrémités, vu à sa face postérieure et au cinquième de sa grandeur naturelle.

Une dent molaire de grandeur naturelle.

Ces quatre figures, faites d'après des pièces recueillies dans la vallée de Wellington en Nouvelle-Hollande, ont été copiées de celles données par M. R. Owen (*Annals and Magaz. of Nat. Hist.*, pour 1843.

Fémur.

Tronqué aux extrémités et figuré au tiers de la grandeur naturelle, d'après le modèle en plâtre dans la collection du Muséum, d'un os existant dans celle d'Édimbourg et provenant aussi de la vallée de Wellington.

Ce modèle est inscrit dans notre Muséum comme Fémur d'Éléphant de la Nouvelle-Hollande.

PL. III. — Système dentaire.

Les figures toutes au tiers de la grandeur naturelle.

A. Adulte.

De la mâchoire.

Ire Molaire.

a) En place, d'après le modèle en plâtre d'un fragment de mâchoire, trouvée à Eppelsheim, acquis de M Kaup.

b) Hors de place, d'après une pièce provenant du département du Gers, et donné au Muséum par M. l'abbé Barrière.

IIe Molaire.

a) En place sur la même pièce que la première.

b) D'après une dent envoyée du Gers par M. Lartet.

IIIe Molaire.

a) De Grenoble, d'après un modèle en plâtre qui a déjà servi à la fig. VII de la pl. III de M. G. Cuvier.

b) Par la couronne et de profil, d'après une dent envoyée par M. Lartet, et provenant de La Roque, département des Hautes-Pyrénées.

c) D'après une pièce en nature de Vienne en Dauphiné, donnée par M. Gaillard, curé de Chaizel, et dont M. George Cuvier avait déjà eu le modèle en terre cuite.

d) En place sur une pièce qui porte trois molaires dont les deux premières sont de lait.

IVe Molaire.

a) D'après une dent provenant de Chevilly, et donnée par M. Rousseau, d'Étampes.

b) D'après une dent assez usée, provenant du Gers, et envoyée par M. Lartet.

c) D'Alan en Cominges (Haute-Garonne), donnée par M. Caboul.

Ve Molaire.

a) Séparée d'après une pièce provenant du Gers, et donnée par M. Mouvelle.

b) Également séparée, de Carlat le Comte, et donnée par M. le docteur Lourde Seillies.

c) En place sur un morceau de mâchoire d'Eppelsheim dont le moule en plâtre a été acquis de M. de Klipstein, et d'après ce modèle.

La série des cinq molaires en connexion d'après le modèle en plâtre du crâne d'Eppelsheim représenté dans la Planche I, et figuré par M. Kaup.

De la Mandibule.

Ire Molaire.

a) D'après le modèle en plâtre envoyé par M. Lartet, d'une dent recueillie à Tournon, dans le département du Gers.

b) D'après une pièce d'origine inconnue et déjà figurée par M. G. Cuvier.

IIe Molaire.

Figurée d'après une dent, dont M. le comte Jaubert, qui l'a donnée au Muséum, ignorait l'origine.

IIIe Molaire.

a) D'après une dent à l'état de germe envoyée du Gers par M. Lartet.

b) De Chevilly, près d'Orléans, par M. Rousseau, d'Etampes.

c) Copiée de M. Eichwald, *Nov. Act. Acad. Cur. Nat.*, tom. XVII. II., tab. LX, p. 520 et type de son *D. proavum.*

IVe Molaire.

a) D'après une fort belle pièce que M. le comte de Laizer a bien voulu nous communiquer comme venant d'Auvergne, mais sans nous en dire la localité.

Ve Molaire.

a) Également d'après une belle dent en nature dont nous devons la communication à M. de Laizer, comme provenant d'Auvergne, mais sans localité précise (1).

b) D'après une dent envoyée du Gers par M. Lartet.

c) D'après une pièce provenant de la collection de feu M. L. Claude Richard, célèbre botaniste, mais sans désignation d'origine.

Les cinq molaires inférieures en série sont représentées.

a) Du *D. giganteum.* D'après une pièce trouvée à Eppelsheim, et dont la collection du Muséum possède un modèle en plâtre.

b) D'après une côte de la mandibule du Cominges, représentée dans la planche I.

c) D'après la mandibule de Chevilly, figurée dans cette même planche I, et n'offrant que quatre dents; la première ayant été brisée.

B. de jeune âge.

1) *Mâchoire.*

I^o^ Molaire de lait de profil et par la couronne, en place sur la mâchoire où se trouve la molaire troisième.

II° Ou principale de Lait en place sur la même mâchoire.

II'' La même dent, d'après le moule en plâtre envoyé par M. Lartet.

2) *Mandibule.*

I. D'après le modèle en plâtre d'une dent trouvée à Eppelsheim.

(1) Au sujet de ces deux dents d'Auvergne, je dois faire observer qu'on en a trouvé dernièrement deux autres au Roc Coulssy, proche le Barra, tout près d'Aurillac; l'une qui est déposée à la mairie de cette ville, et l'autre, dont nous avons vu un croquis et qui est en la possession de M. Dubuisson, l'un de ses habitants.

PARIS. — IMPRIMERIE DE FAIN ET THUNOT,
IMPRIMEURS DE L'UNIVERSITÉ ROYALE DE FRANCE,
Rue Racine, 28, près de l'Odéon.

DES LAMANTINS

(Buffon),

(*MANATUS*, Scopoli),

OU

GRAVIGRADES AQUATIQUES.

Nous commençons ce mémoire par dire que nous comprenons sous le nom générique de LAMANTINS, avec Buffon, de *Manatus*, avec Scopoli, le petit groupe d'animaux de l'ordre des Éléphants, que, dans notre système de Mammalogie et de nomenclature, nous avons désigné par la dénomination de Gravigrades, à cause de la pesanteur de leur marche, et qui, profondément modifiés, non-seulement pour chercher leur nourriture exclusivement végétale dans l'eau douce ou salée, mais encore pour y exercer tous les autres actes de la vie, ont été rangés si fâcheusement jusque dans ces derniers temps, et entre autres par M. G. Cuvier, parmi les Cétacés, dont ils n'ont absolument aucuns caractères, quand on les envisage dans leurs véritables rapports naturels. C'est même à mettre cette vérité hors de doute, que nous consacrerons la partie préliminaire de notre travail, par la raison bien simple que, pour qu'une comparaison ait quelque valeur, et conduise à un résultat satisfaisant et logique, il est de toute nécessité qu'elle ait lieu entre choses analogues, ce qui malheureusement a été fort rarement fait jusqu'ici dans la science de l'organisation et ce qui donne, pour le dire en passant, aux traités d'anatomie comparée, que la science possède, le caractère d'illisibilité qu'ils présentent trop souvent pour la plupart.

Les Lamantins sont un genre de Gravigrades ou d'Éléphants aquatiques, et non de Cétacés.

Distingués par Buffon.

Il sera en outre bon de montrer, par un exemple qui se présente tout naturellement, comment les idées se faussent aussi bien sur les choses que sur les hommes, par suite de ces aperçus historiques superficiels, pour ne pas dire davantage, et dans lesquels le blâme et la louange sont portés d'un côté ou de l'autre, avec habileté peut-être, mais souvent avec peu d'équité. Ainsi, dans le cas actuel, c'est Buffon qui a réuni et parfaitement défini ce groupe sous le nom de LAMANTINS, et c'est Scopoli qui, abandonnant le nom latin de *Trichechus* que lui avait donné exclusivement Artedi, parce qu'on y avait malheureusement introduit à tort le Morse, lui a substitué celui de *Manatus*, anciennement employé par Gesner, comme nom d'un animal et non comme générique.

Nommés, par Scopoli, *Manatus*.

Ce qui est prouvé 1° par les faits d'histoire naturelle de ces Animaux rapportés par Oviedo, 1535.

C'est ce que nous allons aisément mettre en évidence, après toutefois que nous aurons dit quelque chose des faits recueillis par les voyageurs sans prétentions scientifiques, faits qui devront nous aider à confirmer les rapports naturels de ces animaux.

Oviedo (*Hist. Ind. occid.*, lib. XIII, cap. X, 1535, en espagnol, 1555, en français) paraît être le premier qui ait parlé du Lamantin, comme d'un animal des rivages de Saint-Domingue, en le distinguant convenablement par plusieurs particularités de forme, de mœurs et d'usages; il cite, pour prouver la bonté et la grande facilité de conservation de sa chair, comme en ayant lui-même apporté de Saint-Domingue à Avila en Espagne, où elle fut trouvée aussi bonne que celle du Veau d'Angleterre.

Sans chercher à le rapprocher d'un animal connu, il a prononcé le nom du Veau marin ou du Phoque, en disant que la femelle a deux mamelles pectorales dont elle allaite ses petits (deux suivant lui); ce que je n'ai vu, ajoute-t-il, dans aucun poisson, si ce n'est dans le Veau marin et les Dauphins.

Lopez de Gomara, 1553.

En 1553, Lopez de Gomara (*Histoire générale des Indes occidentales*, en espagnol, chap. 31), qui paraît également avoir séjourné dans la même île, démontre la nature douce et éducable de cette espèce animale, dans l'histoire d'un Lamantin qui, pris jeune et élevé dans un lac, presque en domesticité, s'était montré susceptible de reconnaissance à l'égard de son maître, au point de venir à sa voix, de prendre de la nourriture de sa main, et même de lui servir de bête de transport.

1587. P. Martyr (*Ocean. Décad.* III, liv. 8), dans le peu qu'il dit du Lamantin, qu'il n'avait pas vu, puisqu'il ne fit pas le voyage d'Amérique, remarque en effet qu'il est doux et inoffensif comme un Éléphant. P. Martyr, 1587.

1591. Le père J. Acosta, missionnaire (*Hist. nat. et morale des Indes*, en castillan, traduct. franç., p. 97), confirme la nature de la chair du Lamantin, par la répugnance qu'il éprouva à en manger un vendredi à Saint-Domingue. Du reste il ne le décrit pas, et se borne à douter qu'on doive considérer comme un poisson, un animal qui engendre des petits vivants, a des mamelles, du lait, et qui paît l'herbe des champs, quoiqu'il habite ordinairement l'eau. J. Acosta, 1591.

1592. Herrera (*Décad.* I, liv. 5, ch. 2) en parle sous le titre de *Taurus marinus*, ce qui montre que l'on considérait aussi cet animal comme une sorte de bœuf, sans doute à cause de sa nourriture et des qualités de sa chair. Il paraît du reste entrer dans d'assez nombreux détails, puisque Gumila, dont il sera parlé plus loin, renvoie à cet historien pour en avoir de plus nombreux que ceux qu'il donne. Herrera, 1592.

1605. De l'Écluse, comme il sera dit plus bas (*Exot.*, liv. V, ch. 32) donne la description et la figure d'un Lamantin femelle et de son petit, d'après deux peaux desséchées qu'il avait vues à Amsterdam et à Leyde. C. de l'Écluse, 1605.

Malheureusement il étend ou fortifie la comparaison faite en passant par Oviedo, en inscrivant cet animal dans le genre des Phoques.

1633 (1). De Laët, dans sa *Description du Nouveau monde*, p. 6, à l'occasion de celle de l'île de Saint-Domingue, en parle d'après ses prédécesseurs, et copie la figure donnée par l'Écluse. De Laët, 1633.

1635 (2). Nieremberg (*Hist. nat.*, lib. XI, cap. 9, p. 269) rapporte Nieremberg, 1635.

(1) M. Fr. Cuvier disant 1640, cite la traduction française.
(2) M. Fr. Cuvier dit 1633, par erreur typographique.

les expressions mêmes d'Oviedo et de P. Martyr, et prend son titre et sa figure de l'Écluse.

Hernandez, 1651. 1651. Hernandez (*Rer. med. Nov.-Hispan*, lib. IX, p. 323) semble ne pas avoir observé le Lamantin, ce que prouvent les deux figures qu'il en donne, tant elles sont non-seulement mauvaises, mais menteuses (1), et son assertion qu'il se trouve dans les deux mers; ce qu'il en dit du reste montre qu'il le considérait comme un véritable mammifère, mais n'ajoute souvent que des erreurs à ce qu'on en savait avant lui.

Binet, 1664. 1664. A. Binet, dans son *Voyage de la France équinoxiale*, commence à porter notre attention sur le Lamantin des rivages et des rivières de Cayenne et de la terre ferme où il était si commun de son temps, qu'en un jour on pouvait en remplir une barque. Il nous a fourni en outre l'observation que sa peau est rude et épaisse comme celle de l'Éléphant, et, ce que du reste on savait déjà, que sa chair est excellente et sa graisse aussi douce que le beurre.

Dutertre, 1667. 1667. Le P. Dutertre (*Histoire gén. des Antilles*, tome II, p. 197), quoiqu'il ait eu très-probablement l'occasion de voir des Lamantins, pendant ses voyages de mission dans l'Amérique méridionale, n'apprend rien de bien nouveau et surtout de bien important à leur sujet, et même il copie la figure donnée par l'Écluse; c'est cependant lui, à ce qu'il paraît, qui a employé le premier le nom français de Lamantin, et après lui de Rochefort (*Hist. nat. des Antilles*, 1659), dont l'ouvrage parut la même année que celui du P. Dutertre, mais qui semble n'en être qu'un plagiat.

Dampier, 1702. 1702. Dampier, dans ses voyages de 1673 à 1692, commence à parler du Lamantin de la baie de Campêche et des îles méridionales de Cuba, mais en outre de celui des îles Philippines et même de la Nouvelle-Hollande, qu'il dit avoir vu, et se trouver aux mêmes lieux que les Tortues de Mer, et se nourrissant des mêmes herbes.

(1) Aussi pense-t-on généralement qu'elles ont été ajoutées à son texte par une main étrangère.

1722. Le P. Labat, dans son voyage aux îles d'Amérique (t. II, p. 200), Labat, 1722.
ayant eu l'occasion de voir un individu femelle qui venait d'être harponné, ajouta, à ce que l'on savait déjà, l'observation des grandes babines, comme il nomme les lèvres, des poils longs et roides qui sont au-dessus et qu'il y a mouvement de flexion au cou. Il décrit les mamelles comme étant fort développées par la lactation, et pourvues d'un mamelon gros comme le pouce, saillant d'un doigt au moins; la queue comme épaisse de trois pouces à son extrémité, et la peau de l'épaisseur d'un double cuir de bœuf, à gros grain et rude avec des poils clairsemés, gros et assez longs.

1744. Mais c'est surtout Oexmelin, longtemps flibustier, qui, dans OExmelin, 1744.
son *Histoire des Aventuriers*, tome I (chap. 6, *des Animaux et des Plantes* de l'île de la Tortue et de Saint-Domingue), p. 392, fit connaître, au milieu de comparaisons assez bizarres, comme la tête d'une Taupe, avec le museau d'une Vache, les yeux d'un Porc, les viscères d'une Tortue, les organes de la génération de la femme, quelques particularités plus intéressantes de l'organisation du Lamantin. Il signale par exemple la callosité labiale dure comme un os avec laquelle, à défaut de dents incisives, il pince l'herbe, et le nombre de dents molaires (32), dont les mâchoires sont armées, la petitesse du cerveau, etc.; il dit que la colonne vertébrale est formée de cinquante-deux vertèbres; que la femelle, dont le lait est d'un excellent goût, n'allaite son petit que pendant un an, enfin il nous apprend que les Lamantins étaient communs dans la rivière des Amazones.

1745. — C'est vers cette époque que l'histoire naturelle des Lamantins est à peu près terminée sur place, celle du continent de l'Amérique :

1° Par les observations du père Gumila (*Histoire de l'Orénoque*, en Gumila, 1745.
espagnol, 1745, en français, 1750), qui le retrouve en quantité si immense dans les grands lacs en communication avec cette rivière (1), à plus

(1) Au sujet d'un fait curieux rapporté par le P. Gumila, sur la quantité prodigieuse de Lamantins que les Sauvages prennent dans certaines circonstances, M. F. Cuvier (*Histoire des Cétacés*, p. 12) dit que c'est à l'époque où ils sortent des lacs pour retourner à la mer. C'est, je

de mille lieues de son embouchure dans la mer; il peut assurer positivement que la femelle produit deux petits à la fois, puisqu'il les a fait sortir, sous ses yeux, du corps de la mère; comparant ses dents à celles du Bœuf, ruminant comme lui et lui ressemblant en outre par la bouche et les lèvres, en différant par la forme des côtes bien plus épaisses.

De La Condamine, 1745.

2° Par les observations de La Condamine, qui, dans son *Voyage sur la rivière des Amazones*, en 1745, p. 154, confirme, par un examen attentif, la plupart des particularités reconnues avant lui et émet, le premier, l'opinion, que le Lamantin des lacs de l'Orénoque pourrait bien être une autre espèce que celui des îles.

Adanson, 1757

Enfin, par l'histoire presque complète qu'Adanson donna en 1757, dans son *Histoire naturelle du Sénégal*, du Lamantin de l'Afrique méridionale, et surtout par le dessin et le crâne qu'il rapporta à Buffon. Jusqu'à lui, en effet, tous les navigateurs qui avaient parlé de cette espèce, comme Barbot, Dapper, n'en avaient dit que fort peu de chose, et encore ce peu de chose était fort insignifiant.

Pendant ce long temps que l'observation a mis à fournir à la science, sur le Lamantin d'Amérique et d'Afrique, les éléments dont elle avait besoin, les deux autres espèces étaient traitées bien différemment; en effet, l'une, celle du nord-est, arrivait presque d'un seul jet, et de fort bonne heure, en 1745 (*Mém. de l'Académ. des sc. de Saint-Pétersbourg*, t. II, p. 294, 1751), à être connue d'une manière presque complète, par le beau mémoire de Steller (1), tandis que l'autre, celle de l'archipel Indien, quoique aperçue et indiquée de fort bonne heure, et même assez passable-

Steller, 1751.

crois, par erreur; Gumila ne dit rien de cela, et, malgré l'espèce de doute que M. Fr. Cuvier conserve (page 21) sur la confiance que mérite l'observateur, le fait de Lamantins en nombre considérable dans ces lacs, et non de Dauphins, est confirmé par ce qu'en a dit La Condamine, et depuis lors M. de Humboldt.

(1) *De Bestiis marinis, auctore Georg. Wilhem. Stellero. Descriptio Manati seu Vaccæ marinæ Hollandorum*, Sea Cow *Anglorum*, *Russorum* Morskaia Korowa. *Occisa d.* 12 *jul.* 1742. *in insula Beringii Americam inter et Asiam in Canali sita*, pages 294 à 330.

ment observée et décrite par Barchewitz, vers 1720 (*Ostindianische Reise Beschreibung*, 1730), n'a été bien connue que presque de nos jours, d'abord par Marsden, et ensuite par Raffles, tous deux Anglais, par notre compatriote Duvaucel, et enfin par M. Ruppel pour le Dugong de la mer Rouge. Barchewitz. 1720.

Toutefois, comme ces quatre ou cinq espèces de Lamantins ne sont parvenues en nature que bien plus tard encore dans les collections zoologiques européennes, on voit en cela l'une des principales raisons pour lesquelles les zoologistes de profession ont été plus malheureux que les simples observateurs, au sujet de la position qu'ils ont assignée à ce genre dans la série mammalogique; la plus réelle étant cependant l'absence de principes dans la classification des animaux, comme notre analyse critique va sans doute, ce me semble, le démontrer; en effet, Linné et Gmelin ont bien plus approché de la vérité que Blumenbach, Storr et G. Cuvier, qui pensaient être dans la voie des rapports naturels. Malgré les variations à ce sujet des zoologistes depuis 1558 jusqu'ici.

C'est à cette démonstration que nous allons consacrer la seconde partie de notre exposé historique, portant sur l'étude scientifique des Lamantins.

Les Lamantins, comme on vient de le voir, avaient été signalés depuis un assez grand nombre d'années, par les voyageurs et les historiens du Nouveau-Monde, qui en avaient trouvé une espèce commune sur les rivages de l'Archipel et remontant même jusque dans les fleuves de l'Amérique méridionale, avant qu'ils fussent compris dans les systèmes de zoologie, ce qui n'eut lieu que vers la fin du dix-septième siècle; et comme à cette époque dominait nécessairement, dans la classification des animaux, le principe tiré de la considération du séjour, suivant ce qu'avait fait Aristote, on voit comme le Lamantin fut d'abord rangé parmi les Aquatiles, qu'on divisait alors en deux classes, les Cétacés et les Poissons.

Ainsi, Rondelet, qui le premier en a fait mention au milieu des monstres marins, n'en dit-il que quelques mots dans le seizième livre Rondelet. 1558.

de son *Histoire des Poissons*, p. 490, 1558, sous son nom de *Manate*, dans un chapitre particulier, d'après Oviedo, et peut-être faut-il rapporter à ce même animal ou au Dugong, tout ou partie de sa *Sirena*.

Gesner. 1587. Gesner, *Aquat.* p. 213, 1587, copie Rondelet, en demandant seulement si ce ne serait pas le *Bos marinus* qu'Aristote a mis au nombre des Cétacés.

Cardan. Scaliger. 1592. C'est ce qu'imitèrent nécessairement Cardan et Scaliger, dans leur singulière et intéressante discussion sur toutes les sciences, qui eut lieu à la même époque.

Jusque-là cependant, l'histoire de cet animal ne se composait toujours que de ce qu'en avait dit Oviedo en 1535, Lopez de Gomara en 1553, et longtemps après lui, P. Martyr en 1587; mais aucun naturaliste ne l'avait vu, soit sur les lieux, soit encore moins en Europe; lorsque C. de l'Ecluse, botaniste dont le nom n'est pas encore oublié, donna, le premier, la description d'une femelle adulte et la figure de son petit, que des marins hollandais avaient mis à bord comme provision de bouche, et dont ils avaient apporté la peau à Amsterdam, peau qu'il avait vue desséchée à Amsterdam d'abord, et ensuite à Leyde.

De l'Ecluse. 1605.

En effet, moins heureux que ceux que l'avaient vu vivant et qui lui donnaient la tête et la chair d'un Bœuf et même quelque chose d'éléphantin dans la disposition des ongles et même dans la structure de la peau, l'Ecluse pensa que cet animal devait, sans aucun doute, être rapporté au genre des Phoques, et il le décrivit dans ses *Exotiques*, liv. VI, chap. 1, pag. 182, publiées en 1605, sous le titre de *Manati*, *Phocæ genus*.

Malgré cette opinion erronée, cette description permit, comme on le pense bien, de se faire une idée plus exacte de ce qu'était ce singulier animal, d'autant plus qu'elle était accompagnée d'une figure du jeune: et dorénavant, c'est-à-dire à dater du commencement du dix-septième siècle, il entra dans les systèmes de zoologie qui commencent à paraître vers le milieu de ce siècle.

Aldrovandi. 1613. Ainsi Aldrovandi, 1613, p. 728, et son abréviateur Jonston, 1649,

II, p. 223, que l'on peut considérer comme les premiers systématistes en zoologie, Jonston, 1649. et qui rédigèrent en effet le premier système de zoologie, consacrèrent le dernier article de leur histoire naturelle des Cétacés à celle du Lamantin, immédiatement après leur article sur les Phoques, auxquels ils rapportent comme à son genre le Morse ou la Vache marine. Ces deux zoologistes, en copiant ce qu'on avait dit avant eux sur le Lamantin, n'y joignirent cependant pas la figure qu'en avait donnée l'Écluse.

Ce rapprochement du Lamantin des Phoques et du Morse fut encore Charleton. 1668. plus nettement formulé dans l'Onomasticon de Charleton dont la première édition parut en 1668. En effet, les *Phoca*, *Walrus* ou *Mors*, *Manati* et *Hippopotamus* constituent les cinquième, sixième, septième et huitième divisions génériques qui terminent la classe des Cétacés, eux-mêmes placés à la fin des *Aquatilia sanguinea*, ce qui eut également lieu dans la seconde édition en 1677. 1677.

Quoique Ray, 1693, p. 193, n'eût pas encore à employer d'autres élé- J. Ray, 1693. ments que ses prédécesseurs, il fut plus heureux, par suite de l'abandon, pour la systématisation des mammifères, du principe tiré du séjour, en séparant ainsi ces quatre genres des Cétacés et en les rangeant dans la classe des Quadrupèdes, quoique le Lamantin n'ait que deux pieds. Mais il ne fut pas aussi heureusement inspiré à l'égard de cet animal en le faisant suivre le Phoque et le Morse qu'il place avec la Loutre dans son *Genus caninum*. Toutefois le célèbre naturaliste anglais eut bien soin de faire la remarque en la soulignant : *quibus à Phocâ differt, quæ rapax est et piscibus victitat.*

Dès lors ces quatre animaux, ainsi que l'Hippopotame, devaient ne Willughby, 1686. plus être compris dans la classe des Cétacés qui commençait alors les *Aquatilia ;* mais il n'en fut cependant pas ainsi. En effet Willughby (*Historia Piscium*, 1686) ne fit plus entrer les Phoques, le Morse et l'Hippopotame parmi les *Aquatilia Cetacea*, mais il y conserva le Lamantin, et Artedi, dans son *Genera Piscium* qui parut en 1738, imita Artedi. 1738. Willughby, et, par suite du rapprochement fâcheux qu'il en fit d'animaux qu'il croyait entièrement sans poil, il lui donna le nom générique de *Trichechus* au lieu de celui de *Manatus* proposé par Rondelet (1).

Linné, 1735. Dans ce long intervalle, compris entre les premières observations d'Oviedo et de l'Écluse, depuis la première édition du *Systema naturæ* de Linné, en 1735, jusqu'à la dixième, en 1757, non-seulement le Lamantin de l'Amérique avait plus complétement été mentionné par les voyageurs qui ont écrit l'histoire naturelle de cette partie du monde, mais encore celui du Sénégal et même celui de l'Inde (le Dugong)(2), avaient été signalés d'une manière plus ou moins étendue, l'un par Ch. Barkewitz, en 1730, et avant lui par Le Guat dans leurs voyages aux

Linné, 1740 à 1751. Indes orientales, l'autre par Adanson en 1758. Toutefois Linné dans sa première et même dans les six premières éditions du *Systema naturæ*, retira également les Phoques, le Morse et l'Hippopotame des Cétacés ici nommés *Pisces plagiuri;* mais il y laissa le Lamantin en lui conservant pour dénomination générique le nom de *Trichechus*, inventé par Artedi, d'après un caractère d'opposition avec ses autres Cétacés. Du reste le Lamantin était à la tête des Cétacés ou des *Pisces plagiuri.*

Klein, 1750. Les critiques de Klein sur la disposition méthodique des Quadrupèdes de Linné ne pouvaient porter sur la position de ce genre, et d'autant moins que l'ardent antagoniste du *Systema naturæ*, qu'il n'a jamais compris, revenant à la manière de voir de Charleton, replaça les Manati, les Phoques et les Morses, auxquels il associa la Loutre et le Castor, parmi les Quadrupèdes, formant du tout une famille caractérisée par la forme anomale des pieds, famille à laquelle il donna le nom d'*Anomalipedes*.

Hill, 1751. Hill était trop complétement sous l'influence linnéenne, agissant alors,

(1) Du reste c'est à tort que Camper reproche à Artedi de mettre le Morse à la place du Lamantin; car, dans le *Genera Piscium*, il n'est en aucune manière question du Morse; par *Trichechus* Artedi ne comprenait que le Lamantin et le Dugong; il n'a donc jamais confondu le Morse et le Lamantin, mais bien celui-ci avec le Dugong.

(2) La première indication du Dugong est réellement due à P. Gilles, en 1614. Il le désigne sous le nom d'*Eléphant marin*, que lui donnaient à cette époque les Arabes des bords de la mer Rouge, à cause de ses dents et de sa peau (*Elephanti descriptio nova*, p. 21, cap. VII).

en 1751, dans toute son intensité, pour ne pas imiter Linné et Artedi; et pour lui le Lamantin constitue encore à lui seul le genre *Trichechus* à la fin des *Pisces cetacei*, mais il n'en fut pas de même de Brisson en 1756.

Brisson, en effet, ayant définitivement établi, et fort convenablement, Brisson, 1756.
la classe des Cétacés comme distincte des Poissons et l'ayant placée immédiatement après les Quadrupèdes avec le caractère d'avoir le corps nu et non couvert de poils comme ceux-ci, rangea approximativement, et comme par une sorte d'instinct, le Lamantin avec le Morse sous le nom générique commun d'*Odobenus*, entre l'Éléphant et le genre Chameau à la tête des Ruminants; mais il est évident que son genre ne porte que sur le Morse, et que le rapprochement qu'il en fait du Lamantin, type du *Trichechus* d'Artedi, était fort douteux; en effet il a bien soin d'avertir qu'il n'a pas vu le Lamantin; qu'aucun auteur n'a parlé des dents de cet animal; qu'on ne lui donne que deux pieds, mais qu'il a tant de rapports avec les Quadrupèdes qu'il croit qu'il appartient à cette classe, et qu'il y a toute apparence que les pieds de derrière sont confondus dans la queue et qu'on les découvrira par la dissection (1).

Du reste, dans la synonymie de cette espèce, il comprend le Dugong des habitants d'Amboine, d'après Artedi, mais sans aucune citation d'autorité; quoique en 1754 venait d'être publiée, par J. L. Renard, une figure J. L. Renard, 1754
qui le représentait, il est vrai, assez mal, avec le titre de Douyon ou de Vache marine.

Depuis la publication de l'ouvrage de Brisson, Linné, dans sa dixième Linné, 1758.
édition du *Systema naturæ*, fit rentrer définitivement les Cétacés proprement dits dans la classe des quadrupèdes qu'il désigna alors plus convenablement sous le nom de Mammifères; mais en distribuant parmi ceux-ci les Phoques, les Morses, les Lamantins et les Hippopotames, il imita Brisson en mettant le genre *Trichechus* à côté de l'Éléphant, ce

(1) Sans doute c'était une hypothèse gratuite; mais ce n'est pas une raison pour dire, comme l'a fait Camper, que ce que dit Brisson ne signifie pas grand'chose, et qu'il a copié Steller, qu'il ne cite pas, et qu'il n'a pas connu.

genre reposant sur le Lamantin ; en y plaçant encore à son imitation le Morse, type du G. *Odobenus*, ce qui permettra plus tard le transport du type du genre *Trichechus* à cet animal.

Buffon, 1765. C'est aussi ce que fit de son côté Buffon en 1765, en comprenant dans le même chapitre intitulé : des Phoques, des Morses, des Lamantins, tout ce qui a trait à l'histoire de ces animaux, et même du Dugong, qu'il avait recueilli au sujet de ce dernier surtout, dans les voyageurs, n'ayant eu à sa disposition qu'un très-jeune fœtus de Lamantin et deux têtes osseuses, décrites par Daubenton, l'une de Dugong, l'autre de Lamantin Toutefois il est aisé de voir, par ce rapprochement, dans le même chapitre, de ces quatre genres d'animaux, que Buffon était encore guidé par la considération du séjour ; aussi termine-t-il un premier paragraphe qui a servi de base à l'ouvrage d'Herman sur les affinités des animaux, ainsi qu'à ces prétendues cartes géographiques que formeraient les Mammifères, suivant certains zoologistes, par ces mots : « Les Phoques, les Morses et les Lamantins sont un petit corps à part qui forme la pointe la plus saillante pour arriver aux Cétacés; les deux premiers plus près des Quadrupèdes que des Cétacés, mais les Lamantins, qui n'ont que les pieds de devant, plus Cétacés que Quadrupèdes. »

Malgré cela, Buffon et Daubenton, en rapprochant ces animaux, en les comparant sous tous les rapports et surtout sous celui du squelette, et principalement de la tête osseuse et du système dentaire sur un Phoque, un Dugong et un Lamantin, fournirent évidemment les éléments à l'aide desquels les questions d'affinités naturelles et de distinction des espèces pouvaient être attaquées avec succès.

Erxleben, 1777. Elles le furent en effet, mais sans résultats avantageux, par les deux mammalogistes dont les ouvrages suivirent la dernière édition du *Systema naturæ*, en 1768; d'abord par Erxleben, quoiqu'il crût devoir abandonner les ordres ou familles de Linné ; et avant lui peut-être par Pennant, par suite de ce qu'il accepta, pour principe rigoureux de la classification des Mammifères, non plus le séjour, mais, ce qui revient absolument au même, la considération des organes locomoteurs qui sont en harmonie avec lui.

Erxleben, en 1777, suivit en effet complétement l'idée de Buffon en disposant ses genres de Mammifères, de manière que le G. *Phoca* fût le dernier des Carnassiers, afin qu'il pût être suivi immédiatement du *Trichechus* et celui-ci de la série des Cétacés qui terminent la classe. Il réunit du reste convenablement le Dugong aux Trichechus : mais il accepte l'erreur de Linné pour le Morse qu'il met cependant à la tête, immédiatement après les Phoques.

C'est ce que fit, presque en table synoptique, Scopoli, dans son Intro- Scopoli, 1777.
duction à l'Histoire naturelle, en 1777; mais par suite de sa première division en Cétacés et en Quadrupèdes, les Lamantins, qu'il désigne sous le nom générique de *Manatus*, sont mis dans cette dernière division, et les Phoques, dont il a séparé le Morse sous la dénomination de *Rosmarus*, dans la division dernière des *Aquatilia*. Toutefois, ici, le G. *Trichechus* est supprimé, et par conséquent la confusion qu'on y avait introduite n'existe plus.

Pennant, en 1772, ayant partagé la classe des Mammifères en Qua- Pennant, 1772.
drupèdes, Alipèdes, Pinnipèdes ou Amphibies, et en Cétacés, on voit comment il a été tout naturellement conduit à suivre rigoureusement Buffon, ainsi que Camper en a fait judicieusement la remarque, qui peut être également appliquée à Hermann : en effet, il nous apprend lui-même en note de la page 114 de ses Affinités des Animaux, Hermann, 1783.
publiées en 1783, qu'il suivait dans ses cours la même classification des Mammifères que Pennant.

C'est aussi à peu de choses près ce que Blumenbach a imité dans l'é- Blumenbach, 1778.
tablissement de son ordre des Mammifères palmipèdes; seulement sa systématisation étant encore plus rigoureuse que celle de Pennant, ayant recours à la considération secondaire du système dentaire, il y établit trois subdivisions : les rongeurs (*Castor*), les carnassiers (*Phoca*) et les édentés (*Trichechus*) et (*Ornithorhynchus*). Seulement chez Blumenbach, au lieu que le mot *Trichechus* soit traduit par Lamantin, il

l'est par Morse. Du reste, suivent les Cétacés qui terminent la classe comme chez Buffon et les autres zoologistes.

Storr, 1780. Storr, qui le premier en 1780 essaya d'appliquer à la classification des Mammifères ce qu'on nomme la méthode naturelle, ne sortit cependant pas des errements établis par Buffon et Pennant; en effet, ayant également partagé les Mammifères en trois grandes divisions, d'après les organes de la locomotion, c'est dans le seconde, caractérisée par des pieds natatoires, que se trouvent les Phoques, les Morses (*Rosmarus*), les Dugongs (1) (*Trichechus*) et les Lamantins (*Manatus*), les véritables Cétacés formant, comme à l'ordinaire, la troisième et dernière division.

Buffon, 1782. Ainsi, jusque-là, c'est toujours Buffon qui a fourni dès 1765 les éléments à l'aide desquels les Lamantins ont été classés dans la série des Mammifères; et c'est encore lui qui, dans son VIe volume de Supplément, publié en 1782, a nettement séparé ce groupe comme formant un genre distinct, facile à caractériser par toutes les parties de l'organisation, et comme composé de cinq espèces qu'il énumère et définit, en y comprenant, comme cela doit être, non-seulement le Dugong, qu'il ne semble plus reconnaître dans l'espèce qu'il nomme le grand Lamantin de la mer des Indes; mais encore le grand Lamantin du Kamtschatka, que nous appelons aujourd'hui le Lamantin de Steller; du reste, le grand Lamantin des Antilles qu'il sépare du petit, et enfin, celui du Sénégal qu'avait observé Adanson et dont il avait même rapporté une tête osseuse, sont convenablement distingués (2).

J. Hauy, 1782. Dès lors on voit comment M. l'abbé Hauy chargé du rôle ingrat de réduire en articles dans le Dictionnaire des Quadrupèdes de l'Encyclopédie

(1) C'est donc à tort que M. F. Cuvier (*Cétacés*, p. 27) attribue l'établissement de cette division des Lamantins, comme genre, à M. de Lacépède. Non-seulement elle l'était par Storr, en 1780, mais par Scopoli, en 1777.

(2) Buffon a eu tort cependant de différencier le Lamantin du Sénégal du petit Lamantin d'Amérique, parce que celui-ci manque de dents; il n'en manque pas plus que l'autre; et le passage même d'OExmelin, qu'il avait cité textuellement dans son ouvrage de 1766, prouve que c'était ici un oubli de sa part.

méthodique, publié en 1782, les grands tableaux de leur histoire si admirablement peints par Buffon, fut conduit, en les formulant en système, à former, pour le point limité qui nous occupe en ce moment, une famille ou grand genre pour les Amphibies et à la terminer par les Lamantins immédiatement après les Phoques et les Morses, avant les Cétacés, qui constituent la troisième et dernière famille de la classe.

C'est ce que fit, avec bien plus de prétentions d'avoir démontré aux Hermann, 1783. yeux comme à l'esprit les rapports naturels des animaux, Hermann en 1783, dans son ouvrage, véritablement remarquable par son érudition, intitulé *de Affinitatibus Animalium*, et en 1785, J.-B. Berthout van Ber- J.-B. Berthout, 1785 chen, dans son tableau des rapports des Quadrupèdes, inséré dans les mémoires de l'Académie de Lausanne.

On peut en dire à peu près autant de Boddaërt qui, dans son Elen- Boddaërt, 1785 chus publié en 1785, prenant encore plus rigoureusement en considération les organes locomoteurs en harmonie avec le séjour, termina par les Dugongs (*Trichechus*) et les Lamantins (*Manatus*) sa division des Mammifères aquatiques, contenant non-seulement le Morse (*Rosmarus*) et les Phoques, mais encore la Loutre, le Castor et l'Hippopotame, presque à l'imitation de Belon deux cents ans auparavant, et de Blumenbach en 1778.

Gmelin, dans sa treizième édition du *Systema naturæ*, n'eut donc Gmelin, 1788. qu'à enregistrer, ce qui avait été fait par Buffon, les quatre espèces dans le G. *Trichechus*, en continuant cependant à y renfermer le Morse, en contact, il est vrai, avec le G. *Phoca* qui commence la série de l'ordre des *Feræ*. Seulement, suivant sa manière habituelle, il rangea comme variété du *T. Manatus*, les *M. australis* et *borealis*, en leur donnant une caractéristique aussi distincte que le nom.

Ainsi, vers 1788, époque à laquelle parut l'ouvrage de Gmelin, les Cétacés véritables, bien définis, étaient dégagés de toute alliance artificielle; et les Lamantins ainsi que les Dugongs, types véritables du G. *Trichechus* d'Artedi, étaient dans le même ordre que les Éléphants, entre eux et le G. Phoque, sans qu'on se fût bien rendu compte de la raison de ce rapprochement. Malheureusement ils y étaient avec le Morse, par suite d'une mauvaise appréciation des deux dents qui arment la mâchoire supérieure comme défenses; quoique Buffon eût depuis longtemps montré que cet animal n'était qu'une espèce de Phoque, en signalant la différence qu'il y a entre ces deux sortes de défenses, terminales chez les uns et latérales chez les autres.

Vicq-d'Azyr, 1792. Vicq-d'Azyr était trop peu zoologiste et surtout trop influencé par Daubenton pour remédier à cet inconvénient; et quoiqu'il eût reporté les Lamantins au milieu de la classe sous le nom d'Empêtrés, entre les Carnassiers, finissant par les Loutres et les Hippopotames, il disposa son ordre des Empêtrés commençant par les Phoques, et se terminant par les Morses (*Rosmarus*), comprenant le Dugong, de manière à ce que le G. *Manatus* devînt intermédiaire ainsi fut brouillé à la fois et le rapprochement naturel de ce genre singulier d'animaux, et sa disposition systématique artificielle d'après les organes de la locomotion.

Vicq-d'Azyr mêlait donc encore le Morse et le Dugong dans la même subdivision générique distincte des Lamantins; ce qui ne devait plus

Camper. avoir lieu d'après les éclaircissements que Camper donna à cette époque sur le Dugong dans une petite dissertation dont j'ignore au juste la date, mais qui doit être postérieure à Gmelin, qui ne la cite pas. En effet, Camper fit connaître un dessin de l'animal de l'archipel Indien dont Buffon et Daubenton avaient figuré et décrit la tête sous le nom de Dugong; et comme à cette époque la détermination des dents supérieures, d'après leur implantation ou non dans l'os prémaxillaire, fut introduite dans la science par Vicq-d'Azyr d'un côté et par Goethe de l'autre, on voit comment la distinction, indiquée déjà par Buffon, entre les dents exsertes du Morse et celles du Dugong étant nettement établie, les deux animaux furent aussi aisément distingués sous ce rapport que sous celui des pieds.

G. Cuvier et E. Geoffroy, 1795. M. G. Cuvier, d'abord en commun avec M. E. Geoffroy, ayant adopté, à peu de chose près, la méthode mammalogique de Storr, dans laquelle les Mammifères sont partagés en trois divisions qu'il nomme embranchements, suivant qu'ils ont des ongles, des sabots, ou qu'ils sont marins, adopta également la place des Lamantins dans la seconde famille ou ordre des M. Amphibies, caractérisés par l'existence de quatre pieds, tous en forme de nageoires, mais si courts qu'ils peuvent à peine s'en servir pour ramper sur le rivage, et comprenant les Phoques, les Morses et les Lamantins, ainsi placés, comme chez tous les mammalogistes ses prédécesseurs, immédiatement avant les Cétacés.

M. G. Cuvier ensuite, dans son premier ouvrage, qui n'était au fond qu'une sorte d'importation en France du Manuel d'histoire naturelle de Blumenbach, qu'il avait employé dans ses études universitaires en Allemagne, le suivit sous le point de vue qui nous occupe, adoptant pour sa classification le séjour. Après les Mammifères terrestres, viennent les Amphibies qui comprennent les Phoques et les *Trichechus* sous le nom français de Morse, renfermant cet animal en même temps que le Dugong et les Lamantins immédiatement avant les Cétacés. G. Cuvier, 1798.

Mais ce qu'il y a de plus singulier et de plus fâcheux, c'est que pour donner une raison d'un rapprochement aussi artificiel, on y trouve cette phrase : *les pieds et la queue du Lamantin sont réunis sous la peau en une seule nageoire, et l'on ne s'aperçoit de leur existence que dans le squelette*, fait entièrement controuvé, corroborant ce qui avait été dit par Brisson, mais que Daubenton avait parfaitement scruté et nié dans son anatomie d'un fœtus de Lamantin, et ce que Buffon avait nettement accepté.

Du moins Blumenbach ayant pris pour type de son genre *Trichechus* le Morse, le caractère d'avoir ses pieds postérieurs coadunés dans l'abdomen, n'étant vrai que pour celui-ci, n'était pas dit du Lamantin qui en formait la dernière espèce.

Ainsi, chez M. Cuvier, ajoutant qu'il faut certainement séparer de ce genre (*Trichechus*) le Lamantin, et y laisser le Morse et le Dugong, la confusion était arrivée à son comble et l'animal pour lequel seul le genre avait été établi par Artedi, Linné et Hill, en était définitivement expulsé, tandis que le Dugong que Buffon avait d'abord si justement considéré comme une espèce de Lamantin était définitivement rangé avec le Morse que Buffon avait depuis longtemps et avec raison considéré comme une espèce de Phoque.

De Lacépède, 1798. M. de Lacépède, qui publia aussi dans la même année 1798, j'ignore si c'est avant ou après M. G. Cuvier, son tableau de classification des Mammifères, admettant aussi les premières divisions de Storr, fit également une division des Mammifères marins, qu'il plaça avant les Cétacés, et il les partagea en Empêtrés et en Cétacés; et c'est dans la division des Empêtrés, caractérisés par les pieds de derrière en nageoires, qu'il forma deux genres distincts des Dugongs et des Lamantins, comme il en fit également deux des Phoques et des Morses, laissant à ceux-ci le nom de *Trichechus*, et cela à l'imitation de plusieurs zoologistes antérieurs.

G. Cuvier, 1800. Cependant, dans l'intervalle de la publication de son tableau des Animaux à celle de ses deux premiers volumes d'*Anatomie comparée*, qui eut lieu en 1800, M. Cuvier, ayant sans doute reconnu, par la lecture de Daubenton, que les Lamantins manquent entièrement de membres postérieurs, comme les véritables Cétacés, ne changea, dans les tableaux qui terminent le premier volume, rien autre chose à la classification qu'il avait adoptée d'abord, que de revenir à l'ancienne manière d'Artedi, en portant la division des Cétacés avant les Lamantins, de manière à les faire passer avec ceux-ci, au lieu de la mettre après pour en faire des Amphibies, comme n'ayant pas de pieds de derrière, tandis que les Morses sont rendus à la famille des Phoques, comme en ayant. Mais le nom de *Trichechus* est laissé à ceux-ci, celui de *Manatus* à ceux-là, et il n'est plus question du Dugong, encore à l'imitation de Blumenbach.

G. Fischer, 1804. Malgré cette erreur reconnue sur l'existence des pieds de derrière chez les Lamantins, nous la voyons encore reproduite en 1804, dans les *Tableaux de zoognosie*, par M. Fischer, qui, considérant sans doute l'absence des pieds postérieurs pour caractériser les Cétacés sous le nom d'Apodes, n'en place pas moins, comme ses prédécesseurs, les Lamantins à la fin des Palmipèdes de la division des Tétrapodes; et ensuite, en 1805, par M. A. G. Desmarest, dans un ouvrage, il est vrai, de sa jeunesse, son tableau méthodique des Mammifères, mais remarquable pour l'époque. Revenant à ce que MM. de Lacépède et Cuvier avaient d'abord fait, c'est-à-dire plaçant les Lamantins et Dugongs, séparés génériquement, à la fin de l'ordre des Amphibies caractérisés comme ayant quatre pieds apparents, il met en note : « Les Lamantins ont les quatre pieds apparents, » mais ceux de derrière sont réunis, et leurs doigts sont cachés sous la » peau. » Cette erreur dut paraître encore plus étonnante dans la *Zoologie analytique* de M. Duméril, qui avait contribué à la rédaction des tableaux de zoologie du premier volume des *Leçons d'Anatomie comparée* de M. Cuvier; et cependant la disposition de l'ordre des Amphibies est absolument comme chez M. Desmarest, avec la même caractéristique erronée, quatre pattes en forme de nageoires et des canines au Dugong. C'était cependant en 1806, et la science possédait comme éléments propres à éclairer la question, dès 1765, l'anatomie d'un fœtus de Lamantin, faite avec beaucoup de soin par le célèbre collaborateur de Buffon, et dans laquelle il dit expressément n'avoir aperçu aucun vestige du bassin (1), des jambes et des pieds de derrière; ajoutant qu'il n'a trouvé, par la dissection, que les cartilages qui devaient former les vertèbres de la queue, et que dans le prolongement de la peau qui rend la queue plus large près de son extrémité qu'à sa naissance, il n'y avait aucune apparence de cartilages qui puissent indiquer les os des jambes de derrière que l'on a crus pouvoir être confondus avec la queue. Aussi finit-il par ces mots : « A juger du Lamantin par l'embryon, il me paraît qu'il n'est pas quadrupède, c'est-à-dire qu'il n'a pas quatre jambes, mais seulement deux. »

A. Desmarest, 1805.

C. Duméril, 1806.

Dès 1751, on savait également d'une manière certaine et avec des

(1) Ce sont les propres expressions de Daubenton, page 426. Cependant, page 430, il décrit évidemment le rudiment cartilagineux de l'ischium comme tenant d'un côté par un ligament à l'apophyse transverse de l'une des vertèbres de la queue, et, de l'autre, aboutissant à la branche du corps caverneux.

détails anatomiques circonstanciés, que le Lamantin du Kamtschatka n'offrait non plus aucune trace de membres postérieurs, si ce n'est dans sa partie radiculaire; et Buffon, dans ses Suppléments, en 1782, avait donné un long extrait du mémoire de Steller; mais à l'époque où les sciences zoologiques prirent un certain essor en France par suite de l'érection d'un Muséum d'histoire naturelle au Jardin du Roi, ainsi que de la création de chaires spéciales dans les écoles centrales, on semblait avoir adopté le parti de parler peu de Buffon, et même d'en parler quelquefois d'une manière qui tendait à ravaler l'immense réputation à laquelle il était si justement parvenu.

On pouvait aussi connaître le Dugong d'une manière assez complète, par la dissertation qu'avait publiée Camper sur cet animal, dont il n'avait cependant connu qu'un dessin et une tête osseuse que lui avait envoyés de Sumatra un de ses élèves.

G. Cuvier. 1809. Quoi qu'il en soit, l'arrivée à Paris d'un fort beau squelette de Lamantin, que M. E. Geoffroy venait de rapporter du Portugal, où il faisait partie du cabinet d'Ajuda, mit fin à ces incertitudes véritablement inconcevables; en sorte que, joint à la tête de Lamantin du Sénégal décrite par Daubenton, ainsi qu'à celle de Dugong dont le collaborateur de Buffon avait donné une excellente figure, il fut possible à M. Cuvier, à l'occasion de quelques ossements fossiles qu'il attribuait à une espèce de ce genre, de traiter la question d'une manière toute spéciale dans un mémoire intitulé : *Sur l'Ostéologie du Lamantin, sur la place qu'il doit occuper dans la méthode naturelle, et sur les os fossiles des Lamantins et des Phoques* (Ann. du Mus., XIII, p. 206, 1809).

Admettant, ce qui n'est certainement pas, que les Lamantins partagent presque toutes les singularités des Cétacés, et notamment l'absence totale des pieds de derrière, ainsi que la multiplicité des estomacs, il s'étonne d'abord « que les naturalistes les aient toujours rapprochés du Morse, » lequel est tout aussi quadrupède que les Phoques, en le faisant courir » de famille en famille, sans même quelquefois les séparer de genre. » C'était, en effet, ce que M. Cuvier avait fait lui-même dans les trois ouvrages qu'il avait publiés jusqu'alors; mais ce que n'avaient fait ni Scopoli, ni Storr, ni Lacépède, ni surtout Buffon, dans la circonscription de ce genre et dans l'étude des cinq espèces qui doivent le constituer.

M. Cuvier fait ensuite une histoire rapide, mais fort superficielle, de la place assignée à ce genre par les voyageurs et les systématistes, reconnaissant cependant que Linné, à l'imitation d'Artedi, en avait fait un Cétacé, sous le nom de *Trichechus*, et pour lui seul; que Daubenton avait parfaitement reconnu que cet animal n'a aucune trace de pieds de derrière; il blâme dès lors les zoologistes qui ont réuni dans le même genre le Morse, en rapprochant celui-ci du Dugong, surtout depuis que Camper avait fait connaître ce dernier d'une manière assez complète, sans faire l'observation, toute naturelle cependant, que c'était peut-être à l'assertion formelle qu'il avait donnée, lui-même, en 1798, sur l'existence de pieds postérieurs à l'état de squelette chez le Lamantin, qu'était dû ce rapprochement fâcheux.

Quoi qu'il en soit, par suite de ces observations fort justes, du reste, en elles-mêmes, la science était ramenée au point auquel Buffon l'avait laissée presque dès 1782. Il réunissait sous le nom de Lamantins, formant un genre distinct, les Lamantins du sud d'Amérique et d'Afrique, le Lamantin du Nord de Steller, et le Lamantin des Indes ou Dugong, sans y mêler le moins du monde le Morse. Seulement, grâce à Camper, celui-là était mieux connu comme voisin du Lamantin et comme éloigné du Morse. Quant à la place dans la série, il n'en était réellement pas mention, et la question n'avait pas fait un pas depuis Artedi et Buffon; ce sont des Cétacés suivant l'un, ou des demi-Cétacés suivant l'autre; enfin, ce ne sont ni l'un ni l'autre suivant Brisson et Linné. La distribution des Lamantins de Buffon en autant de genres que d'espèces, n'était même nouvelle que pour celle du Nord, car il y avait longtemps que Scopoli et Lacépède avaient proposé de séparer le Dugong des Lamantins proprement dits.

Quoique le but de M. de Lamarck (*Philosophie zoologique*, 1809) ne fût pas celui des zoologistes ordinaires, le défaut de connaissances po- De Lamarck. 1809.

sitives sur les animaux vertébrés dut lui faire accepter ce qui avait été fait avant lui, et par conséquent l'ordre des Mammifères amphibies, placé entre les Cétacés qu'il désigne sous le nom de *M. exongulés*, et les Solipèdes ou le Cheval, terminant les *M. ongulés*, et même sous une caractéristique encore plus erronée que celle de ses prédécesseurs; mais il eut bien soin d'avertir que cet ordre n'est placé ici que sous le rapport de la forme générale des animaux qu'il comprend, et qu'ils appartiennent réellement à la première coupe dans l'ordre naturel, et non à celle qui comprend les Cétacés; cependant, retenu par la routine, il n'osa pas aller plus loin, et dès lors ne fut pas conséquent à ses principes.

Illiger. 1811. C'est à peu près aussi à des changements de noms que se borne ce que fit Illiger en 1811, au sujet des Lamantins, dans son Prodrome d'un système de Mammalogie, les partageant en trois genres, qu'il nomme *Manatus*, *Halicore* et *Rytina*, chacun ne contenant qu'une seule espèce.

Quant à la position du groupe, devenu famille, dans la série, sous le nom de *Sirenia*, elle fut marquée par Illiger entre celle des Phoques (*Pinnipedia*) et celle des Cétacés, formant la dernière famille de l'ordre des *Natantia*, comme chez Buffon et la plupart des zoologistes cités plus haut.

Ainsi, comme résultat définitif, des changements de noms, celui de *Trichechus* définitivement confirmé au Morse, et, ce qui est plus singulier encore, l'erreur des membres postérieurs réunis avec la queue, encore conservée en 1811, deux ans après le mémoire de M. Cuvier.

G. Fischer, 1814. M. Fischer, dans le développement qu'il donna, en 1814, à ses tableaux, dans son Traité de Zoognosie, ne changea également que des noms, à ce qu'il avait fait en 1804, les Lamantins étant placés entre les Phoques terminant les Pinnipèdes et les Cétacés sous leur nom ordinaire à la fin de la classe, et le genre *Trichechus* des Phoques, en contact immédiat avec le Dugong des Lamantins.

Oken, 1814. Quoique M. Oken parût s'être dégagé des entraves que la considération rigoureuse des organes en rapport avec le séjour, avait mises à la classification des animaux, cependant il avait d'abord, dans le corps de son ouvrage, exactement suivi la marche commune, sauf les dénominations, qu'il est toujours si facile de changer; mais dans les tableaux qui offrent plus réellement le système de M. Oken, et qui, sans nul doute, ont été imprimés plus tard que le reste de l'ouvrage, la classe des Mammifères est toujours terminée par les Cétacés proprement dits; mais les Lamantins, séparés des Phoques, forment le dernier genre d'une famille composée de l'Hippopotame, de l'Éléphant et du Rhinocéros, et qui, avec celles des autres Pachydermes et des Ruminants, constituent son ordre des *Fichlucke*.

H. de Blainville, 1816.

C'est à la même époque que, sans m'occuper de la division intérieure des Lamantins de Buffon, ce qui était aussi peu important que fort peu difficile pour cinq ou six espèces, je proposai dans mon Prodrome d'une nouvelle classification du règne animal, ce que, guidé par d'autres principes que ceux qui avaient été suivis jusque-là en zoologie, j'avais depuis plusieurs années professé dans mes cours à la Faculté des sciences et à l'Athénée, c'est-à-dire de former avec ce genre une division des Ongulogrades en général, et, bientôt après des Éléphants ou Gravigrades en particulier, modifiée, pour chercher sa nourriture dans l'eau, sur le bord des rivages. J'en donnai les raisons dans un article publié dans le Bulletin des sciences, par la Société philomatique, sur les nerfs olfactifs des Cétacés, et que M. Desmarest a reprises dans son article *Lamantin*, de la seconde édition du nouveau Dictionnaire d'histoire naturelle, publié en 1817.

A. Desmarest. 1817.

G. Cuvier. 1817.

Cette manière de voir, qui n'était au fond que celle à laquelle Linné avait été conduit anciennement par la seule considération du système dentaire incisif; mais qui reposait chez moi sur l'ensemble de l'organisation et sur un principe qui permet d'en lire l'ordre, ne pouvait être et ne fut pas en effet adoptée par M. G. Cuvier dans la première édition de son Règne animal qui parut en 1817. Ses principes de classification le firent retomber nécessairement dans l'ancien système d'Artedi, de Linné et d'Illiger, terminant les Mammifères par les Cétacés et mettant à la tête les Lamantins ou Sirènes avec le caractère propre de famille d'avoir des dents molaires herbivores, ce qui est vrai; comme caractère commun des Cétacés, d'être dépourvus de pieds de derrière, ce qui est encore vrai, et de n'avoir pas de poils, ce qui est faux; car les Lamantins proprement dits et les Dugongs en ont même d'assez nombreux, surtout dans le jeune âge, ce qui leur avait même valu le nom générique de *Trichechus* par Artedi; et l'on sait aujourd'hui que les Dauphins et les Baleines elles-mêmes en ont aussi quelques-uns dans le très-jeune âge.

Ainsi, sauf la dénomination d'Herbivores, substituée à celle de Sirènes d'Illiger, sous laquelle M. G. Cuvier a inscrit les Lamantins dans l'ordre des Cétacés, rien n'est nouveau, puisque Artedi et Linné au commencement, et Illiger à la fin, avaient fait absolument la même chose. Ce qui a paru produire un certain changement par rapport au système de celui-ci, c'est qu'à l'imitation de Linné, M. Cuvier ayant fini par abandonner l'ordre des Amphibies ou Pinnigrades de Pennant, Blumenbach et Illiger, qu'il avait accepté dans ses premiers ouvrages, les Phoques, et avec eux nécessairement le Morse, ont été reportés parmi les Carnassiers, comme le voulait la nature des choses; et dès lors l'éloignement de ce dernier et du Dugong a été tranché. Toutefois il n'est pas exact de dire que les Lamantins étaient autrefois confondus dans le genre des Morses, car c'était plutôt ceux-ci qui avaient été maladroitement introduits dans le G. *Trichechus* ayant pour type unique le Lamantin; et cela, parce qu'on avait regardé le G. *Odobenus* de Brisson comme synonyme du *Trichechus* d'Artedi; ce qui n'aurait pas dû être.

Oken, 1821. Dans le Nouveau système d'Anatomie, de Physiologie et d'Histoire naturelle, que M. Oken publia à Paris en français en 1821; essai dans lequel, sortant hardiment de l'ornière, il eut le double courage de proposer un nouveau principe de classification zoologique et d'établir une nomenclature en harmonie avec elle, les Phoques et les Morses (*Trichechus*) sont aussi nettement séparés des Lamantins et rendus à l'ordre des Carnassiers et même heureusement placés dans la tribu des Ours; les Lamantins sont remontés dans l'ordre des animaux à sabots, mais ils sont encore mis au commencement de la tribu des Cétacés.

Ce n'est pas le moment d'exposer ni d'apprécier le système de M. Oken; mais il me semble que, dans ses principes mêmes, il aurait eu bien de la peine à donner une raison plausible de ce rapprochement suranné, comme il a essayé de le faire pour la tribu des Pachydermes ou des Chevaux du même ordre et pour celle des Chauves-souris.

Quoi qu'il en soit, au reste, depuis ce temps, et surtout depuis qu'en 1820 M. Thomas Raffles a donné une nouvelle description du Dugong vivant avec d'assez nombreux détails anatomiques (*Philos. Trans.*, 1820, p. 174); qu'une peau bourrée, un squelette et des viscères de cet animal, ainsi qu'un jeune individu entier, ont pu être observés et décrits en Angleterre par M. Everard Home (*Philos. Trans.*, 1820, p. 134-144, et 1821, p. 147); qu'une bonne figure de Lamantin de la Jamaïque qui lui avait été envoyée par le duc de Manchester, gouverneur de cette île, a été publiée par le même anatomiste (*Philos. Trans.*, 1821, p. 390, pl. 16), avec quelques détails sur les viscères, la confusion ne pouvait avoir et en effet n'a plus eu lieu. Les Phoques et le Morse, auxquels on a malheureusement conservé le nom de *Trichechus* (1), sont restés à part dans l'ordre des Carnassiers; et les Lamantins, partagés ou non en trois genres, en sont restés fort éloignés dans les trois manières de les envisager, comme *Bruta*, comme Cétacés ou comme Gravigrades.

T. Raffles, 1820.

E. Home, 1820 et 1821.

Les questions, qui concernent les Lamantins, se sont donc trouvées réduites à la position du groupe dans la série et à la distinction des espèces vivantes ou fossiles, pour la résolution desquelles le nombre des éléments nécessaires s'est accru sans doute, mais assez peu en matériaux véritablement importants. En effet, la science ne possède pas encore aujourd'hui une description complète du Lamantin d'Amérique, non plus que de celui du Sénégal, vivant ou d'après un animal fraîchement mort.

(1) Je l'ai fait moi-même dans mon Mémoire sur le genre Phoque, parce que je n'avais pas alors suffisamment approfondi la question, du moins historiquement.

G. Cuvier, 1825.

C'est ce que l'on peut voir même dans le chapitre de ses Recherches sur les ossements fossiles des Quadrupèdes, que M. Cuvier a consacré aux Lamantins et qui constitue la seconde édition, en 1825, de son mémoire cité plus haut de 1809 : d'abord entièrement dégagé des Phoques il ne porte plus que *sur les Lamantins et les genres qui appartiennent à la même famille*, et ne renferme rien de bien nouveau que la description d'une peau bourrée de Lamantin envoyée de Cayenne au Muséum (1), et quelques détails de plus dans la description du squelette d'Ajuda dit du Brésil.

Il y a cependant encore un article employé à réduire, en passant, les quatre espèces nominales établies par Buffon, prétention sur laquelle nous reviendrons. Le Lamantin du Sénégal est ensuite comparé, mais sanspièces nouvelles. Il en est de même du *prétendu Lamantin du Nord, de Steller*, qui, malgré cette inscription contradictoire à ce qu'avaient dit Steller et Buffon et à ce qu'a accepté Pallas, n'en est pas moins un véritable Lamantin, avec des différences certainement plus spécifiques que génériques. M. Cuvier n'a pu y rien ajouter de nouveau, si ce n'est la grave erreur que les mâchoires n'ont pas de dents simples, mais qu'elles portent chacune et de chaque côté une dent composée, ce qui ferait quatre plaques, au lieu de deux seulement, une en haut et l'autre en bas, comme Steller le dit expressément. Le fait est, comme nous le verrons plus tard, que ces parties ne sont pas même des dents, mais des plaques palatines ou avant-linguales.

Mais ce que ce chapitre renferme de plus nouveau, c'est l'article consacré au Dugong, du squelette et d'une peau bourrée duquel M. Cuvier donne une description plus complète que celle de Raffles et d'Ev. Home.

Depuis lors, et quoique M. G. Cuvier n'en apporte aucune raison, ni d'une sorte ni d'autre, pour revenir à la première idée d'Artedi, de Linné et de Hill, tous les zoologistes qui publièrent en France et à l'étranger,

(1) C'est par erreur typographique, sans doute, que M. F. Cuvier (*Cétacés*, p. 15) donne à cet individu empaillé près de quatre mètres, il n'en a pas deux, 1,9, d'après son frère lui-même.

depuis 1817 et surtout depuis 1825, des traités plus ou moins complets de zoologie, trouvèrent beaucoup plus aisé, et quelquefois même plus utile, d'accepter la manière de voir toute faite de M. Cuvier, que de scruter les raisons qui m'avaient porté à proposer le changement réel que j'avais fait à la position des Lamantins dans la série des Mammifères; ce qui avait été jusqu'à un certain point également fait par M. Oken, et même bien auparavant par Brisson et Linné.

C'est là un des grands inconvénients d'une certaine position influente des hommes en dehors de la science proprement dite; elle exerce souvent une action fâcheuse, quoique momentanée, sur ses progrès réels ultérieurs et immédiats.

Les auteurs étrangers se partagèrent cependant entre la méthode de Pennant, la première de M. Cuvier, adoptée par Illiger, et par exemple, M. le professeur Goldfuss, dans son *Manuel de Zoologie*, en allemand, qui fut publié en 1820, et celle d'Artedi, devenue la seconde manière de M. Cuvier, que suivit exactement, par exemple, M. l'abbé Ranzani, dans ses *Éléments de Zoologie*, en italien, qui parurent à Bologne en 1821; celui-ci en ajoutant cependant que j'avais d'abord mis les Lamantins parmi les Ongulogrades, et ensuite parmi les Gravigrades, après les Éléphants; ce que M. Cuvier rejeta avec toutes raisons, dit-il (sans les donner cependant, ce dont il aurait été, je crois, assez embarrassé), pour en faire la famille des Cétacés herbivores, ce qui, comme nous l'avons vu, n'était pas difficile.

Goldfuss, 1820.

Ranzani, 1821.

Cette acceptation, sans examen, de ce qu'on admettait et qui était réclamée comme une innovation heureuse de la part de M. Cuvier, par M. Desmarest, dans son *Traité de Mammalogie* rédigé pour l'*Encyclopédie méthodique* en 1820 et 22; par M. Latreille, dans l'ouvrage qu'il a intitulé: *Familles naturelles du Règne animal*, 1825; par M. Bennett, dans son *Catalogue du Muséum de la Société zoologique de Londres*, en 1829; par M. Lesson, dans l'abrégé qu'il fit de l'ouvrage de M. Desmarest en 1827, sans qu'il soit même émis de doute ni par l'un ni par l'autre, ce qui est assez singulier, du moins pour celui-ci, vu son ar-

A. Desmarest, 1820 1822.
Latreille, 1825.
Bennett, 1829.
Lesson, 1827.

G. Cuvier, 1830. ticle du Dictionnaire cité plus haut, n'était pas faite pour porter M. Cuvier à modifier sa manière de voir; aussi, dans la seconde édition de son *Regne animal*, en 1830, ne changea-t-il rien à ce qu'il avait fait dans la première, conservant les mêmes erreurs de fait et de raisonnement.

Les traducteurs de son ouvrage, Anglais et Allemands, ne durent pas non plus y faire aucun changement, et n'en firent réellement aucun.

Wagler, 1830. Quoique Wagler, dans son *Système de Mammalogie*, fît remonter les Cétacés immédiatement après les Ongulés et avant les Édentés terrestres, par lesquels il semble terminer la classe des Mammifères, parce qu'il fait une classe distincte des Ornithodelphes, ce en quoi il admet l'ordre depuis longtemps établi par moi; c'est cependant Artedi et M. Cuvier qu'il suit pour les Cétacés, en mettant avec l'un les Lamantins à la tête de ceux-ci, et en faisant, avec l'autre, qu'importe qu'il ait changé le nom, la première famille de cet ordre.

J.-B. Fischer, 1830. J.-B. Fischer, dans son utile compilation, publiée en 1830 sous le titre de *Synopsis Mammalium*, avait un autre but qu'un Manuel de zoologie; aussi les Lamantins sont, comme à l'ordinaire, à la tête des Cétacés, et ceux-ci à la fin de la classe.

Isid. Geoffroy, 1835. Je ne vois pas non plus, qu'en 1835 du moins, dans le cours de Mammalogie professé au Muséum d'histoire naturelle, M. Isidore Geoffroy Saint-Hilaire, ait rien changé, ni même émis de doute, au sujet de la position des Lamantins à la tête des Cétacés, comme Cétacés herbivores.

F. Cuvier, 1836. M. Fréd. Cuvier, dans son *Recueil de matériaux pour servir à l'histoire naturelle des Cétacés* (1836), après avoir dit ce que son frère avait fait dans la première édition de son *Règne animal*, ajoute : « classification » que nous avons dû admettre, tout en séparant considérablement les » Cétacés herbivores des Cétacés à évents ; » ce qui prouve que ce n'était que par espèce de convenance qu'il l'acceptait. En effet, sans citer cependant notre manière de voir, il dit plus loin, p. 6, « que des caractères » communs aux Lamantins placent ces Cétacés herbivores entre les Pa» chydermes et les Cétacés à évents, semblant cependant s'allier bien » davantage aux premiers qu'aux seconds. »

M. G. Rapp, professeur d'anatomie dans l'université de Tubinge, dans son *Histoire anatomique et zoologique des Cétacés*, publiée en 1837, ne me semble pas même élever de doutes sur la position des Lamantins à la tête des Cétacés ; mais, depuis cette époque, les zoologistes ont commencé à montrer quelque hésitation ; et ici je n'entends pas parler de deux de mes élèves qui ont publié leur ouvrage, l'un, M. le professeur Pouchet, sous le titre de *Traité élémentaire de Zoologie*, 1re édition en 1832 et 2e en 1841, dans l'ordre de la série descendante ; l'autre, M. le docteur Hollard, sous celui de *Nouveaux Éléments de Zoologie*, en 1839, dans l'ordre de la série ascendante, parce que tous les deux ont eu recours, pour leur rédaction, non-seulement à mes leçons orales, mais plus souvent encore à mes notes et tableaux manuscrits que je leur ai confiés. G. Rapp. 1837. Pouchet, 1832 et 1841. Hollard. 1839.

Ainsi, pour ne parler que des personnes étrangères à mes doctrines :

Je ferai d'abord observer que, dès 1831, M. le professeur Robert Knox, d'Édimbourg, à l'occasion d'observations sur la dentition du Dugong, fut conduit à émettre quelques doutes sur sa position zoologique. « Dès le moment, dit-il, que je commençai mes recherches, ne pouvant méconnaître, malgré quelques points de ressemblance, que cet animal ne soit éloigné de ses rapports naturels en le rapprochant des Cétacés, à cause de la différence de la tête, de la structure des molaires et des défenses, de la structure de l'estomac, de la position des mamelles, il me sembla qu'en l'en rapprochant, on le séparait de ceux avec lesquels il avait le plus de rapports ; » ce qui était parfaitement vrai. Malheureusement, contre l'opinion de Camper, il lui paraît que c'est près du Morse qu'il doit être placé plus naturellement, à cause de la forme de l'omoplate qui ressemble davantage à celle de cet animal qu'à celle d'aucun Cétacé, de la grande force de l'arcade zygomatique et même celle de toute la partie antérieure du corps. Ce qui conduit M. Knox à ajouter, encore plus fâcheusement, que c'est un nouvel exemple que les considérations tirées purement de caractères extérieurs conduisent seulement à de fausses conclusions ; en effet, dans le cas actuel, comme dans tous les autres peut-être, c'est là une thèse à retourner. L'ensemble de l'organisation, et par conséquent les R. Knox. 1831.

véritables rapports naturels, sont mieux traduits par les caractères extérieurs convenablement choisis que par aucun point de l'intérieur; et les Arabes, en effet, avaient parfaitement désigné le Dugong sous le nom d'*Éléphant marin*, avant tous les efforts de la science, ainsi que nous l'apprend Pierre Gilles cité plus haut.

Ch. Bonaparte, 1840 ?

Quoique M. Charles Bonaparte, dans son *Prodromus systematis Mastologiæ*, ait adopté la partie principale de mon système de Mammalogie établi sur la considération du produit et des organes de la génération, il ne l'a pas encore fait complétement pour les Lamantins, qui constituent toujours pour lui une famille des Cétacés; mais par l'élévation de ceux-ci, les Lamantins se trouvent entre les Carnassiers et les Éléphants, première famille des Pachydermes.

Lesson, 1842.

On peut en dire autant de M. Lesson dans son nouveau Prodrome, qui a paru l'année dernière; en effet, malgré qu'il ait encore plus complétement accepté ma subdivision primaire des Mammifères, sauf qu'il continue à en excepter les véritables Cétacés, qu'il place après les Ornithodelphes, et qu'il ait également retiré les Lamantins du groupe si naturel que forment ceux-là, en les reportant plus haut à la fin des Édentés, un peu comme Gmelin dans ses *Bruta*, il n'a pas cru devoir encore les placer avec les Éléphants, mais seulement en contact avec eux; ce qui ne demande plus qu'un assez léger changement pour les mettre dans ce que je pense être leurs véritables rapports naturels, ce qui ne tardera sans doute pas à avoir lieu.

Résultat de cette Analyse historique, contraire à ce que démontre

Quoi qu'il en soit, comme résultat de cette analyse historique, on a pu voir que, sauf chez les mammalogistes les plus récents, les Lamantins, par suite de la seule considération d'une modification presque aussi profonde que chez les Cétacés, pour exécuter toutes leurs fonctions dans l'eau, ont été rangés dans le même ordre qu'eux, par les zoologistes qui ont montré le plus de prétention à suivre la méthode naturelle, quoique n'ayant, suivant nous, dans aucune partie de l'organisation, rien de véritablement analogue, comme il va nous être facile de le montrer par une comparaison même assez rapide.

Dans la forme générale, quand on l'envisage d'une manière un peu approfondie, on reconnaît aisément que les Lamantins sont à un bien moindre degré pisciformes que les Cétacés : d'abord, par moins d'appointissement dans l'extrémité antérieure toujours plus ou moins mousse, au lieu d'être presque constamment aiguë, comme dans les Cétacés; par une distinction bien plus évidente de la tête et du tronc, le rétrécissement du cou étant plus marqué; par moins de régularité dans l'atténuation du ventre et de la queue, déprimée au lieu d'être graduellement comprimée, avant d'aboutir à la dilatation terminale qui est aussi en général bien moins développée et bien moins amincie, en un mot, moins nageoire que dans les Cétacés. C'est ce que l'on peut dire également des membres thoraciques, notablement moins empêtrés que chez ceux-ci et proportionnellement plus larges, plus digités, servant non-seulement à nager, mais à marcher à une petite profondeur dans l'eau. La peau qui limite cette forme ne se ressemble pas davantage dans les deux genres d'animaux. En effet, au lieu d'être lisse, luisante sans aucune trace de plis, par une singulière transformation des poils et de l'épiderme, elle est toujours plus ou moins rugueuse et couverte de poils durs et rares, il est vrai, mais très-distincts surtout dans le jeune âge, formant même quelquefois des espèces de piquants, fasciculés en moustaches, sur les côtés de la bouche, ou mieux entre les deux plis de la lèvre inférieure et souvent aussi des ongles sur l'extrémité des doigts. Rien de tout cela n'existe chez la plupart des espèces de Cétacés, et ce n'est en général qu'à l'état de fœtus qu'on peut leur reconnaître quelques petits poils épars sur le museau.

la Forme générale.

celle des Membres.

la Peau

Les organes des sens sont aussi bien plus développés dans les Lamantins que dans les Cétacés, quoique la similitude dans les circonstances biologiques soit bien sensible, par exemple, pour les oreilles; mais les yeux ont plus de paupières, et même sont pourvus d'une paupière interne qui n'existe pas dans les Cétacés; et les narines surtout sont presque comme dans les Phoques, à peu près terminales, pourvues de cartilages mobiles à leur orifice et de véritables cornets à leur inté-

les Organes des Sens.

rieur, et nullement des singulières poches membraneuses des Cétacés.

les Mamelles. Les mamelles, qui sont aussi des dépendances de la peau, ne sont, il est vrai, qu'au nombre de deux, comme dans tous les Cétacés; mais tout autrement conformées et placées; en effet, au lieu d'être pour ainsi dire cachées dans une sorte de cavité de chaque côté de l'orifice des organes de la génération, comme dans les Cétacés, elles sont largement à découvert sur les côtés de la poitrine, comme chez les Eléphants, et ce sont elles qui, lorsqu'elles sont gonflées par le lait, ont donné lieu à l'histoire des Sirènes chez les modernes.

les Membres antérieurs. Les membres antérieurs, les seuls qui existent comme dans les Cétacés, et, pour la même raison, sont du reste, comme il a déjà été dit, moins empêtrés, plus libres dans leur partie radiculaire, et même dans les doigts, de manière à ressembler bien moins à une nageoire de poisson qu'à un bras dont la main serait gantée; aussi servent-ils à l'animal pour s'appuyer sur le sol, quand il paît, ainsi que Steller le dit expressément.

Nous verrons que les membres postérieurs sont aussi moins rudimentaires dans les os radiculaires qui restent dans les chairs.

la Bouche. Les orifices du canal intestinal, et surtout l'antérieur, sont aussi bien différents de ce qu'ils sont chez les Cétacés. Chez ceux-ci, en effet, la bouche est remarquablement fendue, quelquefois au delà des yeux, et bordée de lèvres fort minces et immobiles, tandis que chez les Lamantins la bouche est extrêmement petite et formée par des lèvres épaisses, souvent doubles, fort mobiles et servant à la préhension buccale, presque comme dans le Cheval.

l'Anus. L'anus est lui-même notablement plus grand que dans les Cétacés, chez lesquels il est extrêmement petit (1).

(1) M. G. Cuvier, *Ossements fossiles*, 1825, IV, ne conçoit pas trop, et avec raison, comment Buffon a pu dire, dans ses caractères génériques des Lamantins (Supplém., VI, p. 383, 1782), que l'orifice de l'organe femelle de la génération n'est pas situé, comme dans les autres animaux, au-dessous, mais au-dessus de l'anus. Il est évident que c'est par une mauvaise interprétation du

Les organes de la génération, dans leur orifice même, offrent aussi des différences notables ; en effet la vulve dans la femelle est de forme un peu humaine, et si dans le mâle les testicules ne sont pas apparents, dans les uns comme dans les autres, aussi bien que dans les Éléphants, il y a dans les Lamantins un fourreau bien distinct, comme chez ceux-ci, sans os dans la verge, au contraire des Cétacés dont la gaîne du pénis est complétement intérieure avec un os énorme dans cet organe excitateur. les Organes de la Génération.

Ainsi jusqu'ici rien de l'organisation extérieure n'est semblable ; c'est ce qui va être au moins aussi manifeste pour l'organisation intérieure. A l'intérieur.

Nous verrons bientôt combien tout le système osseux des Lamantins tend à devenir éburné et pesant, tandis que celui des Cétacés reste, pour ainsi dire, toujours poreux et léger, n'ayant qu'une légère couche extérieure de parties dures, particularités qui sont parfaitement en rapport avec le genre de locomotion. Aucune partie de la tête, aussi bien au crâne qu'à la face, n'offre la moindre ressemblance ; ainsi, par exemple, aucun animal mammifère n'a peut-être l'arcade zygomatique et les apophyses ptérygoïdes, aussi épaisses, aussi robustes que les Lamantins, et au contraire plus faibles, plus grêles et plus minces que les Cétacés ; L'ouverture des narines si particulière à ceux-ci, chez lesquels elle est très-petite et très-remontée par le grand développement des os incisifs qui se touchent dans toute leur longueur, est au contraire extrêmement ouverte dans tous les sens, surtout par le grand éloignement des branches montantes des incisifs ou pré-maxillaires chez les Lamantins. le Système osseux. A la Tête. l'Arcade zygomatique. l'Apophyse ptérygoïde. l'orifice de la cavité nasale.

Les vertèbres sont dans le même cas extrêmement dissemblables, même celles du cou ; quoique fort courtes chez les Lamantins, elles n'arrivent jamais au degré d'amincissement et de confusion que l'on remarque chez les Cétacés, où, sauf dans les Baleines, elles se soudent toutes les Vertèbres cervicales.

texte de Steller, qui, décrivant le cadavre du Lamantin dans la position naturelle de l'Homme, c'est-à-dire verticale, a dit, les parties génitales de la femelle sont à huit pouces au-dessus de l'anus, ce qui voulait dire avant l'anus dans la position normale des Animaux. Toutefois le commentaire de Buffon était de trop.

entre elles; et d'ailleurs, chacune d'elles conserve sa forme caractéristique.

dorsales, etc.

Les vertèbres dorsales, lombaires, sacrées et même coccygiennes sont dans le même cas, assez articulées entre elles et même encore assez différentes pour chaque espèce dans les uns, et nullement dans les autres, où elles sont en même temps plus nombreuses, et plus épineuses à la queue.

l'Hyoïde.

L'os hyoïde des Lamantins, quoique assez développé, ne peut souffrir de comparaison avec celui des Cétacés dont le larynx a éprouvé une modification toute particulière et dont rien n'approche chez les Lamantins.

le Sternum.

Quoique le sternum soit court et large dans les deux genres, et que le nombre de ses cornes soit également fort petit, le nombre, mais surtout la longueur des côtes vertébrales est si particulière et si différente dans les Lamantins et dans les Cétacés de même taille, qu'il est impossible d'en trouver de plus opposées. Les Lamantins ont certainement les côtes les plus fortes de tous les Mammifères, et les Cétacés les plus grêles.

Les Os des Membres 1° antérieurs,

Nous avons déjà vu que même à l'extérieur, les membres antérieurs étaient moins profondément convertis en nageoires chez ceux-là que chez ceux-ci; mais c'est surtout dans leur squelette que l'on peut en avoir aisément la démonstration aussi bien dans la forme que dans le nombre des os, et même que dans leur mode d'articulation. Dans les Cétacés il n'y a d'appareil articulaire qu'à l'épaule et au coude, tandis que chez les Lamantins il y en a même entre les os du carpe et entre les phalanges qui sont du reste, pour le nombre et la forme, absolument comme chez les Mammifères ordinaires, tandis que les Cétacés offrent sous ce rapport la singularité exceptionnelle d'en avoir un plus grand nombre et dans un ordre différent.

et surtout les Phalanges.

2° postérieurs.

Il n'y a pas jusqu'aux rudiments des membres postérieurs qui ne soient plus complets et plus développés chez les Lamantins, où ils sont formés de deux pièces de chaque côté, tandis que dans les Cétacés, l'iskion qui reste seul est remarquablement petit.

Les différences que présentent les autres appareils sont moins évidentes peut-être, mais n'en sont pas moins réelles.

Toutefois, dans celui de la digestion, la cavité buccale, et surtout le système dentaire qui garnit les mâchoires sont extrêmement différents. Celui-ci étant formé dans les uns de deux sortes de dents bien distinctes, des incisives et des molaires, plus ou moins tuberculeuses, en nombre déterminé, et dans les autres de dents toutes semblables, simples et plus ou moins coniques et en nombre presque indéfini. La langue des Lamantins est également petite et étroite comme celle de l'Éléphant. L'estomac lui-même, quoique paraissant assez compliqué par des espèces d'appendices cœciformes dont il est accompagné, ne peut être comparé à celui des Cétacés, dont la complication est intérieure et tient à une tout autre cause. En effet, ces espèces d'appendices, telles que Daubenton les figure, ne sont sans doute que des amas de cryptes, versant leur produit dans l'estomac, et le renflement pylorique est tel, que Steller l'avait d'abord pris pour un second estomac. le Système dentaire. la Langue. l'Estomac.

L'intestin est d'une longueur prodigieuse (20 fois et demie l'animal); ce qui donne au ventre des Lamantins cette forme d'outre qui a frappé tous les observateurs, et ce qui a nécessité, comme dans l'Éléphant, une disposition du péritoine convenable pour le retenir; les gros intestins sont fort distincts du grêle, ce qui n'a pas lieu chez les Cétacés. Il y a même un cœcum considérable dont aucune trace ne se trouve dans les Cétacés. Aussi Steller, qui ne connaissait pas l'Éléphant, finit-il la description de l'intestin du Lamantin du Nord, par dire que les intestins ne diffèrent de ceux des chevaux que par leur grandeur et leur capacité, et que les excréments sont si semblables qu'ils tromperaient le palfrenier le plus exercé. l'Intestin. gros. grêle. le Cœcum.

L'appareil respiratoire offre peut-être encore moins de ressemblance, surtout dans la forme du larynx, qui ne devant pas remonter dans les fosses nasales, n'offre pas cette disposition pyramidale qui caractérise, le Larynx.

d'une manière si singulière, cet organe chez les Cétacés. Quant à la trachée et même aux poumons, il y a plus de ressemblance pour la brièveté de l'une et pour l'intégrité des autres. Ceux-ci sont cependant bien plus étendus dans les Lamantins, où ils occupent presque toute la longueur du tronc, que dans les Cétacés, en se plaçant au-dessus des viscères, un peu comme dans les oiseaux, ce qui tient l'animal presque toujours à demi-immergé.

le Poumon.

l'Appareil circulatoire.

Quant à l'appareil circulatoire, nous pouvons signaler comme différentielle la rate qui est chez les Lamantins comme chez les Mammifères ordinaires, et non pas décomposée en ratules comme dans les Cétacés; et comme offrant une certaine ressemblance, la position très-antérieure du cœur et la bifidure de sa pointe entre les deux ventricules; à quoi nous pouvons ajouter que dans les premiers ne se trouve aucune trace de l'existence de ce singulier lacis artériel et veineux, qui tapisse le canal vertébral tout entier, en s'épanchant plus ou moins en dehors dans toute l'étendue de la racine des côtes, qu'on remarque chez les Cétacés.

la Rate.

les Reins.

L'appareil dépuratoire urinaire offre également une différence assez importante, en ce que les reins, au lieu d'être subdivisés en rénules comme chez tous les Cétacés, et même comme chez les Mammifères aquatiques en général, sont parfaitement indivis, même dans le second âge, chez les Gravigrades aquatiques; du moins ce n'est que sous et dans leur membrane propre que la division en rénules peut être aperçue, d'après Steller, dans le Lamantin du Nord.

les Organes de la Génération.

Enfin, nous avons déjà fait remarquer plus haut combien de différences essentielles peuvent être observées dans les organes extérieurs de la génération; à l'intérieur elles sont moins grandes sans doute, ces deux genres d'animaux ne produisant qu'un ou deux petits l'un et l'autre, et dès lors la matrice étant indivise comme chez les Éléphants.

les Fonctions et les Actes.

Nous n'avons pas besoin d'ajouter à l'énumération de ces différences dans toutes les parties extérieures et intérieures de l'organisation, que ses fonctions et ses actes les confirment; en effet, quoique modifiés à un degré fort prononcé, un peu moindre cependant, pour exécuter toutes leurs fonctions animales et organiques dans l'eau, il est aisé de reconnaître dans la lenteur des mouvements des uns, et dans leur prodigieuse rapidité dans les autres, que ceux-là ont l'activité contractile, et tout ce qui en dépend, bien moins intense que ceux-ci; ce qui est en rapport avec l'état et l'espèce de nourriture, végétale et fixe pour les Lamantins, animale et fugitive pour les Cétacés. Aussi, autant les premiers sont pour ainsi dire fixés aux rivages qui les ont vus naître, et dont ils paissent avec calme les fucus ou les herbes marines, autant les autres sont vagabonds, errants, à la poursuite des bancs de poissons dont ils se nourrissent.

surtout la Locomotion.

D'après ces observations, l'on peut voir combien ces deux grands genres ou familles d'Animaux mammifères, quoique tous deux marins ou de grands fleuves, diffèrent sous tous les rapports, si ce n'est sous celui que le groupe auquel ils appartiennent a dû éprouver pour des circonstances biologiques de séjour assez semblables.

Conclusion.

Les Lamantins ne sont pas des Cétacés.

Mais cela ne suffirait pas pour décider à quelle famille naturelle les Lamantins appartiennent. J'ai déjà dit que c'est à celle des Éléphants, que j'ai désignés sous le nom de Gravigrades, à cause de la pesanteur de leur marche. Voyons à en donner la preuve.

mais des Gravigrades aquatiques.

Preuves tirées

Le système digital envisagé en lui-même, et non pas dans sa modification déterminée par le séjour, est formé de cinq doigts bien complets, mais non distincts ou indivis, comme chez les Éléphants, avec cette particularité singulière que les ongles, quand ils existent, sont en moins grand nombre que les doigts et ne leur correspondent pas même exactement; et que quelquefois la paume est hérissée d'espèces de poils très-serrés et extrêmement nombreux, formant comme une sorte de sole, ainsi que Steller l'a observé dans le Lamantin de la mer Glaciale.

du Système digital.

Le système dentaire, qui fournit aussi d'excellents caractères de famille, quand il est convenablement apprécié, est, dans le Lamantin comme dans les Éléphants, formé de deux sortes de dents seulement, des incisives et des molaires, avec une barre entre elles, par suite de l'absence complète des canines; et ce qu'il y a de plus remarquable comme

du Système dentaire.

Incisif. analogie, c'est que les incisives ne sont jamais au-dessus de deux en une seule paire, en haut comme en bas, et que ces incisives, qui peuvent être plus ou moins développées (1), sont quelquefois exsertes en forme de défenses, à la mâchoire supérieure, comme chez les Éléphants. Le Dugong, par exemple, est dans ce cas.

Molaire. Forme. Une autre ressemblance entre les Lamantins et les Éléphants se tire des dents molaires, sinon dans le nombre, du moins dans la forme de la couronne armée de collines transverses formant des rubans par l'usure, Mode de remplacement. et quelquefois même dans le mode de remplacement d'arrière en avant, se poussant l'une l'autre dans ce sens, à mesure que les antérieures sont usées. C'est ce qu'on voit très-bien dans les Lamantins proprement dits.

Nous ne connaissons le cerveau d'aucune espèce de ce genre, et par conséquent nous ne pouvons assurer sa ressemblance avec celui de l'Éléphant; et son symbole, l'oreille externe, ayant éprouvé dans ceux-là une modification par suite d'une circonstance biologique particulière, il est impossible de tirer parti de la comparaison de cet organe.

des Narines. Il n'en est pas de même des narines; en effet, sans jamais former une Dans l'ouverture des Narines. véritable trompe dans aucun Lamantin (2), on peut cependant trouver la plus grande ressemblance avec ce qui existe chez les Éléphants, dans Déterminée par l'énormité de l'ouverture osseuse des narines et dans la manière dont les os qui la bordent se disposent et se proportionnent, ainsi que nous allons le montrer en détail dans notre ostéographie. Qu'il nous suffise les Os du Nez. de faire remarquer ici que, dans les Lamantins comme dans les Éléphants, les os du nez, presque rudimentaires, semblent ne former qu'une les Incisifs. simple apophyse du frontal, et que les os incisifs, en général considé-

(1) Il y a déjà vingt ans que j'ai fait la petite découverte d'une paire de très-petites incisives de lait dans le fœtus de Lamantin (*Bulletin par la Société philomatique*), comme MM. Desmarest et F. Cuvier l'ont fait remarquer.

(2) Je dois cependant faire observer que, suivant MM. Duvaucel et Diard, dans la description manuscrite envoyée par eux à M. G. Cuvier, le museau du Dugong ressemble au reste d'une trompe de jeune Éléphant qu'on aurait coupée au-dessus de la bouche (Fr. Cuvier, *Cétacés*, page 32); ce que j'ai pu vérifier moi-même en étudiant les narines du jeune Dugong, rapportée par M. Hombron, de l'expédition de M. de Durville.

rables, mais encore plus quand ils portent des défenses, remontant pour s'articuler largement avec celui-ci, forment en s'étalant tout le bord interne de l'ouverture nasale antérieure. Ajoutons que cette ressemblance se poursuit dans la forme et la composition de l'ouverture nasale postérieure ou palatine, et même dans le cornet inférieur, qui, très-remonté dans l'un et l'autre genre, a été, dans le Lamantin, pris par M. G. Cuvier comme un os propre du nez. le Cornet inférieur.

Les yeux et l'orbite de cet animal sont aussi comme dans l'Éléphant; et même le lacrymal, quoique bien distinct, n'est pas plus percé dans l'un que dans l'autre; en sorte qu'il n'y a pas d'appareil lacrymal, ou du moins qu'il ne communique pas avec les narines. dans l'Orbite l'Os lacrymal.

J'ai déjà fait remarquer combien la petitesse de l'ouverture de la bouche et l'épaisseur des lèvres se ressemblent. J'ai également noté depuis très-longtemps, que l'on peut trouver l'analogue du singulier amas de poils piquants de l'entrée de la bouche des Dugongs, dans un certain bouquet de poils que l'Éléphant offre au même endroit. Nous verrons aussi, dans l'étude de l'ostéographie, que la mâchoire inférieure de ces deux animaux se prolonge dans une sorte de gouttière qui termine ou prolonge la symphyse. dans la Bouche les Lèvres. les Poils. la Symphyse.

Le nombre, la position et la forme des mamelles, que l'on peut traire comme celles des Vaches, sont, chez le Lamantin comme chez l'Éléphant, de forme humaine. dans les Mamelles.

Dans l'un comme dans l'autre, les testicules sont intérieurs et ne sont jamais visibles, et l'organe excitateur mâle est contenu dans un fourreau. l'absence de Scrotum.

Enfin, la peau fort épaisse et rugueuse est couverte de poils durs, courts et rares dans les deux genres, plus nombreux dans le jeune âge que dans l'âge adulte (1). l'épaisseur de la peau.

Si même, ne nous bornant plus à l'extérieur, nous pénétrons plus avant, nous trouverons que les os en général, et même les os longs, ont une à l'intérieur la nature des Os éburnés.

(1) La structure de l'épiderme, telle que l'a décrite Steller, formant de petits tubes serrés, verticaux, est justement ce que j'ai observé sur l'Éléphant d'Afrique de notre Ménagerie, et n'est véritablement qu'une sorte de lèpre naturelle et défensive chez ces animaux.

pleins. — l'épaisseur des Côtes. — l'articulaire Carpienne du cubitus.

structure semblable, forte, éburnée et sans cavité médullaire proprement dite, tant le diploé est serré; que les vertèbres en général, et surtout celles du cou, ont une ressemblance évidente par leur largeur et leur peu d'épaisseur; les côtes par leur grosseur et leur longueur. Le reste du squelette ne peut guère permettre de comparaison par suite de la modification qu'il a éprouvée pour le séjour et le mode de locomotion qu'il exigeait. Cependant je trouve que Steller compare le bassin du Lamantin du nord de l'Asie avec celui de l'Éléphant. M. Knox a fait la juste observation, *on the Dentition of the Dugong*, etc., p. 3, que le cubitus est l'os du bras qui occupe la plus grande partie de l'articulation du carpe, ce qu'il regarde comme une ressemblance inattendue avec l'Éléphant, où cette disposition avait été donnée jusqu'ici comme unique.

La grandeur du Cœcum et des Intestins.

Quant au canal intestinal, comme chez l'Éléphant, l'estomac est considérable, l'intestin grêle est fort long; le cœcum et surtout les gros intestins bien distincts, et ceux-ci surtout d'un diamètre assez grand.

les Poumons indivis. — l'absence l'Os pénien.

Dans l'un comme dans l'autre, les poumons sont indivis ou formés d'un seul grand lobe, et les reins ne sont pas mamelonnés, du moins à l'extérieur; enfin, dans l'un comme dans l'autre, le pénis n'est pas soutenu par un os, et est contenu dans un fourreau.

Conclusion. les Lamantins sont des Éléphants aquatiques.

Ainsi, comme résultat général de cette comparaison du Lamantin avec les Cétacés d'une part, et avec les Éléphants de l'autre, il sera aisé de conclure que, sauf la modification de quelques parties de l'appareil locomoteur, déterminée par une circonstance biologique de séjour seulement à peu près semblable, les Lamantin n'ont presque aucun rapport avec les premiers, et en ont au contraire de très-grands, de très-nombreux avec les seconds; ils sont une anomalie, pour vivre et chercher leur nourriture exclusivement végétale, dans l'eau, sur les bords des rivages, soit dans les archipels, soit même dans les grands fleuves; comme nous verrons les Cétacés être une anomalie de même sorte, mais à un état encore plus avancé, du degré d'organisation des Édentés.

C'est en suivant cette idée que nous allons les examiner sous le triple point de vue de leur ostéographie, de leur odontographie et de l'ancienneté des traces qu'ils ont laissées à la surface de la terre, comme nous l'avons fait pour les genres de Mammifères étudiés jusqu'ici, en prenant pour type le Lamantin d'Amérique, qui est le plus anciennement et le mieux connu, du moins dans son squelette. Manatus. Australis.

CHAPITRE PREMIER.

OSTÉOGRAPHIE.

L'ostéographie de cet animal, commencée pour la tête seule, par Daubenton, en 1766, ainsi qu'il a été dit plus haut, n'a été exposée en totalité qu'en 1809, par M. Cuvier, dans un mémoire spécial, *Ann. du Mus.*, vol. XIII, accompagné d'une fort bonne figure, faite d'après le squelette rapporté d'Ajuda par M. E. Geoffroy Saint-Hilaire au Muséum, description et figure qui ont été reprises dans la seconde édition des Recherches sur les ossements fossiles du premier, et reproduites partout où les anatomistes en ont éprouvé le besoin. Commencée par Daubenton, poursuivie par G. Cuvier.

Je vais faire les miennes d'après le même squelette entier, d'après une tête de la même espèce, ou d'une espèce bien voisine, envoyée, probablement de Cayenne, à notre collection, par M. Plée, et enfin sur un second squelette complet et même plus complet que le nôtre, que j'ai pu étudier en 1829, dans le Musée des Pays-Bas, à Leyde, grâce à la complaisance amicale du directeur, M. Temminck. Faite d'après deux Squelettes et un Crâne.

La nature des os du Lamantin est, comme nous avons déjà eu l'occasion de le faire observer plus haut, tout à fait remarquable par sa densité, véritablement éburnée, l'absence presque complète de diploé au centre, même dans les os longs, les côtes et ceux du crâne. Il en résulte qu'ils sont extrêmement pesants, se cassent net avec la plus grande facilité, surtout quand ils proviennent d'un animal âgé. Nature des Os. Leur système, leur assemblage, du reste, n'offrent rien de bien particulier, quoique bien plus serré que dans les Cétacés; mais il n'en est pas leur Assemblage.

leur Nombre réduit.

de même de leur nombre qui est considérablement réduit par suite de l'absence presque complète des membres postérieurs.

leur Disposition générale.

Quoique l'ensemble du squelette du Lamantin du Brésil ne soit pas aussi pisciforme que celui des Dauphins et des Cétacés en général, cependant il l'est beaucoup plus que dans les Phoques les plus modifiés, par la direction presque complétement horizontale de toutes les parties de la série vertébrale sans autre courbure que celle, fort légère, du dos et des lombes, et principalement par la brièveté de la région cervicale, par la longueur et le grand développement de la partie caudale; mais surtout par l'annihilation d'une paire de membres et la séparation peut-être un peu moindre des membres antérieurs, surtout dans les doigts.

Brièveté du Col. Absence des Membres postérieurs.

I. Série vertébrale, formée de 7 + 15 + 3 + 1 + 21.

La distinction de la série des vertèbres peut cependant se faire avec facilité dans un squelette complet, et l'on peut y reconnaître quatre vertèbres céphaliques, sept cervicales, quinze dorsales véritables, trois lombaires, une sacrée et vingt-et-une coccygiennes, ce qui fait un total de cinquante-et-une, ou de quarante-neuf sans la tête.

Suivant Daubenton.

A ce sujet, les anatomistes qui m'ont précédé ne sont pas d'accord. Daubenton, sur le fœtus de Lamantin, envoyé de Cayenne par M. de Turgot, a compté :

6 vertèbres cervicales;

16 dorsales;

28 caudales, sans distinction de lombaires ni de sacrée; cela fait un total de 50 ou de 52, en supposant, avec Buffon, qu'il y avait sept vertèbres cervicales, et alors ce serait comme Oexmelin l'avait dit.

M. G. Cuvier.

M. G. Cuvier, d'après le squelette du cabinet d'Ajuda, et désigné par lui sous le nom de L. du Brésil :

$$6 + 16 + 2 + 22 = 46.$$

Dans le squelette du *M. Australis*, de la collection de Leyde, et que je suppose de Surinam, j'ai noté :

$$7 + 17 + 26 = 50.$$

Pour les vertèbres céphaliques, il ne peut y avoir de discussion ; dans aucun animal du type des Ostéozoaires, il n'y en a jamais plus de quatre dans un développement général et proportionnel variable. des V. céphaliques, 4.

Dans le Lamantin austral d'Amérique, la vertèbre occipitale la plus large de toutes et ne constituant guère que la face postérieure un peu inclinée en avant de la tête, offre un corps, rendu fort étroit par une échancrure latérale profonde, très-long, vertébriforme, portant en avant en dessous deux impressions musculaires ovales, allongées, et se bifurquant en arrière en deux larges condyles ovales, divergents, appartenant à des occipitaux latéraux subquadrilatères et assez médiocres. L'occipital supérieur forme, au contraire, une large plaque extrêmement épaisse et solide, se recourbant un peu en avant sur le pariétal. occipitale. son Corps. Occipit. lat. Occipit. sup.

La vertèbre sphéno-pariétale est également assez large dans son corps, qui se dilate surtout beaucoup pour former, de chaque côté, des apophyses ptérygoïdes très-épaisses, triquètres (1), tout à fait verticales, donnant en dehors naissance à des ailes assez étroites, peu minces cependant, et se joignant au moins autant avec le frontal qu'avec le pariétal. Celui-ci, d'abord étroit dans son angle antérieur, se dilate ensuite dans sa partie supérieure, pour se réunir de fort bonne heure à son congénère, en un seul os quadrilatère, et constituer une sorte de gouttière médio-sincipitale, par suite du grand développement des crêtes temporales, assez éloignées de se toucher et marchant parallèlement jusqu'à l'apophyse orbitaire du frontal. Sphéno-Pariétale. Pariétal.

La vertèbre sphéno-frontale, comme de coutume bien plus étroite dans son corps et dans ses ailes assez éloignées de l'orbite et ne dépassant pas la fosse ptérygoïde, est au contraire assez développée dans son arc formé par l'os frontal. Cet os, long et étroit dans sa partie postérieure, se partage assez bien en deux parties en avant, l'une interne, prolongée en pointe de chaque côté de la ligne médiane, et l'autre se Sphéno-frontale. Sphénoïde antérieur. Frontal.

(1) M. G. Cuvier, V. p. 247, semble étonné que, dans le jeune sujet même, ces apophyses ne sont pas séparées du corps du sphénoïde ; mais c'est ainsi chez tous les Mammifères.

portant obliquement en dehors pour aller former la partie supérieure de l'orbite, et donner origine à la crête temporale.

Voméro-nasale. Vomer. Os du Nez. La vertèbre voméro-nasale n'est pas moins remarquable, d'abord par la largeur, ou mieux par l'épaisseur du vomer long et étroit, creusé en une large gouttière dans laquelle se joint la cloison cartilagineuse des narines, et ensuite par la petitesse des os du nez, soudés de fort bonne heure entre eux, et à l'extrémité du frontal correspondant, qu'ils semblent prolonger.

Mâchoire supérieure. Ptérygoïdien interne. La mâchoire supérieure, qui constitue la plus grande partie de la tête, commence cependant par un ptérygoïdien interne qui n'est distinct que dans le très-jeune âge, sous forme d'une très-petite lame, autant postérieure qu'interne, et contribuant pour sa part à la formation de la grosse apophyse palatine, terminée en dehors par l'apophyse ptérygoïde externe, et en avant par le palatin.

Palatin. Celui-ci est très-petit et très-étroit, formant avec celui du côté opposé une sorte d'Y, la fourche au crâne, la tige en avant, bordant l'ouverture palatine presque comme dans les Éléphants.

Lacrymal. Le lacrymal ressemble à un petit os rudimentaire, comme repoussé par les os environnants et surtout par le jugal contre le frontal, au bord antérieur et interne de l'orbite, sans qu'il soit percé, absolument encore comme chez l'Éléphant.

Jugal. Le jugal est, au contraire, extrêmement développé dans ses deux portions, la postérieure large, plate et rhomboïdale oblique, échancrée à son bord postérieur, et l'antérieure recourbée et assez prolongée pour former en s'épanchant tout le rebord orbitaire, sans que le maxillaire y contribue autrement que dans sa marge supérieure, ce qui n'est même bien visible que dans le jeune âge.

Maxillaire. Le maxillaire est encore assez bien comme chez l'Éléphant, mais plus allongé, cependant, dans la partie dentifère de la branche horizontale, et fort court dans la partie dépourvue de dents; mais il est également percé d'un énorme trou sous-orbitaire, en partie couvert par l'avance du rebord de l'orbite, caché dans sa jonction avec le frontal par la branche montante de l'incisif, et ne se montrant que dans l'intérieur de l'orbite ; aussi la branche montante est-elle excessivement basse.

Mais c'est surtout le prémaxillaire qui révèle les plus grands rapports avec l'Éléphant par son grand développement et même un peu par sa forme. En effet, épaté, élargi, allongé même dans sa partie horizontale, dont le bord tranchant continue celui du maxillaire, réunie à celle du côté opposé par une symphyse assez longue, en carène de vaisseau renversé, sa branche verticale, fort longue et assez large, se place de champ pour border tout l'orifice nasal, et remonte ainsi jusqu'au dedans de la branche orbitaire du frontal, sur laquelle elle s'applique d'une manière squammeuse, sans atteindre l'os du nez ; disposition qui est absolument comme dans l'Éléphant, avec une différence déterminée par la construction de l'ouverture des narines.

Prémaxillaire ou Incisif.

Branche horizontale.

verticale

La mâchoire inférieure commence autrement que dans l'Éléphant, surtout dans la partie accessoire auditive, modifiée pour un séjour dans l'eau ; mais la ressemblance se poursuit dans le reste, aussi bien que pour la supérieure.

Mâchoire supérieure.

Le rocher (1) est en effet, comme dans les Cétacés, et même dans les Phoques, librement et profondément intercalé dans la cavité cérébrale, en avant de l'occipital latéral, en dedans du mastoïdien et du squammeux. Sa structure et sa nature osseuses le rendent encore bien plus compacte et plus cassant que les autres os. On y distingue assez aisément trois parties, deux externes et supérieures, la première, antérieure, un peu recourbée en oublie, la seconde postérieure, irrégulièrement cubique, et une interne et inférieure très-petite, contenant le limaçon. Celle-ci se casse avec tant de facilité à son point de jonction avec la seconde, qu'on la trouve rarement dans les squelettes.

Rocher.

ses trois parties.

La caisse, qui en est bien distincte, ne forme qu'une sorte de hausse-

Caisse ou Os du Tympan.

(1) Tout le monde sait que c'est ce rocher de Lamantin qui entrait autrefois dans l'officine des pharmaciens, et qu'employaient, réduit en poudre, les médecins contre les rétentions d'urine ; sans doute à cause de la grande facilité avec laquelle on le pulvérise.

col obliquement échancré en haut, et très-chargé parallélogrammiquement en bas, suspendu dans l'échancrure du temporal, entre les deux parties externes du bulbe pierreux.

Osselets. Les osselets de l'ouïe participent à cette modification du bulbe auditif, d'abord par leur grandeur remarquable, et ensuite par leur densité et même par leur forme.

Étrier. L'étrier, par exemple, ne mérite guère ce nom, car il est tout à fait plein et ne constitue qu'un os allongé, conique, un peu comprimé, et percé dans son milieu d'un trou extrêmement petit, avec une platine ovale et fort convexe.

Lenticulaire. Le lenticulaire m'est inconnu.

Enclume. L'enclume est bien plus petite; de ses deux bras, égaux en longueur, l'un est très-gros, arrondi en mamelon, l'autre en forme d'épine, et sa tête s'enfonce dans une excavation du marteau.

Marteau. Le marteau, plus gros que l'enclume, est pour ainsi dire réduit à une tête globuleuse et au rudiment de l'apophyse de Raw et du manche, brusquement appointi.

Temporal. Squammeux. Le temporal a sa partie squammeuse fort épaisse, considérable, concave en dedans, et formant une grande partie des côtés du crâne, sans toucher cependant beaucoup au cerveau, laissant même, entre l'occipital et le pariétal, une lacune qui permet de voir le rocher. Elle donne naissance en dehors à une apophyse jugale très-épaisse, très-large, fort relevée, sans être cependant bombée, et qui semble s'accroître, comme une sorte d'exostose, avec l'âge. La cavité glénoïde est, du reste, large, peu profonde et séparée en deux par une sorte de côte oblique, qui la rend presque convexe.

(Apophyse jugale. — Cavité glénoïde.)

Mandibule. La mandibule qui s'y articule est elle-même très-forte et très-épaisse. Elle présente quelque chose de tout particulier dans la manière dont ses deux branches verticale et horizontale se réunissent à angle droit, plus que dans tout autre Mammifère. La branche montante est remarquablement large et surtout haute; le condyle fort petit, presque régulièrement rond, très-élevé au-dessus de la ligne dentaire, et un peu

(ses Branches. — montante. — Condyle.)

porté en avant ; l'apophyse coronoïde, large, dilatée en fer de hache, et inclinée en avant dans ses deux bords ; et enfin l'apophyse angulaire très-large, arrondie, peu saillante, et un peu recourbée en bas et en avant. La branche horizontale est aussi d'une forme assez particulière, d'abord presque droite à ses deux bords, surtout au supérieur, elle se dilate à son extrémité, de manière à former une symphyse très-épaisse, très-large, ainsi qu'une apophyse géni très-marquée en dessous ; de la réunion des deux côtés, il résulte en dessus une surface aplatie et un peu déclive se terminant en une sorte de bec épais et obtus, assez bien comme chez l'Éléphant. Coronoïde. Angulaire. horizontale. Symphyse.

Les appendices céphaliques se joignent à la série des vertèbres de la tête, sous un angle d'un petit nombre de degrés, de manière à être presque tout à fait dans la direction de l'axe du tronc ; mais en formant avec elles des fosses extérieures, des anfractuosités, des saillies considérables. Il n'y a cependant pas de fosses occipitales distinctes, quoique la crête de ce nom soit assez épaisse, arrondie en bourrelet, et tourmentée de fortes rugosités d'insertions musculaires. Angle facial. Fosses occipitales.

Les fosses temporales sont au contraire très-profondes, et surtout fort allongées, du reste assez étroites ou peu élevées, limitées qu'elles sont par une crête latéro-temporale un peu recourbée en dehors, formant, comme il a été déjà dit, avec celle du côté opposé, une sorte de vallée sincipitale étendue d'un bout à l'autre de la tête, de manière à ce qu'il n'y a pas de front proprement dit, indiqué par bosse ou par coup de hache à la racine du nez. temporales.

Les fosses ptérygoïdiennes sont également longues et étroites. ptérygoïdiennes.

Les cavités sensoriales du Lamantin austral sont en général très-petites. Cavités sensoriales.

Ainsi, malgré l'étendue de l'intervalle compris entre le basilaire, le sphénoïde et le temporal, formant un énorme trou déchiré, le bulbe auditif est peu considérable et surtout dans ses cavités labyrinthiques. auditive.

L'orbite est également fort petit, presque tout à fait latéral, considérablement écarté de celui du côté opposé, largement ouvert en ar- oculaire.

rière ; mais complet dans son cadre par suite de la rencontre plus ou moins serrée de l'apophyse du frontal, de celle du jugal et même de l'apophyse zygomatique du temporal, et de plus, s'avançant, se débordant, pour ainsi dire, sur la joue, par un gros bourrelet qui élargit la face et cache le trou sous-orbitaire sous certain point de vue.

olfactives. Les cavités olfactives sont encore plus petites, du moins dans leur partie sensoriale qui est fort étroite, sans sinus dans le frontal, quoiqu'il soit d'une épaisseur singulière; ne contenant qu'un cornet supérieur, presque simple, longitudinal, lamelleux et indivis; et pour cornet inférieur, une sorte de pièce semi-osseuse, ovale, un peu allongée, recourbée, remontante vers le frontal, mais sans s'articuler avec lui, comme chez l'Éléphant (1); elles ont, au contraire, une énorme ouverture ovale, allongée et très-oblique, occupant tout l'espace limité en avant et sur les côtés par les os incisifs.

Cornet supérieur.

inférieur

gustative. La cavité gustative ou buccale est également remarquable par sa longueur, et principalement par sa grande étroitesse, surtout au palais et entre les dents; car au delà, après un rétrécissement marqué, elle se dilate sous l'élargissement des os incisifs, correspondant à la plaque symphysaire de la mandibule.

cérébrale. La cavité cérébrale du Lamantin est petite, à peu près arrondie, plus haute en avant, sans lame transverse sous l'occipital, mais avec une crête médiane supérieure assez saillante, aussi bien que l'apophyse crista-galli; les fosses intérieures sont fort peu distinctes, surtout les médianes et même la selle turcique qui est sans apophyses clinoïdes. Les fosses olfactives sont également fort peu enfoncées, mais percées d'un assez grand nombre de trous, dans un corps d'ethmoïde assez large.

Trous Les trous du crâne et de la face offrent des proportions assez particulières.

(1) Ce sont ces pièces que M. G. Cuvier a décrites et figurées dans les deux éditions de son mémoire sur les Lamantins, comme de véritables os du nez, sans se rappeler que ces derniers ont pour caractère essentiel de s'articuler dans la ligne médiane entre eux, et de continuer ainsi les os frontaux.

Les trous déchirés, antérieur et postérieur, réunis forment une énorme lacune qui isole largement tout le bulbe auditif. déchirés.

Le trou de sortie de la cinquième paire est unique, mais fort grand. ovale

Le trou optique est au contraire extrêmement petit, canaliculé. et optique.

Mais il n'en est pas de même du canal sous-orbitaire qui est énorme, aussi bien à son entrée dans l'orbite qu'à sa sortie, donnant issue dans son trajet à un orifice naso-palatin considérable. sous-orbitaire.

Les palatins postérieurs sont médiocres, au nombre de deux de chaque côté, sur la même ligne, et les antérieurs ou incisifs sont très-grands, ce qui me porte à croire que cet animal a, comme l'Éléphant, un grand trou palato-nasal. Palatins postérieurs. antérieurs.

Le canal dentaire de la mandibule est presque aussi considérable que le sous-orbitaire, à son entrée aussi bien qu'à sa sortie, où il est partagé en deux trous mentonniers, dont l'antérieur, obliquement dilaté, est le plus grand. dentaire. mentonniers.

Nous avons déjà fait remarquer combien l'orifice nasal antérieur était grand, oblique, assez éloigné d'être terminal, et entièrement bordé par le prémaxillaire; le nasal postérieur ou palatin est également assez grand, quoique plus étroit, terminé en un angle très-aigu, assez au delà du milieu de la ligne basilaire. Quant au trou occipital, il est absolument terminal, fort grand, ovale en travers, entre deux condyles larges et peu saillants, ou subsessiles. Orifice nasal antérieur. postérieur. occipital.

Poursuivant maintenant la colonne vertébrale proprement dite, nous trouvons le cou très-court, et cependant formé de sept vertèbres (1), comme dans tous les Mammifères, à une ou deux exceptions près, mais que l'une d'elles, la sixième, finit par disparaître dans son corps; l'arc restant libre dans les chairs, est enlevé avec elles; ce qui explique comment nos squelettes n'en offrent que six. Colonne vertébrale. V. cervicales, 7.

(1) M. G. Cuvier dit bien positivement, d'après Daubenton, sur un très-jeune fœtus, et d'après un squelette d'adulte, qu'il n'y a que six vertèbres cervicales; mais outre que l'analogie du Dugong en demande sept, je les ai très-bien vues et dessinées dans le squelette de Lamantin austral du cabinet de Leyde.

Ces six vertèbres sont en général fort courtes ou très-minces, et très-larges surtout dans leur arc, qui étant en même temps très-étroit, produit entre elles et en dessus des intervalles considérables.

Première ou Atlas. La première, la plus épaisse de toutes, est en forme de large sébile un peu plus épaisse dans son corps que dans son arc, et pourvue d'apophyses transverses, courtes et obtuses.

Deuxième ou Axis. La seconde ou axis, est assez semblable par la grandeur de son ouverture, mais elle est pourvue d'une apophyse odontoïde courte, presque droite, et d'une épine assez forte, mais basse ou peu élevée, imbriquant cependant complétement la troisième.

Troisième, Quatrième, et Cinquième. Celle-ci et les deux suivantes sont bien plus minces avec leur arc étroit et non complétement clos.

Sixième. La sixième manque, sans doute par accident et par la raison que je viens d'en donner.

Septième. La septième et dernière, un peu plus forte que celle qu'elle suit, avec son anneau complet, mais sans apophyse épineuse.

V. dorsales, 15 ou 16. Les seize (je compte seize vertèbres dorsales, comme M. G. Cuvier; mais je crois à tort, il n'y en a véritablement que quinze) vertèbres dorsales ou costifères, ont le corps toujours fort large, mais bien plus épais et même assez long, pincé et comme caréné inférieurement aux deux dernières; leur arc large et surbaissé; les apophyses transverses très-fortes, très-larges, arrondies, sans tubercule supérieur; les articulaires antérieures et postérieures bien plus saillantes que l'arc qui porte les apophyses épineuses; celles-ci étant du reste assez étroites, distantes, médiocrement élevées, un peu dirigées en arrière.

Première. La première dorsale est celle qui diffère le plus des autres par son étroitesse, de manière à ressembler un peu à une cervicale. La seconde a son épine plus longue et plus verticale que les autres.

Dernière. Quant à la dernière, elle est pourvue d'une apophyse transverse comme les lombaires, mais bien plus courte et portant à son extrémité une fort petite côte, ou mieux un appendice costiforme (1).

Post-costifères, 25. Au delà, les vertèbres s'allongent d'abord sensiblement dans leur corps, pour décroître ensuite graduellement jusqu'à la dernière; ce qui a également lieu pour leurs apophyses.

Lombaires, 3. La première et la seconde, qui, avec la précédente, doivent être considérées comme lombaires, ont leurs apophyses transverses très-longues et très-larges, minces et comme coupées obliquement en avant.

Sacrée, 1. La troisième, ou sacrée, puisque c'est à elle que s'attache l'os du bassin (2), a cette apophyse plus longue et plus large, mais coupée plus carrément.

Caudales, 21. La quatrième, sous le bord antérieur de laquelle commencent les os en V, et les suivantes, ont leurs apophyses transverses décroissantes, s'appointissant et s'inclinant en arrière jusque vers la quatrième ou cinquième avant-dernière; après quoi elles disparaissent tout à fait. Il en est à peu près de même de l'apophyse épineuse qui diminue graduellement de la première à la onzième; après quoi elle cesse, ainsi que l'arc, remplacé par deux tubercules basilaires; et de même des apophyses articulaires qui, engrenées aux deux premières, se séparent ensuite, et enfin disparaissent; les vertèbres alors augmentent en dépression.

Os en V. Les os en V suivent une décroissance assez semblable; les dix premiers ont les deux pièces soudées, ou du moins contiguës. Au delà, elles se séparent et finissent par disparaître.

Côtes, 15-16. Première. Les côtes vertébrales du Lamantin austral sont au nombre de quinze, sans compter l'appendice costiforme de la première lombaire; toutes sont remarquables par leur forme arrondie, leur extrême épaisseur, leur courbure en grande ⌒ presque dans un seul sens. Intermédiaires. Les douze ou treize premières, qui vont en croissant jusqu'à la dixième, sont articulées avec le corps de deux vertèbres et avec l'apophyse transverse de la posté-

(1) C'est cette particularité qui en fait une sorte de dorsale; mais il est à peu près certain qu'elle doit être considérée comme lombaire.

(2) Sur le squelette de notre collection l'os du bassin n'existe pas, mais je l'ai très-bien vu sur celui-ci de la collection de Leyde.

rieure, et deux seulement ne le sont qu'avec une seule vertèbre ; celles-ci vont un peu en décroissant jusqu'à la dernière, qui est cependant toujours asez forte.

Dernière.

Deux seules des quinze côtes du Lamantin rencontrent des cornes sternales, et sont par conséquent vraies, la première différant peu de la seconde, si ce n'est qu'elle est un peu moins courbe, et plus courte. Les treize autres sont fausses, presque sans cartilages terminaux, et fort loin de toucher celles du côté opposé.

Sternèbres.

La série médio-infère des pièces du squelette du Lamantin est peut-être au minimum de ce qu'elle est dans toute la classe.

Hyoïde. Corps. Cornes post. et ant.

L'hyoïde n'est formé que de trois pièces, un corps large, plat, transverse, parallélogrammique, et une petite corne d'une seule pièce, épaisse, solide, presque droite, mais assez longue. La grande corne, ou antérieure, est réduite à un noyau cartilagineux basilaire et sans ligament intermédiaire et à un styloïde en Y grec, dont les deux branches, un peu appointies, sont dirigées en avant pour l'insertion du digastrique à l'une, et du styloglosse à l'autre, et la tige plus épaisse au mastoïdien.

Sternum.

Le sternum n'est composé que des deux sternèbres terminales, un manubrium large, aplati, comme tronqué carrément en avant, et un xiphoïde étroit et non dilaté à l'extrémité.

Thorax.

Ce sternum n'a, du reste, que deux cornes, ou cartilages fort courts, insérés dans l'intervalle qui sépare les deux seules sternèbres existantes.

D'après cette particularité même des côtes, on voit que le thorax du Lamantin doit considérablement différer de celui des autres Mammifères, et même aussi de celui des Cétacés, qui offrent cependant quelque chose d'analogue, sauf dans la forme des côtes. La cavité thoracique, quoique très-grande, doit être fortement oblique, mais extrêmement large, par la disposition du diaphragme, devant, du corps des vertèbres lombaires, se porter en s'irradiant vers toutes les fausses côtes et le xiphoïde; constituant ainsi des hypochondres énormes, nécessairement en rapport avec la masse intestinale et avec un ventre proportionnel. C'est le contraire chez les Cétacés.

Malgré la ressemblance apparente, les membres sont assez bien dans le même cas. Membres

L'antérieur est en effet complet, si ce n'est pour la clavicule qui manque constamment ici, comme dans les Éléphants et dans tous les Mammifères ongulés. antérieurs.

L'omoplate du Lamantin austral est assez large, un peu arquée sur son plan, mais surtout un peu concave à son bord postérieur et très-convexe à son bord supérieur et antérieur; la face externe est partagée, dans la moitié de sa longueur, en deux fosses fort inégales en bas, par une crête assez courte, peu élevée, plutôt recourbée en avant qu'en arrière, mais qui, se détachant à quelque distance du col, se prolonge en une longue apophyse acromion simple ou indivise, se portant obliquement en avant. La tête articulaire est épaisse, creusée en une cavité glénoïde ovale, considérable, pourvue, à quelque distance de son bord antérieur, d'une large, obtuse et fort courte apophyse coracoïde en tête de clou. Omoplate. Crête. Acromion. Coracoïde.

L'humérus, moins court, même que dans les Phoques, et surtout que dans les Cétacés, est un os long, de forme normale dans toutes ses parties, et non pas déformée comme dans ceux-ci. Seulement, l'extrémité supérieure est considérablement épaissie, non-seulement par une tête hémisphérique assez saillante, mais surtout par une large apophyse, un peu comprimée, comme épanouie en trois lobes divergents, les deux externes, moins distincts, séparés de l'interne par une échancrure bicipitale assez profonde. Le corps de l'os, d'abord subtriquètre par la forme de l'empreinte deltoïdienne, s'aplatit et s'élargit un peu pour former les deux condyles, l'interne bien plus saillant que l'externe, et entre eux une simple poulie oblique et presque symétrique. Humérus. Supérieurement. Inférieurement.

Les deux os de l'avant-bras conservent aussi leur forme normale, quoiqu'ils soient plus courts que l'humérus, et solidement soudés entre eux aux points de contact de leurs extrémités, laissant, au contraire, au milieu un espace inter-osseux ovalaire. Ils sont, du reste, placés l'un devant l'autre dans un plan perpendiculaire à celui de la poulie humérale. Os de l'Avant-bras.

Radius. Le radius, dont la tête supérieure, large, est creusée de deux cavités subégales, et qui est arqué, triquètre et assez rétréci dans son corps, s'épaissit fortement à l'extrémité inférieure.

Cubitus. Le cubitus, un peu plus mince dans son corps, moins triquètre, moins épais dans son extrémité supérieure, formant un olécrâne bien conformé, quoique assez mince, se dilate assez fortement à l'articulation carpienne, dont il occupe au moins la moitié, particularité qui se remarque à un plus haut degré encore dans l'Éléphant.

Carpe. 1re rangée, 3. Le carpe, bien complet, est formé de deux rangées d'os articulés entre eux, comme avec ceux de l'avant-bras et du métacarpe. Dans la première rangée, le scaphoïde n'est pas plus grand que le semi-lunaire, mais le triquètre est le plus gros de tous par sa soudure large et complète avec un très-court pisiforme (1). 2e rangée, 3. Dans la seconde rangée, qui n'est également que de trois os, le premier ou trapèze (2), assez gros, multi-anguleux, s'articule avec les deux premiers os du métacarpe; le second ou grand os, le plus petit des trois, se lie surtout au métacarpien médian; enfin, l'unciforme, le plus gros, multi-anguleux, sans apophyse, donne, comme à l'ordinaire, articulation aux deux derniers.

Os du Métacarpe. Les os du métacarpe sont en général longs et fort inégaux, croissant sensiblement du premier au cinquième, qui est aussi le plus large, le plus déprimé, surtout dans l'extrémité phalangienne; le quatrième est au contraire le plus grêle, et le premier est incomplet ou styloïde, triquètre et obtus; il constitue à lui seul le pouce.

Phalanges. Premières. Les phalanges des quatre doigts externes offrent aussi quelque chose d'assez particulier et même d'assez anomal. Les premières croissent en échelon, surtout en longueur, de l'indicateur à l'annulaire; mais à l'au-

(1) M. G. Cuvier dit, V, page 251, qu'il n'y a pas de pisiforme; mais à tort, suivant moi; car à quel os s'insérerait le cubital antérieur? Il est seulement solidement soudé au triquètre.

(2) Je ne crois pas non plus que le trapèze et le trapézoïde soient réunis en un seul; il n'y a dans le carpe que le pisiforme qui puisse se souder à un autre os, le triquètre, comme au calcanéum son apophyse. Je crois donc que le trapézoïde a disparu, comme le scaphoïde du carpe dans un grand nombre de Mammifères.

riculaire, cette phalange devient plus courte, et, par compensation, bien plus large et comme lamelleuse; les deux autres conservent assez bien la même forme, en diminuant assez rapidement de grosseur. Les secondes phalanges des trois autres doigts s'élargissent et s'aplatissent beaucoup. Enfin les onguéales sont assez bien comme celle du cinquième doigt; celle de l'annulaire seulement, ou du plus long de tous, prend la forme de la silique du *Bursa pastoris*. Secondes.

Il en résulte des mains bien plus longues que chacune des deux autres parties du membre. Onguéales.

Les membres postérieurs ne sont formés que par une seule paire d'os ischions. Ils n'existent sur aucun de nos deux squelettes de Lamantin; mais je les ai très-bien observés sur celui de la collection de Leyde, où chacun a la forme d'un os allongé, légèrement courbé dans sa longueur, un peu comprimé partout, mais surtout à son extrémité inférieure, assez fortement élargie, et comme tronquée presque carrément. Je ne serais pas étonné qu'il manquât ici une seconde articulation (1). Mains. Membres postérieurs. Ischion.

N'ayant pu soumettre à notre examen qu'un seul squelette de Lamantin austral, dont nous ne connaissons pas même le sexe d'une manière certaine, nous ne pouvons rien dire sur les variations de diverses sortes que peut présenter son système osseux. Il est cependant probable que la tête de la femelle est plus étroite, plus effilée, au crâne comme au museau, et que l'ouverture des narines est bien moins grande, moins patulée. Dès lors le squelette du cabinet d'Ajuda serait femelle. Différences suivant les sexes.

Dans ces principes, on pourrait considérer comme provenant d'un individu mâle, le *M. latirostris* de M. Harlan, ainsi qu'un crâne de la collection du Muséum, envoyé par M. Plée, en août 1836; mais qui malheureusement a été mutilé pour en extraire la série des dents. Ce les Espèces. M. LATIROSTRIS.

(1) M. G. Cuvier, malgré l'analogie, s'appuyant sur l'observation de Daubenton, sur celle d'E. Home, et de la sienne, pense que, dans cet animal, il n'y a pas d'os rudimentaire du bassin; mais, non-seulement cette analogie, bien plus forte que des observations sans précautions, mais encore l'existence d'un énorme pénis, ne devaient pas permettre le doute; et, en effet, j'ai observé cet os sur le squelette de Leyde.

qu'il en reste, et surtout la forme du sinciput, du front, des ouvertures nasales, des fossettes, des cornets inférieurs du nez, du museau; et même celle de la mandibule dans sa partie symphisaire, par leur largeur et leur brièveté, semblent indiquer quelque chose de plus différentiel ou de presque spécifique; ce que corrobore jusqu'à un certain point le système dentaire, comme nous le verrons plus loin.

M. SENEGALENSIS. Le Lamantin du Sénégal, dont nous connaissons un squelette entier, de grande taille, squelette qui a été monté dans nos laboratoires avec les os, soigneusement préparés au Sénégal par les ordres de M. le gouverneur, ainsi que trois têtes osseuses, à peu près complètes, est assez facile à distinguer de celui d'Amérique.

Dans le nombre des Vertèbres. dorsales, 17. Leur Forme. Le nombre des vertèbres n'est d'abord pas tout à fait le même, puisqu'il est de dix-sept au dos, de deux aux lombes et de vingt-trois à la queue, outre une sacrée (1); au lieu de quinze, trois et vingt et une; leur corps est aussi bien plus fortement pincé ou caréné en dessous; les apophyses transverses des lombaires, sacrée et coccygiennes, sont plus étroites et surtout moins aiguës, plus arrondies à leur extrémité; celle de la première lombaire, par exemple, est également la plus petite des trois, mais tout autrement conformée, un peu en feuille d'olivier. Les os en V sont tous en arc vertébral bien formé, avec apophyse épineuse arrondie et fortement dilatée. Ils sont au nombre de huit, le premier entre la vertèbre sacrée et la première coccygienne, comme dans le Lamantin du Brésil.

Dans les Côtes, 17. Les côtes elles-mêmes au nombre de dix-sept, dont treize articulées avec le corps de deux vertèbres, et quatre avec celui d'une seule, sont plus larges et moins épaisses; les premières plus courtes, la dernière moins grêle.

(1) Dès lors ne dois-je pas douter du squelette de Lamantin, étiqueté *M. australis*, dans le Muséum de Leyde? Je trouve, en effet, dans mes notes, qu'il a dix-sept vertèbres et autant de côtes articulées avec le corps; celui-ci très-caréné en dessous, et qu'il y en a, en outre, vingt-six terminales, au delà de la dernière costifère.

Je ne connais de la série inférieure que les cornes de l'hyoïde ; mais elles sont bien plus cylindriques et plus courtes. l'Hyoïde.

Les membres sont évidemment aussi plus courts et bien plus robustes dans toutes leurs parties. Cela est surtout fort sensible pour la main, aussi bien pour les os du métacarpe que pour les phalanges. La tubérosité formée par le pisiforme est très-marquée ; le pouce a son métacarpien de forme bien plus normale, aussi est-il pourvu d'une véritable phalange. Les Membres

Quant à la tête, les différences sont plus difficiles à exprimer ; je noterai cependant à la mâchoire supérieure : les apophyses ptérygoïdes plus courtes et plus épaisses ; l'apophyse inférieure du zygomatique plus large et plus brusquement tronquée ; l'apophyse jugale du temporal plus courte ; les incisifs moins longs ; enfin, dans la mandibule, l'apophyse coronoïde plus étroite, et surtout moins dilatée en fer de hache à l'extrémité ; la symphyse plus courte, plus large, avec l'apophyse géni bien plus marquée, et les deux trous mentonniers bien moins distants. la Tête les Mâchoires : supérieure. inférieure.

Les différences que présente le Dugong (1) sont beaucoup plus con- Du Dugong. (*M. Dugung.*)

(1) Il est digne d'être remarqué que c'est justement cette espèce la plus éloignée de nous, dont le squelette ait été le plus souvent décrit, d'abord, anciennement, pour le crâne seulement, par Daubenton, en 1765, d'après une pièce donnée par B. de Jussieu, et qui existe encore, mais mutilée, dans nos collections ; puis, dans ces derniers temps, par E. Home, en 1820, *Phil. Trans.* ; par M. G. Cuvier, en 1825, d'après un squelette envoyé, décomposé et incomplet, avec une vertèbre, une paire de côtes de moins, et sans sternum, de Sumatra, par MM. Diard et Duvaucel ; par M. Pander et d'Alton (*Saugethiere*, pl. V, Liv. IX, 1826), d'après le même squelette figuré par M. G. Cuvier, peut-être même d'après la figure donnée par lui, sauf la tête ; du moins à en juger par l'absence du sternum, ainsi que par le nombre des vertèbres et des côtes qui est absolument le même ; quoique d'après le texte de la préface, on puisse croire que ce serait d'après un squelette de la collection de Leyde. En effet ce dernier que j'ai vu et étudié sur place, dans mon voyage en Hollande, en 1829, a certainement dix-neuf vertèbres dorsales, par conséquent autant de paires de côtes, et vingt-huit vertèbres en tout au delà ; par le docteur R. Knox, en 1831, *Trans. roy. soc. of Edimb.* ; par MM. Ruppel et le docteur W. Sœmmering, en 1834, *Mus. Senckenbergianum*, I, Band, page 95, d'après un individu de la mer Rouge. Notre description est faite d'après le squelette observé par M. Cuvier, d'après un second monté sous nos yeux, retiré d'un jeune individu femelle, rapporté par MM. Hombrou et Jacquinot, de l'expédition commandée par M. d'Urville ; et enfin d'après le crâne décrit et figuré par Daubenton, et dix ou douze autres plus ou moins complets, rapportés par MM. Quoy et Gaimard ou par MM. Hombron, Leguillou et Jacquinot.

sidérables, et plus tranchées; aussi, sont-elles bien plus faciles à exprimer.

dans la Tête.

Quoique la tête soit, dans presque tous les points, semblable à celle des Lamantins dans sa partie vertébrale, on peut cependant y reconnaître une bien plus grande brièveté, et plus de largeur même que dans celui du Sénégal, dans les pariétaux et dans les frontaux; ceux-ci, en outre, ont leur branche orbitaire plus faible, plus grêle et plus divergente en dehors; les os du nez sont aussi un peu plus distincts, quoiqu'ils soient cependant soudés de fort bonne heure.

les Mâchoires. supérieure. Ptérygoïde. Palatin. Lacrymal. Jugal. Maxillaire. Prémaxillaire.

Mais c'est surtout dans les appendices céphaliques que les différences deviennent tranchées. Au supérieur, les deux apophyses ptérygoïdes sont plus profondément séparées, et l'interne presque aussi forte que l'externe; le palatin est encore plus petit et plus étroit, quoique l'ouverture palatine soit plus large; le lacrymal est au contraire plus gros, mais également non percé; le jugal, plus petit, ferme d'autant moins l'orbite que l'apophyse orbitaire du frontal est presque nulle; le maxillaire est surtout considérablement diminué dans toutes ses parties, principalement dans sa partie orbitaire; mais c'est le contraire pour le prémaxillaire, dont la branche montante, élargie, remonte de chaque côté de l'ouverture nasale jusque sur le côté interne de la branche orbitaire du frontal, contre lequel elle s'applique largement, et dont la partie symphysaire, encore plus considérable, se recourbe sous un angle plus ou moins approchant de l'angle droit, suivant l'âge, et est creusée d'une large et profonde alvéole dans toute sa longueur.

Inférieure ou Mandibule.

La mandibule suit nécessairement ce mouvement dans sa partie symphysaire, qui offre en avant une large plaque ovalaire, poreuse, et percée de quatre paires de cupules alvéolaires, bien régulièrement et symétriquement rangées; les deux premières un peu plus détachées, plus obliques et moins profondes. Dans le reste elle ressemble presque tout à fait à celle d'un jeune Lamantin d'Afrique; seulement elle est encore plus courte, plus ramassée, et par conséquent plus forcée dans ses courbures, les trous mentonniers étant, pour ainsi dire, confondus en un seul ; l'apophyse coronoïde est cependant plus verticale, plus normale et recourbée en pointe de serpe.

Quant au bulbe auditif, les différences sont presque spécifiques ; mais il n'en est pas tout à fait de même des osselets de l'ouïe ; l'étrier est bien plus petit, quoique de forme semblable ; l'enclume est une sorte d'équerre, dont un des angles s'appuie sur le précédent ; et le marteau, extrêmement épais dans sa tête, subtriquètre et comme ombiliquée au centre, est pourvu d'un manche court, lamelliforme, et coudé à angle droit à sa base, fort large. Bulbe auditif.

Le reste du squelette offre aussi des différences assez importantes.

D'abord les sept vertèbres cervicales sont complètes, aussi bien dans leur corps que dans leur arc, et elles sont également un peu moins minces que dans le Lamantin qui nous sert de type. La sixième est soudée avec la cinquième dans notre squelette adulte. dans les Vertèbres cervicales, 7.

Il y a dix-neuf vertèbres dorsales portant chacune une paire de côtes (1). Ces vertèbres ont évidemment le corps plus court et moins caréné que chez les Lamantins ; les huit ou neuf premières seulement donnent articulation à deux paires de côtes, et par conséquent sont échancrées aux deux extrémités de leur corps, tandis que dans ces derniers il y en a au moins douze dans ce cas. Les apophyses épineuses sont aussi plus longues, surtout les six premières, qui s'inclinent en arrière presque assez pour se toucher. dorsales, 19.

Le Dugong n'a certainement que trois vertèbres lombaires à apophyses épineuses comme les dorsales, mais pourvues de transverses considérables, quoique moins larges, surtout la première, que dans les Lamantins, et offrant la particularité d'être à l'état d'épiphyse sur le jeune lombaires, 3.

(1) M. G. Cuvier n'en figure et n'en compte que dix-huit, d'après l'unique squelette qu'il possédait ; mais sur un autre, que j'ai fait confectionner sous mes yeux, il y en a dix-neuf, et en examinant attentivement celui qu'a observé M. Cuvier, on reconnait aisément qu'il en manquait une. M. E. Ruppell en donne aussi dix-neuf au Dugong de la mer Rouge, dont il a envoyé le squelette à Francfort, en 1822 ; et M. le docteur Knox en compte de même vingt-six pour le col et le tronc, ce qui fait sept cervicales et dix-neuf costales.

sujet de M. Hombron; la première, la plus étroite, la seconde la plus longue, arquée en avant (1), la troisième médiocre.

Sacrée, 1. Il n'y a certainement qu'une seule vertèbre sacrée (2), avec des apophyses transverses plus courtes, et surtout un peu plus larges.

Coccygiennes, 29. Les coccygiennes sont au nombre de vingt-neuf sur le jeune sujet (3), il en manque évidemment quelques-unes sur notre squelette d'adulte; comme les autres, elles sont aussi sensiblement plus courtes que dans le Lamantin; les apophyses transverses moins longues, plus obtuses, à bords plus parallèles; les épineuses plus basses, et les os en V aussi complets que dans le Lamantin du Sénégal.

En général dans le Dugong, la queue est formée de vertèbres plus petites, plus déprimées, dont les épines sont cependant plus hautes, mais moins dilatées, et les apophyses transverses beaucoup plus courtes.

Les os en V, qui commencent entre la vertèbre sacrée et la première coccygienne, sont aussi moins considérables.

Os hyoïde. Son Corps. L'os hyoïde du Dugong est plus normal, et par conséquent plus compliqué que celui du Lamantin. Il est formé d'un corps assez petit, en plaque à peu près carrée, de chaque côté duquel s'articulent : une

Ses Cornes. antérieure. postérieure. grande corne large et excavée à sa base, se rétrécissant ensuite et se tordant, pour ainsi dire, dans son milieu, pour se dilater de nouveau à sa terminaison; une petite corne bien plus courte et également d'une seule pièce étroite et peu comprimée.

Sternum, 2 pièces. 4 cornes. Le sternum n'est toujours formé que des deux pièces terminales, mais le nombre des cornes, et par conséquent celui des côtes vraies, est de

(1) Sur le jeune sujet de M. Hombron, ces deux apophyses sont encore à l'état d'épiphyses, c'est-à-dire non soudées à leur base.

(2) M. Ruppel en donne, à tort, trois au Dugong qu'il a observé dans la mer Rouge.

(3) M. Ruppel n'en compte que vingt-sept, parce qu'il en donne deux de trop au sacrum. M. Knox ne compte que vingt-huit caudales après la dernière costale, mais sans doute par ce que les terminales manquaient.

quatre, articulées, deux avec la partie antérieure, et deux dans l'intervalle qui la sépare de la postérieure.

Côtes, 19.

Les côtes sont surtout bien différentes, d'abord en ce que, à l'exception des deux premières, singulièrement élargies à l'extrémité supérieure et presque trilobées, elles sont bien plus grêles, s'atténuant en pointe, et pourvues vers les deux tiers supérieurs d'une sorte d'apophyse postérieure, tendant à s'imbriquer, un peu comme chez les Oiseaux.

Membres antérieurs. Omoplate.

Les membres antérieurs ne laissent pas que d'offrir quelques différences assez notables; d'abord dans l'omoplate, qui est en général plus étroite, et surtout plus courbée sur le plan et plus arquée sur la tranche; le bord postérieur étant bien plus concave (1); la crête est aussi plus saillante, plus inclinée en avant, mais presque sans apophyse acromion qui ne forme qu'une petite corne fort courte. C'est le contraire pour l'apophyse coracoïde qui est fort saillante, épaisse (2) et assez recourbée dans le sens du plan de l'os.

Humérus

L'humérus présente aussi une assez grande différence, étant plus court, même que dans le Lamantin du Sénégal, plus triquètre, plus tranchant et plus excavé sur les angles de son corps, et surtout proportionnellement plus large à ses deux extrémités; les tubérosités étant plus saillantes, surtout les supérieures. L'externe de celles-ci a même une forme très-différente de celle des deux autres Lamantins dont nous connaissons le squelette, en ce qu'elle forme une masse losangique ou rhomboïdale, fortement soulevée et échancrée au côté externe inférieur, son angle se continuant en une crête deltoïdienne très-saillante, prolongée, en se courbant, presque jusque au-dessus du condyle interne.

Supérieurement.

Os de l'Avant-Bras. Radius.

Les deux os de l'avant-bras offrent moins de différences. Le radius

(1) C'est ce qui a porté M. Knox à la comparer à celle du Morse bien plus qu'à celle des Cétacés.

(2) M. G. Cuvier la décrit, à tort, comme ne différant de ce qui existe chez le Lamantin que parce qu'elle est beaucoup plus pointue.

est peut-être cependant déprimé et plus large dans son corps, ainsi que dans son extrémité articulaire supérieure, dont les deux cavités de la contre-poulie sont aussi plus inégales. L'extrémité inférieure ou carpienne est, au contraire, un peu plus étroite.

Cubitus. Le cubitus, en général, proportionnellement plus robuste, presque tétraèdre dans son corps, est plus large à son extrémité inférieure, occupant, par conséquent, au carpe, un espace peut-être un peu plus grand que dans les deux Lamantins.

Carpe. Ce carpe lui-même offre une différence assez importante à noter, et qui consiste en ce que dans le Dugong, les deux premiers os de la première rangée sont solidement soudés entre eux, et que l'apophyse du triquètre ou pyramidal, que je considère comme le pisiforme soudé, est encore plus écartée pour l'articulation du cinquième métacarpien, que dans le Lamantin du Sénégal; en outre les deux premiers, dans les trois os de la seconde rangée, finissent aussi par n'en plus former qu'un (1).

Métacarpe. Les os du métacarpe et des doigts sont assez bien dans les mêmes proportions que dans le Lamantin du Sénégal; le cinquième métacarpien, et par conséquent le doigt tout entier, bien plus écarté en dehors pour son articulation presque unique avec le pisiforme. Il est, du reste, également le plus large.

Phalanges. Quant aux phalanges, elles sont sub-égales, notamment plus petites que dans les Lamantins, et surtout les onguéales, qui sont plates et triangulaires (2); mais n'existant qu'aux trois doigts internes; l'interne ou le pouce n'étant formé que d'un métacarpien, et l'externe ou auriculaire n'ayant que deux phalanges dont la seconde est large et plate.

(1) C'est sans doute à cause de cette réunion des deux premiers os aux deux rangées du carpe du Dugong adulte, que MM. G. Cuvier et Meckel n'ont donné que quatre os carpiens à cet animal.

(2) M. Cuvier les décrit, à tort, comme plates et obtuses. Elles n'existent pas sur le squelette qu'il avait à sa disposition. C'est encore plus à tort qu'il décrit et figure le nombre ordinaire des phalanges, c'est-à-dire trois à tous les doigts du Dugong, sauf le pouce.

La description et la figure d'E. Home sont encore plus erronées, deux phalanges au troisième et au quatrième, et une seule aux autres.

Quoique les membres antérieurs du Dugong soient peut-être un peu moins complets que ceux des deux autres Lamantins : il n'en est pas tout-à-fait de même pour les rudiments des postérieurs, qui sont plus compliqués. M. postérieurs.

Ils sont en effet formés de deux os de chaque côté (1), placés bout à bout ; le premier ou supérieur le plus long, le plus grêle, assez longuement dicône, joint par une extrémité à l'apophyse transverse de la vertèbre sacrée, et par l'autre à la partie supérieure du second plus court, plus large, plus aplati, se portant obliquement par une bride membraneuse vers le premier os en V. Bassin, 2 os. Iskion. Pubis.

Ne connaissant de cette espèce animale que deux squelettes, l'un d'un individu adulte de sexe inconnu (2), l'autre d'une jeune femelle, il nous est impossible de dire en quoi peuvent consister les différences sexuelles et individuelles. Pour celles qui tiennent à l'âge, elles sont comme dans tous les autres mammifères ; les os étant en général plus courts, plus gros, surtout aux extrémités et sans doute épiphysés, chez les jeunes sujets ; ce que je ne sais cependant pas par autopsie. Différences d'âge.

Je puis dire quelque chose de plus pour les têtes dont notre collection possède un assez bon nombre et surtout d'adultes, la plupart recueillies par les officiers de santé de l'expédition de M. Dumont d'Urville, dans un tas d'ossements, restes des repas des sauvages, au détroit de Torrès, et qui portent quelquefois les traces de la torréfaction qu'ils ont subie. individuelles dans le Crâne.

(1) M. G. Cuvier, par suite de l'état incomplet du seul squelette qu'il avait en sa possession, ne décrit qu'un seul os de chaque côté du bassin, le supérieur, ce qu'avait fait également M. Raffles ; mais E. Home les figure tous les deux, ainsi que Meckel l'a déjà indiqué, en ajoutant que, sur trois squelettes de Lamantin proprement dit, du cabinet de Munich, ces os du bassin n'existent pas, comme sur ceux observés par Daubenton et G. Cuvier.

(2) A ce sujet, j'avoue qu'il ne m'est pas facile de m'expliquer un passage du Mémoire de M. le docteur R. Knox (page 3, en note), dans lequel il rapporte que M. G. Cuvier avait dit à M. Robison avoir à sa disposition cinq squelettes complets de Dugong, depuis la publication de la seconde édition de ses *Ossements fossiles*. Jamais M. Cuvier n'a eu que celui incomplet qu'il a décrit. Tout au plus, par suite du premier voyage de *l'Astrolabe*, avait-il cinq crânes, et bien loin d'être complets.

pour la Grandeur.

D'abord, quant à la taille, ces têtes diffèrent en général assez peu : la plus grande ayant trente-sept centimètres de longueur basilaire, et la plus petite vingt-cinq; celle-ci étant, il est vrai, assez éloignée d'être adulte. Aussi est-elle plus large et plus courte aussi bien au crâne qu'à la face, les os incisifs finissant aussi plus en pointe. Du reste les os du nez ne sont pas séparés des frontaux, qui le sont encore cependant entre eux. Les pariétaux sont au contraire déjà soudés entre eux, ainsi qu'avec l'occipital supérieur; de même que le mastoïdien, fort grand, l'est avec le temporal.

la Proportion.

Quelques particularités de Forme.

Entre les huit crânes d'adultes que j'ai comparés, six du détroit de Torrès, un septième de Sumatra, et le huitième d'origine inconnue, figuré par Daubenton, et que Bernard de Jussieu avait donné à la collection, je n'ai trouvé que de fort légères différences, si ce n'est dans le dernier; il m'a en effet offert l'os frontal bien moins bossu au milieu, mais pourvu de chaque côté d'une tubérosité d'insertion musculaire assez prononcée; le palais plus large, quoique les alvéoles des dents plus petites, et, par suite, la barre sous-orbitaire également plus large, et cependant le trou de ce nom notablement plus petit; les incisifs également plus épais, moins coudés, plus développés dans leur partie alvéolaire; ce qui dénote des défenses plus fortes; l'arcade zygomatique un peu plus surbaissée et paraissant plus longue par suite de la position plus avancée de l'apophyse d'insertion du masséter; ce qui donne à l'orbite une courbure un peu plus marquée en avant.

Conclusions.

Parmi les sept autres, la tête du squelette de Sumatra est celle qui se rapproche le plus de la précédente, ce qui me porte à croire que l'une et l'autre proviennent d'individus mâles; les défenses du dernier étant en effet très-fortes. Son frontal, relevé d'une assez forte bosse au milieu comme dans toutes celles du détroit de Torrès, n'a cependant aucune trace des tubercules latéraux du crâne décrit par Daubenton, et le trou sous-orbitaire est très-grand.

Ainsi il me semble assez difficile de trouver dans ces têtes osseuses autre chose que des différences individuelles, sexuelles tout au plus, mais rien de véritablement spécifique pouvant distinguer le Dugong de Sumatra de celui du détroit de Torrès.

Du Lamantin de Steller (*M. borealis*).

Nous ne savons malheureusement sur le squelette du Lamantin de Steller, que ce que cet infortuné voyageur allemand, au service de la Russie, nous en a dit dans son mémoire rédigé, il y a plus de cent ans, et que nous allons mettre à profit.

Os de la Tête.

Les os de la tête pour la solidité et la force ressemblent à ceux du cheval (1), mais tous les autres os sous ces mêmes rapports surpassent ceux de tous les animaux terrestres.

Crâne.

Le crâne très-robuste, à cavité cérébrale petite, sans cloison cérébelleuse osseuse, sans traces de sutures, lui a offert en arrière un occipital extrêmement dur, presque comme du fer et en avant deux processus durs (sans doute les pariétaux et les frontaux), qui s'étendent vers les os du nez, auxquels ils se joignent par arthrodie diarthrodienne, ainsi qu'aux maxillaires. Les os du nez (2) réunis par une suture grossière s'articulent avec les maxillaires par un ginglyme diarthrodique. La longueur totale de la tête était de 27 pouces sur 13 1/2 de large.

Face.

Rocher.

Steller assure qu'il a ouvert quatre crânes de son Lamantin, sans pouvoir trouver la moindre trace du bulbe auditif (*Manati lapides*), quoiqu'il l'ait cherché avec beaucoup de soin (*maximâ industriâ*); aussi pense-t-il que ces os décrits par les Pharmacologistes, sont des os de mâchoires; ce qui est fort peu probable, suivant nous.

Vertèbres.

Le nombre total des vertèbres est de soixante, six cervicales, dix-neuf dorsales et trente-cinq terminales; et comme Steller dit que l'os du bassin s'attache à la trente-cinquième, il en résulte neuf lombaires, une sacrée et vingt-cinq coccygiennes (3).

(1) Quoique Steller trouve ainsi assez souvent une certaine ressemblance entre le squelette du Lamantin et celui du Cheval, il a soin d'avertir que, manquant d'objets de comparaison et même de livres, il ne peut recourir qu'à sa mémoire et à son idée (*phantasia*).

(2) Il est probable que ces prétendus os du nez sont les prémaxillaires.

(3) Dans un autre passage, p. 305, il dit *a vertebrâ* 26, *cauda incipit et* 35 *vertebris continuatur*, et qui donne aussi dix vertèbres intermédiaires à la dernière costifère et à la première coccygienne.

cervicales, 6. Les vertèbres du cou sont fort minces dans leurs corps.

dorsales, 19. Celles du dos ont leur apophyse épineuse aiguë, large et assez saillante pour être sensible sur l'animal entier, malgré l'épaisseur du pannicule graisseux et de la peau, et leur corps est caréné en dessous aux vertèbres de la région de l'estomac et du foie. Les autres l'ont rond.

lombaires, 9. sacrée, 1. caudales, 25. Les vertèbres caudales ont chacune quatre apophyses, deux latérales larges et longues, une supérieure aussi large, mais plus courte, et enfin une inférieure en forme de lambda grec. (Sans doute les os en V).

Sternum. Le sternum est cartilagineux dans la partie supérieure où s'articulent les cornes, osseux, et d'un pied de long dans le xiphoïde.

Côtes, 19. Les côtes au nombre de dix-neuf, dont cinq seules sont vraies et jointes au sternum par un cartilage, sont toutes solides, épaisses et pesantes.

Os du Bras. Les bras sont formés de deux os au tarse et au métatarse (ce qui est incompréhensible); mais, p. 306, il dit que le bras offre deux articulations, l'une supérieure à la réunion par arthrodie de l'humérus avec l'omoplate, et probablement, ce qu'il ne dit pas, à l'avant-bras, formé d'un radius et d'un cubitus comme dans l'homme.

Os des M. antérieurs. Quant à ce qu'il ajoute; que ces deux os finissent avec le métatarse et le tarse, qu'il n'y a aucune trace de doigts non plus que d'ongles, et que le tarse et le métatarse sont formés d'une graisse solide, enveloppés de tendons et de ligaments, de manière à ressembler à un membre d'humérus amputé, qu'entourerait un épiderme beaucoup plus épais, plus dur, formant, pour ainsi dire, un sabot de cheval avec une sorte de sole, mais plus pointu et plus propre à fouiller; c'est un point fort curieux, sans doute, mais qui aurait besoin de confirmation, pour l'absence de doigts surtout.

Os des M. postérieurs. Les os innominés de la grandeur et de la forme du cubitus de l'homme, sont réunis par de forts ligaments à la 35e vertèbre, et de l'autre à l'os pubis, ce qui fait supposer que cet animal a deux paires d'os au bassin, comme le Dugong.

CHAPITRE DEUXIÈME.

ODONTOGRAPHIE.

Du Système dentaire en général. De deux sortes de Dents. D'une seule ou nul.

Le système dentaire des Lamantins en général, offre comme leur système osseux, cela de particulier qu'il est presque toujours anomal, plus que dans les Phoques, parce qu'ils appartiennent à un degré plus inférieur de la série, où n'existent plus que deux sortes de dents, mais moins que dans les Cétacés, qui, sous ce rapport, sont bien plus dégradés, puisqu'ils n'ont plus qu'une sorte de dents simples et uniradiculées. Toutefois, il est digne d'être observé que le système dentaire peut entièrement manquer dans une espèce de ce genre, et être remplacé par des plaques calleuses cornéo-calcaires, bien autrement développées que dans le bourrelet labial des Ruminants; mais qui ne sont nullement des dents, comme on l'a dit trop souvent. Toutefois dans les espèces où il est le plus complet, il ne s'élève jamais au-dessus de deux sortes de dents, des incisives et des molaires, avec une barre intermédiaire plus ou moins étendue, et les incisives, quand elles existent, ne sont jamais au-dessus d'une paire en haut et en bas, comme dans les Rongeurs et les Éléphants; et que les molaires, quel qu'en soit le nombre, sont toutes presque semblables.

Dans le L. AUSTRAL adulte.

Voyons maintenant à en exposer les différences en commençant toujours par le Lamantin austral, notre type.

Incisives, 0. Canines, 0. Molaires.

A l'état adulte, cette espèce de Lamantin est aussi bien dépourvue d'incisives que de canines; mais les molaires, formant des séries parallèles et rectilignes de chaque côté de la bouche en haut comme en bas, sont profondément implantées et retenues dans les mâchoires.

Leur Nombre suivant.

Leur nombre est peut-être, et même très-probablement, fixe dans le temps, c'est-à-dire, pendant la vie d'accroissement de l'animal; mais il ne l'est pas d'une manière absolue chez les individus soumis à l'observation, à moins que d'avoir soigneusement égard à l'égalité d'âge, ce qui est assez difficile. C'est sans doute la raison pour laquelle les observateurs sont si peu d'accord à ce sujet.

Daubenton, $\frac{9}{9}$ Daubenton le premier qui ait décrit le sytème dentaire d'un Lamantin, en 1762, lui donne avec quelque doute, neuf molaires de chaque côté de chaque mâchoire; toutes presque carrées avec deux ou trois arêtes transversales.

G. Cuvier, $\frac{9}{9}$ C'est aussi le même nombre qu'a reconnu M. G. Cuvier. Mais il le donne comme le véritable.

Illiger, $\frac{8-10}{8-10}$ Illiger approche davantage de la vérité en disant 8 — 10.

H. de Blainville, $\frac{9}{9}$ En 1817, dans mon article DENT du nouveau *Diction. d'Hist. nat.* j'en décris neuf de chaque côté et à chaque mâchoire; ce qu'exprime M. Ranzani, par cette formule $\frac{1}{1} \cdot \frac{8}{8}$.

F. Cuvier, $\frac{9}{9}$ ou $\frac{8}{8}$ M. F. Cuvier dans le vol. XXV du *Diction. des Sciences naturelles*, en 1822, dit d'abord neuf, et dans le LIX, 1829, revient à huit, ou seize à chaque mâchoire.

Ces variations tiennent à ce que les zoologistes n'ayant en général étudié qu'un seul crâne, n'ont pas fait l'observation que dans cet animal la série dentaire pousse d'arrière en avant comme dans l'Éléphant, le Mastodonte et même dans le Kanguroo.

Décrites. Supérieurement. 12. Dans l'individu du *M. australis*, du cabinet d'Ajuda, on peut compter en haut la place de deux dents en avant du côté gauche et trois du côté droit, puis six ou cinq dents en action, d'autant moins usées à la couronne qu'elles sont plus postérieures, et enfin quatre, encore dans les gencives, deux antérieures, assez complètes et deux postérieures, en germe: ce qui fait douze dents dont il est possible de constater la présence, à cet age de l'animal, à chaque côté de la mâchoire supérieure.

Toutes ces dents de même grosseur ou à peu près sont trapéziformes, la grande base en dehors, à trois racines, dont une seule, la plus grosse, en dedans; partagées à la couronne en deux parties, séparées par un vallon assez large, l'antérieure un peu plus épaisse, formée d'une colline à trois mamelons, quand elle est entière, et d'un talon en avant, la postérieure de même, mais avec le talon en arrière. Par l'usure, ces mamelons forment d'abord des îles arrondies, qui en se réunissant produisent des rubans transverses plus ou moins élargis au milieu.

Inférieurement. 10—12.

A la mâchoire inférieure, il me semble qu'on peut compter un espace alvéolaire rempli en avant pour une dent, puis sept dents en acte de mastication, toutes à peu près égales, parallélogrammiques, à deux racines transverses, portant une couronne à deux collines transverses principales, et une troisième plus courte formant talon en arrière; ces collines se terminant en mamelons coniques peu tuberculeux et donnant lieu par l'usure à trois îles ovalaires dont la postérieure est la plus courte; et enfin, en arrière, trois ou quatre intrà-alvéolaires en germe, ce qui fait dix à douze, comme en haut.

Dans le L. du Sénégal.

Dans un Lamantin du Sénégal dont le palais est plus large, les dents sont en général un peu plus fortes; aux supérieures, qui sont aussi presque régulièrement carrées et subégales, à trois racines, la couronne a ses collines régulièrement transverses, à trois mamelons, le médian bien plus petit, et les talons sont assez peu marqués, si ce n'est aux dents postérieures.

Supérieurement. 10.

J'en ai compté sept bien en jeu, l'usure toujours décroissante d'avant en arrière. Mais au delà, dans une queue alvéolaire qui se relève dans la fosse ptérygoïdienne, il s'en trouve encore trois, ce qui fait un total de dix.

Inférieurement. 10.

Les dents de la mandibule sont également au nombre de dix : sept en jeu et trois dans la queue alvéolaire; les antérieures fort usées, les postérieures bien entières, à collines transverses bien distinctes, quelquefois quadrimamelonnées par la bifurcation du mamelon du milieu, et avec le talon postérieur fort prononcé, dans les postérieures, par exemple.

Des deux racines transverses, comme les collines, la postérieure se bifurque quelquefois à sa terminaison, et même d'assez bonne heure; en sorte qu'il semble y avoir trois alvéoles pour chaque dent.

Dans un L. de Cayenne; $\frac{10}{10}$

Dans un Lamantin provenant de M. Plée, et que nous supposons originaire d'Amérique, sans en avoir cependant la certitude, nous avons trouvé que le nombre des dents est, comme dans celui du Sénégal, formé de sept sorties, et même fort usées en avant et de trois gingivales, ou même alvéolaires, comme dans le Lamantin du Sénégal; mais qu'elles rappelent davantage les dents du Lamantin austral par leur forme évidemment plus triquètre ou moins carrée pour les supérieures. Il en est de même pour les inférieures, qui sont plus petites et dont les collines sont évidemment moins larges, plus appointies et moins régulièrement mamelonnées.

Cette différence, en s'ajoutant à celles que nous a offertes la tête osseuse, décrite plus haut, tend assez bien à confirmer la distinction d'espèces.

Jusqu'ici, nous n'avons trouvé chez les trois espèces de Lamantin dont nous avons étudié le système dentaire adulte, que des différences assez difficiles à exprimer, aussi bien en Iconographie que par des paroles : il n'en va pas être de même pour les deux autres, le Lamantin de l'Inde ou Dugong, et le Lamantin de Steller ou du Nord.

Dans le L. DUGONG (*M. Dugung*). Supérieurement. Incisives. En défense. Décrites.

Dans le Dugong d'abord, il y a à tout âge, et par conséquent chez l'adulte, une paire de fortes incisives plus ou moins exsertes à la mâchoire supérieure. Ces dents, variables pour la longueur, pour la grosseur et même un peu pour la forme, sont en général coniques-allongées, quelquefois un peu trièdres, irrégulièrement cannelées au sommet peu pointu, finement sillonnées dans le reste de leur étendue et jusqu'à la base qui est en général tranchante au bord d'une cavité alvéolaire plus ou moins profonde.

Il arrive cependant quelquefois, et il paraît que c'est chez les plus vieux individus, que la base de cette dent soit à peine creusée en cupule, et qu'elle s'élargisse assez pour ne pouvoir plus être retirée de son alvéole. Dans ce cas, celle-ci s'est tellement enfoncée et amincie qu'elle est perforée à l'angle formé par le prémaxillaire.

Cette défense, qui est le plus souvent complétement cachée dans l'alvéole, qu'elle remplit en entier d'une manière assez serrée, n'offrant alors aucune trace d'usure, paraît être quelquefois exserte, puisqu'on en rencontre qui sont assez fortement usées et polies à leur extrémité. Elle est légèrement courbée en dehors et un peu en avant, ce qui la rend divergente, assez bien comme dans l'Éléphant; mais ce qui la distingue surtout, c'est l'extrême dureté, la grande densité de son tissu, susceptible d'un poli presque métallique.

Molaires. 5—4—3—2. Décrites.

Au delà de cette défense qui remplit toute la branche horizontale, devenue verticale du prémaxillaire, est une barre tranchante, et après elle cinq dents molaires, croissant de la première à la dernière, mais toujours subcylindriques, et même un peu évasées ou plus larges à la base plus ou moins écarrie, sans racines proprement dites, et dont la couronne, sans doute par usure, est comme tronquée à sa surface. La première dent, la plus petite, est cylindrique, les autres deviennent un peu ovales, et enfin la dernière est rendue subdidyme, par une cannelure longitudinale, sans que sa base radiculaire offre le moindre indice de bifurcation.

Première

Dernière

Par suite de l'âge, sans doute, et de l'usure, ces cinq dents disparaissent d'avant en arrière de manière à n'être plus qu'au nombre de quatre, de trois, et enfin de deux seulement. C'est le cas de nos plus fortes têtes.

Inférieurement.

Le système dentaire de la mâchoire inférieure n'est pas moins singulier que celui de la supérieure, quoiqu'il n'y ait pas de défenses.

Incisives. 1.

Je crois cependant qu'on doit considérer comme des incisives les petites dents qui occupent la première paire de trous du disque perforé de la symphyse, mais que je ne connais que dans le jeune âge.

Mol. ant.

Les trois autres paires de trous ou de fossettes dont cet espace est creusé, renferment autant de dents (1), également assez petites, allongées, biconiques, qui sont immergées sous la gencive, qu'elles paraissent ne jamais percer. Je n'ai vu de ces dents que la paire moyenne, et seulement dans un assez jeune individu, celui dont j'ai fait faire le squelette sous mes yeux.

(1) Éverard Home n'en a cependant signalé que deux, une dans chaque fossette du milieu, et je n'en ai également trouvé que deux dans l'individu que j'ai disséqué. Je n'en vois également que deux dans le moule du crâne décrit par M. Knox.

M. F. Cuvier les considère comme des incisives ; et d'après cela, le Dugong, suivant lui, en aurait cinq paires.

Mol. post. 5—4—8—2.

Au delà de l'angle, et après une barre plus courte qu'en haut, viennent cinq dents molaires pouvant être réduites aux deux dernières, comme supérieurement, par suite de leur avancement et de leur chute successifs, mais en général plus larges, plus comprimées et plus verticalement implantées.

Dans le L. de Steller (*M. borealis*).

Enfin, s'il faut entièrement s'en rapporter à Steller, le Lamantin de la mer Glaciale serait encore plus anomal que le Dugong, puisqu'il le dit pourvu de deux seules dents en forme d'os plats, l'un supérieur et l'autre inférieur (1) : en effet, s'il en était ainsi, ce Lamantin serait entièrement dépourvu de dents, car ces deux prétendus os, de l'un desquels nous devons une excellente description à M. Brandt, dans les Mém. de l'Académie imp. de Saint-Pétersbourg, ne sont que des plaques cornéo-calcaires qui garnissent, l'une la partie antérieure du palais, et l'autre le disque symphysaire de la mandibule, comme cela a lieu chez les Dugongs, ainsi que nous avons pu le voir sur une tête de fort jeune sujet rapportée par MM. Quoy et Gaimard, et ce qui a été parfaitement observé par M. Knox, sur une tête d'adulte conservée dans l'esprit de vin.

Des Plaques remplaçant les Dents.

Conclusions.

Je suis donc fortement enclin à penser que Steller, dans la difficile position où il se trouvait, sans aides convenables pour des recherches un peu délicates, et sans connaissances véritablement positives et suffisantes, a pu ne pas voir, parce qu'elles lui ont échappé, et non pas parce qu'elles n'existaient pas, les dents plus ou moins rudimentaires de son énorme Lamantin. Nous venons, en effet, d'en indiquer sous la plaque cornée avant-linguale du Dugong.

Le système dentaire de jeune âge des Lamantins n'est pas moins im-

(1) Voici les propres expressions de Steller, *loc. cit.*, page 302 : *masticationem absolvunt ; non dentibus, quibus in universum carent, sed duobus ossibus validis, candidis, seu dentium integris massâ, quarum una palato, altera maxillæ inferiori infixa et huic apposita est.*

portant à faire connaître que celui d'adulte, pour démontrer les affinités de ces espèces entre elles et avec les Éléphants. Différences suivant l'âge non adulte.

Chez le Lamantin austral.

Dans le Lamantin austral d'abord, il y a peut-être déjà près de trente ans que, conduit par des vues d'analogie, j'ai découvert dans le fœtus du Lamantin une paire de petites incisives en haut comme en bas, ainsi que cela est consigné dans le *Bulletin des Sciences* par la Société philomatique; ce que MM. Desmarest, F. Cuvier, ont rapporté d'après moi, et comme M. G. Cuvier l'a vu sur la pièce préparée par moi, lorsque je la lui ai montrée. Incisives.

Molaires.

Quant aux molaires, elles n'étaient encore qu'à l'état de bulbe dans cette même pièce, et n'ont laissé des traces que de leurs alvéoles, qui sont seulement au nombre de trois. Ainsi je ne connais pas les dents de lait, ou mieux peut-être, les premières dents des Lamantins proprement dits.

Chez le Dugong.

Chez le Dugong, nous avons pu les étudier en nature sur deux jeunes sujets, à deux degrés différents et par les alvéoles en général, sur huit ou neuf crânes formant série.

1er degré.

Sur l'un, le plus jeune, rapporté par MM. Quoy et Gaimard, celui dont nous possédons la plaque cornée symphysaire, il y a deux paires d'incisives supérieures; celle de lait, beaucoup plus petite en avant, et les autres en arrière, très-courtes et très-creuses. Incisives.

Molaires. Supérieurement. 4.

Les molaires d'en haut sont déjà au nombre de quatre, dont trois sorties, et la quatrième dans l'alvéole; la première est extrêmement petite, et d'un diamètre plus grand à la racine qu'à la couronne; la seconde, proportionnellement bien plus grosse, est usée carrément à la couronne, qui est ovale; la troisième, notablement plus grosse et plus circulaire, est profondément didyme, les deux parties étant sub-égales et peu mamelonnées; enfin, la quatrième, encore en germe, a la même forme, si ce n'est que la partie antérieure est un peu plus forte que la postérieure, et que la séparation en mamelons est plus prononcée. Première. Seconde. Troisième. Quatrième.

Inférieurement. 3. A ce degré, les molaires d'en bas ne sont qu'au nombre de trois, dont deux sorties et une intra-alvéolaire.

Les deux sorties correspondent assez bien à la seconde et à la troisième d'en haut pour la grosseur et pour l'usure. Le germe de la troisième est également divisé en deux parties, et chacune en deux mamelons avec indice de talon comme chez les véritables Lamantins. Ainsi on peut supposer que sur cette pièce la première dent était déjà tombée.

2e degré. Au second degré de son système dentaire, que nous connaissons sur le sujet rapporté par MM. Hombron et Jaquinot, le Dugong offre les

Incisives. deux paires d'incisives au bord de l'alvéole, la seconde notablement plus grosse et plus longue derrière la première.

Molaires. Supérieurement. 5. Première. Seconde. On trouve en outre cinq dents molaires en place. La première, sur notre sujet, n'était cependant plus représentée que par son alvéole, qui semble avoir contenu la seconde dent du degré précédent; la seconde est cylindrique et usée horizontalement à la couronne.

Troisième. La troisième, usée de même, me paraît correspondre à celle de même nombre du degré précédent.

Quatrième. La quatrième, bien plus grosse, représente sans doute le germe de ce même degré sur le premier crâne.

Cinquième. Enfin la cinquième, en germe, offre à sa couronne trois mamelons obliques, deux en arrière et un en avant plus élevé.

Inférieurement. 5. A la mâchoire inférieure, les choses sont assez bien au même état; une alvéole pour une première dent, et quatre dents en place, dont une

Première. Seconde. Troisième. Quatrième. Cinquième. en germe : la première, bien plus petite, cylindrique et usée carrément; la seconde, plus ovale, sub-cylindrique, un peu moins usée; la suivante, bien plus didyme, moins usée, en huit de chiffre; enfin, le germe, profondément didyme, avec la partie antérieure plus saillante, et la postérieure avec un rudiment de talon.

Dans l'âge avancé. Je n'ai pu suivre sur les dents elles-mêmes les changements qu'elles éprouvent successivement avant que le système dentaire soit à son dernier terme de deux; mais c'est ce que j'ai pu faire jusqu'à un certain point, du moins d'après les alvéoles que j'ai vues diminuer de nombre, en commençant par la première, depuis cinq jusqu'à deux, en même temps que celles qui restent augmentent insensiblement de diamètre aussi bien en haut qu'en bas.

On peut donc assez bien assurer qu'il doit en être ainsi des dents, à en juger même d'après les grosses sur les plus vieilles têtes à deux seules alvéoles, dont la dernière dent est d'un grand tiers plus large que la cinquième d'un animal moins âgé (1).

Conclusions.

Ainsi, l'on peut dire que chez les Dugongs et chez les autres Lamantins, ainsi que chez les Éléphants, il n'y a ni dents de lait, ni dents de remplacement, comme chez la plupart des autres Mammifères, celles-ci poussant, pour ainsi dire, celles-là de bas en haut, et formant ainsi deux rangées superposées; mais que toutes les dents que doit avoir l'animal dans le cours de sa vie entière forment une seule ligne, un seul rang, une sorte de boyau cylindrique qui se développe d'arrière en avant dans le canal dentaire, dont l'énorme diamètre est en partie dû à cette particularité. C'est quelque chose de semblable à ce qui existe dans les Éléphants.

Suivant le Sexe.

N'ayant le sexe assuré que sur un 'eune individu, et ne possédant pas les dents des crânes et des mâchoires qui existent dans nos collections, il m'est impossible de déterminer les différences que le système dentaire peut offrir, suivant les sexes et les individus; mais je dois terminer en disant que M. Knox, dans son Mémoire sur la dentition du Dugong, pense que les défenses qu'il a observées indiquent deux espèces différentes. Malheureusement il ne les décrit pas, et ne dit pas même en quoi consistent ces différences. A en juger cependant d'après un moule en plâtre, admirable d'exécution, que M. Knox a bien voulu envoyer au Muséum, et sur lequel l'incisive est montrée en place par une ouverture faite à

(1) Pour juger cette question, assez difficile, j'ai eu un assez bon nombre de crânes, de mâchoires et de dents, mais celles-ci recueillies à part dans un tas d'ossements laissés par les sauvages du détroit de Torrès, après s'être nourris de la chair des animaux.

l'alvéole, ainsi que trois molaires de chaque côté des deux mâchoires, je n'ai pu apercevoir rien de différentiel, spécifiquement parlant, avec ce que nous possédons du Dugong de Sumatra et du détroit de Torrès. Nous n'avons rien de celui de la mer Rouge.

CHAPITRE TROISIÈME.

PALÉONTOLOGIE.

DES TRACES DE L'ANCIENNETÉ DES ANIMAUX DU GENRE LAMANTIN A LA SURFACE DE LA TERRE.

Dans les Écrits des Poëtes grecs. Homère. Sur les Sirènes.

Quoique le nom de *Siren* de *Sirenia* qui a été donné depuis assez longtemps aux animaux de ce genre, ait été emprunté à la mythologie grecque, et entre autres poëtes, à Homère, il n'en résulte pas nécessairement que les anciens Grecs aient connu le moins du monde aucune espèce de Lamantins, dont une, au moins, existait cependant anciennement dans toute notre Europe centrale et méridionale, et dont on trouve en effet, comme nous allons le montrer tout à l'heure, des ossements fossiles, en assez grand nombre, dans beaucoup d'endroits et de terrains des rivages de l'ancienne Gaule.

En effet, quand on cherche à apercevoir quelque chose d'un peu satisfaisant, d'un peu clair, au milieu de ce fatras scolastique, que trop longtemps on a décoré du nom de science de la Mythologie, on trouve d'abord qu'Homère, dans le passage de l'Odyssée où il est question des Sirènes (1), dans les conseils que Circé donne à Ulysse, pour sa navigation, n'en fait en aucune manière la description, se bornant à représenter Ulysse bouchant les oreilles de ses compagnons avec de la cire, pour qu'ils ne soient pas séduits par le chant mélodieux de ces enchanteresses, et se faisant lui-même attacher au mât de son vaisseau pour ne pas être entraîné malgré lui dans l'île qu'elles habitaient, et près de laquelle il passait; et

(1) Chant XII, vers 100 *et seq.*

ensuite que la plus ancienne description poétique que nous ayons des Sirènes, les représente comme ayant, il est vrai, les parties supérieures du corps d'une jeune fille, mais avec des ailes et les parties inférieures d'un oiseau et même d'un oiseau de proie pourvu de doigts armés de griffes. Dès lors, on pourrait s'expliquer comment attirés par les chants mélodieux des Sirènes assises au milieu des belles prairies de l'île voisine de Capri, les malheureux passants qui succombaient, étaient déchirés par ces êtres si redoutables, leurs os accumulés en tas, et leur chair desséchée, et comment l'allégorie a pu voir dans les chants des Sirènes les attraits de la volupté, et dans l'action de leurs griffes acérées, les remords qui s'emparent de l'homme qui a succombé.

Il était plus difficile de trouver une raison quelconque de la fiction qui admet les Sirènes comme formées d'une tête et d'un corps de jeune fille se terminant par une queue de poisson. Aussi, le savant Gesner, dont tant de monde met l'immense érudition à contribution, sans l'avouer, dit-il, expressément que ni Ovide, ni aucun autre auteur ancien n'ont représenté les Sirènes avec une queue de poisson, comme l'ont fait les peintres de son temps, trompés sans doute, ajoute-t-il, par l'opinion vulgaire qu'il existe dans les mers des animaux ainsi construits.

Dans les Monuments.

En preuve de cette opinion de Gesner, c'est qu'aucun monument ancien sur lequel il soit possible de reconnaître avec quelque certitude les Sirènes, ne les représente que comme des espèces d'oiseaux avec des ailes et des pieds d'oiseaux; au point qu'elles ont été quelquefois prises pour des Harpies. Du moins, d'après ce que nous apprend le savant auteur du Manuel d'Archéologie, Muller, heureusement et habilement traduit en français par mon jeune ami M. Hippolyte Nicard.

D'après Muller.

Quoi qu'il en soit, il reste évident que les anciens, sous le nom de Sirènes, n'avaient aucune idée de l'animal que nous connaissons aujourd'hui sous celui de Lamantin, et d'autant moins sans doute, que celui-ci est bien loin d'avoir des chants mélodieux, puisqu'il paraît à peu près muet. On conçoit cependant que les anciens Grecs aient pu avoir quelque notion du Dugong, puisque du temps d'Alexandre même, ils ont na-

Pour le Dugong.

vigué dans la mer Rouge où il en existe encore aujourd'hui; bien plus, d'après une observation de Michaëlis (1760), il paraît que l'animal que Moïse désigne sous le nom de *Taschasch*, était vraisemblablement cette espèce de Lamantin.

Dans les Livres de Moïse.

D'après Michaëlis et M. Ehrenberg.

C'est par suite de cette réflexion du savant danois, que les voyageurs modernes, en Égypte et en Abyssinie, et entre autres, M. Ehrenberg, ont émis l'opinion que les défenses du Dugong étaient employées comme matière dans les arts par les Juifs, et c'est sans doute parce que M. Ruppel admet qu'elles sont entrées dans la confection du tabernacle dans le temple de Jérusalem, qu'il a cru devoir tirer le nom de Dugong du Tabernacle (*Manatus* (Halichore) *Tabernaculi*) qu'il a donné au Dugong du nord de la mer Rouge et que M. Ehrenberg croit spécifiquement distinct du Dugong du sud de cette mer et semblable à celui de l'Archipel Indien. Ainsi, dans cette manière de voir, les Hébreux auraient connu une espèce de cette famille, animal que les Arabes modernes nomment encore *Naqua*, nom qu'on trouve dans Forskall, p. XVII, n° 55, pour celui d'un poisson douteux, qu'il n'avait pas vu et qui signifie, d'après l'un de mes élèves, M. P.-E. Botta, *Chamelle de mer* : Forskall dit en outre que son Naqua était fort recherché à cause de ses deux dents d'un grand prix. P. Gilles (1604) nous apprend, en effet, ainsi que nous l'avons rapporté plus haut, qu'à l'époque de son voyage en Orient, les dents et la peau du Lamantin, sous le nom d'Éléphant de mer, étaient pour les Arabes deux objets de commerce.

Existant dans la mer Rouge.

D'après Forskall.

P. Gilles.

S'il peut y avoir encore quelques doutes à ce sujet, ce que je conçois, il n'en est pas de même dans l'état fossile. On trouve si fréquemment des fragments d'os roulés dans certaines localités et dans certains terrains qui ont été formés sur les rivages d'anciens golfes échancrant fortement nos continents, qu'il est indubitable qu'on a dû en recueillir souvent dans les anciennes collections paléontologiques; mais comme ce n'était guère que des fragments de côtes, et que l'on ne possédait aucune pièce de comparaison, on trouve la raison pour laquelle, ou bien ses os auront été considérés comme provenant de Phoques ou de Cétacés,

Dans les couches de la terre.

A l'État fossile.

Indiqués d'abord

ou bien ils auront été passés sous silence, si ce n'est toutefois par Guettard, trop peu apprécié dans l'Histoire de la Géologie, mais que l'on peut, avec raison, considérer comme le véritable fondateur de la Paléontologie en France. On trouve en effet, dès 1768, dans plusieurs de ses Mémoires, et entre autres dans ceux qui traitent exclusivement des os fossiles, le premier sur ceux qui ont peut-être appartenu à des poissons marins, le second sur ceux qui ont vécu sur la terre, ainsi que dans un troisième, qu'il a consacré à l'examen des pétrifications découvertes dans les carrières d'Aix (*Académ. des sc.*, 1762), qu'il avait vu ou recueilli des ossements que, dans l'état des connaissances d'alors, il rapportait à la Vache marine, ou à des Cétacés, en un mot, à des animaux qu'on désignait alors comme des Amphibies, et qui sont évidemment de Lamantins. Il a même figuré quelques-uns de ces os et surtout des fragments de côtes dans son premier mémoire. «Mais, comme il le fait justement observer, les collections publiques, les travaux des anatomistes sur les grands poissons, les Cétacés, les Amphibies étaient trop peu avancés, les collections étaient trop pauvres, pour qu'il fût possible d'aller plus loin et de déterminer d'une manière rigoureuse quelles parties d'os étaient recueillies et à quel animal elles pouvaient avoir appartenu. L'anatomie des animaux est encore si imparfaite, celle surtout des poissons et principalement celle des squelettes des uns et des autres, qu'il n'est presque pas possible de dire au juste auxquels de ces animaux les os fossiles ont appartenu. Ce qu'on peut dire avec un peu plus de certitude, c'est que ces os ont fait partie des squelettes de poissons, d'animaux qui ont vécu dans la mer.»

par Guettard, en 1768.

Ainsi, malgré que Guettard ait connu plusieurs os fossiles de Lamantins, il ne pouvait les reconnaître comme tels, puisqu'à peine si lui-même employait ce nom, et si ces animaux étaient définis, leur squelette n'étant connu que dans un seul crâne que Daubenton venait de figurer.

Ce n'est, en effet, qu'en 1809, que M. G. Cuvier a prononcé pour la première fois le nom de Lamantin fossile, à l'occasion d'un certain nombre de pièces, dont les principales avaient été trouvées aux environs de

Démontrés par G. Cuvier, 1809.

Doué, en Anjou, et qui lui furent envoyées par M. Renou, alors professeur d'histoire naturelle à l'école centrale d'Angers, et comme les collections du Muséum venaient de s'enrichir d'un squelette complet de Lamantin de l'Amérique méridionale, dont nous avons eu déjà l'occasion de parler, M. Cuvier fit du tout le sujet d'un Mémoire inséré dans le tome XIII des *Annales du Muséum*, dans lequel se trouvent d'abord, et pour la première fois, la description et la figure de ce squelette, puis l'analyse et la comparaison des os fossiles de Lamantin, recueillis en plusieurs localités de notre sol.

en 1825. Le nombre de ces os ne fut pas notablement augmenté, ni en France, ni même à l'étranger, dans l'intervalle qui sépare la première édition du Mémoire de M. Cuvier, de la seconde qui eut lieu en 1825, dans le t. V, de ses Recherches sur les ossements fossiles de Quadrupèdes; aussi, n'y trouve-t-on aucune augmentation, aucune modification un peu importante, pour les fossiles du moins; car nous avons vu plus haut que cette édition est enrichie de la description iconographique du Dugong qui n'existait pas dans l'autre.

et depuis, par MM. de Christol, Kaup. Bruno. Fitzinger. Depuis ce temps, des ossements fossiles de Lamantins ont été découverts dans quatre autres localités fort intéressantes; d'abord, si je ne me trompe, aux environs de Montpellier, dans le golfe de Lyon ou de la Méditerranée, par MM. de Christol et Marcel de Serres, puis dans le golfe du Rhin, dans le célèbre dépôt d'Eppelsheim, par M. Kaup, et dans ces dernières années dans les parties les plus élevées du golfe du Pô, par M. le docteur Bruno aux environs de Turin, et enfin dernièrement dans le golfe du Danube, par M. Fitzinger (1).

Nous avons vu une assez bonne partie de ces ossements en nature ou moulés en plâtre, et nous pouvons, par conséquent, en donner une des-

(1) M. Cuvier cite lui-même, dans la première édition de son Mémoire, p. 31, que M. Jonas Meyer, médecin de Prague, dit bien (*Mém. d'une société privée de Bohême*, tome VI, page 262) qu'on a trouvé à Leutmeritz et Theresienstadt des os et des dents de *Manatus*, mais qu'il n'en donne pas de figure, et n'explique point de quelle manière on est parvenu à les reconnaître comme tels.

cription suffisante pour mettre à peu près hors de doute la question de ressemblance ou de différence d'espèces comparées à celles que nous connaissons aujourd'hui à l'état vivant.

L'ordre que nous suivrons dans l'énumération descriptive sera, pour ainsi dire, chronologique, c'est-à-dire, déterminé par l'ancienneté de la découverte des ossements de chaque golfe ou bassin, du moins pour l'Europe.

1° Le Lamantin d'Angers ou du golfe de la Loire (*M. fossilis*).

Du L. de la Loire.

D'après M. G. Cuvier, *Annal. du Mus*, vol. XIII, p. 303, Pl. XIX, 1809; *Recherches sur les ossements fossiles de Quadrupèdes*, et 2e éd., t. V, p. 265, Pl. XIX, 1825; et qui est établi sur les pièces suivantes (1):

Pièces sur lesquelles il est établi.

1° Un beau fragment de tête dans les arcs supérieurs de ses trois principales vertèbres (Cuv., *loc. cit.*, Pl. XIII, f. 22).

2° Une vertèbre atlas complète (*id. ibid.*, fig. 12, A. B.).

de Lamantin (Cuv.).

3° Les deux os de l'avant-bras articulés ou même soudés dans leurs rapports normaux (*id. ibid.*, fig. 19-20 et 21).

A quoi il faut ajouter d'abord :

4° Deux fragments d'humérus du même côté droit et peut-être du même individu, suivant M. de Christol, ce qui me semble cependant peu probable, que M. G. Cuvier a considérés comme provenant de deux Phoques de taille, sinon d'espèce, différente; mais qu'il a été facile à M. de Christol et à moi, de ramener à son véritable genre, celui des Lamantins.

de Phoques (Cuv.).

5° Un fragment de mandibule du côté gauche, portant trois dents molaires en place, avec une dent détachée de l'autre côté, provenant du département de Maine-et-Loire, attribuée par M. G. Cuvier à une

d'Hippopotame (Cuv.).

(1) Guettard, *Mém. V*, t. I, p. 10, cite un os fossile de cet animal, provenant de Doué, et qui était couvert d'escarres.

Par M. de Christol.

espèce d'Hippopotame qu'il a nommée *Hippopotamus medius* (*Loc. cit.*, t. I, Pl. IX, fig. 7), et que M. de Christol, en 1832 (Annales du midi de la France), proposa de rapporter aux Lamantins en général, et qu'en 1834, dans un mémoire lu à l'Académie des sciences, il considéra comme provenant d'un Dugong proprement dit, et qu'enfin, dans un second mémoire également envoyé à l'Académie des sciences en 1840, il rapporta à un genre de Lamantins qu'il crut devoir établir sous le nom de *Metaxytherium*, et dont il sera question plus loin.

6° Et enfin une vertèbre et une côte que M. Cuvier a attribuées à une grande espèce de Phoque, et que M. de Christol a aussi rapportées aux Lamantins.

Par Nous.

Nous mentionnerons aussi d'autres fragments qui nous sont parvenus, soit des environs d'Angers, et qu'a bien voulu nous confier, à la prière de M. Lechatelier, ingénieur des mines, M. le D. Maugars; soit des environs de Nantes, donnés à notre collection, les uns par M. Duchassaing, les autres par M. Peyer.

Savoir, des environs d'Angers :

7° Un fragment d'occiput.

8° Un morceau d'os frontal d'un autre individu.

9° Un humérus de grande taille et parfaitement entier.

Des environs de Rennes :

10° Des fragments de fémur.

De la Touraine (1):

11° Deux apophyses épineuses, l'une d'une vertèbre dorsale, l'autre d'une coccygienne;

12° Un humérus gauche incomplet recueilli par M. J. Desnoyers.

Ses Caractères : d'après M. G. Cuvier.

Suivant M. G. Cuvier, ne jugeant, il est vrai, que d'après les trois premières pièces, cette espèce se distinguerait, parce que la proportion de la longueur à la largeur du dos du crâne, est plus grande même que dans

(1) M. Desnoyers m'a assuré que lors de son voyage dans ce pays, pour la rédaction de son excellent mémoire sur les terrains tertiaires, on lui avait dit qu'on avait trouvé un squelette tout entier de Lamantin aux environs de Doué, mais qu'il avait été renfoui.

le Lamantin du Brésil; la partie frontale plus bombée, au contraire de la partie pariétale plus concave, l'occiput plus inégal; et surtout parce que les os du nez sont plus considérables; mais ici M. Cuvier avait commis une grave erreur, reconnue par M. de Christol: ce qu'il nomme les os du nez n'étant probablement que l'extrémité supérieure des prémaxillaires ou incisifs (1); enfin parce que, des deux os de l'avant-bras, le radius est plus aplati, surtout à sa partie inférieure, et que le cubitus est plus gros supérieurement, avec une proéminence vers son articulation supérieure.

d'après M. de Christol.

En rapportant à cette espèce le fragment de mandibule dont M. G. Cuvier faisait son Hippopotame moyen, ainsi que l'humérus, qu'il rapportait à un Phoque, les différences avec les espèces de Lamantin connues deviennent tellement grandes qu'elles peuvent être regardées comme plus que spécifiques et indiquer une espèce de la division des Dugongs, et même constater quelque chose d'intermédiaire à cette espèce et aux véritables Lamantins, ce que M. de Christol a exprimé en formant son genre Metaxythérium; en effet, suivant ce dernier, cet animal, en même temps qu'il était pourvu d'une paire d'incisives en forme de défenses comme le Dugong, avait des dents molaires qui, en même nombre que dans celui-ci, étaient bien plus compliquées que chez lui, et quoique avec une autre forme, comme dans le Lamantin.

d'après Moi.

D'après ce que j'ai vu des ossements attribués à cette espèce de Lamantins :

Tirés : de la Tête.

La tête est en effet notablement plus allongée que dans aucune des trois espèces, avec le crâne desquelles je puis la comparer, et surtout qu'avec le Dugong, qui l'a la plus courte des trois; les crêtes, limites des fosses temporales, sont plus parallèles; celles-ci bien plus longues; le bras du frontal, qui s'écarte en dehors pour couvrir les orbites, est plus considérable et plus oblique; et surtout les fosses d'articulation des

(1) L'erreur de M. G. Cuvier au sujet de ces extrémités du prémaxillaire, considérées par lui comme des os du nez, tient à ce qu'il ne s'est pas rappelé le caractère essentiel de ces derniers, de s'articuler entre eux dans la ligne médiane, chez tous les Mammifères.

prémaxillaires et l'extrémité de la branche montante bien plus avancées sur la partie frontale plus large du coronal, ce qu'indique très-probablement, ainsi que le pense M. de Christol, que cet os était armé d'une forte incisive, comme dans le Dugong ; et alors il devait être plus ou moins infléchi verticalement.

de la Mandibule.

C'est ce que l'on peut inférer avec la plus grande probabilité de la forme du fragment de la demi-mandibule du côté gauche de l'Hippopotame moyen de M. G. Cuvier (1), que M. de Christol rapporte au Lamantin fossile d'Angers.

En effet, on peut aisément voir par son épaisseur, par sa grande hauteur verticale dans la branche horizontale, la seule qui reste, et son peu de convexité en dehors, par la manière dont son extrémité antérieure se coude en avant, en même temps qu'elle offre une large surface poreuse, par l'énormité du canal dentaire et des trous mentonniers, et enfin par la nature même si compacte et si cassante de son tissu osseux, que cette mandibule devait avoir dans son intégrité presque tous les caractères qui distinguent si particulièrement la mandibule du Dugong, quoique à un degré évidemment moindre de courbure.

de ses Dents.

à tort considérées comme d'Hippopotame (*H. medius*), par M. G. Cuvier.

Quant aux dents molaires dont ce fragment de mandibule est armé, et qui sont au nombre de trois entières, avec les restes d'une quatrième en avant (2) et sans alvéole en arrière, la forme de la couronne ne peut réellement être rapprochée de ce qui existe dans les Hippopotames; M. G. Cuvier avait parfaitement vu que ces dents, outre leur grandeur beaucoup moindre, diffèrent de celles de ce dernier animal, parce qu'elles n'ont pas de collet ou de rebord saillant autour de leur base; que les disques de leur couronne usée représentent plutôt des lobes

(1) *Ossements fossiles*, 1re édit., Pl. XIX, fig. 9-10 ; 2e édit., t. I, p. 332, Pl. VII, fig. 9, 10 et 11.

(2) M. Fréd. Cuvier dit, avec raison, dans son rapport sur le Mémoire de M. de Christol (*Annales des sciences nat.*, I, p. 234, 1834) : « Dans la portion de mâchoire découverte par M. Dubuisson (*Hippopotamus medius*, G. Cuv.), se voient, à sa partie antérieure, les restes d'une alvéole, au fond de laquelle il semble qu'on aperçoit encore un débris de racine. »

plus larges en dehors et un peu échancrés que de véritables lobes en trèfles, et enfin que la dernière n'a pas un talon aussi longitudinal et aussi simple que la dernière de l'Hippopotame commun, mais seulement trois tubercules formant un talon transverse comme dans la pénultième; aussi ne trouvant pas plus de ressemblance avec celles du grand Hippopotame qu'avec celle du petit, il en concluait, comme n'étant pas douteux, qu'elles indiquaient une espèce particulière dont les rapports avec l'Hippopotame étaient assez grands pour faire penser qu'elle devait être rapportée à ce genre. « Toutefois, ajoutait-il, on ne pourra regarder cette assertion comme démontrée que lorsqu'on aura trouvé les incisives et les canines de cette espèce. »

Les dents molaires dont il est question en ce moment, et qui sont les deux dernières avec un fragment de la précédente en place, et la pénultième détachée du côté opposé, ont en effet une forme plus carrée, parallélogrammique, moins allongée que leurs analogues dans l'Hippopotame. La première, la plus petite, et qui a été cassée horizontalement à la base de la couronne, presque carrée, n'offre que les indices de deux collines transverses sub-égales et portées sur deux racines également transverses. La suivante ou pénultième qui existe des deux côtés, l'une en place et l'autre détachée, est presque carrée, un peu plus large cependant en arrière qu'en avant. On peut aisément reconnaître qu'elle était formée de trois collines transverses, sans doute mamelonnées avant de servir, deux plus larges et presque égales en arrière et une antérieure bien plus courte formant comme une sorte de talon. Par l'usure, il est résulté trois paires de lobes arrondis, réunies entre elles par une tige moyenne commune, ce qui festonne profondément la périphérie de la couronne. Enfin, la dernière molaire également subcarrée, mais plus large en avant qu'en arrière, offre aussi à la couronne trois collines transverses composées de mamelons un peu irréguliers, l'antérieure la plus large, et la postérieure la plus petite, formant talon. L'usure, suivant qu'elle est plus ou moins avancée, produit ou bien des ovales deux à deux, ou bien des espèces d'îles lobées diversement,

décrites :

la première.

la seconde.

la troisième et dernière.

jusqu'à ce que l'usure ait atteint la base de la couronne ou le collet.

Comparées avec celles de l'Hippopotame. Sans doute qu'il y a quelque chose de cela dans l'Hippopotame, mais cependant avec bien moins de disposition en collines transverses, et par suite bien plus à des figures de trèfles; et d'ailleurs, comme l'a fait justement observer M. de Christol, il n'y avait sur cette mâchoire que trois dents molaires en tout; car le fragment les montre toutes; cependant sans l'alvéole (indiquée par M. Cuvier, en avant de la première), au lieu de six qui existent chez l'Hippopotame et comme chez les Dugongs à un certain âge. Ainsi, il ne peut y avoir de doute.

D'après les Vertèbres. Parmi les vertèbres que nous possédons du Lamantin d'Angers ou du double golfe de la Vendée et de la Loire, encadrant l'île ancienne de la Vendée, nous avons examiné :

Atlas. L'atlas bien entier figuré par M. G. Cuvier, et qui nous a paru remarquable par sa grandeur. En voyant sa minceur, ainsi que la grandeur du canal qu'il forme et la petitesse de ses apophyses transverses, sans trous artériels, on reconnaît aisément que c'est un atlas de Lamantin; mais il est plus difficile de trouver en quoi il diffère de celui des espèces vivantes : M. Cuvier n'a pu le faire à défaut de cette vertèbre dans le squelette qui lui servait de sujet de comparaison. En possédant un Lamantin du Sénégal qui en est pourvu, j'ai pu m'assurer que c'est avec le Dugong que les rapports sont plus marqués, surtout parce que la partie supérieure du canal vertébral est plus étroite que l'inférieure. Toutefois, la vertèbre fossile diffère de celle du Dugong vivant, d'abord par un cinquième de plus en dimensions, et ensuite dans la forme plus épaisse et plus arrondie des apophyses transverses.

On peut faire la même observation pour les autres vertèbres ou fragments de vertèbres qui ont été recueillies dans l'ancien golfe de la Loire.

Dorsale, 6e. Nous pouvons en juger d'après une sixième dorsale, en bon état de conservation, pourvue de ses deux facettes d'articulation costale, et qui est aussi d'un cinquième plus forte que sa correspondante dans le Dugong. Elle en diffère en outre, parce qu'elle est à la fois plus courte et plus largement étalée en cœur dans son corps, et que son apophyse épineuse est plus élevée, plus large, et se termine plus carrément.

Cette vertèbre, de la collection de M. Maugars, provient des environs d'Angers; mais notre collection possède, de la Chausserie à une lieue de Rennes, l'arc supérieur d'une vertèbre semblable que nous devons à M. Duchassaing.

Un autre arc vertébral du même lieu et probablement aussi des premières dorsales est un peu plus petit.

Une dernière dorsale, ce qu'on peut déterminer par la position moyenne de la facette articulaire costale unique, provenant, comme la première des précédentes, des environs d'Angers, et indiquant un animal de même taille, à peu près. Dernière.

Une lombaire, ou même peut-être une sacrée, ce qu'on ne peut assurer, parce que ses apophyses transverses sont cassées à la base, qui offre toujours plus de brièveté avec plus de largeur. Lombaire.

Une vertèbre coccygienne des bords du Layon, par M. Renou, et qui, par les facettes articulaires en avant et en arrière de son corps pour les os en V, doit être une sixième. Ses apophyses transverses, plus courtes, ainsi que son corps légèrement excavé en avant comme en arrière, montrent aussi plus de rapports avec le Dugong qu'avec le Lamantin. Coccygienne.

Mais outre ces différentes vertèbres qui indiquent un animal d'un cinquième plus grand que notre plus grand squelette de Dugong, nous avons remarqué, dans la collection de M. Maugars, une autre vertèbre dorsale assez complète, probablement la sixième, comme celle que nous avons signalée plus haut, et qui ne surpasse pas sa correspondante dans le Dugong vivant. Autre dorsale, 6ᵉ.

Notre collection possède aussi des os des membres provenant du même bassin, et qui indiquent des animaux de taille assez différente, quoique de même espèce; ce sont :

D'abord des fragments d'omoplate. Fragments d'Omoplate.

Le premier, le plus important, quoique le plus petit, ne consiste qu'en une tête articulaire offrant la cavité glénoïde et l'apophyse coracoïde bien Premier.

entières, celle-ci remarquable par sa largeur et sa forme recourbée presque autant que dans le Dugong.

Second. Un second également constitué par une tête articulaire du côté gauche, et qui porte aussi une apophyse coracoïde très-forte et très-épaisse, mais moins complète que dans le précédent, offrant un indice que la crête s'avançait davantage que dans le Dugong.

Troisième. Un troisième fragment, bien plus considérable, mais où manquent les deux extrémités de l'omoplate. Il indique cependant que le bord axillaire était moins courbe, moins concave, plus droit que dans le Dugong, et plus semblable à ce qu'il est dans l'omoplate du Lamantin du Brésil; mais la crête paraît avoir été plus longue que dans aucune des espèces vivantes.

d'Angers. Ces trois morceaux viennent des environs d'Angers, et appartiennent à M. Maugars. Nous en possédons un quatrième beaucoup plus fruste, évidemment roulé, usé, poli, de couleur noire de poix, et qui provient des environs de Rennes, d'où il a été envoyé par M. Duchassaing; il indique assez bien les mêmes choses que le troisième, et en outre que la crête s'avançait un peu plus que dans les Dugongs, mais nullement comme dans les Lamantins.

Conclusions. Toutefois ces divers fragments suffisent pour montrer que l'omoplate du Lamantin de la Loire était plus rapprochée de celle du Dugong que de toute autre espèce vivante, surtout par la forme de l'apophyse coracoïde, et que pour l'acromion, la crête et même la forme générale, elle offrait quelque chose d'assez particulier.

Humérus. L'Humérus conduit assez bien aux mêmes résultats, du moins pour indiquer des individus de taille assez différente, aussi bien que pour un rapprochement bien plus grand avec le Dugong qu'avec aucun autre Lamantin. Nous avons pu examiner :

Deux Fragments. 1° Les deux fragments d'humérus, une partie supérieure et une partie inférieure, attribués par M. G. Cuvier à deux individus d'une grande espèce de Phoque, et qui ont été reconnus par M. de Christol et par moi comme provenant certainement d'une espèce de Lamantin.

Le fragment supérieur, bien moins fruste que l'inférieur, qui a été évidemment roulé et usé, ne semble pas avoir appartenu au même humérus que celui-ci, quoiqu'il soit du même côté, l'un étant un peu plus fort que l'autre; c'est donc à tort que, dans notre planche des Phoques fossiles, nous avons restitué un seul os avec ces deux pièces. Il en est résulté en effet un humérus bien trop long pour un humérus du Lamantin de cette espèce.

Entier.

C'est ce qui nous a été bien évidemment prouvé par un de ces os bien entier, dans un état parfait de conservation, qui fait partie de la collection de M. Maugars, et qu'il a bien voulu nous confier. Il est seulement un peu plus petit que le fragment supérieur du précédent. C'est évidemment avec celui du Lamantin de l'Inde ou du Dugong qu'il a le plus de rapports par sa brièveté, la courbure de son corps, surtout en dedans, l'obliquité de sa poulie articulaire inférieure, mais principalement par la forme de son extrémité supérieure, qui est partagée, outre la tête articulaire, en deux grosses tubérosités séparées par un large sillon, l'une plus petite, quoique assez forte, s'écartant presque horizontalement en dedans, et assez saillante pour dépasser la tête de l'os; l'autre beaucoup plus forte et constituant une masse triangulaire un peu aplatie, fort large d'abord, et se terminant en diminuant en pointe par une crête deltoïdienne qui descend obliquement jusqu'un peu au-dessus de l'extrémité inférieure de l'os, ce qui ne diffère guère de ce qui existe sur l'humérus du Dugong, que parce que dans le fossile cette tubérosité est encore plus considérable, et qu'elle est moins sinueuse à sa périphérie.

Sa Description.

D'autres Fragments.

J'ai pu constater la même forme et les mêmes dimensions sur deux moitiés supérieures d'humérus, l'une du côté droit, l'autre du côté gauche, envoyées l'une et l'autre au Muséum, des environs de Rennes, par M. Payer, alors professeur à la Faculté des Sciences de cette ville; mais j'ai observé dans la collection de M. Desnoyers, bibliothécaire de notre Muséum, un humérus assez entier et notablement plus petit : il a cependant bien la même forme, quoiqu'il soit un peu plus droit sur ses bords, et que la tubérosité deltoïdienne soit un peu moins prononcée, ce qui

des Faluns de la Touraine.

me porte à penser qu'il provient d'un individu femelle. Comme la plupart des os trouvés dans les faluns de la Touraine, il est de couleur noire, luisante, et porte toutes les traces d'avoir été longtemps roulé.

Des Environs de Rennes.

Nous pouvons encore signaler comme trouvés dans cet ancien golfe de la Loire, trois fragments inférieurs d'humérus plus ou moins roulés, l'un du côté gauche de la grandeur de l'humérus entier décrit plus haut, et deux autres provenant des environs de Rennes, et que nous devons à M. Payer.

Notre collection en possède un autre provenant d'un animal très-jeune, dépourvu de ses épiphyses, et qui montre déjà la même forme que l'os adulte; il a été envoyé de la Chausserie, à une lieue de Rennes, par M. Duchassaing.

Os de l'Avant-Bras.

Du reste des membres, nous n'avons encore pu étudier que les deux os de l'avant-bras déjà signalés par M. G. Cuvier, et envoyés anciennement au Muséum, par M. Renou, des bords du Layon.

Ils viennent du même avant-bras droit et ressemblent parfaitement à ceux du Dugong, quoique un peu plus longs et surtout plus gros et plus robustes. Le radius est seulement notablement plus large, plus aplati dans toute son étendue; et le cubitus lui adhère, étant soudé dans une plus grande partie de sa longueur en haut comme en bas.

Côtes.

Quant aux côtes, qui sont les parties que l'on rencontre plus souvent, mais presque toujours en fragments peu considérables cassés en rave, nous en possédons deux ou trois assez petites, envoyées anciennement par M. Renou, et dont a parlé M. Cuvier; mais les plus remarquables par leur grosseur, sont celles de la collection de M. Maugars; un de ces fragments a deux pouces et demi de large sur une épaisseur d'un pouce au plus. Malheureusement aucune de ces côtes n'est entière, et même aucun des fragments ne provient d'une côte caractéristique antérieure ou postérieure; cependant elles me semblent en général plus larges et moins épaisses que celles du Lamantin du bassin de la Seine.

2° Le Lamantin du golfe du Rhone.

D'après des Ossements des environs de Montpellier

Les ossements de Lamantins qui ont été trouvés en France, sur les anciens rivages de la Méditerranée, aux environs de Montpellier et de Beaucaire, ne sont pas moins importants que ceux du golfe de la Loire; malheureusement les principaux trouvés, dans cette dernière localité, et qui constitueraient un squelette presque entier, n'ont pas encore été décrits ni figurés par M. de Christol, qui les possède à Dijon, où nous les avons vus en masse en passant dans cette ville, il y a bientôt deux ans, au retour de notre dernier voyage d'Italie. Nous ne pourrons donc parler que de ceux découverts aux environs de Montpellier, dans un calcaire tertiaire, et qui ont été publiés par M. de Christol, d'abord en 1832, dans les Annales du midi de la France, ensuite, et beaucoup plus complétement, dans le dernier mémoire qu'il a lu à l'Académie des sciences, en 1840, sur lequel j'ai fait un rapport (Comptes rendus, 1841, tome X, p. 235), qui a été publié en 1841, dans les Annales des sciences naturelles, tome XV, 2ᵉ série, p. 307 et 305, avec une planche ne représentant que la mandibule comparativement avec celle de Nantes et du Dugong vivant.

énumérés.

Les ossements trouvés aux environs de Montpellier, dans les parties supérieures d'un terrain calcaire tertiaire, sont les suivants:

1° Un crâne fort mutilé et consistant principalement dans une partie de mâchoire portant un certain nombre de dents.

2° Un os temporal.

3° Un grand fragment de mandibule portant également la plus grande partie de ses dents molaires.

4° Des vertèbres, de l'une desquelles M. de Christol a bien voulu nous envoyer un moule dernièrement.

5° Des os en V.

6° Une portion d'omoplate.

7° Un humérus assez entier, mais de jeune âge.

8° Un os du bassin.

De Beaucaire. Les ossements rencontrés à Beaucaire, au mois d'août 1840, au milieu d'un massif de calcaire tertiaire exploité pour les constructions, formaient un squelette dont la disposition faisait présumer, d'après le récit des ouvriers, que l'animal avait été saisi complétement étendu; c'est celui que possède M. de Christol et dont M. Marcel de Serres a annoncé la découverte dans les Annales des sciences naturelles.

Nous ne connaissons de ces divers os fossiles qu'un moule en plâtre d'une vertèbre et de l'humérus de Montpellier, que M. de Christol a bien voulu envoyer à notre Muséum, et les figure et descriptions qui font partie de son mémoire cité.

Du Crâne. Il est fait mention du fragment de tête dans l'énumération des pièces que M. de Christol rapporte à un genre de Lamantins qu'il a nommé Metaxytherium dans son mémoire de 1841, en ces termes : un crâne fort mutilé, mais dans lequel subsiste la partie supérieure, ressemblant à la partie supérieure de crâne attribuée par M. Cuvier au Lamantin; l'ouverture des narines tournée vers le ciel; les molaires, qui sont assez semblables à celles des Lamantins et identiques avec celles de l'*Hippopotamus dubius* de M. Cuvier; les intermaxillaires recourbés comme ceux des Dugongs, et même de grandes alvéoles pour loger les défenses.

Je ne crois pas que cette pièce ait été figurée.

De la Mandibule. Il n'en est pas de même de la mandibule. M. de Christol en a donné une bonne description et des figures dans son Mémoire de 1841 (Ann. des sc. nat., tome II, pl. 13, fig. 4 et 5, à moitié de grandeur naturelle).

sa Description. Elle consiste en une branche horizontale presque entière d'un côté, soudée dans toute la longueur de la symphyse, avec la moitié antérieure seulement de la branche horizontale de l'autre côté. Il en résulte que toute la partie antérieure de la mandibule est presque complète.

L'os lui-même, de même dimension, ce me semble, que le fragment du bassin de la Loire (1), me paraît aussi lui ressembler beaucoup dans sa forme générale. Seulement celui de Montpellier, bien moins mutilé, montre une courbure très-prononcée au bord inférieur entre l'angle postérieur et l'apophyse géni; on peut également remarquer que la plaque criblée antérieure de la symphyse devait se couder bien moins subitement, moins anguleusement que dans le Dugong, ce qui se rapproche davantage du Lamantin du Sénégal. Ainsi, en général, cette mandibule était plus allongée, moins serrée dans sa courbure que dans le Dugong. Du reste la branche montante devait être fort large, très-étalée vers son angle; la symphyse fort longue, en gouttière large et profonde, et les trous mentionnés énormes et ramifiés à l'intérieur, comme dans le fragment de la Loire.

Quant aux dents, ici, il semble qu'il ne peut y avoir de doute; il n'y en avait pas dans la plaque antérieure ou incisive, où existait sans doute le disque corné, ni sur le bord même de la mandibule, qui paraît fort tranchant; mais, assez au delà de la moitié de sa longueur, sont trois dents bien implantées et bien complètes, quoique fort usées, de moins en moins de la première à la troisième. Des Dents.

La première, la plus petite et la plus usée, formée de deux parties subégales, est véritablement fort semblable à sa correspondante sur la mandibule de la Loire. Première.

Il en est de même de la seconde formée de trois parties qui, par l'usure avancée, ne produisent plus que trois paires de festons : leur proportion est encore assez bien comme dans l'Hippopotame moyen de M. Cuvier. Seconde.

Enfin, la troisième étant moins avancée dans l'usure de la couronne, laisse encore mieux apercevoir la ressemblance avec son analogue, que nous avons décrite plus haut dans la mandibule de Nantes. Troisième.

Parmi le petit nombre d'autres os fossiles trouvés à Montpellier, j'ai vu un plâtre moulé de l'humérus. Il vient d'un assez jeune animal, Humérus.

(1) *Hippopotamus medius* de M. G. Cuvier.

aussi est-il épiphysé ; la plus grande partie des épiphyses étant enlevées. On peut cependant aisément s'assurer qu'il ressemble presque complétement à celui que nous avons décrit dans le Lamantin du golfe de la Loire.

Vertèbre.

Le moule de vertèbre que M. de Christol m'a envoyé dernièrement est très-probablement une avant-dernière dorsale ; sa forme indique un peu plus de rapprochement avec les Lamantins qu'avec les Dugongs par la carène plus prononcée de son corps.

3° Le L. du golfe de la Garonne.

Nous comprenons sous ce titre provisoire les ossements fossiles de Lamantin qui ont été trouvés dans le golfe que forme la Garonne, et qui comprenait sans doute tout l'intervalle compris entre l'embouchure de cette rivière et celle de l'Adour.

D'après Guettard.

D'après ce que nous apprenons de Guettard dans ses Mémoires, cités plus haut, c'est au président de Borda que la science doit la découverte de ce gisement célèbre ; et il cite même (Acad. des sc., 1760, p. 318, in-12) une mâchoire inférieure garnie de ses dents, trouvée à Dax, qu'il avait vue dans la collection de M. de Réaumur, et qui ne peut être que de Lamantin. Nous devons aussi à M. de Borda les observations que ces os s'exfolient par couches, et qu'ils font effervescence avec les acides quoiqu'ils aient l'air d'être devenus de la nature des pierres à fusil.

une Mâchoire inférieure.

Jusqu'ici ces os n'ont pas été nombreux et ne consistent guère qu'en plusieurs fragments de côtes et plusieurs dents molaires trouvés épars, que possède la collection paléontologique du Muséum, et dont M. G. Cuvier a parlé dans son Mémoire.

Les dents molaires, évidemment roulées, luisantes et polies, au nombre de trois, ont été recueillies aux environs de Blaye, département de la Gironde, à vingt pieds de profondeur, dans un banc calcaire, avec des dents de Crocodile.

D'après M. G. Cuvier, des Dents.

Elles ont été considérées par M. G. Cuvier, dans les deux éditions de son Mémoire, comme ressemblant beaucoup aux dents d'Hippopotame, sans dire en quoi et sans s'expliquer sur ce qu'étaient ces dents, supérieures ou inférieures, premières ou dernières, et comme indiquant une espèce voisine de cet animal et plus petite que le Cochon, mais avec une certaine hésitation, fondée principalement sur ce que, outre les dents de Crocodile, on a trouvé avec elles des incisives tranchantes qui se rapprochent beaucoup, suivant lui, d'un genre de Montmartre. Aussi M. Cuvier inscrivit-il cette espèce fossile sous le nom d'*Hippopotame douteux*.

D'après M. de Christol.

M. de Christol en a parlé dans son Mémoire sur le moyen Hippopotame de Cuvier, p. 270 (*Annales des sc. nat.*, n° de nov. 1834, qui n'a paru cependant que le 25 mars 1835; t. I. p. 257, n° 6), en les considérant comme ayant réellement beaucoup de rapport avec celles de l'Hippopotame moyen, et rentrant assez bien dans la forme générale des dents du Lamantin (Dugong) de Nantes (qui n'est en effet que cet Hippopotame moyen), et de celui de Montpellier; que si elles sont plus petites que celles de Nantes et de Montpellier, cela peut tenir à ce qu'elles seraient des molaires de lait, soit à la place qu'elles auraient occupée dans la mâchoire.

un Crâne.

Dans son nouveau Mémoire sur le même sujet (*Loc. cit.*, p. 333, en 1841) M. de Christol énumère, au nombre des ossements qu'il rapporte à l'espèce de Lamantin, dont il a cru devoir former un genre sous le nom de Métaxythérium, un crâne fort mutilé de Montpellier (il vient d'en être question dans l'article précédent), en ajoutant que ses dents molaires sont assez semblables à celles des Lamantins et identiques avec celles de l'*Hippopotamus dubius* de M. Cuvier.

les Molaires.

Pour M. de Christol, les molaires représentées fig. 16 et 18 de la Pl. 6 de ce dernier, lui paraissent être des pénultièmes ou des antépénultièmes, l'une peu usée, l'autre bien davantage; et ce qu'il en dit lui paraît devoir s'appliquer également à celles des fig. 15, 17, 19 et 20, avec d'autant plus de raison en effet, suivant nous, qui avons les pièces même sous les yeux, avantage que n'avait pas M. de Christol, que les fig. 15 et 17 appartiennent à la même dent que la fig. 16, et que les fig. 19 et 20 sont des projections différentes de la dent de la fig. 18.

Quant aux dents représentées dans les fig. 12 et 13 de la même planche de M. Cuvier, M. de Christol les considère comme des dents de la mâchoire supérieure, parce qu'elles manquent de talon, qu'elles sont moins allongées d'avant en arrière que les inférieures, celle de la fig. 3 ayant même trois racines comme chez le Lamantin.

Ses Conclusions.

En sorte que dans les conclusions de son Mémoire, après avoir dit qu'il faut rayer du tableau des espèces fossiles d'Hippopotames, l'*Hippopotamus medius* de M. Cuvier, M. de Christol ajoute que la même rectification s'applique, quoique avec moins d'évidence, à son *Hippopotamus dubius* qui rentre également dans le genre Dugong. Cependant, en rappelant cette conclusion dans son Mémoire de 1841, p. 335, il répète que les molaires de l'Hippopotame douteux de M. Cuvier devaient être les molaires de la mâchoire supérieure de la même espèce, qu'il a nommée Metaxythérium, et que les molaires qui se trouvent au crâne de Montpellier, confirment de la manière la plus complète son opinion à ce sujet.

D'après Moi.

Je ne connais malheureusement pas ce crâne mutilé de Montpellier, et comme je l'ai dit plus haut à son article, je ne crois pas qu'il en ait été donné ni figure, ni description détaillée. Je ne puis donc parler d'une manière un peu certaine, que des trois dents molaires figurées par M. Cuvier, et rapportées par lui, avec doute, à une espèce d'Hippopotame. Je les ai étudiées avec grande attention, et je suis arrivé à des conclusions un peu différentes de celles de M. de Christol.

Les Dents décrites.

Deux de ces dents sont en effet des dents supérieures, comme il l'a parfaitement reconnu, puisqu'elles ont trois racines, et la troisième seule est inférieure.

2 supérieures.

Les deux supérieures sont de même sorte, mais de côté opposé; l'une de droite et l'autre de gauche, probablement du même individu et l'avant dernière (1); la couronne qui déborde assez fortement les trois racines, deux en dehors et une plus grosse en dedans, est subtriangu-

(1) Si j'en juge d'après le Lamantin d'Étrichy du golfe de la Seine.

laire; le bord profondément bilobé en dehors, le sommet large et également bilobé en dedans, et des deux autres côtés, l'antérieur plus court et droit, le postérieur plus long et obliquement convexe. Sa surface triturante est partagée, par un sillon transverse un peu oblique, en deux collines également transverses avec une espèce de talon en avant et surtout en arrière, usées en une sorte de trèfle peu régulier pour chaque colline.

La troisième molaire est comme, je viens de le dire, une molaire inférieure réduite à la couronne par la cassure totale des deux racines qui étaient indubitablement transversales. L'usure et la petitesse de cette dent me portent à la regarder comme une dent antérieure (1), qui a dû être formée de deux collines transverses et d'un talon; d'où il est résulté, par l'usure, cinq lobes, assez profondément distincts à la périphérie de la couronne. 1 inférieure.

Outre ces dents molaires dont nous venons de parler, il a encore été trouvé dans le même ancien golfe quelques fragments moins importants. Autres Fragments.

Dans la première édition de son Mémoire, M. Cuvier avait déjà noté trois fragments de côtes, pareilles à celles des environs d'Angers, envoyées au Muséum par M. Dargelas, et qui avaient été trouvées dans la paroisse de Capians, à dix lieues de Bordeaux, dans un calcaire marin grossier. Des Côtes. de Capians.

Dans la seconde édition, il cite un fragment semblable des environs de Blaye, donné par M. Ad. Basterot, auquel la science doit un fort bon Mémoire sur les coquilles fossiles des environs de Bordeaux, et d'autres des environs de Dax. de Blaye.

Depuis lors, les collections du Muséum en ont reçu de Bordeaux même, donnés par notre collègue M. de Mirbel, et provenant de Saint-Émilion, mais ce ne sont toujours que des fragments de côtes de Saint-Émilion.

(1) D'après le Lamantin d'Étrichy, ce serait l'antépénultienne.

épaisses, arrondies, compactes, comme ceux que nous avons notés dans le golfe de la Loire.

4° Du Lamantin du Rhin.

D'après des Ossements trouvés

Nous indiquerons sous cette dénomination provisoire les ossements fossiles de Lamantin qui ont été trouvés plus ou moins haut dans l'ancien golfe des Pays-Bas, et dans les vallées qui y versent encore aujourd'hui, et surtout dans celle du Rhin, peut-être même jusque dans les lacs de la Suisse.

Il n'est cependant encore venu à ma connaissance d'ossements de Lamantin trouvés dans cet ancien golfe que les suivants :

à Eppelsheim. énumérés.

D'abord comme recueillis dans la célèbre localité d'Eppelsheim, à Flonheim et à Weinheim, dans les sables supérieurs d'un terrain regardé comme tertiaire.

1° Un certain nombre de vertèbres et de côtes qui me paraissent avoir été mentionnées pour la première fois par M. Kaup, en 1834 (Catalog., p. 16, *Pugmeodon Schinzii*), puis dans le N. Annuaire de Minéralogie de MM. Bronn et Leohnard, année 1838, p. 319, mais sans description ni figures, et rapportées au *Manatus fossilis* de M. G. Cuvier.

2° Deux dents molaires décrites et figurées dans le même recueil, également par M. Kaup, pl. II, fig. D, 1 et 2, et fig. C 1 et 2, l'une sous la dénomination d'*Halitherium dubium*, l'autre sous celle de *Pugmeodon Schinzii.*

3° Un crâne de jeune animal, que M. Kaup se borne presque à annoncer dans une lettre du 1er août 1838, insérée p. 538 du même volume du même recueil.

à Rœdersdorf.

Ensuite, comme trouvée sur la même rive gauche, mais à un point beaucoup plus élevé, à peu de distance de Bâle et du célèbre dépôt d'eau douce de Buschweiler, une assez grande partie des vertèbres du tronc, avec leurs côtes, le tout en connexion; pièce sur laquelle M. Duvernoy a publié une note avec une figure dans le tome II des Mémoires de la

Société d'Histoire naturelle de Strasbourg pour l'année 1838, mais sans doute avant M. Kaup, qui le cite.

Enfin, plus haut encore, dans quelques petits lacs versant au Rhin, et dans la mollasse, aux environs de Zurich, des fragments cités par M. Herman de Meyer, dans son énumération des ossements fossiles trouvés dans la mollasse de la Suisse. aux environs de Zurich.

Je ne connais ces deux séries d'ossements, de la première que d'après des moules qui ont été achetés par notre Muséum et les notes publiées par M. Kaup, et pour la seconde que par ce qu'en a dit M. Duvernoy dans une note lue à l'Académie des Sciences le 3 octobre 1836, qu'il avait déjà communiquée à la Société du Muséum d'Histoire naturelle de Strasbourg, le 4 août 1835, et qui n'a été publiée que deux ans plus tard; ainsi que par un moule en plâtre peint envoyé comme échange à notre Muséum par celui de Strasbourg.

Les vertèbres d'Eppelsheim sont au nombre de huit. Ceux d'Eppelsheim décrits.

Une première cervicale, ou atlas, assez complète, et qui ne nous a paru différer de celle que nous possédons du bassin de la Loire, que par un peu plus de gracilité. Vertèbres: Cervicale.

Une seconde, qui ne consiste qu'en un arc supérieur assez entier, me paraît être une sixième ou septième dorsale, parce qu'elle offre deux facettes articulaires costales, l'une en avant et l'autre en arrière. Elle a du reste assez bien la forme et même la grandeur de sa correspondante dans notre grand squelette de Dugong, quoique plus grêle et plus élevée dans son apophyse épineuse. Dorsale.

La troisième est au contraire privée de son arc, et ne consiste guère que dans le corps. Sa grandeur, et surtout l'existence de facettes articulaires pour les os en V aux deux extrémités de sa face inférieure, la font reconnaître pour une des premières coccygiennes, peut-être du même individu que les suivantes. Nous en avons noté une fort semblable parmi les ossements de Lamantin des environs d'Angers. Coccygienne

Les cinq autres, qui s'articulent fort bien entre elles, et se suivent de la seizième à la vingtième comprise, sont fort complètes. La brièveté de leur corps, la forme et la direction de leurs apophyses transverses, ont évidemment plus de rapports avec leurs analogues dans le Dugong qu'avec celles des deux espèces de Lamantins, mais toujours avec des dimensions notablement plus grandes.

Dents Molaires. Quant aux dents molaires signalées par M. Kaup, je ne les connais que d'après les figures qu'il en a données.

2e inférieure. L'une, Tab. 2, fig. D, 1-2, est avec raison rapportée par lui à l'*Hippopotamus dubius* de M. G. Cuvier. C'est une seconde molaire inférieure du côté gauche, fort usée, ne laissant voir que quatre gros festons ou lobes de chaque côté. M. Kaup l'inscrit sous le nom générique et spécifique d'*Halitherium dubium*, genre qu'il sépare des Dugongs parce qu'il a trois et peut-être quatre molaires, tandis que celui-ci n'en aurait que deux, d'après lui, ce qui n'est vrai que dans l'âge plus qu'adulte.

1re supérieure. L'autre dent, que M. Kaup pense être une première molaire supérieure, semble en effet avoir eu trois racines et deux collines transversales peu usées : sa très-petite taille rappelle un peu les dents supérieures de l'*Hippopotamus dubius* de M. Cuvier du golfe de la Gironde. M. Kaup la rapporte à son *Pugmeodon Schinzii*, et la figure, Tab. 2, fig. C, 1-2, sous ce nom.

Crâne. Le crâne d'un individu jeune, qu'annonce M. Kaup, *loc. cit.*, serait beaucoup plus important pour le sujet qui nous occupe. Malheureusement il se borne à dire qu'il est pourvu de cinq dents dont les dernières sont tuberculées (*hoëkrig*), que toutes ont des racines creuses (probablement des germes), ce qui, joint à d'autres caractères, les lui fait regarder comme essentiellement distinctes de celles de son Halitherium. Il annonce du reste qu'il en donnera la figure dans son ouvrage sur les ossements fossiles du Cabinet de Darmstadt, ce qui ne paraît pas encore avoir eu lieu, du moins dans les fascicules que nous possédons.

Ceux de Rœdorsdorf décrits. Vertèbres. L'ensemble de vertèbres et de côtes formant une assez bonne partie du tronc trouvé à Rœdersdorf, département du Haut-Rhin, se présente par la face inférieure ; ces vertèbres, plus ou moins tronquées dans l'épaisseur de leur corps, au nombre de dix-neuf, formant une suite non interrompue et les quinze premières portant chacune une paire de côtes plus ou moins mutilées. Je n'ai pu voir sur un plâtre peint comment se fait leur articulation, et M. Duvernoy ne nous apprend que fort peu de chose à leur sujet. Seulement leur forme, leur épaisseur et leur nature compacte ne permettent aucun doute. Ce sont bien des côtes de Lamantin. Si le moule, d'après lequel le dessin et la description ont été faits, est rigoureusement exact, on peut même remarquer une particularité signalée par M. Duvernoy, savoir que les côtes, du moins les postérieures, sont comme échancrées vers leur tiers supérieur et vers la moitié pour la dernière (1). On pourra aussi remarquer que celle-ci est fort courte et encore fort épaisse.

dorsales. Côtes.

Sur ce même moule on peut voir les vertèbres lombaires, sacrées, et premières coccygiennes en place.

Vertèbres. lombaires.

M. Duvernoy les donne toutes comme lombaires; mais je crois à tort. En admettant avec lui que l'os vers B, fig. 1, est un os du bassin; je supposerais que ses connexions ligamenteuses étaient avec l'apophyse transverse de la troisième vertèbre post-costale, et alors dans ces cinq vertèbres je verrais deux lombaires, dont la première a ses apophyses transverses fort courtes comme à l'ordinaire et dans la troisième la vertèbre sacrée, qui l'a au contraire la plus longue. Les deux autres seraient les deux premières coccygiennes dont les mêmes apophyses vont un peu en décroissant.

Quoique M. Duvernoy ne mentionne qu'en passant une dent cylindrique qu'il a malheureusement égarée, recueillie dans le même bloc que ce squelette de Lamantin, et qu'il dise lui avoir trouvé quelque ressemblance avec les dents d'une espèce de Marsouin, je dois la signaler

Dent.

(1) M. Duvernoy donne ce caractère comme ayant été signalé pour la première fois par M. Ruppel, dans sa description du squelette du Dugong; mais, je crois, à tort, car c'est une convexité comme tranchante que décrit M. Ruppel: *auf der aussern seit der Rippen ist in mittleren Dritheil irher Langé 2 ein 4 bis zoll langer. Baum, auf welchem die Convexität gleichsam wie weggeschmitten ist.* Mus. SENCKENBERGIANUM. Erster Baud, page 109, 1834. En effet, il n'y a presque aucune ressemblance entre les côtes du Lamantin fossile et celles du Dugong.

parce que je suis porté à croire qu'elle avait beaucoup d'analogie avec celle que je décrirai plus loin en parlant du Lamantin de la vallée de la Seine.

Ceux des environs de Zurich.

Peut-être doit-on encore considérer comme appartenant au Lamantin du Rhin, le petit nombre d'ossements qui ont été trouvés dans le terrain tertiaire de la mollasse en Suisse, et que M. Hermann de Meyer a cités dans son énumération des os de Mammifères, d'Oiseaux et de Reptiles recueillis dans ce terrain (Annuaire de Minéralogie de MM. Leonhard et Bronn, année 1839, p. 4). Il ne s'agit cependant que d'un fragment de mâchoire supérieure et de dents d'un Lamantin qu'il nomme *M. Studeri*, et que, comme de coutume, il désigne aussi sous un nom générique nouveau, celui d'*Halianassa*. Malheureusement ces pièces, trouvées dans un grès de Mayginwyl, canton d'Aargau, ne paraissent pas encore, à ma connaissance du moins, avoir été décrites ni figurées.

Mâchoire supérieure.

Dents.

Ainsi les fragments de Lamantin fossiles de la vallée du Rhin appartiendraient déjà à trois genres distincts, du moins par les noms.

5° Du Lamantin du golfe du Pô.

D'après des Os trouvés

Enfin, l'une des dernières localités où l'on ait jusque aujourd'hui recueilli des ossements du Lamantin ancien d'Europe, est sur les rivages de l'ancien golfe du Pô, à une élévation de 190 pieds environ au-dessus de son niveau et à une distance d'une vingtaine de milles dans les collines du Mont-Ferrat, près du petit village de Montiglio, contenus dans les marnes argileuses qui commencent les collines sub-Apennines.

à Montiglio.

D'après le récit qui a été fait de la découverte, les ossements trouvés étaient plus ou moins rapprochés et constituaient une masse d'argile endurcie, fracturée obliquement par la moitié, montrant à sa surface un squelette presque entier, à l'exception des membres et de la queue.

Décrits par le docteur Bruno.

Cette belle pièce, qui existe aujourd'hui dans le Muséum du roi de Sardaigne, à Turin, a fait le sujet, de la part de M. le docteur Bruno, employé dans ce Muséum, d'un fort bon mémoire accompagné de planches soigneusement dessinées et gravées, inséré parmi ceux de l'Académie royale des Sciences de Turin, pour l'année 1839, Tome I, 2ᵉ sér., p. 162.

Dans l'idée que cet animal, dont il a parfaitement senti les rapports avec les Lamantins et les Dugongs, pourrait être considéré comme formant un genre distinct pour les zoologistes qui portent à l'extrême la considération des dents, M. le docteur Bruno a proposé de le nommer *Cheirotherium*, nom qu'il a changé depuis.

Je connais donc ce beau fossile, d'abord par la description et les figures données par M. le docteur Bruno, mais ensuite, d'après l'étude directe de la pièce principale, c'est-à-dire, de la tête et des mâchoires munies de leurs dents que mes jeunes et excellents amis de Turin, MM. les professeurs Gène et Sismonda, ont bien voulu me faire parvenir à Paris, avec l'autorisation de la faire mouler pour en enrichir nos collections; grâces bien sincères leur en soient rendues.

D'après ce que nous apprend M. le docteur Bruno, ce squelette composé de toutes les vertèbres du tronc portant les côtes, pour la plupart en place, sans aucune de celles de la queue, formait une masse qui avait plus de 1 mètre de long sur 0,80 de largeur totale, sans compter la tête qui en était séparée ainsi que le cou. Le cadavre avait été enseveli appliqué sur le ventre, de manière à ne montrer, au contraire de celui de la Vallée du Rhin, que le dessus du corps des vertèbres et toutes les côtes des deux côtés dans leur position respective. Ces vertèbres n'étaient représentées que par la série de leurs arcs supérieurs et des apophyses épineuses et articulaires, larges et fort serrées. Les côtes pour la plupart fracturées, quoique en place, étaient au nombre de dix-huit du côté droit et de onze de l'autre: mais il est impossible d'assurer positivement quel était leur nombre normal. Elles étaient du reste grosses, rondes, massives, très-pesantes et croissaient de la première à la sixième qui avait 0,05 de large sur 0,40 de long; mais il paraît que toutes étaient tronquées à leur terminaison. D'après la figure donnée par M. Bruno, il semble qu'elles diminuaient sensiblement en arrière, et n'offraient point trace d'aplatissement dans aucun point de leur longueur.

Par Moi.
En masse.

En particulier.

les Vertèbres.

les Côtes.

A la fin du tronc, on a pu observer deux gros fragments, l'un ayant tous les caractères d'une grosse apophyse épineuse de vertèbre dorsale ou lombaire, et l'autre à laquelle était articulée une côte plus courte et plus petite.

Omoplate. On n'a pu retrouver des membres qu'une large omoplate, placée perpendiculairement sur les premières côtes, ayant 0,32 de long sur 0,20 de large; son col, quoiqu'en partie tronqué, étant encore long de 0,10. Vers son milieu à une distance de 0,07 du bord axillaire ou postérieur s'élevait une crête, augmentant graduellement à mesure qu'elle approchait du col jusqu'à 0,04 de hauteur, pour diminuer ensuite en se continuant le long de celui-ci, ce qui lui donnait une figure triangulaire.

Mais les parties les plus intéressantes de ce Lamantin fossile, sont celles qui proviennent de la tête et des mâchoires.

Tête. La portion de tête renferme presque toute la partie postérieure du crâne et une partie assez considérable du palais, et des dents du côté droit.

Crâne. Le crâne assez complet, tronqué en arrière dans tout l'os basilaire occipital, ainsi qu'en avant dans les branches orbitaires du frontal, offre une forme générale quadrilatère fortement élargie en arrière, assez peu étranglée dans son milieu et surtout bien plus courte que dans le crâne du Lamantin d'Angers.

Occipital. L'occipital large, épais, vertical dans sa partie supérieure, la seule qui reste, est notablement élargi par un mastoïdien considérable, ce qui, par suite d'un temporal dont l'apophyse zygomatique est presque prodigieuse dans son développement, donne à la partie postérieure de la tête un élargissement tout à fait singulier.

Pariétaux. Les pariétaux sont également presque aussi larges que longs, partagés en deux plans par la crête temporale, en sorte que le sinciput est presque tout à fait plat, fort étendu et nullement en gouttière, comme dans le crâne de Nantes. Le sphénoïde, avec les ailes duquel il s'articule, présente au contraire un corps assez étroit, mais avec des apophyses ptérigoïdes verticales d'une épaisseur également insolite, assez profondément canaliculées en arrière.

La vertèbre frontale peu appréciable dans son corps et tronquée dans sa branche orbitaire, continue dans sa partie cérébrale, la forme carrée que le crâne avait prise de celle des pariétaux; le front est seulement encore un peu plus bombé; l'échancrure anguleuse dans laquelle pénètre l'angle solide du pariétal est médiocre; mais au contraire, celle dans laquelle s'appliquent en écaille les os incisifs est fort large et arrondie. Frontal.

Les os du nez, comme à l'ordinaire dans les Lamantins, sont fort petits, à peine distincts, et semblent la continuation du frontal. Os du Nez.

Voilà tout ce que ce fragment de crâne nous a permis de voir et surtout de décrire.

Dans la mâchoire supérieure, nous n'avons pu non plus signaler qu'un palatin fort petit et fort étroit, très-court et touchant à l'apophyse ptérygoïde qu'il contribue à épaissir et qu'un maxillaire fort court dans sa branche alvéolaire. Mâchoire supérieure.

Nous ne connaissons les pré-maxillaires que dans la partie de leur branche verticale qui s'appuie sur les frontaux; mais à juger d'après la largeur de cette partie, il est plus que probable que ces os étaient fort considérables, peut-être même plus que dans le Dugong.

Dans la mâchoire inférieure, il nous a été possible de voir que l'os du rocher très-considérable est toujours formé comme dans les Lamantins de trois parties, l'une antérieure un peu volutée, une postérieure subcubique, et une interne antérieure qui a été cassée, mais avec une différence assez marquée dans les particularités de figure. Mâchoire inférieure. Rocher.

Le temporal, comme je l'ai déjà dit plus haut, est considérable, non-seulement dans sa partie squammeuse, mais surtout dans la racine de son apophyse zygomatique, la seule partie qui existe; aussi l'étendue de la fosse glénoïde est-elle considérable. Temporal.

Quant à la mandibule dont nous ne connaissons que la partie moyenne de la branche horizontale du côté droit, on peut préjuger Mandibule.

avec bien de la probabilité qu'elle était fort courte, très-large en arrière; mais il est à peu près impossible d'assurer que le menton se courbait subitement et fortement comme dans le Dugong, ou se prolongeait presque en ligne droite, comme dans le Lamantin austral; ce qui est cependant assez peu probable, si les dents regardées comme des incisives, par M. le docteur Bruno, sont réellement les incisives de cette tête.

Dents.

Le système dentaire du Lamantin du Pô est heureusement plus complétement connu que son ostéologie, et cela aux deux mâchoires, la plupart des dents molaires étant même encore parfaitement en place.

A la Mâchoire supérieure.

A la mâchoire supérieure, il semble qu'il n'y en avait que trois de chaque côté; mais comme la troisième et dernière était à peine sortie de la gencive, il est probable que la première était déjà tombée. De celles qui existent, l'antérieure est malheureusement, non-seulement usée, mais encore à moitié tronquée; ce qui en reste suffit cependant pour montrer qu'elle était formée de deux collines transverses, peu simples, d'après l'usure de la moitié externe de la première. La seconde dent, plus grosse que celle qui la précède, de forme presque arrondie, plus large en avant qu'en arrière, offre aussi à sa couronne deux espèces de collines en arc transverse, dont la première bien plus large que la seconde est, comme elle, formée de deux gros mamelons terminaux, pyramidaux et d'un tubercule intermédiaire et de plus en arrière d'un petit talon plissé, réunissant les deux mamelons postérieurs. Enfin, la troisième, la plus grosse des trois, de forme presque carrée, est également, comme la seconde, formée de deux parties principales et sans doute d'un talon qui est resté caché, la première bien plus large et plus compliquée que la seconde, présentant un rebord antérieur crénelé et deux mamelons terminaux multi-anguleux, séparés par un troisième intermédiaire divisé en pointe de diamant, et la seconde ayant assez bien la même forme, quoique plus étroite, et le mamelon intermédiaire à trois pointes.

(Marginal notes: Première. — Seconde. — Troisième.)

A la mâchoire inférieure, il semble aussi qu'il n'y ait que trois (1) dents de chaque côté, allant en croissant d'une manière régulière de la première à la dernière; toutes les trois à deux racines transverses et à deux collines un peu arquées dans la même direction, avec un talon proportionnel; ces collines et ces talons un peu plus régulièrement disposés qu'aux dents de la mâchoire supérieure, mais également formés de mamelons aigus, polyédriques, ce qui donne par l'usure lieu à des *insulæ* plus nombreuses et plus variées que pour les dents du Lamantin de Nantes. La première est de beaucoup la plus usée et assez étroite, la seconde l'est un peu moins et sub-carrée, enfin la troisième ne l'est pas du tout et est ovale.

inférieure. Au nombre de trois.

M. le docteur Bruno regarde encore comme ayant appartenu à ce Lamantin fossile, deux grosses et longues dents coniques, droites, pointues, creuses à l'intérieur et couvertes à l'extérieur d'une couche d'émail, marquée de petits sillons parallèles. La plus grande et la plus complète a encore 0,09 de long sur 0,03 à la base.

Incisives.

Je n'ai pas vu ces deux dents, et je ne les connais que par la figure et la description qu'en donne M. Bruno. Leur forme et même leur structure me semblent indiquer une assez grande différence avec des dents de Dugong; aussi ne suis-je pas étonné de ce qu'il dit, que, si elles avaient eu la pointe usée et qu'elles eussent été plus cylindriques, il lui aurait été impossible de les distinguer des dents incisives d'Hippopotame. Cependant, comme elles ont été trouvées avec ou du moins auprès du squelette, il serait difficile de ne pas les lui rapporter. En effet, M. le docteur Bruno après avoir décrit la position de la masse du tronc, ajoute: *Più in là si raccoglieva un teschio per grossa argilla informe, presso al quale erano tuttavia un residuo della mascella inferiore e di-*

(1) M. le docteur Bruno en compte quatre; et il regarde comme la seconde une dent qu'il a trouvée séparée et qu'il figure Pl. I, fig. 8 de son mémoire; mais il me semble que cette dent n'est autre chose que l'analogue de celle qui manque sur la mandibule, et la première des trois qui la garnissent.

versi alcuni rimasugli di denti. Et probablement les défenses se trouvaient avec les dents.

6° Le Lamantin du golfe de la Seine.

Nous comprenons sous ce titre les ossements fossiles de Lamantin qui ont été trouvés à différentes profondeurs, dans le golfe que formait anciennement la Manche en pénétrant dans les terres, et dans lequel versaient leurs eaux la Seine et la Marne, ainsi que leurs affluents.

D'après des Os. Le nombre de ces ossements, jusqu'ici recueilli, n'est pas considérable, du moins dans nos collections, quoiqu'il y ait déjà près de cent ans qu'on a commencé, et peut-être avant ceux de toute autre localité.

Cités par Guettard. Guettard, en effet, cite et figure (Mémoire I, Pl. VI, fig. 1 et 2) un fragment d'occipital supérieur; et Pl. 8, fig. 1-2-3, des fragments de côtes qu'il regarde comme ayant appartenu à la vache marine, ainsi qu'on appelait alors le Morse, et quelquefois même le Lamantin. Ils à Jeurre. avaient été trouvés dans des fouilles faites à Jeurre sur les bords du grand chemin de Paris à Étampes.

à Longjumeau. Le même paléontologiste cite encore (Mém. I, p. 7) un autre os trouvé dans la montagne qui est entre Longjumeau et la grande route de Paris à Orléans, lors de la coupe de la montagne du côté de Paris, et que lui avait donné de Parcieux; c'était probablement un fragment de côte, puisqu'il dit que la portion d'os était semblable à celles d'Étampes qu'il figure et qui sont des morceaux de côtes. Il ajoute qu'il était entouré d'une couche de conques anatifères ou glands de mer d'un beau blanc, et comme cannelés longitudinalement, entourés de sable jaunâtre, et qu'elle avait pris la nature d'un silex, ou pierre à fusil, d'un brun luisant, comme les os fossiles d'Étampes.

Par M. G. Cuvier. Depuis ce temps M. G. Cuvier parle aussi de fragments de côtes semblables trouvés près de Longjumeau, dans la formation marine supérieure aux gypses des environs de Paris.

De Jeurre. Il dit aussi en avoir vu des environs du château de Jeurre près d'Étampes, et qui avaient été trouvées sous des couches de sable dont plusieurs étaient mêlées de coquilles de mer.

Elles existent dans la collection paléontologique du Muséum, inscrites comme données par M. Narcisse Sergent, qui les avait montrées à M. Cuvier.

Nous possédons aussi le fragment trouvé à Marly sur le bord de la Seine, en creusant un des puits nécessaires à l'établissement de la nouvelle machine. C'est également un morceau de côte recueilli et donné au Muséum, par M. Bralle, ingénieur, alors chargé des travaux. De Marly.

Enfin, dans ces dernières années, par suite des travaux entrepris pour les fortifications de Paris, on a trouvé une très-grande quantité de ces fragments de côtes, de peu de longueur, mais d'une grosseur considérable, à Belleville, dans une sorte de marne sableuse, intermédiaire au calcaire grossier et au gypse, et nous en possédons plus d'une vingtaine, dans un état de fraîcheur remarquable. Par Moi. à Belleville.

Aucune des pièces recueillies jusqu'ici, dans cet ancien golfe de la Seine, n'étant véritablement caractéristique, il était impossible de donner rien d'assuré sur l'identité de l'espèce de Lamantin dont elles proviennent, et celle qui existait dans le golfe de la Loire, ou dans tout autre de ceux où il a été découvert des ossements fossiles de Lamantin; mais nous pouvons aller plus loin aujourd'hui, grâce à la découverte inattendue d'une bonne partie de squelette qui vient d'être faite à Étrichy, vallée de la Juigne, à environ une ou deux lieues d'Étampes, par M. Béchu, propriétaire des environs, et fort zélé pour tout ce qui peut conduire d'une manière ou d'une autre à l'illustration de son pays; aussi se glorifie-t-il, avec raison, d'être allié à la famille du célèbre Guettard, qui le premier avait recueilli des ossements de Lamantin dans cette vallée. C'est à trois ou quatre mètres de profondeur au-dessous de la terre végétale, enseveli dans un banc de sable gravier immédiatement appliqué, et même légèrement enfoncé dans un banc de coquilles marines tertiaires, que M. Béchu a fait cette découverte. Ayant aperçu une côte de Lamantin, pièces assez communes dans ce pays, au fond d'une petite

à Étrichy, découverts par M. Béchu.

Histoire de cette Découverte.

ravine, résultat de l'action des eaux pluviales, au point de jonction de la levée du chemin de fer de Paris à Orléans et d'une tranchée faite pour donner à la grande route un mouvement de détour nécessité par la direction du premier, il eut l'heureuse idée de fouiller pour s'assurer si d'autres côtes ne se trouveraient pas à côté de la première; en ayant rencontré une ou deux, il poursuivit sa fouille avec grand soin, replaçant sur le sol voisin chaque os à mesure qu'il en rencontrait, et ainsi fut obtenue la certitude que le squelette d'un Lamantin avait été déposé en cet endroit presque tout entier, sauf les membres dont il a été impossible à M. Béchu de rencontrer la moindre trace. Averti par lui de cette découverte, d'autant plus intéressante pour moi, qu'elle arrivait au moment même où je m'occupais de la rédaction de la partie de mon mémoire qui a trait aux os fossiles de Lamantin du golfe de la Seine, je suis allé accompagné de M. P. Gervais, l'un de mes aides au Muséum, visiter les lieux avec M. Béchu, et j'ai pu voir la place où avait été recueilli le squelette, et chez lui, tous les os jusqu'aux plus petits fragments, disposés dans l'ordre où ils avaient été levés. M. Béchu a bien voulu que j'en fisse profiter la science, ce que je fais avec bien du plaisir, d'autant plus qu'il s'est généreusement déterminé à enrichir notre Muséum d'une pièce aussi intéressante, qui va compléter ce que Guettard avait commencé, il y a près de cent ans, en portant en France l'attention des géologues sur les ossements des quadrupèdes.

Ces Os, décrits en général.

Ce squelette, comme je l'ai annoncé plus haut, n'était pas complet, manquant entièrement de membres, qui en avaient sans doute été détachés par la putréfaction du cadavre, avant qu'il eût été poussé par les flots dans cette espèce d'anse que fait la vallée de la Juigne, sur la gauche, entre Etrichy et Jeurre, au-dessous d'Étampes; mais la tête presque entière, la colonne vertébrale, sauf l'extrémité de la queue et toutes les côtes étaient dans leur position réciproque, mais plus ou moins brisées ou cassées en fragments, quelquefois presque en esquilles, à la tête, par exemple, comme pourrait l'être une pièce de porcelaine ou de faïence sur laquelle aurait pesé un dépôt de terre un peu considérable.

Ayant fait rapprocher avec grand soin tous ces fragments sous nos yeux, dans nos laboratoires, voici ce qu'il nous a été possible d'y reconnaître.

La très-grande partie des vertèbres, sauf cinq ou six de la queue, étant presque pourries dans leurs corps, c'est-à-dire dans la partie la plus spongieuse de tout le squelette, sont pour ainsi dire tombées en miettes; ce qui n'a pas eu lieu pour les apophyses épineuses, et surtout pour les parties latérales de l'arc, celles avec lesquelles s'articulaient les côtes. Nous avons pu en réunir au moins vingt, ce qui nous permet de supposer que le nombre des vertèbres troncales était d'environ vingt-deux. Parmi les vertèbres cervicales, nous avons obtenu un fragment de l'atlas, qui nous a permis de voir que ses apophyses transverses étaient assez petites et subcylindriques. En particulier. Vertèbres. Cervicales.

Les vertèbres dorsales, que nous croyons n'avoir pas été au-dessus de dix-neuf, avaient leur apophyse épineuse courte, très-épaisse et fort arrondie à l'extrémité. Les apophyses transverses étaient encore plus robustes, plus épaisses, offrant de larges facettes d'articulations pour les côtes. Dorsales, 19.

Nous pensons avoir rencontré des extrémités d'apophyses transverses qui doivent provenir des vertèbres lombaires ou de la vertèbre sacrée; mais nous ne pouvons en assurer le nombre. Nous pouvons seulement dire qu'elles sont larges, épaisses et arrondies. Lombaires. Sacrée.

Quant aux six ou sept vertèbres caudales dont le corps est entier, sans leur arc ni leurs apophyses, nous avons été frappés de leur grande ressemblance avec celles trouvées à Eppelsheim, non-seulement pour la forme, mais encore pour l'aspect de couleur. Coccygiennes.

Les côtes sont ici, comme dans tous les autres squelettes de Lamantins fossiles, les parties les plus complètes et les mieux conservées, ce qui tient à la nature de ces os dans ce genre d'animaux. En rassemblant soigneusement et convenablement les fragments, comme l'avait déjà fait en partie M. Béchu avant nous, nous pensons que le nombre des paires de côtes était de dix-neuf, dont les premières étaient articulées en Côtes, 19.

deux points avec le corps des vertèbres correspondantes et les dernières avec celui d'une seulement. Toutes ces côtes sont véritablement remarquables par leur force et leur épaisseur, et surtout par leur disproportion avec la tête, remarquable par sa petitesse.

La première. La première de ces côtes, que j'ai signalée comme caractéristique dans les espèces vivantes de Lamantin, a aussi une forme qui est assez particulière, étant comme chez les Lamantins sans défenses, et nullement comme dans les Dugongs.

La dernière. La dernière est également assez particulière dans sa forme courte, assez étroite, grêle, atténuée presque également aux deux extrémités.

La Tête. La tête de ce Lamantin d'Étampes est réellement fort petite, étroite et allongée, assez bien comme celle du Lamantin de la Loire signalée par M. G. Cuvier, ce qui est le contraire pour l'espèce de la vallée du Pô ou de l'Adriatique, dont la forme est beaucoup plus ramassée. C'est ce que l'on voit très-bien par l'examen du corps ou de l'os basilaire de toutes les vertèbres céphaliques que nous avons heureusement réunies, savoir :

Partie basilaire.

Occipital. Le basilaire proprement dit ou corps de l'occipital, sauf l'extrémité postérieure en fourche, qui porte les condyles, que nous avons cependant en grande partie. Il est, comme de coutume, assez étroit et étranglé dans son milieu.

Sphénoïde postérieur. Le corps du sphénoïde postérieur ne l'est pas moins, il manque de ses apophyses inférieures et de ses ailes.

antérieur. Celui du sphénoïde antérieur est encore plus étroit : nous n'en connaissons pas non plus les ailes.

Ethmoïde. Le corps de l'ethmoïde est au contraire fort épais, et parallélipipède, ses masses latérales ou cornets étant également considérables.

Vomer. Le vomer, qui termine la série, est de tous et comme à l'ordinaire le plus long et le plus étroit.

Partie supérieure. Nous n'avons pas été aussi heureux pour les arcs des vertèbres céphaliques que pour leur corps : cependant, en réunissant soigneusement tous les fragments, toutes les esquilles recueillies, nous avons pu confirmer l'étroitesse et l'allongement du crâne, voir que les bords supérieurs des fosses temporales étaient peu ou point relevés en crêtes, assez éloignées l'une de l'autre, et ne formant pas un vallon intermédiaire : que les bras orbitaires du frontal divergeaient assez obliquement de la partie cérébrale, et formaient au-dessus de l'orbite une voûte assez large, comme dans les Lamantins, et non comme dans le Dugong.

Nous n'avons pas aussi bien réussi dans la restauration des appendices céphaliques, et surtout du supérieur; nous avons cependant reconnu les points suivants : *Appendices céphaliques.*

Les apophyses ptérygoïdes sont extrêmement épaisses. *Ptérygoïdes.*

L'os de la pommette est long et étroit, assez bien comme dans le Dugong, au lieu d'être renflé presque monstrueusement comme dans les Lamantins. *Os jugal.*

L'os lacrymal forme une petite masse subglobuleuse non percée, pourvue d'une apophyse lacrymale fort saillante. *Lacrymal.*

Le maxillaire ne nous est connu que dans une petite partie de son corps, qui nous a cependant offert l'indice d'un énorme trou sous-orbitaire. *Maxillaire.*

Quant au prémaxillaire, nous n'en possédons qu'une petite portion, l'extrémité de sa branche montante, que nous supposons devoir s'appliquer sur le frontal, et qui est large et arrondie. *Prémaxillaire.*

La mandibule est presque complète, même dans sa racine formée par le temporal. *Mandibule.*

On a pu obtenir les deux bulbes auditifs, en réunissant habilement toutes les esquilles qui en provenaient, et cela assez heureusement pour leur reconnaître la forme ordinaire chez les Lamantins, avec une différence qui rappelle davantage le Dugong que l'une ou l'autre des deux autres espèces vivantes. *Bulbe auditif.*

Le temporal, dans sa partie squammeuse, est assez peu développé, mais son apophyse zygomatique est au contraire, comme dans toutes les espèces, fort considérable, ovale, allongée, mais à peu près comme dans le Dugong, et non pas renflée comme dans les Lamantins propre- *Temporal.*

ment dits. De son articulation avec le jugal, il résulte une arcade zygomatique assez écartée et horizontale.

Mandibule. Quant à la mandibule elle-même, elle est assez entière, moins cependant d'un côté que de l'autre, dans la forme ordinaire de celles des Lamantins; en général elle me paraît avoir une plus grande ressemblance avec celle des espèces sans défenses persistantes.

Vertèbres : Du reste du squelette nous n'avons pu recueillir, comme nous l'avons dit plus haut, qu'un assez bon nombre de vertèbres incomplètes, et surtout dans leurs corps plus ou moins pourris et réduits en fragments.

Cervicales. Je ne crois cependant pas qu'il y en ait de vertèbres cervicales.

Dorsales. Des dorsales, nous avons pu observer, au contraire, un assez bon nombre d'arcs pourvus de leurs apophyses, en général plus courtes, plus imbriquées que dans aucune des espèces vivantes, et même, à ce qu'il nous semble, que dans le Lamantin de la Loire.

Lombaires. Nous n'avons trouvé des lombaires, que nous pensons au nombre de trois, que les apophyses transverses, plus épaisses, plus courtes et évidemment autrement conformées que dans les espèces vivantes. Celle que nous supposons la première, par exemple, est plus courte et plus large que dans le Dugong, mais plus longue que dans le Lamantin.

Coccygiennes. Nous avons pu examiner le corps des quatre ou cinq premières vertèbres coccygiennes, malheureusement privées de leurs apophyses, et nous avons été frappé de leur ressemblance avec celles d'Eppelsheim, dont nous possédons les moules en plâtre, sous le nom de Pugméodon.

Côtes, 19. Mais ce que le squelette de la vallée d'Étampes nous a présenté de plus complet, ce sont des côtes qui semblent toutes avoir été conservées presqu'en place, au nombre de dix-neuf de chaque côté, comme dans le Dugong. Très-remarquables en général par leur force et leur grande épaisseur, elles m'ont paru moins larges et moins comprimées que celles du Lamantin de la Loire. Ne possédant ni la première ni la dernière de celle-ci, je n'ai pu m'assurer si la différence s'y poursuivait, mais, ce qui est certain, c'est que ces deux côtes diffèrent beaucoup de

Première. leurs analogues dans les espèces vivantes. En effet la première, fort étroite à son extrémité vertébrale, quoique assez bien trilobée, s'élargit et s'applatit beaucoup à l'autre, ce qui est le contraire dans le Dugong. Quant à la dernière, elle est aussi particulière par sa brièveté et la presque similitude de ses deux extrémités également atténuées. Dernière.

Le système dentaire est assez complet pour être décrit dans toutes ses parties. Système dentaire.

Nous sommes porté à regarder comme une des incisives supérieures, quoiqu'elle soit fort petite en comparaison de celles du Lamantin du golfe de l'Adriatique, et de celle du Dugong, une dent cylindrique, tronquée aux deux extrémités, qui a été recueillie avec le reste du squelette dont elle a la couleur; toutefois et quoique aucun autre fragment ne puisse être supposé provenir d'une défense, comme nous ne connaissons pas l'os dans lequel il a dû être implanté, nous n'oserions assurer positivement que dans cette espèce, cette portion du système dentaire serait aussi peu développée; cela cadrerait cependant assez bien avec ce que le reste du squelette montre, un animal intermédiaire aux Lamantins proprement dits et aux Dugongs, mais plus voisin des premiers. Incisives.

Nous avons déjà dû faire remarquer combien la tête de cet ancien Lamantin était petite proportionnellement avec son corps, disproportion qui indique un Lamantin proprement dit, bien plus qu'un Dugong. Les dents sont nécessairement dans le même cas.

Les molaires sont du reste au nombre de trois de chaque côté des deux mâchoires, comme dans presque tous les Lamantins trouvés fossiles en Europe, avec l'indice d'une quatrième plus ou moins marqué en avant et plusieurs restes d'alvéoles. Molaires.

Ces molaires étaient sans aucun doute les trois dernières, l'animal ayant atteint l'âge complétement adulte; mais les antérieures, en nombre que nous ne pourrions déterminer, n'ont laissé de traces que par des alvéoles plus ou moins obsolètes.

A la mâchoire supérieure nous ne possédons même que les deux dernières supérieures des deux côtés, la pénultième incomplète à droite, mais bien entière à gauche et quelques chicots de racines.

Pénultième. Cette dent pénultième ressemble complétement à l'une des trois dents trouvées à Blaye, même pour la grandeur; seulement ayant ses trois racines bien entières, l'interne plus forte que les deux externes. Quant à la couronne, usée à peu de chose près au même degré, elle offre également deux collines assez peu régulières, à trois mamelons, avec une sorte de talon ou de bourrelet en avant et en arrière du côté interne; l'usure, à un certain degré, des deux mamelons internes, les plus gros, donnant lieu à une figure de trèfle irrégulière, moins collinaire que dans les dents de Blaye.

Dernière. La dernière ressemble beaucoup à la précédente, elle est seulement plus forte et moins usée, avec le talon postérieur plus prononcé, en écharpe oblique, légèrement tréflée; mais les deux collines sont également formées de trois gros mamelons, sub-égaux à la postérieure (1).

Inférieurement. A la mâchoire inférieure le système dentaire est heureusement bien plus complet, surtout sur le côté droit. On peut d'abord assurer par les alvéoles qu'il avait au moins cinq dents quoiqu'il n'en reste que quatre plus ou moins complètes, usées, versant en dehors, d'autant moins que plus postérieures; toutes sub-égales, à deux racines et à deux collines transverses, avec un talon plus prononcé à la pénultième et surtout à la dernière où il forme une sorte de colline un peu courbée, à trois mamelons, comme les autres. Chaque colline formée de trois mamelons, quelquefois avec un tubercule intermédiaire, donne lieu suivant le degré d'usure à des espèces d'ombilic, à des îles, à des rubans élargis au milieu, ou enfin à une large surface entourée d'un bord d'émail à peine bifestonné.

Au nombre de cinq. Décrites.

Anté-Pénultième. L'anté-pénultième de ces dents ressemble complétement à la seule molaire de Blaye, si ce n'est qu'elle est un peu plus grande; et assez

(1) Ce qui me paraît digne d'être remarqué, c'est la grande ressemblance de cette dent avec l'une des premières du Mastodonte d'Europe.

bien à la dent séparée de la mandibule de la Loire (*Hippopotamus medius*, Cuv.), qui est au contraire notablement plus grande (1).

7° Le Lamantin du Danube.

C'est pour la première fois, ce me semble, qu'il est question, en paléontologie, d'ossements fossiles de Lamantin trouvés dans une partie de l'immense golfe de la mer Noire, qui remontait anciennement plus ou moins haut dans la vallée du Danube. Découvert

C'est à M. Wieshaup, conservateur au Musée de Linz, capitale de la Haute-Autriche, qu'en est due la découverte, dans des sables, de six à vingt pieds de puissance, appartenant aux parties supérieures de la mollasse, faisant, au S.-O. et à l'O. de Linz, partie d'un demi-cercle de collines qui recouvre des dépôts granitiques dans la vallée de Margarethen, et recouverts eux-mêmes de couches de gravier grossier, de *locas* et de terre végétale. par M. Weishaup.

M. Fitzinger en a fait le sujet d'un mémoire étendu, inséré dans la troisième livraison du *Museum Francisco - Carolianum*, publié à Linz en 1842. M. Boué en a donné l'extrait dans la séance du 20 février 1843, de la Société géologique de France, pour 1843. Décrit par M. Fitzinger.

D'après cet extrait, inséré dans le Bulletin des séances de cette société, ces ossements, consistant en vertèbres, en côtes, en une mâchoire et des dents molaires, semblent encore provenir d'un même cadavre.

Nous n'en trouvons malheureusement pas la description dans l'extrait que nous copions; mais il nous apprend que la mâchoire était assez complète, pour qu'on ait pu la retracer, et pour s'assurer que l'animal avait dans sa première jeunesse huit molaires de chaque côté, dont les deux antérieures tombaient avec l'âge, ce qui n'en faisait plus que six

(1) Celle de la Loire, 0,024.
— d'Étampes, 0,020,
— de Blaye, 0,016.

dans l'âge adulte, nombre qui, dans la vieillesse, se réduisait à trois.

Conclusions. M. Fitzinger paraît rapprocher ce Lamantin de la petite espèce, signalée à Montpellier par M. de Christol; mais il propose de substituer au genre (Metaxytherium), sous lequel celui-ci l'a inscrite, celui d'*Halitherium*, imaginé par M. Kaup, pour le Lamantin du Rhin, et comme ayant, suivant lui, la priorité. Il le dédie, du reste, à M. de Christol, sous le nom spécifique de *Halitherium Christolii*.

Des environs de Prague. Avant de quitter l'Europe, je dois encore rappeler que la première fois que le nom de Lamantin fossile a été prononcé, ça été pour des ossements trouvés dans les environs de Prague, dans le bassin de l'Elbe; mais sans détails, ni sur la nature du terrain, ni sur ces os.

De Saxe. Dans ces dernières années (1841), M. Kaup a encore considéré comme ayant appartenu à une espèce de Lamantin, dont il fait, suivant la fâcheuse habitude de la plupart des paléontologistes, un genre, sous le nom de *Cymatotherium*, un côté de mandibule trouvé dans une caverne de Saxe, avec des ossements d'Eléphants, de Rhinocéros, de Chevaux, de Cerfs, de Canis, de Marmottes, tous animaux terrestres; mais il est évident qu'elle a appartenu à un très-jeune Éléphant.

De la Crimée. Enfin, tout dernièrement M. Hommaire d'Heel, qui publie les résultats intéressants d'un voyage de plusieurs années fait dans la Russie méridionale, a rapporté et nous a donné pour les collections du Muséum, des côtes et des fragments de côtes rondes, épaisses, et qui ressemblent assez aux premières et aux dernières du Dugong, et qui sont par conséquent bien moins grosses que celles d'un véritable Lamantin. Quoique pleines, cassantes et assez lourdes, elles sont cependant moins compactes que dans ce genre d'animaux; en sorte qu'elles pourraient aussi provenir de quelque espèce de Phoque.

D'après une note qu'a bien voulu me remettre M. Hommaire d'Heel, ces côtes ont été trouvées en Bessarabie, au-dessous d'une puissante couche d'alluvion, dans une assise de calcaire très-friable, très-riche en fossiles de Cardiums, de Bucardes et de Trochus, placée immédiatement sur une formation de calcaire tertiaire sur les bords de la vallée du Bouik, versant dans le Dniester, à 30 mètres environ au-dessus du niveau, et à trente-sept lieues de distance de la mer Noire.

De Nord-Amérique.

Dans les autres parties du monde, les paléontologistes n'ont parlé d'ossements fossiles de Lamantins que dans la Nord-Amérique. M. le docteur Harlan cite en effet (*Journ. Acad. nat. sc. of Philad.*, IV, p. 32.) des côtes et des vertèbres d'une grande espèce de Lamantin, comme ayant été trouvées dans les terrains tertiaires de la côte Orientale des États-Unis, en Georgie, dans le New-Jersey et le Maryland; mais il n'établit aucune comparaison de ces os avec ceux du Lamantin qu'il a décrit sous le nom de *M. Latirostris,* ou toute autre espèce, et personne depuis M. Harlan n'en a parlé, du moins à ma connaissance.

8° Le Lamantin du Nil.

Du Nil, d'après des Os déjà mentionnés.

Il a déjà été question des ossements fossiles que nous proposons en ce moment de regarder comme pouvant provenir d'un Lamantin, à l'article des Phoques fossiles; mais en les considérant comme ayant appartenu à un animal de ce genre, nous avons eu soin d'avertir que ce n'était qu'avec doute que nous agissions ainsi, et que ce pourrait très-bien être d'un animal aquatique herbivore; c'est pour confirmer ce doute qu'il en est de nouveau question en cet endroit.

Vertèbre.

Côtes.

Nous nous bornerons cependant à rappeler, sans nouvelles figures, que ces ossements ne consistent qu'en une vertèbre dorsale fort incomplète, en quatre apophyses épineuses d'autres vertèbres également dorsales, et enfin en trois ou quatre fragments de côtes; et qu'ils sont saisis dans une roche blanche, tachante, médiocrement dure, d'une manière tellement serrée, qu'ils semblent quelquefois en faire partie, offrant une cassure parfaitement compacte, sans aucune traces de cellulosités diploïques, ou de cristaux qui s'y seraient formés.

Cette particularité semble favorable à l'opinion qui attribuerait ces os et ces côtes à un Lamantin; ce qui serait assez bien en rapport avec la forme épaisse et arrondie de ces côtes, ainsi qu'avec la figure et la grosseur des apophyses épineuses; mais on peut trouver une objection dans la forme du corps de la vertèbre qui est moins dilatée, plus étroite que dans les Lamantins, quoique son canal paraisse avoir été assez grand.

Conclusions.

Je suis cependant porté à penser que ces fragments en question doivent avoir appartenu aux premières vertèbres thoraciques, plus probablement d'un Lamantin que d'un Phoque, mais d'une espèce qu'il serait trop hardi de distinguer ou de confondre avec celle dont nous avons signalé les traces dans le golfe de Lyon opposé à celui du Nil ou de la Cynéraïque (1).

Sur le nombre et la distinction des Espèces fossiles.

Maintenant que nous avons décrit d'une manière aussi complète qu'il nous a été possible, tous les ossements fossiles qui ont été rapportés au genre des Lamantins de Buffon, se présente une première question : ce Lamantin est-il distingué comme espèce de celles connues aujourd'hui à l'état vivant? puis une seconde : n'y a-t-il qu'une espèce de Lamantin fossile?

Différences avec les Espèces vivantes.

Tous les éléments recueillis sur le Lamantin dont on a trouvé les restes dans le golfe du Rhin, dans ceux de la Seine, de la Loire et de la Vendée, de la Garonne, du Rhône, du Pô et du Danube ne peuvent laisser presqu'aucun doute; ils forment une espèce bien distincte des cinq que nous connaissons aujourd'hui, par le nombre terminal et la forme des dents molaires, par le développement et la persistance des incisives de la mâchoire supérieure, ainsi que par d'autres particularités moins caractéristiques tirées d'autres pièces du squelette; et cette espèce, comme l'ont parfaitement reconnu chacun de leur côté MM. Bruno et de Christol, était intermédiaire aux Lamantins proprement dits et aux Dugongs, plus voisine cependant des premiers que des seconds, par la forme et la structure des dents, par la forme de la tête, par celle des côtes et de leurs articulations, de l'omoplate, et au contraire plus rapprochée de ceux-ci par le nombre des dents molaires, le développement

(1) Les os de ce Mammifère aquatique, d'une compacité cassante, m'ont offert la singularité d'être fortement salés, tandis que la roche ne l'est pas du tout.

des incisives, et par conséquent du prémaxillaire à son articulation frontale par la forme de l'arcade zygomatique; aussi, l'un et l'autre de ces observateurs, dans les principes de zooclassie trop longtemps adoptés, ont-ils fait un genre du Lamantin fossile dont ils ont rencontré les débris, ce qui n'offrait aucune difficulté.

Ce qui en offrait et en offre encore davantage, c'est de déterminer si ces Lamantins-Dugongs forment chacun une espèce distincte, ou bien s'ils en forment seulement deux, ou bien enfin n'en forment qu'une seule. Nous avons en effet trop peu d'éléments fournis par les espèces vivantes, dont nous ne connaissons pas du tout les différences sexuelles, et fort peu les variétés d'âge, locales et individuelles. On peut cependant atteindre à quelque probabilité ainsi qu'il suit :

Le plus distinct, soit par la forme des dents molaires, soit même par le développement des incisives, en supposant qu'il n'y ait pas de doute à ce sujet, soit même par la forme de la tête, celle des côtes et de l'omoplate, est indubitablement celui du golfe du Pô, que M. le docteur Bruno a dédié, avec toute convenance, à son compatriote Brocchi, sous le nom de *Cheirotherium Brocchii*. Ce sera pour nous le LAMANTIN DE BROCCHI (*Manatus Brocchii*). LE L. DU PÔ. (*M. Brocchii.*)

On pourra trouver un type spécifique évidemment distinct du précédent dans le Lamantin de la Loire, espèce que l'on pourra caractériser par le système dentaire de la mâchoire inférieure dont les dents sont plus simplement mamelonnées; par la forme très-allongée et très-étroite de la tête, par le plus grand nombre de vertèbres à double articulation costale, par la forme des côtes très-fortes et souvent larges et aplaties; par celle de l'omoplate à apophyse coracoïde également large et aplatie, par un humérus fort voisin de celui du Dugong, par des os de l'avant-bras plus semblables à ceux du Lamantin du Sénégal. L. DE LA LOIRE.

C'est, si je ne me trompe, celui qui a servi d'abord de base à l'établissement du genre *Metaxytherium* de M. de Christol; ce sera donc le LAMANTIN FOSSILE de M. G. CUVIER ou le *Manatus fossilis* des paléontologistes. *M. Fossilis.*

2ᵉ L. DE MONTPELLIER. Il est plus difficile de décider pour le Lamantin de Montpellier; du moins à en juger par ce que je connais de cet animal, savoir : la mandibule et ses dents, ainsi qu'un humérus et un petit nombre d'autres fragments. Il semble cependant qu'il doit être réuni à l'espèce précédente, comme l'a proposé M. de Christol, en le nommant *M. Cuvieri.* (*M. Cuvieri.*)

3ᵉ L. DE LA SEINE. (*M. Guettardi.*) Par ordre de taille, vient ensuite le Lamantin du golfe de la Seine, dont nous connaissons aujourd'hui le système dentaire aux deux mâchoires et un certain nombre d'ossements, il est vrai, assez peu importants. La simplicité des collines transverses des dents, partagées en deux mamelons seulement, semble indiquer une espèce assez distincte; ce que paraissent confirmer la petitesse des dents incisives, le nombre et la forme des deux côtes terminales, la forme des apophyses des vertèbres.

Enfin, à cette dernière, vient se rattacher le petit Lamantin du golfe de Gascogne, du moins d'après les trois seules dents que nous en connaissons; seulement il serait encore plus petit et se rapprocherait du Lamantin du Sénégal. C'est à ces dents que se rapporte l'*Halichore minuta* du catalogue de M. Bronn (*Lethæa*, p. 840).

Je ne puis rien dire du Lamantin de la vallée du Rhin, dont je ne connais que quelques vertèbres de la queue et une partie des vertèbres avec leurs côtes; et, par conséquent, aucune pièce un peu caractéristique; non plus que de ceux d'Afrique et de la Nord-Amérique. Cependant il me semble que c'est avec le Lamantin du golfe de la Seine que celui du Rhin a le plus de rapports.

4ᵉ L. DU DANUBE. (*M. Christolii.*) Enfin, il est probable que le Lamantin du Danube doit être quelque chose de particulier.

RÉSUMÉ.

Comme résumé de ce mémoire, dans l'état actuel de nos connaissances sur le genre des Lamantins, circonscrit comme nous l'avons fait d'après Buffon, nous pouvons donner les résultats suivants :

1° *Sous le rapport zooclassique.*

Les Lamantins forment un genre bien distinct sous tous les rapports, plus éloigné peut-être des Cétacés que des Phoques, appartenant au même degré d'organisation que les Éléphants, c'est-à-dire à l'ordre des Gravigrades; mais modifié profondément, plus que les Phoques, moins que les Cétacés, pour exécuter tous les actes de leur vie dans l'eau, sur le bord des rivages exclusivement. Genre d'Éléphants aquatiques.

Ces espèces n'offrant que des nuances différentielles de dégradation dans le système dentaire, ne déterminant aucune différence tranchée dans les mœurs et dans les habitudes, ne doivent former qu'un seul et unique genre dans un système zoologique rationnel.

2° *Sous le rapport de la distinction des espèces.*

A l'état encore vivant, nous connaissons certainement quatre espèces bien distinctes : Contient à l'état vivant quatre espèces.

1° Le L. DE L'INDE (*M. Indicus*) ou Dugong.

2° Le L. DU SÉNÉGAL (*M. Senegalensis*).

3° Le L. D'AMÉRIQUE (*M. Australis*).

4° Le L. DE STELLER (*M. Borealis*).

Ne regardant nullement comme suffisamment distinctes les espèces suivantes :

a) Le L. DU TABERNACLE, M. (*Halicore*) *Tabernaculi.*

b) Le L. DE L'ORÉNOQUE.

c) Le L. LATIROSTRE (*M. latirostris*).

A l'état fossile, nous admettons comme espèces distinctes :

1° Le L. DE CUVIER, M. (*Metaxytherium*) *Cuvieri* ou *Fossilis.* A l'état fossile, quatre espèces.

2° Le L. DE BROCCHI, M. (*Cheirotherium*) *Brocchii.*

Mais nous doutons des suivantes, jusqu'à de plus amples renseignements, fournissant des caractères véritablement spécifiques :

a) Le L. DE SCHINZ, M. (*Pugmeodon*) *Schinzii*,

b) Le L. DOUTEUX, M. (*Halitherium*) *dubius*,

c) Le L. DE CUVIER, M. (*Metaxytherium*) *Cuvierii*,

d) Le L. DE STUDER, M. (*Halianassa*) *Studeri*,

e) Le L. DE CHRISTOL, M. (*Halitherium*) *Christolii*,

auxquels je puis ajouter le Lamantin de la vallée d'Étampes, que je proposerais volontiers de dédier à Guettard (qui me semble mériter ce petit honneur autant que bien d'autres), sous le nom de M. *Guettardi*, s'il n'était infiniment probable que, quoique différant spécifiquement de celui de la Loire, comme je l'ai montré plus haut, ce Lamantin devra être rapporté à quelques-unes des espèces indiquées par les paléontologistes cités.

Susceptibles d'être caractérisées.

Les espèces sont caractérisées :

1° Par l'absence ou la présence et par le développement de dents incisives persistantes à la mâchoire supérieure.

2° Par l'existence ou la présence des dents molaires.

3° Par le nombre et la forme générale de ces dents.

4° Par les particularités des collines et tubercules de leur couronne.

5° Par la disposition des os incisifs dans la formation de l'orifice nasal.

6° Par la forme du bulbe auditif.

7° Par le nombre des vertèbres et par la forme de leurs apophyses, et surtout de la transverse de la première lombaire.

8° Par le nombre et la forme des côtes, et surtout de la première et de la dernière.

9° Par la forme de l'humérus et des os du bassin, etc.

3° *Sous le rapport ostéologique.*

Se distinguant surtout par la nature des Os.

Les Lamantins se distinguent :

1° Par la nature extrêmement compacte des os de leur squelette, et surtout de leurs côtes.

2° Par l'étroitesse et l'allongement du corps des vertèbres céphaliques, l'épaisseur et la densité de leur arc; la petitesse et le peu de distinction des os du nez; l'isolement du bulbe auditif; l'épaisseur de l'arcade zygomatique; l'intégrité de l'os unguis; le peu de développement du maxillaire, au contraire du prémaxillaire s'appuyant sur le frontal, et l'énormité de l'orifice antérieur des narines, dans lequel le maxillaire n'entre pas. Prémaxillaire.

3° Par l'épaisseur et la largeur du corps des vertèbres, de leur arc, aussi bien que de leurs apophyses épineuses et transverses, dans celles qui en sont pourvues.

4° Par la forme et l'épaisseur des côtes, dont trois ou quatre seulement sont sternales. Les Côtes.

5° Par la petitesse du sternum, réduit à n'être formé que de deux sternèbres terminales, la manubrienne et la xiphoïde. Le Sternum.

6° Par la forme de l'omoplate convexo-concave, un peu arquée, et pourvue d'une apophyse coracoïde.

7° Par l'épaisseur de la grosse tubérosité de l'humérus.

8° Par la forme, la brièveté, l'épaisseur, la position réciproque et la soudure en haut et en bas des deux os de l'avant-bras.

9° Par la forme et le nombre des os du carpe, parmi lesquels manque le pisiforme soudé avec le triquètre ou pyramidal.

10° Par la forme déprimée des os du métacarpe et des phalanges, dont les troisièmes sont déformées. Ceux des Mains.

11° Par la réduction des membres postérieurs à un ou deux os rudimentaires du bassin. Le Bassin.

4° *Sous le rapport odontographique.*

Les Lamantins paraissent être quelquefois entièrement privés de dents, qui sont alors remplacées par deux plaques cornées médianes, opposées, l'une supérieure, l'autre inférieure, et plus ou moins antérieures, mais nullement bilatérales. Le Système dentaire.

Le plus souvent, outre ces plaques cornées, alors fort réduites, il y a des dents molaires et des dents incisives sans canines, celles-là rudimentaires et de premier âge seulement, ou bien remplacées par de permanentes en forme de défenses, uniquement à la mâchoire supérieure.

Le mode de remplacement des Molaires.

Quant aux molaires, dont le nombre peut être fort petit de bonne heure, ou bien se succéder d'arrière en avant, jusqu'à douze de chaque côté des deux mâchoires, ou bien elles peuvent être presque simples, quoique plates et didymes, sans distinction de couronne et de racines; ou bien, comme dans les espèces sans défenses, être formées d'une couronne bien distincte, à deux collines transverses, en haut comme en bas, et portées sur des racines longues, coniques, au nombre de trois, deux en dehors et une en dedans supérieurement, et de deux transverses inférieurement; ces dents s'usant jusqu'au collet en rubans transverses, qui se confondent en s'élargissant.

5° *Sous le rapport de la distribution géographique des espèces.*

Distribuées d'une manière locale.
1 ou 2 En Amérique.
1 En Afrique,
1 En Asie méridionale,
1 En Asie boréale.
2 En Europe, fossiles.

Dans l'état actuel de la création à la surface de la terre, les quatre ou cinq espèces connues sont exclusivement limitées à une partie du monde. L'une sur la côte occidentale d'Afrique, à l'embouchure de ses grands fleuves; une seconde presque vis-à-vis, sur la côte orientale de la Sud-Amérique, se continuant jusqu'au delà du golfe du Mexique; une troisième, le Dugong, occupant les détroits de l'archipel Indien, et remontant jusque dans la partie la plus septentrionale de la mer Rouge; enfin la quatrième, reléguée exclusivement dans la partie la plus orientale de la mer Glaciale.

6° *Sous le rapport de l'ancienneté des espèces à la surface de la terre, ou paléontologique.*

Aucun livre ancien, sauf l'Ancien-Testament, aucun monument, de quelque nature que ce soit, n'a indiqué une espèce de ce genre; mais il n'en est pas de même des couches de la terre en Europe, et même dans la Nord-Amérique, où l'on a déjà trouvé un assez bon nombre d'ossements, et même des squelettes presque entiers : en Amérique, très-probablement de l'espèce qui s'y trouve encore vivante; en Europe, de deux ou trois espèces particulières et formant une nuance, ou remplissant une lacune entre les espèces sans défenses et celles qui en sont pourvues.

N'ayant laissé de traces qu'à l'état fossile.

Ces ossements de Lamantins paraissent avoir été généralement recueillis dans des terrains tertiaires, soit dans le crag, comme en Touraine et en Anjou, en Bretagne, ainsi qu'en Gascogne; soit dans la marne argileuse intermédiaire au gypse et au calcaire grossier ou supérieure à celui-ci, comme à Paris et dans la vallée d'Étampes; soit en plein calcaire grossier, comme en Languedoc ou dans l'Astésan en Italie; soit enfin dans les sables qui le représentent à Eppelsheim, ou dans la mollasse en Suisse et à Linz en Autriche.

Dans les Terrains tertiaires.

En Autriche, En France, En Italie.

Dans des localités qui, toutes, formaient les rivages de golfes ou de fiors pénétrant plus ou moins dans les terres de l'ancien continent européen, à l'embouchure des grands fleuves, c'est-à-dire en allant, du nord au midi : du Rhin, tout en haut pour les ossements des environs de Zurich et pour le squelette décrit par M. Duvernoy, vers son milieu pour les vertèbres et autres os d'Eppelsheim; de la Seine, à Marly pour le plus bas, à Paris et à Étampes pour le plus haut; de la Loire, sur la rive gauche, en Touraine, sur la rive droite, en Anjou et en Bretagne; de la Garonne, depuis Blaye sur la rive droite, et sur la gauche jusqu'à Dax dans le bassin de l'Adour; du golfe de Lyon, depuis Montpellier jusqu'à Beaucaire, sur la rive droite du Rhône; du golfe du Pô, sur la rive droite, à plus de cent lieues de son embouchure; et enfin du golfe du Danube, sur sa rive gauche, à plus de deux cents lieues de son embouchure.

Forment rivages dans les golfes du Rhin.

De la Seine,

De la Loire,

De la Garonne,

Du Rhône,

Du Pô,

Du Danube.

Les os fossiles de Lamantins observés jusqu'ici ont été le plus souvent trouvés presque réunis en squelette, comme à Rœdersdorf en Al-

Souvent réunis en squelette.

sace, à Étrichy près d'Étampes, à Baucaire en Languedoc, à Montiglio en Piémont; alors ils sont fracturés, brisés, souvent en petits morceaux, comme de la faïence, mais rapprochés et à bords tranchants; mais lorsqu'ils sont séparés, comme dans le golfe de la Loire, dans le crag et le falun, ils sont toujours plus ou moins roulés, souvent usés en grande partie, et de couleur noire et luisante.

Avec des restes d'Animaux marins et terrestres.

D'après la position de ces os sur les bords de la mer ou sur ceux d'une embouchure de grands fleuves, la nature des autres corps organisés, concomittants, diffère; pouvant être marins, comme en Autriche, en Piémont, en Languedoc, en Parisis; mais aussi pouvant être terrestres, comme à Eppelsheim, où ils sont avec des os de Mammifères de différents genres, et même dans le falun du golfe de la Loire, où l'on trouve avec eux un mélange de restes d'animaux marins et d'animaux terrestres, comme aujourd'hui sur les rivages de la mer.

Conclusion.

Ainsi, comme résultat général de ce Mémoire, on doit reconnaître que deux ou trois espèces distinctes de Mammifères aquatiques d'un genre qui ne se trouve plus en très-grande partie aujourd'hui qu'entre les tropiques, ont existé anciennement dans tous les grands golfes de nos mers de l'Europe centrale et méridionale; mais ce n'est pas une raison pour en conclure que nos pays jouissaient, à cette époque, d'une température plus élevée, d'autant plus qu'il en existe encore aujourd'hui une espèce dans la mer Glaciale. On doit aussi y trouver une nouvelle preuve que les espèces fossiles dont nous ne connaissons plus les analogues, ne sont que des termes éteints de la série animale, produite par la pensée de la puissance créatrice, et nullement, comme on l'a dit trop souvent et comme on le répète encore tous les jours, des restes d'une ancienne création qui aurait fait place à une nouvelle plus parfaite, ainsi qu'il est si facile de le dire, sans pouvoir donner aucune preuve légitime en faveur d'une opinion aussi hasardée.

ADDITIONS.

1° Sur le Lamantin de Beaucaire.

Depuis l'impression des conclusions de notre mémoire, telles que nous venons de les exposer, nous avons reçu de M. de Christol, auquel nous avions pris la liberté de les demander, les renseignements suivants sur le squelette de Lamantin trouvé à Beaucaire, dans la vallée du Rhône, versant dans le golfe de Lyon, squelette qu'il a en sa possession, et dont il promet à la science une description complète.

Ce squelette est entier, sauf la mâchoire inférieure.

Le crâne a une tout autre forme et est bien plus grand que celui de Montpellier, mais moins que celui d'Angers ou de Nantes, du golfe de la Loire, auquel, du reste, il ressemble beaucoup, quoique le dessus du chanfrein soit moins étranglé; mais l'extrémité supérieure des prémaxillaires va s'engager dans les parties inférieures du frontal, absolument comme dans celui-ci.

Les deux humérus qui sont entiers, quoique l'un d'eux ait encore son épiphyse supérieure non soudée, offrent tous les caractères de ceux qu'il rapporte à son genre Metaxytherium, et, entre autres, celui d'avoir la petite tubérosité moins élevée que la tête articulaire; leur plus grande longueur est de $0^{m},230$, et la plus grande largeur inférieurement de 0,085; ce qui est d'un tiers plus que dans celui de Montpellier.

Les deux os de l'avant-bras sont comme dans le Lamantin d'Angers.

Les côtes ressemblent complétement à celles trouvées dans tant de lieux et regardées comme des côtes de Lamantin.

Quant aux dents, M. de Christol se borne à dire, dans la lettre qu'il m'a fait l'honneur de m'écrire, que les supérieures, les seules qui existent dans la belle pièce qu'il possède, sont semblables à celles de l'*Hippopotamus dubius* de M. G. Cuvier, ayant toutes trois racines. M. de Christol ne nous dit malheureusement rien des défenses, qu'il serait si important de connaître.

Cette espèce de Lamantin appartient, comme toutes celles dont on a trouvé des traces en Europe, à la division qu'il a cru devoir proposer sous le nom de *Metaxytherium*, et il l'a nommée *M. Beaumontii*, donnant au Lamantin de Montpellier le nom de *M. Cuvieri*, et au Lamantin de la Loire celui de *M. Cordieri*.

2° Sur les espèces douteuses de Lamantins vivants.

Au sujet des espèces de Lamantins que je regarde comme douteuses, je dois faire observer que le rédacteur des Archives de l'Histoire Naturelle de Berlin, où se trouve la traduction en allemand d'un article de M. de Humboldt sur le Lamantin de l'Orénoque (tom. IV, p. 1, Ann. 1838), s'est efforcé d'éclaircir la question de savoir s'il n'y aurait pas plusieurs espèces de ce genre en Amérique, et qu'il semble revenir à l'opinion de Buffon qu'il y en a deux : l'une que représente le squelette décrit par M. G. Cuvier sous le nom de *M. Australis*; l'autre qui le serait par celui décrit par E. Home, qu'il rapporterait au *M. latirostris* de M. Harlan.

Wiegmann arrive à cette présomption en passant en revue les différences qu'il a remarquées chez les auteurs dans la proportion des membres, de la queue et même dans le nombre des ongles, dans celui des vertèbres et des côtes, et enfin dans la forme de la tête osseuse. Comme, suivant nous, ces descriptions ne peuvent fournir des éléments suffisants, puisqu'on n'a eu égard en les donnant, ni à l'âge ni au sexe, et que chacune ne porte que sur un individu, nous nous bornerons à l'analyse des différences du nombre des vertèbres et des côtes dans le squelette.

Pour les vertèbres qui sont en général partagées en trois sections seulement, en voici le tableau :

	CERVICALES.		DORSALES.		TERMINALES.		TOTAUX.
Daubenton.	6		16		28	=	50
G. Cuvier.	6		16		24	=	46
E. Home.	7		17		21	=	45
Wagner.	6	+	15	+	27	=	48
De Humboldt.	7	+	16	+	27	=	50
De Blainville. . . . {	7	+	17	+	26	=	50
	6 ?	+	16	+	25	=	47

Le sujet observé par Daubenton était mâle, provenant de Cayenne; mais malheureusement ce n'était qu'un fœtus, en sorte qu'on peut supposer que la septième vertèbre cervicale a pu échapper à l'observation.

Celui observé par M. G. Cuvier était bien adulte, de sexe inconnu et provenait très-probablement du Brésil, mais sans désignation de la province.

Outre la vertèbre cervicale que nous croyons manquer par défaut de préparation, nous pensons que M. Cuvier a compté une vertèbre dorsale de trop, la seizième, quoique costifère en apparence, étant une véritable lombaire, et une coccygienne de moins, la dernière. Quoi qu'il en soit, il y aurait quatre vertèbres de moins, mais qui, pouvant être terminales, ont dû également manquer par défaut de préparation; ce que j'ai pu confirmer par l'observation.

Le squelette décrit par E. Home paraît au contraire avoir été à peine adulte, de sexe femelle, et provenait de la Jamaïque.

La différence qu'il présente, sous le rapport d'une septième cervicale, peut tenir à ce qu'il était plus soigneusement préparé sous ce rapport; mais deux, ou au moins une vertèbre dorsale de plus, et trois ou sept vertèbres terminales de moins, peuvent alors assez difficilement s'expliquer. La différence est cependant trop grande aux vertèbres caudales pour ne pas admettre le défaut de préparation (1).

(1) Mais il vaut mieux convenir que les nombres donnés plus haut, et copiés de la note de Wiegmann, page 8, sont erronés; E. Home, n'en dit rien, mais la figure du squelette indique $6+17+27=50$.

L'observation de Wagner porte sur deux squelettes de la collection de Munich, provenant, sans doute, du Brésil, ce qui n'est cependant pas absolument certain, et sans sexe désigné.

Le nombre six des cervicales peut être attribué à la cause citée plus haut. La diminution d'une dorsale rentre, suivant moi, dans ce qui a réellement lieu sur le squelette décrit par M. G. Cuvier, ce que confirmerait le nombre des terminales avec ce qu'a vu Daubenton.

L'individu observé par M. de Humboldt, de sexe non indiqué, de petite taille, provenant de l'Orénoque, rentre dans le nombre total indiqué par Oexmelin et observé par Daubenton. La différence avec celui-ci porte seulement sur la répartition, une cervicale de plus, une caudale de moins; la première provenant d'une observation plus exacte, et la seconde du dépouillement poussé moins loin.

Quant au squelette observé par moi dans la collection de Leyde, il provenait sans doute de Surinam, sans désignation de sexe, et semblait avoir été préparé avec beaucoup de soin. Or, le nombre total est encore de cinquante, une septième cervicale, comme dans ceux de E. Home et de M. de Humbolt, une vertèbre dorsale de plus que dans le squelette observé par ce dernier, ce qui est comme dans celui du premier. Quant à la vertèbre coccygienne de moins que dans les trois squelettes de Wagner et de M. de Humboldt, cela est assez peu important en la supposant la dernière; comme il a déjà été remarqué, elle a pu rester dans la peau, étant encore cartilagineuse.

Le nombre des paires de côtes suivant celui des vertèbres dorsales, on voit que la différence ne va pas au delà de deux, au minimum quinze, dans les deux squelettes de Munich, observés par Wagner, et au maximum dix-sept, dans celui qu'a figuré E. Home, et dans celui que j'ai observé dans le muséum de Leyde (1). Le nombre intermédiaire seize existe certainement sur le squelette du Brésil, décrit par M. Cuvier; mais la dernière paire n'étant qu'un appendice costiforme,

(1) Je trouve même, dans mes notes manuscrites, dix sept vertèbres dorsales, toutes articulées avec les côtes.

peut-être accidentelle, le nombre total revient à quinze, comme sur les deux squelettes de Munich.

Quant aux seize côtes observées par Daubenton sur un fœtus, et à l'os du bassin qu'il assure positivement ne pas exister, je puis dire qu'ayant cherché moi-même sur un fœtus de Lamantin mâle conservé dans l'alcool au Muséum, et que je crois provenir de la Guyane, peut-être hollandaise, j'ai trouvé seize côtes dont la dernière longue et grêle, articulée avec le corps de la seizième dorsale, et nullement jointe comme appendice au-dessus de l'apophyse transverse de la première lombaire, ainsi que cela est dans le squelette du *M. Australis* de M. Cuvier.

Quant à l'os iskion, il existait également, mais à la base du pénis, servant, comme de coutume, d'insertion au muscle iskio-caverneux, et alors assez éloigné de se joindre par un ligament à l'apophyse transverse de la vertèbre sacrée. C'est cette particularité qui a empêché Daubenton et M. G. Cuvier, de l'apercevoir ; ils l'ont cherché où il n'était pas.

Ainsi je supposerais volontiers qu'il faudrait rapporter au *M. Australis* de M. G. Cuvier les deux individus du cabinet de Munich, et celui de M. de Humboldt, tandis qu'il faudrait considérer comme provenant d'une espèce différente, celui dont un squelette a été figuré par E. Home, un autre vu par moi dans la collection de Leyde ; en rapportant à cette dernière plus qu'à la première, le fœtus observé par Daubenton, ainsi que celui qui existe encore dans la collection du Muséum; peut-être est-ce le *M. Latirostris* de M. le docteur Harlan, comme l'a pensé Wiegmann.

3° Sur le G. Diprotodon.

Je dois encore dire dans cet article supplémentaire que M. Richard Owen a un moment regardé comme pouvant avoir appartenu à un Dugong, un os fossile trouvé dans la vallée de Wellington, dans la nouvelle-Hollande, dont il faisait cependant un genre distinct sous le nom de *Diprotodon* (*Exped. in int. Australasia, by major Mitchell*, p. 362); mais que depuis il l'a rapporté à une espèce de Wombat ou de Phascolome.

4° Sur le G. Basilosaurus.

Enfin je crois devoir aussi avertir que les ossements fossiles dans la Nord-Amérique, dont M. Harlan avait fait un reptile sous le nom de *Basilosaurus*, et que M. R. Owen a regardés comme provenant d'un mammifère, qu'il nomme *Zeuglodon*, pourraient bien avoir appartenu au genre de Lamantins, du moins certains d'entre eux, et entre autres, les côtes qui m'ont présenté les mêmes caractères de densité et de décomposition par couches, que celles de ces animaux.

Nous en traiterons dans notre Mémoire sur le Dinotherium qui suivra immédiatement celui que nous allons mettre sous presse, sur les Éléphants comprenant les Mastodontes.

EXPLICATION DES PLANCHES.

PL. I. — SQUELETTE DU LAMANTIN AUSTRAL (*Manatus australis*).

De profil rigoureux, réduit au cinquième de la grandeur naturelle.

D'après l'exemplaire rapporté par M. E. Geoffroy-Saint-Hilaire, de Portugal, où il faisait partie du Cabinet d'Ajuda, et que nous avons fait débarrasser des ligaments qui rendaient les vertèbres cervicales indiscernables.

C'est le même qui a été représenté par M. G. Cuvier, dans les deux éditions de son Mémoire sur les Lamantins.

PL. II. — SQUELETTE DU DUGONG (*Manatus Dugong*).

De profil rigoureux, réduit au quart de la grandeur naturelle.

A part:

a) Les cinq ou six premières vertèbres et les côtes correspondantes d'un côté.

b) Les deux premières côtes vues de face.

c) Un segment formé de la neuvième vertèbre dorsale, avec sa paire de côtes articulées.

D'après celui, fait sous mes yeux, d'un jeune Dugong de sexe féminin, conservé dans l'esprit-de-vin, rapporté du détroit de Torrès par M. Hombron, de l'expédition de M. d'Urville aux terres australes.

Sa peau montée est aux Galeries.

PL. III. — TÊTE ENTIÈRE, au tiers de la grandeur naturelle.

Du LAMANTIN DU SÉNÉGAL (*M. Senegalensis*).

De profil, en dessus, en dessous et en arrière.

A part la mandibule de profil rigoureux, tirée d'un squelette femelle, envoyé non monté par M. le gouverneur du Sénégal, et dont les os séparés sont représentés dans les Pl. V et VI.

Du LAMANTIN AUSTRAL (*M. australis*).

De profil et en dessus.

A part:

a) Le bulbe auditif et la caisse ou cercle du tympan.

b) La mandibule de profil rigoureux.

D'après la tête du squelette représenté dans la Pl. I.

Partie antérieure de tête.

Du LAMANTIN DU SÉNÉGAL rapporté par Adanson.

Avec le cornet inférieur des narines en place, simulant un os du nez, préparé par moi-même sur une pièce envoyée du Sénégal par feu M. Heudelot, voyageur du Muséum.

Du LAMANTIN LATIROSTRE (*M. latirostris*).

L'une copiée de la figure donnée par M. le docteur Harlan. *Medical and Physical Researches*. Pl. uniq. f. 3.

L'autre, d'après un crâne envoyé probablement de Cayenne par M. Plée. Grandeur naturelle.

A part le bulbe auditif et les osselets de l'ouïe tirés d'un L. du Sénégal, à moitié de la grandeur naturelle.

PL. IV. — Têtes de DUGONG. (*M. Dugung.*)

Réduites au tiers de la grandeur naturelle.

L'une très-vieille en dessus, de profil, et coupe longitudinale, du détroit de Torrés, par M. Hombron.

A part :

a) La mandibule d'un squelette adulte, des Moluques, par MM. Diard et Duvaucel.

b) La symphyse et ses fossettes alvéolaires, vues de face.

L'autre jeune et femelle, du squelette de la Pl. II, en dessus, en dessous, de profil, en arrière et en avant.

A part :

a) La mandibule de profil, en dehors et en dedans.

b) Le bulbe auditif et le cadre du tympan, du sujet de la Pl. II, réduits à moitié de la grandeur naturelle, avec les os de l'ouïe, tirés d'une tête encore plus jeune, rapportée par MM. Quoy et Gaymard, des Moluques.

PL. V. — PARTIES CARACTÉRISTIQUES DU TRONC.

Réduites au tiers.

DU LAMANTIN DU SÉNÉGAL. (*M. Senegalensis.*)

Vertèbres.

Cervicales . . { 1re { en avant. / en arrière. / de profil. } ; 2e, 3e, 4e, 5e et 7e articulées. }

Dorsales. . . . . 8e et 17e ou dernière.

Lombaires . . . 1re et 2e.

Caudales. . . { 2e, avec os en V en place. / os en V de la première. / 15e. }

Du *M. Australis.*

Du Musée de Leyde, d'après mon esquisse.

Les sept vertèbres cervicales articulées.
Sternum.
Iskion.

Du Musée de Paris. Squelette Pl. I.

Axis en arrière.
3e, 4e, 5e, 7e cervicales articulées.
Hyoïde de profil et en dessous.
Sternum.

Du DUGONG. *M. Dugung*, tirées d'un squelette des Moluques, par MM. Diard et Duvaucel.

Vertèbres . . {
cervicales { 1re { en avant. / en arrière. / de profil. } ; 2e { en arrière. / de profil. } ; 3e, 4e, 5e, 7e articulées { de profil. / en dessus. / en arrière. } }
dorsales, 1re, 8e, 19e (la 1re du squelette).
lombaires en dessus.
sacrée en arrière.
caudales { 3e ses os en V. / 4e. / 18e. }
}

Du squelette femelle jeune de la Pl. II.

Os hyoïde . . { de profil.
en dessous.

Sternum en dessous.

PL. VI. — PARTIES CARACTÉRISTIQUES DES MEMBRES.

Réduites au tiers de la grandeur naturelle.

Du LAMANTIN AUSTRAL (*M. Australis*), tirées du squelette de la Pl. I.

Du DUGONG DE SUMATRA (*M. Dugung*), tirées du squelette des Moluques par MM. Diard et Duvaucel.

Omoplate . . { face externe.
face interne.
extrémité articulaire.

Humérus. . . { en avant.
en arrière.
de profil.
extrémité { supérieure.
inférieure.

Os de l'avant-bras soudés { face externe.
face interne.
extrémité { supérieure.
inférieure.

Main. . . . . . { face dorsale.
3e doigt de profil.

Iskion du *M. Australis* de la collection de Leyde, d'après un trait pris par moi sur les lieux.

PL. VII. — SYSTÈME DENTAIRE.

De grandeur naturelle.

Du *M. Senegalensis* par M. Heudelot.

a) Série supérieure et inférieure des molaires, vues par la couronne.
b) Alvéoles des 4e, 5e et 6e.
c) Fin de la gaine dentaire, vue à la face interne de la mandibule.

Du *M. Australis* de la Pl. I.

a) Série supérieure et inférieure, vue par la couronne.

Du *M. Australis junior*.

Incisives supérieures.
Alvéoles des trois premières dents.

Du *M. Dugung*.

I. Incisives.

' Supérieurement.

a) A part, du détroit de Torrès.
b) En place, d'après le moule en plâtre envoyé par M. Knox.
c) Extrémité sortie et coupe dans la partie moyenne, du squelette de Sumatra.
d) Jeune dent d'adulte.
e) Celle de lait et de remplacement à la fois, en place, du squelette de la Pl. II.
f) A part, une incisive de lait.

'' Inférieurement.

Deux incisives cachées sous la plaque symphysaire, dans le squelette de la Pl. II.

II Molaires.

$\frac{4}{3}$ D'après la jeune tête de MM. Quoy et Gaimard.

$\frac{5}{5}$ D'après celle du squelette de la Pl. II.

A part, la 5e de profil et à la couronne.

$\frac{3}{3}$ D'après le moule en plâtre donné par M. Knox.

$\frac{2}{2}$ D'après le squelette de Sumatra.

A part.

a) Les dents de profil.

b) La face symphysaire, montrant les quatre paires de trous alvéolaires.

c) La dent du troisième trou dans le Dugong de la Pl. II.

PL. VIII. — MANATI FOSSILES.

Fragments divers, réduits à moitié ou au tiers de la grandeur naturelle.

1° Du LAMANTIN DE LA LOIRE (*M. Fossilis.*)

a) Partie supérieure du crâne, vue en dessus et de profil, de Doué; déjà figurée par M. Cuvier, Pl. XIX, fig. 22 et 23.

b) Partie supérieure et postérieure du crâne des environs d'Angers, de la collection de M. Maugars.

c) Occipital latéral de la Chausserie, près de Rennes.

d) Atlas en avant et en arrière, déjà figuré par M. G. Cuvier, Pl. 19, fig. 12.

e) Arcs supérieurs de vertèbres dorsales, vues en avant et en arrière, de la collection de M. Maugars.

f) Apophyses épineuses de profil et en arrière, par M. Duchassaing et M. Maugars.

g) Vertèbre dorsale, en avant, en arrière et de profil; de la collection de M. Maugars et des environs d'Angers.

h) Deux corps de vertèbres lombaires; de Doué en Anjou.

i) Vertèbres caudales dans la collection du Muséum, par M. Renou.

2° Du *Lamantin du Rhin. M.* (*Pugmeodon*) *Schinzii*. Réduction au tiers.

a) Une grande partie de vertèbre atlas vue en arrière. Catalogue *des Gypsalgeisse*, p. 11, 1831.

b) Cinq vertèbres coccygiennes, vues en dessus.

D'après les moules en plâtre de la collection du Muséum.

3° Du LAMANTIN DU PÔ, M. (*Cheirotherium*) *Brochii*. Réduction à moitié.

Une grande partie du crâne vue en dessus, en avant et de profil.

D'après la pièce elle-même qu'a bien voulu m'envoyer le directeur du Muséum de Turin, M. le professeur Gene.

PL. IX — Suite des MANATI FOSSILES et consacrée au système dentaire; de grandeur naturelle.

1° Du L. DE LA LOIRE. (*M. fossilis.*) *Hippopotamus medius*. (G. Cuv.)

Une grande partie de mandibule gauche avec ses dents; de grandeur naturelle, de profil et en dessus, avec une dent pénultième de l'autre côté à part, et la face symphysaire.

D'après une pièce de Saint-Michel de Chaisine, aux environs de Nantes, donnée à la collection par M. Daubuisson, déjà figurée par M. G. Cuvier, t. I, Pl. VII, fig. 9 et 11.

2° Du *L. de la Garonne* (*Hippopotamus dubius*). G. Cuv.

Trois dents : deux supérieures, une inférieure, représentées de grandeur naturelle, par la face radiculaire et triturante.

Déjà figurées par M. G. Cuvier, T. I, Pl. VII, fig. 12-20. Trouvées à Blaye et faisant partie de la collection du Muséum. Données par M. Jouannet.

3° Du L. DE MONTPELLIER. M. (*Metaxytherium*) *Cuvieri* (de Christol).

Portion antérieure des deux côtés de la mandibule, en dessus et de profil, réduite au tiers, avec deux dents à part de grandeur naturelle.

Figures copiées du Mémoire de M. de Christol. *Ann. des sc. nat*, 2e série, t. II, Pl. 13, fig. 4, 5 et 8.

4° Du L. DU RHIN.

Une dent par la couronne et de profil du *Puymeodon Schinzii* (Kaup).

Une autre également par la couronne et de profil, de l'*Halitherium dubium* (Kaup).

Ces figures copiées de M. Kaup *Ann. de Géolog.* de Bronn et Leohnard. Tome VI, Pl. 2. fig. C. pour la première et fig. D. pour la seconde.

5° Du L. DU PÔ. *M.* (*Cheirotherium*) *Brochii* (Bruno).

a) Le même fragment de tête de la planche précédente, vu en dessous.

b) Les dents molaires supérieures et inférieures de profil et par la couronne, de grandeur naturelle.

c) Une molaire à part de profil et par la couronne.

d) Deux défenses de profil et sans doute de grandeur naturelle.

Ces deux dernières figures C et D copiées du Mémoire de M. le docteur Bruno. Pl. I, fig. V, IX et VI. *Acad. sc. Tur.* I, 1839.

PL. X. — Suite des MANATI FOSSILES.

Contenant la figure des os du tronc et des membres, réduits au tiers de la grandeur naturelle.

a) Partie du tronc comprenant les vertèbres et les côtes en connexion :

L'une de Rœdoersdorf, vallée du Rhin, d'après le moule en plâtre que possède la collection.

L'autre du Pô, copiée et réduite d'une des belles planches du Mémoire de M. le docteur Bruno.

b) Fragments d'*Omoplate* du Lamantin de la Loire, des environs d'Angers, de la collection de M. Maugars et de la Chausserie, environs de Rennes.

c) *Humérus* complet en avant et en arrière, des environs d'Angers ; de la collection de M. Maugars.

d) Un second, très-jeune, sans ses épiphyses, des environs de Rennes.

e) Un troisième, bien entier, des environs de Montpellier, d'après un moule en plâtre envoyé à la collection par M. de Christol.

f) Deux fragments de deux Humérus, l'un supérieur et l'autre inférieur, figurés déjà par M. G. Cuvier, Pl. IX, f. 26, comme provenant de deux Phoques, et par moi-même, mal restitués, dans la planche des Phoques fossiles, provenant des environs de Doué.

g) *Radius* vu de face ; détaché par brisure de son *Cubitus*, vu également de face et de profil au trait.

Des environs de Doué et déjà figuré par M. G. Cuvier. *Loc. cit.*

f) Côtes ou fragments de côtes (1).

D'Angers ; regardée par M. G. Cuvier comme provenant d'une grande espèce de Phoque.

(1) La collection du Muséum possède un de ces fragments venant de Mortagne et donné par M. Parent en 1718.

De Belleville et de Marly aux environs de Paris, par MM. Laurillard et Boucault.

De Jeure, vallée d'Étampes : deux fragments, dont l'un provient de la première côte; par M. J. Desnoyers.

De Montaigu, dans la Vendée.

De Bordeaux et de Saint-Émilion, dans la vallée de la Garonne.

De Dax, vallée de l'Adour.

De Saint-Paul-Trois-Châteaux, dans celle du Rhône, trouvée en 1778.

Et enfin une côte presque entière rapportée de Bessarabie par M. Hommaire d'Hecl.

PL. XI. — Suite des MANATI FOSSILES.

Cette planche représente au sixième de leur grandeur naturelle les os et les fragments du squelette de Lamantin découvert à Étrichy par M. Béchu, qui a bien voulu en enrichir les collections du Muséum. Ces os, posés à peu près dans leurs rapports réciproques, afin de donner l'idée de la grandeur de l'animal, de la petitesse proportionnelle de la tête, et de la manière dont son cadavre avait été enseveli sur le rivage dans le dépôt qui s'y formait.

La disposition des os de la tête est cependant en très-grande partie artificielle. Dans l'axe du tronc nous avons mis la série des os basilaires vus en dessus; à droite et à gauche les côtés de la mandibule, et plus en dessus la calotte supérieure du crâne, en dehors d'un côté, et en dedans de l'autre.

Les dents de grandeur naturelle, deux molaires d'en haut, deux d'en bas, avec un fragment que nous avons regardé comme provenant d'une incisive supérieure.

PARIS. — IMPRIMERIE DE FAIN ET THUNOT,
IMPRIMEURS DE L'UNIVERSITÉ ROYALE DE FRANCE,
Rue Racine, 28, près de l'Odéon.

DES DAMANS[1] (Buffon).

(*Hyrax*)[2].

Quoique le Daman soit un animal des plus anciennement signalés dans l'histoire, puisqu'il est bien démontré aujourd'hui que le Saphan dont il est assez fréquemment question dans l'Écriture sainte, n'est autre que lui, ainsi que Shaw d'abord, et surtout Bruce ensuite, l'ont parfaitement reconnu; quoiqu'il soit encore aujourd'hui fort commun dans la Syrie et dans la Palestine, il est tout à fait digne d'être observé qu'aucun auteur ancien, grec ou latin, n'en a parlé; et que même chez les modernes malgré la description presque complète donnée par Pallas en 1766, ce n'est qu'au commencement de ce siècle qu'il a été réellement et positivement scruté dans ses rapports naturels par Wiedmann et surtout par M. G. Cuvier, dans un mémoire publié dans les *Annales du Muséum* en 1804. C'est à peine, en effet, si Buffon a pu en dire quelque chose dans son *Histoire naturelle* des quadrupèdes, à la fin de l'article sur les Marmottes en 1760, et encore ne l'a-t-il fait qu'en copiant le peu qu'en avaient dit Prosper Alpin dans son *Histoire Naturelle* de l'Égypte (*Part.* I, *chap.* 20, p. 80 et *lib.* IV, *cap.* 9, p. 17, 35) (3), et Shaw, dans

Histoire. Chez les Anciens, Hébreux,

Grecs, Latins.

Chez les Modernes.

P. Alpin, 1580.

(1) D'après MM. Ehrenberg et Hemprich, ce nom de *Daman*, qui se trouve pour la première fois dans Shaw, n'est nullement arabe, comme l'a dit à tort M. G. Cuvier. Il leur semble pouvoir être dérivé de *Gahnemn Israël*, mal entendu ou mal lu, et qui signifie *Ovis* ou *Agnus Israelitarum*, espèce de périphrase par laquelle les Arabes ont rendu le *Saphan* des Hébreux. Le nom que cet animal porte aujourd'hui au Liban et au Sinaï est, suivant ces messieurs, *Vabr* ou *Vobr*, probablement le même que Forskaëll écrit *Uabr*.

(2) Ce nom, employé par Hermann, est tiré de Nicandre, qui le donnait à un animal qu'il dit voisin du Cochon et de la Musaraigne; probablement le Hérisson.

(3) Prosper Alpin voyagea réellement en Égypte dans le milieu du seizième siècle; mais l'ouvrage cité était resté manuscrit jusque vers le premier tiers du dix-huitième siècle, époque à laquelle Boërhaave le fit publier à ses frais.

Shaw, 1737. ses *Voyages* (vol. II, chap. 3, p. 75 de la traduction française, 1757); le premier sous le nom d'*Agnus filiorum Israël* (1), et le second sous

Linné, 1766. celui de *Daman d'Israël.* Aussi Linné n'a-t-il inscrit ce genre d'animaux que dans la douzième édition du *Syst. Nat.*, publiée en 1766, et cela, il est vrai, d'après des renseignements nouveaux sur le Daman du Cap

Kolbe. dont Kolbe avait parlé dans le tome II de son *Voyage* dans cette partie de l'Afrique, sous le nom de Marmotte du Cap, au lieu de *Klipdas* que lui donnaient les habitants, et surtout d'après la description extérieure

Pallas, 1766. et intérieure, que Pallas venait de publier dans le troisième article de ses *Miscellanea* (p. 30, 1766), sous le nom de *Cavia Capensis*, d'un indi-

Vosmaër, 1767. vidu envoyé du Cap au musée d'Amsterdam; individu qui fut également le sujet de la monographie par Vosmaër en 1767, de l'animal qu'il nomme *Marmotte bâtarde.*

Ce rapprochement complétement erroné du Daman et des Marmottes, et même des Cavias, genre de véritables Rongeurs exclusivement américains, ainsi que l'avait fait Pallas, le naturaliste, qui a le premier et le

Erxleben et Zimmermann, 1777. mieux jugé les rapports naturels des animaux, fut nécessairement adopté par Linné, en 1766, et même par Erxleben et Zimermann en 1777, aussi

Pennant, 1783. bien que par Pennant, en 1783, zoologistes qui les premiers commencèrent à abandonner le système mammalogique linnéen.

Comme Pallas qui avait parfaitement senti toute l'anomalie de ce singulier animal, ils avaient très-bien reconnu que par les dents incisives, une paire en haut et deux en bas, il s'éloignait beaucoup de ce qui existe dans les Cavias et même dans tous les Glires ou Rongeurs connus, ce qui était encore plus vrai pour les molaires; mais l'individu observé par Pallas étant jeune, n'en avait offert que quatre, comme la très-grande partie de ces animaux; et d'ailleurs, Pallas n'avait pas pu disposer entièrement de l'individu soumis à son observation, la peau devant être montée ou empaillée pour le cabinet du stathouder.

(1) Voici ce que dit P. Alpin, à l'occasion des quadrupèdes sauvages que l'on chasse dans la partie de l'Arabie qui touche à l'Égypte : *Venantur quoque quoddam animal non dissimile sed cuniculo majus, quod vocant Agnum filiorum Israël*, page 232.

Les progrès sur la connaissance de ce genre d'animaux se continuèrent encore sur l'espèce du Cap, qui fut observée de nouveau en Hollande, par Allamand dans le quatrième volume de ses suppléments à l'*Histoire naturelle* de Buffon, édition de Hollande, et surtout au Cap même, par Klochner, cité par le premier, sous le nom de *Klipdas* ou de Blaireau de rochers. Allamand, 1778. Klochner.

Buffon profita de ces nouvelles observations dans le volume VI de ses Suppléments, publiés en 1782, et il reconnut, en parlant du D. d'Israël, que l'animal dont il avait donné la figure, pl. 29 du vol. III de ces mêmes Suppléments, p. 177, en 1776, sous le titre de *Marmotte* du Cap d'après Vosmaër, n'était autre chose que le Daman du Cap, à quoi il ajouta une figure faite d'après un individu rapporté de ce pays par Sonnerat et faisant partie du cabinet du Roi. Buffon, 1782. Sonnerat.

Buffon fit plus, en rectifiant, d'après une lettre à lui adressée par le voyageur J. Bruce, ce qu'il avait dit du Daman d'Israël, d'après P. Alpin et Shaw, et en reconnaissant qu'il y avait deux espèces dans ce genre, l'une qu'il nomme Daman d'Israël ou de Syrie, et l'autre D. du Cap, et même en donnant la figure du premier d'après un dessin de Bruce, et du second d'après l'exemplaire du cabinet du Roi; seulement les caractères distinctifs qu'il avait assignés à celui-là d'après Bruce, qui depuis les a rectifiés dans la rédaction de son voyage, étaient en partie erronés; l'un et l'autre ayant certainement le même ongle singulier au doigt interne du pied de derrière. J. Bruce, 1772.

Du reste, Buffon accepta comme vraie l'observation faite par Bruce, que le Daman de Syrie n'était pas une Gerboise, comme l'avait supposé Bochart (1), mais il ne se prononçait pas sur ses affinités. Il ne fit pas même usage de l'excellent mémoire de Pallas qu'il connaissait cependant, puisqu'il le cite. Seulement il combattit l'idée de celui-ci, préférant le nom de Marmotte à celui de Cavia ou Cabiai, parce que cet animal, suivant

(1) Buffon (*H. N.*, Supplém., VI, page 276) blâme à tort Shaw d'avoir rapporté le Daman à la grande Gerboise, car celui-ci dit justement le contraire. Seulement il compare les membres postérieurs à ceux de cet animal; ce qui est évidemment exagéré.

lui, en est très-différent par sa patrie et par ses habitudes; sans toucher du reste au fond de ses caractères différentiels.

De Mellin, 1782.

Buffon se servit encore moins des faits rapportés par le comte de Mellin dans un fort bon mémoire que celui-ci publia en 1782 en Allemagne (1), sur les mœurs et les habitudes du Daman du Cap, sans doute parce qu'il ne le connaissait pas.

Malgré cela on doit reconnaître que c'est, encore ici, comme dans beaucoup d'autres cas semblables, Buffon qui a proposé ce genre et les deux espèces qui le constituaient à cette époque; il ne s'agissait plus que d'extraire les caractères du genre de la description donnée par Pallas, Vosmaër et Bruce, et de lui assigner un nom latin, si on ne voulait pas latiniser celui de Daman, comme nous l'avons fait pour le Cavia et le Tapir.

Storr, 1780.

C'est ce qu'avait effectivement déjà commencé le réformateur de la Mammalogie, Storr, sous le nom de PROCAVIA, dans son *Prodromus systematis Mammalium*, publié à Tubinge, en 1780, et depuis lui, dans son

Hermann, 1783.

traité *De Affinitate Animalium*, publié en 1783, Hermann, sous le nom d'*Hyrax* (2), qui a été accepté, mais sans que le genre fût le moins du monde caractérisé.

Schreber, 1792.

C'est Schreber, en effet, qui dans le premier volume de ses *Saugethiere*, en adoptant ce genre, lui a assigné ses caractères et qui de plus a défini, en leur donnant en outre des noms latins, les deux espèces indiquées

Gmelin, 1788.

et nommées par Buffon; en quoi il a été imité par Gmelin dans son édition du *Syst. Nat.* de Linné, en 1788, et par Shaw, dans sa *Zoologie générale*, en 1792 (II, part. I, p. 219).

Shaw, 1762.

Mais cette forme de genre distinct, sous laquelle étaient présentés les

(1) *Schriften der Berl. Naturf.*, *Gef.* III, p. 271, t. V.

(2) Un fait qui me paraît assez singulier, c'est que Gmelin, dans son édition du *Syst. Nat.*, publiée en 1788, ne cite pas Hermann comme fondateur de ce genre, mais bien Schreber, auquel il attribue également la caractéristique des deux espèces; et que Schreber, dans la quatrième partie de ses *Saugethiere* où se trouve ce genre, en date de 1792, cite Hermann comme auteur du genre, et Gmelin comme ayant distingué les espèces.

Damans, ne touchait pas encore aux rapports naturels de ce genre d'animaux. Ce n'était pas une Gerboise, ce n'était pas une Marmotte, ce n'était pas même un Cavia, c'était encore bien moins un Blaireau; mais c'était encore pour tout le monde un Rongeur.

Sur sa place dans la Série, considéré comme un Rongeur,

Pallas, quoiqu'il n'eut pu examiner la tête ni les membres du squelette de l'individu mis à sa disposition, avait fourni cependant un grand nombre des éléments propres à résoudre la question; il avait très-bien signalé en quoi cet animal diffère des Cavias, et combien la nature semble s'être éloignée des formes ordinaires dans son organisation; mais il n'en faisait pas moins un Cavia. Storr, en le distinguant génériquement, le laissait à côté de celui-ci; Hermann, tout en reconnaissant qu'il fallait le séparer de l'ordre des Rongeurs, comme l'avaient fait, dit-il, Linné et Schreber, à cause de la forme et du nombre des dents incisives, aussi bien que par la structure intérieure, imitait également Storr. Il ajoutait cependant dans un autre passage, après avoir blâmé Pallas de l'avoir mis parmi les Cavias, qu'il lui semble qu'il aurait plus de rapports avec les Bradypes ou Paresseux, par la forme ramassée du corps, la réunion des doigts et le grand nombre de côtes. Toutefois, par une contradiction singulière, le tableau dans lequel Hermann exprime les affinités des mammifères, telles qu'il les concevait, montre encore le Daman parmi les Cavias dans l'ordre des Rongeurs.

par Pallas, Storr, Hermann,

C'est ce que fit également Berthout de Bercheim qui eut aussi à la même époque la prétention de donner un tableau des rapports naturels des quadrupèdes, dans la même année 1783, où Hermann publia définitivement le sien.

Berthout,

Il en résulte que dans la treizième édition du *Systema Naturæ* que Gmelin publia en 1788, le *G. Hyrax* est encore dans l'ordre des Glires, mais tout à fait à la fin.

Gmelin,

Bien plus, c'est que Blumenbach qui a dû s'occuper de cette question, la position de ce genre dans la série, puisqu'on cite de ce grand zoologiste un mémoire sur la classification naturelle des animaux, faisait encore du Daman une espèce de Marmotte dans la sixième édition de

Blumenbach,

son *Manuel d'Histoire naturelle*, en 1797, ce qu'il a continué de faire encore assez longtemps après cette époque.

Daubenton, Vicq-d'Azyr, 1792.

Ce ne fut pas même d'abord en France que les affinités de ce singulier animal furent mieux appréciées. En preuve, c'est que Daubenton et Vicq-d'Azir, dans les tableaux qui précèdent le premier volume de l'*Anatomie comparée de l'Encyclopédie méthodique* (1792), le placent encore parmi les Cavias. Nous devons cependant faire observer que, malgré cela, Vicq-d'Azir n'en a pas parlé dans l'ouvrage même au nombre des espèces de ce genre dont il a donné l'anatomie; ce qui prouve, ce me semble, qu'il avait dû reconnaître que ce n'était véritablement pas un animal de ce genre.

G. Cuvier et E. Geoffroy, 1795.

MM. Cuvier et Geoffroy, dans leur mémoire sur la *Méthode Mammalogique*, publié en 1795, se bornèrent à imiter Gmelin, en plaçant le G. Hyrax à la fin des Rongeurs.

De Lacépède, 1798. G. Cuvier, 1798.

M. de Lacépède (1798) dans son *Tableau méthodique des Mammifères et des Oiseaux* (an VI, 1798), et M. G. Cuvier, dans son *Tableau des Animaux*, publié la même année, en firent encore un genre de Rongeurs, mais ils le reportèrent au commencement de cet ordre, entre les *G. Cavia* et *Lepus*, sans donner aucune raison de ce faible changement.

Ce fut donc, comme cela devait être, lorsqu'on put examiner avec quelque attention la tête osseuse et le système dentaire complet du Daman, qu'il fut également possible d'arriver à juger des affinités de cet animal.

Daubenton, dès 1767 (*Hist. Nat.* de Buffon, XV, p. 205), au dernier article de la description du cabinet, en avait donné une fort bonne d'une tête osseuse de Daman, trouvée dans le fond d'un puits à Sidon en Syrie, sous le titre de *Tête d'un animal inconnu aux naturalistes*, et ce qui est assez singulier, c'est qu'on a publié une fort bonne figure de cette pièce dans le volume VII des *Suppléments de Buffon*, qui a paru en 1789, après la mort de ce grand homme; mais en la rapportant au Lori du Bengale, sans doute à cause du nombre des dents incisives;

erreur qui peut provenir de ce que Bruce avait dit, dans sa lettre citée par Buffon, que, par la forme des doigts et le manque de queue, il paraît approcher des Loris, et qui me semble avoir été reconnue pour la première fois par M. G. Cuvier, sans doute assez tard et lorsque sur un de ces animaux, conservé dans l'alcool, et provenant de la collection du stathouder, on put en extraire la tête et le reste du squelette (1).

Comme étant un Pachyderme, G. Cuvier, 1800.

Mais s'il est difficile de dire comment et quand cette reconnaissauce eut lieu, il est au moins indubitable qne c'est à M. Cuvier qu'est due l'initiative de la proposition que le Daman doit être rapporté à l'ordre des Pachydermes et non à celui des Rongeurs, comme on l'avait fait jusqu'alors; c'est, en effet, ce qu'on trouve nettement exprimé dans le tome II, p. 66 de ses *Leçons d'Anatomie comparée*, publié en 1800, l'an VIII, mois de ventôse, à l'occasion de l'ostéologie de la tête (2). Aussi dans les *Tableaux de classification*, joints au premier volume, on trouve le Daman placé dans cet ordre entre l'Hippopotame et le Rhinocéros. Toutefois, ce n'est réellement que plusieurs années plus tard et après que Wiedmann avait déjà montré, en 1802, par une description détaillée de la tête et du système dentaire, que le Daman ne pouvait appartenir à l'ordre des Rongeurs (3), que M. Cuvier donna les raisons

N'étant pas un Rongeur, Wiedmann, 1802.

(1) Ce squelette paraît n'avoir été retiré que depuis la rédaction et la publication des deux premiers volumes de l'anatomie comparée de M. Cuvier en l'an VIII (1800), puisque dans les tableaux du nombre des vertèbres et des côtes chez les espèces de Mammifères, le Daman ne s'y trouve pas; mais il est cité en 1803 par M. Fischer (*Museum der Naturgesch.*, t. II, p. 329) comme existant dans la Galerie d'Anatomie comparée.

(2) Voici ce passage : « Le Daman (*Hyrax*) qui doit être rapporté à l'ordre des Pachydermes et non à celui des Rongeurs, comme on l'a fait jusqu'ici, ressemble au Cochon par la disposition de la face; elle est seulement beaucoup plus courte à proportion. L'os maxillaire passe sous l'orbite de manière à en former le plancher inférieur comme dans le Tapir. » Il est même à remarquer que ce passage est le seul de tout l'ouvrage où il est question du Daman, si ce n'est dans le t. Ier, p. 245, où il est dit : « Le Daman et le Cabiai manquent de clavicules, » et là cet animal est mis parmi les Rongeurs.

(3) En 1803, époque de la publication de l'ouvrage de M. Fischer sur le Muséum, il y avait au Cabinet d'Anatomie un squelette de Daman, sous le nom d'*H. Syriacus*, et une tête osseuse du

par G. Cuvier, 1804. comme

de son assertion dans un mémoire *ad hoc* inséré dans le troisième volume des *Annales du Muséum*, publié en 1804, sous le titre de *Description Ostéologique et comparée du squelette du Daman*, avec deux planches gravées, l'une représentant le squelette entier d'un jeune animal, l'autre le crâne trouvé à Sidon; mais, ainsi qu'il vient d'être dit, M. Cuvier ne se borna pas à reconnaître, comme M. Wiedmann l'avait fait, que ce ne pouvait être un Rongeur; il fut, ce me semble, le premier qui exposa les raisons pour lesquelles c'était un Pachyderme devant être placé entre les Rhinocéros et le Tapir.

Quoi qu'il en soit, car ces sortes de questions d'antériorité sont toujours fort difficiles à juger d'une manière un peu certaine, lorsque les pièces du procès ont été insérées dans des recueils paraissant par livraisons mensuelles, qui, quelquefois retardées d'une année sur l'autre, n'en portent pas moins la date de la première, et surtout quand c'est dans des pays différents, M. G. Cuvier s'appuyant sur un squelette entier et sur un système dentaire adulte, démontra positivement, comme

intermédiaire au Rhinocéros et au Tapir.

M. Wiedmann l'avait fait (1), que ce n'était pas un Rongeur, et pensa avoir également démontré que c'était un Pachyderme qui devait être placé entre les Rhinocéros et le Tapir; et enfin, contre l'opinion de Buffon, que le Daman du Cap ne différait pas de celui de Syrie.

même, l'un et l'autre encore rangés parmi les Rongeurs (p. 329), et en effet cette espèce était encore à cette place dans les galeries de zoologie, p. 343.

De plus, Millin dans la troisième édition de ses *Éléments d'Histoire naturelle*, publiée en 1803, place encore le Daman parmi les Rongeurs, suivant cependant, dit-il, pour les Mammifères, le Tableau des Animaux de M. G. Cuvier.

(1) Je reconnais cette antériorité de Wiedmann sur M. G. Cuvier, d'après l'aveu même de celui-ci. En effet, dans la première édition de son *Mémoire*, en 1804, M. Cuvier, après avoir cité le tome II de ses *Leçons d'Anatomie comparée*, comme date de l'énoncé de l'assertion que le Daman est un vrai Pachyderme, *qu'on doit même*, malgré la petitesse de sa taille, *le considérer comme intermédiaire entre le Rhinocéros et le Tapir* (*), avoir ajouté dans le paragraphe suivant :

« M. Wiedmann, qui a donné depuis dans ses *Archives d'Anatomie* une bonne description

(*) Les mots soulignés ne sont pas dans le passage cité, et dans le tableau le Daman est entre l'Hippopotame et le Rhinocéros.

Cette manière de voir fut en effet acceptée par tous les zoologistes, à un très-petit nombre d'exceptions près, et ils ne varièrent guère que sur la place à lui assigner parmi les Pachydermes. Opinion adoptée généralement.

Quelques-uns même crurent devoir en former une petite famille distincte; Illiger, par exemple, qui en a fait, il est vrai, de presque tous les genres. Formant une Famille, par Illiger.

Un seul, peut-être, s'éloignant complétement de l'opinion de M. G. Cuvier, M. Oken, s'appuyant sur la singularité de forme de l'ongle du doigt interne du pied de derrière, sur un rudiment supposé de clavicules, sur le grand nombre des vertèbres lombaires, en fit un genre de Paresseux ou de Tardigrades; ce que nous avons vu avoir été l'opinion de Hermann, en 1783. Un Genre de Paresseux, par M. Oken, 1814.

Depuis l'époque où M. Oken publiait son *Manuel*, c'est-à-dire, depuis 1814, je ne trouve aucune autre opinion contradictoire à celle de M. G. Cuvier sur la place du Daman dans la série des Mammifères. Nous devons seulement quelques détails anatomiques, confirmatifs ou complémentaires de ceux que la science devait à Pallas et à M. Cuvier, à M. R. Owen qui les a insérés dans les *Proceed. of the Committee of sciences* (*Part.* II, p. 202, 1822); à M. Martin (*Proceed. of Zool. Soc.* (1835, p. 14); à M. W. H. Rudston qui nous a donné ainsi de nouvelles observations sur les mœurs et les habitudes de ces animaux (*Proceed. of Zoolog. Soc., Lond.*, 1835, p. 13). Nouvelles observations, par M. Owen, M. Martin, M. Rudston.

Enfin, les voyages assez nombreux qui ont été faits dans ces vingt Des Espèces,

« du crâne du Daman, reconnaît aussi qu'on ne peut le regarder comme un Rongeur. »
Et plus loin :
« La description détaillée, mais sans figure, de M. Wiedmann, ne fait que de paraître. »
Mais dans la seconde édition, en 1821, le mot *depuis* du premier passage est supprimé, on ne voit pas trop pourquoi, car 1802 est évidemment depuis 1800, et les mots *ne fait que de paraître* du second, sont remplacés par ceux ci : *n'a paru que peu de temps avant la première édition de celle-ci*; ce qui montre évidemment que M. G. Cuvier ou bien n'avait connu, ce qui est peu probable, le Mémoire de Wiedmann, que deux ans après sa publication, puisque la sienne est de 1784; ou bien qu'il avait pu être conduit à son assertion par les observations que Wiedmann lui aurait communiquées par lettre directe ou indirecte.

dernières années, en Syrie, en Arabie, en Abyssinie, aussi bien qu'au cap de Bonne-Espérance, en s'étendant vers le canal de Mozambique, ont conduit les zoologistes à proposer un certain nombre d'espèces, dont
par M. Smith, la plus intéressante, sans doute, est celle que M. le Dr A. Smith nous a fait connaître sous le nom d'*H. arboreus.* Nous devons ajouter que MM. Ehrenberg et Hemprich, en proposant aussi deux espèces qu'ils regardent comme nouvelles, sont parvenus à caractériser d'une manière
M. Ehrenberg. beaucoup plus convenable qu'on ne l'avait fait avant eux, celles qui étaient déjà connues, en insistant sur les particularités du crâne, la forme de l'os interpariétal et la longueur de la barre intermédiaire aux deux sortes de dents.

De ces différents travaux il résulte qu'aujourd'hui les zoologistes ont inscrit avec plus ou moins de raison, les espèces suivantes :

1° *Capensis.* 1° *H. Capensis* de Pallas, *Spicileg. zoolog.* II, p. 16. — Schreber, *Saugeth.*, IVe part., 920, n° 31.

2° *Syriacus.* 2° *H. Syriacus* de Schreber (*Ibid*, n° 1); Ehrenberg et Hemprich, *Symb. phys.*, dec. I, Mam., tab. 2.

3° *arboreus.* 3° *H. arboreus* de M. Smith, *Linn. Trans.* XV, p. 468, 1827, sans figure.

4° *ruficeps.* 4° *H. ruficeps* de MM. Ehrenberg et Hemprich (*Symb. Physic.*, Mamm., dec. I); l'Askoko de Bruce (*Voyage aux sources du Nil*, trad. fr. XIII, p. 237), reproduit par Buffon (*Hist. Nat.*, Supplém. VI, pl. XLII), d'après un dessin de Bruce.

5° *Habessonicus.* 5° *H. Habessinicus* de MM. Ehrenberg et Hemprich (*loc. cit.*, tab. 2, *fig. sup.*); à quoi il faut ajouter l'espèce fort douteuse, pour ne pas dire
6° *Hudsonius.* davantage, dont Illiger cependant n'a pas moins fait son genre *Lipurus*, que Pennant avait désignée sous le nom de *Marmotte* sans queue, *tailless Marmotta* (Quadrup., tom. II, p. 129), dont Schreber a fait son *Hyrax Hudsonius*, et qui n'est, en effet, qu'une espèce de Marmotte nommée par M. Richardson (*Amer. Bor. Mam.*, p. 168) *Arctomys Francklinii.*

Quoi qu'il en soit de la distinction spécifique de ces différents Damans et de quelque manière qu'on les considère sous le rapport de leur

Des Caractères du Genre, tirés du Système digital, 4—3. de la forme des Ongles.

position dans la série mammalogique, ils n'en constituent pas moins un des genres de mammifères les plus distincts, et qui ne peut être réellement confondu avec aucun autre, formant une sorte de transition entre l'ordre des Rongeurs et celui des Ongulogrades, quoique plus rapproché de ceux-ci. Le système digital est en effet composé de quatre doigts en avant et de trois en arrière, comme dans certaines espèces de Cavias; mais ils sont tout à fait plantigrades et ne sont distincts que vers l'extrémité (1), sauf l'interne postérieur qui diffère aussi des autres, en ce que son ongle, au lieu d'être large, plat et tronqué, en un mot subhumain, n'occupant que la face dorsale de la phalange (2), la dépasse en se contournant obliquement en forme de coquille, très-fortement denticulée à l'angle columellaire.

du Système dentaire, Incisives $\frac{1}{2}$. Molaires $\frac{8}{7}$.

Le système digital ressemble donc extrêmement peu à celui des Rhinocéros. Il n'en est pas de même du système dentaire également incomplet, aussi bien, il est vrai, que dans les Rongeurs, c'est-à-dire, formé d'incisives et de molaires seulement, en haut comme en bas, sans traces de canines; mais les incisives, formées d'une paire seulement en haut, sont au nombre de quatre en deux paires en bas, et les molaires compliquées et dissemblables aux deux mâchoires, sont au nombre de sept et même de huit en haut et de sept seulement en bas; celles-là fort compliquées

(1) Il est assez difficile de s'expliquer comment M. G. Cuvier a pu voir ces doigts réunis jusqu'à l'ongle, tandis que M. Fréd. Cuvier, son frère, les décrit comme entièrement libres; ce qui n'est exact ni de l'un ni de l'autre côté.

(2) Tandis que M. G. Cuvier (*Ossements Fossiles*, seconde édition, II, p. 130), dit que *ces ongles arrondis enveloppent le dessus comme le dessous des doigts, et forment par conséquent des espèces de sabots qui rappellent très-bien en petit ceux des Rhinocéros*, M. Fréd. Cuvier assure (Dictionn. des Sc. nat. XXII, p. 396) que bien loin d'envelopper tout le bout des doigts, ils peuvent à peine en couvrir l'extrémité supérieure, ce qui est parfaitement vrai. Aussi Pallas les regardait-il comme des rudiments d'ongles, *veluti vestigia unguis* (*Spicileg. zool.*, III, p. 25). M. G. Cuvier lui-même, p. 9 de la première édition de son mémoire, était plus près de la vérité quand il disait, après avoir trouvé à tort la description de Pallas obscure : « Ces ongles représentent très-bien en petit ceux de l'Éléphant, tant par leur figure que par la manière dont ils sont placés; » malheureusement par suite de son idée, il a remplacé dans la seconde le mot Éléphant par celui de Rhinocéros (p. 133); et alors ces vestiges d'ongles sont devenus de petits sabots.

et celles-ci à deux croissants bout à bout, nombre et structure qui rappellent assez bien ce qui existe chez les Rhinocéros et nullement aucune espèce de Rongeur.

de la Peau et des Poils.

Mais ce qui éloigne, au contraire, les Damans de ceux-là pour les rapprocher de ceux-ci, c'est que la peau n'est nullement épaisse et raripileuse comme dans les Rhinocéros et chez les Pachydermes en général, et qu'au contraire elle est couverte d'un pelage fort touffu, composé de deux sortes de poils, les uns très-fins, serrés et plus courts, les autres longs, assez durs et rares, avec de véritables moustaches. Le corps est en outre court et ramassé, presque entièrement dépourvu de queue; la tête pourvue d'une lèvre fendue, d'yeux médiocres, d'oreilles assez courtes et rondes; les membres postérieurs sensiblement plus longs que les antérieurs; ce qui leur donne une certaine ressemblance avec les Cavias, ainsi que Pallas l'avait reconnu.

de la Queue.

des parties du Squelette.

Mais ce qui les en éloigne de nouveau pour les rapprocher un peu des Rhinocéros, ainsi que M. G. Cuvier l'a très-bien senti, c'est la disposition de plusieurs parties du squelette dans la tête et le tronc, par exemple, le grand nombre des vertèbres troncales et par conséquent des côtes, l'articulation de l'apophyse transverse de la dernière lombaire avec le sacrum, la séparation du péroné, etc.

du Système viscéral.

Il n'en est pas de même du système viscéral qui offre quelque chose de tout particulier dans la forme de la langue sub-humaine, le grand diamètre d'un premier cœcum en forme d'estomac au milieu de l'intestin grêle, dans l'existence d'une paire d'appendices cœcaux, au point de jonction de l'intestin grêle avec le gros; l'absence de vésicule de fiel, la petitesse des poumons, le grand nombre des lobes qui les composent; l'insertion des uretères; la structure double de l'épididyme, particularités si exceptionnelles que Pallas, en terminant la description de son *Cavia capensis,* dit que la nature, dans l'organisation extérieure et intérieure de cet animal, semble avoir partout affecté l'extraordinaire.

des Mœurs et Habitudes.

Malgré cela, les mœurs et les habitudes des Damans rappellent assez bien celles des Rongeurs et surtout des Lapins dont ils ont la chair blanche et tendre. Ils vivent en effet dans les anfractuosités des rochers, dans des espèces de terriers naturels, quelquefois même dans des arbres creux, et par conséquent toujours dans des lieux secs, en familles ou en troupes, posant des sentinelles qui annoncent le danger par un cri aigu, comme les Lagomys. Mais ce que ces animaux offrent de plus singulier, et qui semble complétement en opposition avec la structure de leurs pieds, c'est qu'ils cherchent toujours à grimper, même dans les arbres, au point que l'une des espèces, comme on l'a vu plus haut, en a reçu le nom d'*Hyrax arboreus*. Un individu donné vivant au Muséum il y a quelques années par M. P. E. Botta, est même mort victime de cette habitude; en effet, il s'est tué en tombant du haut de sa cage où il avait monté.

En acceptant que le Daman de Syrie est de la même espèce que celui d'Abyssinie, et même que celui qui se trouve le plus communément au Cap, comme le pensait M. G. Cuvier, on ne connaîtrait réellement dans ce genre que deux espèces, celle-ci et l'*H. arborea* qui vit à l'est du Cap. Dès lors il semblerait que ce genre est limité aux pays montagneux de l'Asie occidentale, la Syrie et l'Arabie, ainsi que de l'Afrique austro-orientale.

de la distribution géographique en Espèces.

en Asie.

en Afrique.

On n'en connaît pas encore ailleurs, même dans la Perse et dans l'Asie mineure. On peut cependant soupçonner qu'il peut aussi exister un Daman en Chine. En effet, au haut de la planche du septième et dernier volume des *Suppléments* de Buffon, où se trouve représentée la tête du prétendu Lori du Bengale, on a figuré une dent incisive qui semble bien être de Daman, et que le texte dit avoir été envoyée à Buffon, en 1771, par M. P. H. Tesdorpf de Lubeck; qui assurait l'avoir reçue de la Chine, et qui consultait Buffon pour savoir à quel animal cette dent pouvait avoir appartenu.

en Chine?

CHAPITRE PREMIER.

OSTÉOGRAPHIE.

Commencée par Daubenton, en 1767.

Daubenton est, comme nous avons déjà eu l'occasion de le dire plus haut, le premier, qui, sans le savoir cependant, a décrit d'une manière fort convenable une tête osseuse bien complète du Daman de Syrie, sous le titre de Tête d'un animal inconnu, dans l'*Histoire Naturelle de Buffon*, vol. XV, p. 207, sous le n° MDII du cabinet du Roi; mais cette tête n'a été gravée que dans le volume VII des Suppléments du même ouvrage (p. 125, pl. XXXVIII, en 1789), après la mort de Buffon, comme devant avoir appartenu au Lori du Bengale, sous le nom duquel elle est fort bien représentée. C'était évidemment une grave erreur à laquelle Buffon avait été sans doute conduit parce qu'il n'avait considéré que le nombre des dents incisives, tandis qu'en s'attachant à leur structure, il aurait pu être mis sur la voie par ce que Tesdorpf lui avait écrit, en lui envoyant une de ces dents provenant, disait-il, de la Chine, qu'il y avait entre cette dent et les canines de l'Hippopotame, une certaine ressemblance, malgré l'énorme différence de taille.

Continuée par Pallas, en 1766.

Pallas, comme il a été également dit plus haut, a décrit une assez bonne partie du squelette du Daman du Cap, mais sans la tête ni les pieds. C'est, au contraire, la tête osseuse seule, et probablement d'un jeune animal, puisqu'il n'y avait que quatre molaires, que Wiedmann a décrite dans le tome III, p. 42 de ses *Archives de Zootomie*, pour 1802, ainsi que nous l'avons déjà fait remarquer plus haut; mais à sa description détaillée et comparative avec celle des différents genres de Rongeurs, il n'a pas joint de figures; et c'est donc M. G. Cuvier qui a pu donner à la fois la description du squelette entier quoique jeune du Daman du Cap, ainsi que la figure de ce squelette et celle de la tête adulte figurée par Buffon, d'abord dans la première édition de son mémoire insérée dans les *Annales du Muséum*, tome III, p. 171, pl. XIX, reproduit

Wiedmann, 1802.

Terminée par G. Cuvier, 1804.

dans le tome II de ses mémoires réunis en 1812, et assez peu modifiée dans la seconde édition faisant partie du tome II de ses *Recherches sur les ossements fossiles de Quadrupèdes*, publié en 1821.

Dans le même temps que M. G. Cuvier publiait la première édition de son mémoire, M. Fischer avait aussi reproduit la figure de la tête décrite par Daubenton et figurée par Buffon, mais sous son véritable nom (*Anatom. des Makis*, pl. XVIII, f. 3), et plus tard, Spix (*Céphalogénésie*, pl. VII, fig. 8) a donné la figure d'une jeune tête de Daman du Cap.

M. G. Cuvier n'avait d'abord eu à sa disposition que la tête de Sidon de l'ancienne collection, et le squelette d'un jeune animal du Cap conservé dans l'esprit-de-vin et provenant de la collection du stathouder, déjà signalé en passant par Pallas, en 1766; mais dans la seconde édition de son mémoire, en 1821, M. G. Cuvier avait de plus deux crânes jeunes et deux squelettes adultes; toujours du Daman du Cap, jamais il n'a eu rien de plus qu'en 1804 du Daman de Syrie. Pièces à sa disposition.

Nous avons été plus heureux, puisque outre les pièces laissées par Daubenton et M. G. Cuvier, nous avons pu avoir à la fois devant nous le squelette du Daman de Syrie, tiré sous nos yeux d'un animal du sexe mâle, qui avait été envoyé à la ménagerie du Muséum par M. P. E. Botta, en 1840; et de plus un crâne de Syrie, donné par M. Ehrenberg, un d'Abyssinie, envoyé par MM. Dillon et Petit; deux autres venant du Cap; et, ce qui est plus intéressant, celui du Daman des arbres que nous devons à la complaisance de M. Jourdan, professeur à la Faculté des sciences de Lyon. Malheureusement nous ne connaissons rien du reste de ce squelette. à la nôtre.

En somme, nous avons à la fois sous les yeux quatre squelettes dont un nouveau. Je ne conçois donc pas trop comment M. G. Cuvier a pu avoir à sa disposition, comme il le dit p. 129 de la seconde édition de son mémoire, cinq squelettes et dix têtes de tous les âges et de tous les degrés de développement. Je suppose qu'au lieu de cinq sque- en Squelettes.

lettes il devait n'en compter que trois, et qu'il y a eu erreur d'impression.

en Têtes osseuses. de Syrie. Quant aux têtes, nous sommes encore bien plus riches, surtout pour l'espèce de Syrie. En effet, outre celle déjà figurée par Buffon, nous en avons trois ou quatre autres rapportées par M. Botta; M. Ehrenberg en a donné une cinquième venant de Syrie, et une sixième a été envoyée d'Abyssinie au Muséum (d'Abyssinie.) par les deux jeunes et très-regrettables voyageurs qu'il a eu le malheur d'y perdre dans ces dernières années, MM. les docteurs Dillon et Petit.

du Cap. Nous sommes moins bien pourvus pour les espèces du Cap; en effet, de l'espèce commune adulte nous n'avons encore que les têtes qu'a possédées M. Cuvier, et de l'*H. arborea*, nous n'avons encore pu nous procurer que le crâne communiqué par M. Jourdan.

Toutefois nous croyons avoir réuni assez de matériaux pour nous permettre une comparaison suffisante à résoudre la question de la distinction des espèces.

Du Squelette en général. Le squelette du Daman de Syrie que nous prenons pour type, comme plus anciennement connu, et surtout parce qu'il a été fait avec soin sous nos yeux, provenant d'un animal qui a vécu au Muséum, rappelle assez bien dans sa forme générale celui du Lapin et sans doute mieux encore celui du Lagomys, par la disposition assez ramassée et la courbure, assez fortement prononcée en sens inverse, des régions cervicale et lombaire de la colonne vertébrale, aussi bien que par la disposition des membres; et quoique la série dorsale des vertèbres soit évidemment bien plus nombreuse que dans les Léporins, ce qui ressemble un peu aux Ongulogrades, la longueur de la région lombaire et le nombre de ses vertèbres est bien mieux comme dans les Lapins, ce qu'on peut également dire de la brièveté de la queue.

Nombre des vertèbres. Le nombre total des vertèbres est de cinquante-trois; quatre céphaliques, sept cervicales, vingt ou même vingt et une dorsales, huit lombaires, six sacrées et cinq coccygiennes, combinaison particulière et qui ne se retrouve guère dans un autre genre actuellement vivant.

On trouve sur le nombre des vertèbres du Daman, quelques différences dans les auteurs; mais elles portent principalement sur celui des vertèbres sacrées et coccygiennes. Ainsi sans compter les quatre céphaliques : des Vertèbres, nombre total, 53.

Pallas, dans la première édition de son mémoire, dit 21 dorsales, 6 lombaires et 13 tant sacrées que coccygiennes, et dans la seconde, 22 dorsales, 6 lombaires et 12 sacro-coccygiennes; ce qui, avec les 7 cervicales et les 4 céphaliques, fait un total de 51. d'après Pallas.

M. G. Cuvier : 21 dorsales, 8 lombaires, 7 sacrées et 5 coccygiennes, qui, jointes aux 11 céphalo-cervicales, font 52. M. Cuvier.

M. Ehrenberg donne 7 + 20 ou 21 + 8 + 10, ce qui, avec les 4 céphaliques, fait 51. M. Ehrenberg.

Suivant M. Martin, c'est 4 + 7 + 20 + 9 + 2 + 10 ou 52; mais différemment réparties, sans doute parce qu'il n'a compté comme sacrées que celles qui étaient articulées avec l'os des îles. M. Martin.

Sur un squelette fait sous mes yeux du Daman du Cap, je n'ai trouvé que douze vertèbres terminales dont cinq soudées entre elles par leurs apophyses transverses et sept non soudées ou coccygiennes.

La tête que constituent les quatre vertèbres céphaliques a véritablement quelque chose de celle des Rhinocéros (1), en arrière surtout, plus que de celles des Cavias et des Lapins, par sa forme assez raccourcie, pyramidale, élargie verticalement en arrière, atténuée assez rapidement et comme tronquée en avant; mais elle en diffère au premier aspect par la brièveté de la face, la position avancée de l'orbite, et surtout par la forme des os du nez. des V. céphaliques en général.

Prenant chaque vertèbre à part, on trouve que l'occipitale, dont le corps en triangle tronqué au sommet, un peu caréné en dessous est assez long, est au contraire fort courte et presque réduite à former la face postérieure verticale de la tête dans son arc, augmenté, en avant de son occipitale, son corps, son arc,

(1) Pallas, *Misc. zool.*, p. 34, dit qu'il n'a pas pu trouver à la comparer mieux qu'avec celle du Portemusc, du moins pour les parties antérieures, et Daubenton s'est borné à en noter quelques-unes de ses particularités les plus remarquables.

Interpariétal. occipital supérieur, d'un interpariétal distinct, paraissant diminuer avec
Os mastoïdien. l'âge par l'accroissement des os environnants, et de chaque côté d'un os mastoïdien considérable, accompagnant la base d'une apophyse mastoïdienne occipito-latérale assez saillante.

sphéno-pariétale, son corps, ses ailes, son arc. Le corps de la vertèbre sphénoïdo-pariétale est au moins aussi long que celui de l'occipitale, dont il continue la forme atténuée. Il est accompagné d'ailes assez larges dans leur apophyse ptérygoïde, mais courtes et dépassées par un fort crochet du palatin antérieur, aussi bien que dans leur partie antérieure squammeuse orbito-temporale; et dès lors en connexion peu étroite avec des pariétaux considérables plus longs que larges et longtemps séparés dans la ligne médiane entre eux, ainsi que du frontal, le long du bord postérieur duquel ils se prolongent assez pour former seuls l'apophyse supérieure de l'orbite.

sphéno-frontale, son corps, ses ailes. Frontal. La vertèbre sphéno-frontale est en général plus petite que la précédente. Son corps caché par le vomer est court, ses ailes fort petites, et son arc peu étendu est formé par des frontaux assez longtemps distincts dans la ligne médiane, triangulaires, atténués en avant, sans bosses frontales un peu prononcées, mais avec un rebord orbitaire tranchant fort peu arqué, s'élargissant un peu en arrière, mais, comme il vient d'être dit, dépassé par une apophyse du pariétal.

Vomer. Os du Nez. Le corps de la vertèbre faciale ou le vomer est assez long, mais très-surbaissé, et comme à l'ordinaire de forme triangulaire. Les os du nez sont cependant courts; chacun d'eux en gouttière renversée, bien plus larges en arrière qu'en avant où ils se terminent brusquement et presque carrément, sans avance aucune au-dessus de l'ouverture des narines; ce qui est fort différent des Rhinocéros.

Appendices céphaliques. Il y a plus de ressemblance dans la disposition des appendices ou des mâchoires, comme le voulait la grande ressemblance du système dentaire.

Temporal. Le temporal en masse est assez considérable et fortement enclavé entre les deux dernières vertèbres céphaliques.

Rocher. Le rocher est proportionnellement assez considérable, ovale, traversé par un angle solide dont la face postérieure est notablement plus large que l'antérieure.

Les osselets de l'ouïe n'offrent rien de bien particulier. L'étrier est en forme d'une petite borne creuse, la plaque étant en grande partie membraneuse; l'enclume est petite avec ses deux bras subégaux très-divergents; enfin, le marteau, dont la tête est assez déprimée, est pourvu d'un manche assez long, coudé à l'endroit d'où part une apophyse de Raw fort courte. Os de l'Oreille.

La caisse médiocrement bulleuse se continue en un canal auditif externe assez long, horizontal, à ouverture ovale assez grande. Caisse.

Enfin, le squammeux lui-même, assez large et ovale, obliquement dirigé en arrière, est remarquable par la petitesse ou la presque nullité de son apophyse jugale, réduite à la terminaison de sa racine provenant du milieu de la partie écailleuse. Elle offre cependant une assez large surface articulaire, sub-convexe (1) en avant, excavée en gouttière en arrière, où elle est limitée par une sorte d'apophyse qui double la base de l'apophyse mastoïde de l'occipital. Squammeux.

La mâchoire supérieure est en général assez allongée dans sa partie horizontale et extrêmement peu élevée ou haute dans sa partie verticale. Mâchoire supérieure.

Le palatin postérieur est plus distinct peut-être que dans aucun autre mammifère, il est formé par une lame mince, élargie à ses deux extrémités, surtout à la supérieure, collée contre la face interne de l'apophyse ptérygoïde externe qu'elle déborde un peu en arrière, en formant un petit crochet. Palatin postérieur,

Le palatin antérieur est également assez considérable, étendu autant en arrière dans sa lame verticale, terminée par une apophyse ptérygoïde externe en crochet, qu'en avant dans sa lame horizontale qui s'avance presque carrément jusqu'au tiers postérieur du palais. antérieur.

(1) C'est à cette forme en grande partie convexe de la cavité glénoïde qu'est dû le mouvement de la mandibule à la manière des Ruminants, observé par l'éditeur hollandais de l'*Histoire naturelle* de Buffon.

Lacrymal. Le lacrymal est au contraire fort petit dans sa base, presque entièrement marginal, mais prolongé en dehors de l'orbite en une apophyse épineuse assez prononcée et rétroverse.

Zygomatique. Le zygomatique par contre est remarquable par son développement d'abord en largeur, mais aussi en longueur, au point que c'est lui qui forme non-seulement tout le rebord orbitaire assez échancré, mais aussi tout le bord jugal jusqu'au delà de la cavité glénoïde, dont il constitue le quart externe (1); ces deux parties du jugal étant séparées par une apophyse orbitaire inférieure assez prononcée.

Maxillaire. Le maxillaire est lui-même assez long dans sa lame palatine, assez excavée; mais fort peu élevé dans sa branche faciale, intercalée cependant assez largement entre le nasal et le lacrymal, ne dépassant pas la moitié de la longueur de celui-là (2).

Incisif. Le prémaxillaire est au moins médiocre, de forme losangique à la face, assez éloigné de toucher au frontal, étroit dans sa partie palatine où il se prolonge en pointe étroite entre les trous incisifs.

Mandibule en général. La mandibule est encore plus développée que la mâchoire, aussi bien en longueur qu'en largeur et en hauteur. On peut même dire qu'elle est caractéristique de ce genre d'animaux par sa forme de battant de soufflet, sa branche montante. son angle. sa grande largeur et le grand écartement de ses deux côtés en arrière, leur rétrécissement et leur convergence en avant. La branche montante est surtout remarquable par la forme de l'apophyse angulaire, fort mince, arrondie, dilatée depuis le col du condyle jusqu'à l'aplomb du bord Coronoïde. antérieur de l'apophyse coronoïde. Celle-ci est au contraire fort petite, Condyle. assez élevée cependant au-dessus du niveau du condyle qui est lui-même

(1) M. G. Cuvier (p. 132) dit que dans le Daman, comme dans le Rhinocéros, le jugal commence dès la base de l'arcade et règne jusqu'à l'extrémité; ce qui est vrai pour le Daman et nullement pour le Rhinocéros.

(2) Je ne conçois pas trop comment M. G. Cuvier a pu dire, dans les deux éditions de son Mémoire (p. 131 de la seconde), que les os maxillaires s'écartent sur-le-champ de ceux des Rongeurs par leur peu d'étendue, et par la petitesse du trou sous-orbitaire, généralement grand dans ceux-ci. Ces os sont, au contraire, bien plus grands que dans les Rongeurs, comme le demandaient les alvéoles des sept molaires qui y sont implantées.

transverse, un peu oblique et plus mince dans sa partie interne. La branche horizontale également assez mince, se rétrécit obliquement surtout par l'élévation du bord inférieur, sans apophyse géni, vers le supérieur légèrement concave; et elle finit par une sorte de troncature margino-alvéolaire, un peu comme dans les Makis. horizontale.

Si maintenant que nous avons fait connaître les os de la tête en particulier, nous venons à considérer les cavités, les fosses, les trous qu'ils forment pour loger le cerveau, les organes des sens, pour l'insertion des muscles, le passage des nerfs et des vaisseaux, nous trouverons à signaler les particularités suivantes : Cavités :

La cavité cérébrale est assez grande, ovale et déprimée; les fosses basilaire et turcique peu profondes, mais larges, surtout celle-là; celle-ci sans apophyses clinoïdes. La fosse criblée ou olfactive est au contraire très-resserrée. Quant aux fosses latérales et supérieure, elles sont très-peu prononcées. cérébrale.

La loge auditive fort reculée en arrière de la tête semble devoir être assez considérable, surtout dans sa partie essentielle contenue dans le rocher. Le promontoire est en effet très-saillant dans la caisse, quoique celle-ci soit au plus médiocre. auditive.

L'orbite assez petit, obliquement latéral, est assez fermé en arrière de son cadre par la saillie des deux apophyses orbitaires; il est surtout séparé de celui du côté opposé par un espace considérable, et en outre assez avancé dans la tête. orbitaire.

La loge olfactive ou nasale est nécessairement assez petite et surtout en largeur; aussi les cornets supérieurs ne se terminent-ils que par un seul crochet, et l'inférieur n'est-il formé que par une seule lame recourbée. olfactive, ses Cornets.

La loge gustative ou inter-appendiculaire est, au contraire, fort élevée, surtout en arrière, par la grande largeur des branches de la mandibule. Le palais est également assez excavé dans toute son étendue, un peu plus large en arrière qu'en avant; ce qui est encore plus marqué pour l'espace intermandibulaire, terminé en avant par une gouttière symphysaire assez prononcée. gustative ou buccale.

Des Fosses : Les fosses d'insertion musculaires sont en général peu marquées.

occipitales. Les occipitales sont même presque nulles.

temporales. Les temporales sont au contraire assez profondes, obliques, augmentées surtout par l'écartement des arcades zygomatiques; et ne se réunissant qu'assez tard en une crête sagittale unique.

ptérygoïdiennes. Les fosses ptérygoïdiennes sont proportionnellement encore plus larges.

Canines. Les canines sont également assez marquées au-dessous d'une saillie assez considérable, produite par celle de la racine des canines.

Massetériennes. Quant aux massetériennes de l'angle de la mandibule, elles sont à peine sensibles.

Des Trous : glosso-pharyngien. rond. ovale. optique. Les trous nerveux sont généralement très-petits. Celui du glosso-pharyngien qui est rond est cependant proportionnellement assez grand; mais le trou ovale et le trou rond canaliculé sont peu considérables. Il en est de même du trou optique et du trou sphénoïdal, l'un et l'autre également rond. Le premier est cependant sensiblement plus grand que le second.

Sous-orbitaire. Le canal sous-orbitaire est à peine plus grand que le trou optique; il se prolonge en arrière par une gouttière serrée dans laquelle s'ouvre le trou sphéno-palatin, et il se termine en avant par trois orifices fort petits, l'inférieur médian sub-ovale étant le principal.

Lacrymal. Le canal lacrymal est rond, assez grand et formé à moitié par l'os de ce nom et par le maxillaire.

Palatin, postérieur, antérieur. Il n'y a qu'un trou palatin postérieur, latéral et assez avancé, et le palatin antérieur ou incisif, semi-lunaire, assez grand et surtout fort distant de son congénère, est aux deux tiers formé par le prémaxillaire.

Dentaire, postérieur, antérieur. A la mandibule le canal dentaire commence par deux trous sub-égaux, l'un qui traverse la base élargie du bord antérieur de la branche montante, l'autre qui suit, comme à l'ordinaire, le bord alvéolaire et qui se termine par des trous mentonniers nombreux et fort petits.

Quant aux principaux trous vasculaires, les trous déchirés sont bien marqués, surtout l'antérieur, qui comprend le carotidien. *déchirés. carotidien.*

Enfin, les orifices qui terminent la tête du Daman sont généralement assez petits. *Des Orifices :*

L'antérieur ou nasal est en outre fort resserré, quadrilatère, plus haut que large, entièrement circonscrit par les nasaux et les prémaxillaires. *antérieur ou nasal.*

Le moyen ou palatin est encore plus petit, assez arrondi, avec une pointe médiane peu saillante. *moyen ou palatin.*

Le postérieur ou occipital, complétement terminal, est de forme triangulaire entre des condyles assez proéminents en arrière. *postérieur ou occipital.*

Les sept vertèbres cervicales qui suivent constituent un col assez court, assez recourbé en dessus et qui ne manque pas d'une certaine ressemblance avec celui du Rhinocéros, évidemment plus qu'avec le Cabiai ou le Lièvre. *Des Vertèbres cervicales, 7.*

L'atlas plus élargi dans ses apophyses transverses, courtes et arrondies, est remarquable en ce que l'apophyse épineuse de l'arc supérieur est plus saillante que celle de l'inférieur. Elle offre, en outre, la particularité d'être antéroverse. Quant au trou de l'artère vertébrale, il est simple et médian en dessous et double en dessous. *Atlas.*

L'axis, très-aplati dans son corps et dans son apophyse odontoïde, et comme caréné et ailé en arrière, offre dans son arc de très-petites apophyses transverses et une épineuse en fer de hache, tranchante en avant et assez épaisse à son bord postérieur. *Axis.*

Les trois cervicales intermédiaires sub-égales, sont pourvues d'apophyse épineuse très-courte et de transverses larges et bicornes. *intermédiaires.*

La suivante ou sixième ressemble encore beaucoup aux précédentes; mais l'apophyse épineuse est plus haute, et ses apophyses transverses subverticales dans leur plan sont un peu plus larges, leur lobe inférieur assez peu développé. *sixième.*

Enfin, la septième a son apophyse épineuse bien plus haute, sem- *septième.*

blable à celle de la première dorsale et les transverses étroites, mais assez longues.

V. dorsales, 20. Les vertèbres dorsales au nombre de vingt n'offrent rien de bien remarquable. Pallas les compare à celles des Lepus avec assez de raison, surtout pour la gracilité de l'apophyse épineuse des premières, très-différentes en cela de ce qui existe chez les Rhinocéros, où les apophyses épineuses sont assez larges pour se toucher. Du reste, le corps des vertèbres dorsales du Daman est court et non caréné. Les deux premières ont encore leur apophyse épineuse grêle et assez courte; elle est au contraire longue et grêle aux sept qui suivent, encore assez longue, mais plus large aux trois suivantes, et enfin les huit dernières prennent un peu le caractère des lombaires par la forme courte et large de leur épine.

leur Apophyse épineuse.

V. lombaires, 7. Les lombaires, assez semblables pour la forme à celles des Cavias, sont plus nombreuses que dans aucun Mammifère ongulograde, augmentant de la première à la septième. Leurs apophyses épineuses et transverses sont en général assez larges et assez courtes; les postérieures de celles-là terminées en crochet et celles-ci croissant de longueur et de largeur à leur extrémité, de la première à la dernière, qui, comme dans tous les ongulogrades à système de doigts impairs, s'articule avec celle de la première sacrée, en sorte qu'elle a pu être considérée comme telle.

leurs Apophyses transverses.

V. sacrées, 5 ou 2, Les véritables vertèbres sacrées, en considérant comme telles toutes celles qui sont en connexion d'immobilité par leur corps et par leurs apophyses transverses, sont au nombre de cinq, et il n'y en a que deux avec lesquelles s'articulent les os des iles. Toutes sont larges, déprimées, décroissent peu rapidement dans leur corps comme dans leurs apophyses, d'où il résulte un sacrum triangulaire peu ou point excavé, se continuant presque sans interruption avec les vertèbres coccygiennes.

d'où Sacrum.

V. coccygiennes, 7. Celles-ci ne sont qu'au nombre de sept, toutes plates ou déprimées dans leur corps et décroissant assez rapidement; les quatre premières seules ayant des apophyses épineuse et transverses, assez marquées; les autres devenant fort minces.

La série des pièces médio-infères commence par un hyoïde dont le corps est très-plat, en forme d'écaille, bien symétrique, un peu étranglé dans son milieu. En avant il porte une large grande corne, cartilagineuse, fortement bifurquée en deux apophyses, l'une externe et postérieure, la plus courte, à laquelle s'attachent les fibres du constricteur moyen, l'autre plus longue, se portant en dedans vers celle de l'autre côté et donnant attache au muscle génio-hyoïdien. La petite corne est également cartilagineuse, presque membraneuse, donnant comme à l'ordinaire insertion par son extrémité au ligament d'attache au thyroïde.

Hyoïde. son Corps. ses Cornes, antérieures.

postérieures.

Le sternum qui suit à une assez faible distance, à cause de la brièveté du cou et de la longueur du manubrium, est lui-même assez étendu, et en général s'élargissant un peu d'avant en arrière, rappelant assez bien celui du Cabiai. Il est composé de sept sternèbres, dont cinq intermédiaires; une première courte, prolongée en avant par un manubrium cartilagineux, assez long et aigu; une seconde, la plus longue, remplissant l'intervalle entre les deux premières paires de côtes; les trois suivantes de longueur sub-égale, mais s'aplatissant et s'élargissant un peu et graduellement d'avant en arrière, et enfin une dernière ou xiphoïde, la plus longue de toutes, large, plate et terminée par un appendice arrondi encore plus large et plus aplati.

Sternum.

7.

la première ou Manubrium.

la dernière ou Xiphoïde.

Dans le Daman de Syrie qui me sert de type, le nombre des côtes était de vingt, dont sept sternales et treize asternales; les premières de celles-ci formant les hypochondres. Elles sont, en général, assez longues, mais plutôt grêles, c'est-à-dire, étroites que larges, rappelant un peu celles des Carnassiers et nullement celles du Rhinocéros, médiocrement courbées ou arquées, fort aplaties à leur extrémité supérieure, mais peu ou point dilatées à l'inférieure; et décroissant régulièrement de la première, notablement plus forte, sans l'être beaucoup cependant, jusqu'à la dernière qui est excessivement grêle (1).

Côtes, 20, dont 7+13.

(1) Dans la première édition de son Mémoire, M. G. Cuvier avait dit à tort que les cinq der-

Thorax.

Des vingt vertèbres, des sept sternèbres et des vingt paires de côtes, il résulte un thorax assez spacieux, notablement plus allongé que dans les Rongeurs, assez bien comme dans la plupart des Ongulogrades, quoique plus éloigné du bassin.

Des Membres en général

Les membres qui se joignent à ce tronc, en général assez allongé, sont nécessairement fort éloignés entre eux; les antérieurs très-avancés vers la tête, les postérieurs assez reculés par suite de la longueur des lombes.

antérieurs ou thoraciques. Omoplate.

Les membres thoraciques commencent par une omoplate, que M. G. Cuvier compare avec raison à celle du Cheval; elle est assez étroite, légèrement convexe à son bord antérieur, et un peu en éventail, par suite de l'élargissement oblique de sa partie supérieure cartilagineuse, et le grand rétrécissement de son col. Elle est du reste fort plate dans sa partie osseuse. La face externe est partagée en deux fosses très-inégales, l'antérieure moitié plus étroite que la postérieure, par une crête surbaissée, un peu élevée dans son milieu et s'effaçant à ses extrémités, de manière qu'il n'y a pas traces d'acromion. Il n'en est pas de même de l'apophyse coracoïde qui s'élève en se recourbant un peu au-dessus d'une cavité glénoïde en forme de larme batavique.

Acromion.

Coracoïde.

Il n'y a certainement aucune trace de clavicules, comme Pallas l'a dit avec raison (1).

Humérus.

L'Humérus, de longueur et de grosseur médiocre (2), est fort comprimé dans la moitié supérieure de son corps, et par suite bien plus large en haut qu'en bas, sa tête assez recourbée, portant en dedans la petite tubérosité, séparée par une gouttière assez large de la grosse; celle-ci élargie

Supérieurement.

nières des fausses côtes ne s'appuyaient pas sur les apophyses transverses des vertèbres, comme dans le Rhinocéros; ce qu'il a supprimé, comme inexact, dans la seconde édition.

(1) M. G. Cuvier, dans la première édition de son Mémoire, dit qu'une petite apophyse en avant de la tête de l'omoplate paraissait tenir lieu de clavicules; et dans la seconde édition, p. 138, que dans la jeunesse il se détache du tubercule coracoïdien un tubercule, le seul vestige de clavicules; apophyse ou tubercule que je n'ai pu apercevoir; mais en tout cas ce ne pourrait être un vestige de clavicule, os qui n'a jamais aucun rapport avec l'apophyse coracoïde.

(2) M. de Hauch (p. 171) me semble à tort l'avoir considéré comme long.

et subbifide, s'élevant notablement au-dessus. L'empreinte et la crête deltoïdienne sont presque nulles ou fort peu marquées; il en est de même des crêtes interne et externe de l'extrémité inférieure, ce qui ne contribue pas peu à la rendre bien plus étroite que la supérieure. Elle est du reste presque entièrement occupée par une seule gorge de poulie, presque symétrique, au-dessus de laquelle est un grand trou de non ossification comme dans les Lepus. Inférieurement.

L'avant-bras, notablement plus court que le bras dans sa partie principale, est cependant formé de ses deux os complets; mais placés l'un devant l'autre et soudés dans presque toute leur longueur. Avant-Bras.

Le radius d'un quart plus court que le cubitus, assez courbe et aplati dans son corps, est terminé supérieurement par une tête transverse dont la surface articulaire est partagée en deux parties assez inégales par une carène adoucie, et inférieurement par un élargissement en tête de clou, formant la moitié antéro-interne de l'articulation carpienne. Radius.

Le cubitus plus long et plus fort, également un peu courbe et aplati en sens inverse du radius, présente en haut une échancrure articulaire profonde, sub-symétrique, un peu plus dilatée cependant en dedans qu'en dehors, se continuant en arrière en une apophyse olécrâne longue, droite, un peu épaissie à l'extrémité. Inférieurement, cet os se termine par une surface articulaire sub-triangulaire, formant la moitié externe de la surface articulaire du carpe. Cubitus.

La main du Daman, considérée en totalité, est remarquable par sa brièveté, sa longueur totale étant d'un quart moindre que celle du radius. Main.

Le carpe est formé, comme de coutume, de ses deux rangées de quatre os chacune; mais le premier de la seconde étant intermédiaire au scaphoïde et au trapézoïde, on a pu le regarder, à cause de sa position, comme appartenant à la première, qui alors a été considérée comme formée de cinq os, et il n'en est plus resté que trois à la seconde. Carpe en général.

1re rangée. 4 os.

Des quatre os de celle-là, le premier est en effet le plus petit, contre l'ordinaire, le second ou semi-lunaire un peu plus gros, et le triquêtre, cunéiforme ou pyramidal le plus gros. Le pisiforme est aussi assez considérable, mais court et presque cubique.

2e rangée. 4 os.

A la seconde rangée, c'est aussi le premier ou trapèze qui est le plus petit, et le quatrième le plus gros, donnant articulation aux deux doigts externes; mais une particularité propre au Daman, c'est que le trapèze, vu la petitesse et la position du pouce entièrement caché en arrière sous la peau, s'est, pour ainsi dire, introduit entre le scaphoïde et le trapézoïde en forme d'un petit coin. Et la preuve que c'est bien le trapèze, c'est que c'est avec lui que s'articule le métacarpien du pouce.

Trapèze.

Trapézoïde. Grand Os.

Le trapézoïde est du reste triangulaire. Le grand os notablement plus gros et parallélogrammique, l'unciforme polygonal; ses trois facettes antérieures donnant articulation à la moitié du métacarpien médian et aux deux externes (1).

(1) Les ostéologistes qui ont donné la description du carpe du Daman me semblent l'avoir fort mal lu ou interprété, et même Meckel; en effet, p. 70 de son grand ouvrage d'anatomie comparée, il dit : « Il n'y a que trois os dans la première rangée du carpe du Daman, comme dans » le Rhinocéros. Le scaphoïde est étroit, le semi-lunaire plus large, et le pisiforme qui est al- » longé est en rapport avec le cubitus; » ainsi, d'après cela, le pyramidal manquerait et nous avons vu que c'est le plus gros.

Il paraît qu'il n'en admet également que trois à la seconde rangée, car il continue : « Les trois » os de la seconde rangée augmentent de volume de dedans en dehors. Le troisième est l'unci- » forme qui est en rapport avec le deuxième et le troisième doigt; et pourvu d'un crochet consi- » dérable. Chez le Daman la partie externe de cet os supporte le premier métacarpien. »

Mais c'est surtout M. G. Cuvier que son idée sur les rapports du Daman avec le Rhinocéros et le Tapir, me semble avoir conduit à de plus graves erreurs. Voici ce qu'il disait dans la première édition, page 10 : « Le carpe du Daman ne diffère de celui du Tapir que par de légers » traits dans la configuration des os et parce que le trapézoïde est divisé en deux, comme dans » les singes, ainsi que dans quelques Rongeurs, le Cabiai par exemple. » Et plus loin, p. 11 : « Il » y a au premier rang du carpe trois os qui répondent au radius et un hors de rang ou pisiforme » assez gros. »

Dans la seconde édition, p. 138 : « Le carpe du Daman est bien singulier car, c'est de celui » des Singes qu'il se rapproche le plus par la division du scaphoïde en deux pièces. »

Sans appuyer sur ce que tantôt c'est le trapézoïde et tantôt le scaphoïde qui est divisé en deux,

Les os métacarpiens du Daman sont en général assez courts, quoique plus longs que leurs doigts respectifs. Tous les quatre sont assez aplatis, le médian le plus long, le cinquième bien plus court, et le quatrième proportionnellement le plus épais. Métacarpiens, 4.

Les phalanges sont autant et même encore plus raccourcies, assez bien dans les mêmes proportions entre elles; mais encore plus larges. Phalanges.

Les dernières surtout sont tout à fait remarquables par leur brièveté et encore plus par leur forme tronquée plus ou moins obliquement à l'extrémité.

Mais outre ces quatre doigts, les seuls admis par les zoologistes, comme seuls extérieurs, il en existe un cinquième, rudiment du pouce, entièrement caché sous la peau. Quoique extrêmement petit, il est cependant parfaitement complet, c'est-à-dire, composé d'un métacarpien squammiforme (1), articulé avec le trapèze remonté et le trapézoïde, d'une première phalange, bien formée, et enfin d'une seconde et dernière extrêmement petite et globuleuse. Pouce. complet.

Les membres postérieurs du Daman sont un peu plus allongés que les antérieurs, mais bien moins proportionnellement que chez les Lepus. Des M. postérieurs.

L'os des îles est assez bien de la même longueur que l'omoplate dans Iléon.

ce qui est peut-être une faute d'impression, quoique cela se trouve dans les deux éditions, on serait suivant moi plus près de la vérité en disant qu'il n'y a véritablement aucune ressemblance entre le carpe du Daman et celui du Tapir, qu'il y en a au contraire beaucoup avec celui du Rhinocéros; qu'avec les Singes il y en a encore moins, car chez ceux-ci l'os surnuméraire est en sus des huit normaux, et qu'avec les Cabiais même la ressemblance n'est qu'apparente. En effet, dans ces derniers animaux la seconde rangée des os du carpe est bien de cinq os, un trapèze pour le rudiment de pouce, un trapézoïde pour le second métacarpien, un grand os pour le troisième et un unciforme pour les deux autres; mais le cinquième os est intercalé au trapézoïde et au grand os, sans contact avec aucun métacarpien.

Quant à la première rangée, elle n'est formée que de trois os, un scaphoïde fort large (*) pour le radius et les quatre os internes de la seconde rangée, un triquètre ou pyramidal pour le cubitus, et enfin un pisiforme hors de rang et très-différent de celui du Daman.

(1) C'est cet os que M. G. Cuvier décrit et figure, Pl. 2, f. 8, 9, comme le Trapèze un peu hors de place.

(*) Que M. G. Cuvier regarde, à tort suivant moi, comme le scaphoïde et le semi-lunaire réunis.

sa partie osseuse; mais il est beaucoup plus étroit, son bord antérieur ou mieux inférieur, extrêmement long, par suite de la longueur du col et de la position tout à fait antérieure de l'épine qui est du reste assez épaisse et de laquelle part un angle solide assez prononcé.

Pubis. La branche cotyloïdienne du pubis est assez longue et assez oblique d'avant en arrière, tandis que la branche symphysaire est plate et assez large.

Iskion. L'ischion court et assez solide dans sa branche cotyloïde pourvue d'une épine obturatrice prononcée, est largement dilaté à sa terminaison ischiatique épaissie.

Os innominé. Trou ovale. De la réunion de ces trois pièces, il résulte un os innominé assez long, presque horizontal, un trou ovalaire médiocre plus long que large, une cavité cotyloïde petite, ovale, allongée d'avant en arrière, réniforme, Symphyse. et de celle des deux os innominés entre eux une symphyse pubienne, assez étendue et avec les deux seules premières vertèbres du sacrum un bassin fort large, mais très-déprimé.

Fémur. Supérieurement. Le fémur, un peu plus long que l'humérus, est en outre assez fort et sub-anguleux dans son corps; sa tête portée sur un col bien marqué et subtriquètre, est imprimée, pour l'insertion du ligament rond, d'une fossette triangulaire, continuation de la face interne du col; le grand trochanter est assez élevé et creusé en arrière d'une fosse digitale ovale et assez profonde; le petit est très-prononcé et l'on voit un faible rudiment du troisième à la fin de la crête d'insertion du grand fessier, un peu audessous du niveau du petit trochanter.

Inférieurement. Quant à l'extrémité inférieure du fémur elle est très-épaisse, ses deux condyles sont sub-égaux, la poulie antérieure peu remontée, plus étroite cependant au côté interne et la gouttière postérieure large et profonde.

Os de la Jambe. Les deux os de la jambe sont de la longueur du fémur, l'un et l'autre complets et assez arqués

Tibia. Le tibia, comprimé dans sa moitié supérieure, et triangulaire à angles arrondis, l'antérieur, formant une crête assez prononcée, est au contraire Supérieurement. déprimé dans sa moitié inférieure. La surface articulaire supérieure est équilobe, fortement échancrée en arrière, et pourvue en avant d'un tubercule de frottement avec la rotule; et l'inférieure ou tarsienne est quadrilatère, transverse, bordée en dedans par une saillie malléolaire considérable, un peu en crochet. Inférieurement.

Le péroné, fort large et inégalement bilobé en haut où il est solidement soudé et de bonne heure aussi en bas, est mince, tranchant supérieurement, plus épais et moins large inférieurement où il forme une petite malléole en mamelon. Péroné.

Le pied moins long que la jambe est cependant plus allongé et surtout bien plus étroit que la main; son tarse est en effet fortement saisi dans la mortaise tibio-péronienne au moyen d'un astragale étroit. Sa poulie est cependant fort peu profonde, sub-horizontale, et elle est augmentée en avant pour l'articulation avec le scaphoïde, d'une partie carrée, singulièrement distincte de la poulie, et sans connexion articulaire avec le cuboïde (1). Pied. Astragale.

Le calcanéum placé un peu obliquement sous le précédent est pourvu en arrière d'une apophyse également oblique, mais considérable et subtriquètre. Calcanéum.

Le scaphoïde assez peu mince ne porte en avant que deux facettes sub-égales. Scaphoïde.

Il y a cependant, outre les deux cunéiformes, l'externe bien plus gros que l'interne, qui s'y articulent, un premier extrêmement petit, presque sésamoïde et bien plus rudimentaire que dans le Rhinocéros et le Tapir (2). Cunéiformes, 3.

(1) Articulation qui, au contraire, a lieu largement chez les Rhinocéros et les Tapirs. M. G. Cuvier (prem. édit., p. 12), dit cependant que dans le Daman l'astragale touche un peu le cuboïde, et seconde édit., p. 140, la face scaphoïdienne de l'astragale est presque plane comme dans le Tapir et ne touche pas au cuboïde.

(2) M. G. Cuvier paraît ne l'avoir pas aperçu d'abord; mais dans la seconde édit., p. 140, il dit qu'il y a un vestige, à la vérité très-petit, de cunéiforme et de pouce; en sorte que l'ongle appartenant au doigt interne lui semble avoir quelque analogie avec les Makis.

Je n'ai pas vu le pouce.

Cuboïde. Quant au cuboïde, il mérite assez bien son nom, étant notablement plus gros que le troisième cunéiforme.

Métatarsiens. Les trois seuls os métatarsiens ont assez bien les mêmes proportions entre eux que leurs analogues à la main; mais ils sont notablement plus longs. Leur tête tarsienne est aussi coupée carrément, ne s'articulant chacun qu'avec un seul tarsien; le premier un peu courbe en dedans, le troisième en dehors et le médian presque symétrique.

Phalanges. Les phalanges du pied ont encore mieux la forme de celles de la main; seulement elles sont sensiblement plus longues, sauf les dernières onguéales, du moins celles des deux doigts externes; car pour l'interne elle est en effet plus étroite, un peu atténuée et un peu courbée en dehors à son extrémité. Mais elle est surtout fort anomale en ce qu'elle est comme bifide ou inégalement bilobée dans un plan horizontal à sa terminaison, de manière à ressembler un peu à un petit sabot de Ruminant (1).

Onguéale, du premier doigt.

Des Différences déterminées par l'âge. Les différences que l'âge, le sexe et l'espèce apportent au squelette des animaux de ce genre sont assez difficiles à apprécier et surtout à exprimer par des paroles, et même par le dessin.

Celles qui tiennent à l'âge étant de même sorte que dans les autres mammifères, ne doivent pas nous arrêter (2). Nous nous bornerons à dire que la réunion des os de la tête paraît se faire lentement, de sorte que les sutures médianes des pariétaux, des frontaux et des nasaux, semblent n'avoir lieu qu'assez tard et toutes à la fois. L'apophyse ptérygoïde interne ou le palatin postérieur paraît aussi se souder fort tard.

le sexe. Les différences dans le squelette des Damans, déterminées par le

(1) Il est étonnant que cette particularité de cette phalange onguéale, parfaitement décrite par M. G. Cuvier, ait échappé à Meckel qui n'en dit rien.

(2) Nous devrons cependant faire observer que c'est par suite de l'examen d'un jeune animal que M. G. Cuvier, dans la première édition de son Mémoire, a pu indiquer, pour les vertèbres, des nombres qui ne sont plus les mêmes dans la seconde, où il avait un squelette d'adulte, aussi bien que pour le troisième trochanter nié dans l'une et admis dans l'autre; quoiqu'il ne soit guère que rudimentaire.

sexe, sont, ainsi que pour l'âge, comme dans les autres espèces de mammifères; ce que nous n'avons cependant pu confirmer sur un petit nombre de sujets.

Quant à celles qui tiennent à l'espèce, voici ce que je crois avoir remarqué. l'espèce.

D'abord à la tête, prenant un crâne du Daman du Cap de même âge, à en juger par l'état des dents, et de même grandeur que celui du D. de Syrie, sur lequel j'établis ma comparaison, je noterai plus de grandeur et surtout une forme moins étroite (1), moins triangulaire dans l'interpariétal; la suture fronto-pariétale moins anguleuse; l'absence de crête sagittale, ou au moins son développement plus tardif; les deux fosses temporales, restant assez loin de se toucher; le rebord frontal orbitaire moins avancé, plus échancré, au contraire des apophyses orbitaires bien plus prononcées; les trous incisifs plus grands et plus ovales, peut-être même un peu moins d'élévation dans l'apophyse coronoïde de la mandibule.

pour la Tête, sur le D. du Cap.

Le reste du squelette ne m'a guère offert de différences bien saisissables que dans le nombre des vertèbres dorsales et par conséquent des côtes qui paraît être de vingt et un dans le D. du Cap, tandis qu'il n'est que de vingt dans celui de Syrie. Deux squelettes décrits et figurés par M. G. Cuvier, et qui viennent indubitablement du Cap, ont ce premier nombre. C'est celui qui avait été trouvé par Pallas, et qui l'a été également par MM. R. Owen et Martin, sur des animaux venant également de cette partie d'Afrique. Aussi il ne peut guère y avoir de doutes pour le Daman du Cap. Je n'ose en dire autant de celui de Syrie dont je n'ai vu que deux squelettes dont celui qui a servi à ma description (2).

pour le Squelette.

Vertèbres dorsales, 21.

Nombre des Côtes.

(1) M. G. Cuvier (p. 130, seconde édit.) avait déjà reconnu que la tête du Daman du Cap est plus courte que celle du D. de Syrie.

(2) M. Ehrenberg ne donne également que vingt paires de côtes d'un côté à son *H. Syriacus*; mais de l'autre il y avait le rudiment d'une vingt et unième.

Sur un squelette du D. du Cap, j'ai aussi trouvé d'un côté le rudiment d'une vingt-deuxième côte.

La longueur de la Queue.

Je dois encore ajouter, pour terminer les différences trouvées entre le squelette de ces deux espèces, qu'à en juger d'après les matériaux que j'ai eus à ma disposition, la queue rudimentaire pourrait bien être un peu plus longue dans l'espèce du Cap que dans celle de Syrie; quoique cependant le nombre des vertèbres sacro-coccygiennes soit le même (13).

Je veux encore signaler, comme un fait sans doute anormal, que sur un assez jeune sujet qui nous a servi pour l'iconographie des os séparés et qui n'avait encore que $\frac{6}{5}$ molaires, la première sternèbre intermédiaire était partagée transversalement en deux.

Le nombre des Sternèbres.

Quant au nombre des sternèbres, Pallas n'en indique que cinq, sans doute en ne comptant pas les deux terminales. M. G. Cuvier (première édit., p. 4), sept avec le cartilage xiphoïde, et M. Martin six. J'en ai vu sept, comme dans le D. de Syrie.

Je connais encore moins le squelette des autres espèces proposées par les zoologistes; n'en ayant même qu'une tête à peine adulte pour l'une et très-adulte pour l'autre.

Le D. d'Abyssinie.

La tête du D. d'Abyssinie que j'ai vue est évidemment plus longue, plus étroite, moins large entre les orbites que dans le D. de Syrie, et même que dans celui du Cap; les orbites plus grands sont moins couverts; la suture fronto-pariétale est encore moins anguleuse que dans ce dernier, et surtout l'inter-pariétal de forme carrée est bien plus grand, d'où le pariétal est plus court. L'occipitale avance aussi davantage sur le sinciput; l'arcade zygomatique est moins large, aussi bien que la dilatation de l'angle de la mandibule; enfin la barre est notablement moins longue.

Le D. des arbres.

Cette dernière particularité est encore bien plus prononcée dans la tête du D. des arbres (*H. arboreus*), qui est en outre bien plus longue à la face et surtout bien plus déprimée et presque excavée dans la région inter-orbitaire, plus large peut-être que dans le D. de Syrie. L'orbite plus arrondi est complet dans son cadre rebordé, par la réunion, jusqu'au contact, des deux apophyses post-orbitaires, et les crêtes temporales, quoique fort prononcées en forme d'ourlet, sont loin de se toucher. L'occiput étant en grande partie brisé sur la pièce que j'examine, je ne puis rien dire de l'inter-pariétal, non plus que l'angle de la mandibule en partie enlevée; mais l'arcade zygomatique est encore plus large que dans la précédente, au contraire des palatins qui sont notablement plus petits. son Crâne.

Quoique je ne connaisse que ce crâne incomplet de cet *H. arboreus*; les particularités que je viens de signaler sont tellement prononcées, par suite de son état fortement adulte, qu'il est impossible de ne pas les considérer comme spécifiques; ce qui, en effet, sera confirmé par l'Odontographie.

Je n'oserais aussi bien l'affirmer de la troisième espèce par rapport à lui, non plus que la distinction des deux premières entre elles; nous allons cependant voir qu'il est possible de trouver dans le système dentaire des différences qui semblent porter à accepter ces espèces comme distinctes.

Le D. à tête rousse.

Je ne connais de l'*H. ruficeps* de M. Ehrenberg que ce qu'il en dit que le crâne comparé à celui du D. du Cap est plus étroit, très-comprimé; que l'os inter-pariétal est plus grand, plus orbiculaire, la barre plus longue, la mandibule plus étroite et ensuite les jambes et les pieds plus longs.

DES OS SÉSAMOÏDES.

En général.

Malgré le rapprochement qu'on fait entre le Daman et les Pachydermes et surtout avec le Rhinocéros, rapprochement qui n'est pas sans quelque chose de spécieux, quand on n'envisage que le système dentaire, il serait difficile de trouver deux animaux qui différassent davantage sous le rapport des parties du système osseux qui se développe dans les tendons. En effet, nombreux et fort gros dans ceux-ci, les sésamoïdes sont au contraire plus rares, et surtout bien moindres, dans ceux-là.

Aux Membres antérieurs.

Aux membres antérieurs, je n'ai pu, en effet, trouver que ceux qui sont sous l'articulation des métacarpiens avec les premières phalanges et qui sont fort petits.

postérieurs. Rotule.

Aux membres postérieurs existent : une rotule étroite, ovale, assez allongée, médiocrement épaisse, presque symétrique, n'ayant ainsi aucune ressemblance avec celle du Rhinocéros et du Tapir ; des tubercules osseux pisiformes dans les tendons d'origine du gastrocnémien, et de même qu'aux mains d'assez petits sésamoïdes sous les articulations métatarso-phalangiennes

DE L'OS PÉNIEN.

Quoique ce petit animal soit pourvu d'un pénis considérable, je n'ai pu y reconnaître aucune trace de cet os singulier qui existe dans certains genres des ordres précédents et qui ne se trouve dans aucun ongulograde.

DE L'OS CARDIAQUE.

Nous n'avons pas davantage trouvé dans la cloison inter-ventriculaire du cœur du Daman cet ostéide que nous verrons au contraire exister constamment chez les grosses espèces de Ruminants.

CHAPITRE DEUXIÈME.

ODONTOGRAPHIE.

Incomplet, Chez Pallas.

Le système dentaire du Daman, quoique compris nécessairement avec son Ostéographie, ne pouvait être décrit d'une manière un peu complète par Pallas, qui le premier a donné l'anatomie de cet animal, parce que le sujet mis à sa disposition était assez jeune pour n'avoir encore que quatre molaires aux deux mâchoires ; et longtemps on a été sans reconnaître que c'était Daubenton qui l'avait mieux et plus complétement décrit, sans savoir lui-même à quel animal appartenait la tête osseuse que lui avait offerte le hasard. Toutefois, nous devons faire observer que ce célèbre collaborateur de Buffon avait au moins parfaitement reconnu que le système dentaire incisif était fort extraordinaire, la dent supérieure, qu'il décrit fort bien, ressemblant suivant lui aux défenses inférieures des Sangliers, et que les dents molaires ressemblaient beaucoup à celles des Ruminants, Moutons, Boucs ou Gazelles; ainsi, le rapprochement était avec des genres d'Ongulés et nullement avec un genre quelconque de Rongeurs. Dès lors on voit comment Hermann, et ceux qui adoptèrent son idée de séparer génériquement le Daman des Cavias, ne lui attribuèrent que $\frac{4}{4}$ molaires d'après Pallas, n'étant pas encore reconnu que la tête décrite par Daubenton provenait aussi d'un Daman. C'est à Wiedmann, comme il a été dit plus haut, qu'est due la connaissance complète de ce système dentaire adulte, en janvier 1802, et à M. G. Cuvier d'avoir reconnu plus tard son identité avec celui de la tête d'animal inconnu de Daubenton, ainsi que sa grande ressemblance avec celui du Rhinocéros, dans la première édition de son Mémoire, en 1804. Depuis ce temps il n'y a plus eu de dissidences à ce sujet, et la formule dentaire de ce genre a été $\frac{1}{2} + \frac{0}{0} + \frac{7}{7}$; à quoi il faut ajouter une petite accessoire à la mâchoire supérieure, ce qui en porte le nombre à huit, comme nous allons le voir dans la description qui va suivre.

Rapproché de celui des Ongulés, par Daubenton.

Différencié des Rongeurs, par Wiedmann.

Rapproché des Rhinocéros, par M. G. Cuvier.

Sa Formule.

Le système dentaire du Daman de Syrie, que nous continuons à prendre pour type, est donc incomplet en haut comme en bas, c'est-à-dire, formé de deux sortes de dents seulement, des incisives et des molaires; une barre, plus ou moins étendue, suivant les espèces, occupant la place des canines qui manquent entièrement.

Sa Composition d'Incisives et de Molaires sans Canines.

Le nombre total des dents d'un côté, sur un individu adulte, est de neuf en haut comme en bas; mais une incisive et huit molaires en haut et deux incisives et sept molaires seulement en bas.

Sa Description, à la Mâchoire supérieure.

Supérieurement,

L'unique incisive (1), assez distante de celle du côté opposé, est régu-

Incisive.

(1) M. G. Cuvier dit (p. 131, deuxième édit.) que cette dent rappelle très-bien la canine de l'Hippopotame, comme Tepsdorf, cité par Buffon, l'avait déjà fait remarquer.

lièrement arquée dans toute sa longueur, parfaitement terminale, assez longuement radiculée et de coupe triquètre à la couronne; le côté externe convexe le plus large, l'interne le plus étroit légèrement canaliculé, et enfin, le postérieur assez convexe, est celui qui est entamé par une hoche, formant une sorte de talon, et sert d'appui à l'inférieure, qu'il dépasse par le tranchant de son bord.

Après une barre médiocre, formée en grande partie par le prémaxillaire, vient la série des molaires contiguës et serrées.

Molaires.

1re caduque. La première très-petite, caduque, n'ayant qu'une seule racine et une seule pointe subtranchante à la couronne (1).

Persistantes. Les six suivantes croissant peu à peu d'avant en arrière, ont du reste absolument la même forme carrée à la couronne composée de deux collines obliquement transverses, séparées en dedans par une échancrure et se perdant en dehors dans un bord plus ou moins tranchant à deux pointes principales, se continuant en côtes plus ou moins saillantes à la face externe de la dent. Au point de terminaison des collines transverses au bord externe, se voit un seul et unique petit cornet, courbé en avant et formant à la coupe un petit crochet dans l'intervalle des deux collines; disposition qui a quelque chose de celle qui existe sur les Rhinocéros.

Forme.

Couronne.

Dernière. La huitième ou dernière ne diffère de la pénultième qu'en ce qu'elle est un peu moins grosse; la colline postérieure est aussi beaucoup plus courte, ce qui donne à la couronne une forme triangulaire.

des Racines.

1. La première de ces vraies molaires n'a qu'une racine.

2. Les deux suivantes en ont trois, deux externes et une interne.

(1) C'est évidemment cette dent que Pallas avait désignée sous le nom d'accessoire, que M. G. Cuvier, dans la première édition de son Mémoire, p. 7, avait dit qu'il ne se faisait aucun scrupule de nommer *canine* et rapprocher le Daman des Pachydermes plus intimement encore que le Rhinocéros, mais dont il n'est plus question dans la seconde que comme la première de lait, qu'on pourrait, ajoute-t-il, prendre pour une canine, p. 137. Le fait est que ce n'est pas plus une canine qu'une dent de lait. Il paraît que M. Ehrenberg ne l'a jamais rencontrée.

Les quatre qui viennent ensuite en ont cinq, deux en dedans comme en dehors et une plus petite entre les deux postérieures. 5.

La dernière, enfin, en a également cinq, deux en dedans, trois en dehors, la cinquième terminale. 5.

Inférieurement : *à la mâchoire inférieure.*

Les deux incisives sont déclives, assez bien comme dans les Sus; un peu divergentes, de manière qu'entre les deux paires, il y a un intervalle triangulaire. Toutes les deux ont du reste un peu la forme de houlette, l'externe un peu plus forte que l'interne, formées d'une couronne tricuspide (1), avant d'être usée, et d'une racine longue assez aiguë. *Incisives, 2.*

Après une barre moins longue qu'en haut viennent sept molaires seulement, croissant graduellement de la première à la septième, et toutes également formées de deux portions de cylindre, terminées chacune par un croissant à la couronne. *Barre. Molaires, 7.*

La première seule a son croissant antérieur représenté par une seule pointe mousse, ce qui lui donne une forme triangulaire; aussi n'a-t-elle qu'une seule racine. *1re.*

Les deux suivantes en ont deux transverses. *2e et 3e.*

Les quatre dernières en ont quatre par la division des deux transverses; particularité que je ne connais encore que dans cet animal. *4e — 7e.*

La connexion entre les molaires supérieures et les inférieures se fait assez bien comme à l'ordinaire (2); celles-là usant en dedans, et celles-ci en dehors, et les deux séries d'en bas embrassées par celles d'en haut. *Connexion entre les supérieures et les inférieures.*

Le sexe et l'espèce apportent sans doute quelques particularités différentielles au système dentaire des Damans; mais bien moins grandes *Différences.*

(1) Pallas (p. 34) dit à tort *bis-crenati*.

(2) Aussi bien dans les Rongeurs que dans les Pachydermes; aussi je ne comprends pas trop ce que veut dire M. Cuvier (p. 9, première édit.), que dans les premiers les deux séries supérieures sont reçues entre les inférieures.

que celles dues à l'âge, par lesquelles nous allons en commencer l'exposition.

suivant l'âge. 1er degré. A l'état de fœtus prêt à naître, on trouve un système dentaire de lait qui consiste en un même nombre d'incisives que dans l'adulte avec trois molaires seulement en haut comme en bas (1).

en haut. Supérieurement :

Incisives, 1. Les incisives sont plus larges, bien plus squammiformes et tranchantes à la couronne.

Molaires, 3. Les molaires croissant de la première à la troisième sont plus semblables à ce qu'elles sont dans les adultes, les collines sont seulement plus courbées en C, plus saillantes et plus détachées du bord externe, avec un crochet plus marqué.

en bas. Inférieurement :

Incisives, 2. Les incisives sont plus courtes dans leur racine, mais la couronne est également tridentée.

Molaires, 3. Les molaires croissant, d'avant en arrière, sont assez bien comme dans l'adulte, seulement la première a deux racines comme les deux autres.

2e degré. en haut. Molaires, 5. en bas. 4. Au second degré de développement tout est semblable au premier, avec cette différence qu'outre la sortie plus grande des dents de lait, il montre en haut en avant, la petite dent simple, caduque, et en arrière une molaire persistante, ce qui en fait cinq en tout, tandis qu'en bas, il n'y en a que quatre, la molaire persistante seule se montrant à peine, si le tranchant des collines est entamé.

3e degré. en haut. 2 incisives. Un troisième degré est celui dans lequel il y a en haut quatre incisives en deux paires; celles de lait, fortement usées, et en dehors celles d'adulte, commençant à poindre à leur côté externe.

Les molaires de lait sont alors fortement usées, ainsi que la première de remplacement; mais il en est sorti une seconde en arrière de celle-ci.

(1) M. Ehrenberg pensait aussi qu'il n'y avait que trois dents molaires qui changent ou de lait, c'est donc à tort que M. G. Cuvier (seconde édit., p. 137) dit : les molaires de lait sont partout au nombre de quatre et il y a quatre molaires de remplacement.

Alors il y a, en haut, six dents molaires, en comptant la caduque non encore tombée, et il semble qu'il n'y a plus dans le corps de la mâchoire pour remplacer les trois de lait que deux molaires, parce que la troisième se trouve très-haut sous l'orbite, presque à l'aplomb de la persistante sortie en second lieu. Molaires, 6.

Dans ce troisième degré, en bas, il y a deux paires d'incisives comme dans le second; mais la paire externe seule est de lait, l'interne est déjà de remplacement. en bas. 2 incisives.

La série molaire est augmentée d'une autre persistante en arrière de la première poussée; et les trois de remplacement sont encore complétement immergées sous les trois de lait qu'elles tendent à soulever. Molaires, 5.

On peut signaler comme un cinquième degré celui où les incisives sont d'adultes aux deux mâchoires, où la caduque d'en haut est tombée et la première de remplacement sortie au devant des deux dernières de lait, subsistantes; ce qui ne fait encore que six dans la série supérieure; tandis qu'en bas il n'y en a encore que cinq, celles du degré précédent; mais celles de lait fortement soulevées par celles de remplacement, avec une sixième postérieure commençant à poindre. 5e degré. Molaires $\frac{6}{5}$.

Vient ensuite le degré que nous avons décrit et où la caduque existe encore avec les sept molaires persistantes, et enfin, l'état le plus ordinaire où la caduque étant tombée ne restent que les sept véritables molaires dont la quatrième est la plus usée, les trois antérieures un peu moins, l'anté-pénultième de même, la pénultième beaucoup moins et la dernière le moins de toutes. 6e degré. adulte. $\frac{8}{7}$ et $\frac{7}{7}$.

Au delà, sur l'individu le plus vieux de la collection, les dents sont fort usées, même la dernière, très-déchaussées; mais restent en même nombre.

Quelquefois cependant, ainsi que M. G. Cuvier l'avait observé, la première molaire vraie tombe d'un côté ou de l'autre, ou même des deux, du moins en bas; et il n'y en a plus que six (1). Notre collec- 7e degré. décrépit. $\frac{7}{6}$ ou $\frac{6}{6}$.

(1) M. Cuvier dit même (p. 138) qu'un très-vieil individu avait perdu les deux premières

tion possède le sujet de cette anomalie due évidemment à l'âge fort avancé de l'animal.

suivant l'Espèce. Les différences du système dentaire, déterminées par l'espèce, sont bien plus difficiles à saisir et à démontrer.

Dans le D. du Cap. Entre le D. de Syrie que j'ai pris pour type et celui du Cap, ces différences sont fort légères et ne consistent guère qu'en ce que l'incisive Supérieurement. supérieure a le côté interne plus étroit, et par contre, l'externe plus large; que la barre est plus courte et que la première molaire vraie est notablement plus petite, au contraire des deux postérieures qui sont plus larges.

Inférieurement. Il est fort probable qu'il en est de même à la mâchoire inférieure, c'est-à-dire que la première molaire est plus petite; mais ce que je ne puis assurer, cette dent n'existant plus sur la seule tête adulte que je puisse comparer.

Le D. d'Abyssinie. Je crois pouvoir signaler des différences plus considérables dans le système dentaire du Daman d'Abyssinie. Malheureusement encore je n'ai pu l'étudier que sur un seul crâne envoyé par MM. Dillon et Petit. C'est avec le D. des arbres qu'il a évidemment le plus de rapports.

Incisives. Les incisives supérieures sont très-écartées entre elles, mais le côté interne est encore le plus étroit; les inférieures sont au contraire plus serrées et moins dissemblables entre elles.

Barre. La barre en haut comme en bas est bien plus grande que dans les deux espèces précédentes, un peu moins cependant que dans l'*H. arboreus*; la série molaire commençant plus en avant du trou sous-orbitaire.

Molaires. Toutes les molaires sont évidemment plus petites, moins larges, plus carrées que dans les deux espèces communes, et cependant les côtes de la face externe bien plus prononcées, aussi bien que les quatre pointes qui en découpent le bord externe et qui semblent aussi plus rapprochées.

molaires en haut et en bas, et qu'ainsi il n'en avait plus que cinq, ce dont je n'ai vu aucun exemple sur les huit têtes bien adultes que possède aujourd'hui la collection du Muséum.

Le système dentaire de l'*H. arboreus* quoiqu'ayant quelques rapports avec celui du D. d'Abyssinie s'en éloigne encore assez notablement, d'abord parce que les incisives supérieures, également très-écartées, sont plus fortes et surtout plus équilatérales dans leur coupe; le côté interne égalant au moins chacun des deux autres et l'externe étant canaliculé. Les inférieures sont aussi plus écartées, l'externe bien plus forte que l'interne. Le D. des arbres. Incisives.

La barre est encore plus étendue, surtout en haut, où elle égale les quatre premières molaires. Barre.

Quant aux molaires, elles sont encore notablement plus petites que dans l'espèce précédente, et surtout la dernière d'en haut; elles sont en outre en général plus arrondies et moins plissées ou cannelées à la face externe. Molaires.

Nous avons donné, dans l'introduction à l'Ostéographie du Daman, tout ce que nous avons pu recueillir sur les traces que ce genre d'animaux a laissées dans l'histoire des hommes, et l'on a vu qu'elles sont fort peu nombreuses; aucun auteur ancien, grec ou latin, n'en ayant parlé. Des Traces dans l'Histoire.

Dans l'état actuel de nos connaissances, il paraît que ses traces à l'état fossile, le sont encore bien moins. à l'État fossile.

M. R. Owen a bien employé (1), pour désigner un animal dont une partie de crâne fossile a été trouvée dans l'argile de Londres, le nom d'*Hyracotherium*, qui semblerait indiquer quelque chose de voisin des Hyrax; mais il convient lui-même que ce n'est qu'à cause d'une certaine ressemblance dans la physionomie de ce crâne, qu'il a imaginé ce nom et que c'est du Chœropotame qu'il est très-rapproché, n'en différant même que par un peu plus de complication dans les troisième et quatrième molaires.

Ainsi, l'on peut dire que jusqu'ici on ne connaît aucun ossement fossile qu'on ait attribué à un animal du G. Hyrax, à moins qu'il ne s'en

(1) *Proced. of Geol. Soc. Lond.*, 18 déc. 1839, III, p. 162, et *Trans. Geol. Soc.*, tom. VI, part. I, p. 203.

soit trouvé, comme cela est probable, dans les cavernes ossifères découvertes au cap de Bonne-Espérance au printemps de 1844, comme me l'a appris M. Prat à son passage à Paris dans cette même année.

Conclusions.

Les conclusions de ce mémoire ne peuvent donc porter que sur le Daman à l'état vivant.

C'est un genre.

Les Damans constituent un des genres les plus tranchés, les plus circonscrits, de toute la classe des Mammifères, aussi bien pour son organisation extérieure et intérieure, que par ses mœurs et ses habitudes, en contradiction apparente avec sa structure, genre qui appartient sans doute plutôt aux Ongulogrades qu'aux Rongeurs, mais qui est réellement intermédiaire à ces deux degrés d'organisation.

tenant par quelques caractères ext. aux Pikas.

En effet, si par un certain nombre de caractères extérieurs, la forme générale, celle du tronc et des membres, par l'absence de la queue, la nature du pelage (1), les narines, les yeux, les oreilles et même par les mœurs et les habitudes, ce sont des Rongeurs qui ont quelque ressemblance avec les Pikas ou Lagomys; un peu la forme des doigts, à l'exception de celle des ongles; mais surtout le nombre et la forme des dents, rapprochent les Damans des Ongulogrades et principalement des Rhinocéros, avec lesquels l'absence de vésicule du fiel, et l'articulation de l'apophyse transverse de la dernière lombaire avec le sacrum établissent encore évidemment quelques rapports.

par quelques caract. int. aux Rhinocéros.

mais bien distinct par un grand nombre d'autres, tirés du Squelette.

Mais ces animaux n'en conservent pas moins un assez bon nombre de caractères qui leur sont propres et cela dans plusieurs parties de l'organisation. Dans l'appareil locomoteur le grand nombre des vertèbres troncales, vingt-neuf dont huit lombaires, la singularité de l'os hyoïde et du carpe; la disposition complétement plantigrade des pieds, la forme singulière d'un des doigts et celle des ongles. Dans l'appareil intestinal l'anomalie d'un second estomac au milieu de l'intestin grêle, d'une paire de cœcums entre la fin de celui-ci et le commencement du gros, constituent un ensemble organique tout à fait particulier, comme l'avait

de l'Intestin.

(1) *Pilis leporinis*, dit Pallas.

très-bien senti Pallas. Dès lors au lieu d'être confondu au milieu des achydermes entre le Rhinocéros et le Tapir, comme le voulait M. G. Cuvier, ce qui romprait tous les rapports naturels, c'est un grand genre comme se serait exprimé Ray, ce qu'on nomme aujourd'hui une famille ou un degré d'organisation bien arrêté, à placer dans l'ordre des Quaternates, après les Gravigrades qui constituent un autre degré également bien tranché.

Formant une Famille.

Ce genre est composé de quatre espèces, caractérisées par le système dentaire, incisif et molaire, aussi bien que par quelques particularités du squelette et entre autres par la forme du crâne, différences qui, malgré qu'elles soient peu tranchées et par conséquent assez difficiles à démontrer, ne nous semblent pas pouvoir être attribuées au sexe ni aux races, espèces qui, rangées dans l'ordre de l'étendue croissante de la série molaire, sont les *H. arboreus*, *Habessinicus* ou *ruficeps*, *Capensis* et *Syriacus*.

composée de 4 Espèces : 1. le D. des arbres. 2. le D. d'Abyssinie. 3. le D. du Cap. 4. le D. de Syrie.

Trois de ces espèces sont exclusivement africaines, habitant toute la partie sud-est de l'Afrique, et une seule asiatique, mais limitée à la Syrie, à la Palestine et à l'Arabie.

d'Afrique et d'Asie occid.

Aucun auteur ancien, sauf Moyse, n'en a parlé.

Aucun ossement fossile ne lui a été attribué.

Encore inconnues. à l'état fossile.

DES RHINOCÉROS (Buffon).

(G. *Rhinoceros*, L.)

Avec les Rhinocéros, qui vont faire le sujet de ce mémoire, commence la série des espèces de Mammifères ongulogrades, constituant la famille des impari-digités, et qui comprend en effet les espèces dont le système digital est toujours impair, au moins, aux membres postérieurs. Ce sont encore des animaux des plus grands parmi les quadrupèdes terrestres, suivant, sous ce rapport, immédiatement les Éléphants et que leur nom de construction grecque, et pourtant assez peu ancien dans l'antiquité (1), semble caractériser d'une manière tranchée, quoique l'existence d'une ou plusieurs cornes sur le nez ne soit véritablement pas le caractère essentiel de ce genre.

Généralités sur le G. Rhinocéros.

Son Nom.

Ses Caractères essentiels tirés, non de la Corne ;

En effet, nous avons vu à Paris, dans la collection de M. Lamare-Picquot, un Rhinocéros de l'Inde, qui manquait de corne sur le nez, et nous verrons que les paléontologistes en ont découvert une espèce qui en était également privée, et dont, à cause de cela, ils ont fait un genre sous la dénomination d'*Acerotherium*, qui veut dire grand animal sans corne.

Cette particularité ne peut donc évidemment fournir le véritable caractère de ce genre ou de ce petit groupe d'espèces de grands mammifères, moins encore que celle du nez prolongé en un long organe de préhension, n'est le caractère essentiel du genre Éléphant, c'est-à-dire, son caractère de dégradation. Comme pour celui-ci, il faut donc avoir recours au système digital et au système dentaire, qui sont l'un et l'autre tout à fait particuliers chez les Rhinocéros.

(1) Ce nom n'existe, en effet, dans aucun auteur grec ancien, antérieur à la conquête de la Grèce par les Romains.

mais du Système digital. 3—3.

En effet, le nombre des doigts chez ces animaux est constamment de trois aux pieds de devant (1), comme à ceux de derrière, ces doigts subégaux, assez bien séparés, étant pourvus chacun d'un ongle bien distinct, en petit sabot arrondi à son bord libre et dépassant la sole.

Du Système dentaire. $\frac{1}{2}+\frac{0}{0}+\frac{7}{7}$.

Quant au système dentaire, il est encore plus caractéristique, en ce qu'il n'est encore formé que de deux sortes de dents : des incisives, d'après l'implantation, et des molaires, sans traces de canines, ou du moins, peut-être, de canines normales; un peu comme dans les Gravigrades. Mais chez les Rhinocéros, les incisives variables dans leur développement, moins peut-être que dans leur nombre, qui est de quatre en deux paires, du moins à une mâchoire, et les molaires reviennent à un nombre et à des formes plus normales; sept aux deux mâchoires, mais très-différentes en bas de ce qu'elles sont en haut, celles-là étant formées de deux collines en C, placées presque l'une au bout de l'autre, tandis que celles-ci le sont également de deux collines transversalement obliques, par rapport à un bord externe tranchant, auquel elles se joignent, en laissant des intervalles creux non remplis de cément, mais donnant lieu par l'usure à des figures très-variées, que nous exposerons dans l'article consacré à l'odontologie.

Des Parties extérieures.

A ces caractères véritablement génériques, on peut joindre, outre une peau d'une épaisseur plus grande que dans toute autre espèce, au point d'être quelquefois partagée en larges boucliers par des plis restés seuls flexibles : une, deux et même trois cornes sur le nez; une lèvre supérieure longue et préhensile; les yeux extrêmement petits; les oreilles en cornet, fort saillantes et verticales; la queue médiocre, comprimée et garnie de très-gros crins à l'extrémité; les mamelles inguinales au nombre d'une paire; le pénis rétroverse à l'extrémité et les testicules sans scrotum.

Intérieures.

Ces caractères extérieurs sont concomitants avec certaines particula-

(1) Du moins dans les espèces vivantes.

rités ostéologiques et viscérales; mais il serait assez difficile d'y rien trouver de véritablement générique; ainsi, l'articulation de l'apophyse transverse de la dernière lombaire avec la même partie du sacrum et l'existence d'un troisième trochanter au fémur, se retrouvent dans le squelette de tous les ongulogrades à système de doigts impair.

On peut dire qu'il en est à peu près de même des caractères que l'on pourrait tirer des mœurs et des habitudes de ce genre d'animaux. Des Mœurs et Habitudes.

En effet, comme tous les Pachydermes, ils habitent les lieux bas et humides, dans les grandes forêts, sur le rivage des grands fleuves, s'y nourrissent de plantes arundinacées, d'arbrisseaux et de branches d'arbres tendres, aimant à se vautrer dans la fange des marais. Or toutes ces particularités sont communes aux Tapirs, à l'Hippopotame, aux Cochons, et même aux Éléphants, avec cette grande différence cependant que si ceux-ci sont au maximum de docilité et d'intelligence, les Rhinocéros sont au plus haut degré de la brutalité et de l'indocilité.

Quoique les Rhinocéros soient à peu près dans le même cas que les Éléphants, c'est-à-dire relégués aujourd'hui dans les mêmes pays, en Asie et en Afrique, ils y sont sans doute moins communs qu'eux, puisqu'ils ont été bien plus rarement amenés en Europe aussi bien chez les anciens que chez les modernes, comme nous verrons dans la partie historique de ce mémoire : aussi ont-ils été rarement le sujet des observations des anatomistes. Pour les Éléphants, nous en avons trouvé au moins une douzaine de disséqués en Europe, depuis 16.. jusqu'en 1839, où j'en ai moi-même étudié un et même deux ; mais pour les Rhinocéros, nous ne connaissons que celui mort à la ménagerie de Versailles, en 1793, disséqué par Vicq-d'Azir au Jardin du Roi. Tout ce qui a été dit de ses viscères a été tiré des notes de ce célèbre anatomiste, et surtout des beaux dessins coloriés qu'il avait fait exécuter sous ses yeux, et que possède la bibliothèque du Muséum. De Patrie. Matériaux à notre disposition.

Le squelette qu'il en fit faire et qui existe aussi dans les galeries d'Anatomie comparée, est celui qui a été décrit et figuré partout, du moins depuis 1793 ; c'est également celui qui va servir à notre description, Squelettes des Rhinocéros de l'Inde, comme le plus complet et le plus adulte de tous ceux que possède la collection du Muséum.

de Java,
de Sumatra,

Nous lui comparerons ceux des Rhinocéros de Sumatra et de Java, que la collection doit aux longues et actives investigations de MM. Diard et Duvaucel, voyageurs du Muséum dans l'Inde pendant les années 1818-1823, et ensuite non-seulement celui du cap de Bonne-Espérance, dont nous possédons un fort bel échantillon fait sur les lieux par un autre fort zélé voyageur du Muséum, M. Delalande; mais encore le squelette du *Rhinoceros simus*, tout nouvellement dans nos collections.

du Cap,

du centre
de l'Afrique.

Plan
de ce Mémoire,

dans le texte.

Après avoir ensuite traité de l'odontographie de ce genre d'animaux, partie pour laquelle nous avons encore un plus grand nombre de matériaux que pour l'ostéographie, et dont quelques-uns sont nouveaux, nous passerons à la partie archéologique et paléontologique, pour laquelle nous nous trouverons dans une position entièrement opposée à celle où nous étions pour les Tapirs, le genre Rhinocéros ayant été de prime abord parfaitement reconnu parmi les fossiles depuis plus de cent ans, et sans aucune erreur jusqu'aujourd'hui dans cette partie.

Espèces
vivantes.

Espèces
fossiles.

Nous aurons à faire connaître le nombre immense de pièces nouvelles recueillies par M. Lartet à Sansans, près d'Auch, et formant quelquefois des squelettes complets.

Dans
l'Iconographie.

Ce sont ces mêmes matériaux qui, choisis convenablement, serviront également à notre iconographie, que nous réduirons à quatorze planches, au lieu de dix-huit qu'en renferme la seconde édition du mémoire de M. Cuvier.

Squelette.

Nous avons pensé, en effet, que la figure du squelette d'une seule espèce serait suffisante, au lieu de celle des trois autres Rhinocéros, qui diffèrent à peine, et dont les différences ne sont en effet guère perceptibles, surtout au degré de réduction qu'il a employé; mais, imitant en cela MM. Pander et d'Alton, qui ont donné de fort bonnes figures du squelette du Rhinocéros de Vicq-d'Azir (*Saugethière*, tab. VIII, 1821), nous avons considérablement agrandi la figure du seul squelette de Rhinocéros que nous offrons comme type.

Nous avons ensuite consacré deux planches à représenter, l'une la tête osseuse de cette espèce type, et alors vue sous toutes ses faces, et l'autre à faire connaître comparativement le crâne des autres espèces ou variétés au même degré de réduction et sous une même projection ; les trois suivantes sont employées, d'après notre marche habituelle, à montrer les parties caractéristiques du tronc et des membres antérieurs et postérieurs, en y comprenant non-seulement les espèces récentes, mais encore les espèces fossiles.

Tête osseuse.

Type d'espèces.

La huitième planche est entièrement consacrée au système dentaire récent et fossile.

Système dentaire.

Et enfin, les quatre dernières comprennent tout ce qui a trait aux ossements fossiles de ce genre, aussi bien pour les parties caractéristiques d'espèces que pour les localités. Afin de parvenir à réduire ainsi le nombre de nos planches, sans rien oublier d'essentiel, outre que nous n'avons représenté qu'un seul squelette entier, nous n'avons donné que le plus petit nombre possible de figures copiées, d'abord, parce que, en général, elles sont assez mauvaises, ce qui les rend difficiles à rendre ; quelquefois sans chiffre de réduction ; ce que n'avait pas dû faire M. Cuvier, surtout dans la première édition de son mémoire. En effet, à cette époque, il était bon de constater, par tous les moyens possibles, l'existence des restes fossiles de Rhinocéros trouvés depuis longtemps en différents lieux de la terre.

Fossiles, différents d'espèces, de localités.

Avant d'entrer en matière et de traiter des Rhinocéros, tels que nous les avons définis, nous avions cru devoir les faire précéder de l'histoire ostéographique et odontographique des Damans ; genre d'assez petits animaux, qui semblent véritablement s'éloigner beaucoup des Pachydermes, quand on les envisage sous le seul rapport de l'épaisseur et de la nudité de la peau, mais qui cependant, sous celui du système dentaire, et surtout de la partie molaire, ont été considérés comme pouvant à peine être séparés des Rhinocéros ; c'est ce qu'a essayé de mon-

Précédé de l'Histoire des G. Daman.

trer le premier M. G. Cuvier, dans son mémoire sur ce dernier genre d'animaux.

Tapir. Toutefois, c'est ce qui ne peut être appliqué que fort difficilement au système digital, et ne peut l'être en aucune manière à l'appareil locomoteur, et encore moins à l'appareil viscéral digestif ou autre. Il n'en est pas de même du Tapir, qui n'est véritablement qu'une sorte de Rhinocéros sans corne, et pourvu d'un système dentaire complet, comme il sera facile de le voir en comparant ces deux genres; mais qui, dans un ordre véritablement sérial, devra, peut-être, être placé après lui, en prenant en première considération le système dentaire.

CHAPITRE PREMIER.

OSTÉOGRAPHIE.

Histoire. Nous avons déjà eu l'occasion de faire observer que c'est en France que le premier squelette de Rhinocéros a été fait et monté sous les yeux de Vicq-d'Azir, retiré qu'il fut du cadavre d'un individu mâle mort en 1793 à la ménagerie du roi à Versailles où il y avait vécu un nombre d'années assez considérable, plus de vingt ans. Mais Vicq-d'Azir ayant été enlevé à la science dès les premiers temps de la tempête révolutionnaire, qui se continue en France et en Europe depuis plus de cinquante ans, il n'y a donc rien d'étonnant, qu'il ne soit fait aucune mention d'une partie quelconque du système ostéologique de ce genre d'animaux chez les auteurs anciens ou même modernes qui se sont le plus occupés de ce sujet, jusqu'à Hollmann, qui en 1752 décrivit un certain nombre d'ossements fossiles qu'il attribua à un Rhinocéros, et cela sans en avoir jamais vu, tant la chose était facile, par suite de leur grandeur et leur énorme différence avec ceux de l'éléphant, le seul quadrupède terrestre qui peut lui être comparé sous ce rapport; et quoique Hollmann ne connût ceux-ci que par des figures et des descriptions. Mais encore au nombre de ces os, ne se trouvaient qu'un ou deux fragments de tête.

Vicq-d'Azir, 1793.

Hollmann, 1752.

C'est Pallas qui le premier, en 1769, la fit connaître, et ce qui est assez singulier, c'est encore d'après des crânes fossiles en Sibérie, regrettant de ne trouver nulle part des moyens de comparaison chez les ostéographes. Mais comme vers cette époque les travaux paléontologiques commencèrent à avoir un certain retentissement en Allemagne, ce qui nécessairement fit naître la question des espèces, que pouvait résoudre la connaissance de ce système dentaire et de la tête plus que toute autre partie; ce fut aussi dans le squelette d'une espèce vivante, la tête qui fut décrite et figurée la première, et chose encore assez remarquable, ce fut celle du Rhinocéros d'Afrique, qu'on n'avait pas vu en Europe depuis les Romains, qui le fut d'abord, par le fait d'une tête entière couverte de sa peau et salée, qui fut envoyée à P. Camper en Hollande vers 1772, par M. de Plettemberg. Pallas, 1769.

C'est donc à P. Camper que l'initiative en est due, dans un mémoire qu'il envoya à Pallas en 1777, et qui ne fut publié dans les actes de l'Académie impériale de Saint-Pétersbourg qu'en 1780. P. Camper, 1777.

Ces mêmes figures reparurent dans sa dissertation publiée à part en hollandais sur le Rhinocéros à deux cornes, en 1782; et plus tard, 1782.
comparativement avec celle d'un Rhinocéros unicorne de Java qu'il avait acquise à Londres, dans une planche qui n'a pas été rendue publique et qui porte la date de 1787, d'après ce que nous apprenons de M. Blu- 1787.
menbach d'abord et ensuite de M. G. Cuvier.

Sparrmann, vers cette époque, publia aussi dans le journal de son voyage une très-mauvaise figure du crâne de ce même Rhinocéros du Sparrmann, 1778.
Cap, Tom. II, p. 113, Pl. VII de la traduction française de 1787, mais 1787.
copiée de son mémoire suédois sur le *Rhinoceros bicornis*. Académie des sciences de Suède, 1778, p. 203.

Depuis lors Merck publia la figure d'un autre également du Cap dans sa troisième lettre sur les Rhinocéros fossiles, et de manière à bien montrer la structure des dents molaires. Merck, 1786.

M. Blumenbach reproduisit, mais réduites, les figures des deux espèces données par P. Camper, dans ses *Abbildungen*, cah. I, n. 7. Blumenbach, 1796.

W. Bell, 1793. M. W. Bell, dans ses observations sur le Rhinocéros à deux cornes de Sumatra, en 1793, non plus que M. Thomas, dans les siennes sur le Rhinocéros unicorne de Java mort à Londres en 1800, n'ajoutèrent que fort peu de chose à ce qu'on savait déjà de l'ostéologie des Rhinocéros; cependant le premier avait figuré la tête osseuse du Rhinocéros de Sumatra.

Leigh Thomas, 1800.

Faujas, 1801. M. Faujas de Saint-Fonds eut l'heureuse idée de donner à la fois et sur la même planche, la figure de la tête osseuse des trois espèces de Rhinocéros alors admises, de celle de l'unicorne de l'Inde d'après le squelette du Muséum et pour la première fois; du bicorne du Cap d'après un échantillon existant également au Muséum, et du bicorne de Sumatra, copiée de W. Bell; ce qu'il fit également pour trois échantillons différents du Rhinocéros de Sibérie, Pl. X; mais malheureusement sans description et à un degré de réduction trop considérable, ce qui ne permettait pas d'en saisir bien clairement les différences.

G. Cuvier, 1804. M. G. Cuvier, chargé de suppléer M. Mertrud dans la chaire d'anatomie comparée, où de fait celui-ci n'est jamais entré, put faire usage pour ses leçons et ses travaux, des notes et dessins que Vicq-d'Azir avait laissés ou fait faire par Maréchal et Redouté, aussi bien que du squelette.

Ce ne fut cependant qu'en 1804 qu'il donna la description générale de ce squelette en y joignant une figure dessinée et gravée par lui à l'eau forte, mais qui ne peut être considérée comme bonne. Toutefois, comme il put figurer ses différentes parties à un degré de réduction beaucoup moindre, et par conséquent bien plus lisible, il fit nécessairement mieux que M. Faujas, et surtout en agissant de même pour tout ce qu'il avait pu se procurer des os du squelette des autres espèces vivantes et fossiles.

Spix, 1809. Depuis lors Spix a publié aussi la figure et la description de la tête du Rhinocéros unicorne, dans sa *Cephalogenesis*, Pl. VII, fig. 1.

É. Home, 1821. Éverard Home a donné quelques détails sur le squelette du Rhinocéros à deux cornes de Sumatra, en le comparant avec celui du Rhinocéros unicorne de l'Inde (*Trans. Phil.*, 1821, p. 268); à peu près à la même époque où M. G. Cuvier publiait la seconde édition de son mémoire, notablement augmenté, dans le tome II de ses Recherches, et dans lequel, en effet, il donna non-seulement la figure du squelette entier d'un Rhinocéros du Cap, et d'un Rhinocéros de Java; mais encore celle à part de leurs principaux ossements, dans des planches bien mieux dessinées et gravées que la plupart de celles de la première édition.

G. Cuvier. 1804. 1812. 1821.

Sur ces entrefaites E. Home ayant eu à sa disposition le crâne d'un Rhinocéros tué dans l'intérieur de l'Afrique, le fit connaître comparativement avec le Rhinocéros fossile de Sibérie (*Trans. Phil.*, 1822, p. 28), avec deux planches représentant la tête osseuse de chacun, les regardant comme de même espèce, ainsi que nous le dirons plus tard.

E. Home. 1822

Depuis ce temps, sans parler du peu qu'en a dit Meckel dans son Anatomie comparée, comme l'avait fait bien avant lui M. G. Cuvier dans ses leçons; je ne connais guère d'autre description et d'autre figure de squelette de Rhinocéros, que celles données par MM. Pander et d'Alton dans la Pl. VIII de leur excellente iconographie. C'est encore celui du Rhinocéros unicorne de l'Inde qu'ils ont représenté en grande dimension et parfaitement bien pour leur but.

Meckel, 1825. Pander et d'Alton, 1821.

En sorte qu'aujourd'hui, sauf pour le squelette du *Rhinoceros simus* dont le Muséum vient de faire tout dernièrement l'acquisition, l'ostéographie de ce genre d'animaux laissait assez peu à désirer, aussi bien sous le rapport iconographique que sous celui de la description. Nous n'avons donc eu, pour ainsi dire, qu'à la compléter et à la mettre dans un ordre plus méthodique, et par conséquent plus comparatif.

Le squelette du Rhinocéros de l'Inde que nous prenons pour type, comme provenant d'un individu mâle, et mort bien complétement adulte, reproduit parfaitement, quand on le considère en général, l'animal vivant, c'est-à-dire une masse peu élégante, assez allongée dans son tronc, porté sur des membres distants, robustes, assez courts, et dont la tête, au plus médiocre, est attachée horizontalement à l'extrémité d'un cou gros, peu courbe, mais bien distinct.

Du Squelette du RHINOCEROS UNICORNIS de l'Inde, en totalité, dans ses Os en général; leur Structure; Les os qui le constituent sont tous solides, denses, pesants, leur tissu caverneux étant serré, et le tissu éburné épais et fort compacte.

leur Articulation, Leurs extrémités articulaires sont généralement larges, fortement encroûtées de cartilages, et pour la plupart très-tourmentées à leurs surfaces d'articulation. Leur corps est, en outre, hérissé d'apophyses, de

en particulier. crêtes fort accusées, indiquant une très-grande puissance musculaire.

SÉRIE MÉDIO-SUPÈRE ou Vertèbres, La série médio-supère formant des courbures peu prononcées, si ce n'est à la racine de la région coccygienne, est composée de soixante pièces ou vertèbres, quatre céphaliques, sept cervicales, vingt dorsales, trois lombaires, quatre sacrées et vingt-deux coccygiennes.

Céphaliques, Des quatre vertèbres céphaliques, jointes tout à fait bout à bout, l'occipitale courte, mais fort élevée, est formée d'un corps médiocre-

Occipitale. ment large, très-caréné en dessous, et peu avancé, d'occipitaux latéraux assez considérables, circonscrivant entièrement le grand trou occipital, et portant des condyles saillants obliquement en arrière et séparés par une échancrure assez large, d'apophyses mastoïdiennes courtes et un peu comprimées, d'un occipital supérieur élevé, fortement incliné en avant jusqu'à la crête, et enfin d'un inter-pariétal triangulaire assez avancé.

Sphéno-pariétale. La sphéno-pariétale est assez allongée et peu étroite dans son corps, dont les apophyses ptérygoïdes sont petites, assez large, mais fort peu élevée dans son aile, et médiocrement étendue dans son arc. Le pariétal est en effet transverse, ses angles terminaux antérieurs assez prolongés, surtout les supérieurs; les inférieurs assez éloignés cependant de toucher au sphénoïde.

Sphéno-frontale. La sphéno-frontale est courte et sub-cylindrique dans son corps médiocrement large, et sub-canaliculée dans ses ailes, qui, se prolongeant assez longuement dans l'orbite, vont s'articuler largement avec le frontal. Cet os, notablement plus étroit et moins long que le pariétal, s'excave dans l'espace inter-orbitaire en s'élargissant jusqu'au rebord de l'orbite.

Voméro-nasale. La vertèbre voméro-nasale est fort longue dans son corps en forme de gouttière, plus surbaissé en arrière qu'en avant, où il tend à supporter, à l'aide de sa partie cartilagineuse, prolongement du corps de l'ethmoïde, des os du nez remarquables par leur forme triangulaire, canaliculée en dedans, la base largement articulée avec le frontal et le lacrymal en arrière, le sommet aigu et fortement arqué en voûte en avant. Os du nez,

Les appendices céphaliques, suivant nécessairement la forme du crâne, sont en effet assez allongés eux-mêmes. leurs Appendices.

Le supérieur commence cependant en dessous par un palatin postérieur ou apophyse ptérygoïde interne, en forme de lame assez petite, collée contre l'externe, et surtout contre le palatin. Supérieur. Ptérygoïde interne.

Le palatin antérieur est notablement plus grand, et surtout dans sa lame verticale doublant étroitement le maxillaire, dépassant même anguleusement l'apophyse ptérygoïde externe, et se montrant par une petite plaque sub-carrée dans l'orbite. La lame horizontale, au contraire, se termine carrément au palais. Le lacrymal, proportionnellement bien plus grand, s'avance largement sous forme ovale hors de l'orbite, et est au contraire fort petit dans cette cavité, où il est percé de deux trous lacrymaux avec une apophyse obtuse, mais très-forte à son bord. Palatin. Lacrymal.

Le jugal long et marginal s'étend du lacrymal au milieu de l'arcade zygomatique, sans apophyse orbitaire. Jugal.

Le maxillaire qui se joint à ces trois os est assez allongé dans sa partie margino-dentaire, prolongé en avant en une sorte d'apophyse grêle se joignant au prémaxillaire, beaucoup moins, et étroit dans sa partie palatine, et surtout fort peu élevé dans sa branche montante, qui, loin d'atteindre le frontal, s'échancre fortement pour recevoir dans l'échancrure une avance correspondante du nasal. Maxillaire.

Enfin, le prémaxillaire est fort petit, ne consistant plus que dans la partie horizontale en lame verticale épaisse, et prolongeant le maxillaire avec lequel elle est fortement endentée. Prémaxillaire ou incisif.

L'appendice céphalique inférieur commence par un os du rocher très- Inférieur.

Rocher. petit, très-rentré, intercalé, sans y être serré cependant, dans la grande lacune des trous déchirés.

Étrier. Les osselets de l'ouïe sont fort petits; l'étrier, en forme de borne tronquée avec une fossette sur une face, mais non transpercée; l'en-
Enclume. clume, profondément excavée dans son corps, avec ses deux bras très-
Marteau. courts et presque horizontaux; enfin le marteau fort courbé, bifide à la tête, fortement coudé à son manche; l'apophyse de Raw très-courte.

Caisse. La caisse et le cadre du tympan sont évidemment entièrement membraneux, en sorte que le canal auditif externe est formé par le squammeux et le mastoïdien eux-mêmes.

Mastoïdien. Celui-ci est considérable, en forme d'une grosse larme batavique, dont le sommet très-pointu s'intercale supérieurement à l'occipital et au squammeux, et dont la base renflée se recourbe en avant de manière à atteindre la racine de la cavité glénoïde.

Squammeux. Le temporal est au contraire assez petit, étroit, oblique dans sa plaque, du tiers postérieur externe de laquelle part une crête fort prononcée au-dessus du canal auditif qu'elle contribue à former, et se dirigeant vers la branche jugale.

Apophyse jugale. Cette branche, dont la face inférieure est occupée par une large surface articulaire semi-lunaire, transverse, bornée en arrière et en dedans par une apophyse considérable plate, recourbée en avant et descendant plus bas que le mastoïde, s'avance horizontalement et fortement recourbée en dehors, le long de l'arcade zygomatique dont elle fait plus de la moitié, jusqu'à l'os jugal avec et sur lequel elle se joint longuement.

Mandibule. La mandibule qui continue le temporal est assez longue. La branche montante est peu élevée; elle commence par un condyle transverse re-
Condyle. marquable par sa forme semi-lunaire, augmenté en arrière par une sorte
Coronoïde. d'apophyse arrondie, épaisse, assez saillante; l'apophyse coronoïde pe-
ANGLE. tite et étroite étant moins élevée que lui, et son angle assez épais et
Branche horizontale. en palette élargie, arrondi, mais peu saillant; la branche horizontale est au contraire assez longue, mais assez étroite, décroissant d'arrière en

avant, sans courbure prononcée et sans apophyse géni, vers sa terminaison.

Par la réunion fixe ou articulée de ces appendices, avec la partie vertébrale sous un angle facial extrêmement peu ouvert, il résulte une tête médiocrement allongée, élargie et pyramidale en arrière par la grande élévation de la crête occipitale, se rétrécissant ensuite assez fortement, puis s'ensellant dans la plus grande partie du chanfrein élargi, et sans aucun rétrécissement post-orbitaire, pour se relever et s'arquer ensuite vers sa terminaison nasale qui surplombe les os maxillaires et au delà. de la Tête en totalité. Angle facial. Forme générale.

Les cavités que ces os forment sont en général assez petites ou peu étendues. Ses cavités.

La cavité cérébrale est même fort remarquable sous le rapport de sa petitesse comparative, quoiqu'elle paraisse encore bien plus grande qu'elle n'est à cause de l'épaisseur de ses parois qui sont partout creusées de sinus considérables, surtout en avant sous le front, et en arrière dans la crête occipitale, ce qui est un peu comme dans l'Éléphant, ou mieux encore comme dans le Cochon. Cérébrale Extérieurement.

La cavité crânienne elle-même est ronde, un peu déprimée et assez fortement dilatée de chaque côté. La partie basilaire toute d'une venue, et dans laquelle on ne peut distinguer ni fosse pituitaire, ni apophyses clinoïdes, se termine en avant par deux fosses criblées, presque rondes, et au plus médiocres pour un si grand animal; et en arrière elle est séparée des fosses temporales par une crête assez marquée, base de la tente du cervelet, dont la loge est assez large, déprimée et communiquant avec la base du crâne par d'énormes lacunes remplaçant les trous déchirés. Intérieurement.

Les cavités sensoriales sont dans le même cas que la cavité cérébrale, au moins pour les deux premières. Sensoriales.

La cavité auditive, aussi bien dans sa partie labyrinthique que dans sa partie tympanique, est véritablement remarquable pour sa petitesse, aussi bien que par sa position extrêmement reculée. Le rocher est ce- Auditive.

pendant encore médiocre, de forme arrondie et un peu excavée, à la face du canal auditif interne.

Orbitaire, L'orbite est également très-peu considérable, et entièrement ouvert dans sa partie postérieure par absence totale d'apophyses orbitaires. Il est en outre tout à fait latéral et assez avancé, son bord antérieur à l'aplomb de la cinquième molaire.

Olfactives. Les cavités olfactives sont au contraire très-grandes, et surtout fort allongées, quoique assez basses.

Ses cornets, Supérieurs, Moyens, Les cornets qu'elles contiennent ne sont cependant pas très-étendus. Les supérieurs et les moyens, appartenant à l'ethmoïde, sont très-reculés, extrêmement serrés et multipliés, au point d'être difficilement comptés. Ils communiquent avec des sinus extrêmement considérables qui creusent, non-seulement les os frontaux et pariétaux ainsi que la crête temporale tout entière, mais encore l'os basilaire en arrière et en dessous, ainsi que les os nasaux et maxillaires en avant et en dessus.

Inférieurs. Les cornets inférieurs sont au contraire fort simples et fort peu avancés; chacun n'est, en effet, qu'une seule lame recourbée, assez large cependant, collée contre le maxillaire, de chaque côté d'un canal étroit conduisant aux cornets ethmoïdaux.

Linguale. La cavité linguale assez allongée est également assez étroite, le palais étant un peu excavé, et l'intervalle mandibulaire un peu resserré angu-

Symphysaire. leusement se prolongeant dans une gouttière symphysaire longue et étroite.

Ses fosses occipitales, Les fosses d'insertion musculaire sont en général assez peu profondes; celles de l'occiput le sont cependant assez, et surtout fort larges par suite de la forme même de l'occipital postérieur.

Temporales. Les temporales sont longues et étroites, se portant fortement en arrière jusqu'à la crête occipitale, mais assez loin d'atteindre la ligne du chanfrein, et par conséquent sans crête sagittale.

Ptérygoïdiennes, Les ptérygoïdiennes sont encore bien plus petites, de même que les canines qui sont à peine sensibles.

Les massetériennes de la branche montante de la mandibule sont médiocrement profondes, mais du reste assez larges. Massetériennes.

Les orifices vasculaires et nerveux de la tête du Rhinocéros indiquent aussi, par leur petitesse, le peu de développement des vaisseaux et des nerfs qui les traversent. Ses Trous,

Le condyloïdien est cependant au moins médiocre et fort rapproché de la base de l'apophyse mastoïde; les trous ovale et rond n'en forment qu'un de forme ovale alors assez grand, caché dans une large fente verticale où s'ouvre un vidien considérable; le trou optique est au contraire très-petit, fort oblique, ainsi que l'orbitaire interne; le naso-palatin arrondi et médiocre est fort rapproché d'un très-grand canal sous-orbitaire, infundibuliforme à son entrée, arrondi à sa sortie. Les palatins postérieurs sont petits et peu avancés, au contraire des antérieurs, qui sont énormes par absence de lame horizontale aux prémaxillaires. Condyloïdien, Ovale, Vidien, Optique, Orbitaire, Sous-orbitaire, Palatin.

A la mandibule, le canal dentaire commence par un orifice un peu inférieur assez avancé, et se termine par un ou deux trous mentonniers assez grands, en avant desquels en sont encore deux ou trois labiaux. Dentaire, Mentonnier.

Enfin, des trois grands orifices céphaliques, l'antérieur ou nasal est assez remarquable par sa position avancée, sa grandeur, et parce que les nasaux, en s'avançant en pointe, et les maxillaires seuls entrent dans sa circonscription, dont le bord postérieur tombe à l'aplomb de l'intervalle des deux premières molaires. Celui du milieu ou palatin est également assez grand, échancrant assez fortement le palais en avant de la dernière molaire; enfin, le postérieur tout à fait dans l'axe longitudinal de la série vertébrale est assez petit et un peu déprimé, son diamètre étant à celui de la cavité cérébrale comme 1 : 3. Ses orifices, Nasal, Palatin, Vertébral.

Les sept vertèbres cervicales constituent un cou de médiocre longueur, mais fort épais et très-robuste. V. Cervicales, 7.

L'atlas est remarquable par la dilatation et l'arrondissement des apophyses transverses, percées d'un seul trou en dessus, avec échancrure marginale en avant, et de deux d'entrée vasculaire en dessous. Atlas.

Axis. L'axis a son apophyse épineuse médiocrement élevée et assez arrondie, touchant largement l'arc de la précédente, et les transverses assez prononcées, étroites et très-obliques en arrière.

Intermédiaires, Les trois intermédiaires sont fort singulières par la dilatation oblique des deux parties des apophyses transverses, qui sont aliformes et obliques; leur corps est fortement convexe en avant et concave en arrière, ce qui est aussi pour les suivantes.

Sixième, Dans la sixième, le lobe inférieur est large et arrondi.

Septième, Enfin, la septième commence par la hauteur de son apophyse épineuse à ressembler aux dorsales; elle n'a du reste qu'une apophyse transverse simple et imperforée, comme dans toutes les autres espèces.

Dorsales, 20. Les Apophyses épineuses. Celles-là, au nombre de vingt, comme il a été dit plus haut, ont d'abord, et comme à l'ordinaire, leur apophyse épineuse extrêmement élevée, assez inclinée en arrière, et renflée à l'extrémité. Aux dernières, cette apophyse devient au contraire assez courte, large et presque verticale.

Articulaires. Les apophyses articulaires antérieures ont le tubercule fort élevé, et le trou de conjugaison est comme dans les Tapirs percé en pleine lame de l'arc.

Lombaires, 3. Les vertèbres lombaires, au nombre de trois seulement, ne diffèrent guère des dernières dorsales que parce que leurs apophyses transverses sont considérables; celles de la dernière, plus petites et articulées avec la précédente, ainsi qu'avec le sacrum.

Sacrées, 4. Celui-ci n'est formé que de quatre vertèbres assez courtes, produisant une crête épineuse, continue, peu élevée, quatre paires de trous de conjugaison assez peu éloignés et de larges auricules obliques pour l'articulation avec l'os des iles.

Coccygiennes, 22. Quant aux vertèbres coccygiennes, quoique assez nombreuses, puisqu'on en compte vingt-deux, elles sont en général courtes, assez petites, et dépourvues, à l'exception des premières, d'apophyses un peu marquées. Les cinq ou six premières seules ont un arc vertébral en dessus, et des os en V en dessous, et ne sont guère articulées que par le corps.

La série médio-ventrale commence par un os hyoïde, dont le corps transverse, arqué en hausse-col, se prolonge en avant par une pointe médiane assez peu prononcée, et en arrière, il se continue sans séparation en petites cornes courtes et épaisses. Les grandes sont composées de deux articles, l'un assez court, phalangiforme, l'autre (styloïde), trois fois plus long, dilaté, et à peine bilobé à l'extrémité. SÉRIE MÉDIO-VENTRALE. Hyoïde, son Corps, ses Cornes antérieures, Postérieures.

Le sternum, en général peu étendu, n'est formé que de cinq ou six sternèbres, en distinguant l'appendice terminal postérieur de sa partie costifère. Le manubrium est assez long, obtus et subtriquètre. Sternèbres, 5. Manubrium Xiphoïde.

Les trois pièces suivantes sont plus larges, moins épaisses, et diminuent rapidement de longueur, surtout la dernière qui est transverse; enfin, le xiphoïde, rétréci dans son corps, portant les trois dernières paires de côtes, se termine en un appendice étroit et obtus. Intermédiaires.

Les côtes, qui sont au nombre de vingt paires, dont sept vraies et treize fausses, sont en général fort longues, assez étroites, fortement courbées de dehors en dedans, et assez peu d'avant en arrière. Des Côtes, 20.

Le thorax, qu'elles contribuent à former avec les vertèbres dorsales et les sternèbres, est très-long, subcylindrique et d'une vaste capacité, allant assez bien en s'élargissant graduellement d'avant en arrière. Du Thorax en totalité.

Les membres qui supportent cet énorme tronc sont, comme il a été dit plus haut, fort distants entre eux, assez courts et subégaux. DES MEMBRES. I. ANTÉRIEURS.

L'omoplate est ovale, étroite, allongée, un peu courbée en arrière dans sa totalité; aussi son bord antérieur est-il rendu un peu convexe, surtout inférieurement, par un petit élargissement ovale, oblong, d'insertion musculaire, distinct de la fosse surépineuse. Le bord postérieur est au contraire légèrement concave inférieurement, son angle supérieur étant assez prononcé, épais et très-obtus. La crête n'est pas tout à fait médiane, en sorte que la fosse surépineuse est un peu moins large que la sous-épineuse, supérieurement du moins, car, inférieurement, c'est le contraire. Omoplate, Forme générale, sa Crête.

Cette crête, de forme triangulaire, la base continue avec l'os, bien plus longue que les autres côtés, dont l'angle de jonction submédian

Acromion. est terminé par une sorte d'apophyse acromion élargie et arrondie (1).

Cavité glénoïde. L'extrémité inférieure de cet os est terminée par une cavité glénoïde ovale arrondie, ou mieux presque ronde, couronnée un peu au-dessus de son bord antérieur par un tubercule coracoïdien épais et arrondi. Coracoïde.

Humérus. L'humérus est remarquable par sa force, sa largeur, sa brièveté et la torsion de son corps, de manière que les deux plans de ses extrémités sont assez obliques l'un par rapport à l'autre.

Supérieurement. La supérieure, beaucoup plus large, presque quadrilatère dans son plan terminal, est formée par une tête peu saillante, oblique, hémisphérique, sessile, par une masse apophysaire extrêmement large, transverse et partagée, par une gouttière bicipitale fort large, en deux tubérosités, l'antérieure bien plus élevée que l'autre, externe, recourbée en dedans et se continuant dans une crête deltoïdienne, élargie vers sa terminaison en une apophyse saillante, un peu en crochet.

Son Corps. Le corps de l'humérus, au-dessous de la crête deltoïdienne, se renfle et s'élargit presque de suite, pour former l'extrémité inférieure, offrant Inférieurement. entre un épicondyle considérable en largeur et en épaisseur, et une épitrochlée qui l'est fort peu, une poulie articulaire subsymétrique, le côté interne un peu plus long et plus élevé, surmontée par une excavation olécranienne postérieure fort oblique et bien plus profonde que l'antérieure.

Radius en général. Le radius du Rhinocéros de l'Inde est remarquable par sa forme, sa grosseur, son épaisseur et sa largeur, proportionnellement même à sa longueur, ses deux têtes presque égales; le corps peu arqué et subtri- Supérieurement. quètre; l'extrémité articulaire supérieure très-large, plus en dedans qu'en dehors, et partagée, en deux parties assez inégales, par une saillie Inférieurement. adoucie submédiane. L'extrémité articulaire inférieure transverse est également très-large, autant au moins que la supérieure, et partagée aussi en deux fossettes subégales, l'une interne à peu près carrée en poulie, l'autre, plus petite et triangulaire, par un angle solide oblique

(1) M. G. Cuvier ne regarde pas cette apophyse comme un acromion, mais évidemment à tort.

et légèrement courbe. Cette surface articulaire est du reste dépassée en dedans par une apophyse malléolaire assez saillante et précédée en dehors par une tubérosité épaisse avec facette sigmoïde se prolongeant supérieurement en une surface rugueuse de contact avec le cubitus.

Celui-ci est certainement encore plus robuste que le radius, et presque exactement triquètre dans son corps, assez régulièrement arqué dans son bord postérieur, très-anguleux; prolongé supérieurement en une apophyse olécrâne considérable, comprimée, fort large dans sa base, élargie et épaissie en une grande virgule dans sa tubérosité, qui est à peine recourbée en dedans. L'extrémité inférieure de l'os se termine par une apophyse odontoïde assez saillante. Cubitus; sa Forme générale dans son Corps.

Des deux surfaces articulaires du cubitus, la supérieure humérale a ses deux lobes inférieurs ou antérieurs subégaux, très-divergents et séparés par une excavation rugueuse profonde, d'insertion ligamenteuse; tandis que le lobe supérieur, assez large, est empreint sur une apophyse assez peu saillante; l'inférieure, ou carpienne, en forme de selle ou de poulie transverse, un peu oblique, a son lobe interne à l'extrémité de l'apophyse odontoïde; tandis qu'au-dessus et en dedans est une très-grande excavation rugueuse de contact avec le radius. A ses Extrémités, supérieure, inférieure.

Le carpe du Rhinocéros de l'Inde est en général assez court et formé de ses deux rangées complètes. Os du Carpe

A la première : 1re rangée.

Un scaphoïde très-irrégulier dans sa forme, ou mieux comme festonné sur ses bords, assez large, mais surtout fort épais, convexe en dehors, encore plus concave en dedans, ayant une surface articulaire supérieure radiale, quadrilatère, en gorge de poulie; l'inférieure, divisée en quatre facettes : la première plus interne, la plus petite pour le trapèze, la seconde un peu plus grande pour le trapézoïde; la troisième, la plus grande, pour le grand os, et enfin, la quatrième, la plus externe, pour le semi-lunaire. Scaphoïde,

Un semi-lunaire plus petit, en forme de coin ou de gros clou du dos à la paume; la face dorsale plus étroite en avant, élargie en arrière, Semi-lunaire, où il offre une surface articulaire légèrement convexe, l'extrémité palmaire élargie en apophyse arrondie.

Pyramidal ou triquètre, Un pyramidal assez bien trapézoïdal, plane et plus large en dessus ou en avant, excavé semi-lunairement en dessus pour son articulation avec le cubitus, et en s'étalant sur le bord externe pour celle du pisiforme.

Pisiforme. Un pisiforme médiocre pour un si grand animal, un peu dilaté en tête, taillée à deux facettes pour son articulation en haut avec le cubitus, en bas avec le pyramidal; il s'élargit ensuite en une sorte de palette un peu recourbée en dedans.

2e rangée, Trapèze, A la seconde rangée, un peu plus courte que la première, on trouve un trapèze (1) assez petit, comme sésamoïde, arrondi à son extrémité terminale; l'articulaire, s'élargissant par une pointe interne qui déborde en dehors, offre une surface sigmoïde d'articulation avec le scaphoïde, et celle plus large et plus ovale qui touche au trapézoïde, et même un peu au métacarpien.

Trapézoïde, Un trapézoïde avec lequel s'articule le premier doigt visible ou indicateur, de forme tétraèdre irrégulière avec une excavation à la face dorsale et quatre facettes articulaires, la supérieure sigmoïde, l'antérieure en poulie et les latérales plano-convexes.

Grand Os, Le grand os, en effet, notablement plus grand que le précédent, et en forme de tête de clou court, quadrilatère à sa base dorsale, le côté inférieur semi-lunaire égalant les trois autres, élargi, comprimé et divisé en deux lobes simulant une sorte de pied en dessous, le talon articulé avec la saillie inférieure du semi-lunaire et la semelle s'avançant en crochet sous le pied.

Unciforme. L'unciforme, le plus gros des quatre, quadrilatère, un peu transverse, oblique et multi-anguleux, présentant obliquement en bas quatre facettes articulaires : une pour le grand os; la seconde pour

(1) M. G. Cuvier, dès la première édition de son mémoire, avait parfaitement reconnu cet os; et il est étonnant que Meckel, II, 2e part., p. 70, puisse douter si c'est le rudiment du premier métacarpien ou le trapèze.

l'angle en pan coupé du métacarpien moyen ; la troisième pour celui de l'annulaire, et enfin une terminale pour le rudiment du cinquième métacarpien ; en haut, deux larges facettes pour le semi-lunaire et le pyramidal, et se prolongeant à la face palmaire en un énorme mamelon arrondi, fort épais, en forme de pied de champignon.

Avec ce carpe assez étalé s'articulent trois métacarpiens complets, ceux de l'indicateur, du médian, de l'annulaire, avec un rudiment de l'auriculaire (1), qui ne consiste qu'en un osselet tubériforme, articulé avec la facette externe de l'unciforme.

Métacarpiens, 3 ; en général.

Les trois métacarpiens sont remarquables par leur peu d'épaisseur, comparée à leur largeur.

en particulier.

Le premier est le plus droit et même le plus grêle, versant à sa face dorsale en dedans, où il est aminci en forme de crête, outre une autre plus prononcée au milieu de la face palmaire. Son extrémité carpienne articulaire se joint par une facette avancée avec le grand os, par une autre en poulie avec le trapézoïde, et par une languette marginale avec le trapèze.

Premier :

Le second ou médian est le plus large, le plus plat, le plus long et le plus symétrique, surtout à son extrémité phalangienne, assez convexe ; car la carpienne ou supérieure l'est beaucoup moins, à cause d'un élargissement tronqué de son angle externe, allant s'articuler avec la seconde facette de l'unciforme. Elle est du reste triangulaire et pourvue de deux facettes articulaires, outre une très-petite à son angle en dedans.

Second. Supérieurement. Inférieurement.

Le troisième enfin se distingue aisément, parce que le plus court des trois, très-peu moins cependant que le premier, il est aussi le plus courbé en dehors. Sa tête supérieure offre du reste trois facettes : une au milieu, la plus large de beaucoup pour l'unciforme ; une interne, partagée inégalement en deux par une excavation d'insertion ligamen-

Troisième.

(1) Meckel, III, 2e part., p. 70, me semble à tort dire que M. G. Cuvier en faisait un os surnuméraire ; car, dans la 2e édition de ses *Recherches*, II, p. 18, 1821, il le donne comme remplaçant tout le petit doigt.

teuse, et enfin une externe très-petite pour le rudiment du cinquième métacarpien.

Doigts. Les doigts, au nombre de trois seulement, sont fort courts, beaucoup plus que le metacarpe, assez peu épais et subégaux.

Phalanges premières, Les premières phalanges sont assez bien carrées, un peu transverses, un peu convexes en dessous et excavées en dessus; celle du doigt médian la plus grande, la plus symétrique, mais aussi la plus mince; l'interne subcubique; l'externe à peu près semblable, sauf le versant en dehors, plus marqué que le versant en dedans de celle-là.

secondes, Les secondes phalanges sont plus larges que longues, ou transverses, surtout celle du doigt médian et imbriquant la première. Celles des deux autres prennent une forme plus normale, au moins aussi longues que larges et médiocrement épaisses.

troisièmes ou onguéales. Les troisièmes enfin redeviennent bien plus larges que longues, de manière à beaucoup dépasser les autres, en dehors comme en dedans, également pour la médiane qui est parfaitement symétrique, largement arrondie et amincie à sa terminaison, plus ou moins inégalement pour les deux extrêmes, dont le côté interne ou le côté externe, suivant que le doigt est le premier ou le troisième, se prolonge en une sorte d'appendice, le bord antérieur s'inclinant dans le sens du prolongement.

II. M. POSTÉRIEURS. Os innominé. Iléon. Les membres postérieurs du Rhinocéros indien ou unicorne, commencent par un os innominé considérable dont l'iléon très-dilaté est comme partagé en deux ailes : l'une montante articulée ou mieux appliquée contre les apophyses transverses du sacrum, qu'elle dépasse beaucoup, et l'autre un peu recourbée et terminée par une épine en forme d'apophyse triangulaire, plus ou moins bifurquée et descendante à la cavité cotyloïde par un col assez long et surtout fort épais.

Pubis. Le pubis assez court est triangulaire, le sommet à la symphyse, et la base assez peu profondément échancrée en dehors.

Iskion. L'iskion est encore plus petit et assez bien de même forme; mais, en sens inverse, le sommet à la tubérosité iskiatique fort dilatée, assez grosse et se recourbant un peu en crochet en dehors.

Le bassin se joignant au tronc sous un angle presque vertical, forme un assez vaste entonnoir peu profond, ouvert largement au détroit supérieur presque circulaire et peu resserré au postérieur, par conséquent assez grand. Bassin.

Le trou sous-pubien est plutôt rond qu'ovale. Trou sous-pubien.

Et la cavité cotyloïde également assez arrondie, est fortement échancrée en arrière pour le passage du cordon vasculaire.

La symphyse pubienne est assez peu allongée. Symphyse.

Si le bassin a encore, par sa grande dilatation, quelque ressemblance avec celui de l'Éléphant, il n'en est pas de même du fémur. En effet, au lieu d'être long, droit et comprimé, il est court, assez courbé, très-épais dans toute sa longueur, et spécialement à ses deux extrémités. La supérieure est surtout remarquable en ce que la tête, presque sessile, est encore sans trou d'insertion pour le ligament rond, que le grand trochanter, épais et aussi élevé qu'elle, donne naissance dans sa partie inférieure à une épine descendante, qui, par suite de l'âge, et avec une apophyse allant en sens contraire d'un troisième trochanter fort large et très-courbé sur son plan, produit une sorte de trou ovalaire. L'extrémité inférieure n'est pas moins remarquable par sa grande compression de droite à gauche, sa grande épaisseur en sens inverse, ainsi que par l'étroitesse et l'obliquité de la poulie rotulienne, ce qui rend le bord interne de la gorge bien plus élevé que l'externe. Fémur en général, Supérieurement. Inférieurement.

La jambe est également fort courte, plus que la cuisse, mais bien complète.

Le tibia, gros et court, triquètre, est peu rétréci dans son corps; la surface articulaire supérieure fort large et triangulaire, avec une apophyse d'insertion bicipitale, courte, épaisse et un peu déjetée en dehors par une sorte de sinus interne; l'inférieure en large contre-poulie peu profonde et très-peu oblique. Tibia Supérieurement. Inférieurement.

Le péroné, complet, assez épais, parfaitement libre, est dilaté presque également en palette peu épaisse à ses deux extrémités, sans que l'inférieure, plus large et un peu bilobée, produise une malléole bien saillante. Péroné.

Du Pied. Le pied en totalité est à peine plus long que la jambe.

Tarse. Le tarse est surtout fort court.

Astragale. L'astragale assez aplati, notablement moins cependant que dans l'Éléphant, offre en dessus une poulie un peu oblique, médiocrement profonde, et en avant deux facettes articulaires : l'externe pour le cuboïde, bien plus petite que l'interne pour le scaphoïde, mais l'une et l'autre tout à fait sessiles.

Calcanéum. Le calcanéum est également large et court (1), surtout dans son apophyse, presque cylindrique dans son col et en tête de clou à sa terminaison.

Scaphoïde. Le scaphoïde de forme ordinaire présente cependant en avant, outre les trois facettes pour les cunéiformes, la troisième la plus grande, une quatrième terminale externe pour le cuboïde.

Cunéiformes, premier, second, troisième. Les cunéiformes sont au nombre de trois : le premier plus gros que le second, tout à fait interne, postérieur, recourbé à son extrémité libre, et s'articulant à sa base et par autant de facettes avec le scaphoïde, le second cunéiforme et le métatarsien de l'indicateur, le second le plus petit et de forme ordinaire pour ce doigt, et enfin le troisième bien plus large pour le médian.

Cuboïde. Le cuboïde méritant assez bien ce nom par sa forme, cependant un peu pentagonale, mais assez peu considérable et assez particulier par suite d'un tubercule apophysaire qui saille à sa face postérieure et qu'échancre en avant la gouttière du long péronier.

Métatarsiens, 3. médian, interne, externe. Les os métatarsiens au nombre de trois, comme les métacarpiens à la main, mais sans rudimentaires, ressemblent assez à ceux-ci, quoique peut-être proportionnellement un peu plus longs. Le médian le plus régulier, le plus sub-symétrique et assez sensiblement le plus long; l'interne le plus courbé et l'externe le plus grêle.

Phalanges. Les phalanges sont assez bien dans le même cas, c'est-à-dire à peu

(1) Je ne conçois pas comment Camper a pu dire du Rhinocéros à deux cornes (p. 273 de la traduction française) que le calcanéum du Rhinocéros est fort long.

près comme à la main; les secondes phalanges peut-être cependant un peu moins courtes ou moins transverses.

DES OS SÉSAMOÏDES.

Ce genre d'os ne présente rien de nouveau, quant au nombre, dans l'espèce de Rhinocéros que nous prenons pour type; on peut même dire qu'il est moins grand, puisqu'il n'en existe véritablement que sous l'articulation métacarpo et métatarso-phalangienne et dans le tendon du droit antérieur de la cuisse; mais celui-ci ou la rotule prend surtout une forme assez particulière en rapport avec celle de la gouttière fémorale. En général.

La rotule du Rhinocéros unicorne est fort épaisse et sub-rhomboïdale, l'angle supérieur obtus et considérablement épaissi par un gros tubercule externe; l'inférieur un peu moins et un peu recourbé en dedans, la face externe très-rugueuse, hérissée d'une crête oblique; la face interne articulaire fort large, partagée en deux fossettes d'articulation inégales par une saillie oblique. Rotule.

Quant aux sésamoïdes des doigts en avant comme en arrière, ils ont une forme ordinaire semi-lunaire et ne sont pas même très-considérables.

Voyons maintenant à comparer à notre mesure, prise sur l'espèce de Rhinocéros la plus distincte, les différentes pièces du squelette de celles qui ont été admises par les zoologistes et que nous possédons, et cela en suivant l'ordre de leur dégradation, sans cependant y comprendre encore les espèces fossiles dont nous nous occuperons plus tard. Comparaison dans les Espèces.

On peut d'abord dire d'une manière générale que ces différences ne portent ni sur l'ensemble ni sur le nombre des os, mais seulement sur quelques particularités de quelques-uns d'entre eux, et même qu'elles sont assez peu importantes, au point que M. G. Cuvier a pu dire qu'il n'oserait affirmer qu'elles ne pussent exister aussi bien entre les individus d'unicorne qu'entre les deux espèces, et par conséquent servir à fonder des caractères spécifiques; tandis que pour les fossiles, il est arrivé à Pour le nombre des Os.

cette conclusion, page 85, qu'il n'est presque pas un os qui ne pût présenter des différences spécifiques très-marquées. Je crains véritablement qu'il n'y ait un peu d'exagération dans les deux assertions.

Dans cette comparaison nous allons passer en revue le squelette du Rhinocéros unicorne de Java, celui du Rhinocéros bicorne de Sumatra, l'un et l'autre pourvus de dents incisives, comme le Rhinocéros de l'Inde; puis parmi les espèces qui en sont dépourvues, ceux du Rhinocéros bicorne dit du Cap et du Rhinocéros camus, l'un et l'autre d'Afrique. Nous ne connaissons rien, pas même la tête des espèces qui, provenant de cette même partie du monde, ont été désignées sous les noms de Rhinocéros Keitloa et d'Abyssinie, et encore moins celle du *Rhinoceros cucullatus* de M. le professeur J.-Andr. Wagner. *Saugeth. von Schreber sechst. theil.*, page 317, tabl. 317, 1835; espèce à deux cornes, à peau plissée, couverte de petits tubercules.

Pour la Forme du Crâne d'un *Rhinoceros Sondaicus* ou *Javanus.*

Le crâne bien adulte d'un Rhinocéros unicorne, provenant d'un squelette échangé avec le musée de Leyde, et portant le nom de *Rhinoceros Sondaicus,* est évidemment celui qui s'éloigne le moins du Rhinocéros unicorne de l'Inde, par sa brièveté générale due à ce que les os du nez sont bien moins effilés que dans celui de Java, et surtout parce que l'occiput s'élève en pyramide inclinée en avant, au lieu de l'être en arrière; du reste l'espace inter-orbitaire est encore fort large, lisse et ensellé; la partie horizontale du palatin n'est pas étroite et les os du nez sont moins dilatés que dans le Rhinocéros de l'Inde, ce qui est la principale différence entre ces deux têtes osseuses, en faisant abstraction du système dentaire.

Rhinoceros Javanus.

Dans le Rhinocéros unicorne de Java, dont j'ai eu à la fois sous les yeux six têtes d'âges très-différents, j'ai pu m'assurer que le crâne varie notablement dans les proportions de longueur et de largeur; celle-là augmentant d'étendue, non-seulement en elle-même, mais sans doute aussi avec l'accroissement de la corne : d'abord en avant par l'allongement des os du nez qui surplombent de plus en plus les os incisifs, et ensuite en arrière par l'inclinaison dans ce sens de la face occipitale qui, dans le premier âge, l'était plutôt en avant. Mais ce qui est général dans le crâne de ce Rhinocéros, c'est que l'espace inter-orbitaire est large, plat, et ensellé, assez bien encore comme dans l'unicorne de l'Inde, et que les os du nez sont plus effilés, plus étroits et moins voûtés.

Rhinoceros Sumatranus.

La tête osseuse du Rhinocéros bicorne de Sumatra examinée sur trois individus dont l'un était plus qu'adulte, puisque la caduque est tombée en haut comme en bas; un second, femelle, dite de la grande race, et enfin un troisième non adulte, puisqu'il n'a que cinq molaires, m'a présenté pour différences principales l'occiput bien plus pyramidal et bien plus étroit dans sa crête, en un mot plus Tapir; l'apophyse mastoïde de l'occipital latéral et celle du mastoïdien plus petites et plus aiguës; la tête en général plus longue ou mieux plus étroite; l'espace inter-orbitaire, au lieu d'être plat, est au contraire relevé en une bosse plus ou moins saillante, indice de la place de la seconde corne; les os du nez encore plus longs et plus grêles que dans les précédents; l'os lacrymal plus grand, plus large; les trous lacrymaux plus marginaux et l'apophyse plus prononcée; le ptérygoïdien interne plus grêle et plus long dans son crochet; la partie horizontale de l'os palatin moins large; l'articulation du jugal avec le temporal plus longue et plus étendue, ainsi que l'arcade zygomatique tout entière; la barre et la partie terminale de la mâchoire et de la mandibule proportionnellement plus étroite et plus allongée, au contraire de ce qui a lieu surtout dans le *R. Javanus.*

Rhinoceros bicornis.

Parmi les espèces de Rhinocéros sans incisives, c'est certainement le Rhinocéros du Cap qui ressemble davantage sous le rapport de la tête osseuse, à celui de l'Inde, avec la différence de la partie inter-orbitaire convexe, au lieu d'être déprimée et un peu ensellée; la forme de la crête occipitale est en pyramide élevée, portée en arrière, au lieu d'être inclinée en avant, de sorte que les fosses temporales sont bien plus éloignées de se toucher, et surtout l'os basilaire est en carène aiguë au lieu d'être large et plat.

Comparant avec le Rhinocéros bicorne de Sumatra, on trouve un peu plus de rapports pour la forme de la crête occipitale, de l'occiput en général, aussi bien que pour l'espace inter-orbitaire; mais il y a au contraire une différence considérable en ce que les os du nez sont raccourcis et fortement élargis, et que les incisifs sont réduits à une petite lame horizontale en quart de cercle, d'où il résulte que l'échancrure nasale est bien moins profonde.

En général la tête est bien plus large, proportionnellement à sa longueur; il en résulte que l'arcade zygomatique est plus longue, plus surbaissée. L'os lacrymal n'est percé que d'un trou entre deux apophyses; l'apophyse ptérygoïde interne est large et courte; le tubercule maxillo-dentaire épais en tête de clou; le palatin assez largement avancé dans sa partie horizontale; le bord palatin échancré en ogive; l'apophyse postérieure glénoïdienne forte, épaisse, linguiforme, et le mastoïde très-court et triquètre.

Rhinoceros simus.

Dans le *Rhinoceros simus*, la tête en général est encore bien plus longue, plus étroite, plus effilée que dans le Rhinocéros du Cap, du moins dans sa partie occipitale, car la partie nasale est au contraire plus courte; la partie occipitale se pousse encore plus en arrière, elle se bilobe un peu comme dans le Rhinocéros de l'Inde, et les fosses temporales se rapprochent. Le front est moins large et moins bombé, quoique également convexe dans les deux sens. L'os basilaire de l'occipital, au lieu d'être tranchant, est large et plat, avec un seul filet médian relevé; son apophyse mastoïdienne est en forme de cuilleron; les apophyses ptérygoïdes internes sont longues et grêles; l'ouverture palatine très-grande et ovale; l'apophyse post-glénoïdienne au plus médiocre est recourbée en crochet à son extrémité; le tubercule maxillo-post-dentaire fort petit; l'échancrure nasale peut être un peu plus profonde, les trous sous-orbitaires certainement moins rapprochés du bord, et la lacune incisive moins allongée en forme de trèfle.

De la Mandibule.

La mandibule elle-même offre quelques différences qui, comme celles que nous venons de noter pour le crâne, indiquent une espèce distincte; ainsi, quoiqu'en bateau, elle est plus longue dans sa branche horizontale, au contraire de la branche verticale dont le condyle est plus oblique, l'apophyse coronoïde plus haute, plus grêle et plus courbée. La dilatation incisive est au contraire plus large et plus distincte, et le trou mentonnier plus grand et plus ovale.

En général cette tête indique une espèce distincte, ce que nous verrons concorder avec le système dentaire.

Je n'ose pas assurer qu'il en soit de même pour le reste du squelette que nous devons maintenant passer en revue.

Dans les Os du Tronc. Vertèbres.

Pour les os du tronc, nous avons déjà fait l'observation que dans tous les squelettes de Rhinocéros que nous possédons, le nombre total et particulier des vertèbres est presque toujours le même.

Rhinoceros Javanus.

Ainsi dans tous nos squelettes du Rhinocéros de Java, nous avons toujours trouvé le tronc composé de vingt-deux vertèbres, dont dix-neuf dorsales, avec dix-neuf paires de côtes et trois lombaires (1).

Rhinoceros unicornis.

C'est la même chose sur nos deux squelettes du Rhinocéros unicorne de l'Inde, dont l'un provenant d'un mâle très-robuste et fort âgé quand il est mort, offre dans toutes ses crêtes et apophyses une exagération presque anomale.

Rhinoceros Sumatranus.

Dans les deux squelettes du Rhinocéros de Sumatra, l'un adulte a vingt-trois vertèbres troncales, dont vingt dorsales, avec autant de paires de côtes, et trois lombaires; mais l'autre, bien plus petit, quoique à peu près adulte, rentre dans les nombres du Rhinocéros de Java et de l'Inde.

Rhinoceros bicornis.

Quant au Rhinocéros du Cap dont nous n'avons qu'un squelette, mais très-beau et complet, nous trouvons vingt dorsales, autant de côtes et trois lombaires.

Rhinoceros simus.

Le *Rhinoceros simus* n'est pas dans le même cas; en effet, il ne nous a offert que vingt-deux troncales en tout, dont dix-huit costales et quatre lombaires; mais comme nous n'avons pu consulter qu'un seul squelette,

(1) Un seul, qui a cependant aussi vingt-deux vertèbres troncales, ne m'a offert que dix-huit côtes, mais avec un appendice costiforme d'un côté seulement et alors avec quatre lombaires.

il serait trop hardi de donner ces nombres différentiels comme spécifiques.

Comparant maintenant les pièces que nous regardons généralement comme caractéristiques, nous devons avouer que les différences nous ont paru extrêmement faibles, si ce n'est entre les deux groupes d'espèces à incisives et sans incisives.

Atlas. La vertèbre atlas dans les Rhinocéros à incisives, c'est-à-dire chez ceux qu'on désigne sous les noms de *Rhinoceros unicornis*, de *Javanus* ou de *Sondaïcus* et de *Sumatranus*, a toujours en dessus une échancrure marginale et un seul trou pour le passage de l'artère vertébrale, le squelette du Rhinocéros de Vicq-d'Azyr faisant seul exception en ce que l'échancrure est convertie en trou par une bride osseuse transverse; mais dans le Rhinocéros du Cap et dans le Rhinocéros camus, l'un et l'autre dépourvus d'incisives, cette rentrée se fait par deux trous assez rapprochés, et par conséquent sans échancrure marginale.

Axis. La vertèbre axis m'a aussi présenté une différence assez saisissable dans la forme de l'apophyse épineuse; fort basse et épaisse dans les Rhinocéros asiatiques, et moins épaisse, mais surtout plus élevée, dans ceux d'Afrique, chez lesquels elle touche encore plus largement l'atlas que chez les premiers.

6e cervic. Le lobe inférieur de l'apophyse transverse de la sixième cervicale n'offre rien de bien différentiel. Dans le Rhinocéros de l'Inde, l'apophyse transverse de la septième s'articule par engrenage avec le lobe inférieur de celle de la sixième; mais sans doute par suite d'âge ou de force; car sur le squelette plus jeune il n'y a rien de semblable.

V. dorsales. Il en est de même de l'apophyse épineuse des vertèbres dorsales, à moins qu'on ne les compare sur des individus de sexe et d'âge différents, et alors les différences ne signifient à peu près rien.

V. lombaires. Les apophyses transverses des trois ou quatre lombaires sont dans le même cas, et outre que les différences individuelles paraissent devoir être assez considérables.

Hyoïde. Je ne puis malheureusement rien dire de l'hyoïde, n'en ayant que deux à ma disposition, et sans origine certaine. Je les ai cependant fait figurer pour montrer que très-probablement, si l'un est de Rhinocéros à incisives, l'autre est d'un qui n'en avait pas.

Sternum. Côtes.

Je n'ai rien vu de différentiel à noter dans les sternum, mais les côtes des Rhinocéros d'Afrique sont certainement plus larges et plus fortes que dans ceux d'Asie.

Membres antérieurs. Omoplate.

Comparons maintenant les membres en commençant par les antérieurs.

L'omoplate du Rhinocéros de Sumatra a une tout autre forme que celle du Rhinocéros de l'Inde, et rentre bien davantage dans la forme ordinaire, étant assez bien triangulaire, par l'élargissement de son bord supérieur, dont l'angle postérieur est bien plus prononcé, ce qui donne, au bord axillaire, une concavité assez marquée, et la fait paraître bien plus étroite inférieurement. Le bord antérieur est aussi plus convexe, plus anguleux à la fin de la gouttière d'insertion musculaire. La crête est aussi bien plus saillante dans son angle acromial, et plus courbée en arrière. Le col est plus marqué, et la tubérosité coracoïdienne un peu moins.

Rhinoceros bicornis.

Dans le Rhinocéros bicorne d'Afrique, l'omoplate est en général moins étroite ou proportionnellement plus large, avec son angle postérieur plus marqué; ses deux bords, plus également convexes, la partie inférieure de la fosse sus-épineuse est plus étroite; la crête, dont les bords sont plus rectilignes, offre son apophyse acromiale plus au milieu, mais plus large et plus courte; enfin, le tubercule coracoïde est peut-être encore plus fort et plus descendu.

Rhinoceros simus.

Chez le Rhinocéros camus, l'omoplate ressemble beaucoup à celle du Rhinocéros bicorne, mais peut-être avec les mêmes particularités plus prononcées.

Humérus. *Rhinoceros Javanus.*

L'humérus, examiné sur un individu d'assez grande taille du Rhinocéros de Java, que je dois présumer du sexe mâle, ressemble beaucoup à celui du Rhinocéros de l'Inde, mais plus mince et plus comprimé. La tubérosité épicondylienne, notablement moins saillante, et surtout moins élevée.

Rhinoceros Sumatranus.

Dans un autre individu de la même espèce, et dans un intitulé Rhinocéros bicorne de Sumatra, et que je crois femelle, cet os, quoique plus grêle, est absolument semblable au précédent. L'apophyse supérieure de la crête deltoïdienne est seulement bien plus étroite, quoique plus saillante et recourbée en dedans, de manière à ce que la gouttière bicipitale est plus profonde.

Toutefois, en comparant les humérus du même côté gauche dans l'ordre de leur grandeur, chez les espèces asiatiques, *Rhinoceros unicornis, Javanus* ou *Sondaïcus* et *Sumatranus*, j'ai trouvé qu'ils avaient tous absolument la même forme générale, mais seulement qu'à mesure qu'ils appartenaient à un animal plus petit, ils devenaient plus grêles et même un peu plus longs, proportionnellement à leur diamètre.

Rhinoceros bicornis.

Rhinoceros simus.

Dans les Rhinocéros d'Afrique et camus, bien adultes et mâles, les différences de l'humérus, comparé avec celui du Rhinocéros indien, sont en apparence si faibles, que l'on pourrait très-bien les considérer comme purement individuelles. Je n'ai, en effet, trouvé à noter qu'un peu moins de force, un peu moins d'élongation dans la crête deltoïdienne descendant un peu moins bas, avec son apophyse moins saillante, mais plus épaisse, et que les apophyses sont moins prononcées, surtout l'externe, ce qui rend la gouttière bicipitale moins encaissée. Quant à l'extrémité inférieure, c'est à peine si l'on peut reconnaître un peu plus d'épaisseur dans la tubérosité externe.

Cependant on peut noter plus de force, plus de grosseur proportionnelle; la grosse tubérosité plus forte, moins élevée, moins recourbée, et la crête deltoïdale plus épaisse, moins excavée, moins détachée inférieurement; mais c'est surtout dans le *Rhinoceros simus* que la brièveté et la grosseur proportionnelles sont véritablement remarquables; quoique d'un sixième plus court, il est un peu plus gros.

Radius.

Le radius ne m'a pas offert de différences beaucoup plus considérables.

Dans le Rhinocéros de Sumatra de taille bien moindre, sa forme générale est cependant la même dans des proportions fort rapprochées

Rhinoceros unicornis.

du Rhinocéros unicorne, mais peut-être avec un peu plus d'égalité ou moins de différences entre les deux lobes de l'articulation humérale, aussi touche-t-il au cubitus dans une plus grande partie de sa longueur, et semble-t-il se souder plus facilement avec lui.

Je n'ai, comme M. Cuvier, trouvé aucune différence de ce radius avec celui du Rhinocéros de Java.

Rhinoceros bicornis.

Je crois, au contraire, que celui du Rhinocéros du Cap, de même taille à peu près que celui du Rhinocéros unicorne, est un peu plus grêle, moins épais, ce qui le fait paraître un peu plus long, surtout dans son corps; il est peut-être aussi moins anguleux dans sa face antérieure, mais du reste il n'offre que des différences presque inexprimables et évidemment individuelles.

Cubitus.

Rhinoceros Sumatranus.

Le cubitus du Rhinocéros de Sumatra offre toujours plus de ressemblance avec celui du Rhinocéros Indien qu'avec aucun autre; seulement bien plus petit, bien plus grêle, il a cependant ses angles plus aigus, l'olécrâne plus comprimé dans son corps, et plus recourbé en dedans pour son apophyse.

Rhinoceros Javanus.

Celui du Rhinocéros de Java a peut-être son olécrâne plus allongé, mais un peu moins recourbé en dedans, et son extrémité inférieure un peu plus grêle.

Rhinoceros bicornis.

Le cubitus du Rhinocéros du Cap offre assez bien les mêmes différences générales que les autres os, c'est-à-dire qu'il est plus grêle, plus allongé, et cependant l'olécrâne est plus court et plus épais, aussi bien dans son corps que dans sa terminaison. Ses facettes articulaires sont aussi plus étroites, à l'exception de celle du semi-lunaire qui est plutôt plus large.

Os du Carpe.

Dans les Rhinocéros à incisives.

Le carpe des *Rhinoceros Sumatranus, Sondaïcus* ou *Javanus* présente des formes et des proportions assez semblables à ce qu'il est dans le *Rhinoceros unicornis*, avec quelques légères différences à peine exprimables, même en iconographie, si ce n'est dans la grandeur en général et le degré du rugosité, ce qui tient sans doute au sexe femelle.

Dans les Rhinocéros sans incisives.

Dans le *Rhinoceros bicornis* du Cap, le trapèze est un peu plus triangulaire, c'est-à-dire plus atténué au sommet; le trapézoide, sensiblement plus fort, et mérite mieux son nom à la face dorsale à peine convexe; mais surtout le pisiforme plus petit a ses deux extrémités plus égales.

Pour le métacarpe :

Du Métacarpe.

Dans les Rhinocéros d'Asie,

Je trouve que, sauf la taille et un peu plus de faiblesse, tout est, dans le Rhinocéros de Sumatra, comme dans le Rhinocéros de l'Inde, et qu'au contraire, dans le Rhinocéros de Java, le métacarpe est notablement plus court, à en juger d'après le métacarpien médian dont la largeur est à la longueur comme $1 : 2\frac{2}{3}$, tandis que dans le Rhinocéros unicorne c'est comme $1 : 3\frac{1}{4}$. Du reste, la forme de l'interne, et même celle de l'externe, sont assez bien comme dans ce dernier avec un peu plus de brièveté.

Dans les Rhinocéros d'Afrique.

Dans le Rhinocéros du Cap, les métacarpiens sont évidemment un peu plus longs; l'interne est surtout plus droit et même plus grêle, plus semblable à ce qu'il est dans le *R. tichorhinus* fossile, et sa face dorsale plus versante en dedans. Il en est de même de l'externe un peu moins courbé. Le médian est au contraire plus large dans toutes ses parties, et surtout dans son angle tronqué d'articulation avec l'unciforme.

Phalanges.

Dans les Rhinocéros d'Asie.

Les phalanges qui, dans le Rhinocéros de Java, sont tout à fait dans la forme de celles du Rhinocéros de l'Inde, le sont également dans notre Rhinocéros de Sumatra, avec la différence que les phalanges onguéales sont plus normales, moins déformées, plus allongées, moins larges, par moins de dilatation de leurs angles; ce qui est en rapport avec une moindre masse de l'animal.

Dans les Rhinocéros d'Afrique.

Le Rhinocéros du Cap a au contraire ses phalanges évidemment plus courtes et plus larges, ce qui est surtout bien marqué pour celles du doigt médian, et encore mieux dans le Rhinocéros camus.

Aux Membres postérieurs.

Aux membres postérieurs, je n'ai pu reconnaître que les différences fussent plus sensibles qu'aux antérieurs.

Je doute qu'il s'en trouve qui soient constantes, et par conséquent spécifiques aux os qui constituent le bassin.

Iléon.

M. Cuvier a signalé que, dans le Rhinocéros de Java, l'épine n'est pas fourchue; mais il eût été plus vrai de dire qu'elle l'est moins; ce qui tient indubitablement à l'âge et à la force.

Dans les espèces d'Afrique, cette bifurcation est encore moins marquée et bien plus inégale.

On devait s'attendre à trouver des différences spécifiques dans le développement et la position du troisième trochanter; mais je n'ose assurer qu'il en soit ainsi. Fémur.

C'est évidemment le fémur du *Rhinoceros Sondaicus* ou *Javanus* qui ressemble davantage à celui du *Rhinoceros unicornis*, même dans la tendance qu'a le troisième trochanter à remonter vers l'extrémité descendante du grand, mais sans que l'espace compris soit presque entièrement circonscrit, comme cela a lieu dans ce dernier, très-probablement par suite de l'âge. Dans les Rhinocéros d'Asie.

Cette disposition est encore bien moins prononcée dans le petit individu du *Rhinoceros sumatranus*, de sexe probablement femelle.

Elle le serait au contraire davantage sur le fémur des Rhinocéros du Cap et camus, par la disposition ascendante du troisième trochanter, mais le grand semble plutôt s'en éloigner en remontant. Dans les Rhinocéros d'Afrique.

Quant au reste de l'os, je ne puis rien noter de différentiel.

Je ne vois pas qu'il soit possible de signaler non plus aucunes différences spécifiques en comparant les deux os de la jambe, du moins pour les espèces asiatiques. Celle qui a été signalée pour le tibia, plus petit et plus grêle dans le Rhinocéros de Sumatra, tient évidemment au sexe femelle. Tibia.

Il serait même assez difficile de distinguer le tibia du Rhinocéros du Cap de celui du Rhinocéros unicorne; mais celui du *Rhinoceros simus* est évidemment plus court et plus robuste.

Il semble que le péroné soit plus courbé et plus appliqué au tibia dans les Rhinocéros de Sumatra; mais cela peut être individuel. Péroné.

Les os du tarse se laissent fort difficilement différencier.

Je dois seulement faire observer que l'astragale n'a pas, dans les Rhinocéros de Sumatra, l'excavation qui échancre le bord antérieur de Astragale.

la poulie dans le Rhinocéros de l'Inde, comme dans celui de Java; et que dans les deux d'Afrique où cette particularité n'existe pas non plus, la facette cuboïdienne de cet os est plus large que chez les espèces d'Asie.

Calcaneum.

Le calcaneum de ces dernières semble également avoir le col de sa tubérosité plus épais, et celle-ci un peu plus courte.

Autres Os du Tarse.

Pour les autres os, j'ai cherché avec le plus grand soin, en portant mon attention sur les points les plus importants de chacun d'eux, sans trouver d'autres différences que celles de grandeur et de force; et même entre les deux groupes d'espèces pourvues ou non d'incisives. Sans doute la partie apophysaire de celles qui en sont pourvues diffère souvent assez notablement, mais sans qu'il y ait là quelque chose de spécifique.

Métatarsiens.

C'est ce que l'on peut dire également des os du métatarse; si l'on compare par exemple ces os dans un squelette adulte de Sumatra, et dans un de Java, on trouve une différence considérable dans les proportions de chacun d'eux; le métatarsien médian de l'un étant dans la proportion de 0,153 à 0,039, et celui de l'autre dans celle de 0,150 à 0,058; mais le premier est d'un individu femelle, et le second d'un mâle, notablement plus grand que l'autre.

Médian. Dans les Rhinocéros d'Asie.

d'Afrique.

On trouvera cependant moins de différence en comparant ces os dans les deux Rhinocéros d'Afrique; ils sont pourtant en général plus épais et moins larges proportionnellement.

Phalanges.

Les phalanges participent encore plus que les métatarsiens à ces variations individuelles, et par conséquent nous ne nous y arrêterons pas.

CHAPITRE DEUXIÈME.

ODONTOGRAPHIE.

Historique.

Le système dentaire des Rhinocéros a été observé, et même, jusqu'à un certain point, approfondi d'assez bonne heure, et par conséquent bien plus tôt que leur ostéologie.

Worm est véritablement le premier qui en ait dit quelque chose, en décrivant et même assez bien, sans les figurer cependant, deux molaires de Rhinocéros qu'il possédait dans sa collection (*Mus. Worm.*, p. 316). Worm, 1655.

C'est même cette description qui servit à Grew pour reconnaître qu'une mâchoire fossile, trouvée en Angleterre, devait avoir appartenu à un Rhinocéros, et non, comme on l'avait supposé, à un Hippotame, dont il avait, il est vrai, une tête sous les yeux. Grew, 1681.

Mais c'est Hollmann qui, bien plus tard cependant, aborda la question d'une manière plus approfondie dans le but également de résoudre un problème paléontologique; il faut même croire qu'il avait entre ses mains des dents molaires et des incisives de Rhinocéros, puisque Jo. Fred. Meckel, dans sa lettre à Haller, dit en effet, touchant le Rhinocéros alors vivant à Paris : *In superiore et inferiore maxilla quatuor incisivi, latissimi, simillimi quos Hollmann secum habet, duo in superiore et duo in inferiore.* C'est également Meckel qui, dans cette même lettre, a donné positivement le nombre des molaires, sept en haut comme en bas et de chaque côté, car Daubenton n'en avait admis que six, d'après, sans doute, un jeune ou un trop vieil individu. Hollman, 1732. Fr. Meckel, 1749.

Pallas me paraît être le premier qui, en 1773, *Nov. Comment. Petropolit.*, t. XVII, p. 597, décrivit les particularités de la couronne des molaires du Rhinocéros de Sibérie en notant soigneusement les fossettes qu'il désigne par le nom de cavernes, suivant qu'elles sont au nombre de deux ou de trois; mais il ne les dessina pas convenablement, et, d'ailleurs, il ne connut pas les deux dernières. Pallas, 1773.

Merck a été ensuite plus loin en employant la disposition et le nombre des fossettes qu'offre la couronne de ces molaires pour soutenir la distinction du Rhinocéros de l'Inde, du Rhinocéros d'Afrique, ainsi que l'a fait justement observer M. de Christol. Merck, 1786.

Camper ne fut peut-être pas aussi loin que Merck, sous ce rapport du moins, dans sa dissertation sur le Rhinocéros à deux cornes, quoique ce soit à lui qu'est due l'origine de la discussion sur les dents in- Camper, 1778.

cisives du Rhinocéros, encore moins Blumenbach dans sa note sur le même sujet; ni même M. Cuvier dans son premier mémoire sur les Rhinocéros fossiles, et Muller dans sa description d'une tête fossile trouvée près de Quedlinbourg (*Berlin, Naturf. Frunde*, II band., n° 17, p. 340, tab. X, f. 39).

Faujas. 1803. M. Faujas a fait, suivant moi, des observations qui ne sont pas sans valeur, *Géolog. I*, p. 198, sur l'emploi du nombre des dents pour la distinction des espèces vivantes de Rhinocéros; malheureusement il a pris la chose d'une manière absolue, c'est-à-dire le nombre total, et non le nombre de chaque sorte et de chaque côté des deux mâchoires, ce qui l'a conduit à des erreurs relevées soigneusement par M. G. Cuvier.

Quoi qu'il en soit, on peut au moins assurer que ce sont les paléontologistes qui ont dû approfondir la question du système dentaire du Rhinocéros, et, en effet, ce sont surtout Merck, Faujas, M. G. Cuvier et M. de Christol, dans des mémoires *ad hoc*, aussi bien pour les espèces vivantes que pour les espèces fossiles.

G. Cuvier, 1804. Dans la première édition de son mémoire, nous ne voyons cependant pas que M. Cuvier ait réellement encore étudié ce sujet d'une manière un peu approfondie, et par conséquent suffisante pour résoudre la question de la distinction des espèces vivantes et fossiles, comme l'avait essayé Merck longtemps auparavant. Il avait pourtant exposé d'une manière fort claire la disposition générale des replis de la couronne sur le Rhinocéros unicorne de l'Inde, et, par suite, comment ces replis en s'usant donnent lieu aux creux ou fossettes que présente la couronne. Ainsi, ayant considéré celle-ci comme formée de trois collines tranchantes laissant entre elles des creux, une première longitudinale externe à laquelle s'en joignent une seconde vers son bord antérieur, et partant du tiers postérieur une troisième qui se bifurque, l'une de ses branches se portant en avant, et l'autre obliquement en arrière, il avait exposé comment, par une usure plus ou moins avancée, les collines augmentant de largeur, et les creux diminuant, ceux-ci se dessinaient au nombre de trois; d'abord un sur le milieu de la dent, par suite de la

D'une manière d'abord incomplète, Supérieurement,

jonction de la bifurcation antérieure (crochet), avec la seconde colline; puis un second en arrière, par suite de la jonction de la branche postérieure de la troisième colline au bord postérieur de la dent; enfin, un troisième oblique et interne produit par l'union des deux collines transverses à leur extrémité interne; creux qui, diminuent graduellement à mesure que l'usure, et par conséquent la largeur des collines augmente, et qui finissent par disparaître, laissant une large couronne lisse et bordée d'émail.

Mais il n'avait pas encore été plus loin; au point qu'il avait relevé comme une erreur commise par Merck, un fait rapporté par M. Faujas, I, p. 207, que l'on trouve en Allemagne des dents fossiles des deux espèces vivantes du Rhinocéros, ajoutant que, quand même le fait serait vrai, il serait impossible de le prouver, *parce que les dents des deux espèces se ressemblent quand elles sont du même âge*, et que d'ailleurs ces dents viennent d'une troisième espèce qui diffère des deux premières autrement que par les dents.

d'où un reproche mal fondé,

Il n'est donc pas étonnant que M. Cuvier, dans son mémoire sur les Rhinocéros fossiles, ait pu dire (p. 6) que les molaires fossiles ne nous disent point si elles viennent de nos espèces vivantes ou d'une espèce perdue, assertion qui, quoique erronée, comme M. Cuvier le reconnaîtra lui-même plus tard, semble excuser pleinement l'erreur reprochée, à tort, à Merck et à M. Faujas.

une assertion erronée,

Dans cette manière de voir, M. Cuvier dut, dans la première édition de son mémoire, regarder comme inutile (*Ostéologie*, p. 14) de désigner le chiffre des molaires qu'il fit représenter, et, lorsqu'il revint, comme il l'avait promis, sur ces diverses dents, lors de son mémoire sur les Rhinocéros fossiles, il se trouva conduit à des erreurs de fait qu'il a relevées lui-même dans sa seconde édition; comme celle où il a attribué à un Rhinocéros une portion de mâchoire avec deux dents des gypses de Paris, qu'il a reconnue depuis appartenir aux Paléothériums, et d'autres moins importantes que nous aurons soin d'indiquer d'après lui-même, à cause des conséquences qu'on a pu en tirer.

quelques erreurs de fait,

puis plus complète.

La plus grande partie de ces assertions, plus ou moins erronées, furent en effet convenablement relevées par M. Cuvier dans la seconde édition de son mémoire, où d'ailleurs le sujet est plus approfondi, d'abord par une description plus détaillée des molaires du Rhinocéros unicorne de l'Inde servant de type; par celle comparative du Rhinocéros bicorne du Cap, adulte et de jeune âge, aussi bien que de l'unicorne de Java, reconnaissant que dans cette espèce le crochet de la colline postérieure ne s'unissant pas même, dans la profondeur, à la colline antérieure, il ne peut y avoir à tout degré d'usure que deux creux, un arrondi postérieur et un antérieur en vallon transversal, tandis que dans l'unicorne de l'Inde le vallon est partagé en deux par la réunion du crochet à la colline.

d'où les différences spécifiques reconnues,

Cette étude plus complète de la forme des dents molaires, étendue à trois Rhinocéros vivants, l'un du Cap sans incisives, et deux de l'Inde, l'un du Continent et l'autre de Java, tous deux pourvus d'incisives, conduisit nécessairement M. Cuvier à reconnaître des différences dans les molaires des Rhinocéros fossiles.

On trouve en effet, dans la deuxième édition, après une appréciation plus ou moins assurée et plus ou moins exacte, des dents molaires qu'il possédait en nature, qu'il dit (p. 59) : « On voit que parmi les molaires observées par nous, il y en a à deux fossettes et un vallon, comme celles du Rhinocéros des Indes, et d'autres qui n'ont qu'une fossette et un vallon, comme le Rhinocéros de Java », différences qu'il retrouve dans celles dessinées par les auteurs.

non rigoureusement admises pour les espèces fossiles.

Nous verrons cependant, lorsque nous passerons en revue les espèces de Rhinocéros fossiles proposées par M. Cuvier, qu'il n'osait pas encore assurer que ces différences indiquassent des espèces distinctes, quoiqu'il acceptât parfaitement à cette époque, qu'il existait fossiles une espèce sans incisives et une espèce qui en était pourvue, mais c'était en s'appuyant sur d'autres caractères que ceux fournis par le système dentaire.

Inférieurement.

Quant aux molaires inférieures, il était encore obligé d'admettre qu'elles ne paraissent point offrir des moyens de distinction spécifique, et même en mesurant, comme il le fait souvent, l'espace occupé par plusieurs de ces dents de localités fort différentes, il finit par avouer qu'il ne s'y trouve rien qui puisse devenir caractéristique.

Dents de lait.

Dans les articles consacrés à l'étude du système dentaire des Rhinocéros vivants et fossiles, M. G. Cuvier n'a pas négligé les dents de lait ou de première dentition; mais nous verrons qu'à défaut de pièces suffisantes, il a également commis quelques erreurs importantes, aussi bien pour les incisives que pour les molaires.

Par M. de Christol. 1834.

Depuis la publication de la seconde édition du mémoire de M. Cuvier, les paléontologistes se sont occupés du système dentaire des Rhinocéros; mais aucun, si je ne me trompe, ne l'a fait d'une manière plus étendue que M. F. de Christol dans son mémoire intitulé : *Recherches sur les caractères des grandes espèces de Rhinocéros*, et publié en 1834 peu de temps après la mort de M. Cuvier.

Avec plus de détails,

Sentant encore plus peut-être que celui-ci, l'importance de l'étude des particularités des molaires pour la distinction des Rhinocéros, et admettant que les différences sont parfaitement spécifiques, M. de Christol a donné à la description de ces dents une très-grande attention qui a exigé de longues descriptions; aussi dit-il, p. 45 : « Au moyen de quelques observations ajoutées à celles de M. Cuvier, on pourra, dans le plus grand nombre de cas, et avec des dents isolées, arriver à une détermination précise de l'espèce, et on y arrivera toujours lorsqu'on pourra consulter une arrière-molaire et une molaire antérieure fixée au maxillaire supérieur; » et par là il veut dire une des molaires postérieures et une des molaires antérieures, et non la dernière de celles-là et la première de celles-ci; car dans un autre passage, il dit qu'il n'en fera pas mention dans ses descriptions, parce que leur examen ne conduirait à aucun caractère spécifique, thèse entièrement opposée à la mienne, comme nous le verrons plus loin.

portant sur les Dents intermédiaires postérieures, non sur les terminales.

Quoi qu'il en soit, M. de Christol, dans sa manière de voir, a décrit avec détail les dents intermédiaires en commençant par les espèces vivantes, et en acceptant la distinction et la dénomination des parties telles qu'elles ont été données par M. G. Cuvier, et par conséquent la division des molaires à deux ou à trois fossettes, suivant que le crochet de la cloison postérieure atteint ou n'atteint pas l'antérieure.

Définissant les espèces,

Comparant ensuite chacune de ces molaires intermédiaires sur les trois Rhinocéros vivants signalés par M. Cuvier, il pose les assertions suivantes :

Dans l'unicorne de Java, il n'y a jamais que deux fossettes à la couronne.

Dans l'unicorne des Indes il y en a trois.

Dans le bicorne du Cap il n'y en a que deux comme dans celui de Java ; mais dans les molaires de lait, le crochet de la colline postérieure se joignant à l'antérieur, il se forme trois fossettes sur la couronne lorsque la dent est suffisamment usée.

par les Dents de remplacement,

M. de Christol admet aussi, pour caractères spécifiques, des molaires de remplacement de cette espèce : 1) la bifurcation du crochet ; 2) l'existence d'une crête verticale opposée, venant de l'angle antérieur et externe de la couronne ; 3) un bourrelet large et saillant à leur base interne.

d'où sa distinction des espèces fossiles.

C'est à l'aide de particularités analogues étudiées sur des molaires implantées ou isolées, trouvées aux environs de Montpellier, qu'il cherche à distinguer, des espèces fossiles proposées par M. Cuvier, celle qu'il nomme *Rhinoceros megarhinus*, et qu'il propose de supprimer le *Rhinoceros leptorhinus* pour le réunir au *Rhinoceros tichorhinus*, d'après des considérations que nous aurons l'occasion d'apprécier plus loin, et que nous croyons peu fondées, comme nous espérons pouvoir le montrer lors de la discussion de ces espèces, dans le chapitre consacré à la paléontologie. En ce moment, nous devions nous borner à faire voir comment M. de Christol a notablement étendu l'analyse des dents molaires des Rhinocéros, et ainsi contribué à faciliter la caractéristique des espèces, quoiqu'à défaut d'éléments suffisants il n'y soit peut-être pas parvenu lui-même.

Matériaux plus nombreux en notre pouvoir.

Comme nous possédons encore un bien plus grand nombre de matériaux que nos prédécesseurs, provenant aussi bien de Rhinocéros vivants que de Rhinocéros fossiles, et surtout pour ceux-ci, grâce aux travaux de M. Lartet, nous espérons pouvoir donner encore quelques degrés de clarté de plus à ce point difficile de l'odontographie, et d'abord en le rattachant à cette partie de la science de l'organisation en général, dans le texte, et ensuite en disposant la partie iconographique d'une manière plus démonstrative.

Nous ne prendrons pas comme pour le squelette, pour type de notre description, le système dentaire du Rhinocéros unicorne de l'Inde, quoique toutes les dents molaires existent, sauf la première déjà tombée, à un degré d'usure, décroissant de la seconde à la septième; nous préférons prendre comme exemple le Rhinocéros de Java, parce que nous le connaissons sur un plus grand nombre d'individus, à différents degrés d'usure, et dont l'un montre à la fois ceux par lesquels passe chacune de ces dents en particulier, à l'exception, toutefois, des deux extrêmes qui, ayant une forme assez différente de celle des intermédiaires, demandent une description à part.

Type, le R. de Java.

Pourquoi?

Nous commencerons également par un animal adulte, nous proposant de revenir sur les différents âges, et principalement sur celui de la première dentition.

Adulte.

Le système dentaire des Rhinocéros est encore dans un certain degré d'anomalie, en ce qu'il est incomplet, comme dans les Damans, par suite de l'absence des canines, ce qui produit une barre plus ou moins étendue, et parce que les incisives elles-mêmes sont encore assez variables, du moins en grandeur et en proportion, au point de pouvoir ne plus exister à l'état adulte, du moins pour deux espèces vivantes. Du reste, les molaires rentrent assez bien dans la règle par le nombre et la disposition générale, avec cette particularité existante dans un assez bon nombre d'ongulogrades, que les inférieures diffèrent prodigieusement des supérieures, du moins dans la forme; car il n'en est pas ainsi du nombre qui est toujours le même, sept de chaque côté et à chaque mâchoire, ce qui donne pour la formule générale :

En général.

Disposition.

Nombre.

$$\frac{1}{2} \text{ ou } \frac{0}{0} + \frac{0}{0} + \frac{7}{7} \quad \text{dont} \quad \frac{4}{4} + \frac{1}{1} + \frac{2}{2}.$$

Formule.

En particulier. Entrons maintenant dans les détails du système dentaire des Rhinocéros de l'Inde.

A la Mâchoire supérieure. Supérieurement :

Incisives, 1. Les incisives du Rhinocéros de Java, même adulte, ne forment jamais qu'une seule paire, une dent de chaque côté.

et 2. Nous connaissons cependant un seul crâne où une petite externe est indiquée par son alvéole, dont les traces sont restées sur l'os incisif.

1re ou interne. Il n'en est pas de même de la paire interne; c'est une fort grosse dent tronquée presque carrément à son extrémité, par usure sans doute, mais qui, du reste, paraît avoir été aplatie, comme tranchante à la couronne, et prismatique dans sa partie radiculaire. Cependant il faut croire que cette partie a dû être assez courte, car l'os incisif lui-même est fort mince dans sa branche horizontale ou dentaire.

Barre. Après une barre considérable où devrait se trouver la canine, s'il y en avait, vient la série des sept molaires, toutes contiguës et même fort serrées, et comme pressées les unes contre les autres, ce qui contribue peut-être, en gênant un peu leur développement, à exagérer leur forme prismatique, et à les faire se chevaucher les unes les autres, d'arrière en avant, par leur angle antérieur et externe.

Molaires, 7.

Disposition.

Peut-être aussi est-ce à cette espèce d'entassement qu'est due la ligne courbe assez régulière qu'elles forment, tant au bord interne qu'à l'externe, disposition qui n'a pas lieu pour les molaires de la mâchoire inférieure, et qui est moins prononcée chez les jeunes individus que chez les adultes.

La 5e, prise comme type. Prenant maintenant une dent mitoyenne, la cinquième, par exemple, ou la principale, à l'état de germe pour la couronne, et fort usée pour la partie radiculaire, ce qui ne peut exister réellement dans la nature, parce que, dans le premier état, il n'y a pas de racines, et que dans le second, où celles-ci sont complètes, la couronne est fortement entamée ou rasée; mais dans le but d'avoir une sorte de schema de comparaison, examinons-la sans considération d'espèce sur le Rhinocéros de Java où nous l'avons trouvée plus convenable.

La couronne du germe de cette cinquième dent est véritablement formée de deux collines transverses plus ou moins obliques, plus épaisses, et plus arrondies ou renflées à leur base et en dedans où elles commencent à être libres et à se dégager du collet, qu'en dehors où elles vont plus ou moins obliquement, d'arrière en avant, se continuer, se joindre à un bord tranchant anguleusement festonné, qui termine la face externe de la dent. Cette face est elle-même imprimée de trois cannelures inégales de largeur et de profondeur, séparées par quatre bourrelets plus ou moins costiformes, deux terminaux, l'antérieur le plus anguleux, le postérieur le plus arrondi, et deux intermédiaires, dont le plus avancé et le plus marqué forme avec l'antérieur une sorte de pan coupé et cannelé à l'angle de la dent, imbriquant la dent précédente; mais, ce qui est plus important à noter pour expliquer les particularités de la couronne à mesure qu'elle subira l'effet de l'usure, c'est que comme les collines plus ou moins sinueuses, partant d'une base commune, d'abord épaisses, finissent par être tranchantes, il en résulte des intervalles de forme inverse, très-étroits au sommet et s'élargissant graduellement jusqu'à la base; et comme ces intervalles ne se remplissent jamais de cément, on voit comment la couronne de la dent offre des espaces creux ou fossettes, un postérieur infundibuliforme entre la colline postérieure et l'extrémité plus ou moins aliforme du bord externe, un second médian valliforme, bien plus grand, s'avançant obliquement entre les deux collines, et partagé plus ou moins complétement en deux parties plus ou moins inégales par une lame en cornet naissant de la colline postérieure, s'avançant à la rencontre, ou bien d'un cornet provenant de la paroi externe, ou bien de la colline antérieure.

Description de la Couronne, en Germe, ses Collines,

son Bord externe,

ses Fossettes,

ses Cornets.

Faisons maintenant agir l'usure, ou mieux un plan sécant, à peu près horizontalement, versant cependant un peu en dedans, sur les deux collines transverses et sur le bord externe, d'abord tranchants, jusqu'à ce que soit atteint le fond des intervalles ou le collet de la dent, le

Usée. Effet de l'usure,

point d'où naissent les racines, on voit comment d'abord le bord comme plus élevé, puis les collines, à commencer par la première, s'élargiront en montrant une zone d'émail, suivant les sinuosités et enveloppant l'ivoire dont la largeur s'accroîtra successivement, tandis qu'au contraire les intervalles creux diminueront d'étendue d'avant en arrière, c'est-à-dire en portant un peu plus d'abord sur la partie antérieure que sur la postérieure de la dent, et plus sur la partie interne que sur l'externe, et finiront après s'être isolés, s'être rapetissés de plus en plus, par disparaître complétement. Alors la couronne n'offrira plus qu'une large surface unie, un peu creuse, d'ivoire, entourée d'émail.

sur les Collines,

sur les intervalles ou Fossettes,

postérieure,

C'est ainsi, pour entrer dans quelques détails, que l'échancrure triangulaire ou infundibuliforme postérieure, par l'usure du bord externe et celle de la colline postérieure, se ferme de plus en plus en arrière, et finit par se convertir en trou ou île qui devient de plus en plus antérieur, à cause de l'obliquité de son axe, d'arrière en avant, jusqu'à ce que, l'usure continuant, il finisse par disparaître.

Moyenne ou Vallon.

La vallée est dans le même cas, en totalité et dans chacune de ses parties séparées par les cornets. Par l'usure du bord externe et celle des deux collines, le vallon, échancré en dedans par la séparatiou de celles-ci, se rétrécit, se raccourcit, au point de ne plus échancrer le côté interne. Par le même effet, le cornet de la colline postérieure, quand il n'y en a qu'un, et celui du bord quand il y en a deux, plus larges vers leur milieu qu'aux deux extrémités, et formant à la coupe ce que M. Cuvier a nommé *crochet*, partage d'abord le vallon plus profondément, en en séparant une ou deux fossettes, puis de moins en moins, et alors celui-là forme une île ovale qui diminue peu à peu, jusqu'à ce qu'enfin elle disparaisse quand la dent est rasée.

Cornet ou Crochet.

Externe.

Particularités distinctives de la Dent.

Ce sont ces nuances d'usure, ces points d'arrêt inscrits sur chaque dent, alors que l'animal les a laissés à sa mort, qui constituent, pour ainsi dire, l'individualité des dents séparées fossiles ou non, et qui donnent lieu à la résolution du petit problème, d'en dire le côté et le chiffre;

et bien plus, de déterminer l'âge ou l'espèce de Rhinocéros auquel elles ont appartenu.

Voyons comment, en prenant notre exemple dans le Rhinocéros de Java. Description particulière de

La première, comme terminale, est très-facile à reconnaître, non-seulement par sa grandeur bien moindre, mais aussi par sa forme presque rigoureusement triquètre, le sommet en avant et la base en arrière, le bord interne presque droit et l'externe tranchant assez saillant, un peu convexe, avec une côte submédiane, se prolongeant en pointe à la marge. la première. En général.

A l'état de germe, elle n'a qu'une fossette infundibuliforme avec une barre oblique en arrière, ses deux bords étant tranchants; de bonne heure, elle se rase, et sa couronne lisse, entourée d'émail, prend la forme d'un trou de serrure. A l'état de Germe. Usée.

La seconde est carrée ou mieux trapézoïdale, un peu plus large en dehors qu'en dedans. Pendant quelque temps, elle offre pour caractère d'avoir la colline antérieure séparée du bord externe. Cette colline est en outre bien moins épaisse que la postérieure, et comme celle-ci n'a jamais de cornet, il en résulte qu'à aucune époque il n'y a d'autres fossettes que la postérieure, d'abord en échancrure, et le vallon intermédiaire aux collines. Seconde. Germe. Usée.

La troisième se rapproche encore davantage de celle que nous avons prise pour type, c'est-à-dire, dans la forme générale, cependant un peu plus étroite et plus oblique; la colline antérieure plus épaisse que la postérieure; la seconde côte externe avant le tiers antérieur; le cornet de la colline postérieure bien distinct et tendant à fermer la fossette médiane externe, en la séparant du vallon. La troisième.

La quatrième prend encore mieux la forme normale, quoique encore un peu plus petite que la cinquième; le pan coupé de son angle antérieur est aussi un peu moins avancé; le cornet de la colline postérieure très-prononcée, s'avance en se recourbant, et tend à toucher le point La quatrième.

d'origine de la colline antérieure à la paroi, et ainsi à former une fossette moyenne externe.

La cinquième. La cinquième est celle qui est la plus forte, et dont la face externe n'indique aucun mouvement d'obliquité générale en arrière. Elle offre toutes les particularités de la précédente pour les collines et le cornet, et par conséquent pour les fossettes.

La sixième. La sixième, presque aussi grosse que la cinquième, en diffère surtout, parce que son bord externe tend à se courber en arrière, ce qui donne à la colline postérieure un peu moins de longueur qu'à l'antérieure; le cornet moins recourbé, plus droit, tend moins à fermer la fossette moyenne externe.

La septième. La septième enfin, devenant terminale, en prend le caractère, en ce qu'elle tend à devenir triquètre, par la grande inclinaison en arrière du bord externe et la brièveté de la colline postérieure, avec laquelle il semble se continuer dans le même mouvement. Du reste, il y a encore un cornet collinaire partageant le vallon en deux fossettes incomplètes; mais la postérieure n'existe jamais à cause de la confusion du bord externe avec la colline postérieure; on remarque seulement un petit tubercule postérieur en forme de talon et presque au collet.

Résumé. Ainsi, dans cette espèce, il n'y a jamais que deux fossettes, la postérieure et la moyenne, celle-ci n'étant jamais entièrement séparée en deux par le cornet.

Inférieurement :

En bas. Le système dentaire du Rhinocéros de Java est beaucoup plus simple.

Incisives, 2. Les incisives ne sont qu'au nombre de deux de chaque côté, et

La première. fort inégales; la première très-petite, cylindrique, obtuse et mamminforme, l'externe très-forte, assez longue, subtriquètre avec les angles très-arrondis à la base radiculaire, la couronne étant également

La deuxième. assez triangulaire, tranchante sur ses deux bords, surtout à l'interne, plus ou moins dilaté, un des côtés formant la face supérieure tout à fait plat et s'usant en biseau.

Après une barre, assez bien comme en haut, viennent les sept molaires, contiguës, serrées, à peu près comme les supérieures, dont elles suivent la proportion; mais dans une série rectiligne et avec une forme toute différente et beaucoup plus simple. Molaires, 7. Disposition.

Elles sont, en effet, en général formées de deux collines tranchantes, plus ou moins courbées en forme de C, et placées plus ou moins obliquement l'une à la suite de l'autre, l'antérieure plus complète, plus courbée, et la postérieure s'arc-boutant contre elle. En sorte que, par l'usure, la couronne offre deux croissants entourés d'émail; croissants qui augmentent de largeur dans leur partie osseuse, à mesure que l'usure augmente, et qui finissent même par se confondre, et ne plus former qu'une surface parallélogrammique, marquée d'abord d'un sinus en dehors, de deux en dedans, et enfin au dernier terme sans sinus ni en dehors ni en dedans. Forme en général. Par l'usure.

La première diffère assez sensiblement de la forme générale, en ce qu'elle est beaucoup plus petite et tranchante d'abord, puis triangulaire. La première.

La seconde l'est aussi dans sa partie antérieure, mais sa moitié postérieure est en croissant. La deuxième.

La troisième a les deux croissants, mais l'antérieur plus long et moins marqué. La troisième.

La quatrième, la cinquième et même la sixième ont la forme normale, et ne diffèrent guère que par une augmentation graduelle de grandeur, celle-ci ayant en outre le sinus interne du croissant antérieur plus marqué. La quatrième, cinquième, sixième.

La septième enfin n'offre pas d'autre différence : il n'y a pas la moindre trace de talon, et à peine égale-t-elle la sixième. La septième.

Ce que nous venons de dire du système dentaire du Rhinocéros unicorne à incisives de Java ne touche que les différences qui tiennent au degré d'usure. Nous avons maintenant à examiner celles qui dépendent du sexe, de l'âge et de l'espèce. Différences,

Celles qui dépendent du sexe ne nous sont pas connues d'une manière suivant le Sexe, certaine, et, d'ailleurs, ne doivent guère porter que sur la forme et la grandeur, surtout dans les incisives inférieures, qui sont presque des canines, et qui sont évidemment plus petites, plus grêles dans la femelle que dans le mâle.

l'Age,

Celles qui dépendent de l'âge sont plus importantes et heureusement mieux connues, non pas cependant sur le Rhinocéros unicorne de l'Inde, mais sur celui de Java, ainsi que sur les bicornes de Sumatra et du Cap.

dans le Rhinocéros de Java. 1er degré. Incisives, supérieures, 3.

Nous apprenons par là que, dans le système dentaire de premier âge du Rhinocéros de Java, que nous prendrons encore pour type, les incisives d'en haut sont au nombre de trois : deux en avant et qui sont presque dans la même ligne, l'externe plus large et plus comprimée, l'interne très-obtuse; la troisième bien plus petite, aiguë et distante; en bas, il n'y en a que deux : la première beaucoup plus petite que la seconde, assez bien comme dans l'adulte; mais l'externe proportionnellement bien moins longue dans sa couronne, plus conique, et cependant assez comprimée (1).

inférieures, 2.

Molaires, 3.

Les molaires ne sont qu'au nombre de trois aux deux mâchoires (2), et toutes fort semblables à leurs analogues dans l'adulte, n'en différant nullement ni de grosseur en général, ni de grosseur proportionnelle; la première seule se distingue nettement de celle de l'adulte, en ce qu'elle n'a qu'une côte médiane, tant l'antérieure est effacée, et qu'il y a trois fossettes à la couronne, par la conjonction du cornet de la colline avec le pariétal. Du reste, les deux autres n'ont plus que deux fossettes, et sans les deux denticules plus ou moins marqués que le cornet de la colline postérieure offre dans l'adulte.

La première.

La deuxième et la troisième.

2e degré.

A un âge plus avancé, mais que nous ne pouvons préciser, le système de premier âge est encore existant tout entier, mais déjà assez entamé, et

(1) Les incisives de premier âge que je décris ici, le sont d'après deux sujets; l'un pour la mâchoire supérieure, et l'autre pour l'inférieure.

(2) M. G. Cuvier en dit quatre, parce qu'il a mis de ce nombre la première de seconde dentition caduque.

de plus la molaire caduque, qui sort d'abord, la première du deuxième âge, ce qui en fait quatre et le germe de la principale ou cinquième.

Au delà, nous manquons de pièces pour suivre le mouvement du système dentaire des Rhinocéros en général.

L'espèce.

Voyons donc à exposer les différences qui tiennent à l'espèce sur l'adulte.

Dans les Rhinocéros à incisives. 2e dentition. En haut.

J'ai comparé avec le plus grand soin le système dentaire des deux Rhinocéros de l'Inde avec celui de Java ou de la Sonde, l'un et l'autre à une corne, avec celui de Sumatra qui en a deux, en portant surtout mon attention sur les dents terminales qui sont évidemment les plus et peut-être les seules caractéristiques.

Rhinoceros Javanus.

Je dirai d'abord qu'ayant eu à la fois sous les yeux six crânes de Rhinocéros de Java, ou de *Rhinoceros sondaicus*, je n'ai trouvé aucunes différences véritablement exprimables et spécifiques; sauf que sur l'un d'eux qui a encore ses incisives et ses trois molaires de premier âge, sans autre de la seconde dentition, j'ai trouvé que le cornet de la colline postérieure rencontrant un cornet de la paroi, forme réellement une fossette moyenne externe bien circonscrite, ce qui en fait trois, aux dents à remplacer.

Rhinoceros unicornis.

C'est une sorte de passage à l'unicorne de l'Inde, dans lequel le cornet de la colline postérieure, rencontrant et s'anastomosant avec celui de la paroi, à toutes les six dernières dents, il en résulte qu'il y a toujours une fossette médiane externe, même à la septième; cependant celle-ci n'en a que deux par absence de la postérieure, tandis que les autres en ont trois.

Première molaire supérieure.

Dans cette espèce, la première ou caduque paraît aussi devoir être bien plus petite que dans les autres Rhinocéros à incisives, du moins à en juger par son alvéole.

Incisives.

Quant aux incisives, elles m'ont paru en tout semblables à celles du Rhinocéros de Java, en haut comme en bas, et je n'ai pas vu la seconde externe supérieure signalée par M. Cuvier.

Rhinoceros Sumatranus. Molaires.

Sur une tête de Rhinocéros de Sumatra, dont j'ai pu comparer trois têtes, j'ai fait les observations suivantes :

La deuxième.

La seconde molaire d'en haut m'a paru proportionellement bien plus forte que dans le Rhinocéros de Java.

La troisième.

La troisième m'a montré les deux côtes externes plus prononcées, plus égales, au tiers chacune.

La quatrième.

La quatrième était plus semblable à la précédente, ses collines externes également plus prononcées.

La sixième.

La sixième est au moins aussi large que la cinquième, et par conséquent plus que dans le Rhinocéros de Java, par l'élargissement de l'aile postérieure; et son bord postérieur, dans l'angle de jonction de la colline postérieure avec le bord externe, au lieu d'être lisse comme dans le Rhinocéros de Java, est relevé en une sorte de crête bi et inégalement mamelonnée.

La septième.

La septième est triangulaire, l'angle externe antérieur formé par la cannelure; le côté externe arrondi; le postérieur par l'extrémité de la colline postérieure, qui est lisse. Les deux collines sont d'égale épaisseur, tandis que dans le Rhinocéros de Java, la colline postérieure est évidemment plus petite et moins épaisse que l'antérieure.

1re dentition.

Dans le système dentaire de premier âge, j'ai trouvé que la première a trois fossettes par la coalition du cornet de la colline postérieure avec celui de la paroi; ce qui n'a pas lieu pour les deux autres.

Dans les Rhinocéros sans incisives. *Rhinoceros bicornis.* Molaires en général.

Dans le Rhinocéros du Cap les côtes de la face externe des molaires en général sont moins prononcées, ainsi que le bourrelet interne qui sertit le collet aux trois qui suivent la première; les collines sont plus étroites et plus égales, et le cornet collinaire postérieur est double.

La première.

La première est proportionnellement plus petite, triquètre, fortement arrondie dans ses angles; elle est évidemment formée de deux collines avec vallon intermédiaire; ce qui, avec la fossette postérieure, en forme deux et la rend bien plus semblable aux autres que dans les Rhinocéros à dents incisives; mais surtout à celle de la première dentition.

La seconde a ses deux collines égales; le cornet très-prononcé avec un rudiment de celui de la paroi, et par conséquent la fossette du vallon est en sinus et non partagée en deux. La deuxième.

La troisième a la même forme; mais elle est bien plus grosse. La troisième.

La quatrième de même; le cornet pariétal s'approchant davantage de celui de la colline postérieure, et tendant davantage à fermer la fossette médiane externe. La quatrième.

La cinquième croît toujours notablement et d'une manière graduelle; l'origine du vallon se dilate. La cinquième.

La sixième encore plus grande est bien plus ailée en arrière; ce qui donne à la face externe beaucoup plus de largeur et d'étendue : la troisième fossette est presque fermée. La sixième.

La septième décroît; mais moins que dans les Rhinocéros à incisives : triangulaire, son côté interne est un peu plus court que les deux autres; et la colline postérieure qui en est bien distincte, avec un cornet fort prononcé, a une sorte de crochet à son talon, supérieurement. La septième.

Rhinoceros simus. Molaires. En général.

Le Rhinocéros camus est peut-être encore plus distinct que tous les autres par le système dentaire, que nous ne connaissons cependant que d'après un individu femelle plus qu'adulte, au point que l'usure a entamé toutes les dents et que la caduque est complétement tombée sans traces d'alvéoles. Toutes les dents sont, en général, très-obliques, l'angle antérieur fort prononcé mais sans cannelures, et elles sont encroûtées de cément comme celles des chevaux. La seconde presque complétement rasée n'offre plus que deux très-petits anneaux pour la fossette postérieure et le vallon; la troisième a trois fossettes, celle du vallon très-oblique; la quatrième n'en diffère que parce que la fossette moyenne externe n'est plus close; elle redevient complète dans la cinquième et la sixième dont le vallon et la fossette postérieure sont de plus en plus obliques; enfin la septième dont l'obliquité est encore plus grande, a aussi la colline postérieure plus prononcée que dans le Rhinocéros du

En particulier. La deuxième. La troisième. La quatrième. La cinquième. La sixième. La septième.

Cap : du reste, d'un côté il y a un cornet assez grand, et il n'existe pas de l'autre.

En bas.

Les différences que les Rhinocéros offrent dans la partie du système dentaire qui arme la mandibule sont encore bien moins prononcées que pour celle de la mâchoire.

Dans les Rhinocéros à incisives ou d'Asie.

Sur les Rhinocéros d'Asie ou à incisives, savoir : *Rhinoceros unicornis*, *Javanus*, et *Sumatranus*.

Rhinoceros Javanus.

J'ai étudié comparativement cette partie du système dentaire sur cinq mandibules du Rhinocéros de Java, sans y pouvoir remarquer aucune différence appréciable et constante.

Rhinoceros Sumatranus.

J'ai porté ensuite ma comparaison sur trois individus femelles de Rhinocéros de Sumatra à deux cornes, sans y rien trouver de plus différentiel, du moins pour les molaires; car pour les incisives tous les trois n'en avaient qu'une paire en haut comme en bas; l'externe est même assez petite, sans traces d'alvéole de la première.

Rhinoceros unicornis.

Sur une Tête.

Sur le Rhinocéros unicorne de l'Inde, observé par Vicq-d'Azir, les trois ou quatre premières manquent et les autres sont presque complétement rasées, en sorte qu'il n'y a presque rien à en tirer, si ce n'est qu'arrivés au dernier point d'usure, les deux chicots radiculaires peuvent rester seuls et séparés.

Sur une seconde. La première. La deuxième.

Il n'en est pas tout à fait de même pour une autre tête osseuse de la collection; la première, à en juger par son alvéole, a dû être extrêmement petite; la seconde est remarquable par l'étroitesse de son extrémité antérieure qui n'est qu'une corne presque droite au lieu

La troisième.

d'être courbée; la troisième conserve encore quelque chose du même caractère; et peut-être aussi les suivantes qui sont plus minces et plus élevées dans le fût de leurs demi-colonnes.

Dans les Rhinocéros sans incisives d'Afrique. 3e dentition. *Rhinoceros bicornis.* La première.

Dans les Rhinocéros sans incisives et d'abord dans celui du Cap, la première molaire est aussi plus petite et moins large que dans les Rhinocéros de Java et de Sumatra. Du reste elle est en pointe tranchante et comprimée, avec un talon un peu en fossette; la seconde ressemble bien davantage à la troisième et aux suivantes, étant plus épaisse, plus courte; ses collines plus transverses; les quatre dernières sont dans le même cas; c'est-à-dire bien plus épaisses et plus fortes; des deux collines en arc qui les constituent, la postérieure, du moins aux cinquième, sixième, et peut-être septième, est plus ouverte ou moins arquée. La deuxième. La troisième. Les quatre dernières.

Dans le Rhinocéros camus les différences dans les molaires d'en bas sont peut-être encore plus grandes que pour celles d'en haut. *Rhinoceros simus.*

Je ne connais pas la première caduque, tombée, sans qu'il reste des traces d'alvéoles sur la tête que j'examine. Les six autres sont fort usées, et surtout, comme à l'ordinaire, les trois premières, qui le sont jusqu'au collet, ce qui leur donne une forme prismatique; mais ce qu'elles présentent de plus remarquable, c'est qu elles offrent une fossette aux deux premières pour le croissant postérieur, et deux à la troisième, une pour chaque croissant, et fort inégales. Ce qui prouve qu'à un état d'usure moins avancé, le creux des collines en C se termine en entonnoir fermé. La première? Deuxième, troisième et quatrième.

Les trois autres sont plus normales; cependant il est évident que les replis de l'émail sont plus profonds, surtout à l'avant-dernière; ce qui provient de ce que le C antérieur est évidemment plus serré dans ses extrémités. Cinquième, sixième et septième.

Au reste, nos figures en disent davantage que de plus longues descriptions.

Quant au jeune âge de ces espèces sans incisives, je ne le connais que sur le Rhinocéros du Cap. 1re dentition. *Rhinoceros bicornis.*

Sur un individu de quelques mois nous trouvons :

Supérieurement. En haut.

Une incisive unique à couronne ovale, allongée, subdidyme, mousse, à peine sortie, sans racines, et comme collée dans une petite excavation de la gencive. Incisives, 1.

Deux seules molaires à l'état de germe, tranchantes sur la périphérie des collines, offrant, la première, un cornet collinaire considérable et assez fortement recourbé pour atteindre la paroi, qui elle-même pré- Molaires, 3. Première et seconde.

sente trois côtes fort peu élevées; la seconde plus grosse et ayant les deux cornets normaux tout près de se toucher.

En bas. Inférieurement.

Incisives, 2. Deux paires d'incisives non contiguëes, de forme semblable, mais la première plus petite que la seconde; la couronne en bourgeon arrondi, la racine cylindrique, un peu courbe.

Molaires, 3. Première et seconde. Deux molaires débordant la gencive; la première tranchante et étalée dans son premier C, le second très-courbe; la seconde, dans la partie antérieure du premier, en crochet formant fossette : ce qui ne me paraît pas avoir lieu pour la troisième, encore dans l'alvéole.

2e dentition. Incisives, 0. Molaires de lait, 3. Sur un individu plus âgé, quoique ayant encore les trois dents de premier âge, mais fort usées, où la première du second l'est à peine, et la principale en germe, il n'y a pas de traces d'incisives, et les trois molaires de lait par une usure plus avancée, ont toutes la fossette médiane externe bien complète par la coalition du cornet collinaire postérieur avec le cornet pariétal, et par conséquent plus complète qu'à l'état adulte.

Rhinoceros simus. Depuis que ceci est rédigé et même imprimé, j'ai pu voir aussi deux têtes osseuses de jeunes Rhinocéros camus, grâce à la complaisance de de M. Isidore Geoffroy Saint-Hilaire, qui a bien voulu les faire retirer, avec beaucoup de soin, de peaux des magasins de zoologie.

1re Tête. L'une, très-jeune, quoique d'un individu à terme, et né, sans doute, depuis peu de jours, ne m'a offert aucune trace de dents d'aucune sorte, les gencives étant encore parfaitement closes.

2e. L'autre, d'un tiers plus forte et évidemment plus âgée, et à peu près de l'âge de celle du Rhinocéros du Cap, dont il a été fait mention ci-dessus, m'a montré deux dents de lait de chaque côté et à chaque mâchoire à l'état de germe, ayant commencé à percer la gencive, mais seulement des dents molaires.

Incisives Il n'y avait certainement aucun indice d'incisives en haut comme en bas; ce qui est assez singulier, quand elles sont si évidentes dans le Rhinocéros bicorne; mais ce que nous ne pouvons assurer, parce que nous les avons cherchées nous-mêmes avec grand soin, et que les gencives étaient parfaitement entières.

Molaires.

Quant aux molaires, les deux premières seules peuvent être décrites, la troisième n'étant pas encore sortie, et la première de seconde dentition ou caduque encore moins.

Supérieures.

Les supérieures, comparées à leurs analogues dans le Rhinocéros bicorne, m'ont paru seulement en différer, en ce qu'en général plus fortes, leur face externe plus lisse ou moins cotelée, est plus étendue, plus ailée en arrière, plus avancée à son angle antérieur, et surtout parce que la troisième fossette est complétement terminée par l'anastomose des deux cornets.

Inférieures.

Les deux inférieures sont encore plus différentes, en ce que les collines en C sont plus courbes, et que le demi-entonnoir qu'elles font en haut se complète en bas ; ce qui, par une usure très-avancée, doit produire les iles ou fossettes que nous avons signalées aux dents de remplacement de l'adulte.

Telles sont les différences qu'il nous a été possible de constater chez les Rhinocéros, suivant le sexe, l'âge et surtout l'espèce, considération qui nous a fourni les plus tranchées. Toutefois, elles ne sont guère étendues jusqu'aux racines, et par conséquent jusqu'aux alvéoles, sur lesquelles il nous reste à dire quelque chose.

Des Alvéoles.
Des Incisives : supérieures,
inférieures.

Pour les incisives, qui n'ont jamais qu'une racine, il est évident qu'elle doit être proportionnelle à la couronne, surtout en largeur, et qu'il doit en être ainsi de l'alvéole unique, ovale et très-grande supérieurement, occupant souvent tout l'os incisif dans les espèces d'Asie continentale ou insulaire, et pas même rudimentaire dans celle d'Afrique ; et au contraire, au nombre de deux inférieurement et tout à fait terminales, l'interne beaucoup plus petite, ronde, mais assez souvent oblitérée ; l'externe circulaire ou subtriangulaire, et cela exclusivement dans les espèces asiatiques, puisque dans les africaines ce n'est que dans la première dentition qu'il y a des rudiments d'incisives, et alors les alvéoles sont rondes, subovales, la seconde un peu plus forte.

Des Molaires. Quant aux molaires, les différences, que nous avons eu assez de peine à reconnaître sur la couronne, disparaissent pour les racines et les alvéoles.

Supérieurement. Racines. En haut, sauf la première et la dernière, qui étant triquètres, offrent quelques différences dans les racines, et par suite dans les alvéoles, toutes les autres ont toujours trois racines, deux externes simples et plus ou moins divergentes, et une interne bien plus grosse et subdidyme, surtout au sommet. Pour les terminales, il en est à peu près de même, mais l'une des trois racines est en avant pour l'antérieure, et en arrière pour la postérieure.

Alvéoles. De là résulte, comme il est aisé de le concevoir sur le bord dentaire de la mâchoire, après l'alvéole de l'incisive, quand il y en a, et une barre plus ou moins longue, une série externe de quatorze alvéoles agroupées deux à deux, en dehors d'une série interne de sept plus larges et bien plus infundibuliformes que les externes : bien entendu que lorsque la première ou caduque est tombée, son alvéole finit par disparaître et s'oblitérer.

Inférieurement. Racines. A la mandibule, les racines sont également fort semblables à toutes les dents, sauf un peu à la terminale antérieure. Elles sont en effet toujours formées de deux lames transverses plus ou moins épaisses et bifurquées à leur terminaison. .

Alvéoles. Il en résulte que les alvéoles, en forme de trou de serrure, transverses, sont au nombre de quatorze, groupées deux à deux dans toute la série : la première seule est simple ou ronde, la dent caduque ayant en effet une forme triangulaire, le sommet en avant.

Ce que nous venons de dire regarde le système dentaire de seconde dentition; mais, sauf pour le nombre, peut très-bien s'appliquer à la première comme à l'intermédiaire.

CHAPITRE TROISIÈME.

PALÉONTOLOGIE.

DES TRACES LAISSÉES PAR LES RHINOCÉROS A LA SURFACE DE LA TERRE.

a) *Dans les ouvrages littéraires.*

Dans les écrits des Hébreux, ou dans nos livres sacrés, il paraît qu'il n'est réellement nulle part question du Rhinocéros, ni comme sujet de comparaison, ni comme fournissant quelqu'une de ses parties aux usages de l'homme. Chez les Hébreux,

Si cela n'est pas absolument certain pour les Juifs, puisque Scheuchzer, *Physiq. sacrée*, IV, p. 21, et Michaelis, cité par P. Camper sur le Rhinocéros à deux cornes, tome I, p. 228, de la traduction française, étaient de l'opinion que le *Reem* dont il est question au neuvième verset du vingt-neuvième chapitre du livre de Job, et dans plusieurs autres passages de la Bible, était le Rhinocéros; on peut du moins l'assurer positivement pour tous les auteurs Grecs, avant la conquête de la Grèce par les Romains.

On ne trouve, en effet, chez aucun poëte, historien ou philosophe ancien, Homère, Hésiode, Eschyle, Sophocle, Euripide, Pindare, Aristophane, Hérodote, Thucydide, Xénophon, aucun mot, aucun passage qui puisse faire la moindre allusion à cet animal; et ce qui est tout à fait digne d'être remarqué, comme l'a fait le premier Gesner, c'est qu'Aristote lui-même n'en a parlé dans aucun endroit de ses écrits. les Grecs, avant Alexandre,

Il faut même descendre à l'époque où commencèrent à paraître les ouvrages qui embrassent la description de la terre sous le nom de géographie, pour trouver le nom de Rhinocéros employé comme indiquant un animal. depuis.

Tous les auteurs qui se sont occupés de ce point d'archéologie zoologique, ne font pas, en effet, remonter la première notion du Rhinocéros plus haut que Strabon (*Géograph.*, lib. XVI, p. 1120), qui cite cependant, pour en avoir parlé avant lui, comme d'un animal peu inférieur à l'Éléphant pour la taille, Artémidore, auteur dont on ne connaît presque que le nom, mais qui probablement appartenait à l'école d'Alexandrie, car c'est dans cette ville qu'il doit avoir vu le Rhinocéros dont il a dit quelque chose (1).

Artémidore.

Strabon.

Strabon qui parle également de cet animal comme l'ayant vu lui-même, sans dire où, mais à l'occasion de la description de la côte occidentale de la mer Rouge, ajoute à ce qu'avait dit Artémidore que sa couleur est celle de l'Éléphant, que sa taille est celle d'un taureau, que sa forme approche de celle du sanglier, surtout pour la bouche, à l'exception du nez qui est, dit-il, pourvu d'une sorte de corne recourbée, plus dure que l'os et dont il se sert pour arme, comme le sanglier de ses défenses. A quoi il ajoute qu'il est comme cerclé du dos au ventre par des espèces de corps de dragon, l'un vers le garrot, l'autre vers les lombes.

Aussi pour le Rhinocéros vu par Artémidore à Alexandrie, il est extrêmement probable que c'est le Rhinocéros d'Afrique à deux cornes, le seul peut-être qu'aient connu les Romains, mais pour celui dont parle Strabon, s'il est présumable que c'est la même espèce, puisqu'il en parle dans la description de l'Afrique et de l'Abyssinie avec les grandes Panthères et la Girafe, cependant il ne lui donne qu'une corne, et les corps de dragons dont son corps est cerclé semblent indiquer les gros plis de la peau du Rhinocéros de l'Inde.

Pline.

Il est beaucoup plus probable que le Rhinocéros dont parle Pline

(1) Agatarchides, qui vivait vers 180 ans avant J.-C., sous les Ptolémées, et dont parle Strabon comme d'un historien péripatéticien, à l'occasion des hommes illustres de Cnide, paraît être réellement le premier auteur qui ait employé le nom de Rhinocéros, en disant, ch. 36 de l'extrait de son Histoire laissé par Photius, que c'est un animal aussi grand que l'Éléphant, mais moins haut, ayant la couleur de buis, la peau plus mince, portant une corne sur le nez aussi dure que du fer, et qu'il aiguise avant d'attaquer l'Éléphant, dans ses combats avec lui pour les pâturages. Et cependant Strabon attribue ces observations à Artémidore, qu'il dit fils de l'historien Théopompe, *œtate nostra*, ajoute-t-il, *divo Cæsari familiaris et qui apud eum maxime potest*, et par conséquent notablement moins ancien.

comme ayant été revu plusieurs fois à Rome, depuis que Pompée en avait le premier montré un dans les jeux qu'il donna pour l'inauguration de son théâtre, était africain. Cependant il ne lui donne positivement qu'une corne sur le nez (1); du reste ce qu'il ajoute sur sa manière de combattre l'Éléphant, sur sa longueur égale à celle de cet animal, mais avec les jambes bien plus courtes, et surtout sur sa couleur qu'il dit être celle du buis, a été sans doute pris d'Artémidore; car Strabon avait déjà réfuté cette couleur en disant qu'elle était celle de l'Éléphant.

Solin paraît n'avoir fait, comme c'est assez sa coutume, que copier ce que Pline avait dit du Rhinocéros. Solin.

Ælien semble aussi n'avoir parlé que du Rhinocéros à une corne, et s'il fallait croire ce qu'il en dit, dans l'introduction à son article 44, du Liv. XVII, sur le combat de cet animal avec l'Éléphant; il paraîtrait qu'il en aurait vu assez fréquemment dans les jeux donnés à Rome. Ælien.

Cependant d'après l'épigramme de Martial (2) si souvent citée depuis Gesner, qui me semble l'avoir fait le premier, le Rhinocéros qui parut dans le cirque à Rome, sous Domitien, était indubitablement bicorne. L'expression employée par le poëte ne peut pas laisser le moindre doute, et s'il y en avait, il serait levé par des médailles de ce même empereur, sur lesquelles est représenté un Rhinocéros pourvu de deux cornes (3). Martial.

Le vers de Martial sur lequel les érudits ont longtemps discuté parce qu'ils ne connaissaient que le Rhinocéros unicorne, se trouve également confirmé par un passage de Pausanias (lib. IX, cap. 20), qui parlant des curiosités qu'il a vues à Rome, cite dans ce nombre des taureaux d'Ethiopie qu'on nomme aussi *Rhinoceros*, parce que, dit-il, de l'extrémité des narines naît une corne et un peu au-dessus une autre plus petite, sans qu'il y en ait sur la tête. Pausanias.

(1) *Rhinoceros, unius in nare cornus, qualis sæpè visus* (Lib VIII, art 29).

(2) *Namque gravem* gemino cornu *sic extulit Ursum,*
Jactat ut impositas taurus in astra pilas.
Épig. XXII. *De Rhinocerote pugnante cum Urso.* Lib. IV.

(3) On en cite cependant aussi d'autres où l'animal n'en a qu'une.

Athénée. Le passage d'Athénée (*Deipnosoph.*, lib. V, p. 999) où il est question d'un Rhinocéros montré à la suite des animaux qui ornèrent les fêtes données à Alexandrie, par Ptolémée Philadelphe, nous apprend qu'il venait d'Éthiopie.

Dion Cassius. On peut également en dire autant de celui que, suivant Dion Cassius (*Hist.*, lib. I), Auguste montra à Rome dans le cirque lors de son triomphe sur Cléopâtre, quoiqu'il paraisse n'avoir eu qu'une corne.

Conclusion. Ainsi, jusque-là, il est évident qu'il n'est encore question que de Rhinocéros venant d'Afrique, qu'ils eussent une ou deux cornes, puisque cela est positivement dit pour les uns comme pour les autres (1). Il est donc extrêmement probable qu'il en fut de même pour ceux que firent voir à Rome pendant leur règne, Antonin, Commode, Caracalla, Gordien, Héliogabale, Héraclius, c'est-à-dire qu'ils venaient également d'Abyssinie, d'où en effet il était alors bien plus facile de les tirer que de l'Inde: et surtout de la partie de l'Inde où se trouvent les Rhinocéros.

Chez les Modernes; en général. Chez les modernes, c'est au contraire de cette dernière partie du monde que sont venus tous les Rhinocéros qui ont été vus vivants en Europe, et cela même jusqu'aujourd'hui; et comme cette espèce paraît n'avoir jamais qu'une seule corne, on peut trouver dans ce fait la raison pour laquelle le vers de Martial a été si longtemps mal interprété; et

1er. Scaliger, 1557. cependant Scaliger dit positivement, *de Subtil.*, *Exerc.* 205', avoir vu la peinture d'un de ces animaux dont le cadavre, par suite du naufrage du bâtiment qui le portait, avait été jeté sur la côte de Toscane, et il le décrit: *Capite suillo, tergore munitus scutulato, cornu gemino, altero pusillo in fronte, altero in naso robustissimo, quo audacissime pugnat et vincit Elephantum. Etiam*, ajoute-t-il, *desinant nugari grammatici de gemino cornu in Martialem.* Ainsi ce Rhinocéros dont nous ignorons

(1) Bruce, dans son *Voyage en Abyssinie*, assure positivement, sans l'avoir vu cependant, que les Rhinocéros du royaume d'Adel n'ont qu'une seule corne (tome XIII, page 139, *Trad. franç.*).

l'histoire (1), venait encore indubitablement d'Afrique et sans doute par Alexandrie.

2e. Albert Durer, 1515.

Mais celui qui fut envoyé à Emmanuel, roi de Portugal, en 1513, et qui fit périr aussi le bâtiment qui le transportait en Italie (P. Jove, *Hist.*, *Lib.* I, c. 2, 1550), comme un présent fait au pape par ce roi; celui dont Albert Durer a publié en 1515 une assez mauvaise gravure d'après un dessin envoyé de Lisbonne, venait certainement du continent de l'Inde. Et si la figure citée montre deux cornes, la seconde presqu'au garrot, on suppose que celle-ci, la plus petite, est une addition faite par Albert Durer.

3e. Ray, 1693.

Un second individu fut montré en Angleterre en 1684 et 1685, au témoignage de Ray (*Synopsis*, p. 123), mais la figure n'en fut publiée qu'en 1739 par Carwitham.

4e. Parsons, 1743.

L'individu mâle et fort jeune, dont Parsons a donné une figure à son passage à Londres en 1739.

L'individu femelle, montré en 1741, d'après le même, et dont il a parlé dans son *Natural History of the Rhinoceros, Trans. Phil.* n° 472, p. 523. Ann. 1743.

5e. Ladvocat, 1749.

Le Rhinocéros femelle qui fut envoyé en Europe par un spéculateur hollandais, Sichterman, suivant Camper, et dont J. Vandelaar a joint une figure aux planches anatomiques d'Albins, dont Oudry, le célèbre peintre d'animaux sous Louis XV, fit un portrait de grandeur naturelle, qui fut exposé au Salon, dont Camper fit aussi un dessin et même une statuette en terre cuite, comme il nous l'apprend dans sa dissertation sur le Rhinocéros à deux cornes, et qui fut le sujet d'une assez longue dissertation de l'abbé Ladvocat, et d'une autre par Demours.

C'est également celui qu'a figuré Edwards dans ses *Glanures*, tab. 24. Ann. 1758, que Buffon avait fait dessiner à son passage à Paris en 1749, et qui est le sujet de la description de Daubenton, et des observations d'Adanson.

(1) Il paraît qu'il faisait partie du muséum de Moscardo.

6°. Buffon, 1776. Le Rhinocéros mâle qui a vécu à la Ménagerie de Versailles, depuis l'année 1770, jusqu'en septembre 1793 où il y est mort; sujet des observations de Sanders (*Naturf. Berlin.* tome III, p. 3), de Camper, de Buffon, de Vicq-d'Azir, de M. G. Cuvier, et dont nous possédons la peau montée et le squelette dans les galeries du Muséum.

7°. L. Thomas, 1801. Celui qui est mort en Angleterre à son arrivée des Indes en 1800, et qui a été le sujet des observations anatomiques de M. Leigh Thomas dans les Trans. phil. pour l'année 1801, p. 145.

8°. 1814. Enfin celui que nous avons nous-même vu à Paris en 1814, et de nouveau en 1819, et qui était mâle.

Tous venaient du continent de l'Inde, n'avaient qu'une seule corne plus ou moins développée, et la très-grande partie étaient mâles.

On pouvait donc à cette époque être porté à penser que le Rhinocéros de l'Inde n'avait jamais qu'une seule corne, mais qu'en Afrique, il y en avait qui étaient bicornes, comme le vers de Martial l'exprimait d'une manière si positive, et d'autres qui n'avaient qu'une corne, ainsi que Pline et quelques auteurs anciens l'avaient dit.

Spécifiquement. *Rhinoceros unicornis* observé par Parsons, 1743. Le premier naturaliste qui se soit occupé de la distinction des espèces vivantes de Rhinocéros paraît être le D. Parsons, dans son Histoire naturelle des Rhinocéros, à l'occasion de celui qu'il put étudier vivant en Angleterre en 1739. En effet, ayant observé que tous les Rhinocéros qui avaient été jusque-là amenés d'Asie en Europe, depuis le commencement du seizième siècle, n'avaient qu'une seule corne, il présuma que ce pouvait être son caractère spécifique, tandis que celui d'Afrique en aurait deux, en s'appuyant principalement sur le vers de Martial cité plus haut, et à ce sujet, il explique comment Albert Durer, voulant faire accorder la figure du Rhinocéros unicorne envoyé de l'Inde en Portugal, en 1513, avec l'épithète du poëte, avait ajouté au dessin qu'il devait reproduire par la gravure, une seconde corne qu'il plaça, on ne sait trop pourquoi, au-dessus de l'épaule. Du reste, Parsons accompagna son mémoire de trois figures de l'individu mâle, vu à Londres en 1739, qui n'avait que deux ans.

C'est peu de temps après qu'un Rhinocéros femelle, âgé d'au moins huit ans, et pesant environ cinq mille livres, débarqué d'abord en Hollande, fut successivement montré en Angleterre, en France et en Allemagne, de 1749 à 1758.

Le premier ouvrage auquel il donna lieu est, à ce qu'il me semble, celui de l'abbé Ladvocat (1), qui en donna une fort bonne description, indiquant même les quatre incisives, page 5, qu'on joignait, sans doute, à une assez passable figure gravée à l'eau forte par Charpentier, que le propriétaire de l'animal faisait vendre aux curieux pendant son exhibition à la foire. C'est l'auteur de cette brochure qui nous apprend que le peintre Oudry avait représenté ce Rhinocéros de grandeur naturelle. Son opinion sur la question du nombre des cornes était que cela tenait au sexe, le mâle en ayant deux et la femelle une seule. Ladvocat 1749.

Demours donna ensuite quelques observations et une nouvelle figure de ce même Rhinocéros dans sa traduction des Transactions philosophiques pour 1743, tome III, pages 254, 470, pl. I, à la suite du mémoire de Parsons; sa figure assez bonne est réduite de celle d'Oudry faite par ordre du roi (L. XV), et qui fut exposée au salon. Seulement il en a diminué la corne d'après celle de Charpentier, plus vraie sous ce rapport. Demours, 1750.

Ce même animal, qui se noya dans son passage par mer en Italie, comme nous l'apprennent Buffon et Adanson, fut observé et décrit par Buffon et Daubenton dans le tome XI de l'Histoire naturelle du premier; mais Buffon, tout en acceptant, comme hors de doute, qu'il y a des Rhinocéros à une seule corne, et d'autres qui en ont deux, les premiers d'Asie, et les seconds d'Afrique, ne crut pas qu'on dût en tirer la conséquence qu'il y a deux espèces dans le genre. Buffon et Daubenton, 1764.

(1) La brochure de l'abbé Ladvocat est anonyme; elle est intitulée : *Lettre sur le Rhinocéros à M.***, membre de la Société royale de Londres*, in-8° de 30 et quelques pages, avec une mauvaise gravure en bois réduite de celle d'Albert Durer. Paris, 1749. Je ne l'ai trouvée citée nulle part.

Ainsi, en 1764, époque de la publication du onzième volume de l'Hist. Nat. de Buffon, les modernes n'avaient pas encore vu le Rhinocéros à deux cornes d'Afrique, quoique l'on possédât dans les collections un assez grand nombre de doubles cornes qui attestaient son existence d'une manière indubitable. Aujourd'hui même on ne l'y connaît encore que d'après des peaux bourrées, et tout ou partie de son squelette, ce qui n'a même eu lieu qu'assez tard.

Rhinoceros bicornis, observé en Afrique par Kolbe, 17...

Après les anciens missionnaires en Abyssinie et en Éthiopie, dont les observations sont au moins incomplètes et souvent erronées, le premier voyageur qui ait véritablement observé le Rhinocéros d'Afrique, c'est Kolbe, qui en a donné une description dans son Voyage au Cap, t. III, pages 17-18.

Depuis lors, Gordon, qui en a aussi dit quelque chose dans le sien, et beaucoup plus dans les notes et la figure qu'il a fournies à Allamand, pour son édition de Buffon, en Hollande, s'assura que les deux cornes existent dans les deux sexes.

Sparmann, 1778.

Sparmann en a même fait le sujet d'un mémoire particulier en 1778, dans les mémoires de l'Académie royale des sciences de Suède.

Bruce, 1782.

Bruce a décrit celui qu'il a observé en Abyssinie (Voyage, tome XIII, page 138 de la traduction française), mais avec une figure du Rhinocéros unicorne de l'Inde, copie de Buffon, et à laquelle il a ajouté une seconde corne, ainsi que le fait justement observer M. Cuvier.

En Europe,

Mais quant à des pièces provenant de cette espèce et transportées en Europe, avant P. Camper, il paraît qu'on n'en connaissait guère que des cornes (1), et peut-être même toutes les cornes doubles, qu'on lui attribuait, n'en provenaient-elles pas; puisqu'on sait aujourd'hui que le Rhinocéros de Sumatra en a également deux.

Nous avons vu plus haut, en parlant des connaissances des anciens sur

(1) A l'exception, peut-être, de celui dont Scaliger a parlé, d'après un dessin qu'il avait vu, et qui faisait partie du muséum de Moscardo. En effet, on trouve dans sa description, page 275 : *Che haveva due corni, l'uno picciolo posto nella fronte, l'altro robustissimo nel naso.*

les Rhinocéros, comment la question avait d'abord été agitée parmi les érudits aux sujets d'un vers de Martial.

Les premiers auteurs de traités de zoologie, Gesner, Aldrovande et Jonston, avaient bien connu cette discussion; mais ils n'avaient pas de faits positifs pour la résoudre. C'est, si je ne me trompe, Schoëk, qui le premier (Cur. Nat., decad. II, an. V, p. 468), annonça qu'il avait vu à Vienne en Autriche, chez un apothicaire, une corne double de Rhinocéros; ce qui le conduisit à confirmer l'exactitude du vers de Martial. non par Gesner, Aldrovande, Jonston mais par les Cornes, par Schoëk.

Bartholin consacra même un article distinct à cette espèce, sous le titre : *de Rhinocerote binis cornibus*, où il parle en effet d'une tête de Rhinocéros à deux cornes, et donne même la figure d'une double corne qui de son temps était dans le cabinet de Swamerdam. Bartholin.

Olaus Jacobæus signale aussi une de ces doubles cornes dans le Muséum du roi de Danemark. Ol. Jacobæus.

Aldrovande et Jonston en figurent même une autre qu'avait publiée Camerarius.

Kuhn, dans ses remarques critiques sur Pausanias, lib. V, cap. 12, p. 406, dit avoir appris d'un de ses amis que Baluze en 1696 lui avait montré les deux cornes d'un Rhinocéros. Kuhn.

Ce sont ces faits recueillis et accrus par Klein, et beaucoup d'autres semblables, qu'il serait inutile d'énumérer, qui conduisirent sans doute le docteur Parsons à soutenir, comme il a été dit plus haut, son opinion sur la distinction des deux espèces, d'après le nombre des cornes, en quoi il fut suivi et appuyé de nouveaux faits par Klein, *de Quadrup.* p. 26, 1751, avec une planche qui représente une de ces doubles cornes. Mais plus tard sa présomption put être vérifiée par une observation directe, lorsque Edwards s'empressa de l'avertir que Mead pouvait lui montrer une double corne attachée sur une portion de tête qu'il venait de recevoir du Cap, ce que le premier fit connaître dans une note sur le Rhinocéros bicorne, insérée dans les Transactions philosophiques, vol. LVI, tab. II, p. 34, pour 1766, et le second p. 25 de ses Glanures. Klein, 1751.

Parsons, 1766, pour la Tête, par Pallas, 176 .

Pallas confirma cette opinion de Parsons et de Klein, non-seulement d'après des doubles cornes faisant partie du cabinet de Saint-Pétersbourg ; mais aussi d'après un nombre considérable de crânes fossiles. Il est vrai que tous, même les plus petits, avaient ou mieux sans doute devaient avoir eu deux cornes d'après la disposition du chanfrein.

Camper, 1777.

Mais la chose fut encore plus directement démontrée lorsque P. Camper put examiner une tête entière de Rhinocéros du Cap qu'il dut à la générosité du gouverneur de cette colonie, alors hollandaise, le baron de Plettemberg. En effet, Camper en fit le sujet d'une leçon, d'abord dans son amphithéâtre, puis de deux dissertations, l'une *de Cranio Rhinocerotis Africani*, qu'il envoya à Pallas, qui la publia dans les Actes de l'Academ. Imp. de Saint-Pétersbourg, pour l'année 1777, t. II, p. 103, l'autre qu'il ne rendit publique qu'en 1779 sur le Rhinocéros à deux cornes. C'est là qu'après avoir repris le sujet au point où Parsons et Klein l'avaient amené, il confirma la distinction des deux espèces, non-seulement d'après le nombre des cornes, mais aussi d'après l'absence ou la présence de dents incisives.

1779.

Les deux Espèces discutées

C'est sur ces entrefaites qu'un nouveau Rhinocéros de l'Inde, mâle, arriva à la ménagerie du roi, à Versailles, et comme il y vécut assez longtemps, depuis 1770 jusqu'en 1793, où il y mourut, et qu'après sa mort son corps fut envoyé au Jardin du Roi pour y être disséqué, on voit comment l'étude de cet animal dut contribuer notablement à éclaircir différents points encore obscurs de l'histoire de ce genre.

par Camper.

P. Camper, lui-même, eut l'occasion de le voir à son premier voyage à Paris; et s'en servit dans la question de l'emploi des incisives pour la distinction des espèces : il fut décrit avec soin par Sanders (*Naturforscher*, III *Stucke*, p. 3). Mais Buffon surtout en fit grand usage pour compléter ce qu'il avait dit du Rhinocéros quinze ans auparavant. En effet, tome III de ses Suppléments (1776), il en donna d'abord une excellente description faite sur ce Rhinocéros vivant dont il suivit les développements de 1770 à 1772 ; mais de plus il fit connaître un des résultats obtenus par Bruce dans son voyage en Abyssinie, savoir, que tous les

Sanders.

Buffon, 1778.

D'après Bruce, 17 .

Rhinocéros du centre de l'Afrique ont toujours deux cornes; à quoi il ajouta contradictoirement à ce qu'avait dit Parsons, qu'Allamand avait écrit à Daubenton en 1766, que toutes les têtes de Rhinocéros qu'il avait reçues du Bengale et d'autres endroits de l'Inde, étaient toujours à deux cornes, tandis que celles qu'il avait reçues du Cap, n'en avaient qu'une, double assertion que nous allons voir bientôt Allamand, lui-même, déclarer reposer sur des renseignements erronés.

Buffon fit en effet représenter une de ces doubles cornes (*Ibid.*, Pl. LXI), mais sans indiquer leur origine; ce qui ne l'empêcha pas de conclure, sur l'assertion d'Allamand, éditeur de son ouvrage en Hollande, qu'il y a des Rhinocéros à double corne, formant une variété dans l'espèce, une race particulière, qui se trouve également en Asie et en Afrique. Allamand.

C'était en 1776 que Buffon faisait ainsi rétrograder la question, tandis que Camper, comme il vient d'être dit plus haut, dans sa dissertation publiée, il est vrai, en hollandais, en 1779, avait pensé mettre hors de doute l'opinion contraire, celle de Parsons, et d'autant plus aisément, qu'Allamand avait formellement reconnu l'erreur où il avait été entraîné, parce qu'il ignorait alors, ce qu'il a appris depuis, que les têtes à deux cornes qui lui venaient du Bengale y avaient été envoyées du cap de Bonne-Espérance.

Mais P. Camper ne s'était pas arrêté à la distinction des deux espèces unicorne et bicorne, d'après la présence ou l'absence des dents incisives. Camper.

On trouve, en effet, dans un passage d'une de ses lettres à Pallas (*New nordliche Beytrage*, VII, 249), qu'il pensait pouvoir distinguer deux espèces de Rhinocéros en Asie, ayant l'une et l'autre quatre incisives. Il se proposait même d'envoyer un mémoire sur ce sujet à l'Académie de Saint-Pétersbourg; mais la mort mit malheureusement trop tôt un terme aux travaux dont il devait encore enrichir la science.

Cependant et malgré l'opinion de Buffon, la dissertation de P. Camper eut le résultat qu'elle devait avoir, et les deux espèces furent définitivement distinguées par les zoologistes, d'abord sous les noms de *Rhinoceros unicornis* et de *Rhinoceros bicornis*, par Linné, Erxleben, Pen- Admises et nommées par Linné, Erxleben, Pennant, Blumenbach.

nant, etc., d'après la considération du nombre des cornes (1); mais ensuite sous ceux de *Rhinoceros Indicus* et de *Rhinoceros Africanus*, par Blumenbach, d'après la considération du système dentaire incisif.

Rhinoceros Sumatranus par W. Bell, 1793.

On sentit encore mieux l'utilité de ce changement des noms spécifiques de ces deux Rhinocéros, lorsque arriva la découverte d'un Rhinocéros à deux cornes faite dans l'île de Sumatra par W. Bell, et qui avait des incisives comme le Rhinocéros de l'Inde. La description de cette espèce fut insérée dans le volume des *Transactions philosophiques* pour 1793, et c'est à l'occasion de ce mémoire que MM. Geoffroy et G. Cuvier, qui entraient à cette époque dans la carrière, annoncèrent, dans le *Magasin encyclopédique*, tome I, page 326, ann. 1795, que dans la révision qu'ils avaient entreprise en commun sur les Mammifères, ils avaient lieu d'être convaincus qu'il existe quatre espèces bien distinctes de Rhinocéros : 1) le Rhinocéros d'Afrique de Camper; 2) le Rhinocéros fossile de Sibérie; 3) le Rhinocéros unicorne décrit par Camper dans sa lettre à Pallas, et 4) le Rhinocéros d'Asie, ordinaire, dont ils décrivent la tête d'après le squelette du Muséum, sans dire sur quoi reposait leur opinion, qui ne différait au reste de celle de Camper, qu'en ce qu'ils séparait la quatrième espèce de la troisième, et même celle de Sumatra de W. Bell.

M. E. Geoffroy et G. Cuvier, 1795.

Par M. G. Cuvier seul, 1797.

Les trois espèces vivantes de Rhinocéros que nous venons d'énumérer, celle de l'Inde, celle d'Afrique et celle de Sumatra étaient les seules admises et même assez bien caractérisées, lorsque M. G. Cuvier donna, dans le *Bulletin des sciences*, par la Société philomatique, pour l'année 1797 (prairial an V) l'extrait d'un mémoire fait par lui-même, et qui avait été lu en son nom propre dans la séance publique de l'Institut le 15 floréal an V.

Admettant avec Buffon que les deux espèces de ce genre ont l'une et

(1) C'est véritablement Hill qui, dès 1751 (*Hist. of Anim.*, page 567), avait distingué nettement les deux espèces de Rhinocéros, d'après le nombre de cornes, ce que ni Linné jusque-là, ni Bisson, ni Klein, n'avaient fait.

l'autre tantôt une corne et tantôt deux, et qu'on ne peut pas les distinguer par là, mais seulement, comme l'avait montré Blumenbach, d'après Camper, par le nombre et la position de leurs dents, le Rhinocéros d'Afrique ayant vingt-huit dents, toutes molaires, et celui d'Asie trente-quatre, savoir : vingt-huit molaires et six incisives, il ajoutait que plusieurs raisons (qu'il ne donne pas) le porte à croire qu'il y a encore au moins deux espèces vivantes différentes des deux qu'on connaissait très-bien, depuis quelques années, par les travaux de Camper et de Vicq-d'Azir : ce qui montre qu'il était sans doute porté à accepter pour la troisième, celle de Sumatra de W. Bell, tenant, comme il le disait, une sorte de milieu entre les deux autres, ayant deux cornes et la peau peu plissée, comme le Rhinocéros du Cap, et cependant des incisives comme celui de l'Inde, et pour quatrième espèce, une seconde que Camper disait avoir reconnue dans l'Inde, et dont il avait parlé dans sa lettre à Pallas.

Quoi qu'il en soit, M. Cuvier, dix ans après, reprenant ce sujet avec 1807.
plus de développements dans son mémoire sur les ossements fossiles de Rhinocéros (Ann. du Muséum, tome VII, p. 19, 1807), après un examen comparatif des trois crânes de Rhinocéros, deux d'après les figures qu'en avaient données W. Bell, de celui de Sumatra, Camper et Blumenbach, de celui du Cap, avec celui du Rhinocéros de l'Inde qu'il avait en nature, termine par cette phrase : « Y aurait-il en Asie deux espèces » distinguées par la forme de la tête et par le nombre des incisives, » mais dont l'une au moins serait indifféremment unicorne ou bicorne ? » ou bien les trois crânes appartiendraient-ils à une seule et même es- » pèce indifféremment unicorne ou bicorne. » Ce qui approche beaucoup, ce me semble, de l'opinion de Buffon qui voulait que le nombre des cornes ne fût pas un caractère spécifique ; mais qui prouve du moins qu'à cette époque (1807-1812) M. G. Cuvier était loin d'avoir 1812.
une opinion arrêtée à ce sujet, et sans quoi cependant il était assez difficile de traiter la question des fossiles.

Dans l'intervalle qui sépare la première édition de son Mémoire, de la seconde en 1822, plusieurs espèces vivantes de Rhinocéros ont encore été proposées.

Rhinoceros simus, par M. Burchell, 1817.

M. Burchell crut en avoir découvert en Abyssinie une nouvelle espèce bicorne à laquelle il donna le nom de *Rhinoceros simus*, à cause de la forme tronquée de son museau ; mais sans autres caractères. C'est l'espèce qui a été adoptée par M. Ruppell, *Voyage en Abyssin.* suppl. pl. 12, fig. 5, sous le nom de *Rhinoceros Burchellii*, et par M. Smith, qui en a donné une figure dans la planche XIX de ses *Illustrations zool. of South-Africa*, et c'est aussi celle que E. Home a considérée comme entièrement semblable au *Rhinoceros tichorhinus*, fossile en Sibérie et autres lieux (*Trans. philos.* pour 1822, p. 383).

Par Moi, en 1817.

A l'occasion de cette annonce accompagnée d'une figure de la tête, dans le *Journal de physique* pour l'année 1817, tome LXXXV, p. 164, je proposai, dans une note additionnelle sur la distinction des espèces de Rhinocéros, que je partageai en deux sections, d'après l'existence ou l'absence des dents incisives, d'examiner si non-seulement le nombre mais encore la forme des cornes ne pourront pas fournir des caractères spécifiques. Mais je ne pus guère atteindre à la certitude, à défaut de matériaux suffisants.

C'est aussi à cette époque que la zoologie asiatique ayant été mieux étudiée par des observateurs anglais, hollandais et français, aussi bien sur le continent que dans l'archipel indien, furent successivement proposées ou confirmées les espèces suivantes :

Rhinoceros Sumatranus.

Le Rhinocéros de Sumatra (*Rhinoceros Sumatranus*), indiqué par Marsden et par Pennant (*Quadrup.*, vol. I, p. 139), confirmé par de nouvelles observations de W. Bell (*Trans. Linn.* XIII, p. 268, 1793), et inscrit par Shaw (*Gen. zool.* 1, p. 207), fut généralement adopté.

Rhinoceros Javanus.

Le Rhinocéros de Java, à une corne, mais à incisives comme le précédent, dont Camper avait signalé la tête osseuse, que j'avais considéré (dès 1817) comme pouvant former une espèce distincte fort rapprochée du *Rhinoceros unicornis*, et qui depuis, mieux connu par la peau et son squelette, a reçu les noms latins de *Rhinoceros Javanus* par les uns, et de *Rhinoceros Sondaïcus* (1) par les autres. La femelle n'a qu'un rudiment de corne.

Dans la nouvelle édition de son Mémoire, tome II, p. 1 à 93 de ses recherches, M. G. Cuvier n'ajouta que fort peu de choses au nombre et à la distinction des espèces vivantes de Rhinocéros, si ce n'est la confirmation de l'espèce unicorne de Java qu'il nomme *Rhinoceros Sondaïcus*, d'après les observations de MM. Diard et Duvaucel; s'étant assuré, dit-il, que ce n'est pas une simple variété du Rhinocéros bicorne de Sumatra, sans exposition de preuves, mais en s'appuyant sans doute sur le squelette et la peau que ces voyageurs zélés envoyèrent au Muséum, et dont son frère et lui donnèrent les figures. 1822

Enfin il ajouta l'analyse de ce que M. Burchell a décrit de son *Rhinoceros simus*, et termina en disant qu'en admettant que cette dernière espèce vînt à se confirmer, le nombre des espèces vivantes monterait à cinq.

Depuis cette époque jusqu'aujourd'hui, on trouve encore comme ayant été proposées de plus :

Rhinoceros inermis, par M. Lamarre Picot, 1833.

Le Rhinocéros sans corne (*Rhinoceros inermis*), de M. Lamarre Picot, (n° 1448, 5 octobre 1833 du journal *le Temps*), trouvé dans les grandes îles de l'embouchure du Gange, et que nous avons pu voir nous-même dans la collection de ce voyageur, faisant aujourd'hui partie de celle de Berlin.

Rhinoceros Ketloa, par M. Smith, 1836.

Le Rhinocéros Ketloa (*Rhinoceros Ketloa*) d'Afrique, d'après M. Smith qui en a fait mention dans son *Rapport of exped.* p. 44, 1836, et depuis dans ses *Illustrations zool. of South-Africa*; caractérisée surtout parce que la seconde corne est aussi longue que la première.

Et enfin, le Rinochéros a Capuchon (*Rhinoceros cucullatus*), à deux cornes, dont la peau a été décrite et figurée par M. le professeur Wagner dans les Suppléments aux *Saugeth.* de Schreber, tabl. 137,

(1) Dans la première édition de son *Règne animal*, M. G. Cuvier emploie le nom de *Rhinoceros Sondaïcus*, et dans la deuxième, celui de *Javanus* plus convenable.

page 317, et qui se trouve dans le cabinet de Munich, mais dont on ignore l'origine (1).

Rhinoceros cucullatus, par M. Waguer, 1835.

Ainsi en acceptant comme suffisamment caractérisées les espèces de Rhinocéros, successivement observées plus ou moins complétement depuis Strabon jusqu'aujourd'hui, il en résulterait qu'elles seraient au nombre de sept ou huit pour la distinction desquelles on a employé d'abord le nombre des cornes, puis les dents incisives, les plis de la peau et enfin la disposition des fossettes de la couronne des dents molaires.

Ce sont au moins les seules dont il soit question dans les écrivains anciens et modernes venus à ma connaissance.

b) *Dans les travaux d'art.*

Les Rhinocéros n'ayant pas été connus des anciens Grecs, même après les conquêtes d'Alexandre, on voit comment les artistes n'ont jamais dû en représenter d'une manière quelconque dans les monuments.

Chez les Égyptiens.

Je ne crois pas même que les Égyptiens en aient figuré dans aucun de leurs hypogées, non plus que leurs cornes, dans les processions de gens qui apportent des présents de toutes sortes à leurs vainqueurs.

Chez les Grecs.

Ce n'est en effet qu'à dater de l'époque à laquelle les Rhinocéros entrèrent dans le cirque à Alexandrie et surtout à Rome, pour contribuer

(1) M. Delgorgne, qui revient des parties méridionales d'Afrique, dans la direction du port Natal jusqu'au tropique, où il a séjourné cinq à six ans, occupé à chasser les animaux de tous genres, et surtout les Rhinocéros, les Hippopotames et les Antilopes qui abondent encore dans ces contrées, m'a assuré que les Caffres distinguent, sous des noms particuliers, cinq espèces de Rhinocéros dans ces contrées :

1° Le *Macaby*, *R. bicornis* commun;

2° Le *Mocouf*, *R. Simus*, connu aussi sous le nom de Rhinocéros blanc, duquel il a apporté le squelette dont j'ai fait usage en terminant mon mémoire;

3° Le *Quetlotra*. *Quetloha* de M. Smith;

4° Le Lelongouanne, non encore signalé par les zoologistes;

5° Un à une seule corne, au lieu de deux qu'ont les quatres précédents, et dont il ne m'a pas dit le nom de pays.

aux amusements souvent barbares de ses habitants dépouillés du grand titre de citoyens romains, que l'on commence à trouver quelques traces de représentations artistiques, et comme l'a fait très-justement observer P. Camper, qui s'y connaissait, d'une manière tout à fait pauvre et incorrecte. Chez les Romains.

En statuettes, Camper, qui a fait un assez bon nombre de recherches à ce sujet, ne cite qu'un petit bronze antique qu'il vit le 19 octobre 1779, dans le cabinet de Hesse-Cassel, et dont parle également M. Faujas de Saint-Fonds (*Géolog.* I, p. 199). Statuette

Il représente un Rhinocéros à deux cornes; mais, dit Camper, il ne paraît pas mieux exécuté que le sont en général tous les bronzes antiques; ce qui est au moins bien sévère. de Rhinocéros à deux cornes.

On connait un plus grand nombre de médailles, à ce qu'il paraît toutes de Domitien, et dont ont parlé successivement Scaliger, Gesner, Aldrovandi, et surtout Parsons, Klein et P. Camper qui en a même figuré quelques-unes. Médailles de Rhinocéros à deux cornes.

Parsons cite :

Une médaille en bronze alors dans la collection de Martin Folkes, ancien président de la Société royale de Londres. 1°.

Klein, celles données par Beyer. 2°.

P. Camper en signale un bien plus grand nombre également toutes de bronze.

Une première de la collection de W. Hunter. 3°.

Une seconde de celle de Deane à Londres. 4°.

Ces deux médailles sont figurées par lui, Pl. V, fig. 4-5 de la traduction française de sa dissertation.

Une troisième de la collection du roi de France, et qui lui fut indiquée par le célèbre abbé Barthélemy. 5°.

Enfin d'autres qui se trouvent figurées dans les *Numismata antiqua* de Marchione Jacobo Mutello, part. I, tab. 29, f. 10, et part. V, tab. 10, 6°.

n° 4, et qui, à l'exception de ces dernières, ne représentent toujours que le Rhinocéros à deux cornes, suivant Camper (1).

En Peinture, en Mosaïque. La peinture ancienne n'a jamais représenté le Rhinocéros qu'en mosaïque et nous n'en connaissons même qu'un seul exemple dans la célèbre mosaïque de Palestrine, dont nous avons eu déjà l'occasion de parler plusieurs fois. La figure de Rhinocéros qui s'y trouve est encore une nouvelle preuve que cet ouvrage, assez grossier du reste, n'est que le produit de l'imagination de l'artiste, qui, à l'occasion du voyage d'Hadrian à Philé (2) a voulu peindre l'Égypte et surtout la Haute-Égypte, par ses productions et particularités les plus remarquables, telles que les géographes et les historiens les avaient énumérées. En effet, c'est un Rhinocéros à une corne qu'il a représenté, et non celui qui se trouve indubitablement en Abyssinie et qui a constamment deux cornes. Mais Pline qu'il prenait sans doute pour guide n'avait parlé que d'une.

Chez les Modernes, Chez les modernes, les artistes ont nécessairement représenté plus souvent l'une ou l'autre espèce de Rhinocéros, mais généralement assez mal.

en Statuette. En sculpture pleine non plus qu'en ronde bosse, je n'en connais même d'autre représentation que celle dont parle Camper (*loc. cit.* p. 219), comme ayant été faite par lui en terre cuite et sans doute d'un fort petit modèle.

en Médaille. En médaille, j'en ai vu une à Amsterdam, si je ne me trompe, où

(1) Il est assez singulier que Bruce (*Voyage*, XIII, page 148 de la traduction française) dise absolument le contraire. Toutes les médailles de Domitien ne portent, suivant lui, qu'une simple corne, et il relève l'assertion opposée de l'auteur de l'Encyclopédie anglaise.

(2) A ce sujet, il est assez difficile, ce me semble, de s'expliquer comment, dans la traduction française du mémoire de P. Camper, on a pu lui faire dire que l'abbé Barthélemy *prétend assez légèrement* que cette mosaïque a été exécutée par les ordres de Sylla, et qu'elle représente l'arrivée de l'empereur Hadrian dans l'île d'Éléphantine en Égypte. Comment le dictateur Sylla a-t-il pu faire exécuter un ouvrage à l'occasion d'un voyage qui n'a eu lieu que vers 130? Ce ne peut être qu'une erreur de traduction. Camper n'a pas dû traiter aussi légèrement un homme comme l'abbé Barthélemy, qui s'était même empressé de lui donner des renseignements utiles sur une médaille qui l'intéressait dans le cabinet du roi.

elle a été frappée. Elle représente le Rhinocéros unicorne de l'Inde débarqué en Hollande en 1741. La figure est assez bonne, on lit au revers : Ce Rhinocéros a été transporté du Bengale en Europe, l'an 1741 par le capitaine Dauremont Van-der-Meer. Elle (*sic*) avait en 1741 dix pieds de longueur, douze de circonférence, et cinq pieds sept pouces de hauteur. Elle consomme par jour 60 livres de foin, 20 livres de pain et boit 14 seaux d'eau.

En peinture à l'huile, je ne connais que le portrait à l'huile et de grandeur naturelle qu'a fait Oudry de ce même Rhinocéros pendant son séjour à Paris, et j'ignore ce qu'il est devenu. en Peinture à l'huile.

En peinture à l'aquarelle, la collection du Muséum possède dans sa riche collection de vélins, une figure du Rhinocéros, qui a vécu si longtemps à Versailles, par Maréchal, mais faite longtemps après la mort de l'animal et sur la peau montée dans les galeries; et une seconde évidemment meilleure faite par Huet, peintre du Muséum, d'après le Rhinocéros vivant montré à Paris en 1814, par Alpy. en Aquarelle.

En gravure originale, je ne connais que les suivantes : en Gravure, celle d'Albert Durer.

Celle en bois, faite par Albert Durer en 1515, et qui fut exécutée d'après un dessin qui lui avait été adressé de Lisbonne, du Rhinocéros de l'Inde, envoyé au roi Emmanuel en 1513.

Quoique grossière et exagérée dans l'indication des plis et des tubercules de la peau, elle donne assez bien l'idée de l'animal, à l'exception de la corne dorsale ajoutée, et qui pourrait bien n'être au fait qu'un tubercule exagéré par le dessinateur et le graveur.

C'est cette figure qui, pendant près de trois cents ans, a été répétée dans tous les ouvrages sur l'histoire des animaux.

Celle du Rhinocéros montré à Londres en 1686, gravée par Van der Berge, et qui a été publiée de nouveau à Londres en 1739, par Carwitham ; je ne la connais pas. de Van der Berge.

Celle du Rhinocéros vu à Londres en 1739, donnée par Parsons dans son Mémoire, d'après un individu vivant, mais de deux ans d'âge seulement ; aussi est-elle assez mauvaise. de Parsons.

d'Edwards.

Celle du Rhinocéros femelle, qui a couru toute l'Europe, de 1740 à 1750, où il périt en mer, dans sa traversée de France en Italie, et donnée par Edwards dans ses Glanures, assez mauvaise.

de Buffon.

Par Buffon, dans le vol. XI de son *Histoire naturelle*, également à peine passable.

de Charpentier.

Par Charpentier, et sans doute celle que le propriétaire de l'animal faisait vendre aux curieux qui venaient visiter l'animal; car elle contient aussi son portrait avec la même légende que sur la médaille.

C'est une gravure à l'eau forte et même assez peu terminée, mais de grande dimension, puisqu'elle a près de deux pieds de long sur quinze pouces de haut, où l'animal est véritablement bien rendu. Je ne serais pas étonné que ce fût d'après la peinture d'Oudry.

de Miger.

Celle du Rhinocéros de Versailles, par Miger, dans la ménagerie du Muséum, d'après le dessin de Maréchal, fait sur la peau bourrée et non d'après le vivant; celle qui est aujourd'hui copiée partout.

Je ne pense pas que la figure du Rhinocéros d'Alpy ait été encore reproduite par la gravure.

M. Fréd. Cuvier, dans ses Mammifères lithographiés, a donné la figure du Rhinocéros de Java.

c) *Dans le sein de la terre à l'état fossile.*

Généralités historiques et chronologiques des pièces signalées.

De ce que nous venons de dire sur les traces que les animaux du G. Rhinocéros ont laissées dans les œuvres des hommes, on a pu voir que c'était assez peu de chose. Il n'en est pas de même à l'état fossile. En effet, presque partout où l'on a rencontré des os fossiles d'Éléphants lamellidontes et mastodontes, se sont aussi trouvés des restes de Rhinocéros, à l'exception du nouveau monde, et ce qui est digne d'étonnement, c'est de fort bonne heure chez les modernes, que les paléontologistes s'en sont occupés, et sans commettre presque aucune erreur à leur sujet. C'est ce dont on peut acquérir des preuves indubitables dans les aperçus historiques qu'ont donnés sur ce point de paléontologie,

Hollmann, en 1752 ; Pallas, en 1761 ; Camper, en 1777 ; Merck, en 1782 et 1786; et depuis eux, M. Faujas de Saint-Fonds, et surtout M. G. Cuvier, dans les deux éditions de son mémoire sur les ossements fossiles de Rhinocéros : preuves qu'il va nous être facile d'augmenter notablement, par suite des découvertes qui ont eu lieu depuis 1825 dans un assez grand nombre de localités, et surtout en France.

C'est véritablement en Angleterre où se sont élevées les premières discussions systématiques sur la géologie étiologique dans les travaux de Burnet, de Whiston et de Woodward, que l'on a d'abord signalé quelques restes fossiles de Rhinocéros, un fragment de mâchoire trouvé près de Cantorbéry, et dont a parlé Grew dans sa description du Muséum de la Société royale de Londres, page 254. Dans cet article, loin de ne donner aucuns détails, comme l'a dit, sans doute par inadvertance, M. G. Cuvier, Grew montre par comparaison avec une tête d'Hippopotame qu'il avait sous les yeux, que la pièce fossile ne pouvait pas provenir d'un animal de cette espèce, comme le pensait W. Sommer, qui écrivit une brochure à ce sujet, mais bien d'un Rhinocéros, s'appuyant, pour soutenir cette opinion avec connaissance de cause, sur trois ou quatre points différentiels qu'il expose fort bien, comme la position et la forme de l'orbite, et aussi sur la forme des dents comparée à celles du Rhinocéros vivant décrites par Worm, et dont nous avons déjà parlé plus haut.

par N. Grew, en 1681.

Sommer, en Angleterre.

Cependant Grew ne fut pas aussi heureux pour une dent molaire qu'il figure *loc. cit.*, pl. 19, sous le titre de *P. Tooth of a Land animal;* elle était pourtant aussi de la mâchoire supérieure, comme les précédentes, mais il ne la reconnut sans doute pas, car il n'en est pas question dans le texte.

La partie de mâchoire supérieure, attribuée expressément au Rhinocéros par Grew, fut, malgré cela, représentée plus tard dans le n° 272 des Transactions philosophiques, tome XXII, avec, entre autres pièces, des dents molaires fort reconnaissables, et considérées comme des dents d'Hippopotame.

Mais la démonstration la plus complète de l'existence d'os fossiles de Rhinocéros est due à Hollmann, qui n'était pas même médecin, par suite de la découverte d'ossements nombreux trouvés en 1751, auprès du Herzberg dans le Hartz; c'est le sujet, comme l'a fort justement dit M. G. Cuvier, d'un des mémoires les mieux faits en Paléontologie, inséré dans le vol. II des Actes de la société royale de Gœttingue, pour 1752, avec de fort bonnes figures.

Hollmann, 1764, en Allemagne. Quoique n'ayant pas davantage que Grew de squelette et de crâne de Rhinocéros, en nature ou même en figures, Hollmann arriva par voie d'exclusion de ceux de l'Éléphant et de l'Hippopotame, qu'il ne connaissait cependant que par des descriptions ou des figures, à reconnaître le Rhinocéros; ce qu'il confirma par suite de l'examen comparatif qu'il pria Meckel le père, voyageant alors en France, de faire d'une dent fossile qu'il lui avait confiée, avec celles du Rhinocéros qui vivait alors à Paris, celui même qu'ont décrit Buffon et Daubenton en 1764.

Toutefois comme dans l'amas d'ossements du Hertzberg il ne s'était trouvé aucune partie de tête, la démonstration d'un Rhinocéros fossile fut bien plus complète, lorsque Pallas attiré en Russie, et nommé membre de l'Académie Impériale de Saint-Pétersbourg, fut chargé, en 1758, de la direction de son cabinet; il y trouva en effet, rassemblés de toutes les parties de l'empire par suite des ordres donnés par Pierre Ier, un grand nombre d'ossements fossiles parmi lesquels étaient quatre ou cinq crânes de Rhinocéros. Poussé à cela, sans doute, par le mémoire d'Hollmann, il en fit le sujet d'un mémoire inséré dans le vol. II des Actes de cette Académie, publié en 1761, avec la figure et la description du plus petit; c'est le premier de cette suite de beaux travaux de Paléontologie que la science doit à ce grand naturaliste et qui furent le résultat de ses longs voyages dans toutes les parties de l'empire de Russie.

P. Pallas, en 1761, en Sibérie.

1773. Dans le premier qui fut imprimé ou mieux qui porte la date de 1773, et qui est inséré dans le XVIIe volume des *Nov. Comm. Petrop.*, se trouve l'histoire du Rhinocéros, découvert, dit-on, entier avec sa peau sur les bords du Willouji, affluent de la Lena, et dont il décrit et figure la tête et un pied de devant, encore revêtus de la peau, et de plus la description et la figure d'un autre crâne bien plus complet, surtout pour le système dentaire, qu'il déclara entièrement différent de celui des autres quadrupèdes connus.

Le second fait partie du même recueil, part. II, 1777, pl. 15.

Le troisième est inséré dans les *Neue Nordlische Beytrage*, I, p. 170, publié en 1779.

par Collini, 1782, en Allemagne.

Vers cette même époque Collini fit connaître dans les mémoires de Manheim, un crâne de Rhinocéros trouvés aux environ de Worms, et comme ses os incisifs étaient complets sans alvéoles, il en conclut que non-seulement il n'y avait pas d'incisives; mais qu'il ne pouvait y en avoir à cause de la petitesse des prémaxillaires.

par Merck, en Allemagne,

Mais les deux personnes qui s'occupèrent plus spécialement des Rhinocéros fossiles, dans le même temps ou quelques années après, furent d'abord Merck, dans trois lettres qu'il fit successivement imprimer, la première en 1782, la seconde en 1784 et la troisième en 1786; et dans lesquelles il ne parla guère que des os fossiles de Rhinocéros trouvés dans les différentes parties de l'Allemagne; et ensuite Camper dans une dissertation spéciale.

distinguant deux espèces de Rhinocéros vivants

Quoique Merck ne fût ni naturaliste ni médecin et encore moins anatomiste; quoiqu'il n'eût d'abord rien dit des Rhinocéros vivants, ses relations avec Camper, auquel il porta, dans une visite qu'il lui fit en 1784, tout ce qu'il avait recueilli de dents de Rhinocéros fossiles, ne lui laissèrent aucun doute sur la distinction des deux espèces vivantes, et les seules connues alors, le Rhinocéros d'Afrique et celui de l'Inde; et comme offrant de grandes différences pour les dents avec plusieurs des fossiles. Et cependant il ajouta, comme conclusion générale, que ces deux espèces avaient été autrefois indigènes à l'Allemagne et que de grandes révolutions qu'a subies notre globe les avaient amenées de ces deux continents différents (p. 4).

et deux fossiles.

Ayant même acheté en Hollande une belle tête de Rhinocéros du Cap, Merck en donna une très-bonne figure, dans laquelle la série des dents supérieures et inférieures, est surtout parfaitement rendue.

distinguant du Rhinocéros sans incisives,

Cette belle pièce lui permet de faire observer, en rectifiant une erreur commise dans sa seconde lettre, que, parmi les dents trouvées à Mayence, il y en a une qui ressemble parfaitement à la troisième supérieure de la mâchoire fraîche, une autre à la cinquième, et une trouvée à Duisbourg à la septième. Il fait une observation analogue pour deux autres molaires; l'une tirée des excavations volcaniques de Francfort, l'autre tirée du Rhin et de sa collection, et les cite comme ayant la même conformation que celles de la mâchoire fraîche qu'il avait sous les yeux; invoquant à ce sujet le témoignage de Zimmermann et de Sœmmering.

semblable à celle de Sibérie,

Merck assure au contraire que toutes les dents qu'il a vues dans les autres cabinets d'Allemagne, des montagnes du Hartz, celles de la collection de Carlsrhue, de Strasbourg, de Rudelstadt, de Unckel ont toutes la ressemblance la plus parfaite avec celles de Sibérie.

du Rhinocéros à incisives.

Quoiqu'il regarde comme démontré avec Camper que le Rhinocéros d'Afrique n'a pas d'incisives, il fait l'observation que cependant on trouve des incisives parmi les fossiles, en citant à l'appui de son assertion les deux trouvées aux environs de Mayence en la possession de Sœmmering et dont il figure une, Pl. 3, fig. 1.

Par P. Camper,

Malgré ces tentatives en grande partie heureuses de Merck pour la distinction spécifique des Rhinocéros vivants et fossiles comparés entre eux, elles seraient restées incomplètes sans les travaux de Camper à ce sujet. Nous avons déjà eu l'occasion plus haut de faire observer que c'est lui qui a véritablement distingué le premier les deux espèces vivantes d'après la considération du système dentaire incisif. C'est dans

en 1777. 1780.

les actes de l'Académie de Saint-Pétersbourg, pour 1777, publiés en 1780, que se trouvent ses premières observations à ce sujet; et comme il eut l'honneur de recevoir, au nom de l'Académie, un crâne d'un

Rhinocéros de Sibérie, sur lequel il était en discussion avec Pallas, touchant l'existence ou l'absence d'incisives, il put établir une comparaison directe.

Aussi dans sa dissertation sur le Rhinocéros à deux cornes, publiée en hollandais en 1782, put-il dire, page 235 de la traduction française, après avoir signalé le fait que dans les têtes fossiles du Rhinocéros bicorne de Sibérie et autres lieux, la cloison du nez est un os épais et solide qui soutient l'extrémité de l'os nasal, en réunissant les parties supérieures de la mâchoire d'en haut, ainsi qu'on le voit dans la figure assez exacte qu'en a donnée Pallas; il poursuit en faisant cette réflexion : *mais il se pourrait que cette espèce fût totalement éteinte, ainsi que celles de plusieurs autres grands quadrupèdes qui ont péri jusqu'au dernier individu dans les grandes catastrophes qu'a souffertes notre globe; ce dont je ne doute plus aujourd'hui* (1782), ajoute-t-il, *quoique en 1776 je fusse dans un sentiment contraire.* 1782

Concluant la distinction et l'extinction du Rhinocéros sans incisives fossile,

Pour expliquer ce changement dans la manière de voir de Camper, il suffit de savoir que depuis cette époque, non-seulement il avait reçu le crâne de Sibérie, dont il vient d'être parlé, mais en outre, dans un nouveau voyage en Angleterre, il avait vu à Londres une tête de Rhinocéros bicorne à incisives de Sumatra; en sorte qu'après avoir nié que les Rhinocéros eussent et même pussent avoir des incisives, ce qui l'avait conduit à critiquer Buffon et Meckel qui disaient avec raison cependant en avoir vu sur le Rhinocéros vivant à la ménagerie de Versailles, il se vit obligé d'admettre que les deux Rhinocéros vivants différaient par la présence ou l'absence des incisives; et que celui de Sibérie, qui en manquait aussi suivant lui, pouvait être une espèce perdue et distincte par la cloison osseuse des narines, et l'allongement de la tête.

au contraire de ce qu'il avait fait d'abord.

Ce sont sans doute ces observations nouvelles de Camper, qui eurent sur Collini, dans son mémoire sur une tête de Rhinocéros fossile trouvée aux environs de Worms (Mém. de Manheim, tome V, p. 89, 1784), et sur Merck l'influence favorable, qui conduisit le premier à dire, p. 94, que non-seulement ce Rhinocéros n'avait pas eu de dents incisives, mais même

Acceptée par Collini. 1784.

n'avait pas pu en avoir, et le second aux résultats dont nous venons de parler; seulement par une comparaison plus ou moins exacte de la forme des molaires dont Camper n'a jamais parlé, et par la connaissance de dents incisives fossiles, il pensa que les deux espèces vivantes étaient représentées à cet état en Europe.

De 1786, époque où fut publiée la IIIe Lettre de Merck, jusqu'en 1795, où parut la première note de M. E. Geoffroy et G. Cuvier sur les Rhinocéros, je ne trouve rien à noter qui ait directement trait aux Rhinocéros fossiles; mais l'on voit que par suite des travaux de Pallas et surtout de Camper et de Merck, il est évident qu'on avait alors découvert deux Rhinocéros à l'état fossile, l'un celui de Sibérie, distinct parce qu'il manquait d'incisives, comme celui du Cap; mais dont la cloison des narines osseuse pouvait le distinguer comme espèce perdue, l'autre ayant des incisives comme le Rhinocéros unicorne ou d'Asie.

par MM. E. Geoffroy et G. Cuvier, 1795.

C'est en effet à quoi se bornèrent à peu de chose près, du moins pour l'espèce de Sibérie, le premier essai de M. G. Cuvier, associé alors dans des travaux communs à M. E. Geoffroy; comme il a été déjà dit plus haut à l'occasion d'une note *sur les espèces de Rhinocéros vivants et fossiles*. Le Rhinocéros de Sibérie fut indiqué comme espèce distincte et cela à cause de l'ossification de la cloison des narines.

par M. G. Cuvier, 1797.

Elle se trouve en effet dans l'extrait d'un mémoire sur les ossements fossiles de quadrupèdes, au n° 5, sous ce titre : *Espèce de Rhinocéros à deux cornes, à crâne allongé, que l'on trouve en Sibérie, en Allemagne et dans d'autres pays.* L'auteur en a vu des dents et des portions de mâchoires, trouvées en France, qui lui paraissent en provenir. Le principal caractère de cette espèce consiste dans la cloison osseuse du nez. Son analogue vivant est inconnu.

par le Même, 1801.

C'est ce qui se trouve également, mais plus développé, dans le mémoire sur le même sujet, cité plus haut à l'occasion de la distinction des espèces vivantes de Rhinocéros, lu dans une séance publique de l'Institut et par suite dans l'*Extrait d'un ouvrage sur les ossements fossiles de quadrupèdes*, imprimé par ordre de la Classe, en 1801. En continuant de le croire essentiellement distinct des quatre ou cinq espèces ou variétés vivantes de Rhinocéros, parmi lesquelles se trouvait le Rhinocéros bicorne et à incisives de Sumatra, décrit nouvellement par M. Bell.

Malgré cela M. Faujas de Saint-Fonds, qui avait donné au cours de géologie, qu'il professait au Muséum d'Histoire naturelle, un intérêt assez vif pour attirer un grand nombre d'auditeurs, parce qu'il y faisait entrer des considérations paléontologiques, et qu'il s'y livrait alors, sans aucune crainte, aux hypothèses les plus hasardées, combattit la manière de voir de Camper, admise par M. G. Cuvier, sur la distinction du Rhinocéros de Sibérie, de celui du Cap. Raisonnant sur les mêmes faits, car à cette époque (Essai de Géologie, t. I, 1801) aucuns nouveaux bien importants n'avaient été introduits, il s'efforça de prouver que la longueur de la tête, l'ossification de la cloison des narines, sur laquelle on insistait le plus, pouvait tenir à l'âge; et en preuve, qui n'était pas sans valeur, il faisait figurer sur la même planche des têtes sur lesquelles cette ossification croissait graduellement; bien plus, mais ici réellement plus mal inspiré, après avoir fort justement regardé le Rhinocéros fossile de Sibérie comme très-voisin de l'espèce de Rhinocéros existante actuellement dans l'intérieur de l'Afrique, t. I, p. 226, il ajouta plus loin, que ne pouvant admettre la pensée que les os du Rhinocéros sans incisives et à deux cornes d'Afrique, eussent pu être transportés en Sibérie par ces mouvements subits des mers, dont il invoquait la puissance avec tant de facilité, il lui semblait plus facile de croire, malgré la chaîne de l'Himalaya, que cela pouvait avoir lieu pour ceux du Rhinocéros bicorne de Sumatra; et comme celui-ci était pourvu d'incisives, d'après ce qu'en avait dit et figuré M. Bell, il rappela que Pallas avait aussi parlé d'incisives aux mâchoires du Rhinocéros de Sibérie, et proposa à ce grand naturaliste, qui vivait encore à cette époque, de voir si, comme il le pensait, sans l'affirmer cependant, ce Rhinocéros fossile en Sibérie ne serait pas la même espèce que le Rhinocéros de Sumatra.

Contredite par M. Faujas, en 1801.

Considéré comme analogue d'abord du Rhinocéros du Cap,

puis du Rhinocéros bicorne de Sumatra,

Ces observations critiques, que M. Faujas ne faisait cependant qu'avec

discuté

et admis de nouveau par M. G. Cuvier, en 1806.

les plus grandes précautions oratoires, pas même la première objection sur l'ossification de la cloison des narines, qui n'était évidemment pas sans force, ne parurent nullement embarrassantes à M. G. Cuvier, qui enfin publia son Ostéologie du Rhinocéros unicorne, mémoire qui fut suivi d'un autre plus étendu sur les ossements fossiles de Rhinocéros, Annales du Muséum, tome VII, ann. 1806, dans lequel il se proposa, disait-il, après avoir caractérisé nettement les espèces vivantes : l'unicorne d'Asie, le bicorne d'Afrique et le bicorne de Sumatra, de démontrer que, quand même l'allongement du crâne pourrait être attribué au climat et l'ossification de la cloison des narines à l'âge, ce qu'il ne croyait pas, et quand même elle aurait eu des incisives, l'espèce fossile offre des différences spécifiques essentielles avec les espèces vivantes.

Raisons sur lesquelles il appuie son opinion.

C'est ce que M. G. Cuvier pensa avoir fait en s'appuyant sur les raisons suivantes :

1° La grandeur en général plus considérable;

2° La forme de la crête et de la face occipitale fortement inclinée en arrière;

3° L'obliquité en arrière de l'axe du conduit auditif externe;

4° L'écartement des deux surfaces d'insertion des deux cornes;

5° La longueur de l'échancrure nasale formant le quart de la longueur de la tête;

6° L'absence de l'apophyse supérieure de l'incisif ou prémaxillaire;

7° L'ossification de la cloison des narines et la manière dont les os du nez s'inclinent pour aller se souder, par leur pointe, avec le prémaxillaire;

8° La séparation des trous incisifs l'un de l'autre;

9° L'orbite plus reculé.

Conclusion pour la Tête,

En terminant l'énumération de ces différences entre les crânes fossiles et ceux des Rhinocéros vivants, M. Cuvier ajoute qu'il aurait pu en trouver d'autres, mais que celles-là seront suffisantes pour convaincre tous les naturalistes que ce Rhinocéros diffère plus des autres qu'ils ne diffèrent entre eux, et qu'ainsi toutes les objections étaient anéanties.

Cependant il avouait encore qu'il n'y avait point de différences constantes pour les dents molaires. pour les Dents.

Portant ensuite la comparaison sur un certain nombre d'autres pièces de squelette, dont il n'avait pourtant aucune en nature sous les yeux, mais seulement des figures fort réduites données par Hollman; il n'en concluait pas moins qu'il n'en est pas une qui ne montre dans le détail de ses proportions des différences spécifiques très-marquées. pour les Os,

Enfin, voulant déterminer les proportions générales du corps, et surtout celles de la tête aux membres, il prend la mesure d'os trouvés en des lieux très-éloignés, et par conséquent d'individus différents dont il ne connaît ni l'âge, ni le sexe, souvent donnés par différents auteurs, il les compare avec celles d'un jeune bicorne empaillé, c'est-à-dire d'un animal sur lequel elles ne pouvaient pas être celles de l'adulte, et il obtient ce résultat que la forme générale devait être très-différente, et que la tête était beaucoup plus grande, en proportion de la hauteur des membres. pour les proportions générales,

De là, acceptant comme un fait hors de doute tout ce que Pallas a rapporté, d'après ce qu'on lui avait dit, du fameux Rhinocéros trouvé avec sa chair dans les glaces de Vilhoui, il en conclut que cet animal n'y avait pas été apporté de loin, et que c'est par une révolution subite qu'il a cessé de vivre; ce qu'il paraît croire confirmé par l'observation de Pallas, qu'il y avait sur la tête et sur les pieds, des poils plus que dans les Rhinocéros vivants. pour le séjour.

Notons que ces poils avaient au plus trois lignes de long, et que notre excellent ami, feu M. Desmarest, ne les a pas moins convertis en une fourrure longue et épaisse (Dictionn. des sc. natur., Rhinocéros, page 363).

Ce n'est pas le moment de discuter la valeur des prémisses pour juger la rigueur des conclusions; nous voyons seulement comment M. Faujas de Saint-Fonds avait dû redouter ces sortes de démonstrations fort peu Observation sur ces conclusions, évidentes, non pas pour le fait zoologique, qui lui importait assez peu, mais pour les déductions géologiques qu'on pouvait en tirer, et sans nul doute, il avait, suivant nous, grandement raison, comme aussi dans plusieurs de ses objections rapportées plus haut; en sorte que dans cette discussion, ce fut peut-être encore le géologue qui, malgré la nature de ses connaissances, se montra réellement plus physiologiste que le professeur d'anatomie comparée.

adoptées cependant généralement.

Quoi qu'il en soit, on conçoit aisément que la manière de voir de M. Cuvier devait être adoptée, comme elle le fut généralement; et comme le procédé peu physiologique qu'il avait suivi pour distinguer l'espèce fossile de Rhinocéros parut, comme cela était, en effet, extrêmement facile, puisqu'il ne s'agissait souvent que d'employer le compas, nous allons voir successivement toutes les personnes dans les mains desquelles le hasard jeta quelques os fossiles de Rhinocéros, en faire presque nécessairement autant d'espèces nouvelles.

Nom linnéen imposé à l'espèce par Blumenbach,

par Fischer et par M. Cuvier.

Dans son mémoire, M. Cuvier n'avait cependant pas donné de nom linnéen au Rhinocéros fossile de Pallas, qu'il se bornait à appeler Rhinocéros de Sibérie; mais M. Blumenbach lui assigna le nom latin de *Rhinoceros antiquitatis* dans son *Archæologia telluris*, 1806, pag. 6, ainsi que dans son *Naturg.*, pag. 730, 1807; mais M. Fischer, plus tard, en 1814, dans sa *Zoographia systematica*, ayant tiré de la structure des narines osseuses la dénomination de *Rhinoceros tichorhinus*, c'est celle que M. Cuvier a cru devoir préférer (1), et tous les paléontologistes à la suite, quoique évidemment moins bonne, d'abord parce que, comme l'a très-bien montré M. Faujas, cette ossification n'existe pas toujours, et que ce ne peut être réellement un caractère spécifique; mais l'usage a fait loi.

Des autres Espèces.

Dans l'intervalle qui sépare l'époque de la première apparition du mémoire de M. Cuvier dans les *Annales du Muséum*, en 1806, de la

(1) Cette expression n'est peut-être pas exacte; car M. G. Cuvier, en proposant ce nom, dont il donne l'étymologie, ne parle nullement de M. Fischer, et encore moins de M. Blumenbach, dont il cite cependant l'*Archæologia telluris* en d'autres endroits.

seconde, où il le fit paraître, réuni avec les autres en volumes en 1812, il est probable qu'il se fit quelques découvertes d'os de Rhinocéros dans des localités nouvelles, ainsi qu'on en a la preuve pour des ossements et des dents trouvés dans le val d'Arno, et dont M. le professeur Philippe Nesti a parlé dans une lettre adressée à Targioni Tozzetti, *sopra alcune Ossa fossili.* Florence, 1811. Cependant, à cette dernière époque, M. Cuvier ne fit aucune addition à son mémoire. Par M. Nesti.

Il n'en fut pas de même de 1812 à 1822-1825, où parut la seconde édition de ses *Recherches.*

Une première découverte d'ossements de ce genre fut celle d'une tête assez belle et assez entière, trouvée aux environs de Montpellier et dont M. Marcel de Serres fit une espèce particulière sous le nom de *Rhinoceros Monspesulanus*, en se fondant sur des différences fort peu spécifiques, dans un mémoire inséré dans le *Journal de Physique* pour 1819. Par M. Marcel de Serres, *Rhinoceros Monspesulanus.*

Une seconde beaucoup plus importante fut celle d'un squelette presque entier enfoui dans les collines subapennines du Plaisantin, et que M. Cortesi décrivit et figura dans ses *Saggi Geologici.* Piacenza, 1819, p. 72. Par M. Cortesi.

Après avoir balancé un moment, il le rapporta au Rhinocéros de Sibérie. Nous verrons plus tard si c'était avec raison. Toujours est-il que ce fut une découverte intéressante, parce qu'il est évident que tous les os qui accompagnaient cette tête, provenaient du même squelette, chose assez rare pour les animaux fossiles.

Dans la seconde édition de son mémoire, M. Cuvier, s'occupant d'abord de ce squelette découvert par Cortesi, ne fut pas de son opinion. Acceptant comme hors de doute, qu'il était privé d'incisives, et que cependant il n'avait pas la cloison des narines osseuse, ce ne pouvait être celui de Sibérie ou le *Rhinoceros tichorhinus;* il le considère donc comme espèce nouvelle qu'il nomma *Rhinoceros leptorhinus*, à cause de l'élongation des os du nez, d'après la figure donnée par M. Cortesi, en lui rapportant les ossements trouvés par M. Nesti dans le val d'Arno. Suivant M. Cuvier. 1822. *Rhinoceros leptorhinus.*

Une autre découverte qu'il ne pouvait plus passer sous silence, fut celles des dents incisives, anciennement en la possession de M. Soëmmering, dont une avait été figurée par Merck.

Par M. G. Cuvier, *Rhinoceros incisivus.*

Dans la première édition elles avaient été considérées comme douteuses sous le rapport de leur état fossile; mais comme on venait d'en trouver d'indubitablement telles, quoique plus petites, dans un dépôt en France, M. G. Cuvier proposa de nommer l'espèce de Rhinocéros à laquelle elles avaient appartenu, *Rhinoceros incisivus*; c'était celle que Merck avait déjà admise, et rapprochée de l'espèce asiatique.

Rhinoceros minutus de Moissac.

Enfin M. Cuvier crut devoir considérer comme une espèce distincte de la taille du Tapir, celle de laquelle provenaient les petites incisives dont il vient d'être parlé, et qui avaient été trouvées à Moissac, avec des dents molaires et des os de différentes grandeurs. En l'inscrivant sous le nom de *Rhinoceros minutus*, il eut même soin d'ajouter que comme parmi les dents, il y en avait des deux tiers, du tiers et même de la moitié de la grandeur des espèces vivantes, « Sauf à multiplier » les noms d'espèces, si l'on trouve à l'avenir que les petites espèces » soient aussi nombreuses que les proportions variées de leurs os sem» blent l'indiquer. »

Cette malheureuse facilité avec laquelle M. G. Cuvier établissait souvent ses espèces fossiles d'après la taille, sans jamais faire entrer les considérations physiologiques et biologiques, d'âge, de sexe et de localités, entraîna presque tous les paléontologistes à l'imiter.

Dans le cours de la publication de l'ouvrage entier qui paraît avoir duré quatre ans, de 1821 à 1825, M. G. Cuvier trouva encore quelques matériaux de localités différentes, et qui lui parurent devoir corroborer les espèces qu'il avait acceptées ou établies.

Rhinoceros incisivus d'Avaray.

Ainsi, au nombre des additions au tome IIIe, la découverte d'une dent incisive de Rhinocéros à Avaray, conjointement avec des molaires supérieures pourvues à la base de la face interne d'un bourrelet saillant, qu'il ne connaissait pas dans le Rhinocéros à narines cloisonnées, mais bien un peu dans celui d'Afrique, le porta à les attribuer à son *Rhinoceros incisivus*, et à trouver dans ce bourrelet un caractère d'espèce.

Rhinoceros tichorhinus de Montpellier.

Dans le vol. IV, faisant mention de la tête sur laquelle reposait le *Rhinoceros Monspesulanus* de M. Marcel de Serres, il crut, d'après un nouveau dessin qu'il en avait fait faire, devoir la rapporter au *Rhinoceros tichorhinus*.

Rhinoceros incisivus d'Eppelsheim.

Mais il trouva surtout le Rhinocéros à incisives de Merck parfaitement caractérisé, par l'examen du dessin d'un crâne, ainsi que d'une mandibule (en plâtre coloré) recueillis dans le célèbre dépôt d'Eppelsheim, découvert à cette époque, et qui lui avaient été envoyés par M. Schleyermacher, au moment où il finissait d'imprimer son cinquième et dernier volume, en 1825. Son opinion fut que cette tête se rapproche de la tête du Rhinocéros de Sumatra, plus que de toute autre, mais qu'elle en diffère spécifiquement; nous verrons plus tard en quoi.

Ainsi, en 1825, le nombre des espèces de Rhinocéros fossiles était le même qu'en 1821. Seulement les trois grandes espèces, *Rhinoceros tichorhinus*, *incisivus* et *leptorhinus* reposaient sur la considération de la tête et du système dentaire, et il ne restait plus que le *Rhinoceros minutus*, pour lequel la tête n'était pas connue.

MM. Pander et d'Alton, en 1826.

Quoique tous les paléontologistes se fussent empressés d'accepter le thème de M. G. Cuvier en le développant quelquefois, comme nous allons le voir tout à l'heure, nous devons faire observer qu'en 1826, MM. Pander et d'Alton, dans leur bel ouvrage d'iconographie sur le squelette des mammifères, ayant eu l'occasion de donner une très-bonne figure de la même tête de Rhinocéros fossile bicorne et à incisives, rapportée par M. G. Cuvier au *Rhinoceros incisivus*, et guidés par des considérations d'une opinion philosophique particulière, la regardèrent comme une simple transformation du *Rhinoceros indicus*.

C'est aussi peu d'années après la terminaison de l'ouvrage de M. G. Cuvier, que les paléontologistes d'Auvergne et ceux de la Hesse Rhénane commencèrent à faire connaître les ossements fossiles trouvés dans les riches dépôts qu'ils ont exploités avec tant d'activité.

MM. Devèze et Bouillet, en 1827.

En Auvergne, MM. Devèze et Bouillet commencèrent en 1827 par publier la figure de quelques ossements de Rhinocéros trouvés dans la montagne de Boulade, mais sans spécification.

MM. Croizet et Jobert, en 1828, *Rhinoceros elatus.*

MM. l'abbé Croizet et Jobert, en 1828, furent plus hardis. Ayant recueilli quelques pièces, il est vrai, un peu plus caractéristiques, et entre autres un métacarpe médian qui leur parut plus long et plus grêle que dans les espèces qu'ils connaissaient, ces messieurs, supposant que le Rhinocéros d'Auvergne devait avoir été plus haut sur jambes et plus svelte de corps, proposèrent leur *Rhinoceros elatus.*

Ce n'est, si je ne me trompe, que plusieurs années après, vers 1832, que M. Kaup, chargé de faire connaître les ossements fossiles recueillis à Eppelsheim, commença ses publications, dont nous allons apprécier l'importance; mais nous croyons devoir parler auparavant d'un grand travail de M. de Christol, actuellement professeur de géologie à la Faculté des sciences de Dijon, quoiqu'il n'ait été publié qu'en 1834, parce qu'il contient essentiellement des recherches sur les caractères des grandes espèces de Rhinocéros fossiles, c'est-à-dire de celles qu'avait proposées M. G. Cuvier, et parce que son auteur ne connaissait réellement pas la publication de M. Kaup.

M. de Christol, en 1834,

discutant sur les

Dans ces recherches faites souvent d'après des pièces originales de sa propre collection, et en prenant en considération, comme nous l'avons dit dans notre Odontographie, les particularités de la couronne des molaires supérieures et même inférieures, d'une manière bien plus rigoureuse que ses prédécesseurs, M. de Christol fut conduit à émettre les propositions suivantes:

Rhinoceros tichorhinus.

1) Le *Rhinoceros tichorhinus*, le seul, suivant lui, assez bien connu et bien distinct par l'ossification de la cloison des narines et par la prolongation de la symphyse mandibulaire, était incontestablement, à ce qu'il pense, pourvu d'incisives à la mâchoire inférieure, ce qui lui fait présumer qu'il y en avait également à la mâchoire supérieure; n'admettant pas en effet que les os incisifs du Rhinocéros à narines cloisonnées ne soient pas assez larges pour en contenir.

2) Le Rhinocéros à narines non-cloisonnées établi par M. G. Cuvier, d'après le dessin de Cortesi, et caractérisé par l'absence de dents incisives et la disposition des os du nez semblable à ce qu'elle est dans les espèces vivantes, mais plus grêles, plus allongés, et parce que la symphyse mandibulaire n'était pas prolongée, est une espèce nominale, qui n'a pas existé; le crâne sur lequel elle repose, publié par M. Cortesi, mieux connue, est, suivant lui, un crâne de *Rhinoceros tichorhinus*, ainsi qu'il croit l'avoir reconnu lui-même d'après de nouveaux dessins, qui lui ont montré la cloison des narines osseuse; et bien plus, les os des membres attribués par M. G. Cuvier à son *Rhinoceros leptorhinus*, proviennent de son *Rhinoceros incisivus*. *Rhinoceros leptorhinus.*

3) La troisième espèce, établie par M. G. Cuvier, ce *Rhinoceros incisivus* lui-même, n'étant établie que sur des dents incisives isolées, et ces incisives pouvant avoir appartenu au *Rhinoceros tichorhinus*, ne peut l'avoir été d'une manière suffisante. *Rhinoceros incisivus.*

4) Le crâne indiqué par M. Schleyermacher comme d'Eppelsheim et attribué au *Rhinoceros incisivus* par M. G. Cuvier, ne présente aucun caractère qui puisse le faire considérer comme provenant d'un Rhinocéros pourvu d'incisives.

En sorte que M. de Christol donne comme conclusion définitive, « des trois espèces admises par M. G. Cuvier : Ses Conclusions.

« La première seule (*Rhinoceros tichorhinus*) doit être maintenue » avec des modifications importantes. Pour le premier admis,

» La seconde (*Rhinoceros leptorhinus*) ne doit plus être maintenue » sur le tableau des espèces fossiles. pour le deuxième supprimé,

» La troisième (*Rhinoceros incisivus*) sera beaucoup mieux connue » qu'elle ne l'a été jusqu'ici, principalement d'après un crâne découvert » près de Montpellier; et comme il n'est pas certain qu'elle ait le ca- » ractère qui lui a valu ce nom, et que d'ailleurs ce caractère se trouve » dans d'autres espèces, elle devra être désignée par une nouvelle dé- » nomination spécifique, *Rhinoceros megarhinus*, des molaires duquel pour le troisième qu'il nomme *Rhinoceros megarhinus.*

» M. de Christol expose les particularités caractéristiques d'une ma-
» nière très-circonstanciée. »

Pour le nombre total.

Enfin, en ayant égard à certains os de Rhinocéros mentionnés par M. G. Cuvier, M. de Christol fut amené à penser que le nombre des grandes espèces de Rhinocéros fossiles peut avoir été de cinq et même de six; mais que dans l'état de ses connaissances, il ne pouvait en admettre que deux.

Ces diverses opinions, que nous aurons l'occasion de discuter plus tard, n'avaient certainement pas été celles des paléontologistes qui s'étaient occupés de la description des ossements fossiles recueillis à Eppelsheim, d'où provenait le crâne et la mandibule que M. Cuvier, à la fin de son ouvrage, rapportait au *Rhinoceros incisivus*, et M. de Christol à son *Rhinoceros megarhinus*.

Par M. Kaup, en 1831, *Rhinoceros pachyrhinus*, *Rhinoceros Hypsilorhinus*, *Rhinoceros Goldfusii*, *Rhinoceros leptodon*. en 1833, *G. Acerotherium*.

En effet, M. Kaup, dans son premier essai que nous trouvons cité *mss.*, dans la Paléologie de M. Hermann de Meyer (1831), sous le titre de *Foss. Saugethiere Rheinhessen*, proposa les *Rhinoceros pachyrhinus*, devenu depuis son *Rhinoceros Schleyermacheri*, *hypsilhorhinus*, *Goldfusii* et *leptodon*, dont plusieurs furent rapportés par la suite au genre qu'il établit sous le nom d'*Acerotherium*, en 1833, dans l'*Annuaire de minéralogie* et *de géologie* de Léohnard, et même auparavant dans l'*Isis* de 1832 (*Hefst.* 8, tab. 18), d'après une considération à laquelle on était assez loin de s'attendre, celle de l'absence de corne sur le nez dans cette espèce.

Par M. Cortesi, en 1834,

C'est aussi vers cette même époque que M. Cortesi, revenant sur le même sujet, qu'il avait déjà examiné partiellement, donna une description et surtout des figures plus complètes d'un second squelette de Rhinocéros du Plaisantin, dans un mémoire publié à Parme en 1834.

supposant un genre nouveau.

Dans ce mémoire et sur un squelette qui manquait, il est vrai, de crâne suffisamment conservé, M. Cortesi fut moins heureux que dans le premier dont nous avons parlé plus haut, au point que, ne trouvant pas dans l'os qu'il prenait pour un fémur, le troisième trochanter caractéristique de cet os dans le Rhinocéros, il fut conduit à penser que l'animal auquel ce squelette avait appartenu devait être rapporté à un autre genre inconnu jusqu'ici; en quoi il se crut soutenu par la forme de l'extrémité de la mandibule qu'il suppose appointie, au lieu d'être en spatule, comme il l'avait vue dans l'autre squelette, ainsi que par celle d'une des sept molaires d'en haut, qui est triangulaire, au lieu d'être carrée. Toutefois, M. Cortesi, qui avait eu la bonté de me demander quelques conseils, qu'il n'a pas cru devoir suivre, sans doute parce que je ne les appuyai pas de raisons assez convaincantes, du moins ne proposa pas un nom pour son nouveau genre prétendu.

Plus tard, M. le professeur Jœger proposa aussi dans ses *Fossil. Saugethiere, Wurtemb.*, 1835; Abth. I, et 1839, Abth. II, d'après un assez bon nombre de fragments d'os et de dents, d'abord trois espèces de Rhinocéros fossiles, sous les noms de *Rhinoceros Kirchbergensis*, adopté plus tard par M. Kaup sous celui de *Rhinoceros Merckii*, *Rhinoceros Steinheimensis* et de *Rhinoceros Chœrocephalus*, qui n'est que le Rhinocéros à incisives sans cornes, et plus tard deux autres, dont une petite voisine du *Rhinoceros minutus* de Moissac, et une encore beaucoup plus petite.

Par M. Jœger, en 1835, en 1839, *Rhinoceros Kirchbergensis*, *Rhinoceros Steinheimensis*, *Rhinoceros Chœrocephalus*.

Avant cela, vers 1834, M. Lartet commença à nous annoncer les principaux résultats de ses découvertes dans le célèbre gisement de Sansans, parmi lesquels se trouvaient énumérées trois espèces de Rhinocéros qu'il distinguait, dans ses envois au Muséum, sous les noms de *Rhinoceros brevimaxillaris*, *Rhinoceros longimaxillaris*, et *Rhinoceros 4-digitatus* ou *inermis*.

Par M. Lartet, 1834, *Rhinoceros brevimaxillaris*, *R. longimaxillaris*, *R. 4-digitatus* ou *inermis*.

Enfin, l'Amérique et l'Inde se trouvèrent aussi avoir des restes fossiles de Rhinocéros.

Feu M. le docteur Harlan pensa en avoir découvert dans l'Amérique du nord (*Monthly*, *Amer. journ.* I, Sul., 1831. *Rhinoceros Alleghaniensis*.

Par M. Harlan, 1831, *R. Alleghaniensis*.

Et ce qui est plus certain, MM. Baker et Durand en ont recueilli dans l'énorme dépôt de molasse ossifère qui remplit le versant sud des Hima-

Par MM. Bake et Durand, 1836.

layas. MM. Falconer et Cauteley en ont fait une espèce qu'ils ont nommée *Rhinoceros Sivalensis* ou *angustirictus*.

Nous allons voir maintenant sur quoi reposent ces nombreuses espèces. Ce que nous venons d'en dire dans cette sorte d'énumération historique n'était que pour montrer que si elles étaient réellement distinctes, notre petite partie de l'Europe seule aurait renfermé jadis plus de quinze espèces de Rhinocéros, tandis qu'aujourd'hui, dans chacune des deux parties de l'ancien monde, où ce genre est relégué, c'est à peine si elles sont au nombre de trois.

Nombre total, 15.

Nous avons eu également pour but de faire voir comment avaient été successivement introduites les considérations qui ont servi à l'établissement de ces espèces :

Le nombre des cornes, par Parsons.

La cloison des narines ossifiée ou non, par Merck et Camper.

La présence ou l'absence des dents incisives, par Camper.

La forme particulière de certaines molaires supérieures, par Merck.

La forme particulière de certaines inférieures, par M. de Christol.

La forme de la symphyse, par M. G. Cuvier.

L'absence de corne, par M. Kaup.

Le nombre des doigts, par M. Lartet.

Examen des Espèces.

Voyons donc maintenant à passer en revue chacune des espèces proposées.

Après quoi nous nous exposerons les lieux et les circonstances de leur gisement, et nous terminerons par un résumé général, comme nous avons habitude de faire.

Ordre à suivre.

Dans cette analyse critique des espèces proposées, nous suivrons nécessairement l'ordre chronologique, celui de la proposition faite par les paléontologistes, afin de mieux établir celles que nous croirons mieux fondées sur de véritables caractères zoologiques, les seuls qui doivent être pris en considération dans une bonne et saine paléontologie.

Nous commencerons pour chacune d'elles par énumérer les pièces sur lesquelles elle repose ; nous exposerons ensuite les caractères qui ont été proposés pour la distinguer spécifiquement; après quoi, décrivant comparativement ces pièces ou celles plus complètes qui seront venues à notre disposition, nous verrons à estimer nous-mêmes si les différences qu'elles offriront, peuvent ou non être suffisantes pour devenir spécifiques.

1° Rhinocéros de Sibérie.

Rhinoceros Antiquitatis (Blumenbach, 1806).

Rhinoceros tichorhinus (Fischer, 1812; G. Cuvier, 1821).

C'est à cette espèce que l'on a longtemps rapporté les os et les dents fossiles de Rhinocéros recueillis en Sibérie et dans toutes les contrées de l'Europe; et parmi ces ossements s'en trouvent de presque toutes les parties du corps, et surtout de la tête, des mâchoires, et du système dentaire; ce qui a permis d'en établir les caractères spécifiques d'une manière en apparence assez complète, pour qu'elle soit généralement adoptée. En général.

Nous avons vu plus haut que c'est Hollmann et ensuite Pallas, qui se sont le plus anciennement occupés des os fossiles d'un Rhinocéros, si abondants, dit-on, sur les bords des grands fleuves de la Sibérie, et que ce dernier, qui le premier a touché à la question d'espèce, était porté à regarder comme ne différant pas du Rhinocéros de l'Inde, dont il ne connaissait alors, il est vrai, aucune partie du squelette. En particulier. Par Hollmann. Par Pallas.

Nous avons également vu que P. Camper, en émettant positivement le doute que ce pouvait être une espèce éteinte, avait appuyé cette idée sur l'observation déjà faite par Pallas et surtout par Merck, de l'ossification de la cloison des narines, et sur ce qu'elle n'avait certainement pas de dents incisives; que la tête en général était plus étroite, plus longue et moins haute, etc. Par P. Camper,

Enfin nous avons rapporté comment M. G. Cuvier ayant accepté la proposition de Camper, l'avait étendue et formulée de telle sorte, qu'il s'était cru en droit de la désigner par une dénomination française par- Par M. G. Cuvier.

Par Blumenbach. Par M. Fischer. ticulière à laquelle Blumenbach d'abord, puis Fischer ensuite avaient substitué un nom spécifique linnéen, dont celui proposé par ce dernier a été généralement adopté.

Ses Caractères. Suivant M. G. Cuvier, tirés Nous avons maintenant à estimer les caractères distinctifs qui ont été assignés à cette espèce, et surtout par M. Cuvier qui l'a fait d'une manière plus étendue qu'aucun de ses prédécesseurs. En effet, en comprenant ceux qui avaient été proposés avant lui, M. Cuvier, dans sa première édition, en portait le nombre à dix.

de la Taille. 1° Les crânes fossiles sont en général plus considérables.

de la Crête occipitale, 2° La face occipitale est fortement inclinée en arrière, en sorte que la distance du nez à la crête est notablement plus longue que celle du nez au condyle.

du Canal auditif, 3° L'axe du méat auditif est oblique au lieu d'être vertical.

Des Cornes. 4° Ce Rhinocéros était certainement bicorne, et ses deux cornes ne se touchaient pas comme dans le Rhinocéros d'Afrique et de Sumatra : d'où il restait un grand espace entre leurs bases; ce qui s'accorde avec l'allongement du crâne.

du Maxillaire, 5° L'apophyse antérieure de l'os maxillaire est extrêmement longue et forte, ainsi que les incisifs, ce qui produit une échancrure nasale considérable, le quart de la longueur totale.

du Prémaxillaire, 6° L'os incisif porte à son bord supérieur une éminence (1) qui lui est propre et qui n'existe que dans le grand unicorne.

des Os du Nez, 7° Le caractère le plus important est dans la forme des os du nez et dans leur jonction avec les os incisifs.

de la Cloison des Narines, 8° Derrière cette jonction commence une cloison osseuse qui sépare les narines.

(1) Ici, M. G. Cuvier semble voir une analogie entre le procès qui joint le prémaxillaire à l'os du nez, l'apophyse verticale des prémaxillaires du Rhinocéros unicorne; mais, je crois, à tort; cette apophyse est accidentelle et manque, en effet, à une tête du *Rhinoceros unicornis*, que possède la collection; et dans le fossile, la jonction se fait au moyen d'un os de boutoir intermédiaire, et non par la réunion de l'os du nez à l'os incisif, comme paraît l'avoir pensé M. G. Cuvier.

9° D'où il est résulté que les trous incisifs sont séparés l'un de l'autre. des Trous incisifs,

10° L'œil plus reculé, plus en arrière et placé au-dessus de la dernière molaire, au lieu de la quatrième; ce qui est causé par la longueur de l'échancrure nasale. de l'Orbite,

M. G. Cuvier alors n'osait encore se prononcer sur la question des incisives, ne reconnaissant pas de différences caractéristiques dans les molaires, qui seules ne disent pas si elles viennent des espèces vivantes ou d'une espèce perdue (p. 6); mais il en admettait pour le fémur.

Dans la seconde édition, à ces onze particularités différentielles, il ajoute :

12° L'échancrure des arrière-narines beaucoup plus grande. de l'Échancrure palatine,

13° Le palais plus étroit et proportionnellement plus allongé. du Palais,

14° A quoi l'on peut joindre ce qu'il dit plus loin, le prolongement marqué de la mandibule en avant. de la Mandibule,

15° Et contradictoirement à ce qui avait été dit dans la première édition, les molaires supérieures étant certainement à trois fossettes (p. 60), tandis que les inférieures ne paraissent pas offrir de moyens de distinction. des Molaires supérieures,

Pour les incisives, M. Cuvier, après avoir pensé que ce Rhinocéros en manquait au moins à la mâchoire supérieure, dit qu'il ose presque affirmer que les Rhinocéros fossiles en manquent comme le Rhinocéros du Cap, c'est-à-dire qu'il revient à l'opinion de Collini, qui pensait qu'il ne pouvait pas y en avoir, ainsi qu'à celle de Camper que, d'après celui-ci même, avait fini par adopter Pallas qui, d'ailleurs, *est* (1) *un juge très-compétent*, comme le disait M. G. Cuvier dans la première édition de son mémoire, ce qui n'est plus dit dans la seconde. des Incisives,

Quant aux autres parties du squelette, quoiqu'à l'époque de la première édition, il n'en connût qu'un assez petit nombre sans être accompagnées de la tête correspondante ou non, et même aucune en nature; mais seulement d'après les figures qui en avaient été publiées, M. Cuvier des Os du Squelette.

(1) Pallas vivait encore à cette époque.

n'en concluait pas moins qu'il n'est pas un os qui ne montre dans le détail de ses proportions des différences spécifiques très-marquées, ce qu'il fit à peu près de même dans la seconde édition. Seulement, comme à cette époque il avait cru devoir admettre deux espèces de Rhinocéros fossiles bicornes et sans incisives, l'un à narines cloisonnées, et l'autre à narines non cloisonnées, il se décida à attribuer à la première espèce les os les plus épais, et par conséquent les plus grêles à la seconde, se laissant guider souvent par le gisement; car il convient franchement qu'on n'avait pas encore trouvé la tête avec les os.

Suivant M. de Christol.

Personne encore n'avait, si je ne me trompe, essayé de faire aucune addition ou modification aux caractères donnés par M. Cuvier au Rhinocéros de Sibérie, lorsque M. de Christol fit paraître sa dissertation dans laquelle il en proposa plusieurs fort importantes.

S'appuyant cependant sur les mêmes observations que son prédécesseur, et admettant la cloison osseuse des narines et la symphyse de la mandibule très-prolongée au delà du point de jonction des deux côtés; mais rapportant à cette espèce une belle mandibule trouvée aux environs de Montpellier qui, à ce dernier caractère, joignait celui d'avoir eu des incisives, M. de Christol fut conduit à revenir à la première opinion de Pallas, que le Rhinocéros de Sibérie avait des incisives en bas et par conséquent, dit M. de Christol, en haut; et bien plus, ce qui est certainement une erreur, que ces dents pouvaient avoir été aussi fortes que celles trouvées à Avaray et rapportées par M. Cuvier au *Rhinoceros incisivus*. Et comme il crut remarquer sur cette même mandibule de Montpellier, un caractère particulier dans un tubercule pointu situé au côté interne du deuxième croissant de la sixième molaire inférieure, particularité qu'il assimile à celle signalée par M. G. Cuvier sur une dent trouvée à Avaray, et rapportée par celui-ci au *Rhinoceros incisivus*, M. de Christol donna ce tubercule comme un caractère acquis à l'espèce, pour employer ses expressions; conclusion qui aurait été légitime, si les prémisses avaient été exactes.

Nous possédons dans la collection du muséum, et certainement provenant de cette espèce, trois crânes :

Pièces examinées par nous. Crânes. Premier.

Le premier provenant de Sibérie et donné généreusement à notre établissement par M. le professeur Buckland, mais sans aucune dent; et d'après les alvéoles, je n'oserais assurer que la série fût même complète.

Second.

Le second, plus intéressant encore parce qu'il est pourvu de presque toutes ses dents, et qu'il a été trouvé à Abbeville avec un certain nombre d'os provenant évidemment du même animal.

Troisième.

Le troisième, beaucoup plus incomplet dans la partie maxillaire, provenant de la collection de M. Gall, mais d'origine inconnue, quoique sa couleur presque noire rappelle assez bien celui de Sibérie que nous possédons.

Quatrième en peinture.

Nous avons aussi sous les yeux la peinture à la gouache faite de grandeur naturelle et sous deux faces, d'un des crânes conservés dans le Muséum de l'Académie impériale de Saint-Pétersbourg, et que cette illustre compagnie eut la générosité d'envoyer à M. G. Cuvier pour faciliter ses travaux.

Mandibules. Une seule.

En mandibules, nous ne possédons que celle de la tête trouvée à Abbeville, mais assez peu complète, surtout dans la partie incisive, la plus importante.

Pour les autres os, nous n'en avons que d'Angleterre, de France et surtout d'Abbeville, et du même squelette, sans doute, d'où proviennent la tête et la mandibule.

Os des Membres antérieurs.

Des membres antérieurs, nous pouvons citer un humérus presque entier de Paris; une moitié inférieure d'humérus d'Abbeville; un radius et un cubitus du même lieu et de même individu; un os semi-lunaire du même, et une moitié supérieure de métatarsien médian venant de la caverne de Kent.

postérieurs.

Des membres postérieurs, nous avons pu examiner un fémur complet d'Abbeville (et un très-incomplet de Kent), avec la partie articulaire d'un os innominé gauche du même lieu; une rotule, un tibia, un péroné, un astragale, un calcanéum, et trois métacarpiens du même endroit et du même individu, et de plus, une partie inférieure de tibia et la moitié supérieure d'un métatarsien médian de Kent, qui semblent aussi avoir appartenu au même squelette.

Système dentaire.

J'ai pu également avoir sous les yeux le système dentaire presque complet, et en place sur la tête d'Abbeville, ainsi qu'un certain nombre de dents isolées.

Comparées à celles de nos prédécesseurs.

En sorte qu'aujourd'hui nous nous trouvons dans des conditions bien plus favorables que nos prédécesseurs. En effet, Hollmann avait un assez bon nombre d'os et pas de crâne ni de mandibule, et fort peu de dents. Pallas avait au contraire un assez grand nombre de crânes et de mandibules; mais, à ce qu'il paraît, fort peu d'os et de dents qui auraient été trouvés avec une tête. M. Cuvier n'était guère dans une meilleure condition, et surtout il manquait des assemblages de matériaux semblables, crânes, mandibules et dents trouvés à Eppelsheim et surtout à Sansans, pièces évidemment d'espèce différente : ce qui va nous permettre d'atteindre à des caractéristiques spécifiques à peu près certaines.

Disposition du Crâne en général.

Le crâne du Rhinocéros à narines cloisonnées, grandement adulte, est véritablement remarquable par son grand allongement, déterminé d'abord parce qu'il était armé de deux cornes, sans doute très-fortes et assez distantes, et ensuite parce que, comme conséquence de ce fait, les os du nez sont considérablement portés en avant, et au contraire, la crête occipitale fortement en arrière; car les muscles releveurs de la tête devaient être proportionnels au développement de la corne occupant l'extrémité du levier. De cette élongation, le crâne paraît étroit en général et dans toutes ses parties, d'où le palais comme toutes les autres.

De la disposition des Os du Nez réunis

Une autre particularité qui est encore une conséquence du grand développement de la corne antérieure, c'est la disposition des os du nez dont l'extrémité semble s'être recourbée pour aller chercher un point d'appui sur les os incisifs, et en se soudant avec eux, ainsi que l'épaisseur

aux Prémaxillaires, au Vomer.

et l'ossification de la partie cartilagineuse du vomer qui, en se soudant avec les os du nez, au-dessus et en avant, avec les maxillaires et les prémaxillaires en dessous, forme une cloison en arc-boutant d'une solidité extrême; mais cette disposition n'a pas été véritablement analysée d'une manière convenable, parce qu'on n'en a pas connu l'étiologie. Le fait est que ce n'est pas l'os du nez qui va se joindre et se souder à l'os incisif, mais bien un os du boutoir intermédiaire, et dès lors, le nez du Rhinocéros ressemble presque complétement à celui du Sanglier.

par le Moyen d'un Os de boutoir.

Croissante avec l'âge et par conséquent physiologique.

Et ce qui prouve que cette particularité est moins spécifique que physiologique, c'est qu'on trouve des degrés très-différents dans cette ossification, et qu'elle se fait de la périphérie au centre. Il est, en effet, plus que probable qu'elle n'avait pas lieu dans le jeune âge (1), ni peut-être même chez les femelles.

d'où celles des Trous incisifs,

de la Crête occipitale,

du Canal auditif.

De la disposition de la cloison en avant est sortie comme conséquence la séparation des trous incisifs : comme de celle prolongée obliquement en arrière de la crête occipitale, s'est encore suivie l'obliquité du trou ou canal auditif externe, ainsi que la différence de longueur de l'extrémité des os du nez à celle de la crête occipitale ou aux condyles, notées par M. G. Cuvier; mais dans tout cela, jusqu'ici, il n'y a rien de spécifique.

Particularités spécifiques.

En étudiant les particularités que je suis plus porté à considérer comme telles, j'ai trouvé :

Basilaire.

L'os basilaire large et aplati comme dans le *Rhinoceros simus*, et nullement caréné et tranchant comme dans le Rhinocéros du Cap.

Ptérygoïdes.

Les ptérygoïdes internes n'existaient plus sur les crânes que j'ai vus, et aucun auteur n'en fait mention.

Palatins.

Les palatins s'avancent assez dans leur partie horizontale, et don-

(1) En effet, sur le crâne figuré par Pallas dans son mémoire de 1776, tab. XVI, fig. 1 et 2, et qui manquait encore des deux dernières molaires, on voit très-bien que la cloison n'était pas encore complétement ossifiée, et Pallas fait l'observation que, sur celui qui était encore enveloppé de sa peau, l'os du nez n'était pas encore soudé, continu avec la partie ossifiée de la cloison, mais la touchait seulement comme une épiphyse, page 590.

nent lieu à une ouverture rétro-nasale assez grande, mais peu évasée.

Lacrymal.

Le lacrymal est trop soudé dans les deux crânes que j'ai sous les yeux, pour qu'on puisse déterminer sa forme faciale; mais il est certain que les trous lacrymaux, au nombre de deux, l'un facial plus grand, l'autre marginal, sont séparés par une apophyse orbitaire interne considérable.

De la Mandibule.

La mandibule est certainement terminée par une dilatation spatuliforme, précédée d'un rétrécissement assez prononcé, à en juger du moins d'après la figure publiée par Pallas; car je ne la connais pas ailleurs. Il donne même au bord incisif une largeur de trois pouces au moins, en y décrivant des indices certains de petites alvéoles, l'interne marquée autant que l'externe, tandis que sur le crâne, entouré de sa peau, il dit positivement p. 590 : *Extremitates maxillarum neque dentium neque alveolarum vestigium ullum habent.*

Des Vertèbres.

Je ne connais, du reste, de la colonne vertébrale et rapportée à ce Rhinocéros, que les trois vertèbres du cou, figurées par Hollmann, dont un Atlas, et une septième cervicale, et je ne vois pas qu'on puisse en dire autre chose, qu'elles proviennent d'un Rhinocéros.

Des Os des Membres antérieurs. Omoplate.

Il n'en est pas de même des os des membres.

L'omoplate figurée aussi par Hollmann semblerait être bien plus étroite et plus courbée que dans les espèces vivantes et fossiles, chez lesquelles cet os est connu; mais peut-on ajouter une foi absolue à un dessin dont la réduction n'est pas indiquée et sans doute faite à vue.

Une partie inférieure ou articulaire d'omoplate du côté de la caverne de Kent et que nous devons à M. Mac Enery, m'a paru avoir une assez grande ressemblance pour la taille et pour la force, avec ce qui a lieu chez le *Rhinoceros unicornis Indicus.* Elle indique un très-grand animal.

Humérus.

D'après la figure qu'Hollmann a donnée d'un humérus de ce Rhinocéros, il était déjà aisé de voir qu'il était très-court et fort élargi à ses deux extrémités; mais c'est ce que nous avons pu confirmer sur une assez belle pièce trouvée à Paris, en creusant les fondations de l'Hôtel de ville, et sur une extrémité inférieure déterrée à Abbeville. C'est évidemment avec celui du *Rhinoceros simus*, qu'il m'a paru avoir le plus de ressemblance; quoiqu'il en ait aussi avec celui du *Rhinoceros unicornis*, par sa brièveté, sa grosseur, la fin de la crête deltoïdienne, surtout par l'épaisseur et la hauteur de la tubérosité épicondylienne, traversée en dessus par une sorte de grotte oblique, largement profonde.

Le radius et le cubitus du même côté droit que l'extrémité inférieure d'humérus dont nous venons de parler et provenant également d'Abbeville, sont remarquables aussi par leur brièveté et leur force. Le radius surtout est encore plus court, plus large que dans le *Rhinoceros simus*, où il l'est notablement plus que dans le Rhinocéros du Cap; mais du reste avec la même forme générale. Radius d'Abbeville.

Une moitié supérieure de radius droit de la caverne de Kent présente les mêmes caractères, mais avec une taille plus grande. de Kent.

Le cubitus d'Abbeville, bien caractérisé par sa brièveté, la largeur de son olécrâne et l'épaisseur de sa tubérosité, ressemble à celui du Rhinocéros du Cap plus qu'à aucun autre, mais encore plus à celui du *Rhinoceros simus*. Cubitus d'Abbeville.

Parmi les os du carpe, je n'ai pu comparer qu'un semilunaire gauche d'Abbeville, et c'est encore avec celui de ce dernier que la ressemblance est plus forte; seulement il est plus grand. Os semilunaire d'Abbeville.

Je n'ai également pu observer qu'un os du métacarpe provenant d'Abbeville; c'est celui du doigt indicateur. Quoique ayant plus de rapport de forme avec son analogue dans le Rhinocéros bicorne du Cap, par plus de rectitude et de gracilité, il m'a cependant paru plus petit. Os du Métacarpe d'Abbeville.

C'est le contraire pour une moitié supérieure de métacarpien médian de la caverne de Kent; c'est-à-dire qu'il est bien plus grand, à peine cependant plus que celui de notre *Rhinoceros simus*, auquel il ressemble parfaitement. de Kent.

Des membres postérieurs. " postérieurs.

Une partie articulaire ou cotyloïdienne d'un os innominé droit, pro- Os innominé.

venant de Kent, ne m'a rien offert de particulier que sa grande taille.

Fémur d'Abbeville.

Je puis en dire beaucoup plus d'un fémur bien entier du squelette d'Abbeville, et dont la ressemblance avec celui du *Rhinoceros simus* est très-grande, avec la seule différence, sans doute individuelle, que le troisième trochanter est plus transverse et moins ascendant.

de Kent.

Je crois avoir constaté la même particularité dans un fragment de corps de fémur de Kent.

Rotule d'Abbeville.

Une rotule droite d'Abbeville est tout à fait semblable à celle du Rhinocéros du Cap.

Tibia d'Abbeville.

de Kent.

Le tibia du squelette d'Abbeville, ce qu'on peut également juger d'après une tête inférieure de la caverne de Kent, est tout à fait dans le cas de son radius, c'est-à-dire extrêmement court et gros, un peu plus même que celui du *Rhinoceros simus*, auquel du reste il ressemble plus qu'à celui d'aucune autre espèce.

Péroné d'Abbeville.

C'est ce que l'on peut également dire du péroné, quoique moins complet, du même squelette.

Astragale d'Abbeville.

Et surtout de l'astragale et du calcaneum du même pied, qui ressemblent à ceux du *Rhinoceros simus* aussi bien pour la forme et la largeur de la facette cuboïdienne du premier, que pour la brièveté du calcaneum.

Os du Métatarse d'Abbeville.

J'ai encore pu m'assurer que trois os d'un même métatarse gauche provenant également d'Abbeville, ont évidemment plus de ressemblance avec leurs analogues dans le *Rhinoceros simus* que dans toute autre espèce. Ils sont seulement plus petits, au contraire d'un métatarsien médian gauche de Kent, qui est un tant soit peu plus grand, mais avec la même similitude.

C'est au reste ce qu'un coup d'œil jeté sur nos planches démontrera mieux que les plus longues descriptions.

Des Dents.

Quant aux dents que j'ai étudiées en place et cela des deux côtés sur la tête d'Abbeville, je puis les caractériser de la manière la plus complète.

Incisives.

Je ne puis cependant rien dire de plus que Pallas sur les incisives (1); les prémaxillaires et l'extrémité de la mandibule étant brisés sur la tête d'Abbeville; mais, je le répète, les molaires, sauf la première ou caduque, déjà tombée, étaient parfaitement en place.

Molaires supérieures de 2e dentition. Intermédiaires.

Les intermédiaires d'en haut croissant comme à l'ordinaire d'avant en arrière, les deux premières notablement plus petites que les suivantes, diffèrent en ce que les 2e, 3e, 4e et 5e ont les trois fossettes complètes, l'interne fort grande et très-oblique, l'externe très-petite et même effacée par usure, tandis que la sixième n'en a que deux complètes, cette dernière n'étant pas entièrement close

Dernière ou septième.

Quant à la terminale postérieure, elle reprend les trois fossettes complètes et même la postérieure, par suite de la séparation bien tranchée entre la colline postérieure et le côté externe, ce qui donne à cette dent une assez grande ressemblance avec celles qui la précèdent, et par conséquent une grande différence avec son analogue chez les Rhinocéros à incisives.

De 1re dentition.

Cette même forme se montre avec une diminution convenable pour le volume dans la troisième molaire de la première dentition, comme nous en avons des exemples dans deux dents trouvées dans le dépôt de Brengues, et qui auraient très-bien pu donner lieu à un *Rhinoceros minutus*, parmi les espèces fossiles sans incisives, comme il y en a un pour les espèces qui en sont pourvues.

Inférieures.

Les dents de la mandibule du *Rhinoceros tichorhinus* nous sont aussi

(1) M. R. Owen cite, page 334, une mandibule trouvée à Rughby, et actuellement dans la collection d'Oxford, comme offrant des traces d'alvéoles d'incisives; mais celle qu'il figure, page 334, f. 123 et 124, n'en a pas.

A ce sujet, je dois faire observer que sur le crâne de Sibérie donné par M. Buckland, on peut aussi remarquer, sur les prémaxillaires, des enfoncements alvéoliformes, assez régulièrement disposés, deux de chaque côté, pour qu'on ait pu croire à des alvéoles, et par suite à des dents incisives; mais comme il est impossible d'admettre que ce soient des traces des alvéoles de dents incisives de premier âge, et qu'ils sont bien trop petits pour ceux du second, il faut croire que ce ne sont que des enfoncements d'attache de la gencive; comme j'en ai vu à la mandibule sur le *Rhinoceros simus*.

un peu mieux connues qu'à Pallas, d'après une pièce trouvée à Abbeville avec le crâne portant les supérieures.

Incisives.

La partie incisive détruite ne nous a pas permis de décider la question laissée dans le doute par Pallas. Nous pouvons cependant assurer que sur une mandibule non adulte, trouvée à Grenelle, il y a un trou marginal, simulant une alvéole; mais qui n'est indubitablement qu'un trou nerveux; et du reste aucune trace d'alvéoles véritables.

Molaires.

Les molaires nous sont, au contraire, presque complétement connues dans les deux dentitions.

2e dentition. Première.

A l'état adulte, la terminale antérieure est proportionnellement assez forte, plus que dans le Rhinocéros du Cap, et même avec deux racines fort serrées, ses deux collines bien mieux formées, et par conséquent plus semblable aux suivantes.

Intermédiaires.

Les cinq intermédiaires, augmentant assez graduellement d'avant en arrière, ont les deux croissants courts et serrés, presque transverses, surtout le premier, dont le bord antérieur est droit, élevé, ce qui forme comme une troisième colline, pouvant sans doute donner lieu, par un certain degré d'usure, à une fossette ou à un feston serré.

Dernière.

La terminale postérieure, à peine plus grande que la pénultième, semble aussi offrir une particularité, en ce que le second croissant laisse entre lui et le premier une sorte de fossette intermédiaire, disposition que je n'ai rencontrée que chez cette espèce.

2e dentition.

Dans la première dentition, les trois molaires de lait ressemblent beaucoup à leurs analogues dans la seconde, ou à celles de remplacement, avec ces seules différences que les collines sont bien plus obliques, l'antérieure ou troisième plus prononcée et plus élevée; et que le demi-cylindre antérieur est plus aplati et même un peu excavé, disposition bien plus marquée que dans le Rhinocéros du Cap, le seul dont nous connaissions la première dentition parmi les espèces sans incisives.

Os du Squelette en général.

Quant aux os du squelette, nous pouvons dire d'une manière générale, que leur forme et surtout leurs proportions rappellent fort bien ce que nous avons remarqué pour chacun d'eux dans le Rhinocéros d'Afrique, et surtout dans ceux du Rhinocéros camus. En effet, ceux que nous avons eus assez entiers du *Rhinoceros tichorhinus* pour pouvoir les comparer d'une manière un peu satisfaisante, se sont toujours montrés plus robustes, plus épais et plus courts que dans les Rhinocéros d'Asie ou à incisives, et surtout que dans nos squelettes des Rhinocéros de Java et de Sumatra, qui proviennent en effet pour la plupart d'individus femelles. Les différences sont peut-être encore plus marquées avec les espèces à incisives fossiles; mais elles le sont bien moins quand on fait porter la comparaison sur notre squelette de l'unicorne de l'Inde, provenant d'un individu mâle et plus qu'adulte; mais, je le répète, c'est avec le Rhinocéros camus qu'il y a encore plus de ressemblance. Toutefois, je ne crois pas qu'aucun de ces os en particulier puisse réellement fournir des différences véritablement spécifiques, la dégradation entre les espèces de Rhinocéros étant trop peu prononcée pour cela. Conclusion.

2° Rhinocéros a narines non cloisonnées.

Rhinoceros leptorhinus (G. Cuvier, 1821).

Dans la première édition de son Mémoire sur les Rhinocéros fossiles, M. G. Cuvier, auquel est due la proposition de cette espèce, en 1821, avait déjà signalé quelques os de Rhinocéros trouvés en Italie; les uns indiqués par Targioni Tozzetti, et entre autres, un fragment de mandibule du val d'Arno, qu'il avait même figuré d'après un dessin de P. Camper; mais ces pièces étaient trop peu significatives pour qu'il fût possible d'aller plus loin. Dans sa 1re édition, 1806.

Il aurait peut-être pu le faire lors de la réunion de ce mémoire aux autres, en 1812, puisque M. le professeur Nesti venait, en 1811, de publier, en Italie, une première lettre dans laquelle il était question d'un assez grand nombre d'os de Rhinocéros recueillis dans le val d'Arno. Mais cette lettre n'était sans doute pas encore parvenue à la connaissance de M. G. Cuvier. en 1812.

Il n'en fut pas de même dans la seconde édition en 1821, et surtout Dans la 2e édition, en 1821, par suite de la découverte, en 1805, du squelette presque entier d'un Rhinocéros trouvé dans les collines sub-apennines du Plaisantin, par M. le chevalier Cortesi, et dont celui-ci avait publié la description en 1819. En effet, ayant admis, d'après le dessin malheureusement assez inexact donné par ce dernier, quoique confirmé par celui que lui en rapporta M. Adolphe Brongniart, que ce Rhinocéros bicorne et sans incisives, comme celui de Sibérie, n'avait pas, comme lui, la cloison des narines ossifiée, et que les os du nez libres étaient plus grêles et plus allongés, M. Cuvier le considéra comme une espèce distincte qu'il nomma *Rhinoceros leptorhinus* à cause de cela; et comme cette tête avait été trouvée en Italie, il lui rapporta les ossements du val d'Arno décrits par M. Nesti, mais non pas le fragment de mandibule de Bologne, signalé autrefois par Monti, sous le nom de Vache marine, qu'il avait lui-même considérée d'abord comme de Mastodonte, avant l'exploration qu'en fit M. l'abbé Ranzani, et qu'alors il rapportait au *Rhinoceros tichorhinus*.

d'après des Os du Plaisantin.

du val d'Arno.

Ses Caractères, tirés du Crâne.

Dès lors, M. Cuvier donna pour caractères au *Rhinoceros leptorhinus* pour la tête, d'avoir la partie cérébrale moins prolongée, moins rejetée en arrière que celui de Sibérie; l'orbite au-dessus de la cinquième dent molaire; les os du nez beaucoup moins prolongés et terminés en pointe libre, sans cloison verticale osseuse; les os incisifs beaucoup plus courts, d'une tout autre conformation, minces, droits et pointus; la mandibule, aussi bien celle de Toscane que celle de Plaisance, non prolongée en avant de la série des molaires, se rapprochant du Rhinocéros du Cap plus que de toute autre espèce connue, mais avec des différences sous beaucoup de rapports.

de la Mandibule.

des autres Os.

des Membres antérieurs.

Pour les autres os, M. Cuvier trouva que l'humérus, à commencer par celui décrit par M. Nesti, était plus grêle, plus allongé, avait la crête deltoïdienne plus longue, moins saillante, celle du condyle externe moins relevée que dans celui, figuré par Hollmann, du *Rhinoceros tichorhinus*. Le radius lui parut aussi plus grêle, mais le cubitus peu différent de celui de l'unicorne de l'Inde vivant, ce qu'il accorda aussi pour les métacarpiens et toutes les phalanges des doigts.

Il n'en fut pas de même pour les os des membres postérieurs. L'os innominé lui sembla différer sensiblement de celui du Rhinocéros unicorne, et être celui d'une autre espèce, ce qu'il dit à peu près également du tibia, du péroné et des os du pied, qu'il trouva généralement plus grêles. postérieurs.

Enfin, en 1825, revenant encore sur ce sujet dans ses additions au volume V de ses *Recherches sur les ossements fossiles*, p. 501; il assigne aux dents molaires de cette espèce, comme caractère que lui avait fait remarquer M. Pentland, et qui ne se trouve pas, suivant lui, dans les espèces vivantes ou fossiles, que les secondes collines des molaires supérieures, au lieu d'un simple crochet, en donnent en avant plusieurs petits, ce qui le fait paraître dentelé vers sa base, quand elles commencent à s'user, particularité qu'il n'avait cependant, comme nous allons le voir, observée que sur une dent isolée, dont il n'avait pas donné le chiffre ou la signification. en 1825. D'après les Molaires.

D'après ces caractères, que M. Cuvier croyait suffisants pour distinguer parfaitement son *Rhinoceros leptorhinus* comme espèce, il fut accepté par tous les paléontologistes sans réflexions, les uns sans pièces nouvelles, les autres sur quelques débris récemment découverts, comme MM. Bertrand de Doué, Eugène Robert et Hibbert, recueillis dans des localités différentes et même éloignées. accepté par les Paléontologistes,

Cependant M. de Christol, se fondant sur des molaires semblables à celles dont il vient d'être parlé, et qui avaient été trouvées à Montpellier, ne crut pas devoir l'admettre. Ayant obtenu de M. de la Marmora et du professeur Gené de Turin de nouveaux dessins de la tête découverte par M. Cortesi, actuellement dans le musée de Milan, et sur laquelle reposait principalement le *Rhinoceros leptorhinus*, il émit l'opinion que c'était indubitablement un crâne de *Rhinoceros tichorhinus*, dont la cloison osseuse n'avait pas été aperçue, et par conséquent exprimée dans la figure donnée par celui-ci et par M. G. Cuvier; regardant avec raison la moindre saillie de la crête occipitale comme une particularité individuelle ou d'âge, et nullement comme spécifique, trouvant que l'or- si ce n'est par M. de Christol, s'appuyant sur le Crâne.

bite est placée au-dessus de la cinquième molaire, comme dans le *R. tichorhinus*, et enfin croyant prouver par un nouveau dessin fait sous les yeux du professeur Gené, et qu'il donne réduit, que la cloison véritablement ossifiée a été oubliée dans ceux de ses prédécesseurs, mais qu'elle existait brisée dans sa partie antérieure, aussi bien que les os du nez eux-mêmes et les prémaxillaires.

la Molaire. Quant à la molaire isolée que M. G. Cuvier rapporte comme caractéristique de son *Rhinoceros leptorhinus*, M. de Christol pense qu'elle doit l'être certainement à la même espèce que le crâne dont M. Cuvier a parlé d'après le dessin de M. Schleyermacher. Il en fait autant des os trouvés dans le val d'Arno, disant, p. 43, que des os si semblables à leurs analogues dans le Rhinocéros de Sumatra doivent aussi avoir appartenu à la tête, qui elle-même ressemble beaucoup à celle de cette espèce.

la Mandibule de Cortesi. La mandibule du squelette de Cortesi, que M. Cuvier caractérise par la particularité de n'avoir pas de prolongement en avant des molaires, est également regardée par M. de Christol comme tronquée, comme incomplète; ce qu'il juge en lui rapportant la portion de mandibule de Bologne, de Monti; en sorte que, suivant lui, le *Rhinoceros leptorhinus* ne différant en rien du *Rhinoceros tichorhinus*, devra être supprimé : ce qui se trouve, jusqu'à un certain point, d'accord avec la manière de voir de M. Cuvier, au sujet de la partie de mandibule du musée de de Monti. Bologne, dont Monti avait fait une Vache marine, que M. Cuvier, en 1805, avait attribuée au Mastodonte, et qui, depuis la preuve acquise par l'abbé Ranzani que c'était un ossement de Rhinocéros, l'avait rapportée au *Rhinoceros tichorhinus* (1).

Conclusion. Par M. de Christol. Ainsi, comme on le voit par cette analyse historique, tous les os fossiles de Rhinocéros trouvés en Italie sont rapportés par M. de Christol à une seule espèce, *Rhinoceros tichorhinus*, et par M. G. Cuvier à son

(1) A l'appui de cette opinion de M. de Christol, il est bon de rappeler que si M. Cuvier avait jeté les yeux sur la figure 5, Pl. V, du premier mémoire de M. Cortesi, il n'aurait pas pu attribuer à son *Rhinoceros leptorhinus* la forme brusquement pointue de la symphyse mandibulaire.

Rhinoceros leptorhinus, sauf la mandibule de Monti, que celui-ci attribuait aussi au *Rhinoceros tichorhinus*.

Nous n'avons malheureusement aucun des éléments nécessaires pour nous faire une idée nette de l'opinion de M. de Christol ; car, pas plus que M. Cuvier avant lui, nous n'avons examiné les pièces en nature. En passant à Milan, en octobre 1842, nous avons cherché à voir les ossements figurés par M. Cortesi sans pouvoir y réussir, à cause, sans doute, du peu de temps que nous avons pu consacrer à cette recherche; mais il avait bien voulu nous envoyer la dissertation qu'il a publiée, en 1834, sur le nouveau squelette découvert à la fin de 1831, et pour laquelle il m'avait fait l'honneur de me consulter dans une lettre, en date du 30 mai 1833. Nous pourrons donc en tirer quelque lumière de plus que M. de Christol, qui n'a pu connaître la nouvelle découverte de M. Cortesi lorsqu'il a rédigé sa dissertation. Examen par Nous,

Dans son premier mémoire, M. Cortesi, en décrivant le squelette, dit d'abord que la tête était bien conservée, et qu'il ne manquait qu'une petite partie de l'occipital; mais il est évident qu'elle provenait d'un animal qui n'était pas complétement adulte, puisque la dernière dent molaire était encore à l'état de germe. Cependant il assure, p. 74, qu'il n'y avait ni dents ni alvéoles au prolongement quadrangulaire de deux et trois pouces qui terminait les deux mâchoires; et comme cette particularité de manquer d'incisives ainsi que la place de deux cornes, le conduit nécessairement à supposer que ce pouvait être le Rhinocéros de Sibérie, il fait la remarque expresse que les os du nez ne se joignaient pas à l'extrémité de la mâchoire; mais que cela pouvait tenir à l'âge de l'animal, encore trop peu avancé, pour que la cloison cartilagineuse fût encore ossifiée. sur le premier Squelette. de la Tête.

Du reste du squelette, il ne dit autre chose, si ce n'est que les os étaient entièrement semblables à ceux qui avaient été décrits et figurés avant lui. des autres Os.

Le nouveau squelette trouvé assez peu loin du premier, dans les mêmes circonstances géologiques, comme nous le verrons plus tard, est sur le second Squelette.

d'autant plus intéressant, que la plupart des os qui devaient le constituer étaient épars dans un espace tellement resserré, qu'il est impossible de ne pas les regarder comme provenant d'un seul et même individu.

Malheureusement, M. Cortesi ne les a pas tous décrits, et les figures de ceux qu'il représente sont trop médiocrement dessinées, pour qu'elles puissent suppléer à l'état incomplet de la description.

Nous pourrons tirer quelque chose de mieux de la mandibule et du système dentaire.

de la Mandibule.

Nous apprenons d'abord de l'observation faite, et cela même contradictoirement avec ce qu'avait dit et même figuré, suivant lui, M. G. Cuvier; que cette mandibule se terminait en pointe (1) à la symphyse, au lieu de se dilater en spatule, comme l'avait admis M. G. Cuvier, et qu'ainsi, il ne pouvait y avoir de dents incisives; mais en blâmant M. G. Cuvier, M. Cortesi ne se rappelait pas que c'était d'après ce qu'il en avait dit lui-même dans son premier mémoire.

Nous pouvons également tirer de la description et de la figure de cette même pièce que l'animal était adulte, puisqu'elle portait toutes les dents molaires, sauf la première qui était représentée de chaque côté par son alvéole.

des Dents Molaires.

Quant à ces molaires, M. Cortesi les décrit exactement comme composées de deux cylindres à côté l'un de l'autre.

Nous ne sommes pas aussi heureux pour la mâchoire supérieure, d'abord parce qu'elle était brisée en fragments, et qu'on n'a pu en recueillir que huit dents, que M. Cortesi ne décrit même pas pour la plupart. Seulement, comme parmi ces dents se sont trouvées deux dernières ou septièmes indubitables par leur forme triangulaire à trois racines, il fut conduit, sur ce que M. Cuvier avait dit que chez les Rhinocéros elles sont toutes carrées, à deux racines, à croire que ces dents provenaient d'un tout autre animal, ce qui était une erreur.

(1) *La nostra mandibola è veramente un poco corrosa nella sua extremità; ma che essa termina in punta acuta, mentre quella dei Rinoceronti termina in una specie di spatola quadrata larga alcuni pollici.* Page 7.

Quoi qu'il en soit, la figure d'une quatrième carrée et d'une septième qu'il donne Pl. II, fig. 1, ABC, ne paraissent du moins pas permettre de rapporter ce squelette au *R. tichorhinus*. En effet, cette dernière dent, que je regarde comme presque la seule caractéristique, me semble avoir tout à fait la forme de son analogue dans le *R. incisivus*.

la quatrième.

la septième.

Les autres os et même l'atlas que représente aussi M. Cortesi, ainsi que l'humérus, qu'il regarde à tort comme un fémur, sont dessinés avec trop peu de rigueur pour qu'on puisse s'en servir comme moyen de spécialisation. Toutefois, les figures suffisent très-bien pour montrer que ces os sont indubitablement d'une espèce de Rhinocéros, contre l'opinion de M. Cortesi, qui s'appuie sur ce que les dents ne sont pas toutes carrées, que l'atlas n'est pas percé du trou pour l'artère vertébrale, et que l'os qu'il prend pour le fémur n'a pas le troisième trochanter caractéristique de cet os dans ce genre. Je croyais lui avoir fait observer que le trou de l'atlas était, d'après son dessin même, remplacé par une échancrure, ce qui arrive souvent; que l'os qu'il prenait pour un fémur était un humérus, ce qui expliquait pourquoi il n'avait pas de troisième trochanter; mais il paraît que les expressions que j'employai dans la réponse à la lettre qu'il m'avait fait l'honneur de m'écrire pour me consulter, ne furent pas assez complétement explicites pour le convaincre et le faire changer d'opinion. En effet, on voit dans le texte de sa dissertation que M. Cortesi a cru devoir persister dans sa manière de voir. Quant à l'objection ayant pour base la forme carrée de toutes les molaires d'en haut, je ne pense pas qu'il m'en ait parlé; elle porte sur une des preuves du caractère du système dentaire du G. Rhinocéros, qui avait été trop généralisée, la première et la dernière n'ayant pas cette forme, ainsi que M. G. Cuvier l'a fait lui-même observer.

des autres Os.

Vertèbre Atlas.

Humérus.

D'après les détails dans lesquels nous venons d'entrer, on voit, au moins, qu'en admettant comme infiniment probable que les deux squelettes de Rhinocéros, si heureusement découverts par M. Cortesi, sont de la même espèce; qu'elle n'avait pas d'incisives persistantes et exsertes à la mâchoire inférieure, et par conséquent en était également dé-

Conclusion

pour l'absence d'Incisives.

pourvue à la supérieure. Mais s'ensuit-il qu'elle eût la cloison des narines osseuse, ainsi que le prétend M. de Christol, contradictoirement à ce que dit M. Cortesi, et, d'après lui, M. Cuvier. Cela ne me semble pas absolument certain, quoique une analogie forcée, suivant moi, semble être en faveur de cette opinion. Ce qui en outre me retient, c'est la forme de la septième molaire d'en haut qui me paraît bien semblable à son analogue dans le *Rhinoceros incisivus*.

pour la Cloison ossifiée des Narines.

pour la forme de la Mandibule.

sur le premier Squelette.

Je ferai seulement observer que pour le premier squelette découvert dans les collines du Plaisantin, M. Cortesi a nettement exposé deux choses : la première, que le crâne était bien conservé, à l'exception d'une petite partie de l'occiput, et qu'à son extrémité antérieure, il y avait en avant de la série des molaires un prolongement carré de deux pouces de long sans alvéoles, et qu'ainsi il n'y avait pas d'incisives supérieures; la seconde, qu'il décrit la mandibule comme ayant aussi en avant de la série des molaires un prolongement quadrangulaire de près de trois pouces de long, également sans incisives ni alvéoles, ce qu'indique évidemment la figure d'une autre mandibule donnée dans la Tab. V, et qu'il est étonnant que M. G. Cuvier n'ait pas consultée. Malheureusement, la structure des molaires n'a pas été approfondie, et aucune des figures données ne peut y suppléer.

pour le second.

Il n'en est peut-être pas tout à fait de même sur le second squelette, et nous voyons, par la figure qu'en donne M. Cortesi, quelque imparfaite qu'elle soit, que la septième molaire d'en haut était comme dans le *Rhinoceros incisivus*, et nous savons également que la mandibule n'avait ni incisives, ni alvéoles, ni même, suivant son observation expresse, de prolongement spatuliforme, ce qui est pour lui le caractère du *Rhinoceros tichorhinus*, et ce qui me paraît évidemment erroné.

pour les autres Pièces. du Plaisantin.

Mais, ainsi que nous l'avons déjà fait observer, M. Cuvier rapportait encore, à son *Rhinoceros leptorhinus*, dont la base était cependant le premier squelette de M. Cortesi, un assez grand nombre de pièces trouvées, soit comme celui-ci sur le versant nord des Apennins, à la vallée du Pô, soit et surtout sur le versant sud, principalement dans le Val d'Arno.

Des ossements fossiles de Rhinocéros trouvés sur le versant méridional des Apennins, M. Cuvier n'a connu en nature qu'un assez petit nombre de pièces, dont deux dents molaires, lesquelles il a décrites.

des Dents.

L'une qui provient du Val d'Arno, d'après M. Pentland qui l'a rapportée au Muséum, et dont M. Cuvier a parlé sans la figurer, tome V. *Additions*, p. 501, comme propre à caractériser le *Rhinoceros leptorhinus*. Mais la particularité signalée par lui, le crochet de la colline postérieure trifurqué, au lieu d'être simple, se retrouve assez souvent dans le Rhinocéros fossile du midi de la France, à Montpellier comme à Sansans, et même quelquefois comme dans celle dont il est question, avec rencontre plus ou moins approchée du cornet pariétal; d'où il résulte une fossette moyenne externe presque cernée.

une du Val d'Arno.

décrite.

Cette dent, qui est également cernée en dedans par un bourrelet bien marqué, est évidemment une quatrième supérieure gauche d'un individu probablement femelle.

L'autre dent, apportée d'Italie par M. G. Cuvier lui-même, provenait de Monte-Verdo auprès de Rome. Elle est figurée par lui, II, pl. 13, fig. 7, comme une moitié interne de la cinquième molaire supérieure gauche, sans désignation d'espèce, assez médiocrement usée et malgré sa cassure conservant la preuve que c'est une dent du Rhinocéros fossile du Midi (*incisivus*, *Schleyermacheri* ou *megarhinus*), et plutôt une troisième qu'une quatrième. Son cornet assez épais est simple, ne correspondant à rien de semblable, provenant de la paroi ou de la colline antérieure.

une de Monte-Verdo.

décrite.

Enfin la collection du Muséum possède encore aujourd'hui quelques autres fragments recueillis en Italie par M. Faujas de Saint-Fonds, ainsi que le moule en plâtre d'une mandibule entière du Val d'Arno, qui est due à la munificence de S. A. I. le grand-duc de Florence, et qui, si je ne me trompe, n'a pas été connue de M. G. Cuvier.

Une Mandibule du Val d'Arno.

Cette mandibule provenant d'un individu fort adulte, a bien tous les caractères de cet os chez les Rhinocéros. Seulement il m'a paru que l'apophyse coronoïde est plus courbée que celle de la mandibule des espèces à incisives que nous possédons d'Eppelsheim, et surtout que sa partie terminale antérieure, quoique fort sensiblement prolongée et dilatée à son extrémité (1), l'est peut-être moins que dans celle-ci. Aussi, semble-t-il qu'il n'y a aucunes traces de dents incisives ni d'alvéoles. On conçoit cependant qu'il ait pu y en avoir comme dans la mandibule des environs de Montpellier, attribuée par M. de Christol à son *Rhinoceros megarhinus.*

décrite.

ses Dents.

Les dents molaires que porte cette mandibule sont fort usées, et quoique assez mal reproduites par le moulage, on peut assurer qu'elles n'offrent rien de bien particulier, comparativement avec ce que j'ai pu voir sur d'autres mandibules fossiles.

Fragment d'une autre Mandibule.

Les pièces en nature provenant de la collection de M. Faujas sont au nombre de quatre : Une première qui lui fut donnée par Spallanzani, avait été trouvée en 1785 sur les bords du Pô, d'après l'inscription qu'elle porte : *Mandibola Elephanina prope Podano effossa.* Elle n'a pas été connue de M. Cuvier. C'est encore une portion latérale gauche de mandibule avec une petite partie de la symphyse, remarquable par son épaisseur, la forme arrondie de son bord inférieur, la manière brusque dont elle se termine vers la symphyse; elle porte du reste les racines et même une partie des quatre dents qui suivaient la première; mais malheureusement presque méconnaissables dans leurs particularités autres que la grosseur, par la manière dont elles sont fendillées, et singulièrement usées à la couronne.

décrite.

En avant de la série, à l'endroit de la symphyse, l'os lui-même est brisé ; mais comme dans la coupe on ne peut apercevoir aucune trace de conduit nerveux ou de fond d'alvéole, on est en droit de conclure qu'il n'y avait pas d'incisives, ou qu'elles étaient fort petites.

(1) Ce fait positif suffisait, ce me semble, pour montrer que les figures données par M. G. Cuvier, Pl. VIII, f. 8 et 9 ont été faites d'après des pièces altérées.

En sorte qu'en se rappelant que jusqu'ici on a pas encore trouvé de traces de ces dents incisives, dans le Val d'Arno, pas plus que dans la vallée du Pô; que sur les deux mandibules observées par M. Cortesi, il n'y en avait pas ou qu'il y avait tout au plus des traces d'alvéoles dans l'une; ne peut-on pas conclure que ce Rhinocéros fossile en Italie, en était dépourvu; ce qui est au fond l'opinion de M. Christol; puisqu'il le rapporte au *Rhinoceros tichorhinus;* mais en donnant des incisives à celui-ci. Conclusion pour les Incisives.

Quant à savoir si ce Rhinocéros n'avait pas la cloison des narines osseuse, comme le dit positivement M. le conseiller Cortesi; ce qu'avait adopté M. G. Cuvier en en faisant un caractère spécifique de ce Rhinocéros, ou si l'un des crânes au moins l'avait, comme M. de Christol paraît en droit de le conclure d'après les observations qui lui ont été fournies, je n'ose décider. Ce qui me porterait cependant à croire qu'il appartenait à la section de ceux qui ne l'ont pas et qui sont même pourvus d'incisives, c'est la forme des molaires d'après les dessins de M. Cortesi, et ce que nous en possédons dans la collection du Muséum. pour la Cloison.

Un autre fragment de mandibule de la collection de M. Faujas est plus évidemment de Rhinocéros, il consiste dans une partie de branche horizontale du côté droit et assez singulière par la grande rectitude de ses deux bords, le supérieur offrant les racines, coupées au ras du collet, des trois dernières molaires. Mandibule. Premier fragment.

Il a été trouvé au bord du Pô, à dix-huit milles au-dessus de Plaisance, à la suite d'une grande inondation, et donné à M. Faujas en 1806 par Limbardi, alors directeur général des monnaies à Milan.

Nous avons encore examiné dans la collection paléontologique du Muséum, deux autres morceaux de mandibule, tous deux du Val d'Arno; l'un donné à M. Cuvier par Targioni Tozzetti, portant les trois arrière-molaires du côté gauche, la dernière brisée à la racine, la cinquième et la sixième complètes, rappelant assez bien pour la grosseur, celles de notre plus grand Rhinocéros de Java; mais dont les bords de la mandibule sont plus rectilignes. L'autre plus court et portant les deux arrière- Second. Troisième.

molaires dont la dernière non entamée et un peu au-dessous du niveau de la sixième.

Quatrième. Enfin le dernier fragment de mandibule recueilli jusqu'ici en Italie, est celui décrit et figuré par Monti il y a plus de cent ans, comme trouvé aux environs de Bologne et dont il a été question déjà à l'article du *Rhinoceros tichorhinus.*

Os des Membres M. Cuvier a encore rapporté à son *Rhinoceros leptorhinus*, un certain nombre d'os des membres trouvés dans le Val d'Arno et mentionnés par M. le professeur Nesti. Nous avons vu les moules en plâtre d'un assez bon nombre, et même plusieurs os en nature qui ont été envoyés à notre Muséum par ordre du grand-duc de Florence.

antérieurs. Des membres antérieurs.

Radius. J'ai vu et comparé un radius gauche séparé et parfaitement entier, plus un second encore joint à son cubitus et du côté gauche; celui-ci un peu moins grêle que elui-là, provenant sans doute d'un individu femelle. Mais l'un et l'autre rappelant parfaitement cet os recueilli en Auvergne et à Sansans, par son aplatissement et la rectitude du côté interne de l'extrémité inférieure.

Cubitus. Un premier. Un deuxième. Le cubitus dont j'ai également pu examiner deux échantillons complets, à peu près de même taille, l'un séparé, l'autre soudé au radius dont il vient d'être mention, m'a semblé être, pour ainsi dire, intermédiaire à ceux du Rhinocéros du Cap et à celui de Sumatra, et peut-être encore mieux rappeler celui du Rhinocéros de Java.

Un troisième. Un troisième m'a paru un peu plus court et plus épais.

Pisiforme. Un pisiforme gauche (un moule en plâtre) m'a paru par sa forme recourbée, un peu bursiforme, aplatie, se rapprocher de celui du Rhinocéros de Sumatra, mais plus fort.

Scaphoïde. Un scaphoïde droit (moule en plâtre) d'une assez grande taille, supérieure à celle d'un Rhinocéros de Sumatra, mais en rappelant assez bien la forme, par exemple dans la facette du trapèze.

Semi-lunaire. Un semi-lunaire droit (moule en plâtre) qui conserve toujours un peu moins d'épaisseur que celui du *Rhinoceros tichorhinus*, mais bien plus fort que celui de Sumatra.

Pyramidal.

Un pyramidal gauche (moule en plâtre) conservant assez les mêmes proportions.

Métacarpien médian.

Un métacarpien médian (moule en plâtre) du côté droit, long, mince et assez grêle, m'a paru ressembler beaucoup par les proportions, quoique plus petit, à son analogue du *Rhinoceros elatus* d'Auvergne.

De l'Indicateur.

Une grande partie ($\frac{2}{3}$ supérieurs) d'un métacarpien de l'indicateur du côté droit, indiquant toujours quelque chose de grêle.

De l'Annulaire.

Un métacarpien de l'annulaire ayant bien les mêmes proportions et la même taille ou à peu près que le précédent.

postérieurs.

Le nombre des os des membres postérieurs recueillis dans le Val d'Arno sont plus considérables.

M. le professeur Nesti a fait figurer un membre tout entier dont les os sont dans leur assemblage naturel, que M. Cuvier et nous avons reproduit comme un fait extrêmement rare en paléontologie.

Fémur.

J'ai pu comparer le modèle en plâtre d'un fémur du Val d'Arno dont l'extrémité seule est brisée : quoique d'assez petite taille et un peu grêle, probablement à cause du sexe, il ressemble beaucoup à celui du Rhinocéros de Sansans. Le troisième trochanter est cependant un peu plus grêle et plus au milieu de l'os, auquel il est plus perpendiculaire. C'est du reste à celui des Rhinocéros à incisives qu'il ressemble le plus.

Os de la Jambe.

Une jambe entière, dont nous avons vu le moule en plâtre, m'a paru ressembler beaucoup, pour le tibia par exemple, et la poulie astragalienne, à ce qu'elle est dans le Rhinocéros de Sansans, et peut-être encore mieux, par ses proportions un peu plus ramassées, au Rhinocéros de Java.

Os du Pied.

Un pied tout entier, composé de tous ses os encore articulés, m'a montré plus de rapports en général avec celui du Rhinocéros du Cap, quoique plus petit, ayant des formes plus grêles, plus lisses, qu'avec aucun autre ; mais avec les caractères de gracilité et d'état lisse qui indiquent un individu femelle.

Conclusion générale

Ainsi, en analysant non-seulement tout ce que MM. Nesti et Cortesi ont dit des ossements et dents de Rhinocéros recueillis en Italie sur les deux versants des Apennins; joint à ce que MM. G. Cuvier et de Christol en ont pensé, mais encore en y joignant les observations que nous avons pu faire sur un certain nombre de pièces en nature ou moulées en plâtre que possède la collection du Muséum, on peut regarder comme à peu près certain que ce Rhinocéros n'avait pas d'incisives en haut comme en bas; qu'il était bicorne; que la septième molaire d'en haut était triangulaire et simple; que les autres molaires n'avaient que deux fossettes; quant à l'ossification de la cloison et la terminaison nasale de la tête, c'est ce qu'il est difficile de décider. Mais qu'elle fût osseuse ou non, ce qui importe fort peu au fond, le système dentaire incisif et molaire ne permet pas de croire que ce Rhinocéros puisse être rapporté au *Rhinoceros tichorhinus* jeune, comme le pensait M. Cortesi, et comme l'a admis M. de Christol.

pour les Incisives. les Cornes. les Molaires. la Cloison des Narines.

Du *Rhinoceros leptorhinus*, en Angleterre.

Ses différences avec le *Rhinoceros tichorhinus*, d'après les Dents Molaires inférieures.

M. R. Owen dans son *History of British Mammalia* (April 1845, p. 356), adoptant cette espèce d'après un certain nombre de pièces qui ont été découvertes à Clacton, sur la côte d'Essex, lui donne pour caractères, non-seulement la forme terminale de la mandibule à sa partie antérieure, mais encore de plus grandes dimensions des molaires inférieures en général, et par conséquent une plus grande étendue de la série dentaire, plus de grandeur proportionnelle du lobe postérieur de la septième ou dernière; un moindre aplatissement des trois piliers intérieurs de ces dents, plus étroits cependant et plus anguleux que dans le *Rhinoceros tichorhinus*, p. 362; une plus grande dimension proportionnelle de la seconde molaire, fig. 135, 136 et 137, p. 362, et pour le crâne, un moindre degré d'élévation de la plate-forme inter-orbitaire appui de la seconde corne; moins de concavité entre cette plate-forme et le crâne proprement dit; une longueur plus grande de l'ouverture nasale et moins de largeur et d'élévation des os du nez pour supporter la première corne; l'existence d'une cloison des narines osseuse, intermédiaire aux os du nez et aux prémaxillaires, mais ne s'étendant d'arrière en avant que jusqu'à la moitié de l'ouverture totale, au lieu de se

le Crâne.

la Cloison des Narines.

continuer dans toute l'étendue du vomer, comme dans le *Rhinoceros tichorhinus*, et en général plus d'étroitesse proportionnelle de la tête, surtout dans les deux parties terminales; en avant, les os du nez étant non-seulement plus effilés, mais plus atténués, l'espace inter-orbitaire d'insertion de la seconde corne bien moins rugueuse, moins élevée, séparée de l'antérieur par un espace lisse d'une certaine étendue; en arrière l'espace sagittal étant plus étroit, le plan de l'occiput moins incliné en arrière que dans le *Rhinoceros tichorhinus*, et la crête occipitale plus étroite et plus triangulaire, moins rugueuse que dans celui-ci.

les Os du Nez.

l'Occiput.

Différant du Rhinocéros d'Eppelsheim, *Rhinoceros incisivus* (Cuv.) *Rhinoceros Schleyermacheri* (Kaup.) par sa forme, sa cloison des narines partiellement osseuse, un moindre développement des bosses cornigères; et pour les dents molaires supérieures, dont il n'a pu étudier que les trois dernières, en ce que dans la cinquième, dont il donna une excellente figure de grandeur naturelle, le vallon plus étroit (*wider*) à son origine, est plus petit et de forme triangulaire à sa terminaison, divisé par un pli d'émail (cornet) qui, en se portant vers la colline antérieure, comme cela a lieu dans la dent molaire de Crozes, dont il a été parlé plus haut, peut en isoler toute la partie externe; la fossette postérieure que M. R. Owen désigne par le nom de vallon latéral, plus large et plus profonde à son origine, et moins à sa terminaison, où elle n'est pas sitôt convertie en une seconde île d'émail; la terminaison interne de la colline antérieure est plus large et plus solide; le bord longitudinal externe est plus avancé et son sommet antérieur plus long et plus développé; enfin, il y a à l'entrée du vallon un petit tubercule que, quoique non constant, il n'a jamais rencontré dans le *Rhinoceros tichorhinus*, mais que M. le professeur Jœger a signalé sur une dent trouvée à Kirchberg (tab. 16, f. 31), sur laquelle il établit son *Rhinoceros Kirchbergensis*, et que M. Kaup, en admettant ses rapports avec celles de Crozes, a attribuée à son *Rhinoceros Merckii*.

avec le *Rhinoceros incisivus*, par la Cloison.

les Molaires supérieures intermédiaires.

par le Cornet.

la Fossette postérieure.

la colline antérieure.

un Tubercule particulier.

Dans un germe d'une cinquième trouvée à Gray, en Essex, M. R. Owen signale même plusieurs lamelles ou procès en dedans du cornet

un Germe de cinquième.

principal, ainsi que M. G. Cuvier en avait indiqué sur une molaire de Toscane, comme un caractère spécifique, ce que ne pense pas avec raison M. R. Owen.

une septième. Enfin, il décrit la septième et dernière, qu'il dit parfaitement ressembler à celle de Kirchberg, figurée par M. Jœger (pl. 16, f. 32), comme différente de son analogue dans le *Rhinoceros tichorhinus*, parce que le lobe antérieur est plus épais et plus bombé à sa base interne, que la face externe étendue de l'angle antérieur à l'angle postérieur de la couronne est plus uni, et moins onduleux, et enfin parce qu'elle manque de la cavité infundibuliforme de l'angle postérieur de la couronne.

par les Os du Squelette. Quant aux pièces du squelette, M. R. Owen signale :

Sacrum. Un sacrum complet formé de six vertèbres soudées indiquant comme le crâne un individu fort adulte, mais qui n'a pu être différencié, à défaut de pièces de comparaison, dans le *Rhinoceros tichorhinus.*

Humérus. Une portion considérable d'humérus qui lui a offert les caractères de celui que M. G. Cuvier a attribué au *Rhinoceros leptorhinus*, et un grand contraste avec celui du *Rhinoceros tichorhinus.*

Cubitus. Un cubitus assez peu mutilé pour avoir montré les proportions de celui du Val d'Arno.

Humérus. Une extrémité inférieure d'humérus sur laquelle il a trouvé quelques particularités différentielles.

Examen de ces Pièces. Nous ne connaissons en nature aucune de ces pièces; mais seulement d'après la description et la figure que M. R. Owen a données d'un certain nombre d'entre elles, parmi lesquelles la plus caractéristique, la septième molaire supérieure, ne se trouve malheureusement pas.

d'une partie de Crâne, La pièce principale est indubitablement la partie supérieure de crâne, montrant la forme générale de la tête et surtout celle du chanfrein; elle rappelle si bien celle du *Rhinoceros tichorhinus* dans ses proportions et sa forme, que dans son premier essai, M. R. Owen l'avait, sans hésiter, rapportée au *Rhinoceros tichorhinus*; l'os du nez, quoique brisé à son extrémité, montrant parfaitement qu'une partie au moins de la cloison des narines était osseuse, et que cet os du nez se recourbait assez fortement en avant pour se joindre au prémaxillaire.

Dans sa nouvelle opinion, tout en admettant ce dernier point, il insiste sur ce que la tête devait être proportionnellement plus étroite, plus effilée, surtout dans les os du nez; que les saillies cornigères sont moins renflées, plus lisses; l'antérieure n'étant pas bipartite par un sillon médian; que la crête occipitale est moins portée en arrière, plus étroite et moins bilobée que la crête sagittale; que la cloison des narines n'est osseuse que dans sa moitié antérieure (1), particularités dont aucune n'est réellement spécifique, et qui toutes indiquent un système de cornes un peu moins prononcé, par suite d'un âge moins avancé, quoique adulte, ou plus probablement du sexe femelle, auquel appartient l'unique pièce sous les yeux de M. R. Owen.

dont les différences à peine spécifiques

Les fragments de mandibule sur lesquels s'appuie M. R. Owen n'offrent non plus rien de bien caractéristique; le point sur lequel il insiste le plus, le plus grand rapprochement de la première molaire de l'extrémité terminale (on ne peut pas insister davantage sur la position de la seconde molaire en avant du bord postérieur de la symphyse; car c'est une chose assez variable et surtout fort difficile à estimer) ne peut être déterminé d'une manière suffisante, puisque les deux pièces de mandibules qu'il figure sont évidemment brisées, détruites dans leur partie terminale élargie, comme, au reste, cela était sur l'une de celles qu'avait figurées M. Cortesi dans son premier mémoire, celles sur lesquelles repose le *Rhinoceros Merckii* de M. Kaup.

de la Mandibule.

Mais il n'en est pas de même de la septième molaire supérieure, qu'il annonce avoir eue sous les yeux, et qu'il dit ressembler parfaite-

de la septième Molaire supérieure.

(1) M. R. Owen oppose à ce fait que, dans le *Rhinoceros tichorhinus*, cette cloison est complétement osseuse, sans se rappeler sans doute que Collini et Pallas lui-même avaient déjà décrit et même figuré des crânes de *Rhinoceros tichorhinus* où elle est égalcment incomplète; point sur lequel M. Faujas a fortement insisté avec raison, et qui prouve, ce me semble, ce que j'ai montré plus haut, que cette singulière disposition du nez du *Rhinoceros tichorhinus* est due à un os du boutoir.

ment à celle qu'a figurée M. le professeur Jæger, Foss. Wurtemb., Pl. 26, f. 32. En effet, celle-ci est évidemment semblable à celle du Rhinocéros de M. Cortesi, aussi bien, il est vrai, qu'à celles du *Rhinoceros incisivus*, *Scleyermacheri* et même *Acerotherium*.

d'une cinquième.

C'est ce qu'on peut encore confirmer en étudiant celle que M. R. Owen figure comme cinquième supérieure du côté droit. En effet, le cornet collinaire postérieur, fort développé, ne rencontre aucun autre cornet pariétal, de manière qu'il n'y a que deux fossettes, l'antérieure externe n'étant pas close, ce qui est fort bien comme dans la dent analogue du *Rhinoceros megarhinus* de M. de Christol (*R. leptorhinus* pour moi); mais non pas, ainsi que le pense M. R. Owen, comme dans la dent de Crozes, département du Gard, figurée par M. G. Cuvier, II, Pl. VIII, f. 4, où se trouve une troisième fossette bien formée par l'anastomose de deux cornets collinaires. M. R. Owen fait encore remarquer à l'entrée du vallon un tubercule qu'il dit n'avoir jamais rencontré sur aucune dent de *Rhinoceros tichorhinus*, et que M. Jæger avait aussi observé.

des Molaires inférieures,

et surtout de la seconde.

Quant aux molaires inférieures, sur lesquelles M. R. Owen insiste aussi assez fortement, en disant qu'elles sont plus grosses, la série qu'elles forment occupant un espace plus considérable, j'avoue que la comparaison minutieuse que j'ai pu en faire sur un si grand nombre de pièces vivantes et fossiles ne me permet pas de croire que les différences indiquées par M. R. Owen puissent être considérées comme spécifiques. Celle qu'il fait porter sur la seconde, comparée chez le *Rhinoceros tichorhinus* et chez celui qu'il considère comme le *Rhinoceros leptorhinus*, serait plus concluante, si elle ne tenait à ce que, dans l'exemple qu'il donne du premier, elle est jeune et encore accompagnée de la caduque, si même elle n'est pas de première dentition, tandis que dans le second, elle est bien adulte déjà usée et sans la caduque. En effet, elle ressemble complétement à son analogue sur notre *Rhinoceros tichorhinus* d'Abbeville.

Je ne puis rien dire des fragments d'os que M. R. Owen attribue à son *Rhinoceros leptorhinus*, puisqu'il ne les figure pas.

La description comparative qu'il en donne, montrant qu'ils sont plus grêles que dans le *Rhinoceros tichorhinus*, tend à confirmer mon hypothèse qu'ils pourraient provenir, ainsi que la tête, d'un individu femelle. Des autres Os.

Je n'ose en dire davantage sur le fragment considérable de mandibule du côté droit existant dans la collection de M. Buckland à Oxford, et que M. R. Owen rapporte aussi au *Rhinoceros leptorhinus*, parce qu'il trouve des différences de quelques lignes en moins d'épaisseur pour la mandibule, en plus pour les deux dents postérieures. M. R. Owen a parfaitement reconnu lui-même, p. 365, que les différents échantillons de mandibule de *Rhinoceros tichorhinus* ont aussi présenté beaucoup de variétés de taille, et c'est peut-être le cas d'appliquer cette fort juste observation. d'une autre Mandibule.

Toutefois, s'il n'est pas tout à fait hors de doute que plusieurs des pièces observées par M. R. Owen ne proviennent pas du *Rhinoceros tichorhinus*, il paraît au moins certain que plusieurs autres ont appartenu à une autre espèce différente qui avait la septième molaire supérieure simple, ainsi qu'elle est dans le *Rhinoceros leptorhinus* et le *Rhinoceros incisivus;* et comme on n'a pas trouvé de dents incisives dans cette même localité, et que sur la portion de crâne, la cloison des narines se trouvait en partie osseuse, ainsi que M. de Christol a admis qu'elle l'était sur la pièce de Cortesi, type du *Rhinoceros leptorhinus*, on voit comment M. R. Owen a été conduit tout naturellement à rapporter à cette espèce des fragments de Rhinocéros fossile qui ne pouvaient pas provenir du *Rhinoceros tichorhinus.* Conclusion.

3° Le Rhinocéros a incisives.

Merck. III. Lettre 1786, p. 11, pl. 3, fig. 1.

Rhinoceros incisivus. G. Cuvier, 1821.

Le premier paléontologiste qui a parlé de Rhinocéros à dents incisives existant à l'état fossile, est certainement Merck qui, même, repré- Histoire proposée par Merck, 1786.

sente une dent de cette sorte provenant des environs de Mayence, existante alors dans la collection de Sœmmering.

A. Camper. Adrien Camper, qui possédait dans la collection que lui avait laissée son père, cette dent et une seconde que celui-ci avait reçues de Sœmmering, crut devoir en avertir M. G. Cuvier, en lui en envoyant le dessin. Mais celui-ci, dans la première édition de son Mémoire (1806 et 1812), doutant qu'elles fussent réellement fossiles, ajouta : « en supposant qu'elles le fussent, cela ne prouverait rien contre les têtes » fossiles ordinaires. Cela annoncerait seulement qu'il y a encore parmi » les fossiles une espèce différente de celles qu'on a trouvées jusqu'ici, » et quand même, par impossible, ces dents auraient en effet appartenu » à des têtes de l'espèce que nous avons décrite; cette espèce n'en serait » pas moins distincte des autres par beaucoup de caractères; » ce qui semble montrer que M. Cuvier était au moins ébranlé sur l'impossibilité qu'il y eût des incisives aux mâchoires du Rhinocéros de Sibérie.

Admise par M. G. Cuvier, 1806 et 1812.

1821. Tome I. d'après des Dents incisives.

Dans la seconde édition de son Mémoire, en 1821, les faits avaient marché; aussi fait-il la même réserve, mais en disant, *si*, *comme on n'en peut douter*, ces dents étaient fossiles, cela indiquait une troisième espèce qui différait par ce caractère, ce que je suis d'autant plus porté à croire, ajoute-t-il, que je possède des dents incisives incontestablement de Rhinocéros, mais d'une petite espèce.

Revenant, en effet, sur ce sujet des Rhinocéros fossiles pourvus d'incisives (*Ibid.*, p. 89), il dit que comme les deux autres espèces ne pourraient pas en avoir de pareilles, puisque leurs mâchoires ne présentent pas de place pour les loger, il n'hésite pas à insérer dans la liste des Rhinocéros fossiles une troisième espèce, ne doutant pas que l'on ne vienne à découvrir d'autres parties qui formeront son existence; c'est-à-dire, qu'il revient au sentiment de Merck, et, sans nul doute, avec raison.

Tome II. D'après des Dents incisives et molaires.

En effet, au tome III, p. 390 de cette même édition, il rapporte à cette espèce une incisive trouvée à Avaray avec trois dents molaires supérieures et deux inférieures, l'une en germe, l'autre plus usée, peut-être la cinquième ou la sixième, portant au côté interne du second croissant un crochet qu'il ne connaissait pas aux molaires inférieures des autres espèces (1).

Tome V. 1825. D'après un Crâne et une Mandibule d'Eppelsheim.

Enfin, dans les additions au volume V, p. 502 (1825), il donne, comme provenant d'un individu de cette espèce, une tête bicorne et une mandibule assez complète, trouvées à Eppelsheim, et qui, suivant M. G. Cuvier, ne pouvaient laisser de doute sur l'existence de cette espèce. Aussi, dit-il qu'une comparaison exacte avec les espèces vivantes, et surtout avec les trois crânes qu'il avait du Rhinocéros de Sumatra, lui a prouvé qu'elle est spécifiquement différente, et les particularités signalées consistent en ce qu'étant proportionnellement moins longue, les os du nez sont plus larges et moins pointus, leur convexité plus saillante; les arcades zygomatiques plus écartées, moins allongées, moins hautes; l'intervalle des orbites plus étroit; l'occiput moins relevé; les fosses temporales plus rapprochées, formant une crête sagittale étroite; la région basilaire plus large et plus courte avec une fosse longitudinale profonde élargie en avant, qui n'existe pas dans le Rhinocéros de Sumatra : caractères dont aucun n'est réellement spécifique.

Rapportées à la même espèce.

Quoi qu'il en soit, cette tête étant tronquée en avant, ne pouvait lui fournir une preuve directe que cette espèce devait avoir des incisives; mais comme la mandibule en avait de parfaitement en place, on voit comment M. Cuvier fut conduit à sa présomption, en supposant que la mandibule appartenait à la même espèce que le crâne, parce que l'un et l'autre avaient été recueillis dans le même dépôt; mais c'était à tort, suivant M. de Christol, qui suppose que la mandibule n'appartenait pas au crâne, qu'il regarde comme parfaitement semblable à celui du *Rhinoceros tichorhinus*, trouvé également à Eppelsheim, suivant M. Cuvier lui-même, p. 503 (2), ce qui était erroné de part et d'autre.

(1) Cette dent, sur laquelle M. de Christol insista d'une manière toute particulière, n'existe malheureusement pas, même en moule, dans la collection du Muséum; et M. Cuvier ne la figure pas.

(2) « Parmi les dessins qui m'ont été adressés, il y en a qui représentent un crâne parfaitement semblable à celui de la grande espèce à narines cloisonnées. » (G. Cuvier, *loc. cit.*)

C'est, en effet, ce que ne tardèrent pas à montrer les paléontologistes qui commencèrent à publier, peu d'années après, leurs premiers travaux sur ce riche dépôt d'Eppelsheim. Cependant M. Kaup, dans la pensée que le Rhinocéros à incisives d'Eppelsheim était différent du *Rhinoceros incisivus*, l'a désigné sous le nom de *Rhinoceros Schleyermacheri* (Isis, 1832, p. 893, tab. 17, f. 2), et ce même *Rhinoceros incisivus* deviendra par la suite le type du genre *Acerotherium* du même paléontologiste.

Par M. Kaup. 1832. *Rhinoceros Schleyermacheri.*

Vers la même époque, comme il vient d'être dit, il y a un moment, M. de Christol, qui ne connaissait pas, il est vrai, ce qui venait d'être fait en Allemagne, ne crut pas devoir accepter le *Rhinoceros incisivus* de M. Cuvier, et pour en combattre l'existence, il revient sur la fameuse discussion de savoir si le Rhinocéros de Sibérie avait ou n'avait pas d'incisives, et il conclut, comme nous l'avons vu à l'article du *Rhinoceros tichorhinus*, qu'il en avait en haut comme en bas, et même que son os incisif était assez grand pour en contenir d'aussi fortes que celles sur lesquelles reposait le *Rhinoceros incisivus.*

Non admise par M. de Christol, 1831.

s'appuyant sur les Incisives.

Pour les molaires trouvées avec des incisives à Avaray, la particularité même sur laquelle M. Cuvier avait insisté, semblait à M. de Christol justement un caractère du *Rhinoceros tichorhinus*, du moins en regardant, ce qui était erroné, comme appartenant à cette espèce la mandibule entière des environs de Montpellier, et dont les molaires antérieures d'en haut avaient le bourrelet interne, et la sixième inférieure le crochet, observés sur les dents d'Avaray.

les Molaires d'Avaray.

Quant au crâne d'Eppelsheim (*Rhinoceros incisivus*, Cuv.; *Rhinoceros Schleyermacheri,* Kaup), M. de Christol le détache du *Rhinoceros incisivus*, qu'il n'adopte pas, du moins sous ce nom, pour le réunir à une espèce nouvelle qu'il nomme *Rhinoceros megarhinus*, et qu'il établit principalement d'après un beau crâne des environs de Montpellier, et qu'il dit tout semblable à celui de M. Schleyermacher, tandis que la mandibule du même, et qui, dans l'opinion de M. G. Cuvier, avait entraîné le crâne à son *Rhinoceros incisivus*, à cause de ses incisives évi-

le Crâne d'Eppelsheim.

la Mandibule.

dentes, M. de Christol la rapporte au *Rhinoceros tichorhinus*, qui, suivant lui, en avait aussi, contrairement à tout ce qui avait été dit et prouvé avant lui.

M. de Christol va plus loin : rappelant, en effet, que les os des membres de Rhinocéros trouvés en Italie ont été regardés par M. Cuvier lui-même, comme ayant plus de rapports avec leurs analogues dans le Rhinocéros de Sumatra qu'avec ceux d'aucune autre espèce, il se croit en droit de conclure, par la raison que le crâne communiqué par M. Schleyermacher et celui de Montpellier, qu'il regarde comme de même espèce, ressemblent aussi plus au crâne du Rhinocéros de Sumatra qu'à aucun autre, que ces os ne doivent pas être attribués au *Rhinoceros leptorhinus*, que d'ailleurs il n'admet pas, mais bien à la même espèce que ce crâne de Schleyermacher, c'est-à-dire à son *Rhinoceros megarhinus*.

les autres Os, rapportés à son *Rhinoceros megarhinus.*

Lorsque nous serons parvenu au moment de discuter cette espèce, proposée par M. de Christol, nous verrons qu'il lui rapporte aussi celui que M. Marcel de Serres a nommé d'abord *Rhinoceros Monspesulanus*, et que M. G. Cuvier a rapporté à son *Rhinoceros tichorhinus.*

En ce moment, nous devons chercher s'il existe réellement une espèce de Rhinocéros fossile pourvue d'une grosse paire d'incisives aux deux mâchoires, et quelles sont les pièces qui doivent lui être rapportées. Heureusement que, grâces aux nombreuses et importantes découvertes faites à Sansans par M. Lartet, nous pouvons atteindre la démonstration de bien plus près que nos prédécesseurs. Nous possédons, en effet, non-seulement presque tous les os séparés, d'âges très-différents, mais quelquefois réunis et formant presque des squelettes entiers, et tellement variés de proportions, qu'il avait cru devoir les inscrire sous trois noms spécifiques différents : *Rhinoceros tetradactylus*, *brevimaxillaris* et *longimaxillaris.*

Examinée d'après les Pièces de Sansans.

La tête, ou mieux le crâne de ce Rhinocéros qui nous est connu par cette découverte à Eppelsheim, n'offre rien de bien différent de celle des autres Rhinocéros, si ce n'est peut-être que les os du nez qui, dans les

le Crâne comparé

individus mâles, sont élargis et réunis en une plaque scutiforme assez étendue et assez bombée, s'effilent au contraire en s'aiguisant dans une direction horizontale dans les individus femelles, parce que, sans doute, chez elles le nez n'était pas armé de corne. C'est ce dont nous avons un bel exemple dans une pièce recueillie dans le dépôt de Sansans par M. Lartet : dès lors, l'échancrure nasale est étroite et profonde.

à celui d'Eppelsheim. Ses Caractères distinctifs,

Du reste, à en juger d'après la tête presque entière que M. Kaup a figurée dans la Pl. X de ses *Fossiles de Darmstadt*, on voit que le crâne du *Rhinoceros incisivus*, sous le nom de *Rhinoceros Schleyermacheri*, assez allongé dans sa partie cérébrale, assez fortement relevé et élargi dans sa crête occipitale, médiocrement incliné en arrière, est au contraire un peu raccourci, mais assez large dans sa partie faciale, dont le chanfrein assez horizontal est du reste médiocrement relevé entre les orbites pour la seconde corne, et élargi, formant un bouclier assez bombé à l'extrémité des os du nez pour la première.

tirés du Chanfrein.

des Os incisifs.

Les os prémaxillaires, assez forts, forment avec l'apophyse maxillaire une échancrure nasale assez profonde.

de la Crête sagittale.

Les fosses temporales sont fort rapprochées, formant presque une crête sagittale.

de l'Arcade zygomatique.

L'arcade zygomatique, médiocrement large, est longue et surbaissée; le bord orbitaire à l'aplomb de la cinquième molaire, et le sous-orbitaire de la troisième.

Série basilaire.

La série basilaire commence par être assez large, carénée, et se continuant ensuite comme à l'ordinaire; car, d'après l'observation de M. Kaup, la fosse longitudinale, profonde, élargie en avant, sur laquelle M G. Cuvier, p. 503, avait insisté comme manquant au bicorne de Sumatra, n'était qu'une brisure exagérée par le dessinateur.

de la Mandibule.

La mandibule que je connais, d'après un modèle en plâtre envoyé d'Eppelsheim, et d'après plusieurs assez beaux morceaux de Sansans, ne m'a rien offert qui soit réellement distinctif. La figure donnée par

M. Kaup offre une saillie anguleuse de l'apophyse géni, que je crois fort exagérée ou accidentelle.

Pour les autres os du squelette, étudiés surtout d'après ceux fort nombreux recueillis à Sansans, comparés avec ceux que notre collection possède d'Eppelsheim, nous avons fait les observations suivantes :

Sur les membres antérieurs :

Une portion articulaire d'omoplate droite, provenant de Sansans, m'a paru ressembler beaucoup à un morceau assez semblable de Randan, à un autre plus complet de Maussiac, et rappeler fort bien ce qui existe dans le Rhinocéros de Sumatra, comme l'avait déjà fait observer M. Kaup pour celle de son *Rhinoceros Schleyermacheri*, et même dans le *Rhinoceros unicornis*. de l'Omoplate.

L'humérus dont j'ai deux ou trois échantillons assez complets, provenant de Sansans, comparés avec ceux du *Rhinoceros tichorhinus*, m'ont semblé évidemment être plus longs, plus grêles ; avoir la crête deltoïdale plus longue, la tubérosité externe de la gouttière bicipitale bien plus saillante, dépassant un peu l'interne ; au contraire de la crête épicondylienne, moins saillante et moins épaisse, et cependant c'est avec l'humérus de Rhinocéros du Cap que j'ai trouvé plus de rapports. de l'Humérus de Sansans.

Plusieurs fragments de cet os, provenant de Chevilly, m'ont offert tous les caractères de celui de Sansans, avec quelques différences de taille, en plus ou en moins, et même un peu de proportions; par exemple, un presque entier dans sa tête supérieure, provenant de la collection de M. le docteur Thion, m'a paru ainsi se rapprocher de celui du Rhinocéros d'Auvergne. de Chevilly.

Le radius, dont j'ai vu deux provenant de Sansans, l'un et l'autre complets, quoique un peu différents de grandeur, est notablement plus grêle et plus long que dans le *Rhinoceros tichorhinus*, et même que dans le *Rhinoceros unicornis* ; et sous ce rapport, ressemblant assez à celui du *Rhinoceros bicornis* ; son apophyse malléolaire très-peu saillante. du Radius de Sansans.

Je lui ai trouvé les plus grands rapports avec un presque entier provenant d'Auvergne et du *Rhinoceros elatus*, quoique un peu plus grand, d'Auvergne.

d'Avaray. avec deux d'Avaray, l'un dont je ne connais que la moitié supérieure, et l'autre, que sa tête articulaire supérieure, encore plus grande que dans celui d'Auvergne ; un autre du même dépôt, notablement plus petit et même un peu plus que le second de Sansans, quoique bien adulte et en ayant tous les caractères.

du Cubitus de Sansans. Nous n'avons pu guère comparer que des fragments de cubitus de Rhinocéros de Sansans, et surtout des extrémités supérieures, l'une surtout remarquable par sa grande taille, ayant l'olécrâne court, comprimé dans son col, et fort renflé dans son apophyse.

Un seul entier du côté droit m'a présenté la forme générale de celui du Rhinocéros d'Asie, par la tendance qu'a l'olécrâne à se recourber en crochet à son bord postérieur; mais aussi une grande ressemblance avec celui du Rhinocéros du val d'Arno et d'Auvergne.

de l'Orléanais. Un cubitus (moitié sup.), de la collection de M. le docteur Thion, offre assez bien les mêmes caractères que ceux de Sansans, mais il est d'un tiers plus petit.

des Os du Carpe de Sansans. Les os du carpe du *Rhinoceros incisivus* de Sansans, quoique nous les ayons à peu près tous les huit en connexion sur un pied gauche presque complet, ne me paraissent véritablement pas, pour la plupart, susceptibles d'être employés pour caractériser cette espèce; le pisiforme a été enlevé, et le trapèze est conique et un peu courbe; mais ce qui est tout à fait particulier à cette espèce, c'est que la facette externe de l'unciforme doit être plus large que dans les autres Rhinonéros, puisqu'il doit porter un doigt auriculaire complet.

d'Avaray. J'ai vu un unciforme gauche d'Avaray et de grande taille ; sa forme hexagone, peu étendue en travers, au contraire de ce qui a lieu dans les Rhinocéros d'Afrique, indique ses rapports avec le Rhinocéros de Sumatra, quoique encore plus prononcée dans celui-ci ; ce qui indique un doigt de plus.

des Os du Métacarpe. Le métacarpe du Rhinocéros de Sansans se rapproche de celui du Rhinocéros de Sumatra, plus que de tout autre, pour la forme et la proportion des trois os qui le constituent essentiellement; mais il en existe un quatrième bien plus grêle et plus court que les autres, tout à fait externe et portant un doigt aussi complet qu'eux, dont la première phalange est comme à l'ordinaire la plus courte. d'un Pied entier.

Mais outre ce pied complet du Rhinocéros de Sansans, on a recueilli un assez grand nombre d'os métacarpiens isolés, et qui présentent des différences si considérables dans les proportions et dans la grandeur qu'on pourrait être tenté de les regarder comme d'espèces différentes.

C'est le médian qui est le plus commun : voici ceux qui sont dans la collection. Médian de Sansans.

Le plus grand, le plus long et aussi le plus grêle et le plus étroit, est du côté gauche; sa longueur est à sa largeur :: 0,127 : 0,037 mètre. 1er.

Un second un peu plus court, mais très-plat et très-mince, est dans une proportion de 0,133 : 0,047. 2e.

Un troisième est encore un peu plus court; mais du reste de même forme : il a 0,127 de longueur sur 0,047 de large; il vient de Séniorre. 3e.

Il nous conduit ainsi à un autre os médian du côté gauche, trouvé à Chevilly, qui est véritablement singulier par sa brièveté, sa compression et sa largeur qui égale la moitié de sa longueur. Du reste, c'est, comme les précédents, du Rhinocéros de Java qu'il se rapproche le plus. C'est l'opposé de la proportion des deux métacarpiens médians du *Rhinoceros elatus* d'Auvergne, lesquels en effet sont plus de trois fois plus longs que larges :: 1 : 3 $\frac{1}{4}$ ou à 3 $\frac{1}{5}$. de Chevilly. d'Auvergne.

Des membres postérieurs du *Rhinoceros incisivus* de Sansans, nous avons vu :

Une portion de l'os innominé sans caractères ;

Deux fémurs dont l'un du côté droit très-complet et plus allongé, plus grêle que celui des Rhinocéros d'Afrique, ayant le troisième tro- du Fémur.

(1) Ces mesures sont, suivant mon usage, prises dans l'axe pour la longueur, et à la moitié pour la largeur de l'os.

chanter moins fort, moins élevé, la poulie rotulienne plus élevée, plus étroite, et ressemblant davantage à celui du Rhinocéros unicorne de l'Inde qu'à aucun autre, sauf pour le troisième trochanter.

du Tibia.

Le tibia montre également une gracilité plus grande même que dans notre squelette du Rhinocéros du Cap.

du Péroné.

Il en est de même du peroné venant également de Sansans.

Parmi les os du tarse, j'ai pu comparer plusieurs astragales et plusieurs calcanéums, qui sont toujours en général plus étroits.

de l'Astragale de Sansans.

L'astragale, dont la facette cuboïdienne est notablement plus étroite que dans les espèces d'Afrique, n'a pas de trou vasculaire au-dessus de la poulie.

d'Eppelsheim.

d'Avaray.

de Chevilly.

Celui dont nous avons un moule en plâtre envoyé d'Eppelsheim par M. de Klipstem, lui ressemble complétement aussi bien qu'un astragale en nature venant d'Avaray, et un autre de Chevilly.

de Montpellier.

Ce que je puis dire également d'un très-grand de Montpellier que m'a communiqué M. Gervais, ainsi que de celui du *Rhinoceros elatus* de M. l'abbé Croizet, un peu moins grand que le précédent.

des métatarsiens.

Comme à la main, j'ai pu comparer un assez grand nombre de métatarsiens provenant de Sansans; la plupart du doigt médian, mais de grandeur assez différentes. Les uns médiocres s'approchant plus de celui du Rhinocéros du Cap que de ceux d'Asie, par plus de longueur et de gracilité; d'autres rappelant le pied du val d'Arno, et enfin un extrêmement court, rappelant le métacarpien dont il a été question plus haut. Sa largeur est 0,040, et sa longeur, 0,101.

Conclusion pour les Os du Squelette.

Ainsi, somme toute, ces ossements du Rhinocéros bicorne à incisives de Sansans appartiennent évidemment à une espèce particulière, caractérisée par l'existence d'un quatrième doigt aux pieds de devant, et qui du reste avait des rapports évidents avec la plus petite espèce de Rhinocéros d'Asie, celle de Sumatra, dont nous ne connaissons, il est vrai, que des squelettes de femelles. Voyons si le système dentaire confirmera cette distinction

Examen du Système dentaire.

Nous en possédons un très-grand nombre des deux mâchoires en série et isolées, et comme nous en avons aussi pas mal d'Eppelsheim et de l'Orléanais, que nous rapportons à la même espèce, nous avons pu en obtenir les véritables caractères spécifiques.

D'abord les incisives exsertes ne sont certainement qu'au nombre de deux en une seule paire, en haut comme en bas, variables de grosseur et surtout d'usure; mais rappelant parfaitement ce qu'elles sont chez les Rhinocéros d'Asie, et surtout dans celui de Java. J'ai trouvé en outre des traces de la première petite dent qui existe chez les *Rhinoceros unicornis* et *Javanus*, et sur une pièce de Sansans et surtout sur une d'Auvergne; ainsi que M. Kaup l'a parfaitement indiqué sur la mandibule d'Eppelsheim qu'il rapporte à son *Rhinoceros Schleyermacheri*, tab, XI, f. 8 (1). Incisives supérieures. inférieures.

Quant aux molaires d'en haut, les intermédiaires n'ont jamais que les deux fossettes fondamentales; mais le cornet collinaire postérieur plus ou moins avancé vers la colline antérieure, tend à se compliquer d'un ou deux plis plus en dedans, en général moins cependant que dans le *Rhinoceros leptorhinus*. Molaires supérieures. intermédiaires.

Des terminales, la première me semble avoir la proportion ordinaire, et la dernière être triangulaire en simple V sans talon ni pli au lobe postérieur, assez bien comme dans le Rhinocéros de Sumatra. terminales.

Les molaires inférieures sont encore bien moins caractéristiques, aussi bien les terminales que les intermédiaires. Quant à la particularité signalée sur une de celles d'Avaray par M. G. Cuvier, et qui consiste en un petit tubercule situé à l'extrémité de la corne du premier croissant, elle est évidemment individuelle, sans aucune signification spécifique. inférieures.

J'ai comparé avec les plus grandes précautions les dents analogues de quatre localités, Sansans, Eppelsheim, Orléanais et Touraine, sans trouver Différences de taille.

(1) M. Kaup a signalé, sur un crâne de *Rhinoceros incisivus* (*Schleyermacheri* pour lui), une seconde incisive externe, en forme de fève, et par conséquent en dehors de la grande; mais je n'ai jamais rien vu de pareil, si ce n'est dans la première dentition. Ainsi, comme la tête est bien adulte, n'ayant même plus ses molaires, il est évident que c'est une dent de lait conservée, une sorte de monstruosité.

d'autres différences que dans la taille, pouvant aller, par exemple, pour la septième supérieure d'Eppelsheim, dont j'ai à la fois sous les yeux sept échantillons se dégradant insensiblement, depuis 0,062 jusqu'à 0,046, et par conséquent avec la différence d'un tiers entre la plus petite et la plus grande.

On a trouvé dans les deux dépôts de Sansans et d'Eppelsheim avec les os que nous venons de rapporter au *Rhinoceros incisivus*, des parties de crânes dont les os du nez paraissent n'avoir pas porté de cornes; et nous verrons plus tard que c'est sur cette particularité remarquable que repose le *Rhinoceros acerotherium* de M. Kaup. Nous en donnerons la description à l'article de ce dernier; quoique nous soyons à peu près convaincu qu'elles proviennent d'individus femelles du *Rhinoceros incisivus*.

4° Le Petit Rhinocéros.

Rhinoceros minutus, G. Cuvier (*Recherches,* tome II, 1821).

Son Histoire. Cette dénomination se trouve employée pour la première fois par M. G. Cuvier, dans la seconde édition de son Mémoire (*Recherches*, tome II, p. 89, pl. 15, f. 1-10), pour distinguer une espèce de Rhinocéros pourvue d'incisives aux deux mâchoires, comme le *Rhinoceros incisivus*, mais suivant lui, de taille bien moindre.

Sur quoi établie. Elle est établie sur la connaissance d'un assez petit nombre de dents, incisives et molaires, supérieures et inférieures, et sur quelques ossements trouvés aux environs de Moissac, avec des restes de Rhinocéros de grandeur ordinaire.

Ses Caractères. Les seuls caractères différentiels que M. Cuvier assigne à ce Rhinocéros, comme espèce, c'est d'être d'une taille un tiers, moitié et même deux tiers moindre que celle d'un Rhinocéros de Java, avec lequel il a surtout établi la comparaison.

accepté par MM. de Serres, Comme de coutume, cette espèce ou mieux sa dénomination a été adoptée dans les catalogues de paléontologie et même par quelques paléontologistes. M. Marcel de Serres, par exemple, lui a attribué plusieurs pièces trouvées dans la caverne de Lunel-Viel (*Mém. du Mus.*, XVIII, p. 145). M. Kaup l'a également admise comme une espèce de son genre *Acerotherium*, d'après trois ou quatre dents d'Eppelsheim.

Kaup.

Son examen sur les Pièces de Moissac.

Nous avons pu examiner les pièces sur lesquelles repose le *Rhinoceros minutus*, puisqu'elles font partie de la collection paléontologique du Muséum à laquelle M. Destours, alors maire de Moissac, voulut bien les adresser dans le temps; ce sont :

A la mâchoire supérieure :

Dents supérieures. Incisives.

Une dent incisive du côté droit ayant fort bien la forme ordinaire de ces sortes de dents chez les Rhinocéros à incisives, c'est-à-dire comprimée dans sa racine comme dans sa couronne; celle-ci très-courte ovale et usée obliquement à la face externe, étant de fait, ou bien notablement plus forte qu'une dent de lait du Rhinocéros de Java que j'ai sous les yeux, ou bien beaucoup plus petite que dans cette même espèce adulte. Mais je n'ai pu faire une comparaison sur une autre espèce à incisives; je n'ose donc en rien dire d'assuré.

Molaires

Trois molaires usées presque jusqu'au collet, et par conséquent paraissant encore plus petites qu'elles ne seraient sans cela. Ce sont assez évidemment les trois dents de lait du même côté gauche et qui suivent la première persistante ou caduque. Leur grand degré d'usure ne permet guère de trouver des caractères dans la disposition des collines et des fossettes, mais il est extrêmement probable qu'elles proviennent du *Rhinoceros incisivus* ordinaire, individu femelle et de petite taille.

Inférieures.

A la mâchoire inférieure :

Incisive.

Une moitié antérieure d'incisive du côté droit et remarquable en effet par sa petitesse, qui cependant est bien moindre proportionellement que l'incisive supérieure dont il vient d'être parlé.

Molaires.

Un fragment de mandibule du côté droit (2) et portant les trois dents

(1) Je crois que c'est à tort que M. Cuvier la dit du côté gauche, son usure étant évidemment externe.

(2) M. Cuvier dit à tort du côté gauche, et les trois dernières.

qui suivent la première; et qui peuvent fort bien être considérées comme de premier âge, et du reste n'offrant rien qui puisse être regardé comme spécifique.

Os du Squelette.

M. G. Cuvier ajoute à ces pièces du système dentaire, un certain nombre de fragments d'os dont aucun ne fournit, suivant moi, une partie assez caractéristique qui puisse permettre d'assurer même qu'ils proviennent d'un Rhinocéros. Aussi M. Cuvier ne parle-t-il que de mesures millimétriques; ce sont :

Humérus.

Une tête inférieure d'humérus dont le côté externe de la poulie offre même un indice de gouttière.

Radius.

Une moitié supérieure de radius bien conservée et qui me semble évidemment trop peu comprimée pour être de Rhinocéros.

de Liége.

Molaires.

Schemerling attribue aussi au *Rhinoceros minutus* quelques dents de Rhinocéros qu'il a recueillies dans les cavernes de la province de Liége, avec des restes d'animaux de toutes les parties de la série mammalogique; mais seulement d'après la taille, suivant la méthode en usage, et sans se rappeler que dans les Rhinocéros les molaires de première dentition ne diffèrent de celles de la seconde que par la grandeur.

de Lunel-Viel.

Je ne vois pas que les paléontologistes de Montpellier qui ont attribué au *Rhinoceros minutus* de M. Cuvier, des ossements et des dents recueillies dans la caverne de Lunel-Viel, soient parvenus à le caractériser mieux que lui, malgré l'étendue qu'ils ont donnée à leur description, devenue absolue et non comparative; ce qui leur était à peu près impossible vu leur défaut de collection.

Mandibule portant 3 Molaires supérieures.

MM. Marcel de Serres, Dubreuil et Jean-Jean, décrivent et figurent (*Recherches*, I, p. 142, pl. XII, f. 11), comme du *Rhinoceros minutus*, un fragment de mâchoire portant trois dents en parfait état de conservation, qui sont indubitablement de lait ou de première dentition, du moins les deux postérieures, l'antérieure étant la première persistante ou caduque, comme j'ai pu m'en assurer directement, cette pièce ayant été apportée à Paris par M. P. Gervais, depuis longtemps l'un de mes préparateurs et aujourd'hui professeur de zoologie à la faculté des Sciences de Montpellier. Les deux premières de lait, ici les deux dernières, sont remarquables en ce que le cornet ou crochet de la colline postérieure se réunissant au cornet pariétal, ferme la fossette moyenne externe; mais en outre, en se portant plus ou moins contigu à la colline antérieure, il produit encore une seconde fossette externe; d'où il résulte qu'il y en a quatre distinctes, une postérieure, deux externes et une interne moyenne, plus distinctes et plus prononcées à la pénultième qu'à la dernière parce qu'elle est plus usée. Troisième. Seconde.

Quant à la première persistante, elle est triquêtre, tranchante, dans sa moitié antérieure avec deux seules fossettes, l'externe antérieure et la postérieure. Première.

Ces messieurs rapportent encore au *Rhinoceros minutus* :

Un germe de quatrième supérieure, Pl. XII, fig. 3. C'est encore une dent de lait, la troisième du côté gauche, ayant tous les caractères des deux précédentes avant d'être entamées; Germe de quatrième.

Une seconde molaire, également du côté gauche, qu'ils ne figurent pas; Seconde.

Une molaire inférieure, en germe ou non radiculée, *Ibid.*, fig. 4, par la face interne, est sans doute aussi une troisième de lait (1). La division du croissant antérieur, remarquée par ces messieurs, existe à toutes les dents de Rhinocéros à l'état de germe ou de faible usure. Molaires inférieures.

Et parmi les os : Os du Squelette.

Une omoplate droite presque entière, Pl. XII, fig. 6; Omoplate.

Un humérus du même côté droit, *Ibid.*, fig. 7, brisé dans sa partie la plus caractéristique, la crête deltoïdienne; il paraît évidemment épiphysé et de jeune âge, ainsi qu'un fragment d'un autre humérus; Humérus.

Plusieurs portions de cubitus, dont un, fig. 8, indique aussi un jeune animal, les épiphyses enlevées; Cubitus.

(1) C'est sans doute à quelque dent semblable que fait allusion M. de Christol (Mém., p. 22), lorsqu'il dit qu'il existe dans les cavernes à ossements une petite espèce de Rhinocéros, dont les molaires inférieures présentent une forte crête recourbée dans le point même où est situé un petit cône qu'il a observé sur une molaire de son faux *Rhinoceros tichorhinus*.

Métacarpiens. Deux ou trois fragments de métacarpiens, du premier et du troisième ;

Fémur. Un fragment de fémur droit, brisé aux deux extrémités, mais avec une bonne partie du troisième trochanter ; et que M. de Serres et ses associés rapprochent, mais avec toutes les précautions convenables, de celui du *Rhinoceros incisivus ;*

Astragale. Un astragale du côté droit, Pl. XII, fig. 11, que nous avons vu et qui est un des plus grands de ceux qui existent dans la collection ostéologique du Muséum ;

D'après cela, on voit que le Rhinocéros auquel il a appartenu méritait peu le nom de *Rhinoceros minutus ;*

Calcanéum. Des calcanéums de différentes grandeurs, dont un, du côté gauche, est représenté, *Ibid.*, fig. 22 ;

Métatarsiens. Deux moitiés supérieures de métatarsiens, Pl. XII, fig. 9, comme un médius et un externe, pourraient bien être plutôt des métacarpiens, si l'excavation des surfaces articulaires supérieures est aussi forte que le dessin l'indique.

Conclusion. Quoique MM. Marcel de Serres, Dubreuil et Jean-Jean décrivent ces divers ossements sous le titre de *Rhinoceros minutus*, il est évident qu'ils ne peuvent, en aucune manière, être rapportés à l'animal que M. Cuvier a nommé ainsi, et dont les os sont si petits. La plupart sont d'un jeune individu et les autres d'un adulte du Rhinocéros de Montpellier dont il va être question, comme de la première espèce qui ait été ajoutée à celles proposées par M. G. Cuvier.

D'Eppelsheim. Dents Molaires. M. Kaup, qui a également accepté le *Rhinoceros minutus*, ne lui rapporte cependant que quatre dents, dont trois d'en haut et une d'en bas, en avertissant qu'elles proviennent d'individus différents.

La première, Tab. XII, fig. 10, est probablement une seconde de lait ; la seconde, fig. 9, une cinquième, et la troisième, fig. 8, une quatrième d'adulte; la quatrième une troisième de lait et non une dernière d'adulte, sans aucun caractère qui puisse les distinguer de celles du *Rhinoceros incisivus.*

Je trouve aussi le *Rhinoceros minutus* indiqué par M. J. Desnoyers comme ayant laissé quelques restes dans les faluns de la Touraine, et même dans les dépôts de l'Orléanais, mais je me suis assuré que c'est encore d'après quelques dents de première dentition.

De la Touraine. Dents Molaires.

5° Le Rhinocéros de Montpellier.

Rhinoceros Monspesulanus.

Histoire.

C'est à M. Marcel de Serres qu'est due la proposition de ce Rhinocéros fossile, dans un Mémoire inséré au *Journal de Physique*, pour mai 1819, tom. LXXXVIII, p. 382.

Pièces sur lesquelles établie.

Elle était établie sur une assez belle partie supérieure de tête trouvée aux environs de Montpellier, et que Mgr. l'évêque de cette ville, en la possession duquel elle se trouvait, voulut bien mettre à son entière disposition pour être publiée.

Ses Caractères, suivant M. de Serres.

Les caractères différentiels que M. M. de Serres attribuait à ce Rhinocéros consistaient en ce que n'ayant aucune trace d'alvéoles dans les os incisifs, il offrait, au contraire, la cloison des narines osseuse, et la jonction du crochet de la colline postérieure à l'antérieure, comme dans le *Rhinoceros tichorhinus*, dont il ne différait que par un plus grand développement et surtout par une élevation singulière des os du nez, dont le niveau atteignait celui de la crête occipitale, ainsi que par une plus grande profondeur de l'échancrure nasale que M. de Serres estimait au tiers de la longueur totale du crâne.

M. G. Cuvier, *Rhinoceros tichorhinus*,

Malheureusement, il paraît que la plupart de ces notes caractéristiques reposaient sur une observation fautive, et difficile, il est vrai, à cause de l'état fortement encroûté de la pièce et de sa position dans le lieu où elle était conservée; en sorte que M. G. Cuvier ayant dû nécessairement parler de cette pièce intéressante dans ses Additions aux Rhinocéros fossiles, à la fin du tom. IV de ses *Recherches*, p. 496, et pour cela ayant obtenu fort gracieusement du possesseur, l'évêque de Montpellier, l'autorisation d'en faire faire un dessin correct, retrancha d'abord, et avec raison, de la caractéristique la singulière élévation des os du nez, qui tenait à une disposition de bascule et à un défaut de projection. Admettant tout le reste, ce crâne fut alors rapporté par lui au *Rhinoceros tichorhinus*, ce que M. Marcel de Serres s'empressa d'accepter.

M. de Christol. *Rhinoceros megarhinus.*

Ce ne fut cependant pas l'opinion de M. de Christol, dans sa révision des grandes espèces de Rhinocéros fossiles. En effet, en examinant sur place le fossile en question, il ne put reconnaître que la cloison des narines fût osseuse et que le crochet d'union des deux collines aux molaires d'en haut existât. Dès lors ce ne pouvait être un *Rhinoceros tichorhinus* non plus qu'un *Rhinoceros leptorhinus* qu'il n'adoptait pas, comme nous l'avons vu plus haut, et il le rapporta à celui qu'il nomma *Rhinoceros megarhinus*, dont il va être question dans un moment. Mais puisque c'était une nouvelle espèce, pourquoi en changer le nom donné par M. Marcel de Serres? Au reste, nous reviendrons sur ce sujet lorsque nous serons arrivé à parler du *Rhinoceros megarhinus.*

6° Le Rhinocéros élancé ou d'Auvergne.

Rhinoceros elatus (Croizet et Jobert, 1828).

C'est encore une espèce déterminée plutôt ou au moins autant par la différence de localité (l'Auvergne) que par de véritables caractères susceptibles d'être formulés nettement.

Histoire.

Elle a été proposée en 1828 par MM. l'abbé Croizet et Jobert, dans leurs *Recherches sur les ossements fossiles du Puy-de-Dôme*, p. 144, avec figures, sur l'observation d'un certain nombre de fragments, malheureusement en général assez mal conservés, et dont fort peu sont réellement caractéristiques. Toutefois, comme depuis la publication de leur ouvrage, la collection du Muséum s'est enrichie de pièces bien plus capitales, et entre autres d'une fort belle tête et d'un poignet articulé avec l'avant-bras et les métacarpiens, provenant également d'Auvergne, il va nous être possible de traiter la question d'espèce d'une manière plus approfondie que ces messieurs n'ont pu le faire.

Les pièces qu'ils ont examinées sont les suivantes :

Pièces sur lesquelles il repose.

1° Un assez beau morceau de côté de mandibule, portant les deux dernières molaires, mais insignifiant sous le rapport spécifique;

Mandibule.

2° Un autre fragment, l'extrémité antérieure d'une mandibule signifiant un peu davantage;

3° et 4° Une vertèbre cervicale et une vertèbre dorsale, tellement brisées, qu'il n'y a absolument rien à en dire;

Humérus.

5° Un humérus trop mutilé, trop incomplet pour qu'on puisse en tirer une comparaison un peu satisfaisante, mais qui m'a paru avoir quelques rapports avec celui du *Rhinoceros tichorhinus*, en ce qu'il est plus court, plus ramassé, que ceux du Rhinocéros de Sansans, auquel il ressemble dans la tubérosité externe et dans la crête épicondylienne. Il n'en est pas moins important, parce qu'il a été trouvé à côté d'un radius complet, s'articulant parfaitement avec lui, et trois os métacarpiens dont un, celui du doigt médian, a surtout servi à caractériser l'espèce, à cause de sa longueur;

Fémur.

6° Un fragment du corps d'un fémur du côté droit, ne portant malheureusement qu'une partie du troisième trochanter, et par conséquent insignifiant;

Tibia.

7° Un tibia assez entier, quoique brisé, pour qu'on puisse connaître sa longueur totale;

Astragale. Calcanéum.

8° Un astragale et un calcanéum réunis et fort complets, sur lesquels on peut avoir quelque doute, du moins pour avoir appartenu au même individu, quoique l'un et l'autre du même côté gauche; l'astragale est peut-être un peu trop grand pour le calcanéum; la largeur de la poulie du premier est de près de 0,80;

9° Deux autres os semblables mais plus mutilés;

Métatarsien.

10° Un métatarsien médian en bon état de conservation, et sur lequel MM. Croizet et Jobert insistent pour caractériser le Rhinocéros d'Auvergne, qu'ils regardent comme ayant eu des incisives, la cloison des narines osseuse, les membres beaucoup plus grêles, le corps bien plus svelte que les autres espèces, se rapprochant de celui d'Italie (*Rhinoce-*

Ses Caractères, suivant MM. Croizet et Jobert.

ros leptorhinus, Cuv.) plus que de tout autre, mais en différant, parce qu'il avait trois ou quatre pouces de plus au garrot, et surtout parce qu'il avait la croupe plus élevée, ce qu'ils présument d'après la longueur du fémur et du métatarsien; et cependant ces messieurs conviennent que les os dont ils ont tiré ces conséquences proviennent d'au moins cinq individus.

Examen par Nous.

Je ne vois pas qu'il soit réellement possible de tirer grand' chose des fragments recueillis par M. l'abbé Croizet, et que j'ai actuellement sous les yeux, vu la grande variété de taille qu'offrent ceux du métacarpe et du métatarse qui en sont évidemment les meilleurs; mais il n'en est pas de même d'une tête entière avec sa mandibule indubitable, que possède la collection du Muséum, et dont nous avons fait l'acquisition en 1839. Après l'avoir fait soigneusement nettoyer ou mieux sculpter par M. Merlieux, pour enlever l'espèce de dépôt calcaire presque siliceux qui en cachait la plus grande partie, nous avons pu nous assurer que cette tête, presque aussi grande que celle du Rhinocéros de l'Inde, avait l'apophyse basilaire sub-cylindrique ou arrondie; les condyles extrêmement larges et saillants; l'apophyse mastoïde petite, au contraire de la post-glénoïdienne, épaisse, linguiforme, assez recourbée, un peu comme dans le Rhinocéros unicorne de l'Inde; les os du nez droits ou à peine courbés, longs et même assez grêles, assez bien comme dans la tête de Rhinocéros sans cornes de Sansans, avec le trou sous-orbitaire comme dans celui-ci; l'arcade zygomatique très-large et très-forte, sans traces d'apophyse orbitaire; la partie antérieure du maxillaire assez longue et étroite, ce qu'on peut dire également de la branche montante interorbito-nasale; le prémaxillaire médiocre, ovale, un peu allongé, sans alvéoles distinctes, mais assez épais pour en avoir eu de petites; l'espace interorbito-nasal peu large, comme dans le Rhinocéros sans cornes de Sansans; le bord antérieur de l'orbite à l'aplomb de la moitié de la cinquième molaire; le postérieur de l'échancrure nasale correspondant à l'intervalle de la seconde et de la troisième, et l'orifice du canal sous-orbitaire très-avancé.

D'une Tête entière.

Ses Caractères.

De la Mandibule.

La mandibule est malheureusement tronquée dans sa branche montante et dans la moitié antérieure de sa partie symphysaire, brisée qu'elle est en avant la première molaire, mais du reste sa forme rappelle fort bien celle du Rhinocéros de Sansans et d'Eppelsheim.

C'est ce que nous pouvons confirmer par une extrémité antérieure de mandibule complète, portant même une partie des dents incisives en place, donnée à la collection par M. E. Geoffroy Saint-Hilaire, et provenant d'Auvergne. On peut y voir que la symphyse est fort longue en gouttière assez étroite et profonde; mais que le prolongement incisif est assez court, assez étranglé vers le milieu de la barre tranchante et se dilatant cependant assez largement pour porter deux paires d'incisives, disposition qui ressemble assez à celle qu'offrent parmi les Rhinocéros vivants, les *Rhinoceros unicornis* et *Javanus* ou *Sondaïcus*. D'une autre.

Quant au reste du squelette nous pouvons encore faire mention, et pour la première fois, d'une pièce capitale et tout à fait caractéristique. Je veux parler d'un poignet presque entier formé de l'extrémité inférieure des deux os de l'avant-bras, des huit os du carpe en place, et de la tête supérieure de quatre métacarpiens, c'est-à-dire d'un de plus que dans tous les Rhinocéros jusqu'alors connus, et qui ressemble complétement, quoiqu'un peu plus fort, à ce que nous décrirons du Rhinocéros de Sansans. Du reste du Squelette. Os du Poignet.

J'ai encore à noter comme os venant d'Auvergne, une vertèbre atlas de la collection de M. le comte de Laizer, et qui, de taille médiocre, offre pour caractère, que je n'ose regarder comme spécifique, d'avoir le trou de rentrée de l'artère vertébrale fort grand et accompagné d'un autre petit trou. Vertèbre.

Je trouve encore dans la collection du Muséum un calcanéum gauche absolument semblable de taille et de forme à celui de M. l'abbé Croizet, mais qui manque de l'apophyse interne; il vient de Gannat. Calcanéum.

Les os de l'avant-bras qui font partie de la collection de M. l'abbé Croizet, m'ont paru ressembler parfaitement à ceux du Rhinocéros de Sansans, aussi bien pour la taille que pour la forme.

Il n'en est pas de même pour les os du métacarpe qui ont servi à la Métacarpiens.

distinction et à la dénomination de l'espèce. En effet, quoiqu'avec la forme ordinaire chez les Rhinocéros, ils sont notablement plus longs que dans aucun Rhinocéros vivant que j'ai sous les yeux. En effet, le plus grand a 0,210 mètres de long sur 0,058 de large, et le plus petit 0,200 sur 0,050, c'est-à-dire qu'il est un peu plus large. Il y en a un troisième externe qui a 0,189 sur 0,045.

Système dentaire. Quant au système dentaire :

Supérieurement. Supérieurement :

Incisives. Je ne connais encore aucune trace d'incisives. La tête de Gannat nous a laissé dans le doute à ce sujet. Il n'en est pas de même des molaires, à

Molaires. l'état adulte surtout : nous en possédons en effet trois séries complètes, l'une du côté gauche provenant de la collection de M. l'abbé Croizet, en place, quoique sans partie alvéolaire de la mâchoire; et les deux autres sur la belle pièce de Gannat.

Toutes ces dents ont certainement et absolument la même forme et les mêmes proportions que dans le *Rhinoceros incisivus.*

Inférieurement. Inférieurement :

Nous avons pu en connaître la série sur la mandibule de Gannat, et encore mieux sur une belle pièce de la collection de M. Croizet, qui consiste en un côté presque entier de mandibule portant une forte

Incisives. incisive en avant, sans indice de l'interne, et après une barre assez con-

Molaires. sidérable la série complète des molaires tout à fait comme dans le *Rhinoceros incisivus.*

Sur une autre Pièce. Nous avons vu plus haut une partie terminale de mandibule qui devait avoir eu certainement deux paires d'incisives, une première ou

Incisives, 2. interne obtuse, en place à droite, et une paire externe, dont une, celle de gauche, est cassée dans l'alvéole. Les quatre molaires qui sont sur cette pièce, paraissent du reste avoir la grandeur et les proportions de celles des mandibules ci-dessus.

De jeune âge. Du jeune âge, nous pouvons encore citer un côté gauche de mandibule, pris dans la pierre de manière à ne montrer que la face interne, et qui a été donné à la collection par M. le docteur Bourjot. On n'y peut voir que les trois véritables molaires de lait, occupant un espace de 0,110, les incisives sont enlevées, en partie du moins. Il en reste cependant une petite obtuse à l'extrémité gauche de la dilatation mandibulaire. La première molaire, de seconde dentition, commence à pointer hors de son alvéole, et la cinquième, encore à l'état de germe, enfermée dans la sienne.

7° Le Rhinocéros de Schleyermacher.

Rhinoceros Schleyermacheri, Kaup, *Ossements fossiles de Darmstadt*, p. 33, 1834.

C'est M. Kaup qui a proposé cette espèce de Rhinocéros, d'abord dans l'Isis pour 1832, p. 893, pl. 17, fig. 3, et ensuite avec plus de développements dans ses *Ossements fossiles du duché de Darmstadt*, p. 33, 1834, en lui donnant pour caractères spécifiques de ressembler au Rhinocéros de Sumatra, mais d'en différer par des dimensions plus grandes, parce que l'échancrure nasale s'enfonce jusqu'à l'aplomb de la seconde molaire, et que le prémaxillaire est droit. Histoire.

Il lui rapporte : Pièces sur lesquelles établi.

En crânes :

Celui dont M. G. Cuvier devait une figure à M. Schleyermacher; le même que MM. Pander et d'Alton ont figuré sous le nom de *Rhinoceros Indicus (Saugethiere, Pachyderme,* Pl. IX, fig. 6), et que M. Kaup a lui-même représenté Pl. X, fig. 1 et 1*a*, en lui donnant pour caractères :

1) Le bord postérieur de l'échancrure nasale à l'aplomb de la seconde molaire; Ses Caractères, d'après M. Kaup.

2) Les os du nez plus épais, moins allongés que dans le Rhinocéros de Sumatra et ne dépassant pas les incisives;

3) La crête occipitale unique, comme dans le Rhinocéros de Sumatra;

4) L'apophyse coronoïde plus étroite et plus allongée;

5) Toutes les dimensions plus grandes;

6) Et surtout la petite incisive externe dont la mâchoire supérieure est pourvue.

Quant à la fosse longitudinale profonde, élargie en avant et qui se trouve dans la cloison des narines suivant M. G. Cuvier, M. Kaup assure que c'est une erreur du dessin due à une cassure mal rendue.

Mandibules. En mandibules :

M. Kaup nous apprend qu'il en a reçu vingt-quatre; mais il se borne à donner la figure de deux; l'une qu'il a fait dessiner sous le crâne, Pl. X, fig. 2, sous le nom d'*Acerotherium incisivum*, en y ajoutant des mesures linéaires, mais sans autres détails, ce qui porte à croire que cette pièce vient aussi d'Eppelsheim, mais qu'elle n'a pas été trouvée avec le crâne; l'autre presque entière et qui est représentée séparée, Pl. XI, fig. 8, armée de presque toutes ses dents.

Les os du squelette ne sont pas moins nombreux et sont représentés sur la Pl. XIII ainsi qu'il suit :

Atlas. Fig. 1 et 1*a*. Un atlas en parfait état de conservation et dont les apophyses transverses semblent assez étroites.

Fig. 2 et 2*a*. Un axis de jeune animal, et tronqué dans son apophyse épineuse.

Omoplate. Fig. 3. Une omoplate, *ibid.*, fig. 3, ayant, suivant M. Kaup, plus de ressemblance avec son analogue dans le Rhinocéros de Sumatra qu'avec celui d'une autre espèce.

Humérus. Fig. 4. Un humérus plus long que ceux des Rhinocéros de Java et de Sumatra; mais aussi plus large.

Os du Carpe. Fig. 9 et 9*a*. Un scaphoïde.

Fig. 8 et 8*a*. Un unciforme jeune.

Fig. 12. Un métacarpien externe du côté droit.

Fig. 13. Un médian du côté gauche.

Fémur. Fig. 5. Un fémur plus mince que celui du Rhinocéros de Java, auquel il ressemble, suivant M. Kaup, n'ayant pas d'enceinte ovale entre les deux trochanters externes.

Fig. 6 et 6*a*. Un tibia intermédiaire à ceux des espèces vivantes. Tibia.

Fig. 7 et 7*a*. Une rotule plus grande que dans le *Rhinoceros incisivus*. Rotule.

Fig. 10. Un astragale du côté gauche plus fort que celui du *Rhinoceros incisivus*. Os du Tarse.

Un scaphoïde beaucoup plus grand et plus fort que celui du *Rhinoceros incisivus*; mais qu'il n'a pas figuré à défaut de place.

Un cuboïde non figuré pour la même raison et un peu différent de celui du *Rhinoceros incisivus*.

Mais c'est principalement sur le système dentaire que M. Kaup a insisté pour la distinction de son *Rhinoceros Schleyermacheri*. Système dentaire.

Supérieurement : Supérieurement.

Incisives, Pl. X. Incisives,

La plus grande (fig. 1, très-usée et presque entièrement cachée dans l'alvéole), trouvée en même temps que le crâne dont il est parlé plus haut, mais réellement hors de l'alvéole, à laquelle cependant elle s'ajustait parfaitement. M. Kaup la regarde comme voisine de celle du *Rhinoceros incisivus*.

Une plus petite, fig. 3, ajustée à l'extrémité de la tête du *Rhinoceros* (*Acerotherium*) *incisivus*; mais M. Kaup ajoute, p. 54 : En dehors de cette incisive supérieure ou entre cette incisive et la suture de l'os intermaxillaire se trouve une deuxième petite dent en forme de fève, que M. Kaup figure en place, et qu'il compare à celle du *Rhinoceros unicornis Indicus*, figurée par M. G. Cuvier (II, Pl. V, fig. 3), qu'il suppose jeune à tort.

Molaires, Pl. XI. Molaires,

Une première usée, fig. 4.

Une série formée des 3e, 4e, 5e, 6e et 7e, représentée fig. 5, ne différant de leurs analogues dans le *Rhinoceros incisivus* que parce que la plupart sont plus larges; que les antérieures manquent d'un pli d'émail transverse au côté interne (1), et que la dernière est pourvue d'une ou deux épines au talon, particularité que montre la fig. 6. de deuxième dentition.

(1) Ce défaut du pli d'émail ne tient-il pas à l'usure fort avancée?

Dans la Pl. XII :

Une troisième peu usée (fig. 3); une quatrième (fig. 4); une cinquième usée (fig. 5), et une sixième à peine sortie (fig. 6).

Dans la Pl. XI :

de première. La première, la seconde et la troisième de lait, dans la manière de voir de M. Kaup; mais, suivant moi, la première de seconde dentition et la première et la seconde de lait ou de la première, en série et fort bien représentées, fig. 7.

Pl. XII :

Une quatrième molaire isolée (fig. 1); une première molaire de lait, suivant M. Kaup, une première d'adulte, suivant moi (fig. 2); une quatrième molaire de lait, suivant M. Kaup, d'adulte, suivant moi (fig. 3).

Inférieurement. Inférieurement :

Incisives. Des incisives, Pl. XI, fig. 8-9 :

Petites en comparaison de celles du *Rhinoceros incisivus*, légèrement recourbées, avec deux alvéoles en dedans.

Molaires. de deuxième dentition. Des molaires de second âge plus grandes que celles du *Rhinoceros incisivus*, la première ne se voyant qu'à une des vingt-quatre mandibules, et représentée, fig. 8 *a* (1), comme extrêmement petite, par rapport à la seconde.

La série des six dernières des deux côtés est représentée sur une mandibule presque entière et vue à part.

de première. Des molaires de premier âge ou de lait; la première, la seconde, et partie de la troisième en série, sont représentées Pl. XI, fig. 10, et une seconde à part, Pl. XII, fig. 7.

Conclusion. Nous sommes assez loin de connaître en nature les pièces rapportées par M. Kaup à son *Rhinoceros Schleyermacheri;* mais d'après celles que nous avons vues, moulées en plâtre ou figurées, nous n'avons aucun doute qu'elles doivent appartenir au *Rhinoceros incisivus*.

M. R. Owen paraît cependant admettre aussi que M. G. Cuvier a eu

(1) Cette dent était évidemment la première de la seconde dentition.

tort de confondre le Rhinocéros de Schleyermacher avec le *Rhinoceros incisivus*, page 371.

8° Le Rhinocéros a nez épais.

Rhinoceros pachyrhinus.

Ce nom, que M. Kaup crut pouvoir employer dans la *Palæologia* de M. Hermann de Meyer comme devant servir à désigner, dans ses *Foss. Saugethiere Rheinessen*, mss., quelques ossements trouvés dans le dépôt d'Eppelsheim, et sans doute par opposition dans la forme des os du nez avec l'espèce suivante, a été abandonné par lui dans un second examen et remplacé par celui de *Rhinoceros Schleyermacheri.* Histoire.

9° Le Rhinocéros a nez grêle.

Rhinoceros hypsilorhinus.

Paraît être dans le même cas que le précédent, proposé dans le manuscrit d'un ouvrage projeté et annoncé par M. Hermann de Meyer, et ensuite abandonné par M. Kaup, qui nous apprend, dans une note de son ouvrage sur les ossements fossiles du cabinet de Darmstadt, page 53; 1834, que c'était un nom substitué à celui de *Rhinoceros incisivus*, devenu le type de son *Rhinoceros acerotherium*, sans doute parce que celui-là indique une particularité commune à plusieurs espèces. Depuis il est revenu à l'ancien nom. Histoire.

10° Le Rhinocéros a dents grêles.

Rhinoceros leptodon.

Est encore dans le même cas que le précédent, proposé dans un manuscrit d'un ouvrage projeté par M. Kaup, annoncé dans la *Palæologia* de M. Hermann de Meyer pour une pièce trouvée dans un terrain tertiaire des environs de Wiesbaden, mais avec cette différence que M. Kaup Histoire.

le soutient encore dans sa description des ossements fossiles de Darmstadt : il nous apprend même que cette espèce repose sur une dent incisive dont M. Kaup, qui la figure Tab. II, fig. 2, ne dit pas la position, mais qui paraît supérieure, déterrée dans le Hassels, entre Biberich et Wiesbaden, et qu'elle lui semble différer de son analogue dans le *Rhinoceros Schleyermacheri*, parce qu'elle est plus allongée, peu épaisse, presque droite; ce qui nous semble assez peu spécifique. Aussi M. Kaup lui-même dit-il dans son Résumé, page 64, que son *Rhinoceros leptodon* pourra paraître douteux. Je suis pleinement de cet avis, et surtout que ce n'est pas une dent de lait. C'est, en effet, une incisive usée presque jusqu'au collet, et qui méritait à peine d'être recueillie, tant elle paraît être insignifiante.

établi sur une Dent incisive.

11° Le Rhinocéros de Goldfuss.

Rhinoceros Goldfussii. Kaup, *Foss. Darmst.*, page 67; 1834.

Histoire. Cette dénomination est encore assez bien dans le même cas que les précédentes, c'est-à-dire qu'elle se trouve déjà dans le programme du grand ouvrage de M. Kaup sur les ossements fossiles du Musée de Darmstadt, cité *mss.* par M. Hermann de Meyer; mais elle a été reprise non-seulement dans l'ouvrage même, la description de ce Musée en 1834, p. 62, mais aussi dans son nouvel ouvrage, *Akten der Urwelt*, p. 9, pour un assez petit nombre de pièces trouvées dans les sables tertiaires d'Eppelsheim, savoir :

établi sur des Dents. Une incisive supérieure représentée *loc. cit.*, table III, fig. 1 — 1 *a* et 1 *b*;

Deux molaires, une supérieure, *ibid.*, fig. 2, et une inférieure, fig. 3;

Trois autres dents, une supérieure, tabl. XII, fig. 13—13 *a*, et deux inférieures, *ibid.*, fig. 14—15 *a*.

Caractérisé par la grandeur. La caractéristique de cette espèce, suivant M. Kaup, est d'égaler ou même de surpasser en grandeur les Rhinocéros unicorne ou bicorne vivants.

Je ne connais pas ces dents en nature, mais seulement d'après la figure qu'en a donnée M. Kaup. examiné.

L'incisive supérieure ne dit rien autre chose, si ce n'est qu'elle est d'une très-grande taille.

Il en est de même de la molaire inférieure, tabl. III, fig. 3.

La supérieure, fig. 2, ne peut être lue.

La molaire, tabl. XII, fig. 12, est, en effet, une grande quatrième supérieure droite fort usée, différant, suivant lui, de son analogue dans le *Rhinoceros Schleyermacheri* par un bourrelet externe antérieur; suivant moi, elle ne peut être lue.

Celle de la figure 13—13 *a* est une cinquième ou sixième inférieure.

Celle de la figure 14—14 *a* est une sixième encore plus grande.

Or ces particularités différentielles que M. Kaup expose dans un tableau millimétrique comparatif des espèces vivantes et fossiles, d'après des mesures souvent empruntées, ne peuvent certainement caractériser une espèce. Conclusion.

12° Le Rhinocéros sans corne.

Rhinoceros (*Acerotherium*) *incisivus*. Kaup, *Foss. Darmst.*, page 49; 1834.

C'est en 1834, dans ses Ossements fossiles du Musée de Darmstadt, que M. Kaup a été à même, par suite de ses découvertes à Eppelsheim, de reconnaître une espèce de Rhinocéros sans corne, et à lui rapporter les ossements que M. G. Cuvier avait considérés comme appartenant au Rhinocéros à incisives de Merck (*Rhinoceros incisivus*). Histoire. établi par M. Kaup,

M. Kaup propose de considérer comme provenant de cette espèce les pièces suivantes, savoir: d'après les Pièces

1) La septième et dernière molaire représentée par Merck, IIe Lettre, Pl. 2, fig. 4 et 5. énumérées.

M. Kaup en fait deux dents, une seconde et une septième, ayant, il est vrai, appartenu au même individu, tandis que Merck, dans l'expli- Dents.

cation de sa planche 2, dit positivement que les numéros 4 et 5 de cette planche représentent une dent de la mâchoire inférieure d'un Rhinocéros fossile, trouvée près de Mayence, dessinée de face et de profil.

2) Deux dents incisives dont M. G. Cuvier a parlé d'après Merck, et qui sont la première base du Rhinocéros à incisives.

3) Une incisive, un fragment de mandibule, quelques molaires supérieures, un atlas, un cubitus, trois os du métatarse, dont M. G. Cuvier a parlé tome III, Additions, page 90, d'après M. Jœger, comme du *Rhinoceros incisivus*.

Crâne.

4° Le crâne dont M. Schleyermacher avait envoyé le dessin à M. G. Cuvier (2ᵉ édition, V, 2ᵉ part., p. 502), rapporté par lui au *Rhinoceros incisivus*, et par M. Kaup à son *Rhinoceros Schleyermacheri*, ainsi que nous l'avons vu plus haut.

Mais en outre M. Kaup dit avoir de son Rhinocéros sans corne deux têtes presque complètes, des incisives, des mandibules, des palais garnis de toutes leurs dents, un grand nombre de molaires, et plusieurs parties de squelette.

Ses Caractères, d'après M. Kaup, tirés du Crâne.

Sur la tête, Pl. X, f. 2. 2 a et 2 b. M. Kaup regarde comme caractéristiques, non-seulement la forme des os du nez; mais encore la profondeur de l'échancrure nasale atteignant jusqu'à la quatrième molaire, tandis que, dans le *Rhinoceros Schleyermacheri*, elle ne dépasse pas la troisième; l'orbite petit, plus fermé en arrière par une apophyse zygomatique plus marquée; son bord antérieur à l'aplomb de la sixième molaire; le canal sous-orbitaire multiple; l'occiput s'élevant peu à peu en pyramide, fortement élargi en arrière. De la mandibule, M. Kaup figure, Pl. XIV, un côté gauche avec la symphyse portant les incisives en place et les six dernières molaires, qu'il figure aussi au-dessous du crâne, Pl. X, f. 2; mais sans preuves que ces deux pièces aient fait partie de la même tête. Il dit même qu'elle indique un animal plus petit, et comme particularité caractéristique, il insiste sur une petite saillie en forme de lobe au-dessous de l'apophyse condyloïde.

De la Mandibule.

Des parties du squelette (p. 57). Des autres Os.

M. Kaup commence par avouer avec bonne foi, qu'il ne connaît aucun os fossile d'Eppelsheim qu'il puisse ranger avec certitude parmi ceux qui doivent avoir composé le squelette de son Rhinocéros sans corne (p. 57); et cependant il donne, comme ayant exclusivement appartenu à cette espèce, des ossements assez nombreux provenant d'un calcaire tertiaire des carrières des environs d'Oppenheim, non loin de la chaussée du Rhin, et qu'il représente Pl. XV, f. 1-7, comme trouvés ensemble, et accompagnés d'un fragment de mandibule garni de dents. Il nous apprend même que c'est sur une de ces pièces (f. 4) (et qui semble être un métacarpien), qu'il a attribué quatre doigts ou un petit doigt de plus à ce Rhinocéros. Il ne désigne cependant pas ce que c'est, et il l'attribue à ce Rhinocéros, parce qu'elle a été trouvée avec les autres ossements, dont était le fragment de mandibule pourvue de dents. d'Oppenheim.

Les autres pièces sont un trapézoïde (f. 6, *a b*); un métacarpien interne gauche mutilé; un os (f. 3) qui lui paraît provenir de l'orteil; « cet os, remarquable base du 4ᵉ doigt, de l'orteil duquel il paraît être la dernière articulation, » dit M. Kaup; une phalange onguéale du doigt médian (f. 7); une première phalange du doigt externe (f. 8); une partie articulaire inférieure de fémur gauche plus petite que celle du *Rhinoceros Schleyermacheri* (f. 1); un astragale droit très-bien conservé (f. 2.) d'où Quatrième Doigt.

A ces pièces, M. Kaup ajoute comme provenant d'une autre localité, des carrières de Badenheim, à une lieue de Mayence, et lui ayant été confiés par M. de Nau; un calcaneum droit un peu mutilé (f. 11), plus allongé et plus grêle, suivant lui, que celui du *Rhinoceros Schleyermacheri;* un astragale (f. 10) plus grand que celui d'Oppenheim et en différant considérablement, dit-il p. 60, et cependant rapporté à la même espèce; une rotule gauche (f. 12); trois métatarsiens gauches avec le scaphoïde et le cuboïde (f. 9); le scaphoïde beaucoup plus petit que celui du Rhinocéros de Schleyermacher; une phalange intermédiaire du doigt médian (f. 9 *c*). de Badenheim.

Pour le système dentaire. Du Système dentaire.

Incisives.

M. Kaup rapporte à son Rhinocéros sans corne : pour la mâchoire supérieure, une incisive d'Eppelsheim, fig. 1 ; une autre du même lieu qui lui paraît de lait (fig. 2); une troisième de Viedhem, près Mayence (fig. 3), et celle copiée de Merck (fig. 4) (1); toutes ces dents, représentées dans la Pl. XIV, comme le fait justement observer M. Kaup, se ressemblant fort peu.

Pour les molaires :

Molaires. Supérieurement.

M. Kaup représente (fig. 5 de la même planche XIV.) la série complète qui se trouve au crâne cité plus haut, et il les décrit de forme carrée, différente de celles des Rhinocéros de Java et de Sumatra; la septième comme différant de celle du *Rhinoceros Schleyermacheri* par un petit talon à la partie postérieure, au lieu de une ou deux épines; les seconde, troisième et quatrième ayant un repli d'émail dentelé comme dans le Rhinocéros bicorne du Cap.

Il rapporte aussi à cette espèce (fig. 7) celle citée par Merck, c'est-à-dire une seconde du côté gauche, et fort usée, illisible suivant moi; et fig. 8, une septième également déjà figurée par Merck, en ajoutant que la collection de Darmstadt possède cette même dent de différentes tailles.

Inférieurement.

Comme incisives inférieures, M. Kaup compte celles qui sont à l'extrémité de la mandibule de la pl. XIV, citée plus haut, et fort grandes; ainsi que les molaires de la même mandibule, qu'il regarde comme plus petites que celles de toute autre espèce, ce qu'il pense confirmer par des mesures millimétriques.

Ainsi, d'après l'aveu même de M. Kaup, si cette mandibule a été trouvée à Eppelsheim comme le crâne, il n'est nullement certain qu'elle provienne du même individu.

(1) Au sujet de cette dent, M. Kaup fait l'observation qu'elle ne s'est pas retrouvée dans la succession de Sœmmering, sans se rappeler qu'elle avait été donnée par celui-ci à P. Camper, comme nous l'apprend M. G. Cuvier, qui en a publié un dessin, que le fils de Camper lui envoya.

Pour les ossements qui ont été trouvés ailleurs, quelle certitude qu'ils doivent être rapportés au Rhinocéros sans corne ?

Quant au nombre de quatre doigts que M. Kaup lui attribue, il est impossible d'admettre que cela ait pu être en 1834, d'après les deux os qu'il a trouvés séparés, l'un un métacarpien assez gros (Tab. XV, fig. 4) et l'autre un os du carpe ou du tarse, qu'il prend sans doute pour un os terminal, et qu'il figure (Tab. XV, fig. 4. 3 a. 3 b). Il n'y a en effet rien là qui puisse ressembler le moins du monde à un quatrième doigt, et qui par conséquent ait pu en faire soupçonner l'existence dans ce Rhinocéros. Je suis donc presque involontairement conduit à penser que l'idée lui en sera venue en m'entendant annoncer, par M. Lartet lui-même, dans mon laboratoire, cette petite découverte qu'il venait de faire, d'après une pièce tout à fait probante que j'avais sous les yeux, et sur un Rhinocéros également sans corne que M. Kaup, avec juste raison, rapporta de suite à son Rhinoceros Acerotherium; et que pour l'appuyer il aura choisi plus ou moins heureusement les deux pièces citées.

Observations sur la découverte du quatrième Doigt,

probablement due à M. Lartet.

Quoi qu'il en soit de cette conjoncture, que je regarde cependant comme fort probable, tant les pièces figurées par M. Kaup ressemblent peu au quatrième doigt du *Rhinoceros incisivus* décrit plus haut, je ne connais les pièces rapportées, on ne sait trop pourquoi, par M Kaup, à son Rhinocéros sans cornes à incisives, que d'après les descriptions et sur les figures qu'il en a données. Cependant on peut assurer qu'elles n'offrent réellement aucune différence spécifique avec leurs analogues dans son *Rhinoceros Schleyermacheri* que nous regardons comme étant réellement la même chose que le *Rhinoceros incisivus*.

Conclusion de notre examen.

Mais nous connaissons, d'après une assez belle pièce et même un autre fragment, la base véritable sur laquelle repose le Rhinocéros sans corne, et dont M. Kaup a figuré un crâne presque entier et un autre incomplet. Comme à Eppelsheim, ces pièces de notre collection ont été trouvées à Sansans pêle-mêle avec un très-grand nombre d'ossements et de dents que nous avons rapportés au *Rhinoceros incisivus* ordinaire, c'est-

Description d'un Crâne sans Corne.

De Sansans.

à-dire à deux cornes, et parmi elles, en effet, j'ai noté un bouclier nasal évidemment cornigère et même assez large. La description et la figure données par M. Kaup sont assez exactes, du moins pour la partie faciale, la seule qui se trouve dans notre morceau auquel manque toute la boîte cérébrale. Le chanfrein à peine ensellé en arrière de l'orbite, à peine bombé dans l'espace inter-orbitaire, du reste assez large et parfaitement libre, se continue le long d'os du nez très-allongés, presque pointus, légèrement canaliculés dans la ligne médiane, à peine relevés en dessus, sans aucune courbure à leurs extrémités, se terminant un peu en arrière de la pointe de la mâchoire.

Des Os du Nez.

De la Mâchoire.

Le zygomatique me semble aussi être assez notablement plus large que dans le *Rhinoceros incisivus* ordinaire, assez bien comme dans celui figuré par M. Kaup; mais sans que l'apophyse orbito-malaire soit plus forte qu'à l'ordinaire.

Le maxillaire offre cette particularité que sa branche montante est fort étroite à sa terminaison supérieure inter-orbito-nasale, et surtout à la partie antérieure de sa branche horizontale.

Il en résulte une échancrure nasale plus longue et plus profonde que dans aucun Rhinocéros vivant ou fossile, et dont la limite postérieure tombe à l'intervalle de la troisième et de la quatrième molaire.

Le prémaxillaire n'existait pas sur la pièce d'Eppelsheim; il se trouve en partie indiqué sur la nôtre; il a dû être mince, fort étroit, et par conséquent porter des incisives peu grandes.

Quant au trou sous-orbitaire, il est fort avancé, presque marginal, mais ovale et unique sur la pièce que j'examine.

Du Système dentaire. Molaire.

comparé avec celui du *Rhinoceros incisivus*,

Mieux encore que sur celle figurée par M. Kaup, les dents étaient, sauf la septième qui malheureusement manquait par fracture, en série et en état d'usure suffisant pour en montrer les particularités caractéristiques. La première d'abord était assez forte proportionnellement à la seconde. Les cinq autres croissaient insensiblement d'avant en arrière. Toutes n'avaient que les deux fossettes fondamentales; le cornet collinaire postérieur, épais et grand, mais sans cornet pariétal ni collinaire antérieur qui tendît à s'y joindre, ce qui est en général le caractère des molaires supérieures du *Rhinoceros incisivus*, et, par exemple, de celui d'Auvergne.

Je dois cependant noter une différence, qui consiste en ce que toutes ces dents, à l'exception de la première, sont pourvues, et surtout les antérieures, d'un large bourrelet en écharpe oblique à la face interne de la base de la couronne, ce que je ne vois pas dans la série dentaire d'Auvergne de M. Croizet; mais très-bien dans la belle tête de Gannat, qui, du reste, a une assez grande analogie de forme avec le Rhinocéros acerotherium. Particularité trouvée dans celui d'Auvergne.

13° Le Rhinocéros de Merck.

Rhinoceros Merckii.

C'est M. Jæger qui a l'initiative de cette espèce qu'il avait nommée *Rhinoceros Kirchbergensis* dans ses Mammifères fossiles du Wurtemberg (Abth. III, tab. XVI, fig. 31, 32, 33), pour quelques dents molaires supérieures et inférieures recueillies dans ce pays; mais M. Kaup, en l'acceptant dans ses Actes de l'ancien monde, en a changé le nom en celui de *Rhinoceros Merckii*, et lui a rapporté un bien plus grand nombre de pièces, de lieux très-différents et toutes du diluvium; ce sont: Histoire. Par M. Jæger. Par M. Kaup. Pièces sur lesquelles il repose. Énumérées.

1° Un crâne et sa corne cités par M. de Schlotheim (*Kentniss der Fossil*, p. 8), des environs de Wolfenbuttel.

2° Une sixième molaire inférieure du côté droit, figurée par M. Merck (Lettre IIIe, p. 19-20, Pl. III, fig. 2), des environs de Francfort. Crâne.

3° Un fragment de mandibule du côté gauche, comprenant la symphyse et portant tout ou partie des six dernières dents molaires, trouvé dans le Rhin, et que M. Kaup figure (*Akten*, tab. II, fig. 1).

4° Un assez beau morceau d'omoplate (*Ibid.*, fig. 2) qu'il rapproche de celle figurée par M. G. Cuvier (II, Pl. VIII, fig. 11), et surtout un grand nombre de dents molaires. Omoplate.

Dents Molaires.

a) Celles dont parle M. G. Cuvier (*Ossem. fossil.*, II, p. 38 et 60, pl. VI, fig. 6-7, et pl. XIII, fig. 4-5), provenant de Chagny (1) et de Crozes.

b) Trois autres provenant d'un jeune individu et citées par M. Brown (*Gæa Heidelbergensis*, p. 178, 180, 1831), comme du *Rhinoceros incisivus*, trouvées dans les sables du Rhin et dont M. Kaup a figuré deux (*Akten*, tab. I, fig. 1 et 6).

c) Deux inférieures dont celui-ci avait déjà parlé dans ses Ossements fossiles de Darmstadt (cah. III, p. 63).

d) Celles supérieures et inférieures décrites et figurées par M. Jæger (*loc. cit.*) comme types de son *Rhinoceros Kirchbergensis*, et dont M. Kaup a publié une seule (*Akten*, tab. I, fig. 4).

e) La sixième dent supérieure des environs de Canstadt, envoyée à M. G. Cuvier en communication par M. Jæger, et qu'il a figurée Pl. VI, fig. 7. C'est la dent où la colline antérieure est séparée.

Rapproché du *Rhinoceros leptorhinus*, suivant M Kaup.

D'après ce que dit lui-même M. Kaup, son *Rhinoceros Merckii* serait fort rapproché du *Rhinoceros leptorhinus*, et n'en différerait que par la taille ; la série dentaire occupant un espace plus considérable, et parce que la partie édentée de la symphyse est plus large que dans le *Rhinoceros leptorhinus*. En passant en revue les dents attribuées à cette espèce par M. Kaup et dont il a donné la figure, voici les observations que j'ai pu faire.

Examiné.

Par les Molaires supérieures.

La figure 1 représente, comme il le reconnaît, une molaire supérieure droite de *Rhinoceros incisivus*, probablement une quatrième ou une cinquième médiocrement usée.

Cinquième.

Celle de la figure 2 est au contraire pour lui une cinquième de *Rhinoceros tichorhinus*, à peine entamée à sa colline antérieure ; elle me semble tout à fait analogue de celle de la figure 27 de M. de Christol, et qu'il rapporte à son *Rhinoceros megarhinus*, dont il va être question tout à l'heure.

(1) Ces deux dents avaient en effet été rapportées à tort au *Rhinoceros tichorhinus* par M. G Cuvier.

La figure 3 est copiée de M. G. Cuvier; elle provient également du *Rhinoceros incisivus*, et c'est probablement une sixième assez peu usée; la fossette postérieure étant encore un peu échancrée en arrière. Ce qui a induit en erreur M. G. Cuvier, c'est que cette dent offre en effet une troisième fossette, comme dans le *Rhinoceros tichorhinus*; mais dans celui-ci la fossette est le résultat de la coalition du cornet collinaire postérieur avec le cornet pariétal, tandis que dans la dent des Crozes, c'est avec un cornet collinaire antérieur. Sixième.

La figure 4 représente une belle sixième de *Rhinoceros incisivus*, et elle est copiée de Jæger, tab. XVI, fig. 3.

La figure 5 est une septième ou terminale postérieure d'un *Rhinoceros incisivus*, assez peu usée et fort semblable à celles si communes à Sansans. Elle est également copiée de Jæger, tab. XVI, fig. 32. Septième.

La figure 6 représente, à ce qu'il me semble, la première dent de seconde dentition, et non une troisième, comme le suppose M. Kaup. Première.

Quant à la symphyse de la mandibule citée sous le n° 3, comme elle n'est pas terminée en spatule, mais bien en pointe courte, M. Kaup la rapproche de celle figurée par M. Cuvier (Pl. IX, fig. 8 et 9), copiée de Cortesi, et type du *Rhinoceros leptorhinus*, en signalant cependant quelques différences insignifiantes; mais il est évident que la pièce figurée par M. Kaup, aussi bien que celle qui lui sert de type donnée par M. Cortesi, sont altérées dans la partie incisive. Dans la Mandibule.

Le fragment d'omoplate cité plus haut n'a en effet aucune ressemblance avec son analogue dans le Rhinocéros du Cap. Cet os en a au contraire beaucoup, par l'élargissement de son bord axillaire, avec une belle pièce de la collection de M. le Dr Thion d'Orléans, et se rapproche beaucoup plus de l'omoplate des Rhinocéros à incisives et bicornes vivants, ou du Rhinocéros de Sumatra; mais elle ne me semble n'avoir aucun rapport avec celle figurée par M. Cuvier. l'Omoplate.

Ainsi, quoique je ne connaisse en nature qu'un très-petit nombre des pièces rapportées à ce *Rhinoceros Merckii*, je ne fais aucun doute que la très-grande partie ne provienne du *Rhinoceros incisivus*; car le frag- son examen par Moi.

ment de mandibule sur lequel M. Kaup s'appuie pour assurer que son *Rhinoceros Merckii* n'avait pas d'incisives, est évidemment tronqué, comme, au reste, celui auquel il le compare, et qui a été figuré par M. G. Cuvier (1).

14° Le Rhinocéros grand nez.

Rhinoceros megarhinus (de Christol, 1834).

Histoire.

Par M. de Christol.

Par M. de Serres. (*R. Monspesulanus*).

M. G. Cuvier. (*R. tichorhinus*).

Nous avons déjà eu l'occasion, dans l'énoncé historique des espèces de Rhinocéros proposées par les paléontologistes, de parler de celle-ci, dont nous devons la proposition à M. de Christol, en 1834, dans ses Recherches sur les caractères des grandes espèces de Rhinocéros fossiles. Nous avons vu qu'il lui rapportait un crâne dont M. M. de Serres a fait son *Rhinoceros Monspesulanus*, et que M. G. Cuvier a rapporté plus tard au *Rhinoceros tichorhinus*, en admettant que la cloison des narines était osseuse; et de plus, un autre crâne d'Eppelsheim que ce dernier pensait devoir confirmer l'existence du *Rhinoceros incisivus*. Mais il en détachait la mandibule de la même localité, type réel du Rhinocéros à incisives, dont elle est évidemment bien pourvue, pour la rapporter au *Rhinoceros tichorhinus*, et tout cela par suite de sa manière de voir sur les dents incisives, bases premières du *Rhinoceros incisivus*, et qu'il croyait pouvoir avoir appartenu au *Rhinoceros tichorhinus*, ce qui est complétement erroné.

Ses Caractères, d'après M. de Christol, tirés du Crâne.

En prenant pour point de départ l'excellente description, accompagnée de figures, de la tête et des dents trouvées aux environs de Montpellier, telles que M. de Christol l'a donnée, sans mélange avec celle de pièces d'autres localités, il semble que ses caractères différentiels

(1) M. R. Owen, *loc. cit.*, p. 365, dissertant sur ce fragment de mandibule, quoiqu'il soit évidemment tronqué, ainsi que celui de M. Cortesi, ainsi que celui même qu'il avait sous les yeux, de Clacton, et malgré la juste observation que la partie terminale de la symphyse offre aussi beaucoup de variations dans le *Rhinoceros tichorhinus*, n'en conclut pas moins, de mesures millimétriques, que ces fragments sont spécifiquement identiques, et proviennent du *Rhinoceros leptorhinus*.

consistent, surtout pour avoir été pris sur le crâne d'un animal très-vieux :

En ce qu'étant bicorne, aussi long mais moins fort, plus étroit entre les orbites que celui du *Rhinoceros tichorhinus*, la crête occipitale est moins inclinée en arrière ; les arcades zygomatiques peu écartées en dehors à leur racine postérieure; l'orbite au-dessus de la sixième molaire; la cloison des narines sans trace d'ossification ; les os du nez plus allongés, plus horizontaux, assez larges, mais surtout très-longs, d'où son nom a été tiré ; (des Dents.)

En ce qu'il n'y a aucune trace de dents incisives ; que les molaires supérieures n'ont que deux fossettes à la couronne, le crochet bi ou trifurqué dans les dents de remplacement, simple dans les arrière-molaires, de la colline postérieure ne se joignant jamais à l'antérieure. Outre cela, les premières, dites par lui de remplacement, sont pourvues à leur base d'un large bourrelet appliqué à la face interne, et dans toutes une crête verticale, partant de l'angle antérieur externe de la couronne, se dirige vers le fond du vallon.

M. de Christol ajoute enfin d'une manière générale que c'est avec le Rhinocéros bicorne de Sumatra qu'il y a plus de rapports, et que, vu en dessus, le crâne offre aussi beaucoup de ressemblance, du moins pour les contours, avec celui du *Rhinoceros tichorhinus.*

(Son Examen par Nous.) Nous ne connaissons en nature aucune des pièces principales sur lesquelles repose cette espèce, à l'exception du moule en plâtre de deux dents molaires supérieures envoyé au Muséum par M. de Christol lui-même sous le nom de *Rhinoceros Cuvieranus*, et qu'il a depuis attribuées à son *Rhinoceros megarhinus.*

(Un premier crâne.) Nous nous bornerons en ce moment à faire observer que la belle tête qui est la base principale du *Rhinoceros megarhinus* est tronquée dans sa partie prémaxillaire, et qu'ainsi il est difficile d'assurer qu'elle manquait d'incisives.

(Un second.) Le second crâne, que M. de Christol lui rapporte, est dans le même cas ; l'os incisif était cassé ; aussi l'on ne peut pas trop invoquer ce caractère.

(La Mandibule.) De plus en regardant la mandibule trouvée dans la même localité que la tête dont il vient d'être parlé, et que M. de Christol a figurée en la rapportant au *Rhinoceros tichorhinus*, on trouve qu'elle a en effet dans sa partie terminale la plus grande ressemblance avec cette partie trouvée aux environs de Bologne, signalée par Monti, puis par l'abbé Ranzani et depuis par M. G. Cuvier, mais évidemment à tort, comme du *Rhinoceros tichorhinus*; car la pièce figurée par M. de Christol montre deux paires d'alvéoles ou de fossettes assez petites et peu profondes, il est vrai; mais certainement bien plus évidentes que dans le Rhinocéros de Sibérie : et nous venons d'apprendre par une mandibule presque entière, apportée de Montpellier par M. P. Gervais, que de ces alvéoles la plus grande et interne est remplie par une dent cylindrique, obtuse, courte et cachée dans l'alvéole.

Cette mandibule, qui consiste essentiellement en un côté droit tronqué dans sa branche montante, mais complet dans sa partie incisive ou symphysaire, porte encore une série des six molaires postérieures, longue de 0,230 en totalité. La dilatation terminale bien entière ayant environ 0,100^{m} de long sur 0,069^{m} de large, son bord antérieur assez transversalement arrondi, épaissi en bourrelet, n'offre réellement qu'une paire d'alvéoles, évasées, remplies au fond par une incisive ronde, obtuse, nécessairement sous-gingivale.

Ses Incisives.

Ses Molaires.

Quant aux dents molaires supérieures et surtout la postérieure, elles sont aussi comme dans le Rhinocéros de Lombardie ou d'Italie, que M. G. Cuvier a nommé *Rhinoceros leptorhinus*, du moins si j'en juge par celles dont j'ai les plâtres et même par les excellentes figures que M. de Christol en a données.

15° Le Rhinocéros de Kirchberg.

Rhinoceros Kirchbergensis.

Histoire.

Ce Rhinocéros commence la liste des espèces que M. Jæger a cru devoir distinguer parmi les ossements fossiles du Wurtemberg (*Fossil. Saugeth. Wurtemb.*, tab. XVI, f. 31, 32, 33).

Il ne repose que sur trois dents molaires que M. Kaup a rapportées à son *Rhinoceros Merckii*, comme nous l'avons dit à l'occasion de celui-ci. Pièces sur lesquelles établi.

D'après les figures que M. Jæger a données (f. 32, une sixième supérieure; f. 32, une septième, également d'en haut; et f. 33, une quatrième ou cinquième d'en bas), ces dents doivent être rapportées au *Rhinoceros Schleyermacheri* et par conséquent au *Rhinoceros incisivus*. Conclusion.

16° Le Rhinocéros de Steinheim.

Rhinoceros Steinheimensis.

Cette espèce que l'on trouve déjà indiquée par M. Bronn dans sa *Lethæa*, page 866, a été définitivement proposée par M. Jæger, dans ses *Mammifères fossiles du Wurtemberg*, dont la pl. II est presque entièrement consacrée à figurer les dents et les os qu'il lui rapporte. Aucune pièce n'est caractéristique, et toutes ou à peu près rappellent le *Rhinoceros minutus* de M. G. Cuvier; peut-être même y a-t-il des os de Palæotheriums. Je ne les connais cependant que d'après les figures et le peu qu'en dit M. Jæger; toutefois parmi les dents je ne vois rien qui soit indubitablement de Rhinocéros, et je doute un peu que les ossements soient d'une espèce de ce genre : je suis plus porté à croire que ce sont des fragments de Palæothériums ou de Lophiodons; en effet M. Jæger ne me paraît donner d'autres caractères à son Rhinocéros de Steinheim, que d'être d'un quart plus petit que le *Rhinoceros minutus* et moitié plus gros que le Tapir d'Amérique, ce qui convient assez aux grandes espèces de Palæothériums. Histoire. Pièces sur lesquelles établi. Conclusion.

17° Le Rhinocéros a Tête de Cochon.

Rhinoceros chœrocephalus.

Du même M. Jæger : paraît être établi par lui sur quelques dents incisives, du moins d'après M. Kaup, dans les *Akten* duquel je trouve ce nom comme synonyme de son Rhinocéros sans Histoire. Pièces sur lesquelles établi.

corne, ayant pour type le *Rhinoceros incisivus*; en effet, en consultant l'ouvrage de M. Jæger, on trouve que c'est un nom qu'il

Conclusion. avait donné à cette espèce, je ne sais où; peut-être à cause de la forme allongée des os du nez. Et certes l'idée n'était pas mauvaise.

18° Le Rhinocéros de la molasse.

Rhinoceros molassicus.

Histoire. Cette espèce ne m'est connue que par M. Bronn, qui la cite dans son *Lethæa*, p. 836; elle est sans doute établie sur quelques pièces recueillies dans la molasse de Suisse, mais j'ignore absolument lesquelles.

Nous trouvons encore parmi les Rhinocéros fossiles, mais dans d'autres parties du monde que la nôtre :

19° Le Rhinocéros unicorne fossile.

Rhinoceros unicornis fossilis (Baker et Durand, *As. Soc. Beng.*, vol. V, 1835).

Histoire. *Rhinoceros angustirictus* (Falconer et Cauteley).

Ce Rhinocéros a été mentionné par MM. Baker et Durand (*Journ. of the Asiatic Soc. of Bengal*, vol. V, p. 486, 1825); par MM. Falconer et Cauteley (*Journ. of the As. Soc.*, IIe série); par MM. Clift et Buckland (*Geolog. Soc. of Lond.*, 2e série, vol. II, p. 367-372, pl. XL et XLI, an. 1828); surtout par les premiers d'après un grand nombre d'ossements de toutes sortes, trouvés dans le vaste dépôt des Sous-Himalayas : des

Pièces sur lesquelles établi. crânes; mandibules; os des membres; dents séparées ou implantées; puis par les derniers, MM. Clift et Buckland, pour un beaucoup plus petit nombre de pièces rapportées en Europe par M. Crawford, de

Des Sous-Himalayas. la rive gauche de l'Irawadi, dans le royaume d'Ava; avec une très-grande quantité d'os d'Éléphants, quelques-uns d'Hippopotames, de Tapirs, de Sangliers, de Ruminants à bois et à cornes, de Gavials, de Trionyx et d'Émydes.

Les auteurs du premier mémoire cité, après avoir passé en revue un crâne et sa mandibule qu'ils décrivent, ainsi que leur système dentaire, avec beaucoup de détails, d'une manière absolue et comparative avec ceux du Rhinocéros de l'Inde et de Java; ce qu'ils font également pour la très-grande partie des os de chaque extrémité, l'humérus, le radius, le cubitus, le fémur et le tibia; finissent par dire, p. 501 : « L'analogie qui existe entre les os des extrémités du Rhinocéros fossile dans l'Inde et ceux du *Rhinoceros indicus*, n'étant pas moins fortes que pour le crâne, nous croyons cette correspondance suffisante pour prouver que les os des membres proviennent d'un animal de même espèce et de même grandeur que celui dont on a trouvé le crâne; mais quand même les chiffres de proportion des os seraient encore plus approchés que ceux que nous avons donnés entre l'espèce fossile et l'espèce vivante, il ne faudrait pas en déduire que la peau et les particularités extérieures étaient absolument semblables. » Malgré cela ces messieurs n'en concluent pas moins que le Rhinocéros indien fossile doit avoir présenté une figure ayant une forte ressemblance générale avec son représentant actuel, aussi l'ont-ils nommé *Rhinoceros indicus fossilis.* (*R. unicornis.*)

Ses Caractères, tirés de Crânes.

Des Os des Membres.

Conclusion.

Ils ajoutent qu'outre cette espèce, il serait possible qu'il y en eût une autre; se fondant sur quelques échantillons de mâchoires supérieures et inférieures, ainsi que sur un fémur qu'ils représentent tab. XVII, f. 3.

Les os fossiles dont a parlé M. Clift, provenant d'une autre localité, dans le royaume d'Ava (p. 373), ne consistent qu'en une petite partie de la mâchoire supérieure contenant deux molaires qu'ils figurent (pl. XL, f. 1-2); un morceau de mandibule portant quelques dents extrêmement usées; une rotule (pl. XLI, f. 6-7); pièces qui, en général, lui semblent avoir plus de rapports avec leurs analogues dans le Rhinocéros de Java que dans toute autre espèce.

D'Ava.

Nous ne possédons dans les collections du Muséum qu'un fragment de mandibule portant les deux dernières dents molaires, ainsi qu'une cinquième supérieure gauche; mais il nous semble que les figures et les descriptions que MM. Baker et Durand ont données de ce Rhinocéros

Son Examen par Nous.

fossile sont bien suffisantes pour corroborer fortement leur opinion

Crâne. Le crâne qu'ils représentent sous trois faces dans la planche XIX de leur mémoire, et qui manque malheureusement de toute la partie antérieure de la mâchoire supérieure, offre, en effet, dans sa forme générale, large et raccourcie, fortement ensellée dans le milieu du chanfrein, par suite de l'élévation de la crête occipitale, et même de l'arqûre de l'os du nez, les caractères principaux des deux crânes de *Rhinoceros unicornis* que nous avons sous les yeux (1).

Mandibule. Nous ne pouvons nous prononcer aussi affirmativement pour la mandibule, parce que la plus complète, celle que MM. Baker et Durand figurent Pl. XVI, fig. 1—2, manque de la symphyse ainsi que de toute la branche montante.

Humérus. Mais il n'en est pas de même de l'humérus, dont plusieurs échantillons presque complets sont figurés dans la planche XVII.

La forme de la crête deltoïdienne, celle de la tubérosité épicondylienne, sont absolument comme dans celui de notre squelette.

Radius. Cubitus. Il me semble qu'on peut en dire autant du radius et du cubitus figurés réunis dans la même planche, et qui paraissent avoir été trouvés avec l'humérus ci-dessus.

Fémur. C'est ce que l'on peut encore mieux affirmer pour le fémur, dont le troisième trochanter, situé vers le milieu de la longueur de l'os, offre l'apophyse remontante, si singulière dans notre squelette.

Tibia. Péroné. Le tibia et le péroné représentés en connexion dans la même planche que le fémur, sont, sans doute, dans le même cas.

Quant aux petits os des extrémités, on ne voit, dans ceux qui ont été figurés par MM. Baker et Durand, rien qui puisse éclairer la question d'une manière satisfaisante.

(1) Au sujet des particularités de détails, ces messieurs disent, avec raison, d'après une longue expérience, que les mesures linéaires ne signifient pas grand'chose pour décider sur la différence ou la ressemblance du crâne des deux espèces; s'appuyant sur le fait que deux crânes de Rhinocéros de l'Inde leur ont offert des variétés considérables de proportion, comparés entre eux et avec celui décrit par M. Cuvier.

Il n'en est pas de même des dents; les supérieures ont été, en effet, assez soigneusement dessinées, pour que l'on puisse prononcer avec connaissance de cause. Dents de deuxième dentition.

Les deux mâchoires étant brisées à leur extrémité antérieure, les incisives manquent en place, et il n'en a pas encore été recueilli de séparées. Incisives.

C'est le contraire pour les molaires, aussi bien d'en haut que d'en bas, de première et de seconde dentition. Molaires.

Il n'en existe cependant pas de série complète sur le crâne qui en approche le plus, et qui n'a que les cinq dernières; elles sont toutes assez usées pour être presque rasées, et n'offrir plus qu'une fossette, celle du vallon.

Mais la seconde planche, marquée XIX au lieu de XX, nous montre avec quatre séries de dents de lait, et implantées dans autant de fragments de mâchoires, quatre dents de seconde dentition importantes, en ce que deux (fig. 7 et 8), sont des septièmes ou dernières molaires; une (fig. 6) est une cinquième, et enfin, une autre est une sixième un peu entamée. supérieures.

Ces septièmes sont triangulaires et simplement bilobées par le vallon, comme dans toutes les espèces à incisives, mais dans l'une, fig. 7, le cornet de la colline postérieure est loin de toucher à l'antérieure, et par conséquent de former une fossette médio-externe, qui se voit dans le *Rhinoceros unicornis*. Dans une autre, ce cornet est double, mais ne forme pas davantage la fossette. Septième.

La sixième est presque complétement semblable. Le cornet est simple et loin de fermer la fossette externe; ce qui tient un peu au degré d'usure fort avancé du cornet. Sixième.

La cinquième est encore mieux semblable à sa correspondante chez le *Rhinoceros unicornis*. La fossette médio-externe est également complète. Cinquième.

Nous ne connaissons pas les dents de lait du *Rhinoceros unicornis* vivant; mais à en juger par celles de remplacement, nous voyons qu'elles doivent être plus compliquées et avoir au moins la fossette médio-ex- de première dentition.

terne bien fermée, comme celles que MM. Baker et Durand représentent fig. 1—2—3—4.

inférieures.

Quant aux dents de la mandibule, ces messieurs donnent comme un caractère de la quatrième d'avoir une pointe basse (*low pillar*) dans le centre de la corde de son croissant postérieur (Tab. XV, fig. 1), particularité qu'ils n'ont pas trouvée dans la dent analogue sur l'adulte. Mais comme ils ne l'ont pas remarquée dans une autre pièce (fig. 4), ils semblent vouloir, en l'associant à une autre de la mâchoire supérieure, en faire une seconde espèce, ce qui nous paraît bien hasardé.

Du reste, dans les deux fragments de mandibules d'adulte, MM. Baker et Durand reconnaissent que la ressemblance de chaque dent a toujours lieu avec sa correspondante sur le Rhinocéros de l'Inde.

Conclusion d'après une Septième supérieure.

C'est aussi ce que nous avons reconnu sur une septième, la seule que porte un fragment de mandibule du côté droit en notre possession. Elle a tous les caractères de son analogue dans le *Rhinoceros unicornis*; mais il n'en est pas de même d'une cinquième encore enracinée dans un fragment de mâchoire et provenant aussi du pays des Birmans, royaume d'Ava; elle n'a certainement pas la troisième fossette de sa correspondante sur le Rhinocéros unicorne; viendrait-elle d'un Rhinocéros de Sumatra?

20° Le Rhinocéros des Alleghanis.

Rhinoceros Alleghanensis.

Histoire.

On trouve cette dénomination employée pour la première fois par feu M. Ed. Harlan, dans le *Monthly American journal of Geology*, I July 1831, pour désigner la partie antérieure d'une mâchoire supérieure, portant très en avant deux dents latérales et qui avait été recueillie en Pensylvanie. Mais depuis ce temps, M. Harlan ayant à revenir sur ce sujet dans ses *Organic remains of North America*, faisant partie de son ouvrage intitulé : *Medical and physical Researches*, nous apprend avec bonne foi, qu'ayant envoyé la pièce en question en Angleterre, les geologues ne lui ont pas reconnu les caractères d'une pé-

Pièce sur laquelle établi.

trification, opinion que M. Harlan paraît n'avoir jamais complétement acceptée. En effet, il suppose qu'un os peut par la pétrification perdre totalement sa structure, comme cela a lieu, suivant lui, pour les végétaux.

Ce n'est pas le lieu de discuter ce point au moins fort contestable; mais comme la pièce en nature fait aujourd'hui partie des collections du Muséum, nous pouvons assurer qu'elle ne ressemble pas le moins du monde à un fragment de mâchoire de Rhinocéros, ni pour le corps de l'os, ni pour les dents prétendues. C'est sans doute une pièce artificielle, une grossière supercherie. Il est donc véritablement à regretter qu'on en ait hasardé et exprimé la pensée; et que tous les catalogues de paléontologie aient inscrit une espèce de Rhinocéros fossile en Amérique, sans même une expression de doute. évidemment artificielle.

De ces vingt espèces plus ou moins nominales de Rhinocéros fossiles, il nous a été impossible, avec les matériaux que nous possédons, d'en distinguer réellement plus de quatre, dont une même est identique avec une espèce encore vivante. Résumé des 20 espèces proposées.

Ces espèces que je crois pouvoir caractériser, d'après les mêmes principes qui ont servi à le faire pour les espèces vivantes, sont les *Rhinoceros tichorhinus* sans incisives; le *Rhinoceros leptorhinus* à incisives persistantes, mais non exsertes; le *Rhinoceros incisivus* ou à incisives persistantes ou exsertes, aussi bien à la mâchoire supérieure qu'à l'inférieure; et enfin le *Rhinoceros unicornis fossilis* de l'Inde; car je ne crois pas qu'on ait encore acquis la certitude d'un Rhinocéros unicorne fossile en Europe; le crâne cité par M. de Schlotheim est resté fort douteux. Quant au *Rhinoceros unicornis* indiqué par Merck, comme il ne reposait pour lui que sur l'existence d'incisives fossiles, et qu'à cette époque on ne connaissait encore qui en fût pourvu que le *Rhinoceros unicornis*, on voit comment il avait été conduit à son assertion. M. Faujas et M. Cuvier avouent n'avoir pu parvenir à voir des restes d'un Rhinocéros à une seule corne fossile en Europe, et je suis dans le même cas. Semblent devoir être adoptées seulement

1° Le *Rhinoceros tichorhinus* peut être caractérisé par : 1° *Rhinoceros tichorhinus*.

Ses Caractères, tirés du Système digital.

Un système digital entièrement semblable à celui des Rhinocéros d'Afrique et même de tous les Rhinocéros encore aujourd'hui vivants, 3. 3. sans rudiments.

dentaire.

Un système dentaire entièrement semblable à celui des Rhinocéros d'Afrique, sous le rapport des incisives entièrement nulles dans l'état adulte, et assez analogue pour les molaires; mais avec des différences fort sensibles et bien spécifiques dans la forme de la septième molaire supérieure et de la sixième inférieure, même comparées avec ce qu'elles sont dans le *Rhinoceros simus*, qui s'en rapproche le plus.

d'arme nasale.

Un développement maximum du système de double corne, indiqué par l'allongement du crâne en totalité ainsi qu'aux extrémités du chanfrein, mais surtout par la manière dont l'os du boutoir soudé aux incisifs et à la cloison cartilagineuse des narines, s'ossifiant elle-même avec l'âge, soutient les os du nez, élargis et soudés entre eux en un large bouclier.

osseux.

Un système d'os généralement plus courts, plus gros et plus robustes, même que chez le Rhinocéros camus, dont cependant il se rapproche plus que de toute autre espèce vivante.

2° *Rhinoceros leptorhinus*. Ses Caractères, tirés du Système digital.

2° Le *Rhinoceros leptorhinus*, évidemment plus douteux, parce qu'il est sans analogue vivant (1), ayant pour caractères :

Un système digital de même nombre que dans l'espèce précédente, 3. 3. sans rudiments.

dentaire.

Un système dentaire particulier en ce que, s'il n'y a pas d'incisives à la mâchoire supérieure, il y en a certainement à l'inférieure deux paires, mais sous-gingivales et non exsertes, quoique bien évidentes. Des molaires dont la septième supérieure est simplement triangulaire, comme dans les Rhinocéros à incisives, et peut-être le bourrelet interne en

(1) M. G. Cuvier, et par suite M. R. Owen, lui ont trouvé des rapports avec le Rhinocéros du Cap, mais évidemment à tort, en se fondant sur une forme prétendue de l'extrémité antérieure de la mandibule.

écharpe des trois molaires de remplacement plus marqué et plus constant que dans le *Rhinoceros incisivus* (1).

d'arme nasale.

Un système de cornes encore assez développé, au nombre de deux, ce qui indique l'allongement du crâne dans son corps et à ses extrémités, peut-être même avec l'ossification tardive et incomplète de la cloison nasale.

osseux.

Un système d'os généralement plus grêles et plus élevés.

En rapportant à cette espèce :

Espèces à lui rapporter.

Le *Rhinoceros Monspesulanus* de M. Martel de Serres.

Le *Rhinoceros megarhinus* de M. de Christol.

3° *Rhinoceros incisivus.* Ses Caractères, tirés du Système digital.

3° Le *Rhinoceros incisivus* formant évidemment l'espèce la plus distincte :

Par un système digital dans lequel il y a un doigt rudimentaire, mais complet, aux pieds de devant ou 4. 3;

dentaire.

Par un système dentaire incisif des Rhinocéros Asiatiques $\frac{2}{2}$. La première d'en bas sous-gingivale et les autres très-fortes et exsertes; par des molaires dont la septième d'en haut est la plus simple, comme dans ces mêmes espèces;

d'arme frontale.

Par un système de cornes pouvant encore être doubles, mais s'affaiblissant au point de disparaître dans les femelles, ce qui donne à la tête quelque ressemblance avec celle du cochon;

osseux.

Par un système d'os plus robustes que dans la seconde espèce, bien moins cependant que dans la première, mais dont les métacarpiens et les métatarsiens, en général très-plats, varient singulièrement de proportions.

Je rapporte :

Espèces à lui rapporter.

Au *Rhinoceros incisivus. Mas.*	Très-grand (*Rhinoceros Goldfusii*).
	Grand (*Rhinoceros Schleyermacheri*).
LE RHINOCÉROS D'EPPELSHEIM.	Petit (*Rhinoceros Merckii*) (2).

(1) M. de Christol a insisté sur cette particularité, ainsi que sur celle du petit cône de la sixième inférieure, pour la distinction de cette espèce.

(2) M. R. Owen rapporte ce *Rhinoceros Merckii* ou *Rhinoceros Kirchbergensis* au *Rhinoceros lepthorinus* (*loc. cit.*, p. 361).

Le Rhinocéros de Sansans. { Grand. / Petit.

Le Rhinocéros d'Avaray. { Grand. / Petit.

Le Rhinocéros de Moissac. { Grand. / Petit (*Rhinoceros minutus*).

Le Rhinocéros d'Auvergne. Grand (*Rhinoceros elatus*).

Le Rhinocéros des Faluns. { Grand. / Petit (*Rhinoceros minutus*).

Au *Rhinocéros incisivus. Fœm.* sans cornes:

Le Rhinocéros sans cornes d'Eppelsheim (*Acerotherium incisivum*).

Le Rhinocéros sans cornes de Sansans.

4° *Rhinoceros unicornis.*

4° Le *Rhinoceros unicornis fossilis* du continent indien, paraissant l'analogue de l'espèce encore vivante dans le pays.

Des circonstances de localités et de gisement.

Nous venons de discuter les éléments anatomiques à l'aide desquels il nous a été possible d'établir et de caractériser les véritables espèces de Rhinocéros fossiles; voyons si les circonstances géographiques et géologiques de localité et de gisement où ces différentes pièces ont été trouvées ne pourront pas nous aider ou nous fournir quelques autres éléments propres à appuyer ou confirmer le résultat obtenu par l'emploi des premiers.

Ordre à suivre. Du Nord au Sud. De l'Est à l'Ouest.

Suivant toujours notre marche habituelle pour l'examen des localités, c'est-à-dire du nord au sud, et de l'est à l'ouest, en suivant les grandes vallées qui sillonnent les continents, versant des chaînes de montagne plus ou moins élevées aux différents bassins formés par les cours d'eau allant à la mer :

Versant à la mer glaciale. Sibérie.

Nous trouvons que, pour les ossements de Rhinocéros comme pour ceux des Éléphants, c'est l'immense versant de la Sibérie à la mer Glaciale qui semble en avoir présenté le plus grand nombre. Cependant, en recueillant toutes les pièces signalées par Pallas dans ses Mémoires et dans ses voyages, je n'ai trouvé que les suivantes (1):

(1) Je suis donc porté à penser qu'il y a un peu d'exagération dans les expressions de Pallas;

Quatre crânes venant de Sibérie, mais sans détails sur leur gisement, et qui avaient été envoyés à Saint-Pétersbourg par ordre de Pierre le Grand, comprenant celui que l'empereur de Russie a donné à J. Banks, et que E. Home a figuré *Trans. Phil.*, 1822, 1re part., p. 38. Crânes.

Cinq cornes qui étaient dans le même cas; Cornes.

Un animal entier trouvé, dit-on, enseveli sous le sable sur les bords du Willouhy, versant à la Lena, et dont la tête et les pieds étaient encore couverts de peau (1); du Willouhy.

Un crâne de deux pieds sept pouces de long et plus complet que tous ceux que Pallas avait vus jusque-là, trouvé au delà du lac Baïkal, près du Tschiskoi, branche de la Seleuga, et qui lui a servi pour la description des dents molaires; du Baïkal.

Une dent mâchelière trouvée près de l'Atée, pendant son voyage, et qu'alors, comme il le déclare lui-même dans son second mémoire, p. 583, il ne savait pas être de Rhinocéros; de l'Atée.

Un humérus déterré sur la rive sablonneuse de l'Irth, p. 596, dans le deuxième volume de ses voyages; de l'Irth.

Un crâne brisé du pays de l'Oby; de l'Oby.

Une mâchoire inférieure du gouvernement de Casan (*N. Nord. Beytrag.*, I, p. 176). de Casan.

Des restes non spécifiés de Rhinocéros dans des cavernes calcaires des bords de la Khankhara, gouvernement de Tomsk en Sibérie, avec des os de grands Carnassiers : Ours, Chat, Tigre, Hyène, Loup; de Rongeurs du pays : Cheval, Cerf, Bœuf, et même de Lama! d'après M. de Téploff, cité par M. Fischer (*Bulletin de la Soc. des nat. de Moscou*, VII, p. 179, 1834). de Tomsk.

et depuis lui je ne vois pas, en effet, qu'on en ait beaucoup augmenté le nombre des pièces recueillies.

(1) Il est à faire observer que le récit de Pallas repose sur un rapport fait à l'autorité par une personne qui l'avait reçu elle-même, et qui n'a rien vu de plus que Pallas. *Rhinocerote integro*, dit Pallas, *cum corio*, *cumque tendinum et carnium insignibus reliquiis conservato* (*Novi Com. Petrop.*, XVII, p. 585, 1773).

Versant à la Baltique.

Les divers versants à la mer Baltique n'ont jusqu'ici fourni aucun ossement fossile qu'on ait attribué à un Rhinocéros.

Versant à la mer Germanique.

Il n'en est pas de même de ceux à la mer Germanique, soit en Allemagne, soit en Angleterre.

En général.

Nous avons déjà eu l'occasion de faire observer que Merck qui, de 1782-1786, s'est occupé de ce sujet d'une manière presque spéciale, avait noté (IIIe Lettre, p. 110) qu'on en avait trouvé en vingt-deux endroits en Allemagne : malheureusement il ne donne pas toujours des détails suffisants sur le gisement.

Dans cette énumération, je commence par les localités qui versent à l'Elbe, et je finis par celles de la rive gauche du Rhin.

d'Altenburg.

1) Deux os de métatarse et deux fragments articulaires; un os de la jambe des environs d'Altenburg.

de Weimar.

2) Des dents molaires, une très-grosse sixième supérieure et une sixième inférieure, toutes droites et du *Rhinoceros incisivus*, une extrémité inférieure d'humérus des environs de Weimar, dont les modèles en plâtre ont été envoyés à notre Muséum par le célèbre Goëthe : peut-être les mêmes cités par M. de Schlotheim dans son catalogue, p. 75.

d'Erfurth.

3) Des ossements parmi lesquels on énumère une partie de mâchoire, deux vertèbres, une portion d'humérus, recueillis (on ne dit pas où), ont été figurés, en 1761, dans les Mémoires de l'Académie d'Erfurth, tom. II, Pl. 3 et 4.

de Politz.

4) Des os de la jambe et du métatarse avec des vertèbres et des côtes, à Politz, sur l'Esler, près de Koëstritz, à vingt-deux lieues au sud-ouest de Leipsick, dans une masse de limon et d'argile, remplissant une faille de gypse et de calcaire ancien, formant les bords de la vallée de l'Esler, avec des ossements d'animaux de tout âge et de toute grandeur : Ours, Tigre, Hyène, Cheval, Cerf et Bœuf, petits Carnassiers, Rongeurs, etc., d'après le témoignage de M. de Schlotheim et les déterminations de Rudolphi.

de Ballstadt.

5) Trois dents molaires avec des fragments d'os et les deux squelettes d'Éléphants mentionnés à l'article qui les concerne, dans une couche d'ar-

gile des environs de Ballstadt, un peu au-dessous de Tonna, dans le pays de Gotha, où fut trouvé une autre fois, en 1784, un squelette entier de Rhinocéros qui fut brisé par les ouvriers, d'après M. de Schlotheim (*Der Petrefacten*, p. 5).

Sur les pentes occidentales du Hartz, versant au Weser, nous avons à citer :

6) Une portion considérable de museau (1), une portion d'humérus, une phalange onguéale et une dent de la mâchoire inférieure, trouvés, en 1728, dans une colline calcaire gypseuse appelée Kermikenberg ou Zwikenbergen, à une lieue sud-ouest de Quedlimbourg. Zuckert les a fait connaître, en 1776, dans le tome II des *Écrits des naturalistes de Berlin*, 2e B., p. 240. de Quedlimbourg.

C'est aussi dans cet endroit que fut découverte la Licorne dont a parlé Leibnitz, p. 63 de sa *Protogæa*, et cela d'après Otto Guerick, qui, dans sa célèbre dissertation *de Vacuo*, rapporte que l'on venait de découvrir un squelette d'unicorne reposant sur les parties postérieures du corps, comme les quadrupèdes ordinaires, la tête élevée, portant une corne de la grosseur de la cuisse d'un homme et longue de cinq aunes; la tête avec une partie de la corne, quelques côtes, l'épine dorsale et des os furent portés à la princesse Abbesse (2).

7) Un crâne composé de débris de la voûte nasale, de l'os zygomatique, d'une apophyse occipitale avec huit dents molaires parfaitement conservées, découvert en 1782, à Cumbach, à un quart de lieue au sud de Rudolstadt, au delà de la rivière de la Saale, d'après Merck (IIe Lett., p. 3). Il a même figuré (Pl. I, fig. 1 et 2), une grande et belle quatrième médiocrement usée, à trois fossettes, ainsi qu'une septième (fig. 3, 4 et 5), de *Rhinoceros tichorhinus*, qu'il dit avoir été déterrées à quatre ou cinq pieds de profondeur, au fond d'un lit d'argile posé sur un grès des collines. de Cumbach.

(1) Merck dit (*première lettre*, page 6), une partie de la voûte nasale et un morceau de vomer.

(2) La figure qu'en a donnée Leibnitz est évidemment d'imagination, comme l'a fait justement observer M. G. Cuvier.

8) Des os et des dents, dans une argile diluviale, avec une quantité prodigieuse d'os roulés et entassés dans un espace de dix pieds carrés, dans cette même localité, d'après M. Buckland (*Reliq. diluv.*, p. 181).

Ostérode. 9) Un amas d'ossements de Rhinocéros, d'Éléphants, d'Hyènes, entre Osterode et Dorste, tout près de celui dont a parlé Hollmann, annoncé en 1808 à la Société de Gottingue par M. Blumenbach; et qui devait entrer dans son *Specimen Archæologiæ telluris*.

Horden. 10) Des restes de quatre Rhinocéros adultes et d'un jeune faisant partie de l'amas encore plus considérable, dont Hollmann a fait l'histoire dans un mémoire cité plus haut pour 1752, situé dans la principauté de Krugenhagen en Hanovre, dans le village de Horden, près de la petite ville de Herzberg, au pied méridional du Hartz, à six milles de la caverne de Scharzfield, à une profondeur de 5 à 10 pieds, dans une sorte d'argile marneuse de diluvium avec des ossements d'animaux, partie connus et domestiques, partie étrangers et inconnus, petits et grands.

Merck bien plus tard, en 1782 (Ire Lettre, p. 6), dit qu'il n'y avait alors dans la collection d'Hollmann à Goëttingue, outre les os très-mutilés, qu'une seule dent molaire, chose la plus remarquable et la plus rare de la collection.

Thiède. 11) Un crâne bien conservé de Rhinocéros unicorne, dans un grand dépôt à Thiède, près de Wolfenbuttel, à quatre milles sud-ouest de Brunswick, d'après M. de Schlotheim (*Conn. des Fossiles*, p. 8).

C'est la première fois qu'il est question de restes fossiles d'un Rhinocéros unicorne en Europe; aussi M. G. Cuvier avait-il quelques doutes à ce sujet, fondés sur ce que les dessins des os de ce dépôt, qu'il avait sous les yeux, ne figuraient rien de pareil. Depuis lors, si je ne me trompe, le fait avancé par M. de Schlotheim n'a pas été confirmé.

Sandwich. 12) Des dents molaires, des os du pied (1) ont été recueillis dans la caverne de Sundwich et de Klutter en Westphalie, avec des os d'Ours, de Cerfs de grande taille, d'Hyènes, de Cochons, de Bœufs, etc., d'après M. A.-J. Sack de Bonn.

(1) M. Buckland (*Reliq. diluv.*, page 106) dit que ces os étaient rongés à l'extrémité.

13) Je trouve aussi cité quelque part, qu'on a indiqué des os de Rhinocéros dans la caverne de Rabestein, voisine de celle de Gaylenreuth, mais sans dire lesquels. Rabestein.

14) M. Buckland (*Reliq. Diluv.*, p. 106) en cite également dans la caverne de Scharfelds, mais en s'appuyant sur Deluc (Lett. IV, p. 188), qui lui-même cite Hollmann. Scharfelds.

15) M. le professeur Bronn (*Gæa Heidelbergensis*, p. 178) cite aussi des dents de Rhinocéros dans la grotte de Bauman, avec des débris d'Éléphants et d'un grand Ruminant, d'après Merck (IIIe Lettre, p. 18). Bauman.

Mais c'est surtout dans la grande vallée du Rhin et dans celles de ses affluents que l'on a recueilli le plus d'ossements fossiles de Rhinocéros. Vallée du Rhin.

Sur la rive droite, nous n'en connaissons point encore de ses parties supérieures.

16) Des dents molaires, des fragments de mâchoires, une portion de bassin, des vertèbres des bords du Necker, auprès de Canstadt, d'après le catalogue de la collection de Stuttgard, communiqué par M. Jæger à M. G. Cuvier, qui en a figuré une des dents (planche VI, fig. 7), et qui a cité en outre (III, p. 393) un humérus, un radius, deterrés dans une rue de Stuttgard, ainsi qu'un métacarpien et un fragment d'omoplate que M. G. Cuvier pensait provenir du *Rhinoceros incisivus*, à cause de sa ressemblance avec ces os dans le Rhinocéros de Sumatra. Canstadt. Stuttgard.

Davila avait, longtemps auparavant, cité deux autres molaires de cette même localité.

17) Un crâne, une omoplate et un humérus, provenant du pays de Worms, à trois lieues de Manheim, sur la rive droite du Rhin; le premier si bien décrit et figuré par Collini, en 1784, dans le tome V des *Mém. de l'Acad. de Manheim*, p. 890, Pl. IV, fig. 1; pièce dont avait parlé Merck dans sa Lettre IIe, p. 2, en 1782, comme l'ayant vue à Manheim. Elle avait été obtenue par des pêcheurs. Manheim.

Un fragment de mandibule et un morceau d'omoplate recueillis dans le Rhin, et faisant partie de la collection de M. Bronn, cités par M. Kaup (*Akten*, p. 2).

Weissnau. 18) Trois dents trouvées à Weissnau, auprès de Mayence, avec des os d'Éléphants, d'après Merck (IIe Lettre, p. 5, Pl. II, fig. 4—5). C'est certainement une septième molaire supérieure du Rhinocéros à incisives.

Erfelden. 19) Un crâne et plusieurs ossements trouvés sur les bords du Rhin, dans le pays de Darmstadt, près d'Erfelden, dans la partie la plus élevée du bas pays appelé le Ried, bailliage de Dornberg, avec beaucoup d'os d'Éléphants et de Bœufs, dans un banc de gravier, et d'après Merck, qui a parfaitement reconnu son analogie avec le Rhinocéros de Sibérie de Pallas (Lettre Ire, 1782), dans un sol très-marécageux, sur un banc de gravier déposé sur une terre argileuse forte, où les ouvriers les ont pêchés à l'aide d'instruments, à dix ou douze pieds de profondeur, sous l'eau.

Kirchberg. 20) Mais M. Jæger lui-même en signale un bien plus grand nombre, molaires supérieures et inférieures des environs de Kirchberg, qu'il figure dans ses *Fossil. Saugeth.*, tab. XVI, fig. 31, 32 et 33.

Strasbourg. 21) Une quatrième dent molaire droite de *Rhinoceros tichorhinus*, déterrée sur la place d'armes à Strasbourg, en 1764. Merck en avait parlé dans sa IIe Lettre, p. 6, en la figurant, Pl. IV, et en la comparant fort justement à celle que Pallas a représentée dans ses voyages.

M. G. Cuvier, qui a aussi fait mention de cette dent, donnée au Muséum par Hermann, la regarde comme une cinquième; elle est trop peu ailée pour cela.

Cologne. 22) Des fragments d'os, le long du Rhin, aux environs de Cologne, cités par Merck (IIIe Lettre, 1786), et qui étaient passés dans le cabinet de Camper.

Bonn. 23) Des dents molaires supérieures détachées, au nombre de six, recueillies par A. Camper, entre Bonn et Andernach, auprès des carrières de basalte d'Unkell, et dont il a envoyé les dessins à M. G. Cuvier, qui les a reproduits dans sa planche VI, fig. 1—2—3—4—5 et 11, sous des désignations la plupart inexactes. Les unes sont sans doute du

Rhinoceros tichorhinus, mais celle de la figure 11 est du *Rhinoceros incisivus*.

24) Des mandibules, un crâne presque entier, un assez petit nombre d'os, et un plus grand nombre de dents molaires et incisives, dans le célèbre dépôt d'Eppelsheim, près d'Alzey, Hesse-Rhénane, versant septentrional des Vosges, sur la rive gauche du Rhin, dans des sables des terrains tertiaires moyens, avec des ossements d'un très-grand nombre d'espèces de Mammifères, Carnassiers et Herbivores. Eppelsheim.

Nous avons décrit et figuré la plupart des pièces de Rhinocéros trouvées dans ce dépôt, à l'occasion des *Rhinoceros incisivus*, *Schleyermacheri* et *acerotherium*, et l'on a pu voir que les ossements qui ont été recueillis dans ce dépôt sont déjà assez nombreux. M. Kaup en a donné le catalogue, ainsi que celui des ossements d'autres espèces trouvés avec eux, et surtout de Mastodontes, de Dugons, de Tapirs et d'un grand nombre d'autres espèces.

25) Une dent et des os trouvés à Gommelange, sur la Nied, et d'autres semblables à Louvigny, sur la Seille, versant à la Moselle, et par suite sur la rive gauche du Rhin, d'après M. V. Simon, dans une communication à l'Académie de Metz (*Institut*, n° 10, p. 8). Gommelange.

Un crâne (1) et cinq dents trouvés, en 1750, sur les bords sablonneux de la Lippe, auprès de Shornbeck, dans le duché de Clèves, avec des os d'éléphants, d'après Merck (IIIe Lettre, p. 12). Shornbeck.

En Hollande, je ne connais aucun fragment de Rhinocéros qui ait été jusqu'ici recueilli dans les immenses alluvions formées par le Rhin, l'Escaut et la Meuse. En Hollande.

Il n'en est pas tout à fait de même en Belgique. En Belgique.

Nous pouvons, en effet, citer deux vertèbres, une rotule, deux astragales, un métatarsien, recueillis par M. Schmerling dans la caverne d'Engis. Engis.

Les pièces qu'il a déterrées dans les autres cavernes du calcaire carbo-

(1) Sans doute celui qui faisait partie de la collection de Camper.

nifère des bords de la Meuse ou de la Vesdre, sont en plus petit nombre; mais il est aisé de reconnaître que les deux molaires supérieures qu'il a figurées (Pl. XXIII de ses *Recherches sur les ossements des cavernes de la province de Liége*, 1833-1834), l'une à peine entamée et l'autre un peu plus usée, proviennent évidemment du *Rhinoceros tichorhinus*. Du reste, la plupart des chiffres appliqués aux dents trouvées dans les cavernes des environs de Liége, sont erronés, mais peu importants à rectifier.

Liége.

M. Morren cite aussi des restes de Rhinocéros, qu'il attribue au *Rhinoceros tichorhinus*, dans les lits de sable et de tourbe qui constituent la plus grande partie du sol de la Belgique (*Bulletin de la Société de géologie de France*, 7 nov. 1831); mais sans spécifier en quoi consistent ces restes.

Dans la Grande-Bretagne.

Sur le versant britannique à la mer d'Allemagne, les paléontologistes anglais ont signalé depuis longtemps un assez grand nombre de points où l'on a découvert des restes fossiles de Rhinocéros, épars ou même encore rassemblés en squelettes.

Écosse.

L'Écosse n'en a cependant encore fourni aucun fragment.

Angleterre.

Mais il n'en est pas de même en Angleterre, dont nous allons suivre les dépôts ossifères où ont été recueillis des ossements de Rhinocéros, en marchant du nord au sud sur la côte orientale, remontant ensuite en sens inverse sur la côte occidentale, opposée à l'Irlande, où l'on n'a point encore, à ma connaissance du moins, signalé des restes de Rhinocéros, c'est-à-dire en suivant le périple de l'île.

Kirkdale.

Un grand nombre de dents recueillies dans la caverne de Kirkdale, comté d'York, avec des restes de beaucoup de mammifères, aujourd'hui exotiques, comme de Tigres, Hyènes, Éléphants, et de beaucoup plus encore d'espèces de toutes tailles et de genres très-différents, vivant encore dans le pays, d'après M. Buckland (*Reliq. Diluv.*, p. 181), où il ajoute qu'il avait vu plus de cinquante dents de Rhinocéros; il n'en figure cependant que deux, une sixième d'en haut (Pl. III, f. 3), et une cinquième d'en bas (f. 4, 5, 6); l'une et l'autre du *Rhinoceros tichorhinus*.

Notre collection en possède trois plus ou moins complètes, dont une première supérieure droite, et deux inférieures, qui lui ont été données par M. Gibbson.

Un squelette tout entier de *Rhinoceros tichorhinus*, trouvé dans un état parfait de conservation dans le milieu de la caverne de Dorcan, auprès de Wirckworth, comté de Derby, avec quelques os de Bœufs, de Cerfs d'une grande taille, dans une masse de gravier, d'après M. Buckland, *Reliq. Diluv.*, p. 62; ce squelette consistait en un fragment de la plaque nasale, la partie supérieure du crâne, la moitié de la mandibule contenant trois dents parfaites (1), cinq vertèbres cervicales, dont l'atlas, deux dorsales, une lombaire, le sacrum; l'humérus et le cubitus tenant ensemble; différentes parties du bassin, et entre autres la cavité cotyloïde; la rotule gauche; différents fragments des côtes, et tous ces os tellement rapprochés, qu'il fut impossible de douter qu'ils faisaient partie du même squelette (1). Wirckworth.

Mais c'est surtout dans la partie la plus méridionale de la côte orientale d'Angleterre, et principalement dans les comtés de Norfolk et d'Essex, versant au golfe de Boston et de la Tamise que l'on a recueilli le plus grand nombre d'ossements de Rhinocéros.

Un fragment de mandibule, portant encore les dernières trois dents molaires, trouvé à Thame, comté d'Oxford, d'après Douglas (*Antiquités de la terre*, *Append.*, p. 45, 1785), qui l'avait vu dans la collection de Levers, et qui parut à M. G. Cuvier (II, p. 54) de l'espèce Thame.

(1) M. R. Owen a donné, dans son *Histoire des Mammifères et des Oiseaux fossiles de la Grande-Bretagne*, page 333, fév. 1845, la figure de cette mandibule; Pl. CXX, de profil, et f. 121, en dessus; montrant évidemment les cinq molaires intermédiaires à la première, indiquée par son alvéole, et à la dernière ou septième, qui n'est pas encore sortie.

(2) Un bel échantillon de mandibule portant les sept dents molaires parfaitement conservées, avec des dents d'Éléphants lamellidontes, d'Hippopotame et de Castor, mis à découvert par une grande marée, à Cromer, sur la côte est d'Angleterre, d'après le *Cambridge Advertiser* du 26 fév. 1845, cité par M. Owen, *loc. cit.*, page 347; d'après l'inspection de la pièce qui lui a été envoyée par le propriétaire, M. Rob. Fitch, M. Owen nous apprend que c'est une pièce intéressante d'un *Rhinoceros tichorhinus* assez jeune, quoique adulte.

de Lombardie, à narines non cloisonnées (*Rhinoceros leptorhinus*) (1).

Stonefield. Un crâne presque entier de *Rhinoceros tichorhinus*, figuré par M. G. Cuvier (II, Pl. IX, f. 3), trouvé à Stonefield, comté d'Oxford, à quelques milles de Woodstock, dans une fosse de schiste, d'après M. Buckland, qui en a envoyé le dessin à M. Cuvier.

Brentford. Une molaire supérieure avec des restes d'Éléphants, d'Hippopotames, de Cerfs, des coquilles d'eau douce et terrestres, déterrée auprès de Brentfort, comté de Middlessex, à un mille au nord de la Tamise, dans un lit de gravier et sous plusieurs autres, et immédiatement sur l'argile de Londres, d'après un article de M. Trimm, inséré dans les Transactions philosophiques de Londres pour 1813, Pl. IX, f. 2, où elle est regardée comme d'Hippopotame (2).

Quelques échantillons de dents molaires supérieures, trouvés avec des os de plusieurs autres grandes espèces de mammifères, dans des couches de gravier, Ours, grand Félis, Hyène, Éléphant, Hippopotame, Cheval, Cerfs, Bœufs, sur l'argile bleue, au Cap Walton, vis-à-vis Warwick, comté d'Essex, d'après Parkinson, *Organ. Rem.*, tom. III, p. 366, *Soc. géol. de Londres*, I, p. 360.

Warwick.

Essex. Une extrémité inférieure d'omoplate gauche recueillie à Essex, à douze milles de Londres, et donnée à notre collection par M. Craw.

M. R. Owen cite encore, de ce comté :

Une partie supérieure de crâne ou chanfrein presque complet d'une extrémité à l'autre, p. 356, fig. 131-139-140; une branche horizontale droite de mandibule, portant les deux dernières dents molaires et les alvéoles des quatre précédentes avec le commencement de la symphyse, provenant d'un vieil individu.

Clacton.

(1) M. R. Owen, qui a vu ce fragment, actuellement dans la collection d'Oxford, pense, *loc. cit.*, page 340, au contraire, qu'il a appartenu à un assez jeune individu du *Rhinoceros tichorhinus*, en notant cependant comme particularité différentielle, mais accidentelle, un petit tubercule oblong, situé au côté interne de la première côte des deux dernières dents.

(2) Est-ce la même dent que cite et figure M. R. Owen, *loc. cit.*, page 327, fig. 127, et trouvée également dans le gravier superposé à l'argile de Londres, lors des travaux pour l'établissement du canal du Régent.

Un autre fragment de mandibule portant les trois dernières molaires du côté gauche (p. 362, f. 134); un fragment antérieur de mandibule de jeune âge, portant les 2ᵉ, 3ᵉ et 4ᵉ molaires assez usées, p. 363, f. 135; un os sacrum composé de cinq vertèbres ankilosées; des portions plus ou moins considérables d'humérus, de cubitus, de fémur, trouvés avec des os d'Éléphants lamellidontes et de grands Bœufs, à Clacton, sur la côte du comté d'Essex, dans un bassin de l'argile de Londres, reposant sur cette argile, dans le fond d'un dépôt de vingt pieds d'épaisseur, composé d'abord de couches de sable rouge, interposées à des bancs alternatifs contenant des coquilles marines ou d'eau douce, et que recouvre une strate de gravier siliceux, au-dessous de la terre végétale.

D'après les observations géologiques autoptiques de M. John Brown, de la Société géologique de Londres, cité par M. R. Owen, dans son *Histoire des mammifères et des oiseaux fossiles de l'Angleterre* (Part. VIII, avril 1845, p. 356-382), qui, après avoir considéré ces ossements comme provenant du *Rhinoceros tichorinus*, dans son rapport à l'association britannique en 1843, les rapporte aujourd'hui au *Rhinoceros leptorhinus*, par les raisons exposées plus haut.

Le germe d'une cinquième molaire provenant de Gray, dans le même Comté; une phalange onguéale du doigt médian antérieur, trouvée dans une marne à briques, à Gray's Thurrock, et mise par madame Mills de Leeden Park, près de Colchester, à la disposition de M. R. Owen, qui l'a figurée, *loc. cit.*, p. 348, f. 129. Gray.

Dans le comté de Kent, nous trouvons indiqués :

Une partie de la mâchoire supérieure d'une tête extraordinaire (1), avec des fragments d'autres os et quatre dents mâchelières du même animal, trouvée en 1668, à dix-sept pieds sous le sol de gravier et de craie, à Chartam, village à trois milles de Cantorbéry, à douze verges de la rivière qui s'embouche au port de Landwich, d'après une dissertation Chartam.

(1) Ce fragment a été figuré par M. R. Owen, *loc. cit.*, page 325, f. 121.

de W. Sommer, publiée après sa mort par son frère S. Sommer (1), citée par N. Grew, *Catalog.*, p. 254, et qui a été réimprimée dans le tom. XXII, n° 272 (juillet 1701), des *Trans. philos. de Londres.*

Plus, la mandibule décrite et comparée par Grew lui-même, *loc. cit.* p. 255, et la dent d'un animal terrestre qu'il a figurée Pl. XIX, f. 3 (2).

Un fragment de mandibule fort tronquée, trouvé au même endroit que la précédente en 1772, à douze pieds de profondeur dans une couche de sable de rivière et d'argile d'un gris jaunâtre, en creusant pour établir des fondations; d'après Douglas (*Antiquités de la terre*, Pl. I, f. 1, cité par M. G. Cuvier, II, p. 54 (3).

Si nous passons maintenant sur la côte sud de l'Angleterre, nous voyons que les pièces jusqu'ici recueillies sont peut-être moins nombreuses; ce sont :

Preston. Des ossements et des dents de trois individus différents du *Rhinoceros tichorhinus*; c'est-à-dire, des vertèbres assez nombreuses, des os de toutes les parties des membres antérieurs et postérieurs d'un même animal assez jeune, avec un humérus d'un plus vieux, tous en bon état de conservation, trouvés en 1816 par M. Whitby, ingénieur du fameux brise-lames de Plimouth, à Preston, près de cette ville, dans le comté de Devon, au bord méridional du Cat-Water, à l'embouchure de la Plye, à trois pieds environ de profondeur, dans une argile remplissant une caverne sans communication apparente avec l'extérieur; d'après M. E. Home, *Phil. Trans.*, 1817, p. 176, qui ajoute que ces os étaient dans un état parfait de conservation, sans aucune espèce d'encroûtement à l'extérieur, sans trace de matière animale, pas plus que de silice et d'alumine à l'intérieur (4).

(1) D'après M. R. Owen, la brochure de W. Sommer, de 44 pages in-4° avec une planche, a été imprimée à Londres en 1669.

(2) Elle l'a été beaucoup mieux par M. R. Owen, page 329, f. 122.

(3) M. R. Owen, *loc. cit.*, page 342, nous apprend que cette pièce est aujourd'hui dans la collection géologique de Londres, à laquelle elle a été donnée par M. H. Warburton, et que probablement elle vient du *Rhinoceros tichorhinus*.

(4) M. R. Owen, qui parle de ces ossements, *loc. cit.*, p. 344, nous apprend que, dans une

Des dents molaires de *Rhinoceros tichorhinus*, avec des os et des dents de beaucoup d'autres mammifères carnassiers, Rongeurs et Pachydermes, trouvées dans la caverne de Kent, auprès de Torquay, comté de Devon ; d'après M. Mac-Enery, qui en a donné quelques-unes à notre collection, et entre autres une sixième supérieure et une quatrième inférieure du côté gauche (1). Torquay.

Deux crânes et d'autres os déterrés à Newham, près de Rughby, comté de de Warwick, dans les parties inférieures d'un lit de gravier et d'argile, avec des défenses d'Eléphants, des bois de Cerfs; d'après M. G. Cuvier, qui, en les rapportant au *Rhinoceros tichorhinus*, les a fait figurer d'après des dessins qui lui furent envoyés, l'un par miss Morland devenue Mistress Buckland, l'autre par miss Howship. Newham.

Un fragment de mandibule, trois vertèbres, un humérus, une portion de cubitus, un os innominé et un tibia également de *Rhinoceros tichorhinus*, recueillis à Lawfort, auprès de Rughby, dans un mélange de gravier et d'argile, sur les bords de l'Avon, avec des défenses d'Éléphant et quelques bois de Cerfs, d'Hyènes, etc.; d'après M. Buckland, qui en a également envoyé des dessins à M. G. Cuvier (2). Lawfort.

Des os non spécifiés, mais recueillis avec des restes d'Eléphant lamellidontes et de Cheval, à Powich, et seuls à Bromwich-Hill, près de Worcester ; d'après M. J. Allies, cité par M. Murchison : *Silur. system.*, p. 553 (3). Powich.

caverne adjacente et semblable, des os séparés et des dents de Rhinocéros ont été trouvés associés à des os de Musaraignes, d'Ours, de grands Félis, de Canis, d'Hyènes, de Cheval, de grands Cerfs et de Bœufs, sans qu'aucun portât les traces de la dent d'un animal carnassier. C'est probablement de la caverne de Yeales-Bridge, au sud-est de Plimouth, et d'après ce qu'en a dit M. Mudge (*Proceed. of the Geol. soc. of Lond.*, II, p. 399, 1836), qu'entend parler ici M. Owen.

(1) M. R. Owen a figuré de cette localité une quatrième molaire ou cinquième droite, *loc. cit.*, p. 336, f. 136. M. Desnoyers (*Cavern.*, p. 39), cite la caverne d'Austin, peu distante au sud-ouest de celle de Kent, comme contenant les mêmes ossements.

(2) M. R. Owen en figure la branche de mandibule portant les molaires de jeune âge, p. 338, f. 128.

(3) M. R. Owen, qui parle de ce fait, en ajoute, page 346, un autre de restes de Rhinocéros, non désignés, découverts avec des os d'Éléphants et d'Hippopotames, par M. Strickland, dans un dépôt fluviatile de la vallée d'Avon, auprès de Cropthorn, dans le comté de Worcester.

Bristol. Des restes de Rhinocéros également non spécifiés, trouvés avec des os de dix ou douze squelettes d'Hyènes, d'Ours, de Loup, d'Éléphant, d'Hippopotame, d'Aurochs, dans la caverne de Durham-Down, près de Bristol, d'après M. Stuchbury, cité par M. R. Owen : *Rapport* 1843, p. 234.

Dans ces derniers gisements, les restes de Rhinocéros se trouvaient dans le versant méridional de l'Angleterre, vers la Manche, et même aussi sur le versant occidental, vers le canal Saint-Georges, la séparant de l'Irlande, qui ne me semble pas encore en avoir fourni.

En France. Il n'en est pas de même du sol de la France, versant au nord vers la Manche, et, comme à l'ordinaire, dans les grandes vallées de la Somme et de la Seine, qui en sont les fleuves les plus importants, en y comprenant leurs affluents.

Vallée de la Somme. Dans la première vallée, celle de la Somme, nous avons à citer :

Abbeville. Une portion de mâchoire inférieure d'un très-jeune individu, portant les trois molaires de lait, et la première de seconde dentition; un atlas un peu mutilé; un cubitus tronqué inférieurement; un radius; les deux extrémités d'un humérus, ces trois os provenant d'un même bras; trois os métatarsiens entiers, trouvés d'après M. Traullé, correspondant de l'Institut, cité par M. G. Cuvier (II, p. 392), dans un faubourg d'Abbeville, nommé Machecourt, entre un lit de fragments anguleux de silex et d'argile en dessus, et des sables analogues à ceux de la mer en dessous, dans une terre noire extrêmement fétide, que M. Traullé pensait pouvoir être le résultat de la décomposition des parties molles de l'animal.

Une vertèbre dorsale; une portion d'omoplate du côté droit; un os semi-lunaire de la main droite; une rotule du même côté; un péroné gauche; une seconde phalange : tous ces os d'une grande blancheur, friables, légers, poreux, comme non fossiles et pourris en place, et surtout une grande partie de crâne et de sa mandibule pourvue de toutes les dents des deux côtés, trouvés avec des os de Cheval, de Cerf et de grands Bœufs, dans la même localité que ceux donnés par M. Traullé; d'après M. Baillon, correspondant du Muséum, qui les lui a donnés.

Amiens. Une dent molaire supérieure sans autre désignation, citée par M. G.

Cuvier (II, p. 50), comme ayant été trouvée près d'Amiens, dans un dépôt de graviers, d'après M. Rigollet.

Une quatrième molaire inférieure du côté droit, et un fragment d'humérus trouvés tout dernièrement à Achiet-le-Petit près de Bapaume, en Artois, à deux ou trois mètres de profondeur, dans le sol d'alluvion, vers les sources d'une petite rivière, l'Ancre, versant à la Somme sur sa rive droite, avec des dents molaires et des défenses de l'Éléphant lamellidonte et de Cheval, ce qui porte à croire que ces restes actuellement au Muséum, proviennent du *Rhinoceros tichorhinus.* Achiet-le-Petit.

Une couronne de sixième molaire d'en bas, recueillie dans les environs de Noyon, par M. Graves, qui a bien voulu en enrichir les collections du Muséum, comme de plusieurs autres pièces d'un grand intérêt. Noyon.

Dans la vallée de la Seine, je ne connais aucun autre os de Rhinocéros, trouvé dans les afférents de la Bourgogne ou de la Champagne, si ce n'est deux fragments malheureusement peu significatifs, l'un d'une septième molaire supérieure, l'autre d'une quatrième inférieure, trouvés à Villeneuve-la-Grande (Aube), et que nos collections doivent à M. le docteur E. Rousseau, mon aide-naturaliste au Muséum. Vallée de la Seine. Villeneuve-la-Grande.

Des dents non spécifiées, mais sans doute de *Rhinoceros tichorhinus,* dans les cavernes, entre les grès éboulés de la chaîne au nord de la Ferté-Aleps, sur une branche de la rivière d'Essone, à l'est d'Étampes, avec des os d'Ours, d'Hyènes, de Castors, de Campagnols, d'Éléphant, de Cheval, de Cerf et de Bœuf, d'après MM. Constant Prevost et J. Desnoyers (*Acad. des Sc.,* 4 avril, 1842). La Ferté-Aleps.

Mais notre collection possède aujourd'hui trois pièces trouvées dans Paris même ou dans ses environs.

Nous citerons d'abord des dents trouvées dans les puisards du calcaire grossier de la plaine de Bicêtre, avec des os de grands Félis, de Campagnol, de Castor, d'Éléphant, de Sanglier, de Cheval, de Chevrotain, ce qui est beaucoup plus douteux, et des reptiles communs, d'après les mêmes géologues. *Ibid.* Bicêtre.

Une belle portion de mandibule de jeune âge, mais d'un animal de Greuelle.

grande taille, dans un état parfait de conservation d'un blanc jaunâtre, provenant de la plaine de Grenelle, donnée à la collection par M. Gaimal.

Un autre fragment, trouvé dans la même plaine, existe dans la collection de M. de la Barre de Font.

Paris. Un humérus presque entier, fort grand, de couleur d'un blanc jaunâtre et friable, recueilli sur la rive droite de la Seine, vers la place de Grève, lors des fouilles pour les fondations d'une partie du nouvel hôtel de ville, a été donné à notre Muséum, par M. de Rambuteau, préfet de la Seine.

Montrouge. Une dent molaire trouvée avec une dent de Cheval et un canon d'un grand ruminant, à Montrouge, et donnés au Muséum, par M. le docteur Eman. Rousseau, aide-naturaliste au Muséum. C'est une cinquième du côté droit de *Rhinoceros tichorhinus,* ayant bien tout l'aspect des os de cavernes ou de dépôts ossifères les plus récents.

Versant de la Loire. La grande vallée de la Loire en y comprenant les affluents supérieurs et entre autres l'Allier, ainsi que sa vaste embouchure anciennement partagée en deux par l'île de la Vendée, a déjà fourni un grand nombre d'os fossiles de Rhinocéros.

De l'Allier. Cussac. Des os et des dents de Rhinocéros à Cussac et à Solilhac, auprès du Puy-en-Velay, dans un terrain considéré comme plus moderne que le tertiaire supérieur, avec des restes d'Éléphant, de Tapir, d'Hippopotame, de Cheval, Cerf, Bœuf; d'après M. F. Robert, *Annal. de la Soc. d'Agriculture du Puy,* pour 1819, et *Catal. du Mus. du Puy,* 1840.

Saint-Privat. Des restes de Rhinocéros à Saint-Privat, département de l'Allier, dans l'alluvion volcanique, regardée comme tertiaire supérieur, avec des os d'Hyène *(H. Spelæa),* de plusieurs espèces de Cerfs et de Bœufs, d'après M. Bertrand de Doue, *Annal. de la Soc. d'Agriculture du Puy,* pour 1828.

Gannat. Une tête entière et sa mandibule, l'une et l'autre pourvues de toutes leurs dents molaires, ont été recueillies dans les environs de Gannat, dans une incrustation calcaire siliceuse, comme agatisée, et achetées par le Muséum de Paris, dont elle fait partie aujourd'hui.

Un côté gauche de mandibule presque entier, avec ses molaires et son incisive, ainsi que la symphyse, dans un état fort mauvais de conservation. En Auvergne.

Un fragment du côté gauche, portant les deux dernières molaires.

Un autre presque semblable, mais du côté droit.

Un autre fragment bien plus mutilé, les molaires brisées à la racine, trouvé sous les alluvions du Puy-de-Dôme.

Une extrémité antérieure de mandibule, avec une partie des incisives et des molaires, donnée au nom de S. A. R. madame la duchesse d'Orléans, par l'entremise de M. E. Geoffroy Saint-Hilaire.

Une portion de mandibule, portant les quatre dernières molaires, déterrée à Vaudable, avec une assez forte incisive gauche tronquée, dans les sables inférieurs au tuf volcanique.

Une partie de mandibule avec dents de lait.

Un bel atlas dans la collection de M. le comte de Laizer.

Un humérus dans un assez mauvais état de conservation.

Un radius complet, s'articulant au précédent, avec lequel il a été trouvé.

Un poignet gauche complet, tous ses os en connexion.

Trois os métacarpiens complets.

Un fragment du corps d'un fémur droit.

Un autre très-jeune, sans ses épiphyses terminales, de Chapusat.

Un tibia assez entier, mais brisé.

Un astragale.

Deux calcanéums, dont un s'articule avec le précédent.

Un métatarsien externe du côté gauche.

A quoi nous devons joindre une série complète de molaires supérieures du côté droit, provenant de la collection de M. l'abbé Croizet, où elle est inscrite sous le titre de *Badactherium borbonicum*, je ne sais pas trop pourquoi.

Un fragment de branche horizontale du côté droit d'une mandibule, dont toutes les molaires sont cassées et qui est attribué au *Rhinoceros tichorhinus*, j'ignore également pourquoi, car il est complétement illisible.

Dans l'Orléanais.

Dans le dépôt d'ossements fossiles de l'Orléanais, soit à Avaray, entre Mer et Beaugency, soit à Chevilly, soit à Neuville; l'on a déjà recueilli un assez grand nombre de pièces et surtout de dents, que j'ai pu étudier à mon aise dans la collection du Muséum d'Orléans, grâce à la complaisance de M. Lockart et dans celle de MM. le docteur Thion et Vincent, qui ont bien voulu me confier les plus importantes pour en enrichir mon ouvrage.

Nous citerons :

Un Atlas presque complet et un autre vertèbre cervicale.

Une omoplate en plusieurs morceaux.

Deux extrémités articulaires inférieures d'humérus.

Un humérus de Chevilly.

Deux têtes supérieures de radius dont une d'Avaray.

Une extrémité supérieure de cubitus.

Des os du carpe.

Une partie moyenne de fémur.

Un astragale très-fruste.

Un calcanéum.

Uu métatarsien de Chevilly.

Des phalanges.

Des dents molaires et une incisive supérieure très-usée et très-grande, probablement d'un individu mâle.

Une autre incisive bien plus petite, d'individu probablement femelle, de Neuville.

Cinq molaires supérieures dont une sixième droite fort grande, quatre de gauche, une septième droite et une gauche d'Avaray.

Deux molaires supérieures de lait, en place dans la mâchoire, la seconde et la troisième du côté gauche.

Outre les quatre molaires d'Avaray et les quatre de Chevilly, qui existent dans la collection du Muséum, et qu'elle doit à M. Chouteau ou à M. Rousseau d'Étampes.

Toutes ces dents, de taille et d'usure très-différentes, d'un gris bleuâtre plus ou moins luisant, comme silicifiées et provenant du Rhinocéros à incisives, se sont trouvées avec des dents de Mastodonte, de Dinothérium, d'Amphicyone, etc.

Les faluns de la Touraine ont aussi offert un certain nombre de pièces, la plupart de dents de Rhinocéros fossiles, et c'est M. Desnoyers qui les a signalées le premier, en les rapportant au *Rhinoceros minutus* et *leptorhinus*. Il a bien voulu les soumettre à mon observation. Celles que j'ai vues sont : Dans la Touraine.

Un assez beau fragment de branche horizontale gauche de mandibule, évidemment roulé, fracturé, avec les racines des quatre à cinq premières molaires brisées au raz des alvéoles, faisant partie de la collection de M. le vicomte de Damas, qui m'a bien gracieusement permis d'examiner et de faire dessiner cette pièce.

Des fragments de vertèbres de différentes régions du rachis, et de dimensions fort inégales.

Une cervicale très-grosse.

Une extrémité inférieure de tibia du côté gauche, d'assez grande taille.

Une extrémité supérieure de métacarpien du doigt médian du côté gauche, de grandeur médiocre.

Une seconde phalange du même doigt.

Un grand fragment de troisième molaire supérieure de première dentition du côté gauche, assez usée; probablement celle qu'on aura rapportée au *Rhinoceros minutus*, mais trop peu complète pour qu'on puisse assurer positivement qu'elle a appartenu au *Rhinoceros incisivus*, quoique cela soit extrêmement probable.

Une molaire inférieure du côté droit, germe roulé qui doit sans doute aussi être de première dentition.

Deux sixièmes inférieures du côté gauche indiquant un animal de

Touraine. Saint-Maure.

fort grande taille, dont une belle, provenant de Saint-Maure, m'a été vendue avec un fragment d'incisive inférieure assez grand, il y a peu de temps.

Toutes ces dents luisantes et polies, comme vernies, évidemment roulées et de couleur plus ou moins foncée comme les os.

Dans le versant de la France à l'Océan, l'on a aussi découvert des os de Rhinocéros.

Versant de la Charente. Pons.

Une septième molaire du côté droit, donnée à la collection du Muséum au nom de Mme Dupuis, par M. P. Gervais, a été recueillie dans le dépôt de Pons, au lieu dit *de la Soute*, dans la Charente-Inférieure, dont nous avons eu déjà l'occasion de parler plusieurs fois; elle provient évidemment du *Rhinoceros tichorhinus*, et s'est trouvée avec des os d'Éléphants, de Cheval, de Bœufs, et de beaucoup d'autres animaux, grands et petits; elle est d'un blanc jaunâtre, sans aucun encroûtement, presque un germe, dans un alluvium ancien recouvrant la craie (*Institut*, n° 54, p. 165), 1833.

Versant de Lot. Brengues.

C'est dans un dépôt de même ancienneté sans doute, et en effet avec des os de Chevaux, de Cerfs, et entre autres de Rennes, comme l'a montré M. le docteur Puel, qu'ont été recueillis et donnés au Muséum, en 1818, par M. Delpont, alors procureur du roi à Figeac, aux environs de Brengues, département du Lot, dans des espèces de cavernes en forme de crevasse; sur la rivière de Selle, versant au Lot, des parties considérables d'un crâne, des fragments de mâchoires et des dents d'un Rhinocéros, indubitablement le *Rhinoceros tichorhinus*, comme nous avons pu nous en assurer d'après deux septièmes molaires supérieures, l'une gauche et l'autre du côté droit, regardées à tort par M. G. Cuvier comme des quatrièmes de lait; et enfin deux véritables molaires de première dentition; l'une seconde gauche et l'autre troisième droite.

Versant de la Garonne.

Au delà, dans les versants pyrénéens, soit à l'Adour, soit à la Garonne, se sont trouvés un très-grand nombre d'ossements fossiles de Rhinocéros, mais ce n'est plus de la même espèce.

Des os divers et des dents de grandeur très-différente, dont une incisive supérieure, une partie d'une inférieure, trois molaires d'en haut et un fragment de mandibule contenant trois dents (Type du *Rhinoceros minutus* de M. G. Cuvier), découverts, en 1820, à Saint-Laurent, village situé près de Moissac, département de Tarn-et-Garonne, sur une hauteur où se trouve la source d'un petit ruisseau versant au Tarn, à vingt-quatre pieds de profondeur, en creusant un puits sur la colline, dans une marne endurcie contenant du gros sable et des fragments de quartz, avec un germe d'une septième inférieure toute semblable à son analogue sur la mandibule de Montpellier, ainsi qu'avec des os de Reptiles, et qui furent envoyés au Muséum, d'après ce que nous apprend M. G. Cuvier, par M. le baron Destour, alors maire de Moissac. Moissac.

Sept dents molaires, l'une triangulaire, les six autres quadrangulaires, outre une agglutinée à une dent de Dinothérium, trouvée à Moncaup dans le Béarn, sur le versant à l'Adour, dans un terrain suprà-crêtacé, avec des os de Mastodontes, de Dinothérium, de Cerfs et d'Antilopes, d'après M. Mermet. Moncaup.

Une incisive droite assez complète et médiocre, ainsi qu'une molaire inférieure fort petite, probablement une seconde ou une troisième gauche de première dentition, déterrée dans le revers d'une colline auprès d'Alan, arrondissement de Saint-Gaudens (Haute-Garonne), donnée au muséum par M. l'ingénieur Tabuel. Alan.

Une molaire (4e sup. gau.) fort usée, donnée au muséum par M. de Lascours, et une autre beaucoup plus parfaite (6e sup. dr.), la plus grande que j'aie peut-être vue (0,067), provenant l'une et l'autre des environs de Simorre, où les Éléphants mastodontes sont si communs, et sans doute du *Rhinoceros incisivus*. Simorre.

Nous citerons, à Sansans, auprès d'Auch :

Des squelettes entiers d'âge différent, dans lesquels on voit la très-grande partie des os, en connexion plus ou moins serrée, quoique dans des positions extrêmement forcées et en général écrasés; Sansans.

Des mandibules plus ou moins complètes et armées de leurs dents incisives et molaires.

Des vertèbres séparées :

Des côtes brisées en fragments de longueur variée et évidemment sur place.

Des portions d'omoplate, mais surtout d'humérus, de radius et de cubitus et principalement leurs extrémités articulaires.

Des os du carpe et du métacarpe, ceux-ci de taille et de proportions variées, séparés ou en connexion, et plus rarement des phalanges.

Des parties du bassin ; mais plus souvent de fémur, de tibia et même de péroné.

Des astragales de taille assez différente.

Des calcanéums au moins aussi nombreux.

Des os métatarsiens un peu moins variés dans la grandeur et la proportion que les métacarpiens.

Enfin des rotules, des sésamoïdes, encore en place, ont été recueillis dans ce célèbre dépôt de Sansans, dont nous avons déjà parlé plusieurs fois, et où se sont rencontrées en nombre encore plus considérable des dents incisives supérieures et inférieures, ainsi que des molaires à tous les degrés d'usure, avec des restes de beaucoup d'autres animaux, et surtout d'Éléphants mastodontes, de Dinothériums, etc.

Ces os et ces dents généralement d'un tissu fort dur, cassant, de couleur jaunâtre ou brun rougeâtre, n'offrant aucun indice d'avoir été roulés.

Issel. Les dents signalées par M. Dodun dans le dépôt d'Issel, citées par M. G. Cuvier (t. II, p. 188), doivent aussi avoir, comme celles de Sansans, appartenu au *Rhinoceros incisivus*.

En Espagne. Il n'en est pas de même de la seule localité où l'on ait jusqu'ici signalé des os fossiles de Rhinocéros en Espagne, au moins à en juger par la roche, un calcaire d'alluvion, et par leur association avec les os d'Éléphants, à Tarifa, auprès de Gibraltar, vis-à-vis de Ceuta, d'après M. Pargeter, cité par M. Buckland (*Reliq. diluv.*, p. 159).

Tarifa.

Des restes de Rhinocéros, dans la caverne d'Argou, chaîne de Corbières, département des Pyrénées-Orientales, dans un dépôt de gravier limoneux, avec un grand nombre d'ossements d'animaux herbivores tous indigènes, d'après MM. Farine et Marcel de Serres (*Ann. des Sc. nat.* (1829, tome 18, p. 277). En France. Versant à la Méditerranée. Argou.

Les restes de Rhinocéros que M. Rebot a trouvés dans la grotte de Villefranche, sur le versant des Pyrénées à la Méditerranée avec ceux d'animaux exotiques, et entre autres d'Hyènes et ceux d'Ours et de Lapins, de Chevaux et de Ruminants, d'après M. Marcel de Serres (*Cavern.*, 1838, p. 138), sont peut-être plus douteux, comme provenant du *Rhinoceros incisivus*. Villefranche.

Sur le versant de collines sous-cévenniques à la Méditerranée, nous avons à citer :

Un crâne signalé d'abord par M. Marcel de Serres, sous le nom de *Rhinoceros monspesulanus*, rapporté à tort par M. G. Cuvier au *Rhinoceros tichorhinus;* trouvé avec une portion de fémur et quelques dents, à une demi-lieue de Montpellier, à 12 pieds de profondeur, avec des os de Dugong, dans les sables calcaires et quartzeux du fond d'une branche de la petite vallée de la Mosso. Montpellier. D'après M. Marcel de Serres.

Celui beaucoup plus complet qu'a décrit M. de Christol, sous la dénomination de *Rhinoceros megarhinus*. M. de Christol.

Un autre au contraire bien plus brisé, cité par le même comme existant dans la collection de M. Marcel de Serres.

Une mandibule que le même paléontologiste a rapportée à tort, comme nous l'avons vu plus haut, au *Rhinoceros tichorhinus*.

Une autre mandibule encore plus parfaite, ayant ses six dernières molaires complètes, occupant un espace de $0^m,230$, ainsi que sa partie terminale incisive; dont je dois la communication à M. P. Gervais, professeur à la faculté des sciences de Montpellier. M. P. Gervais.

Des os et des dents de Rhinocéros dans la caverne de Lunel-Viel, près de Montpellier (Hérault), avec des ossements nombreux d'Ours, d'Hyènes, de grands Félis, de petits Carnassiers, de Rongeurs du pays, de Lunel-Viel.

Ruminants nombreux; en un mot, de trente-cinq espèces de Mammifères de toutes les familles, d'après MM. Marcel de Serres, Dubreuil et Jeanjean, dans des mémoires insérés dans ceux du Muséum, depuis 1825 jusqu'à 1839, et M. Buckland (*Proceed. of the Geolog. Soc.* Lond, n° 3, 1826).

Caverne de Lunel-Viel. Un fragment de mâchoire supérieure de jeune animal, portant trois molaires et rapportées par MM. Marcel de Serres, Dubreuil et Jean-Jean, au *Rhinoceros minutus*, trouvé dans la caverne de Lunel-Viel, et ayant en effet la couleur et l'aspect des os de cavernes.

Une omoplate du côté droit et entière, un humérus, un scaphoïde droit de très-grande taille, $0^m,110$, plusieurs portions de cubitus et deux ou trois fragments de métacarpiens.

Un fragment de fémur, un astragale de très-grande taille, des calcanéums de différentes grandeurs, deux moitiés supérieures de métatarsiens.

Et du système dentaire :

Deux septièmes molaires, une quatrième gauche très-usée et une première gauche de lait que j'ai vues en nature, apportées à Paris par M. Gervais, outre une sixième et une quatrième du côté droit, signalées par M. de Christol.

Des Crozes. Un fragment de mâchoire inférieure contenant trois dents molaires fort semblables à celles de la mandibule de Montpellier, avec deux dents molaires, toutes deux sixièmes du côté droit; l'une plus usée et sans troisième fossette; l'autre moins, et avec cette fossette formée, non comme dans le *Rhinoceros tichorhinus*, mais par l'anastomose des deux cornets collinaires; trouvé aux Crozes, près de Saint-Laurent des Arcles, département du Gard, dans un sol argileux, rougeâtre, qui a donné sa couleur aux os; d'après la collection du Muséum.

Pondras. Des ossements rapportés au *Rhinoceros minutus*, trouvés dans les cavernes du Gard, Pondras, etc.; d'après M. Tournal, cité par M. Marcel de Serres.

Meyrucis. Des restes de Rhinocéros, dans la caverne de Nabriges, auprès de

Meyrueis, département de la Lozère, avec des restes d'Ours, de Léopard, d'Hyène et de Cheval, Sanglier, Bœuf, Cerf, etc., d'après M. Marcel de Serres (*Cavern.*, p. 143).

Ce n'est que dans les parties les plus élevées des affluents du Rhône, que l'on a jusqu'ici découvert des ossements fossiles de Rhinocéros, et encore en fort petit nombre : je ne trouve, en effet, que les suivants : Versant du Rhône.

Des os? de Rhinocéros à Périgny, auprès de Dijon, d'après le journal l'*Institut*, 1844, p. 176, avec des restes d'Ours, de Loup, de Chacal? d'Eléphant, de Cheval, et sans doute de grands Ruminants à bois et à cornes. Périguy.

Des fragments de trois humérus du côté droit (1) et d'un fémur avec une septième dent supérieure et une inférieure gauches, trouvés à Fouvent, auxprès de Gray, département de la Haute-Saône, dans une très-grande fissure de rocher, au milieu d'un amas d'os brisés, fracturés, sans être roulés, d'Hyènes, d'Eléphants, de Chevaux, etc.; donnés au Muséum par M. Lefèbre de Morey, d'après M. G. Cuvier (II, p. 51). Gray.

Trois molaires supérieures, les trois dernières du côté droit et probablement du même animal. La plus antérieure ou cinquième offrant, outre la fossette médiane externe bien formée, une division du cornet collinaire et par conséquent du *Rhinoceros incisivus*, des mines de fer d'alluvion d'Autrey-sur-l'Oignon, versant à la Saône (Haute-Saône), d'après M. Nodot, ingénieur des mines, qui les a données au Muséum. Autrey.

Une dent molaire (sixième supérieure droite) de *Rhinoceros leptorhinus* (2), trouvée près du bourg de Chagny (Saône-et-Loire), à 53 pieds de profondeur dans la colline qui sépare la vallée de la Dhune de celle de la Thalie, toutes deux versant à la Saône, sur un lit de sable, et sous différentes couches d'argile et de mines de fer, avec des dents Chagny.

(1) M. G. Cuvier, page 52, dit que ces trois fragments d'humérus indiquent *au moins* trois espèces.

(2) M. G. Cuvier en fait, à tort, une dent de *Rhinoceros tichorhinus*, comme l'ont parfaitement reconnu M. Kaup et M. de Christol.

d'Éléphants et d'autres ossements brisés par les ouvriers; d'après M. de Gérardin cité par M. G. Cuvier (p. 46 et 58, pl. VI, f. 6).

Orselles. Des os de Rhinocéros, sans autres détails, dans la grotte d'Orselles, d'après M. Buckland dans sa notice sur cette localité.

Grenoble. Deux molaires, une supérieure et une inférieure, trouvées aux environs de Grenoble, d'après M. Breton, l'un de mes plus anciens disciples, professeur à la faculté des sciences de Grenoble, cité par M. G. Cuvier (t. II, p. 50).

J'ai vu les deux moules en plâtre envoyés par M. Breton, ils sont faits d'après des dents trop frustes et trop usées, pour qu'on puisse dire ce que c'est; on peut cependant admettre avec probabilité que l'une est une seconde supérieure droite avec bourrelet interne du *Rhinoceros leptorhinus*, et la seconde une troisième ou quatrième inférieure gauche du même.

En Italie. Dans les dépôts formés en Italie, soit au sud, soit au nord des Apennins, le nombre des ossements fossiles de Rhinocéros est assez considérable.

Versant de l'Arno. Dans le val d'Arno, nous avons vu, à l'article du *Rhinoceros leptorhinus* auquel M. G. Cuvier les a rapportés :

Une mandibule entière, dont le Muséum possède un moule en plâtre peint.

D'après Targioni Tozzetti. Plusieurs mâchoires inférieures vues par M. G. Cuvier (t. II, p. 51), dans le cabinet de Targioni Tozzetti, et dont celui-ci a bien voulu donner deux fragments au Cabinet du Roi.

et Nesti. Un humérus, un radius, cités par M. le professeur Nesti, dans sa lettre à G. Savi (1811), *sopra alcune ossa di Rinocerote.*

Poggio. Un bassin et un membre postérieur entier, formé du fémur, du tibia, et de tout le pied en connexion, ayant été saisi par une espèce de tuf qui a, pour ainsi dire, ankylosé les articulations; trouvés à Poggio di Monte-Alpero, à trois milles de Figlino, sur la rive droite de l'Arno, à 120 brasses au-dessus de son niveau, sans indices d'avoir été roulés, au moins pour la très-grande partie, et se trouvant ensevelis pêle-mêle avec des os d'Ours, de grands Carnassiers, d'Éléphants lamellidontes et mastodontes, d'Hippopotames, de Chevaux, de Ruminants à bois et à cornes; d'après le même géologue qui en a donné la figure copiée par M. G. Cuvier et par moi.

Figlino.

D'autres ossements se trouvent comme j'ai pu les voir moi-même en 1843, dans la collection de l'Académie du Val d'Arno à Figlino.

Enfin une dent molaire quatrième gauche de *Rhinoceros leptorhinus* rapportée par M. Pentland et que possède la collection du Muséum.

Perugia.

Deux mâchoires et quatre dents trouvées auprès de Perugia, d'après Canale qui les possédait, et citées par M. G. Cuvier (t. II, p. 52), qui les a vues.

Monte-Verde.

Une cinquième molaire gauche de *Rhinoceros leptorhinus*, fracturée dans sa moitié externe, trouvée dans le Monte-Verde, auprès de Rome et donnée à la collection par M. G. Cuvier.

Versant du Pô.

Mais c'est surtout dans les atterrissements de la vallée du Pô sur le versant septentrional des Apennins, qu'on a jusqu'ici rencontré les ossements fossiles de Rhinocéros les plus intéressants, comme nous l'avons vu à l'article du *Rhinoceros leptorhinus*, savoir :

Monte-Pulgnasco.

Un premier squelette, composé d'une tête entière, de dix vertèbres, quatorze côtes, deux omoplates complètes et les deux jambes de devant, qui fut déterré en 1805, sous les yeux de M. Cortesi, dans une colline parallèle au Monte Pulgnasco, à une profondeur de 200 pieds, et recouvert par des couches de sable, à peu de distance du lieu où il avait découvert le squelette d'Éléphant dont nous avons parlé dans notre mémoire sur ce genre d'animaux.

Un fait remarquable, c'est que les os de ce squelette étaient à peine séparés, et que quelques-uns étaient couverts de coquilles marines.

Monte Gioco.

Un second squelette découvert dans les mêmes lieux, par le même géologue dans l'automne de 1831, à un mille environ à vol d'oiseau du Monte-Pulgnasco, dans les parties supérieures d'un profond ravin qui tire son origine de la base du Monte-Gioco, versant dans le torrent voisin, Chiavenna, et qui est creusé dans une masse composée de couches de marnes (1) très-régulières, contenant des coquilles marines de la plus rare conservation, comme toutes les collines de Parme et de Plaisance.

Les os de ce squelette épars et en désordre dans un espace d'environ dix-huit pieds de diamètre, se trouvaient à la hauteur de 900 pieds du fond du ravin, immédiatement au-dessus de la dernière couche marine de marne bleue, et ensuite successivement dans les diverses couches de sable superposées, riches en coquilles marines, mais agglutinées de manière à être très-dures.

Il y avait d'entiers, six vertèbres de différentes parties du corps, huit de la queue.

Des côtes au nombre de vingt-six dont la plus longue, quoiqu'un peu tronquée à l'extrémité, avait deux pieds deux pouces.

Des membres antérieurs, il y avait l'omoplate, l'humérus, les deux os de l'avant-bras du côté droit, le mieux conservé.

Des postérieurs, un fémur entier du même côté.

L'astragale et le calcaneum encore articulés.

Quant à la tête, il n'en existait que la mandibule tout entière pourvue de ses dents. Le reste était en fragments trop petits pour être recueillis. Il y avait cependant huit dents supérieures, parfaitement conservées et dont une portait adhérente une valve de peigne.

M. Cortesi a découvert à part de ce squelette, deux humérus à quelque distance du premier.

Une mandibule bien complète, qu'il a figurée, et tout proche de laquelle était un radius de Baleine.

Nous trouvons encore à citer, comme d'une importance bien moindre :

Monte-Blancano. Une partie terminale de mandibule indiquée anciennement par Monti, rapportée aux Rhinocéros par M. l'abbé Ranzani, au *Rhinoceros ti-*

(1) C'est sans doute par inadvertance que M. R. Owen, page 357 de son article sur le Rhinocéros d'Angleterre, qu'il rapporte au *Rhinoceros leptorhinus*, cite le terrain dans lequel était le squelette découvert par M. Cortesi, comme *a fresh water upper tertiary deposit*, c'est-à-dire comme un terrain d'eau douce.

chorhinus, par M. G. Cuvier, et qui avait été trouvée à dix milles de Bologne sur le mont Blancano, au pied des Apennins, dans un gravier mêlé de coquilles marines.

Un fragment de mandibule mis à découvert par les suites d'une inondation à dix-huit milles au-dessus de Plaisance, et qui, de la collection de M. Faujas, qui l'avait reçu de M. Isimbardi de Milan, est passé dans celle du Muséum. Plaisance.

Un autre fragment de mandibule provenant du cabinet de Spallanzani, et également aujourd'hui au Muséum, acquis à la vente de la collection de M. Faujas.

D'autres os semblables cités par M. Cuvier (t. II, p. 53), qui les avait vus dans le cabinet du P. Pini.

L'immense vallée du Danube qui nous reste à passer en revue pour avoir terminé les versants d'Europe, et qui commence ceux de la mer Noire, n'a offert jusqu'ici qu'un fort petit nombre d'ossements fossiles de Rhinocéros, nous n'y trouvons même à citer que les suivants : Versant du Danube.

Un fragment de mâchoire figuré par Kennedy dans les mémoires de l'Académie de Bavière, pour 1785 (pl. II, f. 4), et que Soëmmering, dans un mémoire à la même Académie (1808), rapporte au Rhinocéros. En Bavière.

Quelques dents molaires que Soëmmering, dans ce même mémoire, dit exister dans la collection de l'Académie de Munich et qui paraissent avoir été trouvées en Bavière.

Un fragment de mandibule contenant les deux dernières molaires, et quelques dents séparées, dont une incisive, trouvées dans le dépôt de Georgensgemund, près de Nuremberg, en Bavière, avec des os d'Ours, de Renard, de Marte et de Cheval, d'après M. de Munster, et d'après M. de Nau, cité par M. G. Cuvier, dans un petit coteau de tuf calcaire élevé sur des bancs de sable grossier, avec des coquilles d'eau douce. Georgensgemund.

Deux dents molaires déterrées en 1723, dans un faubourg de Vienne, et que Bruckmann a signalées et figurées dans sa Lettre XIIe, intitulée *de Gigantum dentibus*, non pas comme des dents de géants, ainsi que M. G. Cuvier l'a dit par inadvertance, car la lettre tout entière est pour Vienne.

combattre cette opinion, déjà alors (1729), à peu près abandonnée en Allemagne; mais regardées comme telles par les ouvriers qui brisèrent la tête et les os du squelette (1).

Versant à la mer Noire. Dans d'autres versants à la mer Noire, il paraît que les os fossiles de Rhinocéros sont encore bien plus rares. Je trouve seulement cités:

Protwa. Un crâne trouvé sur la Protwa et dont a parlé M. Fischer de Waldheim, dans son Oryctographie du gouvernement de Moscou, mais sur lequel il ne donne aucuns détails.

Une molaire supérieure, existante dans le musée de Minsk, et dont parle M. le professeur Eichwald (III, p. 335), en la rapportant à celle figurée par M. G. Cuvier (II, pl. VI, f. 2), qui est cependant une dent de *Rhinoceros incisivus*.

à la mer Caspienne. Volga. Une extrémité inférieure d'humérus du côté droit, dont le moule en plâtre est dans la collection du Muséum, comme du Volga.

En Asie. Versant méridional des Hymalayas. Nous ne connaissons plus de restes de Rhinocéros recueillis à la surface de la terre que ceux fort nombreux, à ce qu'il paraît, sur lesquels repose le *Rhinoceros unicornis fossilis* ou *angustirictus*, établi par les paléontologistes anglais, sur le versant méridional des Himalayas et dans la vallée de l'Irawadi, du pays des Birmans.

On a déjà recueilli, dans le premier dépôt surtout, des os de toutes les parties du corps; des têtes et des mandibules entières pourvues de toutes leurs dents; des os longs, quelquefois en connexion, ainsi que des os du pied.

Tous ces os qui paraissent avoir été assez peu roulés et qui sont également assez peu brisés, sont ensevelis dans des couches puissantes de sable et d'argile garnissant à d'assez grandes hauteurs, les pentes des monts Sivaliens, ou bien dans un conglomérat de molasse gréso-ferrugineuse, contenant en outre et par place des nids d'ossements d'autres

(1) *Hi dentes gigantis cujusdam esse perhibentur; effossi sunt è terrâ anno* 1723 *in loco Tury dicto positi in profundo; operarii et cæmentarii, non tantum hos dentes, sed totum sceleton invenerunt, non curiosi autem cranium contuderunt, reliqua sub terra jam calcinata et admodum fragilia ossa iterum sepeliverunt* (Bruckmann, *Epist. Itiner.*, cent. I).

grands animaux terrestres et d'eau douce, c'est-à-dire d'Éléphants mastodontes et lamellidontes, d'Hippopotames, de Chameaux et d'autres grands Ruminants à bois et à cornes, avec des restes de Tortues gigantesques de terre et d'eau douce, de Crocodiles.

En Amérique, aucun paléontologiste n'a encore signalé des os de Rhinocéros véritables trouvés dans les cavernes du Brésil ou dans les immenses alluvions du Mississipi et de ses affluents au nord, ou de la Plata au sud, à moins qu'on ne puisse considérer comme ayant quelque affinité avec ce genre, les ossements d'après lesquels M. R. Owen a établi son genre Toxodon, dont nous parlerons incessamment, et auquel il assigne en effet deux sortes de dents seulement, des incisives et des molaires aux deux mâchoires, et trois doigts aux membres antérieurs; les postérieurs étant inconnus. En Amérique.

RÉSUMÉ.

1° *Sous le rapport zooclassique.*

Les Rhinocéros constituent évidemment un genre distinct de mammifères, caractérisé, sans parler de la corne dont le nez est le plus souvent armé, aussi bien par le système digital que par le système dentaire, l'un et l'autre particulier à ce groupe; trois doigts en avant comme en arrière presque également utiles, et pourvus d'ongles en sabots ou mieux en demi-sabots, sans fourchette distincte; des incisives et des molaires seulement; une ou deux paires plus ou moins rudimentaires persistantes d'incisives et sept de molaires aux deux mâchoires; les inférieures très-différentes de celles d'en haut, les unes et les autres sans cément; genre qui doit commencer l'ordre des ongulogrades, ou des véritables mammifères à sabots, se groupant en une petite famille avec les Tapirs et les Chevaux, genres encore existants, et encore mieux avec les Paléotheriums, Anthracotheriums, Lophiodons, déjà éteints, et qui ne nous sont plus connus que par leurs restes fossiles.

2° *Sous le rapport ostéologique.*

Les Rhinocéros présentent aussi quelque chose de particulier, d'abord dans la densité et la solidité du tissu éburné de leurs os, et ensuite dans la forme allongée de la tête et du chanfrein : l'étendue et la grande saillie plus ou moins arquée des os du nez ; la petitesse des os pré-maxillaires, même dans les espèces où ils portent des dents incisives persistantes; par le grand nombre des vertèbres dorsales et des côtes, au contraire de celui des vertèbres lombaires ; par l'articulation des apophyses transverses de celles-ci et la forme des trous de conjugaison ; l'amplitude et l'allongement de la poitrine ; la brièveté et la force des os des membres, la forme générale et l'élongation de l'omoplate ; l'épaisseur de l'humérus, surtout à l'extrémité supérieure, pourvue d'une sorte de troisième trochanter ; la brièveté et la force des os de l'avant-bras, dont le radius dépasse à peine l'humérus en longueur ; la largeur des os du carpe et surtout de l'unciforme s'articulant avec trois métacarpiens dont le cinquième rudimentaire ; la grande compression et la largeur des métacarpiens et même des phalanges ; la largeur ou l'étalement du bassin ; l'absence de trou pour le ligament rond à la tête du fémur et l'existence d'un troisième trochanter large et recourbé ; la grande obliquité et inégalité des deux bords de la poulie rotulienne ; la brièveté et la force des deux os de la jambe, sans malléoles prononcées ; la longueur proportionnelle du pied, malgré le peu de développement du calcanéum ; l'aplatissement de l'astragale et la brièveté des phalanges, au contraire des os métatarsiens dont la variété individuelle en longueur et en largeur est véritablement remarquable.

3° *Sous le rapport odontographique.*

Les Rhinocéros sous ce rapport offrent la particularité d'avoir encore ce système incomplet comme les Damans, par absence de canines, remplacées par une barre ; les incisives existant cependant dans toutes les espèces (1), quelquefois dans la première dentition seulement et alors très-petites; d'autres fois aussi dans la seconde, et alors ou bien non saillantes hors de la gencive et encore assez petites, ou bien et plus souvent grandes et exsertes en haut comme en bas, et alors susceptibles de développement et d'usure très-variés (2); les molaires très-dissemblables aux deux mâchoires, mais toujours au nombre de sept, dont la première caduque, ainsi réparties : $\frac{4}{4}+\frac{1}{1}+\frac{2}{2}$; les supérieures assez compliquées à la couronne formée de deux collines plus ou moins transverses et à cornets se continuant avec un bord tranchant et laissant ainsi des fossettes profondes qui ne se remplissent jamais de cément (3); les inférieures à double croissant, les deux terminales assez différentes des intermédiaires en haut et l'antérieure seulement en bas, la postérieure n'ayant jamais aucune trace de talon ou de troisième croissant.

4° *Sous le rapport de la distinction des espèces.*

En prenant d'abord en considération les Rhinocéros encore vivants, il m'a semblé que le nombre des cornes ne doit pas être donné comme pouvant fournir un caractère spécifique absolu, en rapport constant avec l'absence ou la présence des incisives; en preuve, c'est que le Rhinocéros de Sumatra a deux cornes, quoiqu'il ait des incisives comme celui de Java qui est unicorne (4); peut-être y a-t-il aussi des Rhinocéros à une et à deux cornes parmi les espèces d'Afrique sans incisives.

La considération des incisives me paraît beaucoup plus importante,

(1) Si ce n'est chez le *Rhinoceros simus*.

(2) Dans les espèces à incisives exsertes, je n'en ai jamais trouvé que deux en une paire en haut, et quatre en deux paires en bas. M. G. Cuvier en signale cependant une seconde très-petite en haut, sur le Rhinocéros unicorne de l'Inde, et c'est sans doute en s'appuyant sur ce fait que les zoologistes donnent $\frac{4}{4}$ au genre Rhinocéros.

(3) Si ce n'est un peu dans le *Rhinoceros simus*.

(4) Nous avons vu plus haut qu'on assure qu'il y a aussi un Rhinocéros unicorne en Afrique.

suivant qu'elles n'existent que dans la première dentition, comme dans les Rhinocéros du Cap, ou qu'elles existent dans la seconde, mais sous-gingivales, comme dans une espèce fossile, ou bien qu'elles existent dans les deux dentitions et qu'à la seconde elles sont plus ou moins fortes; mais toujours exsertes et susceptibles d'usure.

Quant au nombre, je n'ose rien assurer, par exemple que le Rhinocéros de Sumatra à deux cornes soit spécifiquement distinct du Rhinocéros de Java à une seule, parce qu'il manque de la première incisive d'en bas, qui semble être toujours sous-gingivale. Ce que je puis dire, c'est que les trois crânes de Rhinocéros de cette île dans la collection en manquent, sans qu'il y ait trace de leurs alvéoles, et que sur sept crânes du Rhinocéros de Java, elle existe, ou au moins son alvéole et cela des deux côtés. Cependant sur un huitième de Java, il n'y a qu'un très-petit trou d'un seul côté.

La considération des deux molaires terminales d'en haut et de l'antérieure d'en bas, me semble avoir encore une importance plus grande, pour l'antérieure dans sa grandeur proportionelle, plus que dans sa forme; pour la postérieure dans sa forme plus ou moins régulièrement triquètre et plus ou moins éloignée de ressembler aux autres, par la non-séparation de la colline postérieure du bord externe.

Quant aux intermédiaires, dans le nombre des fossettes, deux ou trois, différence qui est déterminée par la conjugaison du cornet de la colline postérieure avec un cornet pariétal ou un collinaire antérieur, non plus que dans l'existence ou l'absence du bourrelet en écharpe qu'on remarque quelquefois à la face interne des 2me, 3me et 4me molaires supérieures; je n'ose assurer qu'on puisse en tirer des caractères spécifiques aussi certains qu'on l'a dit; et encore moins de la subdivision du cornet collinaire postérieur; c'est-à-dire qu'on peut trouver des molaires intermédiaires à trois fossettes dans les deux sections de ce genre, aussi bien à l'état fossile qu'à l'état vivant.

Les molaires inférieures en fournissent encore moins de l'aveu de tous les paléontologistes, si ce n'est cependant la première, qui malheureusement tombe d'assez bonne heure; mais la terminale postérieure qui n'est formée, comme les autres, que de deux demi-cylindres, ne peut que difficilement fournir des caractères.

M. de Christol a insisté sur un tubercule pointu de l'angle antérieur du croissant postérieur ou mieux de l'angle postérieur du croissant antérieur de la pénultième; mais il est évident que cette particularité, qui ne se voit guère que sur le germe de la dent, est pleinement accidentelle.

Dans le squelette que j'ai étudié avec le plus grand soin, au milieu d'une masse véritablement imposante de matériaux de Rhinocéros vivants et de Rhinocéros fossiles, placés dans les conditions les plus favorables pour la comparaison, je n'ai pu rien trouver de tout à fait satisfaisant.

J'ai cherché d'abord dans les parties rudimentaires des doigts, soit en avant, soit en arrière, c'est-à-dire en avant, dans la forme du trapèze, de l'unciforme et du cinquième métacarpien et surtout dans le dernier, sans rien trouver qui puisse être considéré comme caractéristique, si ce n'est quand il y a évidemment quatre doigts, comme dans le *Rhinoceros incisivus.*

Aux membres postérieurs on pourra seulement insister sur le premier cunéiforme et sur le scaphoïde, puisqu'il n'y a pas de rudiment de cinquième métatarsien.

Quant à la forme de la tête et surtout des os du nez, je suis loin d'y attacher autant d'importance que M. Cuvier et les paléontologistes qui ont suivi ses errements, par la raison que les particularités d'allongement général, de projection en arrière de la crête occipitale, des os du nez en avant, de l'ossification de la partie cartilagineuse du vomer et de sa confusion avec l'os du boutoir, tiennent au développement de la corne et par conséquent au sexe et à l'âge, ou du moins en grande partie; comme M. Faujas me semble l'avoir parfaitement senti, et souvent assez exactement exprimé dans son chapitre sur les Rhinocéros fossiles.

On en peut dire, et peut-être avec plus de raison encore, autant des différences dans la longueur proportionnelle des os longs, dans la saillie de leurs tubérosités ou apophyses, par exemple pour l'humérus et le fémur.

Je pense qu'il doit en être de même des os du métacarpe et du métatarse; malgré la très-grande différence qu'ils présentent surtout chez les Rhinocéros fossiles. Les limites de variation de ces os suivant l'âge, le sexe, et les individus sont bien plus étendues, que ne le pensent la plupart des paléontologistes, qui semblent considérer les os comme des individus, comme des masses minérales, sans considérations biologiques ou physiologiques; en sorte que les espèces se créent chez eux, pour ainsi dire, au compas.

Pour moi qui tâche de donner à la palœontologie une direction plus lente peut-être et moins hardie, mais plus assurée, je pense en définitive et en comprenant les Rhinocéros vivants et les Rhinocéros fossiles, que ces animaux forment une petite série dont la raison est le développement des incisives en rapport inverse avec la complication de la dernière molaire d'en haut et de la disposition nasale propre à supporter une ou deux cornes : c'est-à-dire que plus les incisives sont fortes et moins la corne l'est : de même que la dernière molaire est plus simple, et *vice versâ* (1).

Dès lors la série doit commencer par le *Rhinoceros tichorhinus* qui a l'appareil nasal le plus complet, la dernière molaire la plus compliquée et dont les incisives sont les plus faibles.

Le *Rhinoceros simus* vient ensuite et si près qu'Everard Home a pu le considérer comme de même espèce; car il est évident que le Rhinocéros de la Cafrérie, dont le missionnaire Campdell a apporté à Londres une tête osseuse, sujet des observations de Home, n'est autre chose que le Rhinocéros camus.

(1) Peut-être ces rapports différentiels sont-ils en harmonie avec l'état de la substance alimentaire, plus ligneuse dans le premier cas, la corne servant à diviser l'arbrisseau en lanières; plus herbacée dans le second, et pouvant être saisie avec les dents.

Après lui le Rhinocéros du Cap se trouve également bien voisin sous les trois rapports indiqués.

L'espèce fossile chez laquelle les cornes étaient encore au nombre de deux; peut-être même la cloison des narines ossifiée (1), mais qui avait des incisives persistantes non exsertes, au moins à la mâchoire inférieure et dont la dernière molaire supérieure est fort simple, vient après; c'est le *Rhinoceros leptorhinus* de l'Europe méridionale, comprenant les *Rhinoceros monspesulanus* et *megarhinus*.

Dans un petit groupe particulier suivent le Rhinocéros de Sumatra, celui de Java et celui de l'Inde continentale, le premier à deux cornes et probablement à une seule incisive inférieure persistante, les deux autres à une corne et à deux incisives inférieures : le dernier entraînant à côté de lui le Rhinocéros fossile des sous-Himalayas. 2e groupe.

Enfin la série est terminée par le *Rhinoceros incisivus* qui n'a plus qu'une incisive extrêmement forte à chaque mâchoire avec une petite de plus en bas, au moins dans le jeune âge, dont la septième molaire d'en haut est également fort simple, dont le nez avait deux cornes ou n'en avait pas, probablement suivant le sexe, et qui enfin avait quatre doigts aux pieds de devant, entraînant sans doute avec lui les *Rhinoceros Schleyermacheri*, *elatus*, *Goldfusii*, *minutus*, *Merckii*, *Chœrocephalus*, par conséquent l'espèce dont les os sont si communs à Sansans. 3e groupe.

5° *Sous le rapport de la distribution des espèces à la surface de la terre.*

Dans l'état actuel des choses il est certain qu'il n'existe plus de Rhinocéros vivants que dans les parties les plus reculées de l'Afrique A l'état vivant.

(1) Sur ce point M. G. Cuvier admet que le crâne du *Rhinoceros monspesulanus* de M. Marcel de Serres a la cloison des narines osseuses; M. P. Gervais m'a assuré le contraire.

Pour le Rhinocéros de M. Cortesi, M. Cuvier le distingue par le seul caractère de n'avoir pas la cloison des narines osseuse, et M. de Christol, après des investigations nouvelles, assure qu'il l'a; ce que M. R. Owen a aussi remarqué sur le crâne trouvé à Clacton.

et de l'Asie, et même dans les grandes îles qui en dépendent, à Sumatra et à Java dans l'archipel Indien.

En Afrique. Au S.-S.-O. *R. bicornis.* Au S.-S.-E. *R. simus.*

Les Rhinocéros d'Afrique constituent au moins deux espèces, l'une des côtes occidentales, méridionales et orientales (*Rhinoceros bicornis*), l'autre de l'intérieur de l'Afrique méridionale (*Rhinoceros simus*).

Au Sud. *R. ketloa.*

Quelques zoologistes voyageurs, et entre autres M. Smith, ajoutent à ces deux espèces le Rhinocéros ketloa de l'Afrique méridionale et le Rhinocéros d'Abyssinie; mais sur des caractères peu spécifiques, ce me semble.

A l'Est. R. d'Adel.

Il est plus vraisemblable qu'on en découvrira un unicorne; du moins nous avons vu que les anciens en avaient vu de tels provenant d'Afrique, et Bruce dit qu'on lui a assuré que le Rhinocéros du royaume d'Adel n'a qu'une corne (1).

En Asie. Du Continent. *R. unicornis.* de Sumatra. *R. Sumatranus.* De Java. *R. Javanus.*

Les Rhinocéros d'Asie sont aussi considérés comme appartenant à trois espèces, l'une du continent, *Rhinoceros unicornis*, et les deux autres de l'archipel, l'une de Java à une corne, et l'autre de Sumatra à deux cornes.

A l'état fossile. Du Nord de l'Europe. *R. tichorhinus.*

Les Rhinocéros fossiles auraient été répandus sur une bien plus grande partie de la surface de la terre, s'il était hors de doute, ce que je suis assez loin d'admettre, qu'ils vivaient autrefois dans tous les lieux où l'on a trouvé de leurs restes fossiles. Ainsi le Rhinocéros à narines cloisonnées aurait habité depuis les parties orientales de la Sibérie méridionale jusqu'à l'extrémité du continent européen, vers les rivages de la France, sur l'Océan. Je n'ose pas dire sur ceux de la Méditerranée (2).

Du Midi. *R. leptorhinus.*

Le Rhinocéros à narines non cloisonnées devrait avoir habité des pays moins étendus, puisque c'est essentiellement dans le midi de l'Europe, en France, en Italie, qu'on a trouvé ses restes. Nous avons cependant vu plus haut qu'on en a aussi recueilli quelques-uns en Angleterre

(1) Voyez plus haut pour les espèces de Rhinocéros admises par les Cafres en Afrique, au delà du Tropique, p. 74.

(2) C'est, en effet, parce que M. de Christol a rapporté au *Rhinoceros tichorhinus* une mandibule de *Rhinoceros leptorhinus*, qu'il a pu avancer que le premier se trouve à Montpellier.

et peut-être même en Allemagne, ce qui me paraît plus douteux.

Quant au Rhinocéros à incisives avec ou sans cornes, il semble qu'il ait habité essentiellement notre ancienne France, depuis les bords du Rhin jusqu'à la Garonne.

De l'Europe centrale. *R. incisivus.*

Ces ossements fossiles de Rhinocéros ne sont cependant pas également répartis dans les immenses pays que nous venons d'énumérer; et c'est essentiellement dans les grandes vallées, dans les lieux de remou, de dépôt, qu'ils ont été recueillis en plus grande abondance, rarement épars, si ce n'est pour les dents, le plus souvent agglomérés en Sibérie pour le *Rhinoceros tichorhinus,* en France pour le *Rhinoceros incisivus,* dans la France méridionale et en Italie, pour le *Rhinoceros leptorhinus,* dans l'Inde pour le *Rhinoceros Indicus.*

6° *Sous le rapport paléontologique.*

Nous venons de voir comment on pouvait admettre que quatre espèces de Rhinocéros ont laissé de leurs traces à l'état fossile, et que parmi elles, une seule peut être considérée comme identique à une espèce encore vivante dans les lieux où ses ossements fossiles ont été recueillis, le Rhinocéros unicorne de l'Inde; une seconde bien plus rapprochée du *Rhinoceros simus* que de tout autre, le *Rhinoceros tichorhinus*; une troisième du Rhinocéros de Sumatra, le *Rhinoceros incisivus*, et la quatrième sans analogue vivant, le *Rhinoceros leptorhinus;* provenant pour chaque espèce très-probablement de sexes différents, mais certainement de tout âge.

Ces Os fossiles proviennent d'Espèces de sexes, d'âge différents.

L'état de conservation sous lequel les os fossiles de Rhinocéros se sont présentés, est en général parfait, et quoiqu'il y ait encore quelque différence suivant la nature et l'ancienneté du terrain où ils sont adventifs; ils sont souvent brisés, fracturés, comprimés, rarement roulés, et encore moins presque pourris, tels que sont ceux des Éléphants lamellidontes; particularités qui tiennent à leur nature solide, éburnée, à cassure presque conchoïdale.

Leur état de conservation.

Séparés. Souvent séparés, surtout les dents, ils sont quelquefois réunis en tout ou partie de squelette; ainsi que nous en avons eu des exemples, à Abbeville et en Angleterre, pour le *Rhinoceros tichorhinus*, à Sansans pour le *Rhinoceros incisivus*, en Italie pour le *Rhinoceros leptorhinus*. Réunis.

Non roulés. Mais comme je l'ai fait observer plus haut, très-rarement ils sont roulés, si ce n'est dans les terrains de Crag.

La position géologique dans laquelle ont été trouvés les os fossiles de Rhinocéros n'est pas toujours la même.

Dans des terrains tertiaires moyens d'eau douce. marin. C'est dans les terrains tertiaires moyens qu'on a commencé à en apercevoir, de quelque nature qu'ils soient; ainsi à Eppelsheim dans des sables marins; dans l'Orléanais, dans un terrain d'eau douce; à Sansans dans un terrain de même nature; à Montpellier dans un terrain marin; au Val d'Arno dans un terrain d'eau douce, et enfin à Pulgnasco dans le Parmesan dans un terrain marin, faisant partie des collines subapennines; en Suisse, dans la molasse; en Asie dans le grès molasse des monts Sivaliens.

de golfe. On en a encore trouvé dans les terrains tertiaires moyens les plus supérieurs, par exemple en Touraine, dans le Crag, considéré comme en faisant partie; mais alors ils sont évidemment roulés.

Et ce qu'il y a de remarquable, c'est que tous ces fragments fossiles de Rhinocéros paraissent provenir exclusivement du *Rhinoceros incisivus* et du *Rhinoceros leptorhinus* sans mélange aucun avec une autre espèce en Europe, et du *Rhinoceros unicornis* dans l'Inde.

Les diverses sortes de diluvium en ont également offert un assez grand nombre.

Dans les Brèches. Dans les brèches dites osseuses et dans les failles, je n'en connais pas; ou du moins je n'en ai pas vu; mais on en trouve, je crois, cités dans un petit nombre d'endroits.

Dans les Cavernes. Dans les cavernes au contraire on en a recueilli un certain nombre et surtout à l'état fragmentaire ou de dents isolées :

du Hartz. Dans presque toutes les cavernes du Hartz;

ds Liége. Dans celles de la Belgique;

Dans les principales de l'Angleterre, celle de Kent, de Kirckdale. d'Angleterre.

En France, dans celle d'Orselles en Franche-Comté, de Fouvent en Bourgogne, et dans plusieurs de celles du Midi et entre autres de Lunel-Viel. de France orientale, méridionale.

Dans les cavernes d'Allemagne, de Belgique, d'Angleterre et de la France septentrionale du *Rhinoceros tichorhinus*, et dans celles de la France méridionale, du *Rhinoceros leptorhinus* exclusivement, à ce qu'il me semble.

Dans le diluvium libre et surtout dans celui des vallées : Dans le Diluvium.

En Sibérie, en assez grande abondance et en parties séparées, du moins dans le plus grand nombre des cas, sur les pentes des collines adjacentes aux monts Ourals. en Sibérie.

En Allemagne, et surtout à Osterode et lieux voisins, peu éloignés des cavernes du Hartz. en Allemagne.

En Belgique, dans le sol d'atterrissement. en Belgique.

En France, en Picardie dans la vallée de la Somme et de ses affluents, dans celle de la Seine, au-dessus et au-dessous de Paris, dans celle de la Charente à Pons. en France.

Enfin dans les diluviums volcaniques d'Auvergne, en assez grande abondance, comme nous l'avons vu plus haut. en Auvergne.

Or, sauf dans cette dernière localité, où ce sont évidemment des os du *Rhinoceros incisivus*, les fragments recueillis ont tous pu être rapportés au *Rhinoceros tichorhinus*, dans un état bien plus friable de conservation, et aucun aux deux autres espèces, sauf dans quelques cas douteux.

L'association de ces os fossiles de Rhinocéros peut être résumée ainsi : Leur association.

Jamais jusqu'ici des fragments d'espèces sans incisives et d'espèces à incisives n'ont été trouvés ensemble dans le même dépôt (1). Des Espèces entre elles.

Jamais jusqu'ici des ossements d'Éléphants lamellidontes n'ont été Avec Éléphants lamellidontes.

(1) M. G. Cuvier a dit, par suite de renseignements erronés, que des fragments de *Rhinoceros*

observés avec ceux de Rhinocéros à incisives proprement dites (1).

mastodontes et Dinothérium. Jamais jusqu'ici des ossements d'Éléphants mastodontes et de Dinothérium n'ont été rencontrés avec ceux du *Rhinoceros tichorhinus*.

D'autres Animaux. Ils ont été recueillis avec des os d'animaux mammifères de tous les ordres, d'espèces ou même de genres éteints ou n'existant plus en Europe; d'oiseaux, de reptiles, d'amphibiens, de poissons et même de malacozoaires, quelquefois marins, mais le plus souvent terrestres et d'eau douce.

M. G. Cuvier a considéré les dents molaires trouvées à Chagny et aux Crozes comme des dents de *Rhinoceros tichorhinus*, mais à tort, comme l'a montré M. Kaup. Il a également admis, p. 143, que les *Rhinoceros tichorhinus* et *Rhinoceros leptorhinus* ont habité l'Italie; mais c'est en regardant à tort la portion de mandibule de Monti comme de la première de ces espèces (2).

Nature du dépôt. Les couches dans lesquelles on a trouvé des restes de Rhinocéros, sont quelquefois marines, jamais cependant pour le *Rhinoceros tichorhinus*; mais bien plus souvent elles sont d'eau douce, aussi bien pour lui que pour le *Rhinoceros incisivus* (3).

incisivus et de *Rhinoceros tichorhinus* avaient été trouvés à Eppelsheim; ce qui a été accepté par M. de Christol; mais M. Kaup s'est assuré que cela n'est pas.

M. Marcel de Serres a annoncé quelque part aussi que les environs de Montpellier lui avaient offert des restes de deux espèces, mais, je crois, à tort.

M. de Christol a dit bien plus positivement (page 5) que le *Rhinoceros tichorhinus* se trouve à Montpellier; mais c'est en s'appuyant sur une mandibule qui appartient évidemment au *Rhinoceros leptorhinus*.

(1) M. R. Owen le dit cependant, d'après M. Brown, comme ayant été observé à Clacton, en Essex; mais n'y avait-il pas quelque éboulement? M. Desnoyers, qui a examiné toute la côte d'Essex, paraît fort porté à le croire.

(2) M. R. Owen (*loc. cit.*, page 380) a admis cependant comme vraie cette assertion de M. G. Cuvier; mais j'ignore sur quoi il s'appuie.

Je crois qu'il a également tort d'assurer positivement que l'on a trouvé dans le même dépôt des fragments de ces deux espèces. Ce que je puis assurer, c'est que dans les dépôts de l'Orléanais, de la Touraine, d'Auvergne, de Sansans, d'Eppelsheim, dont nous possédons un grand nombre de pièces, je n'ai reconnu jusqu'ici que le *Rhinoceros incisivus*.

(3) M. R. Owen me semble avoir trop généralisé le gisement des ossements du *Rhinoceros*

La profondeur à laquelle on les a recueillis n'est souvent pas très-grande et rarement a été suffisamment déterminée. Profondeur.

Il en est à peu près de même de l'altitude au-dessus de la mer : nous voyons cependant qu'en Angleterre on en a observé au bord même de la mer et à son niveau, tandis qu'en Italie, dans les Sous-Apennins, les deux squelettes si heureusement découverts par M. Cortesi, étaient à neuf cents pieds au-dessus, avec des coquilles marines adhérentes, et sous des couches d'argile et de sable remplies elles-mêmes de productions de la mer. Altitude.

CONCLUSIONS.

Nous pouvons donc donner comme résultat de ce Mémoire, les conclusions suivantes :

Au nombre des animaux bien plus nombreux qu'aujourd'hui qui peuplaient nos continents asiatico-européens, formant la moitié boréo-occidentale de l'ancien monde, il a existé trois espèces bien distinctes de Rhinocéros, qui avec les quatre ou cinq qui sont encore vivantes, sur les points les plus reculés de l'autre moitié, formaient une petite série, décroissante sous le rapport de la corne nasale, croissante sous ceux des dents incisives et du nombre des doigts aux pieds de devant.

Ainsi, sauf peut-être pour les individus dont les cadavres ont été entraînés et ensevelis dans les immenses alluvions des parties les moins

leptorhinus, comme se trouvant toujours dans des dépôts tranquilles d'eau douce, lacs ou rivières. Les deux squelettes découverts, page 381, par M. Cortesi, les pièces recueillies à Montpellier, l'ont été dans des dépôts évidemment marins.

M. Pomel (*Soc. géol.*, XIV, page 212) admet le *Rhinoceros tichorhinus* dans les terrains d'Auvergne; j'ignore sur quoi repose cette assertion, mais je la considère encore comme fort douteuse.

Quant aux dépôts du Val d'Arno, où l'on a recueilli des dents d'Éléphants lamellidontes et mastodontes avec des restes de *Rhinoceros leptorhinus*, n'y a t-il pas là quelque mélange de terrains d'ancienneté différente?

boréales de la Sibérie (1), on peut dire qu'ils ont vécu dans les pays où l'on trouve aujourd'hui leurs restes fossiles.

Ces restes ont été rencontrés jusqu'ici dans des dépôts d'âge très-différent, depuis les terrains tertiaires moyens, jusqu'à ceux de diluvium et peut-être même d'alluvium ancien.

Ce n'est donc pas une seule et unique catastrophe qui a détruit ces espèces, habitant alors les pays où se trouvent leurs squelettes, subitement, par une révolution, pour ainsi dire, instantanée, qui aurait changé brusquement le climat, comme l'avait supposé d'abord Pallas, et comme l'a adopté depuis M. G. Cuvier.

Ce n'est pas non plus une énorme inondation produite par le passage violent et rapide d'une mer, traversant l'Asie pour se jeter dans la mer Glaciale, qui aurait entraîné avec elle les corps de ces Rhinocéros flottants longtemps à sa surface, soit des parties les plus méridionales d'Afrique jusqu'en Sibérie, comme M. Faujas avait pu le supposer un moment, à cause de la grande analogie de l'espèce fossile avec l'espèce du Cap, et malgré la grandeur de la distance; soit des contrées asiatiques et malgré la hauteur des Himalayas, comme l'a proposé Pallas dans sa seconde hypothèse, adoptée ensuite par Faujas, puisque l'espèce fossile en Sibérie est justement celle qui s'éloigne le plus des espèces de l'Inde.

Ce serait plutôt, suivant l'hypothèse de Buffon, un décroissement graduel dans la température du globe qui, après avoir fait remonter peu à peu ces animaux des parties septentrionales de l'Europe vers les parties méridionales, en aurait enfin détruit la race lorsque le degré de chaleur n'aurait plus été suffisamment élevé pour leur constitution ou l'une des importantes conditions de leur existence.

Mais ce ne peut être une force humaine ou animale qui a pu mettre les cadavres résultants de cette destruction successive dans certaines conditions, comme par exemple, ainsi que le soutient encore, mais à ce qu'il

(1) Je reviendrai quelque jour sur ce fait de l'Éléphant d'Adams et sur le Rhinocéros de Pallas, sur lesquels j'ai déjà eu l'occasion d'établir, dans un de mes cours à la Sorbonne, après un examen approfondi, qu'il y avait plus de doute que de certitude dans leur histoire.

me semble à peu près seul, M. le professeur Buckland pour les os de Rhinocéros trouvés dans les cavernes, qu'il suppose y avoir été portés par les Hyènes, comme partie de leur proie.

Il nous semble plus rationnel d'admettre, dans l'hypothèse de Buffon, ou dans celle encore plus simple d'espèces propres à notre climat, que ce sont encore des cours d'eaux plus ou moins torrentielles qui, à diverses époques, depuis celle où se formaient les terrains tertiaires moyens jusqu'à celle des diluviums anciens, ramassant les corps des grands animaux morts à la surface de la terre, après s'être réfugiés vers des parties assez élevées de nos continents, les ont entraînés successivement plus ou moins loin, souvent en les désassociant sur la route, d'abord l'espèce à incisives, puis celle sans incisives, jusqu'à leur entière destruction.

Les deux ou trois espèces européennes paraissent même avoir mis un temps considérable à disparaître de la surface de nos continents; c'est-à-dire depuis la formation des terrains tertiaires moyens, jusqu'à celle du grand diluvium; tandis que l'espèce de l'Inde, quoique ayant laissé de ses traces et même en grand nombre dans la molasse tertiaire des Sous-Himalayas, n'est pas encore éteinte dans l'Inde et le continent asiatique (1).

Les Rhinocéros sont dans le cas des Éléphants, qui, à cause de leur grande taille et de leur uniparité bisannuelle, ont péri de bonne heure, c'est-à-dire, des premiers parmi les animaux terrestres, par suite surtout de la multiplication de l'espèce humaine à la surface de la terre (2). Leurs ossements également fort grands en même temps qu'ils donnaient plus de prise aux eaux torrentielles, étaient aussi plus aptes à être con-

(1) Peut-être en sera-t-il de même des espèces d'Afrique, lorsque la paléontologie aura pu scruter les dépôts ossifères de cette partie du monde.

(2) A ce sujet je puis encore citer M. Delgorgne, dont j'ai parlé plus haut, pour le nombre considérable de Rhinocéros, et surtout d'Hippopotames, qui ont été tués pendant les cinq années de son séjour, dans les pays situés en deçà du port Natal, au point qu'il faut aujourd'hui s'enfoncer à plus de cent lieues pour faire une chasse un peu lucrative, tandis que d'abord on pouvait y parvenir à vingt-cinq ou trente lieues.

servés à cause de leur masse, ce qui était encore plus facile pour ceux de Rhinocéros d'un tissu bien plus compacte et presque minéral.

Enfin, et également comme chez les Éléphants, un groupe, celui des espèces à incisives, a disparu le premier, comme les Eléphants mastodontes avec lesquels on les trouve; puis un second, celui des espèces sans dents incisives, comme les Éléphants lamellidontes, dont les ossements se rencontrent avec les leurs dans les formations les moins anciennes; ce qui se continue, pour ainsi dire, sous nos yeux.

Ce sont deux ou trois chaînons de la série animale qui ont été détruits avant d'autres congénères existant encore dans des parties moins habitées de l'ancien continent, et qui ne peuvent en aucune manière être considérés comme des transformations de ceux-là, et encore moins comme le produit d'une nouvelle création, ainsi qu'il est presque de mode aujourd'hui en géologie de le supposer pour chaque strate des terrains de sédiment.

Enfin comme conclusion critique, quoique les restes fossiles de Rhinocéros aient été reconnus comme tels aussitôt, pour ainsi dire, qu'on en a eu recueilli, on peut assurer, en s'appuyant sur l'histoire des travaux qui les concernent, analysés plus haut, que c'est presque aujourd'hui seulement qu'il a été possible de rapporter ces ossements à des espèces caractérisées autrement que par des noms; non pas seulement parce que les matériaux et les éléments de la comparaison ont été considérablement augmentés et réunis en grand nombre sur un seul point; mais aussi parce que l'on a pu employer le secours de principes nouvellement introduits dans la science de l'organisation et entre autres celui que la distinction spécifique des animaux doit nécessairement et exclusivement porter sur la raison de la dégradation sériale dans le point de la série étudiée, et nullement sur la grandeur, non plus même sur quelques différences dans les proportions générales des parties, dont les limites de variation, suivant l'âge, le sexe et l'individu, sont beaucoup plus grandes dans tous les animaux, que ne pensent généralement les naturalistes vulgaires ou superficiels.

D'après cela n'est-il pas véritablement déplorable de voir que des auteurs d'ouvrages sérieux et utiles, sous beaucoup de rapports, sur la géologie, emploient dans leurs catalogues paléontologiques des listes de noms de genres et d'espèces, qui ne reposent souvent sur rien de démontré ni même quelquefois de démontrable, prenant des assertions comme des faits et de toutes mains, sans distinction aucune des bonnes et des mauvaises. J'ose leur assurer, après trente ou quarante ans de travaux, que, dans l'état actuel de la zoologie, la distinction des espèces même vivantes est fort éloignée de reposer sur des principes satisfaisants. Que doit-ce donc être pour les espèces fossiles, dont on ne possède souvent que des fragments insignifiants (car personne aujourd'hui ne pense qu'une facette d'os ou même un os tout entier et quelconque, suffise pour construire un squelette), et qu'il est d'autant plus facile d'attribuer à une espèce nouvelle, qu'on a moins étudié les espèces encore existantes, et qu'on possède une collection moins riche en objets de comparaison.

OBSERVATION.

De tous les Mémoires que j'ai publiés jusqu'ici dans mon Ostéographie, celui-ci est certainement celui qui m'a demandé plus de temps et donné plus de peine, à cause de la grande quantité d'ossements fossiles de Rhinocéros recueillis jusqu'ici, et, par suite, à cause du très-grand nombre de travaux auxquels ils ont donné lieu depuis plus d'un siècle. Aussi y a-t-il plus de trois ans que le mien est commencé, et plus d'un qu'il est véritablement terminé; les pièces sur lesquelles il repose ayant été exposées presque publiquement depuis lors dans l'Orangerie ou dans une salle de la bibliothèque du Muséum.

Bien plus, afin de le rendre moins incomplet, aussitôt qu'il fut en grande partie rédigé et ses résultats principaux suffisamment formulés et même annoncés à plusieurs personnes, M. Gervais, alors l'un de mes aides au Muséum, et qui m'avait utilement assisté dans les préparatifs de mon travail, voulut bien se charger de visiter pour moi et dans mon but, comme il l'avait déjà fait à Londres, où il s'était mis en relation avec MM. Gray, R. Owen, Water-House, etc., les collections de MM. de Laizer, Bravard et Croizet, en Auvergne, puis celles de MM. Lockart, Thion et Vincent, à Orléans, les seules qu'il m'a été ensuite possible de visiter moi-même l'année dernière. Il a pu dernièrement agir de même à Montpellier, pour les cabinets de M Marcel de Serres et de la faculté des sciences, où il est aujourd'hui professeur. J'ai obtenu ainsi la possibilité de connaître et même d'avoir à Paris et de faire dessiner les pièces qui pouvaient m'être utiles, grâces à l'extrême obligeance des personnes que je viens de citer. Je leur en fais de bien sincères remercîments.

L'administration du Muséum, de son côté, a mis à ma disposition de vastes emplacements, où j'ai pu avoir à la fois sous les yeux tout ce que nos collections possèdent d'ossements de Rhinocéros vivants et fossiles de toutes les parties du monde où il en a été recueilli; ce qui m'a été d'un avantage inappréciable, et que pourront sentir surtout les personnes qui connaissent les difficultés matérielles de ces sortes de travaux.

Mon dessinateur, M. Werner, a mis lui-même la plus grande complaisance, et souvent même beaucoup de désintéressement dans l'exécution des changements que j'ai été plusieurs fois obligé de faire à quelques-unes de mes planches.

En sorte que de sa part, comme de presque tout le monde, j'ai reçu les secours les plus honorables et les plus utiles. Dieu veuille qu'il en soit de même pour M. Werner, et qu'il obtienne enfin les encouragements qu'il sollicite depuis si longtemps, et que son habile persévérance dans le travail, l'importance d'une entreprise qu'il a dû croire avantageuse pour la science et pour lui, semblent lui avoir si justement mérités.

EXPLICATION DES PLANCHES.

PL. I. — Squelette du RHINOCÉROS de JAVA, *R. Javanus*, quelquefois *Sondaïcus*.

Réduit au septième de la grandeur naturelle; d'après celui d'un individu femelle envoyé au Muséum par MM. Diard et Duvaucel. Le même déjà figuré par M. G. Cuvier, *Ossements fossiles*, seconde édition, t. II, pl. XVII.

PL. II. — Têtes des trois espèces de Rhinocéros à incisives, ou asiatiques.

Au cinquième de la grandeur naturelle.

1° Du RHINOCÉROS de l'INDE, *R. unicornis*.

De profil, avec la mandibule en dessous et en arrière.

D'après le squelette de l'individu mâle fort adulte, de l'ancienne ménagerie du Roi, à Versailles, et qui a été disséqué par Vicq-d'Azir.

Les incisives supérieures manquent, les inférieures sont très-usées; les deux premières molaires manquent à la mandibule.

A part :

Le condyle.

2° Du RHINOCÉROS de JAVA, *R. Javanus*.

L'une jeune et sans distinction de sexe, mais dont la seconde dentition est complète, quoique la dernière molaire soit à peine au rang des autres.

L'autre bien plus jeune, n'ayant que ses dents de lait; avec la première de la seconde dentition pointant hors de l'alvéole.

Toutes deux provenant du même envoi de MM. Diard et Duvaucel.

3° Du RHINOCÉROS de SUMATRA, *R. Sumatranus*.

D'après une pièce adulte; mais provenant d'un individu femelle; la première molaire manquant à la mâchoire comme à la mandibule.

PL. III. — TÊTE du RHINOCÉROS ORDINAIRE d'AFRIQUE, *R. bicornis*.

Au cinquième de réduction.

Adulte, de profil, en dessus, en dessous, en avant et en arrière.

D'après le crâne du squelette d'un individu mâle, rapporté du Cap par M. Delalande.

La première molaire d'en bas manque.

Très-jeune et de profil seulement.

D'après une pièce que M. Isidore Geoffroy-Saint-Hilaire a bien voulu, à ma demande, faire retirer d'une peau acquise à M. Verreaux, en 1837.

PL. IV. — Tête et os du RHINOCÉROS CAMUS, *R. simus*.

Au tiers de réduction.

D'après le squelette d'un individu femelle, fort âgé et tué sauvage par M. Delgorgue, en 1845.

Le crâne vu sous quatre faces.

De profil, en dessus, en dessous et en arrière.

La mandibule.

De profil et en dessus.

La première vertèbre cervicale.

En dessus et en dessous.

La septième.
De profil.
L'humérus.
Vu en avant.
Le fémur de même.
Le système dentaire très-usé, surtout les premières dents.
Vu en place.
La septième molaire supérieure gauche et inférieure droite.
A part et moitié de la grandeur naturelle.

PL. V. — PARTIES CARACTÉRISTIQUES DU TRONC.

Au quart de la grandeur naturelle.

A. Série médio-supère.

Atlas du.	*R. unicornis.* En dessus.	
	R. Javanus. En dessus.	
	R. Sumatranus. En dessus.	
	R. bicornis. En dessus et en dessous.	
	R. tichorhinus.	Copié d'Hollmann. En dessus et en dessous (*Comment. soc. reg. sc. Gœtting.*, II, tab. I, f. 3-4.
		D'Abbeville. En dessus.
	R. incisivus. .	D'Eppelsheim. Au trait.
		D'Auvergne.
Axis du.	*R. Sumatranus.* De profil.	
	R. bicornis. De profil.	
Sixième cervicale du.	*R. unicornis.* De profil.	
	R. bicornis. De profil et en arrière.	
Première dorsale du.	*R. bicornis.* En arrière et de profil (tronquée dans son apophyse épineuse).	
Première lombaire du.	*R. bicornis.* En dessus.	
	R. Sumatranus. En dessus et en arrière.	
Dernière lombaire du.	*R. Sumatranus.* En dessus et en arrière.	
	R. bicornis. En dessus.	
Sacrum du.	*R. Sumatranus.* En dessous.	
	R. bicornis. En dessus.	

Les trois premières vertèbres coccygiennes du *R. Sumatranus*.

B. Série médio-infère.

Os hyoïde du.	*R. bicornis.*
	R. unicornis? En dessus.

PL. VI. — PARTIES CARACTÉRISTIQUES DES MEMBRES ANTÉRIEURS.

Au cinquième de la grandeur naturelle.

Omoplate du.	*R. unicornis.* Par la face externe et partie interne à son extrémité.
	R. bicornis. Par la face externe et la cavité glénoïde.
Humérus du.. . . . . Par les faces antérieure et terminale.	*R. Sumatraaus.*
	R. unicornis.
	R. bicornis.
Radius du..	*R unicornis.* Par les faces antérieure et terminale.
	R bicornis. En avant et de profil externe.
Cubitus du.	*R. bicornis.* De face et en dehors.
	R. unicornis. En dehors.
Radius et cubitus du.	*R. Sumatranus.* En avant et en dehors.

Les os de la main en connexion, vus à la face dorsale, du. . . .	*R. Sumatranus.* En dessus et de profil interne, pour montrer le trapèze. *R. unicornis.* En dessus, et à part le côté interne. *R. bicornis.* Le grand os hors rang et vu à sa face antérieure, et coupe du métatarsien externe, le pisiforme à part et la coupe du métatarsien médian.

PL. VII. — PARTIES CARACTÉRISTIQUES DES MEMBRES POSTÉRIEURS.

Os innominé vu à sa face externe. Du *R. Sumatranus.*

Fémur, en avant, du.	*R. bicornis.* La tête supérieure en arrière et l'inférieure en avant. *R. Javanus.* *R. Sumatranus.* Femelle. *R. unicornis.* Mâle.
Rotule, en avant et en arrière, du.	*R. bicornis.* *R. unicornis.*
Tibia, de face et à ses extrémités, du.	*R. Sumatranus.* *R. unicornis.* *R. bicornis.*
Péroné du.	*R. Sumatranus.* En place. *R. unicornis.* Face interne. *R. bicornis.* Sa tête à part.
Os du pied en connexion et en dessus, du.	*R. bicornis.* Avec profil interne du premier doigt. *R. Sumatranus.* A part le calcanéum, astragale et scaphoïde. *R. unicornis.* A part, au trait, le côté interne du tarse.

PL. VIII. — SYSTÈME DENTAIRE.

Du *R. bicornis.*

Adulte.

A la mâchoire supérieure et à l'inférieure.

Vu par la couronne.

La première molaire d'en bas tombée.

Jeune.

Montrant les trois molaires de lait, usées, et la première de la seconde dentition.

Encore plus jeune.

Montrant qu'à cet âge il y a des incisives avec deux molaires de lait seulement.

La troisième en germe et la première d'adulte ou caduque encore moins avancée.

A part :

Les incisives supérieures et inférieures de grandeur naturelle et en place.

Du *R. Sumatranus.*

Adulte femelle; grande et petite race.

La première molaire tombée.

Du *R. Javanus.*

Adulte : sexe ?

Les incisives à part et hors des mâchoires, avec la coupe des inférieures.

Jeune.

Montrant les incisives, les trois molaires de lait, avec la première et la cinquième de seconde dentition dans l'alvéole.

Un autre.

Dans le même cas pour les molaires non figurées, et montrant les trois incisives d'en haut.

De profil et en dessous, avec les alvéoles d'en bas.

PL. IX. — RHINOCÉROS FOSSILES.

Au cinquième de la grandeur naturelle.

R. tichorhinus.

Un crâne.

De profil, en dessus et en dessous.

D'après la belle pièce provenant de Sibérie, et donnée au Muséum par M. le professeur Buckland de l'université d'Oxford.

Une corne du même.

Provenant également de Sibérie, et copiée d'une figure donnée par M. le professeur Eichwald.

Sa mandibule fortement restaurée, approximativement, surtout dans sa partie terminale probablement trop longue, mais pourvue de toutes ses dents molaires, sauf la première déjà tombée.

D'après une pièce déterrée à Abbeville, et que le Muséum doit à M. Baillon, l'un de ses correspondants.

R. incisivus.

a) d'Auvergne.

Un crâne et sa mandibule, encore enveloppés dans la pierre.

Provenant de Ganat, en Auvergne.

Le crâne, de profil et en dessous; la mandibule de profil.

D'après des pièces acquises en 1839, par l'administration du Muséum.

b) d'Eppelsheim.

Une mandibule.

D'après un modèle en plâtre peint.

Un fragment de mandibule en nature.

c) de Sansans.

Une extrémité antérieure d'individu femelle ou sans corne (*R. acerotherium*).

De profil et en dessus.

Une plaque nasale coringère, d'un individu mâle.

R. leptorhinus.

Une mandibule.

Provenant du val d'Arno.

D'après un modèle en plâtre peint, envoyé au Muséum par les ordres de S. A. I. le grand-duc de Toscane.

PL. X. — RHINOCÉROS FOSSILES.

Os des membres antérieurs.

Réduits au cinquième de la grandeur naturelle.

Du *R. tichorinus.*

Omoplate.

Fragment inférieur.

D'Angleterre

Humérus. { Extrémité inférieure, des bords du Volga. Un plus complet de Paris.

Radius. { Un fragment d'Angleterre. Un entier d'Abbeville, par ses faces antérieure et terminale.

Cubitus. Entier à sa face externe.

D'Abbeville avec le précédent.

Os du carpe, semi-lunaire et cunéiforme du même.

Métacarpiens. { D'Angleterre. Deux médians. D'Abbeville. Troisième gauche.

Du *R. incisivus.*

a) de l'Orléanais.

Cubitus.

Extrémité olécrânienne.

Métacarpien médian.

b) d'Auvergne (*R. elatus*).

Omoplate

Fragment inférieur.

Humérus.

Assez complet. Par sa face antérieure.

Radius.

Complet.

Os du poignet.

En connexion et montrant la tête des quatre métacarpiens.

Un métacarpien médian.

c) de Sansans.

Omoplate.

Assez entière.
A la face interne.

Humérus. Trois. De tailles très-différentes, dont un fort jeune et aplati.

Radius. Deux. A la face antérieure.

Cubitus.

Deux; au trait, dont un entier.

Os du pied.

En connexion, et montrant le quatrième doigt bien entier.
En place et à part.

Os métacarpiens médians. De proportions différentes.

Par la face dorsale.

Du *R. leptorhinus*.

Du val d'Arno.

Humérus.

D'après un modèle en plâtre peint.

Radius et cubitus.

En connexion.
Vus à la face externe.

Métatarsien médian.

Face dorsale.

PL. XI. — RHINOCÉROS FOSSILES.

Os des membres postérieurs au cinquième de réduction.

Du *R. tichorhinus*.

a) d'Abbeville.

Fémur; rotule; tibia; péroné, partie inférieure; astragale, en dessus et en dessous; Calcanéum; trois métatarsiens en connexion; un médian à part.

b) d'Angleterre.

Os innominé; la cavité cotyloïde, de face et de profil; extrémité inférieure de tibia; astragale tronqué; métatarsien, moitié supérieure.

Du *R. incisivus*.

a) de l'Orléanais.

Fémur, un presque entier, de Chevilly.

Dans la collection de M. le docteur Thiou.

Un fragment avec troisième trochanter, des Barres.

De la même collection.

Une extrémité inférieure, de Chevilly.

Donnée au Muséum par M. le docteur Bourjot.

Deux astragales, l'une d'Avaroy, l'autre de Chevilly.

Un métatarsien médian, de cette même localité.

Dans la collection de M. Lockart.

b) d'Auvergne, *R. elatus*.

Astragale et calcanéum articulés et à part, celui-là en dessus et en dessous, celui-ci en dessus et de profil.

Un métatarsien interne, en dessus.

c) de Sansans.

Une portion d'os innominé; deux fémurs entiers, dont un en avant et en arrière; la tête inférieure d'un troisième, en avant et de profil; une rotule; un tibia; un péroné; une astragale à sa face inférieure; des os métatarsiens médians et extrêmes, de proportions différentes.

d) d'Eppelsheim.

Deux astragales, en dessus et en dessous, le supérieur d'après un modèle en plâtre, l'inférieur d'après nature.

Du *R. leptorhinus*.

a) du val d'Arno.

Bassin, copié de M. Nesti; fémur; tibia et péroné en connexion; os du pied articulés entre eux.

Toutes ces pièces d'après des moules en plâtre peint.

Astragale, à la face inférieure; d'après une pièce en nature.

b) de Lunel-Vieil, près de Montpellier.

Un astragale, en dessus et en dessous.

PL. XII. — RHINOCÉROS FOSSILES.

Système dentaire, supérieur et inférieur.

Du *R. incisivus*.

1) Supérieur.

a) de l'Orléanais.

Une incisive, de Neuville; trois septièmes ou dernières, de dimensions différentes, et deux dernières de première dentition.

De la collection de M. le docteur Thiou.

b) de Moissac.

Une incisive et trois molaires, de jeune âge, fort usées (*R. minutus*).

c) d'Eppelsheim.

Une incisive, copiée de M. Kaup.

Une sixième et trois septièmes molaires, d'usure et de proportions très-différentes.

D'après nature.

d) d'Auvergne.

Une incisive assez petite, sans doute d'individu femelle; comme la précédente.

Une série complète des sept molaires; les premières et surtout la principale fort usées.

Provenant de la collection de M. l'abbé Croizet.

e) de Sansans.

Une très-grosse incisive, fort usée, en dehors et en dedans.

Une série encore plus usée que la précédente, et à laquelle, en effet, il manque la première.

Une autre, beaucoup moins entamée, et où elle existe; mais qui est brisée aux deux dernières.

Une troisième, plus petite, qui présente peut-être les trois molaires de lait avec la première et la cinquième de seconde dentition déjà en usage.

f) de Simorre.

Une très-forte sixième assez usée.

g) d'Autrey, en Bourgogne.

Une septième molaire fort usée.

2) Inférieur.

a) de Moissac.

Une moitié d'incisive et trois molaires en série, fort usées et probablement de première dentition (*R. minutus*).

Deux premières et une avant-dernière d'adulte.

b) d'Auvergne.

Les deux incisives en place; l'externe brisée d'un côté et tombée de l'autre, l'interne entière de ce dernier côté seulement.

D'après la pièce donnée à la collection par S. A. R. Madame Adélaïde.

Une série de quatre dernières molaires, vues par la couronne.

La paire d'incisives externes avec une série complète de six molaires d'un côté, avec celle qui manque, ou la première de l'autre, sur une mandibule, dont la collection possède un moule en plâtre peint, donné par M. Bravard, et inscrite à tort, pl. XII, comme d'Eppelsheim.

c) de Sansans.

Une série des quatre mêmes dents, vues de même

PL. XIII. — Rhinocéros fossiles.

Système dentaire.

Du *R. leptorhinus*.

a) du Val d'Arno.

Deux dents molaires supérieures, dont celle de dessus est copiée d'un dessin de M. Cortesi, et l'autre d'après l'échantillon donné à M. G. Cuvier par M. Pentland.

b) de Rome.

Un fragment de cinquième ou sixième molaire supérieure, figurée d'après nature, dans la série des molaires d'en haut du *R. tichorhinus*.

c) de Montpellier.

Une sixième molaire supérieure, d'après un moule en plâtre envoyé à la collection par M. de Christol, sous le nom de *R. Cuvierinus*, et depuis rapportée à son *R. megarhinus*.

Une sixième inférieure. Copiée de M. de Christol, et signalée par lui à cause du tubercule pointu de sa corne moyenne.

Une série de trois dents, dont deux de première dentition et l'antérieure de seconde; d'après la pièce de la caverne de Lunel-Viel (*R. minutus*, M. de Serres).

Un côté de mandibule, avec sa partie symphysaire entière, en dessus et de profil, montrant les incisives non exsertes dans leurs alvéoles; ainsi que les six dernières molaires fort usées, et par conséquent sans la première ou caduque. D'après la belle pièce que la faculté des sciences de Montpellier a bien voulu me confier.

d) de Clacton, en Angleterre.

Une sixième molaire supérieure.

Copiée de M. R. Owen.

Du *R. incisivus*.

a) Des environs de Weimar.

Une sixième molaire supérieure. D'après un moule en plâtre envoyé à la collection par Goëthe, n'osant cependant assurer qu'elle n'appartient pas au *R. leptorhinus*.

b) des faluns de la Touraine.

Une septième molaire supérieure, choisie parmi celles que M. Desnoyers a bien voulu me confier.

Du *R. tichorhinus*.

a) de Sibérie.

Une grosse sixième supérieure. Copiée de Pallas, *Voyages*, tome III, p. 277, pl. XVIII.

b) d'Allemagne.

Une série de molaires supérieures, par la face interne et par la couronne. Copiées de M. Bronn

(*Lethæa*, Pl. XLVII, f. 3, t. II, VI), et qui me semblent, les trois premières, des dents de lait et les deux dernières, des septièmes d'adulte : l'une assez usée, et l'autre en germe.

M. Bronn ne dit pas de quelle localité.

c) de Strasbourg.

Une cinquième ou sixième supérieure ; déjà figurée par M. Cuvier.

d) d'Angleterre.

Une seconde supérieure fort usée, et une quatrième qui l'est aussi beaucoup.

Une troisième inférieure.

e) de France.

A Abbeville.

Une troisième supérieure.

Une série des trois dents de lait, avec la première de seconde dentition, implantée dans un fragment de mandibule.

La série complète, de profil et par la couronne, sauf la première, des molaires de la mandibule; figurée Pl. IX.

A Paris.

Un fragment de mandibule portant un mélange de molaires de première et de seconde dentition, de profil et par la couronne, avec la dernière, vue à sa face interne, pour montrer le tubercule du croissant.

A Fouvent.

Une sixième supérieure fort usée, et une seconde inférieure fort usée.

A la Soute, auprès de Pons.

Une septième non entamée.

A Breughes.

Une troisième de première dentition, assez usée.

PL. XIV. — RHINOCÉROS FOSSILES.

Du *R. unicornis* ou *Indicus fossilis*.

Crâne. Copié de MM. Baker et Durand (*Journ. As. soc. Beng.*, vol. V, *Os fossiles des Sous-Himalayas*, p. 661, pl. XIX, f. 3).

Humérus, radius et cubitus presque entier, et en connexion par la face externe (*Ibid.*, pl. XVII, f. 7).

Humérus. A part, en avant et arrière (*Ibid.*, f. 7).

Métacarpiens médian et externe (*Ibid.*, f. 15).

Fémurs, un par devant, un autre par derrière, avec l'extrémité inférieure vue à part. Copiées des mêmes (pl. XVIII et XIX, f. 4).

Rotule, en avant et en arrière. D'après nature.

Tibia et péroné en connexion (*Ibid.*, pl. XVIII).

Astragale, vu en dessus (*Ibid.*, pl. XVII, f. 18).

Partie des os du tarse et ceux du métatarse articulés. (*Ibid.*, pl. XVII, f. 14).

Dents molaires supérieures, dont deux septièmes et une sixième.

Dents molaires inférieures du pays des Birmans. Copiées du Mémoire de M. Clift.

Dents molaires du même dépôt. Une cinquième supérieure et une seconde inférieure, d'après nature.

Du *R. tichorhinus*.

Tête et pied, encore couverts de leur peau. Copiés de la pl. XV, f. 1-3, de Pallas (*Nov. comment. Acad. sc. Petropol.*, t. XVII, p. 576).

PARIS. — IMPRIMERIE DE FAIN ET THUNOT, Rue Racine, 28, près de l'Odéon.

MONOGRAPHIE
DU CHEVAL.

G. *EQUUS*.

INTRODUCTION.

Avec ce beau genre de quadrupèdes commence la série des animaux que l'homme a su assujettir à sa domination comme instrument domestique utile à son perfectionnement ou propre à ses besoins. La mythologie, ou la fable historique, en réunissant le corps du Cheval à celui de l'homme, a constitué un être fantastique, homme par la tête et les bras, organes de l'intelligence, Cheval pour le tronc et les membres, organes de la locomotion; mais la fable morale, ou l'apologie, en lui prêtant une passion humaine, celle de la vengeance contre le Cerf, nous l'a montré réduit à subir, par l'effet du mors et de la bride, la honte de supporter un poids étranger et même celui du poids de l'homme, devenu son maître, mais aussi l'a rendu susceptible de s'harmoniser avec lui au point d'acquérir les plus nobles qualités du cœur ou les plus héroïques, et ainsi d'atteindre jusqu'au sentiment du beau presque moral. Dès lors, ainsi que l'homme, il s'est montré perfectible, et sa perfectibilité portant aussi bien sur les qualités physiques que sur les qualités morales, il en est résulté que les expressions du langage se sont montrées, dans un grand nombre de cas, communes à l'homme et au Cheval, et que cet animal est devenu le symbole du commandement et l'instrument le plus effectif de la guerre, si longtemps la pépinière des héros de l'histoire vulgaire.

G. Equus.

Le Cheval animal domestique.

Le Cheval, symbole du commandement.

Jusqu'ici, en effet, à l'exception du Chien, qui est peut-être encore plus harmonieusement associé à l'homme par ses qualités sensoriales, intellectuelles et presque morales, et dont la souche originelle n'existe plus à l'état sauvage, au point qu'il a pu être considéré comme une espèce de parasite social, nous n'avons encore eu à parler, dans nos Mémoires, que du Chat et du Cochon, qui, quoique apprivoisés, l'un dans nos maisons, l'autre dans nos basses-cours, méritent à peine d'être considérés comme des animaux domestiques. Aussi, tous les jours, lorsqu'ils rencontrent des circonstances favorables, redeviennent-ils complétement sauvages, confirmant ainsi l'apophthegme d'Aristote traduit par Pline : *In omnibus animalibus placidum ejusdem invenitur ut ferum*, VIII, c. 7, 9.

Tous les animaux domestiques ont vécu à l'état sauvage.

Apophthegme d'Aristote traduit par Pline.

Il en est encore assez bien, même pour le Cheval et l'Ane, quoique leur existence à l'état sauvage primitif devienne de plus en plus restreinte. Mais ils ne sont pas encore aussi avancés en domesticité que les Chèvres, les Bœufs, les Chameaux et les Moutons, dont nous ne connaissons plus le type à l'état sauvage, et qui, les deux premiers du moins, ne pourraient se soutenir à l'état marron.

Le Cheval et l'Ane se rencontrent rarement à l'état sauvage.

En sorte que parmi les animaux considérés comme domestiques de nos jours, on peut établir des degrés du moins au plus, d'après les considérations que nous venons d'exposer, dans l'ordre suivant : le Chat, le Cochon, l'Ane, le Cheval, la Chèvre, le Bœuf, le Chameau, le Mouton et le Chien.

Le Cheval et l'Ane, parmi les espèces qui sont comprises dans le même genre naturel qu'eux, occupent donc dans le sein des espèces domestiques un rang intermédiaire en ce que, existant encore, quoique bien restreints, à l'état sauvage, ils sont déjà fort anciens à l'état domestique, pouvant très-bien devenir marrons dans des circonstances favorables, et qu'ils ont pu éprouver des modifications de perfectionnement; mais surtout et principalement le Cheval, qui sous ce rapport, quoique dans une autre direction, peut être comparé au Chien.

Le Cheval et l'Ane, deux espèces du même genre.

Le Cheval comparable au Chien sous plusieurs rapports.

Comme lui, en effet, il ajoute ou il supplée à l'une des imperfections les plus manifestes de l'homme, quoique des plus conséquentes avec la haute perfection de son organisation, au peu de solidité et de rapidité de sa marche, c'est-à-dire à une qualité locomotive, comme le Chien le fait pour certaines qualités sensoriales. A l'exemple du Chien, le Cheval est suppléant ou complément d'une qualité qui manque à l'homme.

Susceptible d'éducation.

Comme lui il est susceptible d'éducation et d'instruction, à un point qui étonne souvent notre intelligence.

Comme lui il peut acquérir des perfectionnements dans ses formes et dans ses qualités, de manière à constituer des races plus ou moins permanentes, plus ou moins artificielles et adaptées à tel ou tel usage.

Comme lui il prend les qualités de son maître ; humble, patient et docile avec le pauvre, il devient impatient et piaffard avec le riche et semble porter avec orgueil les ornements dont il est revêtu.

Comme lui et peut être même plus que lui, par émulation, il devient susceptible de certaines passions qu'il peut exprimer par un langage physiognomonique répandu dans tous ses traits.

Chevaux couronnés en Grèce.

Comme lui susceptible de sentiments affectueux, quoique à un moindre degré, il peut vivre dans une intimité tellement complète avec son maître, qu'elle peut s'élever jusqu'à devenir une amitié réciproque. Aussi les grands poëtes ont-ils osé prêter au Cheval les sentiments de douleur de leur maître, lui ont-ils attribué son langage en lui adressant des discours. Ainsi dans les jours héroïques de la Grèce, la Victoire couronnait les chevaux en même temps que leurs maîtres. Comme le Chien, le Cheval n'a jamais été pour l'homme que d'un usage de service rendu, sans jamais lui fournir de sa matière pour sa nourriture ou pour ses vêtements, si ce n'est quelquefois pour son lait converti en boisson enivrante, ou dans quelques circonstances extraordinaires qui forcent d'étouffer tout sentiment d'affection.

Mausolées élevés à des chevaux.

Comme lui il a souvent partagé la sépulture de son maître sur la tombe duquel il était immolé, et quelquefois même un mausolée lui a été élevé à lui-même après sa mort : le Cheval de l'empereur a pu devenir le sujet d'un poëme spécial pour Claudien.

Comme lui il est devenu le symbole d'une qualité humaine, de l'élévation et du commandement, comme le Chien l'est pour le dévouement et la fidélité. Aussi voit-on de tous temps sa représentation, si fréquente et si recherchée par les artistes, accompagner celle de plusieurs divinités, des héros,

La figure du Cheval associée à celle des divinités païennes.

des conquérants, des rois et des généraux. Plusieurs grands dieux de la mythologie païenne ont souvent revêtu la forme du Cheval pour assouvir leurs entreprises amoureuses.

Aussi le Cheval a-t-il reçu les épithètes les plus particulières ou caractéristiques de l'humanité ou même de l'homme, plus cependant pour les qualités physiques que pour les qualités morales, spécialement réservées au Chien.

Le Cheval a suivi l'homme partout.

Comme lui il a suivi l'homme dans tous les climats, dans tous les pays où il a pu s'acclimater, sans aucune difficulté, au point de pouvoir, comme le Chien, encore redevenir sauvage ou même passer à l'état marron.

Comme lui il possède à un haut degré la mémoire des lieux et affectionne d'une manière toute particulière celui de son habitation ordinaire.

Le Cheval susceptible de produire des Mulets.

Comme lui, enfin, il est susceptible de produire des Mulets, et même quelquefois féconds avec toutes les espèces qui composent le genre Equus, Mulets dont l'étude, commencée par Buffon, pourra faire entrevoir tôt ou tard l'influence des deux sexes dans la génération.

Le Cheval est l'espèce animale sur laquelle l'homme a exercé la plus grande influence.

C'est en effet l'espèce animale sur laquelle l'homme a montré le plus évidemment le degré de son influence sur les êtres créés, et en même temps jusqu'à quel point il a pu déterminer, sinon la production d'une espèce, ce qui n'appartient qu'à la puissance divine, mais du moins par le rapprochement de deux variétés domestiques déterminées et placées dans certaines circonstances, donner naissance à une nouvelle variété qui prendra telle ou telle qualité du mâle ou de la femelle.

Ossements fossiles de Cheval dans presque tous les terrains supérieurs à la craie.

D'après ces observations, auxquelles on peut ajouter que les restes du Cheval à l'état fossile ont été rencontrés dans presque tous les terrains supérieurs à la craie, et cela quelquefois même en Amérique, où il semble cependant que le Cheval n'a été introduit que dans les temps modernes, on voit combien l'étude du genre Equus, même réduite à ce qui fait le sujet spécial de notre ouvrage, peut avoir d'intérêt. En effet, dans le but de fournir les moyens de comparer les espèces vivantes entre elles et avec les espèces fossiles, nous serons forcé de traiter de deux des points de l'histoire archéologique du Cheval, savoir de l'origine et de la distribution géographique naturelle ou artificielle de chaque espèce, des métis que les rapports de deux espèces en domesticité ont pu produire, et enfin de l'ancienneté de la ferrure, qui a imprimé au Cheval domestique le stigmate de la domesticité.

Ces deux points ont fait le sujet d'un grand nombre de travaux plus ou moins approfondis, et par conséquent plus ou moins importants, mais jamais peut-être encore dans la direction de notre ouvrage, ce qui nous a conduit nécessairement à donner à ce mémoire un développement assez considérable, comme nous l'avons fait pour celui qui renferme le Chien, compagnon encore plus intime de l'espèce humaine à la surface de la terre.

OSTÉOGRAPHIE. — ODONTOGRAPHIE.

Le genre qui doit suivre le Rhinocéros est celui qui renferme le modèle, le plus beau type, l'apogée des animaux ongulés, c'est-à-dire le Cheval, connu chez les Grecs sous le nom d'*Hippos*, et chez les Romains sous celui d'*Equus*, malgré l'énorme différence de ces deux genres, quand on se borne à envisager la beauté, l'élégance et l'harmonie des formes.

Système digital du Cheval rangé parmi les Monongulés.

Le Cheval, en effet, peut aussi être facilement caractérisé par un système digital parvenu au minimum chez les Mammifères, un seul doigt médian presque symétrique, parfaitement et largement ongulé aux deux paires de membres, ce qui lui a valu le nom de Monongulé, mais avec des rudiments très-imparfaits et cachés sous la peau (os styloïdes) de deux autres doigts.

Son système dentaire.

Présence ou absence des canines.

Le système dentaire est aussi tout particulier à ce genre; quoique encore incomplet normalement par la petitesse des canines et même leur absence presque constante dans la femelle, dont la place est occupée par une barre, il l'est cependant bien moins que dans le Rhinocéros, en ce qu'il y a quelquefois une paire de canines, dans les individus mâles, en forme de crochets.

Nombre des incisives.

Les incisives, au nombre de trois paires, et convergentes en pince à chaque mâchoire, offrant la particularité d'être creusées d'une fossette assez profonde que l'usure convertit en trou entouré d'émail, et disparaissant avec l'âge.

Des molaires.

Les molaires, encore plus caractéristiques de cet animal que les incisives et les canines, assez peu différentes aux deux mâchoires, sont au nombre de sept en haut et de six en bas, en comptant, pour la mâchoire supérieure, une fort petite dent caduque analogue à celles des Rhinocéros, et qui n'existe pas à l'inférieure.

Forme particulière des molaires supérieures.

Les M. supérieures offrant la particularité de décroître un peu, mais sensiblement de la première à la dernière, on peut difficilement reconnaître dans la forme des collines dont elles sont hérissées quelque chose de celles du Rhinocéros. En effet, et surtout par l'usure, les replis d'émail semblent être beaucoup plus compliqués. Ces dents, sauf les terminales, sont de forme carrée, prismatique, fort longues dans leur couronne, tardives dans leurs racines, très-serrées contiguës; prenant pour type la principale non entamée, on peut aisément reconnaître qu'elle est formée de trois collines longitudinales, ou dirigées d'avant en arrière, chacune formée de deux lobes en croissant, l'interne marginale la plus grande, séparée de la moyenne un peu plus courte par une double fossette profonde, et l'interne la plus courte des trois, presque plate, jointe à la seconde presque immédiatement dans sa moitié antérieure, et séparée de la moitié postérieure par une fossette semi-lunaire. Par l'usure, ces tranchants donnent lieu à des croissants entourés d'émail, deux en dehors, deux en dedans, et à une sorte de boucle vers le milieu de ceux-ci, comprenant trois fossettes semi-lunaires qui s'effacent peu à peu.

Molaires inférieures.

Les inférieures, plus compliquées comme de coutume, sont réellement encore formées de deux croissants simples en dehors, mais donnant lieu, de leurs angles internes, à un rebord d'émail qui se festonne en quatre boucles, dont une postérieure et trois internes, avant de rejoindre l'angle antérieur.

Quant aux dents terminales, la différence principale consiste en ce que la boucle antérieure ou la postérieure, suivant que c'est de la première ou de la dernière dent qu'il s'agit, est plus développée, ce qui donne à celle-ci une forme triquètre.

Avec ces caractères essentiels, qui dominent la locomotion animale et la locomotion organique, se combinent en assez grand nombre d'autres caractères secondaires tirés de la forme générale de l'animal et du système pileux qui le recouvre.

Simple et court partout, si ce n'est dans la ligne dorsale du col, où il fait crinière, et à l'extrémité de la queue, où il est en pinceau, à la face interne des avant-bras et des jarrets ou serré en plaque, il fait ce qu'on nomme des châtaignes.

Les organes des sens spéciaux ne sont pas moins particuliers à ce genre; la langue est longue et douce, les narines sont ovales et doubles à leur orifice, les yeux sont grands et pourvus de longs cils aux paupières, et les oreilles sont en cornet plus ou moins allongé. Organes des sens spéciaux.

Enfin, pour terminer les caractères que l'on peut tirer de l'extérieur, la bouche peu fendue est pourvue de lèvres épaisses et très-mobiles; l'anus est à l'extrémité d'une sorte de tube, la femelle n'a que deux mamelles inguinales qui, chez le mâle, sont sur le bord d'un fourreau court accompagné en arrière d'un scrotum distinct. Mamelles inguinales.

Au nombre des particularités de l'organisation intérieure des animaux de ce genre, nous pouvons noter dans le squelette une forme de tête très-allongée avec les os du nez surplombant beaucoup l'ouverture des narines, un cercle orbitaire complet, un nombre et une distribution de vertèbres ainsi formulées $4 + 7 + 18 + 6 + 5 + 18$ (*), une proportion et une disposition des os des membres telle que l'humérus et le fémur sont également robustes et courts, celui-ci avec un troisième trochanter bien prononcé, et que Squelette. Vertèbres. Os des membres.

(*) Longtemps les hippologistes ont étudié le squelette du Cheval en le partageant comme font les écuyers dans l'art de l'équitation, en trois parties, par rapport au cavalier monté, c'est-à-dire en os de l'avant-main, qui sont en avant de la main, comprenant la tête, les vertèbres du cou et ceux des membres de devant; en os du tronc qui sont sous lui, comprenant les vertèbres troncales, les côtes et le sternum; et troisièmement en os de l'arrière-main, c'est-à-dire ceux du bassin, de la queue et des membres postérieurs. Mais aujourd'hui les hippotomistes suivent l'ordre normal adopté pour l'homme servant de mesure, pour nous cet ordre est encore plus déterminé, puisque notre but essentiel est la comparaison. La série *medio super* ou vertébrale comprenant la tête, est formée de 62 vertèbres, dont 4 pour celle-ci, 7 cervicales, 18 dorsales, 6 lombaires, 5 sacrées et 18 coccygiennes.

le radius existe presque seul à l'avant-bras, formant toute l'articulation humérale et carpienne, et que le métacarpe, comme le métatarse, n'est formé que d'un seul os presque symétrique, portant un seul doigt à phalanges courtes et larges, surtout dilatées, la dernière en demi-cercle à sa terminaison.

Système viscéral.

Le système viscéral offre aussi une disposition fort particulière dans la petitesse singulière de l'estomac, et le développement énorme du cœcum et en général du canal intestinal.

Appareil de la génération.

L'appareil de la génération en général, remarquable par un grand développement, offre la singularité que dans le mâle le rudiment des mamelles est placé sur les bords du prépuce.

Mœurs et habitudes du Cheval; elles offrent de grandes différences avec celles du Rhinocéros.

Mais c'est surtout dans les mœurs et les habitudes des chevaux que se trouvent les plus grandes différences avec les Rhinocéros. En effet, ceux-là sont essentiellement des animaux des pays secs, des plaines élevées ou de vastes vallées, d'une grande vitesse de mouvements, se nourrissant d'herbes fines et surtout de graminées en fructification, vivant en troupes ou bandes plus ou moins nombreuses, composés d'individus de sexe et d'âges différents à la tête desquels s'établit le plus vigoureux étalon, se défendant contre les animaux carnassiers en se mettant en cercle, la tête au centre et les jambes de derrière en dehors; ne produisant qu'un petit qui naît les yeux ouverts et en état de suivre immédiatement sa mère; vivant trente ou quarante ans et susceptible de supporter la domesticité avec la plus grande facilité, et cela depuis un temps immémorial, pour le Cheval proprement dit, qui n'est plus connu qu'à cet état ou tout au plus à l'état marron dans les steppes de la Tartarie, ou dans les pampas de l'Amérique du Sud.

Le Cheval depuis longtemps réduit à la domesticité.

Espèces vivantes du genre EQUUS, exclusivement de l'Ancien-Monde.

De nos jours, les espèces de ce genre sont naturellement et exclusivement de l'ancien monde et surtout de l'Afrique occidentale et méridionale. Nous connaissons l'époque où deux espèces domestiques ont été transportées dans le nouveau. Mais il semble qu'anciennement il n'en était pas ainsi, puisqu'il est indubitable que l'on trouve des os fossiles de chevaux, non-seulement dans toute l'Europe et dans des terrains d'ancienneté très-différente, mais encore dans les deux Amériques.

Fossiles en Europe et dans les deux Amériques.

La distinction des espèces est très-facile d'après les caractères extérieurs des animaux de ce genre et surtout d'après la robe; mais n'en est-il pas de même d'après ceux qu'on peut tirer du système osseux et même du système dentaire?

On conçoit alors qu'il soit assez difficile d'établir parmi elles un ordre sérial d'une manière un peu positive et rationnelle.

On peut reconnaître au moins trois formes et trois systèmes de coloration, en passant sous silence le paradoxal E. bisulcus de Molina qui, d'après l'observation de M. Gay dans le Chili, n'est qu'une espèce de ruminant sans cornes et voisin des Porte-musc.

Le Cheval (Buffon, *H. N.* IV, pl. 1, p. 366 ; 1753. *Ad viv. sat bona*), de forme élégante dans toutes ses parties, avec les oreilles petites, la queue extrêmement couverte de longs poils, et le pelage unicolore à peine plus clair en dessous qu'en dessus. E. *Caballus.*

Des steppes de l'Europe orientale et de l'Asie moyenne dans le versant septentrional des Himalayas ou montagnes du Tibet.

L'Hémione ou Dziggtai de Pallas (*N. Comment. Petrop.*, 1774, t. XIX, p. 394, tab. 7, 1775, *Sat bona*), mais beaucoup mieux figuré par M. Isid. Geoffroy-Saint-Hilaire. *Nouv. Ann. du Mus.*, t. IV, pl. 8, de la taille d'un petit Mulet, avec la tête un peu ronde, les oreilles assez grandes, la queue poilue dans la moitié au moins, les jambes fines et le pelage isabelle, avec une large bande brune dans toute la longueur du dos. E. *Hemionis.*

De la Tartarie, du Tibet et surtout du Cuth, dans les Himalayas.

L'Ane, par Buffon (*H. N.*, t. IV, pl. 11, *Sat bona*). L'Onagre de Pallas (*Act. Petropol.* (1777), t. I, pars 2, p. 258 (1780), et *Zoogr.*, t. I, p. 264) moins svelte, moins élégant, avec la tête encore plus forte, les oreilles plus longues, la queue moins poilue et la robe d'un gris plus ou moins foncé en dessus, blanc en dessous, avec une bande médiodorsale noire, croisée par une scapulaire de même couleur. E. *Asinus.*

De l'Arabie, de la Perse, des bords de la mer Caspienne et des steppes de la grande Tartarie.

On doit sans doute lui rapporter l'E. Khur. E. Khur.

Viennent ensuite les espèces dont la robe est agréablement ornée de bandes plus ou moins foncées sur un fond blanc, disposition qui a reçu le nom de Zèbre, d'une de ces espèces la plus anciennement connue.

E. Burchell. (Gray.) Le *Daw* de M. Burchell, *Voyage*, t. I, p. 139, parfaitement figuré par M. F. Cuvier, *Ménag. du Muséum*, sous le nom de Zèbre mâle; il est de couleur blanche ou blanchâtre avec une bande médiodorsale noire, et des bandes alternativement brunes et noires sur la tête, le cou comprenant la crinière et le corps seulement.

Des plaines de l'Afrique méridionale.

Le Couagga de Buffon (*H. N.*, *Supp.*, t. VI, p. 85, pl. 7, 1782: et F. Cuvier *Hist. nat. mam.*, vol. III), est d'une taille un peu supérieure à celle du précédent et comme lui il est zébré de brun sur un fond blanc sur la tête, le cou et le tronc, mais sans bande médiodorsale; ses oreilles sont assez petites comme celles du Cheval, mais sa queue n'est poilue que vers son extrémité.

Des plaines des environs du cap de Bonne-Espérance.

E. *Zebra*. *L*. Le Zèbre de Buffon (*H. N.* t. XII, p. 1; 1764; pl. 1 et 2). L'espèce la plus grande et la plus anciennement connue de ces Anes rayés d'Afrique, diffère des deux autres parce que les membres sont rayés alternativement de brun et de blanc, comme la tête, le col et le reste du corps, sans ligne supérieure, mais bien inférieure.

Des parties montagneuses de l'Afrique méridionale.

Les paléontologistes ayant découvert un assez grand nombre d'ossements et surtout de dents fossiles de ce genre, ont proposé les E. brevirostris, primigenius, etc.; mais l'espèce la plus remarquable est celle qui avait

G. Hipparion. les doigts complets portant sabot, et dont on a formé le genre Hipparion établi par M. de Christol.

DES TRACES QUE LE CHEVAL A LAISSÉES DANS LES ÉCRITS DES HOMMES.

Lorsqu'on cherche à remonter la série des siècles, dans le but de savoir et de déterminer avec quelque probabilité l'époque à laquelle le Cheval a commencé à faire partie du domaine domestique de l'homme, et chez quelle nation cet acte de puissance intellectuelle si bien appropriée à notre nature, a nos besoins, a eu lieu (1), on se trouve à peu près dans le même doute, dans le même embarras que pour les plus célèbres inventions de l'esprit humain. En effet, la question devient fort difficile et d'autant plus ici que le Cheval existe à peine encore à l'état véritablement sauvage, quoiqu'il puisse le devenir aisément, lorsque de l'état domestique, il a pu s'échapper et trouver pour sa multiplication de vastes plaines lui offrant toutes les conditions d'existence nécessaires.

Depuis longtemps à l'état domestique.

Nous allons cependant essayer de résoudre la question un peu plus complétement peut-être que cela n'a été fait jusqu'ici, vu le besoin que nous en avons, pour la question paléontologique que nous devrons examiner. Pour y parvenir, nous devons nous aider des faits que nous ont appris l'histoire naturelle du Cheval et surtout l'histoire des hommes chez lesquels de très-bonne heure cet animal est devenu un auxiliaire de la plus grande importance. Le Cheval apporte en effet providentiellement à notre degré si faible de locomotion sur la terre une augmentation considérable, et qui longtemps a constitué le moyen le plus puissant de son envahissement.

Commençons d'abord par l'exposition de ce qu'est le Cheval sauvage, tel qu'il existe sans doute encore et qu'il existait du temps de Pallas, vivant en petites troupes plus ou moins nombreuses dans les steppes ou grandes landes entre l'Irtich et l'Obi, et en général aux environs du lac Aral à l'est de la mer Caspienne.

Sauvage du temps de Pallas.

Aux environs du lac d'Aral.

Plusieurs voyageurs en ont parlé, mais Pallas (2) est le seul qui, comme véritable et savant naturaliste, nous en ait donné une description et une figure à peu près suffisantes, d'après un jeune individu femelle, comparé à un poulain domestique de même âge et de même sexe. Voici ce qu'il en est dit :

« Le poulain sauvage avait plus de hauteur, les membres plus forts, la « tête plus grande ; les oreilles plus longues avec les points plus marqués « et plus recourbées en avant, couchées en arrière, comme chez le Cheval « domestique qui veut mordre; le front était très-bombé, le dos moins « voûté, le sabot plus petit et plus pointu.

« Les poils étaient en général frisés, surtout à la croupe et à la queue, « ceux de la bouche étaient surtout plus longs et plus nombreux que sur « le poulain domestique ; la crinière était également plus épaisse et des- « cendait davantage sur l'arçon, mais la queue avait la même forme que « dans le poulain.

« La couleur générale était isabelle avec les crins noirs, mais celle du « tour de la bouche était comme dans les Anes quoiqu'il n'y eût aucune « trace de raie dorsale.

« La mère ainsi que sept autres juments qui composaient la horde étaient de même couleur que son poulain, mais l'étalon était fauve. »

Pallas ajoute que ces chevaux sauvages étaient devenus beaucoup plus nombreux dans les déserts entre le Saik et le Volga, depuis que ce pays était complétement inhabité; que pendant l'été ils s'avancent autant que possible dans les contrées septentrionales pour éviter la chaleur et surtout les mouches, et se procurer des pâturages moins desséchés par le soleil.

Quoique Pallas, après cette description à peu près suffisante, dise qu'en y réfléchissant, il est porté à croire que ces chevaux ne sont que des chevaux marrons échappés des troupeaux que possèdent les Kirgistes et les Kalmouks, ce qui explique suivant lui la diversité de couleurs rousse, fauve ou isabelle, je ne puis être de cette opinion ; tous les caractères indiqués par Pallas sont évidemment d'un animal sauvage ayant quelque chose de l'Ane par la tête plus forte, le front plus bombé, les oreilles plus longues, plus couchées, les sabots plus petits et plus pointus, le poil plus frisé, la crinière plus étendue, la couleur du tour de la bouche et la conformité de couleur.

Quant à la différence de l'isabelle montant au fauve ainsi qu'au roux, en supposant même qu'elle ne soit pas due au sexe de l'animal, cette différence n'est évidemment que dans l'intensité.

Nous pensons donc que ces chevaux des déserts du lac Aral doivent être considérés comme des animaux sauvages, quoiqu'ils soient assez loin de ressembler à ces belles races que l'intelligence humaine a pour ainsi dire créées, en plaçant leurs auteurs dans des conditions favorables, et en conservant soigneusement les produits choisis et maintenus dans les mêmes circonstances.

En Asie.

Voyons maintenant à suivre le Cheval dans l'histoire de l'homme, chez les nations où cela est possible, dans l'état actuel des renseignements qu'elles nous ont laissés.

Chez les Israélites. Moïse. La Genèse.

Si nous cherchons d'abord chez les Hébreux, en consultant les livres de l'Ancien Testament qui nous ont transmis les faits les plus anciens de l'histoire des hommes, ce n'est pas dans la Genèse qu'il est parlé du Cheval pour la première fois et même, sauf dans un passage (Gen., 36, 24) où il est question d'Hana, fils de Sibon, et où il est dit (3) qu'en faisant paître les troupeaux de son père, il eut assez d'industrie pour obtenir des Mulets en faisant accoupler des Anes et des Chevaux, il n'est jamais question du Cheval, pas plus à l'état sauvage qu'à l'état domestique (4).

Ainsi quand Abraham quitta (5) la Chaldée et la Mésopotamie pour se porter à l'Occident à Sichem, dans la terre de Chanaan, il est parlé des Bœufs, des Moutons et des Chameaux qui portaient sa femme Sarah et ses enfants, mais nullement de Chevaux ni même d'Anes.

Dans les combats qu'il eut à soutenir aux environs de Damas avec ses trois-cent dix huit serviteurs (Gen., XIV, 14,) il n'est pas plus question de chars que de Chevaux; ce sont évidemment des coups de main de pasteurs.

Au nombre des animaux que le Pharaon d'Égypte à cette époque donna à Abraham, qui de la terre de Chanaan s'y était rendu poussé par la famine, il est question de Bœufs, de Chameaux et même d'Anes, mais pas encore de Chevaux (Gen. XII, 16).

Abimélec, roi de Guérar dans le désert de Ceder, ne donna également à Abraham que des Moutons et des Bœufs, lors de son passage dans ce pays. (Gen., chap. xx, 14.)

Il en est de même pour les troupeaux de Loth, d'Isaac et de Jacob (6) dans lesquels ne sont jamais cités ces animaux.

Les Nombres. Dans la razzia des Hébreux contre les Madianites (Nombres ch. xxxi, 34.) il n'est pas question de Chevaux pris, mais bien de soixante et un mille Ânes, nombre sans doute exagéré par faute de copiste, dont trente mille cinq cents furent réservés pour l'Éternel.

Le livre de Job. Il en est de même à l'égard de Job, qui vivait probablement du temps de Jacob. Dans l'énumération de ses richesses et troupeaux, parmi lesquels sont en nombre considérable des Bœufs, des Moutons, des Chameaux et même des Anes, le Cheval ne s'y trouve pas. Et cependant c'est dans le livre qui porte le nom de ce saint homme (chap. xxxix, 22.) que se trouve la description de cet animal, tellement vraie et tellement poétique, qu'elle a toujours été citée comme un modèle d'éloquence; c'est dans le même livre que se trouve le passage dans lequel il est dit que l'Aigle se moque du Cheval et de celui qui le monte (chap. xxxix, 18) (7).

La Genèse. On a pu également, Goguet par exemple, donner comme preuve que les Israélites des époques les plus reculées connaissaient le Cheval, la comparaison que Jacob mourant et bénissant ses enfants fait de Dan à un Serpent qui sur le chemin mord le pied d'un Cheval et fait tomber ainsi à la renverse le cavalier qui le monte (Gen., XLIX, 16.)

Mais ces trois passages peuvent être attribués à celui qui les a écrits et qui vivait à une époque où le Cheval était connu sans doute en Égypte, ce qui lui a permis de l'employer comme objet de comparaison (8). On ne remarque en effet dans le livre de Job rien qui fasse allusion aux Babyloniens, au contraire de ce qui a lieu pour les Égyptiens.

Le livre de Job.

Quant au fait des Mulets produits par l'industrie d'Hana, Bochart doute que le mot *Jennien*, employé dans le texte, puisse signifier Mulets pour lesquels les hébreux avaient le mot *Perel*, au pluriel *Perebim*; en effet, plusieurs hébraïsants ont traduit ce passage tout autrement, en appliquant ce nom à une peuplade.

Mais s'il n'est pas question de chevaux, ni même d'ânes, dans les troupeaux qui faisaient la richesse des patriarches jusqu'à Jacob inclusivement, il n'en est plus de même lorsqu'ils se trouvent en communication avec les Égyptiens, chez lesquels en effet l'emploi du Cheval à la guerre était déjà ancien (9).

Nous voyons cependant dans l'Exode que Moïse, lors de son départ du pays des Madianites pour l'Égypte, employa encore des ânes pour le transport de sa femme et de ses enfants (Exode, chap. IV, 20), mais il n'est plus de même chez les Égyptiens. L'Exode

Ainsi le Pharaon d'alors, l'un des rois pasteurs, envoie des chariots au père de Joseph pour le faire venir en Égypte (Genèse, 45, 17).

Ce Pharaon fait monter Joseph dans l'un de ses chariots (Gen., 46, 5), qui était sans doute traîné par des chevaux. La Genèse.

Lorsque le corps de Joseph, mort en Égypte, dut être renvoyé par son fils Joseph, en Chanaan pour être enterré, il le fut sur des chariots et accompagné par des cavaliers fournis par le roi (Gen., chap. L, 9) (9). La Genèse.

Dans la famine éprouvée par les Égyptiens, Moïse (Gen., chap. XLVII, 17) nous apprend que Joseph leur donna du blé en échange de chevaux, de moutons et d'ânes (10).

Et plus loin (Exode, ch. IX, 5), en parlant des plaies que le Seigneur inflige aux Égyptiens pour déterminer le roi à délivrer les Israélites, il est dit que plusieurs frappèrent sur les brebis, les chevaux, les ânes et les chameaux (11).

Mais ce qui prouve encore mieux qu'à cette époque les Égyptiens employaient le Cheval, non-seulement à traîner des chars, mais encore à porter des hommes armés, ce sont les nombreux détails dans lesquels entre l'auteur de l'Exode en donnant l'histoire du départ des Israélites. L'Exode.

A la première nouvelle du fait, le Pharaon fait atteler son char et se met à la tête de son peuple (Exode, ch. XIV, 7, 21.) (12).

Il fait préparer les chariots de guerre et les envoie en toute hâte, accompagnés de cavalerie et de troupe de pied, à la poursuite des Hébreux.

S'étant engagé avec ses troupes dans le chemin que Dieu avait ouvert pour le passage des Israélites, à peine ceux-ci étaient-ils arrivés sur le bord du rivage opposé, que les eaux retombent et engloutissent l'armée des Égyptiens.

C'est ce que Moïse nous apprend dans son célèbre cantique : *Cantamus Dominum, equos et ascensores dejicis in mare; curros Pharaonis et exercitum ejus projicis in mare* (Exode, chap. XV, 1.).

Dans la guerre d'extermination contre les Madianites, Moïse emmène le butin fait par les Hébreux, six cent soixante-quinze mille brebis, soixante-douze mille bœufs, soixante et un mille ânes (Nombres, chap. XXXI, 52, 53, 54.)

Mais ce qui prouve, ce me semble, que les Hébreux ne profitèrent pas de ce qui existait en Égypte à ce sujet, c'est que dans les guerres qu'ils eurent contre les Chananéens (liv. de Josué et des Juges), ils n'emploient ni chars ni chevaux, quoique leurs ennemis en eussent qui leur étaient fournis par les Égyptiens.

Le Deutéronome.

En effet, Moïse défend positivement aux princes, c'est-à-dire aux riches d'Israël, d'avoir un grand nombre de chevaux et d'en aller acheter en Égypte (Deutéronome, chap. XVII, 16) (15).

De plus, dans tous les passages où il est question des animaux qui devaient être offerts en sacrifice, il n'est jamais parlé du Cheval, mais seulement de bœufs, de brebis et de chameaux.

Dans le commandement de Moïse (Deutéronome, chap. V, 14), qui ordonne que le septième jour de chaque semaine sera un jour de repos pour l'homme comme pour les animaux, les bœufs et les ânes sont seuls indiqués en ces termes : « Mais le septième jour est le jour de repos de l'Éternel ton Dieu ; « ce jour-là tu ne feras aucun ouvrage, ni toi, ni ton fils, ni ta fille, ni ton « serviteur, ni ta servante, ni ton bœuf, ni ton âne, ni aucune de tes bêtes. » Dans la loi qui stipule l'amende à payer pour le propriétaire d'un bœuf qui aura frappé de la corne, il n'est nullement mention de celle qui serait due pour un cheval qui aurait frappé du pied.

Dans la guerre de Josué contre Jabin, roi d'Hazor ou Hatzsor, et que Josué fit mourir après avoir mis le feu à sa capitale et exterminé tous les habitants. Josué avait, en suivant le conseil du Seigneur, coupé les jarrets des chevaux de la cavalerie ennemie.

Dans les récits bibliques connus sous le nom des *Juges*, de *Samuel* et des *Rois*, il est quelquefois question d'ânes et d'ânesses, mais jamais de chevaux parmi les animaux domestiques des Hébreux, tandis qu'au contraire les ennemis d'Israël continuaient à employer contre eux une nombreuse cavalerie. Ainsi, dans le premier livre de Samuel, chapitre XIII, les Philistins réunissent contre les Hébreux jusqu'à 5,000 chars armés en guerre et 6,000 chevaux. David, qui succéda à Saül, abandonné du Seigneur, dans une victoire remportée sur Hadadhéser, fils de Réhob, roi de Tsoba, lui prit 7,000 cavaliers, coupa les jarrets aux chevaux des chars, ne s'en réservant qu'autant qu'il en fallait pour en atteler 100 chars (*Chroniques*, liv. I, ch. XVIII).

Mais ce fut surtout dans la guerre que David soutint contre les Syriens, qu'il montra sa valeur en battant 40,000 cavaliers et repoussant 700 chars. Il est très-probable que l'usage du Cheval commença à se répandre de plus en plus parmi les Hébreux comme arme de guerre, et nous voyons en effet, par un passage du livre intitulé *Samuel*, livre II, chapitre XV, qu'Absalon, révolté contre son père, s'était pourvu de chariots et de chevaux qu'il donnait à monter à des gens chargés de le précéder. Mais il est permis de conjecturer de ce fait que, jusqu'à la révolte d'Absalon, cet animal avait été réservé exclusivement à l'attelage des chars armés en guerre, car ce prince montait un âne le jour où, ayant été arrêté par les branches d'un chêne touffu, il y demeura suspendu et périt (même livre, ch. XVIII). Quelques interprètes traduisent le nom Ἡμιόνος, nom de la monture du fils de David, par Mulet, mais on a de la peine à concevoir que les Hébreux aient eu des mulets et n'aient pas eu de chevaux, ou qu'ayant des juments propres à la production des mulets, ils n'aient pas eu d'étalons, à moins que les rois d'Égypte n'eussent défendu la sortie de ces animaux. On a toujours quelques incertitudes au sujet des animaux désignés par les écrits bibliques, qui n'appartiennent pas à la même époque, il est donc assez difficile d'admettre avec dom Calmet (*Milice des Hébreux*) que les Juifs ne se soient servis de cavalerie proprement dite qu'à l'époque des Machabées, car toutes les nations qui entouraient la Judée et avec lesquelles elle était constamment en guerre, amenaient sur les champs de bataille de nombreux cavaliers dont l'infanterie juive vint facilement à bout, si nous ajoutons une foi entière aux récits de l'Ancien-Testament, et dès lors il est permis de croire que les Juifs ont dû profiter de leurs victoires pour avoir eux-mêmes de la cavalerie.

Chez les Égyptiens.

D'après ce qui vient d'être rappelé au sujet du Cheval chez les Juifs, il est évident que c'était en Égypte qu'était pour eux l'origine du Cheval, dont ils semblent même avoir fait le commerce avec les peuples voisins, et, en effet, jamais on n'a parlé de chevaux sauvages dans le pays que les Juifs habitaient. Suivons donc l'histoire du Cheval en Égypte et dans les autres parties de l'Afrique, avant de remonter successivement de l'Occident à l'Orient. Dans la large bande méridionale de l'ancien continent, dans l'Égypte et même dans la haute Égypte, il ne me semble pas qu'il soit question nulle part de chevaux sauvages; toutefois quelques auteurs, entre autres un scoliaste d'Apollonius de Rhodes, *ad vers.* 262, ont attribué l'invention de l'équitation à Sesonchosis, et d'autres à Orus, fils d'Osiris. On trouve au contraire chez les anciens, et même déjà dans Hérodote, qu'il y avait des chevaux sauvages en Libye (15), c'est-à-dire dans la partie septentrionale de l'Afrique, et dans l'Éthiopie, c'est-à-dire dans la partie orientale.

En Afrique. Chez les Libyens.

Hérodote.

Hérodote (liv. IV, 189) attribue même aux Libyens l'invention des quadriges, et affirme que de leur pays elle a dû passer en Grèce.

Chez les Éthiopiens.

Plusieurs auteurs plus ou moins modernes ont également dit qu'il y avait des chevaux sauvages en Éthiopie et en Barbarie, mais ici on peut avoir des doutes fort légitimes sur la véritable origine de ces chevaux, si ce n'étaient pas des chevaux marrons, ce qui est plus que probable.

Ce qu'il y a de certain, c'est que de nos jours les voyageurs qui ont visité l'Abyssinie et le Sennaar, parties que les anciens comprenaient sous le nom d'Éthiopie, n'ont jamais rencontré de chevaux sauvages.

Mais s'il est très-peu certain que le Cheval ait été jamais sauvage en Afrique, il est indubitable que cet animal y a été connu à l'état domestique de haute antiquité.

Ainsi, en consultant l'Ancien-Testament, nous avons vu que du temps de

Jacob même, cet animal était déjà employé à traîner des chars de guerre et à porter des hommes armés, ce qui est rendu encore plus évident par le récit de Moïse, lors du passage de la mer Rouge par les Hébreux.

C'est ce que nous voyons confirmé par Homère qui, sans doute avec une certaine exagération poétique, raconte que par les cent portes de Thèbes, il pouvait sortir à la fois vingt mille guerriers montés sur des chars (17). Homère.

Hérodote (liv. VII, 70), de son côté, nous dit expressément que Xercès, dans sa célèbre expédition en Grèce, tira une partie de son infanterie de l'Éthiopie orientale et que les habitants de ce pays, différents des Éthiopiens occidentaux par leurs cheveux droits et non crépus, portaient sur la tête des peaux de tête de cheval enlevées avec les oreilles et la crinière, celle-ci servant d'aigrette, mais ce n'était pas de la cavalerie, et l'on peut concevoir que ces prétendues têtes de chevaux provenaient de zébus ou leur venaient par le commerce de la côte occidentale de l'Inde, d'où l'on a pu croire que ces Éthiopiens étaient originaires, par suite de l'analogie remarquée entre leur alphabet et celui du sanscrit. Hérodote.

Mais ce qui ferait remonter beaucoup plus haut la connaissance du Cheval chez les Égyptiens, c'est qu'on le trouve figuré dans les monuments de Karnak, du Mnemonium et de Louqsor, qui appartiennent, dit-on, au xve siècle avant notre ère. Diodore de Sicile, au surplus, est l'auteur profane qui a le plus insisté sur l'ancienneté de l'emploi du Cheval en Égypte, en quoi il a été suivi par un grand nombre d'auteurs. Chez les Égyptiens. Diodore de Sicile.

Horus Apollo (*Horapollinis niloi hieroglyphica edidit Leemans*. Amstelod., 1835, in-8) nous apprend aussi que les Égyptiens figuraient dans leurs hiéroglyphes le Mulet, provenant de l'Ane et du Cheval, pour indiquer une femme stérile, ce qui prouverait non-seulement le fait de la domesticité du Cheval et de l'Ane, mais encore l'observation que le métis qui en résulte est infécond. Horus Apollo.

Aussi tous les auteurs anciens qui ont eu à parler de l'Égypte ou du Cheval, comme Diodore de Sicile, Xenagore, ancien chronologiste, s'accordent-ils à dire que les chevaux étaient communs en Égypte, et ce de temps immémorial. Xenagore.

Mais d'où pouvaient-ils venir, ou mieux d'où étaient-ils provenus? Ce ne peut être par la navigation du Nil, qui était alors fermée à tous les peuples. Ce ne pouvait être de l'Éthiopie, qui ne possédait pas de chevaux sauvages, il faut donc avoir recours aux pays de l'Euphrate, ce qui expliquerait l'assertion fabuleuse que Nectanébo, roi d'Égypte, avait des cavales qui étaient fécondées par le hennissement des chevaux de Babylone.

En Afrique.

Suivant Heeren, dans l'ouvrage qui a pour titre : *Ideen ueber die politik, den Verker und den handel der vornehmsten Vœlker der alten Welt*, seconde partie : *Peuples de l'Afrique, l'État de Méroé*, p. 424, la capitale de l'Éthiopie, Méroé, était alors le centre du commerce de l'Afrique avec l'Inde et l'Arabie, aussi bien sans doute qu'avec la haute Asie.

Hérodote.

Si l'on pouvait s'en rapporter entièrement à ce que dit Hérodote de la Libye, c'est-à-dire de la partie septentrionale de l'Afrique, au nord du grand désert, le Cheval y aurait été connu depuis fort longtemps. En effet, suivant lui (Histor., lib. IV, 193, *Maxime Afrorum finitimi Zaueces sunt; quibus mulieres plaustra aurigantur in bellum proficiscentibus*), les Zauecès, peuple nomade, qui habitaient au-dessus de Carthage, avaient des femmes qui conduisaient des chars de guerre. C'est ce qui a conduit le même écrivain à rapporter dans un autre endroit (liv. IV, c. XIX, cité plus haut), que c'est des Lybiens que les Grecs ont reçu les quadriges, et par la suite, que c'est à une de leurs divinités, Neptune, que les poëtes ont attribué l'équitation, opinion qui a conduit l'abbé Banier à admettre que la Grèce avait été abordée par les Lybiens avant de l'être par les Égyptiens et les Phéniciens.

Le peuple d'Hannon.

La relation de voyage connue sous le nom de Périple d'Hannon, et qui paraît n'être qu'un récit abrégé de l'exploration de ce navigateur le long de la côte septentrionale de l'Afrique, dit qu'étant parvenus à une île qu'ils nomment Cerné, ils trouvèrent un peuple de nègres à cheveux longs, de fort belle taille, excellents à tirer de l'arc et à monter à cheval, avec lesquels ils firent des échanges.

Strabon.

Strabon (lib. XVII, p. 185), quatre cents ans au moins après Hérodote, nous décrit les Maures combattant à cheval, avec la lance et des freins de joncs, et les Massyliens et les Libyens se servant de petits chevaux très-vifs, qui obéissaient à la seule baguette au point quelquefois de suivre leurs maitres comme des chiens; les colliers de ces chevaux (*collaria*) étaient de bois desquels pendaient les rênes.

Il parle même encore des Pharusiens (*Pharussi*) et des nègres (*negrites*) habitant au delà du détroit, voisins des Éthiopiens hespériens, se servant de flèches et de chars comme eux et qui, dans les déserts, mêlés quelquefois avec les Maures, portent des outres pleines d'eau sur leurs chevaux et s'avancent jusqu'à Cyrta.

Si maintenant que nous avons rapporté ce que l'histoire nous a laissé sur l'emploi du Cheval chez les Israélites et en Afrique, nous le suivons en Asie, nous trouvons d'abord l'Arabie, occupant la très-grande partie du continent entre la mer Rouge, à l'ouest, et le golfe Persique, à l'est, et entre la Méditerranée, au nord, et la mer des Indes, au sud. En Asie. Chez les Arabes.

Quoique aujourd'hui ce vaste pays soit une des parties de la terre où le Cheval soit arrivé à l'un des plus hauts degrés de perfectionnement dont il était susceptible, par suite des conditions artificielles d'existence que l'homme a été dans le cas de lui offrir, en le rapprochant de lui autant qu'il était possible, jamais on n'a parlé du Cheval sauvage en Arabie (18). Un fait historique bien positif, rapporté par Hérodote, nous apprend même qu'à l'époque où Xercès préparait son expédition contre la Grèce, le Cheval n'était pas encore domestique chez les Arabes. Cet historien, en effet, dans l'énumération évidemment homérique des forces de terre et de mer qui devaient composer l'armée de ce prince, après avoir passé en revue les nombreuses troupes d'infanterie fournies par chaque province ou chaque nation, en fait autant pour celles de cavalerie(19), et lorsqu'il est arrivé à l'Arabie, il dit que le nombre des cavaliers fournis par cette nation était de 10,000 hommes, qu'ils montaient des chameaux aussi vifs que des chevaux, mais que ces chameaux étaient placés au dernier rang pour ne pas effrayer ces derniers animaux qui ne peuvent les souffrir, à ce que croit Hérodote (*Caspirorum etiam et Parisaniorum et Arabum equitum cultus et arma nihil a peditibus differebant : sed Arabes omnes camelis vehebantur, qui celeritate cedunt equis.... Arabes vero postremi erant locati, hac de causa postremi, ne equi consternarentur; camelos enim ægerrime patiuntur equi.* Lib. VII, 86 et 87), ce qui Hérodote.

doit porter à conclure qu'à cette époque ces animaux ne leur étaient pas connus.

Strabon. Strabon, dans sa description de l'Arabie (lib. XVII, p. 78), en parlant des Arabes scénites ou vivant dans des tentes, dit qu'ils sont pasteurs de chameaux, et que jusqu'au Sud, les habitants ont de nombreux troupeaux d'animaux, si ce n'est de chevaux (*exceptis equis*), de mulets et de cochons. Or Strabon, qui avait visité la plupart des pays qu'il a si bien décrits, vivait sous Auguste, presque au commencement de notre ère.

Il nous faut donc remonter vers les parties supérieures de l'Euphrate, sur ses deux rives, dans les plaines qui sont comprises entre ce fleuve et le Tigre, en un mot, dans ces vastes dominations successivement connues sous les noms d'empire d'Assyrie, de Babylonie, de Médie, de Perse, conquises par Alexandre, dont l'histoire est malheureusement remplie d'autant d'obscurité que d'exagération, du moins dans les premiers temps.

Asie supérieure. Ce qu'il y a de certain, c'est qu'aucun auteur, ancien ou moderne, n'a parlé de chevaux sauvages dans aucune des provinces qui constituaient ce que les anciens géographes désignaient sous le nom d'Asie proprement dite, ou d'Asie supérieure (20), pour la distinguer sans doute de l'Asie-Mineure, mais il n'en est pas de même du cheval domestique et même de races distinctes et renommées.

En Assyrie. En consultant les livres de l'Ancien-Testament, qui nous rapportent les relations que l'empire d'Assyrie a eues avec les Israélites, il est aisé déjà de reconnaître que les armées de ces rois puissants employaient déjà, et en grande quantité, le Cheval aussi bien attelé à des chars armés que monté par des cavaliers.

Ctésias. Mais est-il réellement permis d'ajouter foi à ce que dit Ctésias (Diodore de Sicile, liv. II, chap. v) dans son Histoire de Perse, que dans l'armée de Ninus marchant contre la Bactriane, il y avait 210,000 chevaux, 10,600 chars armés de faux, et que dans celle que Sémiramis leva dans le but de conquérir l'Inde, d'où elle fut repoussée par le roi Stabrobathes, il y avait 100,000 chariots armés en guerre, 500,000 hommes de cavalerie, outre 100,000 autres montés sur des chameaux et 5 millions de fantassins?

(Diodore, liv. II, chap. XIII.) Sans croire plus à ce récit fabuleux de Ctésias, qui traitait cependant Hérodote de conteur de fables, qu'au crime aussi honteux qu'impossible dont Pline accuse cette même reine (lib. VIII, ch. XIII, *Equum adamatum a Semiramide usque incertum Juba auctor est*), on doit cependant en conclure que le Cheval était déjà fort cultivé à cette époque et employé en grand nombre dans les armées de cette partie de l'Asie occidentale (21). Pline.

Nous en trouvons une preuve irrécusable sous ce double rapport dans les bas-reliefs si curieux et si intéressants que mon excellent ami et disciple, M. P. E. Botta a découverts dans ces dernières années dans les ruines de Ninive, aux environs de Mossul; on y voit en effet des chars à deux chevaux dans lesquels sont deux guerriers, l'un tenant les rênes, l'autre combattant : il y a même un bas-relief où il y en trois, le troisième tenant le fouet à deux mains, absolument comme nous les peint Homère dans l'Iliade, mais de plus des cavaliers armés pour le combat ou pour la chasse, ce dont il n'est jamais question dans la guerre de Troie. Ruines de Ninive.

Le Cheval était cependant, à cette époque, répandu non-seulement dans l'Asie-Mineure, où ce fameux siége avait lieu, mais dans toute la Grèce, comme nous allons le voir tout à l'heure. Homère se plaît à tous moments à vanter aussi bien les qualités et même les passions de l'animal que celles du héros dont il servait le courage, souvent même le poëte signale les pays ou les peuples remarquables par leurs richesses en ce genre d'animaux. Dans l'Asie Mineure. Homère.

Il semble même que du temps de Mithridate il y avait des chevaux sauvages dans le Pont, d'après ce que dit Justin (lib. XXXVII, c. II), que les tuteurs de ce prince, dans le but de s'en débarrasser, le mirent fort jeune sur un cheval sauvage, mais qu'il réussit à dompter (*Puer tutorum insidias passus est qui eum equo fero impositum equitare jaculari que cogebant*, etc.). Dans le Pont. Justin.

A des époques moins reculées, nous trouvons chez les historiens que les rois de Perse qui, sous Cyrus, avaient fini par envahir toutes les provinces qui composaient les empires d'Assyrie, de Médie et de Babylonie, pouvaient avoir dans leurs armées des troupes de cavalerie. Chez les Perses.

Ainsi Hérodote, dans l'énumération détaillée qu'il fait de l'armée du grand Hérodote.

roi, ou de Xercès, en porte le nombre à 80,000, sans compter les chameaux et les chars (lib. VII, 87). Plus tard, lors de la conquête de ce grand empire par Alexandre, Darius comptait encore 100,000 hommes de cavalerie dans l'armée immense qu'il opposa aux Grecs.

Dans la haute Asie et l'Asie-Mineure.

Les lieutenants d'Alexandre qui s'emparèrent, depuis sa mort, de ses conquêtes dans la haute Asie comme dans l'Asie-Mineure, en Syrie, entretenaient des haras considérables; sous les Séleucides, par exemple, Apamée citée comme possédant l'école et la pépinière de leur cavalerie, nourrissait dans les pâturages environnant 50,000 cavales, 300 étalons et 500 éléphants.

Strabon.

Strabon, à qui nous devons ces détails, ajoute (lib. XI, p. 304) à l'occasion des villes Apamée et de Laodicée, fondées par les Macédoniens, et d'Arsacide, par les Parthes, et plus australes que les portes Caspiennes, la description du pays où elles se trouvent, comme étant, ainsi que l'Arménie, celui où existent les chevaux les meilleurs et les plus recherchés, au point qu'un pâturage par lequel on passait en allant de Perse ou de Babylonie aux Portes Caspiennes, en avait reçu le nom d'*Hippoboton*. C'est des lieux où existaient des haras royaux contenant 50,000 chevaux, suivant le même géographe, que provenaient ces fameux chevaux niséens dont se servaient les rois : l'Arménie en fournissait d'autres dont la forme les faisait aisément reconnaître.

En Arménie.

Chez les Scythes.

En traversant ces Portes Caspiennes, on arrivait dans le pays des Scythes (22) chez lesquels se trouvaient, chez les anciens comme de nos jours, les chevaux à l'état sauvage et les peuples chez lesquels ces animaux étaient de première importance, ce qui leur a permis en effet de faire, à toutes les époques de l'histoire, des invasions plus ou moins funestes dans les pays civilisés. Doit-on considérer comme appartenant à cette catégorie ces chevaux sauvages dans l'Inde (23), dont parle Elien (H. N., XVI, c. g.), qui se trouvant avec des ânes également sauvages, produisaient des mulets (*hemionos*) que les habitants amenaient au roi des Prasiens, dont la capitale (Palebothra, située sur le Gange), pouvait être, à ce qu'il semble, en communication avec l'Asie centrale.

Dans l'Inde. Élien.

Nous trouvons en effet dans les historiens d'Alexandre que ce conquérant, après la défaite de Porus, ne crut pas prudent de pousser ses conquêtes au delà du Gange, sachant que le roi des Prasiens avait une armée considérable, dont une nombreuse cavalerie. Les historiens d'Alexandre.

Peut-être même faut-il regarder aussi, comme une race particulière de chevaux, ceux qu'Hérodote (lib. III, 106) désigne également sous le nom de *chevaux indiens*, et qu'il dit se trouver dans la dernière contrée habitée à l'est de la Grèce, mais qu'il affirme être beaucoup plus petits que ceux de la Médie nommés Nyséens : *In hac igitur, partim, animantes quadrupedes atque volucres insunt longe quam in reliquis regionibus grandiores, equis exceptis; nam magnitudine superantur Indorum equi a medicis, qui Nisæi vocantur.* Hérodote.

Au delà de cette frontière occidentale et septentrionale, nous trouvons l'Inde proprement dite, méridionale et occidentale.

Dans la première, aucun auteur, que je sache, n'a indiqué le Cheval sauvage.

Quoi qu'il en soit, en sortant de la Médie et de la Perse, en tournant le Caucase pour descendre sur les bords de la mer Noire et en avançant au nord-est jusqu'à la mer Caspienne et au delà vers l'Aral (24), nous arrivons dans les lieux où nous avons vu qu'existe encore aujourd'hui le Cheval sauvage, et d'où l'histoire nous apprend que sont sortis de temps immémorial les populations nomades connues sous le nom de Massagètes, Scythes, Cimmériens, Parthes, pour ne citer que les noms sous lesquels les anciens Grecs les ont connues, c'est-à-dire des peuples qui ont sans doute donné lieu aux conceptions fabuleuses d'hommes à moitié cheval, d'amazones, parce qu'ayant de bonne heure dompté le Cheval, si bien adapté à leur pays, à leurs mœurs, ils semblaient véritablement ne faire qu'un avec cet animal. Nous avons déjà vu comment ces peuples ont répété leurs invasions dans l'Asie Mineure (25), et surtout dans la haute Asie; nous n'avons pas besoin d'y revenir : nous devons seulement, avant de le suivre en Europe, dire quelque chose sur l'existence de cet animal dans les parties méridionales et orientales de l'Asie, c'est-à-dire dans l'Inde et dans la Chine. Chez les Massagètes Scythes, Cimmériens, Parthes.

Dans l'Inde proprement dite, partie de l'Asie comprise entre l'Indus et le Dans l'Inde proprement dite.

Gange, si les auteurs anciens, par exemple Elien, ont parlé de chevaux sauvages, ce n'est guère que dans la racine de l'Immaüs ou dans ses parties les plus septentrionales; mais il n'en est pas de même des chevaux domestiques employés à la guerre.

Ainsi, dans la victoire qu'Alexandre remporta sur Porus, dénomination générale des rois de l'Inde, comme celle de Pharaon pour les rois d'Égypte, les historiens nous rapportent que dans l'armée de celui-ci, il y avait 300 chars, 85 éléphants et 30,000 hommes de pied, et par conséquent aucune cavalerie proprement dite, ce qui est en rapport avec l'une des qualités demandées à un général en chef dans une des sentences nommées Chlogas, rapportée comme appendice à la syntaxe sanscrite, par le Père *Hanxleden;* cette qualité consiste à savoir distribuer les chars et les éléphants, la sentence ne parle pas de la cavalerie. Car le Père Paulin, qui cite ce fait (*Voy. aux Indes orientales*, t. XI, p. 177), le rapporte au IVe siècle avant Jésus-Christ.

Le Père Paulin.

Mais il paraît qu'il n'en était pas de même au delà du Gange; en effet, Pline (*Nat. Hist.*, lib. VI, cap. XIX) donne au roi des Gangarides, qui habitait la rive orientale de ce fleuve, une armée de 60,000 hommes de pied, de 1,000 cavaliers et de 700 éléphants dressés pour la guerre.

Pline.

Diodore de Sicile (11, lib. XVII) va encore bien plus loin en disant que Xandremus, roi des Tébridiens, peuple voisin des Gangarides, avait rassemblé, pour l'opposer à Alexandre, dans le cas où il aurait voulu pousser ses conquêtes au delà du Gange, une armée forte de 200,000 hommes de pied, de 20,000 cavaliers et de 4,000 éléphants, ce que Pline a encore augmenté en portant ces trois nombres à 600,000 fantassins, 50,000 chevaux et 9,000 éléphants; toutefois, en acceptant, avec Anquetil du Péron, que le roi de la nation qui avait pour capitale Paliboa soit le même que le Xandremus de Diodore. C'est sans doute le même roi des Gangarides, dont Quinte-Curce a parlé sous le nom d'*Aggramen*, en lui attribuant une armée de 20,000 chevaux, 200,000 hommes de pied, 2,000 chariots et 3,000 éléphants : *Eorumque regem esse Aggramen, viginti millibus equitum, ducentisque pedibus obsidentem vias; ad hæc quadrigarum duo millia trahere, et præci-*

Diodore de Sicile.

Pline.

Quinte-Curce.

puum terrorem, elephantos, quos trium millium numerum explere dicebat. (Q. Curtii lib. IX, cap. XI.)

Bernier, dans *ses Voyages* (Amsterdam, 1724), nous apprend que les Tartares Usbesks apportent à Aurayzebe, dans l'Inde, des chevaux excellents avec des chameaux à longs poils.

De nos jours, les armées anglaises se recrutent de chevaux tirés de la Perse et de l'Arabie, et ce qui semble prouver que le Cheval n'est pas originaire de l'Inde, c'est qu'il n'est jamais entré dans la mythologie indienne, et que parmi les figures d'animaux monstrueux dont les temples indous sont remplis, rien n'y rappelle le Cheval.

Poëme du *Mahabharat.*

Cependant le jeu d'échecs dans lequel, suivant l'opinion commune, on doit voir une sorte de simulacre de la guerre chez les Indiens, semble montrer que cet animal était employé dans les armées, et ce serait bien anciennement, si le poëme intitulé le *Mahabharat,* ou grande histoire ancienne de l'Inde, doit en effet remonter au XVIIIe ou XIXe siècle avant notre ère.

En Chine.

Poussant encore plus à l'Orient, c'est-à-dire en Chine, l'histoire nous apprend également que le Cheval n'y existait pas avant son importation, sans doute par les Scythes et par les Tartares; mais il faut que ce soit bien anciennement, si l'on doit admettre qu'il était au nombre des animaux que Fohi, ou Fouhi Ier, empereur de Chine, et que l'on place vers 2950 avant Jésus-Christ, rendit domestiques. C'est en effet à ce prince que les livres chinois attribuent d'avoir appris au peuple à élever les six animaux domestiques, savoir le Cheval, le Bœuf, la Poule, le Cochon, le Chien et le Mouton; mais le règne de Fohi est compris dans les temps incertains ou douteux de l'histoire de la Chine, suivant M. Leroux des Hautes-Hayes.

Leroux des Hautes-Hayes.

De Paravey.

Suivant M. de Paravey, il y a dans les dictionnaires chinois plus de cinq cents caractères ayant rapport au Cheval lui-même ou à son emploi dans l'économie domestique.

Davies.

Du reste, d'après M. Davies, la Chine n'a aujourd'hui que de très-vilains chevaux de races mêlées, et, suivant d'autres voyageurs, si faibles, si lâches, si mal faits, si petits et si timides, qu'on ne peut les employer à la guerre.

Pauthier.

M. Pauthier, dans sa traduction du Panytien (*Journ. asiat.*, déc. 1839), pense que les chevaux introduits en Chine à des époques différentes, dont l'une remonte au IIe siècle avant l'ère vulgaire, avaient été envoyés comme tribut de l'Inde, où le Cheval était également étranger. Il est d'avis que ces animaux proviennent du Tibet.

En Grèce.

Suivons maintenant l'histoire du Cheval dans la bande septentrionale de l'ancien monde, en commençant par la Grèce, car il serait difficile de le faire plus à l'est.

L'histoire du Cheval en Grèce comporte, comme celle des hommes, trois divisions assez tranchées auxquelles nous donnerons les noms de mythologique, héroïque et historique.

Après avoir fait observer que la puissance, le pouvoir de se transporter avec le plus de rapidité possible d'un point de l'espace à un autre a toujours été pour l'homme la faculté à laquelle il a dû attacher le plus d'importance, et que le Cheval a été longtemps pour lui ce moyen, on voit comment la mythologie a dû atteler au char de ses dieux des chevaux renommés par leur vitesse et leur immortalité. Aussi, quoique la navigation puisse produire quelque chose d'analogue, les anciens ont attaché des chevaux au char du dieu des mers, ce qui a pu conduire à voir dans Neptune le double inventeur de la navigation et de l'équitation.

A l'époque mythologique.

En Grèce, à l'époque mythologique remonte l'introduction du Cheval et de l'art de l'équitation attribués à Neptune, qui en avait reçu le nom d'Hippius : aussi, dans son célèbre différend avec Minerve pour savoir qui donnerait un nom à la ville d'Athènes, on voit ce dieu produire ou faire sortir de terre le Cheval, et Minerve l'olivier, qui doit lui donner la victoire, comme plus convenable au sol athénien, dont il fait encore aujourd'hui la richesse, tandis que le Cheval ne pouvait que difficilement y trouver des conditions d'existence un peu convenables. Il ne faut donc pas trouver étonnant que la plupart des auteurs aient expliqué ce mythe comme indiquant que le Cheval avait été amené dans l'Attique par mer. Freret même y trouvait pourquoi Neptune était considéré comme l'inventeur tout à la fois de l'équitation et de la navigation.

Différend entre Minerve et Neptune.

Freret.

On peut également rapprocher du même mythe cette autre invention mythologique dans laquelle on représente Neptune se métamorphosant en Cheval dans le but de profiter des faveurs de Cérès, dont il était amoureux, et qui s'était changée en cavale pour échapper à ses poursuites en Sicile. En effet, ne peut-on se croire autorisé par ce récit à voir l'introduction dans cette île du Cheval employé aux travaux de l'agriculture inventée par Cérès?

Neptune métamorphosé en Cheval.

Ne pourrait-on pas aussi trouver dans l'histoire de Laomédon promettant à Neptune de magnifiques chevaux pour prix de sa coopération, avec Apollon, à la construction des murs de Troie, un indice de l'histoire de l'arrivée du Cheval à Athènes, dans la circonstance de cette dispute avec Minerve?

Histoire de Laomédon.

On conçoit enfin comment la mythologie a toujours transporté ses dieux dans des chars attelés de chevaux rapides et immortels, même pour le dieu de la mer, parce que c'était alors le moyen de transport le plus prompt, et que c'est à cette faculté que l'homme, qui en est naturellement dépourvu, a toujours attaché le plus d'importance, comme il le fait encore de nos jours (26).

L'époque héroïque de la Grèce va nécessairement nous fournir des renseignements un peu plus certains sur l'introduction du Cheval dans cette partie de l'Europe, où jamais personne n'en a supposé de sauvages.

A l'époque héroïque.

L'histoire des chevaux de Diomède, sujet de l'un des travaux d'Hercule, offre peut-être l'indice de l'origine de cette introduction dans le Péloponèse. Diomède était fils de Mars, c'est-à-dire homme de guerre et roi des Bistoniens, peuple guerrier de la Thrace qui formait la partie orientale de la base du continent de la Grèce, ayant au nord et à l'ouest l'Épire, à l'est la Macédoine, située entre la mer Égée et la mer Noire. Les chevaux de Diomède, au nombre de quatre, désignés chacun par un nom significatif, étaient encore indomptés et à peu près féroces. Aussi accusait-on leur maître de les nourrir de chair humaine, ainsi qu'Hérodote nous rapporte qu'en Thrace les Péoniens et les Prusiens nourrissaient les leurs de poissons. (*Equis et jumentis pro pabulo pisces præbent.* Hist., lib. V, XVI.) C'est sans doute par suite de cette réputation plus ou moins fondée, et cachant quelque mauvaise passion, qu'Eurysthée, roi de Mycènes, mit au nom-

Hérodote.

bre des travaux qu'il ordonna à Hercule celui d'aller enlever ces chevaux. Ce héros, en effet, après avoir vaincu les Bistoniens et Diomède leur roi, emmena ses chevaux. Ceux-ci cependant s'échappèrent sans doute dans le mont Olympus, en Thessalie, où ils furent, dit-on, dévorés par les bêtes féroces qui l'habitaient, mais où, plus probablement, ils se propagèrent. En effet, le fameux cheval de Cneius Seius, aussi célèbre par la fatalité qui semblait attachée à sa possession que par sa beauté, était regardé comme de la race des chevaux de Diomède qu'Hercule avait amenés à Argos, après
Aulu-Gelle. avoir tué ce roi barbare (Aulu-Gelle, *Nuits attiques*, lib. III, cap. IX).

La fable de Bellérophon (28), forcé de fuir de Corinthe pour le meurtre de Bellerus, ainsi que l'indique ce nom par lequel il remplaça celui d'*Hipponoüs* qu'il avait d'abord, n'indique-t-elle pas encore quelque chose ayant trait à la nouveauté de l'arrivée du Cheval à l'extrémité la plus septentrionale de l'Asie Mineure, en Lycie?

Le Cheval Pégase, considéré comme ailé, sans doute à cause de sa grande vitesse, était probablement un Cheval difficile pour lequel, par le conseil de Minerve (29), à laquelle la mythologie attribue cette invention, ce héros employa le frein. Son combat, par l'ordre du roi de Lydie, contre la Chimère monstre à tête de lion, à corps de bouc et à queue de serpent, c'est-à-dire contre trois animaux qui s'étaient rendus redoutables dans la contrée; sa victoire contre les Amazones, que l'orateur Lysias dit avoir été les premières à monter à cheval; le nom d'Hippolaphus, donné au fils qu'il eut de la fille du roi de Lycie, et qui lui succéda; tout cela n'indique-t-il pas encore la nouveauté et l'importance de l'emploi du Cheval dans la partie la plus septentrionale de l'Asie Mineure la plus voisine de la Grèce?

C'est ce qu'on peut également dire, avec quelque vraisemblance, de l'histoire d'Hippolyte, fils de Thésée, roi d'Athènes, et d'une Amazone dont le nom seul démontre aussi son habileté dans l'art de dompter les chevaux; le dénoûment de cette histoire nous offre un exemple trop fréquent des accidents qui menacent encore tous les jours les personnes qui se livrent habituellement à la conduite des chevaux dans les lieux où l'apparition subite de quelque chose d'inaccoutumé peut les effrayer.

Le nom d'Hippodamie, fille d'Onomaüs, femme de Pélops, roi de Lydie, chassé de Grèce, donnant des courses en char en Élide, semble encore indiquer l'adresse de ce prince dans l'art de dompter les chevaux.

L'histoire encore plus célèbre et encore plus concluante peut-être, puisqu'on peut en voir naître la première cavalerie employée en Europe, est celle du fameux combat des Lapithes et des Centaures, aux noces de Pirithoüs en Thessalie; elle vient à l'appui de l'arrivée du Cheval en Europe par la Thrace. Ce héros, roi des Lapithes, était encore un fils de Jupiter métamorphosé en Cheval, qui épousa Hippodamie, fille de Pelethorius, roi des Lapithes, et auquel on attribuait l'invention de la bride et de la selle (30). Les Centaures, qui habitaient la Thessalie, étaient au contraire un peuple de pasteurs de bœufs, comme l'indique le nom de pique-bœufs, sous lequel on les désignait; en sorte que dans ce combat on peut, ce me semble, voir une invasion d'hommes montés sur des chevaux venant de la Thrace et faisant irruption en Thessalie, pays riche en troupeaux, comme cela a eu lieu de tout temps. Mais alors il faudrait renverser les rôles, tels que sans doute, par la suite des temps et des traditions perdues, les artistes les ont établis, c'est-à-dire que les Lapithes devraient être représentés sous la forme combinée d'un homme joint à un Cheval (31), et les Centaures sous celle de bouviers à figure sauvage, se défendant avec des bâtons et des arbres déracinés, ce qui, en effet, conviendrait peut-être mieux au rôle que la fable fait jouer à Chiron, l'un des Centaures, comme précepteur d'Achille et comme pourvu de connaissances profondes dans l'emploi des plantes médicinales (32).

L'histoire de Pélias et des jeux funèbres que fit célébrer son fils Acaste, lorsque Jason et les Argonautes lui rendirent le royaume d'Iolcos qu'ils avaient conquis, montre encore dans Pélias un fils de Neptune, son royaume en Thessalie et les courses de chars déjà établies à l'époque de l'expédition des Argonautes, et dont le vainqueur fut encore un fils de Neptune, Euphenus (33).

Ce sont ces jeux qui furent représentés sur ce fameux coffre des Cypsélides de Corinthe, décrit par Pausanias dans le trésor du temple de Delphes et qui fut fait ou exécuté deux cent cinquante ans après l'invention de l'équitation; mais on n'y voyait encore que des courses de char à deux et à quatre chevaux, sans aucune course à cheval, ce qui n'eut lieu qu'aux jeux funèbres de Pélops à Olympie, ou l'Arcadien Jasus remporta le prix (Pausan., v, p. 395).

Ne peut-on pas encore rapporter à l'histoire héroïque du Cheval la fable de Jupiter changé en Cheval, et de Dia femme d'Ixion, Centaure, fils de Chiron, élevé par les Nymphes sur le mont Pélias, en Thessalie, ainsi que celle du fameux Cheval Arion, rapide coursier d'Adraste qui, suivant les uns, était sorti de la terre, et suivant d'autres, était le fruit des amours de Neptune et de la déesse Erynnus ou de Cérès, dont c'était un des surnoms.

A l'époque historique.

Dans l'époque historique de la Grèce, que l'on peut faire remonter à la guerre de Troie et par conséquent vers l'an 1184 avant Jésus-Christ, origine de la lutte des forces intelligentes européennes contre les masses asiatiques et qui devait se terminer par les conquêtes d'Alexandre, on trouve le Cheval introduit dans toute la Grèce, employé d'abord plutôt à traîner des chars que comme monture, mais soigné, choyé par les guerriers eux-mêmes, ensuite monté par des soldats armés, et enfin devenant le symbole du commandement.

Guerre de Troie. Homère.

Dans la guerre de Troie (34), aussi bien chez les Grecs que chez les Troyens et leurs alliés, il est bien démontré qu'il n'y avait pas de véritable cavalerie, mais seulement des chars à deux chevaux conduits par un hippodame (35) et portant un guerrier, et plus souvent deux guerriers, l'un conduisant les chevaux et l'autre combattant. Le fait d'armes d'Ulysse et de Diomède contre Rhesus, fils d'Eionus, prince de Thrace, venu au secours de Troie et dans lequel, après avoir massacré des gens surpris dans le sommeil, ce qui sent un peu plus le sauvage que le héros, et ne pouvant emmener le char et les chevaux plus blancs que la neige, ils se décident à ne prendre que ceux-ci et attendent, pour oser monter dessus, qu'ils en reçoivent le conseil de Minerve, prouve évidemment que l'équitation était encore inconnue aux Grecs (Homère, *Iliade*, chant X, v. 435, 505 et suiv.).

Mais il semble qu'on ne peut pas en dire autant d'un autre passage d'Homère, il est vrai dans l'Odyssée, où Ulysse, pendant son naufrage, après s'être échappé de l'île de Calypso, se trouve réduit à mettre à profit une planche, débris de son vaisseau, en s'y plaçant comme l'homme se met sur un cheval (Odyss., chant V, v. 371). Il est difficile en effet de ne pas trouver ici la preuve que l'art de l'équitation était alors connu : mais ce pouvait être du temps d'Homère, que l'on suppose avoir vécu quatre cents ans après la guerre qu'il a chantée, et non pas à l'époque même de cette guerre (33). Dans l'Odyssée.

Quoi qu'il en soit, il est au moins certain qu'à l'époque de la guerre de Troie les chevaux étaient sans doute encore rares et fort chers; aussi voit-on Patrocle soigner (34) ceux d'Achille, regardés comme immortels et donnés à son père par Neptune; et toutefois l'affliction si touchante que le poëte attribue aux chevaux d'Achille pleurant la mort de Patrocle (chant XVII, v. 423 et suiv.), montre que ce bel animal était déjà uni de sentiment avec son maître.

Cependant, dans l'avant-dernier livre de l'Iliade (chant XXIII, v. 265 et suivants), où sont décrits les jeux célébrés aux funérailles de Patrocle, on peut reconnaître très-bien tous ceux qui ont été signalés depuis, mais qui conviennent aux courses de chevaux. Goguet prétend aussi que les Grecs n'avaient pas de cavalerie à la guerre de Troie, quoique, suivant lui, l'équitation eût été déjà introduite en Grèce par les colonies sorties de l'Égypte et de la Phénicie.

C'est ce qui se continua sans doute encore assez longtemps dans les jeux les plus célèbres de la Grèce, par exemple à Olympie, où les courses de chars furent établies vers la 25e olympiade, six cent quatre-vingts ans avant Jésus-Christ, multipliées considérablement depuis (35), et dont les prix étaient disputés par les particuliers riches et même par les rois. Les vainqueurs de ces jeux furent eux-même célébrés par les plus grands poëtes, Pindare, par exemple, dans des odes qui nous sont parvenues; néanmoins aucune d'elles n'est adressée à un concurrent victorieux à une course de chevaux (36). Pindare.

Suivant Fréret, aucun de ces vainqueurs ne se trouve mentionné avant la

1re olympiade, époque à laquelle Coroebus fut proclamé victorieux dans la course à pied, quatre-vingt-quatre ans avant Crésus, six cent quatre-vingt-douze ans avant notre ère. En effet, les courses à cheval n'ont été établies que dans la 28e olympiade, six cent soixante-huit avant Jésus-Christ (57).

Au dire du même savant, le plus ancien monument où était représenté un cavalier était le piédestal d'une très-ancienne statue d'Apollon, ouvrage du sculpteur magnésien Batyclès, qui ne peut remonter au delà de la 9e olympiade, sept cent quarante-quatre ans avant Jésus-Christ : on y voyait Castor et Pollux figurés à cheval (58).

Depuis ce temps, suivant la mention qu'en a faite Pausanias dans sa *Description de la Grèce*, les courses de chevaux adultes ou jeunes deviennent de plus en plus nombreuses, à en juger par le nombre de statues équestres

Pline.

qu'il indique; cependant Pline (34, 5) affirme que ces statues furent toujours rares chez les Grecs, et réservées aux vainqueurs dans les jeux. Nous ne voyons pas non plus que les Grecs aient jamais employé les chars à la guerre, même avant l'emploi de la cavalerie dans les armées. C'est vraisemblablement en Macédoine que l'usage de cet animal à la guerre a dû commencer, quoique la cavalerie chez les Grecs n'ait jamais été très-nombreuse, d'autant plus qu'étant composée entièrement de Thessaliens, elle était fort onéreuse, et que les chevaux qu'ils montaient dégénéraient rapidement ailleurs qu'en Thessalie.

Aux célèbres batailles de Marathon et de Platée, les Grecs n'avaient pas encore de cavalerie, peut-être, il est vrai parce que la Thessalie était occupée par les Perses, et ce n'est que dans la première guerre de Messénie, c'est-à-dire dans la seconde année de la 9e olympiade, vers l'an 745 avant l'ère vulgaire, que l'histoire grecque parle pour la première fois de cavalerie, et encore la fait-elle très-peu nombreuse à cause de la cherté de son entretien. Au surplus, la nature du pays lui-même empêcha toujours qu'elle pût devenir un peu considérable, si ce n'est chez les Macédoniens.

Avant la guerre des Éginètes, pour donner un exemple, le nombre des cavaliers chez les Athéniens n'était encore que de 500 ; il monta à 1,200 après la guerre des Perses et n'était plus que de 1,000 dans celle du Péloponèse.

Les citoyens auxquels la fortune permettait de nourrir un cheval formaient à Athènes le second ordre de l'État; ils recevaient un salaire assez considérable, ils avaient un costume particulier et des fêtes connues sous le nom d'Hippodis; au nombre de 1,000 du temps d'Aristophane, ils n'étaient plus que de simples cavaliers à l'époque de Démosthènes, c'est-à-dire à l'époque voisine de la domination de Philippe. Aristophane.

Xénophon dans ses deux traités, l'un sur la cavalerie et l'autre sur le Cheval, nous montre cependant que vers l'an 360 où il écrivait, cette partie de l'économique était déjà le sujet d'un intérêt général en Grèce (40), mais ce ne fut réellement que sous les rois de Macédoine, Philippe et Alexandre, trois cent cinquante avant Jésus-Christ, que cette armée prit une extension marquée et que le prince se montra à cheval à la tête de son armée. Xénophon.

Ces deux princes et leurs successeurs augmentèrent même tellement le nombre des chevaux dans leur pays que Philippe, par suite de la victoire qu'il remporta sur les Scythes, qui étaient venus attaquer ses frontières, leur imposa un tribut de 20,000 juments (41) et que Strabon nous apprend que de son temps, c'est-à-dire sous les premières années de l'empire, les rois de Macédoine nourrissaient encore plus de 30,000 juments et 300 étalons dans les haras de Pella. Strabon.

Ainsi, en définitive, de cet examen de l'histoire du Cheval en Grèce, c'est-à-dire dans la partie orientale et méridionale de l'Europe, il semble résulter qu'introduit (42) d'un côté par l'Asie-Mineure et de l'autre par une communication plus directe de la Scythie Sarmatique avec la Thrace, cet animal trouvant des conditions beaucoup plus favorables à son existence de ce dernier côté, c'est-à-dire en Thessalie, s'y soit multiplié et même heureusement modifié et qu'ensuite, employé uniquement d'abord dans la Grèce proprement dite, comme objet d'amusement à la course des chars, il ait été plus tard monté comme moyen de guerre et enfin comme symbole de commandement à la tête des armées par Alexandre.

Nous aurions maintenant à le suivre chez les Romains, chez ce peuple auquel était réservé de soumettre à sa domination tous les empires que les grands peuples, ses prédécesseurs, avaient formés : la communication Chez les Romains.

avec la Grèce, à presque toutes les époques, dans les plus beaux temps de son histoire, par la Sicile, la grande Grèce, l'Épire dut nécessairement amener le Cheval en Italie et par suite chez les Romains, qui en occupaient le centre. Mais peut-être même leur était-il déjà parvenu par une autre voie plus septentrionale. En effet, on a remarqué que dès la fondation de Rome par Romulus, ce roi, plus célèbre sans doute que réel, trouva à former un corps de cavalerie proprement dite, sans qu'il ait jamais été question de chars de guerre, si nombreux chez les Asiatiques et réservés aux jeux chez les Grecs de l'époque historique (43).

Romulus, dont l'armée de pied était si peu considérable, disent les historiens romanciers de l'ancienne Rome, avait cependant, suivant eux, une garde de 300 hommes de cavalerie nommés *celeres* (44), à cause sans doute de la qualité que leur donnait l'emploi du Cheval, devenus ensuite les Équites, ou chevaliers, et qui entrèrent dans la constitution de la république. Nous voyons même que cette partie de la force armée prit de suite tant de consistance que, lors de la création d'un dictateur dans quelque circonstance grave, le premier acte de son pouvoir était de créer un général de la cavalerie, *magister equitum*.

Il n'y a donc rien d'étonnant de trouver dans tout le reste de l'histoire de l'empire romain l'emploi du Cheval à la guerre de plus en plus important, et par conséquent l'animal de mieux en mieux cultivé.

Mais il n'est pas question de chevaux sauvages en Italie, les Romains se les procuraient sans doute dans les pays où leur culture, aidée de circonstances favorables, avait produit de meilleures races pour tel ou tel usage.

Le Cheval domestique n'était en effet pas seulement employé sous un cavalier à la guerre et peut-être à la chasse, mais il servait à traîner des chars de triomphe et de course dans les jeux publics, et même de bonne heure des voitures à l'usage des particuliers, comme nous l'apprend l'histoire si peu croyable cependant de Tullie, femme de Tarquin, faisant passer les roues de son char sur le corps de son père. Quelle preuve, en effet, avons-nous que le char de Tullie n'ait pas été traîné par des Bœufs ?

Mais il n'était pas encore dégradé au point de remplacer les Bœufs, dans le labourage ou de porter des fardeaux autres que l'homme; le mulet de bonne heure ayant été réservé à cet emploi aussi bien qu'à conduire les litières.

Devenu ainsi puissant auxiliaire de l'homme dans des circonstances variées, l'on voit comment la culture du Cheval et de ses races, des métis qu'il peut produire avec l'Ane, son congénère, donna lieu chez les Romains à des règles, à des préceptes encore plus variés et plus approfondis que n'avaient su le faire les Grecs, chez lesquels ce noble animal était évidemment d'une bien moindre importance; c'est ce que nous pouvons voir dans les Traités d'agriculture que nous ont laissés les Romains, Varron, Columelle, Pline, etc.

Varron, Columelle, Pline.

Parcourons maintenant le reste de l'Europe, en commençant par l'autre extrémité de la bande septentrionale de l'ancien continent, c'est-à-dire par l'extrémité occidentale; celle que les anciens désignaient sous le nom d'Ibérie et que nous connaissons sous le nom de Péninsule Ibérique, comprenant le Portugal et l'Espagne.

Dans le reste de l'Europe.

En Portugal et en Espagne.

En la considérant dans ses rapports avec l'extrémité correspondante de la bande méridionale, formée par la Libye des anciens, notre Barbarie d'aujourd'hui, l'on peut très-bien concevoir comment le Cheval transporté soit par les Égyptiens, soit par les Phéniciens ou les Syriens dans les déserts du nord de l'Atlas, ait pu transmigrer avec ces derniers ou avec les Carthaginois, leurs rejetons dans les belles vallées de la Bétique où il a encore trouvé des conditions favorables à sa nature, et conséquemment pu acquérir comme race des qualités encore supérieures à celles qu'il possédait avant son immigration.

C'est sans doute ce qui a fait dire à plusieurs auteurs anciens qu'il y avait eu des chevaux sauvages en Sardaigne et en Espagne. Hérodote, dit aussi que les îles Baléares fournissent des Mulets excellents. Strabon de son côté affirme (lib. III, p. 153) que l'Espagne produit des chèvres et des chevaux sauvages, ajoutant que les Celtibériens ont des chevaux presque blancs qui changent de couleur lorsqu'ils sortent de l'Espagne, semblables à ceux des Parthes, mais au-dessus de tous par leur agilité et leur adresse à la course.

Hérodote.

Strabon.

C'est en effet à des chevaux des environs de Lisbonne, dans la Lusitanie, qu'a été attribuée cette célèbre faculté de pouvoir être fécondés par le vent (45) d'ouest en se tournant vers lui; ce que Columelle avait confirmé comme une chose incroyable, mais vraie, *res incredibilis sed vera,* et ce que Pline n'a pas manqué de répéter en trois endroits de son immense compilation, en ajoutant dans l'un de ces passages que ce vent n'est autre que le vent générateur du monde.

Columelle.

Pline.

La bonté des chevaux d'Espagne et qui s'est conservée jusqu'à nous, donnait chez les Romains une grande célébrité à la cavalerie Ibérienne (46).

Mais ce qui prouve que, si le Cheval n'était pas originaire d'Espagne, il y existait à l'état domestique depuis longtemps, c'est que d'après l'observation de Varron, copié par Pline, c'est dans les Asturies que l'industrie humaine avait produit les Chevaux marchant l'amble, en acceptant avec tous les commentateurs, que le nom de *Equi thieldones* doit être appliqué à tous les Chevaux qui marchent l'amble. *In eadem Hispania Gallaica gens est et Asturica; equini generis quos thieldones vocamus, minores forma appellatos Asturcones, — gignunt quibus non volgaris in cursu gradus sed mollis alterno crurum explicatu glomeratio, unde equis tolutim carpere incursus traditum arte.*

Varron.

Une autre partie de l'Europe presque africaine, à laquelle les anciens ont également attribué des Chevaux sauvages, est la Sardaigne; mais les rapports fréquents de cette île avec les Carthaginois peuvent porter à l'assimiler sous ce rapport avec l'Espagne; l'état inculte d'une grande partie de l'île, et le petit nombre de ses habitants, auront permis au Cheval de s'y propager encore mieux à l'état marron.

Dans l'île de Sardaigne.

Les relations fort anciennes des parties méridionales de la France avec l'Espagne, avec l'Italie, et même avec la Syrie et la Libye, suffisent pour montrer l'origine du Cheval dans ces pays, et par conséquent, dans le reste des Gaules ou de la France. Jamais en effet, les auteurs anciens, et par exemple J. César, ne leur ont attribué des Chevaux sauvages, quoique les Gaulois, suivant lui, recherchassent beaucoup les beaux Chevaux étrangers, malgré leur grande cherté; aussi ces peuples avaient-ils un ordre, une classe de citoyens, que J. César désigne sous le nom d'*Equites* (47).

Dans les Gaules.

Jules César.

Il n'en est pas de même dans les parties les plus septentrionales de l'Europe. Ainsi Pline (48) nous parle de chevaux sauvages dans les forêts de la Germanie et des parties encore plus septentrionales; quoiqu'on puisse croire que Pline a pu être témoin du fait, puisqu'il avait commandé dans ce pays, et même des troupes de cavalerie, on peut supposer, ce me semble, que ces chevaux étaient encore échappés de ceux que les Sarmates, évidemment dérivés des races Scythiques, avaient pu amener dans les vastes plaines des parties septentrionales de la mer Noire et de l'embouchure du Danube; et ce qui pourrait appuyer cette conjecture c'est que suivant Jules César (49), ceux dont se servaient les Suèves étaient mauvais et différents des chevaux des Gaulois qui sans doute venaient des pays limitrophes de la Méditerranée. Strabon (IV, 207) dit que la Vindélicie qui forme aujourd'hui une partie méridionale du Wurtemberg et de la Bavière occidentale et les pays situés entre le Danube et le Rhin nourrissait beaucoup de chevaux sauvages.

En Germanie. Pline. Jules César. Strabon. En Vindélicie, partie méridionale du Wurtemberg et de la Bavière occidentale.

C'est sans doute par la même voie que le Cheval était parvenu en Angleterre où il n'a jamais été sauvage. Jules César (lib. IV, p. 158, L. XI) (50) nous apprend en effet que les habitants de cette grande île, quoique se peignant encore à la manière des sauvages, lors de sa première descente en ce pays, se servaient déjà du Cheval non-seulement attelé à des chariots dont ils descendaient à volonté, mais encore montés par des soldats; César à ce sujet entre dans des détails curieux qui prouvent que ces peuples étaient fort exercés dans cet emploi, aussi bien pour la défense que pour l'attaque.

Dans la Grande-Bretagne. Jules César.

Au delà de l'Angleterre et de la Germanie, c'est-à-dire dans les parties plus septentrionales de l'Europe, aucun auteur ancien n'a parlé de chevaux sauvages, ce qui n'a pas empêché cette espèce animale d'y suivre l'homme jusqu'en Écosse, dans la Scandinavie et même en Islande où elle s'est acclimatée, en s'y montrant sous forme de race assez particulière, à des époques à peu près inconnues.

En Écosse, dans la Scandinavie, en Islande.

De cet examen critique de l'histoire du Cheval dans ses rapports avec l'homme, il me semble que l'on peut proposer comme légitimes, avec certitude dans plusieurs cas, avec une assez grande probabilité dans d'autres, les conclusions suivantes:

1. Le Cheval tel que nous le connaissons aujourd'hui dans toutes les parties du monde où il a suivi la société humaine a pour souche originelle le cheval sauvage qui existe encore de nos jours vers la croupe occidentale et boréale du plateau de l'Asie centrale.

Originaire de l'Asie.

Domestique chez les races scythiques.

Ce que prouve l'histoire des Cimmériens, Massagètes, Scythes devenus successivement des Sarmates, des Parthes, des Turcs et enfin des Cosaques, c'est-à-dire de ces peuples nomades chez lesquels le Cheval est encore aujourd'hui la base de l'existence domestique et sociale.

Aussi bien que la facilité avec laquelle ces hordes de tout temps et même encore de nos jours se sont jetées, se sont ruées presque périodiquement et dans toutes les directions, aussi bien à l'orient en Chine, qu'à l'occident dans l'Asie supérieure, dans l'Asie mineure et qu'au sud en Europe.

Plus en effet ces peuples ont eu d'origine scythique dans le sang, plus ils ont attaché d'importance au Cheval et se sont montrés meilleurs cavaliers. Tels sont encore de nos jours les Mamelucks, les Hongrois, les Polonais, les Cosaques, les Calmouks. Ne sont-ce pas en effet les Scythes qui ont imaginé de châtrer les chevaux mâles afin de les rendre plus doux, ce qu'avaient imité les Romains, et le nom de hongre que nous employons pour désigner ces chevaux semble venir des Hongrois émigrés de l'ancienne Scythie.

On pourrait même, sans trop se hasarder, se résoudre à dire qu'avant l'invention des armes à feu c'est l'homme à cheval qui a dominé la terre, comme aujourd'hui le canon joint à la navigation. L'équitation et la navigation ayant le même but, l'empire du monde, l'une sur terre, l'autre sur mer, ont toujours été antagonistes dans leurs progrès alternatifs, mais c'est enfin la navigation qui l'a emporté par suite de l'emploi de la vapeur. Leur symbole a eu même longtemps beaucoup d'analogie, tellement que les anciens regardaient Neptune comme l'inventeur de l'une et de l'autre. Mais il existe entre elles une assez grande différence, en effet l'équitation dans ses progrès et dans son influence dans les invasions a marché du sud au nord, tandis que c'est le contraire pour la navigation.

2. Rien ne prouve, du moins d'une manière satisfaisante, que le Cheval ait jamais existé d'origine sauvage en Afrique, pas plus dans l'Afrique orien-

tale que dans l'Afrique septentrionale. En effet, si quelques notions peu nombreuses fournies par l'histoire semblent laisser quelques doutes à cet égard, l'histoire naturelle les détruit en nous montrant un groupe particulier d'espèces du même genre, les zèbres, propres à cette partie de l'ancien continent.

3. Le fait est encore mieux démontré pour l'Europe ou mieux pour la large bande de l'ancien continent qui est au nord des mers intérieures ou méditerranées; à peine peut-on concevoir quelques incertitudes pour les deux parties extrêmes, à l'orient pour la Thessalie, à l'occident pour L'Espagne; mais elles semblent à peu près levées en portant l'attention sur la contiguïté de la première avec la Thrace sur la mer Noire et pour la seconde sur la constance de ses rapports avec les Carthaginois, ou même sur l'histoire que nous avons donnée de l'arrivée du Cheval dans ces deux contrées.

4. Il est également certain que le Cheval n'est pas originaire de l'Arabie; les faits historiques comme l'histoire naturelle, qui nous y montre le chameau, s'y opposent.

5. Aucun fait ne peut le faire même soupçonner pour la partie méridionale de l'Asie ou l'Inde pas plus que pour la partie orientale ou la Chine (51).

6. L'irradiation de cette espèce semble avoir suivi la marche de la civilisation portée d'abord des lieux de son origine dans les vastes pays qui baignent les parties supérieures du Tibre et de l'Euphrate; elle en est sortie (52) dans trois directions principales, à l'orient dans le Tibet jusqu'en Chine, au sud dans l'Inde jusqu'au delà du Gange, à l'occident par l'Arabie d'un côté, par la Syrie de l'autre, en Égypte et en Barbarie au nord dans la bande septentrionale ou européenne par trois voies peut-être également maritimes, l'une par l'Asie Mineure et l'Hellespont en Grèce, la seconde par le Pont-Euxin à l'orient, en Thessalie et en Sarmatie, et enfin la troisième par la Méditerranée en Espagne, en Sardaigne et peut-être même en Sicile, d'où elle s'est portée avec plus ou moins de rapidité, mais essentiellement avec les besoins de la guerre, dans toutes les parties de l'Europe, d'où en-

suite et de ses rives les plus avancées à l'ouest elle a passé dans le Nouveau-Monde.

7. En se portant ainsi dans des localités plus ou moins exceptionnelles et plus ou moins favorables, il en est résulté des modifications plus ou moins intenses et plus ou moins remarquables dans les formes et dans les qualités natives de cet animal, d'où se sont formées par suite des temps ou de la continuité les races que l'on peut dire naturelles, partout déterminées par la sécheresse ou l'humidité du pacage, la chaleur ou le froid du climat, la hauteur ou l'égalité du sol.

8. L'usage (55) plus ou moins exclusif auquel le Cheval s'est montré apte et a été employé par l'homme, a également contribué à former et à maintenir certaines autres races en quelque sorte artificielles, d'où le Cheval de guerre, de chasse, de course, le cheval trotteur, traîneur, porteur; car on peut dire d'une manière générale que le Cheval a suivi l'homme et qu'il s'est élevé ou abaissé avec les nations qui le cultivaient, et surtout peut-être avec leur force guerrière. D'où, dans la succession des siècles, certaines races ont pu se maintenir ou disparaître et d'autres se former.

Races de chevaux.

La race la plus ancienne et la plus parfaite en Asie est la race persane, de laquelle est sortie la race arabe.

La race la plus ancienne et la plus parfaite en Afrique est la race barbe.

La race la plus ancienne et la plus parfaite en Europe, et véritablement la plus belle en général, est la race andalouse-espagnole.

Au contraire, la race la plus nouvelle et peut-être la moins belle, la plus artificielle en général, est la race anglaise.

D'après cela on peut dire avec assurance, *à priori* comme *à posteriori*, que c'est le croisement des races qui les détruit, en même temps qu'il peut donner lieu ou produire souche de nouvelles et plus aptes à tel ou tel nouveau besoin défini.

Chez les anciens, la conservation des races était plus facile, sans doute, parce que le Cheval n'était guère cultivé que pour la guerre, et que les communications des peuples équestres étaient plus difficiles.

La description des races, au surplus, leur définition verbale est si difficile, qu'on doit la regarder comme à peu près impossible, puisque c'est le *facies* qui les distingue et qu'il n'a pas de règle, de mesure.

C'est tout au plus si l'art du dessin pourrait y parvenir même aujourd'hui et avec la même main.

Aussi suis-je bien éloigné de penser que les œuvres d'art qui nous ont été laissées par les anciens et sur lesquelles nous voyons des chevaux représentés soient assez exactes et même en général assez bonnes pour qu'on puisse y reconnaître autre chose qu'un Cheval plus ou moins bien fait, mais nullement les races qui existaient de leur temps.

Encore moins cela est-il possible d'après les ossements que les chevaux ont pu laisser dans le sein de la terre, à l'état plus ou moins fossile, ce qu'il était important de démontrer pour le but de la paléontologie de cette espèce animale que nous étudierons bientôt. En attendant que nous parlions des traces que le Cheval a laissées, soit dans les œuvres d'art de l'antiquité, soit à l'état fossile dans le sein de la terre, nous pensons faire une chose utile en disant quelques mots des races de chevaux signalées par les Grecs et les Romains.

Nous venons de voir comment le Cheval sorti des parties les plus occidentales du versant septentrional, du plateau central asiatique où il existe encore sauvage aujourd'hui, s'est successivement irradié, d'abord avec les peuples qui l'avaient dompté de proche en proche, puis avec ceux chez lesquels il avait été porté par suite de conquêtes par les armes plus que par d'autres vers toutes les parties de l'ancien et du nouveau continent, depuis les temps les plus reculés de l'histoire jusqu'à nous. Quoique cet animal ait conservé partout ses caractères spécifiques, il va sans dire, ainsi que nous l'avons déjà fait observer, que transporté dans des climats différents, dans des circonstances variées, et employé à des usages divers dans les mains de peuples à des degrés de civilisation très-différents, il a dû être modifié de manière à constituer ce qu'on nomme des races assez différentes pour être désignées sous des noms distincts, et pouvant même être caractérisées d'une manière plus ou moins tranchée et par conséquent reconnaissable, mais aussi pouvant disparaître ou s'éteindre lorsque les circonstances naturelles ou artificielles qui les avaient déterminées n'étaient pas continuées ou se trouvaient changées, ce qui a toujours et nécessairement lieu pour toute espèce de corps organisé.

Voyons maintenant pour le Cheval qui nous occupe en ce moment, à passer en revue, mais dans une simple énumération alphabétique, les races qui ont été signalées par les anciens jusqu'à nous.

Les races ou variétés conditionnellement fixes dans cette espèce animale, peuvent être, comme pour tout autre être vivant, partagées en sections principales, suivant qu'elles portent sur la taille et les proportions en général, sur l'allure, c'est-à-dire, sur la marche, et enfin sur la patrie et les lieux d'origine.

Chevaux nommés *Manni, Mannuli, Nani* ou *Pumiliones.*

1. Sous le rapport de la taille, il parait que, chez les anciens comme chez nous, il y avait des chevaux de grandes dimensions et des chevaux extrêmement petits, qu'ils nommaient *Mani, Mannuli, Nani* ou *Pumiliones*, et comme de notre temps le séjour habituel dans les pays montueux produit ceux-ci, au contraire des pays de vallée et des pays plantureux produisent ceux-là.

Sous le rapport des proportions des parties, c'est-à-dire, du tronc et des membres, nous ne trouvons pas que les anciens aient nettement désigné les races, ainsi que nous le faisons aujourd'hui, surtout en ayant égard à l'usage.

Bucéphale, cheval d'Alexandre.

On trouve cependant le nom de Bucéphale donné au cheval d'Alexandre, parce que sans doute il avait la tête élargie en arrière comme le Bœuf, ce qui en écartant les oreilles, lui donnait le caractère de docilité et de dévouement que nous reconnaissons aux chevaux de bonne nature, et par exemple aux chevaux arabes. Cette raison est plus plausible que celle donnée

Callisthène.

par Callisthène, copiée par Pline (lib. VIII, c. XLII), lorsqu'il prétend que le cheval d'Alexandre avait reçu le nom de Bucéphale, parce qu'il avait la figure d'une tête de Bœuf imprimée sur l'épaule (55).

Le cheval de César.

S'il est vrai, ce qui est fort douteux, que le cheval de César eût les pieds de devant semblables aux mains de l'homme, ainsi qu'il était, suivant

Pline.

Pline (56), représenté devant le temple de Venus genitrix, c'était indubitablement une monstruosité, mais non pas une race.

Sous le rapport de la couleur, les anciens connaissaient très-probablement les mêmes variétés que nous; mais cependant on ne peut pas l'assurer d'une manière absolue, les épithètes (*variegati, cærulei, glauci, sanguinei, cæsii*), par lesquelles ils désignent les couleurs, ne pouvant pas toujours être interprétées d'une manière certaine. Ils connaissaient des chevaux blancs, semblables à ceux que Xercès fit immoler lors de son arivée sur les bords du Strymon, dans sa marche sur la Grèce (57). Hérodote mentionne comme partie du tribut que les Ciliciens devaient aux rois de Perse un Cheval blanc par chaque jour, ou trois-cent-soixante dans l'année (58).

Chevaux nommés *Variegati, Cærulei, Glauci, Sanguinei, Cæsii.*

Chevaux blancs.

Mais est-il aussi certain que les chevaux que désigne Aristote sous le nom de *Parios* en grec (H. A. IX. c. v), corresponde à ce que nous nommons bai ou alezan? C'est ce que je ne voudrais pas assurer (59).

Aristote.

Sous le rapport de l'allure (60), les Grecs ne nous ont laissé aucun renseignement qui puisse nous indiquer les différences de la marche du Cheval, mais il n'en est pas de même des Latins; un vers fameux de Virgile comme poésie d'imitation, nous apprend qu'ils en connaissaient fort bien le galop (61).

Allure du Cheval.

Virgile.

On suppose même qu'ils connaissaient au moins l'une des allures artificielles du Cheval, que nous désignons aujourd'hui sous le nom d'amble, ce qu'ils désignaient par la dénomination de *tolutilis gradus, tolutarii equi* (62). C'est à ce qu'il paraît dans Plaute que l'on trouve pour la première fois l'adverbe *tolutim* (63) pour désigner le mouvement que les Grecs désignent par le verbe βαδίζειν; mais c'est dans Varron (64) que nous le voyons appliqué à une allure artificielle du Cheval, *tolutim incedere*. Sénèque (65) nomme cette sorte de chevaux *Tolutarii;* les chevaux désignés par ce nom chez les Romains étaient sans doute fort estimés alors, car ils sont opposés au mauvais bidet que montait Caton dans l'exercice de la censure. Pline, *H. N.*, VIII, en donne la définition, si l'on admet avec Gessner et depuis avec tous les commentateurs, que le mot *Thieldones* (66), employé du temps du naturaliste Pline pour désigner les chevaux auxquels on avait appris à marcher *tolutim*, corresponde au mot *tolutarii* de Sénèque. Pline l'Ancien, en effet, nous apprend que les *Thieldones* nommés *Asturcones*, quand

Plaute.

Varron.

Sénèque.

Chevaux nommés *Tolutarii.*

Pline.

Chevaux nommés *Thieldones.*

Asturcones.

leur taille était petite, étaient des chevaux de la Galice et de l'Asturie en Espagne, qui dans la course ne marchaient pas comme les autres, mais bien par le développement mollement alternatif des deux jambes du même côté, ce qui est assez bien celui de nos chevaux, lorsqu'ils marchent l'amble.

Columelle. Ce qui mérite observation, c'est que Columelle, d'origine espagnole, et qui a écrit en Espagne, ne dit rien, pas plus au reste que les autres auteurs Martial. géoponistes de l'époque d'Auguste, de cette sorte de chevaux que Martial (67) désigne sous le nom d'*Astur equus* ou même d'*Astur* seulement, en peignant très-bien la rapidité de leurs pieds et même la brièveté de leur corps, particularité caractéristique de ces sortes d'animaux.

Toutefois ce qui prouve que ces chevaux d'allure artificielle étaient bien connus chez les anciens Romains, c'est que nous les trouvons ensuite par- Végèce. faitement indiqués dans Végèce (68) sous le nom d'*Asturcones*, comme dans Sénèque, Pline et Martial. Le premier de ces écrivains les compare pour l'agrément de leur allure (*blandimenta vecturæ*), qu'il désignait par l'expression de *tolutaria ambulatura*, à ceux qu'il nomme *Tropidarii* ou *Tottonarii* en langage militaire et qu'il dit dressés pour la légèreté (69) (*levitatem*) à la manière de ceux des Parthes, en ajoutant dans un autre passage, où il décrit Chevaux nommés *Totonarii*. l'allure de ceux-là, qu'elle est intermédiaire à celle des *Tolutarii* et des chevaux nommés vulgairement *Totonarii*.

Ainsi, à l'époque où Végèce écrivait, il paraît que les anciens avaient obtenu ou pouvaient du moins obtenir à leur volonté trois variétés d'allure, les *Tolutarii* ou *Colatorii*, les *Tropidarii* ou *Trottonarii* et les *Asturcones*.

Ceux-ci, bien définis par Pline, sont évidemment les *Tolutarii* de Sénèque et très-probablement nos amblins; mais il est plus difficile de décider pour les *Tropidarii* ou *Tottonarii* (70).

Nonius. Pour les *Asturcones* Nonius (71), en les définissant *gradarius equus est molli gradu et sine succussatione nitens*, met hors de doute au moins un grand rapprochement des uns et des autres, c'est-à-dire des *Tolutarii* et des *Asturcones*.

Sous le rapport de l'usage, les anciens distinguaient les chevaux suivant qu'ils devaient servir à traîner un char, une voiture, une charrette ou bien à transporter l'homme aux jeux publics, à la guerre, à la chasse ou en voyage, ou bien enfin, quoique plus rarement, à porter des fardeaux, mais en général sans définition autre que celle tirée des lieux d'où ces animaux provenaient (72).

Sous ce rapport, les anciens comme poëtes, comme géographes, comme naturalistes et surtout comme économistes, avaient au contraire désigné un nombre de races de chevaux, nombre qui a nécessairement augmenté au fur et à mesure que l'espèce s'est répandue davantage à la surface de la terre, quoiqu'il ait pu en disparaître quelques-unes de ces races, au point que Pierre Gilles dans sa traduction d'Élien a pu dire : *Tunc equorum totidem genera quot hominum dicam præstantissime*, ce qu'il a traduit des deux vers 192 et 195 du liv. I du poëme *De venatione* d'Oppien.

Pierre Gilles, traducteur d'Élien.

Dans l'énumération que nous allons en faire, nous suivrons l'ordre chronologique pour les auteurs et l'ordre alphabétique pour les races des chevaux.

Homère a bien caractérisé certains pays par l'abondance des Chevaux qu'ils nourrissaient, mais sans leur appliquer des épithètes tirées des qualités particulières de ces animaux.

Homère.

Hérodote n'est pas dans le même cas et il a distingué les chevaux en :

Hérodote.

INDICI (lib. III, chap. 106), ou de la contrée la dernière habitée à l'est de la Grèce et qui étaient beaucoup plus petits que ceux de la Médie nommés *Nysceni, equi Nisaei Medici.* (lib. III, chap. 106.)

Chevaux désignés sous les noms d'*Indici*,

LIBYCI, que les Libyens ont les premiers attelés à des chars (lib. IV, 189).

Libyci,

NYSÆI, ainsi nommés de la plaine de Nyssa en Médie, où ils étaient élevés pour l'usage des rois (lib. III, 106, VII, 40). *Nisæi autem vocantur hi equi ab amplo Mediæ campo, cui nomen est Nisæus, in quo grandes illi equi gignuntur.*

Nysæi,

PÆONII, que, suivant Hérodote, les habitants voisins du lac Prasias nourrissaient avec du poisson, comme nous l'avons dit plus haut.

Pæonii.

SIGYNNII, qu'Hérodote (liv. V, chap. IX) dit être petits, camus, avec les poils longs de cinq doigts et habiter au nord de la Thrace, au delà de l'Ister : *Quorum equos aiunt esse toto corpore hirsutos, pilis ad quinque (latos) digitos longis; exiguos illos, et simos, et parum validos ad viros vehendos; plaustris*

Sigynnii,

autem junctos, esse velocissimos; et eam ob causam plaustris vehi indigenas.

Scythici. Scythici, sauvages, de couleur blanche et vivant dans un pays trop froid pour les Anes et les Mulets, sur les bords d'un lac d'où sort l'Hyspanis. Les Scythes buvaient le lait de leurs chevaux et le conservaient; dans leurs sacrifices ils immolaient principalement des chevaux au Soleil (les Massagètes plus particulièrement). N'est-il pas évident que là où l'on faisait sa nourriture habituelle du lait de jument, que là où le Cheval était offert en sacrifice, c'est là qu'a dû être la patrie primitive de cet animal. A ces chevaux il faudrait ajouter les *Thessalici,* dont le même écrivain vante la renommée (lib. VII, cap. CXCVI). *In Thessalia vero certamen instituerat Xerces inter suos equos et Thessalicum equitatum, cujus experiri virtutem voluit, quam rescivisset esse tum præstantissimum totius Græciæ,* en ajoutant en même temps qu'à la course les chevaux grecs furent vaincus par leurs rivaux, *ex eo quidem certamine longe inferiores Græci equi discesserunt.*

Xénophon. Xénophon a bien donné les caractères d'un Cheval propre à la guerre, mais il n'est pas descendu ou il n'a pas eu l'occasion de descendre jusqu'à désigner les races de chevaux connues de son temps.

Aristote. Aristote n'ayant eu à signaler que des particularités d'organisation et d'histoire naturelle du Cheval en général, n'a en effet cité qu'un petit nombre de races, par exemple les chevaux connus sou le nom de : Nysæi, Hérodote. déjà mentionnés par Hérodote, et que par une singularité peu explicable, il prétend être surpassés en vitesse par les Chameaux (*Hist. nat.*, IX, chap. XXXVII).

Varron. Varron, il est vrai bien plus tard et dans un autre centre de civilisation, dit bien en parlant du Cheval en général : *Stirpe magni interest qua sint, quod genera sunt multa;* mais il se contente de citer les meilleurs races (*De re rustica*, II, VII), notamment les :

Chevaux désignés sous les noms de *Thessali,* Thessali *equi, a regionibus dicti.*

Appuli, Appuli, *a terra* ou de la Pouille, comprenant le territoire de Tarente.

Reatini. Reatini, *ab Roma.*

Roseani. Roseani, *ab Rosea.*

Strabon. Strabon écrivant en Grèce n'a cité que des races de chevaux de cette partie du monde, qui sont toutes d'Europe et même peu loin de Rome et de l'une desquelles il tire les qualités de l'étalon dont il recommande l'emploi, mais sans désignation positive d'aucune.

ARCADICI, *equorum sane genus excellet, præsertim equarum et Asinis suppositoribus*. *Arcadici.*

ARGOLICI. *Argolici.*

APAMIENSES. *Apamienses.*

EPIDAURII. *Epidaurii.*

THESSALICI, déjà notés par Varron, qu'il prétend avoir été célèbres dans la Grèce comme ayant remporté le prix aux jeux olympiques; et pour appuyer l'opinion que les Venètes du fond de l'Adriatique étaient une colonie des Hénètes de l'Asie Mineure, il cite l'industrie de ceux-ci dans l'élève des chevaux, comme Homère l'avait indiqué en parlant de ceux de la Paphlagonie. *Thessalici.*

VENETES OU HENETES. *Venetes ou Henetes.*

Pline semblait devoir indiquer un plus grand nombre des races locales de chevaux, puisqu'il avait pu puiser aussi bien dans les géographes que dans les naturalistes et les géoponistes; mais il s'est contenté de copier Aristote; il ne parle en effet que des deux suivantes :

SARMATES, pour la première fois. *Sarmates.*

SCYTHICI, déjà inscrits et signalés par Hérodote. *Scythici.*

Élien s'est borné à indiquer les chevaux indiens ou *Indici*, qui se trouvaient déjà mentionnés par le père de l'histoire, et les *Libyci*, en faisant l'observation fort juste que ces chevaux sont, comme leurs maîtres, maigres, grêles et qu'ils peuvent se passer d'être étrillés, au contraire des Chevaux mèdes qui sont gras, beaux, luisants par suite des soins qu'on en prend. Élien.

Oppien, du temps de Septime-Sévère, c'est-à-dire vers l'an 200 de notre ère, de 193 à 211, a considérablement augmenté le nombre des races de chevaux, lequel s'élève à 18 dans le poëme connu sous le nom de *De venatione* (lib. I, vers 270 et suivants); mais en ne les caractérisant le plus souvent, ainsi qu'il le devait, que par une épithète ou une périphrase poétique. Oppien.

Encore ajoute-t-il qu'il se bornera à parler des races les plus éminentes qui excellent dans les batailles, ce sont les suivantes :

Achaici, ACHAICI.

Armenii, ARMENII, *ad Euphratim amnem Siculis velociores.*

Cappadoci, CAPPADOCI, *celeres, qui pabula carpunt Tauri.*

Cretenses ou Cretes, CRETENSES ou CRETES, *ingentes, veloces ad currendum et longi.*

Epei EPEI, nommés ainsi d'un ancien nom de l'Achaïe.

Erembi. Strabon. EREMBI ou ARABES. En effet, Strabon (*Geogr.*, lib. XVI) dit en parlant de ces chevaux : *Qui prærupta saxa nudi inhabitabant in Arabia.*

Iberi, IBERI, *specie insignes, ungula non firma, lata, Parthis velociores, aquilas sequentes, pernices pedibus, imbecilli viribus, cursui parum sufficientes.*

Iones, IONES, *ad domitandos difficiles.*

Libyci, LIBYCI, *specie et forma sed mole corporea priores, viribus potiores. Ad costas ampliores et latiores, æstuosum impetum et sitim bene ferentes.*

Magnesii, MAGNESII ou du pays des Magnesiens, dans l'Asie Mineure.

Mauri, MAURI, *omnibus anteferentes velocitate, cursus continuatione et laboris patientia.*

Mazaces, MAZACES. Sans indication d'aucune sorte.

Nyssæi, NYSSÆI, *omnium pulcherrimus nissæus equus quem equitant reges, mollis ad ferendum, facili habena, gracili capite, jubam densam, flavam gloriose utrinque jactans.*

Parthi, PARTHI, *coma prolixa, siculis velociores, villoso corpore pulchri, eximii, splendidi, mugitum leonis sustinentes soli.*

Scythici, SCYTHICI,

Siculi, SICULI *qui lilybeum depascuntur, celerrimi.*

Thraci, THRACI,

Tyrrheni, TYRRHENI *velocitate ad currendum et longo corpore proditi.*

Oppien. Ainsi à l'époque où vivait Oppien, deux races connues anciennement continuaient à être signalées, et seize l'étaient nouvellement; mais parmi celles-ci il y en avait un certain nombre dont le poëte avait seulement changé le nom.

Végèce. Dans Végèce, qui vivait deux cents ans plus tard, c'est-à-dire au IVe siècle, le nombre des races de chevaux ne s'élève plus qu'à quinze, elles sont désignées ainsi qu'il suit :

AFRICANI (*Numidi? Libyci?*), *quamvis Africa Hispanis sanguinis velocissimos præstare consueverit.* *Africani,*

ARMENI, *sequuntur Persas.* *Armeni,*

ALBANI *velocissimos præstantes.* *Albani,*

BARBARICI, *Numidi? Libyci?* *Barbarici,*

BURGUNDIONES, *injuriæ tolerantes, ad bellum post Hunniscos.* *Burgundiones,*

CAPPADOCES, *illorum curribus gloriosa nobilitas.* *Cappadoces,*

DALMATÆ, *ad bellum quarto loco, licet contumaces ad frena, habiles armis.* *Dalmatæ,*

EPIROTÆ, *sicut Dalmatæ.* *Epirotæ,*

FRIGISCI, *tertio loco, non minus velocitate quam continuatione cursus invicti.* *Frigisci,*

HETRURII, *Hetrurii,*

HISPANI, *par vel proxima Cappadocum in circo creditur palma.* *Hispani,*

HUNNISCI, *ad bellum longe primo docetur utilitas patientia laboris, frigoris, famis.* *Hunnisci,*

PERSÆ, *ad usum sellæ omnibus meliores, cum ad vehendum molles et pro incessibus nobilitate pretiosi.* *Persæ,*

SAMARICI, *ad bellum quarto loco sicut Dalmatæ.* *Samarici.*

SAPHORENI, *sequuntur Persas.* *Saphoreni,*

SICULI, *nec inferiores Hispanorum ad circum.* *Siculi,*

TARINGI, *ad bellum post Hunniscos et injuriæ tolerantes.* *Taringi.*

Mais il faut également faire l'observation que, pour plusieurs de ces races, il a pu n'y avoir qu'un simple changement de nom, par exemple pour les chevaux de Numidie ou de Barbarie, qui pouvaient bien être la même chose que ceux qui, avant Végèce, étaient nommés *Numidi* et *Libyci*.

Absyrtus, qui écrivait sous Constantin, dans son livre *De variis diversarum gentium equis*, cite les races suivantes : Absyrtus.

CYRENAICI ou de la Cyrénaïque. *Magni, restricti ilibus, lateribus parvis, pernices.* *Cyrenaici,*

ARGOLICI, *bonis pedibus, infirmis femoribus.* *Argolici,*

HISPANI. *Hispani,*

Istrii. ISTRII, *fermis pedibus, ingentes, turpi corpore, spina inserti et cavi, cursores.*

Sarmatici. SARMATICI, *grate et bene compositi, pernices, simplices, capite et collo firmo, proceres.*

Thraces. THRACES.

Procope. Procope, qui florissait dans le VIe siècle, et qui nous a laissé une grande histoire contenant en huit livres le récit des guerres de Justinien contre les Perses, les Vandales et les Goths, mentionne pour la première fois les chevaux de Corse, *Corsici,* qui ne sont pas, dit-il, plus gros que des moutons (*De bello gothico,* IV, 34) : *Hic ut sunt homines nani, sic armenta quædam equorum, paulo grandiorum ovibus.*

Nicetas Acominatus *Arabici.* Nicetas Acominatus, dit Choniates, dont l'ouvrage ne remonte pas au delà du XIIe siècle, mentionne également pour la premiere fois *Arabum æqui in prælio.*

Il est bon de remarquer, en terminant, que dans aucun auteur on ne trouve citée la race égyptienne, quoique des chevaux soient représentés sur un assez grand nombre de monuments de l'Égypte, mais qui ne remontent pas, dans tous les cas, au delà de la dix-huitième dynastie (73).

DES TRACES QUE LE CHEVAL A LAISSÉES DANS LES MONUMENTS DE L'ART CHEZ LES ANCIENS.

Après avoir ainsi étudié et passé en revue les races de chevaux plus ou moins convenablement indiquées chez les anciens, d'après les descriptions souvent fort incomplètes qu'ils nous en ont laissées dans leurs écrits, nous devons maintenant chercher si elles seraient ou ne seraient pas confirmées par les monuments d'art, soit des Grecs ou des Romains, qui sont parvenues jusqu'à nous.

Commençons par cette observation générale préliminaire que, malgré l'opinion contraire qui a souvent été émise par plusieurs personnes, les artistes de l'antiquité sont bien loin d'avoir reproduit les animaux avec la supériorité qu'ils ont montrée dans la représentation de l'homme symbolisé comme dieu, comme héros, comme digne en un mot d'être transmis à la postérité pour des motifs extrêmement variés ; c'est ce qui a été reconnu par Winckelmann (1) lui-même, et ce qui le sera facilement par les obser- Winckelmann. vateurs véritablement au courant de la difficulté du sujet (2).

C'est ce que l'on peut dire avec d'autant plus d'assurance, que le procédé artistique a été plus grossier et que l'animal était moins important dans le sujet représenté. En effet, fort rarement les anciens ont figuré un animal seul dans leurs monuments (3), sauf toutefois la Louve symbolique des Romains, sauf aussi les animaux figurés, mais malheureusement sur une très-petite échelle sur les monnaies de certaines villes. La grande réduction des figures était nécessairement aussi un obstacle à leur rigoureuse exactitude, même pour le *facies*, la chose la moins aisée dans la reproduction des animaux aussi bien que le peu d'importance que les artistes eux-mêmes y attachaient. Tout le monde sait que ce n'est réellement que dans le dernier siècle, et de notre temps, que les peintres et les sculpteurs se sont appliqués à représenter les chevaux d'une manière plus ou moins satisfaisante : ceux de Raphaël, même de notre Poussain, sont loin d'être bons et d'égaler par exemple ceux de Vander-Meulen, sous Louis XIV, ou des deux Vernet de nos jours.

Chevaux des peintures de Raphaël et du Poussin.

Les monuments de l'art antique concernant le Cheval, qui nous sont parvenus, appartiennent à toutes les parties de l'art : ils affectent la forme de statues de ronde bosse en marbre et en bronze, de bas-reliefs, de médailles, d'entailles, de vases, de mosaïques, aussi bien chez les Égyptiens, les Perses, les Étrusques, que chez les Grecs et les Romains.

En sculpture proprement dite, c'est-à-dire en marbre ou en d'autres matières plus ou moins dures, nos musées possèdent un certain nombre de statues équestres ou même de chevaux isolés, ce qui est beaucoup plus rare, il est vrai; j'ai eu le bonheur de les voir à peu près toutes.

Chevaux de Monte-Cavallo.

Ceux de Monte-Cavallo, à Rome, quoique portant les noms de Phidias et de Praxitèle, sont véritablement peu dignes d'attention, tant ils sont mauvais de l'aveu de tout le monde (4).

Statues équestres de Castor et Pollux au Capitole, à Rome. Falconet.

C'est ce que l'on peut dire avec autant d'assurance de ceux auprès desquels sont les statues colossales de Castor et Pollux, à l'extrémité de l'escalier du Capitole, sans que les chevaux soient même proportionnés aux cavaliers : Falconet a bien raison de les trouver détestables (5).

Cheval en marbre de la collection du Vatican, à Rome.

Il existe dans la collection du Vatican (6) un Cheval de marbre plus petit que nature, d'une jolie forme avec la bouche assez bien indiquée, même pour les dents incisives au nombre de six en haut comme en bas et des crochets; mais est-il certain, malgré l'absence de fers, que cette statue soit antique? J'avoue que l'exactitude dans le système dentaire me porte à en douter.

On peut, à mon avis, en dire autant d'un beau groupe en marbre, dans lequel un lion est représenté cramponné à l'aide de ses griffes sur le dos d'un Cheval : le mufle de celui-ci est parfaitement étudié.

Statues équestres des Nonnus, au Musée de Naples.

Les chevaux des statues équestres des Nonnus retirées des fouilles d'Herculanum et qui existent en parfait état de conservation dans le Muséum bourbonien de Naples sont sans contredit beaucoup meilleurs et jusqu'ici les plus parfaits de tous ceux que nous ait laissés l'antiquité. Falconet trouve même qu'ils sont élégants, quoique bien inférieurs aux cavaliers. Ils ne m'ont cependant pas entièrement satisfait quoiqu'ils soient en effet assez bien posés; ils sont froids et peu étudiés dans les détails des parties, quand ils ne sont pas erronés, par exemple pour la forme des dents incisives (7).

Chevaux de bronze de l'église Saint-Marc.

Plusieurs personnes ont pu voir à Paris les fameux chevaux de bronze anciennement dorés qui ornaient la façade de l'église St-Marc à Venise et que l'on peut assurer avoir plus voyagé que s'ils eussent été vivants. On suppose en effet qu'ayant fait partie d'un arc de triomphe élevé à Auguste, à Rome, assertion qui repose sur ce qu'une médaille de Néron porte un arc de triomphe orné d'un quadrige, ils seraient passés successivement aux arcs de Domitien, de Trajan, de Constantin, et que celui-ci les ayant fait transporter en dernier lieu à Constantinople, les Vénitiens les auraient rapportés chez eux en 1250; je les ai revus en 1841 à Venise pendant mon second voyage en Italie, dont le but principal était d'étudier les monuments qui représentent des animaux, et j'ai pu confirmer ce qui en a généralement été dit, c'est-à-dire, qu'ils sont très-pauvres de forme et de mouvement, au point qu'ils ont été avec raison comparés à des chevaux de bois (8).

Statue équestre de Marc-Aurèle au Capitole, à Rome.

Un autre Cheval de bronze que j'ai également pu examiner plusieurs fois pendant mon séjour à Rome est celui que l'on a placé sur une statue de Marc-Aurèle, au milieu de la place du Capitole. C'est encore une histoire que cette statue équestre de Marc-Aurèle : le cheval et le cavalier sont loin d'avoir été trouvés ensemble; le cheval le fut d'abord (9), et, comme sa tête mal faite ressemble à celle d'un bœuf, il a été aisé d'en faire le fameux cheval d'Alexandre et par conséquent de l'attribuer d'abord à une statue équestre de ce conquérant; puis, le cavalier retrouvé, on l'a attribué ensuite à celle de Constantin et enfin de Marc-Aurèle. Malgré tout ce qui a été dit de ce cheval, devenu fameux par un mot attribué à Pietro di Cortone et au Bernin, il m'a semblé que la critique qui en a été faite par Falconet est juste de tous points :

Falconet.

Tête de bœuf, corps massif, court, ventru, mal assis, faussement ou incomplétement étudié, par exemple dans la forme des narines, des yeux, des oreilles, des plis de la bouche, du cou à la jonction de la tête, ce cheval est en réalité bien loin de mériter l'apostrophe du peintre romain. Aussi

P. Courier.

suis-je vraiment étonné que Paul Courier, officier d'artillerie à cheval cependant, ait pu y reconnaître tous les caractères d'un beau cheval entier napolitain de la Calabre et de la Pouille, ainsi qu'il le dit dans sa traduction du Traité de l'équitation de Xénophon, pages 45 et 46 (10).

Cheval écorché de la villa Mattei, à Rome.

Falconet vante, au contraire des sculptures précédentes, un petit Cheval écorché de la villa Mattei, à Rome, qu'il dit être remarquable par la finesse des proportions, la belle forme de chacune de ses parties aussi bien que par la justesse des mouvements. Ne l'ayant pas vu je n'en puis rien dire, mais est-il bien certain que ce cheval écorché soit véritablement antique (11)?

Têtes de chevaux du fronton du Parthénon.

Il n'en est pas de même des têtes de chevaux qui faisaient partie du fronton du temple de Minerve à Athènes; il ne peut y avoir aucun doute, et j'ai eu l'avantage de les voir à Londres, dans le Muséum britannique où elles ont été portées par lord Elgin, spoliateur célèbre de la capitale de la Grèce de Périclès. Comme ces têtes ne devaient être vues que d'assez loin, elles ne sont réellement que des ébauches hardiment taillées, reproduisant par l'expression des yeux, des lèvres, mais surtout des narines, toute la fougue de chevaux généreux et de forte race. On peut également voir que le chanfrein est droit et que la tête large en arrière écarte nécessairement les oreilles; mais du reste on ne peut rien en conclure, d'autant plus que ces ouvrages ne sont pas de ronde bosse, quoique des bas-reliefs fort saillants (12).

Centaures. — Falconet. — Centaures du palais Furietti, à Rome. — Centaures de la villa Borghèse au Musée du Louvre.

On trouve souvent le Cheval représenté chez les anciens sur les monuments de sculpture et mis en scène comme de véritables chevaux, aussi bien que joints monstrueusement à des corps d'hommes et constituant des centaures! Falconet a fortement tempéré les éloges donnés aux centaures du palais Furietti, à Rome, en les déclarant trop au-dessous de la critique pour en parler en détail, ce qu'il dit également de celui de la villa Borghèse, dompté par l'Amour (13). Je n'ai pas vu les premiers, et je ne puis rien en dire; mais pour une statue du même sujet faisant partie du Musée de Paris, il est certain qu'il est difficile de ne pas y trouver un animal aussi inexact que maniéré dans toutes ses parties.

Si nous voulions juger du Cheval des Assyriens par ceux représentés dans les bas-reliefs qui décoraient certains monuments de Ninive, et qui ont été découverts et rapportés par M. P. G. Botta, il faudrait reconnaître qu'ils étaient assez loin de ce que nous considérons aujourd'hui comme de beaux chevaux. Ces bas-reliefs nous les montrent fort soigneusement arrangés sous le rapport de la crinière tressée et de la queue fort longue, mais fort peu élégants par suite de la grosseur de la tête, de l'épaisseur et de la brièveté du cou, du tronc, aussi bien que des membres terminés par des sabots, ce qui constitue un cheval robuste et ramassé dans toutes ses parties, qu'il soit attelé à un char ou monté tantôt par un guerrier, tantôt par un chasseur, ou même conduit en laisse (14).

Chevaux des monuments de Ninive, découverts par P. Botta.

Un fait qui semble prouver que tous ces chevaux n'étaient exécutés que de pratique et suivant un poncif de convention, c'est que dans la marche, les pieds sont toujours comme si l'amble était leur pas naturel (15).

Les figures de chevaux qu'a données Kerporter, d'après les bas-reliefs observés par lui dans les ruines de Persépolis, nous montrent ces animaux absolument comme nous venons de les signaler dans les monuments de Ninive (16).

Chevaux représentés sur les bas-reliefs des ruines de Persépolis. Kerporter.

Cette ressemblance entre ces travaux d'art peut-elle faire conduire à conclure que cela indiquait une identité entre la race ou entre le mode de faire? J'avoue que je suis plus porté vers cette dernière opinion, tant les figures de ceux de Ninive sentent la pratique, sous le rapport de la disposition erronée des veines et des muscles. S'il en était autrement, il faudrait admettre qu'alors du temps des Achéménides et des Sassanides, le Cheval persan était bien différent de ce qu'il est de nos jours.

Nos collections d'objets d'antiquité ne possèdent peut-être pas des bas-reliefs représentant des chevaux qui puissent remonter aux belles époques de la sculpture chez les Grecs. Ce que je puis assurer c'est que tous les chevaux que j'ai pu examiner dans les bas-reliefs conservés dans les principaux musées d'Italie, à Naples, à Rome et à Florence, ou bien en France, à Paris, ou même dans le Muséum britannique (17), à Londres, et dont la plupart, il est vrai, sont Romains et du temps de l'empire, ne peuvent supporter le moindre examen. Et bien plus, il paraît que les artistes n'y atta-

Chevaux figurés sur des bas-reliefs antiques;

chaient qu'une importance fort secondaire, puisqu'ils les faisaient toujours d'une proportion bien plus petite que les hommes mis en scène avec eux et dont les figures sont constamment fort réduites (18).

sur les médailles et sur les pierres gravées;

Le genre de sculpture, dans lequel il paraît que le Cheval a été beaucoup mieux représenté, est celui qui se voit sur les médailles ou sur les pierres gravées.

sur les médailles de Thessalie, de Macédoine, de Sicile, de la Grande-Grèce, de l'Asie Mineure, de la Mauritanie, Dureau de la Malle;

Tous les antiquaires ou archéologues sont d'accord pour vanter la forme des chevaux représentés sur des médailles de la Thessalie, et entre autres de Phalarus; sur celles d'Archelaüs, roi de Macédoine; sur celle de Syracuse en Sicile, de Capoue et de la Pouille, dans l'Italie méridionale, d'Alexandria Troas en Asie Mineure, de Juba en Mauritanie; au point que M. Dureau de la Malle (19) a cru pouvoir y reconnaître des caractères des races thessalienne, apulienne, sicilienne et africaine.

Sans doute que sous les doigts d'habiles artistes, comme l'étaient les graveurs de ces belles médailles, les caractères généraux du Cheval, posé ou en action, ont pu être saisis et rendus avec esprit; mais de là à la caractéristique des races, avec des degrés si énormes de réduction, il y a bien loin.

sur les monnaies gauloises.

Conclure ainsi de la beauté de la gravure à celle du Cheval représenté, conduirait nécessairement à penser que, chez les Gaulois (20), cet animal était d'une race bien laide; car sur les médailles gauloises les plus anciennes on voit un Cheval qui est loin d'être beau, et cependant Jules-César nous apprend que les habitants de la Gaule avaient une sorte de passion pour les jeunes chevaux (21).

Chevaux peints,

Les trois sortes de peintures employées chez les anciens nous ont aussi laissé la représentation du Cheval.

en Égypte, sur les monuments de Karnak, du Memnonium, de Louqsor.

Les peintures égyptiennes trouvées dans les monuments de Karnak, dans ceux du Memnonium et de Louqsor, offrent déjà des figures de chevaux; d'après l'ancienneté qui leur est attribuée et que l'on fait remonter à plus de 1500 ans avant l'ère vulgaire, l'existence de ces animaux en Égypte paraît assez bien correspondre à l'époque à laquelle Moïse délivra les Juifs de leur captivité dans ce pays, et où l'Exode, en effet, nous apprend que le Cheval était employé dans les armées des Pharaons.

M. Dureau de la Malle, se fondant sur l'exactitude avec laquelle les Égyptiens reproduisent dans leur système d'écriture le galbe des animaux, reconnait dans les figures de chevaux des monuments de l'Égypte la race thessalienne, ce qui semble être peu en rapport avec la position géographique et les conditions d'existence, la Thessalie étant un pays froid, montueux, herbeux, au contraire de l'Égypte.

Suivant Dureau de la Malle, les chevaux représentés par les Égyptiens sont de race thessalienne.

Nous ne connaissons aucune peinture véritablement grecque qui nous ait transmis la représentation d'un Cheval, mais il n'en est pas de même dans la Grande-Grèce; on a en effet recueilli plusieurs tableaux, soit à Herculanum, soit à Pompéi, dans lesquels on voit peints des chevaux ou des centaures, mais évidemment trop mal dessinés pour qu'on puisse y reconnaître autre chose que des animaux de l'espèce chevaline.

En Italie, à Herculanum, à Pompéi;

Les vases dits étrusques, dont les peintures sont encore plus évidemment de fabrique, ayant souvent représenté les principales histoires mythologiques ou héroïques de la Grèce, ont eu souvent à figurer des chevaux; mais comme pour les autres êtres animés ils les ont représentés plus allongés, plus grêles d'encolure, plus hauts de membres, ce qui leur donne tout à la fois plus d'élégance et de finesse, plus de ressemblance en un mot avec les chevaux de course des modernes; c'est sans doute ce qui a déterminé à leur trouver quelques rapports avec la race africaine ou persane (22).

sur les vases improprement nommés *étrusques*;

La mosaïque (23) est dans le même cas que la peinture monochrome; ayant eu comme elle à reproduire des sujets mythologiques, elle a dû nécessairement représenter des chevaux, mais le procédé assez grossier qui la constitue n'a pu lui permettre d'atteindre à quelque chose d'un peu satisfaisant, du moins artistiquement parlant (24). Cependant Falconet cite une mosaïque trouvée à Rome, proche le *Domine quo vadis*, et dans laquelle les chevaux sont, dit-il, d'un ensemble fort léger, quoiqu'ils ne soient pas d'une belle exécution. J'ignore où cet artiste a puisé les preuves de son assertion, mais si c'est d'après un dessin, ce qui est probable, puisqu'il n'a pas eu la satisfaction d'aller à Rome; le doute est permis, les dessins de ces sortes de monuments étant toujours plus ou moins embellis.

sur les mosaïques.

Mosaïque trouvée à Rome, citée par Falconet.

C'est certainement ce qu'on ne peut pas dire de ceux qui se trouvent représentés dans la célèbre mosaïque de Palestrine. L'une des figures indique un cheval au galop monté par un homme sans selle ni étriers; tout ce que l'on peut en dire c'est que c'est un Cheval; mais y trouver, avec M. Marcel de Serres, parce que, dans la gravure très-réduite et si inexacte qu'en a donnée l'abbé Barthélemy, les oreilles sont proportionnellement un peu plus longues que dans le cheval ordinaire, non-seulement une race, mais même une espèce perdue intermédiaire au Cheval et au Zèbre, c'est ce qui passe toute espèce de limite dans le domaine des hypothèses.

M. de Serres reconnaît, dans les chevaux qui y sont représentés, une espèce perdue.

De cette espèce de digression sur les traces que le Cheval a laissées dans les ouvrages d'art chez les anciens et qui nous sont parvenus, il résulte :

1° Qu'il s'en est trouvé chez tous les peuples dont nous connaissons l'histoire, mais et surtout en sculpture;

2° Mais que, comme pour les autres animaux, ces représentations sont en général bien moins exactes, bien moins étudiées que celles de l'homme avec lequel ils sont en action;

3° Que la forme et les proportions ont souvent été déterminées par le mode et la nature de la représentation;

4° D'où nous pouvons déduire avec certitude que les différences que l'on peut remarquer dans ces diverses représentations ne peuvent être regardées comme suffisantes pour pouvoir indiquer des races distinctes, quoique certainement les Romains, au moins sous l'empire, pussent tirer des chevaux des pays où il en existe aujourd'hui des races généralement reconnues, de l'Italie méridionale, de la Perse, de l'Arabie, de l'Afrique septentrionale et de l'Espagne.

SUR LES TRACES QUE LE CHEVAL A LAISSÉES DANS LE SEIN DE LA TERRE.

Sur les traces que le Cheval a laissées dans le sein de la Terre.

Les traces que le genre *Equus* a laissées dans le sein de la terre ne sont peut-être pas moins nombreuses que celles qui se trouvent du même genre dans les pages de l'histoire, et nous allons voir même une assez grande singularité se produire à ce sujet, en ce que des traces se sont rencontrées dans des terrains ou strates d'ancienneté fort différente, accompagnant des restes d'animaux aujourd'hui étrangers à nos climats.

Quoique d'assez bonne heure on ait recueilli des dents molaires du cheval et que ces dents soient fort aisées à reconnaître comme telles, on a pu quelquefois les attribuer à d'autres espèces animales, qui, il est vrai, n'étaient connues que de nom, les objets de comparaison n'existant alors dans aucune collection publique ou particulière.

Dents molaires du Cheval, citées par Aldrovande. Son *Musæum metallicum*, publié par Ambrosini, 1648. Berma. Lang, 1708.

Aldrovande, dans les ouvrages duquel on trouve deux dents molaires de cheval citées et figurées, les avait cependant parfaitement reconnues pour ce qu'elles sont réellement dans son *Musæum metallicum*, p. 850, publié en 1648 par Ambrosini, tandis que Berma dans un ouvrage sur les monstres, p. 57, donne deux dents de même genre comme des dents de géants dont on adoptait assez généralement l'existence à cette époque.

Lang, qui publia vers 1708 un des premiers ouvrages de paléontologie sous le titre d'*Historia lapidum figuratorum Helvetiæ*, figure (pl. XI, f. 1-2, p. 50) deux mâchelières de cheval, une d'en haut, l'autre d'en bas, qu'il attribue à l'hippopotame, et cependant il avait vu un crâne de cet animal dans une collection en quelque sorte publique.

Quoique les dents figurées fussent d'une bien grande taille, si comme il le dit, elles étaient doubles de la figure, la forme et la disposition de l'émail ne pouvaient laisser subsister le moindre doute.

Kundmann.

Kundmann, dans le recueil fort singulier quil a intitulé *Rariora naturæ et artis*, a également fait figurer (tab. 11, f. 4-5) quelques-unes de ces dents, mais, suivant la coutume des simples collecteurs, sans indiquer ce qu'elles pouvaient être.

Walch, 1773.

En 1775, c'est-à-dire dans le dernier quart du XVIIIe siècle, époque à laquelle les Allemands s'occupaient déjà avec zèle des ossements fossiles, Walch, le commentateur de l'ouvrage iconographique de Knorr, *Lapides diluvii universalis testes*, Nuremberg, 1755-75, sect. 11, p. 152, fait figurer plusieurs autres dents qui avaient été recueillies à Quedlimburg, en en faisant remarquer la grande ressemblance avec celles qui avaient été représentées par Kundmann et par Lang, mais sans chercher à les définir autrement.

Dents trouvées à Quedlimburg.

Bourguet, 1741.

En 1741, Bourguet, dans son *Traité des pétrifications*, p. 150, signale aussi une mâchelière trouvée en creusant un puits foré à soixante pieds de profondeur; mais il la reconnut très-bien pour ce qu'elle était, sans doute d'après la détermination de Vallisnieri qui lui en avait fait présent.

Romé de Lille, 1767.

C'est ce que l'auteur du catalogue de Davila, Romé de Lille, § 111, p. 250, (1757), a fait pour une autre dent molaire dans son alvéole, trouvée probablement à Canstadt; car les autres pièces qui composent l'article sous le numéro 509 proviennent de ce célèbre dépôt du Wurtemberg dans lequel on trouva en 1700 des milliers de ces dents, avec des os et des dents de tigres, d'hyènes, d'éléphants et de rhinocéros et dont nous avons déja eu l'occasion de parler à l'article de l'Éléphant. Malheureusement la science ni les collections publiques ne possèdent de renseignements sur un amas aussi prodigieux de dents de Cheval.

En Allemagne, à Constadt.

Nous avons eu également l'occasion, dans nos mémoires sur les Éléphants et les Rhinocéros, de parler d'un autre dépôt célèbre à Eppelsheim, près de Wolfenbüttel; il renfermait aussi une grande quantité d'os et de dents de Cheval, de cerfs et de bœufs.

Auprès de Wolfenbüttel.

De notre temps, la recherche des ossements fossiles ayant pris une grande extension dans toutes les parties de l'Europe occidentale et surtout en France, où, comme toute autre chose, ces collections sont devenues des objets de spéculation mercantile, le nombre des localités où l'on a trouvé des restes et surtout des dents de Cheval s'est considérablement accru, ainsi qu'on peut le voir dans l'article que M. G. Cuvier a consacré à ce genre, t. II, p. 109 de ses *Recherches sur les ossements fossiles de quadrupèdes.* C'est ainsi qu'il cite : G. Cuvier, 1821.

Des dents trouvées avec des os d'éléphants dans la Bergstrasse et conservées dans le cabinet de Darmstadt et dont il doit les dessins à M. G. Fisher; A la Bergstrasse.

Des os dont un astragale et des dents par centaines qu'il avait vus lui-même retirer du canal de l'Ourcq et dont quelques-uns étaient, dit-il, véritablement pétrifiés, en même temps que des os d'éléphants. J'ignore ce que M. G. Cuvier entend par ce mot toutes les dents retirées du canal de l'Ourcq, c'est-à-dire de l'alluvium, sont comme à l'ordinaire; Os divers découverts en France, au canal de l'Ourcq.

Une portion de mâchoire et d'autres os de Cheval trouvés avec une mâchelière d'Éléphant, à Argenteuil, près de Paris, dans la collection de M. de Drée; Argenteuil, près Paris.

Des os dont un métacarpien droit et des dents avec des os d'hyènes et d'éléphants dans le dépôt de Fouvent, département de la Saône, dépôt dont nous avons eu déjà l'occasion de parler; A Fouvent, département de la Saône.

Un fémur avec des os de rhinocéros, et surtout avec un très-grand nombre d'os de rennes, dans la caverne de Breugnes.

Des os dont un calcanéum, un astragale et des dents de rhinocéros et d'éléphants recueillis quelques-uns à une assez grande profondeur, à plus de 20 pieds dans les anciens dépôts de la vallée de la Somme près d'Abbeville et d'Amiens et envoyés au Muséum par MM. Baillon, Rigolot et Traullé. Dans la vallée de la Somme, près d'Abbevillle et d'Amiens.

Dans le val d'Arno, supérieur d'après des dessins envoyés par M. Fabroni, avec des os d'Éléphant, de Mastodonte, de Rhinocéros, et depuis lors d'après des pièces en nature. En Italie, au val d'Arno.

M. G. Cuvier cite encore des os de Cheval, dont un astragale et un métatarsien gauche, recueillis avec une canine de Tigre bien caractérisée ou de Lion, trouvés par M. de Bourienne, rue Hauteville, à Paris, en creusant un puits. A Paris.

Enfin il ajoute que les dépôts de la Somme et de la Seine en fourmillent,

Dans la Seine, au pont d'Iéna.

et qu'il en a vu tirer lui-même des excavations faites pour l'établissement du pont d'Iéna.

Cuvier, 1825, *Ossements fossiles*, 2ᵉ édition.

Enfin, dans les additions par lesquelles il a terminé le dernier volume de ses *Recherches sur les ossements fossiles* en 1825, il dit, p. 505, qu'on a continué de retrouver des os et des dents de Cheval en quantité immense dans tous les dépôts d'ossements d'éléphants, de rhinocéros, de mastodontes, dans le val d'Arno, en Angleterre, à Eppelshein et partout. Ajoutant, à ce qu'il a dit p. 109, que les dents représentées par M. Fischer dans son *Traité de la turquoise* ne sont que des dents de Cheval colorées par le cuivre, pl. 1, fig. 1, et pl. 2, fig. 5.

En Angleterre, en Allemagne, à Eppelsheim.

Malgré la diversité assez grande des localités d'où des restes de Cheval avaient été tirés, les uns provenant évidemment du diluvium ou au moins d'alluvions anciennes, tandis que d'autres ne doivent pas être considérés comme véritablement fossiles, M. G. Cuvier, par suite d'une comparaison attentive faite avec le squelette de quelques variétés de chevaux, un de mulet, d'âne, de zèbre et de couagga, déclara n'avoir pu trouver de différences pouvant servir de caractères spécifiques d'après un os isolé, même d'après la taille; les variétés dans l'espèce domestique pouvant aller du simple au double. Il se borna à faire observer que les os fossiles n'atteignaient pas la taille des grands chevaux et restaient d'ordinaire dans la grandeur moyenne, approchant celle du zèbre ou des grands ânes, au point qu'il finit par les rapporter à une seule espèce contemporaine des éléphants et autres grands animaux de la même époque, ou ce que les auteurs du *Catalogue* ont désigné sous le nom d'*Equus fossilis*.

Equus fossilis.

On fut plus hardi par la suite, et peut-être, sans examiner la question avec un aussi grand nombre d'éléments, les naturalistes proposèrent d'attribuer ces ossements fossiles à plusieurs espèces qu'ils nommèrent plus aisément qu'ils ne les caractérisèrent.

Hermann de Meyer, 1829. *Equus primigenius, priscus, angustidens.*

Le premier en date me semble être M. Hermann de Meyer qui, dans le t. XVI des *Actes des curieux de la nature*, en 1829, a publié sous les noms d'*Equus primigenius* ou *priscus, angustidens* et *Mulus primigenius*, d'*Asinus primigenius*, principalement et même uniquement d'après la taille comparée à celle du Cheval, du Mulet et de l'Ane, existants des figures d'os et de dents qui avaient été recueillis dans le célèbre dépôt d'Eppelsheim, dont nous avons déjà eu l'occasion de parler tant de fois. Eppelsheim.

Ce sont sans doute ces mêmes pièces faisant partie, ce me semble, de la collection du grand-duc de Hesse, que M. Kaup fit connaître (tom. XVII, 1835) dans le même recueil, comme type d'un genre distinct (*Hippotherium*), sous les noms d'*H. gracile* et d'*H. nanum*.

En 1831, M. le docteur Silliman attribua à une espèce qu'il nomma *E. neogaeus* des os et dents qui avaient été trouvés en Amérique, et dont Mitchell, dans sa traduction du discours de G. Cuvier sur les révolutions du globe, avait déjà parlé et qui ont été cités depuis par M. le docteur Harlan dans ses *Physical and medical researches*. Silliman, 1831. *Equus neogaeus*. Mitchell. Harlan.

En 1832, M. le professeur Eichwald désigna sous le nom d'*E. priscus* le Cheval auquel il rapporte des dents trouvées en Podolie. Eichwald, 1832.

En 1833, MM. l'abbé Croizet et Jobert, à l'imitation de G. Cuvier, n'avaient pas cru devoir spécifier les restes de Cheval qu'ils avaient recueillis dans les alluvions anciennes des terrains de l'Auvergne. Croizet, 1833.

C'est ce qu'avait également fait M. Buckland, pour ceux trouvés dans les cavernes de Kirkdale et d'Oreston, en Angleterre. Buckland.

M. Kaup, à la même époque, crut cependant avoir trouvé des caractères suffisants pour distinguer sous le nom d'*E. brevirostris* un petit nombre de pièces trouvées dans les alluvions anciennes du Rhin, puis en 1835, il proposa son genre *Hippotherium* pour deux espèces qu'il nomme *H. gracile* et *H. nanum*. Kaup. *Equus brevirostris*, 1835. *Equus hippotherium*.

En 1835 et 1836, MM. Falconet et Cauteley désignèrent, sous la dénomination d'*E. sivalensis*, l'espèce de Cheval dont MM. Baker et Durand venaient de découvrir peu de temps auparavant de nombreux fragments d'os dans le célèbre dépôt des Sous-Himalayas et sur lesquels ils sont revenus plus tard dans leur grand ouvrage sur les ossements fossiles des Indes anglaises. Falconet et Cauteley, 1835-1836. *Equus sivalensis*.

En 1836, M. Lartet crut en avoir recueilli également un très-grand nombre dans cet autre dépôt non moins célèbre des environs de Sansans, et dont je fis mention dans un de mes rapports à l'Académie sur cette Lartet, 1836.

découverte importante, mais un examen plus attentif l'a conduit à voir que ces ossements provenaient plutôt d'une espèce de *Palæotherium* qu'il a désignée sous le nom de *P. equinum*, ce que nous avons adopté.

Depuis lors cependant, M. Lartet a trouvé quelques pièces qui sont bien de Cheval.

Jaeger. C'est également à peu près à la même époque que M. Jaeger indiqua sous le nom d'*E. molassicus*, le Cheval auquel il rapportait les dents trouvées dans la surface des Alpes de Souabe.

Plusieurs autres personnes ont encore signalé des os ou des dents de

Schmerling. Cheval rencontrés dans des localités différentes par M. Schmerling, dans les cavernes de la province de Liége, et auxquels il a donné le nom

Equus asinus fossilis. d'*E. Asinus fossilis;* notamment MM. de Christol et Marcel de Serres dans celles du midi de la France.

1846, R. Owen. Enfin tout dernièrement, c'est-à-dire en 1846, M. R. Owen, dans ses fossiles de mammifères de la Grande-Bretagne, vient de distinguer une

Equus plicidens. nouvelle espèce fossile de Cheval sous le nom d'*E. plicidens;* pendant que

Gervais, *Equus americanus.* dans le même temps à peu près, M. Gay ayant rapporté du Chili une dent molaire de Cheval, M. P. Gervais en fit l'*E. americanus;* ce qu'imita

Lund. *Equus principalis.* M. Lund pour les cavernes du Brésil; mais comme il avait recueilli deux dents, il en résulta nécessairement deux espèces, l'*E. principalis* et l'*E. neogaeus*.

Nous pouvons ajouter que dans ces douze ou quinze dernières années, la collection du Muséum a reçu des ossements et des dents de Cheval d'un assez grand nombre de points de la France, en général d'alluvions peu anciennes et mêmes modernes, mais que ses voyageurs en Amérique lui en ont rapporté un assez bon nombre de beaucoup plus intéressantes, et surtout M. Leclerc.

1848, Falconet et Cauteley. Plus récemment encore, dans le cours de l'année 1848, MM. Falconet et Cauteley, dans la publication sur les fossiles des S. Himalayas, ont attribué à des espèces qu'ils nomment *E. sivalensis* et *E. Namadicus* les ossements recueillis dans l'Inde et conservés aujourd'hui dans le Muséum britannique.

Ainsi, comme on le voit d'après cette énumération historique, le nombre des espèces de chevaux dont on pense avoir trouvé les restes à l'état fossile dans le sein de la terre, ne monterait pas à moins de quinze ou seize. Voyons maintenant à les apprécier en examinant successivement les pièces sur lesquelles elles reposent et les caractères qui leur ont été assignés, nous aidant comme à l'ordinaire de ce que nous a appris l'étude des espèces vivantes.

NOTES.

DES TRACES QUE LE CHEVAL A LAISSÉES DANS LES ÉCRITS DES HOMMES.

(1) La charmante fable du Cerf et de l'Homme est peu ancienne, puisqu'elle ne remonte qu'à Horace.

(2) Pallas a parlé de cet animal d'abord, t. I, p. 376 et 377, de ses voyages dans plusieurs provinces de l'empire de Russie et dans l'Asie septentrionale, dans ses courses chez les Kosaques de la ligne d'Orembourg; mais, d'après les récits des Tartares et la vue de peaux desséchées, t. VIII, p. 89 et 90, avec une figure, pl. 35 de l'édition in-8, vol. VIII, les Kalmouks le nomment Tarpian ou Tapia.

(3) Nous ignorons où M. de Blainville a puisé ce qu'il dit d'Hana, fils de Tsibon, lequel aurait eu, suivant lui, assez d'industrie, en faisant paître son troupeau, pour obtenir des mulets par l'accouplement d'ânesses et de chevaux. Le texte de la Bible que nous avons sous les yeux, celui des Septante, il est vrai, se contentant de dire : Les fils de Tsibon furent Aja et Hana; ce fut celui-ci qui, en paissant les ânes de son père, rencontra les Héméens au désert. — P. N.

(4) Halseguitz (*Voyage dans le Levant*, p. 282. Paris, 1760, in-12) parle de chevaux sauvages en Palestine; mais personne, que je sache, n'a confirmé cette assertion.

(5) La vocation d'Abraham remonte à 1291 ans avant Jésus-Christ. Le texte de la Genèse n'a pas été rapporté fidèlement par M. de Blainville; car, au chapitre XII de la Genèse, on lit seulement ce qui suit : Abraham emmena Sara sa femme, Lot, fils de son frère, et les personnes dont leurs familles s'étaient augmentées à Caran; ils emportèrent aussi tout ce qu'ils possédaient et se rendirent dans le pays de Canaan. — P. N.

(6) *Surrexit etiam Jacob et impositis liberis et conjugibus suis super camelos abiit* (Gen., XXXI, 17). L'arrivée de Jacob en Égypte eut lieu, suivant Freret, à l'époque où les rois pasteurs ou arabes y régnaient vers 2082 ans avant notre ère.

(7) Il ne peut pas être question de l'Aigle dans ce passage; car l'Aigle ne dépose pas ses œufs par terre, et quoique l'Autruche n'abandonne pas plus ses œufs que l'Aigle, les interprètes de la Vulgate ont bien fait de traduire le mot πτέρυξ, qui veut dire aile, et par extension oiseau,

par Autruche plutôt que par Aigle, puisque ce dernier oiseau bâtit son nid sur les montagnes les plus élevées, précisément comme l'auteur du Livre de Job le dit un peu plus loin : le mieux eût été de traduire par l'oiseau, sans en désigner aucun; cela eût été plus conforme au texte.— P.N.

(8) On peut en dire autant de l'Hippopotame et du Crocodile, dont il parle également sous les noms de Behemoth et de Leviathan.

(9) Le P. Fabry, dans son ouvrage sur l'ancienneté de l'équitation, fait remonter l'usage du Cheval en Égypte quelques années seulement avant l'arrivée de Jacob dans ce pays, vers l'année 1700 avant Jésus-Christ.

(9 *bis*) Lorsque le corps de Joseph..... (c'est par erreur que le texte porte 9 au lieu de 10 et Joseph en place de Jacob.....), la Vulgate, Gen., chap. IV, 7, s'exprime ainsi : Joseph alla donc ensevelir son père..... Joseph avait aussi avec lui des chariots et des cavaliers.

(10) *Qui cum adduxissent dedit eis alimenta pro Equis et Ovibus et Bobus Asinisque.*

(11) *Manus mea erit super aves, super Equos et Asinos et Camelos* (Exod., 7, cap. IX, 3).

(12) Fréret fait concorder l'époque de Moïse avec celle du règne de Sésostris en Égypte et de Danaüs en Grèce.

(13) (Exode, chap. XV, 1). Page 16, ligne 6 du texte. Le numéro est tombé à l'impression : Pour expliquer pourquoi l'emploi de chariots, si fréquent chez les anciens Égyptiens, fut abandonné si rapidement, Hérodote (lib. II, cap. CVIII) dit que cela fut la suite des digues et des chaussées que Sésostris fit établir pour la communication des villes et des villages pendant l'inondation. Moïse, qui parle au long des chars et de la cavalerie de Pharaon, fait cependant mention des canaux d'inondation.

(14) ..... Deutéronome, chap. XVII, 16. (Page 16, ligne 18, le texte porte 13). Mais est-il bien certain qu'il s'agisse ici de Chevaux. J'avoue que, quoique hors d'état de discuter, j'en doute beaucoup. (Voy. Fabry, t. I, p. 8.)

(15) Je n'ai trouvé nulle part dans Hérodote le passage où il serait question de Chevaux sauvages en Lybie. — P. N.

(16) Page 19, ligne 3 : Lors du passage... Le numéro est tombé à l'impression. Voy. les passages de l'Exode, chap. XIV : Pharaon fit donc attacher son char et se mit à la tête de son peuple. 7. Il prit tous les chariots d'Égypte, entre lesquels il y en avait six cents d'élite. . . 9. 17. Je ferai éclater ma gloire dans le désastre de Pharaon, de toute son armée, de ses chariots et de sa cavalerie, etc. Mais n'est-il pas utile de faire observer ici que les Hébreux employaient le Cheval à la guerre. Le chapitre XX du Deutéronome dit en propres termes : Quand vous ferez la guerre, si vous voyez que vos ennemis ont plus de chevaux et de chariots que vous, et que leur armée est plus nombreuse que la vôtre, ne les craignez pas, et les rois des Hébreux possédaient également des chevaux sur lesquels ils montaient sans aucun doute en combattant. Le goût du Cheval paraît s'être répandu assez vite chez les Hébreux, puisque Moïse crut devoir défendre à leurs rois d'en posséder une trop grande quantité. — P. N.

(17) M. Letronne, dans son *Mémoire sur la civilisation égyptienne depuis l'établissement des Grecs sous Psammetichus jusqu'à la conquête d'Alexandre* (*Académie des Inscript. et Belles-Lettres*, t. XVII, p. 9, 1847), dit positivement que, d'après les critiques les plus réservés, le seul passage où il soit question de Thèbes dans l'*Iliade* (I, v. 381-384) est dû à une interpolation postérieure.

(18) Au sujet des ὄνοι ἄγριοι qui, dans la cavalerie des Indiens, étaient, ainsi que des chevaux, attelés aux chars de guerre, Larcher a voulu que ce fussent les mêmes animaux que Philostorge (*Hist. Eccles. Compend.*, lib. III, cap. II) a désignés sous le nom d'ὀνάγριοι et comme ceux-ci sont indubitablement des zèbres, Larcher a traduit les ὄνοι ἄγριοι par le mot de *zèbres*, mais tout à fait à tort, cet animal étant exclusivement d'Afrique. Les ânes sauvages d'Hérodote (lib. VII, cap. XLVI et XLVII) étaient très-probablement nos Hémiones actuels ou même de véritables ânes.

(19) Dans cette cavalerie il ne fait mention que de celle des Perses, des Sagartiens, originaires de Perse, des Mèdes, des Cistiens, des Indiens (ceux-ci, outre leur cavalerie, avaient des chars armés traînés par des chevaux), des Caspiens, des Lybiens et des Paricaniens.

(20) La succession des phases historiques qui concernent l'Asie des anciens, comprenant l'Asie Supérieure, l'Asie Inférieure et l'Asie Mineure, peut être ainsi analysée.

Les Assyriens de Ninive passent l'Euphrate vers l'an 750 avant Jésus-Christ, et s'emparent de tout le pays au nord de la Judée.

Les Chaldéens de Babylone détruisent la puissance des Assyriens et s'emparent de toutes leurs conquêtes, et entre autres de la Syrie qu'ils poussent jusqu'à Tyr.

Les Perses font la conquête de ces deux empires sous la direction de Cyrus, mais échouent contre les Grecs sous Xercès.

Les Grecs renversent sous Alexandre l'empire des Perses que se partagent les lieutenants de ce prince.

Les Romains s'emparent successivement des royaumes formés par les successeurs d'Alexandre, sans atteindre plus qu'eux les nouveaux Perses ou Parthes, les Arabes ou les Indiens.

(21) *Equitationis studium a Medis ad Persas et Armenos profectum est*, d'après Strabon cité par Gessner (*Quad.*, p. 521).

(22) Strabon dit qu'il y avait des chevaux sauvages dans le Caucase, où la rigueur du froid leur donnait un poil très-fourni.

(23) Par cette expression, il faut sans doute entendre les parties voisines du Tibet.

(24) Le Kurdestan, le pays des Usbuks d'après Pallas (*loco cit.*) et Hanway (*Brit. trade in the Caspian sea*, I, p. 336).

(25) Justin (liv. II, chap. III), en citant les invasions faites par les Scythes dans l'Asie Mineure, dit même qu'ils étendirent leurs conquêtes jusqu'en Égypte, ce qui est la contre-partie d'une expédition attribuée à Sésostris, qui d'Égypte aurait poussé les siennes jusqu'aux parties les plus occidentales de la Scythie.

(26) On peut même supposer que la fable qui attribuait à Abaris, venant en Grèce du pays des Hyperboréens de voyager sur une flèche, reposait sur ce que le Scythe montait un Cheval aussi rapide que cette arme.

(27) Aulu-Gelle..... p. 30, ligne 9. Le numéro est tombé à l'impression. C'est ce que nous apprend du moins Aulu-Gelle (lib. III, cap. IX) dans les termes que voici : *Cn. Scium quempiam scribunt fuisse; eumque habuisse Equum natum Argis in terra Græcia : de quo fama constans esset, tanquam de genere equorum progenitus foret, qui Diomedis Thracis fuissent; quos Hercules, Diomede occiso, e Thracia Argos perduxisset. Eum Equum dicunt fuisse magnitudine inusitata, cervice ardua, colore phœniceo, flava et comanti juba, omnibusque aliis equorum laudi-*

bus quoscumque longe præstitisse; sed eumdem Equum tali fuisse fato sive fortuna ferunt, ut, quisquis haberet eum possideretque, is cum omni domo, familia, fortunisque omnibus ad internecionem deperiret. Itaque primum illum Cn. Seium, dominum ejus, a M. Antonio, qui postea triumvir reipublicæ constituendæ fuit, capitis damnatum, miserando supplicio affectum esse; eodem tempore Cornelium Dolabellam consulem, in Syriam proficiscentem, Fama istius equi adductum, Argos divertisse; cupidineque habendi ejus exarsisse; emisseque sestertiis centum millibus; sed ipsum quoque Dolabellam in Syria bello civili obsessum atque interfectum esse: mox eumdem Equum, qui Dolabella fuerat, C. Cassium, qui Dolabellam obsederat, abduxisse. Eum Cassium postea satis notum est, victis partibus, fusoque exercitu suo, miseram mortem oppetiisse; deinde Antonium post interitum Cassii, parta victoria, Equum illum nobilem Cassii requisisse; et cum eo potitus esset, eum quoque postea victum atque desertum detestabili exitio interisse. Hinc proverbium de hominibus calamitosis ortum, dicique solitum: Ille homo habet Equum Seianum.

(28) Freret a consacré un mémoire entier (*Académie des Inscr.*, t. VII, 1733) pour établir que ce mythe doit être rapporté à la navigation. L'abbé Banier (*ibid.*, VIII, p. 306) fait remonter l'art de l'équitation à l'époque de ce héros grec, c'est-à-dire 13 à 1400 ans avant Jésus-Christ.

(29) Elle en avait reçu le nom de Kalinites.

(30) (Pline, *Hist. nat.*, VII, 57.) C'est donc à tort que Goguet, III. part., liv. V., p. 88, prétend qu'aucun peuple de l'antiquité n'a connu ni la selle ni les étriers; pour ceux-ci bien, mais pour la selle le mot *Strata* employé par Pline ne peut laisser aucun doute.

Cette fable du Centaure n'est pas encore dans Xénophon vingt ans après Pindare, qui en a parlé le premier, comme étant le fruit des amours de Centaurus, fils d'Ixius, avec les cavales de Thessalie.

Sur le coffre de Cypselus le Centaure Chiron était représenté sous la figure d'un homme debout ayant seulement la croupe, la queue et les pieds de Cheval; mais plus anciennement comme les Satyres à pieds de Cheval.

(31) Homère qui en parle comme de la même nation que les *Peræbi* dans la haute Thessalie, ne dit rien de leur monture à moitié chevaline, ni même de leur habileté en équitation. Palephate, liv. I, donne une autre raison du nom de Centaure donné aux Thessaliens en disant que *Thessalii cum tauros fugientes apprehendere non possent, insilierunt in equos et stimulis fuderunt tauros, unde Centauri dicti et Hippocentauri.*

(32) Il est difficile de dire ce que pouvait être l'Hippocentaure cité par Pline liv. VII, c. 3, venant d'Égypte sous le règne de Claude, conservé dans du miel, et qu'il dit avoir vu à Rome. *Claudius Cæsar scribit hippocentaurum in Thessalia natum eodem die interiisse et nos principatu ejus adlatum illi in Ægypto in melle vidimus.* C'était sans doute quelque monstruosité d'homme plutôt que de Cheval, si l'on doit croire ce qu'en dit Phlegon (*De mirabilibus*, lib. XXXIV).

(33) Hygin attribue à Bellérophon l'honneur d'avoir remporté le prix de la course à cheval aux jeux funèbres de Pélias, célébrés au retour des Argonautes.

(34) 1184 avant notre ère suivant Ératosthène; 1209 suivant les marbres de Paros, et 1244 suivant Freret.

(35) Ce mot d'hippodamos employé par Homère, quoique signifiant dompteur de Cheval, ne doit pas être appliqué à l'équitation.

(36) Aussi voit-on Patrocle soigner (34) page 33, ligne 11, *lisez* (36). Patrocle les menait lui-

même au bain, il les frottait d'huile pour entretenir leur beauté : Leur crinière était tressée.

Les numéros (34), page 32, ligne 21, et (33), page 33, ligne 8 du texte doivent être considérés comme nuls.

(37) — Le texte, page 33, ligne 31, à une course de chevaux..... (36) au lieu de (37). — L'abbé Gedoyn (*Académ. Mém.* VIII) veut qu'aux jeux olympiques les premières courses n'aient eu lieu qu'à pied, le Cheval n'étant pas encore domestique en Grèce; il cite à l'appui de son opinion le fameux apologue du Cerf, du Cheval et de l'Homme, d'Horace.

(38) Cependant Pline (34, 5) affirme..... page 35, ligne 13 du texte.. .. O. Müller croit que ce piédestal remontait vraisemblablement au temps de Crésus. Thiersch, Quatremère de Quincy, Welcker partagent cette opinion; Sillig dans son catalogue *Artificum græcorum et romanorum*, au nom de *Bathycles* fixe vers la 70ᵉ olympiade la présence de cet artiste à Sparte où il était venu exercer son art avec d'autres artistes. — P. N.

(39) Le passage de Pline invoqué par M. de Blainville est conçu en ces termes : *Equestres vero statuæ romanam celebrationem habent, orto sine dubio a Græcis exemplo, sed illi tantum dicabant in sacris victores. Postea vero equi bigis, vel qui quadrigis vicissent. Unde et nostri currus nati in his qui triumphavissent. Serum hoc et in his non nisi a divo Augusto sejuges, sicut et elephanti.* — P. N.

(40) M. Dureau de la Malle arguë cependant d'un passage de Xénophon (11, p. 29) où il est dit qu'on ne peut rien apprendre au Cheval par la parole, ce qui est certainement une erreur pour nous, qu'à cette époque le Cheval n'était pas encore complétement domestique.

(41) *Nobilium equarum*, dit Justin lib. IX, c. 9, et qui furent envoyées en Macédoine, *ad genus faciendum.*

(42) Freret supposait cependant que le Cheval avait été transporté de l'Afrique dans le Péloponèse, un pays de montagnes, où Iasius avait peut-être trouvé l'art de les y élever; ce qui lui avait valu l'honneur d'une statue avec un Cheval auprès de lui sur le monument de Tegée.

(43) Freret fait l'observation que les Romains ont connu de très-bonne heure l'équitation parce que le Cheval leur était venu au nord des Apennins avec les Illyriens en contact avec les Sarmates, soit au midi et à l'ouest par les Ibériens, ce qui me semble moins propable.

(44) Larcher, p. 103, d'après Festus, assure que ce nom leur vient de κέλης, qui en grec signifie un Cheval léger à la course.

(45) Cette fable, au dire de Justin, repose sur la fécondité des grandes troupes de chevaux qui se trouvaient dans les plaines du Tage : *In Lusitani juxta fluvium Tagum vento equas fœtus suos concipere multi auctores prodidere, quæ fabulæ in equarum fecunditate et gregum multitudine ortæ sunt* (lib. 44, c. 3). *Ordo autem naturæ annuus ita se habet. Primus est conceptus, Flore incipiento vento Favonio, circiter fere Sextum Idus februarii, hoc maritantur vivescentia e terra : quippe quum etiam equæ in Hispania, ut diximus. Hic est genitalis spiritus mundi a fovendo dictus, ut quidam existimavere.*

(46) Suivant le président des Brosses, le mot Isp. veut dire Cheval et le mot Hispania le pays des chevaux. . . . . . . Justin dit (lib. 44. c. 1), en parlant de l'Espagne : *Hinc enim frumenti tantum magnia copia est, verum et vini, mellis, oleique; nec ferri solum materia præcipua est, sed et equorum pernices greges.*

(47) *Alterum genus est equitum.* (*Cæs.* lib. VI).

(48) *Septentrio fert et equorum greges ferorum, sicut asinorum Asia et Africa...* (Plin., lib. VIII, cap. XV.)

(49) Strabon, lib. IV, dit seulement : *Proferunt Alpes etiam equos sylvestres.* — P. N.

(50) *Omnes vero se Britanni vitro inficiunt, quod cæruleum efficit colorem; atque hoc horribiliore sunt in pugna aspectu; capilloque sunt promisto, atque omni parte corporis rasa, præter caput, et labrum superius.* Dans les livres IV et V des Commentaires de César, il est à plusieurs reprises question de la cavalerie et des chariots des habitants de l'Angleterre ; on voit qu'ils devaient avoir depuis longtemps l'usage du Cheval à l'arrivée de César dans leur pays. *Genus hoc est ex essedis pugnæ : primo per omnes partes perequitant, et tela conjiciunt atque ipso terrore equorum, et strepitu rotarum ordines plerum que perturbant ; et cum se inter equitum turmas insinuavere, ex essibus desiliunt et pedibus præliantur*, etc. On peut croire que les Belges, *Belgæ*, qui avaient envahi l'Angleterre y avaient introduit le Cheval inconnu jusque-là des insulaires (*in insula nati*).

(51) Strabon (p. 719, éd. Casaubon) a cependant dit : *Animalia que opud nos mansueta sunt, apud illos magna ex parte fera esse*, ce qui a été répété par Elien (lib. XVI, cap. 20). Il est vrai d'après Mégasthènes, lorsqu'il prétend que la plupart de nos animaux domestiques se trouvent dans l'Inde, ce qui devrait peut-être s'entendre de l'Asie.

(52) On peut, ce me semble, confirmer cette opinion sur l'introduction du Cheval en Arabie par la Perse, par l'observation de Volney (*Voyage en Égypte et en Syrie*, t. I, p. 244), qui reconnaît en Arabie deux races d'hommes, l'une venant des Assyriens, l'autre des Éthiopiens.

(53) Il est assez difficile de décider lequel des deux emplois principaux du cheval a précédé l'autre. Lucrèce dans son poëme *De rerum natura* (liv. V,) dans les vers que voici :

Et prius est armatum in equi conscendere costas
Et moderarier hunc frenis, dextraque vigere
Quam bijugo curru belli tentare pericla,

semble donner la priorité à l'équitation.

(54) — Le texte, page 44, ligne 28, porte 55. — *Eidem Alexandro et equi magna raritas contigit : Bucephalon eum vocarunt, sive ab aspectu torvo, sive ab insigni taurini capitis armo impressi.* (Pl., lib. VIII, c. XVI.)

(55) — Le texte porte 56. — *Nec Cæsaris dictatoris quem quam alium recepisse dorso equus traditur; idem que humanis similes pedes priores habuisse, hoc effigie locatus ante Veneris Genitricis Ædem* (pl., lib. VIII, c., l. XIV).

(56) — Le texte, page 45, ligne 7, porte 57. — Herodote (VII, CXIII). *Versus meridiem vero adipsum Strymonem, cui sacra fuerunt Magi, mactatis in eum equis Albis.* Dans un autre passage (IV, c. 5). Cyrus en traversant le Gyndes montait un char traîné par des chevaux blancs, *hunc Gyndem fluvium qui navibus poterat trajici, quum transire Cyrus conabatur, ibi linu unus sacris equis candidis, ferox et petulans ut erat ingressus flumen, transire conabatur* (*ibid.* I, 189).

(57) — Le texte porte 58. — Hérod. (*Hist.* lib. III), *à Cilicibus trecenti et sexaginta equi candidi, unus in diem....*

(58) — Le texte porte 59. — L'autorité d'Aristote nous paraît avoir été invoquée à tort en cette occasion, car nulle part on ne trouve l'adjectif Πάριος employé avec la signification que

M. de Blainville lui donne, et j'ai vainement cherché le passage d'Aristote auquel M. de Blainville se réfère. — P. N.

(59) — Le texte porte 60. — Consultez la Dissertation de G. Hermann insérée dans le tome Ier de son opuscule, page 63, et qui a pour titre : *Commentatio de verbis, quibus Græci incessum equorum indicant, ad Xenophontem de re equestri.* Dans cette dissertation, dans laquelle Hermann relève plusieurs erreurs commises par les commentateurs et les traducteurs allemands de Xénophon, erreurs que Courier a su éviter dans l'excellente traduction qu'il nous a donnée du traité de l'équitation, il n'est pas question de l'allure connue maintenant sous le nom de l'amble, mais uniquement du *pas*, du *trot*, et du *galop*, actions rendues par les mots grecs βαδίζειν, διατροχάζειν, marcher le pas, trotter, galopper; pour ce dernier mot, voyez ce que dit Hermann : *Nam etsi a virgæ ductum est incitatione nomen, non tamen percussio eo nomine indicatur, sed genus ingrediendi, ad quos equus virga impellebatur.* Chez les anciens le *bon pied* était le pied gauche, et cette allure artificielle : *alium videri apud Græcos equitationum ordinem fuisse, atque apud nos*, il ajoute, ce qu'au surplus P. Courier avait dit bien avant lui que le pied gauche étant alors le bon pied, c'était le contraire d'aujourd'hui. — P. N.

(60) — Le texte, page 45, ligne 7, porte 61. — Virgile (Géorg. III, 117).

Insultare solo, et gressus glomerare superbos.

Martial a dit de son côté (IV, 199) :

..... ad numerum rapidos qui colligit ungues.

(61) — Le texte porte 62. — Plaute, *Asinaria* (3, 3, 116). *Demum hercle jam hordeo, tolutim ni badizas.*

(62) — Le texte porte 63. — *Nonnius Marcellus* qui dit : *Tolutim dicitur quasi volutim*, cite comme ayant employé cette expression, outre Plaute, Lucilius, Varron.

(63) — Le texte porte 64. — Varron (ap. Non. I, 12). *Ut equus qui ad vehendum non est natus tamen traditur magistro, ut equiso doceat tolutim incedere.*

(64) — Le texte porte 65. — (Sen. *Epist.* 87). *Ita non omnibus obesis mannis, et asturconibus, et tolutariis præferres unicum illum equum a Catone defrictum.* Comme on le voit dans ce passage, Sénèque cite les *Asturcones* aussi bien que les *Tolutarii* : ce mot de *Tolutarii* semble indiquer que ces chevaux avaient été ainsi nommés *a pedum volubilitate*, quoiqu'on puisse supposer que *tolutim incedere* a pu vouloir dire *numeratim incedere*, c'est-à-dire *ad numerum qui colligit ungues.*

(65) — Le texte porte 66. — Ce nom de *Thieldones*, dont nous ignorons l'origine, n'a encore été trouvé que dans Pline.

Il pourrait être le résultat d'une erreur de copiste et avoir été écrit au lieu de *tolurones* provenant de *tolutarii* donné par Sénèque, ou même de *tollutones* comme le pense M. Dureau de la Malle : les manuscrits donnent en effet *Thieldones*, *Tieldones*, *Thullones* ou *Thellones*.

(66) — Le texte porte 67. — (Mart. *Epigr.* lib. X, 16; et XIV, 99) :

Hic brevis, ad numerum rapidos qui colligit ungues,
Venit ab auriferis gentibus Astur equus.

(67) — Le texte porte 68. — Vegèce (*Artis veterinariæ* liber 4, c. 5) nomme les chevaux

qui marchaient l'amble tantôt *Asturcones*, tantôt *Tropidarii, Tottonarii*, mais il ne parle pas des *Tolutarii;* le nom *Colatorii*, qu'il emploie ailleurs, l'avait été avant lui par Sénèque dont tous les manuscrits portent *Colatorii* au lieu de *Tolutarii*, ainsi que Saumaise dans son *Commentaire sur Capitolin* l'a fait observer.

(68) — Le texte porte 69.—Le procédé employé pour obtenir des chevaux aussi lestes consistait à les tenir chargés même hors de leur service et à ne les délivrer que lorsqu'on voulait en faire usage.

(69) — Le texte porte 70. — Pollux (*Onomastic.* l. II) décrit ainsi l'allure du meilleur cheval : *Melior vero equus est qui non alternatim, sed per longius spatium pedes transponit et transfert. Pessimus vero, si maximum tibiarum intervallum habeat;* ce qui semble assez bien se rapporter à notre amblin, cependant ce lexicographe ou *nomenclator*, qui a eu pour but de rapporter tous les noms que l'on donnait aux choses, ne cite pas les *Tolutarii* des auteurs latins.

(70) — Le texte porte 71.—*Lucilius, apud Nonnius Marcellus, de proprietate sermonis* (I, 60).

(71) — Le texte porte 72. — Voici les épithètes données par les anciens aux chevaux pour désigner les divers usages auxquels ils étaient propres :

Vectarius, aptus ad vehendum.

Jugalis, aptus jugo.

Funalis, qui non ad jugum sed ad latera jungitur.

Admissarius, qui ad sobolem creandam equabus admittitur.

Sagmarius aut Clitellarius, qui clitellis sarcinas portat.

Dossarius aut sarcinarius qui dorso portat.

(72) — Le texte, page 52, ligne 18, porte (73). — On peut consulter à ce sujet l'important ouvrage de Lepsius : *Denkmæler auf Ægypten und Æthiopien*; *Monuments d'Égypte et d'Éthiopie*, Berlin, Nicolai, 1849-56.

DES TRACES QUE LE CHEVAL A LAISSÉES DANS LES MONUMENTS DE L'ART CHEZ LES ANCIENS.

(1) Nous ignorons complétement où M. de Blainville a puisé cette assertion de Winckelmann, et nous doutons que celui-ci se soit prononcé formellement à cet égard, car dans son *Histoire de l'art chez les Grecs*, livre IV, il semble émettre une opinion tout à fait contraire à celle que M. de Blainville lui a prêtée, en disant que chez ce peuple l'étude de la nature des animaux a occupé autant les artistes que les philosophes, que plusieurs d'entre les premiers ont dû leur réputation à l'habileté avec laquelle ils les avaient représentés, notamment Calamis, Nicias, Myron, Menæchmos, et qu'ils représentaient les bêtes féroces d'après nature. Il est douteux, toujours suivant Winckelmann, que les anciens aient été surpassés par les modernes dans l'art de rendre les chevaux et il cite à l'appui de son opinion les chevaux du mont Quirinal à Rome, les quatre chevaux, du portail de l'église Saint-Marc à Venise, le cheval de Marc-Aurèle, les chevaux du théâtre d'Herculanum dont au surplus nous ne possédons

plus que des fragments qui ont été réunis avec soin pour en former un cheval entier. »

Ainsi, à moins que M. de Blainville n'ait entendu parler du passage de la même histoire dans lequel Winckelmann avoue que souvent les figures des animaux que les anciens nous ont laissées sont plutôt conçues au point de vue de l'idéal que fidèlement copiées de la nature, il n'est pas exact de dire que cet antiquaire ait reconnu l'infériorité des anciens dans la manière de rendre les animaux, sauf dans un ouvrage de sa jeunesse publié en 1756, année même durant laquelle il visita pour la première fois l'Italie. Dans ce dernier ouvrage, qui a pour titre : *Sur l'imitation des ouvrages grecs de peinture et de sculpture,* écrit avant son arrivée dans ce pays, il donne la préférence aux modernes en parlant de plusieurs genres de peinture, tels que le paysage et les représentations des animaux, et n'hésite pas à affirmer que les belles races d'animaux des climats étrangers à la Grèce et à l'Italie ne paraissent pas avoir été connues des anciens, du moins à en juger par le cheval de Marc-Aurèle, par les deux chevaux de Monte-Cavallo, par ceux qu'on attribue à Lysippe et qui sont au-dessus du portail de l'église de Saint-Marc à Venise, par le taureau Farnèse et les autres animaux du même groupe. Ce passage d'un des premiers écrits de Winckelmann se trouve en effet cité par Falconet dans ses observations sur la statue de Marc-Aurèle (t. III, p. 47 des œuvres diverses de cet artiste), et c'est là que M. de Blainville l'avait lui-même rencontré sans qu'il paraisse avoir eu l'idée de recourir à l'ouvrage auquel il avait été emprunté et dans lequel il eût trouvé une opinion diamétralement opposée. — P. N.

(2) Ce qui fait, dit P. Camper, que les productions des grands maîtres en ce genre nous paraissent admirables, c'est que comme nous n'avons pas nous-mêmes une connaissance bien exacte de la véritable conformation des animaux, il est aisé de nous satisfaire, pour peu que l'ensemble nous plaise.

(3) Il serait facile de combattre l'assertion de M. de Blainville, car il existe dans tous les musées européens un certain nombre d'animaux représentés isolément, notamment à Rome où l'on peut en voir un certain nombre dans le musée Pio Clementino au Vatican, et les poëtes anciens ont célébré dans leurs vers plusieurs chefs-d'œuvre du même genre. Cependant Fea a fait depuis longtemps l'observation que les animaux antiques sont assez rares, quoique des faussaires plus ou moins habiles aient cherché à les imiter. — P. N.

(3) Les archéologues les plus célèbres de notre temps trouveraient le jugement porté par M. de Blainville, sur le mérite des statues colossales de Monte-Cavallo, beaucoup trop sévère; la plupart d'entre eux s'accordent à reconnaître dans ces deux groupes, dont les chevaux sont plus petits que les deux héros qu'ils accompagnent, une copie exécutée à Rome pendant le règne d'Auguste ou même de Trajan et très-probablement par le même artiste, d'après des originaux grecs qui avaient été coulés sans doute en bronze. Les antiquaires sont unanimes à louer le style élevé et puissant de ces colosses célèbres, les seuls monuments de la plastique antique qui aient échappé au sort réservé à presque tous les monuments de l'art, celui d'être enfouis sous les ruines de la Rome impériale. Falconet, au surplus, n'étant jamais allé à Rome, ne les connaissait que par d'assez mauvaises gravures, et M. de Blainville lui-même n'ayant passé dans cette ville que quelques jours, ne les avait pas examinés avec tout le soin qu'ils méritaient. Les naturalistes qui seraient à même de connaître les diverses opinions émises au sujet de ces statues colossales depuis le commencement du siècle, peuvent consulter la *Description de Rome,* publiée en allemand par Platner, Bunsen, Gerhard, etc., t. III, 2e part.,

p. 404, et une courte dissertation de Welcker insérée dans l'excellente description qu'il a donnée du musée de Bonn en 1841. — P. N.

(4) Chez les anciens, les animaux qui se trouvaient placés auprès des figures humaines étaient toujours représentés dans des proportions réduites, afin de montrer qu'ils étaient subordonnés à la nature humaine; les Chevaux des deux *Dioscures* de Monte-Cavallo offrent le même défaut, mais c'est le résultat d'un parti pris dans tous les monuments de l'art antique.

(5) M. de Blainville a peut-être eu tort de trop s'en rapporter au jugement de Falconet, sculpteur assez médiocre lui-même, et qui aurait très-volontiers placé les ouvrages de ses contemporains au-dessus ou du moins à l'égal de ceux attribués à la grande école de Phidias. Répétons-le d'ailleurs encore une fois, Falconet ne connaissait que très-imparfaitement les œuvres de la statuaire antique. — P. N.

(6) Dans le musée Pio Clementino, le premier du monde entier, une salle tout entière a été consacrée aux figures d'animaux antiques trouvées à Rome ou aux environs; la plupart de ces animaux ont subi d'importantes restaurations qui sont l'œuvre d'un sculpteur italien nommé Franzoni, contemporain de Pie VI, et quelques-uns même sont entièrement son ouvrage. Faute d'indication suffisante, il est difficile de dire si les Chevaux cités par M. de Blainville, comme ayant été l'objet particulier de ses observations, sont réellement antiques. — P. N.

(7) Les Chevaux des deux Balbus offrent cela de particulier qu'ils portent leur crinière dans l'état naturel, quoiqu'elle soit trop pleine, et qu'il ait fallu à cause de cela la distribuer à droite et à gauche. Chez les Grecs et chez les Romains, cependant, l'usage était d'écourter la crinière des Chevaux, et de ne laisser ainsi subsister qu'une espèce de crête formée des crins conservés. — P. N.

(8) Il résulte du témoignage unanime de plusieurs écrivains byzantins cités par Mustoxidi, dans une dissertation publiée sous le titre de : *Sui quattro cavalli della basilica di S. Marco in Venezia*, Padoue, 1816, que ces Chevaux célèbres ont été amenés de l'île de Chios à Constantinople, par ordre de Théodore II, dans la première moitié du ve siècle. Ils avaient été placés à l'entrée de l'hippodrome de cette ville, sur la plate-forme construite au-dessus des voûtes d'où les chars s'élançaient par des portes dans le stade. Les princes et les fonctionnaires publics qui présidaient aux courses siégeaient sur cette plate-forme, aux deux extrémités de laquelle les Chevaux étaient, à ce qu'il paraît, rangés deux à deux, comme l'exigeait la symétrie. Ils sont restés en place jusqu'à la prise de Constantinople par les Latins en 1204, où Papias, auteur d'une topographie de la capitale de l'empire d'Orient, dit les avoir vus; et après le sac de cette ville, qui fut si funeste aux monuments de l'art antique, ils échurent aux Vénitiens qui les transportèrent à Venise en 1205, où ils furent placés assez longtemps devant l'Arsenal, comme cela résulte du témoignage de Pétrarque qui avait eu l'occasion de les admirer en 1364. Plus tard ils furent posés sur le grand portail de l'église de Saint-Marc, d'où Bonaparte les fit descendre pour les envoyer à Paris, dont ils ont fait l'ornement jusqu'à l'époque de l'entrée des ennemis dans cette ville, à la chute du premier empire.

Les antiquaires ne s'accordent pas sur le mérite de ces Chevaux qui ont été dorés et dont les formes sont plutôt arrondies et lourdes que sveltes et élancées : ce sont plutôt des Chevaux de parade que des Chevaux de course; ils marchent au pas et d'une allure fort calme. Quelques savants français ont prétendu qu'ils pourraient bien être l'œuvre de Lysippe, mais cela est réellement trop douteux pour qu'il soit nécessaire d'entrer ici dans quelques observations tendantes à combattre ou à adopter cette opinion. — P. N.

(9) M. de Blainville a été induit ici évidemment en erreur par Falconet, qui l'avait été lui-même par Winckelmann; celui-ci, en effet, sachant par le témoignage de quelques écrivains que cette statue équestre de l'empereur Marc-Aurèle avait été longtemps connue sous le nom de *Cavallo di Constantino*, en avait conclu que le cheval avait été trouvé au milieu des ruines avant le cavalier. Mais Fea, dans ses *Memorie sulle rovine di Roma*, assure que cette statue est du petit nombre des monuments de l'antiquité qui n'ont pas été enfouis sous les débris de la Rome antique. Elle était connue au moyen âge sous le nom de *Caballus Constantini;* c'est ainsi qu'elle se trouve nommée dans la *Notitia imperii*, description de Rome écrite sous le règne de Théodose le Jeune, vers l'an 450, et elle a dû sans doute à la qualification sous laquelle elle était connue, d'avoir été préservée des outrages du temps et de la rapacité des hommes qui n'auraient pas manqué de la faire fondre, si elle n'eût pas porté le nom de celui auquel on a donné, assez improprement d'ailleurs, le nom de premier empereur chrétien. — P. N.

(10) Voici ce que dit Courier dans une note de la traduction du *Traité de l'équitation*, de Xénophon, p. 241, t. IV, des œuvres complètes de Courier publiées depuis sa mort : « La largeur du sommet de la tête, regardée chez les anciens comme une beauté, était le trait caractéristique des Chevaux qu'on appelait Bucéphales ou tête de Bœuf. De ce genre est la belle tête de Cheval qu'on voit à Naples, au palais Colombrano. Il ne faut pas croire que ce nom de Bucéphale fût particulier au Cheval d'Alexandre, erreur de Pline et de beaucoup d'autres... Le Cheval tant admiré et tant critiqué de Marc-Aurèle, au Capitole, est Bucéphale. Quant aux proportions de son corps, c'est un Cheval napolitain et entier qu'on n'eût jamais dû comparer aux Chevaux hongres du Nord. La castration dénature tous les animaux, et l'effet en est remarquable surtout dans l'encolure, par la correspondance connue de cette partie avec celle de la génération. L'encolure du Cheval de Marc-Aurèle a paru trop forte aux Français et aux Allemands; mais les Espagnols et les Italiens, chez qui les Chevaux sont tous entiers, en ont jugé différemment. Il a en cela tout le caractère des belles races de la Calabre et de la Pouille. Son allure est une espèce d'amble : par cette raison, il devait avoir et il a réellement la croupe basse; mais comme on a cru que c'était un défaut, on a cherché à y remédier en posant la statue sur un plan incliné en devant, ce qui en détruit l'effet et met hors d'équilibre la figure du cavalier. L'artiste a choisi cette allure apparemment pour se conformer à l'usage de cet empereur, usage commun en Italie où l'on monte encore peu de Chevaux qui ne soient dressés à l'amble. »

L'opinion émise dans la note que nous venons de citer, se trouve partagée par G. de Schlegel dans son *mémoire sur les chevaux de bronze de la basilique de Saint Marc à Venise*, dans lequel il observe que les chevaux grecs destinés à la course des chars, ne doivent pas être comparés aux chevaux de course anglais; ils ressemblaient aux chevaux des Romains; ils étaient charnus, de formes arrondies, et se faisaient remarquer par l'épaisseur et le port du cou, le volume du corps, la croupe arrondie, du moins sur les monunents de l'art postérieur au règne d'Alexandre le Grand, car sur les bas-reliefs du Parthénon, ils sont plutôt secs et sveltes, en ajoutant que comme ces bas-reliefs sont du temps de Phidias, on peut douter si leurs formes ne tenaient pas autant aux principes sévères de l'art à cette époque, qu'à la nature des Chevaux qu'on imitait. Quelques archéologues d'un autre côté sont d'avis que le Cheval que monte l'empereur Marc-Aurèle, est peut-être le portrait d'un Cheval favori de ce prince, quoiqu'il soit loin d'être beau, ce qui au surplus ne l'empêche pas de paraître vivant. Perrault a dit que la première fois qu'il avait vu cette statue équestre, il avait cru que Marc-Aurèle montait une jument poulinière, mais les Grecs dressaient ordinairement des juments pour la course des chars; les écrits de Sophocle, de Pindare et d'Hérodote semblent en faire foi. — P. N.

(11) La plupart des antiques de ce palais sont maintenant au Vatican. — P. N.

(12) M. de Blainville aurait peut-être dû employer une autre expression que celle d'ébauche pour parler des chevaux qui décoraient le fronton du temple de Minerve à Athènes, car les sculptures du Parthénon sont véritablement admirables de mouvement et de vie. Si l'artiste, quel qu'il soit, de ces belles sculptures, exécutées certainement, si ce n'est par les mains de Phidias, du moins sous sa direction et sans doute par les nombreux élèves de ce grand maître, n'est pas descendu aux détails, c'est qu'il ne l'a pas voulu, et d'ailleurs, à la hauteur où elles se trouvaient placées, des détails n'eussent pas été aperçus; cependant, si l'on ne peut pas reconnaître parmi les nombreux Chevaux des bas-reliefs de la frise du Parthénon, le Cheval grec proprement dit, le Cheval de telle ou telle race, on voit cependant que les Grecs avaient, à une époque si reculée de nous, l'habitude de couper la crinière de leurs chevaux et de l'arranger ensuite, ce qui semble annoncer que le Cheval était depuis longtemps domestique; cet usage, d'un autre côté probablement très-ancien, devait donner à tous les Chevaux une physionomie semblable et nuire en quelque sorte à la ressemblance parfaite de la nature, que du reste les anciens ne paraissent pas avoir jamais cherchée. M. de Blainville aurait bien fait de rapprocher des sculptures du Parthénon les bas-reliefs de la frise intérieure du temple de Phigalie exécutés vers la même époque, un peu plus tard néanmoins, par des élèves de l'école de Phidias, et dans laquelle on voit représentée la victoire de Thésée sur les Amazones et celle de ce héros sur les Centaures; car les Chevaux y sont traités avec la même hardiesse et le même sentiment, sans que néanmoins les détails soient rendus avec l'exactitude désirable pour le naturaliste qui aimerait à pouvoir reconnaître sur les monuments de l'art les animaux connus des anciens et tels que nous les trouvons décrits dans leurs ouvrages en prose et en vers. On peut affirmer hardiment à cet égard qu'ils ne l'ont pas voulu, satisfaits d'avoir été assez heureusement inspirés pour communiquer la vie à un être fantastique, moitié homme, moitié cheval, qu'ils aimaient à représenter, et qui nous paraît à nous-mêmes aujourd'hui en quelque sorte naturel. — P. N.

(13) Le Centaure de la villa Borghèse, dont parle Falconet, est précisément celui de notre musée du Louvre, dans lequel il a passé, depuis l'acquisition faite par Napoléon de son beau-frère le prince Borghèse des monuments antiques qui ornaient la villa que celui-ci possédait à Rome, que ses héritiers ont conservée au surplus, et dans laquelle on a réuni depuis cette acquisition un assez grand nombre d'objets antiques. — P. N.

(14) Consultez *le monument de Ninive découvert et décrit par M. P. E. Botta, mesuré et dessiné par M. E. Flandrin* (*Paris, imprimerie nationale*). In-folio.

Sur quelques-uns des bas-reliefs qui ornaient le palais de Khorsabad, les Chevaux sont rangés très-régulièrement; ils sont placés de front, les têtes et les jambes étant toutes alignées et reproduisant le même mouvement, comme cela se voit sur quelques médailles grecques. Par une singularité assez remarquable, on voit bien les quatre têtes, mais il n'y a qu'un seul poitrail et seulement huit jambes. Le plus souvent le harnachement des chevaux ornés de crinières non coupées est d'une grande richesse, ces chevaux ont des brides composées des mêmes pièces que les nôtres, et le mors lui-même est attaché à la bride; il n'est pas jusqu'à leur queue qui ne soit rehaussée par des ornements. Sur d'autres bas-reliefs, on voit des barques terminées à la proue par une tête de Cheval qui porte, comme celle des Chevaux montés ou tenus en laisse par des cavaliers, un bandeau d'écailles imbriquées. On peut voir au Louvre, dans la galerie d'antiquités assyriennes, quelques-uns des Chevaux décrits dans le monument de Ninive, et notamment les quatre Chevaux marchant de front, retenus par des brides très-ornées munies d'un mors à barre et surmontées de houpes pyramidales à trois étages; des houpes suspendues à une bricole pendent sur le cou des Chevaux dont le poitrail est orné d'une bande brodée qui soutient deux rangs de franges. Dans le n° 27 de la notice des monuments exposés dans la galerie d'antiquités assyriennes du Musée du Louvre par M. de Longpérier, on a lu dans la légende du bas-relief décrit sous ce numéro, et sur lequel on voit des tributaires conduisant des Chevaux, le nom de la Médie dont tous les habitants soumis à l'Assyrie, depuis l'époque de Ninus, s'affranchirent du joug vers l'an 1759 avant Jésus-Christ. Ces Chevaux sont harnachés autrement que dans le n° 25 du même Musée dont il a été question plus haut. Ces sculptures peuvent remonter aux VIe et VIIe siècles avant l'ère chrétienne. — P. N.

(15) Rien n'empêche de croire que de très-bonne heure cette allure propre à certains Chevaux, surtout aux Poulains et aux Chevaux usés, n'ait été rendue générale chez des populations affaiblies par la douceur du climat, la mollesse et le luxe; l'amble fatigante pour les Chevaux est très-douce pour ceux qui les montent. — P. N.

(16) Kerporter's *Travels in Georgia, Persia, ancient Babylonia, during the years* 1817, 1818, 1819 et 1820. London, Longman, 1821, 2 vol. in-4°.

(17) Il existe dans ce Musée un très-beau bas-relief de style hiératique, qui a été figuré dans les *Specimens of the ancient sculpture, Egyptian, Etruskan, Greek and Roman.* London, 1809 et 1821, 2 vol. in-fol., pl. 14, et sur lequel on voit représenté Castor Hippodamus, nu, placé auprès d'un Cheval remarquable par son attitude pleine de vie et de mouvement. Si ce monument ne remonte pas aux premiers temps de l'art grec, il a dû certainement être reproduit d'après un original beaucoup plus ancien et qui, antérieur au siècle de Phidias, aura échappé sans aucun doute aux investigations de M. de Blainville. — P. N.

(18) Nous avons dit plus haut pourquoi les anciens, les Grecs et les Romains, ont constamment représenté les animaux dans des proportions réduites. — P. N.

(19) Marcel de Serres, *sur les animaux de l'art antique*, *Bibliothèque universelle de Genève*, 1834, p. 231 et suiv. distingue quatre races de chevaux, l'africaine, l'apulienne, la thessalienne et la sicilienne.

(20) Les graveurs des monnaies gauloises étaient trop peu habiles pour représenter fidèlement le Cheval si multiplié dans la Gaule, comme César nous l'apprend. — P. N.

(21) En effet César, qui parle, en plusieurs endroits de ses Commentaires, de la cavalerie gauloise, prétend (liv. IV du même ouvrage) que les Suèves ne sont pas curieux de ces beaux Chevaux dont les Gaulois font tant de cas et qu'ils achètent si cher, *quin etiam jumentis quibus*

maximè Gallia delectatur, quæque impenso parat pretio, Germani importatis non utuntur; sed, quæ tunc apud eos nata prava atque deformia, hæc quotidiana exercitatione, summi ut sint laboris efficiunt.

(22) Sur une de ces amphores découvertes dans un tombeau de l'Attique, et connues sous le nom d'*Amphores panathénaïques*, parce qu'elles étaient données en prix aux vainqueurs des courses de char dans les jeux du même nom, on voit représenté d'un côté Minerve dans l'attitude du combat, et de l'autre son char victorieux attelé de deux chevaux de formes très-allongées, un peu maigres et sèches, et dont la crinière paraît avoir été coupée, suivant un usage qui remonte aux temps les plus reculés de la civilisation hellénique. Cette amphore a été publiée par Millingen, dans ses *Unedited monuments*, sér. II, pl. 1, 2, 3. Sur un autre vase grec, dont nous devons la connaissance à R. Rochette (*Monuments inédits*, vol. I, pl. 18, 2), on voit Achille traînant le corps d'Hector autour du tombeau de Patrocle, sur un char attelé de quatre chevaux dont les formes ne diffèrent pas de celles de cette amphore. Il eût été très-facile de multiplier ces exemples, car le Cheval, comme emblème funèbre, se trouve très-souvent représenté sur les vases grecs. — P. N.

(23) M. de Blainville, qui certainement a dû voir à Pompéi la magnifique mosaïque découverte dans la maison connue sous le nom de *maison du Faune*, en 1831, et qui représente une bataille d'Alexandre contre les Perses commandés par Darius, peut-être celle du Granique, ne se la sera pas rappelée, car cette mosaïque est sans contredit la plus belle qui soit venue jusqu'à nous : exécutée sans doute d'après un tableau, œuvre d'un artiste renommé, elle nous offre une composition savamment disposée; sur un char attelé de deux chevaux, qui ont la force des coursiers romains, le héros macédonien se dispose à frapper son ennemi; il est monté sur un cheval dont malheureusement la tête seule a été conservée; mais cette tête est pleine de vie et de mouvement; on observe plus loin un cavalier traversé de part en part par la lance du héros, le cheval du guerrier blessé mortellement a mordu la poussière; d'autres cavaliers animent cette scène imposante quoique le champ en soit assez réduit, les chevaux ont tantôt la crinière flottante, tantôt coupée, suivant l'usage grec, malheureusement il semble impossible de reconnaître des différences réelles entre les chevaux montés par les Grecs et ceux que montent les Perses, quoique le harnachement diffère; la petite touffe de crins placée entre les deux oreilles est tantôt tressée, tantôt abandonnée à sa propre liberté, mais les formes massives des chevaux ne semblent pas rappeler les chevaux grecs, ou alors ceux-ci n'auraient pas différé des chevaux romains qui, si nous en jugeons par les monuments de l'art, avaient quelque chose de ramassé et de trapu. — P. N.

FIN DE LA MONOGRAPHIE DU CHEVAL.

Paris. — Imprimé par E. Thunot et Cᵉ, rue Racine, 26.

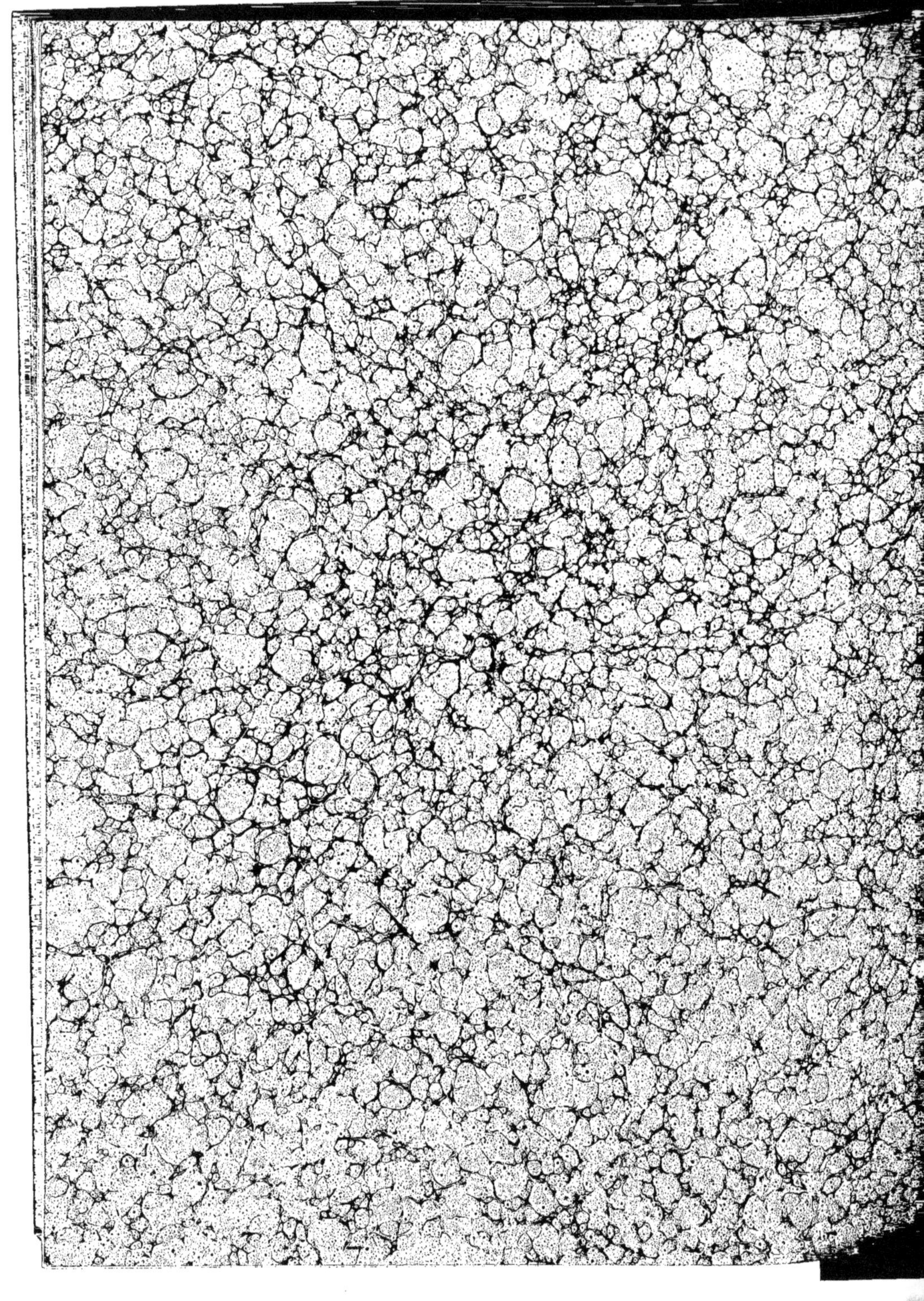

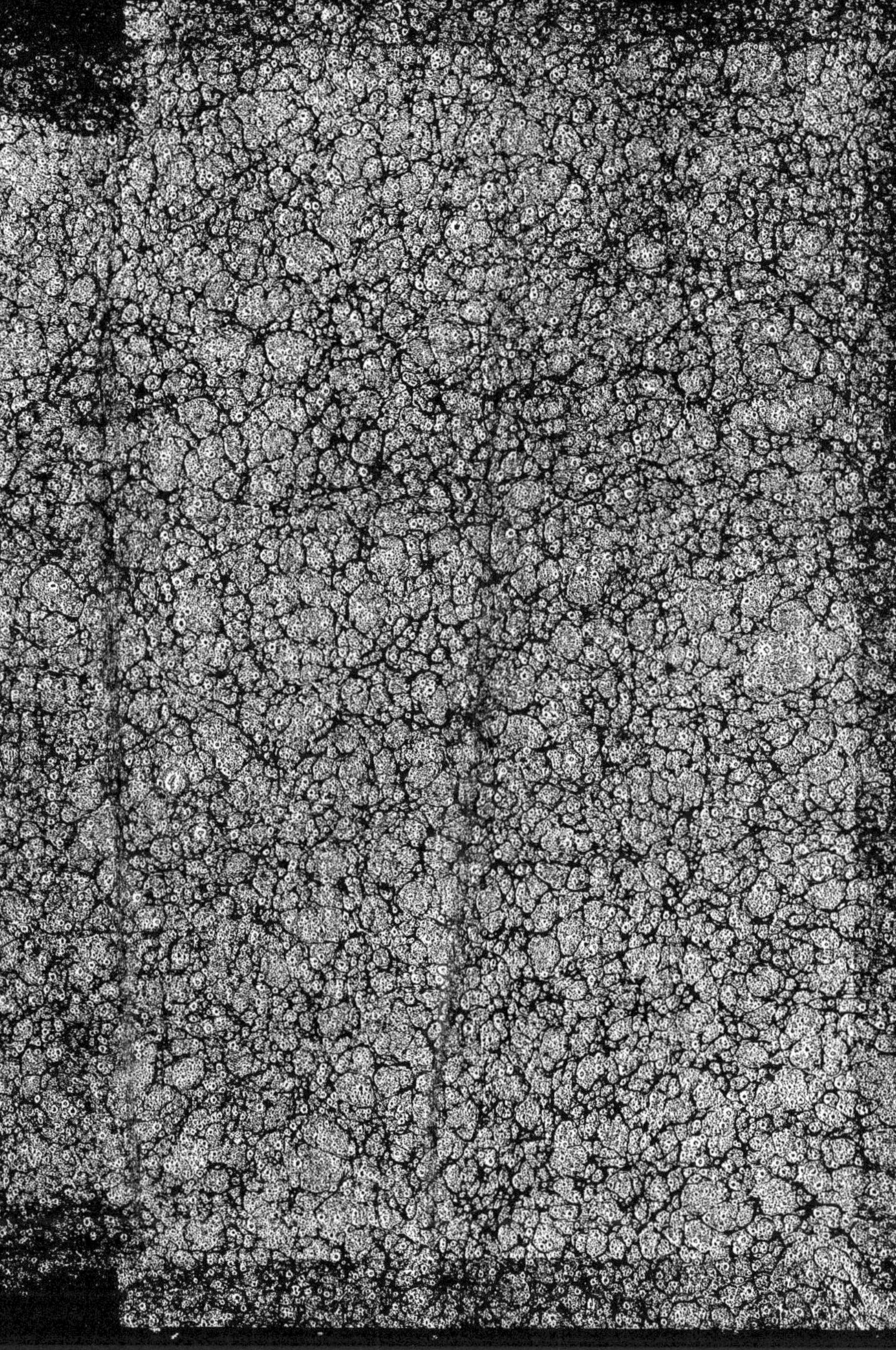

www.ingramcontent.com/pod-product-compliance
Ingram Content Group UK Ltd.
Pitfield, Milton Keynes, MK11 3LW, UK
UKHW020257200726
13857UKWH00001B/13